Ludwig Jakob
Lexikon der Önologie

Dr. Ludwig Jakob war von 1959–1994 an der Landes Lehr- und Forschungsanstalt für Wein- und Gartenbau Neustadt/Weinstraße (heute DLR Rheinpfalz) zunächst Leiter der „Chemischen Abteilung“, später zusätzlich stellvertretender Direktor, außerdem Lehrbeauftragter an der Universität Kaiserslautern. Er ist Autor mehrer Fachbücher zum Thema.

Ludwig Jakob

Lexikon der Önologie

Kellerwirtschaft, Weinchemie, Weinrecht

27 Abbildungen
43 Tabellen

Inhalt

Vorwort

Der Begriff „Önologie“ umfasst laut Definition die Begriffe Weinkunde, Weinlehre, Weinwissenschaft und ist damit deutlich vom Weinbau abgegrenzt. Es sind demnach alle Prozesse **vor** der Verarbeitung der Trauben ausdrücklich ausgeklammert. An diesem Sachverhalt orientiert sich der Autor, obwohl ihm die Bedeutung des Traubenmaterials für die Produktion des Weines bewusst ist.

Die Fülle des zu behandelnden Stoffes ist ohnehin sehr umfangreich. Daher liegt der Schwerpunkt auf dem technischen Sektor der eigentlichen Weinproduktion. Die heute sehr wichtige Thematik des Marketings muss sich diesem Primat unterordnen.

Auch das Kapitel „Weinrecht“ steht unter dem Druck fortwährender Änderungen. Es wird daher nur in Schwerpunkten nach aktuellem Stand und nur eingeschränkt erfasst. Interessanterweise ist im Bereich des Marketings ein Trend zur Nostalgie zu erkennen, zumindest die Produktionsmethoden betreffend (→ Biowein). Es ist mir daher ein Anliegen, die Entwicklung der Verfahrenstechnik angemessen zu berücksichtigen. Eine Vertiefung im textlichen Rahmen erfordert auch eine Erweiterung im Blick auf die globalen Märkte und Produktionsbedingungen. Gerade hier stehen sich Auffassungen der Önologen aus dem europäischen Raum den Meinungen von Önologen der „Neuen“ Weinbauländer gegenüber. Als Beispiel für Gegensätze bei Verfahren siehe → Holzfass contra → staks bzw. → staves.

Viele Fortschritte auf dem Sachgebiet der Önologie sind mit Hilfe der Chemie, Physik, Mikrobiologie und Medizin (Gesundheit und Sinnesphysiologie) gewonnen worden. Diese Themen sind zum Teil dem Leser weniger geläufig, weil Begriffe für chemische Substanzen und Reaktionsweisen kaum zugänglich sind. Deshalb verwendet der Autor häufig die Trivialbezeichnungen für Weininhaltsstoffe und vermeidet gleichfalls komplexe Formulierungen für Reaktionsabläufe. Dabei kann es –zum besseren Verständnis- zu Doppelbezeichnungen innerhalb der Nomenklatur kommen.(Beispiel:„Äthanol“, „Ethanol“, „Äthylalkohol“). Trotzdem dürfen sich Fortschritt und Tradition gerade bei einem Kulturgut wie Wein nicht gegenseitig im Wege stehen. So sind traditionelle Weinbehandlungsmittel derzeit als „Allergene“ in der Kritik, während neue Weinbehandlungsmittel erst noch einer genaueren Prüfung unterliegen „Mit der Zeit gehen“ bedeutet für den Winzer und Weintechniker, sich ständig neu zu orientieren

Dabei gibt es häufiger eine Auseinandersetzung „pro“ und „contra, wie z. B. bei „Handlese/maschinelle Lese“ oder „Spontangärung/Trockenhefen“. Auch regionale Traditionen oder unterschiedliche Klimabedingungen führen zu Diskussionen wie die Beispiele „Barriqueausbau/Edelstahlbehälter“ zeigen. Wer an einer weiterführenden Recherche interessiert ist, der sei auf die wesentlichsten, deutschsprachigen Fachbücher zum Thema im Anhang dieses Buches hingewiesen (→ Literatur) Auch Hinweise im Internet sind geeignet, allerdings immer auch kritisch zu hinterfragen.

Für die Mithilfe am Manuskript danke ich meiner Tochter Desi. Besonderen Dank schulde ich meinem Freund Dr. Georg Binder (Fachspartenleiter der Abt. Önologie, DLR Neustadt/Wstr.) für die Hilfe und Ratschläge. Auch die Kollegen Schandelmeier und Weik sind in gleicher Weise dankend zu erwähnen. Der Verlag (Lektor W. Baumeister) garantierte die bekannt qualitativ hochwertige Ausstattung des Buches.

Ludwig Jakob

Hinweise für die Benutzung

Abkürzungen: Abkürzungen werden nur gebraucht, wenn eine unmittelbare häufige Wiederholung eines Stichwortes im Text vorkommt und darunter die Verständlichkeit nicht leidet.
Alphabet: Umlaute wie a, ö oder ü werden wie ae, oe oder ue eingeordnet. Zusammengesetzte Begriffe wie *Alkoholbestimmung* oder untergeordnete Begriffe wie *Alkohol, Bestimmung* werden streng alphabetisch geordnet.
Nomenklatur: Im Hinblick auf den Benutzerkreis, den wir in erster Linie unter den Praktikern der Kellerwirtschaft suchen, wird in der Regel eine vorhandene Trivialbezeichnung vorgezogen. Um die Auffindung zu erleichtern sind in einigen Fällen mehrere Bezeichnungen als Stichworte aufgeführt und fallweise auch erläutert worden. Traditionelle Begriffe sollten dadurch erhalten bleiben.
Warenzeichen, Firmenangaben, Gerätebezeichnungen: Für die zitierten Angaben kann keine Gewährleistung gegeben werden. Ferner kann die Aufzählung nicht vollständig sondern nur beispielgebend sein.

Zeichen: Als Zeichen kommt nur die Verweisung (→) in Anwendung. Da diese Verweisungen teilweise im fließenden Text eingefügt sind, ist es möglich, dass die im Text verwendeten Biegungen oder Endungen nicht mit dem Stichwort übereinstimmen. Ebenfalls mag dies zutreffen für zusammengesetzte Begriffe wie z. B. *alkoholische Gärung*. Diese findet man unter → *Gärung, alkoholische*. Verweisungen auf aus dem Zusammenhang verständliche und vielfach wiederkehrende Begriffe wie „*Most*" oder „*Wein*" entfallen (Ausnahme: Die Zusammensetzung von → *Wein* bedeutet, dass man unter → *Wein, Zusammensetzung* im lexikalen Teil Auskünfte vorfindet.
Ebenfalls verwendet wird das Zeichen → im Anhang.

Um die Lesbarkeit des Textes zu optimieren sind im Anhang ab Seite 450 die Tabellen 1–44 hinzugefügt, die im Text avisiert sind. Auf den Seiten 492 und 493 beginnen die Abbildungen mit den „Schemata zur Technik der Weiß- und Rotweinbereitung". Diese beiden Schemata erleichtern die Zuordnung der nachfolgenden Abbildungen 1–25 (Seiten 494–509). Auf diese Abbildungen wird im Text bei den jeweiligen Stichworten hingewiesen.

A

Abbau des Weines. Unter Abbau eines Weines versteht man alle Vorgänge und Erscheinungen, die nach erreichter Höchstentwicklung eintreten. Die Vorgänge selbst sind chemischer Natur und im Einzelnen noch wenig ergründet. Einige davon sind Oxidationserscheinungen. Die Abbauerscheinungen sind: Vertiefung der Farbe bei Weißweinen (→ Hochfarbigkeit), Veränderung der Farbnuancen bei Rotwein (von strahlendem Rot nach schmutzigem Rotbraun, im Extrem zur Ausscheidung von Farbstoffen), Firne-Bukett bis zum süßlich-rahnen Ton erinnernd an Dörrobst. Parallel dazu scheinen Umesterungen zur Veränderung des Aromas beizutragen.

Die Geschwindigkeit der Abbauvorgänge erhöht sich mit der Lagertemperatur. Der Weinbehälter (Fass oder Tank) oder die Verpackung (Flasche, Verschluss) beeinflussen ebenfalls. Je größer der Behälter und je geringer der Gasaustausch im Behälter ist, umso langsamer schreitet der Abbau voran. Gleiches gilt für die Glasflasche bzw. substituierende Formen der Verpackung (Kunststoff-Flaschen). → Kunststoff ist häufig zu gasdurchlässig.

Die geschilderten Vorgänge sind überwiegend chemischer Natur, da – insbesondere im abgefüllten Wein – sterile Bedingungen herrschen. Mikrobiologisch bedingte Veränderungen (→ Krankheiten) treten eher während des → Ausbaus, also im Behälter auf. Neben der → Umesterung sind es oxidative oder reduktive Prozesse die den Abbau initiieren. Die gezielte Einwirkung des Sauerstoffes kann (im Behälter) den Vorgang der Reife bei Rotwein beschleunigen (→ Mikrooxigenierung), bei ausgeprägtem Sauerstoffzufluss schlägt dies jedoch in einen unerwünschten Abbau um. Bei Weißwein können reduktive Vorgänge gelegentlich bestimmend für den Abbau sein, d. h. zu einer negativen Veränderung führen. Dabei handelt es sich nicht um die (oxidativ bedingte) → Firne-Bildung, sondern vorwiegend um die Bildung von → Thio-Verbindungen. Französische Forscher vermuten, dass dies eine Folge des → reduktiven Ausbaus sei, die sich zum Teil dann erst in der Flasche zu einem → Fehler des Weines entwickeln könne. Jedenfalls ist die Abgrenzung zwischen der erwünschten → Reife des Weines und den unerwünschten Formen des Abbaus nicht feststehend.

Die insbesondere bei unsterilen Weinen durch Mikroorganismen hervorgerufenen „Abbauerscheinungen" rangieren unter der Gruppe der → Krankheiten des Weines. Da solche Vorgänge Ausnahmeerscheinungen sind und im Gegensatz zu den oben genannten Vorgängen weitgehend vermeidbar sind und auch häufig zum Verderb führen, gehören diese Vorgänge nicht im engeren Sinne zu den relativ zwangsläufig ablaufenden Abbauvorgängen während der Lagerung des Weines (→ Altern).

Im Gegensatz zu früher schätzt man heute eher frische Weißweine, das heißt junge → heurige Weintypen, teils noch etwas Kohlensäure enthaltend, bei deren Herstellung alle Abbauvorgänge gebremst wurden. Man spricht dann häufig vom „reduktiven → Ausbau" und bringt damit zum Ausdruck, dass der Kontakt mit Luft, der zum Verlust von Kohlensäure und damit der Frische führt, zu vermeiden ist. Gleiches gilt für strapazierende Bewegung des Weines.

Im Zusammenhang mit den Abbauerscheinungen steht die Frage nach der Lagerfähigkeit der Weine, insbesondere der Flaschenweine. Weine, bei denen die Abbauerscheinungen infolge des Types (Sherry, Dessertwein, sehr extrakt- und zuckerreiche Auslesen, Beerenauslesen und Trockenbeerenauslesen) nicht so deutlich eintreten, können naturgemäß länger gelagert werden und bleiben länger auf dem gleichen Entwicklungsstand.

Rotweine verlieren den→ adstringierenden Geschmack (Gerbstoff) und scheiden dabei häufig ein → Depot von Gerbstoff-Farbstoffgerinnsel ab. Vom Kenner wird das Depot bei Rotwein als „Alterskriterium" geschätzt → „biologischer [Säure]-Abbau"). (→ Altern der Weine, → Altern der Weine, chemisch gesehen→ Aroma, → Auslesen, → Beerenauslesen→ Depot, → Dessertwein, → Oxidation, → Reduktion, → Reifen des Weines, → schweflige Säure, → Trockenbeerenauslesen). Die Vielzahl der Verweisungen im Text vermitteln einen Eindruck von den komplexen Vorgängen und Behandlungsmaßnahmen beim Ausbau des Weines.

Abbeeren ist die Trennung der Traubenbeeren von den Stielen (→ Rappen, → Kämme) → entrappen, um dadurch im Kellereibetrieb günstigere Bedingungen bei der anschließenden Maischebehandlung zu erzielen. Völlig unreife Beeren bleiben dann an den Stielen und geraten nicht in die Maische. Bei unreifen Trauben sind die Stiele noch unverholzt und geben beim Pressen einen spitz-bitteren Gerbstoffton ab, so dass die daraus gewonnenen Weine → „rapsig" schmecken. Unentrapptes Lesegut zeigt dies um so mehr, je stärker es ausgepresst wurde. Trotzdem wird das Abbeeren vorwiegend bei roten Traubensorten angewendet, die sonst – insbesondere bei der Vergärung auf der Maische – zu hohe Gerbstoffanteile aufweisen würden, wodurch die Lagerzeit der so hergestellten Weine ungebührlich erhöht werden müsste.
Abgebeerte Maische lässt sich nicht so gut keltern, da die Stiele beim Keltern den Abfluss des Saftes begünstigen (Drainage!). Der Einfluss der Stiele auf die Mostqualität weißer Traubensorten kann in modernen Keltern durch schonende Auspressung ohnehin minimiert werden. Da sich Vor- und Nachteile gegenüberstehen, muss man sich fallweise für oder gegen das Abbeeren entscheiden. Durch Neuentwicklungen, bei denen sich die Rotationsgeschwindigkeiten von Korb und Schlagwerk variabel verstellen lassen (ROTOVIP-Sytem) lässt sich der Vorgang optimal an das vorliegende Traubengut anpassen.
Unreife oder von Frost befallene Weißweintrauben sollte man grundsätzlich entrappen. Technisch wurde dies früher ausschließlich manuell (mit einem Rebbelgitter, d. h. einer Art von grobem Sieb), heute dagegen maschinell (→ Abbeer- oder Entrappmaschinen) durchgeführt. Meist handelt es sich um eine Kombination von → Abbeermaschine mit nachgeschalteter Traubenmühle, häufiger trifft man Maschinen an, die beides in einem Arbeitsgang durchführen. Eine veränderte Situation ist durch den Einsatz von → Traubenvollerntern eingetreten, die weitgehend abgebeerte Trauben liefern.

Abbeermaschinen sind Geräte, die die Stiele von den Beeren trennen. In der Regel arbeiten diese in Kombination mit → Traubenmühlen. Die Abb. 1 im Anhang zeigt das System der A. Neuere Entwicklungen beruhen auf der Rotation und gleichzeitiger Vibration von Stachelwalze und Siebtrommel. In Kombination mit Sortieranlagen erreicht man hohe Leistungen (→ Selective Process winery).

ABBE-Refraktometer. Mit diesem Refraktometer kann die Brechzahl n 20/D (Messbereich 1,3000–1,7000) meist mit großer Präzision ermittelt werden. In der Regel ist im Gesichtsfeld des → Refraktometers zusätzlich die Brix-Skala eingeblendet, die die Massegehaltsprozente bezogen auf Saccharose anzeigt. Dieses Refraktometer dient in erster Linie zur Messung höherkonzentrierter Moste und Säfte (→ Konzentrate).

Abbrennen (→ Destillation).

Abfälle der Weinbereitung (→ Rückstände der Weinbereitung).

Abfasern von → Filterhilfsmitteln vorwiegend von Zelluloseteilchen von → Filterschichten tritt ein, wenn die Schichten an der Oberfläche nicht zusätzlich verfestigt sind oder die Schicht nicht ausgewässert wurde. Auch starke Druckstöße können zur Abfaserung führen. Auch bei neuen, rein auf Cellulose-Basis hergestellten Schichten ist das Wässern obligatorisch. Besondere Aufmerksamkeit gilt der korrekten Packung der Schichten im Filter.
Mit nachgeschalteten Membranschichten lassen sich die Fasern abfangen. Filterschichten deutscher Hersteller sind grundsätzlich auf der Klarseite flächenverfestigt (→ Membranfilter).

Abfindungsbrennereien sind Kleinbetriebe ohne verschlusssichere Brenneinrichtungen. Die zu versteuernde Alkoholmenge wird auf Grund der Menge und Art des Rohstoffes (Obst, Obstmaische, Hefe) unter Zugrundelegung bestimmter Alkoholausbeutesätze festgesetzt. Ein Probebrand kann die Situation verdeutlichen (→ Alkoholausbeute).

Abfüllen der Weine. Die Abfüllung des Fassweines schließt sich an den → Ausbau an. Während dieses Ausbaues muss schon auf die → Flaschenabfüllung hingearbeitet werden:

- Entfernung der Trubstoffe (→ Filtration, → Klärung),
- Entfernung labiler, zur Trübung neigender Stoffe (→ Stabilisierung durch→ Schönung),
- Einpendelung eines stabilen SO_2 Pegels.

Der Termin der Abfüllung hängt vom erwünschten Entwicklungszustand des Weines ab. Weine mit → Restsüße werden meist früher gefüllt, um eine unerwünschte Nachgärung im Lagerbehälter zu vermeiden. (→ Flaschenabfüllung, Zeitpunkt). Sorten, die mehr „reduktiv“ → ausgebaut werden, die ein typisches Sortenbukett (→ Bukettstoffe), eine frische Art (Kohlensäure) aufweisen müssen, werden früher abgefüllt (Februar – Mai) als langsam reifende Weine. Im übrigen ist mit der Flaschenabfüllung die Entwicklung des Weines keineswegs unterbunden, nur verlangsamt. Zur Technik der Abfüllung → Abfülltechnik.

Abfüller. Nach EG-Recht ist die Angabe des Abfüllers auf dem Etikett obligatorisch. Es muss dafür Sorge getragen werden, dass die Angaben über diese Firma keine Täuschung des Verbrauchers hervorruft (Verwechslung des Abfüllers mit dem Erzeuger). Die Angaben müssen in Bezug auf das abgefüllte Produkt zutreffend sein. So dürfen zugekaufte Weine nicht unter dem Begriff des Weingutes vom Abfüller in Verkehr gebracht werden, auch wenn der Abfüller selbst ein Weingut unterhält. Das EG-Weinrecht möchte einerseits die traditionellen Hinweise der EG-Weinbauländer erhalten, andererseits eine klare Trennung zwischen → Erzeugerabfüllung eigenerzeugter Weine und zugekaufter Weine erreichen. Eine engere Auslegung der Erzeugerabfüllung bedeutet die → Gutsabfüllung. Ähnliche Einschränkungen gelten für ausländische Weine, die unter Begriffen wie „mise en bouteilles en domaine“ oder „mise en bouteilles à la proriete“ gesetzlich eingegrenzt sind. Abfüller ist der, der abfüllt oder abfüllen lässt (Lohnabfüllung „abgefüllt für“). Die VO (EWG) 2202/89 wollte nachträglich mit dieser Definition klarstellen, dass der „Abfüller“ als „Eigentümer“, der „Erzeuger“ ist. Der Lohnabfüller ist somit nicht „Abfüller“. Unter bestimmten Voraussetzungen kann eine Kennziffer (Code) für den Abfüller benutzt werden. Im übrigen sind die Vorschriften zur Deklarationen – auch im Falle der Abfüllerangaben – häufig wechselnd und deshalb ständig zu aktualisieren.

Abfüllhahn ist eine bei der einfachen „Hand“-Abfüllung benutzte Auslaufvorrichtung, meist mit mehreren „Füllrohren“, die wechselseitig geöffnet und geschlossen werden können. Die bei den in der Regel eingesetzten Rundfüllern vorhandenen Füllrohre sind infolge der automatischen Steuerung komplizierter aufgebaut und werden als → Füllelemente bezeichnet (→ Rundfüller). Abfüllhähne werden heute allenfalls bei der Abfüllung am Holzfass noch benutzt.

Abfüllkabine. Durch die bei der Abfüllung zuckerhaltiger Weine notwendige sterile Arbeitsweise hat es sich bewährt, die Abfüllanlage in einem gesonderten abgetrennten Raum unterzubringen. Da → Re-Infektion kaum durch keimhaltige Luft erfolgt sondern durch Kontakt, ist eine solche Kabine dann wenig sinnvoll, wenn darin Arbeitskräfte tätig sind. Vorteile bietet jedoch die Möglichkeit, eventuell anfallendes SO_2-Gas dort gleich abzusaugen. Die Abfüllkabine kann mit Rücksicht auf die Korrosion der Maschinen trocken gehalten werden und eine Belüftungsanlage enthalten. In ganz extremen Fällen kann ein leichter Überdruck in den Kabinen die Einschleusung von Mikroorganismen einschränken. Die Erfahrung zeigt: Eine absolut keimfreie Abfüllung (weniger als 5 Hefen in der Flasche) wird trotzdem damit nicht immer erreicht.

Abfülltank. Lagertank, der vor der Abfüllanlage installiert ist und als Puffergefäß oder Druckgefäß (Abfüllung mit Gasdruck) dient. Meist sind dort Niveauregler und Druckausgleichventile angebracht. Der Tank soll mindestens etwa die Weinmenge aufnehmen, die der Füllleistung von einer Stunde entspricht.

Abfülltechnik. Im weitesten Sinn versteht man darunter die sterile oder unsterile Abfüllung von Wein. Innerhalb der sterilen Abfülltechniken lassen sich → Warm- und Kaltabfüllung gegenüberstellen. Innerhalb des Verfahrens selbst kann die Konstruktion des Füllers zur Einteilung herangezogen werden. Solche Füller, bei denen der Wein durch Überdruck in die Flasche gebracht wird, heißen → Gegendruckfüller, andere, bei denen in der Flasche ein Unterdruck herrscht, werden als Unterdruckfüller bezeichnet (→ Füllmaschinen).

Abgang. Neben dem nachfolgend unter Abgang an Wein (Verlust an Wein) verzeichneten Begriff, versteht man unter Abgang die geschmacklichen Eigenschaften eines Weines, die den Wein besonders nachhaltig auf der Zunge wirken lassen. Ein nachhaltiger Abgang wird auch als „Schwanz" bezeichnet. Zur groben Einteilung der Qualitäten, z. B. bei internationalen Wettbewerben, wird die Nachhaltigkeit, das heißt die Dauer des Abganges, in Sekunden gemessen. Die Einheit ist die „Caudalie = von lat. cauda = der Schwanz (→ Persistance-Methode) Je höher die Zahl, um so wirkungsvoller und meist wertvoller ist der Wein.

Abgang von Wein (Verlust) entsteht bei den verschiedenen → Abstichen, durch Probenahme, durch Verwerfen von „Vorlauf" bei der Filtration und durch jegliche Entfernung der Trubstoffe. Unter diesen Begriff reiht man jedoch nicht den → Schwund ein, obwohl dieser gleichfalls einen Verlust an Weinmenge bedingt. Fiskalisch wird Abgang und Schwund durch Verdunstung als Verlust abgebucht (meist 10 % für alle Abstiche), danach 0,02–0,3 % pro Monat (im Holzfass), während des weiteren Ausbaues in anderen (Edelstahl)-Behältern aber nur 0,02–0,05 % anerkannt (sog. Lagerschwund). (→ Filtration, → Schwund, → Schwundsätze, → Verdunstungsschwund).

Abgebaut nennt man in der → Weinansprache eine negative Entwicklung der Weine, die sich als → Firne im Geschmack, aber auch optisch in Farbänderungen oder gar durch Eintrübung bemerkbar macht. Objektiv lässt sich dieser Zustand durch → Zehrung des Flascheninhaltes, am Zustand des Korkens, aber auch im niedrigen Pegel des Gehaltes an freier SO_2 belegen. Insbesondere bei solchen Weißweinen, die durch ein betontes Sortenaroma, Kohlensäure und allgemeine „Frische" bestechen, ist der Qualitätsabfall deutlicher als bei neutralen Sortenweinen (Rotwein) und Dessertweinen. (→ Abbau des Weines, → Altern der Weine, → schweflige Säure).

Abgerundet. Ein harmonischer Wein, der meistens durch eine dezente Restsüße fein abgerundet ist (→ Weinansprache).

Abgestanden ist ein Wein, der längere Zeit im Anbruch stand (teilgefüllte Flasche oder gar offenes Glas). Die Veränderung kommt überwiegend durch Oxidation, Verlust an Bukettstoffen und Kohlensäure zustande. Meist werden die Weine dann auch hochfarbig. (→ Bukettstoffe, → Hochfarbigkeit, → Kohlensäure, → Oxidation).

Abgießen dient der Entfernung des Trubes, der als Depot insbesondere bei älteren Rotweinen am Boden der Flasche abgesetzt ist. Solange der dadurch abgegossene Wein ausreichend klar ist, lässt sich die Maßnahme in Kauf nehmen. Man bedient sich dazu vorteilhafterweise der Dekantierkörbchen (→ Dekantieren, → Depot).

Ablagern der Weine. Während der Lagerung in Flaschen tritt eine Veränderung ein, die im Endzustand zu einem ungenießbaren Wein führen kann. Während dieser Entwicklung wird meist ein Höhepunkt erreicht, der von der Art des Weines (Rebsorte, → Extraktgehalt, Alkoholgehalt, SO_2-Gehalt), aber auch von der Abfülltechnik beeinflusst ist. Warmabgefüllte Weine erreichen den Höhepunkt früher, können aber bei Weißwein nicht in jedem Falle die gleiche Qualitätsstufe erreichen wie bei Kaltabfüllung, die bei deutschen Weinen fast ausschließlich praktiziert wird. Die höchste Stufe der Entwicklung ist schwer vorherzubestimmen. Säurebetonte Weine gewinnen meist bei der Lagerung an Feinheit; Süße erhöht die Lagerfähigkeit (überdeckt die Altersfirne). Normalweine, die älter als fünf Jahre sind, zeigen meistens schon deutliche Abbau-Erscheinungen. Liebhaber firner Weine nehmen unter den Konsumenten eine Sonderstellung ein. (→ Abbau des Weines, → Alkoholgehalt, → Altersfirne, → Flaschenverschlüsse, Einfluss auf die Reifung des Weines).

Ablassen → Abstich.

Abreicherung. Verminderung von Stoffen durch → Ausscheidung.

Abreissverschlüsse. Diese bequem zu öffnenden Verschlüsse sind besonders bei kleinen Flaschen (Perlwein) usw. eingeführt. Sie gehören zu den stirnabdichtenden Flaschenverschlüssen (ähnlich wie die Drehverschlüsse, → Flaschenverschlüsse).

Absaugvorrichtung. Anlagen, die Trauben durch Absaugen transportieren, sind dort gebräuchlich, wo Kippvorrichtungen zum Abladen nicht eingesetzt werden (können). Die Form des Traubentransportbehälters spielt hierbei keine Rolle. Die Anlagen arbeiten nach dem Prinzip des Staubsaugers. Diese Technik wird heute kaum mehr angewendet.

Absetzenlassen → Entschleimen, → Mostvorklärung.

Abstich nennt man den Vorgang, der zwecks Trennung von abgesetztem Trub und (überstehendem) klarem Wein erfolgt. Zieht man den Klaranteil einfach in klassischer Weise ab, so bleibt ein mehr oder weniger stark trubhaltiger Rückstand, der nach dem „Bre-

chen" des Türchens und Schräghalten des (Holz-) Fasses mechanisch entfernt werden kann. Die meisten Edelstahlbehälter haben jedoch einen sogenannten Restablauf an der tiefsten Stelle, an welchem der Trub abgelassen werden kann.
Die Technik des Abstiches ist variabel und hängt unter anderem auch davon ab, welchen Selbstklärungsgrad man im Wein erreicht hat. Abstiche können „mit Luft" oder unter Vermeidung von Luftberührung „ohne Luft" erfolgen. Abstiche mit Luft sind heute selten, zumindest bei Weißwein, da der unerwünschte Verlust von Aroma und Kohlensäure dort stören würde. Früher spielte der Abstich mit Luft beim 1. Abstich von der Hefe eine große Rolle, da man damit eine raschere Reifung und Selbstklärung der Jungweine erreichen wollte. Durch die Anwendung von Bentonit zum Zwecke des Entzugs von Eiweiß und durch die Möglichkeit, fehlerhafte Weine (→ Böckser) mit selektiven Weinbehandlungsmitteln schonender zu behandeln, vermeidet man heute während des Abstiches die merkliche Berührung mit Luft.

In früheren Zeiten war die Zahl der Abstiche ungleich größer, da der sich in der jahreszeitlichen Schwankung bildende Trub mangels geeigneter Klär- und Filtrationseinrichtungen nur auf diesem Wege zu entfernen war. Daher dienen Abstiche heute nicht vorwiegend der Gewinnung völlig klarer Jungweine. Durch Verwendung stark vorgeklärter Moste und Anwendung von → Trockenhefen ist der Trubanfall ohnehin geringer als vor 20–30 Jahren. Zuletzt spart man auch am Zeitaufwand durch Wegfall mehrerer Abstiche, die nur der Klärung dienten. Auch der Aufwand an Schönungsmitteln ist heutzutage gering, so dass es dazu eines zusätzlichen Abstiches nicht mehr bedarf.
Eine Sonderrolle spielt das Verfahren → „sur lies" bei Rotwein im Holzfass, bei dem „Feinhefe" durch den zufließenden Sauerstoff inaktiviert wird und deshalb kein Böckser entsteht. In inerten Behältern aus Edelstahl sollte Hefe möglichst komplett nach Gärungsende entfernt werden. Abstiche unter Luftzutritt sind bei Weißwein ohnehin in der Regel zu unterlassen. Sollte (durch zu lange Lagerung) inzwischen ein Böckser auftreten, dann muss dieser zusätzlich behandelt werden.
Bei jedem Abstich verliert der Wein zudem Kohlensäure und erhält eine (unerwünschte) Vertiefung der Farbe.
Der beim Abstich anfallende Wein muss noch weiterverarbeitet (eventuell geschönt oder stabilisiert) werden, das heißt eine → Filtration ist in der Regel noch erforderlich. Somit kann die beim Lagern meist noch auftretende geringfügige Trübung allein durch Filtration ohne weitere Abstiche bewältigt werden.
Den Abstich im ursprünglichen Sinne bevorzugt man in kleineren Betrieben, im Mittel- und Großbetrieb ist es möglich, die Gesamtweinmenge mit Hilfe von → Separatoren und der → Kieselgurfiltration „auf Trockensubstanz" aufzuarbeiten. Man erspart sich dann die gesonderte Trubaufarbeitung der „klassischen" Abstichmethode. Trotzdem spricht man dann noch vom Abstich.(→ Abstich, Termin, → Crossflow-Filtration)

Abstich, Termin. Wichtig beim Abstich ist die Terminfrage. Der 1. Abstich dient der Abtrennung der Hefe nach der Gärung. Je nachdem ob dabei eine weitgehende Selbstklärung erreicht werden soll oder ob man maschinell klärt, wird dieser Termin etwas früher oder später gelegt werden. Außerdem trennt man den Wein dann erst später von der Hefe, falls man – in sehr säurereichen Jahrgängen – einen biologischen Säureabbau wünscht. Bei Rotwein ist dies fast immer die Regel (→ Ausbau „sur lies"). Um dem Säureabbau bei säurearmen Weinen entgegenzuwirken, der insbesondere bei warmer Vergärung und geringerem Säuregehalt rasch nach

der alkoholischen Gärung einsetzt, muss umgehend nach Abschluss der alkoholischen Gärung abgestochen werden. Der moderne Betrieb, der mit den größeren wärmespeichernden Gärgebinden eher in Zugzwang gerät, ist infolge der technischen Einrichtung in der Lage und auch willens, den „ersten“ Abstich und die Abfüllung früh auszuführen. In diesen Fällen sind die Weine meist etwa vier bis sechs Wochen nach Einlagerung der Moste, das heißt also etwa Anfang November, bereits abgestochen. Bei extrem säurereichem Mostmaterial kann der „erste Abstich“ durchaus bis Dezember – Februar zurückgestellt werden. Ferner wirken sich Beschaffenheit des Lesegutes, Reifegrad, Vorklärung des Mostes, Gärverlauf etc. auf die Terminwahl aus. Eine verbindliche Regel für die Terminwahl lässt sich somit nicht aufstellen.
Nach dem „ersten Abstich“ zielt man meist auf eine baldige Klärung und Stabilisierung mit „Schönungsmitteln“. Da die zugesetzten Schönungsmittel sich nach der Verteilung als Trub absetzen, wird ein nachfolgender „zweiter Abstich“ erforderlich. Der zweite Abstich soll noch in die Periode fallen, in welcher die Keller und die darin ruhenden Gebinde sich nicht merklich erwärmen (vor April). Je rascher sich ein Keller im Frühjahr erwärmt, um so rascher und frühzeitiger sollte die → Schönung und der nachfolgende „zweite Abstich“ angeschlossen werden. Derartige Überlegungen treten im Zeitalter der maschinellen Klärung vor arbeitswirtschaftlichen Überlegungen zurück. Forcierter → Ausbau des Weines (die Abstiche fallen in die Periode des Weinausbaues) ist außerdem eine Folge des heutigen Geschmacksbildes von Weißwein, den man lebendig und → reduktiv wünscht. Bei Rotwein gelten hier andere Gesichtspunkte, wobei auch dort bei manchen „leichten „Rotweinen der rasche Ausbau aus wirtschaftlichen Gründen (rascher Absatz des Weines) praktiziert wird. (→ Abstich, → Aroma, → Bentonit, → Biologischer Säureabbau, → Eiweiß, → Filtration, → Flotation, → Gärung, alkoholische, → Kohlensäure, → Schönungsmittel, → Trubaufarbeitung).

Abstinenzbewegung richtet sich gegen den Alkoholgenuss. Um diesem Alkoholgenuss entgegenzuwirken, zielt man neuerdings auf eine starke Einschränkung der Werbung für alkoholhaltige Getränke. Tatsächlich gibt es Formen des Alkoholmissbrauches, dem man durch Verbote – wie dies die Zeit der Prohibition von 1918–1933 in den Vereinigten Staaten von Nordamerika gezeigt hat – nicht begegnen kann. In der Zeit der Prohibition stieg der Pro-Kopf-Verbrauch in USA von zwei auf drei Liter Wein an. Durch das Verbot der gewerblichen Herstellung ging zudem die Haustrunkbereitung aus Trauben bzw. Traubensaft sprunghaft in die Höhe.
Erfahrungsgemäß führt der Weingenuss nur bei labilen Persönlichkeiten zu asozialem Verhalten und zur Abhängigkeit vom Alkohol. Tatsächlich ist normaler Wein auch keine billige Form des Alkohols und wird vom Trinker somit durch andere alkoholhaltige Getränke substituiert. Die Abstinenzbewegung ignoriert die gesundheitsfördernde Wirkung eines kontrollierten, mäßigen Weingenusses (→ Wein, Gesundheit, → Wein, physiologische Wirkung).

Abstoppen. → Gärungsunterbrechung, meist durch Zusatz von schwefliger Säure, wobei die Hefe „geschockt“ und deren Tätigkeit (vorübergehend?) eingestellt wird. Dieses Verfahren wird heute infolge des dann höheren SO_2-Gehaltes der so erzeugten Weine kaum mehr angewendet. (→ Gärführung, → Gärung, gezügelte, → Süßreserve).

Abtropfbehälter. Es ist zweckmäßig, den aus der Maische spontan ablaufenden Mostanteil ohne Pressung zu gewinnen. Diesem Zweck dienen die Abtropfbehälter, in welchen die angelieferte Traubenmaische gesammelt, bevorratet und teilentsaftet wird. Durch Abtropfen lassen sich bis zu 60 % des Mostanteiles gewinnen. Der Rest wird auf die → Kelter gebracht und gepresst. Die Abtropfbehälter besitzen siebartige Wände, durch die der Saft abgeleitet wird. (→ Vorentsafter).

Abtropfen des Schwefels erfolgte früher häufiger durch die Anwendung von Schwefelschnitten mit zu hoher Schwefelauflage und kommt eigentlich nur noch beim → Barriqueausbau vor. Die Schwefelschnitten enthalten meist eine Auflage von drei Gramm Schwefel pro Span (Schnitte), aufgetragen auf einer unverbrennbaren Stützschicht von Asbestpapier. Die Verbrennung des Schwefels außerhalb des Behälters mit sogenannten Aufbrennrohren ist heute ein Relikt vergangener Zeiten, da ein Vorteil der Verbrennung direkt im Fass (teilweise Abbindung des Sauerstoffs im Behälter) dadurch verlorengeht. Insbesondere im Umgang mit Holzfässern (Barrique) ist die Nutzung des Schwefels Teil der klassischen Behandlung (Aufbrennen und Konservieren des Holzfasses). In Frankreich misst man dem Schwefeln des Rotweines in der althergebrachten Form nach wie vor Bedeutung zu. Eine exakte Dosierung ist damit wohl nicht möglich (unvollständige Verbrennung). Durch die Umstellung auf andere Methoden der Schwefelung ist die geschilderte Vorgehensweise in deutschen Kellereibetrieben kaum mehr üblich (→ Einschwefeln, → Schwefel, → Schwefelschnitte).

Abwasser von Weinkellereien. Es enthält Schadstoffe (Ballaststoffe), die als Verunreinigungen gelten. Eine direkte Einleitung in die Vorfluter ist ohne Aufbereitung nicht zulässig („Klärung“ in Kläranlagen). Die genannten Abwässer sollen möglichst wenige Ballaststoffe enthalten, damit die Kläranlagen nicht überlastet werden, was insbesondere während der Herbstsaison möglich erscheint. Im Weinkellereibetrieb muss man Vorsorge treffen, da die Betreiber der Kläranlagen (meist die Kommunen) die Kosten auf den Verursacher umlegen. Dies sind nicht nur die Betriebskosten, sondern sie enthalten auch die Bau- und Amortisationskosten.
Trotz Vorsorgemaßnahmen rechnet man derzeit pro Hektar-Rebfläche mit zehn Einwohnergleichwerten (→ biologischer Sauerstoffbedarf). Die Schadstoffe können unterschieden werden in ungelöste (Trubstoffe) und gelöste Stoffe. Zu den unlöslichen Trubstoffen können abbaubare oder nicht abbaubare Stoffe gehören. Abbaubare Trubstoffe sind Trubstoffe des Mostes (aus Traubenbestandteilen stammend) oder Trubstoffe des Weines (überwiegend Hefe), die aus organischen Stoffen zusammengesetzt sind.
Zum Abbau benötigen die Mikroorganismen der Kläranlagen Sauerstoff und Zeit. Bei Überlastung reicht der angebotene Sauerstoff, der in den Kläranlagen eingebracht wird, nicht mehr aus, die Kläranlage „kippt um“.
Nicht abbaubare Trubstoffe, wie Kieselgur, Bentonit, Filterhilfsmittel, können bereits in den Weinbaubetrieben die Abwasserleitungen verstopfen und sollten gleichfalls nicht eingeleitet werden. Kritisch können auch gelöste Ballaststoffe werden, die entweder abbaubar sind (Zucker, Alkohol, organische Säuren) oder – wie schweflige Säure – die Kanalisationsrohre angreifen. Letztere saure Abwässer dürfen ebenso wie alkalische Abwässer nicht direkt eingeleitet, sondern müssen vorher neutralisiert werden. Abbaubare, gelöste organische Stoffe belasten ebenso wie die ungelösten Stoffe. Die gelösten Stoffe machen aber erhöhte Schwierigkeiten bei der Entsorgung innerhalb der Weinkellereien, da hier eine „Trubrückhaltung“ ohne Effekt ist. Dies gilt insbesondere für das Einleiten von Weinresten oder Reinigungswässern, die bei Wässerung der Filter (Verdrängung mit

Wein, (→ Filtervorlauf), der Reinigung von Geräten, Behältern, Leitungen etc. anfallen. In vielen Fällen kann eine betriebsseitige Entsorgung durch Anwendung von Hefefiltern, Separatoren und Kieselgurfiltern erfolgen (→ Trubaufarbeitung). (→ Alkohole, → Bentonite→ Filterhilfsmittel, → Kieselgur, → Rückstände der Weinbereitung, → Säure, → schweflige Säure, → Separatoren, → Trubaufarbeitung, → Zucker) (→ www. öko-trainer-weinbau).

Abwirzen nennt man den Vorgang des Abtrennens des Jungweines von den Festbestandteilen (Beerenhäute, andere Bestandteile des Tresters). Diese Methode kommt nur bei der „Offenen" → Maischegärung und damit wiederum ausschließlich bei der Rotweinbereitung in Frage. Dabei pflegt man mittels des Wirzrohres (perforiertes Rohr in Form eines Siebzylinders aus Metall) und eines Hebers den Jungwein weitgehend abzuziehen bevor man den Rest der nunmehr dickflüssigen, vergorenen Maische auf die Kelter aufschüttet. Das Abwirzen erfolgt **bevor** die Vergärung beendet ist, das heisst mit einem „Restmostgewicht" von etwa 20 °Oe. Die vollständige Vergärung des abgekelterten Jungweines erfolgt dann im Behälter (Fass) mit anschließendem → Abstich (→ Beerenhäute, → Rotweinbereitung, → Trester, → Vergärung).
Wegen der fallweise hohen Alkoholverluste ist dieses Verfahren weitgehend durch die geschlossene Maischegärung in Spezialbehältern ersetzt worden (→ Maischegärverfahren, Technik).

Abzug. Dieses Wort hat eine doppelte Bedeutung:
1. syn. für → Abstich = Trennen des Weines vom Trub, insbesondere von der Hefe.
2. Abzug = „Ziehen", auf die Flasche = abfüllen. Dieser Ausdruck ist allerdings weitgehend veraltet (in Deutschland).

Acidität wird üblicherweise als der Wert der → titrierbaren Säure interpretiert. Mit einer gewissen Berechtigung kann man die Totale Acidität auch als Summe von „gebundener und freier" (titrierbarer) Säure auffassen. Tatsächlich liegen einige Säuren des Weines in teilgebundener Form vor, die bei der Titration nicht voll erfasst werden. Solche Unterscheidungen sollten beim Gebrauch des Begriffes „Acidität" beachtet werden (→ Säure, titrierbare).

Acetaldehyd (Ethanal CH_3CHO) bildet sich bei der Vergärung des Zuckers zu Alkohol als Zwischenprodukt. Ein Teil des in der Hefezelle intermediär gebildeten Acetaldehyds kann in den Wein übergehen und entzieht sich hierdurch der weiteren Reduktion durch die Hefeenzyme zu Alkohol. Die gebildete Acetaldehydmenge zeigt zu Anfang der Gärung ein Maximum und geht dann mehr oder weniger stark zurück.
Da Acetaldehyd eine leichtflüchtige Substanz ist (Siedepunkt = 22,2 °C) werden messbare Mengen des gebildeten Acetaldehyds bei der Gärung abgeführt. Insbesondere bei warmer Vergärung und bei Maischegärung entstehen Weine mit geringem Acetaldehydgehalt. Darüber hinaus ist die Menge des gebildeten Acetaldehyds vom Gärsubstrat (Gehalt des Traubenmostes an Zucker, Stickstoffverbindungen und Nährstoffen) und den physiologischen Eigenschaften der Hefepopulation abhängig. Eine weitere Quelle von hohem Acetaldehydgehalt ist die Zugabe von schwefliger Säure während der alkoholischen Gärung (→ Abstoppen mit SO_2). Dadurch wird Acetaldehyd gebunden und fixiert („eingefroren"). Da die Hefe oft mit einer Überproduktion von Acetaldehyd reagiert, ist diese Technik heute nicht mehr gangbar.
Im gewissen Umfang kann Acetaldehyd allerdings auch durch Oxidation von Alkohol entstehen, was beim „Hohlliegenlassen" des Weines, auch durch Bildung von → Kahm-

hefe stark gefördert wird. Die heutige Tendenz bei der Herstellung von Wein führt meistens zu weniger Acetaldehyd durch die genannten Abweichungen bei der Vergärung, → Maischegärung) und läuft darauf hinaus, insbesondere acetaldehydarme Weine herzustellen. Acetaldehyd bindet praktisch stöchiometrische Mengen (→ Stöchiometrie) schwefliger Säure, das heisst 1 mg Acetaldehyd bindet 1,45 mg SO_2 ab. Da die Bindung außerordentlich fest ist, gelingt es bisher noch nicht, solcherarts „gebundene schweflige Säure“ wieder aus dem Wein zu entfernen.
Nach der Gärung enthalten die Weine überwiegend noch freien Acetaldehyd, der dann geruchlich in Erscheinung treten kann (→ Luftton). Es ist allerdings anzunehmen, dass am Luftton (besser Rahnton), der bei teilweiser Befüllung der Behälter und Lagerung nach einiger Zeit auftritt, dann noch andere Substanzen beteiligt sind. Erst nach Abbindung des Gärungs-Acetaldehyds durch Schwefelung verschwindet der Luftton. Die gebildete Verbindung, das „Ethanal-SO_2“ ist im Wein salzartig gebunden und nicht mehr flüchtig (nicht mehr riechbar). Da Acetaldehyd mit der freien schwefligen Säure nicht in eine echte Gleichgewichtsbeziehung eintritt, kann die daran gebundene schweflige Säure auch nicht als „Reservoir“ für freie schweflige Säure dienen. (→ Depot-SO_2).
Aus den genannten Gründen muss der Acetaldehydgehalt niedrig gehalten werden. Obwohl eine Kontrolle des Gehaltes an Acetaldehyd nützlich ist, stehen diesem analytischen Verfahren einige Hindernisse entgegen. Die Untersuchung ist aber in gut ausgerüsteten Labors photometrisch oder enzymatisch unschwer möglich (→ Alkohole, → Aldehyde, → Oxyäthansulfonsäure, → Oxidation, → Reduktion, → schweflige Säure, Bindung, → Stickstoffverbindungen, → Vergärung, → Zucker).

Acetale sind Verbindungen von → Aldehyden mit → Alkoholen. Die vorliegende Menge hängt von der Menge des jeweiligen Aldehyds und des Alkohols ab. Überwiegend kommen die Verbindungen des → Acetaldehyds in Betracht. Die Rolle der Acetale als Aromabestandteile und deren Veränderung während der Alterung des Weines sind noch nicht genügend erforscht. Vermutlich liegen größere Gehalte an Acetalen nur in alkoholischen Destillaten vor. In Wein wurden bisher 20 Acetale (besondes in Sherryweinen) gefunden.

Acetamid ist eine organische Verbindung, die man früher für das → Mäuseln verantwortlich machte. Obwohl das Mäuseln der Weine sich geruchlich ähnlich wie Acetamid äußert, gibt es keine Beweise für das Vorkommen dieses Stoffes in Wein, zudem Acetamid nur in Form der Derivate N-Ethylacetamid, N-2-Phenylethylacetamid etc. nachgewiesen wurde.
Solche Fälle, in denen man sich zur Beschreibung eines charakteristischen Geruches oder Geschmackes auf bekannte Stoffe bezieht, gibt es häufiger (z. B. „Geranienton“, hervorgerufen durch → Sorbinsäure).
Nach neueren Untersuchungen wird das „Mäuseln“ durch Acetyltetrahydropyridin-Gehalte angezeigt, wobei sicher noch Stoffe wie 4-Ethylphenol und 4-Ethylguaiacol an der fehlerhaften Geruchsausprägung beteiligt sind.

Acetat → Essigsäure.

Acetobacter sind ellipsoid oder stäbchenförmig ausgebildete Bakterien, die in der Lage sind (unter Verstoffwechslung mit Sauerstoffzutritt = aerob) organische Verbindungen vorwiegend zu Essigsäure zu oxidieren. Sie gelten deshalb als Weinschädlinge, bei der gewollten Essigfabrikation jedoch als „Essigmutter“. In der Praxis treten vier verschiedene

Spezies auf, die man durch Vermehrung in geeignete Kulturmedien differenzieren kann.

Acetoin (3-hydroxy-2-butanone). Acetoin ist in normalen Weinen in Mengen zwischen 3 und 30 mg/l enthalten. Nur selten wird dieser Wert übertroffen. Die Verbindung entsteht während der → Gärung, wird aber durch Vorgänge des bakteriellen Säureabbaues meist gefördert. Im Gegensatz zu dem gleichzeitig entstehenden → Diacetyl ist Acetoin geruchlich und geschmacklich kaum wirksam (→ Biologischer Säureabbau).

Acrolein ist eine leicht verdampfbare Flüssigkeit (Siedepunkt 52 °C) von strengem, unangenehmem Geruch. A. wird aus Glycerin gebildet. Gelegentlich kommt A. in Obstbränden vor und stört bei der Destillation. A. ist ein Nebenprodukt bei bakteriell bedingter Verdorbenheit (säurearme Brennmaischen, verdorbene Rotweine). Solche Brennmaischen müssen mehrfach destilliert werden, Rotweine werden durch A. bitter. Vorsorge: Zusatz von Säure zu säurearmen Brennmaischen vor Vergärung (→ Destillation, → Krankheiten der Weine).

Adsorption nennt man die Eigenschaft mancher fester Stoffe (Adsorptionsmittel), Stoffe zu binden. Diese Stoffe können Gase oder auch Flüssigkeiten sein. Die Stärke der Adsorption ist von der Oberfläche des Adsorptionsmittels abhängig, das heißt je feiner das Adsorptionsmittel, um so ausgeprägter ist die Oberfläche und deren Adsorptionskraft.
Die Adsorption beruht größtenteils auf sogenannten Nebenvalenzen, das heißt die Bindung ist nicht sehr stabil.
Die Adsorption wird durch die mathematische Beziehung der sogenannten Adsorptionsisotherme geregelt, die zum Ausdruck bringt, dass die Menge an adsorbiertem Stoff bei konstanter Temperatur außer von der Menge an A-Mittel auch von der Menge an adsorbierbarem Stoff abhängt. Dies bedeutet, dass zur Entfernung geringer Mengen unerwünschter Stoffe eine relativ hohe Menge an A-Mittel gebraucht wird. Es gelingt dagegen leichter einen Großteil der unerwünschten Stoffe mit relativ kleinen Aufwandsmengen an A-Mittel zu entfernen.
Diese Überlegung hat Bedeutung für die Weinbehandlung. Eines der wichtigsten Adsorptionsmittel zur Entfernung unerwünschter Farb-, Geruchs- oder Geschmackskomponenten im Most und Wein ist die → Aktivkohle. Hier ist fallweise zu prüfen, ob man nicht mit geringen Mengen (5–10 g/hl) bereits einen ausreichenden Effekt erhält. Bei der Zugabe von hohen Mengen (30–60 g/hl) steigt die Wirksamkeit gegenüber den unerwünschten Stoffen im Wein nicht mehr sehr stark an, dagegen werden andere, wertvolle Stoffe bereits deutlich zusätzlich adsorbiert (der Wein wird „ausgezogen" und ist dann meistens nicht mehr selbständig).
Teilweise entfaltet auch → Bentonit eine solche A-Wirkung, aber auch andere Schönungsmittel (Blautrub, Gelatine-Tannintrub, Gelatine-Kieselsoltrub etc.) haben eine adsorptive Nebenwirkung gegenüber Farb-, Geruchs- und Geschmackskomponenten in Most und Wein. Im gewissen Umfang adsorbieren auch → Filterhilfsmittel und → Filterschichten.

Adstringierender Geschmack (= lat. adstringere, „zusammenziehend"), auch als herb bezeichnet, wird durch Stoffe hervorgerufen, die im Mundraum Nervenreize ausüben, die man als „trigeminale Wahrnehmung" einordnet. Dazu gehört das „Prickeln der Kohlensäure oder „stechende" Reize bei hohem SO_2-Gehalt der Weine. Aber auch Weine, die auf den Trestern vergoren wurden, stehen in Verdacht. Es ist jedoch fraglich, ob dieser Effekt nur auf Gerbstoffe zurückgeht, gewiss aber gehören Gerbstoffe (→ Polyphenole) bestimmter → Molmasse zur Gruppe der Adstringentien. Im gewissen Umfang lässt sich dieser fehlerhafte Geschmack durch Stoffe, die Gerbstoffe ausfällen oder adsorbieren (Gelatine, PVPP, Aktivkohle), etwas abmildern. Gerbstofffällende Weinbehandlungsmittel enthalten solche Stoffe in Kombination mit → Kasein (→ Aktivkohle, → Gelatine, → Gerbstoffe, → herb, → PVPP, → Trester). Die Unterscheidung des adstringierenden Effekts vom „Bitterton" im Ablauf einer sensorischen Bewertung (→ Sensorik) ist manchmal problematisch und führt dann auch zu unterschiedlichen Interpretationen. Im Unterschied zu A. ist „bitter" ein Geschmackseffekt, der im Zungengrund „nachhaltig" in Erscheinung treten kann und gegebenfalls auch als → Weinfehler" anzusehen ist. (→ Abgang). Ein hoher Alkoholgehalt kann den Effekt noch erhöhen.

Äpfelsäure L (–). Die natürliche Form der Äpfelsäure kommt in vielen Früchten wie Äpfeln und Birnen vor und bestimmt dort überwiegend den Gehalt an → Säuren. Auch Trauben und die Verarbeitungsprodukte enthalten Äpfelsäure neben → Weinsäure. Zu Beginn der Reifeperiode (Betrag des Mostgewichtes in °Oechsle = Betrag der titrierbaren Säure in Gramm/Liter) überwiegt in jedem Fall der Äpfelsäureanteil (über 20 g/l !). Im Verlauf der Traubenreifeentwicklung (→ Reife der Trauben) geht die Äpfelsäure mehr oder weniger rasch (temperaturabhängig) zurück, und zwar im allgemeinen stärker als die Weinsäure. Die Äpfelsäure kann dann zum Teil in Zucker umgewandelt werden, wird aber auch teilweise (insbesondere in „Dunkelperioden") „veratmet". Die Vorgänge der Säureumwandlung sind stark sortenabhängig (Rebsorte), so dass im Normalfall bei der Traubenlese prozentual die Äpfelsäure etwa gleichhoch wie die Weinsäure ist. Frühreifende Rebsorten dagegen wie z. B. Müller-Thurgau, die meist säurearm sind, produzieren überwiegend Weinsäure, Sorten, die wie Ruländer ihre hohe Reife (Auslesen) durch Schrumpfung der Trauben erreichen, können ebenso wie Eismoste hohe Äpfelsäureanteile haben. In beiden Fällen ist Weinsäure durch starke Weinsteinausscheidung vermindert.
Im Gegensatz zu landläufigen Meinungen gibt ein hoher Äpfelsäureanteil keinen schlüssigen Beweis für „Unreife". Auch die gelegentlich geäußerte Auffassung, wonach Äpfelsäure die „unreife", Weinsäure die „reife" Säure sei ist nicht richtig. Beim sensorischen Vergleich schmeckt die Weinsäure bei gleicher Konzentration im Most oder Wein stärker sauer als Äpfelsäure (WS spaltet mehr Wasserstoffionen ab als AS). Da die Äpfelsäure überwiegend im freien Zustand im Wein vorkommt, macht diese meist den größten Anteil an der titrierbaren Säure aus, während Weinsäure bekanntlich durch den Weinsteinausfall im Endeffekt auf nur noch maximal 2–4 g/l begrenzt ist. Der Anteil der → gebundenen Säuren (Weinsäure, Äpfelsäure, Milchsäure, Bernsteinsäure, Zitronensäure etc.) liegt im weinsteinstabilisierten Wein meist zwischen 3 und 5 g/l (→ Pufferung).
Die Äpfelsäure gilt auch im Wein (und nicht nur in der Traube) als wenig stabil, da diese durch milchsäurebildende Bakterien zu Milchsäure und Kohlensäure verändert werden kann (→ biologischer Säureabbau). Weinsäure dagegen pendelt sich während des Weinausbaues auf 2–4 g/l ein (= Löslichkeitsprodukt des → Weinsteins (→ optische Aktivität, → Razemate, → Säurezusatz).

Äpfelsäureabbau → biologischer Säureabbau, → Malolaktische Gärung.

Äquivalenzpunkt. Bei der Titration der → Säure mit Natronlauge erreicht man den Neutralpunkt bei pH = 7. Der tatsächliche Äquivalenzpunkt bei der Bestimmung schwacher Säuren (des Mostes und Weines) liegt im schwach alkalischen Bereich, was in der Weinanalyse allerdings nicht beachtet wird. Die Unterschiede in den Titrationsergebnissen sind ohnehin nur gering. Nach den Analysenvorschriften der Internationen Fruchtsaft-Union liegt der auch als „Umschlagspunkt" bezeichnete Äquivalenzpunkt bei Fruchtsäften bei pH 8,1. (Der Begriff Ä.-Punkt gilt auch für die → Schweflige Säure Bestimmung).

Äthanol (Ethanol) wird (umgangssprachlich) als Alkohol bezeichnet, obwohl der Begriff der → Alkohole einer ganzen Gruppe zuzuordnen ist.

Äthylalkohol → Alkohol.

Äthylazetat (→ Ethylazetat) → Ester, → Estergeschmack.

Äthylmercaptan (→ Ethantiol) kann als Thioalkohol bezeichnet werden. Die im Wein störende Substanz besitzt einen unangenehmen Eigengeruch. Der Geruchsschwellenwert liegt sehr niedrig. Der Fremdton ist aus Wein nur durch Behandlung mit → Kupfersulfat oder → Kupzit (Kupfercitrat) zu entfernen (→ Böckser).
Man bezeichnet den durch Äthylmercaptan bedingten Böckser auch als „Lagerböckser" bzw. verhockten Böckser, weil er schwerer zu beseitigen ist als der primäre Schwefelwasserstoff-Böckser. Man geht davon aus, dass Äthylmercaptan durch Reaktion von Acetaldehyd mit Schwefelwasserstoff erst nach Lagerung auf der Hefe entsteht.
Da Äthylmercaptan flüssig ist (Siedepunkt 37 °C) erklärt sich die niedrigere Flüchtigkeit im Verhältnis zu (gasförmigem) Schwefelwasserstoff. In extremen, allerdings auch seltenen Fällen können sogenannte Disulfitie gebildet werden, die sich jedoch kaum sensorisch auswirken (s. Tab. 33 und 35 im Anhang).

Affentaler. Spätburgunder Rotwein mit Herkunft aus den Gemarkungen Altschweier, Bühlertal, Eisental, Neusatz (Bühl) und Neuweier. Die Bezeichnung ist nicht von Affen, sondern von „Ave" abgeleitet. Rebsorte: Fast ausschließlich Spätburgunder. Im übrigen existiert eine alte Rebsorte „Affenthaler", die von der alten Rebsorte Heunisch abstammen soll (ähnlich wie der Riesling) und seit 2004 wieder „reaktiviert" wurde.

Agar-Agar (E 406) ist ein aus Algen gewonnenes pulverförmiges Material, welches früher als Schönungsmittel verwendet wurde. Hierbei wurde es zur Schönung zäher, dickflüssiger Weine angewendet. Die diesbezügliche Verwendung ist seit dem Weingesetz vom Juli 1971 nicht mehr vorgesehen. In der Bakteriologie kann man Nährböden daraus herstellen.

Agave-Wein (Pulque) wird durch Vergären des zuckerhaltigen Saftes der *Agave americana* gewonnen. Das Getränk enthält etwa 50 g/l Alkohol und hat ein milchig-weißes Aussehen. Es ist das Nationalgetränk der Mexikaner.

Agglomerat. Agglomerieren heisst „zusammenballen. Bei Agglomerat-Korken sind Korkteilchen unter Druck und Klebern zu Strängen zusammengepesst. Durch besondere Techniken wird ein geeignetes Gefüge erreicht (gerichtete Ausrichtung der Korkteilchen). Die verwendeten Korkteilchen sollten vorab von Fremdstoffen (→ Trichloranisol etc.) durch Waschprozesse befreit sein. Zusätzlich müssen auch die verwendeten „Klebstoffe" inert sein (→ Korkengeschmack).

Agraffe (von franz: Agrafe=Haken) nennt man den bei Schaumweinen zur Sicherung des Korkens verwendeten → Bügelverschluss. Die Agraffe wird meist vollautomatisch durch Spezialmaschinen in der Abfüllkette aufgebracht (→ Schaumwein).

Ahr. Eines der 13 deutschen Weinbaugebiete, die als sogenannte „Bestimmte Anbaugebiete“ abgegrenzt wurden. Die Ahr ist traditionell (Weinbau seit dem 8. Jahrhundert) ein ausgesprochenes Rotweinanbaugebiet (2008 86 %) mit den Sorten Spätburgunder (61,3 %) und Portugieser (7,7 %), gleichauf mit Riesling. Es steht an 10. Stelle der deutschen Anbaugebiete mit 558 Hektar Rebfläche (Stand 2008). (→ Portugieser, → Riesling, → Spätburgunder). Darüber hinaus verteilen sich die restlichen 130 ha auf ca. 70 weitere Rebsorten, eine Feststellung die im ähnlichen Maß auch auf andere deutsche Weinanbaugebiete zutrifft (→ Rebflächen, Tab. 9 im Anhang).

Ahrbleichert → Weißherbst.

Aktivkohlen (E 153) sind vorwiegend auf Pflanzenbasis hergestellte und aktivierte Kohlen, die sich durch eine besonders große Oberfläche auszeichnen. Ein Gramm A-Kohle kann eine Oberfläche bis zu 1500 m² entfalten. Infolge der dadurch bedingten Adsorptionskraft wird A-Kohle vorwiegend zur Adsorption von unerwünschten Stoffen im Most oder Wein benutzt (→ Adsorption).
Die optimale Menge lässt sich nur durch Vorversuche mit anschließender Verkostung der behandelten Proben ermitteln. Nicht alle Fehler lassen sich auf diesem Wege entfernen, da A-Kohle relativ unspezifisch adsorbiert. Zweckmäßige Vorversuche können mit dem → Oenotestverfahren (Fa. Erbslöh & Co., Geisenheim) ausgeführt werden.
Man unterscheidet zunächst je nach überwiegender Wirkung Farb- von Geruchs- und → Geschmackskohlen. Naheliegenderweise lässt sich aber eine spezifische Entfernung störender Farbstoffe oder unerwünschter Geschmacksstoffe nicht erreichen, das heisst, jede → Farbkohle entfernt auch Geschmackskomponenten und umgekehrt.
Die A-Kohle muss nicht besonders vorbereitet werden, sondern die erforderliche Menge wird in etwas Wein verteilt und „eingestützt“, eingepumpt und durch mehrmaliges Rühren verteilt.
Bequem ist die Anwendung granulierter Kohle, die in Berührung mit der Flüssigkeit zerfällt. Spätestens eine Woche nach Zusatz soll die A-Kohle durch Filtration entfernt werden, da sonst die gebundenen Stoffe wieder von der Kohle desorbiert (abgelöst) werden.
Die Anwendung von Farbkohle ist zur Behandlung von Rotweinen zum Zwecke der **Farbentfernung** nicht generell zulässig. Jedoch ist auch dort eine Behandlung eines Geruchs- oder Geschmacksfehlers (mit G-Kohle) zulässig.
Niedrige Mengen sind oft insgesamt wirkungsvoller (5–15 Gramm pro Hektoliter) als höhere Mengen (20–50 Gramm pro Hektoliter). Mengen über 50 Gramm pro Hektoliter „neutralisieren“ den Wein, was dann leider meist zum Verschnitt führtA-Kohle selbst darf keinen Fremdgeschmack abgeben (Brenzstoffe!). Reinheitsvorschriften sind im Oenologischen Codex des OIV festgelegt.

ALAG (Ausschuss Lebensmittelchemie der Arbeitsgemeinschaft der für das Gesundheitswesen zuständigen Länderminister) setzt Leitlinien z. B. für → Limonaden oder andere Erfrischungsgetränke.

Alarmgerät. In der Kellerwirtschaft werden Geräte zur Überwachung eingesetzt, um das Überlaufen von Behältern beim Befüllen zu vermeiden. In Großbetrieben sind ferner Alarmanlagen installiert, um die Bildung der hochgiftigen Gärgase (Kohlendioxid) bei der Vergärung anzuzeigen. (→ Gärung, → Sensoren).

Alaun, ein Doppelsalz der Schwefelsäure (Kalium-Aluminium-Sulfat), wurde früher zur Vertiefung der Rotweinfarbe verwendet. Aus lebensmittelrechtlichen Gründen und wegen der Gefahr einer Aluminiumtrübung ist dieses Verfahren verboten, aber auch überflüssig.

Albalonga ist eine Neuzüchtung von früher bis mittelfrüher Reife. Die Kreuzung aus → Rieslaner × Silvaner ist bei durchschnittlichem Ertrag geeignet zur Erzeugung hochwertiger Prädikatsweine und ähnelt dann im betonten Aroma- und Säuregehalt dem Rieslaner. Anbaufläche in Deutschland vermutlich unter 20 ha.

Alben. Älterer Name für → Elbling. Diese Sorte war neben den Edelsorten → Ruländer und → Gewürztraminer in der Pfalz eine der Hauptsorten im 18. und 19. Jahrhundert, allerdings von minderer Qualität.

Albumine sind eine Gruppe von → Eiweiß, die man durch ihr Löslichkeitsverhalten von den → Globulinen unterscheiden kann. Der isoelektrische Punkt (pH-Wert der geringsten Löslichkeit) liegt bei pH 4,6, d. h. den pH-Werten des Weines nahe! Es ist noch nicht hinreichend geklärt, ob nur eine der Gruppen in Most und Wein als „lösliches Eiweiß“ vorkommt oder ob beide vorhanden sind. Wegen der Neigung zur → Eintrübung werden sowohl Albumine wie auch die Globuline vorsorglich entfernt.
Albumine sind auch im Hühnereiweiß und in Milch in größerer Menge enthalten und als → Allergene kenntlich zu machen (→ Bentonit, → Erwärmung der Keller). In romanischen Weinbauländern ist Hühnereiweiß (Albumin) zur → Schönung von Rotwein ein traditionelles Weinbehandlungsmittel.

Alcoa **A**luminium **C**ompany **o**f **A**merica entwickelte u. A. → Flaschenverschlüsse aus Metall, später aus Glas (VINILOCK).

Aldehyde nennt man organische (kohlenstoffhaltige) Verbindungen, die die charakteristische funktionelle Gruppe-CHO enthalten, Tab. 19 im Anhang. Der Menge nach kommt im Wein überwiegend Acetaldehyd (CH_3CHO) vor (→ Acetaldehyd). Die Bildung kann entweder im Ablauf der alkoholischen Gärung oder durch Oxidation von Alkohol (eventuell Disproportionierung) erfolgen. Höhere Aldehyde (mit einer Kohlenstoffatomzahl von mehr als zwei) kommen als Aromastoffe in Frage. Bekannt sind Hexenal und Hexanal (Blätteraldehyd), der sensorisch „grün“ wirkt. Die tatsächliche Mitwirkung am Aroma des Weines ist nicht zuverlässig zu bewerten, weil die sensorische Wirkung vom Gehalt an freier schwefliger Säure abhängig ist (durch Bindung werden A. sensorisch neutralisiert).

Aldolase Trvialbezeichnung für ein → Enzym, welches im Verlauf der alkoholischen Gärung die phosphorylierte Hexose in zwei Triosephosphatbruchstücke aufspaltet. Das Enzym gehört zum Zymase (Enzym-)komplex, der von der Hefe produziert wird (→ Gärung, → Zymase).

Alicante. Name einer Weinbaugegend an der spanischen Mittelmeerküste, die die Heimat tiefdunkler Rotweine ist. Alicante „Deckweine“ wurden früher zur Farbverstärkung farbschwacher deutscher Rotweine eingesetzt. Bei einem Bedarf stehen den deutschen Winzern längst eigene, farbstarke Rebsorten zur Verfügung. Zudem ist dieser Verschnitt bei deutschen Rotweinen gesetzlich längst untersagt.

Alkalische Reaktion oder basische Reaktion einer Lösung führt zum Farbumschlag gewisser Indikatoren (roter Lackmus-Farbstoff wird blau). Die alkalische Reaktion ist auf OH-Ionen zurückzuführen (Gegensatz zu den sauer reagierenden H-Ionen). Alkalische Reagenzien neutralisieren Säuren. Alkalisch reagiert auch die Aufschlämmung der Weinasche. Auch → Flaschenreinigungsmittel reagieren teilweise alkalisch (→ Alkalität der Asche, → Indikatoren, → pH-Wert).

Alkalität der Asche. Bei der Veraschung (Erhitzen bis ca. 550 °C) des Mostes oder Weines werden die Salze der organischen (verbrennbaren) Säuren, wie Wein-, Äpfel-, Milchsäure etc. in Carbonate und Oxide übergeführt, die wiederum in Lösung alkalisch reagieren. Die Stärke der Alkalität lässt sich an dem zur Neutralisation erforderlichen Säurezusatz messen (→ Äpfelsäure, → Milchsäure, → Weinsäure). Dieser Zahlenwert wurde bei forensischen Untersuchungen eingesetzt

Alkohol ist im üblichen Sinne der Äthylalkohol oder auch → Äthanol, → Ethanol, der als Genussmittel schon seit alters her durch alkoholische → Gärung hergestellt wird. Die farblose Flüssigkeit gefriert bei minus 114 °C, siedet bei 78.3 °C und hat eine Dichte von 0,789 g/cm^3. Er ist brennbar und mit Wasser in jedem Verhältnis mischbar. Der reine Alkohol ist hoch besteuert, Alkohol für Industriezwecke wird vergällt. Alkohole mit mehr als 2-C-Atomen gelten als höhere Alkohole (s. Tab. 26 im Anhang) (→ Alkohol).

Alkoholangabe als Bestandteil der Deklaration (auf dem Etikett) ist bei Wein und Schaumwein obligatorisch (→ vorhandener Alkohol). Bei Wein darf die Abweichung von dem auf dem Etikett genannten Gehalt maximal ± 0,5 % Vol. betragen (auf- oder abrunden), bei Schaumwein bei ± 0,8 % Vol. (Umrechnung g/l in % Vol → Tab. 4 im Anhang)

Alkoholausbeute. Die Ausbeute an Alkohol beim Brennen (Destillieren) von Maische, Wein oder ähnlichen Ausgangsprodukten ist von der Destillationsanlage, der Technik, aber auch vom Ausgangsprodukt abhängig. Im Durchschnitt kann man annehmen, dass man erhält aus:

100 kg stärkehaltigem Rohmaterial (Getreide, Kartoffeln) etwa	10 bis 40 l
100 kg Holz etwa	25 l
100 kg Steinobst etwa	5 bis 7 l
100 kg Beerenobst etwa	2 bis 5 l
100 l Wein von 10 % Vol. Alkohol etwa	9 bis 9,5 l
100 l Weinhefe	5 bis 7 l

Mit Alkohol verstärkte → Brennweine erbringen das Mehrfache. Das voraussichtliche Ergebnis kann durch einen Probebrand abgeschätzt werden. Die Ausbeutesätze werden bei sogenannten Abfindungsbrennereien amtlicherseits (Zollverwaltung) festgesetzt (Gegensatz „Verschlussbrennereien"), die praktischen Ausbeutesätze liegen in der Regel höher.

Alkoholausbeute bei der Gärung. Mit dem Begriff „Alkoholausbeute" beschreibt man außerdem die Menge Äthanol, die aus 100 g vergärbarem Zucker (Invertzucker) während der alkoholischen Gärung entstehen. Diese Alkoholausbeute schwankt zwischen 45 und 48 % und wird bei den üblichen Gärverfahren beim Wein mit durchschnittlich 47 % angenommen. Die Alkoholausbeute ist bei Fehlgärungen besonders niedrig (erkennbar am extrem hohen Gehalt an flüchtigen Säuren etc.). Gärverfahren, die wie die „offene Maischegärung" bei Rotwein zu starker Alkoholverdunstung führen, liegen darin sehr niedrig. Gezügelte Gärungen (bei Weißwein häufiger) führen dagegen zu hohen Alkoholausbeuten.
Die theoretisch denkbare Ausbeute von 51,1 % wird nie erreicht, da bei der alkoholischen Gärung immer noch Nebenprodukte gebildet werden, die unabhängig von Alko-

holverlusten die Alkoholausbeute insgesamt senken. Eine starke Zellvermehrung der Hefe vermindert die Alkoholausbeute (Verbrauch von Zucker zum Aufbau der Zellsubstanz, Intensivierung der Gärung = höhere Gärtemperatur = höherer Verlust an Alkohol durch Verdampfung (→ Gärung). Generell scheint der niedrigere Feststoffanteil des Mostes (zunehmende Tendenz zur scharfen → Mostvorklärung), niedrige Gärtemperaturen (→ Gärung, gekühlte) und die Anwendung von → Trockenhefen die Ausbeute zu erhöhen.
Bei der → Anreicherung ist es grundsätzlich falsch, das Ausgangsmostgewicht gleich dem potentiellen Alkohol zu setzen. Ab ca. 60°Oechsle „gären die Weine hoch", d. h. der spätere Alkoholgehalt liegt in der Regel höher als eine einfache Gleichsetzung: Oechselgrade=Alkoholgehalt (g/l) vermuten lässt. Fehler bei der Berechnung → Anreicherung beruhen in der Regel in der falschen Einschätzung des → potentiellen Alkoholgehaltes (→ Alkoholgehalt, natürlicher, → Anreicherung). Siehe Hinweise zum Gebrauch der Tab. 1 im Anhang.

Alkoholbestimmung. Der Gehalt an Alkohol ist eine wichtige → Kennzahl und interessiert aus vielerlei Gründen. Bei der Überwachung und Beurteilung, aber auch während der Herstellung von Wein, ist die Kenntnis des Alkoholgehaltes von Nutzen. Die zur Bestimmung geeigneten analytischen Methoden lassen sich nach Gesichtspunkten wie Genauigkeit und Zuverlässigkeit, Aufwand, Kosten und Schwierigkeitsgrad der Durchführung einteilen. Zur Unterscheidung können aber auch die Grundlagen der analytischen Methodik dienen. Letzteres soll hier als ordnendes Prinzip herangezogen werden. Dabei ist zu unterscheiden zwischen solchen Methoden, bei denen der Alkohol erst vor der eigentlichen Bestimmung aus dem Wein abgetrennt wird (z. B. durch Destillation) und solchen, die im Wein direkt eingesetzt werden.

1. Destillationsmethoden mit anschließender Bestimmung des Alkoholgehaltes im Destillat mittels
a) der Dichte (Gewichtsverhältnis),
b) der Refraktion,
c) der Oxidation des Alkohols.
Bei der Methode nach 1 a) muss man Sorge tragen, dass der Alkohol vollständig übergeht, was bei Wein etwa dann erreicht ist, wenn etwa 2/3 der Weinmenge abdestilliert sind. Meist wählt man zur exakten Abmessung von 50 ml Wein → Pyknometer, das sind Messkolben mit sehr engem Hals mit Einstellmarkierung; erhitzt wird vorzugsweise mit elektrischen Heizquellen, die eine gleichmäßige Erhitzung gewährleisten. Die eigentliche Destillationsapparatur soll aus Vollglasteilen mit Schliffverbindungen mit anschließendem Wasserkühler bestehen, damit keine Verluste von Alkohol bei der Destillation eintretenBei der normalen Destillation, die meist nach ca. 15 bis 20 Minuten abgeschlossen ist, gehen neben Alkohol noch andere flüchtige Substanzen über, die einen Siedepunkt unter dem des Wassers haben. Aber auch „Wasserdampf-flüchtige" Stoffe können dabei mit ins Destillat übergehen.
Die eigentliche Bestimmung der Menge im abgetrennten Destillat erfolgt durch Auffüllen im Pyknometer auf exakt 50 ml bei 20 °C. Mit Hilfe des gewogenen Gewichtes und des bekannten Volumens lässt sich die Dichte ermitteln. Die Dichte kann unter Heranziehung von Tabellen in den Alkoholgehalt (g/l oder % Vol.) umgesetzt werden (s. Tab. 6 im Anhang).
Die Methode 1 b) verläuft im Prinzip ähnlich, allerdings wird das Destillat nicht nach der Einstellung gewogen, sondern mit einem geeigneten → Refraktometer die Refraktion gemessen. Letztere verändert sich mit dem Alkoholgehalt und ist ein Maß zur Ermittlung der Alkoholkonzentration (in g/l oder % Vol.). Die Dichte lässt sich auch mit der → hydrostatischen Waage messen oder – bei

hinreichend großer Menge (mehr als 200 ml Destillat) – auch mit → Aräometern.
Sehr im Kommen ist die Methode nach 1 c) (Oxidation des abgetrennten Alkohols). Als Oxidationsmittel eignet sich Chromsäure in Mischung mit Salpetersäure. Die Messung der oxidierbaren Alkoholmenge tritt hier anstelle der Dichtebestimmung. Im Gegensatz zur Methode der Dichtebestimmung, die 50 ml oder mehr erfordert, genügen 1 ml Wein zur Destillation und Messung. Dadurch verkürzt sich naheliegenderweise der Vorgang der Destillation auf wenige Minuten. Als weiteren Vorteil muss man es werten, dass es bei einer Variante (→ Combitest-Verfahren) möglich ist, während des Vorganges der Destillation gleichzeitig die Zuckeraufspaltung durchzuführen. Nähere Angaben sind den Anleitungen der Hersteller zu entnehmen.
2. Direkte Bestimmung im Wein ohne Destillation. Bei allen Methoden, die direkt im Wein ohne Separierung des Alkohols operieren, gilt es zu bedenken, dass dort noch sämtliche Substanzen des Weines vorhanden sind, die störend in Erscheinung treten können. So ist z. B. eine direkte Oxidation zur Messung des Alkoholgehaltes nicht möglich, da eine Reihe von Extraktstoffen gleichfalls oxidierbar sind.
Aber auch bei der Ermittlung physikalischer Größen wie Dichte, Refraktion, Siedepunkt, Wärmeausdehnung, Oberflächenspannung ist die alkoholabhängige Größe stets durch den Einfluss der Extraktstoffe überdeckt und verfälscht. Ist der Extraktbestandteile-Extrakteinfluss gering, da die Menge der Extraktstoffe niedrig ist (durchgegorene, extraktarme Weine), kann jedoch ein hinreichend genaues Ergebnis mit solchen Verfahren erreicht werden, wobei die Fehler dann bei +2 bis +3 g/l liegen können.
Weitere direkte Bestimmungen arbeiten mit Enzymen (→ enzymatische Analyse). Leider sind diese Enzyme teuer, wenig haltbar und erfordern Photometer.
Die „direkten“ Verfahren sind nur bei großen Serien rationell, durch die hohen Verdünnungen erreichen diese ferner nicht die Präzision der Destillationsmethoden.
Eine Zwischenstellung zwischen direkter Bestimmung im Wein und den Destillationsmethoden nimmt die Methode der → Gaschromatographie ein. Hierbei wird der Wein in eine erwärmte Kammer eingespritzt und durch einen Gasstrom über eine Trennsäule geführt, dort aufgetrennt und nach einer gewissen Rückhaltezeit in einer Messeinrichtung registriert. Aus der Höhe und dem Inhalt der dort resultierenden Kurve lässt sich der Alkoholgehalt entnehmen. Allein schon wegen der hohen Anschaffungskosten für die Apparatur sind diese Methoden den wissenschaftlichen Labors vorbehalten, die daneben noch andere interessierende, gleichfalls flüchtige Substanzen in einem Zug ermitteln. Für eine andere chromatographische Trenn- und Nachweismethode, wie → FTIR oder→ HPLC, gelten ähnliche Einschränkungen. Zur Bestimmung des Alkoholgehaltes durch Messung der Wärmeausdehnung oder Oberflächenspannung erübrigen sich aus Gründen mangelnder Präzision nähere Ausführungen (→ Extraktstoffe, → Photometer).

Alkohol, Brennwert gibt den kalorischen Nährwert des Getränkes an, der durch den Alkoholgehalt bedingt ist. Meist gibt man die Brennwerte in kcal pro Flascheninhalt oder pro 1 l an. Basis der Berechnung ist die Tatsache, dass 1 Gramm Alkohol 7 kcal liefert, d. h.:
1 l Wein mit 70 g/l Alkohol enthält einen Brennwert von 70 × 7 = 490 kcal = 2,058 Kilojoule.
Neben dem alkoholbedingten Brennwert kommt im Wein noch der Brennwert anderer Substanzen wie Zucker, Glycerin, Säuren etc. zum Tragen. Neue Maßeinheit für den → Brennwert ist → Joule. 1 kcal = 4,2 kj (Kilojoule).

Alkoholdehydrogenase. Mit diesem → Enzym wird innerhalb der Gärungskette Acetaldehyd zu Äthylalkohol hydriert (reduziert).

Alkohole, nennt man eine Reihe organischer, d. h. kohlenstoffhaltiger Verbindungen, die als funktionelle Gruppe eine einheitliche Gruppe, nämlich eine oder auch mehrere an Kohlenstoff-Ketten gebundene -OH-Gruppe besitzen. Dieser gleichartige Grundaufbau führt auch zu ähnlichen chemischen und physikalischen Eigenschaften. Je nach Anzahl der im Molekül verankerten -OH Gruppen spricht man von 1-, 2-, 3- oder mehrwertigen Alkoholen. Die Stelle der Bindung der -OH-Gruppe an der Kohlenstoffkette kann am Ende, innerhalb der Kette oder an einer Kettenverzweigung plaziert sein. Daraus ergeben sich die sogenannten primären, sekundären oder tertiären Alkohole. Zu den einwertigen Alkoholen zählen der → Methyl-, → Äthyl-, → Propyl-, → Butyl- und → Amylalkohol (mit 1 bis 5 Kohlenstoffatomen), zu den zweiwertigen das → 2,3 Butylenglykol (zwei -OH Gruppen), zu den dreiwertigen gehört das → Glycerin. Alle diese Alkohole kommen im Wein oder in anderen alkoholischen Getränken vor. → Mannit ist ein mehrwertiger Alkohol, der auf bakterielle Prozesse hinweist, → Sorbit ist ein mehrwertiger Alkohol, der für Obstweine charakteristisch ist (s. Tab. 25 und 26 im Anhang).

Alkohole, Eigenschaften. Die einwertigen Alkohole sind meist mehr oder weniger toxisch. Höchst giftig ist der *Methylalkohol* (auch früher Holzgeist genannt), der in Mengen von 30 bis 240 ml aufgenommen, tödlich wirkt. Im Wein kommt → Methylalkohol in Mengen zwischen 15 und etwa 250 mg/l vor (→ Wein, Zusammensetzung). Da die Bildung von Methylalkohol durch Pektinabbau eintritt, führt längeres Stehenlassen auf der Maische, Mazerierung des Lesegutes – insbesondere bei faulem Lesegut-, Behandlung mit bestimmten pektinspaltenden Enzymen zu einem Anstieg des Methylalkoholgehaltes. Obstweine und Rotweine enthalten deshalb mehr Methylalkohol, aber immer nur Mengen, die ungiftig sind. In Destillaten ist Methylalkohol bei Tresterbranntwein am höchsten.
→ *Äthylalkohol* wirkt in Mengen von 750 bis 800 g (bezogen auf 100 %igen Alkohol) absolut tödlich. Chronische Schäden äußern sich nach längerer Zeit als Leberzirrhose, chronische Nephritis etc., akut tritt ein Berauschungszustand ein.
Der Abbau des Alkohols erfolgt vorwiegend durch Verbrennung im Körper. Es werden etwa 0,1 g/kg Körpergewicht/Std. abgebaut. Somit ist der festgestellte Blutalkoholgehalt nicht allein von der aufgenommenen Menge und der Zeitdauer des. Abbaues, sondern insbesondere vom Körpergewicht (Blutvolumen) abhängig.
Äthylalkohol ist der eigentliche Genussalkohol. (→ Alkohol). Bei den höheren Alkoholen (einwertige Alkohole mit längerer Kette) steigt die nervenschädigende Wirkung noch stärker an. Bekanntlich ist die Wirkung der Alkohole aber auch durch Pharmaka, Kaffee etc. gesteigert. Die Metabolisierung von Alkohol im menschlichen Organismus wird teilweise durch die genetische Veranlagung gesteuert. Vermutlich ist die ausgeprägte Übelkeit nach Alkoholgenuss auf Anteile an → höheren Alkoholen zurückzuführen. Andererseits sind *Höhere Alkohole* an der Arombildung beteiligt und können im Wein in Mengen zwischen 150 und 500 mg/l vorkommen (→ Fuselöle). Der durchschnittliche Gehalt liegt bei etwa 250 mg/l. Bei Rotweinen scheint er etwas höher als bei Weißweinen zu liegen. Neben den bereits erwähnten höheren Alkoholen gibt es eine weitere, größere Anzahl, die vorwiegend durch die Analysentechnik der Gaschromatographie nachgewiesen wurden.
→ *Glycerin* (CH_2 OH CHOH CH_2OH) entsteht als Nebenprodukt der alkoholischen Gärung.

Es ist nicht flüchtig (Siedepunkt 290 °C) und findet sich deshalb unter der Gruppe der Stoffe, die man im Wein dem sogenannten → zuckerfreien Extrakt zuordnet. Die entstehende Menge an Glycerin beträgt etwa 3 % des umgesetzten Zuckers, allerdings ist die gebildete Menge von Temperatur, pH-Wert, SO_2-Zusatz zum gärenden Medium und dem Hefetyp abhängig. Pro 100 g Alkohol entstehen während der alkoholischen Gärung zwischen 6 und 11 g Glycerin, im Durchschnitt etwa 8 g.
Größere Mengen entstammen dem Most (aus edelfaulen Trauben) oder rühren von unzulässigen Zusätzen her (→ Weinverfälschungen). Dort kann der Glyceringehalt des Mostes (bei Beeren- und Trockenbeerenauslesen) auf über 20 g/l ansteigen. Das Verhältnis von Glycerin zu Äthylalkohol dient teilweise als Beurteilungsgrundlage, andererseits kommt dem Glycerin als Weininhaltsstoff auch eine Bedeutung wegen seiner „schmelzenden" Art zu.
→ 2,3 Butylenglykol (2,3- Butandiol) kommt in Mengen zwischen 0,2 und 0,6 g/l natürlicherweise im Wein vor. 1985 wurde in Österreich durch Zusatz von → Diethylenglykol der Extraktwert von Weinen manipuliert. (→ Weinverfälschungen, → Wein, Zusammensetzung).

Alkoholfreie Getränke sind eine Reihe verschiedenster Erfrischungsgetränke. Ihre Abgrenzung ergibt sich überwiegend aus der Tatsache, dass der Alkoholgehalt unter 4 g/l liegen muss. In der Regel handelt es sich um Erfrischungsgetränke, die als Fruchtsaftgetränke, Fruchtsäfte, Limonaden etc. einen unterschiedlichen Fruchtanteil besitzen müssen.
Eine Besonderheit stellt der sogenannte entalkoholisierte Wein dar, dem der Alkoholgehalt durch ein besonderes physikalisches Verfahren entzogen wurde. Für die rechtliche Beurteilung der alkoholfreien Getränke sind die Normativbestimmungen des ALAG, die Normen der Lebensmittelbuchkommission und das Lebensmittelrecht heranzuziehen. → Wein, entalkoholisiert.(→ ALAG, → Fruchtsaft, → Fruchtsaftgetränke, → Limonaden). Im Unterschied zu Wein muss bei alkoholfreien Getränken (außer Tafelwasser) die Mindesthaltbarkeit angegeben werden (→ Haltbarkeit).

Alkoholgehalt der Weine. Dieser Gehalt schwankt in relativ weiten Grenzen je nach Weinart (verstärkte Weine mit einem künstlichen Alkoholzusatz liegen über 140 g/l, dem Wert, der durch Gärung möglicherweise maximal erreichbar ist). Zwischen dem Mindestgehalt von 43,4 g/l von → Beeren- und → Trockenbeerenauslesen und der durch die Leistungsfähigkeit der Hefen bestimmten oberen Grenze (→ Tab.2 im Anhang) sind alle Übergänge denkbar. Für alle → Qualitätsweine (mit und ohne Prädikat) mit Ausnahme der Beeren- und Trockenbeerenauslesen sind laut Gesetz 55,2 g/l Mindestalkohol vorgeschrieben, für → „Tafelweine" dagegen mindestens 67 g/l. Diese Anforderungen spiegeln wider, dass mit ansteigendem Zuckergehalt im Most (= höhere Prädikate!) die Bildung des Alkoholgehaltes erschwert ist. Grob ausgedrückt kann man bei Weinen umso weniger Alkohol erwarten, je größer die Menge an (Rest)-Zucker ist (→ Restsüße).

Alkoholgehalt, natürlicher ist der ohne Anreicherung aus dem natürlichen Zucker entstandene (oder daraus errechnete) Alkoholgehalt. Der errechnete natürliche Alkohol entspricht im Most einer Mostgewichtsangabe. Insoweit Mindestmostgewichte vorgeschrieben sind, entsprechen diese einem natürlichen Mindestalkoholgehalt (→ Mostgewicht, Mindestanforderungen (→ Tab. 2 im Anhang).

Alkoholgehalt, potenzieller. Man denke sich den vorhandenen Zucker vergoren und erhält den potenziellen Alkoholgehalt eines Getränkes. Den durch Vergärung erzielbaren Alkohol errechnet man auf Grund der mittleren → Alkoholausbeute (47 %). Der potenzielle Alkoholgehalt eines Getränkes tritt nur bei zuckerhaltigen Getränken wie z. B. bei Wein mit → „Restsüße“ in Erscheinung.

Alkoholgehalt, vorhandener. Der tatsächlich vorhandene Alkoholgehalt lässt sich analytisch ermitteln und wird meist in g/l oder in % Vol. ausgedrückt (→ Tab. 4 im Anhang). Addiert man vorhandenen Alkoholgehalt und potenziellen Alkoholgehalt auf, so erhält man den Gesamtalkohol, eine → Kennzahl, die über Qualität und Prädikat des Weines etwas aussagt. Für bestimmte Bezeichnungen muss ein bestimmter Gesamtalkoholgehalt natürlicherweise vorhanden sein (→ Prädikate Kabinett, Spätlese, Auslese, Beerenauslese, Trockenbeerenauslese, Eiswein). Obwohl der Alkoholgehalt zur „Weinigkeit“ des Weines beiträgt, insbesondere auch deshalb, weil parallel zum Äthylalkohol bei der Vergärung des Zuckers ansteigende Mengen an → Glycerin, → Butylenglykol, höheren Alkoholen etc. entstehen, sollte man den Alkoholgehalt keineswegs als wichtigstes Qualitätskriterium deutscher Weine ansehen. Ein harmonischer, den übrigen Inhaltsstoffen des Weines angepasster Alkoholgehalt mag meist zwischen 70 und 90 g/l (ca. 9–11,5 % Vol.) liegen. Zur Erhöhung des „natürlichen Alkoholgehaltes“ ist unter bestimmten Umständen eine → Anreicherung mit Saccharose (Rübenzucker) oder Konzentrat (RTK) (aus Traubenmost gewonnen) zulässig (→ Alkoholangabe, → Alkoholgehalt, natürlicher, → Konzentrate).

Alkoholgeschmack. In wässrig-alkoholischen Lösungen kommt dem Alkohol eine gewisse Süßkraft zu bzw. dieser verstärkt die Süßkraft des Zuckers und die Nachhaltigkeit von Bitterstoffen aber auch Gerbstoffen (→ Adstringierender Geschmack). In größeren Mengen tritt Alkohol zudem deutlich „brandig“ hervor. Bei extraktarmen Weinen, insbesondere bei Weißweinen, wird dies beanstandet. Bei extraktreichen Weinen, insbesondere bei Rotweinen, kann dies jedoch erwünscht sein (→ Geschmacksschwellenwert).

Alkohol:Glycerin-Verhältnis. Es sagt aus, wieviel Gramm → Glycerin auf 100 g Äthylalkohol im Wein entfallen. Es liegt meist zwischen 6 und 11, kann aber auch dann überschritten werden, wenn Glycerin unabhängig von der Gärung bereits im Most (aus edelfaulen Trauben) vorgebildet war. Hochreife Moste aus edelfaulem Lesegut können bis 20 g/l enthalten, wodurch sich das Glycerin:Alkohol-Verhältnis auf über 20/100 anheben kann. Der überwiegende Anteil am Gesamtgehalt an Glycerin entstammt dann dem Most und nicht der alkoholischen Gärung (→ Alkohole, → Weinverfälschungen).

Alkoholmanagement. Methoden zur Reduzierung des natürlichen Alkoholgehaltes (→ Alkoholgehalt, natürlicher, → Alkoholangabe, → Spinning cone column).

Alkoholometer sind → Aräometer, die speziell aus der → Dichte den Alkoholgehalt alkoholisch-wässriger Mischungen abzulesen gestatten. In der äußeren Form entsprechen diese anderen Aräometern, wie der bekannten „Mostgewichtswaage“ nach Oechsle. Die Skala dagegen verläuft umgekehrt wie bei der Mostgewichtswaage, weil mit abnehmender Dichte (unter 1,000 gelegen) der vorhandene Alkoholgehalt zunimmt, während das Mostgewicht (über 1,000 gelegen) mit zunehmender Dichte zunimmt. Die Skala kann verschiedene Einteilungen zeigen, je nachdem ob der Alkoholgehalt in Gew.% =

g/100 g oder % Vol. = ml/100 ml auszudrücken ist. Selten findet man die Skaleneinteilung g/100 ml. Als Bezugstemperatur gilt heute ausschließlich 20 °C.
Sind in den wässrig-alkoholischen Lösungen noch andere Komponenten enthalten, beeinflusst deren Dichte die Messung. Meist umgeht man die Störung teilweise durch Abtrennung des Alkohols durch Destillation (z. B. bei Wein oder extraktreichen Spirituosen). Zur angenäherten Gehaltsermittlungen bei Destillaten ist die Methode hinreichend (→ Alkoholbestimmung).

Alkoholreduzierter Wein, alkoholfreier Wein. Entalkoholisierter Wein und → „teilentalkoholisierter“ Wein sind keine Erzeugnisse im Sinne des Weingesetzes, sondern nach dem Lebensmittelrecht zu beurteilen. Entalkoholisierter Wein darf als alkoholfreier Wein bezeichnet werden, wenn er weniger als 0,5 % Vol. vorhandenen Alkohol enthält. Nach dem Lebensmittelrecht darf der Gehalt an gesamter schwefliger Säure nicht über 200 mg/l liegen, der direkte Zusatz von Sorbinsäure ist verboten, aus dem Grundwein stammende Sorbinsäure wird bis 200 mg/l jedoch toleriert. Als Konservierungsmittel darf → Dimethyldicarbonat (Velcorin) zugesetzt werden. Zur Süßung sind → Saccharose, → Traubenmost- bzw. rektifiziertes → Traubenmostkonzentrat zugelassen. Da Aromaverluste meist nicht vermeidbar sind, wird Aroma zurückgeführt und meist auch Kohlensäure zugesetzt. Darüber hinaus sind schäumende Getränke aus entalkoholisiertem oder „teilentalkoholisiertem“ Wein hergestellt worden. Bei „teilentalkoholisiertem“ Wein (0,5–4 % Vol. Alkohol) ist ab 1,2 % Vol. der Alkoholgehalt anzugeben. Außerdem sind generell für das Getränk unter 1,2 % Vol. Alkohol die Zusatzstoffe zu bezeichnen. Gehalte von mehr als 50 mg/l gesamte schweflige Säure und das Mindesthaltbarkeitsdatum sind im Sinne des Lebensmittelrechtes obligatorisch anzugeben.

Alkoholreduzierter Wein, Technik. Folgende Verfahren sind anwendbar:
- Thermische Verfahren (Destillation).
- Unter Normaldruck wäre die Trennung des Alkohols von Wasser mit einer zu hohen Wärmebelastung verbunden.
- Im Vakuumverfahren (Unterdruck) kann man Trenntemperaturen von 30 °C erreichen, so dass die Bildung von Nebenprodukten gering gehalten wird. Der Trenneffekt wird durch Destillationskolonnen (aus Glas) verbessert. Die Trennanlagen sind demgemäß teuer, das thermische Verfahren wurde durch modernere Techniken etwas zurückgedrängt (→ Umkehrosmose).

Die Nachfrage nach alkoholarmen Getränken ist generell hoch, da die Verkehrsgesetzgebung einerseits und der Wunsch nach kalorienarmen Lebensmitteln andererseits die Tendenz fördert. Während bei Bier der entzogene Alkohol geschmacklich weniger in Erscheinung tritt, ist bei Wein der Alkohol als aromasteigernde, geschmacksfördernde Komponente kaum entbehrlich. Alkoholreduzierte Weine wirken dadurch zwangsläufig dünner, die Haltbarkeit ist durch das Fehlen des Alkohols geringer (→ Weitere Verfahren, → Membranverfahren, → Umkehrosmose).

Alkoholstärken (-gehalte) in Weinbrand und sonstigen Spirituosen sind gesetzlich geregelt und dürfen Mindestwerte nicht unterschreiten.

Alkohol, Umrechnungen. Für den praktischen Gebrauch ist die Tatsache, dass verschiedene Konzentrationsangaben (→ Alkoholometer) üblich sind, recht hinderlich. Außer den Angaben im c-, g-, s-System (Gramm pro Liter) gibt es noch Angaben anderer Maßsysteme wie im angelsächsischen

Sprachraum *Proof spirit*. Die Umrechnung der üblichen Angaben lässt sich am besten mit der Tab. 4 (im Anhang) bewerkstelligen. Die übliche Angabe in% Vol. lässt sich vereinfacht wie folgt in g/l umrechnen:
g/l = % Vol. × 7,8924. Oder % Vol. = g/l × 0,1267

Alkoholverluste treten während der Gärung oder der Lagerung der alkoholhaltigen Getränke ein. Während der Gärung steigt der Verlust an mit der Gärtemperatur (Erhöhung des Dampfdruckes des Alkohols), mit dem insgesamt gebildeten Alkohol, der Turbulenz während der Gärung und der Verdunstungsoberfläche. Insbesondere die (offene) Vergärung auf der Maische erhöht den Verlust. Die dadurch verloren gehende Menge liegt bei geschlossener Gärung unter 1 % der gebildeten Menge, kann aber bei offener → Gärung merklich darüber ansteigen (bis zu 10 g/l).

Alkohol, Wirkung auf die Hefe. Der Alkohol hemmt als Stoffwechselprodukt sowohl die Vermehrung der Hefe, wie die Vergärung des Zuckers durch die Hefe. Kleinere Konzentrationen behindern zunächst nur die Vermehrung (Sprossung) der Hefe, die Stoffwechselproduktion der vorhandenen Hefe wird erst bei höherer Konzentration eingestellt (enzymatische Tätigkeit der Hefe). Da Wachstum der Zellen durch Sprossung und deren Stoffwechseltätigkeit (Gärung) gekoppelt sind, kann die Hemmwirkung des Alkohols durch ein günstiges Nährstoffangebot, geeignete Temperatur oder Belüftung bis zu einem gewissen Grad kompensiert werden.
Unterschiedlich verhalten sich auch die verschiedenen Typen von Hefen. Bei 1 bis 2 % Vol. Alkohol kann bereits eine Verlangsamung der Vermehrung (Sprossung) eintreten, bei 5 bis 8 % Vol. wird diese meist aufhören. Die eigentliche Stoffwechseltätigkeit (Gärtätigkeit der Hefe) jedoch wird frühestens bei etwa 10 % Vol. unterbunden. Es gibt aber sehr gärstarke Hefen (wie z. B. *S. bayanus*), die eine hohe Gärleistung haben. Der dadurch entstandene Alkoholgehalt kann dann auf bis zu 18 % Vol. ansteigen – allerdings nur unter sehr günstigen Umständen. Diese Erkenntnisse werden bei der Haltbarmachung von süßen → Dessertweinen durch Zusatz von Alkohol verwertet. Der Alkoholgehalt wird dort deshalb in der Regel über 15 % Vol. angehoben, um eine hinreichende Haltbarkeit zu erreichen (→ Hefe, → Vergärung).

Alkohol:Zucker-Verhältnis. Dieses Verhältnis drückt die Relation von Zucker zum Alkohol aus. Aus praktischen Gründen setzt man den Zucker = 1 und gibt das Vielfache des Alkohols an, der in Weinen höchster Qualität – wie bereits bei→ Alkoholgehalt erwähnt – nicht immer überwiegen muss. Das Alkohol:Zucker-Verhältnis hat als Kennzahl erst dann Bedeutung gefunden, als man zur Eindämmung der Süße in einfachen Weinen gesetzliche Schranken setzte. In der Entwicklung des Weinrechts kann man Stationen rekonstruieren:
1958 Beschränkung des Verhältnisses Zucker:Alkohol auf 1:4 für alle Weine ausschließlich Auslesen, Beerenauslesen, Trockenbeerenauslesen und Eisweine, die traditionell höhere Gehalte an Zucker enthielten.
1965 Zulassung höherer Gehalte an „Rest“-Zucker (1: 3). Für diese Gruppe 1971 Übertragung der diesbezüglichen Regelungen in die Zuständigkeit der Länder, die sortenbezogene Einschränkungen erlassen haben.
1984 wurde in Rheinland-Pfalz jegliche „Restzuckerbegrenzung“ aufgehoben, insoweit diese an Alkohol gebunden war. Zu anderen Formen der gesetzlichen Begrenzung → Restsüße.

Alkoholzusatz, der in einigen Dessertweinen dann üblich und zulässig ist, falls dieser aus der Gärung stammt, ist neuerdings problematisch, seit dazu nachgewiesenermaßen auch Synthesesprit verwendet wurde. Der (verbotene) Zusatz an Synthesesprit lässt sich durch Bestimmung des C^{14}-Isotops nachweisen (→ Stabilisotopen-Analyse, → Weinverfälschungen).

Allergene. Es handelt sich bei den Allergenen um Substanzen, die körperliche Unverträglichkeitsreaktionen beim Menschen auslösen können. Es ist bekannt, dass solche Reaktionen beim Verzehr von Lebensmitteln der verschiedensten Art eintreten können. Die Art des Allergens und eine besondere Veranlagung (Immunsystem) mancher betroffenen Konsumenten wird vorausgesetzt. Auch beim Wein geht man insbesondere bei der Anwendung bestimmter Weinbehandlungsmittel- von einem möglichen allergenen Potential aus. Bei Anwendung allergener Zusatzstoffe kann zwecks Information betroffener Personen eine obligatorische Deklaration sinnvoll sein. Für Wein hat das → OIV deshalb für folgende Weinbehandlungsmittel eine Deklarationspflicht vorgeschlagen:
→ Albumin (Hühnereiweiß)
→ Kasein (Milcheiweiß)
→ Lysozym
→ Schwefeldioxid und Sulfite (Deklarationspflicht bereits ab 2005)

Für den Zusatz von Sulfiten bzw. Schwefeldioxid ist die Deklarationpflicht ungleich problematischer, da dieser Zusatz für die Weinbehandlung unverzichtbar ist. (→ Schweflige Säure, gesundheitsschädliche Wirkung, → Schweflige Säure, Herabsetzung). Aus guten Gründen wird die Behandlung mit SO_2 seit dem Mittelalter praktiziert. Da es sich ausserdem um ein im normalen Ablauf des menschlichen Stoffwechsels in größerer Menge auftretendes Zwischenprodukt handelt, stellen die im Wein enthaltenen Sulfitgehalte keine zusätzliche Belastung dar. Zudem sind die zulässigen Gehalte für Wein und dessen Folgeprodukte (Sekt etc.) gesetzlich limitiert. Es ist für den Önologen überraschend, wie die vorteilhaften und vielseitig positiven Wirkungen des im Wein enthaltenen Sulfits vielfach ignoriert werden. Es gibt kein Weinbehandlungsmittel, welches sowohl der Qualität wie der Bekömmlichkeit des Weines so dienlich ist wie die schweflige Säure (siehe oben).
Die allergene Wirksamkeit der restlichen Gruppe der oben erwähnten Weinbehandlungsmittel basiert insbesondere auf der bekannten Immunreaktion des Körpers auf „fremdes" Eiweiß, wie es beim Verzehr von Fisch, Milch und anderen Lebensmitteln bei Allergikern in größerem Umfang beobachtet wird. Man rechnet, dass ca.3–4 % der deutschen Bevölkerung unter Lebensmittelallergien leidet. Bei Wein steht das besonders in romanischen Ländern traditionell angewendete „Eiklar" als Schönungsmittel an vorderster Stelle der Kritik. Aufwändige Untersuchungsreihen zur Analyse, aber auch zu Maßnahmen (nachträgliche Entfernung allergener Stoffe im Wein) sind zur Zeit im Gange. Die Frage nach der Sinnhaftigkeit mancher Weinbehandlungsmittel bleibt unabhängig von diesen Erschwernissen zu stellen.

Allier-Eiche. Bekanntlich ist Holz nur bei bestimmten Holzqualitäten zur Herstellung von Holzfässern geeignet. Damit sind nicht alleine die verschiedenen Eichenarten (*Quercus sp.*), sondern auch die Standortbedingungen für die technologisch wichtigen Strukturen des Fassholzes maßgeblich. In der Region Allier (Frankreich) wird in der Regel die Traubeneiche *(Quercus sessilis)* angepflanzt, die dem Wein ein ausgeprägtes Aroma (Methyloctalacton = Vanille) vermittelt. Durch die engeren Poren gibt die Allier-Eiche weniger → Phenole (→ Katechine) ab. Andere Fasshölzer wie z. B die Stieleiche *(Quercus robur)* aus der Region Limousin (Frankreich) bewirken höhere Phenolgehalte im Wein. (→ Amerikanische Eiche, → Barrique, → Barrique-Wein, → Limousin).

Alter der Fässer. Die Eignung der Fässer zur Lagerung von Wein wird auch durch das Alter der Fässer eingeschränkt. Obwohl man normalerweise von einer Lebensdauer von über 20 Jahren ausgehen kann, spielt die Konservierung der Fässer und die Beschaffenheit der Kellerräume eine bedeutsame Rolle. Bei ungenügender Konservierung kann sich innen und außen ein Schimmelbelag bilden, der ins Holz eindringt. Alte Holzfässer zeigen deshalb keine Struktur mehr, sondern sind gleichmäßig schwärzlichblau eingefärbt. Die Qualität des Holzfasses kann man durch Befüllen mit einer SO_2-haltigen Lösung (150 g SO_2 auf 1000 l Wasser), die man nach etwa 14 Tagen entnimmt und „abschmeckt", prüfen. Schimmlige Fässer zeigen dann einen deutlichen „Grauton" des Wassers. Eine weitere Problematik ergibt sich in der Wahl geeigneter Holzschutzmittel, die meistens auf der Basis chlorhaltiger Präparate aufgebaut sind. Auch die Beseitigung von SO_2-Lösungen zählt dazu. Ein mit Holzton behafteter Wein (Weißwein) lässt sich nur schwierig von diesem Fehler befreien.
Die bisher erwähnte Pflege des Holzfasses rückt neuerdings wieder stärker in den Vordergrund. Vorwiegend Rotweine werden – zumindest für eine gewisses Dauer – im (größeren) Holzfass ausgebaut und gelagert. Zudem hat die verstärkte Richtung zum → Barrique-Ausbau wieder die „Rezepte" zur optimalen Pflege des Fassholzes in Erinnerung gerufen. Durch die kurze Nutzungsdauer des Barriquefasses ist dort der Pflegeaufwand allerdings meist geringer (→ Barrique-Wein, → Fassgeschmack, → Rekonditionierung des Barriquefasses).

Altern der Weine. Alterung und Haltbarkeit sind voneinander unabhängige Begriffe. Während die Alterung eine unvermeidbare Entwicklung ist, kann man die Haltbarkeit z. B. zum Zwecke der Verhinderung von Eintrübungen durch Vorkehrungen auch bei alten Weinen, das heißt langer Lagerung, sicherstellen. Deshalb gibt es beim Wein im Gegensatz zu anderen Lebensmitteln auch keine gesetzlich verankerte Angabe der → Mindesthaltbarkeit.
Zweckmäßigerweise beschreibt man die Alterung eines Weines positiv als Reifung (→ Reifen des Weines), die einem Höhepunkt der Entwicklung und der Qualität zustrebt und dann in einen → Abbau mehr oder weniger langsam einmündet. Die dabei schließlich eintretende Geruchs- und Geschmacksveränderung (→ Firne), überdeckt die ursprünglichen Sortenmerkmale eines Weißweines wie z. B. das → Aroma, die spezifische → Säure etc.; dies kommt in der Auswirkung einem „Bitterton" gleich. Als Folge der altersbedingten Entwicklung vermindert sich der sensorische Eindruck der Säure, aber auch der Süße merkbar (Säure und Süße „schleifen" sich ab). Der dann überwiegende Firneton ist charakteristisch und wird von manchen Weinliebhabern geschätzt.
Ob alter Wein tatsächlich merklich bekömmlicher ist als junger Wein (dabei ist → Federweißer ausdrücklich ausgeschlossen) ist fraglich. Möglicherweise spielt hierbei der Rückgang der schwefligen Säure bei der Alterung eine (positive) Rolle. Eine weitere Folge der Alterung ist die Vertiefung der Farbe bei Weißwein zu goldgelb, bei Rotwein verändert sich die Farbe ins bräunliche. Die Geschwindigkeit der Alterung hängt von der Lagertemperatur ab, so dass man Schatzkammerweine, die viele Jahre lagern sollen, tunlichst bei tiefer Temperatur lagert.
Nur durch totales „Ausgefrieren" der beiden Lösungsvermittler Wasser und Alkohol können die chemischen Abläufe der Alterung total unterbunden werden. Aber auch der Verschluss der Flasche wirkt sich aus. Schlechte

Korken führen zu einer Verdunstung von Wein und zum Zufluss von Sauerstoff und vorzeitiger Alterung bis zum totalen Abbau. Flaschen mit Korkenverschluss sollten liegend gelagert werden. Vorteile besitzen gasdichte → Flaschenverschlüsse.
Durch den Zwang zur sterilen (keimfreien) Abfüllung sind die „restsüßen" Weine mindestens eben so gut lagerfähig wie „trockene" Weine. Kaum vermeidbar ist insbesondere bei hochwertigen Rotweinen die altersbedingte Ausscheidung von (Farb)-Kristallen, die man allerdings, da sie sich kompakt absetzen, leicht dekantieren kann. Ein Qualitätsverlust ist damit nicht verbunden. Welche Lagerzeit zur optimalen Ausbildung der Qualität eines Flaschenweines empfohlen werden kann, ist schwerlich generell zu entscheiden. Während einfache → Qualitätsweine meist etwa 1 Jahr nach der Ernte des Traubengutes auf der *Höhe der Entwicklung* angelangt sind, wird man bei → Kabinettweinen bis zwei Jahre, bei → Spätlesen 2 bis 3 Jahre rechnen können. → Auslesen und die darüber rangierenden → Beeren- und → Trockenbeerenauslesen sind in ihrer Art weitgehend von der Lagerung unbeeinflusst. Der dort charakteristische → Botrytiston und der hohe → Extraktgehalt maskieren die Altersfirne, weshalb diese Weine fast unbeschränkt lagerfähig sind. Man kann die Weine gewissermaßen als bereits in den Trauben stark gealterte Produkte ansehen. Voraussetzung ist ein absolut stabiler Flaschenverschluss.
Die sich vollziehenden Veränderungen im sensorischen Erscheinungsbild sind chemisch-analytisch schwer zu fassen. Bei Weißwein dürften hier Umesterungen, Bildung von Acetalen etc. eine Rolle spielen. Dabei wirkt ein solcher Weisswein meist dezenter „in der Nase", im Körper aber „fülliger". In der Flasche können solche Weine aber auch „dumpfer" wirken. Nach Anschauung französischer Forscher bilden sich durch Reduktion → Thiole aus. (→ Redoxwert)
Bei Rotwein ist die Reifung noch komplexer, da sich → Anthocyane, → Kohlenhydrate und → Phenole in sehr komplexen Vorgängen verändern. Insgesamt ist der Prozess „von der Reifung zur Alterung" noch wenig erforscht. Schliesslich wirken sich die Lagerbedingungen (Temperatur, Lichteinfluss, Flaschenverschluss) bei den Prozessen als zusätzliche Varianten aus. Bei der Beurteilung alter Weine spielt zweifellos das persönliche Motiv, ja ein gewisses Prestigedenken eine tragende Rolle, was in manchmal extrem hohen Preisen bei Weinversteigerungen zum Ausdruck kommt. (→ Abbau des Weines, → Acetale, → Aroma, → Dekantieren, → Eintrübung, → Flaschenverschlüsse, → Furfural, → Haltbarmachung, → Korken, Haltbarkeit, → schweflige Säure).

Altern der Weine (chemisch gesehen). Zwar sind eine Reihe von chemischen Vorgängen erfasst worden, doch wird man dadurch keine verwertbare Altersbestimmung erreichen.
Sicher ist, dass der im jungen Zustand vorwiegend vorhandene Essigsäureester des Ethanols (Ethylazetat) im Laufe der Alterung „umgeestert" wird. Anstelle des Essigsäurerestes treten andere Carbonsäuren. Dieser Vorgang ist „programmiert" und resultiert aus der Gleichgewichtseinstellung der beteiligten Verbindungen.
Sensorisch bedeutet dies eine Abkehr von den leichtflüchtigen Azetaten zu schwerflüchtigeren → Estern. Die typische Geruchsnote des Jungweines (Blumigkeit) tritt zurück zugunsten des Aromas im „Körper". Beim Rotwein dominieren Oxidations- und Polymerisationsvorgänge.
Eine andere Entwicklung ist die Bildung des → 1,1,6-Trimethyl-1,2-dihydronaphtalins als Abbauprodukte der pflanzeneigenen → Carotinoide. Diese Substanz ist in erster Linie bei Wein aus südlichen Klimata in höherer Konzentration enthalten und kann insbesondere

bei Rieslingen artfremd und störend wirken. Die erwähnte Komponente trägt zum „Medizinton“ bei.
Typische Abbauprodukte der Kohlenhydrate des Weines sind → Furfural und dessen Derivate. Möglicherweise kommt hier die Komponente „brenzlig-bitter“ zum Tragen.
Weiteren Veränderungen sind die → Terpene unterworfen. Obwohl sich die Kenntnisse über die erwähnten Veränderungen – insbesondere durch die Gaschromatographie – vertiefen ließen, ist der Wissensstand noch ungenügend. Die sensorische Effizienz dieser und anderer, unbekannter Substanzen ist ohnehin wenig untersucht. Im übrigen sind unter → Altern der Weine noch weitere spezifische chemische Veränderungen erwähnt, die vom Weintyp, der Lagerung etc. abhängig sind.

Altersfirne (→ Firne).

Altersnote, untypische, ist ein Begriff der Weinansprache. Bei dem Versuch, diese allgemein als Weinfehler betrachtete Veränderung eines Weines zu charakterisieren, tauchten Begriffe wie „Naphtalinton“, „Geruch nach nassem Handtuch“, „Bohnerwachs“ auf, die man in der nachfolgenden fachlichen Diskussion als „untypische Alterungsnote“ interpretierte. Mit dem Zusatz „untypisch“ sollte dieser Fehlton aber von der klassischen → Firne-Entwicklung abgegrenzt werden. Da inzwischen Substanzen wie 2-Aminoacetophenon als Indikatoren und auch als sensorisch wirksame Komponente ermittelt wurden, besteht heute bezüglich der Ursachen eine weitgehend einheitliche Meinung. 2-Acetophenon wird schon ab Gehalten um 1,2 ug/l sensorisch auffällig. Ins Feld geführt werden überwiegend weinbauliche Maßnahmen (Mangel an Nährstoffen, Trockenstress und Überlastung der Reben) durch überhöhte Erträge, frühe Traubenlese, aber auch klimatisch bedingte Einflüsse genannt. Als Vorstufen der Bildung von → UTA sind Zwischenstufen des Tryptophan-Auxin-Stoffwechsels (Indol-3-Essigsäure) nachgewiesen. Diese – zunächst unauffälligen – Vorstufen zeigen später, somit häufig auch erst nach der Flaschenabfüllung, den UTA-Fehlton. Behandlungen durch → Adsorptionsmittel wie z. B. A-Kohle oder Bentonit erwiesen sich als unbrauchbar. Lediglich eine Zugabe von → Ascorbinsäure *vor* der ersten Zugabe von SO_2 nach der Gärung bringt Hilfe. Da nicht alle Moste und Weine „belastet“ sind, empfiehlt sich eine Vorprüfung mit dem → UTA-Fix-Test.
Ascorbinsäure stellt eine reduktiv wirkende „Barriere“ bereit, die gefährdete Weine schützt. Natürlicherweise geschützt sind Moste und Weine, die eine hohe Kapazität an antioxidativ wirkenden Stoffen enthalten. Dies trifft generell für Rotweine oder maischevergorene Weißweine zu.

Alterstrübungen sind bei sehr lange gelagerten Weinen fast unvermeidbar. Am häufigsten sind solche Kristallabscheidungen bei Weißweinen (vorwiegend am Korkenspiegel), die mehr oder weniger durchsichtig sind. Alte Weine enthalten recht grobe Kristalle, die sich gut absetzen und dadurch auch ausreichend klaren Wein beim→ Dekantieren ergeben. Deshalb ist eine Kristalltrübung auch kein echtes Problem.
Noch häufiger sind alte Rotweine eingetrübt. Der Trub besteht vorwiegend aus feinsten Teilchen aus Farb- und → Gerbstoff. Das Alter von Rotweinen aus der Stärke an Trubdepot ableiten zu wollen, erscheint bei den heute üblichen vorbeugenden Stabilisierungsverfahren (→ Stabilisierung von Wein) allerdings mehr als fragwürdig. (→ Kristalltrübung).

Alterungspotential ist entweder positiv gesehen die Fähigkeit zur weiteren, optimalen Entwicklung → Reifen des Weines oder im negativen Sinne als → Abbau des Weines zu interpretieren. Je nach Stadium der Entwicklung sind die stofflichen Veränderungen der Weininhaltsstoffe, die das Alterungspotential bedingen, gesondert zu betrachten.

Alte Reben. Bei den Beschreibungen und der Deklaration von Weinen findet man gelegentlich den Hinweis „Alte Reben". Der Weinerzeuger signalisiert damit, dass die Weine aus älteren Rebbeständen stammen. Ältere Reben sind nicht mehr so ertragreich wie jüngere Rebanlagen. Und ein niedriger Ertrag ist in der Regel auch mit einer höheren Qualität verbunden. Von der ökonomischen Seite ist eine 20-jährige Rebanlage „abgeschrieben" oder wird aus anderen Gründen (Wechsel des Rebsortiments) durch eine Neuanlage ersetzt. Es liegt somit nahe, Weine, die einer Rebanlage entstammen, deren Bestände älter als 20 Jahre sind, mit der Angabe „Alte Reben" werblich hervorzuheben. Gesetzliche Vorgaben in diesem Sinne sind allerdings nicht festgeschrieben.

Aluminium (Al). In gelöster Form kann Aluminium in Most oder Wein vorkommen. Dabei stammt das Aluminium zum Teil als „primäres Al" aus dem Boden. Diese Mengen liegen unter 1 mg/l. Zusammenhänge zwischen dem Aluminium-Gehalt des Bodens und des Traubenmostes sind nicht gegeben. Höhere Mengen an „sekundärem Al" können insbesondere durch schadhafte oder nicht ausreichend geschützte Alu-Behälter und Gefäße in geringen Mengen auch von Bentonit eingebracht werden. Steigen die Mengen über 2 mg/l an, kann das Getränk fehlerhaft sein (→ Metallgeschmack, → Trübungen).

Aluminiumgeräte sollen in der Kellertechnik nur oberflächengeschützt (lackiert) eingesetzt werden. Tritt deutlich sichtbare Korrosion ein, dann sind die Geräte unbrauchbar. Eloxierte Alu-Gegenstände sind ebenfalls nicht zu empfehlen. Durch die zunehmende Verbreitung von Polyester und anderen → Kunststoffen sind Alu-Gegenstände weitgehend verdrängt worden. Gerätschaften aus Edelstahl sind Alu-Geräten unbedingt vorzuziehen. Die Aufnahme von Aluminium nach der Gärung ist insbesondere deshalb sehr problematisch, da dieses sich schwerlich durch Weinbehandlungsmittel wieder nachträglich entfernen lässt. So z. B. wird Aluminium nicht durch die → Blauschönung ausgefällt (→ Wein, Zusammensetzung)

Ameisensäure (HCOOH) ist eine stechend riechende, ätzende und wasserdampfflüchtige Säure, die zu einem sehr geringen Anteil durch die alkoholische Gärung in Wein gelangt (unter 40 mg/l). Diese wird bei der Analyse zusammen mit der Essigsäure als → „Flüchtige Säuren" mit erfasst.

Amerikanische Eiche (*Quercus alba*) wird gerne im Herkunftsland verwendet, da diese Spezies sich allein durch Sägen zu Dauben verarbeiten lässt. Erst dann ist die Dichtigkeit der Behälter garantiert. Hinsichtlich der sensorischen Auswirkung wird das sog. „Eichenlacton" → Methyloctalacton) in der Literatur angeführt.

Amerikaner-Reben sind seit der Besiedlung der europäischen Weinbaugebiete durch den Rebschädling Reblaus als Reblaus unempfindliche Unterlagen eingeführt. Die Unterlagen werden durch Pfropfung mit Europäer-Reben veredelt. Mit Hilfe der Pfropfreben lässt sich heute – auch in Gegenwart der Reblaus – erfolgreicher Weinbau betreiben.
Die Unterlagen selbst stellen auch bereits Kreuzungen dar, um damit z. B. die Verträglichkeit der Unterlagen mit dem Boden oder dem Edelreis zu verbessern. Durch Einkreuzung von Europäer-Rebmaterial versucht man die Amerikaner-Reben auch als „wurzelechte" Rebe einzuführen, die eine geringere

Anfälligkeit gegenüber Rebschädlingen zeigen soll. Diese als Hybriden oder → interspezifische Kreuzungen bezeichneten Reben sind lediglich in Einzelfällen zugelassen, da man noch Vorbehalte geltend macht (→ Hybriden, → Direktträger).

Amine, biogene. Amine sind organische Verbindungen, die neben einem organischen Rest die -NH_2 Gruppe tragen. Die Verbindungsklasse R-NH_2 bezeichnet man als primäre Amine, die R-NH-R Verbindungen als sekundäre Amine, tertiäre Amine sind nach dem Schema (R3) N aufgebaut → Tab. 19. Organische Verbindungen mit zwei Amin-Gruppen nennt man Diamine.
Vorwiegend spielen im Wein primäre Amine eine Rolle, vermutlich kommen diese jedoch im Most normalerweise nicht vor, sondern entstehen erst durch die (spätere) Tätigkeit von Mikroorganismen. Daher rührt der Name „biogene" Amine. Da die Analytik der biogenen Amine schwierig durchzuführen ist, sind erst in neuerer Zeit umfassendere Untersuchungsergebnisse bekannt geworden. Während anfänglich (in den 60er Jahren des letzten Jahrhunderts) fast ausschliesslich → Histamin nachgewiesen wurde, sind derzeit etwa 25 Amine mit der → HPLC-Methode erfasst worden, wobei einige Amine wie Histamin oder Phenyläthylamin beim Verzehr mancher Weine offensichtlich akute Beschwerden hervorrufen und zu chronischen Leberschäden führen können. Insbesondere Weintrinker, die Allergien entwickeln, scheinen empfindlich zu sein.
Die Bildung von Histamin kann insbesondere durch *Pediococcus cerevisiae* (Milchsäurebildner) hervorgerufen werden. Durch Bentonit werden Histamin, aber auch Tyramin und manche andere Amine adsorptiv entfernt. Nach einem spontanen biologischen Säureabbau empfiehlt sich deshalb aus Sicherheitsgründen eine Bentonitbehandlung des Weines. Ein weiterer Hinweis auf biogene Amine ist das Schleimigwerden der Weine durch *Pediococcus cerevisiae*. D. h. „kranke" Weine könnten hier problematisch sein. Normale Weine liegen im Gehalt jedoch unter 2 mg/l, einem Gehalt, der fern von jeder gesundheitlichen Beinträchtigung liegt.
Selektierte → Starterkulturen des BSA, die zwecks Einleitung des biologischen Säureabbaues zugesetzt werden, produzieren keine biogenen Amine.
Patientenstudien zeigen unerwünschte Wirkungen wie Hautrötung, Blutdrucksteigerung und bei den → Allergenen ähnliche Wirkung. Obwohl Lebensmittel wie Käse oder Obstarten zum Teil höhere Gehalte an biogenen Aminen enthalten, ist die potenzierende Wirkung des Alkohols eine unerwünschte Wirkung solcher Gehalte.
Fazit: Durch ausgiebige Untersuchungen sind Bildungsmechanismen, analytischer Nachweis und Vorkommen der biogenen Amine im Wein hinreichend geklärt. Die eigentliche Bewertung der physiologischen Eigenschaften der biogenen Amine und deren Wirkung auf den menschlichen Organismus muss noch abschließend geklärt werden (→ Bentonit, → biologischer Säureabbau, → Mikroorganismen, → Schleimigwerden).

Aminosäuren sind stickstoffhaltige Substanzen mit überwiegend saurem Charakter. Man kennt etwa 40 verschiedene Substanzen. Die meisten Aminosäuren sind optisch aktiv, in Getränken sind nur die L-Formen enthalten. Die im Most vorhandenen Mengen sind von der Düngung, der Reifeentwicklung und der Rebsorte beeinflusst, jedoch ist es nicht zuverlässig möglich, an Hand der Aminosäureverteilung etwas über die Art (Sorte) der Traubenmoste auszusagen. Ein großer Teil der Aminosäuren wird durch die Hefen assimiliert, so dass Weine in der Regel geringere Gehalte an Aminosäuren enthalten als die ursprünglichen Moste (Ausnahme: Prolin), doch steigt die Menge an Aminosäuren bei der Lagerung auf der Hefe wieder an. Aminosäuren tragen selbst wohl kaum zur Qualität des Weines bei (überwiegend bitterer Geschmack), können jedoch im Most pauschal als Hinweis auf hohe physiologische Reife angesehen werden. Man muss wissen, dass einige Aminosäuren während der alkoholischen Gärung in höhere Alkohole umgewandelt werden, die teils erwünscht (Aromabildner), teils unerwünscht (toxikologisch wirksam) sind. Das → Molekulargewicht der Aminosäuren, die das Formelbild NH_2-R-COOH aufweisen, liegt unter 200. Auch der → biologische Säureabbau greift in die Zusammensetzung der Aminosäuren ein. Die Aminosäuren repräsentieren etwa 10 bis 25 % der → Stickstoffverbindungen der Weißweine, bei Rotweinen ist der Anteil höher (20 bis 40 %). Die durchschnittliche Menge (ausgedrückt als N) liegt bei Weißwein etwa bei 40 mg/l, bei Rotwein etwa bei 80 mg/l. Unter den Aminosäuren machen Prolin, Threonin, Glutaminsäure und Arginin etwa 85 % der mosteigenen Aminosäuren aus, im Wein ist deren Anteil etwa bei 60 %. Die Untersuchung der Gehalte an Aminosäuren wird zweckmäßigerweise durch Gaschromatographie und HPLC vorgenommen. Über die daraus zu ziehenden Schlussfolgerungen gibt es keine einheitliche Auffassung (→ Fuselöle, → Hefen)(s. Tab. 19 im Anhang).

Ammoniak (NH_3) tritt in Getränken nur salzartig gebunden auf. Diese NH_4-Verbindungen schwanken im Most von 0 bis 200 mg/l. Der Gehalt liegt höher bei säurereichen Mosten und geht durch Fäulnisprozesse zurück. Da NH_4^+ durch → Hefen besonders leicht aufgenommen wird, geht der Gehalt der Moste in der Angärungsphase drastisch zurück (unter 1 mg/l bei einer völligen Vergärung), steigt aber dann bei der Lagerung auf der Hefe wieder an. Auch Bakterien des → biologischen Säureabbaues setzen NH_4^+ frei. Bei → Hefepressweinen ist deshalb der Gehalt höher als in normalen Weinen. Ein sehr hoher Gehalt weist auf Verdorbenheit hin. Geruchlich oder geschmacklich haben die Salze des Ammoniaks keinerlei Bedeutung für den Wein, jedoch wurde durch die Reaktion von NH_4^+ mit Pyrokohlensäurediäthylester (Diäthyldicarbonat) Äthylurethan gebildet, welches der Anlass zum Verbot dieses Weinbehandlungsmittels wurde (→ Pyrokohlensäurediäthylester, → Stickstoffverbindungen).

Ammoniumsalze fördern die Gärung (→ Gärsalze). Bei Weinen sind Diammoniumhydrogenphosphat und Ammoniumsulfat bis zu einem Grenzwert von max. 1 g/l zugelassen. Obstweine, insbesondere Heidelbeer- und Preiselbeersäfte, benötigen infolge der niedrigen Stickstoffgehalte solche Zusätze (→ Weinbereitung, zugelassene Stoffe).

Ampelographie (griech. Ampelos = Weinstock) ist die Wissenschaft der Trauben- und Rebsorten. Durch Abbildungen (ampelographischer Atlas) und Beschreibungen der Eigenschaften gelingt dem Fachkundigen eine Unterscheidung. Die überwiegend aufgrund von morphologischen Eigenschaften der Triebspitzen, Behaarung, Ausbildung der Ranken, Blattform etc. erstellten Unterscheidungsmerkmale werden neuerdings durch biochemische Untersuchungen des Stoffwechsels ergänzt. So konnte bei der Züchtung neuer Rebsorten das für → Hybriden typische Furaneol (Erdbeerton) „herausgekreuzt“ werden. Mit Hilfe der → Genanalyse lassen sich bisherige Aussagen zur Abstammung neuer und alter Rebsorten berichtigen (→ Müller-Thurgau etc.). Das → OIV hat einen A.-Katalog von 84 charakteristischen Eigenschaften der Reben zusammen gestellt, der die Zuordnung ermöglicht.

Amtliche Prüfnummer für Wein. Auf Grund der amtlichen Prüfung von Qualitätswein wird ein Prüfungsbescheid zugestellt. Wurde dem Antrag stattgegeben so darf die amtliche Prüfungsnummer geführt und der Wein unter Angabe dieser in Verkehr gebracht werden. An einem Beispiel sei die Gliederung dieser Prüfungsnummer dargestellt:

1. Position = Kennzahl der amtlichen Prüfstelle 6
2. Position = Ortskennzahl des Antragstellers 33
3. Position = Betriebskennzahl des Antragstellers 050
4. Position = Nummer des Weines des Antragstellers 021
5. Postion = Jahr der Antragstellung 09

Die A. P.-Nr. lautet hier: 63305002109 und bedeutet den 21. Wein, den der Antragsteller im Jahr 2009 bei der Prüfstelle 6 angestellt hat.
Die Prüfungsnummer kann bei Teilabfüllungen beibehalten werden, für Markenweine hat sie bis zu einem Jahr Gültigkeit. Die Prüfungsnummer erleichtert die Identitätsprüfung. Eine auf der amtlichen Prüfung basierende Prüfnummer gibt es auch für deutschen Weinbrand und deutsche Qualitätsschaumweine. Die Angabe der AP-Nr. auf dem Etikett ist vorgeschrieben. Die AP-Nr. kann unter anderem zur Identifikation der Herkunft und oder des Erzeugers genutzt werden. Bei Beanstandungen durch die → Qualitätskontrolle kann die Dienststelle auf die analytischen Daten des Produktes zugreifen. Folgende Produkte können im Rahmen des QBA-Prüfverfahrens die AP-Nr. erhalten:

- Qualitätswein b. A. oder Qualitätswein mit Prädikat b. A.
- Qualitätsperlwein b. A.
- Qualitätslikörwein b. A.
- Qualitätsschaumwein b. A. oder Sekt b. A

Ab 2012 kommen hinzu:

- Qualitätswein mit geschützter geografischer Angabe (g. g. A.)
- Qualitätswein mit geschützter Ursprungsbezeichnung (g. g. U.)

(→ Qualitätsweinprüfung, amtliche, → Weinbrand).

Amylalkohole (3-Methyl-1-butanol = Isoamylalkohol und 2-Methyl-1-butanol) zählt man zur Gruppe der höheren → Alkohole (→ Tab. 26 im Anhang), die auch als → Fuselöle bezeichnet werden. Die gebildete Menge hängt von der Art der → Stickstoffverbindungen im Most ab, aus denen diese bei der Gärung überwiegend gebildet werden. Auch die Heferasse, die Temperatur, der pH-Wert und die Belüftung während der Vergärung schlagen sich in der Bildung nieder. Der Gehalt schwankt etwa in den Grenzen von 100 bis 300 mg/l. Wegen der stärkeren Wirkung auf die Ganglienzellen der Nerven vermutet man in den genannten Alkoholen mit einen Grund für die Unbekömmlichkeit mancher Weine. Der Abbau dieser Alkohole im Körper erfolgt langsamer, Wirkung und Wirkungsmechanismus scheinen aber noch nicht hinreichend geklärt (→ Gärung, Tab. 25 im Anhang).

Amylase ist ein in Früchten und in Hefe vorkommendes Enzym, welches Stärke in Zucker umwandelt (→ Enzyme).

Analyse des Weines (Analyse = griech. „auflösen"). Durch die komplexe Zusammensetzung des Weines bedingt, gibt es eine Vielzahl von Methoden zur Bestimmung der Einzelkomponenten oder auch der Stoffgruppen. Innerhalb der Analysenmethoden unterscheidet man zwischen (nass-) -chemischen Verfahren (→ Titration) und physikalischen, instrumentellen Verfahren (→ Gaschromatographie, → FTIR, → HPCL). Viele Methoden sind durch Konventionen standardisiert, damit durch Anwendung einheitlicher Untersuchungstechniken vergleichbare Werte resul-

tieren. Die „Qualität" der jeweiligen Analytik-Methoden wird in Ringversuchen fachlich geprüft und bewertet.
Dabei zeigt sich, dass die verschiedenen Analysenmethoden für gleiche Komponenten nicht immer die gleichen Werte ergeben. Auf internationaler Ebene befasst sich eine Expertenkommission beim → OIV mit neuen Analysenmethoden, deren Prüfung und Abänderung. Diese Expertengruppe macht dem OIV Vorschläge. Nach Veröffentlichung sind die dem OIV angehörigen Weinbauländer angehalten, diese anzuwenden (Art. 31 der VO (EG) Nr. 479/2008). Für die EG werden durch Verordnungen die gültigen Regeln (Methoden) für die Beurteilung und Untersuchung von Wein aufgestellt. Da EG-Recht nationales Recht bricht, sind dadurch nationale Verwaltungsvorschriften meist hinfällig geworden (Zur Aktualisierung:→ Web-Adressen).
Für die Betriebskontrolle und für die Analyse der Weine zur Qualitätsweinprüfung haben sich vereinfachte, rasch arbeitende Methoden eingeführt, die ohne Einbuße an Präzision auch vom Praktiker durchgeführt werden können (→ Betriebskontrolle, → Betriebsüberwachung). → Wein, Zusammensetzung).

Ananas ist eine tropische Staudenpflanze. Die Frucht eignet sich zur Herstellung von → Fruchtsaftgetränken, → Bowlen, Punschen und Essenzen.

Anbaugebiet, bestimmtes → Weinanbaugebiete

Anbruch von Wein führt, insbesondere bei Weißweinen, mehr oder weniger rasch zum Verderb der Ware. Kurzfristig kann man Weine z. B. im Behälter → „Hohlliegenlassen". Durch Überschichtung mit inertem Gas wie reinem Stickstoff kann der Sauerstoffeinfluss zurückgedrängt werden, eine absolute Verhinderung insbesondere der zum Verderben führenden mikrobiologisch bedingten Abbauerscheinungen ist damit jedoch nicht möglich. Das „Spundvollhalten" der Weine im Lagerbehälter ist somit eine der wichtigsten kellerwirtschaftlichen Maßnahmen. Auch deshalb kann eine frühe Abfüllung nützlich sein. (→ Auffüllen, → Inertgase, → Stickstoff, → Vollhalten der Behälter).

Aneurin gehört zu den → Vitaminen der B-Gruppe, die insbesondere in der Hefe vorkommen (→ Thiamin).

Angären der Maische. Da in den → Beerenhäuten der Trauben sowohl die → Farbstoffe als auch die zur Bukettbildung wichtigen Vorstufen (→ wachsartige Stoffe) lokalisiert sind, benutzt man den während der alkoholischen Gärung gebildeten Alkohol zur Extraktion von Farbstoffen bei Rotwein. Dazu müssen die Beerenhäute noch vorhanden sein (Maische). Die optimale Extraktion ist in der ersten Hälfte der Vergärung bereits erreicht (zusätzliche Wirkung der Gärungswärme), bei der weiteren Vergärung geht die Farbe wieder etwas zurück.
Das frühere Verfahren, aromatische Weine wie Gewürztraminer oder Siegerrebe auf der Maische zu vergären. wurde in jüngerer Zeit wieder weitgehend verlassen, da hierbei auch eine unerwünschte Zunahme des → Gerbstoffgehaltes (Weißwein) eintritt. Dieser Gerbstoff führt zur Hochfarbigkeit und ergibt einen Bitterton (rapsig, von Rappen = Traubenstiele). Diesem unerwünschten Effekt kann man durch → Entrappen der Trauben (Abtrennung der Stiele) entgegentreten. Beim Vergären auf der Maische muss vermieden werden, dass sich ein → „Tresterhut" bilden kann. Dieser Tresterhut wird durch die Gärungskohlensäure emporgehoben und kann dann die Quelle unerwünschter Infektionen (→ Essigbildner) sein. Durch mechanische Vorrichtungen (Rost, Gitter, Rechen) wurde früher der Tresterhut unterge-

taucht. Modernere Verfahren sind → Rotweinbereitungsverfahren (→ Farbstoff der Beeren → Gärung, alkoholische, → Rototank, → Rührbehälter, → Vinomat).
Für Weißweine wird eine gezielte Extraktion in vielen Fällen die Aromatik der Weine verbessern (Kaltmazeration während 12 bis 24 Stunden). Durch Kühlung unter 15 °C wird das Angären verhindert. Beim „Stehenlassen" ist das vorherige → Abbeeren erforderlich.

Angegorene Moste. Angegorene Moste lassen sich an der Schaumkrone, an sich bildendem → Kohlendioxid, aber auch an der Alkoholbildung erkennen. Angegorene Moste sind außerdem zunehmend eingetrübt.
Der Fortschritt der alkoholischen Gärung lässt sich auch am Rückgang des → Mostgewichtes messen. Pro °Oechsle-Rückgang entsteht etwa 1 g/l Alkohol. Will man in diesem Zustand eine → Anreicherung mit Zucker vornehmen, dann muss man zunächst die Kohlensäure entfernen, dann die noch verbliebenen „Grad Oechsle" mit der Mostwaage bestimmen und – möglichst mit der genauen chemischen Methode der → Alkoholbestimmung – die bereits gebildeten „Gramm Alkohol" ermitteln. Das ursprüngliche Mostgewicht ergibt sich hinreichend genau durch Aufaddieren des Alkoholgehaltes zum gemessenen „ Rest"-Mostgewicht.
Beispiel:
Ursprüngliches Mostgewicht: 75 °Oe
Gemessenes „Rest"-Mostgewicht: 65 °Oe
Bereits gebildeter Alkohol: 10 g/l.
Es ist darauf zu achten, dass das „Rest"-Mostgewicht nur mit dem → Aräometer (Mostwaage), nicht jedoch mit dem → Handzuckerrefraktometer gemessen wird.
Eine gewisse Unterscheidung zwischen angegorenen und ungegorenen Mosten bietet die EG-Vorschrift, wonach angegorene Moste über 8 g/l Alkoholgehalt nicht mehr zur Süßung verwendet werden dürfen. Falls sich der Alkoholgehalt um mehr als 1 % Vol. (8 g/l) erhöht gilt bezeichnungsrechtlich die → Süßung als Verschnitt. Die Regelung, dass Fruchtsäfte nicht mehr als 3 g/l Alkohol haben dürfen, bietet gleichfalls eine Unterscheidung zwischen „angegoren" und „ungegoren".

Angereicherte Weine gehören in Deutschland in der Regel zur Gruppe der → „Tafelweine", der Landweine und der → Qualitätsweine ohne Prädikat. Die Tatsache, dass angereicherte Weine auf keinen Fall eine Prädikatsangabe (wie z. B. → Kabinett) führen dürfen, ist das einzige Unterscheidungskriterium für den Verbraucher.
In vielen Ländern wird keine Unterscheidung zwischen angereicherten und „naturverbliebenen" Weinen gemacht. Manche Länder heben die „naturverbliebenen" Prädikatsweine ebenfalls hervor, wie z. B. Österreich mit Begriffen wie Ausbruch etc.

Anionen. Negativ geladene → Ionen (Säureionen). In Most und Wein sind überwiegend Phosphat- und Sulfat-Ionen enthalten (→ Aschenbestandteile, → Wein, Zusammensetzung).

Anionenaustauscher. Eine Gruppe von harzartigen Stoffen, die geeignet sind, durch „Austausch" Säure zu entziehen. Es ist grundsätzlich möglich, durch Zusatz im „batch-Verfahren" = Einrühr-Verfahren oder im Durchlauf-Verfahren zu arbeiten. Da aber erhebliche Bedenken gegen die Entsäuerung mit → Austauschern bestehen (toxikologische Nebenwirkungen, Möglichkeiten der Verfälschung), ist eine Behandlung des Weines und seiner Vorprodukte damit nicht zulässig (Ausnahme: RTK). → Ionen-Austauscher).

Anreicherung. Allgemeines: Die unter dem Begriff der A. zusammengefassten Verfahren dienen dem Zweck, einen von Natur aus vor-

handenen Mangel an Zucker zu korrigieren. Früher verwendete man hierzu den Begriff der „Verbesserung“, der sprachlich gesehen zu irrtümlicher Auslegung Veranlassung geben kann. Schließlich dienen auch andere Verfahren der Most- und Weinbehandlung der „Verbesserung“, also dem Ziel, die Qualität zu verbessern. Auch Verfahren wie → Entsäuerung, → Kohlebehandlung etc. Iassen sich dem Oberbegriff der „Verbesserung“ unterordnen.
Möglicherweise sind einige der nachfolgend zu besprechenden Verfahren der A., z. B. die Mostkonzentrierung (heute als Methode der „subtraktiven“ A. bezeichnet), schon in der Antike üblich gewesen. Ob man die Produkte aber zu Wein verarbeitet oder als Sirup zu Nahrungsmittelzwecken herangezogen hat muss offenbleiben. Die A. durch Zusatz von Zucker (heute als additive A. bezeichnet) ist technisch praktizierbar geworden, nachdem die → Saccharose (Rübenzucker, → Rohrzucker) Handelsware geworden ist. Die Gründung der Zuckerindustrie auf der Basis der Zuckerrübe begann um das Ende des 18. Jahrhunderts, so dass erst danach in Mitteleuropa Zucker, auch zu Anreicherungszwecken, zu vertretbaren Preisen zur Verfügung stand. Trotzdem bestand noch Mitte des 19. Jahrhunderts (um 1850) ein Missverhältnis zwischen Zuckerangebot und -nachfrage, so dass GALL, der die → Nasszuckerung entwickelt hat, den Bau von Stärkezuckerfabriken (Dextrose, → Traubenzucker) forcierte, um billigeren Stärkezucker für die Nasszuckerung einzusetzen. Nachdem Dextrose (Stärkezucker) in den Jahren 1930 bis 1969 zulässig war und angewendet wurde, wurde ab 1971 insbesondere durch Mitwirkung der EG die Anwendung von Dextrose untersagt. Als „Festzucker“ stand danach nur Saccharose zur Verfügung. Eine ähnliche Entwicklung nahm auch der „Zuckersirup“, der im wesentlichen aus invertzuckerhaltigen Saccharose- oder Glucose-Lösungen bestand (→ Invertzucker). Mit dem Weingesetz von 1971 wurde diese Form der Zuckerzusätze verboten. Ähnlich entwickelten sich die Verhältnisse in anderen Weinbauländern des europäischen Raumes. Frankreich kennt die A. mit Saccharose seit etwa um 1800, naturgemäß nur in den Gebieten, die (jahrgangsbedingt) eine A. benötigen. Nicht von ungefähr kommt der in alten deutschsprachigen Lehrbüchern verwendete Begriff des „Chaptalisierens“ vor, von dem französischen Minister CHAPTAL abgeleitet. Dieser Minister half, das Verfahren zu legalisieren (sogenannte Trockenzuckerung). Die Anreicherungsmethode hat gleichfalls Tradition in Luxemburg, Elsass, Schweiz, Österreich und in Norditalien.
Selbstverständlich gab es in der Vergangenheit Gegenströme gegen jegliche Form der A., insbesondere aber gegen das Gallisieren (→ Nassverbesserung). Nach einem Vorschlag von GALL, der aber auch darin schon Vorgänger gehabt hat, sollte durch Zusatz von Zuckerwasser sowohl ein Mangel an Zucker ausgeglichen als auch die durch die Unreife bedingte erhöhte Säure verdünnt werden. Die Nassverbesserung ist für deutsche Weine verboten und längst Geschichte.
Die *„subtraktiven Methoden der Anreicherung (Konzentrierung) in der geschichtlichen Entwicklung:*
Diese Formen der A. basieren auf dem Gedanken, den Zucker des Mostes, der natürlicherweise vorhanden ist, durch → Eindicken (Verdampfen oder Ausgefrieren von Teilen des Wassers) anzureichern. Auch diese Verfahren waren schon im 19. Jahrhundert entwickelt, allerdings technisch noch nicht ausgereift.
Beim Konzentrieren von Most steht dann die Frage an, ob der Zuckergehalt nur auf einen Betrag erhöht wird, der ausreicht, einen selbständigen Wein zu produzieren, oder ob man stärker konzentrierte Zuckerlösungen aus Traubenmost herstellt. Untersuchungen mit einer *Teilkonzentrierung* haben ergeben, dass

der Aufwand sehr hoch und die Effekte überwiegend enttäuschend waren, weil neben Zucker fast direkt proportional auch andere Mostinhaltsstoffe zunahmen. Die Erhöhung der → Säure- und → Gerbstoffgehalte hat nur die Unreife verstärkt, eine Tatsache, die bei unreifem Lesegut, welches normalerweise zur Herstellung „deutscher" Konzentrate verwendet wurde, nicht überraschen konnte. In südlich gelegenen Weinbaugebieten außerhalb Deutschlands dagegen führte sich die Herstellung von → „Vollkonzentrat" längst aus mehreren Gründen ein:

- Das Produkt war soweit konzentriert, dass keine Nachgärung eintreten konnte (entsprechende Lagerung Voraussetzung).
- Das Produkt konnte leicht transportiert werden.
- Das Produkt konnte auch außerhalb der Saison hergestellt und weiter verarbeitet werden.
- Das Produkt konnte aus „stummgeschwefelten" Mosten der unterschiedlichsten Fruchtarten hergestellt werden.

Wegen des universellen Absatzes konnte sich eine Industrie entwickeln, die heute vorwiegend in Frankreich und Italien ansässig ist. A. durch Zusatz von Mostkonzentrat ist in südlichen Gebieten von Frankreich und Italien, soweit die Anreicherung zulässig ist, seit längerem üblich. Der Nachteil des Verfahrens liegt überwiegend im wirtschaftlichen Bereich. Die Erhöhung des Alkoholgehaltes durch A. mittels Zusatz von Mostkonzentrat ist deutlich teurer als durch den Zusatz von Saccharose. Es dürften aber auch andere Ursachen vorliegen, weshalb man insbesondere auch in Frankreich zunächst einen heftigen Streit führte, der darauf hinzielt, in allen Gebieten einheitlich Saccharose im Rahmen der EG-Bestimmungen zuzulassen. Dabei wurde vorwiegend so argumentiert, dass durch Zusatz von Saccharose keine Nebenprodukte (Säuren, Polyphenole) wie beim Zusatz von Mostkonzentrat hinzugesetzt werden. Diesem Streit verdankt vermutlich ein Produkt seine Förderung, welches unter dem Namen „rektifiziertes → Traubenmostkonzentrat" (RTK) seit etwa 1974 im Gespräch ist. Dieses Produkt wird aus Traubenmost hergestellt und besteht aus einer hochkonzentrierten Zuckerlösung (Fructose und Glucose), die so aufgearbeitet ist, dass „Nichtzuckerstoffe" weitgehend entfernt sind. Im Gegensatz zum einfachen Traubenmostkonzentrat können hier keine Begleitstoffe stören, die von der Art der zum Konzentrieren verwendeten Traubensorten etc. abhängen. Der wesentliche Vorteil einer A. mit diesem Produkt (RTK) – zumindestens in den Augen des Verbrauchers – liegt darin, dass es sich um eine A. handelt, die mit aus Trauben stammendem Zucker durchgeführt wird. Durch die komplizierte Herstellungsweise bedingt ist dieses Produkt noch teurer als „einfaches" Traubenmostkonzentrat.

Die Produktion des rektifizierten Traubenmostkonzentrates erfolgt nach folgendem Schema: → Stummgeschwefelter Traubenmost, der ab der Erntesaison zwischenbevorratet werden kann. Er wird entschwefelt und mit Hilfe von → Austauschern etc. von „Ballast"-Stoffen befreit und anschließend konzentriert. Die Anwendung des rektifizierten Traubenmostkonzentrates bringt jedoch gewisse Erschwernisse:

- Wasseranteil
- Haltbarkeit eingeschränkt
- Berechnung des Zusatzes kompliziert

Als weitere Methode der A. besteht noch die Möglichkeit der teilweise Konzentrierung durch Kälte, wobei Wasser „ausgefroren" wird. Damit ist eine indirekte Erhöhung des Alkoholgehaltes verbunden. Dieser Eingriff ist nicht billig und auch nicht risikolos. Ein weiteres rein physikalisches Verfahren ist die → Umkehrosmose, die für die teilweise Kon-

zentrierung zugelassen ist. Der Alkoholgehalt darf sich dabei nur um maximal 2% Vol. bei der Konzentrierung erhöhen.
Bei der Diskussion über den Umfang und die Methoden der A. ist eine Tendenz zum Umdenken erkennbar. Durch den Aufschwung der Weinproduktion in den sog. Neuen Weinbauländern entstehen dort (klimabedingt) eher Weine mit zu hohem Alkoholgehalt und damit ein Zwang zum sog. → Alkoholmanagement. Darunter versteht man alle Methoden, die den natürlicherweise entstandenen Alkoholgehalt nachträglich reduzieren. Sollten sich innerhalb der EG die Verhältnisse zukünftig ähnlich entwickeln (Klimaveränderungen), dann würden sich A. weitgehend erübrigen; hier entstünde dann innerhalb der EG eine neue Strategie, auch im Anbau solcher Rebsorten, die später reifen etc. (→ Tafelwein, → Überzuckerung, → Anreicherung, gesetzliche Regelungen, → Anreicherung, Nachweis).

Anreicherung, Berechnung. Im praktischen Gebrauch der A. mit → Saccharose unterscheidet man auch zwischen „Trockenverbesserung" von Most einerseits und Wein andererseits. Eine „gestaffelte" A. ist zulässig Diese Einteilung soll auch hier bestehen bleiben. Wie bei → Anreicherung, gesetzliche Regelungen erläutert, ist die wichtigste Überlegung vor der Berechnung die Überprüfung und Einhaltung der gesetzlichen Voraussetzungen. Die eigentliche Berechnung der Zusatzmengen an Saccharose oder → RTK lässt sich durch den Gebrauch von Tabellen vereinfachen (s. Tab. 1 u. 2 und Hinweise S. 450 im Anhang).
Im Endergebnis kann die genaueste Berechnung der Saccharose- oder RTK-Zusätze nichts nützen, wenn die vorgegebene Menge an Most oder Wein nicht exakt bekannt ist. Die Tabellen zur A. gehen von „normalen" Alkoholausbeuten aus. Die Fehler bei der Berechnung der A. werden in erster Linie bei der Gleichsetzung von Mostgewicht (Grad Oechsle = Gramm Alkohol) gemacht, wobei leicht eine „Überzuckerung" eintritt. Auch die → Kaltgärung bringt häufig höhere Alkoholausbeuten, die zu beachten sind.

Anreicherung, gesetzliche Regelungen. Grundlage der Berechnung der zuzusetzenden Zuckermenge ist die Kenntnis und Berücksichtigung der zulässigen A. Die wichtigsten Vorschriften der Weinbauländer der EG wurden bereits in den EG-Verordnungen 337/79 und 338/79 niedergelegt. Bezüglich der Zulässigkeit der A. beachte man das Prinzip der → Weinbauzonen, also die klimatisch bedingten, traditionell gewachsenen Formen der A. Man beachte auch die grundsätzlichen Unterschiede zwischen Tafelwein, Landwein und Qualitätswein (b.A.), die bisher im italienischen und französischen Recht abweichend vom deutschen Recht definiert sind. Zu beachten sind die Änderungen innerhalb der Deklaration, die für den bisherigen Begriff des Tafelweines nur die nationalen Herkunftsbezeichnungen, z.B.„Deutscher Wein" bzw. „Gemeinschaftswein", für Landwein jedoch engere geografische Bezeichnungen zulässt (Wein mit geschützer geografischer Bezeichnung/g. g. A.) und für Qualitätswein b.A. den neuen Oberbegriff „Wein mit geografischem Ursprung/g.U.) (s. Tab. 7 im Anhang).
Für den Praktiker ergibt sich daraus das Problem, dass vor Ausführung einer Berechnung des Zucker- und → Konzentrat-Zusatzes (RTK) die weingesetzliche Situation eingehend überlegt sein muss. Die eigentliche Berechnung und die technische Durchführung der A. selbst tritt dagegen in den Hintergrund. Stichwortartig seien die derzeit gültigen Regelungen dargestellt, die für die Anreicherung gelten.
Die frühere sog. Nassverbesserung ist seit den 80er Jahren in Deutschland untersagt. Sie wird noch in einigen außereuropäischen Weinbauländern angewendet.

Die Vorschriften sind abhängig von der Herkunft des zu verbessernden Materials (Weinbauzone A oder B), der Rebsorte bzw. der Weinart (Qualitätswein, Landwein oder Tafelwein) und vom Jahrgang (eventuell Ausnahmeregelung)(s. Tab. 8 im Anhang).
Fazit: Die *Anreicherungsquoten* (um g/l) in der Weinbauzone A sind höher als in der Weinbauzone B bei gleicher Weinart. Die Anreicherungsquoten sind für Weine der Weinbauzone A auf 3,0 % Vol. (24 g/l), in der Weinbauzone B auf 2,0 % Vol. (16 g/l) begrenzt. Die früher (zum Schutze der Qualitätsweine mit Prädikat) gesetzten „Obergrenzen" sind ab dem 1. August 2008 für Qualitätsweine b. A. praktisch entfallen.
Für Tafelwein und Landwein ist der maximal zulässige Gesamtalkoholgehalt in der Weinbauzone A auf maximal 11,5 bzw. 12,0 begenzt, in der Weinbauzone B liegen die oberen Grenzwerte bei 12,0 bzw. 12,5 % Vol. Gesamtalkohol. Zu der Gruppe der Weißweine gehören auch die Roséweine (Weißherbst). In bestimmten Jahrgängen kann in gesonderten Weinanbaugebieten und Rebsorten eine erhöhte Anreicherung gestattet werden. Es sei darauf hingewiesen, dass sich Abänderungen von dieser Regelung im Laufe der Zeit durchaus ergeben können (keine Gewährleistung).
Die A. darf „gestaffelt" erfolgen (portionsweise), und zwar von der Ernte bis zum 16. März des folgenden Jahres. Die A. (und auch die Entsäuerung) ist den zuständigen Behörden zu melden.
Auch in anderen weinbautreibenden Ländern der EG ist die A. mit Zucker (Saccharose) oder Mostkonzentrat (RTK) gesetzlich geregelt. Alle in der EG zusammengeschlossenen Länder wurden deshalb (aber auch aus anderen Gründen) in → Weinbauzonen eingeordnet.
Ein großes Problem ist der Nachweis einer unzulässigen A. Es besteht jedoch die Möglichkeit, den Zusatz von Rübenzucker (Saccharose aus der Zuckerrübe gewonnen!) durch Messung der Isotopenverhältnisse nachträglich nachzuweisen. (→ Anreicherung, Nachweis, → Weinverfälschungen, → Tab. 43 im Anhang).

Anreicherung von Maische. Die A. → von Maische ist nur bei der Rotweinherstellung gestattet (!?). Dort besitzt diese auch Vorteile bei der → Maischegärung, da der höhere Alkoholgehalt stärker die Farbe extrahiert und die biologischen Vorgänge optimaler ablaufen können. Nachteilig ist die Tatsache, dass der Mostanteil der Maische nicht zuverlässig vorherbestimmt werden kann, ein Umstand, der die Berechnung der zuzusetzenden Saccharose erschwert (→ Anreicherung, Berechnung). Ferner ist der Verlust an → Alkohol bei der „offenen" Maischegärung und die erschwerte Auflösung der → Saccharose ein Hinderungsgrund.
Bei der in Großkellereien zu beobachtenden Verlagerung von → Maischegärung zur → Maischeerhitzung spielt das Verfahren auch bei der Rotweinherstellung nicht mehr die ursprüngliche Rolle (→ Rotweinbereitungsverfahren). Die A. der Rotweine erfolgt in manchen Fällen erst nach der Teilvergärung (→ Abwirzen).

Anreicherung von Most. Die Anreicherung von Most kann technisch durch → Konzentrierung des Mostes, durch Zusatz von Mostkonzentrat (RTK) oder von Zucker (→ Saccharose) erfolgen. → Mostkonzentrat wird in der Regel „rektifiziert" sein (→ Anreicherung). Überwiegend wird Saccharose eingesetzt (→ Anreicherung, gesetzliche Regelungen). Der Zusatz von Saccharose hat folgende Vorteile: preisgünstig, einfach zu handhaben, keine Verdünnung durch Wasser (im Gegensatz zur Anwendung von Konzentraten, die noch Wasser enthalten). Da Saccharose nicht unmittelbar vergärt, muss S. „invertiert" werden, was durch → Invertase erfolgt. Invertase ist im Most enthalten und wird in großen Mengen durch die Hefe gebildet. Anschließend wird der sich bildende → Invertzucker in Alkohol, CO_2 und Nebenprodukte (→ Gärungsprodukte) umgewandelt. Die → Alkoholausbeute liegt zwischen 45 und 48 %, das heisst aus 100 g Invertzucker entstehen bei völliger Vergärung 45 bis 48 g/l Alkohol.

Der Zuckerberechnung liegen noch zugrunde: Die Umwandlung der Saccharose in → Invertzucker durch die → Invertase erfolgt unter Wasseraufnahme, das heisst die Menge an Invertzucker ist um etwa 5 % größer als die vorgelegte Menge an Saccharose; der Zuckerzusatz bzw. die daraus entstehende Alkoholmenge wirkt etwas verdünnend. Unter Berücksichtigung dieser Fakten und basierend auf einer mittleren Alkoholausbeute lässt sich zeigen, dass eine Steigerung von 1 g/l Alkohol bei der Anreicherung von Most etwa 2,4 g/l Saccharose-Zusatz erforderlich macht. Bei der Anwendung von RTK sind andere Berechnungen erforderlich. Abweichungen davon werden insbesondere durch das Gärverfahren (→ Gärung, gezügelte) bewirkt, sind aber nicht sicher kalkulierbar. Insbesondere die Gleichstellung von „Grad Oechsle" und „g/l natürlicher Alkoholgehalt" ist unzulässig! Um die Berechnung zu vereinfachen und dem Praktiker auch die weingesetzlichen Zwänge vor Augen zu führen siehe Tab. 1 u. 3 im Anhang und → die Erläuterungen auf S. 450.

Zusätzliche Bemerkungen: Die Anreicherung von Most ist aus gutem Grunde das gebräuchlichste Verfahren: Man kann vom ermittelten Mostgewicht ausgehen; der Zucker wird gut verwertet; die gebildeten Weine haben frühzeitig ausreichenden Alkoholgehalt; es muss keine zweite Gärung eingeleitet werden; das Auflösen der errechneten Saccharosemenge ist infolge der guten Löslichkeit kein Problem. In der Regel erfolgt der Zusatz zum vorgeklärten und vorbehandelten Most. Gutes Mischen ist wichtig, damit sich kein ungelöster Zucker am Boden des Behälters absetzen kann (bei Großbehältern). Die durch die Saccharose eintretende Volumenvermehrung übersteigt praktisch nie 5 %. Bei der A. mit → RTK ist die Volumenvermehrung durch den Wassergehalt des RTK höher, zudem muss der unterschiedliche Zuckergehalt (je nach Charge) berücksichtigt werden (→ auch Tab. 3 im Anhang).

Anreicherung, Nachweis. Die A. ist in den meisten Weinbauländern der Welt gestattet. Damit will man entweder die Ungunst der Natur (Unreife) ausgleichen oder die Weinherstellung verbilligen. Die Art der A. ist variabel (→ Anreicherung, allgemein), die gesetzlichen Vorausssetzunngen ebenfalls (→ Anreicherung, gesetzliche Regelungen). Gesetzliche Regelungen sind aus gutem Grunde getroffen und müssen überwachbar sein. Dabei unterscheidet man mehrere Fälle:
1. Wurde Zucker überhaupt zugesetzt?
2. Lag die zugesetzte Zuckermenge im Rahmen des Weingesetzes?
3. Ist die verwendete Zuckerart zugelassen?

An erster Stelle rangiert die Frage einer (unzulässigen oder zu hohen) A.

Bisher erwiesen sich Nachweismethoden, die die Verunreinigungen von Handelszucker als „fingerprints" heranziehen wollten, als wirkungslos. Erfolgversprechender sind kernresonanzmagnetische Messungen des Deuteriums (Wasserstoffisotop) am Alkoholmolekül mittels des NMR-Verfahrens. Diese, als → MARTIN-Methode inzwischen eingeführte Verfahrensweise setzt die Untersuchung von Weinen garantierter Herkunft voraus, da sich jahrgangs-, herkunfts- und rebsortenbezogene Varianzen auch bei „Natur"-Weinen ergeben. Über die Zuverlässigkeit des Verfahrens bestehen insbesondere dann, wenn keine Vergleichszahlen vorliegen, noch Unsicherheiten. Die Anschaffung der relativ teuren NMR-Geräte soll die Weinkontrolle bei der wichtigen Aufgabe unterstützen, da sowohl Verbraucher wie redliche Erzeuger an der Verhinderung solcher Manipulationen interessiert sind (→ Weinverfälschungen).

Anreicherung von Wein. Das Verfahren ist grundsätzlich nur bei Weinen gestattet, die noch nicht angereichert waren. Die zulässigen Verfahren sind:

- Zusatz von Mostkonzentrat oder Zucker (→ Saccharose)

Mostkonzentrat kann „rektifiziert" sein (→ Anreicherung, Allgemein). Überwiegend wird Saccharose eingesetzt (→ Anreicherung von Most). Der wesentliche Unterschied gegenüber der A. des Mostes ist die Zweitgärung (Umgärung oder Aufgärung), die in der Regel den Zusatz von Reinzuchthefe und Erwärmung verlangt. Vorher sollte der Wein von der Hefe abgestochen sein. Da die Zweitgärung meist langsam verläuft, ist die → Alkoholausbeute überwiegend höher als bei der Vergärung von Most. Die Anreicherung ist grundsätzlich nur mit einer Methode (Additiv oder Subtraktiv) zulässig. Der Termin ist auf den 16. März des nachfolgenden Jahres begrenzt. Stellt man die Vorzüge der A. von Wein dem der A. des Mostes gegenüber, dann scheint zunächst die A. von Wein präziser, während der aus dem natürlichen Mostgewicht entstehende Alkohol bei der Mostanreicherung zunächst nicht sehr exakt ermittelbar ist (Schwankungen der → Alkoholausbeute). Nachteilig sind dagegen die zusätzlichen Aufwendungen und ein meist erhöhtes Risiko (→ biologischer Säureabbau, → Hefe, Reinzucht, → Mostgewicht).

Anschwemmfilter sind solche, bei denen die eigentliche filtrierende Schicht in der Apparatur selbst erzeugt wird (Anschwemmen von Filtermaterial). Daraus ergibt sich eine wirtschaftliche Arbeitsweise und die Möglichkeit, sich dem Filtergut (Most oder Wein) optimal anzupassen. Als Filtermaterial werden vorwiegend → Kieselguren verschiedener Körnung, seltener → Perlite verwendet. Damit sich der Filterkuchen aufbauen kann ist eine stützende Unterlage (Stützschicht, Drahtgewebe, Filtertuch etc.) eine Dosiervorrichtung zur kontinuierlichen Zugabe des Filtermaterials zum Filtergut und Vorrichtungen zum Austragen des verbrauchten → Filterhilfsmittels (möglichst als Trockenstoff) erforderlich.

Anschwemmfiltration (oft vereinfacht als Kieselgurfiltration bezeichnet) ist heute die wohl wichtigste Klärmaßnahme, da man mit diesen Geräten auch Feststoffe aus Abwässern (Spritzwasser) abtrennen und Hefe und Schönungsmitteltrub (im Klein- und Mittelbetrieb) rationell aufarbeiten kann. Kleinere → Kieselgurfilteranlagen können unter Verwendung von vorhandenen Filtergestellen durch spezielle Kieselgurrahmen ergänzt aufgebaut werden.
In größeren Betrieben, die mit der Entsorgung des Kieselgurmaterials Probleme haben, ist man teilweise auf spezielle Cellulosematerialien umgestiegen. Für „stehende Kesselfilter" ist eine langsamere Anströmung zu beachten als bei den großflächigen „Kammerfiltern" (→ Abb. 11 im Anhang).

Ansprechend. Ausdruck bei der → Weinansprache, der zur Charakterisierung wenig beitragen kann, sondern etwa die Bedeutung von „gefällig" oder „mundig" hat = schmückende Ausdrücke bei der Charakterisierung von Wein.

Anstechen. Entleeren eines → Behälters durch das Zapfloch (Holzfass) bzw. Zapflochklappe bei Behältern.

Anstellhefe benötigt man zur Abimpfung von Most und Wein mit → Reinzuchthefen (→ Trockenhefen), die durch den Handel abgegeben werden. Früher waren dies flüssige

Hefeanzuchten von wenigen Gramm an Hefe, die in feuchter Form angereichert oder im Nährmedium zum Versand kamen. Der Bezieher solcher Reinzuchthefen musste dann erst die ausreichende Zellmasse zur Vermehrung bringen, die für die Abimpfung erforderlich ist. Für die Einleitung einer Gärung in Most rechnete man 2 bis 3 % Zusatz eines gärenden Mostes, wobei man unter Anstellhefe die Zellmasse versteht, die sich in einem gärenden Most etwa vier bis fünf Tage nach dem Abimpfen entwickelt hat. Für 1000 Liter Most, den man mittels einer Anstellhefe in Gärung bringen will, benötigt man somit 20 bis 30 l Anstellhefe. In diesen 20 bis 30 l sind insgesamt etwa 40 bis 120 g Hefetrockenmasse enthalten. Für Gärungen unter erschwerten Umständen, wie z. B. die → Umgärung von Wein, musste die Anstellhefe etwa verdoppelt werden. Für die Herstellung von ausreichenden Mengen an Anstellhefe werden somit merkliche Mengen an sterilem Most benötigt. Die Herstellung kann stufenweise im „batch“-Verfahren erfolgen:
Im Großbetrieb kann sich die eigene Anzucht (Vermehrung) lohnen. Hier empfiehlt sich die Herstellung kontinuierlich in → Fermentern.
Die Herstellung von Anstellhefe, die hier nicht detailliert beschrieben ist, erfordert sterile Moste, die in der Saison nicht immer in ausreichender Menge zugänglich sind, und eine frühzeitige Vorausdisposition nebst geeigneter Anlagen in Großbetrieben. Vorteilhaft ist die Tatsache, dass man sich in der Auswahl der Stämme von Reinzuchthefen, aber auch durch die Vermehrungsbedingungen, gut an die Praxisbedingungen anpassen kann. Dies ist bei schwer vergärbarem Material wie Most von Trockenbeerenauslesen oder Eisweinen unter Verwendung von Spezialhefen von Bedeutung. Die Ansätze für diese Anstellhefen müssen dann mit Origionalmosten durchgeführt werden.
Aus praktischen Gründen wird die Anstellhefe, die im Betrieb selbst vermehrt wird, etwa seit 1975 fast ausschließlich durch → Trockenhefen, die je nach Gärbedingungen ausgewählt werden, ersetzt. Inzwischen sind mehr als 300 solcher → Reinzuchthefen als Trockenhefen auf dem Markt (siehe dazu auch → Spontangärung).

Anthocyane sind Pflanzenfarbstoffe, die auch für die rote Farbe der → Traubenbeeren maßgeblich verantwortlich sind. Chemisch sind die Anthocyane (Oenin) Glucoside, die durch Hefe (bei der Gärung) enzymatisch zu Anthocyanidinen gespalten werden, was zu einem Farbverlust führt. Diese → Farbstoffe können zur Unterscheidung von verschiedenen Spezies von Reben herangezogen werden (Unterscheidungsmerkmal von „Europäerreben“ zu „Hybriden“) (→ HPLC).
In *Vitis vinifera*-Reben sind 5 monomere Anthocyane (Cyannidin, Peonidin, Delphinidin, Petunidin und nicht zuletzt Malvidin enthalten.
Eine größere Varianz entsteht durch Bindung (Acylierung) von p-Cumarsäure, Kaffeesäure und Essigsäure, sodass bisher 17 Varianten innerhalb der Gruppe nachgewiesen wurden.

Rebsortenunterschiede zeigen sich im Verhältnis der Flavan-3-ol (Catechin)- Gehalte zu den monomeren Anthocyanen. Die Reifung eines Rotweines (Farbverstärkung, Stabilisierung der Farbe, Abbau der harten Gerbstoffe (Tannine) wird durch gezielten Sauerstoffzufluss während des Ausbaus vorangetrieben. Darauf beruht der Ausbau im Holzfass und – neuerdings – die → Mikrooxigenierung. Nur wenn beide Stoffgruppen (Flavan-3-ol und Anthocyane in großer Menge vorhanden sind, führt der Sauerstoffzufluss zu einer (erwünschten) Verstärkung der roten Farbe. Im ungünstigen Falle führt der Sauerstoffzufluss jedoch zu einer Braunverfärbung. Die exakte „On-line“-Analyse während der Mikrooxigenierung ist aufwändig.

Bei der Rebsorte Dornfelder ist die Farbe vorwiegend von Anthocyanen geprägt und sollte deshalb ohnehin → reduktiv ausgebaut werden. Ob die Mikrooxidierung bei anderen, bevorzugt durch Tanningehalte geprägten Rebsorten den Holzfass-Ausbau teilweise ersetzen kann hängt unter anderem von der Entwicklung einer praxistauglichen Analysenmethode ab.
Bei den A. handelt es sich überwiegend um Malvidin (20 bis 36 %), insgesamt wurden (siehe oben) bis zu 17 verschiedene Anthocyane nachgewiesen. Durch glycosidische Bindungen und Bindungen an Säuren (Acetylierung) entsteht jedoch eine größere Varianz. Bei Variation des → pH Wertes verändern sich die Nuancen der Farbe, eine weitere Verschiebung kann durch Alterung des Weines (Polymerisation) eintreten. Hohe SO_2-Gehalte führen zur Aufhellung der Farbe (überwiegend jedoch reversibel!). Nach Abspaltung der glycosidisch gebundenen Zucker entstehen aus Anthocyanen deren Aglykone = Anthocyanidine.
Neben der Farbgebung durch Anthocyane kommen hierfür noch – wie bereits erwähnt – tanninartige Farbstoffe (Flavanole) in Betracht. Durch die komplexen Reaktionsabläufe zwischen A. und anderen Verbindungen gestaltet sich die Analyse sehr aufwändig. Einzelheiten sind der speziellen Fachliteratur zu entnehmen.

Antibiotika. Stoffe, die durch → Schimmelpilze produziert werden und die dabei gleichzeitig auf andere → Mikroorganismen einen wachstumshemmenden Effekt haben, nennt man Antibiotika. Es ist nicht zuverlässig bekannt, ob solche Stoffe auch durch Pilze entstehen, die die Trauben befallen. Wenn ja, so wäre dies eine Möglichkeit der Erklärung dafür, dass Moste aus faulem Lesegut gelegentlich schlecht gären (→ Botrycitin).

Anzeigepflicht besteht für verschiedene Verfahren der Weinbereitung, wie → Anreicherung, → Süßung und → Entsäuerung (EG Recht). Die der Weinüberwachung dienlichen Auflagen sind dem jeweiligen aktuellen Stand des Weinrechts zu entnehmen (→ Buchführung).

AOC (→ Appelations d'origine contrôlée = AC).

Appelations d'origine contrôlée (AOC). Die Qualitätsweine mit kontrollierter Ursprungsbezeichnung stammen aus französischen → Weinanbaugebieten, vorwiegend Gironde (Bordeaux), Burgund, den Teilgebieten der Côtes du Rhone, des Elsass, der Champagne und der Loire. Später sind weitere Gebiete zugelassen, sodass inzwischen ca. 300 AOC-Gebiete existieren; doch wurden erst ab 1935 durch das I. N. A. O. (Institute Nationale de l'Origine et de la Qualité). die organisatorischen Voraussetzungen geschaffen. Im Wesentlichen wurden dazu geeignete Rebflächen abgegrenzt und dazu noch Anbauvorschriften erlassen:
a) Bestockung (Stockabstand) und Rebschnitt,
b) ausdrückliche Zulassung bestimmter Rebsorten,
c) Mindestmostgewichte,
d) Mindestanforderungen an den Wein (analytisch),
e) Regelungen für die Weinbereitungsmethoden (z. B. → Anreicherung,
f) Begrenzung des Hektarertrages zwischen 25 und 60 hl Most (überschüssige Mengen werden stufenweise deklassiert),
g) sensorische Überprüfung der Weine.
Der Erzeugungsanteil lag in den 70er Jahren bei knapp 16 % der französischen Weinproduktion. Neben der AOC-Bezeichnung gibt es unter dem Oberbegriff der Qualitätsweine in Frankreich noch die später eingeführte Regelung des „Vins Délimité de Qualité Supéri-

eure (VDQS)". Diese wurden insbesondere in südlichen Zonen ab 1945 als Ergänzung der AOC-Regelung eingeführt. Die Mengenerträge sind begrenzt (für den Export jedoch freigegeben), die erzeugten Weine werden analytisch und sensorisch überprüft. Mit etwa 51 % ist der Anteil derzeit in Frankreich insgesamt hoch, doch haben die Gebiete der Provence und des Languedoc erhebliche Anteile. Die geschilderte Situation kann nur als Rückblick angesehen werden, da ab 2014 durch die EG eine neue Bezeichnung (AOP= Appellation d´ Origine Protegée) und gleichzeitig eine neue Ordnung eingeführt werden sollen, die der Vereinheitlichung der Begriffe dient. Immerhin haben andere Länder der EG (z. B. Italien, Spanien und Portugal) schon immer ähnliche Abgrenzungs- und Klassifizierungsschemata installiert, die sich nun angleichen müssen.
Die EG-Behörden werden mit dem bekannten Begriff des → Terroirs auch neue „Ursprungsbezeichnungen" (g. U) einführen. Die EG-Länder sollen bis 2012 für ihre Weine mit „geschütztem Ursprung" entsprechende Daten melden. Dazu wurde von der EG ein Lastenheft entwickelt.
Da sich besonders für die „romanischen" EG-Partnerländer der Begriff des Tafelweins (Neue Bezeichnung „Vins sans Indication Geographique"), aber auch die Deklaration der Landweine (→ Vins de Pays) in „Vins de Indication Geographique Protegée" ändern soll, ist derzeit über die endgültigen Änderungen noch nicht entschieden. Für deutsche Qualitätsweine b. A. wird sich vermutlich nichts Grundsätzliches (außer der Terminologie) ändern (→ Vins de Pays).

Apéritif ist die französische Bezeichnung für appetitanregende Getränke, die auch in Spanien und Italien weitverbreitet sind. Bekannte Marken dieser meist bitterschmeckenden Getränke: Cinzano, Martini, Picon, Byrrh, Pernod, Campari, Dubonnet u. a.). Man ordnet diese meist Wermutkräuterauszüge oder andere Kräuterauszüge enthaltenden Getränke den → weinhaltigen Getränken zu. Im allgemeinen Sprachgebrauch wird der Ausdruck in der Gastronomie auch für → Sherry, → Dessertweine oder Sekt zum Beginn eines Menüs gebraucht.

Apfelschaumwein gehört zu den → Fruchtschaumweinen, die meist durch→ Imprägnieren mit → Kohlensäure hergestellt werden.

Apfelwein ist ein aus geeigneten Äpfeln hergestellter Wein, der meist in der Frankfurter Gegend, aber auch in anderen Landstrichen Süddeutschlands (Most), häufig getrunken wird. Im Haushalt sollen nur spätreifende (säurereiche) Sorten gekeltert und verarbeitet werden. Für Haushaltszwecke ist der Zusatz von Wasser möglich, jedoch können Mengen über 10 % ein zu dünnes Getränk erbringen. Das → Mostgewicht des Saftes bewegt sich zwischen 40 und 50 °Oe und kann mit Zucker erhöht werden. Die Herstellung von Apfelwein zeigt große Verwandtschaft mit der Herstellung von Traubenwein. Der eigentliche charakteristische Unterschied entsteht durch die bevorzugte Gärung durch → Apiculatushefen. Säurearme Moste dürfen durch Zusatz von → Milchsäure „verbessert" werden. Nach der Gärung sollte ein guter Apfelwein nicht unter 4 g/l Säure (berechnet als Weinsäure) enthalten. Hygienisch einwandfreie Produkte erhält man durch Anwendung von → Reinzuchthefen, eventuell → Anreicherung und Säurezusatz und zweckmäßige → Schwefelung.

Aphrometer (wörtlich Schaummesser) dienen zur Druckmessung von Schaumwein. Diese Instrumente bestehen aus einem Manometer, welches mit einer Einstichkanüle so versehen ist, dass man damit den Korken durchstechen oder durchbohren kann. Früher wurde Schaumwein je nach Druck klassifiziert. Heute dient ein Mindestdruck nur zur Abgrenzung des → Schaumweines zum → Perlwein.

Apiculatushefen = *Kloeckera apiculata* und andere → Hefen sind unter dem Sammelbegriff A. erfasst, weil diese sich primär in den Anfängen der alkoholischen Gärung entwickeln und auch auf Früchten sehr stark verbreitet sind. Die Hefen sind wenig gärtüchtig und werden deshalb im Verlaufe der alkoholischen Gärung meist rasch durch *Saccharomyces cerevisiae* var. *ellipsoides* (sog. echte Weinhefe) verdrängt. Durch → Schwefelung kann die Entwicklung wirkungsvoll zurückgedrängt werden. Im allgemeinen werden diese Hefen als Schädlinge angesehen.

Aquavit. Kartoffel- oder Kornbranntwein, der mit Kümmel oder anderen Aromazubereitungen aromatisiert ist.

L-Arabinose ist der Hauptbestandteil von unvergärbaren Zuckerarten im Wein. Andere → Pentosen (Zucker mit fünf Kohlenstoffatomen) treten gegenüber dieser Pentose in den Hintergrund. L- Arabinose (Maximalwert 6 g/l) ist normalerweise unvergärbar und wird deshalb zum → zuckerfreien Extrakt gerechnet. Sie ist Ursache dafür, dass auch bei völliger Vergärung mit alkalischen Kupferlösungen noch reduzierende Stoffe (neben SO_2 und → Reduktonen) nachgewiesen werden. Da der durchschnittliche Wert um etwa 1 g/l liegt (allerdings bei edelfaulen Trauben bis zu 6 g/l)), zieht man zur Berechnung des zuckerfreien Extraktes 1 g/l vom festgestellten Gehalt an reduzierendem Zucker ab, das heisst man zählt die Pentosen – wie bereits erwähnt – dem zuckerfreien Extrakt hinzu. L-Arabinose bindet, ähnlich wie Glucose – schweflige Säure (→ schweflige Säure, gebundene), was aber praktisch nicht in Erscheinung tritt, da die Mengen zu gering sind. (→ Zucker, unvergärbarer). Bei starker bakterieller Tätigkeit kann L-Arabinose vollständig abgebaut werden.

Aräometer (Senkwaagen, Spindeln) sind meist aus Glas gefertigte zylindrische Eintauchkörper mit einem sich nach oben verjüngenden Stiel (Spindel), der auch die Markierungen enthält. Man misst damit das spezifische Gewicht von Flüssigkeiten, wobei der eigentliche Senkkörper unterschiedlich groß gefertigt und unterschiedlich (mit Bleikörnern im Innern) beschwert ist. Je weniger tief der Senkkörper eintaucht, um so höher ist das Gewicht der verdrängten Flüssigkeit (→ spezifisches Gewicht). Je größer die Genauigkeit ist, umso größer ist der Senkkörper und umso größer wird die benötigte Menge an Flüssigkeit. An dem Teilstrich, bis zu dem die Spindel einsinkt, liest man den Messwert (d 20/20, Grad Oechsle, Alkoholgehalt etc.) ab. Das in der Weinherstellung am meisten verwendete Aräometer ist die Mostwaage nach Oechsle (→ Mostgewicht, Bestimmung, → Alkoholometer).

Arbeitsdruck nennt man allgemein den auf ein Gas, eine Flüssigkeit oder Flüssig-Fest-Gemische ausgeübten Druck, den man etwa zum Bewegen einer Flüssigkeit oder zum Auspressen eines Flüssig-Fest-Gemisches aufwendet. Häufig wird diese Kennzahl zur Charakterisierung einer → Kelter benutzt.
Die Angabe erfolgt in kp/cm^2 = bar, was der früher üblichen Angabe in atü entspricht. Die Keltern (Pressen) mit dem niedrigsten Arbeitsdruck sind pneumatische Pressen, bei denen eine Kunststoffmembran aufgebläht wird. Im Allgemeinen liegt der Arbeitsdruck bei 2 bar, nur bei → Packpressen liegt der Arbeitsdruck zwischen 15 und 30 kp/cm^2.
Der → Gerbstoffgehalt ist weniger von der Höhe des Arbeitsdruckes, als von der Dauer des Pressvorganges beeinflusst. Entscheidender ist der Vorgang des Pressens, der vom Presssystem her nicht zerreibend (passierend) einwirken darf (→ Tankpresse).

Armagnac ist ein Weinbrand, der im wesentlichen aus Weinen des Gebietes Department du Gers hergestellt wird. Die westlichen Teile von A. nennt man Bas-Armagnac, die zentrale Stelle ist Ténarèze und der östliche Teil Haut-Armagnac. Im Wesentlichen werden fünf spezielle Rebsorten angebaut, wobei die Rebsorte „Ugni Blanc“, an erster Stelle rangiert. Weitere Sorten sind „Bacon Blanc“ ,, Colombard“, „St. Emilion“ und „Folle Blanc“. Die Art des Weinbrandes ist aber auch durch die Methode der → Destillation bedingt. Teils werden direkt beheizte Destillations (Brenn-) blasen benutzt. Auch lange Lagerung in kleinen Eichenfässern erhöht die Qualität. Durchschnittlich wird die Qualität von → Cognac's nicht erreicht. Es bestehen umfassende Vorschriften, die sowohl die Wahl der Brennweine, die Art der Destillation und die der Lagerung betreffen, wobei sich dies auch in der Deklaration niederschlägt.

Armaturen (lat. armatura = Bewaffnung) sind Zubehörteile der Maschinen und Geräte insbesondere → der Behälter in der Weinindustrie. Bei Maschinen sind dies Anzeige- und Regelarmaturen, bei Geräten wie → Filter oder bei Behältern kommen hier Ventile, Schieber und Hähne hinzu. Unabhängig von der Funktion der Armatur soll durch Auswahl geeigneter Werkstoffe, gute Zugänglichkeit zum Zwecke der Reinigung und mechanische Stabilität dafür gesorgt werden, dass Armaturen ästhetisch, hygienisch und langlebig sind. Deshalb verdrängt der Werkstoff rostfreier Stahl (Edelstahl) zunehmend die sogenannten Buntmetalle und -Legierungen. Außer Metall wird auch zunehmend Kunststoff (Duroplaste) eingesetzt.
Bei Hähnen und Ventilen ist auf optimale Strömungsverhältnisse zu achten. Regelventile (wie z. B. auch Überdruckventile) sollten trubunempfindlich sein (sonst Verstopfungsgefahr am Ventilsitz). Ein Schwachpunkt ist das „Probierhähnchen“, weil sich dort hartnäckig Schmutznester festsetzen können. Manche Armatur ist schon sehr alt, worauf Namen wie → Laterne (für Schauglas), → Hundskopf (für Auslaufbögen), → Reissrohr (zerreißt zähe Weine) hinweisen.

Aroma (griechisch „Würze) ist die auf das Geruchsempfinden der Nase zurückzuführende Wirkung von Substanzen, die deshalb auch Aromasubstanzen genannt werden. Ersatzbegriffe lauten → Bukett, Duft oder man spricht von der „Nase“ des Weines. Eine große Zahl von Begriffen ist in der → Weinansprache zur Beschreibung des Aromas eingeführt. Teilweise bedeutet der Hinweis auf bekannte Gerüche wie „Johannisbeerton“, „Rosenduft“ etc. jedoch noch nicht, dass die Substanzen mit diesen Duftkomponenten (chemisch) tatsächlich identisch sind. Notwendig ist es, dass Aroma hervorrufende Substanzen flüchtig sind und in der Nase somit registriert werden können. Da die Nase teils sehr empfindlich ist, können schon sehr geringe Mengen wirkungsvoller Aromastoffe deutlich wahrgenommen werden. Obwohl die Gesamtmenge der Aromen ca. 0,8–1,2 g/l ausmacht, sind die meisten sensorisch wirksamen Aromastoffe nur in Spuren (→ ppm, → ppb) enthalten. Die Erforschung der Aromastoffe im Wein wird dadurch sehr erschwert, weil der → Geruchsschwellenwert teilweise noch unterhalb der Erfassungsgrenze analytischer Methoden liegt. Vornehmlich die sogenannte Gaschromatographie hat zur Identifizierung der Aromakomponenten des Weines viel beigetragen. Derzeit sind etwa 500 verschiedene Aromasubstanzen im Wein nachgewiesen, allerdings noch nicht restlos identifiziert. Die der Menge nach im Vordergrund stehenden Aromasubstanzen im Wein sind: → Amylalkohole, → i-Butanol, → 2-Phenylethanol → Terpene, → Ester wie Äthyllaktat, flüchtige Phenole, sonstige schwefelhaltige, organische Verbindungen. Durch Untersuchung

der Trauben kann man Aromasubstanzen sortenbezogen feststellen, wobei sich die Sorteneigenart selten durch charakteristische „Indikator"-Substanzen, sondern durch Verschiebung der Relationen verschiedener Aromasubstanzen zueinander zu erkennen gibt. Auch der Reifegrad der Trauben prägt sich im „Aromagramm" (Diagramm des Schreibers eines Analysengerätes, → Gaschromatographie) aus. Durch → Gärung werden neue Aromasubstanzen zusätzlich gebildet, einige wenige Substanzen verschwinden, doch ist das Weinaromagramm komplexer als das des unvergorenen Mostes.
Einige Aromasubstanzen, insbesondere die zu den → Fuselölen zählenden → höheren Alkohole, sind giftig bzw. tragen in der vorliegenden Menge nicht unerheblich zur Unbekömmlichkeit von Wein bei.
Beim Ausbau von Wein kann das Aroma gewinnen, bei fehlerhaften Lagerungen, insbesondere bei ungenügendem Spundvollhalten, Mangel an schwefliger Säure etc. kann das Aroma zerstört oder ungünstig überlagert werden. Oft sind hier auch mikrobielle Belastungen am veränderten Aroma nachzuweisen. Deshalb zählen auch „off-flavour"-Stoffe d. h. → „Fehlaromen" zu den Aromen (→ Aroma, Bildung, → Aromaböckser, → Bukettstoffe, → Essigstich, → Kahmhefe, → Sensorik, → Weinansprache, Tab 31, 32, 34 a/b im Anhang).

Aromen (Bildung). Von der chemischen Zusammensetzung her gesehen kommen die „riechbaren" Stoffe aus den verschiedensten chemischen Stoffgruppen. Naturgemäß sind die Träger des Aromas (→ Terpene) als sog. → Precursoren (Vorläufer) zwar schon in der Traube vorhanden, dort aber noch vorwiegend an Zucker gebunden und dadurch noch sensorisch weitgehend unwirksam. Da man die so „maskierten" Aromen in den Trauben jedoch bereits durch analytische Aufschlussverfahren erfassen kann, spricht man von „Primäraromen". Es ist dann
auch naheliegend, die durch die Gärung veränderten Aromen später als sekundäre oder auch „Gäraromen" zu bezeichnen. Das sog. → Gärbukett wird insbesondere durch die „gezügelte Gärung" (→ Kaltgärung) gefördert. In der Folge wird man konsequenterweise die Reifearomen, die sich während des → Ausbaus und der späteren Flaschenlagerung entwickeln, als tertiäre Aromen bezeichnen.(→ Alterung).
Früzeitig abgefüllte junge Weine dominieren zunächst die → Nase (acetatisch – blumig). Es ist in dieser oben erwähnten sekundären Entwicklungsphase, d. h. einige Wochen nach Abschluss der Gärung, noch der Charakter der → Ester vorherrschend. Durch den Vorgang der → Umesterung verlagert sich (später) das Aromapotential; der Wein wird pointenreicher.
Für die Ausbildung des Sortencharakters ist die aus Gründen des chemischen Gleichgewichts ablaufende Umesterung ein wichtiger Zustand, weil danach die → Terpene eines → Gewürztraminers oder des → Muskatellers sich deutlicher hervorheben und nicht mehr von leichflüchtigen Estern überdeckt werden. Ähnliches gilt für die schwefelhaltigen → Thiole des → Sauvignon blanc oder die → Pyrazine des → Cabernet sauvignon. Weitere Einzelheiten zum Thema → Aroma, → Descriptive Analyse, → Geruchsstoffe, → Sensorik).

Aromaböckser. Insbesondere in den 70er Jahren trat eine bisher unbekanntes, fremdartiges Aroma auf. Die auffällige Note zeigte sich besonders stark bei Weinen der Kerner-Rebe. Die Namensbildung ergab sich aus der Beobachtung, dass Kupfersulfat das → Fehlaroma entfernen konnte. Man vermutete die Bildung aus einem schwefelhaltigen „Spritzmittel". Der Aromaböckser trat inzwischen nicht mehr auf, ohne dass die Ursache je zuverlässig ermittelt wurde.

Aromatisch sind Weine mit hervortretendem → Bukett, häufig trifft dies zu für Rebsortenweine der Pfalz und Rheinhessens. Bekannte Bukettweine sind: → Gewürztraminer, → Morio-Muskat, → Scheurebe → Siegerrebe. Andere Sorten, die in deutschen Weinbaugebieten unter 1 % angebaut werden, haben (noch) keine große Bedeutung aber ein teilweise sehr charakteristisches Bukett (z. B. → Huxelrebe, → Schönburger). Die Zuteilung eines Rebsortenweines zu den aromabetonten Sorten ist in der Praxis erschwert, weil die Ausprägung des Aromas stark vom Jahrgang (Klima, Reifezustand, Fäulnis), aber auch vom Standort der Reben (Bodenart, Wasserführung) beeinflusst ist. Auch die Kellertechnik (Art der Vergärung, Temperatur) und die Lagerzeit auf der Flasche können zur Entwicklung oder zum Rückgang des sorteneigenen Buketts beitragen (→ artig, → Geruchsstoffe → Rebsortenanbau).

Aromatisierung von Wein durch Zusatz von Essenzen und Aromasubstanzen des Handels ist verboten. Weinaroma aus den Gärgasen, die bei der → Gärung entweichen, zu extrahieren und dem Wein (insbesondere alten, aromaschwachen Weinen) zur Auffrischung zuzusetzen, haben PRILLINGER und BACH versucht. Da das Verfahren nur während der begrenzten Zeitdauer der Gärung möglich ist, hat es sich nicht eingeführt. Für die Gruppe → weinhaltiger Getränke wie z. B. → Wermutwein oder für → Bowlen (Maibowle) ist die Aromatisierung jedoch gestattet (→ Weinverfälschungen).

Aromatisierte Getränke sind weinhaltige Getränke, die als aromatisierte Weine (Weinaperitif) bezeichnet werden, wenn der aromatisierte Weinanteil mindestens 75 % beträgt und der Alkoholgehalt zwischen 14,5 und 22 % Vol. liegt. Im aromatisierten, weinhaltigen Getränk muss der Weinanteil mindestens bei 50 % Vol. bei einem Alkoholgehalt von 7 bis 14,5 % Vol. betragen.
Bei aromatisierten, weinhaltigen Cocktails liegt der Mindestgehalt an Wein und/oder Traubenmost bei 50 %, der Alkoholgehalt muss jedoch unter 7 % Vol. liegen. Getränke, die die Vorbedingungen nicht erfüllen, können als „Cooler“ angeboten werden.
Die Aromatisierung kann mit natürlichen Aromen bzw. Extrakten erfolgen. Da die Aromatisierung aber auch mit Gewürzen etc. erfolgen kann, gehören zur Gruppe der genannten Getränke auch solche wie → Wermutwein, → Americano, → Sangria, → Kalte Ente, → Glühwein und → Maiwein (Aperitif).
Zur Süßung kann auch Zucker und Zuckerkulör zugesetzt werden. Die Beschaffenheitsangaben extra trocken (unter 30 g/l), trocken (30–50 g/l), halbtrocken (50–90 g/l), lieblich (90–130 g/l) und süß (über 130 g/l) entsprechen nicht den Beschaffenheitsangaben von Wein und Schaumwein. Siehe dazu VO (EWG) 1601/91.

Aromarad. Das A. bietet eine Zusammenstellung von Begriffen der → Weinansprache. Hervorgegangen ist das A. aus einer Zusammenstellung von negativen Begriffen zur Fehlerbeschreibung. Durch die kreisförmige Anordnung ist es möglich, die sensorisch erkennbaren Merkmale in verwandten Gruppen zu ordnen. Durch die Differenzierung in verschiedene Weinarten (Rotwein, Weißwein) lassen sich die Weintypen variabel beschreiben. In vielen Fällen sind die registrierten Vokabeln an die Aromen von Früchten oder Gemüse angelehnt. Innerhalb der → deskriptiven Analyse findet das A. Anwendung. Für den Gebrauch im täglichen Umgang bei Weinproben und Weinbeschreibungen (→ Sommelier) ist das A. kritisch zu interpretieren. In den Tab. 34a und 34b sind einige charakteristische Nuancierungen angedeutet die in der → Weinansprache nützlich sind.

Arsen wurde in verschiedenster Form bis in die 40er Jahre hinein als Spritzmittel gegen Schädlinge der Reben eingesetzt. Da sich auch in den daraus hergestellten Weinen Spuren von Arsen vorfanden, mussten spezielle Nachbehandlungen (Rotschönung) durchgeführt werden. Solche Mittel führten verspätet zu Berufskrankheiten der Winzer (Arsenkrebs), sodass ein generelles Anwendungsverbot ausgesprochen wurde. Der natürliche Arsengehalt von Wein (aus dem Boden oder von den Weinbehandlungsmitteln stammend) liegt unterhalb 0,1 mg/l und damit im üblichen Bereich von anderen Lebensmitteln. Der zulässige Maximalgehalt von Wein liegt bei 0,1 mg/l.

artig = der angegebenen Sortenart entsprechend (Begriff der → Weinansprache). Damit die dem Wein, der Rebsorte entsprechenden charakteristischen Merkmale in → Farbe, → Aroma und Geschmack markant auftreten können, müssen natürliche Vorbedingungen bereits im Lesegut vorhanden sein. Dies trifft nicht immer zu, da diese Vorbedingungen vom Jahrgang, dem Standort, das heißt im speziellen von den Böden, möglicherweise aber auch vom Ertrag, der weinbautechnischen Verfahrensweise und vom Rebmaterial (→ Klon) selbst beeinflusst werden.
Vor diesem Hintergrund gibt es manchmal Enttäuschung beim Winzer selbst, wenn Rebsortenweine trotz gleicher kellerwirtschaftlicher Behandlung wenig typisch sind. Dies muss man insbesondere bei → aromatischen sogenannten Bukettweinen dann als Mangel ansehen (→ Gewürztraminer reagieren stark auf Boden und Ertrag, → Morio Muskat und → Scheurebe auf Fäulnis und Boden). Fäulnis der Trauben (→ Botrytis, → Schimmelpilze) verhindert generell die Ausbildung der typischen Art und ist Ursache dafür, dass Weine aus sehr faulem Lesegut selten → „artig" sind.
Weiterhin ist die kellerwirtschaftliche Methodik der Behandlung von größtem Einfluss auf die Optimierung des Sortentyps. Durch → Kaltgärung und schonende Behandlung (→ Abstich ohne Luft, Förderung des Weines mit Gasdruck, Verwendung von → Inertgasen wie Lebensmittelstickstoff bei der Lagerung und Abfüllung von Wein) und durch reduktiven → Ausbau, erhält und schützt man das Sortenaroma, wobei auch noch eine deutlich erhöhte → Kohlensäure im Wein den Typ fruchtiger Weine betonen kann.
Störend dagegen kann eine solche Methodik bei Weinen sein, die durch mehr „Weinigkeit" ohne markantem Sortenaroma mehr dem südlichen Typ des Weines angepasst sein sollen. Beispiele für derartige Weintypen sind die → Burgunderweine (Grauer Burgunder = Ruländer, Weißburgunder = Pinot blanc) oder → Rotweine. Für deutsche Weine ist die Charakterisierung „artig" Gütemerkmal und entspricht dem Slogan der Spezialität deutscher Weine, wie diese im Gegensatz zu der meist uniformen Art ausländischer „Tischweine" mit Recht werblich hervorgehoben wird.

Asbest gehört in die Gruppe der Mineralien und kommt in mehreren Formen vor. Wegen der bei der Verarbeitung und Verwendung von Asbest zu befürchtenden gesundheitlichen Probleme hat man in der Weinbereitung auf den Gebrauch als → Filterhilfsmittel verzichten müssen.

Asche (→ Weinasche) nennt man die unverbrennbaren Substanzen, die im Most oder Wein vorkommen bzw. sich bei der Verbrennung bilden. Es handelt sich um → Mineralstoffe (über 1 mg/l) oder → Spurenelemente (unter 1 mg/l), die durch den Rebstock in die Traube eingelagert werden oder (in aller-

dings sehr geringen Anteilen) aus der Behandlung der Trauben, des Mostes oder Weines resultieren. Die Mineralstoffe setzen sich aus K+ (Kalium), Mg++ (Magnesium), Ca++ (Calcium), Na+ (Natrium) als den sogenannten Kationen und den Anionen PO_4-- (Phosphat), $S0_4$-- (Sulfat), Cl- (Chlorid) und dem bei der Verbrennung aus organischem Material gebildeten Anion CO_3-- (Karbonat) zusammen (→ Aschenbestandteile).
Spurenelemente sind wohl für die gesundheitsbezogene Wirkung von Wein von großer Bedeutung, aber mengenmäßig nicht wesentlich (→ Wein, Zusammensetzung). Die obige Reihenfolge der Mineralstoffe gibt in etwa die abnehmende Konzentration an. Da die Gärung durch die Ausbildung der Hefe, aber auch durch die löslichkeitsherabmindernde Wirkung des → Alkohols zu einer → Abreicherung führt, enthalten Moste mehr Asche als die zugehörigen Weine. Bei Wassermangel der Reben geht der Aschegehalt generell zurück (sogenannte trockenreife Jahrgänge wie 1959, 1964, 1983, 1990, 1992, 1993, 1999, 2003, 2005 haben generell niedrige Aschegehalte), feuchte Witterung und Fäulnis während der Traubenentwicklung erhöhen den Aschegehalt.
Die bei der Veraschung von Most zurückbleibenden unverbrennbaren Aschenbestandteile schwanken zwischen 3 und 5 g/l, im Wein (mit Ausnahme von Spitzenweinen) zwischen 2 und 3 g/l. Normalerweise macht die Asche etwa ein Zehntel des zuckerfreien Extraktes aus. Erst die differenzierte Untersuchung der Einzelbestandteile gibt Hinweise auf den Einfluss des Bodens (Weine die in Meeresnähe erzeugt werden, zeigen erhöhten Gehalt an Na+, aber auch an Cl- durch Aufnahme von Kochsalz), der Weinbehandlung (Entsäuerung, Bentonitbehandlung = erhöhter Ca-Gehalt, Schwefelung mit Kaliumdisulfit = erhöhter K-Gehalt) oder der Kontamination (→ Eisen, → Kupfergehalt aus → Armaturen, Maschinen und Behältern stammend).
Da einige Mineralbestandteile verdampfen können, wird die „trockene“ Veraschung = Verbrennung bei 550 °C (nicht höher) vorgenommen. Eine Mineralisierung kann auch durch den „nassen “ Aufschluss erreicht werden (→ Anionen, → Bentonit, → Entsäuerung, → Gärung, → Kationen, → Schwefelung, → zuckerfreier Extrakt).

Aschenbestandteile setzen sich aus einem primären, natürlichen Anteil und einem sekundären Gehalt zusammen, wobei letztere durch beabsichtigte, aber zulässige Zusätze (Schädlingsbekämpfung, Weinbehandlungsmittel) oder unbeabsichtigt (Beispiel Korrosion von Metallgeräten durch Most oder Wein) hinzutritt (→ Asche). Die Schwankungsbreite ist insbesondere durch den primären Anteil bedingt sehr groß, so dass eine tabellarische Übersicht allenfalls die normale Streubreite, jedoch nicht die denkbaren Extreme berücksichtigen kann (→ Tab. 29 im Anhang).
Manche dieser Mineralstoffe sind gesetzlich begrenzt (z. B. K_2SO_4 auf 1,0 g/l), um dadurch übermäßige Zusätze an → schwefliger Säure bzw. → Entschwefelungen zu verhindern bzw. nachzuweisen (→ Wein, Zusammensetzung).

Ascorbinsäure (E 300) ist die Bezeichnung für das natürlich vorkommende Vitamin C, eine farblose, kristalline Substanz, die gegen Skorbut (Vitaminmangelkrankheit) hilft. Die Wirkung gegenüber Erkältungskrankheiten scheint dagegen noch nicht allgemein anerkannt. A. ist im Saft von vielen Früchten enthalten. Die größten Mengen finden sich in Hagebutten, aber auch in Johannisbeeren oder Orangen. Der → Traubenmost enthält wenig Vitamin C (zwischen 2 und 10 mg pro 100 ml, selten mehr). Bei der Verarbeitung, insbesondere bei Erhitzung, geht der Gehalt

rasch zurück. Teilweise ist der Zusatz zu → Fruchtsäften erlaubt, für Wein ist in Deutschland (EG) der Zusatz auf maximal 250 mg/l begrenzt (→ Weinbereitung, zugelassene Stoffe).
A. ist leicht wasserlöslich und von säuerlichem Geschmack (stärker sauer als Weinsäure), doch sind die zulässigen Mengen als Säure nicht schmeckbar. Die Zulassung und Anwendung beruht auf der reduzierenden Wirkung der A. Leider kann die A. die vielfältige Wirkung der → schwefligen Säure nicht ersetzen, da die keimhemmende Wirkung und die bräunungsverhindernde Wirkung der schwefligen Säure bei A. entfallen. Als stärkeres → Reduktionsmittel als es schweflige Säure ist, kann A. bei Gegenwart von → Sauerstoff schweflige Säure oxidieren, da sich Wasserstoffperoxid bildet (gekoppelte Oxidation → Entschwefelung). Der Zerfall der A. wird durch manche Schwermetalle gefördert. A. kann auch als Reduktionsmittel schweflige Säure kaum ersetzen, da die bindende Wirkung der schwefligen Säure fehlt und so freie → Aldehyde ohne die Bindung durch SO_2-Zusätze den bekannten → Luftton hervorrufen können. Bei Anwendung der A. muss gleichzeitig ein genügend hoher Pegel von freier schwefliger Säure vorgegeben sein und ein Abbau der A. durch Sauerstoffzutritt verhindert werden. A. fördert ferner die Bildung der sogenannten → Kupfertrübung, da Cu^{++} zu Cu^{+} reduziert wird und als solches leicht schwerlösliche Verbindungen bildet. Bei Mangel an freiem SO_2 ist A. fehl am Platze. Da die ursprünglichen Hoffnungen, mit A. eine Ersatzsubstanz für schweflige Säure gefunden zu haben und damit Weine mit niedrigerem SO_2-Gehalt herstellen zu können, sich nicht erfüllt haben, ist die A. in der Kellerwirtschaft wenig bedeutungsvoll. Möglicherweise lässt sich der Weintyp noch reduktiver gestalten, falls SO_2 und A. ausreichend vorhanden sind, doch ist dies nur für ausgesprochen fruchtige Weintypen von Wert. Der Zusatz erfolgt dann erst kurz vor der Flaschenfüllung. Besondere Anwendung hat A. bei der Verhinderung des → UTA-Fehlers, → untypischer Alterston, gefunden.

Aspergillus flavus ist ein → Schimmelpilz, der unter bestimmten Bedingungen die hochgiftigen Toxine der Aflatoxin-Gruppe bilden kann. Neuere Arbeiten zeigten, dass die zunächst vermuteten Aflatoxine in Wein durch andere Substanzen vorgetäuscht wurden und bei korrekter Analysentechnik im Wein tatsächlich nicht nachweisbar sind.

Aspergillus glaucus (→ Schimmelpilz) kann sowohl auf Trauben als auch als Schädling in der Kellerei vorkommen, besonders auf Korken. Möglicherweise geht der → Korkengeschmack zum Teil auf die Tätigkeit dieses Pilzes zurück (→ TCA).

Assimilation. Unter A. versteht man eine Reihe von Vorgängen, die vom → Kohlendioxid und Wasser ihren Ausgang nehmen. Im engeren Sinne ist damit die auf der Photosynthese aufbauende Umwandlung von Kohlendioxid gemeint, die mit Hilfe des → Chlorophylls in den sogenannten Chloroplasten der Pflanzen abläuft. Im Wesentlichen ist der vorwiegend durch den grünen Pflanzenfarbstoff Chlorophyll gesteuerte Prozess die Reduktion von Kohlendioxid durch reduzierte Pyridinnucleotide zu organischen Kohlenstoffverbindungen. Der Umbau zu den komplexen Verbindungen wie → Zucker oder organischen → Säuren erfolgt über verschiedene Zwischenstufen, die man als Metabolite bezeichnet. Direkte Untersuchungen über die dabei durchlaufende Zwischenstufen vom Ausgangspunkt CO_2, (Kohlendioxid) zu den Endprodukten (Zucker etc.) konnte man erst etwa ab 1940 durchführen, als man die Technik der Verteilungschromatographie mit Hilfe radioaktiv markierter C_4-Verbindungen heranziehen konnte und dabei mit Hilfe dieser

„Tracer“ viele Zwischenstufen der A. gefunden wurden.
Auf die Rebe übertragen bedeutet dies, dass die A. zwar vorwiegend in den Blättern erfolgt, aber auch die grünen Beeren infolge ihres Chlorophylls daran beteiligt sind. Während CO_2 in der Atmosphäre in praktisch konstanter Menge vorliegt, kann Wasser zum assimilationsbegrenzenden Faktor werden (sogenannte „Notreife“ der Trauben in wasserarmen Jahrgängen).
Für die Umwelt von großer Bedeutung ist die Tatsache, dass alle Pflanzen, also auch die Reben, Sauerstoff abgeben. Die A. kann als photosynthetischer Vorgang nur bei Einstrahlung von Sonnenlicht, also tagsüber erfolgen, während nachts andere Stoffwechselvorgänge ablaufen (Tages-NachtZyklus der Rebe).
Die vegetative Leistung der Rebe hängt in erster Linie, außer von den Umwelteinflüssen, von der Blattmasse als dem Ort der A. ab. Die Erziehungsart, insbesondere die Höhe der Laubwand, beeinflusst somit die Zuckerproduktion. Die A. der Rebe selbst in Abhängigkeit von den Umwelteinflüssen kann durch Messung der CO_2-Aufnahme mit modernen Geräten (URAS) verfolgt werden, wodurch wertvolle Erkenntnisse zur Physiologie der Reben gewonnen wurden.

Asti spumante nennt man einen schäumenden, süßen Wein aus dem Gebiet von Asti (Italien), der durch ein besonderes Gärverfahren hergestellt wird (spumante = schäumend). Die Technik beruht auf einer unvollständigen Vergärung von meist roten Traubenmosten in Drucktanks.
Teils wird auch in anderen Gebieten Italiens „Spumante“ erzeugt (teils durch → „Zweitgärung“).

Auffärben von Wein mittels Farbstoffen war in manchen Weinbauländern dann zulässig, wenn man den natürlichen Farbstoff → Önin verwendete. Der rote Farbstoff Önin wird vorwiegend in Italien aus Rotweintrester hergestellt und findet auch Verwendung zur Färbung anderer Lebensmittel. Die Anwendung von Önin bei farbschwachen → Rotweinen ist in Deutschland nicht erlaubt und auch nicht notwendig, da deutsche Rotweine inzwischen „farbautark“ sind (→ Farbstoffnachweis).

Auffrischen der Weine. Beim → Ausbau der Weine entstehen gelegentlich Weine, insbesondere bei längerer Lagerung im Holzfass, die den heute so beliebten fruchtigen, lebendigen Typ vermissen lassen. Um solche „müden“ oder mattgewordenen Weine wieder aufzufrischen, muss zunächst die für Weißweine erwünschte zweckmäßige → Kohlensäure wieder zugeführt werden. Weißweine von betont fruchtigem Typ (→ Riesling etc.) verlangen bei der → Flaschenabfüllung einen Kohlensäuregehalt von 1 bis maximal 1,5 g/l. Typen mit mehr Körper und reifer Art können mit geringerer Menge an Kohlensäure angeboten werden (→ Ruländer, → Weißburgunder und die meisten → Rotweine). Dies muss bei der Auffrischung nuanciert beachtet werden. Jedenfalls sollte man vermeiden, dass durch starke Übersättigung mit Kohlensäure scharfwirkende, prickelnde Weine entstehen, die dann vom Verbraucher abgelehnt werden.
Die Zufuhr der Kohlensäure kann als Kohlensäureschnee (→ Trockeneis) oder besser durch Spezialdosiergeräte erfolgen, die für eine gute Verteilung und Aufnahme der aus einer Stahlbombe entnommenen Kohlensäure sorgen.
Zur Kontrolle stehen heute Messgeräte zur Messung des gelösten Kohlendioxids (Kohlensäure) zur Verfügung. Da die → Abbau-Prozesse bei zu langer Lagerung im Behälter teilweise auch die Farbe (→ Hochfarbigkeit) und das → Bukett (Verlust des Sortenaromas) betreffen, ist die genannte Maßnahme

(nachträglich) nicht in allen Fällen bereits ausreichend. Eine Form der Auffrischung ist das → Überhefen mit frischer, gesunder → Kernhefe, die zur Farbaufhellung, zur Erhöhung des reduktiven Zustandes und zur Rückbildung von Bukett führen kann (→ Aromatisierung von Wein).

Auffüllen (Beifüllen) der → Behälter nach Beendigung → der Gärung ist die wohl wichtigste Maßnahme zur Herstellung optimaler Weißweine. So wird empfohlen, bereits während der abklingenden Gärung den ursprünglich vorhandenen → Steigraum beizufüllen, da mit Schwächerwerden der Gärung auch der Schutz durch die in Schwebe befindliche → Hefe nachlässt und somit die Gefahr der → Oxidation zunimmt.
Durch Beifüllen vermindert man die Oberfläche des Weines und schränkt dadurch die Aufnahme für Luftsauerstoff ein. Je kleiner der Behälter, um so größer ist die im Verhältnis zur Weinmenge vorhandene Oberfläche und um so wichtiger ist das Auffüllen. Speziell im Holzfass tritt bei der weiteren Lagerung ein Verdunstungsschwund von Wein auf, der das wiederholte Beifüllen erzwingt. Mit dem Beifüllen will man vermeiden, dass sich eine Oberfläche bildet, die nicht zuletzt auch bald mit unerwünschten, obenaufschwimmenden Mikroorganismen (z. B. → Kahmhefen) besiedelt würde. Somit lässt sich das Beifüllen in der Auswirkung nicht völlig durch Überschichten mit → Stickstoff (-gas) und ähnlichen inerten Gasen ersetzen. Ferner verhindert man durch das Beifüllen den zu weitgehenden Verlust an → Kohlendioxid.
Dabei sollte möglichst die gleiche Weinart verwendet werden, da die zugesetzten Weinmengen in die Verschnittregelung einbezogen sind. Mit Recht werden einem im Volumen variablen Behälter einige Chancen in der Kellertechnik eingeräumt (→ Schwimmdeckeltank). (→ lnertgase)

Aufmachung, irreführende. Angaben über Beschaffenheit oder Herkunft eines Weines dürfen nicht geeignet sein, den Verbraucher fehlzuleiten. Somit sind die äußerliche Aufmachung (→ Etikett, Halsschleife, Rückenetikett), aber auch die Flasche darauf abzustimmen. Beispiele für irreführende Angaben wäre die Verwendung eines Emblems, welches als Gütesiegel anzusehen ist oder die Verwendung von → Bocksbeutel-Flaschen für Weine, die nicht ausdrücklich dafür zugelassen sind. Eintragung von **Warenzeichen** für Angaben wie „Kalkmergel“ etc. gelten als „Allgemeingut“ und sind nicht zulässig.

Aufrühren der → Hefe wird empfohlen wenn sich die Hefe bei schleppender → Gärung und geringer → Kohlendioxidbildung auf dem Boden des Gärbehälters absetzt und dadurch nicht mehr unmittelbar mit den Nährstoffen in Kontakt kommen kann. Durch das gleichzeitige Einrühren von → Sauerstoff wird die Zellproduktion angeregt und der Gärverlauf begünstigt. Mit dieser Maßnahme erhofft man sich gleichzeitig eine Verminderung der → Acetaldehyd-Produktion.
→ Schaumwein, der im Tankverfahren hergestellt wird, bedingt den Einbau von Rührgeräten im Drucktank, um den Gärverlauf zu garantieren, gleichzeitig wird dadurch die spätere → Autolyse der Hefe begünstigt. Während das Aufrühren der Hefe bei der Schaumweinproduktion dem Ziel dient, Hefeautolysate freizusetzen, die die Feinperligkeit des → Mousseux fördern, können bei → Stillwein diese Autolysate zur Einleitung und Förderung des → biologischen Säureabbaues nützlich sein. Das Aufrühren der Hefe nach der alkoholischen Gärung ist eine der empfohlenen Maßnahmen zur Förderung des biologischen Säureabbaues.
Im erweiterten Sinne kann man auch die Verteilung von Weinbehandlungsmitteln als Aufrühren bezeichnen. Gebräuchliche Methode des Aufrührens ist heute der Einsatz des

Rührgerätes (früher Rührkette, Rührlatte) oder man pumpt den Inhalt des Behälters mit → Pumpen im Kreislauf um. Kleinere Behälter können auch durch Einblasen von → Inertgas aufgerührt werden (→ Bâtonnage).

Aufscheitern nennt man das Auflockern des → Tresterkuchens, der sich beim Keltern gebildet hat (Krümeln!). Beim Pressen der → Traubenmaische verschließen sich durch den austretenden Mosttrub schließlich die Entsaftungswege so vollständig, dass der noch sehr feuchte → Trester nicht mehr weiter entsaftet wird. Durch Aufscheitern wird der Trester aufgelockert und kann dann noch weiter ausgepresst werden. Früher wurde das Aufscheitern mit Trestergabeln direkt auf dem Kelterbiet oder extern mit Trestermühlen durchgeführt. Bis zur Entwicklung der → Tankpressen scheiterten die (alten) → Keltern beim Zurückfahren des Presstellers selbsttätig (mit Hilfe von Ringen und Ketten). Bei den modernen pneumatischen → Pressen erfolgt das Aufscheitern durch Ablassen der Luft aus der aufgeblähten Membran und Rotieren des Presskorbes. → Schneckenpressen benötigen keine zusätzliche Einrichtung (→ kontinuierliche Presse). Während früher praktisch nur einmal aufgescheitert wurde (1. Pressvorgang vor dem Aufscheitern, 2. Pressvorgang nach dem Aufscheitern), sind heute mehrere Pressvorgänge nach dem Aufscheitern möglich. Die → Scheitermoste sind stärker mit Gerbstoff angereichert als der 1. → Pressmost, dieser wiederum stärker als der sogenannte → Mostvorlauf, der spontan von der Kelter während des → Aufschüttens abläuft (→ Pressprogramm, → Tankpresse).

Aufschließen der Maische erfolgt durch Stehenlassen der → Maische. Dabei können enzymatische Prozesse ablaufen die die spätere Kelterung erleichtern. Die Vorgänge sind im Einzelnen nicht genau bekannt, das Resultat ist insbesondere bei hochreifem Lesegut mit hohem Anteil an rosinenartig geschrumpften Beeren aber überzeugend: Man beobachtet eine Zunahme des → Mostgewichtes bei der Kelterung.
Teilweise kann man den Aufschluss durch Zusatz von pektinspaltenden → Enzymen auch bei unreifem Traubengut anwenden und dabei die Standzeit verkürzen. Durch den Abbau des bei unreifen Trauben hohen → Pektin-Gehaltes kann man die Entsaftung, ersichtlich am erhöhten Anteil an → Mostvorlauf, beschleunigen, die → Pressdauer verkürzen, was aus arbeitswirtschaftlichen Gründen aber auch aus qualitätsbezogenen Gründen wünschenswert ist. Beim Stehenlassen der Maische sollte es bei Weißwein nicht zu einem Gärvorgang kommen, da dann der → Gerbstoff-Gehalt zu hoch ansteigt. Bei → Rotwein kann dies jedoch auch zur Steigerung der Farbausbeute nützlich sein.
Die vorzeitige Enzymierung mit anderen Enzymen wie → Glucanasen oder → Glycosidasen kann weitere, positive Effekte ergeben.

Aufschütten der Maische auf die → Kelter erfolgte früher überwiegend manuell. Heute geschieht dies überwiegend mittels → Maischepumpen über feste oder bewegliche → Maischeleitungen. Beim Aufschütten tritt der → Mostvorlauf aus. Bei der Berechnung der Kapazität der Kelter rechnet man vereinbarungsgemäß mit 50 % Mostvorlauf, das heisst, die Kapazität ist das Doppelte des kubischen, verwertbaren Inhaltes der Kelter. Der Maischetransport durch Pumpen kann zu erhöhtem Trubanfall und damit zu Klärungsschwierigkeiten führen. Schonender ist das Aufschütten mittels Kippvorrichtung.

Ausbau des Weines umfasst alle Vorgänge nach der alkoholischen → Gärung, die teils spontan, teils durch Einwirken des Technikers bis zur → Flaschenabfüllung ablaufen.

Rechnet man normalerweise mit einer Gärdauer von 2 Wochen und setzt den Termin der Flaschenfüllung frühestens im Monat Januar fest, dann ist die kürzeste Zeit des Ausbaues auf etwa 2 bis 3 Monate festzusetzen. Wünschenswert ist jedoch ein längerer Ausbau, damit die der Gärung folgenden Vorgänge der → Weinsteinausscheidung, des → biologischen Säureabbaues und der damit verbundenen natürlichen → Stabilisierung nicht zu sehr eingeengt sind.
Mit modernen Methoden der physikalischen oder chemischen Behandlung kann man die Ausbauzeit verkürzen, was teils aus wirtschaftlichen Gründen, nicht selten aber auch aus Gründen des erwünscht frischen Weintyps sinnvoll ist. Während des Ausbaues kühlt sich der Wein ab (nach der Gärung), später tritt eine Erwärmung ein, wodurch Kristallausscheidungen einerseits und Ausscheidungen von → Proteinen andererseits gefördert werden. In dieser Abfolge stabilisiert sich der Wein teilweise selbsttätig. Da beim Warmwerden des Weines auch → Kohlensäure verlorengeht, müssen fruchtige Weintypen rasch ausgebaut werden (→ Auffrischen). Während des Ausbaues kann sich die Neubildung von → Estern und anderen → Aroma-Stoffen durchaus vorteilhaft auf die Qualität auswirken.
Im Holzfass erfolgt der Ausbau gegenüber den → Behältern aus Metall, Kunststoff oder Glas beschleunigt. Durch häufiges Probieren und Regulierung der Gehalte an → schwefliger Säure etc. sorgt der Techniker dafür, dass der Ausbau optimal verläuft. „Hohlliegende" Weine werden während des Ausbaues abgebaut (→ Abbau). → Reduktiv ausgebaut sind Weine, die möglichst ohne Luftberührung unter Vermeidung von Bukett- und Kohlensäureverlusten hergestellt wurden.
Gut ausgebaut ist ein Wein, der reintönig, harmonisch und insbesondere sortentypisch ist. Manche Rebsortenweine wie z. B. → Riesling , → Sauvignon blanc oder → Scheurebe müssen „reduktiv" ausgebaut sein. Darunter versteht man den Ausbau unter größtmöglichem Fernhalten der Luft, schonendster Behandlung unter Erhalt der natürlichen → Kohlensäure bei gleichzeitig früher Abfüllung auf die Flasche. Die weitere Ausreifung kann dann noch auf der Flasche erfolgen. Eher „oxidativ" ausgebaut werden → Rotweine oder → Burgunderweine. Hier kann man auch länger im Fass lagern. Gegenüber der weit verbreiteten Auffassung müssen Spitzenweine nicht sehr lange ausbauen (→ Beerenauslesen, → Trockenbeerenauslesen), da diese bereits von Hause aus „reif" sind (ausgebaut!) (→ Abb. 16 im Anhang).

Ausbeute an Alkohol → Alkoholausbeute.

Ausbeute an Traubenmost. Je nach Jahrgang, Traubensorte und Reifegrad wechselt der Saftanteil der Trauben und demgemäß auch die maximal erzielbare Ausbeute an Traubenmost. Sowohl sehr unreife, wie auch sehr reife Trauben haben im Extrem niedrige Ausbeuten. Die Ausbeute lässt sich durch→ Aufschließen der Maische verbessern. Die Ausbeute schwankt zwischen 60 l (edelfaule Trauben, Auslesen, Beerenauslesen) und 85 l Most pro 100 kg Trauben. Bezieht man die Ausbeute auf 100 l → Maische, dann muss zwischen entrappter und nichtentrappter Maische unterschieden werden, wobei letztere eine um 3 bis 5 % niedrigere Ausbeute ergibt (infolge des Anteils von → Rappen). Erschwert wird die Definition dadurch, weil man oft nicht klarstellt, ob die Ausbeute von 100 l Maische oder von 100 kg Maische ausgehend errechnet ist. 100 l Maische wiegen mehr als 100 kg!
Im Durchschnitt gilt: 100 kg Trauben = 90 l Maische = 75 bis 80 l Most. Die sortenbezogenen Unterschiede kommen insoweit gleichfalls zum Ausdruck, als kleinbeerige Sorten meist eine kleinere Saftausbeute erzielen lassen als großbeerige Traubensorten. In man-

chen Weinbaugebieten drückt man die Ausbeute an Hand von Maßen aus (→ Weinmaße: Logeln, Eiche, Eimern), die man benötigt, um 1000 l Most zu erzeugen. Ist eine große Anzahl dieser Herbstgefäße dazu erforderlich, dann ist die Ausbeute relativ niedrig gewesen (Logel = 40 l, Eiche = 64 l). Extrem niedrige Ausbeuten (unter 60 %) wird man bei → Beeren- und → Trockenbeerenauslesen sowie bei → Eiswein in Kauf nehmen müssen (→ Mostausbeute).

Ausbildung. Die Möglichkeiten der beruflichen A. im Bereich der Önologie sind vielseitig. Die Ausbildungswege unterscheiden sich in der Graduierung zum Winzergehilfen (staatlich geprüften Winzer), Winzermeister und Techniker in Fachschulen. Mit der jeweiligen Weiterbildung in Fachhochschulen erreicht man den Grad des Diplomingenieurs (Bachelor), schliesslich im reinen Hochschulstudium mit akademischen Abschlüssen. Die Standorte der jeweiligen Schulsysteme sind traditionell auf verschiedene Weinbaugebiete konzentriert. Im weiteren Rahmen der Önologie sind noch die Ausbildungen zum → Böttcher und → Weinküfer zu erwähnen. Im Vordergrund steht in Deutschland das sog. Duale System, welches die theoretische Schulung in der Fachschule und praktische Anwendungen in zertifizierten Betrieben vorsieht.

Ausbruch ist eine Qualitätsbezeichnung für Weine, die – ähnlich der → Beeren- und → Trockenbeerenauslesen – durch Selektion der hochreifen Traubenbeeren erzeugt werden. Man führt diese Bezeichnung in Österreich bzw. Ungarn.

Ausfällung = Ausscheidung.

Ausfuhr von Wein. Innerhalb der EG ist der Begriff nicht mehr anzuwenden, da nur Weine, die in *nicht* EG-angehörige Staaten exportiert werden, „ausgeführt" werden. Innerhalb der EG sind die Bedingungen des Exports vereinheitlicht, für den Export in „Drittländer" gelten die jeweiligen Bestimmungen des Einfuhrlandes. Obwohl die exportierten Weine den Bestimmungen des Erzeugerlandes entsprechend hergestellt sein müssen, können die importierenden Drittländer Auflagen machen, insbesondere für die Deklaration der Weine. Häufig ist eine umfangreichere → Analyse gefordert. Einzelheiten dazu geben die Botschaften oder Konsulate des betroffenen Landes oder das Deutsche Weininstitut, Mainz (DWI) auf Anfrage bekannt. Für die Erstellung von Exportzeugnissen (Analysen) sind nur anerkannte Weinlabors zugelassen (→ Deutsches Weininstitut).

Auskleidung (von → Behältern). Die zur Auskleidung von Weinlager- und Gärbehältern verwendeten Materialien müssen beständig und hygienisch einwandfrei sein. Geeignet sind Glas (Emaille, Glasplatten) Keramikplatten, → Edelstahl, lebensmittelechte Kunststoffe. Insbesondere bei Kunststoffen sind die Voraussetzungen sorgfältig zu prüfen und Vorkehrungen zu treffen (z. B. Dämpfen von Behältern aus Polyester). Bei hohem Alkoholgehalt (Spirituosen) scheiden Behälter und Behälterauskleidungen aus Kunststoffen als ungeeignet aus (→ Betonbehälter).

Auslandsweine Die EG unterscheidet zwischen Weinen, die innerhalb der EG erzeugten wurden und Weinen aus Drittländern. In der VO (EWG) Nr. 2392/89 wurden erstmalig die Bezeichnungen der Erzeugnisse mit Ursprung in der Gemeinschaft, aber auch die zulässigen Bezeichnungen für Weine aus Drittländern geregelt, die Voraussetzung für das Inverkehrbringen innerhalb der EG sind. Die Bedingungen des Handels werden jedoch ständig durch Verhandlungen auf internationaler Ebene korrigiert und können hier nicht zeitgemäß aktualisiert werden.

Auslaugen der Fässer (beizen) dient bei neuen Fässern dem Zweck, die im Holz enthaltenen Lohestoffe, die einen gerbenden und bitteren Effekt auf den gelagerten Wein übertragen würden, zu → entlohen. Vor Benutzung eines neuen oder reparierten Holzfasses muss das Holzfass durch eine Kombination von Dampf mit auslaugenden Chemikalien wie Soda- und Ätznatron-Lösungen einerseits und Schwefelsäure andererseits → „weingrün" gemacht werden. Es werden auch Fertigpräparate für diesen Zweck angeboten (→ Fassbehandlung). Wichtig ist, dass nur abgelagertes, geeignetes Fassholz eingesetzt wird, da manche Hölzer sich später nie völlig geschmacksfrei behandeln lassen. Länger unbenutzte, trocken ausgeschwefelte Fässer müssen ähnlich behandelt werden, um insbesondere die → Schwefelsäure, die sich dann im Fassholz angereichert hat, wirkungsvoll zu entfernen. Vor der ersten Inbetriebnahme des Holzfasses sollte man zunächst einen minderwertigen Most darin vergären, um die Probe aufs Exempel zu machen. Diese umständliche Prozedur der Sonderbehandlung war mit ein Grund für den ständig abnehmenden Gebrauch von Holzfässern. Die zunehmende Erzeugung von Rotwein und von → Bioweinen bewirkt jedoch eine Renaissance von Holzfässern. Dazu → Barrique und → Barrique-Wein. Bei anderen Behältern ist die Auslaugung mit Chemikalien nicht erforderlich, doch empfiehlt sich das Dämpfen bei GFK-Tanks (→ Kunststoffbehältern).

Ausläufer. Undichte Flaschenverschlüsse produzieren A. Nach Art des Verschlusses ist der entstehende → Schwund unterschiedlich. Beim Korken dürfte die Gefahr etwas ausgeprägter sein. Auch bei den stirnabdichtenden (Dreh-) Verschlüssen können Verletzungen an der Flaschenmündung oder sonstige Fehler A. hervorrufen. Es empfiehlt sich, die Flaschen mit Naturkorken nach der Abfüllung kurzzeitig liegend zu lagern.

Ausleseart zeigen Weine, die infolge rosinenartig geschrumpfter Traubenbeeren einen besonderen Charakter und eine insgesamt stoffliche Konzentrierung aufweisen, die durch den betonten Gehalt an Süße noch betont wird. Meist haben diese → Auslesen einen von Natur aus höheren Gehalt an → Fructose, einem Zucker, der hohe Süßkraft hat. Weiteres Zeichen ist der erhöhte Gehalt an → zuckerfreiem Extrakt, → Glycerin und eine etwas betontere Farbe.

Auslesehefen. Es sind dies Hefen, die hochwertige → Beeren- und → Trockenbeerenauslesen soweit zur Vergärung bringen, dass diese den wünschenswerten → Alkoholgehalt erreichen. Durch die hohe Zuckerkonzentration, aber auch durch ungünstige Nährstoffverhältnisse = geringer Gehalt an niedermolekularen (assimilierbaren) → Stickstoffverbindungen und → Thiamin bedingt, tritt hier die Gärung meist nur sehr schleppend ein. Besonders selektionierte Hefen haben sich den ungünstigen Vermehrungsbedingungen angepasst und werden als osmotolerant bezeichnet. Solche Spezies sind *Saccharomyces rouxii, S. bayanus* u. a. (→ Osmotolerante [osmophile] Hefen).

Auslesen sind Weine einer Qualitätsstufe, die aus vollreifen Trauben hergestellt wurden und ein für die jeweilige Rebsorte und das Weinbaugebiet gesondert festgesetztes Mindestmostgewicht überschritten hatten. Dieses → Mindestmostgewicht schwankt von 83° Oe (Riesling einiger nördlicher Weinbaugebiete) bis 105° Oe (Rotwein-Auslesen verschiedener deutscher Weinanbaugebiete). Da man bei der Rückberechnung des ursprünglichen Mostgewichtes nicht ausschließen kann, dass ein Teil des Mostgewichtes manipuliert wurde (Zuckerzusatz), bemüht man sich un-

ter Hinzuziehung des Begriffes → „Vollreife“, Merkmale zur Einstufung zu erschließen. Man geht dabei davon aus, dass Auslesen einen ansteigenden Gehalt an → Extrakt aufzuweisen haben. Nicht jede Rebsorte eignet sich zur Herstellung von Auslesen. Zu bedenken ist ferner, dass die Selektion der besonders reifen Trauben eine Benachteiligung der restlichen, am Rebstock verbliebenen Traubenqualität hervorruft.
Als (Vor)-Auslese während und vor der allgemeinen Traubenlese kann man auch den Vorgang bezeichnen, bei dem man das geschädigte Lesegut vorrangig herausliest, um den übrigen Bestand an Trauben vor dem Verderben zu schützen (Vorauslese = Negativauslese). Als „Grünlese“ bezeichnet man das Entfernen von überschüssigen Trauben während der Reifeperiode, um damit die Qualität zu steigern (→ Hektarhöchsterträge, → Mostgewicht, Mindestanforderungen, → Verjus, → Weinverfälschungen).

Ausschankweine (umgangssprachlich) sind Weine, die im Gegensatz zu Flaschenweinen „offen“ zum Ausschank gebracht werden. Während früher solche Weine in Gaststätten im Fass gelagert und daraus verzapft wurden, handelt es sich heute praktisch ausschließlich um Flaschenweine, die in Literflaschen abgefüllt und daraus ausgeschenkt werden. Eine andere Formen des „Verzapfens“ ist → Bag in Box.
Diese heutige Verfahrensweise ist für die Qualität zu bevorzugen, weil Fassweine leicht „kahmig“ wurden und dadurch ungepflegt waren.

Ausscheidungen im Wein sind → Trübungen mannigfaltiger Ursache. Falls diese Eintrübungen im Behälter, also während des → Ausbaues erfolgen, sind diese nicht zu beanstanden. Bilden sich Ausscheidungen jedoch im abgefüllten Wein, dann wird diese der Verbraucher im Allgemeinen beanstanden.
Kaum vermeidbar sind → Kristalltrübungen, insbesondere bei hochwertigen Weinen, die sich bei mehrjährigem Flaschenlager ausbilden. Diese Kristalltrübungen (→ Calciumtartrat, → Calciummucat, → Weinstein) sind insoweit auch harmlos, als diese sich meist kompakt am Flaschenboden absetzen und durch → Dekantieren entfernen lassen. Zur Verhütung von Kristalltrübungen müssen solche Weine mehrere Jahre im Behälter verbleiben oder extrem stark abgekühlt werden. Man geht deshalb davon aus, dass gegebenenfalls ein Weinliebhaber Kristalltrübungen toleriert. Eine ähnliche Situation liegt vor bei alten Rotweinen, die in der Flasche ein Depot aus → Farb- und → Gerbstoffen absetzen können. Auch hier ist der Bodensatz eher ein Gütemerkmal als umgekehrt.
Eine Reihe von Ausscheidungen sind zu Recht zu beanstanden, falls diese
a) sehr fein und damit schlecht absetzbar,
b) durch entsprechende Vorbehandlung vermeidbar sind.
Ein durch und durch eingetrübter Wein ist deshalb nicht nur unästhetisch, sondern auch im Geschmackswert herabgesetzt, weil Feintrub als Bitterton wahrgenommen wird. Zu solchen Ausscheidungen gehören → Eiweißtrübungen, → Metalltrübungen aber auch biologisch bedingte Trübungen wie → Bakterien- oder → Hefetrübungen.
Bei der Hefetrübung kommt gleichzeitig Kohlensäurebildung hinzu; die Weine schäumen, eventuell wird der → Korken herausgedrückt und die Weine laufen aus. Einige notwendige Behandlungsmaßnahmen (→ Schönungen) dienen dem Ziel, diese Eintrübungen zu verhindern. Der in Verbraucherkreisen als „Umschlagen“ (→ Nachgärung) bezeichnete Weinfehler dürfte beim Stand der modernen Kellertechnik der Vergangenheit angehören.

Ausstattung der Flaschen. Diese setzt sich zusammen aus dem → Etikett mit Halsschleife und eventuell Rückenetikett, der → Flaschenkapsel und der Verpackung.
Das Etikett hat die Funktion, den Verbraucher, aber auch die Kontrollinstanzen über Herkunft und Qualität aufzuklären. Wegen der Möglichkeit der Irreführung sind die zulässigen und die obligatorischen Angaben weitgehend vorgeschrieben. Einige Angaben, welche die Beschaffenheit des Weines beschreiben, sind zunächst vom 1971er Weingesetz erlaubt worden (→ trocken und → halbtrocken), andere Ausdrücke sind vorläufig verboten, falls man deren Sachaussage für nicht eindeutig oder gar irreführend ansieht. Damit ist die Werbeaussage des vorgeschriebenen Etiketts eingeschränkt, während das (fakutaltive) Rückenetikett für werbliche Aussagen zur Verfügung steht. Die Herkunft eines Weines ist im Falle von Qualitätsweinen schon aus der A. P.-Nr. (→ Amtliche-Prüfungs-Nr.) zu erkennen. Großbetriebe markieren durch ein Code-System zusätzlich noch die Abfüllcharge etc.
Die Flaschenkapsel hat eine ästhetische → Funktion, kann aber auch gegen die Bildung eines Schimmelbelages von Nutzen sein. → Kapseln entfallen bei Spezialverschlüssen (→ Flaschenverschlüsse, → Schraubverschlüsse). Zur Ausstattung in Ergänzung des Etiketts gehören → Gütezeichen, wie die der Landes- und → Bundesweinprämierung oder das → Deutsche Weinsiegel etc..

Austauscher. Unter Austauscher versteht man harzartige Stoffe, die im Austausch Stoffe entziehen und dafür andere Stoffe abgeben können. Praktische Anwendung findet das Verfahren zur Reinigung von Wasser. Das so hergestellte „demineralisierte" Wasser hat das durch → Destillation gereinigte Wasser in der praktischen Verwendung verdrängt. Man unterscheidet→ Kationen- und → Anionenaustauscher. Letztere sind bei der Herstellung von RTK unter besonderen Voraussetzungen erlaubt (→ Ionenaustauscher).

Auszeichnungen Auszeichnungen für Wein helfen im Wettbewerb und werden häufig angestrebt. Sie werden von verschiedenen Organisationen vergeben (→ Weinprämierungen). Neuerdings wurden die Richtlinien auf internationaler Basis vereinheitlicht und zertifiziert.

Autochthon = gebietstypisch. Der Begriff A. wird neuerdings für die Hervorhebung von regional oder traditionell angebauten Rebsorten benutzt. Ursprünglich wurde die Bezeichnung nur für Völker und Urbewohner verwendet. Die neuen „Sprachgestalter" haben die Urform übernommen.

Autolyse der Hefe. Im Ablauf der Gärung ist ein Werden und ein Absterben der aufeinander folgenden Hefegenerationen zu beobachten. Mit dem Absterben der Hefe ist ein Vorgang (Autolyse) verbunden, den man als eine „Selbstverdauung" der Hefe bezeichnen kann. Äußerlich sichtbar wird dies an der Zelle durch Bildung von Einbuchtungen in der Zellwandung und in der Auflösung der klaren Strukturen. Dabei werden Stoffe freigesetzt, die wie → Polypeptide und → Aminosäuren einen Bitterton hervorrufen können oder es tritt (im negativen Fall) ein Geruch nach Schwefelwasserstoff (→ Böckser) auf. Der Autolyse der Hefe wird entgegengearbeitet, indem man den Wein von der abgesetzten Hefe möglichst vollständig abtrennt (→ 1. Abstich).
Als Folge der fortgeschrittenen Autolyse haben → Hefepressweine (die durch Abpressen der abgetrennten Hefe gewonnen werden) einen betont eigenartigen Bitterton (→ Hefe, faulende). Bei sofortiger Aufarbeitung des Hefetrubes tritt dieser Effekt jedoch nicht ein (→ Bâtonnage).

Auxerrois in Deutschland sehr selten angebaute Rebsorte der Burgunderfamilie, frühreifend und säurearm (185 ha/2008). In Frankreich, vorwiegend im Elsass in größeren Flächen im Anbau. Herkunft vermutlich aus der Grafschaft Auxerrois. Die Rebsorte kann ertragsreich sein, gibt bei stark reduziertem Ertrag jedoch interessante Weine (→ Rebsorten, → Rebsortenanbau).

Avinieren. Sinnvoller Begriff der Gastronomie für das Vorspülen des Glases (→ „Weingrünmachen) mit dem vorgesehenen Wein.

Azidität = Stärke der Säure (→ Säuregrad).

B

Bacchus. Lateinischer Name für den griechischen Weingott Dionysos. Gleichzeitig in vielen Symbolen verwendet, ist Bacchus der Name einer neuen Rebsorte, die als Kreuzung von (Silvaner × Riesling) × Müller-Thurgau zu der Gruppe der Müller-Thurgau-Abkömmlinge gehört. Der Wein hat Ähnlichkeit mit Müller-Thurgau, hat aber bei vergleichbarem Ertrag mehr Duft und etwas mehr Säure. Da gleichzeitig die Mostgewichte mehrere Grade höher liegen, ist eine Teilsubstitution des Müller-Thurgaus durch Bacchus und andere Rebsorten erfolgt. In Deutschland steht die Rebsorte derzeit nur noch in Rheinhessen bei 767 ha im Anbau (1989 noch 1893 ha) (→ Rebsortenanbau).

Badacsonyi ist die Herkunftsbezeichnung für eine Gruppe von Weinen, die von einer bekannten Weinbaulandschaft Ungarns stammen. Meist in Verbindung mit der Rebsortenangabe gebraucht.

Baden. Das Weinbaugebiet ist in 9 → Bereiche, 16 → Großlagen und 306 → Einzellagen geographisch unterteilt. Mit 15906 ha Gesamtfläche rangiert Baden an dritter Stelle in Deutschland. Traditionell dominiert der Rotweinanbau mit 56 % gegenüber dem Weißwein. Damit steht der Anbau des → Spätburgunders mit 36,8 % an erster Stelle gefolgt vom → Müller-Thurgau mit 17,2 % (s. Tab. 9 im Anhang).
Auch im gesamten Bundesgebiet nimmt der Müller-Thurgau die zweite Stelle nach dem Riesling ein.
Typisch sind weitere Burgundersorten und Exoten wie → Nobling oder → Muskateller, die in Deutschland insgesamt unter 1 % liegen. Als Spezialität, insbesondere im „Markgräflerland" ist der → Gutedel (6,9 % Anteil) zu nennen. Eine weitere Spezialität ist Badisch Rotgold, ein Cuvée von → Spätburgun-

der und → Grauburgunder (Ruländer). Hier handelt es sich um einen Trauben- bzw. Maischeverschnitt beider Rebsorten.
Ein Problem für den Weinbau in Baden ist die starke Zerteilung der Flurstücke. Viele (hauptsächlich) nebenberuflich arbeitende Winzer sind an Winzergenossenschaften beteiligt, die die Weine produzieren und vermarkten (→ Baden, → Badisch Rotgold , → Badisch Rotling, Baden-Selection, → Gütezeichen)

Badisch Rotgold ist ein Wein, der aus Anteilen von → Grauburgunder (mindestens 51 %) und → Spätburgunder besteht. Die Bezeichnung ist nur für Wein aus dem Weinbaugebiet Baden zulässig, Der Verschnitt muss vor Eintritt der Gärung erfolgen. Im Gegensatz zum → Rotling darf hier keine → Süßung erfolgen.

Bag in Box (BiB) ist eine neuere Form der Verpackung von Flüssigkeiten (erstmals 1955), die auch für Wein verwendet wird. Von den „neuen Weinbauländern“ wie Neuseeland und Australien ausgehend bietet die Verpackung mit den Inhalten von 3–10 l vorwiegend für Gastronomie und Party's eine Möglichkeit, Wein zu „verzapfen“. B. besteht aus einem (metallisierten) Kunstoffsack mit Ventil, eingepackt in einem äusseren Karton. Ein Vorteil beruht auf der Tatsache, dass dieser „Behälter“ bei der Entnahme von Wein sich zusammenzieht d. h. keine Luft hinzutritt. Die äussere Verpackung dient als Werbeträger. Für eine ausgedehnte Lagerung von Wein (über 6 Monate) ist der BiB weniger geeignet

Bakterien sind → Mikroorganismen, die man im Hinblick auf den typischen Vorgang der Vermehrung auch als Spaltpilze bezeichnet. Die Größe dieser Mikroorganismen liegt bei 0,5 bis 2 µm = 0,0005 bis 0,002 mm, die Form kann kugelig (Kokken), stäbchenförmig oder durch Aneinanderreihung mehrerer Bakterien kettenförmig oder haufenförmig sein. Die Entdeckung geht auf VAN LEUWENHOCK (1683) zurück.
Bakterien sind in der Lage, Schleim zu produzieren, was für die Weinbereitung unangenehme Folgen haben kann. Wenn Bakterien auf feste Nährstoffe übertragen werden, so bilden sich Kolonien, die dann auch ohne Mikroskop erkannt werden können (Nachweis von Bakterien). Eine allgemein anerkannte Klassifizierung der verschiedenen Gruppen ist nicht bekannt. Eine praktische Differenzierung in „Essigbildner“ und „Milchsäurebildner“ gibt eine grobe Rasterung, während die Unterscheidung in krankheitserregende (pathogene) und nützliche Bakterien nicht eindeutig ist, da z. B. *Acetobacter* industriell → Essigsäure bilden soll, während eine bakteriell bedingte Essigsäurebildung in Wein als krankhafte Fehlentwicklung angesehen wird. Ein weiteres Beispiel sind Milchsäurebildner (Lactatbildner), die je nach Art etwa durch die Fähigkeit zum Abbau der Äpfelsäure in Wein zur Milchsäure erwünscht sein können (*Leuconostoc oenos*) oder durch eine vielseitige „mehrkanalige“ Stoffproduktion krankhafte Veränderungen unter Verschlechterung der Qualität der Lebensmittel (Wein) hervorrufen können (*Pediococcus cerevisae*). Dabei ist auch die Bildung von Toxinen nicht ausgeschlossen.
Eine solche im Wein unerfreuliche „Fehlentwicklung“ ist die Bildung von → Histamin durch einige Stämme des *Pediococcus cerevisiae*, *Leuconostoc*, *Oenococcus* und *Lactobacillus*). Als schädlich sieht man in der Weinbereitung die Tätigkeit der essigsäurebildenden Bakterien unter Bildung von → Mannit etc. und der heterofermentativen, milchsäurebildenden Bakterien an; aber auch die Wirkung weinsäure- oder glycerinzersetzender Bakterien führt zu einem unerwünschten Qualitätsrückgang, da unangenehm riechende Stoffe entstehen (→ Weinfehler).

Bakterien, Herkunft. Eine große Zahl der bei der Weinbereitung eine positive oder negative Rolle spielenden → Bakterien ist bereits auf den Traubenbeeren nachzuweisen. Von dort kommen die B. bei der Verarbeitung in den Most oder Wein. Nicht unerheblich scheint aber auch die „Kellerflora" als Infektionsquelle bei der bakteriellen Tätigkeit im Ablauf der Weinbereitung mitzuwirken. Jedenfalls versucht man die Beobachtung, dass kellereispezifisch die natürlichen Trends der Weine zum biologischen Säureabbau unterschiedlich ausgeprägt sind, unter anderem hierdurch zu erklären (→ biologischer Säureabbau).
Bakterienvermehrung tritt in Most oder Wein auf. Weil damit häufig eine krankhafte Veränderung verbunden ist, versucht man diese Vermehrung zu verhindern. Die Bakterienvermehrung erfolgt im allgemeinen umso langsamer, je saurer das Nährmedium ist. Deshalb bleiben säurereiche Weine auch eher „gesund". Bakterientrübung kann man mit Konservierungsstoffen hemmen (→ schweflige Säure), die ihrerseits bei hohem Säuregehalt effektiver sind, als bei niedrigem Säuregehalt. Die zuverlässigste Methode ist die Abtötung der B. durch → Pasteurisation oder die Abtrennung (→ Entkeimung) durch → Filtration (→ Entkeimungsfilter). Bakteriendichte Filter sind entkeimende Tiefbettfilter (EKS etc.) oder → Membranfilter.
Im abgefüllten Flaschenwein kommt die Bakterientrübung nicht sehr häufig zur Ausbildung, weil solche Weine überwiegend mit den genannten entkeimenden Schichten filtriert werden und der vorhandene Alkohol – neben der schwefligen Säure – hemmend d. h. zusätzlich inhibierend wirkt (→ Trübungen, biologische).

Ballinggrade (Brixgrade) sind eine Maßeinheit für in Wasser gelöste → Extraktstoffe von Most. Diese Einheit bezeichnet g/100 g (Most). Die Angabe wird vorwiegend im angelsächsischen Sprachraum verwendet, das heisst in den Weinbaugebieten von Kalifornien, Südafrika und Australien. Eine Angabe, die sich auf 100 g bezieht, ist jedoch für die Praxis gewiss nicht so günstig als eine Angabe, die sich auf eine Volumeneinheit bezieht (pro 100 oder 1000 ml). Eine Umrechnung ist möglich, wenn das → spezifische Gewicht der Flüssigkeit bekannt ist
Ballinggrad × spez. Gewicht = g/100 ml
Die Angabe basiert auf der Unterstellung, dass sich die Extraktstoffe, deren Dichte gemessen wird, aus Rohrzucker zusammensetzen. Tatsächlich besteht der Most nicht aus einer reinen Rohrzucker-Lösung, sondern aus vielen Komponenten unterschiedlicher Dichte. Die Messung der Ballinggrade gibt somit nicht direkt den Gehalt an Zucker an. Dies gilt prinzipiell für alle „Dichte"-Maßeinheiten wie → Oechslegrade etc..

Balling-Saccharometer ist ein → Aräometer, welches anstelle der Dichte die Ballinggrade anzeigt (g/100 g). Die B. entsprechen den häufiger verwendeten → Brixgraden und werden als Maßeinheit nur im englischen Sprachraum verwendet. Bei der Messung in Most stört Trub, der vorher durch Filtration entfernt werden muss (→ Mostgewicht, Bestimmung).

Barack Palinka ist ein ungesüßter ungarischer Aprikosenschnaps.

Barium (Ba) ist ein Element, welches in der Natur als Schwerspat vorkommt. Im Wein ist es nachgewiesen worden. Der Gehalt liegt vermutlich unter 0,1 mg/l. Früher wurden Bariumsalze gelegentlich zur Herabsetzung von übermäßigen Mengen an → Schwefelsäure verwendet. Da Bariumsalze verhältnismäßig stark toxisch sind, ist ein solcher Zusatz sinnlos und strengstens untersagt (→ Wein Zusammensetzung).

Barrel. Engl. Volumenmaß mit unterschiedlicher, örtlich wechselnder Bedeutung, meist etwa 120 l.

Barrique heißt ein überwiegend in Frankreich verwendetes Volumenmaß von 214 bis 304 l (∅ 225 l) Interessanterweise kennt man in Frankreich weit über 200 verschiedene Inhaltsangaben (Volumenmaße) von Behältern für Getränke. Üblicherweise sind die B. Fässer „getoastet“, d. h. über dem offenen Feuer zusammengefügt (→ Allier, → Barrique Wein, → Weinmaße).

Barriquekeller sind ausschliesslich mit Holzfässern belegt (→ Fass). Um den → Schwund zu minimieren sollte die Raumtemperatur und die Feuchte möglichst konstant sein. Ca. 12 °C und 75 % relative Feuchte sollten idealerweise eingehalten werden. Unter 60 % kann es zu Holzrissen und dadurch zur Undichtigkeit kommen. Bei ungeregelter Feuchte kann der Schwundverlust auf über 1 % per Monat ansteigen. Es lohnt sich bei entsprechender Größe ein automatisch arbeitendes Befeuchtungssystem einzubauen. Naturgemäss lässt sich ein vertretbarer Schwund und ein regelmässiges → „Aufüllen“ dadurch nicht vermeiden.

Barrique-Wein. Der B. W.-Ausbau kommt derzeit weltweit immer stärker zum Tragen. Die im → Barrique ausgebauten Weine enthalten Inhaltsstoffe (Röstaromen), die nur in kleinen getoasteten Holzfässern in geschmacklich wirksamen Konzentrationen vorkommen. Bei diesen relativ kleinen → Behältern ist die Oberfläche im Verhältnis zum Wein groß und somit der Übergang der Holzinhaltsstoffe – besonders bei neuen Fässern – deutlich. Je nach Holzart (→ Allier- oder → Limousin-Eiche) werden unterschiedliche → Phenole freigesetzt und das sensorisch sehr wirksame → Vanillin tritt mehr oder weniger stark hervor. Vanillin und das sog. „Eichenlacton“ sind demnach „primäre“ Stoffe, die aus normalem Holz extrahiert werden.
Die eigentlichen typischen Abbauprodukte, die beim Toasten aus den Holzinhaltsstoffen Lignin und Cellulose entstehen, sind im wesentlichen durch die Dauer und Intensität des „Toastens“ bedingt Man unterscheidet:
Light = maximal 5 min. mit einer Oberflächentemperatur von 120–180 °C,
Medium =maximal 10 min. mit einer Oberflächentemperatur von 180–200 °C,
Heavy = maximal 15 min. mit einer Oberflächentemperatur von 200–230 °C.
Durch das „Toasten = Binden des Fasses auf offenem Feuer“ entstehen weitere Stoffe, wie Fufural und Derivate, die den „nussartigen“, fallweise sogar „brenzartigen“ Geschmack initiieren. Die sehr eigenständige Note harmoniert bei extraktreichen Weinen, insbesondere bei opulenten Rotweinen. Bei Weißwein eignen sich körperreiche, nicht ausgesprochen aromageprägten Weine wie → Chardonnay, → Ruländer, → Grauburgunder, → Weißburgunder oder füllige Silvaner zum B. W.-Ausbau Durch die Modifizierung der Lagerzeit im B. und die anschließende Flaschenlagerung lässt sich der Weincharakter zusätzlich variieren. Insgesamt sind mehr als 100 zusätzliche Inhaltsstoffe in B. W. analysiert worden, die – wie erwähnt- durch die primären Inhaltsstoffe des Holzes und durch die Methode des Toastens stark variieren (→ Abb. 16 und Tab. 36).

Basen sind Stoffe, die basisch reagieren, das heisst OH-Ionen abspalten. Basen (→ Laugen) sind somit in der Lage, Säuren zu neutralisieren, wobei OH-Ionen (der Basen) mit den H-Ionen (der Säuren) sich unter Bildung von Wasser neutralisieren (gegenseitig in der Wirkung aufheben). Sie färben rotes Lackmuspapier blau und dienen in Form von Lösungen bekannter Konzentration zur Ermittlung von Säuren in Most oder Wein (Bestimmung der → Titrierbaren Säure und der → flüchtigen Säuren).

Bâtonnage. Eine aus dem französischen entliehene Methode, die dem „Aufschlagen" der Hefe entspricht. Nach der Vergärung versucht man die Hefe zu extrahieren, indem man die sich absetzende Hefe wöchentlich aufrührt. Durch die einsetzende → Autolyse werden → Kolloide freigesetzt; zudem wirkt die Hefe reduzierend und verhindert den Abbau der Farbe bei Rotwein. Ausserdem führt die B. zu einer Verminderung der → Phenole. Bei Schaumwein verspricht man sich gleichfalls eine Steigerung des „mouthfeeling", d. h. der geschmacklichen Abrundung und Nachhaltigkeit. Das Verfahren wird teilweise als „nostalgische" Reminiszenz bewertet.

Baumpressen. Die ältesten Typen der → Keltern waren die sogenannten Baumkeltern (→ Torkeln). Der Pressdruck wurde durch die Hebelwirkung von Baumstämmen zustande gebracht (→ Hebelpressen).

Beaumégrade wurden früher als Maßeinheit für die → Dichte von Flüssigkeiten herangezogen. Gelegentlich spielen diese noch eine Rolle für die ungefähre Zuckerangabe in importierten Weinen (z. B.→ Dessertweine oder Deckrotweine aus Spanien). Überschlägig erhält man den Gehalt in Gramm Zucker pro 100 ml, indem man die am Aräometer abgelesenen Grad Be. mit 1,8 multipliziert und davon 3 abzieht.

Beeren sind die Einzelfrüchte der Traube, die ihrerseits aus Stielgerüst und Beeren besteht. Die für die Weinbereitung herangezogenen (Trauben) -Beeren enthalten eine geradzahlige Anzahl von → Kernen (Ausnahme jungfernfrüchtige Beeren). Für die Gewinnung von Rosinen bevorzugt man Rebsorten mit kernlosen Beeren.

Die Beeren bestehen aus der äußeren Beerenhaut (Schale, → Hülse), dem äußeren Fruchtfleisch mit einem inneren festeren → Butzen und den Kernen (Samen). In der Schale, die mit einer wachsartigen Schicht überzogen ist, die meist aus 6 bis 10 Zellschichten besteht, sind aromabildende Substanzen, → Terpene, höhere → Fettsäuren, ungesättigte Kohlenwasserstoffe, höhere → Alkohole etc.) enthalten. Bei roten Traubensorten ist dort überwiegend der Farbstoff konzentriert (auch → Tannine). Der saftreichere Teil der Beere (äußeres Fruchtfleisch) enthält mehr → Zucker, dafür weniger → Säure, die innere Zone (Butzenfleisch) umgekehrt mehr Säure und weniger Zucker. Deshalb ist der → Mostvorlauf, der ohne wesentlichen Druck spontan aus → Maische abläuft, anders zusammengesetzt als der → Pressmost. Umkehren können sich besagte Verhältnisse allerdings dann, wenn die Beeren überreif werden und dadurch die spontane Entsaftung der überreifen Beeren nicht mehr in Erscheinung tritt. Dann ist der Pressmost meist höher im Zuckergehalt als der Mostvorlauf. Zu beachten ist diese Eigenschaft auch bei der Messung des Mostgewichtes in der Maische (ohne Pressung).
Die Kerne enthalten den höchsten Gehalt an Tanninen (6 bis 8 %) und Ölen (10 bis 20 %). Das Gewicht und somit auch die Größe der Beeren steigt während der Reifephase an. Gewicht und Beerengröße ist sortenvariant und schwankt bei der Ernte zwischen 1 und 2 g pro Beere.
Sorten, die kleinbeerig sind, enthalten einen relativ großen Anteil an Schalen und sind (als Rotweine) meist farbstoffreicher, als Weißweine meist aromatischer. Dicke der Schale, Packung der Beeren (lockerbeerig oder dichtgepackt) wirken sich auf den Befall durch → Schimmelpilze, aber auch auf die Pressfähigkeit der Maische aus. Nähere Untersuchungen über die Zusammensetzung der Beerenteile wären wünschenswert. Der

gewichtsmäßige Anteil schwankt etwa wie folgt:
Hülse (Schale) = 10 bis 20 %
Fruchtfleisch = 75 bis 80 %
Kerne = 3 bis 6 %
(Beeren = 100 %)

Beerenauslesen. Mit diesem → Prädikat bezeichnet man Weine, die aus überreifen, rosinenartig geschrumpften oder vom → Botrytispilz befallenen Trauben gewonnen werden. Meist ist dazu eine Selektion dieser Trauben (Auslese) am Rebstock oder an den geernteten Trauben erforderlich. Als Qualitätskriterium werden gebietsbezogen unterschiedlich hohe Mostgewichte vorausgesetzt (s. Tab. 8 im Anhang).
Sie liegen meist um 120 °Oechsle. Durch fristgerechte Anmeldung muss der Erzeuger die Möglichkeit der Kontrolle der angemeldeten Prädikate durch die Prüfstelle oder Weinkontrolle sicherstellen. Weitere Kriterien der Qualität orientieren sich am Gehalt an zuckerfreiem Extrakt (bzw. an davon abgeleiteten → Kennzahlen). Durch sensorische Prüfung wird die Berechtigung des genannten Prädikates geprüft (Qualitätsweinprüfung, amtliche für → Qualitätsweine). Die Weine zeigen meist eine kräftige, goldgelbe Farbe (als Weißweine) und dessertweinartige Süße bei relativ niedrigem Alkoholgehalt. Auch durch den hohen Gehalt an Nichtzuckerstoffen (→ zuckerfreier Extrakt) wirken die Weine sehr nachhaltig und sind sehr lange lagerfähig (→ Alterung, → Dessertwein).

Beerenkerne. Obwohl es kernlose Trauben gibt, besitzen die zur Weinbereitung üblicherweise verwendeten Trauben meist Kerne. Der Gewichtsanteil der Kerne an den Beeren beträgt zwischen 3 und 6 %. Sie enthalten den größten Anteil an Tanninen innerhalb der verschiedenen Teile der Traubenbeeren (6 bis 8 % des Gewichtes). Französische Experten halten eine Teilextraktion der Tannine aus den Kernen für wichtig um eine optimale Balance der Tannine in Rotweinen zu erreichen. Noch größer ist der Anteil an Ölen, welche zu bestimmten Notzeiten daraus gewonnen und heute gerne als Diät-und Speiseöl verwendet werden (→ Kerne).

Beerenreife. Der eigentlichen Reifeentwicklung sind mehrere Entwicklungsphasen der → Beeren vorgelagert (Wachstumsphasen I – III). Während der letzten Phase der Entwicklung (Reifephase = Wachstumsphase IV) tritt keine Zellteilung mehr ein, sondern nur eine Vergrößerung der vorhandenen Zellen. Der Beginn der Reifephase ist durch eine pflanzenhormonelle Umsteuerung eingeleitet und äußert sich physiologisch durch einen Rückgang des Säuregehaltes der Beere unter zunehmender Einlagerung von Assimilaten (Zucker).
Der Beginn der → Reife der Trauben, kann entweder definiert werden als der Termin des höchsten Säuregehaltes oder graphisch durch den Schnittpunkt zwischen Mostgewichtskurve und Säurekurve (gleicher Ordinatenmaßstab für Mostgewicht und Säure vorausgesetzt! → Reifekurven). Der Start der Reife ist jahrgangsbedingt unterschiedlich und kann zwischen Mitte Juli bei frühen Rebsorten 2003 oder 2005) oder erst in der 3. Woche im August bei Riesling 2004 liegen (letzteres bei ungünstiger Witterung). Außerdem gibt es Rebsorten, die früh in die Reife eintreten (z. B. Malenga, → Siegerrebe, → Ortega, Optima und → MüllerThurgau) und spätreifende (→ Riesling) (→ Rebsortenanbau, → Abb. 17 im Anhang).

Beerenstiele. Die Stielgerüste der Traubenbeeren werden auch als → Rappen bezeichnet. Die Trennung der → Beeren von den Stielen wird daher auch als → Entrappen gekennzeichnet. Der Gewichtsanteil der Stiele ist sorten- und jahrgangsbedingt unterschiedlich und dürfte normal zwischen 2 und 3 %

liegen. Beim Entrappen bleibt jedoch noch Saft an den Stielen (Rappen) hängen, so dass der Unterschied im Gewicht vor und nach dem Entrappen deutlicher als Verlust in Erscheinung tritt. Dieser Fakt muss bei der Umrechnung der angelieferten Trauben (mechanische Lese oder Handlese) berücksichtigt werden. Da die Beerenstiele einen hohen Tanninanteil haben, werden diese vorwiegend bei Vergärung auf der → Maische (bei der Rotweinherstellung) entfernt. Entrappte Maische lässt sich schlechter auspressen (Nachteil des Entrappens). Bei der mechanischen Ernte bleibt das Stielgerüst meist an der Rebe (→ Traubenvollernter).

Beerenwachstum. Beginnt unmittelbar nach der Blüte (Befruchtung) und spielt sich in mehreren Phasen ab. Wachstum der Beeren kann durch Vermehrung der Anzahl von Zellen einerseits und durch Vergrößerung der Zellen andererseits erfolgen. Äußerlich lassen sich die Vorgänge nicht unterscheiden. Gesteuert werden die Wachstumsvorgänge durch Phytohormone. In der Phase I und II laufen die Wachstumsvorgänge (Vergrößerung der Einzelbeeren der Traube) durch Zellteilung wenig von der Umwelt beeinflusst ab. Je nach Rebsorte dauert dies 25 bis 46 Tage. Der Zuckergehalt ist dort relativ und absolut sehr gering. In der anschließenden Wachstumsphase III wird die Zellteilung abgeschlossen. Der Spiegel an Wuchshormon (Auxin) ist in der Phase II am höchsten und fällt auf ein Minimum in Phase III. Erst wenn die Zellteilung beendet ist, beginnt die Phase IV, die man als die eigentliche Reifephase ansieht. Zu Beginn dieser Phase ist der Säuregehalt auf einem Maximum angelangt und geht dann fortlaufend während der Reifephase (Wachstumsphase IV) zurück. Die Beerengröße (Volumen) und das Gewicht erhöhen sich durch Vergrößerung der gebildeten Zellen, der Zuckergehalt steigt stark an. In der Phase III bildet sich der Unterschied von frühreifenden (verkürzte Phase III) und spätreifenden Rebsorten (verlängerte Phase III) besonders heraus.
Eine kurze Phase III hat z. B. die Rebsorte → Siegerrebe (4 Tage).
Mittlere Dauer (7 bis 10 Tage) haben Rebsorten wie → Kanzler, → Huxelrebe, → Müller-Thurgau und → Morio-Muskat.
Eine lange Dauer (14 Tage) haben → Scheurebe und → Silvaner.
Sehr lang (21 Tage) haben → Ruländer, → Traminer, und → Riesling (→ Beerenreife).

Behälter. Unter einem Behälter versteht man ein Aufbewahrungsgefäß von mehr als 15 l Inhalt. Gefäße mit kleinerem Inhalt werden als Flaschen bezeichnet. Andere Ausdrücke für Behälter: Fass, Gebinde, Tank, Zisterne. B. werden überwiegend aus → Edelstahl für die → Vergärung und → Lagerung hergestellt. Als einzigen Nachteil (gegenüber dem Holzfass) könnte der geringe Gasaustausch bezeichnet werden. Die Vorteile (leicht zu reinigen, gute Energieübertragung bzw.- Abfuhr bei der gezügelten Gärung, optimale Hygiene) überwiegen. Das Thema B. gewinnt aus heutiger Sicht in der Form des „Vielzweck-B. eine zunehmende Bedeutung (→ Immervolltank). Sogar bei der Entwicklung von → Holzbehältern werden Neuentwicklungen mit der Doppelfunktion als Gär- und Lagerbehälter angeboten. Ein neuer Fassverschluss garantiert eine Vereinfachung der Beifüllung, Entleerung und Reinigung. Bei Stahlbehältern sind es Maischegärbehälter, die wahlweise die Anwendung der „Tauchmethode“ oder der „Remontage“ (→ Überschwallen) gestatten. Ferner wird ein mobiles System zur „Remontage“ angeboten, welches – nach Bedarf – bei mehreren B. installiert werden kann. Dass solche B. wahlweise kühl- oder erwärmbar sind oder gar Systeme zur Gärkontrolle installiert werden, ist eine wertvolle Ergänzung.

Als Exoten unter den Weinbehältern gelten die „dolia“ in Italien, die wie die „Kvevris“ (Georgien) aus Terrakotta (gebrannter Lehm) bis zu einer Größe von 3000 l hergestellt werden. Hier werden die römischen Amphoren nostalgisch nachgeahmt → Maischegärung, → Rotweinbereitungsverfahren, → Stahlbehälter, → Tanks).

Behandlung der Moste und Weine. Zur Gliederung kann man die Behandlungsvorgänge unterteilen in
- physikalische Verfahren,
- chemische Verfahren (biochemische).

Unter die physikalischen Verfahren reiht man alle mit der Temperaturveränderung gewollten Behandlungen wie Kälteverfahren und Wärmeverfahren ein, aber auch die Anwendung von → Ultraschall oder → UV-Strahlung. Behandlung mit ionisierenden Strahlen sind nach dem Deutschen Weingesetz nicht zulässig. Reine Separationsverfahren wie die → Filtration sind nach dieser Definition nicht darunter einzuordnen. Bei physikalischen Verfahren kann man *nicht* davon ausgehen, dass der Most oder Wein dadurch in seiner Zusammensetzung unverändert bleibt. Abkühlung von Most oder Wein verändert z. B. durch zunehmende Ausscheidung von → Weinstein den Gehalt an → Kalium (→ Asche), Weinsäure und damit den → zuckerfreien Extrakt und daraus abgeleitete → Kennzahlen, doch kann man davon ausgehen, dass dadurch keine Fremdstoffe in den Wein gelangen können.
Veränderungen mancher Inhaltsstoffe erbringt auch die Wärmebehandlung (z. B. → 5-Hydroxymethylfurfural bei zu hoher Wärmebelastung eines Mostes) oder weitere „Brenzstoffe“, die teilweise noch unbekannt sind. Trotzdem besteht im gesetzlichen Rahmen die Auffassung, physikalische Verfahren weitgehend zu tolerieren. Diskussionen über Verfahren der → Entschwefelung und Sonderbehandlungen wie → Elektrodialyse oder → Umkehrosmose) zeigen die Auslegungsschwierigkeiten des Begriffes „Physikalische Verfahren“.
Die mit den physikalischen Verfahren verknüpften Aufwendungen an Geräten und Energien dienen vorwiegend der Begünstigung der Ausscheidung von kälte- und wärmelabilen Stoffen aus Most und Wein, gewissermaßen als Vorgriff auf spätere Temperaturveränderungen, die die Getränke im abgefüllten Zustand erfahren werden. Neben dieser vorbeugenden Ausscheidung von Weinstein und anderen kältelabilen Substanzen einerseits und → Proteinen und anderen wärmelabilen Substanzen andererseits ist die Abtötung von Keimen (→ Hefen und → Bakterien) das zweite Ziel solcher physikalischer Verfahren. Bedeutsam sind solche Verfahren zur Gewinnung von → Konzentraten (Wasserentzug) und zur Entschwefelung (SO_2-Entzug).
Bei chemischen Verfahren kann man dagegen nicht unbedingt davon ausgehen, dass hier keine Stoffe von außen zugesetzt werden. Teilweise werden solche zugesetzten Stoffe wieder (fast?) vollständig ausgeschieden. Um dieses fallweise unter Kontrolle zu bringen, sind chemische Verfahren, das heisst der Zusatz von Stoffen, die eine gewollte Veränderung erbringen sollen, ausdrücklich an eine Zulassung gebunden. Die zulässigen Behandlungsstoffe sind in einer Liste (→ Weinbereitung, zugelassene Stoffe → Tab. 18 im Anhang) aufgezählt. Eine solche Liste regelt ferner den maximal zulässigen Zusatz und setzt nähere Voraussetzungen (wie die Reinheit der zuzusetzenden Stoffe) fest. International gültige Reinheitsanforderungen sind im CODEX des OIV aufgeführt. Stoffe, die nicht ausdrücklich zur Behandlung zugelassen sind, sind verboten (→ Kältebehandlung, → Wärmebehandlung).

Beifüllen → Auffüllen.

Beizen nennt man im speziellen die Vorbehandlung des Holzfasses, um dieses → „weingrün" zu machen. Dazu verwendet man Chemikalien, insbesondere → Laugen und → Säuren, die abwechselnd angewendet werden, um Lohestoffe aus neuem Holz auszulaugen (→ Auslaugen der Fässer, → Fassbehandlung).

Beleuchtung im Keller. Für Kellerräume muss eine hinreichende Beleuchtung vorhanden sein. Lampen, die berührungssicher angebracht sind, können in 220 V (feuchtraumgeschützt) ausgelegt werden. Handlampen, die man zur Kontrolle von → Behältern oder zur Überwachung des „Klarlaufes" von Getränken, zur Befüllungskontrolle etc. verwendet, müssen in Niederspannung ausgelegt sein, damit die Gefahr gefährlicher Stromschläge vermieden wird.

Belüftung der Moste und Weine war früher ein häufiger verwendetes Verfahren. Mit der Belüftung des Mostes verfolgt man entweder die Entfernung störender Geruchsstoffe (Fremdstoffe) oder die Förderung der → Gärung.
Eine neuerdings diskutierte Maßnahme ist die gezielte Oxidation des Weines durch Zusatz von Sauerstoff. Diese Maßnahme soll flavanoide Verbindungen (→ Tannine) aus dem Wein entfernen, das sensorische Profil ändern und den Wein stabilisieren. Von den technischen Problemen der gezielten Dosage von Sauerstoff abgesehen fehlen noch die Bestätigungen der Hypothese aus der Praxis (→ Mikroxigenierung).
Insbesondere das Belüften von Weißwein gilt als überwiegend schädigend, da die Regenerationsmöglichkeit durch die Gärung hier (im Gegensatz zur Mostbelüftung) fehlt. Eine Ausnahme bildet der 1. Abstich mit Luft bei manchen fehlerhaften Weinen (→ Abstich).

Bentonit ist eines der wichtigsten Behandlungsmittel, das zur Behandlung von Most und Wein zugelassen ist Es handelt sich um natürliche Erden, deren Hauptbestandteil → Montmorillonit ist. Dieses Mineral ist ein häufig vorkommender Anteil in Böden und findet sich gehäuft in Bayern, aber auch an anderen Stellen in Europa und Übersee. Bekannt ist der Na-Bentonit von Wyoming (USA).
Der „Quellton" bildet beim Quellen mit Wasser schichtenförmige Hohlräume, in die sich vorwiegend durch Kationenaustausch unter Abgabe von → Calcium, → Natrium und → Magnesium hochmolekulare → Stickstoffverbindungen (Proteine) einlagern. Daraus erklärt sich die Anwendung der Bentonite in der Behandlung von Most und Wein zur Entfernung des → Eiweiß.
Je nach überwiegend ausgetauschtem → Kation unterscheidet man in Calcium-(Magnesium-) Bentonite und Natrium-Bentonite. Infolge der stärkeren Wasseraufnahme (Quellung) sind Natrium-Bentonite, die man deshalb auch als hochquellfähige Bentonite bezeichnet, etwas wirkungsvoller als die niederquellfähigen Calcium-Bentonite. Wegen der besseren Handhabung und im Hinblick auf die unerwünschte Aufnahme von Natrium durch das Getränk zieht man Calcium (Misch)-Bentonite vor.
Für die Wirkung als Eiweiß-Adsorptionsmittel ist die Quellung von Bedeutung. Wasservorquellung verstärkt die Aktivität gegenüber der reinen Weinvorquellung. Auf die Funktion als → Kationenaustauscher weist die Tatsache hin, dass bei niedrigerem → pH-Wert mehr Eiweiß gebunden wird als bei hohem.
Neuerdings ist es bedeutsam, dass durch B. auch sogenannte biogene → Amine entfernt werden, die man für die Unbekömmlichkeit von Weinen verantwortlich macht. Eine weitere Verwendung in der Kellerwirtschaft findet der B. teilweise in Kombination mit

→ Gelatine, als Klärmittel für schleimige, zähe Weine. Da solche Weine oft auch biogene Amine enthalten, ist dort eine Behandlung unbedingt angebracht. Weil man zu große Bentonitmengen im Wein (über 300 g/hl) zu umgehen sucht, wird neuerdings die Hauptmenge des Eiweiß bereits im Most durch B. gebunden, der Rest nochmals im Wein. Auch nach der Anwendung von → Lysozyme ist die → Bentonit-Schönung angebracht. B. werden entweder pulverisiert oder granuliert angeboten.

Bentonit-Schönung. Die z. B. mit → BENTOTEST festgestellte Bentonitmenge wird mit der vier- bis fünffachen Menge Wasser versetzt, wobei man am besten den B. in eine mit Wasser angefüllte Bütte einsiebt. Nachdem der B. gut verteilt ist, lässt man ihn mehrere Stunden absetzen und gießt die überstehende ungebundene Wassermenge ab. Der feste Schlamm wird dann mit Wein aufgerührt, in das Gebinde gebracht und zweimal im Abstand von einigen Stunden aufgerührt. Der vorgequollene B. wirkt sofort, sodass eine sehr intensive Verteilung nicht erforderlich ist. Zu starkes Rühren schädigt den Wein. Bei diesem Verfahren hat man keinen Weinverlust; mit dem abgetrennten Quellungswasser werden eventuelle Geruchs- und Geschmacksstoffe, die der B. bei unsachgemäßer Lagerung aufnehmen kann, entfernt. Der B. wirkt sofort und ist wirkungsvoller als bei reiner Weinquellung (Einsparung von B.). Bei Weinquellung muss man mit etwa 2 l Weinverlust pro kg B. rechnen. Nachteilig ist der erhöhte Arbeitsaufwand für die Vorquellung.

Bentotest®. Eine geschützte Bezeichnung für eine Eiweißnachweis-Methode, die gleichzeitig zur Bestimmung des Bentonitbedarfes dient, den man zur *vollständigen* Entfernung von → Eiweiß benötigt. Damit kann gleichzeitig die Qualität verschiedener Handelsbentonite geprüft und gegenübergestellt werden.

Benzoesäure ist in Most und Wein von Natur aus nicht enthalten. Lediglich Abkömmlinge der Benzoesäure spielen in der Gruppe der Polyphenole eine Rolle. Der Zusatz von Benzoesäure und Derivate, die eine konservierende Wirkung haben, ist verboten.

Bereich. Geographische Abgrenzung eines Raumes der „Bereiche“ aus zugehörigen Groß- und Einzellagen umfasst. Die eigentlichen 13 deutschen → Weinanbaugebiete enthalten jedes für sich meist mehrere Bereiche. Weine mit einer → Prädikats-Angabe müssen aus einem einzigen Bereich stammen (Verbot des Verschnittes von Prädikatsweinen aus mehreren Bereichen, Ausnahme: → Süßreserve). Die Einteilung im Deutschen Weingesetz von 1971 beachtete traditionelle Gruppierungen aus Einzellagen. Inwieweit eine solche Regionalisierung zukünftig Bestand hat, hängt von der weiteren Entwicklung des EG-Deklarationsrechts ab.

Berieselung von Tanks dient der Abkühlung, z. B. bei Gärbehältern. Durch 180 g Zucker, der in 1 l Most enthalten später etwa 85 g Alkohol erbringt, entstehen etwa 23 kcal. Ohne Abgabe von Wärme durch die Behälteroberfläche und das entweichende CO_2 würde die Temperatur dann um maximal 23 °C ansteigen. Da etwa 1/5 (Wärme) durch die Gärgase abgeführt wird und ein Teil durch die Behälterwandungen (etwa 2/5) bei kleineren Behältern, weniger bei größeren Behältern abgegeben wird, müsste man zur Konstanthaltung der Starttemperatur etwa 10 bis 15 °C das heisst, etwa 10 bis 15 kcal pro l abführen. Praktisch nimmt man davon nur einen Teil weg, um die sogenannte Versiedeerscheinung auf dem Höhepunkt der Wärmebildung zu verhindern.

Die Wirkung der B. mit Wasser beruht überwiegend darauf, dass ein Teil des Berieselungswassers verdampft und die hohe Verdampfungswärme des Wassers *(539* kcal pro L) kühlt. Es ist richtig, die Kühlung vor Beginn der → Gärung und vor dem Maximum der Gärung anzuwenden. Holzbehälter, die stärker isolieren, lassen sich bei gleicher Größe nicht so gut mit Wasser kühlen wie Edelstahlbehälter. Zur Kühlung von Holzfässern ist die Berieselung wenig effizient (Holz isoliert, Verdunstungsoberfläche der meist kleineren Fässer ist zu gering). In solchen Fällen benutzt man innenliegende Kühlelemente (→ Gärungswärme, → Kühlung, Anwendung, →Kühlung, Technik, → Versieden der Weine).

Berliner Blau ist eine blaugefärbte, in Wein unlösliche Verbindung, die bei der Durchführung der Schönung nach MÖSLINGER entsteht. Die Verbindung besteht aus einer komplex zusammengesetzten, hochmolekularen, chemischen Substanz, gebildet aus Eisen und dem zugesetzten → Kaliumhexacyanoferrat (II). Im Hinblick auf die sich bildende blaue Farbe nennt man deshalb auch die Behandlungsmaßnahme → „Blauschönung".

Bernsteinsäure scheint in sehr geringen Mengen bei reifen Trauben vorzukommen. Wesentliche Mengen entstehen jedoch zuerst durch die → Gärung (bevorzugt im Anfangsstadium der Gärung). Im Wein sind meist weniger als 1 g/l enthalten. Eine Korrelation mit dem → Alkoholgehalt (etwa 1 % des Alkoholgehaltes) ist nur überschlägig möglich, weil auch die Art der → Hefe die Produktion der B. beeinflusst. Vermutlich sind die → Ester der Bernsteinsäure Geschmacksträger im Wein. Die exakte Bestimmung der Bernsteinsäure ist schwierig, weshalb man meist nur 1 % des vorhandenen Alkohols in g/l als Richtwert annimmt. Beispiel: 100 g/l Alkohol = 1 g/l Bernsteinsäure, doch ist dieser Wert (siehe oben) etwas hoch gegriffen. Zur Bestimmung der Bernsteinsäure bedient man sich der → enzymatischen Analyse.

Berstscheiben werden an Behältern angebracht um dort als Über- oder Unterdrucksicherung zu wirken. In diesem Falle wird die B.- Scheibe durch einen Dorn verletzt und führt den Druckausgleich herbei. Eine Absicherung erreicht man auch durch Installation von Drucksensoren.

Beschwerung. Man versteht darunter den Grad des Widerstandes, den ein Most oder Wein der Veränderung des Redoxwertes entgegensetzt, der durch Anwendung von → Oxidations- oder → Reduktionsmitteln eintritt. Es ist dies analog dem Begriff der → Pufferung, der besagt, dass ein Zusatz von → Lauge oder → Säure eine mehr oder weniger starke Verschiebung des → pH-Wertes erzwingen kann. Eine praktische Bedeutung hat dieser Begriff der B. jedoch nicht (→ Redoxwert).

Beschaffenheitsangabe. Der hier verwendete Begriff B. ist weinrechtlich nicht normiert. KOCH hat den Begriff einmal ausschließlich mit den → Herkunftsbezeichnungen verbunden. Der Önologe würde unter B. eher Bezeichungen wie „trocken" einordnen, da die sensorische Beschaffenheit damit zum Ausdruck kommt.
Durch die EG-Vorschriften ist eine weitgehende Liberalisierung bei der Deklaration eingetreten. Auch für deutsche Weine wurden Begriffe wie → Classic und → Selection, → Großes Gewächs etc. eingeführt. → Terroir, ursprünglich ein Herkunftsbegriff, wurden zu einem Qualitätsbegriff weiterentwickelt. Versuche, mit der Bodenstruktur eine Beschaffenheitsaussage zu verbinden, führte sogar dazu, dass „eifrige" Zeitgenossen einen Markenschutz beantragt hatten. Nach Ansicht der LWK Rheinland-Pfalz sind Hinweise

auf den Bodentyp wie „vom Kalkstein“ oder „Schiefer“ jedoch Teil einer allgemein zugänglichen Beschaffenheitsangabe, also nicht schutzwürdig.
Häufig wird das → Rückenetikett als Mittel der Charakterisierung des Weines benutzt (→. Weinansprache). Nach den Prinzipien des modernen Marketings wird von den Möglichkeiten der Produktwerbung reger Gebrauch gemacht. Gesundheitsbezogene Angaben zu → Weininhaltsstoffen gelten als „irreführende“ Beschaffenheitsangaben und sind deshalb seit 2007 grundsätzlich verboten.

Bestandteile des Mostes. Die Zusammensetzung des Mostes variiert infolge der unterschiedlichen Zusammensetzung der Trauben (Rebsorte, → Reife der Trauben, Befall durch Schadorganismen etc.), aber auch in Abhängigkeit von der Behandlung (→ Entrappen, Auspressen, Vorklären, Enzymbehandlung etc.). Der höchste Anteil ist Wasser. Da die Anteile der in Wasser aufgelösten Bestandteile stark schwanken und teils Extreme aufweisen, gibt die Übersicht nur die wesentliche Schwankungsbreite wieder (→ Most, Zusammensetzung)(s. Tab. 20 im Anhang).

Bestandteile des Weines. Diese resultieren aus unverändert dem Most entstammenden Bestandteilen (→ Bestandteile des Mostes) und werden durch neugebildete Bestandteile, die in der mikrobiologischen Sequenz der alkoholischen → Gärung und des → biologischen Säureabbaues entstehen, ergänzt. Wesentlich ist die Umbildung von → Zucker in → Alkohol (1 g Zucker = 0,47 g Alkohol!) unter Bildung von Nebenprodukten wie → Fuselöle (→ Alkohole, höhere), → Ester, → Aldehyde, → Säuren (insbesondere Bernsteinsäure), → Stickstoffverbindungen wie Ammoniumsalze nehmen entweder total oder teilweise (ebenso wie → Aminosäuren) ab. Einige Säuren nehmen ab (→ Weinsäure infolge der stärkeren Ausscheidung von → Weinstein), andere zu (Essigsäure bzw. → flüchtige Säuren). Im Zusammenhang mit dieser Veränderung durch die alkoholische Gärung geht der Gesamtgehalt an „Nichtzuckerstoffen“ (sogenannter reduktionsfreier bzw. → zuckerfreier Extrakt) zurück. Nur bei sehr niedrigem Gehalt des Mostes an solchen Stoffen kann die Zunahme die Abnahme überwiegen.
Eine starke Veränderung erfolgt durch den bakteriell bedingten → biologischen Säureabbau. Dabei wird → Äpfelsäure zu → Milchsäure und → Kohlendioxid abgebaut, meist auch → Zitronensäure verstoffwechselt. Besondere Bakterien-Typen (heterofermentative Milchsäurebildner) bilden → Milchsäure und Kohlensäure aus Zuckern, → Diacetyl und → Acetoin, → Essigsäure, → 2,3-Butandiol und andere unerwünschte Produkte wie biogene → Amine. Da bei der Umwandlung von Most zu Wein die meisten Mostbestandteile erhalten bleiben und eine große Anzahl zusätzlicher Substanzen entstehen, enthält der Wein eine größere Bandbreite von Bestandteilen. Mehr als 400 Substanzen sind identifiziert und quantifiziert, die „Dunkelziffer“ scheint erheblich größer (→ Wein, Zusammensetzung)(s. Tab. 42 im Anhang).

Bestes Fass diente früher zur Beschreibung eines besonderen Weines bei Versteigerungen und auch auf dem → Etikett. Durch das Weingesetz von 1971 sind derartige Hinweise auf dem Etikett nicht mehr gestattet. In früheren Zeiten mag ein solcher Hinweis tatsächlich berechtigt gewesen sein, weil der Individualwein (→ Originalabfüllung) stärker gepflegt wurde. Tatsächlich gibt es beim gleichen Ausgangsmaterial (gleicher Most), in verschiedenen Gebinden vergoren, qualitativ unterschiedliche Weine und damit eine gewisse Berechtigung, vom „besten Fass“ zu sprechen.

Bestimmen. Fachlicher Ausdruck für „analysieren".

Betonbehälter. Nach dem Holzfass sind Behälter aus Stahlbeton wohl mit die ältesten Typen von Großbehältern zur Vergärung und Lagerung von Wein. Die Behälter können in unterschiedlichen Größen und Formen hergestellt werden und boten folgende *Vorteile* gegenüber dem Holzfass:
- Geringer Pflegeaufwand.
- Optimale Ausnützung des vorgegebenen Kellerraumes.
- Die Umfassungsmauern dienen als tragende Elemente.
- Günstig in der Herstellung.

Nachteil ist insbesondere bei großen Behältern die schlechte Ableitung der Gärungswärme. Der erste Betonbehälter wurde um 1880 in der Schweiz gebaut.

Nachbildungen von Fässern zum freien Aufstellen im Raum wurden in der Nachkriegszeit hergestellt und erfahren heute wieder eine gewisse Renaissance in südlichen Weinbauländern und in Biobetrieben (→ Behälter).

Betriebskontrolle. Verfahren zur Kontrolle der technischen Abläufe im Getränkebetrieb mit den Mitteln des Betriebes. Durch die Anwendung physikalischer oder chemischer Messmethoden (Analyse) wird die Zusammensetzung der Getränke ermittelt, wobei der Ablauf der → Gärung, der → SO_2-Pegel, der → biologische Säureabbau und die sog. → Schönung am stärksten interessieren. Auch die Endkontrolle des Flaschenweines auf Haltbarkeit (Sterilprüfung) und dessen analytische Zusammensetzung kann man zur B. zählen. Weniger bedeutsam sind die Untersuchungen des Brauchwassers, der Reinigungslauge usw., da diese eher dem Großbetrieb vorbehalten sind (→ Betriebsüberwachung).

Betriebsüberwachung im engeren Sinne ist die stetige Überwachung der Prozesse der Weinbereitung, die mit der Einlagerung des Mostes beginnt und mit der Abfüllung des Weines endet. Die B. bedient sich entweder chemisch-analytischer Methoden – ergänzt durch mikroskopische Untersuchungen – oder (und) der → Sensorik (→ Verkostung). Beim Most kommen praktisch nur chemisch-analytische Untersuchungen in Betracht, da der überwiegende Zuckergehalt eine realistische Beurteilung durch Verkostung praktisch unmöglich macht. Während und nach Ablauf der Gärung kommt der sensorischen B. eine zunehmende Bedeutung zu, da manche fehlerhafte Entwicklungen sich damit am treffendsten erfassen lassen. Dazu gehört Übung und Erfahrung. Die chemisch-analytischen Untersuchungen sind durch vereinfachte Methoden besonders leicht zu praktizieren und können dann im Betrieb selbst durchgeführt werden. Solche Untersuchungen sind:
Bestimmung des
- Mostgewichtes und der
- Säure im Most (pH-Wert)
- Alkohol
- Extrakt
- Zucker
- flüchtige Säuren
- freie und
- gesamte schweflige Säure im Wein.

Neben der Beherrschung der Methoden sollte der Praktiker auch Kenntnisse über die → Fehlergrenze der jeweiligen Analysenmethode haben und insbesondere seinen eigenen Untersuchungen Kontrollanalysen anerkannter Weinlaboratorien gegenüberstellen. Man hüte sich vor Überschätzung der Genauigkeit einerseits und vor einer Überbewertung der Analysenergebnisse andererseits. Trotzdem sind gewisse Normen in der Wein-

bereitung vorgegeben (s. Tab. 21 im Anhang).
Die dort genannten „Normen“ sind in der Tat nur Hinweise und stark vereinfacht und können die auf einer detaillierten Analyse beruhenden komplexen Schlussfolgerungen kaum deutlich machen. Einzelheiten sind der Fachliteratur zu entnehmen.
Zur B. zählen auch die Vorversuche zur Weinbehandlung, bei denen man im Labor an Kleinmengen die Wirkung von Weinbehandlungsmitteln erprobt und insbesondere durch Verkostung den optimalen Behandlungsweg ermittelt (z. B. Bedarf an Schönungsmitteln wie → A-Kohle, → Gelatine, Gelatine + Kieselsol, → Hausenblase, → Bentonit, → Kupfersulfat → Kupfercitrat etc.). Manche Behandlung wird im Vorversuch auch analytisch ausgewertet (→ Entsäuerung, → Stabilisierung, → Verschnitt, → Dosage, → Schwefelung). Durch diese im Betriebslabor vorgeleistete Arbeit vermeidet man Misserfolge bei der Behandlung im technischen Maßstab. Dazu gehören auch → Filtrations- und Klärungsvorversuche, die Auswirkung von → Belüftung oder Zusatz von → Kohlensäure etc. auf den Wein.
Die mikroskopische Untersuchung dient in erster Linie bei fehlerhaften Entwicklungen zur Bestimmung der Ursache des Fehlers. Trübungen im Wein können auf bakterielle Ursachen (→ Krankheiten des Weines) oder auf rein chemische Ursachen zurückgeführt werden. Dabei lässt das Mikroskop bei der erhöhten Vergrößerung die Art der → Mikroorganismen oder der chemischen → Trübung erkennen. Durch Anfärbung oder durch mikrochemische Reaktionen kann man den → Weinfehler exakter einkreisen. Teilweise übersteigt die Technik dann doch den Rahmen der zumutbaren Betriebskontrolle. Zukünftig wird man mit Teststäbchen und ähnlichen Entwicklungen weitere Vereinfachungen der Technik anstreben. Bekannte vereinfachte Verfahren sind

- Clinitest (halbquantitativer Zuckernachweis),
- Combitest (Alkohol, Zucker, Extrakt schweflige Säure),
- Bentotest (Bestimmung des Bentonitbedarfs),
- Oenotest (Test-Set für verschiedene Weinbehandlungsmittel),
- Sulfacor und Titrovin (Säure und schweflige Säure),
- Flüchtige Säurenbestimmung nach RENTSCHLER,
- Cuvitest,
- Utafix
- und die weiteren Untersuchungsgeräte diverser Firmen. (→ Betriebskontrolle, → Verkostung).

In Großbetrieben werden Analysengeräte eingesetzt, die auf der → Infrarotspectrometrie basieren. Der Klein- bis Mittelbetrieb wird u. anderem aus Kostengründen darauf verzichten.

Beurteilung des Weines. Die fachliche B. des Weines kann aus der Perspektive der Mindestqualität, der Fehlerhaftigkeit oder gar der Verfälschung erfolgen. Damit ist die B. eine Aufgabe der → Betriebskontrolle, aber auch der amtlichen Überwachung durch die Organe der Lebensmittelüberwachung. Bei Wein, der zu der Gruppe der → Qualitätsweine gehört (die überwiegende Menge deutscher Weine zählt dazu), schalten sich in die Überwachung noch die Prüfstellen für die Prüfung von Qualitätsweinen ein, deren Aufgabe im Land Rheinland-Pfalz der Landwirtschaftskammer übertragen wurde. Die Beurteilung erfolgt auf Grund analytischer Untersuchungen, gekoppelt mit der sensorischen Beurteilung. Der analytische Aufwand geht bei der amtlichen Überwachung durch die Lebensmittelkontrollorgane meist weit über die → Kennzahlen hinaus, die bei der Betriebskontrolle ermittelt werden (→ Qualitätsweinprüfung, amtliche, → Weinbewertung).

Bezeichnung der Weine. Die Bezeichnung (auch → Deklaration genannt) unterliegt zunächst den allgemeinen Bestimmungen des nationalen Wettbewerbsrechts (§ 3 (UWG)). Irreführende Angaben sind nicht zulässig (→ Markt VO der EG). Solche Angaben können nicht nur verbal sondern auch durch Gestaltung von Bildmotiven beim Verbraucher Assoziationen erwecken, die falsch sind. Als Beispiel mag gelten, dass es irreführend ist wenn man eine typische Mosellandschaft auf einem Etikett abbildet, welches einen „ausländischen" Rotwein aus „Drittländern" ziert. Irreführend können auch nachgebildete Aufkleberstreifen wirken, die ähnlich den Schleifen der Landes- oder Bundesweinprämierungen wirken und dem Verbraucher ein prämiertes Erzeugnis vorgaukeln. Diese Fälle müssen jeweils im Einzelfall untersucht und begutachtet werden.
In einem Land wie Deutschland, in dem überwiegend Weine „ausländischer" Herkunft vermarktet werden, besteht ein Regelungsbedarf auch für Weine aus der EG und aus sog. Drittländern. Neben dem deutschen Weingesetz, das in § 24 (WG 1994) die nationalen Regeln durch Rechtsverordnungen des BML (jetzt: BMELV) aufstellen konnte, ist heute übergreifend EG-Recht anzuwenden. Darin sind die Regeln für EG- und Drittländer-Weine enthalten. Die nachfolgend geschilderten Details werden sich im Einzelnen zukünftig ändern, wobei zu hoffen ist, dass die bisherigen Systeme als „traditionell" anerkannt und somit in die neuen EG-Richtlinien eingebaut werden.
Die Angaben beziehen sich auf die Herkunft und die *Beschaffenheit* des Produktes. Interessant ist, dass man mit dem 1971er-Weingesetz jeglichen Gebrauch des Wortes natur oder solcher Begriffe, die wie „naturrein", „natürlich", „naturbelassen" davon abgeleitet sind, untersagt hat. Dies war eine Folge der im allgemeinen Lebensmittelrecht verankerten Bestimmung, wonach Lebensmitteln, denen ein Behandlungsstoff zugesetzt ist, nicht mehr mit diesen Hinweisen versehen werden dürfen. Ein solcher Behandlungsstoff ist im Falle von Wein → schweflige Säure.
Die *Herkunftsangaben* sollen dem Verbraucher sowohl die geografische Herkunft des Traubengutes, aber auch den Erzeuger bekanntgeben. Beide Angaben sind von Bedeutung, weil sowohl der Standort der Rebanlage (→ Terroir), aber auch die traubenverarbeitende Kellerei die Qualität des Erzeugnisses beeinflussen. Die geografischen Herkunftsangaben werden bei deutschen Weinen, aber auch bei ausländischen Spitzenweinen traditionell betont. Da dies in der Vergangenheit zu einer großen Zahl verschiedener Begriffe geführt hatte, wurde im deutschen Weingesetz (1971) die Anzahl der Einzellagen-Bezeichnungen (→ Einzellage = kleinste geografische Herkunftseinheit) drastisch vermindert. Neuerdings werden die Lagebezeichnungen, insbesondere in Form der → Großlage, erneut zur Diskussion gestellt. Mit anderen Worten: Die bisherigen Einzellagen sollen differenzierter (als bisher) klassifiziert werden.
Nach dem deutschen Weingesetz kann man die Angaben in solche gliedern, die zwingend (obligatorisch) vorgeschrieben sind und solche, die unter bestimmten Voraussetzungen, also wahlweise (fakultativ) verwendet werden dürfen.
Vorgeschriebene Angaben: Jeder Wein muss eine der vier Qualitätsbezeichnungen Deutscher Wein, → Landwein, → „Qualitätswein b. A." oder „Qualitätswein mit Prädikat" tragen. Bei QbA-Wein (Rotwein) muss dies bei den Weinarten → Roséwein, → Rotling oder → Weißherbst sowie → Perlwein generell vermerkt werden. QbA-Wein muss wenigstens die Angabe des „QbA-Gebietes", Prädikatswein die Angabe des „QbA-Gebietes" tra-

gen und das entsprechende Prädikat wie z. B. „Kabinett" anführen.
Wird eine Lageangabe gemacht, so muss die zugehörige → Gemarkung mit vermerkt werden; bei → Großlagen muss eine der zugehörigen Gemeinden (freie Wahl) auf dem Etikett vermerkt werden. Bei „QbA"-Weinen muss die A. P.-Nr. (→ Amtliche Prüfnummer) obligatorisch vermerkt werden, außerdem der Name (Firma) und Ort des Abfüllers oder Herstellers und die Angabe des Alkoholgehaltes (% Vol.) und des Nennvolumens („e").
Nicht vorgeschriebene, aber *zulässige Angaben*: Die Angabe von Jahrgang, Rebsorte, Gemarkung und zugehöriger Lage ist nicht vorgeschrieben. Bei Qualitätswein darf statt der Bezeichnung der Weinart „Roséwein" die Bezeichnung „Weißherbst" in manchen QbA-Gebieten dann verwendet werden, wenn dieser ausschließlich aus einer Rebsorte gewonnen wurde. Für einen württembergischen Qualitätswein darf statt der Bezeichnung → „Rotling" die Bezeichnung „Schillerwein" verwendet werden. Für Baden (→ Badisch-Rotgold, → Ehrentrudis, Spätburgunder, Weißherbst).
Die Bezeichnung → „Erzeugerabfüllung" ist gestattet, wenn die Trauben aus eigenen oder gepachteten Rebanlagen stammen, 100 % der Weine und der verwendeten → Süßreserve müssen dann aus dem angegebenen Betrieb stammen. Erzeugergemeinschaften werden gleich behandelt. Zur engeren Bezeichnung → „Gutsabfülllung" sind in etwa ähnliche Voraussetzungen gegeben.
Sogenannte → Beschaffenheitsangaben, die Art und Geschmack des Weines beschreiben, waren außer → „trocken", → „halbtrocken", → „lieblich" und → „süß" noch verboten.
Mit einer Auflockerung ist zu rechnen (→ Rückenetikett). Strittig ist die relativ neue Bezeichnung → feinherb (weil nicht eindeutig definiert). Mit der Zeit hat sich die Gewohnheit herausgebildet in einem Rückenetikett zusätzliche Informationen zu platzieren. So ist auf dem sog. „Rückenetikett" vieles erlaubt, was auf dem vom Bezeichnungsrecht vorgeschriebenen „Hauptetikett" obligatorisch gekennzeichnet wird. Gerade beim Bezeichnungsrecht (→ Deklaration), ist EG-Recht anzuwenden. Darin sind die Regeln für EG- und Drittländer-Weine enthalten.
Zum 1. August 2009 wurde innerhalb der EG eine relativ tiefgreifende Änderung des Bezeichnungsrechts eingeleitet, die die bisherige Grundstruktur verändert. Danach wird die bisherige traditionell in den EG-Ländern praktizierte Unterteilung in einfachen Tafelwein, Tafelwein mit geografischen Angaben und geschützten Qualitätswein mit garantiertem Ursprung, im zukünftigen Recht zwischen Weinen ohne nähere geografische Bezeichnung und solche mit geschützten geografischen Angaben (ggA) und mit geschützten Ursprungsbezeichungen (g. U.) differenziert bzw. geändert. Unabhängig von den zu erwartenden Änderungen im Bezeichnungsrecht werden vermutlich auch Themen wie → Hektarhöchsterträge, → Anreicherung und → Süßung neu zur Diskussion gestellt. (→ Classic), → Gütezeichen, → Hock, → Riesling-Hochgewächs, der → Neue).

Biegeschwinger ist ein in der Weinanalytik verwendetes Messsystem zur Messung der → Dichte bzw. des → Dichteverhältnisses. Abhängig von der Dichte wird die Schwingung eines Quarzstabes in der Messzelle gedämpft und die Änderung gemessen. Bei exakter Temperierung erreicht man eine hohe Messgenauigkeit.

Biet nennt man den feststehenden Teil einer Kelter, der früher aus Stein, schließlich aus Holz und dann aus Metall gefertigt war. Mit dem Aufkommen der modernen Keltersysteme (→ Horizontalpresse), die einen drehbaren Presskorb besitzen, ist der Begriff weitgehend überholt. Lediglich für die → Packpressen, die für die Kelterung andere Obstarten bevorzugt werden, ist der Begriff des „Bietes" noch anwendbar.

Biochemie. Die B. behandelt die chemischen Prozesse, die in Organismen (Pflanzen, Mikroorganismen) und anderen Lebewesen ablaufen. Hier überschneiden sich die Fachgebiete Chemie und Biologie. Bekannte Prozesse aus dem Bereich der Önologie sind die → Gärung oder der → Biologische Säureabbau; im Weinbau ist es vorwiegend die Photosynthese. Der Funktion der Katalysatoren in der reinen Chemie entsprechen die → Enzyme in der B.

Bioelemente → Wein, physiologische Wirkung.

Biogene Amine → Amine, biogene.

Biologischer Säureabbau (BSA). Unter diesem Begriff sind im weitesten Sinne alle Vorgänge zu erfassen, die infolge der Tätigkeit von → Mikroorganismen im Verlaufe der Weinbereitung zu einem Rückgang des Säuregehaltes führen. Es wird zunächst nichts darüber ausgesagt, worin dieser Vorgang besteht und welche Stadien der Weinbereitung gemeint sind. Konkretisiert man aber den BSA auf Fälle, die auch tatsächlich von praktischer Bedeutung sind, so engt sich dies auf die Tätigkeit von Mikroorganismen ein, die zur Gruppe der → Bakterien gehören. Mit anderen Worten: Obgleich auch → Hefen im Säurestoffwechsel geringfügig tätig sind und Säure umbauen, ja sogar aufbauen, so führt dies im wesentlichen kaum zu einer Verminderung des Gesamtsäuregehaltes, dessen Ziel der Säureabbau letzten Endes ist. Spezielle Hefen, die wie *Schizosaccharomyces pombe* (→ Schizosaccharomyceten) einen wesentlichen Abbau von Äpfelsäure bewirken können, sind in der praktischen Gärführung bislang nicht einsetzbar, da diese rasch durch gärkräftigere Hefen, die ihrerseits keinen Abbau vollbringen können, verdrängt werden. Versuche, durch Gentransformation geeignete (säureabbauende) Hefen zu entwickeln, brachten keine verwertbaren Fortschritte.
Der bakteriell bedingte BSA hat jedoch praktische Bedeutung und wird gezielt gefördert oder kann auch spontan ablaufen. Mit Hilfe von nativen oder zugesetzten Bakterien wird → Äpfelsäure in → Milchsäure umgebildet und gleichzeitig → Kohlensäure freigesetzt. Da die schwächere Säure (Milchsäure) entsteht, wird der Säuregehalt analytisch, aber auch geschmacklich herabgesetzt. Neben dieser Hauptreaktion treten Nebenreaktionen auf, die allerdings überwiegend unerwünschte Folgen haben (Biogene, → Amine, → Diacetyl, → Acetoin, → Essigsäure).
Im Hinblick auf den wesentlichsten Vorgang des Säureabbaues (der Milchsäurebildung) wäre es korrekt, von der „Äpfelsäure-Milchsäuregärung" zu sprechen, die – ähnlich wie die alkoholische Gärung – anaerob verläuft. Im Säureabbau befindliche Weine schmecken „scharf", das heißt, sie weisen eine besonders feinperlige Kohlensäure auf und sind bei spontanem BSA meist höherviskos (dickflüssig) und trüb. Neben dem Säurerückgang lässt sich der Rückgang der speziellen Äpfelsäure oder der daraus entstehenden Milchsäure analytisch zuverlässig nachweisen.
Dieser nicht eindeutig „stöchiometrisch" (→ Stöchiometrie) ablaufende Vorgang der Umbildung von Äpfelsäure in Milchsäure ist auch die Ursache dafür, dass man die Menge an Milchsäure, die sich aus 1 g Äpfelsäure bildet, nur ungefähr angeben kann. Meist rechnet man mit der Bildung von 0,67 g Milchsäure aus 1 g Äpfelsäure. In der Folge des Säureabbaues ändert sich auch der Gehalt an → zuckerfreiem Extrakt.
Wenngleich man heute bei den meisten Weißweinen den biologischen Säureabbau vermeidet bzw. durch chemische Entsäuerungsmethoden ersetzt, so kann jedoch nicht

bestritten werden, dass dieser für manche Weinarten nicht nur typisch, sondern auch vorteilhaft ist. Letzteres gilt insbesondere für → Rotweine und einige Weinarten (Burgunder). Die Tatsache, dass es sich um einen spontanen Vorgang handelt, der darüber hinaus aufwändig zu steuern und zu kontrollieren ist, trägt nicht gerade zur Beliebtheit dieser „Entsäuerungsmethode" bei.

Biologischer Säureabbau, Durchführung. Gefördert wird der biologische Säureabbau durch die Erhöhung der Temperatur auf über 20 °C, Aufrühren des Trubes Unterlassung der → Schwefelung bei → Jungweinen oder durch eine → Umgärung, die die für die Vermehrung der Bakterien nützlichen Zuckermengen in den Wein bringt und zu der gewünschten Erwärmung des Behälters führt. Eine geeignete zielführende Unterstützung erfährt der BSA durch Zusatz von → Starterkulturen.
Gegenmaßnahmen, die insbesondere bei säurearmen Weinen notwendig sind, sind die Schwefelung, → Klärung oder gar Sterilfiltration und → Kühlung oder der Zusatz von → Lysozym.
Weine, die einen sehr hohen Säuregehalt (niedriger pH-Wert) zeigen, lassen sich mit den genannten Maßnahmen meist nicht „abbauen", weil sich die milchsäurebildenden Bakterien bei niedrigem pH-Wert kaum vermehren. Durch eine → Entsäuerung mit → kohlensaurem Kalk wird der biologische Säureabbau gefördert.
Die Einstellung für oder gegen die Anwendung des BSA hat sich zum Teil landsmannschaftlich traditionell entwickelt. So wird dieser Vorgang in den Kellereibetrieben der Schweiz seit Generationen generell und bei allen Weinarten gefördert und trägt dort zur Gewinnung eines besonderen, säurearmen Weintyps bei, der sich gut als begleitendes Getränk zu Käsegerichten etc. eignet. Es darf auch nicht übersehen werden, dass die Technologie unter Einbeziehung des biologischen Säureabbaues weitere Vorteile erbringt:

- Geringe Mengen an „Restzucker" werden beim biologischen Säureabbau zuverlässig abgebaut. Die Weine sind danach „biologisch stabiler".
- Es entstehen → absolut durchgegorene, aber trotzdem „säureharmonische" Weine.
- Es wird keine → Süßung zur Kompensation der → Säure benötigt, was wiederum zu einem niedrigeren Gehalt an → gebundener SO_2 führt, zumindestens gegenüber solchen Fällen, bei denen die Süße durch → „Abstoppen" mit (zu hohen?) SO_2-Zusätzen eingebracht wurde.
- Der biologische Säureabbau führt zu einer manchmal deutlichen Verminderung solcher Substanzen, die SO_2 zu binden vermögen, was sich in der Gesamtbilanz der SO_2 ebenfalls absenkend auswirkt (→ Starterkulturen).

Bioreaktor nennt man im weitesten Sinne alle Gefäße (Behälter), in welchen biochemische Prozesse ablaufen. Dazu zählen → Tanks, → Fässer, und spezielle Behälter mit der entsprechenden Zusatzausrüstung (→ Fermenter).

Biologischer Sauerstoffbedarf (BSB_5) nennt man die analytische → Kennzahl, die bei der Abwasserbewertung eine zentrale Bedeutung hat. Man versteht darunter den Sauerstoff, den eine Abwasserprobe während 5 Tage Stehenlassen „verzehrt". Der dabei verbrauchte → Sauerstoff wird von → Mikroorganismen benötigt, die im → Abwasser enthalten sind und sich darin vermehren, um Ballaststoffe abzubauen (biologischer Abbau). Nach diesem Prinzip funktionieren die biologischen Kläranlagen. Die Größe des BSB_5 gibt demnach einen Hinweis auf die Belastung der biologischen Kläranlagen durch das in Frage stehende Abwasser. Eine solche Belastung kann durch Haushaltsabwässer, aber auch durch Kellereiabwässer bedingt sein. Die Belastung, die normalerweise durch einen Einwohner täglich hervorgerufen wird, ist mit 60 g O_2 (nach der Methode BSB_5) ermittelt worden. Man nennt diesen biologischen Sauerstoffbedarf deshalb auch „Einwohnergleichwert". Kellereiabwässer lassen sich gleichfalls in Einwohnergleichwerten ausdrücken. Diese dienen als Grundlage für die Auslegung der biologischen Kläranlagen der Kommunen. Besondere Vorkehrungen sind bei der → Trubaufarbeitung zu treffen, um die Abwasserbelastung niedrig zu halten, → Chemischer Sauerstoffbedarf, → Rückstände der Weinbereitung) (s. Tab. 41 im Anhang).

Biologischer Sauerstoffbedarf, Messung. Die Sauerstoffzehrung (der biologische Sauerstoffbedarf) eines Abwassers lässt sich feststellen, indem man dem Abwasser sauerstoffgesättigtes Wasser zusetzt und die Abnahme des vorgegebenen Sauerstoffes nach 5 Tagen misst. Die Angabe des Endresultats erfolgt in 0_2 (mg/l). Die Messung wird in Fachlabors vorgenommen.

Biowein ist ein Wein, der in ausgeprägter Weise unter ökologischen Bedingungen hergestellt wurde. Die weinbaulichen Voraussetzungen sind innerhalb verschiedener Organisationen festgeschrieben und kontrolliert und betreffen (bisher) fast ausschliesslich die Produktionsbedingungen im Weinberg (Traubenerzeugung).
Der B. erfährt auf dem Markt eine steigende Nachfrage, die von der Thematik der „Nachhaltigkeit" gefördert wird. Obwohl die Einschränkungen im ökologischen Weinbau zunächst im Vordergrund standen, sind derzeit Bestrebungen vorhanden in die Weinbereitung einschränkend einzugreifen. Bisher sind ca. 30 der allgemein zugelassenen Behandlungsstoffe in der Produktion von B. mehr oder weniger akzeptiert, während Behandlungsmittel wie → Carboxymethylcellulose, → Dimethyldicarbonat, → Lysozym, → Kaliumhexacyanoferrat, → PVPP und → Sorbinsäure weitgehend ausgeschlossen sind. Forderungen einiger Beteiligter nach mehr oder weniger drastischer Reduzierung der SO_2-Gehalte erscheinen im Hinblick auf die Qualität und Hygiene von Wein gerade aus gesundheitlicher Sicht fragwürdig.

Bitter. Da die menschlichen Sinnesorgane im wesentlichen vier Basisgeschmacksempfindungen unterscheiden (salzig, sauer, süß und bitter) und die Empfindlichkeit gegenüber bitterschmeckenden Stoffen besonders entwickelt ist, kommt den Bitterstoffen im Wein eine meist negative Bedeutung zu. Zu den Bitterstoffen zählt man die → Tannine, aber auch einige → Stickstoffverbindungen.
Die Sensoren für Bitterstoffe sind überwiegend am hinteren Teil der Zunge lokalisiert. Daher rührt auch die weinsprachliche Formulierung „bitter im Abgang". Bei manchen fehlerhaften Weinen. Ein Teil der Bitterstoffe kann durch „detannisierende" Substanzen (→ Eiweiß, → Gelatine, → Kasein, Polyvinylpolypyrrolidon → PVPP) entfernt werden Zweckmäßigerweise vermeidet man die Ansammlung von Bitterstoffen im Wein durch eine Optimierung der Kellertechnik. Teils entwickelt sich beim Rotwein der auf Tannine zurückgehende Bitterton bei der Lagerung und Reifung in der Flasche zurück.
Im gewissen Umfang kann der Eindruck „bitter" durch Süße und Säure auch überdeckt werden. Alkohol jedoch betont den „bitter"-Effekt. Einen ähnlichen Effekt bezeichnet man als → adstringierend. Ähnlich wie die Adstringenz wirkt „bitter" auf die sensorischen Organe sehr nachhaltig, da die Proteine der Geschmacksknospen (Geschmackspapillen) durch die Bitterstoffe „denaturiert" werden, wobei der sensorische Eindruck überlagert und gestört wird (→ Eiweißschönung, → Gerbstoffe).

Bittermandelgeschmack kann im ungünstigsten Fall auf geringe Mengen an Blausäure zurückzuführen sein, die durch eine unsachgemäße → Blauschönung (Zusatz von Kaliumhexacyanoferrat (II) in zu hoher Menge) in den Wein gelangte. Um diese → Überschönungen zu vermeiden, fordert der Gesetzgeber die Durchführung der Untersuchungen zur Blauschönung in fachkundige Hände zu legen. Unfälle durch überschönte Weine sind bislang noch nicht bekannt geworden, da eine solche Überschönung sich durch eine starke → Eintrübung des Weines deutlich anzeigt und vom ungewollten „Genuss" eines solchen Weines abhält. Gelegentlich ist der Bittermandelton auch bei Weinen bestimmter Herkünfte registriert worden (standortbedingt?) (→ Blausäure).

Bitterwerden umschreibt im engeren Sinne eine Weinkrankheit, die insbesondere bei → Rotweinen eintreten kann. Wie der Name „Krankheit" bereits aussagt, handelt es sich um die unerwünschte Tätigkeit bestimmter Bakterien, die überwiegend zu den Milchsäurebildnern bzw. zu → Acetobacter zählen. Der Krankheit kommt heute kaum Bedeutung zu. Neuere Erkenntnisse liegen deshalb darüber auch nicht vor.

Bitzler nennt man einen in Gärung befindlichen meist noch sehr süßen → Jungwein (neuer Wein), der sich in einem Stadium befindet, bei dem die → Kohlensäure besonders stark prickelt. Dagegen nennt man den bereits stärker vergorenen Jungwein → „Federweißer". Eine Abgrenzung beider Begriffe stößt auf Schwierigkeiten.

Blanc de Blanc. Wörtlich: Weiß, von weißen (Trauben). Das hier angezeigte Herstellungsverfahren scheint auf den ersten Blick selbstverständlich und keiner besonderen Erwähnung wert. Tatsächlich wird der Begriff praktisch nur bei Schaumweinen aus der Champagne genutzt. Damit schliesst man rote Traubenanteile in der „Assemblage" aus (→ Chardonnay).

Blanc de Noir. Wird auch bei „Stillwein" benutzt. In Kürze: Rote Trauben werden nach dem Weißwein-Herstellungsverfahren verarbeitet, wodurch die Weine zu Weißwein werden. Gelegentlich ist die Farbe noch leichtrötlich getönt, der Wein-Typ führt zu recht markanten Strukturen (→ Spätburgunder). Im Herkunftsland Frankreich wird der Begriff – ausser für Champagner – kaum verwendet. Für „Stillwein" gebraucht man für diese Weinart die Bezeichnung „in gris". Die Verwendungung des Begriffs „Blanc de Noir" ist gewissen weinrechtlichen Vorbedingungen unterworfen. Der „Blanc de Noir" erfreut sich großer Nachfrage.

Blasbälge verwendete man früher beim → Abstich und zur Förderung von Wein (als Luftpumpe). Heute wird entweder Gasdruck durch einen Pressluftkompressor oder durch Flaschengas (Stickstoff) erzeugt. Meist jedoch wird die Förderung des Weines beim Abstich mit Hilfe von → Pumpen vollzogen. Zweifellos war die Förderung des Weines mit Hilfe von Blasbälgen ein sehr schonendes Verfahren und wurde deshalb bei empfindlichen Weinen (z. B. Moselwein) dem „Pumpen" vorgezogen. Die Erzeugung von Gasdruck durch Blasbälge ist jedoch nur noch von historischem Interesse.

Blassfarbig. Keltert man rote Trauben ohne Angärung sofort ab, dann entstehen schwach lachsrosa- bis hellrot gefärbte Weine, → Roséewein oder → Weißherbst genannt. Diese Weine enthalten – ähnlich wie Weißweine – wenig → Farb- und → Gerbstoffe. Blassfarbig können auch → Rotweine wirken, deren Trauben, durch starke Fäulnis bedingt, wenig Rotweinfarbstoff enthielten. Beide Formen von Blassfarbigkeit wird man nicht beanstanden, falls die Farbe den jeweiligen Weinarten entspricht. Sind jedoch Weißweine blassfarbig – also fast wasserhell –, so weist dies entweder auf sehr starke → Schwefelung hin oder es handelt sich um einen unentwickelten, ausdruckslosen Wein. Vollentwickelte Weißweine zeigen eine gelbgrüne, oft mit dem Gehalt ins goldgelbe ansteigende Farbnuance.

Blaulauge. Lauge, die mit einem Indikator eingefärbt ist und (mit standardisierter Konzentration) zur Titration der → Gesamtsäure benutzt wird.

Blaufränkisch → Limberger.

Blausäure (HCN) kann in geringer Menge bei einer → Überschönung in den Wein gelangen (→ Bittermandelgeschmack). Überschönte Weine dürfen nicht in Verkehr gebracht werden und dürfen auch nicht mehr zu Wein weiterverarbeitet werden. Obwohl kein absoluter Grenzwert für tolerierbare HCN-Gehalte festgesetzt ist, dürften Mengen über 0,1 mg/l geruchlich bereits erkennbar und zu beanstanden sein.

Blauschönung nennt man die Behandlung (Schönung) von Wein mit → Kaliumhexacyanoferrat (II) = gelbes Blutlaugensalz, welches zum Zwecke der Entfernung von → Eisen, → Zink, → Mangan, → Kupfer und anderen Schwermetalle zu Wein bei Bedarf zugesetzt wird. Der Name ist aus der überwiegenden Blaufärbung der sich ausscheidenden Verbindung mit Eisen hergeleitet. MÖSLINGER (Neustadt) hat sich um die Jahrhundertwende um die Einführung des Verfahrens bemüht, aber erst 1923 ist die endgültige Zulassung ausgesprochen worden. Die Zulassung des Verfahrens erwies sich als notwendig, weil es damit zuverlässig gelang, Schwermetalle, die später eine → Eintrübung des Weines verursachen können, aus dem Wein zu entfernen. Vor der Zulassung des Verfahrens zur Stabilisierung gab es in den Flaschenweinen häufiger unerwünschte Eintrübungen (z. B. den berüchtigten „Weißen → Bruch"). Angenehm ist eine Nebenwirkung der B., weil der sich ausscheidende Trub auch gleichzeitig andere im Wein vorhandene Trubteilchen bindet und somit die natürliche → Klärung fördert. Obwohl damit eine Filtration meist nicht umgangen werden kann, drückt sich dies in einer Verbesserung der Filtrationsfähigkeit zusätzlich positiv aus.
Die Blauschönung war vor Jahren noch eine der meist angewendeten → Schönungen. Durch die Verdrängung von Eisen, Zink und Kupfer als Material für Geräte und Maschinen in der Kellerwirtschaft durch → Edelstähle und → Kunststoffe, ist die Bedeutung und Häufigkeit der Anwendung zurückgegangen. Heute wird die B. höchstens zur Entfernung von Kupfer nach einer entsprechenden → Böckser-Behandlung angewendet (→ Bittermandelgeschmack, → Filtration).

Blauschönung, Durchführung. Die für den Inhalt des Behälters vorgesehene Menge an → Kaliumhexacyanoferrat (II), wird in etwa der fünffachen Menge handwarmen Wassers aufgelöst und mit Wein „aufgestützt" (das heisst, in einer Stütze mit Wein verdünnt) und möglichst ohne Zeitverlust mit der Gesamtmenge Wein des Behälters vermischt und eventuell eine „Flugschönung" bestehend aus → Tannin bzw. → Kieselsol und danach → Gelatine eingebracht, die die Ausflockung und das Absetzen des Blautrubes beschleunigen kann. Abgesetzt ist der Blautrub dann meist nach 2 bis 3 Tagen, man lässt jedoch meist 8 bis 14 Tage absitzen. Danach erfolgt der → Abstich, den man nicht (wegen der Gefahr der Blausäurebildung) über 4 Wochen nach Zusatz des Schönungsmittels hinauszögern soll. Der im Behälter bleibende Trub kann nun filtriert werden, doch ist eine Verarbeitung durch Destillation verboten.

Zur Vereinfachung werden dann gleichzeitig andere stabilisierende Schönungen (Schönung abgeleitet von „Schönmachen“ = Klären des Weines!) z. B. Bentonit oder geruchs- und geschmackskorrigierende Behandlungsmittel ausgebracht.
Angeblich soll die Blauschönung auch Weinfehler wie den → Frostgeschmack beseitigen können (→ Schönung). Blautrub ist als Sondermüll zu behandeln und darf nicht landbaulich verwendet (deponiert) werden.
(→ Rückstände der Weinbereitung).

Blauschönung, Vorversuch. Wegen der Risiken einer Blauschönung darf die Feststellung des Bedarfes nur durch Fachpersonal erfolgen.

Blei (Pb) ist im Wein nur in Spuren enthalten (Größenordnung mg/l und darunter). Der mittlere Gehalt dürfte zwischen 0,05 und 0,2 mg/l liegen. Als Quelle höherer Bleigehalte erwies sich vorwiegend der Traubenmost, z. B. eingebracht durch die Abgase von Autos in Rebanlagen, die in unmittelbarer Nähe von Autostraßen liegen. Seit die Kraftfahrzeuge ausschliesslich mit bleifreiem Benzin betrieben werden, ist das lästige Thema erledigt. Vorteilhaft ist ferner, dass durch die → Gärung (Bildung von Bleisulfid), durch → Abstiche und → Schönungen der Gehalt vom Most zum Wein merklich zurückgeht, sich ein Wein also auf natürliche Weise von Schwermetallen selbst befreit. Die maximal zulässigen Gehalte an Blei sind wegen der Toxizität des Bleis auf 0,25 mg/l (WeinVO 2002) begrenzt (→ Spurenelemente, → Wein, Zusammensetzung).

Bleichert ist eine traditionelle Bezeichnung für eine Art → Roséewein, die früher an der → Ahr bevorzugt verwendet wurde. Als Bezeichnung für Weinarten – wie z. B. → Weißherbst – ist diese auch aus dem Sprachgebrauch verschwunden.

Blind. Ein Getränk ist blind, wenn dieses durch feine Trubteilchen eingetrübt (→ Trübungen) ist. Bei Wein führt dies in der Regel zu Beanstandungen (Ausnahme tiefgefärbte alte Rotweine), da die Trubstoffe auch zu einer Abstumpfung des Geschmacksempfindens führen (→ Bitter, → Blauwerden, → Dekantieren, → Depot).

Blindverkostung. Neutrale Form der (verdeckten) Verkostung (→ Sensorik). Damit soll eine unangemessene Beeinflussung der Prüfer generell ausgeschlossen werden. Vorabinformationen zum Prüfungsvorgang sind gegebenenfalls notwendig und dann auch zulässig.

Blume (des Weines). Synonyme Bezeichnungen sind „Duft“, „Nase“ (→ Weinansprache).

Blumig ist ein in der → Weinansprache gebrauchter Begriff für ein etwas vordergründiges, durchsichtiges Bukett (z. B. für → Müller-Thurgau-Weine), welches an Blumen erinnert. Insbesondere bei jungen, eleganten Weinen erscheint der Begriff angebracht. Selbstverständlich lässt sich dieser Begriff keiner festen Norm unterwerfen (→ Weinansprache).

Blutalkoholkonzentration ist die Angabe eines im venösen Blut gemessenen Alkoholgehaltes in „Promille“= Gramm/kg Blut. Die Methode der → Gaschromatographie erlaubt in manchenFällen die Differenzierung nach der jeweils aufgenommen Getränkeart. Nach Ansicht vieler Mediziner beträt die Abbaugeschwindigkeit des Äthylalkohols ca. 8- 10 Gramm pro Stunde (→ Wein, Gesundheit).

Blutlaugensalz (gelbes) nannte man früher die in der Weinbehandlung als Behandlungsstoff zulässige Substanz Kaliumhexacyanoferrat (II) (auch Kaliumferrocyanid). B. ist umgangssprachlich noch gebräuchlich, weil diese Verbindung in alten Zeiten aus Tierblut hergestellt wurde. Die → Schönung ist unter dem Namen → „Blauschönung“ bekannt (→ Kaliumferrocyanid). Derzeit sind für diesen Behandlungsstoff Ersatzstoffe zugelassen (→ DIVERGAN HM).

Blutmehl. Vor 1909 war auch in Deutschland die → Schönung mit frischem oder getrocknetem Tierblut (Ochsenblut) bei → Rotwein gebräuchlich. Die wirksamen Anteile sind die Eiweißstoffe des Blutes, die vorwiegend → Gerbstoffe ausfällen und Rotweine milder machen. Heute wird dazu nur → Gelatine oder Hühnereiweiß empfohlen (→ Eiweißschönung). In der EG ist B. verboten.

Bocksbeutel nennt man eine → Weinflasche, die durch ihre typische Form sehr attraktiv ist. Die Abfüllung in diese Flasche ist nur für Weine des Weinbaugebietes Franken und (in Baden-Württemberg) für Weine des fränkisch benachbarten Gebietes z. B. um Neuweier zulässig.
Es wird immer wieder versucht, diese Flasche zu kopieren. Aus diesem Grund wurde in der VO (EWG) Nr. 3201/90 Ausnahmen für einige italienische Weine und später für einige portugiesische Weine durch VO (EWG) Nr. 153/92 eingeräumt. Damit ist das „Monopol“ für die genannten deutschen Weine durchbrochen. Nachteilig ist die unorthodoxe Form für Abfüllung (Flaschenverschluss) und Lagerung (Stapelung). Auch die Flaschenmündung hat eine eigene Norm. Zur Abfüllung fränkischer Weine ist ein Ausgangsmostgewicht von 72° Oechsle gefordert.

Bockshoden (→ Trollinger).

Bodega ist die spanische Bezeichnung für Keller und Kellereien.

Bodengeschmack (Bodenton) nennt man die hervortretende Eigenart von Weinen einer bestimmten Herkunft. So z. B. soll es, in Abhängigkeit von der Herkunft, Weine mit einem mandelartigen Geschmack geben. Wenn man von „Bodenton“ spricht, so sollte man bedenken, dass der Einfluss des Standorts sicherlich nicht nur von der Beschaffenheit des Bodens, sondern auch von klimatischen Faktoren des Standortes sowohl im Wurzelbereich (Boden), wie im Standraum der Reben selbst geprägt ist. Auch sind Einflüsse von → Mikroorganismen nicht ausgeschlossen, die ökologisch unterschiedlich häufig vorkommen können (→ Terroir). Frühere Untersuchungen mit der Absicht, die Herkunft eines Weines auf Grund der Analyse der Böden nachzuweisen, verliefen zunächst erfolglos. Neuerdings scheint man Unterschiede durch bevorzugte Untersuchung auf Gehalte an „seltenen Erden“ herausgearbeitet zu haben. Zu bedenken ist allerdings, dass manche Tracer-→ Elemente von der Rebe nur geringfügig aufgenommen werden und dann auch nicht im Wein erscheinen. Geschmacklich prägend können solche Elemente jedoch nicht wirken, sondern lediglich Hinweise auf den Standort der Reben (Herkunft) liefern. Jedenfalls ist das Phänomen „Bodenton“ noch nicht genügend abgeklärt. Auffällig ist der charakteristische Geschmack vieler Weine der Mosel oder anderer Herkünfte, der auf den Schieferboden zurückgeführt wird. Die häufig anzutreffende Beschreibung von Wein als „mineralisch“ ist dagegen ein aus fachlicher Sicht- ungeeigneter und unpräziser Versuch, die → Weinansprache zu bereichern.

Böckser nennt man einen Fehler im Wein, der auf schwefelhaltige Verbindungen mit starkem, unangenehmen Geruch zurückzuführen ist. Zunächst bildet sich durch die Hefe während der → Gärung → Schwefelwasserstoff, der den bekannten Geruch nach faulen Eiern besitzt. Manche Hefetypen haben eine ausgesprochene Tendenz zur

Schwefelwasserstoffbildung, teilweise tritt die Schwefelwasserstoffbildung durch Zersetzung (Autolyse) von Hefeeiweiß jedoch erst nach der Gärung ein und ist dann die Folge einer mangelhaften Behandlung (z. B. ein zu später Abstich von der Grob-Hefe). Gefördert wird die Schwefelwasserstoffbildung durch die Anwesenheit von elementarem Schwefel, der besonders beim trockenen → Einbrennen bei der → Konservierung von Holzfässern abtropfte und sich als Kruste am Fassboden absetzte. Dies wäre ein weiterer Grund, auf das Einbrennen zu verzichten (jedoch → Barriquewein). Heute konserviert man die Holzfässer mit verdünnten wässrigen SO_2-Lösungen.

Inwieweit Rückstände von organischen Pflanzenschutzmitteln die Böckserbildung fördern können, wird immer wieder neu diskutiert. Netzschwefel fördert jedoch die Bildung (elementarer → Schwefel).

Bei länger anhaltender Böckserbildung kann sich der Schwefelwasserstoff z. B. mit → Ethanol bzw. → Acetaldehyd zu → Ethylmercaptan umsetzen, eine Verbindung, die noch intensiver riecht und sehr hartnäckig im Wein verbleibt. Während man im frühen Zustand der Böckserbildung die gasförmige Substanz Schwefelwasserstoff noch relativ leicht durch → Lüftung, Zusatz von → SO_2 oder Begasung mit → Kohlensäure entfernen kann, ist dies mit dem schwerer flüchtigen Ethylmercaptan nicht mehr möglich. Eine, auf jeden Fall sowohl zur Entfernung von Schwefelwasserstoff wie zur Entfernung von Mercaptanen geeignete Methode ist die Behandlung mit → Kupfersulfat oder → Kupfercitrat (→ Kupzit). Der genannte Zusatz zwingt jedoch bei Anwendung von mehr als 2 g/hl zur Blauschönung und greift das Aroma des Weines an.

Am Böckser sind eine Reihe unbekannter Stoffe beteiligt, die teilweise eine Verfremdung des Aromas (→ Aromaböckser) hervorrufen. Für den sicheren Nachweis dieser Weinfehler bedarf es aufwändiger analytischer Methoden, da die Konzentrationen im Wein fallweise sehr niedrig sind. Hilfreich für die Praxis ist ein Vorversuch mit Kupfat (Kupfersulfat)-Lösungen (s. Tab. 33, 35 im Anhang).

Böttcher. Berufsbezeichnung für Holzküfer (→ Weinküfer).

Bor. (B) Bor ist als Element in → Borsäure enthalten. Der Gehalt an Bor in Wein ist auf 80 mg/l (berechnet als → Borsäure begrenzt).

Bordeauxflasche. Weltweit verbreitete Flaschenform. Wird überwiegend für die Abfüllung von Rotweinen, teilweise auch für Burgunderrebsortenweine verwendet. Vorteil: Günstige Voraussetzungen für den Korken als → Flaschenverschluss.

Borsäure gehört als Spurenstoff (→ Spurenelemente) zu den natürlich vorkommenden Inhaltsstoffen von Most und Wein. Etwa 80 % aller Weine haben Gehalte von 2 bis 5 mg/l Bor = 11 bis 28 mg/l Borsäure, je 10 % liegen darüber und darunter. Die Aufnahme erfolgt im Wesentlichen durch die Rebe aus dem Boden. Bor ist ein wichtiges Bioelement. Bei Bormangel der Reben sind Ertragsausfälle zu beobachten, aber auch Borüberschuss im Weinberg führt zu Schäden. Trester enthält gleichfalls Bor und kann zu einer zu starken Anhäufung von Bor in Weinbergsböden führen, weshalb eine gute Verteilung des ausgebrachten → Tresters empfohlen wird.

Botrycitin nennt man Substanzen, die in fäulnisbelasteten Mosten entstehen und die Gärung hemmen. Die Natur solcher Substanzen ist nicht bekannt. Von französischen Forschern wird vermutet, dass es sich um ein Antibiotikum handelt. Nach deren Beobachtungen wird die hemmende Wirkung des B.

durch schweflige Säure und Aktivkohle aufgehoben. Die übliche Behandlung von Mosten aus faulem Traubenmaterial mit SO_2 und Aktivkohle würde hierdurch eine zusätzliche Rechtfertigung erfahren. Teilweise werden diese Ergebnisse in der wissenschftlichen Literatur jedoch in Frage gestellt (→ Aktivkohle).

Botrytis cinerea ist ein → Schimmelpilz, der Trauben befällt. Begünstigt wird das Wachstum durch besondere klimatische Bedingungen. Deshalb sind bestimmte Jahrgänge ausgesprochene „Botrytis-Jahrgänge“ (Beispiele für deutsche Weine sind die Jahrgänge 1953, 1967, 1975 ,1994, 2006, 2008).
Der gleiche Pilz kann als Schädling, aber auch als Nützling auftreten, weil zwar generell die Menge an Traubenmost beim Befall zurückgeht, der Pilz jedoch teilweise zur Veredelung der gewonnenen Moste durch Umbildung der Inhaltsstoffe beiträgt. Die Physiologie des Pilzes ist offensichtlich substratabhängig, so dass bei frühem Befall noch unreifer Trauben keine Veredelung eintritt (Sauerfäule). Erst ab einer bestimmten Reife der Trauben tritt der Veredlungsprozess (→ Edelfäule) ein. Eine klare Fixierung der erforderlichen Reife der Trauben zur Ausbildung der Edelfäule ist außerordentlich schwierig, weil bekanntlich innerhalb einer Traube merkliche Unterschiede in der Reife der einzelnen Beeren auftreten können.
Bei Eintritt der Edelfäule werden gebildet: → Glycerin, → Zitronensäure, → Gluconsäure, → Schleimsäure, → Mannit, → Inosit, → Trehalose , Terpenalkohole und Octen-1-ol-3, wobei Letzteres den Pilzgeruch provoziert. Abgebaut werden Säuren, bevorzugt allerdings → Weinsäure gegenüber der → Äpfelsäure. Abgebaut wird auch der → Zucker. Entscheidend ist aber, dass relativ mehr Säure abgebaut wird als Zucker, so dass im Most das Verhältnis Zucker zu Säure günstiger ist, als es bei einer reinen Konzentrierung aller Inhaltsstoffe (durch Eintrocknen) denkbar wäre.
Ferner geht der Gehalt an → Stickstoffverbindungen stark zurück; insbesondere der von → Ammoniumsalzen. Durch Nährstoffmangel tritt leicht eine Störung der → Vergärung ein. Ein Zusatz von → Thiamin ist obligatorisch. Ein Nachweis von B. im Traubengut ist vor Ort anhand der → Laccase-Aktivität möglich. Im Labor eignet sich dazu die PNA-Fingerprint-Analyse, bei der Traubenannahme die → FTIR-Methode.

Botrytis, Wein. Die aus botrytisbefallenen, reifen Trauben hergestellten Weine haben ein charakteristisches Aroma (Botrytiston), eine Fülle von Extraktstoffen und Süße, da eine vollständige Vergärung des Zuckers in der Regel nicht eintritt. Die Restsüße besteht dann überwiegend aus Fructose. Nachteilig ist die Bildung von → Dextranen, → Glucanen und → Kolloiden, die die natürliche (Selbst-) Klärung erschweren. Weniger störend ist die Bildung erhöhter Gehalte an → flüchtigen Säuren und Alkohol (bereits im Most vorhanden!), sehr störend ist jedoch die Neigung zur Abbindung von → schwefliger Säure durch die gebildeten → Ketosäuren und weiterer Substanzen. Letzteres ist der Grund dafür, dass aus edelfaulem Traubenmaterial hergestellte → Auslesen, → Beerenauslesen und → Trockenbeerenauslesen erhöhte Maximalwerte an gesamter → schwefliger Säure haben.
Die so hergestellten Weine sind sehr teuer, weil eine starke Ertragseinbuße unumgänglich ist und die Lese und Verarbeitung der Trauben zusätzlich zeitaufwändig ist.

Botrytisierung (von Trauben). In Weinbauländern, in welchen die klimatischen Bedingungen (Feuchtigkeit) während der Traubenreife nicht günstig für die Botrytisbildung sind, hat man sich studienhalber mit der Botrytisierung reifer (gesunder) Trauben befasst. Eine große wirtschaftliche Bedeutung hat das Verfahren der künstlichen Botrytisierung zur Gewinnung wertvoller → Dessertweine jedoch bislang offensichtlich nicht erreicht.

Botrytis, Nachweis im Wein. Die unter → *Botrytis cinerea* erwähnten Stoffwechselprodukte, wie → Schleimsäure und → Gluconsäure, werden dazu herangezogen. Von praktischer Bedeutung ist der Nachweis von → Kolloiden (→ Glucane) die die Klärung und Filtration von Botrytisweinen sehr beeinträchtigt. Die Anwendung von Enzymen (→ Glucanasen) ist dann hilfreich.

Botrytispilz → *Botrytis cinerea.*

Botrytiston → *Botrytis cinerea.*

Bottich oder Bütte nennt man die offenen Gefäße, die zur Aufnahme von Trauben, Maische oder Most gebräuchlich sind.

Bouquet. Begriff für → Aroma, → Blume.

Boxpalette. Durch Verwendung von Kunststoff wurde die Herstellung einer geschlossenen Boxpalette möglich, die zum Transport und der Lagerung von Trauben, Maische und Flaschenwein geeignet ist. Teils offene Boxpaletten (aus Stahl oder Holz gefertigt) eignen sich zur Lagerung von Leergut oder abgefülltem Flaschenwein (→ Palette).

Brandig. Weine, die einen geschmacklich hervortretenden, hohen → Alkoholgehalt besitzen, nennt man brandig.

Branntwein ist steuerrechtlich ein Destillat aus Wein oder Brennwein, der bei der Destillation zu höchstens 86 % Vol. verstärkt wurde und nach Rückverdünnung mindestens 37,5 % Vol. Alkohol enthält. Methanol ist maximal auf 200 g/hl Reinalkohol begrenzt. In diese Gruppe fallen Cognac und Armagnac mit mehr als 40 % Vol., → Weinbrand darf stärker „ausdestilliert“ werden (VO/EG 110/2008).

Braunwerden des Weines. Es ist dies eine fehlerhafte Veränderung des Weines infolge einer ausgeprägten → Oxidation. Die Neigung zum Braunwerden ist sowohl bei Weiß wie bei Rotweinen dann vorhanden, wenn der → Gerbstoffgehalt hoch ist. Die Neigung zum Braunwerden äußert sich in der Empfindlichkeit gegenüber Luftzutritt und kann durch einen Test (Erwärmen des Weines auf 40 °C unter Luftzutritt) geprüft werden. Es handelt sich somit um eine oxidative Veränderung.
Die Prädisposition lässt sich durch Entzug von Gerbstoffen (→ Polyphenolen) mittels spezifisch wirkender Weinbehandlungsmittel (→ PVPP, → Gelatine, → Bentonit) vermindern. Moste und Jungweine kann man vorbeugend und wirkungsvoll durch → Kurzzeiterhitzung und kräftige → Schwefelung vor dem Braunwerden schützen. Dies ist ein Hinweis darauf, dass die oxidative Bräunung durch → Enzyme (→ Polyphenoloxidasen) gefördert wird.
Ein anderer Bräunungsmechanismus ist die „Maillard-Reaktion“, wobei aus der Reaktion von Carbonyl-Verbindungen (Zucker) und → Aminosäuren braungefärbte Produkte entstehen können.
Eine schwache Braunverfärbung von Weiß- und Rotweinen lässt sich durch Einschwefeln meist verbessern, in hartnäckigen Fällen müssen die bräunenden Produkte durch PVPP oder gar → Aktivkohle entfernt werden (→ Bruch, Brauner). Der genannte → Weinfehler sollte in einem modernen Betrieb nicht auftreten.

Brechen nannte man früher das Auftreten von → Trübungen (Brauner → Bruch, Weißer → Bruch) im Flaschenwein.

Brechungsindex (Brechzahl) ist eine optische Größe, die die optische Dichte ausdrückt. Der Brechungsindex des Vakuums ist definitionsgemäß die Zahl 1, alle Stoffe haben somit einen Brechungsindex von über 1. Der Brechungsindex wird mit → Refraktometern gemessen. Da die optische „Dichte" der stofflichen Dichte proportional ist, kann man bei Einstoff-Lösungen, wie z. B. bei Saccharose-Lösungen, eine Konzentrationsbestimmung vornehmen. Bei komplexen Lösungen wie z. B. Traubenmoste dominiert zwar der Zuckergehalt, doch zeigen andere Mostinhaltsstoffe ein verändertes Lichtbrechungsverhalten. Deshalb müssen dort empirische Beziehungen herangezogen werden. Die Eichung der Refraktometer erfolgt aus praktischen Gründen jedoch mit Saccharose-Lösungen (→ Mostgewicht).

Breit ist ein Wein, dem die Ausgeglichenheit fehlt und der sich im Abgang „breit" macht. Es fehlt die Struktur, meist ist wenig Säure vorhanden (→ Weinansprache).

Bremser ist ein landsmannschaftlicher Begriff (vorwiegend in Franken) für den → Federweißen.

Brenke ist eine offene, kleine Bütte, die zum Anrühren von → Schönungen, beim → Ablassen oder beim Abfüllen des Weines benutzt wird. Früher war die Brenke meist aus Holz gefertigt, heute verwendet man thermoplastische Kunststoffe (Polyäthylen).

Brenndraht. Am Brenndraht werden die Schwefelschnitte aufgehängt und ins Holzfass eingebracht. Die Methode des → „Einbrennens" durch Abbrennen von elementarem Schwefel hat stark an Bedeutung verloren. (→ Barrique, → Konservierung von Holzfässern, → Schwefel, → Schwefelschnitte).

Brennwein ist ein Verarbeitungswein, dem meist vorher Alkohol zugesetzt wird. Daraus wird durch Destillation Branntwein hergestellt. Für Branntwein bestimmter Gebiete (→ Cognac, → Armagnac etc.) werden an die dazu verwendeten Weine besondere Anforderungen gestellt (spezielle Rebsorten, Ausbau ohne SO_2).
Da die Produkte nicht selten verfälscht sind, wird neuerdings auch der Zusatz von synthetischem Alkohol mit der C_14 – Methode nachgeprüft.
Der Alkoholgehalt des B. muss zwischen 18 und 24 % Vol. liegen, der Gehalt an → flüchtiger Säure darf 1,5 g/l nicht übersteigen → VO (EG) 110/2008.

Brennwert nennt man allgemein die Energiemenge, die bei der Verbrennung brennbarer Stoffe entsteht. Im speziellen Sinne ist damit der physiologische Brennwert gemeint, der bei der Umsetzung von Nahrungsmitteln im Körper des Menschen freigesetzt wird. Da die energieliefernden Umsetzungen für jede im Nahrungsmittel enthaltende Substanz anders ablaufen, kann man jeder Substanz einen eigenen Brennwert zuordnen. Für Nahrungsmittel, die einen diätetischen Zweck verfolgen, ist die Angabe des Brennwertes sehr wichtig, damit der Verbraucher über den kalorischen Gehalt informiert ist und dies im Diätplan berücksichtigen kann.
Bei Wein unterscheidet man den Gesamtbrennwert (auch physiologischer Brennwert genannt) vom Brennwert des Zuckers oder Alkohols. 1 g Alkohol liefert 7 kcal, 1 g Zucker etwa 4 kcal. Bedeutsam ist auch noch der Brennwert des Glycerins (4 kcal pro Gramm). Im Durchschnitt enthält 1 l Wein etwa 650 kcal. Seit Ende 1977 wird zur Angabe nicht mehr die Wärmeeinheit „kcal" sondern → Joule (sprich dschul) herangezogen.
1 kcal = 4186 Joule = 4,186 kJ (→ Kaloriengehalt), das heisst

1 Gramm Alkohol =	7 kcal = 30 kJ
1 Gramm Zucker =	4 kcal = 17 kJ
1 Gramm Glycerin =	4 kcal = 17 kJ
1 Gramm Gesamtextrakt =	4 kcal = 17 kJ

Brenztraubensäure (Ketopropionsäure) ist eine Säure, die sich bei der alkoholischen → Gärung als Zwischenstufe bildet und zu einem geringen Teil im Wein unverändert verbleibt. Die höchste Menge ist meist in der Hälfte der Gärung vorhanden, doch ist die Menge auch von der Art der Gärung und der → Hefe abhängig. Mit dieser Säure befasst man sich, da sie zur Abbindung von → schwefliger Säure beiträgt. Obwohl die Gehalte im Wein selten über 100 mg/l liegen, kann bis zu 50 mg/l SO_2 abgebunden werden (→ Schweflige Säure, Bindung, → Wein, Zusammensetzung).

Brettanomyces nennt man eine Gattung von → Hefen,(*B. dekkera*) die meist eine elliptische Form (5–8) × (3–4) µm aufweisen. Die Vermehrung erfolgt relativ langsam. Trotzdem muss man die B.- Hefe zu den Schädlingen rechnen, da sie unerwünschte Produkte bildet (Fehlgeruch nach „Pferdeschweiss", → Acetamid). Auch in Flaschenwein kann die Hefe noch zu → Trübungen und Fehlern führen. Diese Schadhefe kann sich insbesondere in Rotweinen entwickeln, die längere Zeit im Holzfass (im Anbruch) lagern. Typische Fehlaromen sind Ethylphenol und → Buttersäure. Nach Auffassung franz. Önologen sollte das → „Aufbrennen" dem Schwefeln mit SO_2 vorgezogen werden, um die Bildung von Ethylphenol zu minimieren. Der Nachweis der B. Hefen kann durch molekularbiologische Techniken (PCR) erfolgen.

Brettanomyces, Verhinderung der Entwicklung.
Der Weinfehler ist durch → *Brettanomyces*-Hefen hervorgerufen. Um größere Schäden zu vermeiden, wird das „Einbrennen" des Barrique-Fasses dem Konservieren mit wässriger SO_2-Lösung vorgezogen, d. h. die → Abstiche mit Umlagerung in andere Fässer sollten mit einer erneuten Schwefelung einhergehen. 5–7 Gramm des elementaren Schwefels sollen für ein Fass jeweils verbrannt werden. Offensichtlich sollen die durch → Schwund eintretenden Leerräume des Fasses dadurch optimal desinfiziert werden. Wichtiger ist jedoch eine vollständige Endvergärung (weniger als 500 mg/l „Restzucker") und die bewährte Methode des häufigen „Beifüllens". Ebenso sinnvoll ist die möglichst kühle Lagerung und ein häufiger Wechsel der Barriquefässer um die Bildung des Weinfehlers zu verhindern (→ Barriquewein, → Rekonditionierung).

Brixgrade → Ballinggrade.

Brom (Br) findet sich in Trauben, Traubenmost und Wein. Es ist ein → Element, welches zur Gruppe der „Salzbildner" gehört. Brom kommt in der Natur nur in gebundener Form vor. Enthält der Weinbergsboden oder die Luft (in Meeresnähe) mehr Brom (Bromid), so kann der Gehalt natürlicherweise höher sein, aber in keinem Falle höher als 1 mg/l Wein. Der natürliche mittlere Gehalt deutscher Weine dürfte etwa bei 0,1 mg/l liegen. Der Grenzwert ist auf 0,5 mg/l festgesetzt (→ Konservierungsmittel).

Brombeeren nennt man eine Fruchtart, die in über 80 verschiedenen Arten vorkommen kann. Da der Zucker- und Säuregehalt nicht extrem hoch ist, lässt sich der Saft der Früchte praktisch nur unverdünnt zu → Dessertwein verarbeiten (→ Fruchtweine, → Weinbereitung, zugelassene Stoffe).

Broteinheit. Traditionell wird der kalorische → Brennwert der → Glucose in Broteinheiten angegeben. Dabei ging man davon aus, dass ein Brötchen 12 g Glucose enthält. 1 Broteinheit entspricht somit dem Brennwert von 12 g Glucose.

Brotgeschmack ist bei ausgesprochenen Südweintypen wie Sherry manchmal charakteristisch und dann durchaus erwünscht. Ob der so bezeichnete „Ton" auf eine oder mehrere Substanzen zurückgeht, ist bis heute noch nicht festgestellt. Möglicherweise sind → Lactone wie Sotolon daran beteiligt. Auch 2-Aminoacetophenon scheint ebenso wie Acetyltetrahydropyridin daran beteiligt sein (→ Mäuseln, → UTA). Der Fehler kann unter besonderen Bedingungen beim Ausbau von Weißwein in Barriquefässern auftreten Die → Bâtonnage vermindert dann den Weinfehler – z. B. beim Ausbau von Rebsorten wie → Sauvignon blanc, die eine vegetative Nuance aufweisen müssen. Die Hefe wirkt in diesem Fall reduktiv und minimiert den B.

Bruch, Brauner → Braunverfärbung des Weines.

Bruch, Schwarzer. Es handelt sich um eine blau-schwarz gefärbte → Trübung, die aus Eisen-Gerbstoff-Verbindungen besteht. Weine, die selbst einen natürlich hohen → Gerbstoffgehalt besitzen (→ Rotweine) neigen bei erhöhtem Eisengehalt zur Ausbildung dieser (heute seltenen) Trübung. Auch dies trägt dazu bei, dass säurearme Rotweine eher zur Ausbildung des Schwarzen Bruches neigen als Weißweine. Desgleichen gilt für die meist säurearmen, aber gerbstoffreichen → Obstweine. In der modernen Kellerwirtschaft ist die Eisenaufnahme durch Verwendung von Kunststoffen oder rostfreiem Material als Werkstoff so niedrig, dass der Schwarze Bruch sicher vermeidbar ist.

Bruch, Weißer ist eine eisenhaltige → Trübung von grau-weißer Färbung. Sie beruht auf einer Ausscheidung von Eisenphosphat (Eisen-III-Phosphat). Verstärkt wird die Trübungsneigung durch einen hohen Gehalt an Eisen bei gleichzeitig niedrigem → SO_2-Gehalt. Die Neigung zur Ausbildung der Trübung lässt sich durch Zusatz von einigen Tropfen Wasserstoffperoxid zum Wein überprüfen (→ Bruch, Schwarzer)

Brut, ein französisches Wort für strengherb, wird zur Bezeichnung von → Schaumweinen verwendet und deklariert den Schaumwein mit geringem Zuckergehalt. Eine feste Grenze für den Maximalgehalt an → Zucker ist durch EG-Recht vorgeschrieben (bis 15 g/l), obwohl dies bei der unterschiedlich hohen Geschmacksschwelle für den Eindruck „Süße" in Schaumweinen recht willkürlich wirkt (→ Sekt). Der Bereich ist deshalb nochmals unterteilt in „extra brut" von 0–6 g/l (→ Schaumwein, Beschaffenheitsangaben, Tab. 17b im Anhang).

Buchführung. Neben der rein kaufmännischen Buchführung existiert eine sogenannte Weinbuchführung, die durch Gesetz vorgeschrieben ist (Weinüberwachungsverordnung). Im Gegensatz zu früher ist die Loseblattform der Buchführung gestattet.
Die Weinüberwachungsverordnung vom 30.8.1991 regelt auch die Versionen der Computer-Buchführung (Automatische Datenverarbeitung, EDV). Man unterscheidet: Kellerbuch, Weinbuch, Buch des Geschäftsvermittlers und das Stoffbuch. Eintragungsfristen sind zu beachten. Einzelheiten hierzu können nicht fixiert werden, unter Anderem, weil sich die diesbezüglichen Vorschriften nicht festschreiben lassen.

Bügelverschluss nennt man bei → Schaumwein den mit Draht fixierten Bügel, der den → Korken sichert und ein Heraustreiben durch den Druck der → Kohlensäure verhindert (→ Agraffe). Versuche mit einem speziellen Drehverschluss für Schaumweine scheinen erfolgversprechend.

Bürette. Ein kalibriertes Glasrohr mit einem Inhalt von 5 bis 50 ml, unterteilt in (meist) 0,1 ml. Zur Abmessung lässt man Lösungen durch einen Hahn ablaufen, der eine tropfenweise Dosierung zulässt. Zur Verbesserung der Ablesung kann ein „Schellbachstreifen" dienen. Um die verbrauchte Lösung immer wieder nachfüllen zu können, sind Vorratsgefäße und Bürette so verbunden, dass man diese durch Druck oder Hochheben des Vorratsgefäßes leicht nachfüllen kann.
Patentbüretten haben eine selbstjustierende Nachfülleinrichtung und (oder) spezielle Dosierventile an Stelle der althergebrachten Hahnen. Die modernste Form ist die der digital anzeigenden, teils motorgesteuerten Bürette (Motorkolbenbürette).
Büretten verwendet man ausschließlich in der Analyse zur Abmessung von zunächst unbekannten Volumina von Titrierlösungen (im Gegensatz zu Voll-Pipetten, die nur ein festes Volumen ausbringen können). Ein bekanntes Beispiel der → Titration ist die Bestimmung der → Säure mit Lauge, der → schwefligen Säure mit Jodlösung, des → Alkohols mit Chromat (Thiosulfat) und des → Zuckers mit Kupferlösungen (Thiosulfat).

Bukett. Bezeichnung für die Geruchswirkung von → Bukettstoffen (→ Aroma).
Der etwas altertümliche Begriff leitet sich von franz. bzw. engl. „bouquet" ab und kann den Begriff „Aroma" substituieren, der durch die manchmal zulässige Aromatisierung für weinhaltige Getränke leicht einer Fehldeutung ausgesetzt ist. In der französischen Fachliteratur verwendet man den Begriff „bouquet" bevorzugt für die Entwicklung des Aromas bei Flaschenwein. Bei der → Weinansprache wird der Begriff gerne verwendet.

Bukettierung des Weines. Der Zusatz von → Aroma zu Wein ist grundsätzlich verboten (Traubenwein), gleich ob es sich um synthetische oder natürliche Aromen handelt. (Siehe jedoch → weinhaltige Getränke) Deshalb wurde versucht, das bei der → Gärung entweichende Aroma der Traube direkt anderen Weinen zuzusetzen bzw. dieses durch → Aktivkohle aus den Gärgasen auszuwaschen bzw. durch Tiefkühlung anzureichern und wieder in andere Weine zu übertragen (→ Aromatisierung von Wein). Abgesehen von der technischen Fragwürdigkeit eines solchen Verfahrens erweisen sich die bei der Gärung entweichenden Aromastoffe als nicht sehr beständig.
Gestattet ist die Bukettierung durch Verschnitt neutraler Weine mit solchen, die ein ausgeprägtes und auch noch im Verschnitt erkennbares Sortenbukett (-aroma) aufweisen.

Bukettsorten sind Rebsorten, die als Weine ein hervortretendes → Bukett zeigen (Rosenton von → Kanzler und → Faber, Muskatton von → Morio-Muskat oder → Würzer, Johannisbeerton bei → Scheurebe, Vanilleton bei → Spätburgunder im Jungweinstadium etc.). Nachteil solcher Rebsorten ist die häufig unkalkulierbare Abhängigkeit des Rebsorten-Typs von den Umweltbedingungen und der önologischen Verfahrenstechnik (→ Bukettstoffe).

Bukettstoffe (Aromen) sind geruchserzeugende Substanzen der Trauben (→ Aroma), die bei der Weinbereitung teilweise erhalten bleiben oder sich durch die Gärung aus anderen Stoffen bilden. Man unterscheidet zwischen

- Originären oder primären Traubenaromastoffen, das sind die Aromastoffe, die in den unverletzten Zellen der Traubenbeeren nachweisbar sind;
- dem sekundären Traubenbukett, das überwiegend durch Verfahrensschritte wie Mahlen, Maischen und Keltern durch vorwiegend enzymatische Reaktionen temperatur- und zeitabhängig gebildet wird;

- dem tertiären Gärbukett, welches sich im Verlauf der Gärung bildet
- -und dem quarternären Lagerbukett, welches bei der Lagerung und Reifung zusätzlich entsteht.

Da der Ausdruck „Bukett" nicht mehr ganz zeitgemäß ist, sollte man von → Aromen oder Aromastoffen sprechen.
Wichtige Aromastoffe sind die höheren → Akohole, die sich vorwiegend bei der Gärung aus → Aminosäuren bilden (→ Fuselöle). Im Verlauf der Gärung verändert sich der Pegel der verschiedenen höheren Alkohole. Neben den höheren Alkoholen sind → Aldehyde und → Ester von Bedeutung, wobei erstere meist während der Lagerung, insbesondere bei Luftzutritt entstehen.

Noch erheblich geruchsintensiver (niedriger Erkennungsschwellenwert) sind andere Stoffgruppen (z. B. schwefelhaltige Verbindungen), die in sehr niedriger Konzentration vorkommen und sich dem Nachweis teilweise noch entziehen. Durch moderne analytische Verfahren (→ Gaschromatographie mit speziellen S-Detektoren) sind bereits viele Verbindungen nachgewiesen worden. Die Betrachtung der sensorischen Wirksamkeit der Aromastoffe wird dadurch erschwert, dass sich Aromastoffe gegenseitig überdecken, modifizieren oder hervorheben. Mit aufwändigen Analysenmethoden hat man mehr als 500 verschiedene, an der Aromabildung beteiligte Substanzen im Wein nachgewiesen (→ Sniffing port).
Die sensorische Zuordnung der Weine zu bestimmten Rebsorten gelingt nicht immer sicher, u. a. deshalb, weil die Ausbildung des Aromas bereits in den Trauben durch Standort, Witterung und Reife und danach durch die Verarbeitungsbedingungen der Trauben zu Wein modifiziert wird. Am besten eignen sich zur chemisch-analytischen Sortenbestimmung die → Terpene, da sich diese Stoffgruppe während der Gärung relativ wenig verändert. Bestimmte Terpene sind für die Ausprägung der Sorten, wie → Gewürztraminer, → Siegerrebe, → Muskateller oder → Morio-Muskat maßgeblich. Fäulnis der Trauben führt zu einer generellen Verminderung des sortentypischen Aromas. Das Traubenbukett ist in den oberen Schichten der → Beerenhaut lokalisiert bzw. präformiert und wird dann auch bei der Zerstörung der Beerenhaut durch → Schimmelpilze abgebaut. Durch Zusatz von Enzymen versucht man, die zunächst gebundenen Terpene freizusetzen. Zusätzliche Veränderungen des Aromas beim → Altern des Weines und der Ausbildung der → Firne sind unvermeidbar, jedoch fehlt es an ausreichenden Kenntnissen über Mechanismen dieser Veränderungen (→ Gärung, alkoholische, → Gärungsprodukte, → Terpene).

Bukettweine sind solche mit auffälligem, meist unverwechselbarem → Aroma (Beispiele:→ Gewürztraminer, → Morio-Muskat, → Scheurebe etc.)(→ Bukettsorten).

Bundesweinprämierung. Die Bundesweinprämierung ist 1951 aus bescheidenen Anfängen heraus (135 geprüfte Weine) durch die Deutsche Landwirtschaftsgesellschaft (DLG) neu entwickelt worden und hat mit 5620 prämierten Weinen im Jahre 1995 zunächst einen Spitzenwert erreicht. Zur DLG-Bundesweinprämierung können nur → Prädikatsweine und (als Ausnahme) Qualitätsweine angemeldet werden, welche die amtliche → Qualitätsweinprüfung mit Erfolg durchlaufen haben, also eine → amtliche Prüfnummer tragen und bei den → Regionalprämierungen ausgezeichnet wurden oder bei der → Weinsiegel-Prüfung mehr als 3,5 Punkte erzielten. Die zu prüfenden Weine werden vom Gebietsbevollmächtigten im Betrieb entnommen und dabei die verlangte Mindestanzahl an gelagerten Flaschen unmittelbar nachkontrolliert. Vor der Prüfung werden die Flaschen zentral „neutralisiert“ und nummeriert. Die Prüfung selbst erfolgt „verdeckt“ durch Gruppen geschulter Prüfer nach dem von der DLG entwickelten Schema der 5-Punkte- → Weinbewertung. Dem Prüfer ist nur der Jahrgang, die Rebsorte und die Qualitätsstufe bekannt. Abgelehnt ist ein Wein auf jeden Fall, wenn er weniger als 3,5 Punkte des DLG-Schemas (5-Punkte-Schema) erreicht hat. Im Jahr 2010 wurden 1991 Weine ausgezeichnet.

Buntsandstein. Im Zusammenhang mit dem Begriff → Terroir benutzt man gelegentlich den Hinweis (→ Deklaration) auf die Beschaffenheit des Bodens. Weitere Angaben wie „Rotliegendes“ oder „Muschelkalk“ entsprechen den gleichen Intensionen. Man muss solche Angaben kritisch hinterfragen, da die Bodenbeschaffenheit selten absolut einheitlich ist. Im Übrigen ist der Terroir-Begriff ursprünglich als Teil einer geografischen Abgrenzung in Frankreich entstanden. Nach Ansicht französischer Wissenschaftler ergibt das Zusammenwirken bestimmter Rebsorten mit dem Boden den Typ des Terroirs. Danach prägt der Kiesboden des Medoc-Gebietes den Typ des Cabernet Sauvignon, während lehmhaltige Böden die des Merlot-Typs hervorheben.

Burgund ist der deutsche Ausdruck für das französische Weinbaugebiet Bourgogne. Das Gebiet ist unterteilt, wobei die bekanntesten Zonen die Cote d’Or und das Beaujolais sind. Obwohl überwiegend Rotweine erzeugt werden, sind auch Weißweine teilweise hochqualifiziert (Merseault).

Burgunderflasche. Die traditionelle B. ist in erster Linie für Rotwein in Gebrauch, gelegentlich auch für weiße Burgundertypen wie → Grauburgunder oder → Auxerrois. (→ Flaschenformen).

Burgunderweine stammen von Traubensorten, die sowohl den Rotwein- wie den Weißweinsorten zuzuordnen sind. Die bekannteste ist der Blaue → Spätburgunder, der in Deutschland überwiegend in → Baden, aber auch in der → Pfalz, → Rheinhessen und → Württemberg angebaut wird. International wird diese Rebsorte als Pinot noir bezeichnet und findet sich in fast allen Weinbauländern der Welt, da die Sorte typische und hochqualifizierte Rotweine erbringt. Frühburgunder-Rotwein ist dagegen schwächer in der Farbe und der allgemeinen Qualität.
Eine Art des Burgunders ist der → Ruländer (Grauer Burgunder = Pinot gris), der kräftige und meist säurearme Weißweine liefert. Manche Ruländer erinnern bei hoher Säure an Rieslinge, gelten dann jedoch nicht mehr als typisch. Die kräftigere Weißweinfarbe kommt von den rötlich gefärbten Trauben dieser Sorte.
Als Weißen Burgunder (→ Weißburgunder) bezeichnet man eine Weißweinrebsorte, die mit dem Pinot blanc identisch ist. Durch Klonenselektion kann man die Qualität und Zuverlässigkeit dieser altbekannten Kultursorten sichern. Dabei wird besonders auf „Lockerbeerigkeit“ der Klone geachtet. Zur Burgunder-Familie gehören noch:
- Müller-Rebe (Pinot meunier)
- Schwarzriesling
- Saint-Laurent
- Chardonnay
- Auxerrois
- (Rebsortenanbau)

Butandiol-2,3 (Butylenglycol) ist ein bei der Gärung entstehender zweiwertiger Alkohol, der im allgemeinen mit dem Glyceringehalt zunimmt. Die Substanz sollte zum Nachweis einer Zuckerung herangezogen werden, was sich aber nicht als brauchbar erwies. Der Gehalt liegt zwischen 200 mg/l und etwa 600 mg/l im → Wein. Auch Most kann neben

→ Glycerin Butandiol-2,3 enthalten (→ Alkohole) (s. Tab. 26 im Anhang).

Butanole (-1 bzw. -2) sind Bestandteile des Weines und als höhere → Alkohole am Aroma beteiligt. Die Geruchsschwelle liegt allerdings relativ hoch. Es handelt sich um Alkohole mit vier C-Atomen. Insbesondere Butanol-2 ist ein Hinweis auf Verdorbenheit (→ Alkohole, → Aroma)(s. Tab. 26 im Anhang).

Buttersäure gehört zu den → Fettsäuren und findet sich auch im Wein in geringen Mengen. Die Säure ist schon in geringen Mengen schmeckbar. Höhere Mengen weisen auf fehlerhafte Veränderungen hin (meist durch Schad-→ Mikroorganismen hervorgerufen) (→ Wein, Zusammensetzung).

Buttersäurestich ist ein selten vorkommender Weinfehler. Dabei bilden Bakterien → Buttersäure und Butanol-1. Sensorisch ist der Wein verdorben (ranzige Butter). Säurearme Weine sind dem stärker ausgeliefert. Manchmal ist es ein Hinweis auf mangelhafte Hygiene und Weinpflege (Versäumnis beim → Spundvollhalten, zu wenig SO_2 während des → Ausbaues im Behälter).

Buttrig ist die Bezeichnung eines → Weinfehlers, der bei säurearmen, meist verdorbenen Weinen angebracht ist (→ Buttersäurestich).

Butzen nennt man das feste Fruchtfleisch, welches die Kerne umhüllt bzw. dort festsitzt (→ Beeren). Im übertragenen Sinne wird ein störender Geschmacksfehler, der nicht eindeutig zu charakterisieren ist, so bezeichnet.

BVS-Verschluss (baque vin suisse). Unter den Schraubverschlüssen kommt dem BVS-Verschluss zugute, dass keine zusätzliche → Flaschenkapsel benötigt wird. Gleichzeitig ist sowohl die Ästhetik, die Werbung, aber auch die eigentliche Verschluss-Sicherheit beim BVS-Verschluss optimiert. Gilt als Sammelbezeichung für neuartige → Schraubverschlüsse mit Kapsel.
Unter dem Begriff *Stelvin*® ist der Alu-Kapselverschluss bekannt und wird deshalb umgangssprachlich häufig benutzt.

C

Cabernet Cubin. Anhand dieser neuen Rotweinsorte lässt sich der mühselige Weg bis zur Zulassung einer neuen Rebsorten-Kreation in folgende Zeitdaten beispielhaft nachzeichnen:
- Start der Kreuzung BL. Limberger × Cabernet Sauvignon 1970
- Auspflanzung der Sämlinge 1971/72
- 1. Traubenernte 1975
- 1. Praxisanbauversuche 1986
- Zulassung durch das Bundessortenamt 1999

Die relativ spätreifende Rebsorte ergibt körperreiche Rotweine mit hohem → zuckerfreiem Extrakt. Ausbau im Barrique empfohlen.

Cabernet Dorio. Die Weinsberger Kreuzung aus Dornfelder und Cabernet Sauvignon zeigt im Gegensatz zu Cabernet Cubin weniger hohe Extrakte, weniger „Cabernet-Sauvignon-Art“ und scheint für leichtere Böden geeignet. Der Ertrag scheint dagegen etwas geringer.

Cabernet dorsa. ImTyp scheint die Kreuzung aus Dornfelder × Cabernet-Sauvignon (siehe Cabernet Dorio) eher den Habitus des Dornfelder Elternpaares zu repräsentieren. Im Lageanspruch und der Beerengröße orientiert er sich eher am Spätburgunder. Tiefdunkle Farbe und fruchtige Kirschnoten prägen einen voluminösen Rotweincharakter von großer Nachhaltigkeit.

Cabernet franc ist eine rote Traubensorte, die vorwiegend in Frankreich (38000 ha) und dort im Bordeaux-Gebiet als Partner im „Dreigestirn“ der klassischen Rebsorten mitwirkt. Nur selten ist er – wie z. B. in den Weinen von Château Cheval Blanc – der dominante Partner. Im Gegensatz zu Cabernet sauvignon enthalten reine Weine weniger → Pyrazine, die dort den typischen „scharfen“ Ton nach grünem Paprika hervorrufen. Die Rebsorte ist auch im Norden Italiens und überall dort anzutreffen, wo man die Bordeaux-Weinphilosophie übernommen hat.

Cabernet Mitos. Die sehr spätreifende Rebsorte führt gerne zur Überreife. Trotzdem ist die Neigung zur Botrytis-Bildung nicht vorhanden. Die sensorische Verwandtschaft zum Cabernet-Sauvignon ist zu erwähnen. Die hier erwähnten Abkömmlinge des Cabernet Sauvignon stehen in Konkurrenz zu den → Interspezifischen Kreuzungen.

Cabernet Sauvignon. Davon werden in Frankreich insgesamt ca. 58000 ha angebaut. In seinem Herkunftsland wird C. selten pur ausgebaut. Die Weine der Rebsorten → Merlot und auch → Cabernet Franc reifen dagegen unterschiedlich und und werden je nach Witterungsverlauf hauptsächlich im Weinanbaugebiet Bordeaux als Cuvee-Partner zum C. bevorzugt. Sortenrein wird die Rebsorte in den Neuen Weinbauländern (→ Neue Welt-Weine) wie Kalifornien, aber auch in nördlichen Teilen Italiens angebaut, wo der „Sassicaia“ Furore macht. In Deutschland ist Cabernet Sauvignon mit (278 ha/2007) inzwischen angekommen. Dort dominiert die Rebsorte in der Pfalz und in Rheinhessen.
Die Weine der relativ spätreifenden Sorte sind im jungen Entwicklungsstand meist etwas grün (nach Paprika schmeckend), bedingt durch den Gehalt an → Pyrazinen. Sie benötigen deshalb einen entwicklungsförderlichen Ausbau im Holzfass bzw. einen geeigneten Verschnittpartner wie Merlot oder andere. Neuerdings verbreiten sich die Cabernet-Gene in Deutschland in Form neuer Kreuzungen (→ Cabernet-cubin,-dorio,-dorsa,-mitos).

Cabinet-Wein war früher eine Bezeichnung für besonders hervorragende Weine (Naturweine), die allerdings nicht unbedingt die höchste Reife aufweisen mussten. Ihre Exklusivität soll sich darin geäußert haben, dass diese Weine in einem gesonderten Raum (Cabinet) aufbewahrt wurden. Die Entstehung des Begriffes schreibt man der Weinkellerei des Klosters Eberbach (Rheingau) zu (→ Kabinett).

Calcium (Ca) ist ein Metall und Element, welches in gelöster Form (als → Kation) im Most und Wein vorkommt. Man zählt Calcium zu den → Mineralstoffen. Im Most und Wein liegt der durchschnittliche Wert knapp unter 100 mg/l. Erhöhte Werte sind in hochreifen Mosten vorhanden. Durch Zusatz von Calciumverbindungen (→ Entsäuerung mit → Calciumcarbonat) steigt der Ca-Gehalt an. Überentsäuerte Weine können Werte von über 300 mg/l enthalten, die man dann als „seifigen" Bitterton wahrnimmt. Durch die verzögerte Abscheidung der unlöslichen Calciumverbindungen kann nachträglich noch auf der Flasche eine Eintrübung unter Bildung von → Calciummucat oder → Calciumtartrat, seltener von → Calciumoxalat eintreten.

Calcium-Bentonit.→ Bentonit.

Calciumcarbonat (E 170) (→ kohlensaurer Kalk).

Calcium-Doppelsalz (Ca-malat-tartrat) ist eine schwerlösliche Verbindung der Wein- und Äpfelsäure, die unter bestimmten Fällungsbedingungen entsteht (Doppelsalzfällung). Mit dieser Entsäuerungsmethode, die für sehr säurereiche Moste angewendet wird, lassen sich starke → Entsäuerungen durchführen. (→ Doppelsalz).

Calciummucat ist schleimsaures Calcium, welches sich in Mosten und Weinen aus edelfaulem Lesegut aus → Schleimsäure bilden kann. Calciummucat neigt zur → Übersättigung, das heisst es scheidet sich zum Teil erst nach Jahren aus. Insoweit bildet diese Verbindung in der Regel die „Weinstein"-Kristalle, die bei → Beeren- und → Trockenbeerenauslesen in grob ausgebildeten Kristallen (meist undurchsichtig) auskristallisieren. Würdig empfiehlt eine vorbeugende Behandlung des Mostes mit 100 mg/l → Calciumcarbonat, da die Kühlung der Weine – im Gegensatz zur Weinsteinstabilisierung – wenig effektvoll ist.

Calciumoxalat ist eine in Wein nur selten vorkommende → Trübung. Die Trübung setzt sich dann aus sehr kleinen Kristallen zusammen, die sich in der Flasche kaum absetzen und auch schwierig zu diagnostizieren sind. Offensichtlich ist Oxalsäure dann bereits im Most vorhanden, wenn die Trauben faul waren. Dann können Mengen bis zu 40 mg/l vorhanden sein. Voraussetzung für die Trübungsbildung sind gleichzeitig höhere Calciumgehalte und hohe pH-Werte.

Calciumtartrat ist weinsaures → Calcium, welches in Most wie in Wein vorkommt. → Calcium ist natürlicherweise ebenso wie → Weinsäure im Most enthalten und benötigt zur Ausscheidung einige Zeit. Normalerweise sind die Jungweine bereits hinreichend stabil, doch kann durch → Entsäuerung neue Labilität entstehen. Man empfiehlt nach Zugabe von → Calciumcarbonat (also nach einer Entsäuerung) eine Wartezeit von mindestens sechs Wochen. Kühlung erwies sich bislang als wenig effektvoll, da die Kristallbildung stark verzögert sein kann. Einen stabilisierenden Effekt verspricht man sich von der Ausscheidung des Calciums als → Calciumracemat (→ Weinbereitung, zugelassene Stoffe).

Calciumuvat (Calciumracemat) ist die Verbindung der Racemsäure (Traubensäure oder D, L-Weinsäure), die besonders schwerlöslich ist. Man möchte durch Zusatz der D, L-Weinsäure überschüssige Calciumgehalte aus dem Wein ausscheiden und damit die Gefahr anderer Calciumtrübungen (wie → Calciummucat) vorbeugend verhindern. Inwieweit dabei wieder Kristallisationsverzögerungen auftreten können, ist noch nicht hinreichend geklärt. Das Verfahren wird auch aus diesem Grunde kaum angewendet (→ Weinbereitung, zugelassene Stoffe).

Carboxylase (Decarboxylase) ist ein für den Ablauf der alkoholischen → Gärung wichtiges → Enzym, welches → Brenztraubensäure unter Mitwirkung von → Thiamin (Co-Faktor) in → Acetaldehyd umwandelt, welcher dann im nächsten Schritt zu → Alkohol umgebildet wird. Erfolgen andere Formen des Umbaues, bilden sich teilweise unerwünschte Sekundärprodukte der alkoholischen → Gärung (→ Essigsäure, → Acetoin, → Diacetyl).

Carboxyl-Gruppe (-COOH) ist eine funktionelle Gruppe der organischen Säuren (→ Nomenklatur-Chemie, → Tab. 19 im Anhang).

Carboxymethylcellulose (CMC, E 466). Als „Verdickungsmittel auch für Wein zugelassen. CMC verhindert als → Kolloid die Ausscheidung von → Weinstein. Es gilt als zuverlässiger wie der Zusatz von z. B. → Metaweinsäure. Der maximale Zusatz ist auf 100 mg/l begrenzt. Wird auch als gelöste Substanz angeboten. Eine Nachweismethode liegt vor (→ Weinbereitung, zugelassene Stoffe).

Carotinoide sind gelb- oder rotgefärbte organische Verbindungen (Kohlenwasserstoffe), die auch als schwache Farbstoffe an der Pigmentbildung der Traubenbeeren beteiligt sind. Ihre physiologische Funktion ist dort noch nicht restlos aufgeklärt. Vermutlich sind diese an der Photosynthese beteiligt und finden sich somit vorwiegend in der → Beerenhaut. Die Carotinoide gelten als → Precursoren (Vorstufen) von Norisoprenoiden, die an Aromen beteiligt sind.

Carrez-Lösung wird zur Zuckerbestimmung herangezogen.

Cassis = schwarze Johannisbeere, ist der Name eines französischen Likörs, der aus diesen Früchten hergestellt wird.

Catechine (→ Katechine). Zählen zur Gruppe der → Polyphenole. Eine weitere Untergliederung führt zu den → Tanninen, die als Gerbstoffe auch bei → Schönungen von Wein eingesetzt werden. Catechine sind in Wein natürlicherweise vorhanden und kommen in vier stereoisomeren (monomeren) Formen vor. Für die Önologie sind daraus entstehende Mehrfachverbindungen („Dimere“ und „Trimere“) von Bedeutung, da diese im Molekularbereich geschmacklich als „bitter“ oder „gerbend“ empfunden werden. Aus diesen einfachen Baustoffen der Natur entstehen im Wein fallweise erheblich kompelexere Inhaltsstoffe, die im Zusammenhang mit der Charakteristik der diversen Rotwein-Typen, aber auch in Verbindung mit dem Barrique-Ausbau, sensorisch hervortreten können. Da die genannten Stoffe in der Traube selbst (Beerenhäute, Kerne und Stielen) vorhanden sind, können zwischen 1 bis 4 g/l z. B. durch intensive Maischegärung extrahiert werden.
In Weißwein ist der Gehalt deutlich niedriger und liegt dann bei stark geklärten Mosten meist unter 200 mg/l. In der Summe kann man die Tannine und die daraus abgeleiteten anderen → Polyphenole als eine der wichtigsten Stoffgruppen des Weines bezeichnen.

Cava sind in Spanien hergestellte Schaumweine, die nach dem traditionellen Verfahren der Flaschengärung erzeugt werden. Es ist beabsichtigt, diese Schaumweine als → Crémants einzustufen.

Cellulose → Zellulose

Chablis ist ein Städtchen im französischen Departement Yonne, wo die wohl berühmtesten weißen Weine aus der Rebsorte Chardonnay hergestellt werden. Auch die dort gewachsenen Weine können voll und schwer, aber auch leicht (Alkoholgehalt, Körper) sein. Infolge seines Rufes benutzte man (früher) die Bezeichnung für Typenweine auch z. B. in USA, ohne dass hierzu die Rebsorte Chardonnay herangezogen wurde. Chardonnay eignet sich sowohl für den → BSA als auch zur → Bâtonnage. Der Ausbau im → Holzfass oder → Barrique wird bevorzugt.

Chambrieren ist ein in der Gastronomie gebrauchter Begriff für „Temperieren".

Champagner ist ein aus einem abgegrenzten Gebiet (der Champagne) stammender → Schaumwein, der fast ausschließlich aus den Rebsorten → pinot meunier, → pinot noir und → Chardonnay hergestellt wird. Durch rasche und schwache Kelterung (Maximalausbeute aus 150 kg 100 l) erhält man einen praktisch ungefärbten Most, der zu Champagner verarbeitet wird. Durch Beschränkung der Rebflächen, Beschränkung des Ertrages auf 15500 kg/ha, Auswahl der Rebsorten und vorgeschriebener Kultivierungsverfahren erzielt man eine Verknappung des Champagners. Inzwischen werden die zugelassenen Rebflächen neu angeordnet.
Wesentlich ist auch das vorgeschriebene Verfahren der → Flaschengärung, deren Erfindung man einem Mönch (Dom Perignon) zuschreibt (?!). Durch Ausdehnung der Lagerungsdauer auf der Hefe wird die Qualität vorteilhaft beeinflusst. → Stillweine aus der Champagne treten am Markt kaum hervor. Durch internationale Übereinkunft ist der Name Champagner geschützt.

Champagner, Deklaration. Die Champagner werden ausschließlich durch Flaschengärung hergestellt (→ Schaumwein). Der Hinweis auf die „méthode champenoise" ist nur in der Champagne zugelassen. In anderen Regionen Frankreichs bezeichnet man die nach dieser Methode hergestellten Schaumweine als crémants, in Deutschland als → Crémants oder „Flaschengärung nach dem traditionellen Verfahren", „traditionelle Flaschengärung" bzw. „klassische Flaschengärung" (→ Tab. 17b im Anhang).

Champagnerhefen sind für die Schaumweinbereitung bevorzugte Hefen, die teilweise Bezeichnungen wie „Epernay" tragen. Diese müssen sich als Umgärhefen eignen, das heisst auch in Gegenwart von Alkohol Zucker umsetzen. Meist handelt es sich um *Sacch. cerevisiae bayanus*-Hefen. Die Bildung eines festen körnigen → Depots als Eigenschaft ist nur bei der Flaschengärung (→ degorgieren) wichtig. Ausreichende Gärkraft bei tiefer Temperatur ist gleichermaßen erwünscht (→ Immobilisierte Hefen, → Schaumwein).

Champagnerpressprogramm. Für die Schaumweinbereitung ist eine besonders schonende Auspressung der Trauben gewünscht. Damit will man primär den Gehalt an → Phenolen reduzieren. Ähnlich verfährt man bei der Herstellung von → Crémant und → Sekt. Die empfohlenen bzw. zugelassenen → Pressprogramme einer typischen → Tankpresse folgen nach dem drucklosen → Entsaften – in Intervallen bis zu einem jeweiligen Druckanstieg von maximal 1 bar. Zwischenzeitlich folgen kurze Phasen der Auflockerung. Der gesamte Pressvorgang kann dann bis zu 4 Std. andauern.

Chaptalisieren nannte man die Verbesserung von Most und Wein durch Zuckerzusatz. Die Bezeichnung geht auf JEAN ANTOINE CHAPTAL (1756 bis 1852) zurück, der die Methode der Trockenzuckerung in seiner Eigenschaft als Minister in Frankreich eingeführt hat (→ Anreicherung).

Chardonnay. Die weiße Rebsorte rangiert weltweit an 7. Stelle im Anbau (175000 ha). Von seiner ursprünglichen Herkunft (Burgund) bedingt, liebt die Rebsorte kalkhaltige Böden (wie auch der → Weißburgunder). Die bekanntesten Anbaugebiete in Frankreich sind Chablis, Meursalt und Puligny-Montrachet. Es besteht eine genetische Verwandtschaft zwischen den Mitgliedern der „pinot"-Gruppe, → Auxerrois, → Pinot blanc= Weißburgunder und Chardonnay. Aus der (spontanen) Kreuzung von Pinot und Gouais blanc entstanden im Burgund zusätzlich diverse → autochthone Rebsorten.
Die Reihenfolge in der Bedeutung ist: Kalifornien mit 45000 an erster Stelle, danach folgen Frankreich mit 44000 ha, Australien mit 33000 ha, Italien mit 12000 ha vor Chile, Moldawien und Südafrika mit je ca. 10000 ha. Darunter liegen Argentinien, Neuseeland und Slowenien. Deutschland ist spät gestartet mit derzeit ca. 1200 ha. In der Steiermark bezeichnet man den Chardonnay als Morillon. Weltweit kennt man fast 100 unterschiedliche Bezeichnungen für Chardonnay. Ch. wird gelegentlich im → Barriquefass ausgebaut. Im Charakter ähnelt der Ch. dem → Weißburgunder (→ Rebsortenanbau).

Charente-Brennwein ist ein mit Alkohol (Weinalkohol) verstärkter → Brennwein, der aus den Departements Charente und Charente Maritime stammt.

Charmatverfahren nannte man eine nach dem Erfinder benannte Herstellungsmethode für Schaumweine, die etwa seit 1930 erstmals im Großbehälter (Tank) praktiziert wurde. Inzwischen ist dieses Verfahren in abgeänderter Form das meistverbreitete Verfahren der Schaumweinbereitung. (→ Großraumgärverfahren, → Schaumwein).

Chasselas (→ Fendant, → Gutedel).

Château ist die französische Bezeichnung für Schloss, hat aber die Bedeutung wie bei uns das Weingut. Besonders renommierte Lagen kommen unter dem Begriff des „Châteaus" in den Handel.
Bekannte Weingüter sind (Médoc) Ch. Lafite, Ch. Latour, Ch. Margaux, Ch. Mouton-Rothschild etc.; (Sauternes) Ch. d'Yquem; (Barsac) Ch. Climens. Zu beachten ist, dass ähnlich klingende oder durch ein Zusatzwort variierte Château-Bezeichnungen im Handel sind, die qualitativ nicht an die „Originale" heranreichen. Bestes Beispiel ist Ch. d'Eyquem (zu verwechseln mit Ch. d'Yquem).

Chemische Entsäuerung → Entsäuerung von Most und Wein.

Chemischer Sauerstoffbedarf (CSB) nennt man die analytische → Kennzahl, die zur Bewertung der bei Kellereien (oder anderen Verursachern) anfallenden Abwässern herangezogen wird (→ biologischer Sauerstoffbedarf – BSB_5). Zwischen BSB_5 und CSB besteht ein innerer Zusammenhang, doch es gibt keinen festen Umrechnungsfaktor. Meist kann man damit rechnen, dass:
$CSB = 1{,}8 \times BSB_5$
Auch der CSB dient der Bewertung des Verschmutzungsgrades des → Abwassers und somit der Berechnung von Entsorgungsmaßnahmen und deren Gebühren.

Chemischer Sauerstoffbedarf, Messung. Im Gegensatz zur → BSB_5 Bestimmung wird der chemische Sauerstoffbedarf (CSB) durch Oxidationsmittel festgestellt. Dabei oxidiert man die im Abwasser enthaltenen oxidierbaren Substanzen auf chemischem Wege. Die Oxidation ist tiefgreifender als ein oxidativer Abbau durch → Mikroorganismen. Die oxidierbaren Substanzen im Abwasser aus Kellereibetrieben (→ Alkohol, → Zucker, organische → Säuren, → Polyphenole) werden dabei überwiegend in CO_2 und H_2O umgesetzt. Die Vorschriften zur Ermittlung des CSB (engl. COD) standardisieren die Reaktionsbedingungen (Erhitzungsdauer, Erhitzungstemperatur) der zum Oxidieren verwendeten sauren Kaliumdichromat-Lösungen ($K_2\ Cr_2\ O_7$). Zur Behebung von Störungen und zur Beschleunigung der Reaktion werden Katalysatoren zugesetzt (Silbersulfat). Die Angabe des Endresultats erfolgt in O_2 (mg/l).

Chinasäure scheint in Most nicht direkt vorzukommen, sondern nur in Beerenmost und Wein (bis 0,5 g/l). Falls Chinasäure vorkommt, dann nur als Abbauprodukt der → Chlorogensäure, in welcher sie normalerweise in gebundener Form enthalten ist (→ Wein, Zusammensetzung).

Chips sind getoastete Holzstückchen (Zerkleinerungsgrad über 2 mm), meist aus Eiche, die – ähnlich wie beim → Barriquefass – unterschiedlich stark geröstet werden. Die Zulassung erfolgte ab 19.10.2006 mit dem Ziel, eine „Barriquenote" und eine Verbesserung der Farbstabilität bei Rotwein zu erreichen. Eine Kontaktzeit von 2–3 Wochen reicht aus. Die Zusatzmenge liegt zwischen 1–3 g/l. Die Zugabe erfolgt z. B. in sog. „Infusion bags".
→ Dornfelder und → Regent sind besser geeignet als → Spätburgunder oder → Portugieser. Ein Hinweis auf den Barriqueausbau ist nicht zulässig. Nachweismethoden sind in Vorbereitung. Ein Kostenvergleich zeigt die Notwendigkeit: Für die Kosten der Anschaffung *eines* Barriquefasses lassen sich ca. 40000 l Wein mit Chips behandeln. (→ Mikrooxigenierung, → Tannine)

Citronensäure (E 330) → Zitronensäure.

Chlor (Cl) ist ein → Element (Gas), das aber nur als Chlorid, das heisst salzartig gebunden im Wein vorkommt. Der durchschnittliche Gehalt an Chlor (Chlorid) liegt etwa bei 60 mg/l mit einer Schwankungsbreite von 20 bis 100 mg/l. Bei hohem Chloridgehalt ist oft auch der Bromidgehalt angehoben. Extreme Gehalte ergeben sich in Weinen, die in Meeresnähe gewachsen sind. Ob Chlorid natürlicherweise (vom Boden stammend) oder durch (unzulässige) Na+-Zusätze enthalten ist, kann durch gleichzeitige Ermittlung des → Natrium-Gehaltes entschieden werden.

Chlorogensäure ist als Ester der → Kaffeesäure im Most enthalten und wird bei der Gärung weitgehend abgebaut.

Chlorophyll ist der grüne Pflanzenfarbstoff, der für die Photosynthese wichtig ist. Es gibt mehrere Arten, die überwiegend in Pflanzen vorkommen (auch Algen). Die Wirkung innerhalb der Photosynthese beruht darauf, dass rotes und blaues Licht durch Chl. absorbiert wird und dieses Energie für den Stoffaufbau liefert (→ Assimilation).

Cholesterin kommt im Wein nicht vor, doch wird seine Bildung im menschlichen Organismus durch Alkoholzufuhr beeinflusst. Innerhalb des Gesamt-Cholesterins im Blut unterscheidet man mehrere Fraktionen, deren HDL-Fraktion (high density lipoids) als kardioprotektiv (= dem Herzinfarkt vorbeugend!) wirken soll. Man begründet damit die in Studien mehrfach beobachtete vorbeugende Wirkung eines maßvollen Alkoholgenusses (→ French paradoxon, → Wein, → Wein, Gesundheit, physiologische Wirkung).

Cidre (franz.) → Apfelwein.

Claretwein ist die international gebräuchliche Bezeichnung für sehr hellgefärbte Rotweine, die man zur Gruppe der → Roséweine zählt. Der Begriff ist etwas entwertet, da er z. B. in Kalifornien für Typenweine recht unterschiedlicher Beschaffenheit, verwendet wird. Obwohl man einen solchen Begriff in das deutsche Weingesetz aus Wettbewerbsgründen ursprünglich übernehmen wollte (Klarettwein), ist man davon wieder zugunsten des → „Rotling" abgekommen.

Classic wurde als Weinbezeichnung eingeführt, um innerhalb der Qualitätsbezeichnung eine eigenständige „Marke" zu etablieren. Gegenüber den Mindestmostgewichten für „normale" Qualitätsweine" war die Anhebung der Mindestmostgewichte um 1 % Vol. Alkohol, aber auch die eingeschränkte Zulassung bestimmter Rebsorten ein Mittel zur Qualitätssteigerung. Ähnlich wie bei → „Selection", wurden die Anforderungen je nach Weinbaugebieten unterschiedlich geregelt. Generell gilt für „Classic" die Begrenzung des „Restzuckergehaltes" auf maximal 15 g/l. Die sonstigen Einzelregelungen können den entsprechenden Landesverordnungen entnommen werden.

Clevner ist eine für badische Traminerweine (Ortenau) zugelassene Bezeichnung (Synonym).

Clinitest®. Einfache Methode zur angenäherten → Zuckerbestimmung mittels Tabletten.

Clos (franz.) sollte ursprünglich auf einen eingegrenzten Weinberg (Mauer) hinweisen. Heute wird der Begriff C. etwas großzügiger gehandhabt; altbekanntes Beispiel „Clos de Vougeot".

CMC → Carboxymethylcellulose.

Code du vin. Französisches Weingesetz, welches im Wesentlichen auf das Jahr 1936 zurückgeht. Es umfasst über 350 Artikel.

Co-Enzyme sind Bestandteile jeder Enzymgruppierung, die mit den → Enzymen zusammenwirken und diese aktivieren. Eine ausreichende Menge von Co-Enzymen ist zum Ablauf enzymatischer Reaktionen erforderlich. Bekannte Co-Enzyme sind ATP und NAD, die innerhalb der alkoholischen → Gärung außerordentlich wichtig sind und dort als Energiespeicher bzw. Lieferant dienen. Die hier verwendeten Kurzbezeichnungen ATP und NAD stehen für komplizierter gebaute Verbindungen (Nucleotide).

Cognac ist gleichzeitig Orts- bzw. Gebietsbezeichnung, steht aber auch für → Branntwein aus diesem Gebiet. Die Bezeichnung ist gesetzlich geschützt.

Combitest®. Unter diesem geschützten Namen wird eine Apparatur vertrieben, die zur Bestimmung von → Alkohol, → Zucker und gesamter → schwefliger Säure geeignet ist. Ferner lässt sich → Sorbinsäure damit nachweisen. Die Einsparung an Geräten erreicht man dadurch, dass man während der Abtrennung des Alkohols durch → Destillation bereits die Zuckeraufspaltung im Destillationskolben (Kochkolben) mittels einer Kupferlösung durchführt. Der Koch- und Destillationsvorgang benötigt nur eine Heizquelle und erfolgt in der Combitest-Apparatur (Combi-Methode). Um die Apparatur zu betreiben, benötigt man keinen Wasseranschluss, lediglich einen Stromanschluss. → Alkoholbestimmung, → Zucker, Bestimmung).

Concord-Traube, eine vorwiegend in Kalifornien und im Staate New-York angebaute Rotweintraube der *Vitis lubrusca*-Familie. Die Weine enthalten ein fremdartiges Aroma (Foxton), der durch → Methylanthralinat hervorgerufen ist. Die Substanz ist chemisch mit 2-Aminoacetophenon verwandt (→ unspezifischer Alterston).

Coupage (franz.) ist der Begriff für Verschnitt von Wein, der außerhalb der Weinbaugebiete zu einer Herabsetzung der Deklaration führt (vins de coupage zum Unterschied von vins de pays).

Cracking bedeutet „Aufbrechen" und umfasst in der Önologie alle Verfahren, die Zellen aufbrechen. Durch die entsprechenden Verfahren werden Traubenbeeren- etwa im Zusammenhang mit der Maischebehandlung- „mazeriert", damit die Inhaltsstoffe freigesetzt und in den Saft übertreten können. Zu den technischen Verfahren gehört die → Maischeerhitzung, die → Maischegärung und der Zusatz von → Enzymen.
Andere Verfahren arbeiten bei ungemaischten Trauben mit einer „Druckentlastung" oder mit elektrischem Strom. Einen speziellen Effekt erreicht man durch starke Kühlung (Frost) → Cryoextraktion, → Eiswein. Durch Gefrieren und Auftauen im Wechsel erreicht man bei Eiswein den gesuchten typischen Charakter (Wirkung natürlicher Enzyme). (→ Macération carbonique, → Mazeration, → Rotweinbereitungsverfahren).

Crémant ist ein in Frankreich für Schaumweine eingeführter Begriff, der in der Regel mit einer Ursprungsbezeichnung verbunden ist (Cr. de Loire, de Bourgogne, de Bordeaux, de Limoux, de Die). Damit ist ein regionales Pendant zum Champagner geschaffen worden. In Analogie dazu wird hier ein schonendes Mostgewinnungsverfahren (→ Ganztraubenpressung) empfohlen mit der Tendenz zu einem niedrigen Phenolgehalt (→ Phenol) In sechs deutschen Weinanbaugebieten sind bestimmte Rebsorten zur Erzeugung des Cr. zugelassen. Cr. unterliegt einer amtlichen Qualitätsprüfung. Die traditionelle → Flaschengärung, eine eingeschränkte Auspressung der Trauben und die limitierte „Restsüße" dient dem Qualitätsprinzip.

Crossflow-Filtration (CMF-Technik). Im Gegensatz zur Membranfiltration mit Membranfilterkerzen (→ Kerzenfilter) werden die Membrane vom Unfiltrat seitlich angeströmt, so dass der Hauptanteil an Feststoffen (Partikel oder Mikroorganismen) in den Kreislauf zurückgeführt wird und nicht sofort die Membrane „verblockt" = verstopft. Das Unfiltrat konzentriert sich fortlaufend auf, da die Trubstoffe dort angereichert werden. Dabei werden die echt gelösten Substanzen (Weininhaltsstoffe) nicht betroffen. Trotzdem bildet sich eine *„Deckschicht"*, die erwähnenswert ist, weil sich dadurch die Porenweite und das Trennverhalten ändern kann. Die mehrfache Überströmung der Membrane wird mit leistungsfähigen Pumpen erreicht und gestattet die Minimierung der Deckschicht, die sonst die ohnehin geringe Filterleistung (30–50 l/m^2h) rasch dezimieren würde. Die unverhältnismäßig starke Strömung führt durch Reibung zur Erwärmung des Unfiltrates (Retentat), ein Nachteil, der vorübergehend zur Entbindung von Kohlensäure führen kann. Nur ein jeweils geringer Teil des Produktes tritt durch die Membran (Filtrat = Permeat). Die „Überströmungsverhältnisse" liegen zwischen 1: 10 bis 1: 70, d. h. um 1 l Permeat zu gewinnen, müssen 10 bis 70 l Retentat an der Membran vorbeigeführt werden. Obwohl Unterschiede bei den Anlagen zu beobachten sind, ist das Herz der Konstruktionen das eigentliche Filtrationsmodul (Plattenmodule, Hohlfasermodule). Deren Lebensdauer, Pflegeaufwand und Trennleistung bestimmen im wesentlichen

Kosten und Zuverlässigkeit. Bei allen Modulen ist mit einer zunehmenden Verschmutzung während des Betriebes zu rechnen, so dass abwechselnde Rückspülungen und Reinigungen einzukalkulieren sind. Die Cyclen der Rückspülung und die Methoden der Reinigung sind vom Produkt abhängig und werden vom Hersteller spezifisch vorgeschrieben. Die zunehmende Verbreitung der CMF-Technik ist auf folgende Eigenschaften zurückzuführen:

- Filtration, auch sehr trüber Weine, bis zur visuellen Klarheit in einem Arbeitsgang.
- Universelle Anwendung zur Filtration von vergorenem Jungwein und Süßreserve.
- Geringes Totvolumen und damit optimale Verfahrensweise bei Kleinmengen oder Produktwechsel (Weiß- zu Rotwein).
- Frühzeitige Klärung (Unterbrechung der Gärung, Problemweine).
- Einfache Verfahrensweise.

(→ Abb 2 im Anhang) Dabei muss das Verfahren auch in seinen Grenzen erkannt und angewendet werden, um die Wirtschaftlichkeit sicherzustellen. Dazu gehört im allgemeinen eine Vorbehandlung wie 1. Abstich des Unfiltrates zur Abtrennung der Haupttrubmenge, Zusatz von SO_2 und evtl. eine Schönung, die geeignet ist, die leistungshemmende Deckschicht zu minimieren. Nach allgemeinen Erfahrungen stören → Kolloide den Filtrationsverlauf. Vorbereitende Maßnahmen, wie z. B. eine Enzymbehandlung und jede Form der Vorab-Klärung des Weines können die Wirksamkeit und die Wirtschaftlichkeit der CMF-Technik verbessern. Damit sei darauf hingewiesen, dass eine Kombination der CMF-Technik mit den herkömmlichen Verfahren möglich und auch aus wirtschaftlichen Gründen erstrebenswert ist. Wie bei allen → Membranverfahren entstehen hierbei keine Probleme mit der Entsorgung von → Filterhilfsmitteln wie zum Beispiel Kieselgur (→ auch Abb. 12 im Anhang).

Cru ist eine französische Bezeichnung für „Gewächs“, Grand-Cru wäre dann ein „Hochgewächs“. Die Bezeichnung ist besonders im Bordeaux-Gebiet heimisch und dient der Klassifizierung der Lagen-Weine.

Cryoextraktion nennt man (in Frankreich) eine Methode der Anreicherung. Dabei werden vollreife Trauben in Kühlräumen auf ca. -4 °C abgekühlt und unmittelbar danach kalt abgepresst, so dass sich der Zuckergehalt (das Mostgewicht) um ca. 10–15 °Oechsle steigern lässt. Dabei sollen sich noch andere qualitätssteigernde Veränderungen ergeben. Da es sich um eine künstliche Steigerung des Mostgewichtes handelt und sich eisweinähnliche Weine herstellen lassen, ist das Verfahren in Deutschland nicht zulässig. Da das Verfahren in der EG kein „traditionelles“ Verfahren darstellt, sollte man dafür eine Deklarationspflicht einführen.

Cuvée ist auch im deutschsprachigen Gebiet ein Ausdruck für den Verschnittwein, der als Ausgangsprodukt zur Versektung dient und möglichst gleiche Beschaffenheit (zum Zwecke der Typisierung von → Sekt) aufweisen soll (→ Schaumwein). Beim Wein ist die Cuvée weniger auf die gezielte und reproduzierbare Gleichartigkeit eines Produktes ausgerichtet (wie bei Sekt), sondern dient eher der Hervorhebung der Spezialität eines Weines bei der Vermarktung. Die Ableitung aus franz. Cuve (Behälter) erinnert an den üblichen Vorgang und Zeitpunkt des → Verschnitts (während des → Ausbaues).

Cuvitest = Schnellmethode zum Kupfernachweis.

Cyanidin zählt zur Gruppe der Rotwein-Farbstoffe (→ Anthocyane, → Delphinidin).

Cyanverbindungen sind in sehr geringen Mengen natürlicherweise in Wein enthalten.

Größere, jedoch im Allgemeinen nicht gesundheitsschädliche Mengen, können durch Blauschönung in den Wein gelangen (→ Bittermandelgeschmack, → Blausäure, → Blauschönung.

Cyclische Diglycerine werden unter anderem zum Nachweis eines unzulässigen Zusatzes von synthetischem Glycerin zu Wein herangezogen (→ Weinverfälschungen).

D

Dämpfen nennt man die Anwendung des Dampfes zum Erhitzen von → Behältern, insbesondere → Holzfässern und Abfüllanlagen, um damit eine Reinigung oder gar → Sterilisation zu erreichen. Dabei wird meist Dampf direkt eingeleitet.
Die Wirkung des Dampfes besteht in der im Dampf steckenden Energie, die bei der Kondensation (Übergang von Wasserdampf in Wasser) frei wird. Die Kondensationswärme von Wasserdampf beträgt 539 kcal/kg und ist somit erheblich höher als der Energieinhalt von erhitztem Wasser. Die weitere Wirkung von Dampf besteht darin dass das Wasserdampfkondensat in die Poren des Holzes eindringt und Schmutzstoffe mit abführt.
Durch Dämpfen macht man Behälter → „weingrün", eine Maßnahme, die vor erstmaligem Gebrauch von Holz- und Kunststoffbehältern immer notwendig ist. Am abfließenden Kondensat lässt sich das Ergebnis der Reinigung überprüfen. Bei Kunststoffbehältern ist Vorsicht am Platze, da ein Unterdruck solche Behälter zerstört. (Implosion). Dies ist auch beim Sterilisieren solcher Behälter zu beobachten. Zu häufiges Dämpfen, sowohl von Holz- wie von Kunststoffbehältern, schadet und setzt die Lebensdauer der Behälter herab (→ Sterilisieren von Behältern).

Dämpfer. Meist elektrisch betriebener Miniaturdampfkessel, der für geringen Dampf (Energie-) bedarf konzipiert ist und insbesondere zum Sterilmachen von Abfülleinrichtungen im Klein- und Mittelbetrieb benutzt wird (→ Sterilisieren des Filters, → Sterilisieren von Leitungen, → Sterilisation).

Dampfdruck einer Flüssigkeit bei Normaltemperatur ist immer niedriger als der äußere Luftdruck. Der Siedepunkt der Flüssigkeit ist erreicht, wenn der Dampfdruck eben den äußeren Druck überwinden kann. Durch

Verdampfen kann man konzentrieren und destillieren (→ Destillation). Bei der Verkostung von Wein werden sich Stoffe mit hohem Dampfdruck sensorisch leichter bemerkbar machen als (schwerflüchtige) Stoffe mit niedrigem Dampfdruck (→ Aroma, → Geruchsschwellenwert).

Dampfkessel dienen der Dampferzeugung, sind aber meist auch zur wahlweisen Erzeugung von Heißwasser geeignet. Die Energie wird überwiegend durch Heizölbefeuerung aufgebracht. Größe und Leistung ergeben sich aus dem Spitzenbedarf. Aus wirtschaftlichen Gründen (und weil der Spitzenbedarf unterschiedlich ist) werden meist mehrere kleinere Dampfkessel bevorzugt (Vorsorge gegen Betriebsausfall eines einzelnen Kessels).

Dauben (lat. Doga) nennt man die gebogenen Bretter, die den Fassrumpf bilden. Die den Spund tragende Daube nennt man Spunddaube. Den vorderen und rückwärtigen Teil des → Fasses bilden die Böden.

Decarboxylasen sind → Enzyme, die zur Gruppe der → Desmolasen gehören. Die Abspaltung von CO_2, ist eine wichtige Stufe während der Gärung, wobei durch Abbau der → Brenztraubensäure → Acetaldehyd entsteht (→ Carboxylase).
Bei der Bildung der biogenen Amine können Bakterienstämme aus → Aminosäuren → Amine bilden. Da solche Vorgänge beim → BSA unerwünscht sind, sollte man den biologischen Säureabbau möglichst mit „decarboxylasefreien" → Starterkulturen" gezielt einleiten und den spontanen BSA vermeiden.

Deckengeschmack tritt bei solchen Weinen ein, die längere Zeit → „hohlliegen". Dabei bildet sich eine Decke (Flor) von → Kahmhefen, die für die Weinqualität außerordentlich schädlich sind, weil dadurch der → Extrakt und der → Alkoholgehalt unter Bildung von Acetaldehyd, → Essigsäure und anderen geschmacklich unangenehmen Verbindungen zurückgeht. Auch wird dadurch die SO_2-Bindungsneigung verstärkt. „Deckenbildung" wird am besten durch → Spundvollhalten (Beifüllen) vermieden. Teilerfolge kann man durch Überschichtung mit → Stickstoffgas erreichen. Das Hohlliegen ist eine der Hauptursachen für Qualitätsminderungen bei der Weißweinbereitung. Dies betrifft insbesondere Weine während des Ausbaus im Holzfass.

Deckrot ist eine farbkräftige Deckwein-Sorte (Kreuzung aus Ruländer × Färber, die sich u. a. wegen zu hohem Säuregehalt nicht bewährt hat und deshalb nur noch mit 19 ha in der BRD vertreten ist.

Deckrotweine. Nachdem seit 1989 endgültig der Zusatz „ausländischer" farbkräftiger Rotweine zum Zwecke der Farbverstärkung deutscher QbA-Weine verboten wurde, beschränkt sich ein solcher ausschließlich auf die eventuelle Verwendung deutscher Herkünfte. Durch die Sensibilisierung der Verbraucher und Erzeuger bedingt, bemüht man sich, farbkräftige eigenständige Rotweinsorten anzubauen, um u. a. damit die primäre Farbqualität anzuheben. Solche Rebsorten können aber auch als Deckrotweine – falls notwendig – Verwendung finden, wobei die weingesetzlichen Vorschriften (Deklaration etc.) zu berücksichtigen sind (→ Färbertrauben).

Degorgieren ist die Entfernung der → Hefe aus → Schaumweinen nach Beendigung der → Gärung. Der Fachausdruck ist nur angebracht bei → Flaschengärung, da beim → Großraumgärverfahren die Enthefung durch das Prinzip der → Filtration erfolgt.
Im Flaschengärverfahren wird zunächst die Hefe vorsichtig so „gerüttelt", dass das → De-

pot auf dem Kronenkorken in Form eines Pfropfens aufsitzt. Danach bringt man die Flasche mit dem Hals nach unten in ein Kältebad (-30 °C) wodurch die Hefe wie ein Eiszapfen gefriert und leicht entfernt werden kann. Der verbleibende Leerraum der Flasche wird dann mit der → Dosage aufgefüllt und die Flasche endgültig verschlossen. Das Verfahren (Gefrieren, Enthefen, Dosieren, Beifüllen mit Dosage und Verschließen der Flaschen) ist in größeren Betrieben voll mechanisiert.
Es versteht sich, dass mit dieser Methode die Hefe nicht vollständig entfernt wird, jedoch wird die Haltbarkeit des Schaumweins durch diese Tatsache nicht in Frage gestellt. Anstelle des aufwändigen Degorgierens kann auch bei Flaschengärung die Hefe durch Filtration entfernt werden (→ Transvasierverfahren).

Degustation nennt man die → „Sinnenprüfung" des Weines (von lat. degusto = probend!). An Stelle des veralteten Ausdrucks tritt der Begriff der → Sensorik. (→ Verkostung).

Dekanter ist eine spezielle Schneckenzentrifuge. Das Gerät wird bevorzugt bei der Herstellung von Obstsäften, aber auch im Wein (Klärung von Most und Wein) eingesetzt. Es dient, ähnlich wie → Drehfilter oder → Filterpressen, auch zur Aufbereitung jeglichen Most- oder Weintrubes z. B. des Sedimentationstrubes (Hefe) oder des → Flotationstrubes. Besonders in Großbetrieben kann der D. die verschiedensten Funktionen übernehmen. Auf einen hohen Trocknungsgrad der ausgetragenen Feststoffe wird deshalb besonderer Wert gelegt (→ Abb. 3 im Anhang).

Dekantieren. Abgießen vom Bodensatz. Bei längerer Lagerung kann sich bei Weißwein bevorzugt Kristalltrub, bei Rotwein bevorzugt Gerbstoff-Farbstofftrub absetzen. Damit der Bodensatz möglichst nicht ins Glas gelangt, gießt man vorsichtig ab. Insbesondere bei → Rotwein verwendet man dazu → Dekantierkörbchen oder Karaffen aus Glas. Die Maßnahme hat nur dann den gewünschten Erfolg, wenn der Trub sich relativ kompakt am Boden absetzt, er also grobkörnig ist. Gelangt feiner Trub in das Glas, ist der Genusswert eingeschränkt (der Wein schmeckt bitter) (→ Trübungen)

Dekantierkörbchen sind aus Geflecht oder Holz bzw. Metall hergestellte Körbchen mit Griff, in welchen die Flasche schräg gelagert ist. Man kann damit besonders sorgfältig ausgießen und den Trub vom überstehenden Wein trennen (→ dekantieren).

Deklaration nennt man die → Bezeichnung der Weine, die vorwiegend der Information des Verbrauchers dient. Die dazu zulässigen Begriffe, wie auch Form und Inhalt des → Etiketts, werden durch die Bezeichnungsverordnung geregelt. Im Gegensatz zum allgemeinen Lebensmittelrecht, wo die Deklaration in erster Linie Hinweise auf Zusätze, Haltbarkeitsangaben und Behandlungsverfahren vermittelt (z. B. Kennzeichnung von zugesetzten Konservierungsstoffen), treten beim Wein die Informationen über Qualität, Herkunft und Eigenschaften des Weines in den Vordergrund. Dazu dürfen nur zugelassene Begriffe verwendet werden. Andererseits sind Angaben (→ Alkoholgehalt, → Allergene, → Nennvolumen etc.) obligatorisch.

Delphinidin. Gehört als Farbstoff zu den Monoglycosiden. Gemeinsam mit anderen monomeren Glycosiden (Malvidin, Petunidin, Peondin und Cyanidin) bilden diese die Gruppe der → Anthocyane. Es handelt sich um eine Gruppe von (roten) Farbkörpern, die sich, abhängig vom ph-Wert und dem SO_2-Gehalt, drastisch in der Intensität verändern kann. Die sehr komplexen Veränderungen im

Wein während der Reifung und Lagerung sind der diesbezüglichen Fachliteratur zu entnehmen. Das jeweilige Muster der Anthocyane kann zum Nachweis der verschiedenen Rotweinrebsorten verwendet werden. Unter den monomeren Anthocyanen nimmt D. nur einen Anteil von 15 % ein. D. geht, wie → Malvidin, mit vielen Weininhaltsstoffen Verbindungen ein, die im → Ausbau zum Rückgang der Farbe beitragen (→ Malvidin-3,5-Diglycosid).

Demi-sec = halbtrocken. Begriff für Süßeabstimmung im → Schaumwein (33 bis 50 g/l Zucker). (→ Sekt).

Denaturieren bedeutet das vorläufige Unbrauchbarmachen von Produkten. Bei Alkohol wird der Zusatz von giftigen oder stark riechenden Substanzen (Vergällen) mit Toluol, Pyridin oder anderen Flüssigkeiten gemacht, um diesen für den unmittelbaren menschlichen Genuss unbrauchbar zu machen. Der denaturierte Alkohol kann dann für Industriezwecke steuerbegünstigt verwendet werden. Ein D. liegt auch vor, wenn Weinhefe mit Kochsalz oder Lithiumchlorid versetzt wird. Die Weinhefe wird dadurch nicht mehr zur Weinherstellung verwertbar, kann aber noch destilliert werden. Die D. von Weinhefe ist dann vorgeschrieben, wenn diese veräußert wird (→ Hefetrub).

Dephlegmatoren sind Geräteteile einer Destillationsanlage, die den Trennvorgang bei der → Destillation beeinflussen. Die speziellen Rückflusskühler kondensieren nur teilweise, wobei der überströmende Dampf mehr leicht Siedendes enthält als die zurückgeleitete Flüssigkeit. Dadurch werden die niedriger siedenden Anteile eines Gemisches besser von den höher siedenden Anteilen abgetrennt. Diese Eigenschaft wird auch bei der Herstellung von Weindestillaten (Branntwein) technisch ausgenutzt.

Depot. Durch Ausfällen (z. B. bedingt durch → Polymerisation von gelösten Stoffen (Farbstoffen) oder einer unerwünschten Entwicklung von Mikroorganismen kann sich im Wein eine Trübung einstellen. Während der Weinbereitung entsteht vielfach „Trub" im Behälter, der durch die üblichen Klärverfahren beseitigt werden kann. Falls diese Trübung sich erst beim abgefüllten Wein einstellt, sich am Flaschenboden absetzt und sich (meist) auch dort → dekantieren lässt, spricht man vom Depot. Die Depotbildung erfolgt umso rascher, je größer die Teilchen sind und je größer der Dichteunterschied der Teilchen im Verhältnis zum Wein ist. Meist ist das Depot ein Gemisch verschiedener Stoffe (→ Weinstein).

Depot-SO_2 nennt man den Anteil der gebundenen SO_2, der „locker" gebunden ist. Dieser stabilisiert im Gleichgewicht die → Freie schweflige Säure und begünstigt somit die → Haltbarkeit des Weines.

Descriptive Analyse → Profilanalyse.

Desinfektionsmittel. Chemikalien, die keimtötende Wirkung besitzen. Die Anwendung in der Kellerwirtschaft ist weitgehend auf die → Sterilisation von Kellereigeräten: → Behältern, → Leitungen, → Pumpen, → Filtern, aber auch → Flaschen etc. beschränkt. Meist handelt es sich um eine Kombination von → Reinigungs- und Desinfektionsmitteln, da eine zuverlässige Desinfektion nur bei gründlicher Entfernung von Schmutz und Rückständen der Weinbereitung möglich ist. Im Unterschied zu → Konservierungsmitteln dürfen hier keine Rückstände in die Getränke gelangen. Insbesondere chlorhaltige Desinfektions- und Reinigungsmittel sind als Rückstände unerwünscht und können zur geschmacklichen Beeinflussung der Getränke führen. In → Abwässern treten zusätzliche Entsorgungsprobleme auf.

Desmolasen sind → Enzyme (-ase = ein Enzym), welche Reaktionen fördern, die den Abbau oder Aufbau einer Kohlenstoff-Bindung in organischen Verbindungen bezwecken. Ein wichtiges Enzym dieser Gruppe ist die → Decarboxylase, die aus einer Verbindung Kohlendioxid (Carboxylgruppe) abspalten kann (→ Amine, biogene). Durch Umkehrung des Prozesses können die Enzyme aber auch den Aufbau (die Synthese) fördern.

Dessertwein ist ein Ausdruck, der fast ausschließlich für Weine ausländischer Herkunft verwendet wird. Diese Gruppe von Wein hat neben einem hohen → Alkoholgehalt auch sehr viel → Zucker. Oft ist dieser Alkohol nicht direkt im Getränk entstanden, sondern nachträglich zugeführt, um z. B. die Dessertweine haltbarer zu machen. Aber auch Dessertweine ohne Alkoholzusatz sind bekannt, wobei dort der Alkoholgehalt meist tiefer liegt als bei den mit Alkohol versetzten Weinen. Beispiele für Weine mit Zusätzen sind → Mistellen, → Portwein, → Malaga, → Samos, → Marsala, → Madeira etc. Da teilweise außer Alkohol auch noch → Konzentrate (Dicksaft) zugesetzt wurden, lassen sich die Dessertwein-Typen nicht deutlich unterscheiden.
Eine größere Varianz kommt auch durch die unterschiedliche Gesetzgebung zustande, die in den traditionellen Herstellungsländern anders ist als in Ländern wie Kalifornien, Australien und Südafrika, die diese Getränkegruppe übernommen haben (dies gilt insbesondere auch für Sherrywein, den man teilweise zu den Dessertweinen rechnen kann) (→ Likörwein) (→ Beerenauslesen, → Eiswein, → Trockenbeerenauslesen).

Destillation (von lat. destillare = herabträufeln) ist ein Verfahren zur Reinigung und Trennung von Flüssigkeitsgemischen. Aus alkoholischen Mischungen lässt sich dadurch reiner Alkohol herstellen. Im Prinzip sind die Anlagen so gebaut, dass in einer „Brennblase“ die alkoholhaltige „Maische“ erwärmt wird, wobei der Alkohol durch seinen niedrigeren Siedepunkt bevorzugt in Dampfform übergeht (Siedepunkt des reinen Äthylalkohols = 78,3 °C), durch Zusatzanlagen (→ Dephlegmatoren) verstärkt und im Kühler wieder als Flüssigkeit kondensiert wird. Da dies in einer einzigen Stufe nicht hinreichend erreicht wird (Rohbrand), wird meist ein zweiter Destillationsvorgang nachgeschaltet. Die daraus entstehenden Destillate werden je nach Beschaffenheit der Maische oder des → Brennweines, Obstbrand, → Branntwein, → Weinbrand oder Schnäpse bezeichnet. Das Verfahren der Destillation wird auch bei der → Alkoholbestimmung angewendet.

Destilliertes Wasser ist gereinigtes Wasser. Früher geschah die Reinigung durch → Destillation, heute wird diese (teuere) Herstellung durch die → Austauscher-Behandlung ersetzt. Die im Wasser gelösten Verunreinigungen werden entfernt (ausgetauscht) und dieses somit gereinigt. D. Wasser wird überwiegend für Laborzwecke angewendet.

Deutscher Wein → Tafelwein.

Deutsche Landwirtschafts-Gesellschaft (DLG). 1885 von Max Eyth gegründet, hervorgetreten nach dem 2. Weltkrieg durch Einführung des → Weinsiegels, der → Bundesweinprämiierung, der → Raritäten-Trophy und der Sekt b. A. Bundesprämierung. Die diversen Leistungsprüfungen (→ Prämiierungen) von Getränken und weiteren Lebensmitteln werden in einem Testzentrum (Alzey) durchgeführt (→ Deutsches Güteband Wein).

Deutsches Güteband Wein. Es ist ein Gütezeichen der DLG → Deutsche Landwirtschaft Gesellschaft, muss nachfolgbar produziert sein und einem sensorischen Mindeststandard entsprechen. Vorbedingungen sind:

- Der Weinbau muss umweltschonend betrieben werden.
- Die → Hektarerträge liegen unter dem gesetzlichen Limit.
- Einige EG-weit zugelassene Weinbehandlungsmittel entfallen.
- Bezüglich der Flaschenverschlüsse gibt es Vorgaben.
- Die Verfahrensschritte muss der Erzeuger nachvollziehbar registrieren.
- Die sensorische Prüfung wird durch die Erstellung und Dokumentation eines Geschmacksprofils ergänzt (→ Profilanalyse).

Deutsches Weininstitut (DWI). 1949 unter dem Namen „Deutsche Weinwerbung" gegründet. Als Marktorganisation des Deutschen Weins für Werbung und Konsum-Informationsstelle in Mainz tätig und ansässig.

Deutsches Weinsiegel. Wird von der DLG vergeben. Unter anderem nach einer sensorischen Prüfung mit, gegenüber der amtlichen Prüfung, erhöhter Mindest-Punktzahl.

Dextran Glucose-Polymer, welches durch Tätigkeit von Bakterien durch Polymerisation aus Glucose-Traubenzucker entstehen kann. Es handelt sich um Makromoleküle (MG. 100000 bis 1000000, die kolloidale Struktur besitzen und für manche Filtrationsschwierigkeiten verantwortlich gemacht werden (→ Glucane, → Kohlenhydrate, → Kolloide, → Molekulargewicht).

Dextrine sind Produkte des Abbaues von Stärke, der durch Säurehydrolyse oder fermentative Behandlung erfolgen kann. Sie kommen in Bier vor, wurden jedoch in Wein noch nicht zuverlässig nachgewiesen (→ Kohlenhydrate).

Dextrose ist ein Synonym für → Traubenzucker = Glucose. Der Name leitet sich ab von dexter = rechtsdrehend (Glucose dreht polarisiertes Licht nach rechts!).

Dezi. Vorsilbe zur Bezeichnung des zehnten Teils einer physikalischen Einheit (Dimension). So ist 1 Deziliter = 1/10 l = 100 ml.

DH = Deutsche Härte, ein älterer Ausdruck für die Bezeichnung der → Wasserhärte.

Diabetikerwein. Lange Zeit bestand die Möglichkeit auf einen speziellen „Wein, für Diabetiker geeignet" hinzuweisen. Durch die Begrenzung der → Schwefligen Säure, des Gehaltes an Zucker (bis zu 4 g/l Glucose) konnten solche Weine mit (natürlicherweise) höherem Fructosegehalt relativ „süß schmeckend" angeboten werden.
Grundsätzlich hat sich die Sachlage bezüglich der entsprechenden Beschaffenheit der Weine nach weit verbreiteter Meinung der Mediziner und Ernährungswissenschaftler wie folgt geändert:
Zuckergehalte in Lebensmitteln sollen im Rahmen einer allgemeinen Empfehlung (Diät) für Diabetiker generell berücksichtigt werden. Dabei sind Getränke einbezogen. Eine besonders günstige Rolle kann dem Fructosegehalt von Lebensmitteln (Getränken) jedoch nicht zugeordnet werden (Bedenken der Ernährungswissenschaftler).
Zur Kennzeichnung von Wein genüge es, wenn die Beschaffenheit bzw. der Gesamtzuckergehalt (Glucose und Fructose) anhand der Bezeichnung (z. B. „Gelbes Weinsiegel", „trocken" oder „halbtrocken" für den Verbraucher ersichtlich sind. Diese Einschränkungen sind auch auf Sekt entsprechend übertragbar. Der Hinweis „für Diabetiker geeignet" ist demnach unzulässig.
Aus generellen Gründen sind gesundheitsbezogene Angaben für alkoholhaltige Getränke

(Wein, Sekt) seit 1. Juli 2007 durch EG-VO verboten.

Diacetyl ist eine außerordentlich geruchs- und geschmackswirksame Substanz, auf die man den fehlerhaften „Sauerkrautton" mit zurückführt. Der → Geschmacksschwellenwert liegt sehr tief, so dass Mengen über 1 mg/l durchaus als störend empfunden werden. Der durchschnittliche Gehalt von Weißwein liegt bei 0,2 mg/l. Diacetyl kann in erhöhten Mengen als Indikator für bakterielle Tätigkeiten angesehen werden. Durch → Umgärung lässt sich der Fehler vermindern (→ Tab. 31 im Anhang).

Diät (von griech. diaita = Lebensart). Vom Arzt vorgeschriebene (eingeschränkte) Ernährungsweise.

Dialyseverfahren ist ein so genanntes → Membranverfahren, welches auch in Kombination mit anderen Verfahren zur Herstellung von → entalkoholisiertem Wein geeignet ist (→ Elektrodialyse)

Diam-Verfahren. Unter diesem Namen werden → Flaschenverschlüsse auf der Basis von Korkgranulat produziert. Für ihr eigenes Produkt hält die Firma die Bezeichnung „Kork-Kunststoff-Stöpsel" für angemessen, da es sich weder um Naturkorken noch um Kunststoffverschlüsse handele oder gar die Bezeichnung „Presskork" zuträfe. Tatsächlich handelt es sich um einen Verbundstoff aus Korkgranulat und lebensmittelechtem Kunststoff. Vor der Verbindung der Materialien wird das Korkmaterial durch Waschen mit „superkritischem CO_2" von Verunreinigungen befreit. Insbesondere betrifft dies → Trichloranisol (TCA), einer der Hauptverursacher des „Korkschmäckers". Die aufwändige Technik ist von der Produktion der „Instant-Kaffees" und Teesorten bekannt, bei welchen in erster Linie Coffein entzogen wird. In mehrjährigen Lagerungsstudien wurden die positiven Eigenschaften als Flaschenverschluss (Dichtigkeit, frei von TCA) bestätigt.

Dichte (Syn. spezifisches Gewicht). Die D. eines Stoffes ist die Masse pro Volumeneinheit, also g/cm^3 oder kg/dm^3. Zum Vergleich dient Wasser von 4 °C, dessen Dichte = 1 gesetzt wird (gilt für Flüssigkeiten und feste Stoffe). Für Gase wird gelegentlich die Luftdichte gleich 1 gesetzt, so dass man daraus erkennen kann, wie viel mal schwerer oder leichter das betreffende Gas als Luft ist. Die Zahlenangabe erfolgt meist zu einer Bezugstemperatur von 20 °C, weil die Dichte temperaturabhängig ist. Von Dichte spricht man auch in Zusammenhang mit der Refraktion (optische Dichte).
Die Messung der Dichte spielt für die Umrechnung von Masse in Volumen und umgekehrt eine wichtige Rolle, z. B. bei der Umrechnung von Liter Maische in Kilogramm. Die Dichte von Maische und Most liegt deutlich über 1, die des Weines um 1, so dass bei der Umrechnung von Volumen und Masse bei Wein kein großer Fehler gemacht wird, wenn man Liter = Kilogramm setzt. Die Dichte unterscheidet sich vom → Dichte- oder Gewichtsverhältnis, das in der Weinanalytik bevorzugt verwendet wird.

Dichteverhältnis. Dieses unterscheidet sich praktisch nicht vom → Gewichtsverhältnis. Aus praktischen Gründen wird in der Weinanalytik in der Regel das → Gewichtsverhältnis gemessen.

Dicksaft (→ Konzentrate).

Diethylenglykol (Diäthylenglykol, Diglykol, DEG) ist ein in Most und Wein natürlicherweise nicht enthaltenes → Diol, welches in Österreich vor vielen Jahren zur Vortäuschung von Wein-Qualität fallweise zugesetzt wurde. Man versuchte damit, den → Extrakt-

gehalt anzuheben, nachdem das teilweise früher zur → Weinverfälschung benutzte → Glycerin inzwischen leicht nachweisbar ist.
Die Chemikalie scheint toxikologisch unbedenklich zu sein. Die Süßkraft von DEG ist deutlich geringer als Zucker, so dass diese Wirkung nebensächlich ist. Nachdem DEG mit dem sog. Ethylenglykol (Frostschutzmittel) chemisch verwandt ist, wurde die Chemikalie in der Presse fälschlich als „Frostschutzmittel" apostrophiert (→ Weinverfälschungen).

Diethylenglykolskandal. Als klassisches Beispiel für die Auswirkungen von Manipulationen am Wein auf Verbraucher, unbeteiligte Erzeuger und Verursacher kann der sog. *Diethylenglykolskandal* gelten. Bekanntlich gelten bei Importen Bewertungskriterien wie der zuckerfreie → Extrakt und daraus abgeleitet der → Restextrakt als Globalzahlen für Weininhaltsstoffe. Deren Konzentration wiederum steigt mit der natürlichen Qualität, so auch mit den Mostgewichten an. Es war nun Absicht der Fälscher in Österreich, höherwertige Prädikatsweine vorzutäuschen und diese Kennzahlen in betrügerischer Absicht zu manipulieren. Insbesondere bei der → Kennzahl → Restextrakt war es unschwer möglich mit der bisher unbekannten Verfälschungschemikalie „Diethylenglykol" diese Kennzahl prozentual so stark anzuheben, dass Spätlesen bzw. Auslesen analytisch unbemerkt auf „Beerenausleseniveau" hochmanipuliert wurden. Im normalen Spektrum der analytischen Untersuchungen war eine gezielte Suche nach DEG-Gehalten aus verständlichen Gründen (Kosten etc.) nicht enthalten. So blieb die Manipulation so lange unentdeckt, bis man in Österreich mehr durch gezielte Indiskretion als durch chemisch-analytische Untersuchungen auf diese Umstände aufmerksam wurde. Heute weiß man, dass die in Deutschland in Verkehr gebrachten Importweine keine gesundheitlichen Schäden hervorrufen konnten, da DEG in Gegenwart des Weinalkohols im Körper unverändert ausgeschieden wird (→ Weinverfälschungen).

Diffusion ist der Vorgang der spontanen Vermischung zweier Gase oder Flüssigkeiten unterschiedlicher Zusammensetzung (Voraussetzung, die Flüssigkeiten oder die darin aufgelösten Stoffe sind miteinander mischbar). Wird z. B. Zucker in Most oder Wein aufgelöst, dann entsteht an der Stelle des „Inlösunggehens" eine höhere Konzentration, die sich langsam ausgleicht, die gelösten Moleküle (kleinste Teilchen) des Zuckers versuchen sich gleichmäßig zu verteilen. Solange noch eine unterschiedliche Konzentration vorgegeben ist, entsteht eine unterschiedliche Dichte, die (optisch) an der sogenannten Schlierenbildung zu erkennen ist. „Motor" der Diffusion ist der Trend der Stoffe, sich zu verdünnen und „ungeordnet" zu verteilen. Weil aber die D. teils sehr langsam vonstatten geht, ist man verpflichtet, Stoffe bei der Auflösung gut zu verteilen (Rühren, Mischen)! Dies gilt für die → Zuckerung, → Schwefelung und für den → Verschnitt mit Wein oder Süßreserve. Teilweise spricht man auch von der D. von Sauerstoff durch die Poren des Fassholzes oder bei der Verdunstung von Wein von D. des Alkohols und des Wassers in die Kelleratmosphäre (→ Schwund).

Digestif. Alkoholisches Getränk zum Genuss nach einer Mahlzeit. Neben magenstärkenden Gertränken (Magenbitter) gehören dazu Grappa, Frucht-Destillate etc...

Dikaliumtartrat ist das neutrale Kaliumsalz der → Weinsäure und im Gegensatz zum sauren Kaliumsalz (Kaliumhydrogentartrat = → Weinstein) relativ leicht löslich. Beim Zusatz zu Wein bindet dieses unter Ausbildung von Weinstein (der ausfällt) Wasserstoffionen und wirkt somit entsäuernd. Das Verfahren ist in Deutschland nicht gebräuchlich (→ Weinbereitung, zugelassene Stoffe).

Dilatation. Eine Volumenvermehrung, die durch die temperaturbedingte Ausdehnung von Stoffen eintritt. Gegensatz = Kontraktion (→ Wärmeausdehnung).

Diluter werden in der Analytik verwendet, um ein Reagenz oder eine Untersuchungsprobe abzumessen und zu verdünnen. Besonders bei reaktiven bzw. aggressiven Lösungen sind solche Geräte angebracht.

Dimethyldicarbonat (E 242) Ist unter dem Handelsnamen Velcorin ® bei der Abfüllung von Mischgetränken in Anwendung. Auch für Wein wird das Produkt empfohlen (USA). In Deutschland ist eine ähnliche Verbindung (Dietyldicarbonat, Pyrokohlensäurediäthylester) aus gesundheitlichen Erwägungen aber inzwischen verboten.
Die Anwendung von Velcorin bei der Abfüllung ist relativ aufwändig. Die Zulassung ist laut OIV erfolgt, in Deutschland für Wein bisher noch verboten (→ Velcorin).

Dimethylsulfid. Eine im Wein enthaltene Schwefelverbindung, die von Hefen in Mengen von bis zu 900 → ppb aus Aminosäuren gebildet wird. Das Aromaprofil nach „grünem Spargel“ muss im Wein nicht störend wirken (Tab. 33 und 35 im Anhang).

Diemethyldisulfid (DMDS).
Bei höheren Konzentrationen entsteht der Weinfehler „sunlight flavor“, bevorzugt durch Lichteinfluss nach der Abfüllung in farbloses Glas. Durch (nachträglichen) Zusatz von Kupfer wäre das Phänomen zwar teilweise zu beheben, wogegen der Aufwand (Aufziehen der Flaschen) jedoch spricht. DMDS wird wie viele andere Schwefelverbindungen durch Hefen erzeugt. Vorbeugend sollte die Bildung durch Verbesserung der Gehalte stickstoffhaltiger Nährmedien und durch Auswahl selektierter → Reinzuchthefen verhindert werden. Die Abfüllung in farbloses Glas kann auch bei Sekt die genannten Probleme auslösen.
(→ Fehler des Weines, → Flaschenkrankheit (s. Tab. 33 und 35 im Anhang).

DIN. Abkürzung für Deutsche-Industrie-Norm.
Die „Deutsche Industrie Norm“ wird inzwischen durch ISO (Internationale Industrienorm“ und „EN“ (Europäische Norm) ergänzt. Gemeinsame Normierungen werden als DIN EN ISO bezeichnet.

Diole (Gruppenbezeichnung) für Verbindungen, die zwei Hydroxylgruppen enthalten (Beispiel: 2,3 Butandiol = 2,3 Butylenglykol). Die Diole sind zweiwertige Alkohole und verhalten sich ähnlich den einwertigen → Alkoholen (s. Tab. 26 im Anhang).

Dioxide. Verbindungen eines Metalls oder Nichtmetalls mit zwei Atomen Sauerstoff (Beispiel: Kohlendioxid = CO_2).

Direktträger (Hybriden) sind Traubensorten, die durch Kreuzung von „amerikanischen“ mit „europäischen“ Rebsorten entstehen (deshalb A × E → Kreuzungen). Da die Amerikanerrebe minderwertige Weine liefert (Foxgeschmack), bedarf es meist mehrfacher Einkreuzung von Europäerreben, um brauchbare Weine zu erhalten. Klassische Hybriden finden sich noch in Frankreich und Kanada. In Deutschland sind → Direktträger schon längere Zeit versuchsweise im Anbau bzw. auch zugelassen. Der Ausdruck „Direktträger“ wurde inzwischen durch den Begriff → „Interspezifische Kreuzung“ ersetzt und erweitert (→ Regent, → Wurzelechte Reben).

Disaccharide sind → Kohlenhydrate, die meist die Bruttoformel $C_{12}H_{22}O_{11}$ haben. Die wichtigsten Disaccharide sind Maltose, Lactose und (für den Wein) → Saccharose. Die D. lassen sich mit Säuren oder Fermenten in die jeweiligen Monosaccharide aufspalten. Dies ist ein Beweis, dass die Disaccharide aus zwei kleineren Bausteinen aufgebaut sind (→ Trehalose).

Diskriminanzverfahren. „Diskriminieren" heißt „unterscheiden" bzw. „differenzieren". In den Untersuchungen von Angaben über Herkünfte, Sorteneigenschaften oder auch Herstellungsverfahren von Wein ist das mathematische Auswertungsverfahren D. oft hilfreich, auch beim Nachweis von → Weinverfälschungen. Voraussetzung sind Weindaten aus einer großen Zahl von Einzeluntersuchungen (Multikomponentenanalyse).
Daten können → Spurenelemente sein, um daraus im Zusammenhang mit anderen Analysendaten (→ Stabilisotopen) die geografischen Herkünfte zu überprüfen.
Aromen, insbesondere → Terpene, dienen dann zum Nachweis der Rebsorte.
Fallweise können bei Rotweinen die → Anthocyane oder die → Shikimisäure Rebsorten identifizieren.
Es gibt weitere Auswertungsverfahren (Principal component analysis, PCR) die der → Weinkontrolle helfen, unrichtige Deklarationen zu entlarven (→ Weinverfälschungen).

Dispenser sind Dosiergeräte, die in der Analytik ein wählbares Volumen (z. B. eines Reagenz) ausbringen und somit die Funktion von Pipetten übernehmen. Besonders vorteilhaft sind die Geräte zur Dosage von reaktiven bzw. aggressiven Lösungen.

Divergan HM ® hat sich in Untersuchungen als ein wirksames Polymer zur Beseitigung von Schwermetallen (vorzüglich Kupfer) erwiesen.

DLG → Deutsche Landwirtschaftsgesellschaft.

DLG-Raritäten-Trophy ist ein Wettbewerb für ältere, normalerweise nicht mehr zur aktuellen Bundesweinprämierung anzustellende Weine, die bereits früher ausgezeichnet wurden. Mit der Nachprüfung der Raritäten soll die Lagerbeständigkeit solcher Weine hervorgehoben werden. Aus Anlass des hundertjährigen Prüfungsgeschehens der DLG fand 1990 die erste Raritäten-Trophy statt. Seither wird die Sonderprüfung in unregelmäßigen Abständen durchgeführt. Auskunft erteilt die Deutsche Landwirtschafts-Gesellschaft e. V. (DLG).

DLR (Dienstleistungszentrum Ländlicher Raum). Eine Bezeichnung innerhalb des Landes Rheinland-Pfalz, die für die vormals als Landesdienststellen unter Bezeichnungen wie „Landes- Lehr und Versuchsanstalten (Forschungsanstalten) firmierten. Die Institutionen sind teilweise bereits Anfang des 20. Jahrhunderts installiert worden, zunächst als die klassischen → Weinbauschulen bezeichnet und später mehrfach umbenannt worden. Zweck: Ausbildung, Beratung und Forschungstätigkeit auf den Sektoren Landwirtschaft, Gartenbau und Weinbau. Ähnliche Dienststellen unterhalten die sonstigen Bundesländer in Deutschland. Das DLR Rheinpfalz in Neustadt/Wstr. ist neuerdings an die Fachhochschulen angelehnt und bietet eine Ausbildung zum Bachelor an.

Domäne. Steht in Deutschland für Weingüter im Staatsbesitz. Der Begriff ist vermutlich abgeleitet aus franz. Domaine.

Domina ist eine rote Traubensorte (Portugieser × Spätburgunder). Bundesweit 404 ha, davon 346 ha allein in Franken im Anbau (2008). Gute weinbauliche Eigenschaften. Wein farbkräftig mit Neigung zum Braunwerden, hoher Extraktgehalt.

Dom Perignon. Nach der Überlieferung soll Dom Perignon, ein Mönch der Benediktinerabtei in Hautvillers, den schäumenden Champagner entdeckt haben. A. L. Simon hat nachgewiesen, dass der erste schäumende Champagner schon 1664 in England auf dem Landsitz des Herzogs von Bedford „produziert" wurde. Erst 1668 wurde Dom Perignon Kellermeister und griff die Anregungen auf. Wirtschaftlich verwertbar wurde die Idee erst dadurch, dass es (später) gelang, den Flaschenbruch durch genaue Dosierung der Zuckermenge einzuschränken.

Doppelmantelbehälter. Die klassischen Doppelmantelbehälter, die speziell für die Kältestabilisierung eingesetzt werden, sind in der Regel alleine schon deshalb zusätzlich isoliert, weil relativ tiefe Temperaturen während einer mehrtägigen „Haltedauer" verlangt werden. In dieser speziellen Form wurden solche Spezialbehälter jedoch nur in größeren Kellereien eingesetzt.
In der Regel sind in jedem Kellereibetrieb eine Anzahl von Doppelwandbehältern ohne zusätzliche Isolierung installiert. Die aus Edelstahl gebauten Tanks besitzen in der Regel äußere → „Pillowplates". Diese äußerlich aufgebrachten P.-Platten sind von geringem Durchmesser und gestatten eine hohe Durchflussgeschwindigkeit der Kälte- bzw. Wärmeträger bei guter Energieübertragung. Die notwendige Austauschfläche wird mit ca. 0,3 Quadratmetern pro 1000 Liter angegeben. Solche Behälter sind universell einsetzbar während der → Mazeration von Maische oder der Lenkung der Gärung (→ Kaltgärung, → Maischegärung). Wichtig ist neben der → Temperaturregelung auch die Wahl eines geeigneten Mediums zum Transport der Energie (Dampf, Wasser, Ethylenglykol).
Im Falle der geschilderten Anwendungen ist immer zu unterscheiden, ob die Energieübertragung langsam oder in kurzer Zeit abgeschlossen sein soll. Eine Methode zur raschen Übertragung einer hohen Rate von Wärme und (oder) Kälte bieten externe Wärmetauscher wie Röhren-Wärmeaustauscher (→ Hoch-Kurzzeit-Erhitzung). Eine optimale Energieübertragung im Behälter erfordert zudem eine Rühreinrichtung, um damit eine homogene Verteilung des Behälterinhaltes zu erreichen. Die Berechnung der Energiezufuhr – und Übertragung sollte eine Fachfirma durchführen (→ Kühlung, Anwendung; → Kühlung, Technik).

Doppelröhrenaustauscher. Die Geräte können zum Erhitzen von Maische → Maischeerhitzer, → Maischeerhitzung, aber auch zur Mosterwärmung, bzw. Moststerilisation eingesetzt werden. Im Unterschied zum → Plattenerhitzer sind R. für feststoffhaltige Flüssigkeiten (Maische) geeigneter. Im inneren Rohr bewegt sich die Maische, im äußeren Rohr der Energieträger → Plattenerhitzer).

Doppelsalz ist eine Molekülverbindung nicht exakt bestimmter Konfiguration, auch als „Quasierazemat" beschrieben. Unter bestimmten Bedingungen (hohe Calcium-Konzentration, hoher pH-Wert) bildet sich diese Molekülverbindung aus (D-)-Weinsäure und (L-)-Äpfelsäure in Form charakteristischer Nadeln. Die Existenz dieser Substanz ist schon von einem französischen Chemiker (Ordonneau 1891) erkannt worden. Die Methode wurde zur Erweiterung der chemischen Entsäuerung von Münz, Böhringer, Kielhöfer und Würdig bearbeitet und in die Praxis eingeführt (→ Entsäuerung, → Calcium-Doppelsalz).

Dornfelder ist eine farbstoffreiche, rote Traubensorte, die sowohl originär, wie auch als Verschnittwein (Deckwein) zu Wein ausgebaut wird. Die Kreuzung ist aus Frühburgunder × Trollinger und Portugieser × Limberger als Elternpaare hervorgegangen. Wegen der besonderen Eigenschaften ist die Rebsorte zunehmend verbreitet (→ Rebsortenanbau) und in der Pfalz mit 3175 ha, in Rheinhessen mit 3444 ha und in Württemberg mit 3400 ha im Anbau. Im Wein fällt insbesondere die blauviolett wirkende Farbe auf. Insgesamt ist die Sorte neutral und eignet sich deshalb auch zum → Barrique-Ausbau.

Dosage. Ursprünglich als fachlicher Begriff für den Zusatz von → „Likör" bei der Schaumweinbereitung eingeführt. Dadurch wird der trockene, durchgegorene → Schaumwein mit der erforderlichen Süße versetzt.
Im Falle von Schaumwein sind verschiedene andere Formen von Zuckerlösungen erlaubt (→ Dosagelikör).
Auch bei der Weinherstellung ist der Begriff für den Zusatz von Traubenmost zum Zwecke der → Süßung eingeführt (Zuckerzusatz zum Süßen ist hier nicht gestattet) (→ Süßreserve).

Dosagelikör. (Versanddosage) wird zur Süßung von Schaumwein bei der Abfüllung verwendet (→ Schaumwein, Flaschengärverfahren). Die Zusätze von Zucker vor der „Zweitgärung" werden traditionell als „Tirage" = Fülldosage bezeichnet.

Dosiergeräte dienen der Abmessung und dem Zusatz von Weinbehandlungsmitteln (schweflige Säure etc.). In der Form der → Dosierpumpe ist die Dosierung weitgehend automatisiert.

Dosierpumpe. Dosierpumpen sind Flüssigkeitspumpen, die zum Einmischen von Flüssigkeiten in Getränke benötigt werden. Sie eignen sich zum fortlaufenden Dosieren von → Schönungsmitteln, → Konservierungsmitteln oder Zuckersirup zu → alkoholfreien Getränken. In der Regelt lässt sich die Zusatzmenge regulieren. Proportionaldosierpumpen dosieren den Zusatz zum Getränk in Abhängigkeit von der durchfließenden Getränkemenge, so dass die gewünschte Zusatzmenge pro Liter immer konstant ist. Bei dieser Anordnung erübrigt sich eine zusätzliche Durchmischung und Verteilung im Behälter. Letzteres ist für den Zusatz von Weinbehandlungsmitteln zu Großbehältern besonders wertvoll.

Drehbürstensiebe sind Flüssigkeitssiebe zur Abscheidung von groben Feststoffen, wie z. B. Traubenteilen wie → Kernen, → Beerenhäuten oder → Kämmen aus Most. Die zu siebende Flüssigkeit durchströmt einen Siebeinsatz, wobei sich die Feststoffe auf der Sieboberfläche absetzen. Durch eine rotierende Bürste werden die Teilchen abgebürstet und somit eine Verstopfung verhindert. Man bezweckt mit der Abtrennung der genannten Traubenteile eine Verminderung des Trubes, verhütet die Verstopfung nachgeschalteter Geräte wie → Separatoren → Plattenerhitzer etc. und verhütet die Extraktion von → Gerbstoffen aus den Teilchen. Insbesondere bei → Keltern mit geringem Trubanfall (→ Tankpressen) bewährt sich das Drehbürstensieb und kann fallweise den Separator ersetzen. In der Regel ist es aber lediglich als Ergänzung des Separators gedacht. Die bekannten Hersteller von Separatoren sind auch Hersteller von Drehbürstensieben (→ Abb. 4 im Anhang).

Drehfilter sind rotierende Filter, die nach dem Prinzip der Kieselgurfiltration arbeiten. In eine Wanne, die das Unfiltrat enthält, taucht eine Trommel ein, auf deren Umfangfläche auf einer Siebfläche (Tuch) → Kieselgur vorangeschwemmt wird. Dies erfolgt vor Beginn der → Filtration. Die Anschwemmung und Filtration erfolgt unter Unterdruck (im Trommelinnern erzeugt). Der sich bildende Filterkuchen wird fortlaufend abgeschabt, so dass sich die Filteroberfläche fortlaufend erneuert bzw. offenhält. Die Drehfilter sind teuer in der Anschaffung, machen sich aber bei größeren Betrieben bei der Aufarbeitung von → Entschleimungs-, → Hefe- und → Schönungstrub rasch bezahlt (→ Hefepresswein, → Hefeverwertung) (→ Abb. 5 im Anhang).

Drehverschluss → Schraubverschluss.

Dreieckstest (Triangeltest) → Sensorik

Dreikönigswein (Eiswein). Am 6. Januar begeht man alljährlich den Tag der Heiligen Drei Könige. Dieser Tag bietet durchaus den Rahmen zu einer spektakulären Aktion: Die Lese eines Eisweines. Voraussetzung zur Gewinnung eines Eisweines sind Temperaturen erheblich unter dem Gefrierpunkt von reinem Wasser. Eine überschlägig gültige Berechnungsformel haben WÜRDIG et. al. vorgeschlagen. Diese lautet:
°Oe = 21 + 17-AT
A T = Temperatur unter 0 °C.
Würde der Gefrierpunkt bei -5 °C liegen, so wäre nach dieser Formel ein Mostgewicht von 21 + 85°Oe = 106°Oe erreichbar. Ein solches Mostgewicht würde nicht die Qualität eines Eisweines garantieren. Durch die Festsetzung eines Mindestmostgewichtes von 110 bzw. 120°Oechsle für Eisweine genügen – 5 °C Gefriertemperatur längst nicht. Daraus ergibt sich die Schlussfolgerung, dass bei der Lese eines „Dreikönigs"-Eisweines eine Mindesttemperatur von etwa – 8 °C über mehrere Stunden herrschen muss, damit

1. das Gefrieren eintritt und danach,
2. während der Lese die genannte Temperatur von -8 °C auch nicht mehr überschritten wird.

Nachteilig ist ferner die Tatsache, dass das Risiko des Hängenlassens umso größer ist, je weiter der eigentliche Erntetermin von den normalen Herbstterminen abrückt. Neuerdings lässt sich das Risiko kalkulierbar machen, indem man geeignete Trauben in Folien einhüllt und diese somit dem Vogelfraß entzieht. Die Kosten dieses Verfahrens sind naturgemäß wiederum ein Risikofaktor, da man sich schwerlich darauf verlassen kann, zu diesem späten Termin noch einen Eiswein erzielen zu können. Erschwerend kommt hinzu, dass das 1971er Weingesetz den Begriff des Dreikönigsweines nicht mehr übernommen hat, so dass eine solche Deklaration auf dem → Etikett nicht mehr erscheinen darf, sondern nur in Werbeschreiben rein werblich erwähnt werden kann (→ Eiswein, → Tab. 8 im Anhang).

Druck ist das Resultat einer Kraft, die auf eine Fläche drückt. Die physikalische Einheit ist kp/cm^2 = bar. Die Messung des Druckes erfolgt mit Manometern (→ Druckmesser). Wird der Druck von einer Flüssigkeit ausgeübt, so entsteht ein hydraulisches System, welches zum Beispiel zur Übertragung von Arbeitsleistung verwendet wird. Wird der Druck von einem Gas ausgeübt, so spricht man – falls diese Einwirkung mit einer Arbeitsleistung verbunden ist – vom pneumatischen System. Dies nützt man bei → Kelter-Systemen oder bei der Förderung von Wein durch ein → Inertgas wie Stickstoffgas oder durch Luft aus.
Statisch wirkt Druck beispielsweise bei dem → SEITZ-BÖHI → Verfahren bei der Einlagerung von Traubenmost in → Drucktanks. Gas ist hierbei → Kohlendioxid. Damit erreicht man eine Verhinderung der → Gärung.
Durch unter Druck stehendes Kohlendioxid erhält man schäumende Weine (→ Schaumwein und → Perlwein). Schaumwein zeigt bei 20 °C (Bezugstemperatur) einen Druck von meist 4 bis 6 bar, Perlwein darf einen Druck von 2,5 bar nicht überschreiten. Durch den Druck erhöht man die Löslichkeit für Kohlendioxid. Pro bar Druck erhält man etwa 1,6 g Kohlendioxid in 1 l Wein (20 °C). Mit steigendem Druck nimmt die Löslichkeit et-

was ab, so dass bei 4 bar 6,5 g/l, bei 6 bar 9,6 g/l gelöst sind. Etwas beeinflusst sind die Löslichkeiten durch den → Extraktgehalt der Schaumweine. Bei niedrigerer Temperatur der Flüssigkeit (Most oder Wein) erhöht sich die Löslichkeit, was sich bei den in Kellereien üblichen Temperaturen bereits günstig auswirkt.

Druckdosen sind → Sensoren, die über eine Druckmessung an Festkörpern (Behältern) das Gewicht ermitteln. Die Werte werden digital übermittelt und sind für die Funktion von Regeleinrichtungen (Steuerung von Ventilen etc.) geeignet. Bei der Traubenannahme lassen sich so Gewichte von mehreren tausend Kilogramm mit einer Streubreite von +/- 5 Kilogramm messen.

Druckgärung. Eine Methode der Maischegärung im sogenannten Druckwechsel-Verfahren. Durch wechselnde Entspannung des CO_2-Drucks wird der Gärverlauf gesteuert und die Durchmischung der Maische periodisch erneuert. Da der Druck etwa zwischen 0,5 und 2,1 bar variiert, müssen hinreichend druckfeste Behälter vorliegen (Druckvorspannverfahren, → Temperatur-Druck-Verfahren). Das dadurch kostenaufwändige Verfahren wird neuerdings durch andere (drucklose) Verfahren dominiert.

Druckmessgeräte. Druckmessgeräte oder Manometer sind in der Kellerei zur Messung von Gas- oder Flüssigkeitsdrucken im Gebrauch. Der Druck wirkt auf eine biegsame Membran, deren Verbiegung über ein Zeigerwerk angezeigt wird. Im technischen Maßsystem gilt:
1 Atmosphäre (at) = 1 kp/cm^2 = 10,00028 m WS (Wassersäule) = bar.
An die Stelle der Angabe in at ist bar getreten. Bei der Überprüfung der Druckmesser findet man die Nullstellung bei 0 bar, der gegenüber dem Außendruck angezeigte „Überdruck“ wird ebenfalls in bar angezeigt. Damit sind die älteren Bezeichnungen für atü (Überdruck) und ata (atmosphärischer Druck) hinfällig.
Gasdruckmessungen sind von Bedeutung bei den pneumatischen → Keltern, bei der Vergärung oder Lagerung von Getränken im → Drucktank, bei der Bewegung von Getränken unter Gasdruck (statt pumpen!) und bei der Entnahme von Gasen wie Stickstoff oder CO_2 aus Stahlflaschen.
Manometer zur Messung des Flüssigkeitsdruckes sind bei Filtereinrichtungen im Gebrauch. Neuerdings sind zunehmend digitale Druckmessgeräte im Einsatz, die PC-gestützt sind. Damit lassen sich Druckverläufe registrieren (→ Druckdosen).

Drucktanks haben sich in Kellereien zur Einlagerung von Traubenmost bewährt, aber auch zur Gärführung (gezügelte → Gärung). Drucktanks werden meist auf einen Betriebsdruck von 8 bar ausgelegt, da damit die genannten Anwendungen erreichbar sind. Die Tanks sind entweder aus Schwarzstahl mit einer Innenauskleidung und einem äußeren Anstrich versehen oder aber (heute) aus pflegeleichten → Edelstählen (rostfreier Stahl) hergestellt. Die Drucktanks müssen regelmäßig gewartet und vom TÜV kontrolliert werden. Zusätzlich benötigt man → Armaturen. Aus Sicherheitsgründen müssen Sicherheitsventile (→ Berstscheiben, Drucksensoren) angebracht sein.
Gärführungen sind bei der Herstellung von → Schaumwein, → Perlwein aber auch von → Stillwein gebräuchlich. Bei Stillwein wird der Druck alternierend entlastet, damit die Gärung sich erneut aufschaukeln kann. Danach baut sich wieder ein Druck (durch das Gärgas → Kohlendioxid) auf und die Gärung wird erneut verlangsamt (gezügelt). Durch die gezügelte Gärung erhält man Weine mit → Restsüße (→ Gärung, gezügelte).

Druckvorspannverfahren ist ein Verfahren der gezügelten → Gärung, welches bei der Herstellung von → Rotwein Anwendung fand. Dazu wird Rotweinmaische in einen mit → Kohlendioxid vorgespannten → Drucktank eingepumpt und die Gärung in Gang gesetzt. Durch den auf der Flüssigkeit (Maische) lastenden Druck wird der → Maischehut, der normalerweise obenauf schwimmen wird, untergetaucht und kann so leicht zwecks Farbstoffausbildung von der Flüssigkeit ausgelaugt werden. Alternierend wird der Druck entlastet und somit eine gezügelte → Gärung erreicht. Die Rotweine wirken recht fruchtig, es gilt im übrigen das, was unter → Drucktanks hierzu ausgeführt wurde. Das Verfahren hat sich (überwiegend aus Kostengründen *nicht* eingeführt) (→ Rotweinbereitungsverfahren).

Dry ist ein aus dem Englischen übernommener Ausdruck für „trocken“, der bei der Bezeichnung des Süßegrades von → Schaumweinen eingeführt ist. Eine verbindliche Minimal- und Maximalgrenze für den zulässigen Zuckergehalt ist mit 17 bis 32 g/l vorgeschrieben. Mit extra trocken = extra dry bezeichnet man Schaumweine mit noch niedrigerem Gehalt an Zucker (12 bis 20 g/l). Mittels der → Dosage hat man es in der Hand Abstufungen vorzunehmen. Die Angabe findet sich ferner bei → Dessertweinen und Spirituosen. (→ Sekt, → Tab. 17b im Anhang).

Dünn ist ein Wein, bei dem man Körper (Alkohol und/oder Extrakt) vermisst. Positiv ausgedrückt: leicht (→ Weinansprache).

Dünnschichtchromatographie ist die Weiterentwicklung der → Papierchromatographie. Anstelle von Papier werden vorgefertigte Platten mit vorwiegend Kieselgel belegt. Die Trennung erfolgt rascher, die entstehenden Substanzflecken können mit Scannern sogar quantitativ ausgewertet werden. Anwendungen in der Analytik wie bei → Papierchromatographie.

Dünnschichtverdampfer. Apparatur zur Herstellung von → Konzentraten, wobei der zu konzentrierende → Most in dünner Schicht auf eine beheizte Fläche aufgebracht wird. Durch Anwendung eines Zentrifugalfeldes oder durch Filmbildung im „Fallstrom“ wird die Verweilzeit des Mostes verkürzt und die unerwünschte Wärmebelastung erniedrigt. In der Regel erfolgt die Verdampfung im Vakuum, um damit die Verdampfungstemperatur herabzusetzen.

Duft der Beeren. Man bezeichnet damit den Wachsüberzug der Traubenbeeren, wobei die Bezeichnung offensichtlich von der Vorstellung ausgeht, dass in den äußeren Schichten der → Beerenhaut die Aromakomponenten bzw. deren Vorstufen (precursoren) (→ Bukettstoffe) verankert sind. Die Wachsschicht stellt eine Schutzschicht gegen äußere Einflüsse dar, muss aber auch den Beereninhalt vor dem Verdunsten schützen.
Rebsortenbedingt ist die Wachsschicht unterschiedlich dick, sie hat ein Gewicht von etwa 0,1 mg/cm^2 und besteht vorwiegend aus Oleanolsäure und → Terpenen. Durch Fäulnis werden die Bestandteile abgebaut und das primäre Traubenbukett merklich abgeschwächt.
Kleinbeerige Sorten, die eine relativ große Oberfläche im Verhältnis zum Saft besitzen, haben meist mehr → Aroma- und → Farbstoffe im gepressten Traubenmost (→ Beeren, → Schalen).

Duftig ist ein Ausdruck, der zur → Weinansprache (zur Charakterisierung von Wein) verwendet wird. Man bezeichnet damit ein angenehmes Bukett, eine Steigerung der Intensität gegenüber „blumig“. Selbstverständlich lässt sich hier keine sichere begriffliche Abgrenzung erreichen.

Dumpf ist eine abwertende Bezeichnung bei Wein, mit dem eine Unsauberkeit, die man nicht direkt zuordnen kann, bezeichnet wird. Eine Prüfung auf → Böckser (mit → Kupfersulfat-Lösung oder → Kupfercitrat) sollte in jedem Fall durchgeführt werden (→ Betriebskontrolle, → Tab. 33 und 35 im Anhang).

Dunkelfelder ist eine sehr farbkräftige Rebsorte, die in Neustadt (damals SLFA, jetzt → DLR) aufgefunden wurde, ohne exakten Nachweis der Herkunft. Die Rebsorte liefert Weine von hohem Extrakt, die sowohl als → Deckrotweine, aber auch selbständig ausgebaut und verwertet werden. Überwiegend in der Pfalz angebaut (182 ha/2008), verzeichnet diese Sorte bis 2005 deutliche Zunahmen in Deutschland. Inzwischen sorgen neuere Kreuzungen für einen deutlichen Rückgang (2008 nur noch 352 ha in Deutschland) (s. Tab. 10 und 11 im Anhang).

Duo-Test. → Sensorik

Durchflussmesser. Zur Messung von Flüssigkeitsmengen eignen sich Durchflussmesser. Die bekanntesten Typen sind der → Ovalradzähler und der → Ringkolbenzähler. Die Geräte arbeiten im Prinzip wie Verdrängerpumpen, werden aber durch die strömende Flüssigkeit in Bewegung gebracht. Die Ablesung kann über ein Zeiger- und (oder) ein Rollenzählwerk erfolgen. Wichtig ist zu entlüften, da mitgeführte Luftblasen mitgemessen werden.
Die Volumenmessung der Flüssigkeiten hat Bedeutung für die korrekte Wahl der Leitungsquerschnitte oder auch der → Fluxrate bei der Filtration (→ Crossflow-, → Membranfiltration).

Durchgegoren sind korrekterweise nur Weine, die keinen vergärbaren Zucker mehr enthalten. Bei sehr hohem Ausgangszuckergehalt (hohes Mostgewicht z. B. über 120 °Oe) wird die Endvergärung jedoch nicht zur vollständigen Vergärung des Zuckers führen, so dass solche Weine auch „durchgegoren“ sind. Es ist jedoch üblich mit „durchgegoren“ nur solche Weine zu markieren, die keinen „Restzucker“ mehr haben (→ unvergorener Zucker). Da der Begriff zu Missverständnissen führen kann, ist er nicht im Bezeichnungskatalog enthalten.

Durchlauferhitzer. Einrichtungen, die zum Erhitzen durchlaufender Getränke benötigt werden. Meist sind diese durch Dampf oder Warmwasser beheizbar, wobei Steuereinrichtungen zur Regelung des Energiezuflusses meist eingebaut sind. Um den Energieübergang vom Heizmedium zum Getränk möglichst rasch verlaufen zu lassen, ist eine große Kontaktfläche (Heizfläche) erwünscht. Dies erreicht man durch Platten- oder → Doppelröhrenaustauscher. Durchlauferhitzer müssen so dimensioniert sein, dass die durchlaufenden Getränke ohne mehrmalige Passage direkt auf die gewünschte Endtemperatur kommen. Anwendung: Erhitzung von Maische, → Pasteurisation von Most, → Warmabfüllung von Wein (→ Maischeerhitzer, → Plattenerhitzer).

Durchlaufkühler sind Einrichtungen, die der Kühlung von Flüssigkeiten dienen. In der Getränketechnologie spielen diese zur → Weinstein-Stabilisierung, aber auch zur Regulierung der → Starttemperatur vor der Gärung eine bedeutsame Rolle. Wegen der vorhandenen Verstopfungsgefahr sind die Durchlaufkühler so gebaut, dass die Flüssigkeit rasch und turbulent strömt. Eine häufig anzutreffende Form ist der Kratzkühler, der die auf den Kühlflächen abgeschiedenen Trubstoffe kontinuierlich abschabt. Zur Kälteerzeugung dienen Kompressoren u. a. mit Frigen® als Kühlmittel, überwiegend wird (insbesondere bei Großanlagen) Ammoniak als Kühlmittel verwendet (→ Kontaktverfahren).

Durchrieseln ist ein Ausdruck für (schlechte) Traubenblüte, in deren Gefolge die Fruchtansätze absterben. Dadurch wird der Ertrag stark reduziert. Es gibt aber auch andere Ursachen für das Durchrieseln, auch neigt die eine oder andere Rebsorte stärker zum Durchrieseln.

DWA → Deutsche Weinakademie.

DWI → Deutsches Weininstitut.

E

„e“. Der Buchstabe „e“ (auf dem Etikett) zeigt an. dass es sich um eine Flasche handelt, die nach EG-Norm hergestellt ist. Dies betrifft die Flaschengrößen. Für den Inhalt des sog. → Nennvolumens ist der Abfüller verantwortlich. Nicht mehr zulässig ist laut EWG VO Nr. 1054/77 die frühere 0,7 l-Flasche. Weitere „Einheitsvolumina“ sind für Wein und Schaumwein geregelt (→ Flaschengrößen, → Schaumwein).

Eau de vie de vin sind nach französischem Recht → Weinbrände, die nicht aus → Cognac oder → Armagnac stammen.

Echt ist ein Ausdruck, der sich bei Weinliebhabern zur Kennzeichnung von „Naturweinen“ eingebürgert hat. Dieser Begriff ist zur Bezeichnung von Wein ebensowenig gestattet wie der Begriff „Naturwein“. Der Ausdruck fordert zu einer vergleichenden Betrachtung heraus, wobei „unecht“ gewissermaßen für angereicherte Weine zuträfe. Eine solche Deklassierung ist jedoch nicht angebracht, so dass man den Ausdruck „echt“, der letzten Endes auch vieldeutig ist, tunlichst nicht gebrauchen sollte. Manche verstehen unter echt einen → trockenen Wein, der traditionell im Holzfass ausgebaut wurde.

Edel. Ein Attribut für Spitzenweine, die aus hochreifem Traubengut hergestellt sind. Darunter fallen → Auslesen und höherwertige Weine. (→ Rosinenbildung und die → Edelfäule des hochreifen Traubengutes (→ Weinansprache).

Edelfäule (→ *Botrytis cinerea*) entsteht durch die Tätigkeit des Pilzes (Vermehrung und Stoffwechsel auf den befallenen Trauben).

Edelstahl. Im Gegensatz zu „Schwarzstahl" legierte Stähle, die durch Beimengungen korrosionsfest sind. An Stelle der alten Bezeichnungen wie V2A sind nach DIN-Norm Bezifferungen wie 4301 usw. getreten. Gegen SO_2-Dämpfe ist 4301 nicht beständig, so dass 4401 (V4A) vorzuziehen ist. Dies betrifft vorwiegend die oberen Teile (Dome) von Edelstahlbehältern. Durch eine sich selbst erneuernde Passivschicht ist die Korrosion der Oberfläche mehr oder weniger eingeschränkt. Weitere, zusätzliche Oberflächenbehandlungen („vergüten") verbessern die Reinigungsbedingungen (Entfernen von Weinstein und anderen Sedimenten). Edelstähle dominieren als Werkstoff im Geräte- und Behälterbau. Bei der Gärführung durch → Kühlung, → Kaltgärung, ist der Werkstoff wegen seiner optimalen Wärmeableitung jedem anderen Material vorzuziehen (→ Gärbehälter)(s. Tab. 38 im Anhang).

Edelsüß. Mit Edelsüße bezeichnet man die von der → Gärung unvergoren zurückbleibende → Restsüße hochwertiger → Prädikatsweine wie → Auslesen, → Beeren- und → Trockenbeerenauslesen. Moste von hohem Zuckergehalt vergären normalerweise nicht vollständig, es bleibt eine „Rest-Süße" zurück.
Die Besonderheit der „Edelsüße" liegt im erhöhten Anteil an → Fructose (Fruchtzucker), der gegenüber → Glucose (Traubenzucker) deutlich süßer schmeckt, aber auch im betonten Glyceringehalt, der durch edelfaules Traubengut eingebracht wird (→ Glycerin). Da Glycerin süßer schmeckt als Glucose (Zucker) addieren sich diese Geschmackseindrücke. Die durch → Dosage von Traubenmost erreichbare Süßewirkung ist nicht ganz so effektiv, besitzt aber gleichfalls eine Berechtigung, um Weine niedrigerer Prädikatsstufen zu süßen (→ Gärstörungen, → Süßreserve). „Edelsüß" ist keine → Beschaffenheitsangabe und nicht nach dem Bezeichnungsrecht zugelassen (→ Weinansprache).

Edelzwicker. Ein Verschnitt von → Gutedel, → Silvaner, → Pinot blanc, → Ruländer, → Riesling, → Gewürztraminer und Muscat (Elsass). Infolge einer größeren Freizügigkeit in der Wahl der Rebsorten sind gegenüber früher teilweise Abstriche im Qualitätsanspruch an den E. zu registrieren.

Egalisieren. Gleichmäßiges Verteilen zweier oder mehrerer Getränkeanteile durch Mischen oder Rühren. Das Egalisieren ist beendet, wenn die Mischung eine einheitliche Zusammensetzung hat. Vermischt man Flüssigkeiten von unterschiedlicher Dichte, dann bilden sich zunächst Schlieren, die bei gleichmäßiger Verteilung schließlich verschwinden (→ Diffusion).

Ehrenfelser ist eine weiße Rebsorte (Neuzüchtung: Riesling × Silvaner), die rieslingähnliche Weine mit jedoch durchschnittlich höherer Qualität (Prädikat) liefert. Die Neigung zur → Botrytis und die ausgesprochene Stielfestigkeit verhilft der Rebsorte dazu. Nachteilig ist der niedrige Ertrag. Wegen der früheren Reife wird der Ehrenfelser bevorzugt in den nördlichen Rieslinganbaugebieten angepflanzt: Pfalz, Rheinhessen, Nahe und Rheingau. In deutschen Weinanbaugebieten ging der Anbau von ehemals 416 ha (0,4 % im Jahr 1993 auf 91 ha (0,1 %) im Jahr 2008 zurück. Vermutlich hat die nachlassende Nachfrage dazu beigetragen. Neben verschiedenen → Terpenen ist der Gehalt an → 2-Phenylethanol erhöht (Rosenduft), (→ Rebsortenanbau).

Ehrentrudis-Spätburgunder-Weißherbst könnte man als „Markenwein" bezeichnen. Im wesentlichen ist es eine Herkunftsbezeichnung, da die Bezeichnung nur für die genannte Weinart aus dem Bereich Kaiserstuhl-Tuniberg benutzt werden kann.

Ehrlich ist ein Ausdruck für Wein, der ohne besondere Akzente ausgebaut ist. Diese gefühlsbetonte Apostrophierung ist naturgemäß nicht reproduzierbar und Beispiel einer verkappten Weinromantik.

Eichenholz ist das am häufigsten für den Bau von Fässern verwendete Holz. Dazu muss es gut abgelagert, engporig, fest und langfasrig sein. Nicht jedes Eichenholz bringt diese Voraussetzungen mit. Geschmacksprägend ist das sog. Eichenlacton (3-Methyl-4-Octalacton) neben vielen anderen Verbindungen, die u. a. im → Barrique durch die Formung auf dem offenen Feuer (Röstung) in großer Varianz entstehen (→ Allier Eiche, → Amerikanische Eiche, → Barrique, Wein).

Eichpflicht. Nach dem Gesetz über das Mess- und Eichwesen sind Messgeräte dann eichpflichtig, wenn diese im geschäftlichen Verkehr eingesetzt werden. Diese Situation ist nicht nur für Waagen, sondern auch für Refraktometer oder Dichtemessgeräte gegeben, falls damit der Handelswert der Ware (z. B. Most) ermittelt werden soll.

Eigenbau ist eine beliebte Hervorhebung von Weinen eigener Erzeugung, der nach früherem Weingesetz auf dem → Etikett nur bei Naturweinen angebracht werden konnte. Heute ist diese → Deklaration – wie viele andere – nicht mehr zugelassen. In der Werbung findet man den Begriff eher in Österreich. Aus finanzrechtlichen Gründen unterscheidet man die im „Eigenbau" gewonnenen Weine von den zugekauften Weinen, die nur im beschränkten Umfang zugekauft werden dürfen. Übersteigt der Anteil die Zukaufquote, dann tritt eine höhere Besteuerung ein (→ Erzeugerabfüllung, → Gutsabfüllung).

Eimer ist ein altes Maß für Wein (→ Weinmaße), das landsmannschaftlich unterschiedlich ist. In Württemberg war 1 Eimer = 300 l, im Weinbaugebiet Nahe war 1 Eimer 160 l. Die Maße werden heute nicht mehr benutzt.

Einbrennen. Verbrennen von → Schwefel in Holzfässern zum Zwecke der Konservierung (→ Einschwefeln).

Eindicken des Mostes (Konzentrat) kann erfolgen durch Abdampfen des Wassers in Unterdruckanlagen (Vakuumverfahren) oder durch Ausgefrieren. Demgegenüber ist das Konzentrieren durch → Umkehrosmose ein teurer Prozess. Konzentrate finden zur Herstellung von → Fruchtsäften starke Beachtung, wobei das entsprechende Fruchtkonzentrat mit entmineralisiertem Wasser rückverdünnt wird. Dadurch können auch Transportkosten bei Importen reduziert werden (→ Anreicherung, → Traubenmostkonzentrat zur Anreicherung, → Rektifiziertes Traubenmostkonzentrat (RTK).

Einfuhrfähigkeit. Bei der Festlegung der Einfuhrfähigkeit machen die importierenden Staaten (Drittländer ausserhalb der EU) von ihren Hoheitsrechten Gebrauch. Überwiegend anerkennen die Importländer – insbesondere die Länder ohne eigene Weinproduktion – die Bedingungen des Weinerzeugergebietes und machen die Einfuhrfähigkeit davon abhängig, ob die Weine mit den gesetzlichen Voraussetzungen des Erzeugerlandes übereinstimmen. Innerhalb des Warenverkehrs der EU bestehen hier keine Einschränkungen, insbesondere weil für diese Weine die EU die Produktionsbedingungen vorschreibt. Manche Import-Länder achten darauf, dass zusätzliche Bedingungen erfüllt sind.
Für den Export deutscher Weine ist die restriktive Haltung vieler Weinimportländer bedenklich. Die Bedingungen für die Einfuhrfä-

higkeit (Export deutscher Weine) können bei den Industrie- und Handelskammern Deutschlands erfragt werden.
Deutschland ist das größte Gebiet für Weinimporte. Die größte Menge kommt von Italien, danach folgen Spanien und Frankreich, wobei die EU-Partnerländer insgesamt 11763000 hl nach Deutschland liefern, „Drittländer" „nur" 2483000 hl (2008).

Einmaischen ist das Stampfen, Quetschen (Abmahlen) der Trauben. Während in früheren Zeiten mit Holzstößeln (Mosterkolben) oder gar mit Füßen gestampft wurde, sind heute längst → Traubenmühlen in Gebrauch. Das Einmaischen bezweckt, dass ein Teil des Saftes austritt, den man in Entsaftungsbehältern (→ Abtropfbehälter) ohne Kelterung gewinnen kann. Wesentlicher ist aber die Tatsache, dass man mit dem Einmaischen → Enzyme freisetzt, die die Aromabildung fördern können und die Kelterung erleichtern (Abbau der → Pektine). Rote Trauben werden überwiegend vor dem Einmaischen → entrappt, insbesondere dann, wenn auf der Maische vergoren wird. Man verhindert damit eine übermäßige Aufnahme von → Gerbstoff aus den → Rappen. Entrappte Maische lässt sich schlechter keltern als nichtentrappte Maische (→ Aufschließen der Maische, → Entsaften, → Maischestandzeit, → Traubenmaische, volle).

Einschlag. Alter Ausdruck für → Einschwefeln.

Einschrumpfen der Traubenbeeren kann in trocken-warmen Klimata am Rebstock natürlicherweise erfolgen. Dabei entstehen rosinenartige Beerchen, mit geringem Flüssigkeitsanteil aber hohem → Extraktgehalt. Manche Rebsorten neigen besonders dazu (→ Ruländer, jungfernfrüchtige → Huxelrebe etc.). Voraussetzung ist, dass die Beeren lockerbeerig, das heißt, nicht zu dicht gepackt sind, damit die Austrocknung leichter erfolgen kann. Lockerbeerige Traubensorten neigen auch weniger zur Fäulnis. Aufhängen der Trauben oder Auflegen auf eine lockere Strohschütte ist ebenso ein Mittel zur Trocknung der Trauben. Nachdem in Deutschland die Gewinnung solcher → Strohweine untersagt wurde, hat das Verfahren die bisher schon geringe Bedeutung gänzlich verloren (→ Rosinenbildung).

Einschwefeln. Darunter versteht man den Zusatz von → schwefliger Säure bzw. → Schwefeldioxid (SO_2) zum Wein und seinen Vorstufen (Maische, Most). Der alteingeführte Ausdruck ist insoweit nicht korrekt, als es sich hierbei nicht um den direkten Zusatz von elementarem → Schwefel handelt. Der Zusatz von SO_2 (kurz auch als „schwefeln" bezeichnet) wurde schon früh (nachweislich ab dem späten Mittelalter, möglicherweise aber auch schon früher) gehandhabt, manche Zeit wegen Missbrauch bekämpft und unter Strafe gestellt. Auch die Tatsache, dass Schwefeln der Rotweinfarbe schadet, wurde früh erkannt, so dass erst mit zunehmendem Weißweinkonsum das Schwefeln allgemein akzeptiert wurde. Im Mittellalter wurden auch schon die zulässigen Zusatz-Mengen reglementiert.
An der Unentbehrlichkeit der schwefligen Säure zur Herstellung typischer reintöniger, bekömmlicher und frischer Weine kann man nicht zweifeln. Die Eigenschaften und Wirkungen der schwefligen Säure sind in der Häufung durch kein anderes Weinbehandlungsmittel zu erreichen, so dass alle Bemühungen um vollwertige Ersatzstoffe bisher vergeblich waren.
Der Zusatz von SO_2 kann in Form des gasförmigen SO_2 entweder direkt aus der Stahlflasche oder durch Verbrennung von → Schwefelschnitten (→ Einbrennen) erfolgen. Wegen der ungenauen Abmessung des zugesetzten SO_2 arbeitet man mit Schwefelschnitten nur

dann, wenn es – wie etwa bei der → Konservierung von Holzfässern – nicht exakt auf den Zusatz ankommt. Dabei wird Schwefel, in feiner Schicht auf einem Träger aufgetragen, verbrannt, wobei sich aus 1 g Schwefel 2 g SO_2 bilden. Aber auch für diesen Zweck ist das „trockene Einbrennen" der Nasskonservierung gewichen.
Gasförmige SO_2, die unter Druck in einer Stahlflasche zur Flüssigkeit komprimiert ist, kann unter Druck in Messgläsern genau abgemessen werden, tritt dort beim Entspannen gasförmig aus und kann mit einem Schlauch direkt in die Flüssigkeit eingeleitet werden. Wegen der unterschiedlichen Dichte wird nach Zusatz eine Verteilung durch Umrühren empfohlen (Most und Wein). Maische kann man nur dann mit SO_2-Gas einschwefeln, wenn man spezielle → Dosiergeräte in die Maischeleitungen einbaut, die Mengen → proportional dosieren. Besser ist bei Maische die Anwendung von wässriger SO_2-Lösung oder von → Kaliumdisulfit. Letzteres hat nur einen wirksamen Anteil von 50 % und muss entsprechend erhöht dosiert werden.
Das eigentliche Problem des Einschwefelns liegt nicht in dem bisher beschriebenen technischen Vorgang, sondern in der toxikologischen Nebenwirkung, die dem SO_2 unterstellt wird (→ Schweflige Säure, gesundheitsschädliche Wirkung). Ein wesentliches Argument, die weitgehend traditionelle Handhabung beizubehalten und nicht durch weitere Einschränkungen zu behindern, ist in der präventiven Wirkung der SO_2 gegen unerwünschte mikrobielle Vorgänge zu sehen. Die sanierende Wirkung des SO_2 verhütet in manchen Fällen das Auftreten von Toxinen und deren gesundheitliche Risiken und dient dem Verbraucherschutz.

Um übermäßige Gehalte zu vermeiden, die außerhalb des gesetzlichen Rahmens liegen, sind in der Praxis eine Reihe von zuverlässigen Bestimmungsmethoden (→ Schweflige Säure, Bestimmung) verbreitet.
Bei den analytischen Feststellungen muss man unterscheiden zwischen dem eigentlich erwünschten Resultat der Einschwefelung, dem daraus resultierenden Gehalt an freier schwefliger Säure und dem unausbleiblichen „Verlust" an zugesetztem SO_2,, welches an Weinbestandteile fixiert wird (→ gebundene schweflige Säure). Der Anteil an zugesetzter schwefliger Säure jedoch, der gewissermaßen im Verlaufe der Funktion der schwefligen Säure als → Reduktionsmittel, aufgebraucht wird, ist als → Schwefelsäure in der Bilanz der in Most und Wein ohnehin enthaltenen Sulfate „untergetaucht".
Fälschlich wird hier gerne „gebundene schweflige Säure" mit Schwefelsäure in einen Topf geworfen, obwohl hier keine Abbindung von (im übrigen noch unverändert verfügbarer) schwefliger Säure vorliegt, sondern die nicht mehr rückläufige Veränderung von schwefliger Säure zu → Schwefelsäure (→ Schweflige Säure, Bindung, → Schweflige Säure, Einfluss auf Hefen, → Schweflige Säure, gesundheitliche Wirkung, → Schweflige Säure, Verringerung, → Schweflige Säure, zulässiger Gehalt).

Eintrübung → Trübungen.

Einwegflasche. In der Getränkeindustrie bedient man sich häufiger der Einwegflasche, um die Rücknahme und Reinigung von Altglas zu umgehen.

Einweichen der Flaschen. Gebrauchte Flaschen werden vor der mechanischen Reinigung in warmer Reinigungslauge eingeweicht, die den Schmutz auflösen und die Etiketten ablösen soll. Im Kleinbetrieb erfolgt dies in Bütten, im Mittelbetrieb sind Einweichräder, im Großbetrieb vollautomatische Flaschenreinigungsmaschinen im Gebrauch, die einweichen und reinigen. Die Temperatur des Laugebades darf in Einweichrädern etwa 65 °C nicht überschreiten, da sonst der Flaschenbruch stark ansteigt. Die Konzentration der Einweichlauge liegt etwa bei 0,5 bis 1 %. Die Industrie bietet geeignete → Flaschenreinigungsmittel an (→ Flaschenreinigung, → Reinigungsmittel).

Einzellagen sind die engsten geographischen Herkunftsangaben. Diese setzen sich zusammen aus der → Gemarkung (Ortsangabe) und dem Namen der Einzellage. Die Einzellagen sind zu → Großlagen zusammenfassbar. Die Anzahl der Einzellagen und Großlagen entnehme man unter dem Stichwort des jeweiligen bestimmten Anbaugebietes. Einzellagen sollen zukünftig in der Deklaration hervorgehoben werden (→ Lagen, → Terroir, Wein mit geschützter geographischer Bedeutung, → Wein mit geschützter Ursprungsbezeichnung).

Eisengehalt. Eisen ist natürlicherweise bereits in der Traube (an Enzymen gebunden) vorhanden. Die überwiegende Menge resultiert aus Belägen auf der Traube (Schmutz, Schädlingsbekämpfungsmittel). In den Most gelangt dieses Eisen kaum, sondern die Quellen sind schadhafte (nicht lackierte) Eisenteile, so z. B. die Spindeln mancher älterer Keltertypen (innenläufige Spindeln, falls diese nicht gepflegt werden) etc. Man ist deshalb bemüht, anstelle von Schwarzstahl generell → Edelstahl zu verwenden.
Normalerweise ist im Most kaum mehr als 5 mg/l enthalten. Im Wein kann der Gehalt zunächst niedriger liegen, da die Hefe Eisen – wie auch einige andere Metalle – bindet. Ungeeignete Bentonite können gelegentlich Eisen in Most oder Wein einbringen. Wegen der Gefahr der Eiseneintrübung (unter Bildung von Eisen (III)-phosphat, und wegen des durch Eisengehalte bedingten Bittergeschmacks wird in den genannten (seltenen) Fällen eine → Blauschönung durchgeführt, die Eisen und eine Reihe anderer Metalle aus dem Wein entfernt (→ Bruch, Weißer). Grund zu einer Blauschönung liefert in der Regel jedoch ein zu hoher Gehalt an → Kupfer (→ Behälter).

Eisentrübung (→ Bruch, Weißer) → Ferriphosphat.

Eiswein ist eine Weinart, die durch die Besonderheit der Lese erzeugt wird. Der Begriff Eiswein kann nur verwendet werden, wenn ein Mostgewicht von mehr als 110 °Oe bzw. 120 °Oe erreicht wurde. Die Mindesttemperatur zur Gewinnung von E. liegt bei −7 bis −8 °C.
E. sind Weine hoher Qualität, die sich von den Auslesen und Beerenauslesen meist durch die betontere → Säure und den weniger markanten → Botrytiston abheben und sensorisch abgrenzen lassen.
Gewonnen werden Eisweine durch Hängenlassen reifer, aber möglichst gesunder Trauben am Stock bis Frost eintritt. Im gefrorenen Zustand werden die Trauben (ohne Einmaischen) meist mit speziellen → Pressprogrammen abgekeltert, wobei ein konzentrierter Most abläuft und gefrorenes Wasser (Eis) in der → Kelter zurückbleibt.
Die Weine sind teuer, weil die Ausbeute durch das Hängenlassen und den Entzug von Wasser stark zurückgeht. Fallweise ist die Herstellung riskant, falls man den günstigen Termin versäumt oder Frost später eintritt. Dabei können die Trauben bereits abgefallen, von den Vögeln gefressen oder der Traubeninhalt durch Regen ausgewaschen sein. Man kann das Risiko durch Einhüllen der Trauben in Folien vermindern. Ein künstliches Konzentrieren des Mostes ist in Deutschland verboten.
Der besondere sensorische Charakter des Eisweines entwickelt sich oft erst nach mehrmaligem Auftauen und Gefrieren der Trauben. (Wirkung von Trauben-Enzymen?). Es fehlen

noch analytische Hinweise auf die Besonderheiten (Aromen) des Eisweines (→ Dessertwein, → Dreikönigswein, → Konzentrate).

Eiweiß (Protein) nennt man eine Stoffgruppe, die in Lebensmitteln, aber auch in Wein vorkommt. Da Eiweiß in der Grundnahrung im allgemeinen reichlich enthalten ist, wird man zur Eiweißbedarfsdeckung wohl schwerlich den Wein heranziehen müssen. Die korrekter unter dem Begriff Protein zusammengefassten Stoffe sind im Detail sehr kompliziert und auch recht unterschiedlich zusammengesetzt. Es ist diesen Stoffen gemeinsam, dass sie stickstoffhaltig sind und sich aus Aminosäure-Bausteinen zusammensetzen.
Aus dem Grundaufbau und der Anordnung der Bausteine können sich komplexe Muster ergeben, die die Varianz der Proteine erklären. Noch komplizierter wird die Sache, wenn es sich um Proteide oder → Enzyme handelt, die Proteine als Bausteine enthalten.

Zunächst ist festzustellen, dass die Proteine überwiegend pflanzlicher Herkunft sind, das heißt, dass diese in der Traubenbeere enthalten sind und bei der Kelterung teilweise in den Traubenmost übertreten. Geht man davon aus, dass bereits durch das Quetschen der Trauben (→ Einmaischen) Proteine freigesetzt werden, dann erklärt dies die Tatsache, dass ein Teil dieser Proteine als Enzym zur Wirkung kommen kann. Von der praktischen Bedeutung der Proteine bei der Weinbereitung zu sprechen bedeutet demnach, dass man zwischen Enzymen (aktive Proteine) und den restlichen Proteinen unterscheiden muss.
Wie erwähnt ist die Bedeutung der Proteingehalte von Wein nicht die eines Nährstoffes, sondern lässt sich in eine positive Wirkung der Enzyme und eine negative Wirkung der Restproteine aufgliedern (→ Eiweißtrübung).

Der überwiegende Rest an Protein der Traube hat keine enzymatische Wirksamkeit und ist lediglich in der Lage, mit → Gerbstoffen schwerlösliche Verbindungen zu bilden, die dann beim Einmaischen und Keltern als solche ausgeschieden werden. Übrig bleiben nur die sogenannten „löslichen" Proteine, die allerdings die Eigenschaft haben, unter bestimmten Bedingungen doch noch unlöslich zu werden und die mit „löslichen" Proteinen belasteten Weine eintrüben können (→ Eiweißtrübungen). Die Menge der in Most noch vorhandenen Proteine schwankt in Abhängigkeit vom Jahrgang dem Boden (Düngung), dem Gesundheitszustand der Trauben und insbesondere der Verarbeitung der Trauben. Entrappung und schonende Auspressung erhöhen den Gehalt, starke Auspressung und alle anderen Verfahren (Maischegärverfahren, -erhitzung) die zur Erhöhung des Gerbstoffgehaltes führen, senken gleichzeitig den Eiweißgehalt ab. Auch Fäulnis führt zur Erniedrigung des Gehaltes an Eiweiß. Hohe Eiweißmengen sind pauschal bei trocken-reifen Jahrgängen zu erwarten, was z. B. für die Jahrgänge 1947, 1949, 1959, 1964, 1971, 1976, 1983, 1985 1990, 2003 und 2005 zutraf. Mit der in den letzten Jahren drastisch reduzierten Stickstoff-Düngung hat sich der Eiweißgehalt in Mosten deutlich vermindert.

Eiweiß, Entfernung Alles in allem ist der Eiweißgehalt der Moste und der späteren Weine mehr oder weniger eine Belastung für die Kellerwirtschaft, so dass man nach Wegen gesucht hat, diesen Eiweißgehalt zu reduzieren oder gar total zu entfernen. Im → Bentonit fand man ein sehr wirksames Adsorptionsmittel, welches relativ gezielt Eiweiß bindet. Wegen der einfachen Anwendung ist Bentonit heute das Mittel der Wahl (→ Eiweißstabilisierung). Unangenehm sind Farbstoffverluste bei der Bentonitbehandlung von Rotweinen, was bei sehr farbschwachen

Rotweinen Probleme bringen kann. Dort „stabilisiert“ man meist durch Erhitzung, wodurch bei Rotweinen infolge des dort vorhandenen überschüssigen Gerbstoffgehaltes befriedigende Vorsorge gegen Eiweißausscheidungen getroffen werden kann.
Der Zeitpunkt der Eiweißbindung durch Bentonit wird meist auf den Mostzustand vorverlegt, weil sich dort Nebenwirkungen des Bentonits leichter (durch die Gärung) ausgleichen lassen. Eine absolute Stabilität ist durch die Bentonitbehandlung des Mostes jedoch nicht immer zu gewährleisten, weil man
a) die notwendige Bentonitmenge im Most nicht sehr zuverlässig feststellen kann,
b) durch Hefe noch Eiweiß (Glykoprotein) und Enzyme (Phosphatase und Invertase) bereits während der Gärung in den Jungwein übergehen.
Es hat sich aus verschiedenen Gründen bewährt, gegebenenfalls nochmals im Wein – nach einer Nachkontrolle – eine Bentonitbehandlung anzuwenden, um diese „Sekundär-“ Eiweiße, aber auch andere Stickstoffverbindungen zu entfernen. Erfolgte bereits im Most die Entfernung der wesentlichen Mengen an Proteinen, so ist im Wein nur noch eine relativ geringe Menge an Bentonit erforderlich, die aber eine überproportional günstige Wirkung zeigt.
„Lösliches“ Eiweiß lässt sich durch moderne Untersuchungsverfahren in bis zu etwa 20 verschiedene Eiweißarten auftrennen, die scheinbar etwas sortenbezogen variieren. Leider wird man durch „Proteinmuster“ eines Weines wohl kaum sichere Aussagen über die Sortenherkunft (Rebsorte) machen können, da das Muster durch die obengenannten Verfahren (→ Mazeration der Trauben, Gerbstoffaufnahme beim Verarbeiten, Erhitzen) verändert wird und (spätestens) die Bentonitbehandlung dieses Muster wesentlich verändert (→ Adsorption, → Bentonit → Gerbstoffe).

Eiweißschönung. Es gibt eine Gruppe von → Schönungsmitteln, die man zu den Eiweißen im weitesten Sinne rechnen kann. Dazu zählen → Gelatine und → Hausenblase. Bei der eigentlichen Eiweißschönung verwendet man das Weiße vom Ei (Hühnereiweiß), um damit auf schonende Weise → Gerbstoffe aus → Rotwein zu entfernen. Je 100 l Wein wendet man zwei bis vier Eier (Eiklar) davon an. Dazu wird das abgetrennte Eiklar zu Schaum geschlagen und mit Wein „aufgestützt“, rasch dem Gebinde zugesetzt und dort durch Rühren verteilt. Nach etwa acht Tagen kann abgestochen werden. Hühnereiweiß zählt zu den ältesten bekannten Schönungsmitteln überhaupt. Hühnerweiß und Milcheiweiß (→ Kasein) gelten als → Allergene. Eine Behandlung muss deklariert werden. (→ Weinbereitung, zugelassene Stoffe).

Eiweißstabilisierung. Entfernung der zur → Trübung neigenden Eiweißanteile aus Most oder Wein. Dies kann durch Wärmebehandlung oder durch Anwendung von eiweißbindenden Stoffen wie → Bentonit erfolgen. Letztere Behandlung ist die zuverlässigere, insbesondere dann, wenn das Eiweiß restlos entfernt wird (→ Eiweiß, → Lysozym).

Eiweißtrübungen sind schon länger bekannt, haben jedoch zunehmend Bedeutung gewonnen, seit Wein als Flaschenwein gelagert und in Verkehr gebracht wird. Während man vor 1900 diesen Trübungen, die man als „Schleim“ bezeichnete, hilflos ausgeliefert war, sind heute wirkungsvolle Gegenmaßnahmen bekannt.
Die Trübung ist besonders häufig in Wein-Jahrgängen, die sehr viel → Eiweiß enthalten. Eine gewisse natürliche → Stabilisierung erreicht man durch die spontane → Ausscheidung, die durch die wechselnden Temperaturen während des → Ausbaues und der Lagerung im Behälter (das heißt vor der Flaschen-

füllung) eintreten kann. Eiweiß hat die Eigenschaft, beim Erwärmen „auszuflocken" (zu denaturieren) und setzt sich dann zusammen mit dem Trub im Behälter ab. Eiweiß bildet auch mit anderen Weininhaltsstoffen Verbindungen, die sich ausscheiden können.
Diese spontane Stabilisierung reicht aber nicht aus und würde auch nur bei mehrjährigem Lagern im Behälter befriedigend verlaufen. Mit der heute üblichen und auch zweckmäßigen Form der frühen → Flaschenabfüllung, die gerade in eiweißreichen und somit auch säurearmen Weinen außerordentlich nützlich zur Erhaltung der Säure ist, bleibt den Weinen keine ausreichende Zeit der Selbststabilisierung. Ferner wurde gegenüber früher die Technik der → Dosage der „Süßreserve" eingeführt, das heißt, dass man kurz vor der Flaschenabfüllung einen → Verschnitt macht, der das Milieu entscheidend verändern kann und neue Labilität provoziert. Auslösende Faktoren für die Eiweißtrübung sind:

- Metalle wie → Kupfer,
- Gerbstoffe,
- Erwärmung,
- Schütteln,
- Veränderungen im pH-Wert,
- Veränderungen im Alkoholgehalt etc.

Es hat sich deshalb eingebürgert, zur Verhütung der Eiweißtrübung, dieses vorzeitig bereits im Most oder Wein durch Bentonit oder Erhitzen (Pasteurisieren) zu entfernen.
Die Eiweißtrübung erscheint als bläulich-opalisierende Trübung, die sich schlecht absetzt und insbesondere bei Weißwein großer Wert auf optische Klarheit gelegt wird. Manchmal wird die Eiweißtrübung vom Gerbstoff des Korken ausgelöst – es bildet sich die sogenannte Korkfahne (→ Bentonit, → Bentotest®, → Eiweiß, → Lysozym, → Wärmetest).

EK-Filtration (Entkeimende Filtration) unter Anwendung von keimdichten → Filterschichten. Die entkeimende Filtration wurde durch die Firma SEITZ, Bad Kreuznach, in die Getränketechnik eingeführt und ist dort auch heute noch unentbehrlich für die keimfreie Abfüllung von Getränken (→ Endfilterkerze, → Membranfilter).

EK-Schichten (→ Entkeimungsschichten).

Elbling ist eine weiße altbekannte Traubensorte (Alben), die auch noch Namen wie Albig oder Kleinberger trägt. Die Sorte gibt hohe Erträge bei niedrigem Mostgewicht und betonter Säure. An der Obermosel und im luxemburgischen Weinbaugebiet hat diese Rebsorte noch Bedeutung, insbesondere als Grundwein für die Sektherstellung.
Ende des 20. Jahrhunderts konnte man durch DNA-Analyse der Reben sicherstellen, dass der Elbling eine spontane Kreuzung zweier Rebsorten mit fränkischen und heunischen (?) Anteilen darstellt (→ Rebsortenanbau).

elegant. Ein etwas unspezifischer Ausdruck der → Weinansprache, der einem Wein mit feinem Duft und einer gewissen Rasse zukommt.

Elektrodialyse ist ein physikalisches Verfahren, welches für die Weinbehandlung zugelassen ist. Die E. erreicht die Abtrennung von elektrisch geladenen Teilchen aus dem Wein mit Hilfe von Membranen unter Einfluss einer Gleichspannung (Elektrodialyse). Die Apparaturen sind in Art einer Filtriereinrichtung mit Membranschichten aus synthetischem Polymeren, die mit → Austauscherfunktionen ausgerüstet und in Kathoden- und Anodenräume getrennt sind.
Bedeutsam für die praktische Anwendung ist die dadurch mögliche Abtrennung von → Kalium, womit eine so weitgehende Abreiche-

rung des Kaliums möglich ist, dass eine → Weinstein-Ausscheidung nicht mehr zu befürchten ist. Untersuchungen in den 90er Jahren haben gezeigt, dass zwar bevorzugt Kalium, aber auch Tartrat entfernt wird, wodurch zwar die (gewünschte) → Weinsteinstabilität erreicht wird, sich gleichzeitig aber auch die analytischen Daten des Weines teils gravierend ändern. Eine zusätzliche grundsätzliche Problematik jeder Membrantechnologie ist die Gefahr der Verblockung von Filtermembranen (→ fouling).
Als Verfahren ist die E. für die Weinsteinstabilisierung von Sektgrundweinen geeignet. Da sich zur Weinsteinstabilisierung die im Prinzip natürlichere Methode des → Kontaktverfahrens in der Kellertechnik bewährt hat, scheint die Elektrodialyse entbehrlich.

Element nennt man im chemischen Sprachgebrauch einen Stoff, der nur aus einer einzigen Atomart aufgebaut ist. Es sind über 100 Elemente bekannt.

Enatiomere sind chemische Verbindungen, die in optischen Isomeren vorkommen (→ Optische Aktivität). Solche E. kommen in biologischen Abläufen häufig vor. Der Nachweis von (unzulässigen) Zusätzen zu Wein gelingt häufig anhand der jeweiligen optischen Isomeren-Verhältnisse (z. B. Zusätze von künstlichen Aromen).

Endfilterkerze nennt man ein kerzenartig aufgebautes Filtermodul, dessen Funktion auf (gewickelten) Membranen basiert. Da die Filterkapazität sehr gering ist (im Gegensatz zu sog. Tiefenfiltern), kann die Endfilterkerze nicht stark mit Trub belastet werden. Durch die sichere Rückhaltung von Mikroorganismen wird diese bei der sterilen Abfüllung von Wein als „Polizeifilter" (am Ende) der Sequenz Filter/→ Füller eingebaut. (→ Filtermodule, → Filtersysteme).

Entfärbung von Most (Wein) aus weißen Trauben. Ist durch das Lesegut bedingt eine zu starke Farbausbildung der Weine zu erwarten, so kann dem Most mit → Aktivkohle die übermäßige Farbe entzogen werden. Auch für Wein ist dies zulässig, wobei allerdings die Behandlung im Mostzustand (falls möglich) vorzuziehen ist. Die Zusätze sind auf 1 g/l beschränkt. Das Entfärben kann in abgeschwächter Weise auch durch → Bentonit oder Gelatine-Kieselsol erreicht werden. Aufhellend wirkt eine → Schwefelung oder die → Filtration. Die Anwendung von Aktivkohle ist bei Erzeugnissen aus roten Trauben derzeit erlaubt, um Fehler zu entfernen (→ Weinbereitung, zugelassene Stoffe).

Entfärben von Rotweinfässern ist notwendig, wenn anschließend Weißwein darin gelagert werden soll. Es ist deshalb zweckmäßig, Rotweinfässer nur für die Lagerung von Rotwein zu verwenden (→ Fassbehandlung).

E-Nummer. Zahlencode für die „Zutatenliste" der EG.

Entkeimung. Most und Wein sollen durch Verfahren „keimfrei" gemacht werden. Darunter versteht man die Abtötung oder Abtrennung solcher → Mikroorganismen (Keime), die sich dort vermehren und unerwünschte Veränderungen hervorrufen können. Manche „Keime", die in Most sich vermehren, können dies in Wein infolge des Alkoholgehaltes nicht mehr. Die Mikroorganismen können Pilze, Bakterien oder Hefen sein. Keimfreie Getränke werden auch als steril bezeichnet. Neben der Abtötung der Mikroorganismen durch Erhitzen wird erstrangig die Filtration mit keimdichten Filtern (→ Bakterien, → EK-Schichten, → Endfilterkerze, → Hefen, → Membranfilter, → Schimmelpilze) angewendet.

Entkeimungsfilter sind zur Abtrennung von Keimen (→ Mikroorganismen) aus Getränken bestimmt. Man kann darunter die komplette Anlage (→ Filter + → Filterschichten) oder auch nur die den Abtrennungsvorgang hervorrufenden Schichten allein verstehen. Da aber die Filter nicht nur zur Entkeimung, sondern auch zur Vorfiltration (Klärfiltration) eingesetzt werden, ist es zweckmäßig, nur die Sonderheit der entkeimenden Schichten (→ EK-Schichten) hier darzustellen. Die EK-Schichten sind → zellulosehaltig, wobei andere → Filterhilfsmittel wie → Kieselgur, → Perlite und kationische Harze zur Erhöhung des Zetapotentials eingebunden werden. Dabei werden die Keime überwiegend in die Poren der Schicht eindringen können, aber nicht hindurchtreten. Voraussetzung für eine zuverlässige Abtrennung ist, dass die Trubbelastung der Schicht nicht hoch ist, d. h. vor der Entkeimungsfiltration muss eine → Vorfiltration durchgeführt werden. Da aber bei der Filtration ein zunehmender Widerstand entsteht, weil sich Poren zunehmend zusetzen, darf der zur Überwindung des Widerstandes erforderliche Druck nicht um mehr als 1,5 bar ansteigen. Auch darf die Strömung nicht beliebig erhöht werden. Allgemein gilt als Grenze der Durchflussgeschwindigkeit beim 40/40 cm Schichtenfilter 65 bis 70 l pro Stunde/Schicht. Druckstöße sind zu vermeiden.
Durch den Zellulosegehalt bedingt, muss vor Gebrauch die Filterschicht → „weingrün" gemacht werden. Da die gesamte Anlage sterilisiert werden muss, kann das „Weingrünmachen" damit verbunden werden (→ Dämpfen, Umpumpen von Desinfektionsmitteln). Die EK-Schicht hat sich etwa ab 1926 zur EK-Filtration von Getränken eingeführt und ist auch noch heute das überwiegend angewendete Verfahren der Haltbarmachung von Flaschenwein (→ Endfilterkerzen, → Membranfilter).

Entkeimungsschichten sind im klassischen Sinne Tiefbettfilterschichten hauptsächlich aus → Zellulose und → Kieselgur aufgebaut, doch könnte man auch → Membranfilter dazu zählen. Bei Membranfiltern kann man jedoch nicht von entkeimenden „Schichten" sprechen, da diese sehr dünn und auf einem Träger aufgetragen oder gewickelt sind (→ Endfilterkerze).
Der Verzicht auf Asbest als Filterhilfsmittel hat eine starke Veränderung im Aufbau der Tiefbettschichtenfilter erzwungen. Modifikationen der Zellulose, ein hoher Anteil an feiner Kieselgur und Zusätze an kationischen Harzen sind die wesentlichen Schritte auf diesem Wege. Gegenüber „Modul-"-Filtrationssystemen sind die klassischen Tiefbettfilter anspruchslos in der Anwendung und naturgemäß erheblich preisgünstiger (→ Filtermodule, → Filtersysteme).

Entlohen ist eine Form des → „Weingrünmachens", welche nur bei Holzfässern in Betracht kommt. Die von Eichenholz abgegebenen Lohestoffe lassen sich analytisch nachweisen und stören besonders in Weißwein. Die sicherste Behandlung erfolgt mit alkalischen Mitteln des Handels. Auch Dämpfen ist effektiv, beim neuen Fass aber nicht so empfehlenswert, da das Holz reissen kann. Manche Holzfässer aus ungeeignetem Holz geben permanent Lohestoffe ab, die bei kleinen Gebindegrößen so lästig sein können, dass die Fässer ausgesondert werden müssen (→ Auslaugen der Fässer). Vor dem Hintergrund der Herstellung von → Barrique-Wein erscheinen diese Ratschläge antiquiert. Dabei möge man den Unterschied zu → Barrique, welches in der Regel „getoastet" ist, gegenüber dem „normalen" (größeren) Holzfass bedenken. Hier wird kein auffälliger „Holzton" gewünscht.

Entrappen ist die Maßnahme der Trennung der Beeren von den Stielen (Stengeln, → Kämmen, Rappen, → Abbeeren).

Entrappmaschinen → Abbeeren.

Entsaften, auch Vorentsaften genannt, ist die Methode aus → Maische den spontan sich bildenden → Most abzutrennen. Der spontan (ohne Druck) ablaufende Most wird auch → Vorlauf oder Seihmost genannt und unterscheidet sich in der Eigenschaft von dem aus der gleichen Maische gewonnenen → Pressmost. Der Mostvorlauf kann zum Teil bereits bei der Maischeentsaftung im speziellen Behälter oder beim → Aufschütten der Maische auf die Kelter gewonnen werden. Mostvorlauf enthält meist mehr → Zucker und → Säure, im Pressmost ist dies umgekehrt, dafür steigt der → Asche- und der → Extraktgehalt, naturgemäß auch der → Gerbstoff-Gehalt an.

Der Vorlauf entstammt dem Fruchtfleisch, Pressmoste bestehen überwiegend aus dem Saft des Butzenfleisches. Lässt man die Maische in Vorratsbehältern entsaften, so sind die Verhältnisse etwas anders (längere Standzeiten, evtl. Zusatz von → Pektinasen), als wenn der Vorlauf beim direkten Aufschütten auf die → Kelter entnommen wird. Entscheidend ist die Beschaffenheit der Maische, deren Standzeit und Vorbehandlung.

Die Menge an Vorlauf ist bei sehr unreifem Lesegut niedrig, kann aber auch bei sehr hochreifem Lesegut (der Anteil von Rosinen- und Trockenbeeren, die schlecht entsaften, ist hoch!) niedrig oder praktisch Null sein.

Behälter zur Lagerung und Entsaftung nennt man → Abtropfbehälter. Eine gewisse Vorentsaftung erhält man auch mit Hilfe von schrägstehenden Transportschnecken, die sich in einem perforierten Zylinder drehen und die Maische auf die Kelter fördern. Dieses Prinzip ist insbesondere bei → Schneckenpressen als Vorentsaftungsgerät zu finden, weil dort das anfallende Traubengut kontinuierlich, das heißt ohne Zwischenbevorratung, gepresst wird. Mit den → Vorentsaftern erreicht man eine Entlastung der Kelter. Bei rotierenden, also dynamischen Vorentsaftern muss man mit einer höheren Belastung durch Trub rechnen (→ Abb. 6 im Anhang).

Entsäuerung, Allgemeines. Im weitesten Sinne kann die Entsäuerung alle Vorgänge umfassen, die den Säuregehalt des Weines reduzieren und – damit verbunden – den für den sauren Geschmack entscheidenden → pH-Wert anheben. Auch spontan ablaufende Vorgänge, wie der → biologische Säureabbau oder die → Weinsteinausscheidung, bewirken solche Effekte. Im engeren Sinne ist bei der Entsäuerung die Form der chemischen Entsäuerung gemeint, die durch zugelassene → Weinbehandlungsmittel erfolgen kann. Im Prinzip handelt es sich dabei immer um den Vorgang der teilweisen → Neutralisation mit und ohne Pufferung des pH-Wertes. Die teilweise Neutralisation wird in der Regel durch Carbonate des Calciums (→ Calciumcarbonat) oder des Kaliums (→ Kaliumbicarbonat) erfolgen.

Ein Sonderfall ist die Anwendung von Kaliumtartrat (neutrales Salz) mit der Absicht durch Umwandlung in Kaliumhydrogentartrat (Weinstein), den Gehalt an H^+-Ionen zu vermindern. Kaliumtartrat ist bisher- zumindest in Deutschland – praktisch nicht angewendet worden.

Auch die denkbare Neutralisation mit Laugen ($NaOH$ oder $Ca(OH)_2$) steht nicht zur Diskussion und ist auch nicht zugelassen, da dabei Schäden durch starke pH-Änderungen auftreten könnten und zudem hohe Mengen an Natrium verfälschend und geschmacklich störend in den Most oder Wein eingebracht würden.

Auch bei der Entsäuerung mit $CaCO_3$ in jeglicher Form und Anwendung (→ Doppelsalzfällung) kommt eine geringe Erhöhung des Calciumgehaltes zustande, die sich allerdings – bei korrekter Ausführung – noch nicht geschmacklich bemerkbar macht. Das gleiche tritt bei der Entsäuerung mit Kaliumbicarbonat ein, bei deren Durchführung der Kaliumpegel ansteigt. Überhöhungen der Kaliumgehalte sind jedoch sensorisch nicht so kritisch wie die Überhöhung der Calciumgehalte. Äquivalente Mengen an Calcium beeinflussen den Geschmack (Bitternote, erdig) deutlicher als äquivalente Mengen an Kalium.

Die Wirkung der jeweiligen „Entsäuerungsmittel" hängt nicht nur von der Art, der Zusatzmenge, dem Stadium der Behandlung, sondern auch vom Verhältnis der beiden von der Entsäuerung betroffenen Säuren ab, der Weinsäure und der Äpfelsäure. Das Verhältnis von Tartrat (Weinsäure) zu Malat (Äpfelsäure ist zunächst rebsortenbezogen, aber auch vom Reifezustand abhängig.

In der Form der **einfachen Entsäuerung** mit Calciumcarbonat limitiert die Menge der verfügbaren (vorhandenen) Weinsäure den Umfang der möglichen Entsäuerung. Es gilt:

Verfügbare Weinsäure (g/l) = Vorhandene Weinsäure – 0,5

In der Praxis bedeutet dies, dass etwa 1,0 g/l Weinsäure als Restweinsäure verbleiben sollen, damit Calcium nicht in störenden Mengen im Most bzw. Wein verbleiben kann. In dieser Schlussfolgerung ist die Feststellung einzubinden, dass die einfache Entsäuerung mit Calciumcarbonat zwar die billigste und technisch einfachste Variante darstellt, jedoch in manchen Fällen nicht hinreichend ist.

Um aufwändige Untersuchungen der Weinsäuregehalte im Most zu umgehen, rechnet man im Mostzustand mit Weinsäureanteilen von mindesten 30 % (Ausnahme Eisweinmoste), so dass bei Gehalten bis zu 15 g/l „Mostsäure" bis zu 5 g/l vorhandene Weinsäure vorhanden sind. Im Mostzustand ist somit eine Entsäuerung um ca. bis zu 4 g/l möglich. Naturgemäß ist der angestrebte Gehalt nach Entsäuerung des Mostes auch von der Weinart abhängig. Die im Wein angestrebten Säuregehalte müssen in eine solche Betrachtung einbezogen sein.

Grundsätzlich weiterführend ist die → **Doppelsalz**-Fällung, die eine Erweiterung der Neutralisation mit Calciumcarbonat unter Einbeziehung der Äpfelsäure zulässt.

Prinzip: Unter bestimmten Bedingungen (totale Neutralisation) bildet sich eine Mischverbindung des Calciums mit der Weinsäure und der Äpfelsäure, die sich ausscheiden kann und dafür sorgt, dass das neutralisierende Calcium nicht im störenden Umfange ansteigen kann bzw. beim Rückverschnitt als Calciumtartrat ausgefällt wird.

In der neuesten Variante korrigiert man den natürlichen Weinsäuregehalt durch direkten Zusatz von Weinsäure → **Malitex** oder in „versteckter" Form beim Verfahren → **„Malicid"**. Dadurch lässt sich der, insbesondere im Wein manchmal zu niedrige Gehalt an Weinsäure „aufstocken" und der Entsäuerungsbereich erweitern.

Eine andere Form der Entsäuerung bietet die → Entsäuerung mit → Kaliumbicarbonat. Bei Anwendung äquivalenter Mengen zum Calciumcarbonat kommt es zu einer Neutralisation und Erhöhung des natürlichen Kaliumgehaltes. Dabei wird sich der Weinsäuregehalt weniger stark vermindern als bei der äquivalenten Entsäuerung mit Calciumcarbonat. Der sensorische Effekt der Entsäuerung lässt sich bei diesem Verfahren als Addition der Neutralisation und der → Pufferung durch die Kaliumerhöhung beschreiben. Der Zusatz von Kaliumverbindungen ist in anderer Form bei Verbindungen wie → Kaliumdisulfit, → Kaliumhexacyanoferrat (II), → Kaliumsorbat etc. gesetzlich akzeptiert.

Entsäuerung, Vergleich der Methoden. Bei der Gegenüberstellung der beschriebenen Entsäuerungsverfahren sind folgende Abwägungen zu treffen:

1. Umfang der Entsäuerung?
2. Stadium der Behandlung (Most, Jungwein oder Wein)?
3. Kombination der chemischen Entsäuerung mit dem biologischen Säureabbau?
4. Technischer Aufwand?
5. Kosten der Verfahren?

Zu 1) ist nachzutragen, dass die Entsäuerung mit Kaliumbicarbonat auch als Feinentsäuerung bezeichnet wird, da die Methode bevorzugt bei Wein eingesetzt wird und der beschränkte Spielraum der Entsäuerung kaum Korrekturen über 2 g/l erlaubt.
Zu 2) ist grundsätzlich zu vermerken, dass Mostentsäuerungen unabhängig von der angewendeten Methode behutsam durchzuführen sind, damit der pH-Wert nicht zu extrem angehoben wird; außerdem ist zu diesem Zeitpunkt der weitere Verlauf der pH-Wert-Entwicklung (Weinsteinausscheidung, biologischer Säureabbau) noch nicht zuverlässig erkennbar.
Im (ausgebauten) Wein bietet die Säurekorrektur mehr Sicherheit, da man den endgültigen Status des Säuregehaltes und des pH-Wertes analytisch und sensorisch bewerten kann. Insbesondere die Entsäuerung mit Kaliumbicarbonat ist im Vorversuch in ihrer Auswirkung einfach zu überprüfen und sensorisch zu bewerten, während andere Verfahren nur empirisch über Erfahrungswerte (Säurebestimmung) berechnet werden.
Zu 3): Man wird davon ausgehen können, dass die erwähnte Kombination kaum empfehlenswert ist, doch kann der biologische Säureabbau auch ungewollt ablaufen. Dies spricht für eine „Entweder-Oder"-Entscheidung. Eine gewollte Stimulierung des biologischen Säureabbaus kann jedoch mit einer (kleinen) pH-Erhöhung durch die erwähnten Entsäuerungsverfahren erreicht werden.
Zu 4) und 5) müssen eigene Überlegungen angestellt werden.
Anschließend sei vermerkt, dass nach wiederholten Feststellungen maßgeblicher Autoren, die gewünschte geschmackvolle Korrektur der Entsäuerung unabhängig vom Anion „Tartrat" und „Malat" ist und nur der pH-Wert und dessen Pufferung den sensorischen Effekt bewirken. Vorstellungen von der „guten" und „reifen" Weinsäure und der „grünen" und „unreifen" Äpfelsäure, die zur Bewertung der diversen, zur Verfügung stehenden Entsäuerungsmethoden gerne herangezogen werden, sind somit unangebracht.

Entsäuerung, praktische Durchführung. Wie in → Entsäuerung, Allgemeines erläutert, wird diese als chemische Entsäuerung durch Zusatz zulässiger Behandlungsstoffe verstanden. Eine praktisch unbegrenzte Entsäuerung ist für Most zugelassen, jedoch die Überentsäuerung verboten (Restweinsäure von mindestens 0,5 g/l ist zu gewährleisten!), ebenso für Jungwein. Wein dagegen sei nur bis maximal um 1 g/l zu entsäuern (!?). Letztere Einschränkung führt zu Problemen, da die Trennung der Stadien Jungwein und Wein in praxi kaum möglich ist.
Folgende Entsäuerungsmethoden stehen zur Verfügung:
Die **einfache Entsäuerung** mit Calciumcarbonat (verschiedenste Löslichkeitseigenschaften sind zu beachten) ist traditionell das älteste Verfahren. Die Bezeichnung „einfache" Entsäuerung drückt bereits aus, dass das Verfahren den geringsten Aufwand und die geringsten Kosten erfordert. Das Verfahren ist überschaubar und lässt sich anhand der folgenden Formel quantifizieren:

$$H_2 \times C_4H_4O_6 + CaCO_3 \rightarrow Ca \times C_4H_4O_6 + CO_2 + H_2O$$

$H_2 \times C_4H_4O_6$	$CaCO_3$	$Ca \times C_4H_4O_6$	CO_2	H_2O
150	100	188	44	18
(Weinsäure)	(Calciumcarbonat)	(weinsaures Ca)	(Kohlendioxid)	(Wasser)

Aus den Verhältnissen der Molmassen wird erkennbar:
1 g Weinsäure wird durch Zusatz von 0,67 g Calciumcarbonat neutralisiert, Calciumtartrat fällt aus und entnimmt als unlösliches Salz die überwiegende Menge an zugesetztem Calcium aus dem Milieu (Most oder Wein) heraus. Gleichzeitig wird Kohlensäure freigesetzt (die Bildung von Wasser ist vernachlässigbar!).
Weder die Berechnung der für die tatsächliche Most- oder Weinmenge notwendigen Zusätze noch die Art der Durchführung bedarf einer Erläuterung. Die sich absetzenden Kristalle des weinsauren Calciums werden bei nächster Gelegenheit entfernt und sind dauerhaft stabil. Calciumcarbonat soll verschlossen aufbewahrt werden (Geruch, Feuchtigkeit). Im Falle der Weinentsäuerung muss der verfügbare Weinsäuregehalt vorher überprüft, im Mostzustand kann der verfügbare Weinsäuregehalt ungefähr abgeschätzt werden (→ Entsäuerung, Allgemeines).
Nach Untersuchungen von Böhringer und Münz (1962) ist es möglich, den Entsäuerungsspielraum im Most zu erweitern, wenn man mit kohlensaurem Kalk das sogenannte → Doppelsalz bildet, wobei neben der Weinsäure noch ein Teil Äpfelsäure ausgeschieden wird. Kielhöfer und Würdig (1963) haben dazu eine einfache Form der Durchführung angegeben. Für die Ausführung eignen sich nur Kalksorten mit hoher Löslichkeit d. h. spezieller Korngröße. Einzuhalten sind dabei folgende Bedingungen:

Einfache Doppelsalzentsäuerung:
1. Die Menge an kohlensaurem Kalk wird wie bei der einfachen Entsäuerung berechnet, die Teilmostmenge ergibt sich überschlägig als Prozentsatz der angestrebten Entsäuerung.
2. Es wird nur ein Teil des Mostes zum kohlensauren Kalk so hinzugesetzt, dass während des Zusatzes ein → pH-Wert von 4,5 nie unterschritten wird. Insbesondere am Anfang des Zusatzes ist der Most langsam zuzusetzen, und dieser wird immer wieder unterbrochen, wenn die Kohlendioxidbildung zu heftig wird (man kann mit Spezialindikatorpapier kontrollieren).
3. In der vollentsäuerten Teilmostmenge setzen sich die Doppelsalz-Nadeln bald ab und müssen vor dem Rückverschnitt daraus entfernt werden. Absetzen und Abziehen des überstehenden Mostes genügt hierzu nicht, da die locker sich absetzenden Doppelsalzkristalle noch sehr viel Most enthalten. Man muss deshalb separieren oder über → Kieselgurrahmen bzw. → Hefefilter abfiltrieren. Abpressen des Trubes mit pneumatischen → Keltern ist möglich, aber aufwändig. Großbetriebe können → Drehfilter anwenden.
4. Der vom Kristalltrub restlos abgetrennte Mostanteil wird dem unentsäuerten Mostanteil wieder umgehend zugesetzt. Die weitere Verarbeitung erfolgt dann normal (Vergärung). Da dort nur Calciumtartrat ausfällt und dieses stabil ist, kann die Abtrennung gelegentlich erfolgen. Vom Handel werden geeignete Kalksorten und die anzustellenden Berechnungsformeln bzw. Tabellen angeboten.

Erweiterte Doppelsalzfällung. Wie erwähnt, ist insbesondere bei Weinentsäuerung auch bei der Doppelsalzfällung der mögliche Umfang der Entsäuerung limitiert. Falls nun – aus den verschiedensten, nicht immer nachvollziehbaren Gründen – die Mostentsäuerung unterblieb, so kann der ggf. niedrige Restweinsäuregehalt im Wein den Entsäuerungsspielraum auch der (normalen) Doppelsalzfällung einengen. Es lag nahe, das ungünstige Weinsäure:Äpfelsäure-Verhältnis durch Zusatz von Weinsäure zu verändern und den Entsäuerungsspielraum zu erweitern (MALITEX-Verfahren). Einwände und auch Einschränkungen (auf Gebiete und Rebsorten begrenzte Zulassung) resultierten folgerichtig wegen der Koppelung von Wein-

säure (-Aufsäuerung) und zusätzlicher Entsäuerung.
Ein Ausweg fand sich in einem Kombinationspräparat (MALICID-Verfahren, 1987), welches Weinsäure und Calciumcarbonat in Mischung enthält. Die Ausführung der jeweiligen Methode sei hier nicht erläutert. Der Handel stellt dazu brauchbare Anleitungen und Tabellen zur Verfügung. Bei Niederschrift war nicht erkennbar, ob auch dieses Verfahren auf Most und Jungwein beschränkt bleibt und wie sich die gesetzliche Situation in der Frage der eigentlichen Weinentsäuerung zukünftig gestalten wird. Da die erweiterte Doppelsalzfällung bevorzugt als Weinentsäuerung einsetzbar ist (Wein enthält – insbesondere nach einer → Weinsteinausscheidung – nur noch wenig Weinsäure), sind die gesetzlichen Voraussetzungen jeweils vorab zu klären. Eine Doppelsalzfällung ist mit einer erhöhten Zugabe von Calcium-Ionen verbunden, die anschliessend möglichst vollständig wieder aus dem entsäuerten Wein zu entfernen sind. Die (problematische) Aufgabe der → Stabilisierung solcher Weine stellt sich dann vor der Abfüllung (→ Calcium, → Calciumuvat, → Weinsteinausscheidung).

Entsäuerung mit Kaliumbicarbonat (Feinsäuerung) ist vorwiegend bei Wein angebracht Die Durchführung dieser Entsäuerung gestaltet sich ähnlich einfach wie die oben erwähnte Entsäuerung mit Calciumcarbonat. Schon früher stellte man fest, dass geringe Entsäuerungen um 1–2 g/l geeignet sind, „die Spitze zu brechen". Der abrundende Effekt wurde deswegen benutzt. Calciumcarbonat ist dazu weniger geeignet als Kaliumbicarbonat, da

- die mit Calciumcarbonat behandelten Weine schwieriger zu stabilisieren sind (Rest-Calciumgehalte) und
- der sensorische Effekt weniger wirkungsvoll und durch die zunächst verbliebenen Calciumgehalte (bitter) überdeckt ist.

Diese Nachteile scheiden bei Kaliumbicarbonat aus. Die Anwendung folgt der Berechnung wie beim Calciumcarbonat (1 g/l Weinsäure werden durch 0,67 g/l Kaliumbicarbonat neutralisiert). Die unkomplizierte Durchführung erleichtert den sensorischen Vorversuch im Labor. Vorversuche sind nützlich, da sich die Entsäuerung mit Kaliumbicarbonat eher für Burgundertypen oder Rotweine empfiehlt (→ Weinbereitung, zugelassene Stoffe).

„Entschleimen" des Mostes ist eine Form der → Mostvorklärung, die man als „Absitzenlassen" bezeichnet. Dazu lässt man dem von der Kelter abfließenden Most in einem stehenden Behälter genügend Zeit, damit sich die groben Trubstoffe absetzen können. Damit erreicht man, dass sich Erde, Traubenkerne etc. im Trub absetzen. Danach wird der überstehende, relativ klare Most abgezogen, der Trubrest zweckmäßig verarbeitet (→ Entschleimungstrub).
Die Dauer des Absitzenlassens richtet sich nach dem Grad der erwünschten Vorklärung und beträgt meist zwischen 12 und 24 Stunden. Mit zunehmender Entschleimungsdauer führt die daraus resultierende stärkere Mostvorklärung zu einer verzögerten Gärung und zu Weinen mit deutlicher Restsüße. Da dies nicht ganz unproblematisch ist, umgeht man die extreme Mostvorklärung vor der Gärung. Verarbeitet man die Moste jedoch zur Süßreserve, dann bestehen gegen die starke Entschleimung keine grundsätzlichen Bedenken.
Die in den letzten Jahren eingeführte *Flotation* lässt den Trub bewusst an die Mostoberfläche treten und ist somit das umgekehrte Verfahren. Weitere Einzelheiten → Flotation.
Während des Entschleimens kann Gärung eintreten, die man im Falle von noch zu vergärenden Mosten mit einer maßvollen Schwefelung des Mostes bis zu 50 mg/l etwas verzögern kann, im Falle von → Süßreserven,

die stärker entschleimt werden sollen, ist eine drastische Schwefelung der Moste bis zu 200 bis 300 mg/l empfehlenswert und auch vertretbar.
Das einfache Absitzenlassen gelingt insbesondere dann nicht, wenn das Traubengut bereits eine hohe Keimdichte aufweist (faules Lesegut) oder die Herbsttemperaturen hoch sind. In solchen Fällen kann nur noch die Vorklärung mittels technischer Einrichtungen (→ Separatoren , → Crossflow-Filtration oder → Kieselgurfilteranlagen) zum erwünschten Ziel führen. Ziel der Entschleimungsmaßnahmen ist der Gewinn an Reintönigkeit durch Entfernung der unerwünschten Begleitstoffe und die Zügelung der Gärung mit den positiven Auswirkungen auf die Weinqualität. Dagegen schadet übermäßig starkes „Entschleimen", da solche Weine biologisch anfällig sind und der → Körper etwas leidet.
Nach modernen Gesichtspunkten ist das Entschleimen überholt, u. a. auch deshalb, weil die Frage des dabei zwangsläufig anfallenden Entschleimungstrubes, der noch erhebliche Mengen an Most enthalten kann, dadurch nicht gelöst ist. Allerdings enthält auch Flotationstrub merkliche Anteile an zurückgewinnbarem Most. Die Aufarbeitung des Entschleimungs (Flotations)-trubes wirft auch Probleme des Umweltschutzes auf (→ Mostvorklärung, → Rückstände der Weinbereitung, → Abb. 2 im Anhang).

Entschleimungstrub (Flotationstrub) Bei der → Vorklärung der Moste durch Absitzenlassen setzt sich der schleimige Trub ab und bleibt nach Abzug des Klaranteiles im Behälter. Da der „Entschleimungsa-Trub (Flotationstrub) noch erhebliche Saftanteile enthält, die man zurückgewinnen will, kommt der Aufarbeitung des Entschleimungstrubes (bzw. Flotationstrubes) eine erhebliche wirtschaftliche Bedeutung zu. Die Menge an Trub hängt vornehmlich von der verwendeten → Kelter, aber auch von der Beschaffenheit des Lesegutes ab. → Schneckenpressen liefern den höchsten Anteil an Ttrub. Entschleimungstrub kann in → Hefepresssäcken gepresst oder zusammen mit → Filterhilfsmitteln filtriert werden. An Stelle des Absitzenlassens tritt zunehmend die Vorklärung mittels Flotation. Großbetriebe arbeiten den Trub mit dem → Dekanter auf, während der Separatorentrub oft schon „stichfest" deponierbar ist (geeignete Maschinen → Separator, → Drehfilter, Hefe-Trubfilter).

Entschwefelung hat das Ziel, eine übermäßig hohe Menge an freier und gebundener → schwefliger Säure aus Most oder Wein zu entfernen. Da eine → Überschwefelung zunächst nicht strafbar ist, solange das Produkt nicht „feilgehalten" oder in Verkehr gebracht wird, ist die Entschwefelung grundsätzlich auch nicht strafbar. Möglich ist diese im Most, weil hier der Acetaldehyd noch nicht als Bindungspartner vorhanden und die SO_2 an Mostbestandteile locker gebunden ist. Man bedient sich dazu der Erwärmung und treibt durch Erhitzen das leichtflüchtige SO_2 aus. Bei ausreichend hoher Temperatur und genügender Erhitzung lässt sich auch die gebundene schweflige Säure weitgehend abziehen (über die freie schweflige Säure im Gleichgewicht). Moste mit hohem ph-Wert lassen sich schlecht entschwefeln. Ein sehr schonendes Verfahren der Mostentschwefelung besteht in der Erwärmung von Most unter → Stickstoffgas, das im Kreislauf über den erwärmten Most geführt wird, sich dabei mit SO_2 belädt, anschliessend in einem Waschbad (Lauge) wieder reingewaschen wird und erneut in den Kreislauf eintritt. Bei diesem Verfahren sind praktisch keine Aromaverluste beobachtet worden. Eine Oxidation während der Entschwefelung im Inertgasstrom wird verhindert und damit auch die Bildung von Schwefelsäure. Dass in den entschwefelten Produkten im nachhinein oft

mehr Schwefelsäure enthalten ist als in den ursprünglich eingelagerten Mosten, hängt überwiegend mit der Oxidation der schwefligen Säure bei der Lagerung der „stummgeschwefelten“ Moste zusammen (→ Stummschwefeln).
Die beste Methode der Entschwefelung bei Wein ist der Verschnitt mit einem Wein niedrigeren SO_2-Gehaltes, da Entschwefelungsverfahren – wie bereits erwähnt – entweder unvollständig verlaufen oder (und) mit Nachteilen für die Weinqualität verbunden sind.

Enzymatische Analyse. Bei der Getränkeanalyse kommt der Analyse mittels spezifisch wirkender → Enzyme zunehmend Bedeutung zu. Da Enzyme teuer und die Messeinrichtungen aufwändig sind, bleibt die Anwendung auf größere Laboratorien beschränkt. Die in größeren Konzentrationen vorkommenden Stoffe sind nur erschwert exakt zu bestimmen (→ Alkoholbestimmung). Auch hohe Phenolgehalte stören enzymatische Prozesse, d. h. auch die enzymatische Analyse.
Einen großen Vorteil bieten die Methoden der enzymatischen Analyse durch die große Spezifität, d. h. es ist keine umfängliche Abtrennung der gesuchten Substanzen (Probenvorbereitung) erforderlich. Die Spezifität führt zu einer selektiven Trennung der sog. optisch aktiven Formen (D- und L-Form), wie diese bei → Milchsäure, → Äpfelsäure, aber auch bei komplexen Substanzen wie → Lactonen auftritt.
Im Falle einer natürlichen Entstehung wird in der Regel eine optisch aktive Form gebildet. Deshalb enthält der Traubenmost nur die l (+) – Weinsäure (Bezeichnung nach Norm). Interessanter ist die Tatsache, dass die Äpfelsäure ebenfalls in zwei optisch aktiven Formen existiert, im Traubenmost und Wein aber nur die L-Form natürlicherweise vorkommt.
Für die D-Milchsäure gilt, dass diese – im Gegensatz zur L-Form – von Bakterien produziert wird, die Artefakte (Milchsäurestich) fördern, d. h., dass nicht nur Verfälschungen sondern auch Weinfehler mit diesen Methoden diagnostiziert werden können.
Viele (seltene) Verbindungen, wie Ameisensäure, 2-Keto-glutarat, → Gluconsäure, aber auch häufiger analysierte Verbindungen wie → Acetat, → Acetaldehyd, → L-Ascorbinsäure, → Citronensäure, → Fructose, → Glucose, → Glycerin und Nitrat etc. lassen sich mit vorgefertigten Analysen-Sets quantifizieren. Da andere Methoden (→ FTIR, → Gaschromatografie, → Hochdruckflüssigchromatografie mit konkurrieren, ist die enzymatische dann unverzichtbar, wenn die genannten Verbindungen in die „natürliche“ D- und L-Form gegenüber dem Synthetischen „Razemat“- (D, L-Form) zu differenzieren sind. Neuerdings kann man auch mit der GC komplexe Naturstoffe in die enantiomeren Komponenten trennen;der Aufwand ist jedoch sehr hoch!

Enzymbehandlung. Einige Enzyme können im technischen Maßstab bei der Herstellung von Lebensmitteln eingesetzt werden. Für → Maische, → Most und → Wein eignen sich insbesondere pektinspaltende Enzyme (→ Pektinase). Der dadurch bewirkte Abbau der → Pektine beschleunigt den Saftablauf bei der Kelterung, die Vorklärung des Mostes und verbessert die Filtrierfähigkeit. Bei Wein ist die Behandlung wenig sinnvoll, da dort die Pektine bereits weitgehend entfernt sind.

Die verschiedenen Präparate des Handels unterscheiden sich im Grad der Anreicherung, in der Konsistenz (fest oder flüssig) und damit auch in der Wirksamkeit (Aktivität). Das Wirkungsoptimum liegt bei Temperaturen um 50 °C, was für die Handhabung aus verschiedenen Gründen von Nachteil ist. Die Einwirkungszeit muss der vorliegenden Temperatur entsprechend meist erhöht werden (siehe Gebrauchsanleitung der Hersteller).

Enzyme sind organische Verbindungen, die sich in Pflanzen und Lebewesen befinden und dort die Funktion von Bio-Katalysatoren haben. Diese steuern bestimmte chemische Abläufe. Dem Aufbau nach sind es → Proteine mit sogenannten prosthetischen Gruppen (oder Coenzyme), welche meist Metalle in Bindung enthalten. Durch Abtrennung der prosthetischen Gruppe verlieren die Enzyme ihre Aktivität. Bedeutsamer aber ist, dass alle Einflüsse, die die Eiweißstruktur (Proteinstruktur) verändern, auf eine Inaktivierung der Enzyme hinauslaufen. Daher rührt die Temperaturempfindlichkeit, aber auch die Reaktion auf pH-Änderungen, Gerbstoffe und ähnliche Verbindungen. Die Enzyme können nur eine Reaktion sehr beschleunigen, aber im Endergebnis nicht die Lage des Gleichgewichtes beeinflussen. Wichtig ist die außerordentliche Spezifität der Enzyme. Enzyme mit unterschiedlicher Proteinstruktur, aber gleicher Funktion, nennt man Isoenzyme.
Die vorhin erwähnte Inaktivierung der Enzyme spielt für die praktische Anwendung in der Kellerwirtschaft, aber auch für die Stoffwechselvorgänge in Trauben, Maische, Most und Wein eine große Rolle. Insbesondere das Erhitzen ist in der Behandlung der Moste eine bedeutsame Methode zur Inaktivierung unerwünschter Enzyme, wie z. B. der → Polyphenoloxidasen.
Die *Nomenklatur der Enzyme* erfolgt am zweckmäßigsten nach deren Wirkung. Deshalb werden die Enzyme meist nach ihrem Substratnamen (Substrat = Stoff, der umgesetzt werden soll) genannt. Die Endung -ase weist dann auf ein Enzym hin, z. B. Saccharase = Enzym, welches den Stoff → Saccharose umsetzt (aufspaltet) in → Glucose und → Fructose (Invertierung).
Da die Enzyme in Pflanzen an die Zelle fixiert sind, bedeutet die Zerstörung der Zellen die Freisetzung von Enzymen, die dann teilweise ungehemmt reagieren (z. B. Braunverfärbung von Obst beim Zermahlen).
Die *technische Herstellung von Enzymen* bedient sich der belebten Materie (meist werden Enzyme durch Pilze synthetisiert). Auch für die Weinbereitung sind einige technische Enzyme von praktischer Bedeutung (→ Pektinase, Amylase, Cellulase, → Glucanase).
Die für die Gärung wichtige → Zymase ist im technischen Maßstab nicht verfügbar, so dass die → Gärung bzw. die Zymaseproduktion durch die intakte Hefezelle selbst durchgeführt werden muss. Ähnliches gilt für Enzyme, die in Bakterien den Äpfelsäureabbau bewerkstelligen können.
Die natürlicherweise in Trauben vorkommenden Enzyme sind für die technologischen Eigenschaften der Maische und des Mostes wichtig. Natürlich vorkommende → *Pektinasen* können den Pektingehalt der Trauben abbauen. So wie man Pektin in drei Gruppen unterteilen kann: Protopektine, Pektin und Pektinsäure, so kann man Enzyme benennen, die diese Stufen angreifen und abbauen. Mit dem Abbau verbunden ist die Absenkung der Viskosität, worauf wiederum die technologischen Eigenschaften der Pektinasen beruhen:
- Verbesserung der Entsaftung und Pressung der Maische,
- Verbesserung der Sedimentation von Trubstoffen und damit auch
- Verbesserung der Filtrationsleistung bei der → Filtration von Mosten.

Über 70 °C werden die Pektinasen vollständig inaktiviert. Das Wirkungsoptimum liegt bei 35 bis 50 °C.

Neben Pektinasen gibt es noch natürliche → *Proteasen*, eiweißabbauende Enzyme, die in gesunden Trauben vorwiegend im Trub sitzen (Most), bei faulen Trauben vorwiegend im Mostsaft. Dort ist auch die Erklärung für den geringeren Eiweißgehalt faulen Lese-

gutes neben dem generellen Stickstoffverbrauch durch den Pilz zu suchen. Auch hier kann das Stehenlassen der Maische die Entwicklung der Enzyme fördern und die Abbauprozesse beschleunigen.
Sehr wichtige – allerdings auch unerwünschte – Enzyme sind die → *Oxidasen*. Während sich die Oxidase → Tyrosinase relativ leicht durch SO_2 und teilweise auch durch Bentonit inaktivieren lässt, wird das andere (Bräunungsenzym → Laccase schlecht inaktiviert. Nachteilig ist auch die Beobachtung, dass die Laccase schon bei 30 °C ihr Wirkungsoptimum erreicht. Durch die außerordentliche Stabilität bedingt, gehen die Bräunungsenzyme teilweise in den Wein über, wo ihre Wirkung allerdings durch SO_2 bald blockiert wird.
Ein weiteres Oxidationsenzym ist die *Peroxidase*.
Die Oxidationsenzyme sind insoweit kritisch zu betrachten, weil man noch nicht hinreichend geklärt hat, ob und wie stark eventuell dadurch Substanzen gebildet werden die SO_2 binden. Es besteht jedoch kein Zweifel, dass die starke Aktivität solcher Enzyme in faulem Lesegut und deren Maische und Most Probleme mit der → schwefligen Säure bringen, die-besonders nach Zusatz externer Enzyme dann in höheren Mengen aufgewendet werden muss (→ Glykosidase).

Erdbeerwein. Aus Erdbeeren kann man Wein herstellen, der am besten so bereitet wird, dass ein bedeutender Zuckergehalt bei relativ hohem Alkoholgehalt zurückbleibt (→ Dessertwein). Da die Erdbeeren einen Saft liefern, der relativ zuckerarm ist (25 bis 30°Oe), bei gleichzeitig niedrigem Säuregehalt, muss erheblich aufgezuckert werden, damit ein trinkbarer und nicht zuletzt auch haltbarer Wein entsteht (→ Trockenhefen, → Gärsalze). Nach Beendigung der Gärung kann nochmals mit Zucker nachgesüßt und im Bedarfsfalle mit Säure (Genusssäuren wie Milchsäure oder Weinsäure) aufgesäuert werden.

Erwärmung der Keller. Die Temperatur in Weinkellern liegt im Durchschnitt bei etwa 15 °C (Kellertemperatur). Im jahreszeitlichen Zyklus schwankt diese Temperatur allerdings in Abhängigkeit von der jeweiligen Witterung, aber auch von der Anordnung und Lage des Kellers. Zur Erwärmung des Kellers kann aber auch die bei der Vergärung abgegebene Wärme beitragen. Durch die Temperaturschwankungen wird die → Klärung und die → Stabilisierung des Weines beeinflusst. Bei Erwärmung scheidet sich → Eiweiß ab, der → biologische Säureabbau kann sich entwickeln, während Abkühlung die → Weinstein-Ausscheidung begünstigt. Zweckmäßiger und ökologisch richtig ist die Erwärmung der Gebinde durch Warmwasser, in solchen Fällen, wo z. B. mit der Erwärmung nur die Gärung eines einzelnen Gebindes eingeleitet werden soll (→ Pillow-Plates, → Kaloriengehalt). Ebenerdig angelegte Gär- oder Lagerkeller sind besonders in wärmeren Weinanbaugebieten mit einer Raumklimatisierung versehen.

Erwärmungsgeräte sind elektrische → Tauchsieder, mit deren Hilfe man den in kleineren Gebinden lagernden Most oder Wein erhitzen kann. Es muss dabei darauf geachtet werden, dass keine lokale Überhitzung eintritt, die zu „Kochgeschmack“ führen kann. Für größere Behälter verwendet man Wärmeaustauscher (Umwandung mit → Pillow-Platten (→ Plattenerhitzer).

Erstes Gewächs. Bezeichnung für eine hervorgehobene Spitzenqualität innerhalb der → VDP-Klassifikation.

Erzeugerabfüllung. Der Begriff „Erzeugerabfüllung“ darf unabhängig von der Qualität bei allen Weinen geführt werden, wenn die zur Weinbereitung genutzten Trauben einschliesslich der daraus hergestellten Weine und Süßreserven aus dem eigenen Betrieb stammen. Auch die Weinbereitung und Abfüllung (auch eine Lohnabfüllung) muss im eigenen Betrieb erfolgen. Unter gleichen Bedingungen gilt dies auch für Erzeugergemeinschaften.

Essig → Weinessig.

Essigbildner *(Acetobacter)* werden technisch zur Produktion von → Essig verwendet. Essig besteht aus → Essigsäure, die im Falle von Weinessig durch die Oxidation des Weinalkohols entsteht. Bei diesen Verfahren werden gezüchtete Kulturen mit dem Wein und Luft in Berührung gebracht. Entstehen dagegen solche Kulturen im Vorfeld oder während der Weinbereitung, so ist dort die Essigsäurebildung unerwünscht.
Befall durch Essigbildner (essigsäureproduzierende Bakterien) kann im Weinberg erfolgen, da sich diese auf verletzten Trauben (hagelgeschädigte Rebanlagen, von Insekten oder Vögel angefressene Trauben) leicht vermehren. Auch faules Lesegut enthält eine starke Population von Keimen, u. a. auch Essigbildnern, die dort bereits erhöhte Mengen von Essigsäure produzieren können.
Bei der Verarbeitung des Traubengutes muss dafür gesorgt werden, dass die Entwicklungsbedingungen für Essigbildner ungünstig sind (→ Schwefelung) und diese durch andere erwünschte → Mikroorganismen (Hefen) überwuchert werden können. Da Sauerstoff für die Stoffwechseltätigkeit der Essigbakterien notwendig ist, kann man diese durch Luftabschluss oder durch sauerstoffentziehende Medien (→ schweflige Säure, → Hefen) hemmen. Die Essigsäure wird durch Bestimmung der → flüchtigen Säuren erfasst.(→ Essigsäure, Bestimmung → Weinessig).

Essigester, Ethylacetat. Vereinfacht versteht man darunter den → Ester von → Essigsäure und Äthylalkohol (→ Ethylacetat). Da → Alkohol im Wein in großer Menge vorkommt und Essigsäure bei manchen Krankheiten zunehmend gebildet wird, ist der Gehalt an Ethylacetat besonders bei Obstweinen und kranken Weinen hoch (insbesondere bei kahmigen Weinen). Der Geruch dieser Substanz ist fruchtig-ätherisch, also nicht unangenehm.
Obwohl (bei nachlässiger Kellerhygiene) die zur Deckenbildung neigenden → Hefen die höchsten Mengen produzieren, wird auch durch normale, unter anaeroben Verhältnissen sich entwickelnde Hefe Ethylacetat gebildet.
Junge Weine erreichen insbesondere bei moderner gelenkter → Gärführung (→ Gärung, gekühlte) leicht 50 bis 80 mg/l Ethylacetat. Es ensteht gewissermaßen ein „Überschuss" an Estern, der nicht dem normalen chemischen Gleichgewicht entspricht. Bei solchen Weinen ist das Ethylacetat zusammen mit anderen Estern sehr ausgeprägt, sodass man vom „blumigen" Aroma spricht (sekundäre Géraromen). Bei der weiteren Lagerung bildet sich insbesondere der Gehalt an Ethylacetat wieder zurück. Auch deshalb sind die Gäraromen nicht sehr stabil (→ Umesterung). Auch beim → biologischen Säureabbau, besonders in Gegenwart von Zucker, kann der Estergehalt, auch mitzunehmendem Essigsäuregehalt ansteigen und trägt dazu bei, dass der erhöhte Gehalt an → flüchtigen Säuren mit den Sinnen wahrzunehmen ist (→ Bukettstoffe, → Estergeschmack).

Essigfliegen *(Drosophila melanogaster)* sind störende Kleininsekten, die eine kurze Lebensdauer von etwa sechs Tagen haben, aber in großen Populationsdichten auftreten können. In Abfüllbetrieben sind die Essigfliegen besonders unangenehm, da sich diese am Füller oder an den Flaschenöffnungen auf-

halten und den Inhalt der Flasche kontaminieren können. Da die Essigfliege Essigbakterien übertragen kann, ist diese besonders gefürchtet.
Brutstätten für Essigfliegen sind offenstehende Maischen, Moste oder Trester (alle Arten von Weinrückständen). Insektizide wie Dichlorphos- oder Pyrethrum-Präparate sind zwar wirksam, möglicherweise jedoch gesundheitsschädigend. Empfehlenswert ist ein guter Luftumsatz (Durchsatz) in den Räumen und die Abdeckung der Maische oder eine geschlossene Gärung. Das häufig zu beobachtende Einstreuen von → Kaliumdisulfit auf die Maische ist nicht anhaltend wirksam, weil SO_2 rasch abgebunden wird bzw. bei einsetzender Gärung entweicht. Sauberkeit der Geräte und ständige Entfernung der Infektionsquellen ist zwingend.

Essigmutter nennt man den Film, der bei der ursprünglichen Art der Essigherstellung auf dem Wein „aufschwimmt". Die Essigmutter kann aber auch auf einem Turm von Hobelspänen angesiedelt werden, durch welchen eine Mischung von → Wein und → Essig durchrieselt, während gleichzeitig Luft von unten (im Gegenstrom) eingeblasen wird. Neuerdings wurden Methoden mit Tiefenkulturen (Submers-Kultur) eingeführt, bei dem die Qualität des Essigs manchmal nicht mehr den ursprünglichen Methoden entsprechend ausfällt.

Essigsäure kann im → Most bereits vorhanden sein. Bei der → Gärung entsteht zusätzlich Essigsäure, wobei das Maximum der Bildung etwa im Mittelteil der Gärung liegt und gegen Ende der Gärung wieder abnimmt. Die Fähigkeit, Essigsäure zu assimilieren, ist bei den → Hefen verschieden. Der Anstieg während der Gärung kann bis etwa 0,5 g/l betragen, aber bei völliger Vergärung ist dieser Wert meist auf die Hälfte (0,2 bis 0,3 g/l) zurückgegangen.

Interessant ist die Beobachtung, dass sich im Most *vor* Eintritt der Gärung befindliche Essigsäure durch die Vergärung selbst deutlich vermindern lässt, so dass diese von einem ursprünglichen Wert von 0,75 auf etwa 0,5 g/l abgebaut wird. Bei Gehalten über 1,0 g/l ist die Gärung aber deutlich gehemmt, so dass dort das „Rezept" zur Verminderung der Essigsäuregehalte nicht mehr anwendbar ist. Versuche, die Essigsäure durch Erhitzen zu vermindern, sind erfolglos geblieben. Lediglich → Ethylacetat geht zurück. Es sollten deshalb alle Möglichkeiten genutzt werden, die Essigsäurebildung zu vermeiden (→ Pasteurisation des Mostes, Anwendung von → Reinzuchthefe bzw. → Trockenhefe).
Die Essigsäure (CH_3COOH) ist in reiner Form eine Flüssigkeit mit einem Siedepunkt bei 118 °C. Trotzdem kann die Essigsäure für analytische Zwecke durch Wasserdampf abgetrennt werden, was man bei der Bestimmung der sogenannten → flüchtigen Säuren (die überwiegend aus Essigsäure bestehen) ausnützt. Ein Teil der Essigsäure ist salzartig gebunden, doch macht dieser Anteil im pH-Bereich der Weine von 3,0 bis 3,8 nur 3 bis 10 % aus.
Zur Umrechnung von Essigsäure in andere Säuren siehe → Gesamtsäure, Umrechnung Tab. 28 im Anhang). Die Obergrenzen sind durch EG-Verordnung im Falle von Normalweinen auf 1,1 g/l (Weißwein) und 1,2 g/l (Rotwein) begrenzt. Ausnahmen: Für Beerenauslesen und Eiswein sind Gehalte bis 1,8 g/l zulässig, für Trockenbeerenauslesen bis 2,10 g/l (→ Gärstörungen → Tab. 27a im Anhang).

Essigstich nennt man die krankhafte Veränderung des Weines, die zu einer erhöhten Bildung von → Essigsäure über die Norm hinaus führt. Der Normgehalt von jungen Weißweinen liegt bei 0,2 bis 0,3 g/l, der von Rotweinen in Abhängigkeit vom Verfahren der Gewinnung zwischen 0,3 und 0,5 g/l. Mit

der Lagerung der Weine nimmt die Essigsäure noch zu. Über dieser Norm liegen die Gehalte bei hochwertigen → Auslesen, → Beerenauslesen und → Trockenbeerenauslesen, was durch die bereits im Most vorhandenen erhöhten Gehalte, jedoch nicht durch → Hefen, sondern im wesentlichen durch → Bakterien bedingt ist. Es handelt sich dabei um *Acetobacter,* die sich unter dem Mikroskop als Mikroorganismen mit einem Durchmesser von 0,5 bis 1 μ präsentieren. → Essigbildner sind auf der Traube vorhanden. Die Frage ist nur, ob sich diese auf der Traube sehr stark entwickeln können und wie günstig die weiteren Bedingungen im Verlaufe der Gärung sind (Dominanz der Hefen!).
Die Bildung von Essigstich nach der Gärung wird begünstigt durch Luftzutritt, erhöhte Temperatur und erhöhten → pH-Wert und einem Mangel an → Alkohol. Obwohl *Acetobacter* empfindlich gegen → schweflige Säure sind, kann diese nicht hinreichend wirken, falls Sauerstoff (Luft) zum Wein hinzutreten kann. Bei nicht „spundvoll" gelagerten Weinen tritt bald eine Vermehrung der Essigbildner an der Weinoberfläche ein, deshalb muss die Bildung verhütet werden. Ein Problem können dabei die sich bildenden→ „biogene Amine" sein (Beispiel → Histamin).
Die Beurteilung der Frage, inwieweit ein erhöhter flüchtiger Säuregehalt noch tolerierbar oder bereits ein Hinweis auf Verdorbenheit ist, ist außerordentlich schwierig. Andererseits ist der Gehalt an flüchtigen Säuren allein kein ausreichendes Indiz, da – wie bereits erwähnt – hochwertige Weine durchaus mehr Essigsäure enthalten als Normalweine. Normalweine mit höheren Gehalten gelten überwiegend als verdorben, wobei insgesamt auch noch das degustative Erscheinungsbild und die vorgenannten Hinweise mit einzubeziehen sind. Verdorbene Weine dürfen nicht mehr zu Wein verarbeitet werden. Stichige Weine können zur Herstellung von Essig dienen, während man diese für die → Destillation kaum gebrauchen kann (Gehalt an → Ester und Nebenprodukten).
Eine weitere Möglichkeit der Bildung von flüchtigen Säuren ist im Verlaufe des → biologischen Säureabbaues gegeben, insbesondere dann, wenn dieser durch besondere Milchsäurebildner (sogenannte heterofermentative Bakterien) bewirkt wird, die noch vorhandenen Zucker unter Bildung von Essigsäure und Begleitstoffen (→ Mannit → Diacetyl, → Acetoin, D (–) Milchsäure) umsetzen können. Deshalb sind Weine, die unvollständig vergoren sind und einen spontanen BSA durchlaufen, immer stärker gefährdet. Arbeitet man mit einer BSA-Starterkultur, dann ist die Gefährdung gering (→ Starterkulturen für BSA).

Ester sind Verbindungen aus Alkohol und Säure. Die Verbindungen sind in umso größerer Menge vorhanden, als deren Ausgangsstoffe (→ Alkohole, → Säuren) im Most oder Wein vorhanden sind. Überwiegend finden sich die Äthylester der organischen Säuren, da als alkoholische Komponente der Äthylalkohol bei der Esterbildung überwiegt. Den Vorgang der Esterbildung bezeichnet man als Veresterung. Die chemische Reaktion, die normalerweise langsam verläuft, kann durch → Enzyme (Esterasen) beschleunigt werden. Solche Enzyme sind in → Mikroorganismen vorhanden, was die Erklärung für die Bildung solcher Ester durch → Hefen oder → Bakterien liefert.
Während die Alkohole weniger stark variieren bzw. in der Menge sehr gering sind (außer Äthylalkohol), sind die organischen Säuren sehr variabel. Säuren, die nur eine Carboxylgruppe enthalten, bilden grundsätzlich nur neutrale Ester, Säuren mit mehreren Carboxylgruppen (Säuregruppen) können neutrale, aber auch saure Ester bilden. Bei neutralen Estern sind alle Carboxylgruppen der jeweiligen Säuren verestert (an Alkohol gebunden). Bei jungen Weinen werden kaum

mehr als 150 mg/l Äthylester festgestellt, doch nimmt die Menge bei der Alterung zu. Unter den Estern sind Ethyllactat und → Ethylacetat im Vordergrund (neutrale Ester), doch spielen die sauren Äthylester der Weinsäure, der → Bernsteinsäure und auch noch der → Äpfelsäure eine Rolle. Obwohl die sauren Ester etwa in der gleichen Größenordnung vorkommen wie die normalen Ester, ist deren Bedeutung schwer abzuschätzen.
Im Jungwein überwiegen die Acetate, d. h. das Ethylacetat insbesondere bei → „Kaltgärung" und Lagerung. Bei der Alterung tritt eine → Umesterung ein, d. h., die Acetate werden durch Bernsteinsäure und Milchsäure als Säurekomponente ersetzt. Da diese Ester schwerer flüchtig sind, ändert sich auch das → Aroma (→ Altern).
Ester zählt man zu den → Aroma-Stoffen, die teilweise eine sehr intensive Geruchsausbildung im Wein bedingen. Sehr niedrige Geruchsschwellenwerte haben Ester höherer Alkohole und langkettiger Fettsäuren. Teilweise sind solche Ester bereits im Most vorgebildet, überwiegend tritt die Aromabildung jedoch erst durch die Fermentation ein. Auch manche → Starterhefen bilden einen hohen Gehalt an sensorisch wirksamen Estern. Diese Stoffgruppe bezeichnet man deshalb auch als „Sekundäraromen". Moderne Methoden der → Gaschromatographie gestatten den Nachweis von mehreren hundert Estern als Aromastoffe, die sich durch die große Varianz der in Weinen vorkommenden Alkohole (auch höhere Alkohole) und der verschiedenen Säuren erklären lassen.

Esterasen zählen zu den → Enzymen, die insbesondere als Pectinesterasen eine Rolle spielen.

Esterton ist das Ergebnis der Bildung von Essigsäure, die zu dem stechend riechenden → Ethylacetat führt. Mengen von mehr als etwa 150 mg/l werden dann schon als „tresterig" beanstandet. Über die Bildung und Veränderung während der Gärung und Lagerung des Weines → Essigester, → Ester.

Ethanol → Äthanol.

Ethanthiol (→ Äthylmercaptan) gilt ebenso wie viele andere unerwünschte Schwefelverbindungen als sehr geruchsintensive Substanz. Der Geruch nach Zwiebeln oder Gummi wird durch H_2S-Gehalte im Wein gebildet und führt unter anderem zum „verhockten Böckser", auch als „Lagerböckser" bezeichnet. Diese Ausdrucksweise signalisiert, dass ein solcher → Böckser schwer zu entfernen ist. Am besten funktioniert der Zusatz von → Kupzit oder → Silberchlorid (Ercofid), welches in Österreich schon länger zugelassen ist. In der EU steht diese Zulassung an (→ Äthylmercaptan → Tab. 33 und 35).

Ethylcarbamat (EC) ist in manchen Kern- und Steinobstbränden (2–20 mg/l) enthalten. In Wein fand man nur im Mittel ca. 25 µg/l. Hier entfallen die bei Obstbränden geäußerten Bedenken einer cancerogenen Wirkung.

Ethylmercaptan → Äthylmercaptan

Etiketten sind die wichtigsten Teile der sogenannten → Ausstattung von Flaschenweinen. Abgefüllter Wein (Flaschenwein) darf nach dem Weingesetz grundsätzlich nicht unetikettiert in den Verkehr gebracht werden. Etiketten sind schon früh zur → Bezeichnung des Weines verwendet worden, doch ist der Informationsgehalt älterer Etiketten nicht sehr groß, u. a. deshalb, weil auf eine detaillierte Angabe des Jahrganges, der Rebsorte, der Herkunft und der Qualität kein großer Wert gelegt wurde.
Das Etikett enthält teils obligatorische Angaben, teils können Angaben fakultativ ge-

macht werden. Fakultative Angaben sind beispielsweise → Classic, → Großes Gewächs, → Selection, die gewisse Voraussetzungen erfüllen müssen. Solche Angaben dürfen nicht irreführend sein. Im gewissen Umfange sind reine Ausschmückungen wie Wappen, Landschaftsbilder, Abbildungen des Weingutes, künstlerische Darstellungen etc. gestattet, wenn damit keine Irreführung verbunden ist.
Durch die Bezeichnungsverordnungen der EU werden Schriftgrößen, die Schreibweise bei Rebsortenangaben und andere Auflagen festgelegt. Wegen der Flexibilität der Vorschriften muss auf eine verbindliche Darstellung hier verzichtet werden (→ Aufmachung, → Ausstattung der Flaschen, → Bezeichnung der Weine).

Etikettiermaschinen sind Vorrichtungen, die halb- oder vollautomatisch Etiketten auf den Flaschen befestigen. Neben der Leistung (Flaschen/Stunde) ist die Anzahl der in einem Arbeitsgang zu befestigenden Etiketten wichtig für die Spezifikation der Maschine (→ Etikett, → Halsschleife, → Rückenetikett, → Siegel)

EU-Weindatenbank. (EG VO 2729/2000) Sammlung von Analysedaten aus den Ländern der EU, die ständig „upgedatet" werden.

EU-Weingesetz. Das Weinrecht ist sowohl den nationalen wie den EU-Bestimmungen unterworfen. Der nationale Regelungsbereich greift überwiegend bei traditionellen Verfahren und dann nur im Bereich der Qualitäts- und Prädikatsweine.

Extra brut. → Beschaffenheitsangabe, Brut → Schaumwein.

Extrakt (→ Extraktgehalt).

Extrakt, Berechnung nach Tabarié. Von Tabarié wurde eine Formel angegeben, die lautet:
$d_{Wein} = d_{Extrakt} + d_{Alkohol} - 1$
Diese Formel sagt aus, dass sich die → Dichte des Weines aus der Dichte des Alkohols und des Extraktes zusammensetzt. Diese Formel lässt sich zur Errechnung des Extraktes so umformen, dass die Dichte des Extraktes links steht. Sie lautet dann:
$d_{Extrakt} = d_{Wein} - d_{Alkohl} + 1$
Zur Berechnung von $d_{Extrakt}$ benötigt man die Dichte des Weines und die dem vorhandenen Alkohol entsprechende Dichte. Anstelle der Dichte tritt in der Weinanalytik das → Gewichtsverhältnis d 20/20.
Die Berechnung des Extraktes nach Tabarié ist einfacher als die Berechnung aus dem nach Destillation erhaltenen, aufgefüllten Rückstand. Die nach Tabarié errechneten Extraktgehalte liegen durchschnittlich etwas höher als die im Rückstand festgestellten, weil im letzteren Fall durch die Erhitzung Extraktbestandteile zerstört werden (→ Extraktbestimmung). Der Umgang mit diesen Methoden ist eher Sache des Fachlabors.

Extrakt, Bestimmung. Nach der Definition ist der Extrakt die Menge an Stoffen, die im Wein nach Abzug der flüchtigen Stoffe (→ Alkohol, → schweflige Säure, → Sorbinsäure) zurückbleiben. Also könnte man die flüchtigen Stoffe abdampfen und den Rückstand trocknen. Praktisch entsteht dabei aber die Schwierigkeit, dass einige Stoffe dabei zerstört werden und zudem Reste von Wasser hartnäckig anhaften. Trotzdem war es konventionell üblich, den nach einem bestimmten Verdampfungsmodus (Vakuumdestillation bei 70 Grad Celsius) zurückbleibenden Rückstand direkt zu wiegen. Die Reproduzierbarkeit war ungenügend, das Verfahren wird nicht mehr praktiziert. Das Ergebnis wird als „direkter" Extrakt bezeichnet.

Den „indirekten“ Extrakt erhält man, wenn man die flüchtigen Substanzen verdampft und wieder mit Wasser auf die Ausgangsmenge (Volumen) auffüllt und die → Dichte (genau d 20/20) misst. Die beschriebene Methode ist nach VO (EWG) 2676/90 „Referenzmethode“. Diese Methode und die nach TABARIE´ bezeichnet man als indirekte Methoden, den Extrakt als indirekten Extrakt. Da sich der so ermittelte Extrakt eine Summe von vielen Substanzen mit sehr unterschiedlichen Eigenschaften umfasst, wird dem Zahlenwert keine wesentliche Bedeutung mehr zugemessen. Schliesslich enthält der Extrakt geringe Mengen wertbestimmender Substanzen neben grossen Anteilen weniger bedeutsamener Substanzen. Lediglich in der forensischen Analytik (Nachweis von → Weinverfälschungen) wird damit gearbeitet (→ Extraktgehaltdes Weines, → Extrakt, Berechnung nach TABARIÉ, → Restextrakt)).

Extraktgehalt des Weines. Unter Extraktgehalt (korrekt Gesamttrockenextrakt) versteht man die Summe der Stoffe, die nach Abzug der flüchtigen Substanzen im Wein verbleiben. Die flüchtigen Substanzen sind insbesondere der → Alkohol, im entfernteren auch → flüchtige Säuren, → schweflige Säure etc. Die im E. zusammengefassten Substanzen sind → Zucker, → Glycerin, → Säuren, → Mineralstoffe, → Stickstoffverbindungen, die Gruppe der → Gerbstoffe und eine unterschiedlich hohe Anzahl unbekannter Stoffe. Komplex ist die Zusammensetzung allein schon deshalb, weil sich unter den oben angegebenen Stoffen meist eine ganze Gruppe ähnlicher Substanzen verbirgt, die sich mit den Fortschritten der Analysentechnik auch gleichzeitig immer differenzierter herausstellen.
Stoffe mit einer hohen Dichte erhöhen den Extraktgehalt überdurchschnittlich, weil diese an Hand der Rohrzuckerskala gemessen, stärker zur Geltung kommen als Substanzen niedriger Dichte. Die Messung und Fixierung des Extraktgehaltes ist somit ein typisches Beispiel für eine konventionelle Zahl, wie man dies häufiger bei der Weinanalyse vorfindet. Trotzdem ist diese konventionelle Zahl geeignet, Vergleiche anzustellen, weil man → Kennzahlen in Wein, die immer nach einer vereinbarten Analysenmethode festgestellt werden, gegeneinander vergleichen kann. Der „Gesamttrockenextrakt“, der auch den Zuckergehalt (→ Restsüße) einbezieht, enthält einen Anteil, nämlich den Zuckeranteil, der in weiten Grenzen variabel und modifizierbar und verwischt somit die Struktur und das „Gewicht“ der übrigen im Extrakt zum Ausdruck kommenden Stoffe. Will man das zusammenfassend berücksichtigen, was gewissermaßen außer der „Süße“ im Extrakt wirksam wird, so pflegt man den Zucker gesondert zu bestimmen und vom Gesamttrockenextraktgehalt abzuziehen. Der errechnete Zahlenwert wird als → zuckerfreier Extrakt bezeichnet.
Geht man nun einen Schritt weiter in dem Bemühen, Stoffe, die (legalerweise) modifizierbar sind, aus der Betrachtung der Extraktgehalte auszuklammern, dann stößt man sehr rasch auf die Stoffgruppe der Säuren, die sich durch → Entsäuerung, durch den → biologischen Säureabbau, durch → Weinsteinausscheidung etc. gewollt und ungewollt vermindern lassen. Hat ein Wein z. B. durch die Art der Rebsorte oder des Jahrganges bedingt wenig Säure, dann wird sein Extraktgehalt von dieser Seite her grundsätzlich niedriger sein können als der eines anderen, jedoch säurereicheren Weines (→ Extraktgehalt des Weines).

Extraktgehalt des Weines, Beurteilung. Die nachfolgenden Erklärungen zum Extraktgehalt des Weines spiegeln eine fortschreitende Entwicklung innerhalb der Weinanalyse auf dem Wege der Definition „Was ist Weinqualität“ dar. Der Leser möge sich mit der einfachen Definition unter den Stichworten „zuckerfreier Extrakt" oder „Restextrakt" hinreichend informieren. Ein wesentliches Ziel der Charakterisierung ist die Beurteilung der Qualität, also solcher Kriterien, die Alibifunktion haben z. B. für die Deklaration als → Kabinett, → Spätlese, → Auslese usw. Das Problem der Beurteilung an Hand solcher → Kennzahlen besteht zunächst darin, dass die sensorische Wirkung bestimmter Substanzen einen hohen Stellenwert besitzen kann, andere wiederum wenig Effekt auf die Sinnesorgane zeigen.

Mit der Globalbeschreibung der Summe der verschiedenen Stoffgruppen wird man zunächst um so weniger erreichen, je umfassender man alle Extrakt-Stoffe integriert und zusammengefasst hat (→ *Gesamtextrakt*). Andererseits ist es aber auch das Zusammenwirken aller Weininhaltsstoffe, was man unter dem Qualitätsbegriff der „Harmonie" zu beschreiben pflegt. So betrachtet trägt auch Zucker und Säure zur Harmonie und Qualität des zu bewertenden Weines bei. Trotzdem gilt traditionell der von Zucker „befreite", restliche Anteil von Substanz im Wein eher als ein Indikator für Qualität, weil dessen Zahlenwerte im allgemeinen mit der Reife des Lesegutes ansteigen (→ *zuckerfreier Extrakt*). In gewissem Umfange ist diese Kennzahl auch Hinweis auf die sensorischen Qualitäten des zu bewertenden Weines.

Rebsorten, die eine bevorzugte Syntheseleistung von → Kohlenhydraten zeigen, die zudem noch reich an → Weinsäure sind, zeigen nach Abzug dieser Substanzen als Wein zahlenmäßig ungünstige Werte für den „zuckerfreien Extrakt" und können trotzdem sensorisch sehr effektiv sein, falls unter den übrigen Substanzen solche mit hohem sensorischem „Gewicht" enthalten sind.

Bei dem Bestreben, die „Vollreife" des Lesegutes, die nach der Definition des Weingesetzes Voraussetzung für Spät- und Auslesen ist, in Zahlen festzulegen, blieb man nicht dabei Zucker- und Säuregehalt abzuziehen, sondern eliminierte bei der Qualitätsbewertung noch zusätzlich den Glyceringehalt. Auch diese Substanz zeigt die volle Problematik einer solchen Vorgehensweise: Glycerin ist eine sensorisch bedeutsame Substanz, die geschmacklich (süß) mit Zucker vergleichbar ist. Glycerin ist zudem für den „Körper" des Weines mitverantwortlich. Ein Abzug von Glycerin bedeutet demnach, man entfernt sich ein weiteres Stück von der integrierenden Betrachtungsweise des „Gesamttrockenextraktes" bzw. des daraus abgeleiteten „zuckerfreien Extraktes".

Die nach zusätzlichem Abzug von Glycerin verbleibenden Stoffgruppen fasst man unter dem Begriff des „→ *Restextraktes*" zusammen, der als Kennzahl und zum Nachweis der Vollreife diskutiert und in Verdachtsfällen herangezogen wurde.

Rebsorten mit einer hohen Syntheseleistung für Kohlenhydrate zeigen nach Abzug von daraus entstehendem Glycerin drastisch niedrige Gehalte an Restextrakt.

Der zur Charakterisierung von Wein meist herangezogene Wert des zuckerfreien Extraktes schwankt von etwa 15 g/l (bei Weißwein) und 16 g/l (bei Rotwein) bis zu 127 g/l (bei einer Trockenbeerenauslese festgestellt).

Einen Einblick in die Zusammensetzung der Extraktstoffe des Weines gibt → Wein, Zusammensetzung.

Die hier ausgiebig erläuterte Bewertung der diversen Kennzahlen des Extraktes beim Nachweis von → Weinverfälschungen gibt zwar erste Hinweise. Durch moderne Trenn- und analytische Nachweismethoden sind jedoch erhebliche Verfeinerungen in der Weinbeurteilung erreicht worden. Dabei geht es außer um Überprüfung von Prädikatsbezeichnungen vorwiegend um falsche Herkunfts- und Rebsortenbezeichnungen (→ Glycerin-Nachweis, → Kennzahl, → Shikimisäure, → Weinverfälschungen).

Extrakt, Most. Im Gegensatz zu Wein sind im Most noch alle Extraktstoffe enthalten, da praktisch kein Alkohol und keine flüchtigen Substanzen enthalten sind. Da zudem der Zuckergehalt als Extrastoff überwiegt, kann durch die direkte Messung des Dichteverhältnisses d 20/20 der „Gesamttrockenextrakt" gemessen werden. Darauf baut die Mostgewichtsmessung auf mit den verschiedenen Skalen (Oechsle-Grade, → Mostgewicht etc.). Im Most ist es nicht üblich und durch die zu erwartenden Fehler auch nicht sinnvoll, die im Wein gemessenen → Kennzahlen „zuckerfreier Extrakt" und „Restextrakt" zu messen und zu bewerten.

Extraktreiche Weine wirken voll, man hat „ein Maul voll Wein", viel Körper etc. Es ist logisch, dass extraktreiche Weine „voller" wirken können, weil viele Geschmacksstoffe enthalten sind. Naturgemäß steigt auch die Nachhaltigkeit, damit meint man die Dauer, während der Geschmack nachwirkt, mit dem Gehalt an Extraktstoffen (→ Abgang). Weil aber der Grad der Geschmacksintensität und die Dauer des Geschmackseindruckes bei jedem Geschmacksstoff unterschiedlich ist, ergibt der Geschmackseindruck keine „Momentaufnahme" sondern ein zeitlich veränderliches *sensorisches Profil*.
Im allgemeinen steigt mit der Qualität auch der Extrakt an, doch gibt es auch Fälle, wo der zunehmende Extraktgehalt „krankhaft" bedingt ist (→ Mannit-Bildung) oder es könnte sich um einen → Hefepresswein handeln. Zulässige Veränderungen des Extraktgehaltes erreicht man durch die → Dosage (→ Süßreserve). Eine Reduzierung des Extrakts erfolgt bei der → Weinstein-Stabilisierung. Im Allgemeinen geht der → Extraktgehalt des Mostes bei der → Gärung und beim → Ausbau zurück, bei extraktarmen Mosten kann der Extraktgehalt des Weines während der Gärung jedoch auch zunehmen. Wegen der Variationsmöglichkeit des Zuckergehaltes sollte man n. A. nur die → Kennzahl → „zuckerfreier Extrakt" zur Gütebewertung heranziehen.

Extraktstoffe, unzulässige Erhöhung. Da die Qualität eines Weines, insbesondere bei Prädikatsweinen, mit dem → Extraktgehalt positiv korreliert ist, wird gelegentlich versucht, diesen Gehalt zu manipulieren (→ Extraktgehalt des Weines, → Diethylenglykol).

Exzenterschneckenpumpe → Pumpe (→ Abb. 14 und Tab. 39 im Anhang).

F

Faberrebe ist eine weiße Rebsorte (Neuzüchtung: Weißer Burgunder × Müller-Thurgau), aus der Bukett-betonte, feine Weine entstehen, die mehr Säure und höhere Mostgewichte als die → Müller-Thurgau-Weine aufweisen. Bei hoher Reife entsteht ein an Rosenöl erinnerndes → Aroma. Deutschland 587 ha/0,6 % in 2008 (→ Bukettsorten, → Rebsortenanbau).

Färben der Weine durch Zusatz von Farbstoffen ist in der BRD und der EU grundsätzlich verboten. Es spielt dabei keine Rolle, ob es sich um künstliche oder als Lebensmittelfarbstoff zugelassene Farbstoffe natürlicher Herkunft handelt. In manchen Weinbauländern sind letztere teilweise gestattet (z. B. → Önin, Önozyanin). Alte „Hausmittel" zur Färbung von Rotweinen sind Holunderbeeren etc., deren Zusatz sich leicht nachweisen lässt. Auf indirektem Wege darf durch Zusatz von farbkräftigen Weinen (→ Deckweinen) gefärbt werden.
Es war das Ziel, solche Deckweine im Inland zu erzeugen (Neuzuchten) und somit Deckweine ausländischer Herkunft (vorwiegend aus Spanien) zu ersetzen. Die „Neuzuchten", wie → „ Dornfelder" und → „Dunkelfelder", interspezifische Kreuzungen wie → Regent oder andere Neuzüchtungen sind in den meisten deutschen Weinbauländern zugelassen und können unter günstigen Bedingungen auch die Funktion des Deckweines übernehmen. Alle die erwähnten Reb-Sortenweine haben sich aber auch als selbständige Weine auf dem Markt durchgesetzt.

Färbertrauben nennt man die roten Traubensorten, die einen Teil des Farbstoffes im Saft gebildet haben, während bei den normalen roten Traubensorten dieser meist nur in den Beerenhäuten verankert ist. Bei „Süßkelterung" (→ Süßabdruck) erhält man bei Färbertrauben auch ohne Erwärmen bereits rot gefärbte Moste. Weil bei Vergärung zu → Deckweinen der überwiegende Anteil der Farbe verloren geht, ist die Einlagerung als sogenannte „Farb-Süßreserve" optimal. Solche Farbsüßreserven bringen beim Verschnitt sowohl Farbe wie Süße in die damit dosierten Weine. Die universellste Rebsorte ist der → Dunkelfelder. Frühere Kreuzungen (mit sehr hoher Säure) sind → Deckrot und → Kolor.

Faktoren sind dann zur Umrechung heranzuziehen, wenn zwischen zwei Größen eine einfache Beziehung besteht. Beispiel: Anreicherungsfaktor. Hier ist der Zuckerzusatz mit der Alkoholbildung korreliert (→ Anreicherung).

Falldruck bietet die schonendste Möglichkeit, Flüssigkeiten zu transportieren. Der Falldruck entsteht, wenn z. B. aus einem höher gelegenen Gebinde Most oder Wein in ein tiefer liegendes Gebinde umgefüllt wird. Weil sich nach dem Gesetz der kommunizierenden Röhre der Flüssigkeitsspiegel ausgleichen will, entsteht ein Druck, dessen Höhe vom Unterschied der Flüssigkeitsspiegel abhängt. Obwohl auch die Dichte hier eingeht, besteht kein wesentlicher Unterschied im Falldruck zwischen Most und Wein. Man kann beide Dichten gleich Wasser setzen. Nun ist bekannt, dass eine Wassersäule von zehn Metern einen Druck von 1 bar ausübt. Bei einem Höhenunterschied von beispielsweise sechs bis acht Metern beträgt der Falldruck 0,6 bis 0,8 bar und kann dann groß genug sein, um einen → Separator oder ein → Filter zu beschicken. Auch beim → Abstich kann man sich der Methode bedienen, wenn ein Höhenunterschied besteht. Vorteilhafterweise kann man auch einen Abfülltank so hochgelegen anbringen, dass von dort ohne Pumpen oder Gasdruck der Wein in die Abfüllanlage gedrückt wird (→ Abfülltank).

Fallstromverdampfer. Eine Einrichtung zur Gewinnung von → Konzentraten, wobei ein „abfallender" Flüssigkeitsfilm ständig konzentierter wird.

Falschbezeichnungen sind strafbar. So kann der Tatbestand der Irreführung vorliegen, wenn → Bezeichnungen gewählt werden, die Phantasiebezeichnungen sind, aber den Eindruck einer geographischen Herkunft und ähnliches erwecken.
Für die Eintragung von Markenzeichen legt das dafür zuständige Patentamt einen strengen Maßstab an. Selbstverständlich sind unzutreffende Angaben über die Qualität ebenso strafbar wie die Tatsache, dass ein Wein zwar gezuckert wurde, jedoch mit Prädikatsangaben eingelagert, „feilgehalten" oder in Verkehr gebracht wird. Die strafrechtlichen Grundlagen sind in der sogenannten Weinüberwachungsverordnung niedergelegt. Falschbezeichnungen erfüllen den Tatbestand der → Weinverfälschungen.

Farbe von Rotwein. Die Farbe ist Ergebnis von Farbstoffen, die einen Teil des Lichtes adsorbieren, wobei das durch- oder zurückgestrahlte Licht komplementär (ergänzend) gefärbt ist. Die Einflüsse des Milieus auf die Farbe sind unter → Farbstoff der Beeren geschildert. Farbe ist für Rotweine sehr wichtig, so dass der Gewinnung ausreichenden Farbstoffes sehr viel Aufmerksamkeit geschenkt wird. Angestrebt wird dies durch zweckmäßige Rebsortenauswahl, weinbauliche Anbaumethoden zur Erhaltung der Farbe in den Trauben (gute Ausreifung, Selektion gesunder Trauben, Verhinderung von Fäulnis), optimale Extraktion der Farbe aus den Trauben und technologische Methoden zur Stabilisierung der Farbe.
Variieren kann neben der Farbintensität aber auch der Farbcharakter (mehr bläulichrot oder mehr gelblichrot). Neben den spektralphotometrischen Methoden, die die Adsorption des Lichtes bei verschiedenen Wellenlängen messen (420/520 nm), gibt es colorimetrische Verfahren, bei denen man eine Standardfarbstofflösung gleich 100 % setzt und die gemessene Farbe darauf bezieht. Ferner ist der Vergleich mit Hilfe von Farbfiltern (TINTOMETER-Verfahren) möglich. Farbnuancen werden innerhalb der → Weinansprache charakterisiert (→ deskriptive Analyse).

Farbe von Weißwein. Diese wechselt von hellgrün zu goldgelb. Fehlerhaft ist eine Braunverfärbung der Weißweine (→ Hochfarbigkeit, → Farbstoff der Beeren).

Farbe, Messung. → Farbe von Rotwein, → Farbstoffnachweis.

Farbkohle. Zur Bindung von Farbstoffen geeignete → Aktivkohle (→ Weinbereitung, zugelassene Stoffe).

Farbstoff der Beeren. Weiße Trauben sind während der Reife grün (Chlorophyllgehalt), bei Vollreife ist → Chlorophyll abgebaut und Carotinoide und → Xanthophyll nachweisbar. Auch das gelbe Pigment → Quercitrin scheint beteiligt zu sein.
Für Rotweine sind die → Anthocyane (Anthocyanidine) die bedeutendsten Farbträger. Als Glucoside bilden die Anthocyane zwei Formen: Das Diglucosid in *Vitis labrusca* = Amerikanerrebe. Das Monoglucosid in *Vitis vinifera* = Europäerrebe.
Die beiden Farbstoffe sind generell zur Unterscheidung roter → Hybriden von roten Europäerreben bzw. deren Weine geeignet. In Gegenwart von viel SO_2 verblasst die → Farbe, kann sich aber beim Rückgang der freien SO_2 wieder zurückbilden. Für die Ausbildung des Farbstoffcharakters, das heißt der Farbe, spielen der → pH-Wert, der → Polyphenolgehalt und andere Effekte (Metall, Acetaldehyd) eine Rolle.

Bislang sind 17 Anthocyanidine in Reben nachgewiesen, die in der Leukoform (Leukoanthocyanidine) ungefärbt sind und als Vorstufen der Farbe gelten können. Beim → Altern von Rotwein werden die genannten Farbträger abgebaut. Es tritt dabei eine mehr ins Gelbliche getönte Färbung ein, die auf → Tannine zurückzuführen ist. Die Tannine sind an der Farbausbildung in Rotweinen erheblich beteiligt. Durch Spektralphotometrie (Photometrie bei 420 und 520 nm) kann man die Veränderungen der Farbe (Farbcharakter) beim → Altern der Rotweine beobachten. Die Summe beider Absorptionen wird als Maß für die Farbintensität genommen (→ Farbe von Rotwein, → Färbertrauben).

Farbstoffnachweis. Die Methoden sind unterschiedlich, je nachdem, ob künstliche Farbstoffe nachzuweisen sind oder die Farbe zur Unterscheidung etwa von Hybriden- und Europäer-Rebsortenweinen dienen soll. Es handelt sich hierbei nicht um die Messung der Farbe (als Resultat der Anwesenheit von Farbstoffen im Milieu), sondern um die Isolierung und Trennung der → Farbstoffe (Farbträger) selbst. Vorwiegend werden heute dazu chromatographische Methoden herangezogen (Säulenchromatographie, → Papierchromatographie, → Dünnschichtchromatographie). Bei Anwendung dieser Methoden lassen sich Rotweinsorten unterscheiden (→ HPLC).

Farbsüßreserve ist eine → Süßreserve aus roten Trauben, die durch Erhitzen gewonnen wurde. Meist haltbar gemacht durch → Stummschwefeln.

Fass ist die Bezeichnung für einen → Behälter bestimmter Form (oval oder rund), der aus Holz gefertigt ist. Da andere Behälterwerkstoffe die Herstellung anderer Formen zulassen, spricht man dort eher von Behälter und reserviert den Ausdruck für „Fass“ den Behältern aus Holz.

Fassanstrich. Holzfässer neigen zum „Anlaufen“, das heißt einer Schimmelbildung, da die Verdunstung von Alkohol an der Holzaußenfläche ein guter Nährboden für die allgegenwärtigen Pilze darstellt. Man versucht den Belag durch trockenes Abreiben zu entfernen. Imprägnierung mit pilzhemmendem Firnis kann riskant sein, da man eine Beeinflussung des Weines durch diese Stoffe nicht ausschließen kann (→ Schimmelpilze). Eine Außenbehandlung mit quaternären Ammoniumverbindungen wie PREVENTOL® (4–6 Behandlungen im 4-Wochen-Rhythmus) ist jedoch geeignet.

Fassbehandlung. Außer der notwendigen Konservierung sind Holzfässer verschiedentlich vorzubehandeln (→ Weingrünmachen neuer Fässer, Umstellung von Rot auf Weißwein, Wiederherstellen verschimmelter Fässer) oder zu reinigen. Schlecht gepflegte Fässer sind nicht nur früher unbrauchbar, sondern können zum Verderb des darin vergorenen oder gelagerten Weines führen. Obgleich Edelstahl als Behältermaterial dominiert (Preis) sollten die (teuren) Holzfässer optimal gepflegt werden. Der als → Holzgeschmack bezeichnete Weinfehler ist recht differenziert, da es verschiedene Fehlerursachen geben kann. Gegenüber dem klassischen Holzfass erfährt das → Barriquefass eine zusätzliche „Toastung“ (→ Entlohen).

Fassdichte (Fasstalg, Unschlitt). Eine weiche, geschmacksneutrale Masse, die zu Dichtzwecken besonders für → Fasstürchen aus Holz verwendet wird. Die Fassdichte muss ausreichend weich und dennoch zähflüssig sein, damit die Dichtung auch bei der Erwärmung während der → Gärung gewährleistet ist.

Fasseiche. Am Behälter angebrachte Inhaltsangabe für den voll befüllten Behälter. Durch Schrumpfung des Holzes bedingt, muss die Nacheichung alle drei Jahre erfolgen, bei Messbehältern aus anderem Material in Abständen bis zu zehn Jahren.
Für den normalen Kellereibetrieb ist eine amtliche Eiche (Eichung) überflüssig, Im Großbetrieb wird die „Eiche" hinreichend genau mit Wasser unter Verwendung einer Messuhr (→ Durchflussmesser) ermittelt.

Fassform. Man kennt runde und ovale Fässer (Form der Böden!), wobei ovale Fässer praktischer sind, da damit die optimale Belegung des Kellerraumes erleichtert wird. Außerdem setzt sich der Trub kompakter ab.

Fassgeschmack, auch → Holzton genannt, tritt sowohl in neuen (Lohegeschmack) wie auch in alten Fässern (→ Schimmelgeschmack, → Schwefelsäurefirne) auf. Der Fehler ist oft auch ein Hinweis auf mangelhafte Hygiene und Pflege der Fässer. Sehr schlechte Fässer können meist nicht wieder hergestellt werden (→ Fassbehandlung).

Fassgröße. Die Größe variiert je nach Art des auszubauenden Weines, aber auch nach Betriebsgröße. Die Größen sind landsmannschaftlich unterschiedlich. Im Weinbaugebiet Mosel herrscht das „Fuder" = 1000 l vor, in Rheinhessen, der Pfalz und anderen Gebieten benutzt man das „Stück" = 1200 l. Mehrfaches davon sind das Doppelstück = 2400 l, Teile davon das Halbstück = 600 l oder das Viertelstück = 300 l. In ausgesprochenen Rotweingegenden, insbesondere in Frankreich, benutzt man kleinere Fässer (etwa 225 l → Barrique), da die größere Oberfläche für die Entwicklung der Rotweine Vorteile hat (Alterung). Je weniger rasch die Weine sich entwickeln sollen, um so größer sollte das Fass sein. Für Weißweine sind Fässer unter 300 l indiskutabel. Bei kleineren Fässern ist der → Schwund hoch und zwingt zum häufigen → Beifüllen. Über die Rolle der Diffusion von Sauerstoff durch die Holzporen besteht noch keine völlige Klarheit. Franz. Forscher berichten, dass der Sauerstoff überwiegend zwischen den Dauben diffundiert (63 %), 21 % durchs Spundloch und nur 16 % durch das Fassholz. Die ersten Holzfässer baute man in Gallien (nach römischen Berichten), wo diese vorwiegend auch zum Transport des Weines verwendet wurden. Das größte noch erhaltene Holzfass (nicht mehr benutzbar) ist das seit 1769 leerstehende „Heidelberger Fass" mit über 200000 l Inhalt (236 Fuder).

Fasskalk ($CaHSO_3$) diente in einer Konzentration von 1 Teil auf 4 bis 5 Teile Wasser zur Reinigung insbesondere schimmeliger Fässer (→ Fassbehandlung).

Fasskonservierung (Holzfass) erfolgt entweder durch Aufbrennen mit 5 Schwefelschnitten/1000 l (nur als Übergangslösung) oder (längerfristig) durch Befüllen mit SO_2-haltigem Wasser (500 mg SO_2/l)

Fasslager. Hiermit sind die Unterbauten gemeint, die aus Sandstein, Beton, selten aus Holz hergestellt sind und das Fass über das Niveau des Fußbodens hinaus hochlegen sollen.

Fassriegel ist ein querliegendes Spannholz, welches mittels Zugschraube, die selbst im Türchen verankert ist, zur Verriegelung (Festsetzung) des Fasstürchens dient.

Fassschilder werden mit Angaben beschriftet, die über den Inhalt des Behälters, aber auch über die vorgenommenen Behandlungen Auskunft geben. Die Schilder sollen aus korrosionsbeständigem Material bestehen und Platz für Angaben von Fassnummer, Inhaltsmenge, Weinbezeichnung, Datum der wichtigsten Weinbehandlungen wie → Abstich, → Schwefelung und → Filtration vorsehen.

Fassschließen sind zur Fixierung des Holzfasses auf dem Fasslager gedacht. Es können relativ einfache Holzkeile oder kunstvoll profilierte Unterbauten sein, die auf dem Fasslager ruhen und letzten Endes die Auflagefläche, die das Gewicht des. Fasses auf das Fasslager übertragen, verbreitern soll. Wegen der Schimmelgefahr sind diese mit 3- bis 4%-iger Kupfersulfatlösung oder einem Holzschutzmittel (→ Preventol®) zu imprägnieren (→ Fasslager).

Fassspunden sind als Verschluss des Spundloches gedacht und besitzen dann eine lange, schlanke Form, die insbesondere beim Eintauchen Wein verdrängt (spundvoll) und gleichzeitig abschließt. Zum Fest- und Lockerschlagen ist der Küferschlegel in Gebrauch. Fassspunden sind aus Eichen- oder Akazienholz bzw. Silikon hergestellt. Damit der Spunden abdichten kann, muss das Spundloch glatt und rund sein.

Fasstrichter waren früher wie ein Büttchen mit Untenablauf aus dem Material Holz gefertigt. Heute sind die Trichter aus Kunststoff und so gefertigt, dass sich diese der „Bauchung" des Fasses anpassen und so einen festen Sitz garantieren. Fasstrichter werden auf das Spundloch aufgesetzt und erfüllen die Funktion eines Trichters.

Fasstürchen sind in Holzfässern eingelassen, die sonst schlecht zu reinigen sind (Reinigungsöffnung). Sie sind etwa ab Größen von 600 l üblich. Das Fasstürchen muss genau eingepasst werden, eine Arbeit, die über das handwerkliche Können des → Weinküfers (Böttcher) Auskunft gibt.
In das Fasstürchen eingelassen ist die Zugschraube, die am besten aus rostfreiem Stahl hergestellt ist, weil diese mit dem Wein leicht in Kontakt kommt.

Fasswein nennt man im Handelsverkehr den Wein, der im Fass gehandelt wird. Im Gegensatz zum Flaschenwein (der auf der Flasche glanzklar und steril filtriert ist) sind Fassweine nur teilgeklärt (durch spontane Klärung und → Abstiche) und unsteril. Oft sind die Weine noch nicht stabilisiert (geschönt). Eine bestimmte Menge an Trub wird beim Handel mit diesen Weinen in Kauf genommen (→ Stabilisierung der Weine).

Fasswinden waren zum Ausrichten der Fässer auf dem Fasslager, aber auch zum restlosen Entleeren gebräuchliche Hebewerkzeuge.

Faulgeschmack rührt überwiegend von ungepflegten, schimmeligen Fässern oder Schläuchen her. Obwohl es sich um einen überwiegend an Schimmel erinnernden Ton handelt, unterscheidet sich dieser vom → Faulser, der vom Traubenschimmel herrührt.

Faulser oder Traubenschimmelgeschmack stellt sich ein, wenn das Traubengut stark faul war. Man beschreibt damit den Schimmelton bei sauer-faulem oder grün-faulem Lesegut. Für Weine, die aus faulem Lesegut stammen, welches dann meist neben rosinenartig geschrumpften Trauben edelfaule Trauben enthielt, ist diese Bezeichnung nicht angebracht. Man spricht hier vom edlen Botrytiston (→ *Botrytis cinerea*).

Federweißer ist ein junger, noch in Gärung befindlicher Wein, der neben unvergorenem Zucker frisch schmeckende Hefe und betonte Kohlensäure enthält. Die Vorstufe (beginnende Gärung = viel Zucker = weniger Hefe) nennt man dagegen → Bitzler. Eine feste Grenze des Zuckergehaltes ist nicht bekannt, in jedem Falle muss es sich aber um einen

noch in Gärung befindlichen, teilweise gegorenen Traubenmost handeln. Im abgefüllten Zustand muss der F. zwischen 1 % Vol. und 3/5 seines Gesamtalkohols an gebildetem Alkohol enthalten. Danach fällt er unter den Begriff des Jungweines.
Gebietsweise gibt es unterschiedliche Bezeichnungen für den Federweißen. Nach EG VO gilt „Federweißer“ als traditioneller Begriff, der den Regeln des → Landweines unterworfen ist (Ertrag maximal 125 hl/ha). Bei der Einstufung als „teilweise gegorener“ Traubenmost sind Erträge bis zu 150 hl/ha zugelassen. Die Regelungen treten ab 2011 in Kraft.

Fehler des Weines. Darunter sind abartige Veränderung in der Farbe, im Geruch oder Geschmack eines Weines oder seines Ausgangsproduktes (Most oder Maische) zu verstehen, die den Genusswert vermindern und zu Beanstandungen führen. Ursache für Fehler sind chemischer Natur, während man bei „Fehlern“, die auf die unerwünschte Tätigkeit von → Mikroorganismen zurückzu-führen sind, von → Krankheiten spricht. Nicht alle Fehler lassen sich durch Zusatzbehandlungen restlos beseitigen. Kleine Fehler kann man durch Verschnitt mit Wein oder → Süßreserve überdecken (→ Böckser, → Brettanomyces, → Bruch, Brauner, → Schwarzer, → Weißer, → Eiweißtrübung, → Esterton, → Faulser, → Geranienton, → Kochgeschmack, → Kristalltrübung). Zu den Fehlern im Wein gehören insbesondere Trübungen im *Flaschenwein*, die zu Beanstandungen führen. In der absteigenden Reihenfolge → Hefe-, → Eiweiß-, → Metalltrübung sind diese lästig und lassen sich nicht → dekantieren.
→ Weinstein lässt sich tolerieren und meist als „naturgegeben“ und „ästhetisch“ hinnehmen (→ Literatur 12, 13 u. 23 im Anhang).

Fehlergrenze ist ein Begriff, der früher im Zusammenhang mit der gesetzlich limitierten → Anreicherung gebraucht wurde. Bekanntlich war noch eine Obergrenze für den höchstzulässigen Gesamtalkoholgehalt angereicherter Qualitätsweine von 12,5 (Rotwein, Weinbauzone A) und 13,0 (Rotwein, Weinbauzone B) gesetzt. Mit der Fixierung einer Obergrenze wollte man einer Ausuferung der Anreicherung, worunter insbesondere die Prädikatsweine leiden würden, entgegenarbeiten.
Nach den nunmehr gültigen EU Vorschriften sind für Qualitätsweine eine Obergrenze von 15 % Vol. Alkohol festgelegt, wodurch für eine Vielzahl von Weinen eine Obergrenze nicht mehr existent sein dürfte.
Die eingangs angezeigten *Obergrenzen* nach Anreicherung gelten für die Qualitätsstufen „Deutscher Wein“ und „Landwein“ jedoch weiterhin. Für alle Qualitätsstufen angereicherter Wein (also auch QbA-Wein) gelten die Anreicherungsquoten (um g/l Alkohol):

Fehlerrechnung. Sie dient in der Analytik generell dazu, sich ein Bild über die Zuverlässigkeit der bei der Untersuchung erzielten Analysenergebnisse zu verschaffen. Die Fehlerrechnung setzt entweder voraus, dass man das „richtige“ Ergebnis kennt und durch Vergleich mit dem erzielten Ergebnis die „Zuverlässigkeit“ oder „Richtigkeit“ kontrolliert. Dies ist ein Weg, der häufig in der medizinischen Analytik beschritten wird, wo man im Handel standardisierte Kontrollpräparate mit genau bekannter Zusammensetzung (Standards) findet und anwendet. Einen „Weinstandard“ kann man in Wahrheit nicht realisieren, da die Weinzusammensetzung zu variabel ist.
Oft ist es nützlich, sich über die Zuverlässigkeit der diversen Labors ein Bild zu machen, indem man die „*Wiederholbarkeit*“ prüft, was heißt, dass man die gleiche Analyse am gleichen Objekt mehrfach ausführen lässt. Die Streuung der Ergebnisse sagt hier etwas über die Exaktheit der Ausführung aus. Im letzte-

ren Falle gibt das höchste und niedrigste Ergebnis (beim gleichen Wein) die maximale Abweichung an. Oft ist es wichtig die Verteilung der Werte um den Mittelwert zu kennen, aus dem man die „Standardabweichung" errechnen kann.
Die jeweiligen mathematischen Methoden der Überprüfung von Analysenergebnissen sind eine Teilgebiet der Statistik. Bei der Angabe eines Fehlers muss erkennbar sein, wie dieser berechnet wurde.
Eine grobe Information über die Genauigkeit der Analyse ist im allgemeinen dadurch gegeben, dass die letzte angeführte Stelle der Analysenzahl bereits „ungenau ist". Vereinfacht heißt dies, dass eine Kennzahl, die auf *zwei* Stellen nach dem Komma angegeben ist, exakter gemessen wurde als die gleiche → Kennzahl (z. B. mit einer anderen Methode gemessen), die nur auf *eine* Stelle nach dem Komma angegeben wird. Falsch ist es demnach, unkritisch hohe Stellenzahlen anzugeben (z. B. als Ergebnis einer übertrieben genauen Multiplikation).
Während die Wiederholbarkeit den „zufälligen Fehler" deutlich macht, ist damit noch nicht ausgesagt, ob das Ergebnis auch richtig ist (systematischer Fehler).
Durch „Ringversuche", an denen sich mehrere Laboratorien beteiligen, wird die „Vergleichbarkeit" geprüft. Die Streuung zwischen den Laboratorien ist in der Regel größer als innerhalb eines Labors. „Ausfaller" müssen mit statistischen Mitteln erkannt und bereinigt werden. Das Problem der Fehler erweitert sich noch dadurch, dass mehrere jeweils verschiedene Untersuchungsmethoden zugelassen sind und auch angewendet werden.

Fehling'sche Lösung dient auch der Bestimmung von Zucker in Getränken. Sie besteht aus einer Mischung von je gleichen Teilen einer Kupfersulfatlösung ($CuSO_4 \times 5\ H_2O$) und einer alkalischen Seignettesalzlösung (346 g Kalium-Natriumtartrat = Seignettesalz + 100 g Natriumhydroxid in Wasser aufgelöst auf 1 l aufgefüllt). Die dann tiefblau gefärbte Lösung spaltet in der Hitze Zucker auf, wobei Cu-II zu Cu-I reduziert wird. Von dieser Reaktion stammt der Ausdruck → „reduzierende Zucker". Der nicht reduzierte Anteil des Cu-II wird meist jodometrisch erfasst und umgekehrt der reduzierte Anteil aus der Differenz ermittelt. Dieser ist ein Maß für die vorliegende Zuckermenge.
Leider ist die Lösung nicht stabil und muss täglich frisch bereitet werden. Ferner reagiert die F.-Lösung auf die in Most und Wein enthaltenen verschiedenen Zuckerarten unterschiedlich. Fertigkonfektionierte Lösungen sind deshalb keine Fehling'schen Lösungen sondern so modifiziert, dass die Haltbarkeit gewährleistet ist (→ Combitest, → Zucker, Bestimmung).

Fein (hochfein). Früher verwendete Ausdrücke bei → Auslesen der nördlichen Weinbaugebiete, die eine Steigerung ausdrücken sollten. Durch den relativ weiten Bereich, in welchem sich die Mostgewichte und damit auch die Qualität der Auslesen bewegen können, kann man der früheren Übung eine gewisse Berechtigung nicht absprechen. Leider sind die Begriffe schwer objektiv abzugrenzen und deshalb zur Bezeichnung von Wein verboten, als Begriff der → Weinansprache (z. B. in Preislisten und Getränkekarten) aber erlaubt.

Feinartig. Begriff der → Weinansprache, der als Steigerung von → „artig" gilt.

Feinentsäuerung wird bei Wein angewendet. Darunter versteht man die → Entsäuerung um bis zu 2 g/l, die mit → Kaliumbicarbonat oder → Calciumcarbonat durchgeführt wird, um die Weine noch etwas abzurunden. Dazu ist ein Vorversuch nötig, der zeigt, ob eine Feinentsäuerung überhaupt sinnvoll ist

(→ Entsäuerung, Allgemeines, → Entsäuerung, praktische Durchführung).

Feinherb. Wortassoziationen mit der Vorsilbe → fein sind bei der → Weinansprache nicht ungewöhnlich. Als Beispiel können die Angaben wie → feinartig, feinrassig etc. dienen. Die früher ausdrücklich zugelassenen Begriffe „ feine Auslese", „feinste Auslese" sind inzwischen verboten.
Neu und zunehmend in Gebrauch ist die Deklaration als „feinherb". Ursprünglich sollte „feinherb" anstelle von der klar definierten → Beschaffenheitsangabe „halbtrocken" geführt werden. Tatsächlich ist die Begrenzung des Zuckergehaltes bei „feinherb" bezüglich des → Restzuckergehaltes strittig. In der Regel hält man sich in der Praxis jedoch an einen „normalen" Wert von 12–15 g/l.

Fendant lautet die Schweizer Bezeichnung für Weine der Sorte → Gutedel = Chasselas. Die Weine sind im Körper recht ausdrucksvoll, meist mild und als Tischwein (Weißwein) geeignet (→ Gutedel).

Ferment ist der ältere Ausdruck für → Enzyme.

Fermentation → Gärung.

Fermenter sind Geräte, die im labor- oder technischen Maßstab Mikroorganismen vermehren und zur Stoffproduktion benutzt werden können (→ Bioreaktor, → Enzyme).

Ferriphosphat Fe PO_4 (Eisen III-phospat) ist eine Verbindung der Phosphorsäure mit Eisen. Da Phosphorsäure (bzw. Phosphate) in Most und Wein in merklicher Menge vorkommen (0,15 bis 0,4 g/l als $P_2 0_5$ aus-gedrückt), ist bei gleichzeitiger Anwesenheit von Eisen mit der Ausbildung von Ferriphosphat zu rechnen. Die Verbindung ist in Wasser und damit auch in Most oder Wein schwerlöslich. Mengen von über 1 mg/l Eisen können bereits zur Ausscheidung führen, die man wegen der weißgrauen Farbe auch als „Weißer → Bruch" bezeichnet.
Die Art und Ursache der Eiseneintrübung wurde um die Jahrhundertwende erkannt und durch den Entzug von Eisen mittels gelbem Blutlaugensalz $K_4(Fe\ [CN]_6)$ nach MÖSLINGER wirkungsvoll bekämpft (→ Blauschönung). Der Säuregehalt kann Eisen „maskieren" und so gewissermaßen dem Zugriff des Phosphats entziehen. Darauf beruht die stabilisierende Wirkung der → Zitronensäure-Zusätze, wie diese in manchen Weinbauländern praktiziert werden.
Der „Weiße Bruch" ist sehr feinkörnig und schlecht absetzbar. Die Trübung führt somit unbedingt zu Beanstandungen bei Flaschenwein. Durch zunehmend geringere Eisenaufnahme während der Verarbeitung (Edelstahl, Kunststoff) nahm die Bedeutung der Trübung in jüngerer Zeit rapide ab (→ Blauschönung, → Niederschlag). Auch durch Zusatz von Ascorbinsäure vor der Abfüllung lässt sich die Trübungsbereitschaft vermindern.

Ferritannat ist die Verbindung zwischen Eisen und Tannin (Gerbstoff). Wegen seiner bläulich-schwarzen Einfärbung spricht man auch vom „Schwarzen → Bruch". Voraussetzung für die Bildung sind neben überdurchschnittlichem Eisengehalt auch die Anwesenheit hoher Gehalte an → Gerbstoffen. Man trifft den „Schwarzen Bruch" deshalb auch nur bei gerbstoffhaltigen Weinen (Rotwein, Tresterwein etc.) an.

Ferrocyankalium ($K_4Fe[CN]_6$) ist die ältere Bezeichnung für → Kaliumhexacyanoferrat (II), welches unter dem Trivialnamen Gelbes → Blutlaugensalz bekannt ist.

Fertigpackungsverordnung (FPV) ergänzt das Eichgesetz vom 11. 7. 1969 seit dem 16. 12. 1971. Dort ist z. B. verfügt, dass die alt-

hergebrachte Angabe 1/1 oder 1/2 oder 1/4 Flasche nicht mehr zulässig ist. Gestattet sind nur Angaben wie 1 l, 0,7 l 0,35 l usw. Nach dem Gesetz stellt der Abfüller mit dem Einfüllen des Weines in eine Flasche eine sogenannte Fertigpackung her, die dem Gesetz unterworfen ist. Dort sind Vorschriften über das Nennvolumen, Randvollvolumen und die zulässigen Abweichungen enthalten. Wer Flaschen abfüllt muss diese nach *§15* des Eichgesetzes überprüfen. Ferner ist das Eichamt befugt, kostenpflichtige Überprüfungen während der Abfüllung oder am Flaschenlager zu machen. Nach der Verordnung von 1982 sind insgesamt folgende Nenninhalte zulässig: 0,1 und 0,187 (nur für Schiffe und Flugzeuge), 0,2 (für Schaumweine), 0,25, 0,375, 0,5, 0,62 (für „vins jaunes“), 0,75, 1,0 1,5, 2,0, 3,0, 5,0, 6,0, 9,0 und 10 l.
Das „Randvoll-Volumen“ ist etwas größer, da Volumen für den Korken und den Kopfraum verbleiben muss (→ Flaschengröße). Das auf dem Etikett benutzte Zeichen **e** bedeutet, dass der Abfüllbetrieb sich einer amtlichen Kontrolle des angegebenen Flascheninhaltes unterworfen hat. Letzte Richtlinie 2007/45/EG.

Fette und Öle finden sich in den → Kernen der Traubenbeeren. Kerne enthalten bis 20 % ihres Gewichtes an Fett und Öl. Bestandteile der Fette sind Palmitin- und Stearinsäure, Bestandteile der Öle die sogenannten ungesättigten Fettsäuren Öl- und Linolensäure, u. a. Tocopherol. Das dort enthaltene Öl ist – insbesondere in Notzeiten – isoliert und zur Ernährung verwendet worden. Fettartige Stoffe finden sich auch in den → Beerenhäuten. Als Hauptquelle im Wein kommt jedoch die → Hefe in Betracht, die derartige Reservestoffe aufbaut und teilweise an den Wein abgibt (→ Önantäther, → Traubenkernöl).

Fettsäuren sind einbasische (nur eine Carboxylgruppe/Säuregruppe enthaltende) organische Säuren (→ Tab. 19 im Anhang) die meist in Fetten und Ölen als Ester gebunden vorkommen. Die einfachste Fettsäure ist die Ameisensäure (HCOOH), bis zu langkettigen Fettsäuren wie die Stearinsäure, welche die Formel $C_7H_{35}COOH$ hat, die beide im Wein vorkommen. Auch dort sind diese Fettsäuren meist als Ester gebunden (→ Ester). Die Fettsäuren sind sehr häufig Zwischenstoffe der → Aroma-Bildung. Die höchste Geruchsintensität entwickeln Ester mittlerer Kettenlänge (z. B. Ethylpentanoat =Birnenaroma).

Feurig. Ein Wein, meist ein Rotwein, der brillant in seiner Farbe ist und einen betonten Alkoholgehalt bei geringer Säure hat. Der Ausdruck wird in der → Weinansprache verwendet.

Filter. Ein Filtrationsgerät für Flüssigkeiten. Es besteht aus einem Träger für das → Filterhilfsmittel und den Zu- und Abführungsorganen für die Flüssigkeit. Die älteste und einfachste Form ist das Sackfilter, bei dem der Sack aus Leinen Filtrationsmaterial und Träger gleichzeitig ist (Holländer). Später wurden die Säcke mit einem Zylinder umgeben, damit der durch den Sack hindurchtretende geklärte Wein nicht so stark verdunsten kann. Die Konstruktionen wurden später verbessert, um die Luftzufuhr möglichst gering zu halten.
Zur Beschleunigung der Filtration wurde der Druck erhöht und dazu die von den Filterpressen abgeleiteten Formen der → Schichtenfilter entwickelt (→ Abb. 7 im Anhang). Als Filtermaterial dienen vorgefertigte, viereckige „Schichten“ (früher waren diese rund), die in das Filtergestell „eingepackt“ werden. Das Unfiltrat wird durch „Augen“ in die Trubseite der Filterschicht eingeleitet, dort verteilt, tritt in der Glanzseite geklärt wieder aus (die Schichten sind 4 bis 5 mm stark) und dort durch Augen wieder als Filtrat abgeführt.

Träger der Schichten sind Platten mit Riefen als Profil oder durchlöchert, um die Zu- und Ableitung der Flüssigkeit und damit die Belastung der Schicht selbst gleichmäßig zu gestalten. Die Konstruktion der Platten, insbesondere die Anordnung der Augen, ist unterschiedlich (einseitig, beidseitig, mittig oder seitlich). Wichtig ist, dass alle Teile gut zu reinigen sind und sich möglichst keine Luftblasen (Kavernen) bilden können.
Durch zweckmäßige Konstruktion kann man heute unterschiedlich dicke Schichten dicht einpacken (mit einer Dichtung an den Augen). Die Durchsatzmenge hängt von der Größe und Anzahl der zu filtrierenden Schichten und naturgemäß vom Trubgehalt des Weines und dessen Viskosität ab. → Filterschichten werden in den Größen 20/20, 40/40, 60/60 und 100/100 hergestellt, Filtergestelle können bis zu 350 100er Schichten aufnehmen, was einer wirksamen Filterfläche von 332,5 m^2 entspricht.
An Stelle der nur einmal einsetzbaren Schichten gibt es zur Hefefiltration Leinwand bzw. Polypropylengewebe (Kunststoff) und zur Rückhaltung des hohen Feststoffanteiles eigene Trubkammern (→ Hefetrub-Filter).
Sehr günstig und den Filtrationsproblemen anpassbar sind → Anschwemmfilter, bei denen die filtrierende Schicht mittels → Filterhilfsmitteln im Filter „angeschwemmt", das heißt erzeugt wird. Passt man den Zufluss von Filterhilfsmitteln dem Filtergut an, das heißt dosiert man fortlaufend, so sind hohe Kläreffekte und große Leistungen zu erreichen. Nach dem dort meist verwendeten Hilfsmittel bezeichnet man diese Filtration auch als → Kieselgurfiltration. Als Träger dienen entweder Filterplatten mit Trubkammern in Filtergestellen oder es werden Siebelemente in einem Kessel (Kesselfilter) angeordnet, auf denen das Filterhilfsmittel angeschwemmt wird. Bildung und Entfernung der Anschwemmschicht erfolgen teilweise automatisch; mit Rücksicht auf die Belastung der Kanalisation sollte der Filterhilfsstoff nach Beendigung der Filtration trocken, das heißt deponierfähig ausgetragen werden. Zu dem Filter gehören → Armaturen zur Regelung des Flüssigkeitsstromes und → Druckmesser (am Eingang und am Ausgang), um über den Druck die Belastung der filtrierenden Schicht und den eventuellen Erschöpfungszustand zu erkennen. Anstelle der hier eingehend erklärten Schichten -und Anschwemmfiltration treten zunehmend Filtermodule mit eigenem Gehäusen und Armaturen wie → Filterkerzen bzw. → Filtersysteme. (→ Filtergeschmack, → Filterschichten, → Filtration, → Hefefiltration, → Membranfilter)

Filterfasern können durch Abfasern von cellulosehaltigen Filterschichten als Trübung in Flaschenwein auftreten. Der Nachweis kann mit mikrochemischen Methoden durchgeführt werden. Durch Flächenverfestigung der Schichten tritt der Fehler höchstens bei unsachgemäßer Verfahrensweise auf (→ Filterschichten).

Filtergeschmack tritt in Getränken auf, wenn vor der → Filtration das Filtermaterial (insbesondere Filterschichten) nicht ausreichend → weingrün gemacht oder das Filtermaterial falsch gelagert wurde. Wässern oder Dämpfen beseitigt den dem Material anhaftenden Filtergeschmack. Aus damit behafteten Getränken lässt sich der Filtergeschmack leider kaum entfernen, weshalb den Vorsorgemaßnahmen große Bedeutung zukommt. Filtermaterial kann aber auch bei unsachgemäßer Lagerung Geruchsstoffe binden, die ursprünglich nicht vorhanden waren (Schimmelgeschmack etc.), was bei der Lagerung von Filtermaterialien wie z. B. Kieselgur zu beachten ist. Beim Wässern der Filterschichten bleiben etwa 5 l Wasser in 10 40er Schichten gebunden, welches durch Wein verdrängt werden muss. Der Filtervorlauf ist zu verwerfen (→ Filter wässern).

Filtergestell (→ Abb. 7 im Anhang) Teil der → Schichtenfilter zur Aufnahme der Filterplatten.

Filterhilfsmittel sind inerte Stoffe, die wie → Kieselgur, → Perlite oder → Zellulose zur → Filtration verwendet werden. Sie gehören zu den für die → Weinbereitung zugelassenen Stoffen.

Filterkerzen (Membranfilter).
Das wirksame Prinzip der in Kerzenform gewickelten Filterflächen sind Membrane aus verschiedenen Kunststoffen. Obwohl man anfangs der 70 er Jahre bereits versuchte, Membranschichten auf den klassischen Schichten aufzutragen, zeigte sich die besondere Form der Filterkerzen in eigenen Gehäusen in der Praxis überlegen:
Vorteile:

- Geringe „Totvolumina
- Optimale Dichtigkeit (keine „Tropfverluste“
- Kaum Adsorption von Farbe bei Rotwein
- Zuverlässige Keimreduzierung.
- Regenerierbarkeit (lange Standzeiten)

Nachteile:

- Neigung zum „Verblocken“ daher Vorfiltration üblich
- Permanente Kontrolle und Überwachung
- Kosten, die sich nur bei ausreichender Auslastung lohnen

Für die Abfüllung „vorbelasteter“ Weine (nach BSA oder kritischer Restsüße ist die Filtermenbran als „Polizeifilter“ ein Muss (→ Endfilterkerzen).

Filterpresse → Hefefilterpresse.

Filtermodule sind fertigkonfektionierte → Module (Bauteile), die von verschiedenen Herstellern zur Beschickung geeigneter Filtergeräte angeboten werden (→ Filtersysteme).

Filterschichten. Die Filterschichten gibt es in den Maßen 20/20, 40/40, 60/60, 100/100 cm. Sie bestehen überwiegend aus → Zellulose → Perlite und → Kieselgur, wobei die Packungsdichte mit steigender Filtrationsschärfe zunimmt. Je nach Beschaffenheit des zu filtrierenden Getränkes, ist die Auswahl unter den verschiedenen Typen (Bezeichnungen der Hersteller) zu treffen. Auch grobe Klärschichten filtrieren zunächst glanzklar, bis die adsorbierende Oberfläche belegt ist, danach folgt nur die grobe, „siebende“ Wirkung = der Wein läuft trüb. Die auch als „Tiefenfilter“ bezeichneten, klassischen Filter trennen durch ein raumsiebartig angelegtes Labyrinth mit Adsorptions- und Siebwirkung. Zweckmäßigerweise kombiniert man eine grobklärende Schicht mit einer feinklärenden Schicht. Sogenannte → EK-Schichten sollen nicht zur Klärung, sondern nur zur Abtrennung von Keimen beansprucht werden. Filterschichten der modernen Generation werden als „weitgehend tropffrei“ deklariert. Man will damit die störenden Tropfverluste einschränken. Auf die Bedeutung des korrekten „Packens“ sei hingewiesen. Richtige Dichtungen und zusätzliches Wässern der gepackten Schichten gehören dazu (siehe Infomaterial der Hersteller). Nicht zuletzt aus diesen Gründen ist der Einsatz von anderen Systemen (Filterkerzen, Filtermodulen) auf dem Vormarsch (→ Sterilisieren des Filters).
Bei der Endfiltration unterscheidet man je nach Anwendung folgende Typen:

- Tiefenfilterschichten
- Tiefenfilterkerzen
- Membranfilterkerzen

Filtersysteme. Insbesondere durch die zunehmende Verwendung von Kunststoffen als Filtermaterial war die Entwicklung neuer Filtersysteme vorgezeichnet. Im wesentlichen

wollte man die fallweise starke adsorptive Bindung durch die klassischen Filterhilfsmittel → Zellulose, → Kieselgur und → Perlite umgehen, das Problem der Abgabe von Fremdstoffen (→ Filtergeschmack) minimieren und das → Totvolumen begrenzen. Dies erforderte gleichzeitig die Konstruktion neuer Filtergeräte und neuer → Filtermodule. Gleichzeitig galt es, Schwächen der klassischen → Filter wie mangelnde Dichtigkeit, Überprüfbarkeit der Filtrationsschärfe oder Sterilisierbarkeit zu beseitigen.
Die Filtergeräte sind in der Regel aus Edelstahl gefertigt und werden als geprüfte Druckbehälter mit den notwendigen → Armaturen ausgerüstet ausgeliefert. Die eigentlichen Filtermodule werden durch die einschlägigen Firmen als → Kerzenfilter in verschiedenen Filtrationsschärfengraden schon seit längerem angeboten, während Filtermodule in Scheibenform (disc) erst in neuester Zeit eingeführt sind. Selbstverständlich variieren die zugehörigen Filtergeräte, die filtrierenden Materialien und die Filtrierschärfe. So können die Effekte der „Tiefenfilter", die ein hohes Trubaufnahmevermögen haben, aber auch die Effekte der absoluten Rückhaltung von Mikroorganismen (Sterilfiltration) durch die neuen Filtersysteme realisiert werden. Die Nutzung von F. ist von der angestrebten Filterschärfe bestimmt (unfiltriert bis „absolute" Sterilfiltration). So können Weine, die frei von „Restzucker" sind, trotzdem noch Bakterien aus dem vorhergängigen → BSA enthalten. Hier ist auf jeden Fall eine absolute Sterilfüllung bei der Flaschenabfüllung erforderlich (→ Crossflow-Filtration, → Membranfilter, → Mikrofiltration).

Filter wässern. Um den Eigengeschmack der Filterschichten möglichst weitgehend auszuwaschen, wird das „gepackte" Filter mit Wasser solange gewässert, bis dieses geschmacksfrei abläuft. Ungenügende Wässerung ergibt → „Filtergeschmack" im Wein, der kaum mehr entfernbar ist. Durch die aufgenommene Wassermenge sind die ersten filtrierten Weinanteile verwässert und zu verwerfen. 10 Filterschichten (40/40er) nehmen etwa 5 l „Quellwasser" auf, welches durch etwa 20 l Wein verdrängt werden muss. Neuerdings werden „geschmacksfreie" Filterschichten angeboten. Man möge bedenken, dass das „Wässern" u. A. aus Sicherheitsgründen zu empfehlen ist (→ Filterschichten).

Filtration. Die Abtrennung von Trubstoffen aus Flüssigkeiten mit Hilfe von Filtern. Das Verfahren zählt zu den Verfahren der Klärung von Wein (→ Filter). Der Grad der erreichbaren Abtrennung hängt vom Filtermaterial, der Art und Menge der Trubstoffe und der allgemeinen Beschaffenheit der zu filtrierenden Flüssigkeit ab (Temperatur, Viskosität). Eine gewisse Standardisierung erreicht man bei Verwendung fertig konfektionierter Schichten, die aus wechselnden Anteilen von Zellulose, Kieselgur und eventuell → Perlite bestehen und meist in Größen von 20/20, 40/40, 60/60 oder gar 100/100 cm geliefert werden. Der Grad der Abtrennung hängt von der Durchlässigkeit ab, die variiert (→ Filterschichten), die Leistung (bis zur Erschöpfung) gleichfalls von der Art der Schichten und der zur Verfügung stehenden Filteroberfläche und außerdem wiederum vom Filtergut selbst.
Die klassische Filtration ist durch die Entwicklung von → Filtersystemen, insbesondere durch Integration anderer Filterhilfsmittel (Kunststoffe) optimiert worden.
Das Thema der Filtration wird in der Önologie überwiegend durch die technische Entwicklung bestimmt. Aber auch die jeweilige technische Ausrüstung der Kellereien variiert in der Praxis.
Dabei entscheidet der erforderliche Klärgrad über die „Schärfe" der Klärung, ausgehend von der Vorklärung nach Abstich bis zur schlussendlichen → Entkeimung des Weines.

Viele kleinere Betriebe bedienen sich der → Schichtenfiltration, die man -aus Sicherheitsgründen eventuell mit einer → Membranfiltration („Polizeifilter") vor der → Flaschenabfüllung abschließt. Größere Betriebe mit kontinuierlicher Flaschenabfüllung ziehen reine (teure) → Membranverfahren vor, die leichter zu überwachen sind. Gelegentlich ist bei entsprechenden Voraussetzungen (Wein, ohne Restsüße, kurzfristiger Verbrauch), keine absolute Keimfreiheit notwendig. Weine die einen → biologischen Säureabbau passiert haben sollten, jedoch immer entkeimend filtriert werden. Manche Winzer vertreten die Auffassung, dass besonders die entkeimende „Endfiltration" den Wein „ausziehen" würde. Von Seiten der Wissenschaft wird diese Sorge als unbegründet abgewiesen. Zwar gibt es kurz nach Abfüllung des Flaschenweines die sog. → „Flaschenkrankheit", die jedoch natürliche Ursachen hat (Turbulenz beim Abfüllen, kurzfristige Aufnahme von Sauerstoff, Verlust von Kohlensäure).
Die größten Effekte auf die Zusammensetzung von Wein haben nur die vorhergängigen Klärungen durch → Schönung, Kieselgurfiltration und → Crossflow-Filtration, treffen aber nicht zu für die Endfiltration vor der → Flaschenabfüllung. Ein eventueller sensorischer Vergleich vor und nach der Flaschenabfüllung soll auf jeden Fall erst ca. 1–2 Monate nach der Abfüllung erfolgen. Französische Forscher warnen vor einem Verzicht auf entkeimende Filtration insbesondere bei Barrique-Weinen, da es sich hier meist um säurearme, durch → *Brettanomyces*-Hefen gefährdete Barrique-Rotweine handelt, die ohnehin meist nur geringe Gehalte an freier SO_2 enthalten.

Filtrationsenzyme werden in flüssiger oder fester Form angeboten. Es sind Präparate, die einen überwiegenden Anteil an pektinabbauenden → Enzymen (→ Pektinasen) enthalten. Die wirksame Konzentration variiert mit dem Grad der Anreicherung, da die Enzyme meist zur Steigerung der Haltbarkeit und aus Kostengründen auf einem Trägerstoff niedergeschlagen sind. Richtlinien zur Standardisierung und Überprüfung der Handelspräparate liegen derzeit noch nicht vor, was einen Vergleich der Handelspräparate untereinander erschwert. Daneben enthalten die Filtrationsenzyme noch Restaktivitäten anderer Enzyme, die möglicherweise zum Abbau der störenden → Kolloide beitragen. Zwecks Abbau der → Glukane sind → Glukanasen zugelassen. Die Anwendung anderer Enzyme, wie Zellulasen, Lipasen oder Dextranasen, ist nicht erlaubt.
Die Herstellung der Enzyme erfolgt im technischen Maßstab in → Fermentern überwiegend mit Hilfe der Pilzgattungen *Aspergillus*. Um Enzyme von hohen spezifischen Aktivitäten zu erhalten, werden in der Lebensmittelindustrie auch gentechnisch veränderte Mikrorganismen (GVO) zur Produktion von Enzymen eingesetzt.

Filtrationsreife. Ein in der Praxis wichtiger Terminus, der praktisch nur durch Filtrationsversuche im Kleinmaßstab bestimmbar ist. Messungen des → Kolloid- und → Trubgehaltes können darüberhinaus Informationen liefern. Entsprechende Wartezeiten vor Durchführung der Filtration erweisen sich insbesondere nach Schönungs- und Klärmaßnahmen in der Regel als vorteilhaft.

Findling ist eine Neuzüchtung, allerdings als Mutante des Müller-Thurgau aufgefunden und 1972 klassifiziert. Es ist eine frühreife Sorte mit gegenüber Müller-Thurgau höheren Mostgewichten, als Wein reifer aber neutraler als Müller-Thurgau. Im Anbau derzeit überwiegend in Baden, jedoch insgesamt unbedeutend.

Finale wird in der → Weinansprache stellvertretend für → Abgang verwendet.

Finesse. Beschreibung für „subtil" oder → „vornehm".

Fino ist eine Bezeichnung für feine → Sherryweine.

firn → Firne.

Firne ist die Veränderung des Weines, die sich bei der Alterung (→ Altern des Weines) geruchlich und geschmacklich als Bitterton bemerkbar macht. Parallel dazu vertieft sich die Farbe eines Weines bei Weißwein nach goldgelbbraun, bei Rotwein verschwinden purpurrote Nuancen zugunsten von braunroten Tönen. Ausgesprochen erwünscht ist die Firne bei manchen → Dessertweinen, insbesondere beim Sherrywein. Die dabei ablaufenden chemischen Veränderungen sind im Wesentlichen noch unbekannt. Da bei der Alterung SO_2 abgebaut wird, ist an die Freisetzung von höheren → Aldehyden zu denken, doch können auch Reaktionen von Stickstoffsubstanzen (Aminosäuren mit → Zucker) daran beteiligt sein. Noch weniger sicher zu bewerten ist der Einfluss von → flavonoiden Phenolen auf Farbe und Geschmack. Insbesondere bei Flaschenweinen sind die Lagerungsbedingungen (vorwiegend die Temperatur), die Flaschenverschlüsse und naturgemäß die Eigenschaften der Weine von Einfluss. Der Zutritt von Sauerstoff wird bei Rotwein bezüglich der Lagerfähigkeit differenzierter betrachtet als bei Weißwein (→ Flaschenverschlüsse).

Flach (→ Weinansprache) bedeutet „ ausdruckslos".

Flaschenabfüllung, Zeitpunkt. Der optimale Zeitpunkt ist vom Stand der Entwicklung des Weines abhängig, aber auch davon, wie lange der Wein sich noch in der Flasche entwickeln kann. Im allgemeinen „reifen" die Weine im Behälter rascher als in der Flasche, insbesondere dann, wenn der Wein im Holzfass ausgebaut wird.
Aber auch die Behandlungstechnik beeinflusst den Füllzeitpunkt. Ein „reduktiver" → Ausbau verzögert die Abfüllreife. Rotweine werden im allgemeinen länger im Behälter lagern, das heißt später abgefüllt als sogenannte reduktive Weintypen. Es soll aber anerkannt werden, dass der Abfüllzeitpunkt auch von anderen Gesichtspunkten wie der Nachfrage, der Haltbarkeit und der Tatsache beeinflusst wird, dass zu lange Lagerung insbesondere im Holzfass zu Qualitätsverlusten und zu Mengenverlusten (→ Schwund) führt.
Unter Berücksichtigung dieser Risiken führt sich die frühe Abfüllung (ab Januar/Februar des folgenden Jahres) zunehmend ein, während die Reifung dann dem Flaschenlager überlassen bleibt. Regeln lassen sich für den Zeitpunkt wohl kaum aufstellen, doch hat sich neuerdings die frühere Übung, wertvolle „restsüße" Weine besonders lange im Behälter zu belassen, weitgehend ins Gegenteil umgewandelt, um dadurch die durch Nachgärung geförderte Abbindung hoher Mengen an schwefliger Säure zu verhindern (→ Auslesen, → Beerenauslesen, → Trockenbeerenauslesen!).

Flaschenausstattung. → Ausstattung der Flaschen.

Flaschenformen. Für die verschiedenen Weinarten haben sich traditionell verschiedene Formen von Flaschen entwickelt. In der Frühgeschichte des Weines waren die Gefäße zunächst aus Keramik, später aus Steinzeug und dann aus Glas, doch lagert der älteste „Wein" der Welt in einem Glasgefäß, welches samt Inhalt auf etwa 400 n. Chr. datiert wird (Weinmuseum in Speyer/Rhein).

Für Weißweine benutzt man weltweit überwiegend die → Schlegelflasche, aus grüngefärbtem Glas an der Mosel-Saar-Ruwer, aus braunem Glas für Rheinwein etc. Häufig werden → Roséweine in farblose Flaschen gefüllt. Frankenwein wird in der bekannten Form des → Bocksbeutels abgefüllt. Bekannt sind auch die Typen der → Burgunderflasche und der → Bordeauxflasche für Rotweine. Die Tendenz zur Leichtgewichtflasche hat dazu geführt, dass die meisten Formen mehr gestaucht gewählt werden, weil damit die Bruchgefahr bei der Abfüllung und Lagerung vermindert wird. Zweifellos leidet darunter aber die Ästhetik. Während früher die Form der einfachen Schlegelflasche nur in seltenen Fällen abgewandelt wurde (⇒ Affenthaler), ist heute eine Vielzahl von Formen und Farben anzutreffen. Obwohl man die meist sehr ästhetischen Flaschen aus Marketing-Sicht begrüßen und fördern muss, so sind damit Probleme entstanden: Höherer Preis, kaum wiederverwendbar, bruchgefährdet, schlecht lager- und transportierbar.
Als starke Konkurrenz zur klassischen Glasflasche könnten Flaschen aus dem Kunststoff → PET oder das → BiB werden.
Inzwischen ist die Gestaltung der Flaschen (Größe, Gewicht, Farbe) sehr stark vom Marketing beeinflusst. Organisationen wie z. B. der VDP prägen den „Traubenadler" auf die Flasche. Damit trägt die Glasflasche als solche zur Identifikation des Produzenten bei.

Die Technik der Abfüllung verlangt darüber hinaus Normen für Bandmündung und Durchmesser des Flaschenhalses beim Korkverschluss. Das jeweilige Gewicht einer Glasflasche liegt zwischen 390 und 540 Gramm (1 Liter/Schraubflasche. Insbesondere die → Bocksbeutelflasche besitzt ein eigenes MCA-Mündungsprofil. Die zulässigen Flaschengrößen (Nennvolumen) sind in der → Fertigverpackungsverordnung aufgelistet; sie unterscheiden sich außerdem noch innerhalb der verschiedenen Getränkearten. Für den korrekten Inhalt nach Abfüllung trägt der Abfüller die Verantwortung (→ Nennvolumen).

Flaschenfüller → Füller.

Flaschengärung dient der Herstellung von Schaumwein. Im größeren Umfang wird diese Methode noch heute bei der Herstellung des klassischen → Champagners angewendet und trägt deshalb auch die Bezeichnung „méthode champenoise" (→ Schaumwein). Die Bezeichnung Champagner ist allerdings den in der Champagne hergestellten Schaumweinen vorbehalten. Ursprünglich von den übrigen Gebieten Frankreichs kommend, ist die dort übliche Bezeichnung → „Crémant" seither in den meisten Weinbauländern der EU für hochwertige Schaumweine verbreitet.

Flaschengestelle. Sie sind aus Metall, Kunststoff, Holz oder Bimsstein hergestellt und dienen der übersichtlichen Lagerung von Wein. Die in einzelne Bereiche unterteilten Gestelle sollten korrosionsfest, stabil und beschriftbar sein.

Flaschengröße. Die meisten für Wein gebräuchlichen Flaschen hatten traditionell einen Inhalt von 1 l bzw. 0,7 l. Nach dem 31. 12. 1988 musste EG-einheitlich auf 0,375 bzw. 0,75 l umgestellt werden. Für wertvolle teure Weine ist die 0,375-l-Flasche in Gebrauch, während sich die 0,5-l-Flasche kaum einführen lässt. Für Konsumweine ausländischer Herkunft wird auch eine 2 l fassende Flasche propagiert.
Zusätzlich muss der Abfüller für den Inhalt garantieren (Angabe auf dem Etikett!). Dabei entstehen Probleme bei der → Warmabfüllung, da sich der Inhalt nach der Abfüllung wieder zusammenzieht (→ Wärmedehnung). Durch Wahl anderer Flaschenverschlüsse

(Verzicht auf den volumen-aufwändigen Korken zugunsten von Schraubverschlüssen bzw. „stirnabdichtenden" Flaschenverschlüssen) oder größerer Flaschen versucht man das Problem zu lösen. Vorschriften und Prüfungsrichtlinien für die Einhaltung und Kontrolle der Mindestinhalte enthält die Verordnung über Fertigpackungen (→ Fertigpackungsverordnung).
Bei Schaumweinen, bevorzugt bei Champagner, gibt es größere Flaschen, die jeweils ein Mehrfaches der Normalflasche (0,75 L) beinhalten. Traditionell werden die Flaschen wie folgt genannt. Die Bezeichnungen sind dem Hebräischen (die Schreibweise variiert!) entliehen:

Magnum	=	2 Normalflaschen	=	1,5 L
Jeroboam	=	4 Normalflaschen	=	3,0 L
Rehoboam	=	6 Normalflaschen	=	4,5 L
Methusalem	=	8 Normalflaschen	=	6,0 L
Salmanasar	=	12 Normalflaschen	=	9,0 L
Balthasar	=	16 Normalflaschen	=	12,0 L
Nebukadneza	=	20 Normalflaschen	=	15,0 L

Flaschenhülsen waren früher aus Stroh, später aus Wellpappe und dienten dem Schutz der Flasche beim Versand. Heute sind die Hülsen weitgehend von Schutzpackungen aus geformtem Styropor oder Pappe verdrängt worden.

Flaschenkapseln gehören zur → Ausstattung der Flaschen und dienen vorwiegend der Werbung und der Ästhetik. Kapseln sind auch heute noch aus Stanniol (von stannum = Zinn), doch treten Kapseln aus Kunststoff auch aus verarbeitungstechnischen und ökonomischen Gründen zunehmend in den Vordergrund (Schrumpfkapsel). Stanniolkapseln dürfen kein Blei enthalten. Flaschenkapseln sollen die Verdunstung durch den Korken vermindern helfen. Fallweise verhüten diese auch den Befall und die Eiablage durch die → Korkmotte.

Moderne (Schraub)/Anroll-Verschlüsse besitzen bereits involvierte Kapseln (→ BVS, Longcap oder Shortcap, Stelvin etc.).

Flaschenkeller (Flaschenlager) nennt man den Lagerraum für abgefüllte Flaschenweine. Wichtig ist, dass die Lagertemperatur möglichst wenig schwankt, damit sich der Wein weder ausdehnen noch zusammenziehen kann. Je tiefer die Temperatur ist, um so langsamer verläuft die Entwicklung oder gar die Alterung des Weines. Es lassen sich deshalb keine prinzipiellen Empfehlungen über die zweckmäßige mittlere Lagertemperatur geben. Rotwein kann bei höherer Temperatur gelagert werden (15 bis 20 °C), Weißwein im allgemeinen bei tieferen Temperaturen (10 bis 12 °C). Immerhin mag es Fälle geben in welchen Wein sich möglichst rasch entwickeln soll (Konsumweine). Die Lagerung erfolgt aus praktischen Gründen überwiegend liegend in → Flaschengestellen. Bei Korkenverschluss argumentierte man mit der (notwendigen?) Benetzung des Korkens mit Wein. Teilweise wird dem widersprochen, zudem die stehende Lagerung bei modernen Flaschenverschlüssen keiner „Benetzung" bedarf. Teilweise werden Flaschenweine gestapelt (→ Boxpalette, → Palette), falls es sich um einheitliche Formen handelt. Heute sind die Flaschenkeller häufig ebenerdig zugängliche Flaschenlager, da dadurch Transport und Lagerung im ausgestatteten Zustand erleichtert werden. Solche Flaschenlager muss man dann künstlich temperieren (im Sommer kühlen).

Flaschenkrankheit. Kurz nach dem Abfüllen sind die Weine meist „zerschlagen" und nicht probierfähig. Diese „Flaschenkrankheit" geht auf die Abfüllmanipulationen (pumpen, filtrieren) zurück und verliert sich nach einigen Wochen von selbst.

Flaschenreife ist zunächst der Zeitpunkt, zu welchem der Wein → füllfertig ist (→ Fla-

schenabfüllung, Zeitpunkt). Voraussetzung für die Flaschenreife ist nicht nur eine hinreichende Entwicklung des Weines, sondern auch die Stabilität. Dazu gehört die Vorsorge zur Verhinderung von späteren Eintrübungen und ein stabiler Gehalt an SO_2 mit Hilfe von Behandlungsmethoden, die wie die → Schönung oder die → Schwefelung während des Zeitraumes des → Ausbaues durchgeführt werden. Zur Beurteilung der Flaschenreife gehört auch Erfahrung und eine sorgfältige Verkostung, da man allein durch Stabilitätstestverfahren noch kein hinreichendes Bild von der Flaschenreife bekommt.
Auch während der Lagerung des Weines in der Flasche tritt eine weitere, allerdings langsamere Entwicklung ein (Flaschenreife =sekundäre Reife in der Flasche). Die dabei ablaufenden Vorgänge sind kompliziert, wobei eine zunehmende → Oxidation der Weininhaltsstoffe (ersichtlich auch an der Farbvertiefung) und eine → Umesterung einzutreten scheint. Ein zu weit entwickelter Wein wird als → firn oder sogar als alt (abwertend) bezeichnet. Weine höherer Prädikatsstufen bleiben länger auf dem Höhepunkt der Entwicklung (→ Altern der Weine).

Flaschenreinigung. Überwiegend wird die Weinflasche mehrfach benutzt (auch aus umweltpolitischen Gründen), das heißt vor der Abfüllung müssen gebrauchte Flaschen gereinigt werden. Zur Reinigung verwendet man Reinigungsmaschinen, die in Großbetrieben vollautomatisch arbeiten, in Kleinbetrieben verwendet man dazu Flascheneinweichräder (→ Einweichen von Flaschen) bei denen die Flaschen in die Reinigungslauge getaucht werden, anschließend dienen Flaschenbürstmaschinen zur Nachreinigung. Neuglas wird im allgemeinen nur mit keimfreiem Wasser ausgespritzt (→ Reinigungsmittel). Die ökologisch und ökonomisch sinnvolle Wiederaufbereitung im Lohnverfahren ist grundsätzlich möglich, stößt jedoch bei verschiedenen Flaschenformen auf Schwierigkeiten.

Flaschenreinigungsmittel sind im einfachsten Falle → Laugen (wässrige Lösung von NaOH), zudem sind meist komplexbildende Substanzen (Polyphosphate) zum Ausgleich der → Wasserhärte zugesetzt. Über Auswahl, Konzentration und Temperatur von Reinigungslaugen geben die Hersteller Auskunft (→ Reinigungsmittel). Bei Neuglas reinigt man nur noch mit (sterilem) Wasser.

Flaschenschwefler sind Geräte, die Flaschen mit → schwefliger Säure innen so behandeln, dass danach Sterilität gewährleistet ist. Meist besteht die schweflige Säure aus einer 2 %igen Lösung. Die Geräte können entweder ausspritzen, wobei die anhaftende Flüssigkeit sterilisierend wirkt oder die SO_2-Lösung füllt die ganze Flasche aus. Die notwendige Kontaktdauer zur sicheren Abtötung weinschädlicher Keime liegt bei 30 bis 60 Sekunden. Heute werden umweltfreundliche Lösungen gesucht. Die auf dem Prinzip der restlosen Füllung der Flaschen arbeitenden „Tauchsterilisatoren", die nach Art der früheren Schwefelräder aufgebaut sind, gestatten eine mehrfache Verwendung der SO_2-Lösungen. Zunehmend verzichtet man heute ganz auf SO_2 und arbeitet mit → Ozon oder → Peressigsäure als Desinfektionsmittel. Deshalb sind auch Gas-Sterilisatoren, die wie ein → Füller aufgebaut sind und bei denen etwa 2 g gasförmige SO_2 pro Flasche eingebracht wurden, heute überholt. (→ Sterilisierung von Flaschen, → Tauchsterilisatoren). In vielen Fällen sind es „trockene Weine", die zudem in „Neuglas" abgefüllt werden. Aufwändige Sterilisationsmaßnahmen erübrigen sich dann.

Flaschenverschlüsse. Auf dem Markt der Flaschenverschlüsse musste der Natur-Korken stark an Präsenz einbüßen. Als Flaschen-

verschluss stand der → Korken immer noch mit an der Spitze, weil der Naturkorken (im Gegensatz zu anderen Verschlussarten) beim Verbraucher als Symbol für ein Qualitätsbestreben des Abfüllers gilt (galt). Zweifellos garantiert ein guter → Korkstopfen hohe Dichtigkeit (durch seine Elastizität, Gas- und Wasserundurchlässigkeit bedingt). Ein guter Korken soll möglichst porenfrei und äußerlich glatt sein. Der „Spiegel" zum Wein soll insbesondere eine geschlossene Oberfläche haben. Gänge und graubläuliche Verfärbungen weisen auf Undichtigkeit und eventuell Schädlingsbefall hin.
Vergütungen des Naturkorkens dienen in erster Linie dem Zweck, die Korken gleitfähiger zu machen, teilweise aber auch der Versiegelung der Korken. Naturkorken sind meist steril gemacht und in Polybeuteln steril eingeschweißt (Sterilkorken). Das Hauptproblem des Naturkorkens liegt im Preis und dem manchmal immer noch problematischen → Korkengeschmack (→ Trichloranisol). Aus diesen Gründen wurde lange und mit zunehmenden Erfolg nach Ersatzverschlüssen gesucht, die korkähnlich sind. Zunächst suchte man den Ersatz in „Korkimitaten" (→ Presskorken, Agglomerat- oder Verbundkorken). Da man hierzu in der Regel Korkabfälle verwendete, führte dies häufig zu Fehltönen im Wein (Korkgeschmack, Klebemittel-Geschmack), teils konnte die Ästhetik nicht zufriedenstellen. Zusätzliche Behandlungen (Extraktion mit flüssiger Kohlensäure oder andere Extraktionsverfahren) verminderten den Gehalt von → TCA.
Inzwischen konnten sich auch Verbraucher und Weinerzeuger mit den „neuen" Flaschenverschlüssen befreunden.
→ Schraubverschlüsse, Glasverschlüsse oder Kronenkorken sind keine an der Flascheninnenwand anliegenden „Stopfen" im klassischen Sinn, sondern nur „stirnabdichtende" Verschlüsse. Die dichtende Fläche zwischen Verschluss und Flasche ist klein, das heißt es dürfen keine Verletzungen am oberen Flaschenrand (der Mündung) auftreten. Bei Altglas ist dies leider manchmal der Fall.
Die auch als Anrollverschlüsse bekannten MCA-Verschlüsse werden ergänzt durch den Alka-Verschluss als → Abreissverschluss und den → Kronenkorken, wobei letzterer sich fast nur noch bei Bierflaschen findet. Selbstverständlich müssen die Flaschen angepasst sein (anstelle der „ Bandmündung" tritt eine Schraubmündung oder Kronenkorkenmündung, Prinzip → Anrollverschluss). Die „neuen" F.-Verschlüsse haben folgende Vorteile:

- gut geeignet bei → Warmabfüllung
- leicht zu sterilisieren
- wieder verschließbar (Schraubverschluss)

Der Verschluss übernimmt dann auch die Rolle einer Flaschenkapsel (Stelvin). In manchen Fällen (→ Perlwein → Schaumwein) müssen die Verschlüsse auch druckfest sein. Auch hier sind neue Verschlussarten in Entwicklung.
Die noch relativ neuen Glasstopfen aus gehärtetem Glas mit Dichtungen aus einem speziellen Kunststoff sind im Kommen. Die Dichtfläche ist zwar relativ gering, die Akzeptanz beim Verbraucher jedoch relativ groß. Der Preis und die zusätzliche Investition halten manchen Winzer davon ab. Bei der inzwischen großen Zahl der angebotenen Flaschenverschlüsse bedarf es fallweise noch umfänglicherer → Langzeit-Lagerungsversuche (→ Sterilisieren von Flaschenverschlüssen).

Flaschenverschlüsse, Einfluss auf die Reifung des Weines.
Unter dem Stichwort → „Abbau des Weines" sind einige negativ belastende Eigenschaften dargestellt, die auch die Wahl des Flaschenverschlusses beeinflussen können. Mit der Entwicklung moderner Flaschenverschlüsse ist in der Regel jedoch ein insgesamt positiver Fortschritt erreicht.

Als ein Nachteil könnte die doch gewollte Gasundurchlässigkeit der modernen Flaschenverschlüsse angesehen werden. Im Gegenzug argumentieren manche Hersteller in ihrer Werbung mit dem marginalen (gewollten) Zufluss von Sauerstoff durch die Verwendung von Verschlüssen aus Verbundmaterial, der die Reifeentwicklung fördern und damit teilweise eine (unerwünschte) „Verdumpfung" verhindern würde.
So empfiehlt ein Hersteller von „Kunststopfen" solche, die einen gezielten (gewollten) Sauerstoffzufluss zulassen. Im Angebot des Herstellers sind sogar „Kunststopfen" unterschiedlicher Durchlässigkeit (NOMACORC). Ein anderer Hersteller verfolgt das gleiche Ziel mit Hilfe von durchlässigen Kapseln. Langzeitlagerungsergebnisse fehlen bisher bei vielen modernen Flaschenverschlüssen.

Flaschenwein, Haltbarkeit. Zur Sicherstellung der Haltbarkeit muss vor der Flaschenabfüllung bereits Vorsorge getroffen werden (→ Flaschenreife). Trotz aller Vorkehrungen verändert sich der Wein auch in der Flasche (→ Altern der Weine), doch sollen extrem ungünstige Veränderungen (→ Trübungen, Farbveränderung von Rotwein) möglichst vermieden werden. Viele Eintrübungen sind chemisch bedingte Ausscheidungen, manche aber auch biologischer Natur (Hefen, Bakterien). Im Gegensatz zur weitverbreiteten Meinung leidet die Haltbarkeit der nach modernen Gesichtspunkten früh abgefüllten Weine dadurch nicht, sondern die modernen Vorsorgemaßnahmen garantieren erst die Haltbarkeit (→ Sterilfüllen, → Stabilisierung). Dadurch ist die Art der Lagerung heute nicht mehr so wesentlich für die Haltbarkeit (→ Flaschenkeller, → Haltbarmachung).

Flaschenwein-Trübungen lassen sich durch konsequente Vorsorgebehandlung weitgehend vermeiden. Vorab ist die Trübungsbereitschaft vor der Abfüllung zu prüfen (→ Trübungsbereitschaft). Ist trotzdem eine solche Trübung eingetreten, dann muss man erst deren Art diagnostizieren, um damit die Ursache erkennen zu können. Da Trübungen sich nur selten wieder auflösen lassen (nur reiner Weinstein kann gelegentlich durch Erwärmen wieder aufgelöst werden), müssen die Flaschen aufgezogen (gestürzt), egalisiert und einer Nachbehandlung unterzogen werden. Die notwendige Nachbehandlung richtet sich nach der Art der Flaschenweintrübung (→ Trübungen, → Umfüllen von Wein).

Flavonoide sind phenolische Substanzen, die verschiedentlich für das Altern der Weine (Bitternote) verantwortlich gemacht werden (→ Phenole). In Weißweinen prägen solche F. auch die Farbe (gelblich, → Quercetin, → Quercitrin, → Catechine).

Flotation. Mit Flotation bezeichnet man ein relativ neues Verfahren zur Klärung von Trauben- und anderen Obstmosten. Im Prinzip trennt man damit Feststoffe von einer Flüssigkeit. Erstmals wurde dieses Trennsystem bei der Aufbereitung von Roherzen benutzt. Die Übertragung auf die Weinbereitung in Europa erfolgte durch eine bekannte italienische Kellereimaschinenfabrik.
Die weitgehend selbstständige Trennung von Feststoffen von der Flüssigkeit beruht überwiegend auf Unterschieden in der Dichte (spezifisches Gewicht) von Trub und Most (→ Sedimentationstrub). Während normalerweise die Feststoffe durch Sedimentation auf den Behälterboden „absitzen", wird bei der Flotation der Feststoff (Trub) durch Begasung insgesamt „leichter" und schwimmt obenauf. Idealerweise könnte man dazu Stickstoff als Gas verwenden. Aus praktischen Gründen behilft man sich meist mit Luft. Einfach ausgedrückt: Die Flotation ist eine umgekehrte Sedimentation und zählt zu den statischen Klärverfahren.

Um den „aufgeschwemmten" Festtrub möglichst kompakt zu gestalten oder auch andere Mostbehandlungen durch Zusatzstoffe gleichzeitig zu ermöglichen, wird dem Druckgefäß → Bentonit oder auch → Gelatine zugefügt. Dieses Spezialdruckgefäß soll das zugeführte Gas komprimieren und zusätzlich die Gasblasen fein verteilen (durch Druckentspannung). Die anhaftenden Gasblasen tragen danach den Mosttrub zur Oberfläche. Der Flotationstrub wird ähnlich wie Sedimentationstrub auf „Trockensubstanz" aufgearbeitet. Im Klein-und Mittelbetrieb eignet sich ein → Hefetrubfilter, im Großbetrieb wird die Rückgewinnung der Restflüssigkeit durch Einsatz eines → Vakuum-Drehfilters oder → Decanters erreicht. Zu anderen Methoden: → Zentrifugen, → Separator, → Filtration. Beim Gebrauch von Stickstoffgas ergaben sich keine Änderungen der Mostdaten, → Polyphenole, → Terpene und Flüchtige) Phenole (Vergleich zur Sedimentation → „Entschleimen").

Flüchtige Säuren setzen sich aus → Essigsäure, → Ameisensäure und einigen höheren Fettsäuren zusammen. Die Flüchtigkeit im Wasserdampfstrom wird ausgenutzt, um diese F.-Säuren von der → nichtflüchtigen Säure abzutrennen. Die dazu eingesetzten Apparaturen sollen → Milchsäure und → Bernsteinsäure zurückhalten. Andere wasserdampfflüchtige Säuren wie → Sorbinsäure, → schweflige Säure und → Kohlensäure müssen entweder rechnerisch abgezogen oder ausgetrieben werden. Die genaue Bestimmung der F.-Säuren ist innerhalb der Betriebskontrolle, aber auch bei der Überwachung wichtig, weil die Bildung der F.-Säuren auf Krankheiten hinweist, weshalb die zulässige Menge durch Weingesetz in fast allen Weinbauländern begrenzt ist (→ Essigsäure, → Essigstich) (→ Tab. 20, 21 im Anhang).

Die Verminderung bereits gebildeter Essigsäure stößt auf Schwierigkeiten. Durch Umgärung mit Spezialhefen und gleichzeitigem Zusatz von Bentonit und Aktivkohle lässt sich der Gehalt fallweise senken, doch tritt dieser Effekt bei verdorbenen Weinen mit markant erhöhten Fl. Säuren nicht mehr auf, weil die Umgärung dann nicht mehr abläuft (→ Essigsäure, → Essigstich, → Fettsäuren, → Gärstörungen). Es ist ein Verfahren entwickelt worden, welches in folgenden Behandlungsschritten abläuft:

1. Umkehrosmose, Wasser , Alkohol und Essigsäure gehen durch die Membran (Permeat).
2. Das Permeat wird dem Anionenaustauscher zugeführt, die Essigsäure gebunden.
3. Der Rest (Wasser, Alkohol) wird dem Ausgangsprodukt zurückgeführt.

Das Ergebnis der Versuche aus dem Jahr 2006 konnte nicht voll befriedigen. Eine Zulassung des (teuren) Verfahrens ist nicht zu erwarten. Die oben erwähnte Aufarbeitung von Material mit überhöhter Fl. Säure ist bei „Verdorbenheit" auf jeden Fall untersagt!

Flüchtige Säuren, Bestimmung. Die Wasserdampfflüchtigkeit der F.-Säuren wird zur Abtrennung ausgenutzt. Eine absolute Trennung der → Essigsäure von Homologen (→ Ameisensäure, Propionsäure, Buttersäure) ist damit nicht möglich (→ Flüchtige Säuren). Das Verfahren ist genormt und international benutzt.
Für die ausschliessliche Bestimmung der Acetate ist ein spezifisches, enzymatisches Analysenverfahren entwickelt worden (→ Enzymatische Analyse), die deutlich niedrigere Beträge erbringt. Dem steht entgegen, dass die traditionellen Grenzwerte auf Grund der nach traditionellen Methoden festgestellten Normen aufgestellt wurden. Die enzymatische Analyse erfasst freie und gebundene Essigsäure (Acetate), jedoch nicht die Homologen und Nebenprodukte der Essigsäurebil-

dung. In Versuchen schwankte der Essigsäureanteil (Acetatgehalt) zwischen 24 und 83 % der Fl.-Säuren.

Flügelpumpen waren früher sehr beliebt (Hersteller GUTH). Sie zählen zu den Kolbenpumpen mit Ventilen. Etwa ab 1950 sind die handbetriebenen Flügelpumpen durch motorgetriebene → Kolben-, → Impeller- oder → Kreiselpumpen verdrängt worden (→ Pumpen, → Tab. 39 im Anhang).

Flüssigzucker → Invertzucker.

Flugschönung nannte man früher die → Schönung, die als Feinklärschönung insbesondere mit → Hausenblase durchgeführt wurde. Man zog einen Teil des Weines (etwa 10 %) aus dem Fass, mischte darin die vorbehandelte Hausenblase ein und überschichtete die entnommenen 10 % wieder vorsichtig zurück ins Fass. Die sich ausscheidenden Flocken an Schönungsmitteln sanken dabei langsam zum Fassgrund und klärten den Wein. Heute wird jede Schönung, die lediglich der Klärung dient, als Flugschönung bezeichnet. Dabei spielt die ursprünglich überwiegend verwendete Hausenblase keine wesentliche Rolle mehr (Verdacht auf → Allergen-Wirkung), sondern ist von anderen klärenden Schönungsmitteln (Schönungsmittelkombinationen) verdrängt worden.
Diese (Gelatine + Tannin oder Gelatine + Kieselsol) werden nacheinander vollständig in der gesamten Menge an Wein verteilt, nicht jedoch überschichtet. Der ursprünglich verwendete Ausdruck „Flugschönung“ hat demnach eigentlich keine Bedeutung mehr, da die nacheinander zugesetzten Schönungsmittel immer zuerst in den Behälter eingerührt und dort verteilt werden.

Fluor (F) ist ein auch in Most und Wein vorkommendes Element, welches zu den Halogenen = „Salzbildner“ zählt. Es ist demnach mit → Chlor, → Brom, → Jod verwandt. Fluor kommt nur als Fluorid, das heißt salzartig gebunden in Wein oder bereits in Most vor. Im Durchschnitt schwankt der Wert um 0,2 mg/l (von 0,01 bis 0,55 mg/l) und ist nur in einigen Gegenden (Nähe von Vulkanen) standortbedingt etwas höher. Der höchstzulässige Gehalt an Fluor ist auf 0,5 mg/l festgesetzt.

„Flying Winemakers“. Durch die globale Vernetzung kam es teilweise zum Einsatz von „fliegenden Weinmachern“ aus den „Neuen Weinbauländern“ in den Weinanbaugebieten Europas. Dem kam zugute, dass in den Ländern auf der südlichen Erdhalbkugel, Fachleute saisonal freigesetzt waren und während der europäischen Herbstsaison ihre Techniken einsetzen konnten. Ob diese vorwiegend (groß-) industriell geprägten Verfahrensweisen unter den hiesigen Klimabedingungen sinnvoll sind, muss bezweifelt werden (→ Weinbereitung, zugelassene Stoffe und Verfahren).

Formel lat. Formular =Vorschrift, umgangssprachlich = Redensart. Im fachsprachlichen Gebrauch wird der Begriff Formel für chemische Reaktionsabläufe bzw. für deren Reaktionspartner benutzt.
Man unterscheidet Summenformeln, die typischerweise für den quantitativen Umsatz einer Reaktion angewendet werden oder Strukturformeln die die Umwandlungsprozesse verdeutlichen können. Einfaches Beispiel für chemische Reaktionen ist der Umsatz von Calciumcarbonat mit den Säuren des Weines → Entsäuerung (→ Tab. 19 im Anhang).

Flurname. Allgemein Angabe eines Grundstückes außerhalb der Bebauung. Weinberglagen sind teilweise aus alten „Katasterlagen“ von Flurnamen hervorgegangen, die heute teilweise wieder als Herkunftsbezeichnungen „reaktiviert" werden.

Fluppes (auch Buppes) ist ein hauptsächlich an der Mosel verwendeter Ausdruck für Haustrunk, der aus → Trester hergestellt wurde.

Franken. Das → Weinanbaugebiet Franken umfasst drei → Bereiche, 17 → Großlagen und 155 → Einzellagen. Auf ca. 6000 ha Rebfläche werden etwa 5 % der deutschen Weine erzeugt. Wie im Bundesgebiet insgesamt steht die Rebsorte → Müller-Thurgau an erster Stelle und hat den traditionellen → Silvaner auf die zweite Stelle verwiesen. Im weiten Abstand folgen → Bacchus, → Domina, → Kerner, → Riesling und die spezielle Sorte „Perle". Die Spezialität wird betont durch den typischen → Bocksbeutel (Flaschenform), (→ Tab. 9 im Anhang).

Fränkischer. Früher gebräuchliche Bezeichnung für → Silvaner. In der Pfalz wurde der Silvaner in ehemals katholischen Bezirken „Franken" genannt, in „protestantischen" Bezirken dagegen als „Österreicher" bezeichnet.

Fraktionierte Destillation dient zur Trennung von Flüssigkeitsgemischen, doch ist die Anwendung bei der Herstellung von Branntwein nicht erforderlich. Das gleiche Prinzip wird bei der → Spinning cone column angewendet.

Fraktionierte Kelterung unter Trennung der Mostanteile in mehrere Fraktionen lässt sich mit allen Keltern durchführen. Dies erreicht man durch Trennung in → Mostvorlauf (ohne Druck) und weitere Fraktionen (mit Druck) in den nachfolgenden Presszyklen. Nur bei kontinuierlichen → Schneckenpressen fallen Fraktionen gleichzeitig an. Mit der Fraktionierung kann man gezielt gerbstoffarme, aber damit auch extraktarme Moste produzieren. Praktisch verwertet wird die fraktionierte K. überwiegend bei der Gewinnung von Mosten zur Schaumweinbereitung (→ Ganztraubenpressung, → Kelter, → Pressprogramme).

Frappieren nennt man die Kühlung des Weines bzw. Schaumweines vor dem Servieren in Kühlern.

Freie Säure nennt man den Anteil an Säure, der nicht salzartig gebunden oder verestert ist. Die freie Säure stellt die H^+-Ionen bereit, die durch → Titration mit Lauge erfasst werden. Im speziellen Falle der sogenannten freien → Weinsäure wird die Weinsäure ermittelt, die nicht an → Kalium gebunden ist. Bei einer zu hohen Menge „überstehender" Säure schließt man auf Zusatz von Weinsäure. In unreifem Material ist der Anteil an freier Weinsäure besonders hoch (niedriger → Asche-Gehalt im Verhältnis zur Säure).

Freie schweflige Säure. Der Teil der zugesetzten → schwefligen Säure, der nicht gebunden wird (→ gebundene schweflige Säure).

Freisamer ist bereits 1916 in Freiburg, aus Ruländer × Silvaner gekreuzt, aber erst 1962 als Rebsorte in die Sortenliste eingetragen worden. In Deutschland werden insgesamt 31 ha, davon 20 in Baden angebaut. Die Rebsorte geht rapide im Anbau zurück. Der im Charakter mehr zum → Ruländer neigende Wein wird von diesem bzw. dem synonymen → Grauburgunder verdrängt.

Fremdgeschmack ist ein unerwünschter, störenderGeschmack, dessen Ursache manchmal unbekannt ist (→ Fehler des Weines).

French Paradoxon. Ein in den 90er Jahren aus medizinischen Statistiken hergeleiteter Begriff zur gesundheitlichen Auswirkung des

Weingenusses auf die französische Bevölkerung. Man vermutet besondere Schutzwirkungen von Weininhaltsstoffen insbesondere der Rotweine, die zur Verminderung von Herzerkrankungen (hier in diesem Falle bei der französischen Bevölkerung) beitragen (→ Resveratrol, → Wein Gesundheit).

Frische Weine sind junge, lebendig wirkende Weine, meist aus gesundem Lesegut hergestellt, die „spritzig" sein können, das heißt noch Kohlensäure enthalten (→ Weinansprache).

Frizzante ist ein perlendes Getränk, welches in Erstgärung erzeugt nur 3 bar Druck erreichen kann und somit nicht als → Schaumwein besteuert ist. Vorbild ist der „Prosecco" aus Venetien. Es dürfen keine Pilzstopfen verwendet werden. Geschätzter Umsatz in Deutschland: 50 Mio. Flaschen.

Frost, der zum Gefrieren der Weine führt, ist insbesondere schädlich, weil dadurch die Weinsteinkristallisation extrem begünstigt wird. Es ist fraglich, ob daneben noch dauerhafte Veränderungen, die sich auf den sensorischen Eindruck (Geruch, Farbe und Geschmack) auswirken, eintreten können, wenn gleichzeitig kein Sauerstoff hinzutreten kann (Flaschenwein). Bei im Behälter lagernden Weinen können durch Sauerstoffeinfluss dagegen deutliche → Oxidationen (Braunverfärbung) nach dem Wiederauftauen resultieren, da die Sauerstofflöslichkeit in der Kälte erhöht ist (→ Weinsteinausscheidung).

Frostgeschmack, der durch Gefrieren *unreifer* Trauben ausgelöst wird, führt zunächst ersichtlich zu starker Braunverfärbung der Moste und der daraus hergestellten Weine. Im wesentlichen handelt es sich um → Oxidationen von gerbstoffartigen Verbindungen unter Mitwirkung von → Enzymen. Der Geschmacksfehler ähnelt dem → Kochgeschmack. Vermutlich gehen die Effekte auf die Wirkung von → Polyphenoloxidasen zurück, die in beiden Fällen (Gefrieren und Erwärmen) freigesetzt werden. Zur Vorbeugung werden die Moste stärker geschwefelt, gekohlt und stärker vorgeklärt. Nach Vergärung unter Zusatz von → Reinzuchthefe kann eine Nachbehandlung der Weine erfolgen. Die → Blauschönung gilt als wirkungsvolle Korrekturmaßnahme. Auch gerbstofffällende Weinbehandlungsmittel wie → Gelatine oder Gelatine-Kieselsol haben schon Erfolge gebracht.

Fruchtig ist ein Ausdruck der → Weinansprache, der sich sowohl auf den Geruch wie auf den Geschmack, also insgesamt auf das → Aroma bezieht. Besonders aromatische Rebsorten bringen Weine, mit einem an Obstarten wie Johannisbeeren, Erdbeeren etc. erinnernden Ton (→ Scheurebe → Kanzler). Ferner ist eine solche Tendenz nach Warmbehandlung der Maische zu erkennen, so dass auch so behandelte Rotweine mehr Fruchtkomponenten aufweisen.

Fruchtfliege *(Drosophila melanogaster)*. Die „Essigfliege" tritt oftmals während der Traubenverarbeitung auf.

Fruchtnektar ist das nicht gegorene, aber gärfähige, durch Zusatz von Wasser und Zuckerarten zu → Fruchtsaft, konzentriertem Fruchtsaft, Fruchtmark, konzentriertem Fruchtmark oder einem Gemisch hergestellte Erzeugnis, welches in der Regel einen Fruchtanteil von über 50 % besitzt (Fruchtnektar-VO). Ein Mindestsäuregehalt ist für jede Fruchtnektarart vorgeschrieben. Die Fr.-Nektare können klar, trüb oder fruchtfleischhaltig sein. Unter bestimmten Umständen darf Honig oder Zitronensäure zugesetzt werden. Herstellungsverfahren und Zusatzstoffe sind ähnlich wie bei → Fruchtsäften geregelt. Die erwähnten Herstellungsbedingungen lassen erkennen, dass Fruchtnektare keinesfalls den Fruchtsäften in der Qualität überlegene Produkt darstellen (→ Alkoholfreie Getränke).

Fruchtsaft ist (nach einer Verordnung des Bundes vom 24.05.2004 = Fruchtsaft-VO) der mittels mechanischer Verfahren aus reifen Früchten gewonnene, gärfähige, aber nicht gegorene Saft, der die charakteristische Farbe, das charakteristische Aroma und den charakteristischen Geschmack der Säfte der Früchte besitzt von denen er stammt. Fruchtsaft darf aus konzentriertem Fruchtsaft hergestellt werden. Bei der Herstellung dürfen bestimmte Verfahren (Zusätze von → Schönungsmitteln, entschwefeln) angewendet werden. Birnen und Traubensäfte dürfen nicht gezuckert werden. Konservierungsmittel sind verboten. In zusätzlichen „Leitsätzen" wie diese unter anderem von der Lebensmittelbuch-Kommission beschlossen wurden, sind einige Konkretisierungen der Herstellungsbedingungen etc. erfolgt. Abschließende harmonisierende Regelungen der EG stehen noch aus (→ Alkoholfreie Getränke, → Normativbestimmungen).

Fruchtsaftgetränke sind aus Fruchtsäften oder deren Vorprodukten (Konzentraten) mit Zucker, Kohlensäure und Wasser gemischte Getränke, die alkoholfrei sind. Gegenüber Fruchtnektaren ist der Mindestanteil an Fruchtsaft weiter herabgesetzt und der Zusatz von sog. Genusssäuren umfänglicher gestattet (Fruchtsaft-VO, → alkoholfreie Getränke, → Normativbestimmungen).

Fruchtschaumwein ist ein schäumendes, das heißt moussierendes Getränk, welches sich einerseits von Perlwein durch einen höheren Kohlensäuregehalt (Druck über 3 bar) unterscheidet, andererseits aber nicht Sekt genannt werden darf, weil diese Bezeichnung bestimmten Schaumweinen (aus Traubenwein) vorbehalten ist. Die Angabe der Fruchtart muss mit dem Schaumwein kombiniert werden, also z. B. Apfel-Schaumwein. Die Aufmachung entspricht weitgehend den Sekten. Fruchtschaumweine werden meist aus Erdbeeren oder anderen aromatischen Fruchtarten bereitet. Die Fruchtschaumweine müssen einen Mindestgehalt von 6 % Vol. Alkohol und 5 g/l → nichtflüchtige Säure aufweisen. Die flüchtige Säure ist auf 1,0 g/l begrenzt. Für (Kernobstschaumweine gelten andere Bedingungen).
Die Fruchtschaumweine werden meist im Imprägnierverfahren hergestellt. Fruchtschaumweine gelten als → weinähnliche Getränke und sind nach der Lebensmittel-Kennzeichnungs-Verordnung aufzumachen (→ Fruchtwein, → Imprägnieren mit Kohlensäure, → Perlwein, → Schaumwein).

Fruchtweine werden aus dem Saft oder der Maische von Beeren- und Steinobst, Südfrüchten oder geeigneten Wildfrüchten unter Zusatz von Wasser (fallweise) und Zucker hergestellt. Die Bereitungsmethoden, die geforderten Eigenschaften etc., sind in einer außerhalb des Weingesetzes stehenden gesetzlichen Regelung verankert, doch darf der Begriff „Wein" nur im Zusammenhang mit der Angabe der Fruchtart verwendet werden (→ weinähnliche Getränke). In einer 1993 neu formulierten „Richtlinie" des Verbandes der deutschen Fruchtwein- und Fruchtschaumwein-Industrie (→ Fruchtschaumweine) sind die Bedingungen der technologischen, bezeichnungsrechtlichen und analytischen Handlungen und Bewertungen fixiert. Erstmalig ist dort ein Grenzwert für die gesamte schweflige Säure (200 mg/l) genannt. Mit Ausnahme des kommerziell wichtigen → Apfelweins werden andere Frucht(dessert)-weine überwiegend im häuslichen Bereich hergestellt. Die extremen Typen sind → Erdbeerwein (Früchte, wenig Zucker, niedrige Säure), → Johannisbeerwein (hohe

Säure, Nasszuckerung). → Heidelbeerwein, → Stachelbeerwein).

Fructose (→ Fruchtzucker). Die Zuckerart wurde wegen der Linksdrehung des polarisierten Lichtes in wässrigen Lösungen auch → Laevulose genannt. Nach der chemischen Nomenklatur ist es eine Keto-Hexose, ein Zucker mit sechs Kohlenstoffatomen und einer Ketogruppe als reaktionsfähige Gruppe. Für den süßen Geschmack dieses Zuckers sind die fünf Hydroxylgruppen verantwortlich. Fructose schmeckt mehr als doppelt so süß wie → Glucose und ist wie diese durch → Hefen vergärbar. Überwiegend bevorzugen die Hefen allerdings die Glucose, so dass nach Vergärung resultierende → Restsüße stärker und bevorzugt aus Fructose besteht. Darauf wird auch die stärkere Süßkraft der „natürlichen“ Restsüße zurückgeführt. In normalen Traubenmosten besteht der Zucker etwa aus gleichen Teilen Fructose und Glucose. Erst mit zunehmender Überreife überwiegt die (süßerschmeckende) Fructose. Bei der Aufspaltung des Rohrzuckers (→ Saccharose) entstehen gleichfalls gleiche Teile an Fructose und Glucose. Nach dieser als Inversion bezeichneten Aufspaltung nennt man das 1:1-Gemisch auch → Invertzucker.

Fruchtzucker → Fructose.

Fructophil. = „Fructoseliebend“. Ein bei der Vergärung durch Hefe häufig benutzter Begriff.

Frühburgunder. Mutante des → Spätburgunders, bundesweit 252 ha (2008), vorwiegend in Württemberg angebaut, auch als blauer Clevner bezeichnet.

Fuchsgeschmack, auch Foxgeschmack genannt, ist der eigentümliche Geruch mancher Hybridenweine, der möglicherweise auf → Methylanthralinat zurückzuführen ist. Die bekanntesten Rebsorten gehören zur Art *Vitis labrusca,* die vorwiegend im östlichen Teil der USA angebaut werden, hier bevorzugt die Concord-Rebe (ca. 12000 ha). Als weiteren Verursacher entdeckte man inzwischen → Furaneol.

Furaneol (Erdbeergeschmack). Es bestand längere Zeit noch eine Lücke in der Diagnose des als „fuchsig“ bezeichneten Fehltons bei → Hybriden. Teilweise wurde Furaneol dafür verantwortlich gemacht. Durch Rückkreuzung der klassischen Hybriden mit europäischem Genmaterial wurde der beanstandete Fehlton inzwischen gezielt eliminiert (→ Direktträger, → Interspezifische Kreuzungen).

Fuder ist eine Mengenangabe für Wein, die auf 1000 l normiert ist. Diese Angabe ist beispielsweise älter als das bekannte „Stück“ (1200 l). Die Normierung auf 1000 l erfolgte etwa ab 1930. Das „Stück“ als Maß dürfte aus dem Rheinland stammen. Der Begriff Fuder ist abgeleitet aus althochdeutsch *fuodar* = Wagenlast. Ausdrücke wie „Moselfuder“ zeigen, dass man damit auch gelegentlich die Fassform bezeichnen wollte, weshalb auch die Inhaltsangaben noch stark schwankten und unterschiedlich, landsmannschaftlich variiert gebräuchlich waren. Die genannten Mengenangaben für Holzfässer werden zunehmend aus dem Sprachgebrauch verdrängt.

Fülldosage. Zusatz zur Herstellung von Schaumweinen. Nach EWG-Verordnung Nr. 2893/74 besteht der Zusatz aus Hefe und Traubenmost, teilweise gegorenem Traubenmost, konzentriertem Traubenmost oder Saccharose und Wein. Dadurch darf der → Gesamtalkohol nur um 1,5 % Vol. erhöht werden.

Füllelement. Füllventil moderner Abfüllmaschinen.

Füller. Vereinfachter Begriff für → Füllmaschinen (→ Abfülltechnik, → Gegendruckfüller. → Reihenfüller, → Rundfüller).

Füllfertig ist ein flaschenreifer und stabiler Wein. Der Füllzeitpunkt richtet sich nach dem Grad der Vorbehandlung (Vorkehrungen gegen Ausscheidungen, Aufpegelung der freien schwefligen Säure, weitgehende Vorklärung) und dem Entwicklungsstand. Ideal wäre es, die Ausreifung im Holzfass durchzuführen, nachdem die Vergärung und → Klärung nebst der Stabilisierung vorher im Edelstahlbehälter“ erfolgt ist. Nicht selten zwingt jedoch der Bedarf (Nachfrage) zur Abfüllung, oder die Notwendigkeit, bestehende Abfüllkapazitäten auszunützen (→ Flaschenabfüllung, Zeitpunkt, → Flaschenreife).

Füllmaschinen sind komplexe Geräte, die nach der gewünschten stündlichen Füll-Leistung eingeordnet werden. Die häufigste Form ist der „Rundfüller“ (→ Abb. 9 und 18 im Anhang).

Füllmengenkontrolle. Die abgefüllter Flaschen muss nach der Fertigpackungs-VO (FPV) innerbetrieblich erfolgen. Da die Exaktheit der eingebrachten Getränkevolumina vom Flaschenvolumen, aber auch von der Füllhöhe abhängt, muss der Füllvorgang überwacht werden. Unvermeidbare Differenzen werden toleriert. Abweichungen von den Toleranzen dürfen nur bei 2 % der Flaschen auftreten. Die einfachste Inhaltskontrolle lässt sich mit einer speziellen Schablone durchführen. Darüber müssen Aufzeichnungen geführt werden. Im Großbetrieb setzt man automatisch arbeitende → Sensoren ein.

Füllstandsanzeige gibt es in verschiedenen Anwendungsbereichen wie für Gär-und Lager-→ Behälter, aller Art. Statt der einfachen „Schaugläser“ verwendet man häufig Messwertgeber (→ Sensoren), gekoppelt mit dem Signalumformer und einem Alarmgeber.

Füllverfahren beziehen sich auf die Verfahren mit deren Hilfe die Weine sicher in die verfügbaren Verpackungen gebracht werden. In der Praxis kommen folgende Abfüllverfahren vor.

1. Kaltsterilfülungl mit teils diverser Entkeimungsfiltration.
2. Kaltsterilfüllung mit → Pasteuration anstelle der Filtration.
3. Kaltsterilfüllung (keimarm) unter Zusatz von → Sorbinsäure.
4. → Warmabfüllung ohne Rückkühlung.
5. → Warmabfüllung mit Rückkühlung.
6. Kaltabfüllung mit Überflutung (→ Pasteurisation) in der Flasche (Pasteurisationstunnel).

Am häufigsten werden die Verfahren 1, 3 und 5 in absteigender Reihenfolge genutzt, die benutzten Füller (Füllmaschinen →).

Füllwein ist der Wein, der zum → Auffüllen verwendet wird. Die Menge ist im allgemeinen so geringfügig, dass diese nicht bei der Deklaration in Erscheinung tritt. Grundsätzlich wird man dabei aber nur Prädikatsweine mit Prädikatswein auffüllen, d. h. Wein verwenden, der den gleichen Qualitätsstandard. Der Füllwein sollte durchgegoren sein, so dass sich Flaschenwein mit Zuckergehalt auf keinen Fall eignet. In der Praxis verwendet man meistens anfallende Restweine wie z. B. auch → Hefefilterwein. Dieser Zusatz sollte den natürlichen Anteil der entnommenen Hefe (etwa 2 %) nicht überschreiten, u. a. um die negative Geschmacksbeeinflussung gering zu halten.

Fünfpunkte-Schema. An dem bewährten 20-Punkte-Schema der → DLG (1951 bis 1984) wurde anschliessend eine Veränderung des Prüfungsvorganges angestrebt. Die

ursprüngliche Punktebewertung der „Farbe" und „Klarheit" wurde durch „Ja/Nein" ersetzt; die wesentlichen Merkmale „Geruch", „Geschmack" und (zusätzlich) „Harmonie" wurden jeweils mit bis zu 5 Punkten bewertet. Das Endresultat entsteht durch eine Teilung der Summe durch drei. Damit wurde innerhalb der DLG-Qualitätsprüfungen für Backwaren, Fleisch, Fruchtsaft-Getränken, Sekt und Wein letzten Endes zwar eine gewisse Vereinheitlichung erreicht, eine wesentliche Verbesserung gegenüber dem vorhergehenden 20-Punkte-Schema wurde damit jedoch nicht erzielt. Nach dieser 5-Punkte-Skala arbeiten viele Prüfer und Prüferkommissionen noch immer hervorragend. Inzwischen ist vom → OIV initiiert ein noch komplexeres Prüfungsschema (100-Punkte-Schema) protegiert worden, welches in einigen Weinbauländern (Italien, USA) zur Weinbewertung benutzt wird (→ Parker-Bewertungssystem).
In ähnlicher Form prüft die DLG bei der Bundesprämiierung: Das aktuelle Prüfschema differenziert in 10 Prüfmerkmale, die zu maximal je 5 Punkten/Einzel-Qualitätszahl Q ()→) auf bis zu 50 Punkten auflaufen können. Um die Vergleichbarkeit der Endergebnisse herzustellen und die 5-Punkte-Bewertung aufrechtzuerhalten wird durch rechnerische Manipulation (dividiert durch 10) auf die „alte" Bewertungsskala mit 5 Punkten umgerechnet (→ Tab 30 im Anhang). Danach richten sich schliesslich die vergebenen Auszeichnungen (Gold Extra, Gold und Silber, → Bundesweinprämiierung, → MUNDUS vini)

FTIR (Fourier-Transform-[Transformation]-Infrarotspectrometrie). Diese Untersuchungsmethode basiert auf einer spektralen Messung im (nahen) Infrarotbereich. Die Methode eignet sich für eine rasche Messung von Most- und Weininhaltsstoffen im Labor, aber auch „on-line", d. h. im Rahmen der Prozesskontrolle (z. B. → Traubenannahme). Besonders bei der Annahme von Trauben lassen sich unmittelbar die → Mostgewichte und → Säure-Gehalte (→ Weinsäure, → Äpfelsäure), aber auch der Gesundheitszustand der Trauben (→ Essigsäure, → Gluconsäure) ermitteln. Nachteilig sind die hohen Anschaffungskosten, die häufig notwendige Kalibrierung und Wartung des Gerätes = Fourier-Transformationsspektrometer (→ Betriebskontrolle).

Fungizide. Wichtigste Gruppe der → Pflanzenbehandlungsmittel, die zur Pilzbekämpfung bei Reben eingesetzt werden.

Funktionelle Gruppen nennt man die charakteristischen, meist auch aktiven Teile eines Moleküls (der Substanz), die für die → Nomenklatur herangezogen werden (→ Tab. 19 im Anhang).

Furaneol (Erdbeergeschmack). Es bestand längere Zeit noch eine Lücke in der Diagnose des als „fuchsig" bezeichneten Fehltons bei → Hybriden. Teilweise wurde Furaneol dafür verantwortlich gemacht.
Durch Rückkreuzung der klassischen Hybriden mit europäischem Genmaterial wurde der beanstandete Fehlton inzwischen gezielt eliminiert (→ Direktträger, → Interspezifische Kreuzungen).

Furfural (Furfurol) entsteht beim Erhitzen aus Pentosen. Nach Rapp ist Furfural ein Indikator für das → Altern des Weines. In Rieslingen stellte er fest, dass nach rund 20jähriger Lagerung der Gehalt an Furfural um das 11fache zugenommen hatte. Dies trifft auch für eine Reihe substituierter Furfurale zu. Bekannter ist der aus Hexosen gebildete Aldehyd → Hydroxymethylfurfural, der als Gradmesser für die Wärmebelastung des Produktes durch Erhitzen dient (Indikator für → Kochgeschmack).

Furminttraube (Gelber Furmint) ist die wohl bestqualifizierte Weißweinsorte Ungarns. Es handelt sich um eine traditionelle Rebsorte, die große lockere Trauben mit dicker Beerenhaut bildet und sich deshalb zum längeren Hängenlassen eignet. Ende Oktober bis Mitte November gelesen, entstehen daraus die Tokayer Ausbruchweine. Der typische → Tokayer besteht aus einer Mischung der Sorten Furmint, Lindenblättriger und Gelber Muskateller.

Fuselöle entstehen während der alkoholischen Gärung und sind demnach in Mosten aus gesundem Traubenmaterial kaum vorhanden. Es handelt sich um eine Gruppe → höherer Alkohole (mit mehr als 2 C-Atomen, von Propanol 1 bis Decanol -1, die teils frei, in gewissem Umfang auch verestert vorkommen. Essigsäureester (Isoamylacetat) erinnert an „Bananenaroma".
Der Name F. stammt von Fusel (= schlechtgebrannter Branntwein). Insgesamt findet man im Wein zwischen 150–550 mg/l. Gewisse Ester dieser Alkohole tragen somit durchaus positiv zum Wein-Aroma bei.
Die Bildung während der Gärung durch die Hefe erfolgt aus den Zuckerabbauprodukten (Ketosäuren), die durch Transaminierung „umgeformt" werden. Die daraus entstehende Ketosäure wiederum wird „decarboyliert", d. h., sie verliert die Säureeigenschaft und geht in einen Aldehyd über, der in der aktiven Gärung dann zu dem entsprechenden „höheren Alkohol" umgesetzt wird. Dabei sind auch Aminosäuren Glieder im Abbaumechanismus. Mehrere zusätzliche Abbaumechanismen werden als mögliche Bildungswege diskutiert.
Die Bedeutung der Fuselöle im Wein ergibt sich aus zwei divergierenden Eigenschaften: Die darin enthaltenen höheren Alkohole leisten meist einen *positiven Beitrag* zum → Aroma des Weines, aber auch der daraus hergestellten Destillate. Leider können höhere Alkohole wegen der nachhaltigen „Besetzung" der Ganglienzellen den Übergang von Sauerstoff und den Abbau des Alkohols im Gehirn verzögern, so dass damit Kopfschmerzen begründet werden (*negativer* Beitrag). Der Abbau des Ethanols scheint dann noch zusätzlich verzögert. Zuverlässige Untersuchungsergebnisse liegen allerdings dazu nicht vor (→ Tab. 25 im Anhang).
Eine vollständige Liste würde mehr als 20 nachgewiesene Einzelkomponenten umfassen. Die Hauptkomponenten liegen in den → Geruchs-Schwellenwerten über den vorkommenden Konzentrationen.
Lediglich die „Nebenkomponenten" sind deshalb sensorisch wirksam (→ 2-Phenylethanol-1 = Rosenduft), 1-Hexanol-1 = grün, grasig, im Geruch ähnlich dem Hexenal „Blätteraldehyd").
Einige andere höhere Alkohole, die in geringer Menge auftreten können, sind Hinweise auf Verdorbenheit und weisen auf die Tätigkeit von unerwünschten Mikroorganismen, meist Bakterien hin (→ Aroma, → Wein, Zusammensetzung).

G

Galacturonsäure entsteht durch enzymatische Hydrolyse der → Pektine, demnach verstärkt bei Anwendung von → Enzymen oder in faulem Lesegut. Zusammen mit der Glucuronsäure kann diese SO_2 binden. Obwohl beide Säuren zusammen bis zu 2 g/l ausmachen können, ist die Bindungskapazität nicht sehr hoch (nur 1 bis 4 % wird gebunden). Diese Substanzen sind als Hinweis auf den Befall durch → Botrytis geeignet (→ Glucuronsäure, → schweflige Säure, Bindung). (→ Tab. 27b im Anhang).

Gallisieren lautet die alte Bezeichnung für die → Nassverbesserung (→ Anreicherung mit Zuckerwasser), die den Namen von LUDWIG GALL trägt, der erstmals 1854 dieses Verfahren zur Verminderung der Säure und zur Erhöhung des Alkoholgehaltes unreifer Ausgangsmaterialien (Most oder Wein) empfahl. Trotz der teilweise günstigen Wirkung ist dieses Verfahren inzwischen verboten, da es nicht nur beim Verbraucher auf Kritik stieß.

Gallussäure (Trihydroxybenzoesäure) ist ein Baustein der → Tannine (Gerbstoffe), kommt jedoch normalerweise nicht in freier Form in Most oder Wein vor.

Ganztraubenpressung beinhaltet eine Technik der Gewinnung von Most aus (möglichst) unbearbeiteten Trauben. Damit ist bereits eine schonende Lesetechnik (kein Traubenvollerntereinsatz möglich) mit schonendem Transport und Eingabe in die → Kelter vorbestimmt. Dabei werden die Trauben ohne → Abbeeren und Vermahlen direkt auf die Kelter gebracht. Ältere Konstruktionen (Spindelkeltern) sind ungeeignet. Beim Pressen muss sich die → Pressdauer erhöhen, da insbesondere die Anzahl der Lockerungen reduziert und die Zahl der Pressvorgänge erhöht werden muss. Zweckmäßig sind → pneumatische Pressen, die bevorzugt mit zwei Einfüllöffnungen (zwecks optimaler Verteilung der Trauben) ausgestattet sein sollten. Die im deutschen Bereich vorhandenen Keltern berücksichtigen nur zum Teil diese Technik. Erschwerend ist der trotz höherem Aufwand geringere Ausbeutesatz an Most.
Die Vorzüge der Ganztraubenpressung erschließen sich in erster Linie für die Herstellung besonders neutraler, phenolarmer Weine von niedrigerem pH-Wert, wie diese z. B. in Frankreich für Champagner und Crémants gewünscht sind. Ein weiterer genereller Vorteil liegt wohl darin, dass, insbesondere bei sehr faulem Lesegut, der anfallende Most trubärmer und reintöniger gewonnen werden kann. Als nachteilig mag der niedrigere Kaliumgehalt gelten, der sich auch im niedrigeren → zuckerfreien Extrakt niederschlägt. Ob die insgesamt teure Technik, die gerade in den deutschen Weinbaubetrieben eine tiefgreifende Umstellung erfordern würde, sich verbreiten wird, muss derzeit noch in Frage gestellt werden. Die Weine sind „schlanker" und neutraler, eine Eigenschaft, die für leichte Weissweine und zur Herstellung von Sektgrundweinen attraktiv sein kann.

Gäraufsätze (→ Gärspunde).

Gärbedingungen. Art und Intensität des komplizierten Ablaufes der alkoholischen Gärung lassen sich durch Einwirkung auf die Hefen beeinflussen. Die natürlicherweise vorhandene → Hefe (Spontan-Hefe) kann man durch gezielten Einsatz von → Reinzuchthefe zurückdrängen, wodurch aber auch das Spektrum der dabei entstehenden Stoffe etwas eingeschränkt wird (zugunsten der Reintönigkeit und Zuverlässigkeit der Gärung). Eine zu langsame Gärung ist ebenso unerwünscht wie eine zu rasche Gärung. Sind die Vermehrungsbedingungen günstig (Nährstoffversorgung), so tritt etwa

ein bis zwei Tage nach der Herstellung des Mostes Gärung ein, die etwa nach fünf bis sechs Tagen beendet ist. Durch Zusatz von → Ammoniumsalzen lassen sich die Vermehrungsbedingungen auch in nährstoffarmem Lesegut (faulem Material) verbessern. Aber auch ein zu hohes Nährstoffangebot (hoher Zuckergehalt) kann die Vermehrung hemmen (Auslesemoste).
Die richtige Starttemperatur dürfte bei etwa 15 °C liegen (normale Kellertemperatur). Durch die entstehende → Gärungswärme steigt die Temperatur an, die Gärung intensiviert sich und erreicht etwa bei 30 °C das Maximum. Die Gärbedingungen sollten so gewählt werden, dass diese obere Grenze möglichst nicht erreicht oder gar überschritten wird. Über 30 °C tritt leicht das sogenannte → Versieden ein (Gärungsunterbrechung), wobei die Weine noch eine teils unharmonische Süße behalten können (→ Gärführung, → Gärung, → Kaltgärung).

Gärbehälter. Zur Vergärung des Mostes zu Wein werden → Behälter verwendet, die meist noch zusätzlich zur Lagerung des Weines während des → Ausbaues benutzt werden. Form und Material kann variieren. Während früher als Werkstoff überwiegend Holz verwendet wurde, stehen heute andere, pflegeleichtere und neutralere Werkstoffe (→ Edelstahl) im Vordergrund. Die Übersicht sagt etwas über die Eigenschaften der verschiedenen Werkstoffe aus (→ Tab. 38 im Anhang).
Die in *Stahlbeton* gefertigten Behälter (→ Zementfässer) haben den Vorteil der guten Raumanpassung, sind preisgünstig zu erstellen und können bei Neubauten statische Funktionen mit übernehmen. Infolge der schlechten Wärmeleitfähigkeit und der Tatsache, dass diese Behälter oft ohne Zwischendämmung aneinandergereiht werden, sind diese Behälter während der Gärung schlecht zu kühlen, was in Jahren warmer Witterung unangenehm ist (starker Säureabbau). Die Auskleidung wird am besten mit Glasplatten oder Keramikplatten durchgeführt. Nur in südlichen Weinbauländern pflegt man auf eine Innenauskleidung zu verzichten. In fortschrittlichen Betrieben sind Betonbehälter nicht mehr opportun (Auslaufmodelle!).
In Stahl oder Edelstahl gefertigte Behälter sind meist zylindrisch (aus statischen Gründen) und liegend oder stehend aufgestellt. Die gute Wärmeleitfähigkeit gestattet Kühlung durch Überrieselung. Ferner stehen die Behälter meist frei im Raum und überhitzen sich nicht so stark, was bei Großbehältern unbedingt von Vorteil ist.
GFK-Tanks (Behälter aus → glasfaserverstärktem Kunststoff) ähneln im Wärmeübergang stark dem Holzfass (gute Isolation). Da aber die Tanks nicht allzu groß sind und frei aufgestellt werden, bringen diese keine Probleme bei der Gärführung. Vorteilhaft ist die Durchsichtigkeit (Füllstandskontrolle).
Holzfässer sind wohl universell, spielen die Vorteile jedoch überwiegend als Lager- und Ausbaubehälter aus. Trotz der starken Isoliereigenschaften des Werkstoffes Holz (schlechte Wärmeleitfähigkeit) kommen keine extremen Überhitzungen zustande, weil Holzfässer im allgemeinen relativ klein sind (große Oberfläche im Verhältnis zum Inhalt → Gärungswärme).
Während der Vergärung dehnt sich der Wein durch die Erwärmung aus. Weil sich dabei noch Schaum bildet, muss ein Steigraum bis zu 10 % des Behälterinhaltes beim Befüllen mit Most freibleiben. Die Schaumbildung versucht man durch spezielle → Reinzuchthefen und langsame Gärung zu vermeiden.

Spezielle Gärbehälter werden bei der Herstellung von Rotwein eingesetzt. Es handelt sich meistens um druckfeste Behälter, bei denen die entweichende Kohlensäure zum Durchmischen des Maischegutes ausgenutzt wird (→ Vinomat, Defranceschi-Behälter,

RIEGER-Vinotop-Druck-Fermenter etc.). Man erreicht hier eine optimale Auslaugung der farbstofftragenden → Beerenhäute. Rotweingärtanks (drucklos) können mit mechanischen Vorrichtungen (Schaufeln, System Pierre Guerin) oder Maischewendern (System Rieger) ausgerüstet sein (→ Rotweinbereitungsverfahren).
Bei Weißwein kann man in → Drucktanks eine Lenkung (Zügelung) der Gärung erreichen (→ Druckvorspannverfahren). Durch Druckentlastung erreicht man eine Beschleunigung, durch Druckaufbau eine Hemmung der Gärung.
Kontinuierliche Gärung erreicht man in Großbehältern, die während der ganzen Saison in Betrieb sind. Diese werden vorwiegend zur Produktion von → Rotwein herangezogen (→ Rührbehälter).

Gärbukettaroma. Im Verlaufe der Gärung entsteht ein wenig haltbares → Bukett, welches alsbald verschwindet. Wie bei → Altern beschrieben, entstehen durch → Umesterungen aus den leichtflüchtigen Azetaten Ester anderer Carbonsäuren (→ Ester).

Gärdauer. Die Gärung (ersichtlich an der Kohlensäurebildung) hält unterschiedlich lange an. Die Zeitdauer hängt von den Gärbedingungen und den äußeren Einwirkungen (Gärführung) ab. Temperatur, Zuckergehalt, Nährstoffgehalt, Art der Hefe und die Stoffwechselprodukte der Hefe selbst (Alkohol, CO_2) zeigen hier eine Wechselwirkung. Eine sehr rasche Gärung ist schon nach vier bis fünf Tagen beendet, normalerweise dauert diese aber acht bis zehn Tage. Bei extremem Überschreiten dieser Zeit besteht der Verdacht, dass es sich nicht mehr um eine ausschließlich alkoholische Gärung handelt (bakterielle Nebenprozesse wie → Säureabbau, → Essigstich, → Gärführung, → Gärstörungen). Hochkonzentrierte Traubenmoste fallen nicht unter diese Kategorie und können monatelang ohne erhöhtes Risiko vergären.

Gärfähigkeit. Diese soll z. B. bei → Fruchtsäften grundsätzlich vorhanden sein, anderenfalls sind Konservierungsmittel zugesetzt. Man überprüft die Gärfähigkeit durch Zusatz von → Hefe (eventuell unter Zusatz von Nährstoffen). Die Gärfähigkeit ist herabgesetzt bei Traubenmosten aus sehr faulem Lesegut, weil der Botrytispilz (oder andere Pilze) Hemmstoffe gebildet haben.

Gärführung. Voraussetzung zur Gärführung sind Methoden der → Gärkontrolle des Gärverlaufes. Unter die Gärführung fallen alle Maßnahmen mit denen man den Gärverlauf steuern (hemmen oder beschleunigen) kann. Die wichtigste Methode stellt die → Vorklärung der Moste dar, die zu einer Verminderung des Trubgehaltes und der sog. inneren → Oberfläche führt und gleichzeitig die Reintönigkeit des Weines fördert. Im folgenden sind gärfördernde Maßnahmen aufgezählt. *Alle Maßnahmen, die die Vermehrung der → Hefe fördern, fördern auch die Gärung:*

- Temperaturoptimum für die Vermehrung der Hefe 25 bis 28 °C. Optimale Starttemperatur jedoch ca. 10 °C tiefer!
- Verteilung (aufrühren) bringt die Hefe mit neuen Nährstoffen in Kontakt und verhütet die Verklumpung.
- Zusatz von sog. → Gärsalzen (→ Ammoniumsalze).
- Erhöhung der inneren Oberfläche durch Zusatz von Trub (→ Kieselgur, feine Zellulose).
- Zusatz von bereits extern vermehrter → Reinzuchthefe (→ Trockenhefen).
- Zusatz von Heferindezubereitungen.

Maßnahmen, die die Vermehrung hemmen, hemmen auch den Gärablauf:

- Temperaturabsenkung unter das Optimum.

- Einwirkung der Kohlensäure durch Vergärung unter Druck im Druckbehälter.
- Entzug von Hefe durch Klärung.
- Entfernung von Trub = Verminderung der inneren Oberfläche.
- Zusatz von → Alkohol (im Ausland zum Abstoppen der Gärung erlaubt).

Wenig geeignet ist die → schweflige Säure zur Hemmung, da die notwendigen Zusätze zu hoch sind und die schweflige Säure umgehend gebunden und damit unwirksam wird.

In der Regel handelt es sich um eine Vergärung in einem geschlossenen Behälter unter Abwesenheit von → Sauerstoff, also unter Kohlendioxidatmosphäre. Offene Gärungen verlaufen, durch die stärkere Hefeentwicklung bedingt, meist rascher und ergeben andere Gärungsnebenprodukte (aerobe Gärung). Da gleichzeitig mehr Alkohol verdunstet, ist diese Form der Gärung auf die sogenannte offene → Maischegärung begrenzt. Die Intensivierung der Gärung durch Belüftung scheidet aus diesen Gründen auch meist aus.

Gärkacheln (→ Gärspunde).

Gärkeller sollen eine möglichst gleichbleibende Temperatur aufweisen (unterirdisch) und Gelegenheit zur Belüftung haben, damit die Gärgase abgeführt werden können. Während man früher der Meinung war, dass solche Gärkeller beheizbar sein sollten, gibt es heute die bessere Möglichkeit, Behälter fallweise zu erwärmen → Plattenerhitzer). Moderne Gärkeller haben Sicherheits- und Warnanlagen, um Unfälle mit → Kohlendioxid (Gärgase) zu vermeiden. Steigt der Kohlendioxidpegel über einen Grenzwert an (→ Sensoren), werden automatisch Exhaustoren in Gang gesetzt. Ansonsten sollen die Gärkeller luftig und gut beleuchtet angelegt werden und leicht sauber zu halten sein. Das romantische Kellergewölbe zeigt hier Nachteile. Gärkeller sollten mit dem Lagerkeller oder → Flaschenkeller möglichst keine direkte Verbindung haben, da insbesondere bei Holzfasskellern → Korkmotten angelockt werden (→ Erwärmung der Keller).

Gärkontrolle (automatische Regelung). Durch Mess- und Regeleinrichtungen (→ Sensoren) lassen sich Temperatur und Druck regeln. Mit diesen Parametern kann man den Gärablauf beeinflussen (→ Gärführung). Durch Kühlung und Druckaufbau tritt Gärhemmung ein, die man durch Entspannen des Drucks und Unterbrechung der Kühlung wieder beschleunigen kann. Mittels spezieller → Sensoren lässt sich die Kohlensäurebildung bzw. die Dichte registrieren und der Gärverlauf kontrollieren. Dadurch lassen sich → Gärstörungen frühzeitig erkennen und entsprechende Gegenmaßnahmen einleiten.

Gärraum (→ Steigraum) nennt man den freibleibenden Raum im Gärbehälter. Die → Behälter werden nicht völlig mit Most gefüllt, da sonst durch → Wärmeausdehnung und Schaumbildung bedingt ein Überlaufen eintreten würde. Die Gefahr des Überlaufens infolge der Wärmeausdehnung tritt zurück im Verhältnis zum Überschäumen. Die Wärmeausdehnung beträgt lediglich etwa 0,03 % pro Grad, das heißt bei einer Erwärmung um 10 °C lediglich 0,3 % (→ Gärbedingungen). Wenn man trotzdem 5 bis 10 % des Behälterinhaltes als Steigraum belässt, so geschieht dies wegen des fallweise starken Schäumens. Dafür macht man die → Hefe-Art, aber auch das Substrat (→ Eiweiß) verantwortlich. Insbesondere beim Zufüllen von Most zu einem in Gärung befindlichen Jungwein tritt Überschäumen auf. Um Behälterraum zu sparen, bemüht man sich, Hefen mit geringer Schaumbildung einzusetzen. Nach der Vergärung stört der Gärraum, so dass man alsbald auffüllt, um die unerwünschte Deckenbildung (→ Deckengeschmack) zu verhüten und den Zufluss von Luftsauerstoff zu minimieren.

Gärsalze sind Salze des Ammoniums. Es sind im Weingesetz zugelassen (bis zu 1 g/l) :
- Diammoniumphosphat $(NH_4)_2HPO_4$
- Ammoniumsulfat $(NH_4)_2\ SO_4$
- Ammoniumbisulfit (NH_4HSO_3) bis 0,2 g/l.

Diese Nährstoffe sollen die Entwicklung der Hefe fördern. Im allgemeinen haben Moste aus gesunden Trauben genügend Nährstoffe. Lediglich in faulem Lesegut kann ein Mangel eintreten (stark von Botrytis befallen). Auch einige Fruchtsäfte wie Heidelbeer- oder Preiselbeersaft zeigen diesen Mangel. Bei der Herstellung von → Dessertwein ist ein solcher Zusatz generell üblich. Auch → Heferindezubereitungen können hier eine rasche und weitergehende Vergärung trotz hoher Zuckerkonzentrationen fördern (→ Thiamin).

Gärspunde (Gärtrichter, Gärröhren) sollen den gärenden Most oder auch den späteren Wein vor dem Eindringen von Luft schützen. Es handelt sich hierbei um eine Vorrichtung, bei der eine Absperrflüssigkeit die Absperrung gewährleisten soll. Die Form des Gärspunden kann ebenso wie das Material variieren. Die früher üblichen → Gärkacheln aus Steinzeug sind längst durch Kunststoffgärspunden ersetzt. Die Absperrflüssigkeit ist meist Wasser, dem man zur Verhinderung des „Faulens" SO_2 zugesetzt hat. Bei der Vergärung entweicht Kohlensäure durch den Gärspund, so dass die Gärungsintensität optisch und akustisch deutlich wird. Beim Abkühlen nach der Gärung tritt durch den Gärspund Luft in den Behälter ein, die jedoch durch die Absperrflüssigkeit (z. B. SO_2-Lösung) auf keinen Fall gebunden wird.

Die wesentlichste Funktion des Gärspundes ist somit die Kontrolle der Ausdehnung und des Zusammenziehens von Wein (eventuelle Nachgärung!) und die Verhinderung eines Über- oder Unterdruckes im Behälter, der zu Schäden am Behälter führen könnte.

Gärstadien (Gärphasen) kann man gliedern in
- Angärphase,
- stürmische Phase der Gärung und
- abklingende Gärung.

Durch Beobachtung und Zählung der Hefezellen lässt sich diese, praktischen Zwecken dienende Gliederung noch differenzierter darstellen. Wichtig ist, dass die stürmische Phase mit der stärksten Zunahme an Hefezellen zusammenfällt. Durch Einwirkung auf die Zellvermehrung erreicht man auch einen Einfluss auf die Gärabläufe (→ Gärführung).

Gärstörungen. Der abnorme Verlauf einer alkoholischen → Gärung und die dazu führenden Ursachen fasst man unter dem Begriff der „Gärstörungen" zusammen. Im Normalfall ist eine G. dann zu befürchten, wenn die tägliche Dichteabnahme nur noch 1–2 °Oe beträgt. Die Norm des Gärablaufes ist naturgemäß nicht unabhängig von der Zusammensetzung des → Mostes, dies bedeutet zum Beispiel, dass man von einer → Beerenauslese nicht den gleich raschen und vollständigen Gärablauf erwarten kann wie von einem einfachen Qualitätswein. Die Ursachen eines langsamen Gärablaufes bei einer Beerenauslese sind in der Verarmung des Mostes an wichtigen Nährstoffen (→ Stickstoffverbindungen) oder anderer gärfördernder Substanzen, aber auch in der Anwesenheit gärhemmender Substanzen und in der hohen Zuckerkonzentration zu suchen. Hinzu kommen die meist ungünstigen Gärbedingungen (Kleingebinde = niedrige Temperatur). Trotzdem ist der bei Beerenauslesen gewohnt langsame Beginn und langsame Ablauf keine „Gärstörung“ im Sinne dieses Themas, letzten Endes deshalb weil im Endergebnis die erzielten Weine reintönig sind. Es ist dies ein Hinweis darauf, dass eine langsame Gärung nicht unbedingt zu fehlerhaften Weinen führen muss. Die Erklärung für diese Tatsache liegt darin, dass es bei hochgrädigen Mosten doch zu einer Selektion von hochgärigen (→ osmotoleranten) Hefen kommt und schädliche Mikroorganismen wenig oder überhaupt nicht zur Entwicklung kommen. Von einer echten Gärstörung wird man somit nur dann reden können, wenn bei normalem Lesegut ein atypischer Gärverlauf eintritt (abweichend von der Norm).

Gärstörungen. Ursachen und Abhilfen. Gärstörungene kann man gliedern in:

- verzögerter Beginn der Gärung (a),
- extrem langsamer Verlauf (b),
- unvollständige Vergärung (c).

Im Falle a) liegt die Störung entweder in einer zu starken → Vorklärung des Mostes, extrem gesundem Lesegut, zu tiefer → Starttemperatur etc. begründet. Sämtliche Ursachen können auch zusammentreffen.
Es kann vorkommen, dass die ersten Partien an eingelagertem Most spontan (ohne → Starterhefe-Zusatz) zunächst verspätet zu gären beginnen, da die Geräte, Leitungen, Keltern und Behälter noch „steril“ sind. Die Folgen des verzögerten Beginnes (mehr als drei Tage zwischen Einlagerung und Gärbeginn sind bereits suspekt), können in einer „Deckenbildung“ auf der Mostoberfläche sichtbar werden, wobei die Ausbreitung von → Schimmelpilzen mit allen schädlichen Folgen nicht ausgeschlossen werden kann. Der Kellertechniker ist gut beraten, wenn er alsbald Gegenmaßnahmen einleitet (Zusatz von → Trockenhefen nach Abstechen von der „Decke“ durch Ablassen des Mostes, danach Aufrühren).

Der extrem langsame Verlauf einer solchen Gärung (Fall b) ist aber gleichfalls ein Warnzeichen. Zwischen Beginn und Ende der Gärung wird im allgemeinen ein Zeitraum von acht bis zehn Tagen liegen. Normale Moste unter 100 °Oe gären meist in diesem Zeitraum vollständig durch. Verläuft die Gärung dort deutlich langsamer, muss man zunächst mit dem Fall rechnen, dass infolge der Bildung zu niedriger Hefekonzentrationen andere → Mikroorganismen in den verfügbaren „Freiraum“ eingreifen und (meist) unerwünschte Nebenprodukte produzieren. Diese könnten sein: Erhöhte → flüchtige Säuren oder erhöhte → Milchsäure usw. Jedenfalls sind dies Anzeichen, die zu einer analytischen und sensorischen Kontrolle der Weine während der Gärung zwingen. Man möge jedoch bedenken, dass die „Sinnenprüfung“ durch den meist noch vorhandenen hohen Zuckergehalt erschwert ist.
Ein ebenfalls kritischer Umstand ist die unvollständige Vergärung nach c), weil dort häufig bakterielle Veränderungen einsetzen. Die unvollständige Vergärung kann durch → „Versieden“ veranlasst sein, wobei die erhöhte Temperatur im Gebinde zur Abtötung der Hefe führt. Auch hier treten andere Mikroorganismen (meist Milchsäurebildner) in den verbliebenen „Freiraum“ ein und setzen Zucker zu Milchsäure und flüchtigen Säuren um. Der Gehalt an flüchtigen Säuren ist ein entscheidendes Merkmal für die weitere Verfahrensweise in einem solchen Falle.
Während man im Falle a) und b) immer noch → Trockenhefen einsetzen und die Gärung dadurch fördern kann, ist dies bei dem bereits vorhandenen Gehalt an hemmendem Alkohol und flüchtigen Säuren im Falle c) nur dann erfolgversprechend, wenn die flüchtigen Säuren unter 1 g/l liegen. Mengen über 1 g/l hemmen bereits so stark, dass eine völlige Vergärung nicht mehr erreichbar ist. Zur Verhütung des weiteren Verderbs sind dann die bekannten Vorsorgemaßnahmen

(sterile Einlagerung mit erhöhtem Gehalt an → freier schwefliger Säure) oder → Pasteurisation anzuwenden.
Vorkehrungen zur Verhinderung der unvollständigen Gärung sind der Zusatz von → Gärsalzen und → Heferindepräparate. Dabei müssen diese Zusätze unbedingt *vor* Gärbeginn, d. h. zum Most erfolgen. Erfolgt der Zusatz erst nach einer unvollständigen Vergärung, dann ist die dann vorherrschende → Fructose offensichtlich nicht mehr vergärbar. Es werden Störungen des Transfermechanismus vermutet, falls → Glucose nicht mehr verfügbar ist. Diese Hypothese kam auf, als man zunehmend erkennen musste, dass sich Gärstockungen bei weniger als 30 g/l Zucker meistens nicht mehr beheben lassen.
Die Anwendung von → Trockenhefen unter Vermeidung extrem starker Mostvorklärungen ist die wohl sicherste Garantie für einen zügigen, ungestörten Gärverlauf. In Großbehältern muss zusätzlich für eine Abführung der Gärungswärme gesorgt sein, damit → „Versieden" nicht eintreten kann. Selbstverständlich dürfen keine Konservierungsmittel im Most enthalten sein, die etwa absichtlich zur Haltbarmachung zugesetzt wurden. Einige wenige → Pflanzenbehandlungsmittel, die zur Bekämpfung pilzlicher Krankheiten eingesetzt wurden, können auf die Vermehrung der Hefen hemmend wirken, so dass auch von dort Gärverzögerungen fallweise erklärbar sind.
In einigen Fällen konnten durch Zusatz von → Bentonit und → Aktivkohle Gärhemmungen aufgehoben werden. Diese Behandlungen waren wirksam, wenn gleichzeitig eine erhöhte Bildung von Essigsäure auf eine gleichzeitige Entwicklung von Bakterien hinwies. Man vermutet, dass die eigentliche Gärstörung dann durch bakterielle Toxine ausgelöst wurde, die die Hefevermehrung behindern. Solche Toxine können teilweise durch Bentonit und Aktivkohle gebunden und damit unwirksam werden. Essigstichige restzuckerhaltige Weine sind nicht mehr vergärbar und in der Regel auch verdorben (→ Heferindezubereitungen, → Oberfläche, innere).

Gärtrichter → Gärspunde.

Gärung, allgemein. Die sog. alkoholische → Gärung ist der älteste Gärungsvorgang (Vorgang eines durch Mikroorganismen unter weitgehendem Ausschluss von Sauerstoff getätigten Stoffumsatzes) und wird deshalb auch als Gärung schlechthin aufgefasst. Die Bildung von → Alkohol und → Kohlendioxid aus → Zucker ist schon lange bekannt, doch sind die Einzelheiten des Abbaues, seine Beeinflussbarkeit und die Details der Bildung von Nebenprodukten erst in jüngster Zeit aufgeklärt. Die Biochemie der → Hefen führte zur Erkenntnis eines stufenweisen Abbaues (Glykolyse), der durch verschiedene Hefeenzyme (unter dem Oberbegriff der → Zymase zusammengefasst) getätigt wird. Die einfachste Form dieser Reaktion, die nur den Ausgangsstoff und die Hauptendprodukte kennzeichnet, wurde 1810 von Gay-Lussac aufgestellt und als Gärungsgleichung bezeichnet:

$C_6H_{12}O_6$	$\rightarrow 2\ C_2H_5OH$	$+ 2\ CO_2$	+ Energie
Hexosen (180)	Ethanol (92)	Kohlendioxid (88)	Kalorien (Molmassen)
Theoretische Ausbeute:	51,1 %	48,9 %	

Die Menge des entstehenden CO_2-Volumens ist etwa 40- bis 50 mal größer als das Ausgangsvolumen des Mostes. Summerisch betrachtet fällt auch Energie an (Erwärmung des Mostes während der Gärung). Die Hefe ist nicht in der Lage → Dissacharide, wie z. B. → Saccharose, direkt zu vergären, sondern nur Hexosen. Hefeeigene Enzyme (→ Saccharasen) können aber Saccharose abbauen. → Pentosen werden nicht vergoren (→ vergärbarer Zucker).

Beim Abbau des Zuckers wird aber eine Anzahl von Nebenprodukten gebildet, gewissermaßen bleiben diese „abgezweigt" liegen. Die Nebenprodukte sind für die Weinart und -qualität sehr wichtig. Nachfolgend sind die wesentlichsten Zwischenstufen des Abbaues markiert: Hexose → Hexose-6-Phosphat → Fructose-1,6-diphosphat → Glycerinaldehyd-3-Phosphat → 3-Phospho-Glycerinsäure → Brenztraubensäure → Acetaldehyd + CO_2 → Äthylalkohol.
Anhand der Zwischenstufen erkennt man die bekannten Vorstufen, die → Gärungsprodukte → Glycerin, die → Brenztraubensäure, den → Acetaldehyd. Teilweise können diese Nebenprodukte zu anderen Stoffen umgesetzt werden, die allerdings nicht mehr direkt der Gärungskette entspringen (2,3- → Butandiol, → Acetoin, → Diacetyl, → Bernsteinsäure, → Essigsäure, höhere → Alkohole, → Ester etc.) (→ Gärungswärme).

Gärung, gekühlte. Es gibt verschiedene Formen der → Gärung, bei der die Wärme durch → Kühlung abgeführt wird. Fallweise kühlte man Moste zunächst auf 10 bis 12 °C und ging nach Eintritt der Gärung mit der Temperatur weiter zurück (sog. Kaltgärung). Dadurch wollte man aus dem natürlichen Hefespektrum → Hefen selektieren, die auch noch bei niedrigerer Temperatur vergären. Überwiegend beschränkt man sich aber heute auf die Einhaltung einer möglichst gleichmäßigen Gärtemperatur bei etwa 18–20 °C, wobei auch Kühlmaßnahmen angewendet werden. Tiefere Gärtemperaturen erfordern einen zu hohen Aufwand an Einrichtungen und Energie und können gelegentlich sogar zu Unsauberkeiten bzw. → Gärstörungen der Weine führen (→ Gärung, gezügelte → Gärungswärme, → Hefen, → Kaltgärung, → Kühlung).

Gärung, gezügelte. Sie dient der langsameren und kälteren Vergärung und führt nicht zuletzt deshalb zu Weinen mit Restzucker infolge unvollständiger Vergärung. Alle Maßnahmen, die die Gärung hemmen, können eingesetzt werden (→ Gärförderung). Gelegentlich setzt man zur Gärhemmung die Gärungskohlensäure selbst ein (Drucktanks), wobei Regeleinrichtungen (→ Gärkontrolle) diesen Vorgang steuern. Die Überwachung des Gärverlaufes kann am Rückgang des Mostgewichtes verfolgt werden. Da unter CO_2-Druck teilweise Milchsäurebildner (→ Bakterien) gefördert werden, ist dieses Verfahren heute wenig populär. Die hohen Kosten sprechen außerdem noch gegen diese Methode der → Gärführung.

Gärungsende. Die Beendigung der Gärung, das heißt das Ende der Alkoholproduktion durch die → Hefen, ist an der Beendigung der Kohlensäurebildung dann zu erkennen, wenn nicht bereits ein → biologischer Säureabbau in Gang gekommen ist (der ebenfalls CO_2 produziert). Besser kontrollierbar ist das Gärungsende daran, dass der Alkoholgehalt nicht mehr steigt und die → Dichte (das Gewichtsverhältnis) des Weines nicht mehr abnimmt. Danach setzt sich die Hefe ab, der Wein klärt sich dabei und kann sich u. U. von der Oberfläche her bräunen.
Die Verkostung zeigt zunehmend die Eigenart des Weines, da diese durch Hefebitterstoffe nicht mehr so überdeckt ist. Das Gärungsende muss nicht unbedingt bedeuten, dass sämtlicher Zucker des Mostes bereits vergoren ist, da bei hochwertigen zuckerreichen Mosten noch → „Restzucker" übrig bleiben kann (→ Fructose).

Gärungskohlensäure = das bei der Gärung gebildete, aus dem Gärbehälter entweichende Gas (Kohlendioxid). Durch die Auflösung von Kohlendioxid in Wasser entsteht die hypothetische Kohlensäure (H_2CO_3). Im Sprachgebrauch der Kellerwirtschaft wird an Stelle von → Kohlendioxid (CO_2) der (nicht völlig korrekte) Begriff der Kohlensäure verwendet. Im Gegensatz zur reinen Quellenkohlensäure, die aus Mineralbrunnen entweicht, dort aufgefangen und verwertet wird, sieht man in Weinkellereien (im Gegensatz zu Braueien) in der Regel davon ab, Gärungskohlensäure zu gewinnen und zu verwerten (Ausnahme: CARSTENS-Gärverfahren). Begründung: Die Gärungskohlensäure enthält Verunreinigungen wie Bukettstoffe, Alkohol usw., wodurch Fäulnis im aufgefangenen CO_2 eintreten kann; ferner entsteht die Gärungskohlensäure in Weinkellereien nur während der Gärperiode, so dass sich Wiedergewinnungsanlagen kaum rentieren. Aus Gründen der Sicherheit (Arbeitsschutz) ist der zulässige Gehalt an CO_2 in den Gärräumen auf 500 → ppm begrenzt.

Gärungsprodukte lassen sich unterteilen in Hauptprodukte und Nebenprodukte. Damit ist eine Unterteilung der Menge nach wohl möglich, doch sollte man die Bedeutung der Nebenprodukte nicht unterschätzen. Theoretisch sollten aus 100 g Zucker 51,1 g Äthylalkohol und 48,9 g Kohlendioxid entstehen (→ Gärung, Allgemeines). Tatsächlich entstehen zwischen 46 und 48 g Äthylalkohol. Der in Wein natürlicherweise vorhandene Alkoholgehalt kann bis auf ca. 140 g/l ansteigen, doch sind Gehalte über 120 g/l schon recht selten. Die erniedrigte → Alkoholausbeute resultiert aus einer Zunahme der Nebenprodukte oder ist durch stärkeres Verdunsten bedingt (0,5 bis 2 % des möglichen Alkoholgehaltes kann in den Gärgasen enthalten sein und ist verloren). Ferner führt eine übermäßige Vermehrung von Hefe zu einer niedrigeren Alkoholausbeute, da Zucker zum Aufbau der Hefezellen verbraucht wird.
Wichtige Nebenprodukte sind → Glycerin (8 bis 10 % des gebildeten Alkohols) das heißt bei 100 g/l Alkohol schwankt das Gärungsglycerin zwischen 8 und 10 g/l). Am Anfang der Gärung bilden sich höhere Mengen als gegen Ende. Dem Glycerin schreibt man eine „füllende“ Geschmackswirkung zu.
→ Brenztraubensäure und → Acetaldehyd sind kaum geschmackswirksam, doch unerwünscht wegen der Eigenschaft, schweflige Säure zu binden.
Die Menge an Brenztraubensäure lässt sich durch Zusatz von → Thiamin (Thiaminium-Dichlorid – bis 0,6 mg/l sind erlaubt) vor der Gärung vermindern.
Acetaldehyd wird durch Schwefelung während der Gärung (etwa zum Zwecke des Abstoppens!) stark erhöht. Eine Methode zur nachträglichen Entfernung des Acetaldehyds ist bislang nicht bekannt.
→ Bernsteinsäure entsteht etwa in einer Menge von rund 1 % des gebildeten Alkohols, übersteigt den Gehalt von 1 g/l also nur sehr selten.
Höhere Alkohole (→ Fuselöle) sind ebenso selbstverständliche Nebenprodukte wie → Essigsäure (→ Flüchtige Säuren) oder → Ester. Die als → Gärbukett bezeichneten Aromen der Jungweine sind auf → Essigsäureester (Azetate) zurückzuführen (→ Altern). Auch nach der Gärung können noch Veränderungen eintreten, wobei einige der genannten Gärungs-Nebenprodukte (Brenztraubensäure, Acetaldehyd) durch Bakterien des biologischen Säureabbaues metabolisiert, d. h. „abgebaut“ werden.
Die Gärungsnebenprodukte werden teilweise zum Nachweis von Verfälschungen oder der Verdorbenheit herangezogen. Weitere Veränderungen treten bei der Lagerung auf. Beim Ausbau im Holzfass führt der Schwund auch zur Verminderung des Alkoholgehaltes, Kohlensäure tritt bei der Erwärmung des Lagerkellers (im Jahreszeitwechsel) aus, ebenso wie flüchtige Stoffe bei Behandlungen wie → Abstiche und beim Rühren von Wein verlustig gehen können (→ Wein, Zusammensetzung).

Gärungsunterbrechung ist auch als „Abstoppen“ unliebsam bekannt, falls man die Unterbrechung unter Anwendung von schwefliger Säure durchführt, also unsachgemäß. Tatsächlich kann man die Gärungsunterbrechung auch mit Kühlung oder Entfernung der Hefe wirkungsvoll aber aufwändiger bewerkstelligen, so dass das Verfahren durchaus bekömmliche Weine erbringen kann (→ Abstoppen). Diese Verfahren werden in Zukunft zur Herstellung der überwiegend Fructose enthaltenden „fruchtigen“ trockenen oder halbtrockenen Weine herangezogen Leider dürfen solche Weine, die fast ausschliesslich → Fructose“ enthalten, neuerdings nicht mehr als „Diabetikerweine“ bzw.“ für Diabetiker geeignet“ deklariert werden (Verbot von gesundheitsbezogenen Angaben).

Gärungswärme. Bei der alkoholischen Gärung entsteht Wärme. Die freigesetzte Energie hängt primär von der Menge des gebildeten Alkohols ab bzw. vom Abbau des Zuckers. Obwohl abweichende Auffassungen über die gebildete Wärmeenergie bestehen, geht man davon aus, dass 180 g Invertzucker 23,5 kcal liefern. Würde die Wärme im Behälter vollständig verbleiben, wäre die Temperatursteigerung bei der Vergärung eines Mostes mit 180 g/l Zuckergehalt etwa 23 °C. Dass in der Praxis die theoretisch denkbare Temperatursteigerung nicht eintritt, ist durch Wärmeabstrahlung der Behälteroberfläche (ca. 30 %) und Abführung von Wärme durch die Gärungskohlensäure erklärbar (etwa 20 % der gebildeten Wärme).
Da eine zu niedrige → Starttemperatur Nachteile für den Beginn und Verlauf der Gärung haben kann, ist es üblich, die entstehende Gärungswärme bei Großbehältern mehr oder weniger kontinuierlich erst im Verlaufe der Gärung abzuführen (z. B. durch Wasser – Berieselung der Tanks). Da hier überwiegend die bei der Verdampfung eines Wasseranteils freiwerdende Verdunstungsenergie (als Kälte) wirksam wird, sind diese Anlagen als „Sprühanlagen“ konzipiert. Zur Optimierung des Effektes und zur Minimierung des (teuren) Wassers werden Regeleinrichtungen benutzt. Fortschrittlicher ist die direkte Kühlung mit Kühlanlagen (→ Pilow-plates).

Gärung über Vier wird überwiegend in südlichen Teilen von Frankreich nach einem Vorschlag von Semichon (1923) ausgeführt. Dabei wird dem Most soviel Wein zugesetzt dass der Gehalt vor Beginn der Gärung bei etwa 4 % Vol. Alkohol liegt. Damit konnte man unerwünschte Hefearten zugunsten der eigentlichen *S. cerevisiae* unterdrücken. Ähnliche Verhältnisse liegen bei kontinuierlichen Gärverfahren vor, die vorwiegend für die Vergärung großer Mengen an Rotwein in südlichen Ländern eingesetzt werden (→ Gärbehälter). Das Verfahren gilt als technisch überholt.

Gattungslagennamen waren in den Weingesetzen vor 1971 eingeführt, um großräumige Begriffe für die geographische Herkunft von Wein zu schaffen (richtiger: Sammellagen). Hierbei durften nahegelegene, weniger bekannte Lagen zugunsten anderer, bekannterer Lagen ausgetauscht werden (Lex Brauneberger). Man legte dazu sog. Hauptweinbauorte fest, die Namensgeber waren. Durch Einführung der Begriffe → Bereich und der → Großlagen verlor dieser fragwürdige Vorgang seine Berechtigung.

Gaschromatographie (GC) ist eine analytische Methode, die geeignet ist, vorwiegend leichtflüchtige Stoffe zu trennen und mit → Sensoren auch zu identifizieren. Die Methode ist aufwändig und wird deshalb kaum zur Betriebskontrolle eingesetzt. In wissenschaftlichen Labors gelang es insbesondere die Zusammensetzung des → Aromas von Wein und auch anderer Lebensmitteln damit zu erforschen. Dabei kann neben den physikalisch-chemischen Detektions-Systemen auch die menschliche Nase als Sensor eingesetzt werden, so dass die geruchliche Eigenschaft gleich beschrieben werden kann. Insbesondere zur Feststellung von Geruchsfehlern (Artefakte) ist die Methode sehr erfolgreich. (Sniffing-port).

Gay-Lussac-Grade nannte man die Alkoholgehaltsangabe in % Vol. die auf einer Dichtetabelle von GAY-LUSSAC basierte, die inzwischen korrigiert wurde. Diese Skale hat demnach heute keine Berechtigung mehr.

Gebinde. Älterer Ausdruck für einen größeren → Behälter (Fass).

Gebräuchliche Methoden sind nach EG-Richtlinie vereinfachte analytische Verfahren. Dagegen → Referenzmethoden.

Gebrannter Zucker (Zuckercouleur) gilt als natürlicher Farbstoff und darf zur Anfärbung von Branntwein verwendet werden.

Gebundene Säure ist der Anteil an → Säure, der in Most oder Wein salzartig (an → Kationen) gebunden ist. Durch direkte → Titration ist dieser Anteil nicht feststellbar. Durch Austausch der Kationen gegen Wasserstoffionen mit Hilfe stark saurer → Austauscher wird die gebundene Säure freigesetzt. Danach wird wie üblich titriert und freie und (vorher) gebundene Säure gemeinsam erfasst. Die Differenz zwischen der Titration mit und ohne Freisetzung ist die gebundene Säure. Dieser Betrag steht mit dem Gehalt an → Kationen in enger Beziehung (→ Asche). Der größte Anteil an gebundener Säure entfällt auf die teilgebundene Säure im → Weinstein.

Gebundene schweflige Säure ist der Anteil an der → gesamten schwefligen Säure, der an Weinbestandteile gebunden ist. Diese Bindung ist mehr oder weniger fest und steht in einer Gleichgewichtsbeziehung zur freien schwefligen Säure. Zu den praktisch vollständig (stöchiometrisch) abbindenden Weinbestandteilen gehört der → Acetaldehyd. Nur sehr unvollständig bindet die → Glucose.
Das Gleichgewicht verlagert sich mit der Erhöhung der Temperatur des Mostes oder Weines nach der Seite der freien schwefligen Säure, eine Eigenschaft, die bei der → Entschwefelung ausgenützt wird. Bei Zimmertemperatur ist der Gehalt an gebundener schwefliger Säure meist größer als der Gehalt an → freier schwefliger Säure. Die bindenden Weinbestandteile entstammen entweder dem Most (→ Glucose, → Glucuronsäure und insbesondere bei faulem Lesegut → Ketofructose, → Xyloson und andere Ketosäuren als Oxidationsprodukte der Zucker) oder bilden sich bei der Gärung (→ Brenztraubensäure, → Ketoglutarsäure). Eine Anzahl bindender Substanzen ist noch nicht identifiziert.
Die temperaturabhängige Verlagerung des Gleichgewichtes ist in der Tabelle 22 im Anhang dargestellt. Man erkennt u. a. die Festigkeit der SO_2-Bindung an den Acetaldehyd. Daraus resultiert die Schwierigkeit einer vollständigen → Entschwefelung des Weines (→ Schweflige Säure, Bindung).

GFK (Glasfaserverstärkter-Kunststoff) ist im → Behälter-Bau allgemein und darüberhinaus vielseitig nutzbar.
Vorteile: Variabel formbar, gute Isolationseigenschaften.
Nachteile: Geringe Passgenauigkeit der Werkstücke, schlechte Wärmeableitung, ungeeignet für Behälter über 10 000 l, mangelnde Ästhetik.

Gefrieren der Weine führt zu einer Qualitätsverminderung und zu einer überaus starken Ausscheidung von Kristallen. Der Gefrierpunkt von Wein liegt umso tiefer, je hö-

her der Alkoholgehalt und Extraktgehalt des Weines ist. Bei Normalweinen liegt dieser bei − 4 bis − 6 °C, bei → Dessertweinen (Mistellen) noch etwas tiefer. Die alkoholfreien zugehörigen Moste haben einen etwa um 1 °C höheren Gefrierpunkt. Durch Gefrieren kann man eine Konzentrierung des Mostes oder Weines bewusst erreichen (Wasser gefriert aus, die gelösten Stoffe steigen in der Konzentration an), doch sind diese Verfahren der Konzentrierung relativ unwirtschaftlich und ohne praktische Bedeutung (→ Anreicherung, → Frost). Eine ungefähre Berechnung lautet:
Gefriertemp.(°C) = Alkohol (% Vol.-1) :2

Gegendruckfüller sind → Füllmaschinen für vorwiegend moussierende Getränke (→ Perlwein, → Schaumwein), doch haben sich diese auch zur Abfüllung von → Stillweinen bewährt. Solche Füllmaschinen müssen geschlossene Füllsysteme mit aufwändigeren Füllventilen, die zur Vorspannung der Flasche und deren Druckentlastung nach → Einlauf des Füllgutes bestimmt sind, → enthalten. Solche Füllmaschinen sind deshalb teuer und etwas störanfälliger als Unterdruckfüller (→ Vakuumfüller). Die Gegendruckfüller ergeben jedoch die geringste Qualitätseinbuße innerhalb verschiedener konkurrierender Füllsysteme (→ Abb. 9 und 18 im Anhang).

Gegenprobe („Konterprobe", „Rückstellprobe"). Die Herstellung und Aufbewahrung einer Gegenprobe, die in Händen des Erzeugers verbleibt, wird überwiegend im Falle einer amtlichen, d. h. durch Gesetz (Weinüberwachungsverordnung) gedeckten Probeentnahme, zum Tragen kommen. Der Betroffene hat ein Recht, die versiegelte und zweckmäßig versorgte (Wein)-Probe vom → Weinkontrolleur zu verlangen. Im Falle einer strafrechtlichen Verfolgung ist diese ein Beweismittel. Der Erzeuger muss diese zur Verfügung halten und erhält keine Entschädigung für die abgegebenen Gesamtproben. Bei nicht sterilen Gegenproben (z. B. vom Behälter gezogene Fassware) entstehen praktische Probleme mit der Haltbarmachung. Zudem ist die entnommene Gegenprobe gegen unbefugten Zugriff „strafrechtlich gesichert". In diesen Fällen ist der Weinkontrolleur verpflichtet, aufklärend zu wirken und sachgerecht zu verfahren (Empfangsquittung etc.). Die Gegenproben sollen auch bei einer möglichen zivilrechtlichen Auseinandersetzung „amtlicherseits" gezogen werden. Damit kann dann (im zivil- oder strafrechtlichen Falle) ein amtlich anerkannter Sachverständiger mit der Untersuchung betraut werden.

Grundsätzlich muss eine Analyse zur Sicherstellung der Identität angefertigt werden („fingerprint"), deren Umfange von Fall zu Fall vorab zu klären ist. Im allgemeinen kann eine Untersuchung der Daten, die bei der amtlichen Qualitätsweinprüfung vorgeschrieben sind, ausreichend sein.
Gegenproben dienen auch zur Beweissicherung in den Fällen, wo z. B. schädliche Kontaminationen aufgetreten sind (auslaufendes Hydrauliköl bei Traubenvollernter, Styrolton aus ungeeigneten → GfK-Behältern, kontaminierte Weinbehandlungsmittel etc.).
Eine wichtige Form der Gegenprobe sind die Rückstellproben der amtlichen Qualitätsweinprüfung (→ Konterflasche).

Geläger ist der beim ersten Abstich anfallende, vorwiegend aus → Hefe bestehende Trub (Hefegeläger). Daneben besteht die Festsubstanz noch überwiegend aus → Weinstein oder anderen Kristallverbindungen und Anteilen der im Most enthaltenen Trubstoffe (→ Beerenhäute etc., → Trubaufarbeitung).

Gelatine (Speisegelatine) ist als Weinbehandlungsmittel international im Gebrauch. Reinheitsanforderungen sind im Önologischen Codex des OIV und in der VO zum

Weingesetz enthalten (→ Gelatine, Schönung).
Die Gelatine wird aus Knochen hergestellt, wobei das Kollagen abgebaut wird und ein eiweißartiger Stoff entsteht. Ungeachtet der Reinheitskriterien schwankt die Wirkung im Wein zwischen den verschiedenen G.-Sorten. Dabei spielt auch die Art der Quellung eine Rolle.
Eine Gütezahl ist ferner die „Bloom"-Grad-Angabe. Rein äußerlich wird die Gelatine in Blattform, granuliert oder pulverisiert angeboten. Meist in „kaltlöslicher" Form. Eine sehr bequeme Form der Anwendung bietet verflüssigte Gelatine, die so eingestellt ist, dass der Gelatineanteil etwa 20 % beträgt. Durch Zusatz von → schwefliger Säure ist diese haltbar gemacht, doch spielen die dadurch eingebrachten Mengen an SO_2 keine Rolle (sind sehr gering).

Gelatine, Schönung. Feste Gelatine muss in warmem Wein oder Wasser (etwa 40 °C) vorgequollen werden und wird dann im abgekühlten Zustand mit Wein verdünnt und eingerührt. Die klärende Wirkung der Gelatine geht auf einen Fällungsvorgang mit den → Polyphenolen zurück, die im Most oder Wein bereits vorhanden sind oder künstlich (in Form von → Tannin) zugesetzt werden müssen (→ Flugschönung). Die Fällung beruht darauf, dass Gelatine positiv geladen ist, während Tannin negativ geladen ist. Der sich bildende Trub setzt sich sehr kompakt ab, was als Vorteil gegenüber ähnlichen Flugschönungen (Gelatine-Kieselsol) zu bezeichnen ist. Die → Flugschönung mit Gelatine + Kieselsol ist im allgemeinen günstiger in der Auswirkung auf die spätere Filtrierbarkeit des Getränkes, so dass diese Kombination neuerdings vorgezogen wird. In der Kombination wird auch eine → Überschönung verhindert.
Gelatine zeigt neben der gerbstofffällenden Wirkung auch einen Einfluss auf Farbe und Geschmack der Getränke. → Rapsige Weine oder stark gerbstoffbittere Rotweine können damit geschmacklich verbessert werden, wobei allerdings etwas Farbe verloren geht. Insbesondere Weißweine aus faulem Lesegut oder aus frostgeschädigten Trauben (→ Frostgeschmack) hergestellt, gewinnen durch die Schönung an Qualität. Fallweise ist bereits eine Mostvorbehandlung mit Gelatine allein oder Gelatine-Kieselsol zweckmäßig. Bei Weinbehandlungen sollte man durch Vorversuche die optimale Menge vorab ermitteln (→ Gelatine, → Schönung, → Schönungsmittel).

Gemarkung. Die einer Gemeinde oder einem Ortsteil einer Gemeinde zugehörigen mit Reben bestockten Flächen werden im Sinne des Weingesetzes als Gemarkungen bezeichnet. Mehrfach vorkommende Gemeinde-Gemarkungsnamen werden durch Angabe des Weinanbaugebietes unterschieden. Der (engere) Gemarkungsname bleibt auch bei größeren kommunalen Zusammenschlüssen (Verbandsgemeindebildung, Eingemeindungen) erhalten.

Genanalysen brachten große Fortschritte bei der Feststellung der Abstammung und Verwandschaftsbeziehungen bei den Rebsorten. Die G. beruht auf der Bestimmung der Trägersubstanz der Erbinformation DNS (Desoxyribonucleinsäure. Je häufiger eine Übereinstimmung des DNS-„fingerprint" festgestellt wird, umso häufiger gelingt der Nachweis der „Elternpaare". Vermutet man ältere Elternpaare, besteht häufiger die Feststellung der Authenzität, um Vergleiche an gesichertem Genmaterial erheben zu können. Historische → Amphelographie-Berichte liefern keine zweifelsfreien Zuordnung zu den aktuellen verfügbaren Rebsorten. Regner (Klosterneuburg) hat eine genanalytische Methode entwickelt, die z. B. mit großer Wahrscheinlichkeit den Traminer als „Mutterteil"

des „Grünen Veltliners" festlegt, während als „Vaterteil" eine „Urrebe" zu nennen wäre, die bis heute noch als Einzelrebe in der Ortschaft „St. Georgen" aufgefunden wurde. Weitere Beispiele wären zu nennen.
Eine denkbare Anwendung der Gentechnik erfolgt beim „Gentransport" in der Rebenzüchtung, wobei „Genpatterns" übertragen werden, um damit gewünschte Eigenschaften in neue Rebengenerationen zu „implantieren" (sog. „Grüne Gentechnik").

Genom (Gene). Adäquate Bezeichnung für das „Erbgut", d. h. der DNS Sequenzen, die für die Unterscheidung der Individuen bei Pflanzen, aber auch Mikroorganismen (Hefen, Bakterien, Pilze) herangezogen werden (→ Genanalyse). Diese Techniken sind in der modernen Rebenzüchtung (→ Interspezifische Kreuzungen), bei der Züchtung neuer Hefe- oder Bakterientypen zukünftige Objekte der Forschung. Derzeit sind solche künstlichen Veränderungen (Mutationen) meist weinrechtlich eingeschränkt oder ganz verboten (→ Starterkulturen).

Genusssäuren haben überwiegend bei alkoholfreien Getränken Verwendung gefunden. Dazu zählen die → Zitronensäure, die → Milchsäure, die → Äpfelsäure und die → Weinsäure. Bei weinähnlichen Getränken fallweise die Milchsäure. Diese dient ebenso wie Schwefelsäure auch zur Aufsäuerung der Brennmaische. In deutschen Weinen (und Schaumweinen) kann Zitronensäure zur Stabilisierung zugesetzt werden, wobei der zugesetzte und der natürliche Gehalt insgesamt 1 g/l nicht übersteigen darf.
In den Weinbauzonen C I, C II und C III ist die Aufsäuerung mit Weinsäure und auch Äpfelsäure generell gestattet. Die Zusatzmengen sind begrenzt und von der Weinart abhängig, so z. B. auch zu → Likörwein.
In Drittländern wie Australien, Neuseeland, Südafrika und USA wird u. A. auch Äpfelsäure zugesetzt. Inzwischen sind für die EG-Weinbauländer im Hinblick auf die globalen Verschiebungen im Klima und im Handelsverkehr weitergehende Säuerungen mit Äpfelsäure-und Milchsäurezusatz zugelassen. Eine Ausweitung der Säuerung auf die Weinbauzonen A und B ist unter bestimmten Bedingungen (2011) möglich (→ Säurezusatz).

Geosmin ist ein erdig-muffig riechendes Fehlaroma aus der Klasse der → Terpene. Die Geruchschwelle des Stoffes liegt niedrig (40 ng/l). Verursacher ist der Pilz *Penicillium expansum,* der auch mit *Botrytis cinerea* vergesellschaftet ist.

Geranienton kann auftreten, wenn eine Verstoffwechslung durch bestimmte Milchsäurebildner (Bakterienstämme) erfolgt. In einer mehrstufigen Reaktion entsteht dabei 2-Ethoxy-3,5-Hexadien, der eigentlich sensorisch auffällige G. mit einem → Geruchsschwellenwert von 1 µg/l. Dauerhafte Zusätze von mehr als 40 mg/l schweflige Säure verhindern diesen störenden Weinfehler.

Gerbstoffbestimmungen. G.-Bestimmungen sind nicht sehr spezifisch, sondern erfassen häufig Farbstoffe und Gerbstoffe gemeinsam (LÖWENTHAL-METHODE). Hier dient die Reaktion mit Kaliumpermanganat (Oxidierbarkeit) als Basis. In abgeänderter Form bestimmt man in Rotwein den sogenannten Permanganatindex (Frankreich) zur Relativierung des „rapport alcohol-extrait". Eine Globalübersicht gibt ferner die Reaktion nach FOLIN-CIOCALTEU, die zu besser reproduzierbaren Werten führt. Auch die Messung der Lichtabsorption im UV kann herangezogen werden.
Zunehmend versucht man die verschiedenen Anteile der Gerbstoffe selektiv zu bestimmen, wobei störend ist, dass die darin erfassten Substanzen leicht verändert werden bzw. ineinander übergehen können. Zur selektiven

Trennung eignen sich Methoden der Chromatographie, insbesondere → HPLC.

Gerbstoffe. Es handelt sich um eine Gruppe chemisch recht unterschiedlich aufgebauter Stoffe, die sich in der Wirkung gleichen. Alle G. gerben Leder bzw. Hautpulver und rufen somit einen mehr oder weniger bitteren Geschmack auf der Zunge hervor. Eine etwas erweiterte Begriffsbestimmung bedient sich des Wortes → Polyphenole, die nur teilweise gerbende Wirkung zeigen. Dem unterschiedlichen chemischen Aufbau nach gliedert man in Phenolcarbonsäuren, → Flavonoide, → Anthocyane, → Tannine. Als Charakteristikum der Gerbstoffe gilt die Fällbarkeit mit Gelatine. Es ist anzunehmen, dass solche G. auch dann mit nativem → Eiweiß (Protein) reagieren können, wobei sich → Eiweiß-Trübungen bilden können. Ähnliche Trübungen können mit Metallen eintreten (Schwarzer → Bruch).
In der Kellerwirtschaft versucht man – zumindestens bei Weißwein – die Aufnahme von Gerbstoff möglichst gering zu halten. Da Gerbstoffe vorwiegend an die Festbestandteile der Traube (Beerenhäute, Kerne, Stiele) gebunden sind und die Löslichkeit in Alkohol zunimmt, trennt man vor Eintritt der Gärung die Festbestandteile ab (→ Mostvorklärung). Bei Rotwein, der auf der Maische vergoren wird, wird dem durch → „Entrappen" entgegengewirkt.
Tannine zeigen hier neben der gerbenden und eiweißfällenden Eigenschaft noch die (meist) erwünschte Eigenschaft die Farbe (bei reifen, gelagerten Rotweinen) zu stabilisieren. Im Gegensatz dazu führt eine Gelatine-Behandlung zur Aufhellung der Farbe des Rotweines.
Gehaltsangaben über Gerbstoff in Wein hängen stark von der angewendeten Analysenmethode ab (→ Gerbstoffe, Bestimmungen); ein Hinweis darauf, dass die Gruppen der Polyphenole unterschiedlich aufgebaut sind, unterschiedlich reagieren und sich auch leicht verändern.
Gerbstoffe spielen auch bei der Alterung der Weine eine Rolle (Polymerisation). Dabei kann sich ursprünglich gelöster Gerbstoff ausscheiden (→ Depot bei altem Rotwein). Bei jungen Rotweinen nimmt man für die Tannine ein → Molekulargewicht von 500 bis 800 an, das während der Alterung auf 3000 bis 4000 ansteigt. → Phlobaphene sind solche Polymerisationsprodukte der Weißweine. Die sensorischen Eigenschaften und der Aufbau der Gerbstoffe ist noch nicht genügend aufgeklärt, doch scheint den sehr komplex zusammengesetzten Substanzen teilweise sogar eine gesundheitsfördernde Wirkung zuzukommen. (→ Wein, physiologische Wirkung, → Wein, Zusammensetzung).

Gerbstoffgehalt (→ Gerbstoffe).

Gerbstoffzusatz ist in Form von spezifiziertem → Tannin in einer Menge bis 10 g/hl zulässig. Dabei verfolgt man keineswegs das Ziel, einen Bitterton in den Wein zu bringen, sondern Tannin ergänzt die sogenannte → Flugschönung mit Gelatine (→ Gelatine).

Geropiga ist ein mit Weingeist versetzter Traubenmost, den man bei der Portweinbereitung verwendet.

Geruch. Als Geruch empfindet man die Einwirkung von leichtflüchtigen Weininhaltsstoffen auf die Sinnesorgane (Nase). Die Sensibilität der G.-Organe ist vielfach ausgeprägter als die der Geschmacksorgane des Menschen. Der Geruchssinn trägt zu einem hohen Anteil an der sensorischen Ausprägung und Bewertung des Weines bei.

Geruchsschwellenwerte für im Wein enthaltene Stoffe liegen meist unter den jeweiligen → Geschmacksschwellenwerten, da das Geruchsempfinden des Menschen ausgeprägter ist als das Geschmacksempfinden. (→ Geruchsstoffe → Tab. 31 und 32 im Anhang)

Geruchsstoffe sind Stoffe, die man mit der Nase registrieren kann. Diese unterscheiden sich in ihrer Qualität aber auch in der Intensität des Geruches (→ Aroma).
Voraussetzung dafür, dass die Aromen registriert werden, ist eine erhöhte Flüchtigkeit (Dampfdruck), aber auch eine ausgefeilte Technik des „Schnüffelns", damit die Stoffe im „Riechephitel" der Nase ankommen und registriert werden (retronasaler Effekt). Der Effekt selbst d. h. die Qualität der Geruchsempfindung, ist vom Bau der Moleküle beeinflusst. Auch die Sensibilität hängt davon ab. Aus diesen Gründen variieren sowohl die Art der Geruchseindrücke, wie die Geruchsschwellenwerte. Solche Substanzen mit niedrigem Dampfdruck d. h. hoher Molmasse kommen als Aromastoffe nicht zur Wirkung. Geruchsschwellenwerte bekannter flüchtiger Stoffe werden meist in wässriger Lösung gemessen. Im Wein ist die Situation nicht direkt vergleichbar, dort sind die Geruchsschwellenwerte meist höher. Dass die Aromen in ihrer Wirkung „gedämpft" sind, mag an der Verringerung des Dampfdruckes, aber auch an einer „maskierenden" Überlagerung durch andere aromatisch wirkende Substanzen liegen. Die in Wasser gemessenen Geruchsschwellenwerte einiger, auch in Wein vorkommender Aromastoffe sind in den Tabellen 31 und 32 im Anhang beschrieben. Aus dieser Darstellung erkennt man, dass sich die Sensibilität substanzbezogen in einem weiten Konzentrationsbereich von über 10 Größenordnungen erstreckt. Entscheidend ist jedoch, ob die Substanzmenge im Wein oberhalb der Geruchs-Schwelle liegt oder gar deutlich darunter. In letzerem Falle wäre die flüchtige Substanz als Aromapartner ohne Bedeutung. Betrachtet man die Geruchsschwelle des Ethanols, so liegt die Konzentration im Wein weit über der Geruchsschwelle, trotzdem kann man dem Ethanol keine spezifische Aromaqualität zusprechen. In der Tabelle 31 im Anhang sind nur einige Beispiele von Aromastoffen genannt, die tatsächlich in Weinen vorkommen und deren Art prägen können.
Ähnliche Feststellungen gelten für → Terpene, die Geruchsschwellenwerte (im Wein) im ppm-Bereich haben (→ ppm = mg/l, → ppb = µg/l). In diesem Zusammenhang bezeichnet man Stoffe, die den Geruch hervortretend und charakteristisch ausprägen als „characteristic impact compounds". Hier kann die instrumentelle Analytik dieser Substanzen Hilfen bei der Zuordnung zur Rebsorte etc. geben (→ Concord-Wein, → Methylanthralinat; Hybriden → Furaneol)....
Eine sehr interessante und sensorisch wirksame Stoffgruppe sind die → Pyrazine, die insbesondere die auffällige und sehr typische Art der Weine aus Cabernet Sauvignon und Sauvignon blanc bestimmten. In vielen Fällen ist die sensorische Zuordnung zu einer Substanz durch die Überlagerung mehrerer Aromen nicht so eindeutig möglich. Als Beispiel kann die → Scheurebe als ein Wein zitiert werden, weil auch dort hohe Mengen an Pyrazinen enthalten sind, die aber sensorisch durch Thioverbindungen überlagert sind (→ Sniffing-port, → Geruchsschwellenwerte störender Thioverbindungen (→ Tab. 33 im Anhang).

Geruchs- und Geschmacksfehler kommen teils natürlicherweise während der Weinbereitung auf (z. B. Fehlgärung, bakterielle Prozesse) oder sind durch Verschulden Dritter entstanden (→ Rauchgeschmack). Die Zahl solcher Fehler ist recht groß, die Beschreibung und Objektivierung nicht immer einfach. Einige Fehler lassen sich gezielt entfernen (Böckser durch AgCI , → Kupzit oder $CuSO_4$), u. a. deshalb, weil man diese Fehler exakt diagnostizieren kann. Häufig dienen unspezifische Behandlungen durch Aktivkohle und ähnliches dazu, eine Verbesserung der Reintönigkeit zu erreichen (→ Aktivkohle, → Böckser).

Gesamtalkoholgehalt. Er setzt sich zusammen aus dem vorhandenen und dem potentiellen → Alkohol, der noch im unvergorenen (aber vergärbaren) Zucker enthalten ist. Der vorhandene Alkoholgehalt wird durch eine → Alkoholbestimmung erfasst, der potentielle Alkohol durch eine → Zuckerbestimmung. Aus dem vergärbaren Zucker errechnet man mit der mittleren → Alkoholausbeute von 47 % mit Hilfe des Faktors 0,47 den potentiellen Alkoholgehalt, der demnach eine rein rechnerische Größe ist. Es gilt: Gesamtalkohol = vorhandener Alkohol + potentieller Alkohol. Die Angabe kann in allen Maßeinheiten, also in g/l oder % Vol. erfolgen. Die Maßeinheit muss angegeben werden. Falls es sich um ein nicht angereichertes Produkt handelt, ist der Gesamtalkoholgehalt identisch mit dem sogenannten natürlichen Gesamtalkohol. Dieser steht in einer annähernden Beziehung zum ursprünglichen → Mostgewicht. Eine exakte Rückberechnung mit einer Streuung von etwa + 3 °Oe ist nur nach Kenntnis des zuckerfreien → Extraktgehaltes des Weines möglich. Bei manchen angereicherten Weinen muss die vorgegebene Obergrenze des Gesamtalkohols beachtet werden (→ Anreicherung, → Rückberechnung des Mostgewichtes).

Gesamte schweflige Säure nennt man die Summe aus freier und gebundener schwefliger Säure. Um die Menge festzustellen wird die gebundene schweflige Säure durch Erhitzung nach Zusatz von Säure aufgespaltet und abdestilliert oder durch Zusatz von Natronlauge bei Normaltemperatur aufgespalten (→ gesamte schweflige Säure, Bestimmung). Die mögliche Schädlichkeit (→ schweflige Säure, gesundheitsschädliche Wirkung) führt zu einer Begrenzung (→ schweflige Säure, zulässiger Gehalt, → freie schweflige Säure, → gebundene schweflige Säure).

Gesamtextrakt → Extraktgehalt.

Gesamtsäure nennt man die Summe aller mittels Titration erfassbaren sauren Substanzen des Mostes oder Weines. Es werden dabei die von den freien Säuren stammenden H+-Ionen summarisch erfasst und als Weinsäure ausgedrückt (g/l). Man kann die Gesamtsäure aber auch in Milliäquivalenten (mval) ausdrücken. Neben den → fixen Säuren werden auch die → flüchtigen Säuren mit erfasst. Der richtigere Ausdruck sollte lauten: Titrierbare Säure, da keineswegs alle Säuren vollständig durch Titration erfasst werden (→ Säure, titrierbare), doch hat sich der Begriff G. S. in der Praxis eingebürgert. Der Gehalt des Traubenmostes an G. S. hängt von der Rebsorte, dem Jahrgang (Klima), dem Standort und dem erzielten Reifegrad ab. Die Schwankungsbreite liegt zwischen 4 g/l und 20 g/l. Höhere Werte sind nur bei extrem unreifem Lesegut (ungünstige Witterung, spätreifende Rebsorten) möglich. Der Normalwert bei Weißweinsorten liegt bei 6 bis 10 g/l, bei Rotweinsorten bei 5 bis 8 g/l, jeweils im Most gemessen. In extremen Jahrgängen in Herkünften kann sich die Spanne noch erweitern (Beispiel Jahrgang 2010). Im Wein ist nach der Gärung allgemein ein Rückgang zu beobachten, der vorwiegend durch den Vorgang des → biologischen Säureabbaus und durch die → Weinsteinausscheidung hervorgerufen wird. Im allgemeinen liegt die Gesamtsäure im konsumgerechten Wein bei 5 bis 8 g/l, Spezialsorten wie → Gewürztraminer, → Siegerrebe und Rotweine können darunter, → Beeren- und → Trockenbeerenauslesen und speziell → Eisweine darüber liegen. Wegen der nur groben Beziehung von Gesamtsäure zum sauren Geschmack kann hier keine allgemein verbindliche Empfehlung gegeben werden.

Schlussendlich entscheidet der Verbraucher (→ Wein, Zusammensetzung).

Gesamtsäure, Bestimmung. Die im Prinzip auf der Neutralisation mit Lauge beruhende Bestimmung geht von einer genau gemessenen Menge an Most oder Wein aus (meist 25 ml), wobei unter Zusatz einer genau eingestellten → Lauge (meist n/3 Natronlauge) auf pH 7 titriert wird (Endpunkt). Zur Präzisierung wird der Endpunkt elektrometrisch (→ pH-Messgerät) angezeigt, gröber genügt ein → Indikator. Setzt man den Indikator bereits der Lauge zu, so entsteht die „Blaulauge“, die in den einfachen Praktikergeräten angewendet wird. → Kohlensäure soll dabei nicht mit erfasst werden, so dass vor der Bestimmung diese durch kurzes Aufkochen entfernt wird.

Gesamtsäure, Umrechnung. Während in Wein die „Maßskala“ in → Weinsäure g/l festgelegt ist, wird bei Säften und Beerenobst- oder Citrusfrüchten in → Zitronensäure, bei Säften aus Kern- und Steinobst in → Äpfelsäure ausgedrückt, da dort jeweils diese Säuren artbestimmend sind (s. Tab. 28 im Anhang).
Bemerkenswerterweise wird in Frankreich traditionell der Gehalt der Gesamtsäure in „Schwefelsäure“ angegeben.

Gesamttrockenextrakt → Extraktgehalt.

Geschmacksangaben gelten in der Bezeichnung von Wein als „Beschaffenheitsangaben“. Sie sind grundsätzlich nur dann zulässig, wenn die Begriffe aufgrund von Vorgaben auch vom Verbraucher nachvollziehbar sind. Für Wein sind – unter Berücksichtigung der Informationsklarheit – nur „trocken“, „halbtrocken“, „lieblich“, „süß“ und bedingt „feinherb“ zulässig (→ Tab. 17a im Anhang). Da die gesteigerte Süßwirkung durch die Vorgabe jeweiliger Zuckergehaltsspannen auch vom Verbraucher nachvollziehbar ist, wird diese Information vom Verbraucher geschätzt. Nach Marktbeobachtungen ziehen Verbraucher solche Angaben einer Angabe über Herkunft und Qualität vor. Die gesetzlichen Vorgaben (Zuckergehalte) sind bei → Schaumwein, → Perlwein und aromatisierten Getränken deutlich höher (→ Tab. 17b im Anhang). Teilweise sind dort die CO_2-Gehalte bzw. Aromen „süßedämpfend“ (→ Tab. 17b im Anhang). Erläuternde Geschmacksangaben in Preislisten oder bei Weinproben im Betrieb sind selbstverständlich von dieser Einschränkung nicht betroffen (→ Sensorik, → Weinansprache).

Geschmacksfehler (→ Geruchs- und Geschmacksfehler). Die häufigsten Geschmacksfehler sind → Luft-, → Schimmel-, → Faul-, → Korken-, → Metall-, → Rauch-, → Frost-, → Kunststoff-, → Holz- und → Medizingeschmack (Jodoformton). Weitere Geschmacksfehler können durch Krankheiten bedingt sein (→ Essigstich, → Mäuseln, → Milchsäurestich). Nicht selten sind Geschmacksfehler auch am fremdartigen Geruch zu erkennen.

Geschmackskohle. → Aktivkohle, die sich für die Bindung von unerwünschten Geschmacksstoffen eignet. Meistens weniger aktiv als → Farbkohle.

Geschmacksorgane. Auf der Zunge befindliche Geschmackssensoren, auch als Geschmacksknospen bzw. Geschmackspapillen bezeichnet, die für die Wahrnehmung der vier Geschmackstypen sauer, süß, salzig und bitter verantwortlich sind. Bei der Verkostung von Wein ist es förderlich, alle Geschmacksknospen gleichmäßig mit Wein zu benetzen („Rollen“ im Mund, „beissen“), damit ein harmonischer Geschmackseindruck überhaupt entstehen kann (→ Geschmacksrichtungen, → Sensorik, → Unami)

Geschmacksrichtungen. Obwohl der Geschmack und dessen Einschätzung beim Weingenuss eine subjekive Wahrnehmung ist, beruht die Empfindung auf Sensoren, die im Mundraum angelegt sind. Differente „Geschmackspapillen nehmen getrennte Signale für „salzig“, „sauer“, „bitter“, „süß“ und für → „Unami“ auf, wobei alle diese „Sensoren“ vorwiegend spezifisch sensibel sind, aber auch grundsätzlich auf alle Reize ansprechen. Durch den Speichel wird „sauer“ abgepuffert (gedämpft). Geht der Speichelfluss dabei zurück, dann wirkt der Wein „säuerlicher“. Mit Testlösungen lassen sich die jeweilige Sensibilität und das Unterscheidungsvermögen der Probanden bei Sensorik-Prüfungen feststellen (→ Sensorik).

Geschmacksschwellenwert. Der absolute Geschmacksschwellenwert ist individuell verschieden. Man definiert deshalb diesen als die Minimalkonzentration, die von 50 % der Prüfer richtig identifiziert wird (Erkennungsgeschmacksschwellenwert). Man muss dazu noch die eventuell vorhandenen Arbeitsbedingungen angeben (Substanz X, gelöst in Wasser oder Wein etc.). Die Geschmacksschwellenwerte einer Person können zeitlich variieren.
Die *Differenzgeschmacksschwelle* ist die Differenzkonzentration, die nötig ist, um zwei unterschiedliche Konzentrationen sicher zu unterscheiden. Dazu muss die (über der absoluten Geschmacksschwelle liegende) Konzentration fixiert werden, da die Differenzgeschmacksschwellenwerte mit steigender Konzentration größer werden, das heißt das Unterscheidungsvermögen nimmt ab. Auch hier muss eine statistische Sicherung (über 50 % richtige Urteile) garantiert sein.
Für → Alkohol in Wasser ergibt sich eine Differenzgeschmacksschwelle von 1 % Vol. bei einem Alkoholgehalt von 4 oder 5 % Vol., das heißt 4 oder 5 % Vol. können unterschieden werden. In Wasser-Alkohol-Mischungen von 10 % Vol. Alkohol steigt die Differenzschwelle schon auf 2 % Vol. an, das heißt nur 10 und 12 % Vol. sind voneinander unterscheidbar. Bei Wein (von 12-% Vol. Alkohol) steigt die D. G. schon auf 4 % Vol. an, ein Zeichen für die maskierende (überdeckende) Wirkung anderer im Wein enthaltener Substanzen. Alkohol hat einen sehr hohen Geschmacksschwellenwert, woraus man schließen könnte, dass die geschmackliche Wirkung des Alkohols nicht allzu hoch anzusetzen ist. Alkohol kann aber den Geschmack anderer Weininhaltsstoffe beeinflussen (verstärken), was im Geschmacksschwellenwert des Alkohols (in Wasser gemessen) nicht zum Ausdruck kommt, im Wein aber wichtig ist.
Der *Erkennungsgeschmacksschwellenwert* z. B. von Zucker liegt bereits tiefer (unter 1 % = 10 g/l). Von den Zuckerarten ist Fructose süßer als Glucose. Andere Substanzen, die wie → Schwefelwasserstoff für → Weinfehler verantwortlich gemacht werden, sind teilweise niedrig im Schwellenwert. 0,005 bis 0,01 mg H_2S per Liter sind schon wahrnehmbar (→ Geruchsschwellenwert). Positiv zu bewertende → Aromen können Geschmacksschwellenwerte von 1–5 mg/l besitzen (Bemerkung: Auf die Verkoppelung von Geruch und Geschmack bei flüchtigen Substanzen sei ausdrücklich hingewiesen).
In der Literatur sind meist die Geschmacksschwellenwerte von wässrigen Lösungen angegeben. Da im Wein eine komplexe Überlagerung zur Wirkung kommt, liegen die Schwellenwerte in der Regel dort deutlich höher. Durch Ansatz steigender Konzentrationsreihen von Säure, Zucker oder Bitterstoffen in Wasser kann man die individuellen Geschmacksschwellenwerte feststellen und die Empfindlichkeit des Prüfers testen. Eine ausgeprägte Empfindlichkeit ist ein erster Hinweis auf die Eignung eines Prüfers, aber noch nicht hinreichend, da dazu noch eine gute Reproduzierbarkeit des Urteils (Treffsicher-

heit und Erfahrung) hinzu kommen müssen (→ Sensorik).

Geschmacksstoffe sind ähnlich wie → Geruchsstoffe in der Art (Qualität) und der Intensität (Quantität) unterschiedlich wirksam. Sehr intensiv wahrnehmbare Geschmacksstoffe haben einen niedrigen → Geschmacksschwellenwert.

Geschwefelter Wein. Der Zusatz von → SO_2, der als Schwefelung bezeichnet wird, ist traditionell üblich, doch sollte der resultierende Gehalt nicht zu hoch sein (→ schweflige Säure, gesundheitsschädliche Wirkung). Aus diesen Gründen sind Maximalwerte zugelassen (→ gesamte schweflige Säure, → schweflige Säure, Herabsetzung). Die freie schweflige Säure sollte nicht über 50 mg/l liegen, da sonst die Geruchsschwelle, insbesondere bei säurebetonten Weinen, überschritten wird. Solche Weine riechen stechend und sind in ihrer Entwicklung gehemmt.

Gespritzter (→ Schorle) ist ein → weinhaltiges Getränk, welches in der Regel durch Mischen von Wein mit Mineralwasser in der Gastronomie hergestellt wird. Es soll ein sauberer Wein dazu benutzt werden, da die → Kohlensäure des Mineralwassers einen Fehler im Wein noch drastischer hervortreten lässt.

Gesund. Ausdruck der → Weinansprache = Gegenteil von „krank“ bei bakteriell geschädigten Weinen.

Gesundheit (durch Weingenuss) Die günstige Wirkung von Wein zur Gesundung bzw Gesunderhaltung war schon in alter Zeit bekannt. In Kriegsaktionen wurde dem Krieger gegen bakterielle Infekte Wein als Getränk „verordnet“. Aktuell sind dem Konsumenten eine Vielzahl von medizinischen Untersuchungsergebnissen zugänglich, die günstige Effekte insbesondere bei Herz- und Kreislaufproblemen festgestellt haben. Die Ergebnisse werden fortlaufend durch die Deutsche Weinakademie (DWA) gesammelt und veröffentlicht.

Gewicht, absolutes ist das auf die Masse eines Stoffes zurückzuführende Gewicht ausgedrückt in Gewichtseinheiten wie Gramm oder Kilogramm.

Gewicht, spezifisches ist die relativierte Gewichtsangabe, die in der Dimension g/ml besagt, wieviel Gramm 1 ml wiegt. Bezogen auf das Gewicht von 1 ml Wasser bei 4 °C = 1 g heißt dies auch, wieviel mal schwerer (oder auch leichter) der betreffende Stoff ist als Wasser bei 4 °C. Aus praktischen Gründen kann das spez. Gewicht der → Dichte gleichgesetzt werden. Ermittelt wird es durch Messung mit → Aräometern oder → hydrostatischen Waagen (→ Biegeschwinger).

Gewichtsprozent = g des gelösten Stoffes in 100 g Lösung.

Gewichtsverhältnis oder → Dichteverhältnis (d 20/20) gibt die Verhältniszahl zweier Stoffe wieder, die das Gewicht gleicher Volumina bei gleicher Temperatur zum Ausdruck bringt. Meist wird auf Wasser von 20 °C bezogen und bei 20 °C gemessen. Dies hat praktische Vorteile, weil die Bezugssubstanz Wasser leicht verfügbar und die Messtemperatur 20 °C ebenfalls leicht einstellbar ist (im Gegensatz zu 4 °C).
Das Gewichtsverhältnis von Wein, dessen alkoholischem Destillat und des Rückstandes spielt in der Weinanalytik eine zentrale Rolle (→ Extrakt, Berechnung nach Tabarié).
Neuerdings ist das → Mostgewicht aus dem d 20/20 abgeleitet. Während der Gärung nimmt das Gewichtsverhältnis ab, was man zur Kontrolle des Gärablaufes heranziehen kann. Im Wein liegt das Gewichtsverhältnis

meist um 1,000. Die Feststellung des Gewichtsverhältnisses im Wein kann sehr exakt erfolgen (pyknometrisch, → Biegeschwinger) und eignet sich zur raschen Identifizierung eines Weines (→ Dichte).

Gewürztraminer wurde früher ausschließlich für besonders aromatische Weine der Rebsorte Roter → Traminer zur Kennzeichnung benutzt. Zum Zwecke der Vereinheitlichung der Rebsortenangaben im deutschen Weinrecht wurde der Begriff Traminer ausgeklammert bzw. ist als Synonym gestattet. Die Bezeichnung Clevner ist als Bezeichnung für Weine aus Baden aus dem Untergebiet „Oberrhein" zugelassen. Die Beeren sind klein und rotgefärbt (→ Rebsortenangaben).

Gewürztraminer, Sortentyp. G. gelten als Musterbeispiele für die Variationsmöglichkeiten bei aromatypischen Weinen. Zwar wird das Aroma des G. überwiegend durch → Terpene bestimmt (1–4 mg/l), doch enthalten die → Muskateller Weine meist noch höhere Gehalte (bis über 6 mg/l). Manche G. enthalten dazu noch größere Mengen an schwerer flüchtigen Aromen wie Vinylguajacol (Nelkenton), die im → Abgang besonders wirken. Die Guajakole zählen zu den flüchtigen → Phenolen, einer Stoffgruppe, die im Übermaß in anderen Weintypen sogar störend wirken können. Die Bildung von Vinylgujacol erfolgt bei der Gärung aus Zimmtsäureestern (→ Precursoren). In G. wurden auch → Thiole nachgewiesen, die auch am G.-Aroma mitwirken. Es ist zu vermuten, dass → Restsüße mit der intensiven → Persistance (Nachhaltigkeit) die schwerer flüchtigen Substanzen Vinylguajacol und die komplexen Thiole des G. maskieren und sich deshalb „trockene" G. im → Abgang „rustikaler" probieren, während die süßen Varianten eher den vordergründigen Rosenton des Terpens Geraniol präsentieren. Derartige Überlegungen sind auch bei anderen aromatischen Rebsortenweinen angebracht.
Beim G. unterscheidet man mindestens drei Reb-Variationen, die weltweit verbreitet sind (Argentinien, Elsass, Neuseeland, USA. Vermutlich ist der G. ein Hybrid, entstanden aus Wildreben. Im Laufe der Jahrhundert wurde der G. zum „Stammvater" vieler Rebsorten wie → Pinot noir, → Silvaner, → Sauvignon blanc. etc.

Gezuckerte Weine (→ Anreicherung).

Gipsen von Wein ist ein in südlichen Ländern noch praktiziertes Verfahren, bei dem $CaS0_4$ (Gips) meist zur Maische von Rotweinen zugesetzt wird, wodurch sich der → pH-Wert erniedrigt und die Leuchtkraft und Intensität der Rotweinfarbe zunimmt. Man setzt etwa 150 bis 300 g Gips zu 1 Hektoliter zu, damit sich → Weinstein zu → Kaliumsulfat, → Calciumtartrat und freier → Weinsäure umsetzt. In Deutschland verboten.

Glanzhell ist eine in der Fachsprache übliche Bezeichnung für Weine, die visuell absolut klar sind. Vermutlich stammt der Ausdruck vom Glanz der Kerze, die man in klaren Konturen abgebildet, früher zur Prüfung von Wein angewendet hat (auch flackerhell genannt).

Glas. Ein Ausdruck für den Werkstoff oder das Gefäß. Als Werkstoff für Flaschen und Behälter, als Überzug in Form des Emails (→ Weinflaschen, → Weingläser).

Glasemaille ist eine Innenauskleidung für Stahlbehälter (insbesondere → Drucktanks), die viele Vorzüge besitzt (sehr hygienisch, pflegeleicht), leider aber auch sehr teuer und empfindlich ist (Schlag). Behälter aus → Edelstahl werden deshalb zunehmend bevorzugt.

Glasdrehverschluss (→ Glasstopfen) Eine mögliche Weiterentwicklung ist ein sog. Glasdrehverschluss (Glastwister, der zur INTERVITIS INTERFRUCTA 2010 vorgestellt wurde. Die Konstruktion besteht aus einer Glaslinse, die den direkten Kontakt zum Wein hält, und einer „dauerhaften Außendichtung". Verletzungen im Kopfbereich der Flasche, die beim klassischen Drehverschluss zu Problemen führen könnten, wären dabei ausgeschlossen (Hersteller: „SYNCOR eK").

Glasfaser verstärkter Kunststoff (GFK) wird gerne zum Bau von → Behältern verwendet und eignet sich für die Zwecke der Kellerwirtschaft. Durch die Glasfasereinlage nimmt das Material hohe Zugspannungen auf, die mit Stahl vergleichbar sind (300 N/m). Weitere Vorteile sind:
- keine Korrosion,
- geringes Gewicht,
- pflegefreundlich,
- leicht zu reparieren.

Das Material ist im Behälterbau noch wegen der Formvariabilität geschätzt. Das Harz wird unter Beifügung von Styrol und Katalysatoren polymerisiert und durch trockene Hitze gehärtet und nachträglich gedämpft (getempert). Auch einige Nachteile seien nicht verschwiegen:
- Bei schlechter Verarbeitung Abgabe von Styrol (Kunststoffgeschmack).
- Nicht so formstabil wie Edelstahl.
- Nicht vor Ort herstellbar (dagegen: Edelstahl, kellergeschweisst.
- Kein besonderes Image beim Verbraucher.

Sehr günstig ist das Material für offene Bütten und sonstige Kellereigeräte, bei denen andere Kunststoffe zu gasdurchlässig sind.

Glaskugeln kann man zur Verdrängung der Luft in einem Kleingebinde einsetzen, um das Beifüllen zu umgehen. Da Glaskugeln sehr teuer sind, ist dies nur im Labormaßstab praktizierbar (→ Auffüllen).

Glasprobe (Rahnprobe). Sie wird zur Festlegung der Luftstabilität angewendet, indem man den zu prüfenden Wein ein bis zwei Tage im Glas offen stehen lässt. Wird der Wein rasch hochfarbig, so muss dringend geschwefelt werden (→ Luftbeständigkeit).

Glasstopfen (→ Flaschenverschlüsse) Obwohl schon im 17. Jahrhundert vereinzelt Glasstopfen auch für Getränke verwendet wurden, konnte sich dieser wegen der Gefahr des „Festfressens" nicht etablieren. Nur bei reinen Destillaten ohne Extrakt war dies möglich. Die „neuen" Glasverschlüsse verwenden neue Flaschen (-mündungen) und passende O-Ringe, die abdichtend aufgepresst werden (VINOLOCK, SYNCOR). Es bedarf besonderer Verschließeinrichtungen und erhöhter Kostenaufwendungen. Die G. gelten als inerte Verschlüsse, genießen ein hohes Prestige und scheinen auch für länger dauernde Lagerung geeignet (→ Glasdrehverschluss).

Glatt nennt man in der → Weinsprache einen reintönigen, geschliffen wirkenden Wein ohne „Ecken".

Globuline sind eine Gruppe von → Eiweiß-Stoffen (Proteinen), die in saurem Milieu → löslich sind (Wein), aber auch dann zur Denaturierung neigen. Die Einteilung nach diesen Gesichtspunkten (der Löslichkeit) ist heute weitgehend durch andere Kriterien (isoelektrischer Punkt, → Molekulargewicht) überholt.

Glucane sind → Polysaccharide, die vom *Botrytis*-Pilz gebildet werden. Als → Kolloide tragen diese zu den Filtrationsschwierigkeiten bei botrytisgeprägten Weinen bei. Die G. führen zur Verblockung der Membranen (fouling), die sich bei der Filtration leistungsvermindernd auswirkt. (→ Crossflowfiltration). Mittels → Glucanasen-Präparaten kann man die hochmolekularen Polysaccharide abbauen. Der Nachweis von G. im Wein kann durch Zusatz von reinem Alkohol geführt werden.

Glucanasen sind → Enzyme, die Glucane (im Wein) abbauen können.

Gluconsäure ist ein Stoffwechselprodukt des Botrytispilzes und wird in Mengen bis etwa 2 g/l, selten darüber gebildet. Die Substanz kann als Hinweis auf die Tätigkeit des Botrytispilzes und der Bildung von → Glycerin (Mostglycerin) durch Edelfäule der Trauben angesehen werden. Gluconsäure kann durch Bakterien des → biologischen Säureabbaues vermindert oder total abgebaut werden (→ Säure, → Wein, Zusammensetzung)(s. Tab. 42 im Anhang).

Glucose → Traubenzucker.

Glucuronsäure findet sich zusammen mit → Galacturonsäure und → Gluconsäure in Weinen aus edelfaulem Lesegut. (→ Säure, → Wein, Zusammensetzung).

Glühwein ist ein weinhaltiges Getränk, welches ausschliesslich aus Rotwein (Weißwein) und Zucker gewonnen und mit Nelken und Zimt gewürzt wird. Verwendet man Weißwein, so muss dies gesondert deklariert werden. Kommt Arrak oder Rum hinzu, so lautet die Bezeichnung „Punsch“.(→ Aromatisierte, weinhaltige Getränke).

Glutaminsäure ist eine → Aminosäure, die in Most in relativ kleinen Mengen vorkommt (100 bis 400 mg/l), meist etwa 200 mg/l. Bei der → Gärung und dem → biologischen Säureabbau wird der Gehalt wesentlich verändert, da Hefe diese Aminosäure metabolisiert (umbaut) in Ketoglutarat und Folgeprodukte, teils (bei der Autolyse) wieder in Freiheit setzt. In vielen Lebensmitteln wird G. als Geschmacksverstärker zugesetzt (→ Unami). Die Bestimmung ist u. a. enzymatisch und chromatographisch (→ HPLC) möglich.

Glutathion ist ein Tripeptid mit einer neuerdings viel diskutierten Wirkung. Das im Most vorhandene G. kann die Bräunung des Mostes und die damit verbundenen Farbstofferverluste einschränken. Zusätzlich soll damit der → Terpen-Gehalt (Aroma) geschützt und SO_2 eingespart werden. Eine Zulassung zur Weinbereitung stand zur Zeit der Drucklegung noch aus.

Glutin ist ein eiweißartiger Stoff, der in → Gelatine enthalten ist.

Glycerin ist ein dreiwertiger → Alkohol, neben → Äthylalkohol ein wichtiges Gärungs (neben)-produkt. Während der → Gärung wird die Hauptmenge zunächst am Anfang gebildet, nach Endvergärung entfallen auf 100 g Alkohol zwischen 6 und 10 g Glycerin (Mittelwert 8 g). Die Bildung ist von der Hefeart, der Zuckermenge und den Gärbedingungen (Temperatur, pH-Wert, lüften, schwefeln) beeinflusst. → Reinzuchthefen bringen meist weniger Glycerin als die sog. → Spontangärung. Wesentliche Mengen können aber auch vor Eintritt der Gärung bereits im Most vorliegen, falls dort → Botrytis gewirkt hat (im Extrem über 20 g/l). → Glycerin schmeckt etwa halb so süß wie → Glucose, scheint aber noch zusätzliche (füllende) Geschmackswirkung („mouthfeeling“) zu haben. Die Bestimmung des Glycerins erfolgt am spezifischsten mit einer → enzymatischen Analysen-Methode oder durch → HPLC.
Ein unzulässiger Zusatz von technischem Glycerin zu Wein kann durch Nachweis von 3-Methoxy-1,2-propan-diol und cyclischen

Diglycerinen geführt werden (→ Weinverfälschungen, → Tab. 43 im Anhang).

Glycerin, Zersetzung. Glycerin kann abgebaut werden durch → Bakterien, die erhöhte → flüchtige Säuren und → Milchsäure bilden, unter Anstieg der → titrierbaren Säure und Rückgang des zuckerfreien → Extraktes. Die Zersetzung von Glycerin rangiert unter den → Weinkrankheiten, die selten sind, und bevorzugt bei säurearmen (gerbstoffreichen) Rotweinen auftreten.

Glykogen ist ein polymeres → Kohlenhydrat, welches bei Hefen oder Pilzen die Rolle der → Stärke vertritt (Reservestoff). Die gärende Hefe hat davon viel gespeichert, bei der Lagerung und Zersetzung der Hefe nimmt dies ab. Ursprünglich wollte man aus dem Glykogengehalt die Terminierung des → Abstiches ableiten. Die Methode konnte sich in der Praxis jedoch nicht einführen (→ Hefen → Schimmelpilze).

Glycosidasen sind → Enzyme, die eine spezifische Wirkung ausüben können. Durch Spaltung der Bindungen von Zucker an → Terpene und → Anthocyanidine werden bereits im Most Terpene freigesetzt. Dies wäre für die Aromabildung von Vorteil und ein Argument für das Einmaischen als Mittel zur Verstärkung des Weinaromas,. Offensichtlich sind die natürlichen Enzymgehalte nicht ausreichend, so dass Versuche durchgeführt wurden mit dem Ziel durch Handelsenzyme die Aromasteigerung zu erreichen. Auch von manchen → Trockenhefen wird dies erwartet. Die Abspaltung der Zucker von Anthocyanen (Farbstoffen) während der Gärung führt leider zu einem unvermeidbaren Farbverlust im Verlauf der Gärung.

Grasig nennt man Weine, die unreif sind und – insbesondere bei starker Pressung unreifer Trauben – auch einen hohen Säure- und → Polyphenol-Gehalt zeigen. Eine Behandlung mit Gerbstoff-fällenden Behandlungsmitteln (→ Gelatine, → Kasein, → Aktivkohle) kann eine Verbesserung erbringen. Vorteilhaft ist ein längerer Ausbau und ein längeres Flaschenlager. Eine ähnliche Wirkung können → Pyrazine bei Cabernet Sauvignon bzw. Sauvignon Blanc auslösen (→ Weinbereitung, zugelassene Stoffe).

Grauburgunder nennt man solche Weine, die aus der Rebsorte → Ruländer unter besonderen Vorbedingungen erzeugt werden. Um die Weine typisch zu gestalten, bedarf es bereits weinbaulicher Einflussmaßnahmen. Die Trauben sollen gesund, im reifem, aber nicht überreifem Zustand geerntet werden. Die Kellertechnik soll zu reduktiven Typen, möglichst ohne → Restsüße führen, damit die im Prinzip etwas „pfeffrige“ Burgunderart erhalten bleibt und sensorisch prägt. Ein hoher Alkoholgehalt kann nicht schaden und verschafft dem Wein → Körper. Mit dieser Anbau- und Ausbaumethode nähert sich der Weintyp dem französischen → Chardonnay an, übertrifft allerdings im Extraktgehalt den bekannten „Pinot grigio“ aus Italien (→ Badisch Rotgold, → Schillerwein).

Grauer (Weißer → Bruch) ist eine Trübung (Bruch), die aus Eisen-III-Phosphat besteht. Bei hohem Eisen- und Phosphatgehalt kann sich bei hohem → pH-Wert (wenig Säure) und wenig SO_2 diese feinkörnige Trübung, die sich schlecht absetzt, störend bemerkbar machen. Durch → Blauschönung lässt sich Eisen ausfällen und die Gefahr der Eintrübung bannen (→ Ferriphosphat). Durch die überwiegende Verwendung rostfreier Edelstähle ist die Trübung bei Flaschenwein kaum noch von Bedeutung.

Grauschimmel (→ *Botrytis cinerea).*

Graves ist die Bezeichnung für ein kleines französisches Weinanbaugebiet (Bordeaux), in dessen Untergebieten (Sauternes und Barsac) hochwertige Weine aus edelfaulem Lesegut produziert werden. Für diese Gebiete wurden Ausnahmen für die höchstzulässigen Gehalte an gesamter schwefliger Säure (ähnlich wie bei deutschen Beeren- und Trockenbeerenauslesen) eingeräumt. Bekannt ist das Spitzengut „Chateau d`Yquem" (→ Schweflige Säure, zulässiger Gehalt).

Großes Gewächs → VDP.

Großlagen sind Weinlagenbezeichnungen, die durch Zusammenfassung mehrerer (kleinerer) Einzellagen entstanden sind. In den elf deutschen Weinbaugebieten gibt es etwa 130 Großlagen als Zusammenfassung von knapp 2600 Einzellagen. Vor dem Inkrafttreten des deutschen Weingesetzes von 1971 lagen etwa 20000 Einzellagen vor.

Großraumgärverfahren. Dient der Erzeugung von → Sekt (Tankverfahren). Kontrastierend zum Flaschengärverfahren wurde dieser Begriff früher abwertend benutzt, doch ist diese Methode heute überwiegend im Gebrauch, um die hohen Kosten der Flaschengärung herabzusetzen. Durch Einbau von Rührwerken und Lagerung auf der Hefe versucht man, damit eine vergleichbare Qualität zu erreichen. Durch den intensiven Kontakt, den die Hefe durch die Rührwerke mit dem Schaumwein haben, ist die Lagerzeit auf der Hefe auf mindestens 30 Tage reduziert, die Gesamtherstellungsdauer ab Gärbeginn muss 6 Monate überschreiten (→ Schaumwein).

Großvernatsch lautet der Name für den in Südtirol angebauten Rotwein der Rebsorte → Trollinger.

Grün nennt man Weine, die, aus einem unreifen Lesegut stammend, eine bissige Säure und adstringierende Stoffe (→ Gerbstoffe) aufweisen (→ grasig).

Grünfäule ist die überwiegend durch *Penicillium glaucum* hervorgerufene Fäulnis der Trauben. Der daraus resultierende, unangenehme Schimmelton sollte durch Auslesen und Verwerfen der befallenen Trauben verhütet werden, da der spätere Wein nur sehr schwer durch → Aktivkohle oder → Gelatine-Kieselsol-Behandlung reintönig wird (→ Faulser, → Schimmelgeschmack).

Grünlese nennt man die frühzeitige Entnahme von unreifen Trauben, um damit die Qualität der verbleibenden Trauben zu steigern und den Ertrag (auch im Rahmen der → Hektarhöchsterträge) zu vermindern (→ Verjus).

Grunddaube nennt man die im Fassgrund liegende, dem Spundloch gegenüberliegende → Fassdaube, die besonders strapaziert wird.

Gütezeichen. → DLG, → Gütezeichen für badische Qualitätsweine, → Gütezeichen Franken, → Weinsiegel → → Güteband für Wein, Baden Selection, Rheinhessen Selection.

Gummi arabicum (E 414) ist ein in der Natur vorkommendes makromolekulares → Kolloid, ein den → Kohlenhydraten zugehöriges → Polysaccharid, zusammengesetzt aus verschiedenen Grundbausteinen. Es wird aus verschiedenen Akazienarten gewonnen. Erfahrungen mit der Wirkung dieses Stoffes, der seit 1955 in Frankreich zur Weinbereitung zugelassen ist, sind im deutschen Schrifttum kaum vermerkt, doch ist der Stoff durch EG-Verordnung zugelassen (→ Weinbereitung, zugelassene Stoffe). Üblicherweise werden zwischen 100 und 200 mg/l zu Wein zugesetzt um → Flaschenweintrübungen vorzubeugen. Gegen → Kupfertrübungen ist die Behandlung wirksam, falls der Gehalt nicht über 2 mg/l Cu ansteigt. Es dürfte allerdings besser sein, störende Stoffe durch → Schönung zu entfernen als diese auf diesem Wege „künstlich" stabilisieren zu wollen. G. zählt zu den → Kolloiden. Zusätze von Kolloiden bedeuten aber auch immer Probleme bei der → Filtration (Verblockung) der Membrane). Bei der → Weinsteinsteinstabilisierung ist G. der → Carboxymethylcellulose bzw. der → Metaweinsäure deshalb unterlegen. Nur bei Rotweinen wird das Ergebnis positiver gesehen.

Gutedel (Chasselas, → Fendant) ist eine alte Kulturrebsorte, die wenig gehaltvolle, säurearme Weine liefert. Man findet die Rebsorte überwiegend in der Schweiz (Wallis), in Frankreich und in vielen anderen Weinbaugebieten unter verschiedenen Synonym und Spielarten. Die Rebsorte Gutedel eignet sich auch als Hausrebe zur Gewinnung von Tafeltrauben.
Die größte Anbaufläche in Deutschland liegt in Baden (1105 ha) (→ Rebsortenanbau).

Gutsabfüllung gilt als zulässige Bezeichnung, falls der Wein in dem Betrieb abgefüllt wird, in dem die Trauben geerntet und der Wein hergestellt wurde. Weitere Bedingungen: Der Betriebsleiter muss eine önologische Fachausbildung haben (es gibt aber Ausnahmen). Ferner: Es muss eine Steuerbuchhaltung geführt werden. Der Wirtschaftswert der selbstbewirtschafteten Rebflächen muss mindestens 20 000,- € übersteigen, der Gewinn pro Jahr 18 000,- € erreichen. Bei Export sind weitere Angaben vorgeschrieben, wobei die Importländer spezielle Forderungen stellen können.

H

HACCP. Die aus dem Englischen stammende-Abkürzung beruht auf dem sog. Strategieplan des → OIV. Das recht aufwändige Vorhaben läuft unter dem Oberbegriff „Lebensmittelsicherheit und Qualität". HACCP steht für „Erkennen der Risiken und kritische Punkte der weinbaulichen Erzeugung" (→ VO (EG) 852/2004). In praxi bedeutet dies: Innerhalb des internationalen Handelverkehrs soll der Weg und die Qualität der Produkte (Bereich Lebensmittel) gesichert und rückverfolgbar gestaltet werden. Deshalb müssen durch Aufzeichnungen – etwa im Kellerbuch – z. B. die eingekauften Weinbehandlungsmittel registriert werden. Größere Kellerein sind gegenüber ihren Abnehmern bereits durch „ISF-Standards" abgesichert. Den Richtlinien der (deutschen) Lebensmittel-VO (LMHV) sind die Weinbaubetriebe in ähnlicher Form bereits schon seit dem 1. 2. 1998 unterworfen. Die Einhaltung der Vorschriften, insbesondere die Hygiene-Maßnahmen betreffend, überwacht die → Weinkontrolle.

Härte des Wassers. Brauchwasser, welches als Kesselspeisewasser verwendet wird, sollte enthärtet sein und insbesondere keine → Basen enthalten, die den Kesselstein bilden können. Hartes Wasser kann aber auch bei der Flaschenreinigung, bei der Verdünnung von Spirituosen usw. stören. Der Grad der Härte wird in deutschen Härtegraden ausgedrückt (1 dH = 10 mg CaO pro l Wasser). Hart ist Wasser mit mehr als 20 dH, als weich gilt Wasser von 3 bis 10 dH (→ Wasserhärte).

Hagebuttenwein. Hagebutten, die Früchte (Scheinfrüchte) der wilden Rose, erbringen einen Saft, der sehr reich an Vitamin C ist. Die daraus hergestellten Weine gelten als → weinähnliche Getränke. Je nach Entwicklung enthalten H. 120 bis 180 g/l Zucker bei

10 bis 30 g/l Säure (darunter → Zitronensäure).

Hagelgeschmack zeigen häufig Weine, die aus Weinbergen stammen, deren Trauben von Hagel betroffen waren. Auf den verletzten Beeren entwickeln sich → Mikroorganismen (Sauerfäule etc.), die zu erhöhten flüchtigen Säuren und Fäulniston führen. Meist sind die gewonnenen Weine zusätzlich noch hochfarbig. Bereits den Most sollte man vorbehandeln (mit Aktivkohle), erhöht → einschwefeln (100 mg/l) und unter Zusatz von → Reinzuchthefe vergären. Oft ist das Lesegut so betroffen und unreif, dass man keine weitere Verwertung empfehlen kann.

Halbstück. 600 l Wein (Maß) oder Behälter aus Holz mit etwa 600 l Inhalt. Traditionelles Holzfass in deutschen Weinbaugebieten, vorwiegend im Rheingau verwendet. Wird aus arbeitswirtschaftlichen Gründen aber auch wegen der zu starken Beeinflussung des Weines durch das Fassholz zunehmend von größeren → Behältern verdrängt (→ Fuder, → Weinmaße).

Halbtrocken kann als Beschaffenheitsangabe bei der Bezeichnung von Wein und Schaumwein verwendet werden. Bei Wein beginnt der Begriff anschließend an → „trocken" und ist im Zuckergehalt auf 10 g/l über dem jeweiligen Säuregehalt liegend begrenzt, aber höchstens bis zu 18 g/l. Damit soll auch bei „halbtrockenen" Weinen die Süße nicht vorherrschen und mit dem Säuregehalt harmonieren. Bei Schaumwein liegt die Obergrenze bei 50 g/l, die untere Grenze bei 33 g/l Zucker (→ Tab. 17b im Anhang).

Halsschleifen sind ein Teil der → Ausstattung. Überwiegend hebt man damit den betreffenden Weinjahrgang hervor, doch können H. auch Siegel (deutsches → Weinsiegel) oder sonstige schmückende Angaben enthalten, die zur Deklaration von Wein zulässig sind. Insoweit ist die Halsschleife ein Teil des → Etiketts. Aus technischen Gründen sind H. kaum mehr verbreitet.

Haltbarmachung des Weines. Da heute ausschließlich Weine in der Flasche vermarktet und konsumiert werden, rechnet man grundsätzlich mit einer längeren Haltbarkeit. Jede Form der Haltbarkeit (Stabilität) zielt darauf, die sensorische Qualität zu erhalten und insbesondere Eintrübungen zu vermeiden. Die Stabilität kann man in eine chemische und biologische Stabilität untergliedern, man unterscheidet also zwischen *chemischen* und *biologischen* Ursachen für Instabilität (Mangel an Haltbarkeit). Die Vorkehrungen richten sich auch nach diesen Ursachen.
Grundlage ist heute die sterile Flaschenabfüllung, um Krankheiten (durch Mikroorganismen hervorgerufen) zu umgehen. Ein Höchstgehalt unter 5 Hefen pro Flasche sollte insbesondere bei „restsüßen" Weinen angestrebt werden, während die Ursachen für chemisch bedingte → Trübungen durch Sonderbehandlung vor der Abfüllung (durch → Schönung) beseitigt werden. Trotz der Tendenz zur frühzeitigen Abfüllung, die dem Ziel dient, die Weine frisch zu erhalten, sollte man der natürlicherweise ablaufenden → Stabilisierung während des → Ausbaus doch einiges Gewicht beimessen. Wenn möglich, sollte die Abfüllung erst im Frühjahr des auf die Ernte folgenden Jahres durchgeführt werden.
Bei Frühfüllung muss der Stabilisierungsaufwand auf jeden Fall erhöht werden, während bei späterer Abfüllung ein Teil der labilen Stoffe sich bereits im Lagerbehälter spontan ausscheidet und dann in der Flasche kein Problem mehr darstellt (→ Flaschenabfüllung, Zeitpunkt, → HACCP).

Haltbarkeit. Im Gegensatz zu vielen (verderblichen) Lebensmitteln ist dieses Faktum bei Wein nicht geregelt. Die bei der Weinlagerung über mehrere Jahre feststellbaren Veränderungen sind subjektiv zu bewerten, d. h. sie sind teilweise der Erfahrung und dem persönlichen Geschmacksempfinden unterworfen. Eine Angabe der Mindesthaltbarkeit ist weder vorgeschrieben noch üblich. Körperreiche Rotweine und extraktreiche, säurehaltige Weißweine sind unter idealen Lagerungsbedingungen bis zu 20 Jahre konsumierbar (→ Lagerfähigkeit, → Flaschenverschlüsse).

Handelsanalyse. Insbesondere die „Kleine Handelsanalyse" diente früher dem Käufer von Fassware (Fasswein) dazu, sich über die Qualität vorab zu informieren und an Hand eines „finger prints" sich deren Identität zu versichern (→ Gegenprobe). Im wesentlichen beschränkte sich diese Analyse auf die Bestimmung von → Alkohol, → zuckerfreiem → Extrakt, → Zucker, → Titrierbarer Säure und → schwefliger Säure, also etwa dem Umfang der heute in der sogenannten Qualitätsweinanalyse „amtlich" festgeschrieben ist. In manchen Fällen kam hinzu die Bestimmung der → Flüchtigen Säuren (wegen einer eventuellen Verdorbenheit), der → Asche oder anderer weiterführender → Kennzahlen, durch die man Hinweise auf die Verkehrsfähigkeit und den Handelswert der Ware erwarten konnte. (→ Wein, Zusammensetzung).

Handlese. Wenn anstelle der vollständigen Lese mit Erntemaschinen die Handlese tritt, mag dies in einer Vorauslese oder einer mehrfachen, zeitlich gestaffelten Gesamtlese der Fall sein. Da die Trauben der Vorauslese meist nicht verwertet werden, spricht man gelegentlich von einer → „Grünlese".(→ Verjus). Wenn mit der Handlese gleichzeitig eine Selektion verbunden ist, dann wird dies als ein Qualitätshinweis gelten können (→ Hauptlese).

Handzuckerrefraktometer. Siehe → Mostgewicht, Bestimmung, → Refraktometer, → Zucker-Refraktometer.

Harmonisch nennt man einen Wein dann, wenn die kontrastierenden Weininhaltsstoffe Säuren, Zucker, Alkohol und Gerbstoff sich gegenseitig ausgleichen und kein Inhaltsstoff überdeutlich in den Vordergrund tritt. Grund für Disharmonie ist ein Überhang von Süße, Säure oder einem Bitterstoff (wie Gerbstoff), doch kann auch ein Fehler zur → Disharmonie führen (→ Weinansprache).

Hauptgärung ist der Teil der → Gärung, der innerhalb von etwa acht Tagen abläuft und meist stürmisch abläuft. In der Phase der abklingenden Gärung werden noch Zuckerreste verarbeitet bzw. es setzt der → biologische Säureabbau ein. Selbstverständlich lassen sich die Gärphasen nicht streng voneinander differenzieren. Die Phasen der Gärung lassen sich anhand der gemessenen Anzahl an Hefezellen differenzieren (→ Gärstadien).

Hauptlese. Sie schließt sich einer eventuellen Vorlese (→ Grünlese) an. Im wesentlichen dient dies der Ertragsreduzierung und damit der Qualitätssteigerung. Die Hauptlese ist dagegen die Zeit der allgemeinen Lese, die oft getrennt nach Rebsorten arrangiert wird. Über den jeweiligen Reifezustand der Trauben ist man durch die Weinbauberatung informiert. Die → Lese dauert je nach Situation und Rebsorte bis zu etwa 20 Tage, Dauer und Ablauf kann aber bei der Vielzahl der verschiedenen Rebsorten nicht zeitlich fixiert werden. → Auslesen, → Beeren- und → Trockenbeerenauslesen können während der Hauptlese (durch Selektion) gewonnen werden.
Der Termin der Hauptlese richtet sich innerhalb des Jahrgangs nach der Reife der einzelnen Rebsorten (Einteilung in früh, mittelspät oder spätreifende Rebsorten) und kann zwi-

schen den Jahrgängen um etwa vier Wochen differieren, da bei ungünstiger Witterung der Beginn der Hauptlese meist hinausgeschoben wird, um eine noch befriedigende → Reife der Trauben zu erreichen.
Durch Klimaverschiebungen bedingt beginnt die Lese in Deutschland derzeit meist früh (Anfang bis Mitte September). Bei maschineller Lese ist man unabhängiger vom Lesepersonal und damit freier in der Festlegung des Termins. Die weinbaulichen Beratungsstellen (→ DLR) berichten regelmässig über den Stand der → Traubenreife, die Terminierung ist Sache der Winzer (→ Traubenvollernter).

Hausenblase sind getrocknete Fischblasen der Fischarten Stör, Wels und Hausen, die früher große Bedeutung als Klärschönungsmittel empfindlicher (gerbstoffarmer) Weißweine hatte. Man stellte sich aus dem Material eine in Wein konzenzentrierte Stammlösung her und setzte kleine Mengen davon dem Wein unter Umrühren zu. Um die umständliche Prozedur zu umgehen, ist H. in gelöster Form im Angebot (→ Allergene, → Flugschönung).

Hausmarken sind im Auftrag von Groß- und Einzelhandel hergestellte Getränke, die insbesondere bei → Schaumwein häufig dazu benutzt werden, möglichst gleichbleibende Produkte unter Marken- oder Phantasiebezeichnung herzustellen und anzubieten. Phantasiebezeichnungen dürfen keine geographische Herkunft oder eine Qualität vortäuschen, worauf bei der Eintragung im Patentamt (Warenzeichenschutz) geachtet wird (→ Typenweine).

Haustrunk (→ Fluppes) ist ein Getränk, das man nur zum eigenen Verbrauch beim Winzer hergestellt hat. Früher wurde dieser H. aus → Trester (den Rückständen der Kelterung) dadurch gewonnen, indem man die noch zuckerhaltigen Trester mit Wasser einweichte (60 bis 70 l Wasser auf 30 kg Trester), einschwefelte und zwei bis drei Tage ziehen ließ. Danach wurde gekeltert. Dem zucker- und säurearmem Trestermost wurde auf je 100 l etwa 10 kg Zucker hinzugesetzt und (mit → Reinzuchthefe) vergoren. Dem Auszug durfte Säure (Milchsäure oder Zitronensäure) zugesetzt werden. Die Herstellung von Tresterweinen ist heute in Winzerbetrieben verboten (→ Tresterbranntwein).

Hebelpressen, auch → Torkeln oder Trotten genannt, sind die wohl ältesten Formen der Kelter, sind aber heute nur noch Museumsstücke. Gut erhaltene Exemplare findet man in Deutschland nur noch in Weinmuseen, Weinlehrpfaden usw.

Heber sind Glas- oder Kunststoffröhren, die man zur Probeentnahme von Wein verwendet. Da man nur aus den oberen Schichten des Behälters Wein entnehmen kann, sind die Heber nur bei Kleinbehältern (Holzfässern) anwendbar.

Hefe. Einzellige, zu den Pilzen zählende Mikroorganismen. Größe zwischen 5- und 14-Tausendstel Millimeter. Vermehrung durch Sprossung. Der Vermehrungsprozess ist mit einer Verstoffwechselung der Nährstoffe, insbesondere des Zuckers verbunden unter Umwandlung des Zuckers zu Alkohol. Daneben resultieren, abhängig vom Nährstoffangebot, der Hefegattung, dem zeitlichen Ablauf etc. weitere, unterschiedliche Stoffwechselprodukte. Die Phasen des „Generationswechsel“ innerhalb der Population der Hefen sind kurz (Stunden) und können dann auch zu Veränderungen (Mutationen) der „Starterkulturen“-Population führen (→ Trockenhefen). Aus praktischen Gründen unterscheidet man Wildhefen von „echten Weinhefen“ auch in den Eigenschaften (Eignung für Kaltgärung, Aromenausbildung, gewünschter Sortentyp

des Weines etc.), naturgemäß auch beeinflusst vom Nährstoffangebot. Mit Verweis auf diese Eigenschaften wird im Handel für entsprechende Stämme von Reinzuchthefen geworben. Zum Teil hat sich eine Mischung verschiedener Hefetypen bewährt. Ein großes Angebot am Markt erschwert derzeit bereits die Übersicht.
Bei den in Aussicht gestellten gezielten genetischen Veränderungen bei Hefen kommt es wohl ständig zu neuen Entwicklungen auf diesem Sektor.
Praktischerweise kann man die H. in „Gärhefen", „Wilde Hefen" und „Schadhefen" differenzieren. Die für den normalen Gärablauf zuständigen Hefen zählen zur Gattung der *Saccharomyces cerevisiae.*
Wildhefen sind unter den Bezeichnungen „Apiculatus-Hefen" *(Kloeckera, Hanseniaspora)* bekannt und je nach Klimazonen unterschiedlich in den Weinbergen angesiedelt;dazu gehören auch solche Hefen die wie *Candida, Hansenula* oder *Pichia* zur Ausbildung von → Sekundäraromen beitragen. Einige dieser Spezies sind kaum alkoholtolerant und deshalb nur in den frühen Phasen der Gärung aktiv.
Zur eigentlichen Gruppe der Schadhefen zählen insbesondere die → *Brettanomyces*-Hefen (→ Hefe, Entwicklung). Ein interessantes Feld in der Entwicklung „neuer" Hefetypen ergibt sich aus der Gentechnologie. Zur Reinheitsprüfung für → Trockenhefen gibt es inzwischen Prüfvorschriften, womit man insbesondere die Gefahr von Infektionen bei der Anwendung der → Reinzuchthefen ausschalten will.

Hefeansatz (→ Anstellhefe).

Hefe, Autolyse. → Kolloide, → Mannane, → Sur lies.

Hefe, Belüftung. Belüftung von Hefekulturen führt zu einer stärkeren Vermehrung, wodurch die Hefeernte bis zum 6-fachen gesteigert wird.

Hefeböckser. Eine Form des Böcksers, den man als hartnäckig bezeichnen kann, weil der Fehler durch → Autolyse (Zersetzung) der Hefe entsteht, wobei hierbei nicht nur Schwefelverbindungen (→ Äthylmercaptan), sondern auch unangenehme Bitterstoffe entstehen. Böckser entstehen eher bei niedrigem N_2-Gehalt und (oder) bei hohem Sulfatgehalt, zudem sind „böckserfreie" Hefen bei einigen Herstellern im Angebot (→ Böckser, → Stickstoffverbindungen).

Hefebranntwein. Die beim Abstich anfallende Hefe besteht zunächst überwiegend aus Wein und enthält somit merkliche Anteile an Alkohol. Hefe kann „gebrannt" (destilliert, → Destillation) werden. Die Ausbeute schwankt je nach Art des Weines, Technik des Abstiches etc. zwischen 11 und 15 l 50 %igen Alkohol aus 100 l Hefe. Beim Verdünnen mit Wasser auf Trinkstärke (38 % Vol) kann eine Trübung von Weinhefeöl eintreten, die man meist mit Kohle entfernt. Durch spezielle Destillationstechniken (Wasserdampfdestillation) lässt sich Weinhefeöl (→ Önanthäther) gewinnen.

Hefe, Entwicklung. Man unterscheidet drei Entwicklungsabläufe:
a) am natürlichen Standort (Weinberg)
b) bei offener Gärung (aerob),
c) bei geschlossener Gärung (anaerob).
Für die Weinbereitung interessiert im wesentlichen das Modell c), das sich durch geringe Sauerstoff- und hohe Zuckerangebote hervorhebt. Es tritt eine geringe Zellbildung (vegetative Vermehrung) unter Sprossung ein, danach folgt die (sichtbare) Gärung, danach die Sedimentation nach Abbau des Zuckers und die Absterbephase in der Regel ohne Ascosporenbildung.

Eine auf hohe Zellmasse hinzielende Vermehrung bedient sich der Luftsauerstoffzufuhr, die erwünschte Gärleistung (ersichtbar an der Alkoholausbeute) geht dabei aber zurück.
Innerhalb der Gärung unterscheidet man zuerst eine latente Phase ohne Zunahme der vorhandenen Hefezellen, danach eine steigende Zunahme, dann folgt die sog. log-Phase, bei der die Zellzahl gleichmäßig (und am stärksten) zunimmt – hier existieren noch keine toten Zellen –, danach schwächt sich die Vermehrungskurve ab, es folgt eine Phase, bei der sich Vermehrung und Absterben die Waage hält, schließlich tritt nur noch das Absterben der Hefezellen ein. Dieses Modell gilt nur für Hefezellen einer Art, doch ist in der Praxis eine Überlagerung verschiedener Entwicklungsabläufe da, die durch das unterschiedliche Wachstum der „Spontanhefen“ bedingt ist.
Für die → Selektion verschiedener Arten spielen äußere Einflüsse wie Temperatur, Nährstoffe (Zucker, Stickstoffverbindungen) und der sich bildende Alkohol eine Rolle. Fallweise können auch Einflüsse hemmender Stoffe wie → SO_2 sich bemerkbar machen. Aus den „Spontanhefen selektionieren sich bei Beginn der Gärung zunächst sog. wilde Hefen, die bis etwa 20 bis 30 g/l Alkohol vermehrt werden (*Kloeckera apiculata, Hanseniaspora uvarum, Torulopsis stellata),* danach übernehmen die *Saccharomyces-Stämme* die Alkoholbildung, erst danach dominieren *S. oviformis,* die sehr hohe Alkoholgehalte tolerieren.
Aber auch „wilde“ Hefen sind nach der Gärung noch nachweisbar und können teilweise als → Kahmhefen (später) unerwünschte sekundäre Prozesse einleiten. Inwieweit diese Hefearten bei der *Angärung* erwünschte Stoffe produzieren (→ Ester, → 2-Phenylethanol) lässt sich nicht sicher entscheiden. Manchmal wird von der Vergärung mit → Reinzuchthefen behauptet, es fehle den Weinen das „Spiel“ der Spontanvergorenen. (→ Trockenhefen).

Hefe, faulende, entsteht bei Lagerung von Hefe besonders in oder aus säurearmem Wein. Die Zersetzung (→ Autolyse) führt zur Bildung von Schwefelwasserstoff bzw. SH-Verbindungen und zu Stickstoffverbindungen mit überwiegend bitterem Charakter. Deshalb soll früh abgestochen und die anfallende Hefe „auf Trockensubstanz“ aufgearbeitet werden (→ Hefeböckser, → Hefefiltration, → sur lies, → Trubaufarbeitung).

Hefefiltration. Die beim → Abstich anfallende Hefe enthält noch merkliche Mengen an Wein (meist mehr als 50 %). Aus wirtschaftlichen Gründen ist man zunehmend an der Rückgewinnung des Weines aus der Hefe interessiert. Eine Methode bedient sich der Filtration unter Druck (Gasdruck) in Filteranlagen spezieller Konstruktion (Hefe-Trubfilter) (→ Trubaufarbeitung).

Hefefloß ist der Rohweinstein, den man aus → Schlempe nach der Destillation von Weinhefe gewinnen kann.

Hefen, fructophile. Neuerdings sucht man Möglichkeiten eine, gelegentlich unerwünschte Fructose-Restsüße durch geeignete Hefen weiter zu vergären. Es wird vermutet, dass Stämme der *Zygosaccharomyces* dazu geeignet sind, diese Aufgabe zu erfüllen. Andererseits gelten die Z. als weinschädlich und damit unerwünscht.

Hefen, immobilisierte. Bei der Herstellung von → Schaumwein durch Flaschengärung ist das → Degorgieren nach der Zweitgärung relativ zeit- und kostenaufwändig. Mit dem Ziel der Vereinfachung experimentierte man etwa seit Anfang 1990 mit Hefen, die auf einem Träger (Calciumalginat) fixiert sind. Die Hefe ist somit „immobilisiert“ und kann nach

Vollendung der Gärung relativ leicht aus der Flasche entfernt werden.

Hefen, Killereigenschaften. Bei der Anwendung von → Trockenhefen ist eine „Killereigenschaft" manchmal erwünscht. Der Name „Killerhefen" beruht auf der Eigenschaft mancher Hefestämme, durch Absonderung eines (giftigen) Proteins (K2-Killertoxin) die Vermehrung anderer, konkurrierender Hefen zu behindern und damit eine „Reingärung" zu erreichen. Dies wäre auch im Sinne einer Optimierung der Weinqualität nicht unbedingt erwünscht. Man arbeitet deshalb auch gerne mit Mischkulturen. Die Tatsache dass → Bentonit das K2-Killertoxin entfernt, dürfte die gesamte Problematik entschärfen. Die Gefahr dass „Wilde Hefen" sich gegen erwünschte *Saccharomyces cervisiae*" mittels „Killereigenschaften" durchsetzen, besteht offensichtlich nicht. Da die Killereigenschaften auch bei → Spontangärung beobachtet wurden, könnten diese – falls im Gärablauf dominant – ein positives Argument bezüglich des → Terroir-Einflusses auf die Weinqualität liefern. Die Meinungsbildung zum Thema „K." ist noch nicht abgeschlossen und somit in vielen Punkten „hypothetischer Natur".

Hefe, Lufteinwirkung. Durch Belüften von Most oder Wein kann man die Zellvermehrung begünstigen. In der Weinbereitung macht man davon nicht gerne Gebrauch, sondern nur zur Herstellung von Backhefe (→ Hefe, Belüftung).

Hefe, Mutationen. Durch die rasche Vermehrung (kurze Generationsdauer) können Mutationen relativ leicht eintreten und „dominant" werden. Solche Mutanten haben andere Eigenschaften als die Ausgangstypen, was insbesondere bei der längeren Aufbewahrung von Hefestämmen in Sammlungen von (negativer) Bedeutung sein kann. Künstlich ausgelöste Mutationen könnten in der Hefeforschung von Bedeutung sein, doch wird davon wenig Gebrauch gemacht (→ Selektion). Bei der Kaltgärung kann man sich der Fähigkeit zur Mutation = Anpassung an die (ungünstigen) Gärbedingungen bedienen.

Hefen, auch Sprosspilze genannt, sind einzellige, „entartete" Pilze, die sich insbesondere durch die Eigenart hervorheben, Alkohol aus Zucker bilden zu können. Sie sind gewöhnlich kugelig oder ellipsoidisch, gelegentlich fast zylindrisch geformt, besitzen eine Zellwand, die im jugendlichen Zustand dünn ist, sich später verdickt und verhärtet. Der Durchmesser beträgt im Mittel 4 bis 10,5 × 7 bis 21 μ. Einige Stämme sind kleiner. Die beste Unterscheidung von lebendiger und toter Hefe gelingt mit dem Vermehrungstest, eine oberflächliche Orientierung gelingt mit der Methylenblau-Reaktion.
Neben Feststoffen wie → Proteinen, Kohlenhydraten, → Mineralstoffen, → Fetten, den Zellwandbausteinen Glucan und Mannan enthält die Zelle überwiegend Wasser. Die Hefen kommen in der Natur vor und wurden teilweise isoliert und reingezüchtet. Die bei der Weinbereitung auftretenden Hefen (Weinhefen) gehören zur Gattung *Saccharomyces* und der Art *cerevisiae.* Diese werden wegen der Form der Vermehrung durch Sprossung auch Sprosspilze genannt. Aus praktischen Gesichtspunkten differenziert man bei der Bierherstellung noch in ober- und untergärige Hefen.
Die Klassifikation der Hefen ist immer noch stark im Fluss begriffen. Dabei bedient man sich außer der Morphologie noch der Charakterisierung durch biochemische Eigenschaften bzw. Molekulartechniken.

Hefenährstoffe. Die Hefe benötigt zum Zellauflbau → Kohlenhydrate, → Stickstoffverbindungen, aber auch Spurenstoffe wie → Vitamine (z. B. → Thiamin) und → Mineralstoffe. Eine Reihe der genannten Stoffe sind essentiell (das heißt lebensnotwendig), um Zellbestandteile und → Enzyme aufzubauen. Unter den Stickstoffverbindungen spielen die im Most natürlicherweise vorhandenen → Aminosäuren eine Rolle, als Nährstoffe zugelassen sind Ammoniumsulfat und -phosphat (→ Gärsalze, → Weinbereitung, zugelassene Stoffe).

Hefen, osmotolerante. Es sind dies Hefen, die sich auch bei hoher Zuckerkonzentration, wie diese in → Auslesen, → Beeren- und → Trockenbeeren-Auslesemosten vorkommen, noch vermehren oder gären. Dazu gehören die Rassen *Sachharomyces bayanus* und *Saccharomyces uvarum*. Meist werden solche Hefen aus Auslesemosten isoliert und als → Trockenhefen auch im Handel angeboten (→ Hefen, fructophile).

Hefen, SO_2- Produktion. Weinhefen der Gattung *Saccharomyces cerevisiae* produzieren normalerweise zwischen 10 und 30 mg/l SO_2 (in gebundener Form). Größere Mengen werden in der Regel nicht gebildet. In ca. 80 % von 1700 untersuchten Fällen produzierten Weinhefen weniger als 10 mg/l.

Hefen, Taxonomie. Die Untersuchungsmethoden und damit die Nomenklatur haben sich seit den 70er Jahren ständig verbessert, aber auch verändert (41 Species 1970). Seither trat in der Einteilung und Zuordnung der „weinrelevanten" Hefestämme eine starke Einschränkung ein. Während anhand der physiologischen Eigenschaften noch 15 Hefetypen unterschieden wurden (Barnett 1990) änderten sich die Ansichten inzwischen erneut.
Die Anbieter von → Trockenhefen differenzieren aus praktischen Gründen ihre Stämme nur in *Saccharomyces cerevisiae* bzw. *S.* var. *bayanus*., *S.* var. *uvarum Zygosaccharomyces bailii* und verschiedene Hefe-Hybriden-Stämme.

Hefen, Verbreitung. Mikroorganismen der verschiedenen Hefegattungen sind in der Natur weit verbreitet. Im Weinbergboden ruhen diese in Form der unempfindlichen Sporen, werden durch Regen und Wind auf die reifenden Weinbeeren übertragen und lassen sich dort nachweisen. Aufgeplatzte Beeren enthalten eine größere Zahl (aber auch Bakterien). Überträger von Hefen können auch die → Essigfliege (Frucht-) oder andere Insekten sein.
Durch dieses natürliche Vorkommen bedingt, tritt beim Einmaischen der Früchte alsbald „spontan" Gärung, das heißt Vermehrung der Hefen ein. Die Ökologie der Hefen ist klimaabhängig, da die Vermehrungsbedingungen und damit die Dominanz bestimmter Arten von der Temperatur etc. abhängig ist (im Norden der Weinanbaugebiete andere Typen als im Süden); ferner kann der Gebrauch von Pflanzenschutzmitteln die bodenständige Hefe-Flora verändern. Trotzdem sollte man den Einfluss der außer den Saccharomyceten noch vorhandenen Arten auf die Gärung, das heißt die Stoffwechselproduktion, nicht überschätzen (→ Hefen, Killereigenschaften).

Hefepopulationen. Man versteht darunter die Mischung verschiedener Stämme von *Saccharomyces,* die man für besser geeignet hält als → Reinzuchthefen eines Stammes, da die jeweilige Dominanz *eines* einzigen Hefestammes von vielen kaum steuerbaren Faktoren (Nährstoffangebot, Temperatur, → Hefe-Mutationen, → Killereigenschaften) abhängt. Inwieweit diese Aussage zutrifft, bleibt umstritten.

Hefepressäcke. Spezielle hochfeste Säcke, in die die Hefe eingefüllt und auf dazu geeigneten Pressen (pneumatischer → Willmes-Presser, → Kelter) ausgepresst wird.

Hefepresswein nennt man Wein, der aus der beim → Abstich anfallenden Hefe im Hefe-

Trubfilter zurückgewonnen wird. Bei rascher Aufarbeitung der Hefe ist der Wein sensorisch einwandfrei, bei verzögerter Verarbeitung kann durch → Autolyse der Hefe bedingt ein erhöhter Anteil an → Ammoniak, → Aminosäuren und Proteiden vorkommen, der sich schließlich geschmacklich bemerkbar macht. „Verdorbenheit" liegt u. a. dann vor, wenn durch bakterielle Prozesse bedingt der Gehalt an flüchtigen → Säuren und Butanol-(2) ansteigt. Durch starkes Einschwefeln und umgehende Verarbeitung der aufgesammelten Hefe kann man den Nachteil vermeiden. Hefefilterwein soll maximal in der Menge zum → Auffüllen verwendet werden, wie dieser jeweils angefallen ist (bis zu 5 %). Hefefilterwein ist nicht zum direkten Verbrauch geeignet (→ Hefefiltration, → Hefe(trub)filter, → Trubaufarbeitung).

Hefe, Reinzucht. Um die Jahrhundertwende begann von den Brauereien ausgelöst die Tendenz zur Selektion von → Reinzuchthefe. Dazu mussten Methoden gefunden werden, um tatsächlich Einzelzellkulturen herzustellen (Tröpfchen-Methode, Plattenmethode). Die daraus hergestellten Kulturen werden in Saccharose-Lösung oder auf Agar-Agar aufbewahrt und zum Zwecke der Regeneration 1/4jährlich auf Most übergeimpft. Von den Stammkulturen wurden *früher* bei Bedarf Kulturen vermehrt und in flüssiger oder pastöser Form an den Verbraucher (Weinkellereien) abgegeben. Heute dominieren → Trockenhefen am Markt. Die nach Eigenschaften (Gärvermögen, Alkoholunempfindlichkeit, SO_2-Unempfindlichkeit, Sedimentationsfähigkeit, Schaumbildung) ausgewählten Hefen sollen darüber hinaus auch wertvolle Nebenprodukte bilden (z. B. → Glycerin) und wenig unerwünschte Nebenprodukte (→ SO_2, → Acetaldehyd, → flüchtige Säuren, → Schwefelwasserstoff etc.) produzieren. Es ist leicht einzusehen, dass es wohl kaum eine Reinzuchthefe gibt, die alle erwünschten Eigenschaften auf sich vereinigen kann. Osmotolerante → Hefen und alkoholtolerante Hefen dürften für die Vergärung von Auslesemosten und für → Umgärungen eine gewisse Bedeutung haben (→ Hefen, fructophile).

Heferindezubereitungen, (Hefezellwände) sind seit 1988 zur Weinbehandlung zugelassen (→ Weinbereitung, zugelassene Stoffe). Die Menge ist auf 40 g/hl begrenzt. Die besondere Präparation soll essentielle Nährstoffe, die insbesondere für den Aufbau der Hefezelle notwendig sind, in den Most einbringen und durch Zellvermehrung und Stabilisierung der Zellwand den Gärverlauf begünstigen. Tatsächlich lassen sich damit in kürzerer Zeit hohe Zuckergehalte vergären. Für die Herstellung von → Dessertweinen mit hohem Alkoholgehalt ist das Material gut geeignet. Bei → Gärstörungen sind die Heferindezubereitungen allerdings nachträglich nicht mehr hilfreich und müssen somit vorbeugend vor Gärbeginn ausgebracht werden.

Hefeschlempe ist der bei der Destillation von Weinhefe resultierende schlammige Rückstand. Daraus können weinsaure Salze (Weinstein, Calciumtartrat) gewonnen werden. Da die Rückstände sonst nicht weiter verarbeitet werden können, bedeutet die Beseitigung ein Problem für die Weinbrennereien (→ Hefefloß, → Schlempe).

Hefeschönung bedient sich der sedimentierten Hefe zum → Überhefen älterer oder fehlerhafter Weine. Man benutzt dazu die gesunde und saubere → „Kernhefe" zur Regenerierung, da die ausgeprägte Oberfläche der Hefe Braunkomponenten oder Oxidationsprodukte binden kann, ohne den behandelten Wein „auszuziehen". Die frische Kernhefe wirkt reduzierend, das heißt farbaufhellend und wird aus dem mittleren Teil des Sediments (aus dem Kern) entnommen. Nach der Behandlung muss die Hefe bald entfernt wer-

den, um Zersetzung zu vermeiden, die den erwünschten Effekt in Frage stellen würde. Insoweit ist eine Hefeschönung gelegentlich riskant, zumindestens aber auch aufwändig. Man verwendet bei der H. meist weniger als 5 % des zu behandelnden Weines als Hefezusatz (→ Bâtonnage).
Der Verwendung von Hefe kommt in solchen Fällen zu Gute, dass heute der Hefetrub durch die übliche starke Mostvorklärung sehr rein ist.

Hefetrub ist die beim 1. Abstich anfallende, dickflüssige „Hefe", die meist mehr als 50 % rückgewinnbaren Wein enthält. Durch Hefefiltration etc. gewinnt man den Hefefilterwein und die „trockene" Hefe, die allerdings je nach Aufarbeitung noch mehr als 50 % Feuchtigkeit enthält (→ Hefefiltration, → Hefepresswein, → Trubaufarbeitung).

Hefetrübung führt dann zu Beanstandungen, wenn die Trübung in einem Flaschenwein eintritt (Nachgärung). Als direkte Folge der Entwicklung von Hefen entsteht → Kohlendioxid, so dass der → Korken teils ausgetrieben wird und die Flaschen auslaufen können. Voraussetzung dazu ist eine unsterile Arbeitsweise bei der Abfüllung. Nicht selten sind Weine unsteril abgefüllt und bleiben trotzdem solange klar, wie sie kühl gelagert werden. Erst nach Abbau des SO_2, schütteln durch den Transport und warme Lagerung beginnt der Vermehrungsvorgang der Hefe.

Nachgegorene Weine haben keinen Gehalt an freier SO_2, die bei der Angärung in gebundene SO_2 übergeht. Solche Weine werden aufgezogen, neu geschwefelt (Achtung auf Gehalt an gesamter SO_2), filtriert und eventuell nach → Dosage neu abgefüllt. Im allgemeinen sind die Weine dann wieder verkehrsfähig. An der Nachgärung können in seltenen Fällen spezielle Hefen beteiligt sein (→ *Brettanomyces*, → *Zygosacharomyces bailii* = Flöckchenhefe).

Hefe (trub) filter. ist ein Tuchfilter mit Kammern zur Aufnahme des Trubes, welcher dazu geeignet ist, relativ dickflüssige Medien (→ Mosttrub, → Hefetrub) „auf Trockensubstanz" aufzuarbeiten. Er dient demnach der Rückgewinnung von Most bzw. Wein aus Sedimentations-(→ Flotations) truben, d. h. die Filter sind zur Aufbereitung von Most und Weintruben geeignet. Wesentlich ist, dass die Beschickung der Filterkammern durch eine Hochdruckpumpe bei ca. 10 bar automatisch erfolgt, so dass der länger dauernde „Entwässerungsvorgang" unbeaufsichtigt ablaufen kann. Der Vorteil dieser auch schon bei Mittelbetrieben rentablen Einrichtung liegt nicht nur in der Rückgewinnung von Most und Wein, sondern auch in der problemlosen Entsorgung der → Rückstände der Weinbereitung.

Hefeverwertung. Überwiegend werden die beim Abstich anfallende Flüssighefe filtriert und die Weinanteile zurückgewonnen (→ Hefepresswein). Die Rückstände können in trockener Form im Weinberg deponiert werden. Eine andere Form bietet sich meist nicht an, da sich derzeit die Gewinnung von → Weinsäure aus diesem „Produkt" meist nicht lohnt (Preis) und für Futterzwecke wohl ausreichend (und ganzjährig) Bierhefe zur Verfügung steht. In seltenen Fällen kann der Rückstand für kosmetische/pharmazeutische Zwecke Absatz finden (→ Rückstände der Weinbereitung, → Trubaufarbeitung).

Heidelbeerwein gehört zur Gruppe der → weinähnlichen Getränke (Fruchtwein). Heidelbeeren bringen einen Saft von etwa 30 bis 40 °Oe bei 9 bis 12 g/l Säure. Es müssen deshalb erhebliche Mengen an Zucker zugesetzt werden. Zur Herstellung gibt es etwa die gleichen Rezept-Angaben wie bei anderen Fruchtweinen.

Heißwasserbereitung. Heißwasser wird in Kellereien als zuverlässiger Energieträger für → Maischeerhitzungen, Mosterhitzungen oder für → Warmabfüllungen angewendet. Auch für Flaschenreinigungsmaschinen ist Heißwasser nützlich. Die Industrie bietet öl- oder gasbeheizte Kessel an. Die Beheizung mit Warmwasser hat den Vorteil (gegenüber Dampf), dass die Temperatur gut regelbar ist und Überhitzungen leicht vermeidbar sind.

Heizschlangen können zum Erwärmen von Most oder Wein verwendet werden. Für Behälter kleinerer Dimension sind einfache (elektrisch beheizte) → Tauchsieder vorzuziehen, größere Wärmemengen können aber nur durch mit Heißwasser oder Dampf beheizte Heizschlangen bereitgestellt werden (→ Pillow-plates).

Hektar (ha) = 10 000 m^2.

Hektarertrag. Im Gegensatz zur Menge der Weinproduktion wird der Traubenertrag als kg/ha (Hektar) dargestellt. Die derzeit geltenden Regelungen für den zulässigen Höchstertrag sind als ein Mittel zur Marktregulierung, aber auch zur Qualitätssicherung eingeführt. Am ausgeprägtesten sind die Ertragsbeschränkungen für die Weinkategorie → Selection (6000 kg/ha).

Hektoliter (hl) = 100 l

Herb wird häufig als Ausdruck für trockene Weine verwendet (Gastronomie). Tatsächlich steht herb aber für strenge, bittere Weine und ist somit nur für gerbstoffreiche, also für rote Weine angebracht (→ . adstringierender Geschmack).

Herbizide. Mittel zur Unkrautbekämpfung (auch im Weinberg).

Herbst = Traubenernte.

Herkunft. Der Nachweis der geographischen Herkunft ist im Wein relativ schwierig zu führen. Zwischen größeren geographischen Weinbaugebieten kann man jedoch mit einer → Stabilisotopenanalytik oder mittels anderer analytischer Daten „Fingerprints" verschiedener Elemente und Verbindungen differenzieren und falsche Angaben unterbinden. Die inzwischen weltweit erfassten und gespeicherten Weindaten werden mit statistischen Methoden verrechnet (→ Weinverfälschungen).

Heroldrebe ist eine rote Traubensorte, eine Kreuzung von Portugieser × Limberger, die den Namen des Züchters (→ ehemals in Weinsberg tätig) trägt. Die Sorte gibt leichte, nicht sehr stark gefärbte Weine mit feinem unaufdringlichem Himbeerduft. Deshalb eignet sich die Sorte auch für die Herstellung von → Roséweinen. Die Rebsorte ist in den deutschen Weinanbaugebieten nur noch mit 155 ha (0,2 %) vertreten (→ Rebsortenanbau).

Herrenwein. In der → Weinansprache bezeichnet man einen säurebetonten kräftigen Wein, der in der Regel → durchgegoren ist, als Herrenwein.

Hessische Bergstraße. Das → Weinanbaugebiet Hessische Bergstraße umfasst 2 → Bereiche, 3 → Großlagen und 22 → Einzellagen. Mit 439 ha steht es an letzter Stelle der 13 deutschen Anbaugebiete. Im Anbau steht Riesling mit 211 ha an erster Stelle (→ Rebsortenanbau, → Tab. 9 im Anhang).

Heuriger nennt man in Österreich den Wein des Jahrganges, der in „Heurigen-Lokalen" aus dem Krug ausgeschenkt wird, der spritzig ist (Kohlensäure) und im Gegensatz zu → Federweißer keine Hefe mehr enthält.

Hexosen sind Kohlenhydrate mit 6 Kohlenstoffatomen. Die bekanntesten Hexosen der Weinbereitung sind → Glucose und → Fructose, die im Most enthalten sind. Überwiegend vergären Hefen bevorzugt die Glucose, nur einige seltene Hefen wie *Saccharomyces bailii* vergären bevorzugt Fructose. → „Restsüße“ Weine haben deshalb mehr Fructose als Glucose (→ Restzucker).

Himbeeren sind zur Bereitung eines → Dessertweines geeignet. Himbeeren enthalten mehr Säure und werden wie → Heidelbeeren verarbeitet. Die Herstellung von Tischwein ist nicht zu empfehlen, da bei völliger Vergärung (Fehlen der Süße) ein Bitterton auftreten kann.

Histamin gehört zur Gruppe der biogenen → Amine. Biogen nennt man Stoffe, die durch die lebende Zelle gebildet werden (→ Bakterien) und auch in der menschlichen Zelle produziert werden (Mastzellen). Im Falle von Allergien können biogene Amine aus Lebensmitteln die Ausschüttung von körpereigenem Histamin fördern und allergische Reaktionen auslösen. Von einer Reihe anderer biogener Amine wie Thyramin oder 2-Phenyläthylamin kennt man ähnliche Beschwerden (Atemnot, Blutdruckabfall, Hautreizungen, Kopfweh). Alkohol verstärkt die Wirkungen. Beim gemeinsamen Verzehr von belasteten Lebensmitteln (z.B. Käse) und Wein bzw. anderen alkoholhaltigen Getränken können deshalb ähnliche Probleme (Allergien) entstehen. Histamin kann aus der Aminosäure Histidin durch Bakterien entstehen, die mit einem bestimmten Enzym (Decarboxylase) ausgestattet sind. Deshalb findet man H. eher in Rotwein als in Weißwein. „Starterkulturen“ des BSA sind frei von → Decarboxylasen, d.h. es besteht keine Gefahr der H.-Bildung. Aus gesundheitlicher Vorsorge wird für Wein eine Höchstmengenbegrenzung von 2 mg//l angestrebt. Bei umfangreichen Untersuchungen deutscher hygienisch einwandfreier Weine wurden die Gehalte von 2 mg/l jedoch kaum überschritten. Es wurde zudem gezeigt, dass höhere Mengen (bis zu 20 mg/l Histamin) durch eine → Bentonitbehandlung mit 200 Gramm/hl unter diesen (angestrebten) Grenzwert gedrückt werden. In den Gremien der EU ist die Festsetzung eines Grenzwertes noch in der Diskussion. Da die Wirkung anderer biogenen Amine nicht hinreichend geprüft ist, werden dazu noch weitere Untersuchungen benötigt. Kostenaufwändig ist die Analytik durch → HPLC. Eine kontrollierte hygienische Produktionsweise verhindert die Bildung kritischer Gehalte an H.(→ HACCP, → Verkehrsfähigkeit)

Hochdrucktanks sind im allgemeinen bei 10 bar geprüfte Behälter mit entsprechenden Kontroll- und Sicherheitsarmaturen. Sie werden benutzt zur Einlagerung von Süßreserve (→ SEITZ-BÖHI-Verfahren), seltener zur Vergärung unter CO_2-Druck (gezügelte → Gärung). Geringer belastbare Drucktanks (2–4 bar) genügen für die Maischevergärung von Rotwein oder zur Überschichtung mit Inertgas (Lagerbehälter). Drucktanks müssen wie alle Druckbehälter in Abständen vom TÜV überprüft werden. Für die Herstellung von → Perlwein mit endogener Kohlensäure und zur Anwendung der → „Méthode rurale“ sind solche Druckbehälter optimal (→ Kohlensäure, endogene).

Hochdruckflüssigchromatographie. **(→ HPCL)** Eine moderne analytische Untersuchungsmethode, mit der „nicht verdampfbare“ d.h. feste Weininhaltsstoffe nachgewiesen und präzise gemessen werden. Die notwendigen Geräte werden in Forschungs-und

Beratungslabors eingesetzt, um eine große Zahl von Gruppen wie → Amine, → Aminosäuren, → Farbstoffe, → Säuren, → Zucker etc. in Einzelstoffe aufzutrennen. Für kleinere Betriebslabors ist der Aufwand in der Regel zu hoch (→ Handelsanalyse).

Hochfarbigkeit gilt als fehlerhafte Veränderung von Wein. Weißweine werden dabei bräunlich, wenn infolge von → Oxidation → Gerbstoffe (zu Phlobaphene) polymerisieren. Eine langsame Farbvertiefung durch Alterung wird dabei im allgemeinen nicht beanstandet. Gerbstoffreiche, SO_2-arme Weine sind besonders gefährdet. Durch Behandlung mit → Aktivkohle, → Gelatine oder PVPP kann der Effekt (auch vorbeugend) beseitigt werden (→ Altern der Weine, → Bruch, brauner, → Weinbereitung, zugelassene Stoffe).

Hochgewächs. Eine seit 1987 ursprünglich eingeführte Bezeichnung für einen Wein „typischer Herkunft" ausschliesslich der Rebsorte Riesling. Bei der amtlichen Prüfung müssen dazu mindestens 10°Oechsle über den vorgeschriebenen Mindestwerten für QbA-Wein nachgewiesen und 3,0 Punkte der sensorischen Punkte-Skala erreicht werden. Diese auf den Absatzmarkt gerichtete Regelung hat die Erwartungen nicht erfüllt.

Hoch-Kurzzeit-Erhitzung (HKZE). Sie dient der raschen Erhitzung von Maische oder Most mit dem Ziel, durch Temperaturen über 75 °C → Mikroorganismen abzutöten und → Enzyme zu inaktivieren. Insbesondere für die Gewinnung von Rotwein wird die rasche und wirkungsvolle Extraktion der Farbe genutzt, um typische, wenig gerbstoffhaltige, meist auch aromatische Rotweine zu erzeugen. In Großbetrieben schätzt man die flotte Arbeitsweise, die praktisch synchron zur Weißweinbereitung ablaufen kann. Die damit verbundene Inaktivierung mancher schädlicher Enzyme (faules Lesegut) ist ein weiterer Vorteil der HKZE-Methode. Bei weißen Traubensorten wird die Methode zur Herstellung und Einlagerung von Fruchtsaft bzw. → Süßreserve eingesetzt (→ Kurzzeiterhitzung, → Rotweinbereitungsverfahren).

Hock nennt man in Großbritannien den Rheinwein (nach dem Städtchen Hochheim am Main). Für QbA-Weine ist die Bezeichnung nicht mehr zugelassen, sondern wird mit der Bezeichnung „Landwein Rhein" verknüpft (Geschmacksbezeichnung „lieblich".)

Höchstertrag → Hektarertrag

Höhere Alkohole → Alkohole, → Fuselöle.

Hohlliegenlassen der Weine. Dies (im → Anbruch) führt zu Qualitätsverlusten (→ Kahmhefen). Der Begriff ist veraltet.

Holländerfilter ist ein Tuchfilter, das heute nur noch historische Bedeutung hat.

Holzfass → Fass.

Holzton ist der vom Holzfass herrührende Weinfehler, der sich überwiegend im Geschmack äußert. Es kann ein Loheton sein, der von ungeeignetem grünem Holz stammt, welches nicht → „weingrün" gemacht wurde (z. B. Fassdaube ausgewechselt). Bei mangelhaftem Fassholz lässt sich dieser Fehler der Fässer nie ganz beseitigen. Gelegentlich wird der dumpfe, an Schimmel erinnernde Fehler ebenfalls als Holzton bezeichnet, falls dieser nur in Holzfässern (schlechte Pflege) auftritt (→ Fassbehandlung, → Fassgeschmack). Dagegen: → Barrique.

Honigwein (Met) wird heute nur noch selten hergestellt. Er zählt zu den → weinähnlichen Getränken. Man löst 1 kg Honig in höchstens 2 l Wasser, kocht und schäumt ab. Nach Erkalten wird unter Zusatz von → Reinzuchthefe vergoren.

Horizontalpressen sind alle modernen → Keltern, die wegen der horizontalen Lagerung des „Presskorbes“ so benannt sind. Die im wesentlichen in den 50er Jahren eingeführten Presssysteme bieten gegenüber den früheren Vertikal- (stehende) Korbpressen den Vorteil, dass sie selbst aufscheitern und den → Trester selbsttätig auswerfen. Durch die größere Entsaftungsfläche (Korbfläche) erfolgt die Kelterung ausserdem auch rascher. Nachteil: Größerer Trubgehalt des Mostes gegenüber den → Packpressen. Bei modernen → pneumatischen Pressen ist dieser Nachteil praktisch nicht gegeben.

HPLC (High Performance Liquid Chromatography) nennt man ein analytisches Trenn- und Nachweisverfahren, welches wegen seiner wesentlichen Funktionselemente auch als → Hochdruck-Flüssigkeitschromatographie bezeichnet wird.

Hühnereiweiß ist als Schönungsmittel zugelassen. Manche Kellertechniker verwenden Hühnereiklar zur Schönung von Rotwein. Das Verfahren ist umständlich, Vorteile gegenüber → Gelatine etc. sind nicht zuverlässig bewiesen. Zudem ist die Behandlung zu deklarieren (→ Allergene, → Weinbereitung, zugelassene Stoffe).

Hülsen, Schalen oder Beerenhäute nennt man die äußere mehr oder weniger dicke Haut der Traubenbeeren, deren Zusammensetzung sortenabhängig ist und die mit einem wachsartigen Überzug (→ Duft, → Reif) überzogen sind. Diese Wachsschicht dient als „Dampfsperre“, sie verhindert die Verdunstung und das Eindringen von → Mikroorganismen.
Die Beerenhäute nehmen immerhin ein Gewicht von 15 bis 20 % der Traubenbeeren (nach anderen Autoren nur 6 bis 9 %) ein. Der „Reif“ besteht aus höheren Fettsäuren, besonders Oleanolsäure, Alkoholen, Estern. Der Anteil der Beerenhäute an → Gerbstoff ist merklich, wesentlich sind aber die Farbstoffe → Chlorophyll, → Xanthophyll, → Carotinoide bei Weißwein, → Anthocyane bei Rotwein. Die Stomata (Öffnungen) können dem → Botrytispilz als Eintrittspforten dienen.

Hülsengeschmack (→ rapsig) nennt man den Bitterton bei Weinen, die (trotz → Entrappen) zu lange auf der Maische standen und zu viel → Gerbstoffe aus den → Beerenhäuten oder Kernen aufnahmen.

Hundskopf (Armatur) = Auslaufbogen (→ Armaturen).

Huxelrebe ist eine weiße Rebsorte (Neuzüchtung: Gutedel × Courtiller musqué), die bukettbetonte, säurereiche Weine liefert. Es lassen sich hochwertige → Auslesen (aus jungfernfrüchtigen Trauben) und → Beeren- und → Trockenbeerenauslesen (aus edelfaulen Trauben) gewinnen. In Deutschland sind nur noch 635 ha (0,6 %) im Anbau (→ Rebsortenanbau).

Hybriden sind Rebsorten, die durch Kreuzung von amerikanischen und europäischen Rebsorten entstanden. Teilweise sind diese durch Rückkreuzungen nochmals verändert (→ interspezifische Kreuzungen) und liefern durchaus sensorisch einwandfreie Weine ohne den ursprünglichen „Fox“-Ton. Man verspricht sich damit die Übertragung der Unempfindlichkeit amerikanischer Rebsorten gegen Reblaus (Direktträger, die Idealrebe ohne Unterlagen) und Unempfindlichkeit gegen Rebschädlinge wie *Oidium* oder *Peronospora*. Nach dem Reblausgesetz und durch EU-Verordnung ist der Anbau solcher Rebsorten teilweise noch verboten. Rotweine lassen sich durch Nachweis charakteristischer Diglucoside als Hybriden erkennen (→ Regent). Durch genanalytische Untersuchungen wurde festgestellt, dass die Anwesenheit (und der Nachweis) von Diglucosiden jedoch nicht zwangsläufig mit dem anrüchigen „Foxton“ älterer Hybriden vergesellschaftet ist (→ Anthocyane).

Hybridenwein wurde aus (roten) Hybriden der ersten Generation auch in Deutschland als „Hauswein“ hergestellt. Diesen Weinen sagte man eine besondere Unbekömmlichkeit nach, die aber möglicherweise durch schlechte unhygienische Kellerbehandlung ausgelöst war. Um der Verbreitung der Reblaus entgegenzuarbeiten, wurde die Anpflanzung (im „Dritten Reich“) auch als Hausrebe zunächst verboten. Im Zeichen des Pfropfrebenanbaues spielen solche Anpflanzungen heute scheinbar keine gefährdende Rolle mehr (→ Anthocyane).

Hydraulische Keltern werden auch heute nach dem Prinzip der horizontalen Korbpresse gebaut. Der Pressdruck wird nicht durch Spindeln, sondern durch einen hydraulisch bewegten Kolben ausgeführt, der den Pressteller bewegt. Solche Pressen sind im Vorschub und beim Aufscheitern (unter Zurückziehen des Presstellers) sehr variabel und arbeiten rasch. Die alten Oberdruck- und Unterdruckkeltern (Vertikal-Pressen) sind völlig vom Markt verschwunden. Hydraulische Presswerke sind vereinzelt noch in Obstsaftbetrieben vorhanden. (→ Horizontalpressen, → Kelter).

Hydrolasen sind eine Gruppe von → Enzymen, die hydrolytisch wirken, das heißt, Verbindungen unter Aufnahme von Wasser spalten. Bekannt ist die → Saccharase, die Sacharose in → Invertzucker aufspaltet → Invertase.

Hydrolysenmethode → Schweflige Säure, Bestimmung.

Hydrostatisehe Waage → Mohr-Westphalsche Waage).

Hydroxymethylfurfural (HMF). Zeigt eine qualitätsmindernde Wärmebelastung insbesondere bei Fruchtsäften an. Äußert sich in einer Braunverfärbung, welche primär auf → Reaktion von Zuckern und Säure zu HMF als Zwischenprodukt zurückgeführt werden kann. Es gibt deshalb Vorschläge, eine solche unerwünschte Veränderung durch Begrenzung des HMF-Gehaltes z. B. in Fruchtsäften und Konzentraten auszuschließen (nicht mehr als 5 mg/l bei Fruchtsäften und 10 mg/l bei Konzentraten). Allerdings ist HMF weiteren Veränderungen unterworfen und kann – im geringeren Umfange – auch bei kaltgelagerten Produkten beobachtet werden.
Für die bei der Weinbereitung normalerweise praktizierten Verfahrenswege ist HMF wenig bedeutsam. Lediglich bei der Alterung nimmt der Gehalt auch bei Wein zu. Hohe Gehalte (über 100 mg/l) können → Dessertweine wie → Madeirawein oder → Sherryweine enthalten.

Hygiene im Getränkebetrieb. Auch im Getränkebetrieb erwartet der Verbraucher eine hygienische Herstellung, Abfüllung und Verpackung der Getränke nicht allein aus Gründen der Haltbarkeit, sondern auch wegen der Ästhetik und Bekömmlichkeit. Im Betrieb umfasst die Hygiene ein infektionsfreies Arbeiten (Vermeidung der Reinfektion des Getränkes), Personalhygiene und die Verhütung der Ausbreitung von Ungeziefer. Letzteres können Insekten sein (→ Korkmotten) oder die → Essigfliege. Insekten können Hefen übertragen. Unter Verwendung von → Reinigungsmitteln kann man der Ausbreitung begegnen. Die Reinigungs- und Desinfektionsvorgänge in Getränkebetrieben und Weinkellereien und die Kontrolle der hygienischen Situation erfordern gute Kenntnisse der Materie (→ HACCP).

Hyphen sind schlauchförmige Pilzfäden, die in ihrer Gesamtheit das Mycel darstellen (→ Schimmelpilze).

I

IGT (Indicazione Geografica Tipica) ist eine mit dem französischen → Vin du pays zu vergleichende Bezeichnung. Darunter versteht man ein relativ breites Qualitätsspektrum von Weinen, die nicht unter die Qualitätsstufen DOC oder „DOCG" fallen. Durch die EG sind bezeichnungsrechtliche Veränderungen im Gange, die zu Verschiebungen innerhalb der Deklaration führen (→ Weinmarktordnung).

Immervolltank. Wie die Bezeichnung schon ausrückt, ist dies ein Behälter (vorwiegend aus Edelstahl), der im Volumen variabel ist. Dies erreicht man durch einen absenkbaren „Schwimmdeckel" mit Druckausgleichsventil, der mit einer aufblasbaren Randumfassung aus Gummi versehen ist. Der Deckel kann damit an jeder Höhe des Behälters dicht festgesetzt werden. Damit ist das → Spundvollhalten auch bei Teilentnahme von Wein möglich.
Der Behälter ist in verschiedenen Größen lieferbar und eignet sich zum „Kleinerlegen" oder offenem Ausschank von Wein im Kellereibetrieb. Meist bleibt ein Rest Luft (Oxidation) im „Kopfraum". Da durch die Ausdehnung oft Weinreste auf dem Deckel verbleiben können, ist der Deckel beim Entleeren festzusetzen. Nach Entnahme des Deckels können im (offenen) Behälter kleine Mengen an Maische vergoren werden.

Impellerpumpe. Eine Form der Flüssigkeitspumpe, die durch Verdrängung arbeitet. Der eigentliche Impeller ist ein Flügelrad, das aus elastischem Kunststoff besteht. Beim Betrieb bildet sich zwischen zwei Flügeln ein verdichteter Raum zwischen Ansaug- und Druckseite infolge des exzentrisch ausgebildeten Pumpengehäuses. Die Bauart ist einfach (keine Ventile), doch muss ein Trockenlauf der Pumpe vermieden werden (Abrieb des Impellers, → Pumpen, → Sensor, → Tab. 39 im Anhang).

Imprägnieren der Fässer. Solange die Weinbehälter überwiegend aus Holz bestanden, konnte das Imprägnieren von Bedeutung sein. In Brauereien verwendete man Pech (ausgepicht) u. a., um die Durchlässigkeit gegenüber Kohlensäure zu senken. Bei Wein sollte die Verdunstung des Alkohols dadurch reduziert und der Einfluss der Holzoberfläche vermindert werden. Die Imprägnierungen mussten zeitweilig erneuert werden. Die Imprägnierung von Holzfässern hat heute keine Bedeutung mehr, nicht zuletzt deshalb, weil dadurch die eigentliche Funktion des Holzes (Beschleunigung des Ausbaues) verhindert wird.

Imprägnieren mit Kohlensäure. Um einen Wein etwas lebendiger zu gestalten, kann man → Kohlensäure zusetzen. Dabei muss man Kohlensäure (CO_2) sehr fein verteilen um die Aufnahme durch den Wein zu verbessern. Diese Form der Verteilung nennt man Imprägnieren. Im einfachsten Falle benutzt man Kohlensäure aus der Stahlflasche, die man durch Frittensteine feinperlig in den Wein einleitet. Weil die optimale Menge nur durch Degustation festzustellen ist, kommt dem Vorversuch im Labor große Bedeutung zu. Am besten übersättigt man einen Teil Wein und verschneidet mit einem nicht imprägnierten Anteil zurück, um zu verhindern, dass ein fälschlich überdosierter Wein beim Einschenken moussiert.
Großbetriebe benutzen Dosiergeräte, die einen messbaren Kohlendioxidzusatz in den laufenden Weinstrom automatisch eindüsen (Prinzip der Staudüse). Der resultierende Kohlensäuregehalt kann mit einem Labor-Messgerät („Veitshöchheimer Schüttelzylinder“) ermittelt werden.
Eine feste Regel über zweckmäßigen Kohlensäuregehalte kann nicht aufgestellt werden, doch sollte Stillwein“ nicht mehr als 1,5 g/l enthalten (ungefähre Löslichkeitsgrenze bei 20 °C). Um kohlensäurehaltigen Getränken Kohlensäure zuzuführen, bedient man sich der Premix-Anlagen, die kohlensäurehaltiges Wasser mit Fruchtsaft vermischen.
Perlwein kann durch Imprägnieren von Quellenkohlensäure oder aus eigener Gärungskohlensäure hergestellt werden (→ Kohlensäure, endogene). → Perlweine dürfen nicht mehr als 2,5 bar CO_2-Druck haben, damit der Mindestwert für Schaumweine (3 bar) nicht erreicht wird. Die Messung des Kohlensäuregehaltes durch *Druckmessung* im Perl- oder Schaumwein ist nicht exakt, weil sich die Löslichkeit und damit der resultierende Druck in Abhängigkeit vom Alkohol- und Extraktgehalt des Schaumweines verändert (→ Auffrischen der Weine).

Indikatoren (Anzeiger) sind Farbstoffe → Farbstoffgemische, die ihre Farbe in Abhängigkeit vom → pH-Wert ändern. Die Farbnuance kann demnach dazu dienen, den pH-Wert zu bestimmen. Im wesentlichen dienen die Indikatoren jedoch dazu, eine deutliche Änderung des pH-Wertes anzuzeigen, wie diese z. B. beim → Neutralisationsvorgang (Titration von Säure durch Lauge und umgekehrt) eintritt. Der Umschlagsbereich (Bereich des pH-Wertes, innerhalb welchem die Farbänderung erkennbar wird) sollte um pH = 7 liegen. Zur Titration von schwachen Säuren, wie diese in Most oder Wein vorliegen, wird auch → Phenolphtalein verwendet (Beispiel Bestimmung der → flüchtigen Säuren) oder ein Indikatorengemisch wie Bromphenolblau). Eigentlich liegt der korrekte Neutralisationspunkt der organischen Säuren bei pH-Werten über 8. In der Fruchtsaftanalyse wird dies durch Titration auf Endpunkt pH 8,1 berücksichtigt, bei Wein titriert man jedoch auf pH 7. Mit Ausnahme einiger weniger Fälle (Flüchtige Säuren, → gesamte schweflige Säure nach PAUL) verzichtet man

bei der acidimetrischen Titration auf Indikatoren und verwendet die präzisere Anzeige des pH-Meters.
Zur Gruppe der Indikatoren gehört auch die Stärkelösung, die bei der → Jodometrie verwendet wird und für SO_2-, → Zucker- und → Alkoholbestimmungen in der Weinanalytik häufig benutzt wird (→ pH-Meter).

Inertgase (lat. iners = untätig) sind reaktionsträge Gase, die als Schutzgase (Überschichtung) oder Fördergase dienen können. Dazu gehört Argon, → Stickstoff, bedingt auch → Kohlensäure.

Infrarote Strahlen sind Wärmestrahlen, die man zur Aufheizung von Wein im → Infravin-Gerät benutzte. Ein ähnliches Prinzip liegt vor im sogenannten Aktinator von STOUTZ, den man auch gleichzeitig als UV-Strahler einsetzen kann. Auch im analytischen Bereich werden infrarote Strahler bei der → Aschenbestimmung eingesetzt.

Infravin-Gerät. Besteht aus einem Quarzrohr mit Innenheizung, welches elektrisch beheizt wird und ähnlich einem → Tauchsieder zur Erwärmung von kleineren Behältern eingesetzt werden kann. Durch die Wärmestrahlen wird der Wein nicht so leicht lokal überhitzt, doch kann man damit nur Weißwein (keinen Rotwein) erhitzen. Der Nachteil dieser Elektrowärme-Geräte (auch Tauchsieder) liegt in der doch geringen Heizleistung. Das Gerät ist lediglich als Notlösung einsetzbar. In der Regel wird mit Heißwasser über eingehängte Platten oder (extern) durch → Pillow-Plates erwärmt.

Infusorienerde → Kieselgur.

Ingwerwein ist ein in England beliebtes Getränk.

Inhaltsstoffe → Wein, Zusammensetzung.

Innere Oberfläche. Die in Most und Jungwein enthaltenen Trubteilchen bilden eine relativ große „innere" Oberfläche = Oberfläche der Teilchen. Da diese Teilchen Nährstoffe und → Mikroorganismen enthalten, bedeutet eine große innere Oberfläche gleichzeitig eine Begünstigung der durch diese Mikroorganismen ausgelösten Vorgänge.
Angelagerte Teilchen können nämlich mit dem Substrat besser in Kontakt kommen, sich besser vermehren und besser vergären. Trubhaltige Moste vergären erfahrungsgemäß rascher. Doch dürfte der Einfluss der inneren Oberfläche vielseitiger sein: → Kohlensäure kann sich dort rascher entbinden, die hemmende Wirkung der Kohlensäure auf den Gärablauf wird dadurch vermindert. Möglicherweise enthalten die natürlichen Trubteilchen auch Nährstoffe (→ Vitamine), die die Vermehrung der → Hefen begünstigen können. Man schließt letzteres daraus, weil der Zusatz einer „künstlichen" inneren Oberfläche nicht ganz den gleichen Effekt erbringt als natürlicher Trub. Durch Verminderung der inneren Oberfläche durch starke → Mostvorklärung kann man den Gärverlauf verlangsamen (→ Gärführung, → Gärstörungen, → Heferindezubereitungen).

Inosit (myo-Inosit) ist ein sechswertiger zyklischer Alkohol (6 OH-Gruppen), der in Traubenmost vorkommt (bis ca. 500 mg/l) und als Hefewuchsstoff gilt. Die Inosite haben einen süßen Geschmack, der wegen der doch geringen Menge im Wein geschmacklich kaum zum Tragen kommt.

Internationale Fruchtsaftunion (IFU) behandelt Normen für die Herstellung und Untersuchung von Fruchtsäften. Wirksamer und einschränkender sind Richtlinien der EU.

Interspezifische Kreuzungen. Kreuzungen verschiedener Rebsorten, um durch deren

Genmaterial (→ Genom) neue, qualitätsbestimmende Eigenschaften in die Reben (bzw. Trauben) einzubringen. Bisher gelang es den Züchtern damit, Resistenz gegen Schädlinge und Pflanzenkrankheiten in einigen neuen Rebsorte zu verankern. Ein bekanntes Beispiel ist die Rebsorte → Regent. Derzeitige Versuche zielen auf weitere genetische Veränderungen, die der Weinqualität zugute kommen (→ Hybriden).

Invertase (→ Saccharase) ist ein in der Traubenbeere vorkommendes Enzym. Es gehört zu den → Hydrolasen, welches → Saccharose in Gegenwart von Wasser in → Glucose und → Fructose zerlegt (invertiert). Dieses Enzym wird auch von der → Hefe gebildet, so dass die Invertierung durch die Gärung besonders beschleunigt wird. Dies ist auch ein Grund dafür, dass natürlicherweise in den Beeren vorhandene (traubeneigene) Saccharose sehr rasch nach der Pressung abgebaut wird. Zugesetzte Saccharose wird gleichfalls durch die Invertase langsam abgebaut, wobei die Geschwindigkeit auch von der Temperatur und dem pH-Wert des Mostes abhängig ist. Eine allgemein gültige Aussage über die Geschwindigkeit der → Invertierung, lässt sich nicht treffen.

Invertierung ist der Vorgang der Hydrolyse (Aufspaltung) von → Saccharose (Disaccharid) in die beiden Monosaccharide → Glucose und → Fructose.

Invertzucker ist ein Gemisch aus gleichen Teilen → Glucose (Traubenzucker) und → Fructose (Fruchtzucker), welches aus → Saccharose (Rübenzucker) entsteht. Vermutlich liegen im Traubenmost deshalb Glucose und Fructose meist im Invertzuckerverhältnis vor, weil in den Blättern der Rebe primär → Saccharose entsteht. Mit zunehmender Reife der Trauben weicht das Verhältnis jedoch von 1:1 ab (zugunsten der Fructose).
Invertzucker ist in flüssiger Form (Flüssigzucker) im Handel, darf jedoch weder zur → Anreicherung noch zur → Süßung in der Weinbereitung verwendet werden. Der Nachweis des Zusatzes kann anhand von Oligosacchariden geführt werden.

Ion. Elektrisch geladenes Atom, Atomgruppe oder Molekül, welches im elektrischen Feld wandert.

Ionen-Austauscher sind meist Kunstharze teils auch natürliche Mineralien, die Ionen austauschen können. Ionenaustauscher geben lonen, mit denen sie „beladen“ sind ab und entziehen der Umgebung dafür andere Ionen. Wasserstoffionenaustauscher können → Kalium aus dem Wein entziehen und geben Wasserstoffionen ab. Der Austausch kann auch → Natrium gegen Kalium sein. Die Gruppe der Austauscher, die → Kationen (+ geladene Ionen) austauschen, nennt man → Kationenaustauscher. Werden → Anionen ausgetauscht, spricht man von → Anionaustauschern. Letztere könnten zur Entsäurung verwendet werden, wenn OH-Ionen abgegeben werden.
Eingeführt waren Kationenaustauscher zur Stabilisierung von Sekt-Grundweinen. Indem man dort Kalium unter einen Pegel absenkte, der keine Weinsteinausscheidung mehr befürchten ließ, stabilisierte man die späteren → Schaumweine. Inzwischen sind Ionenaustauscher in der EU für Wein generell verboten, nur für die Herstellung von → RTK ist die Anwendung erlaubt (→ Anionenaustauscher, → Kontaktverfahren).

Isoamylalkohol → Amylalkohole, → Aroma, → Fuselöle.

J

Jahrgang (Einfluss auf die Trauben). Insbesondere in den nördlichen Weinbaugebieten wirken sich die Witterungsverhältnisse während der Vegetation der Rebe auf die Reife der Trauben und die Zusammensetzung des Traubenmostes deutlich aus. Die klimatischen Verhältnisse in den Großräumen der Weinbaugebiete beeinflussen insbesondere den Austrieb, den Beginn der Blüte, den Beginn und den Verlauf der Reife. Je früher der Beginn der Traubenreife und je stärker der Zugewinn an Mostgewicht während der Traubenreife ist, um so reifer sind die geernteten Trauben. Beim Anstieg des Mostgewichtes erfolgt parallel ein Rückgang der Säuregehalte. Der Quotient aus Mostgewicht und Säure steigt an (Reifefaktor). Ein Weinjahrgang kann somit charakterisiert sein durch hohe durchschnittliche Mostgewichte bei niedriger Säure oder durch niedrige Mostgewichte bei hohem Säuregehalt. Erstere Feststellung trifft man bei warmer, trockener Witterung (1947, 1949, 1959, 1964, 1990, 1997, 2003, 2005), letztere bei kühler, nasser Witterung (1965, 1968, 1972, 1978, 1984, 2010). Manche Jahrgänge waren (1953, 1967, 1975) durch Edelfäule geprägt, andere waren durch Sauerfäule geschädigt. Die Zuordnung eines Weines zu einem Jahrgang kann man nach diesen Gesichtspunkten vornehmen. Bei älteren Weinen verlieren sich nach einigen Jahren diese charakteristischen Unterschiedsmerkmale und weichen der etwas uniformierenden Altersfirne (→ Altern der Weine, → Reife der Trauben, → Reifekurven).

Jahrgang (Wein). Für die Qualität des Weines ist die Zusammensetzung des Traubenmostes von außerordentlicher Bedeutung. Diese wiederum hängt von der Physiologie der Rebe ab, die vom Klima des Jahrganges beeinflusst ist. Grob kann man die Jahrgänge nach dem durchschnittlich erzielten Mostgewicht und dem Säuregehalt in unreife, normale und hochreife Jahrgänge einteilen, wobei sich die Qualitätssteigerung sorten- und standortabhängig entwickeln kann. Im Wein, der teilweise durch → Anreicherung gegenüber dem Most qualitativ verändert ist, kommt trotz dieser Angleichung im Zuckergehalt eine sensorisch beherrschende Eigenschaft des Jahrganges eventuell als → „Jahrgangston" zum Durchbruch. Dieser Jahrgangston ist in Geruch und Geschmack erkennbar und prägt die meisten Weine dieses Jahrganges charakteristisch aus. Die Ursachen des Jahrgangstones sind überwiegend noch nicht bekannt (Trockenschäden an den Reben, Fäulnisbildung an den Trauben durch selektierte Schimmelpilze?). In einigen Fällen war die Zuordnung zu Jahrgängen anhand der Messung des ^{14}C-Gehaltes (Isotope) gelungen. Aus der Tab. 12 im Anhang kann man die Qualitätsbeurteilung „mittel bis gering" für die Jahrgänge 1972, 1977 und 1984 entnehmen, die einen – für deutsche Verhältnisse – hohen Anteil an Tafelweinen aufzeigen. Solche Situationen sind nicht immer mit gleichzeitig hohen Erträgen verbunden.

Jahrgangsangaben sind sogenannte fakultative, d. h. nicht verpflichtend vorgeschriebene Angaben. Bei einer Jahrgangsangabe müssen 85 % des namengebenden Anteils (Wein) aus diesem Jahrgang stammen.

Jahrgangston. Die Weine verschiedener Jahrgänge unterscheiden sich nicht nur durch Unterschiede im durchschnittlichen Qualitätsniveau, sondern zeigen oft Besonderheiten. Trifft man diese Besonderheit, die zur Erkennung der Jahrgänge herangezogen werden kann gehäuft an, dann spricht man vom Jahrgangston. Die Ursache für die genannte Ausprägung vieler solcher Weine in einem Jahrgang ist im vegetativen Wachstum (trocken-reif oder feucht-unreif gewachsen) oder in sonstigen Umwelteinflüssen zu sehen. Häufig sind Jahrgänge durch Ausprägung der → Botrytis (→ Edelfäule), durch Sauerfäule oder ähnliche Pilzkrankheiten an einem typischen und einheitlichen Geruchs- und Geschmackston zu erkennen. Da der „Ton“ dem Kenner verrät, um welchen Jahrgang es sich handelt, spricht man zu Recht von einen Jahrgangston (→ Jahrgang). Erfahrungsgemäß gelingt die Zuordnung nur bei verhältnismäßig jungen Jahrgängen unter der Voraussetzung, dass Angaben über Herkunft, Rebsorte und Qualität etc. vorliegen.

Jahrhundertwein. Eine Bezeichnung, die die herausragende Qualität eines Weinjahrganges ausdrücken soll. Inzwischen wird der Begriff teilweise inflationär verbreitet.

Jerezweine (Sherry) sind weltbekannte → Dessertweine mit unterschiedlichem Süßegrad aus der spanischen Provinz Cadiz. Den Namen erhielten die Weine nach der Stadt Jerez de la Frontera. Der Begriff Sherry ist in England entstanden (Jerez, sprich Cheres). Die Weine sind hellgelb bis dunkelbraun in allen Farbnuancen abgestuft und trocken-süß. Als Ausgangsmaterial dient Most aus den Traubensorten Palomino (= Listan), aus der die besten → Finos hergestellt werden. Hochwertig ist außerdem die Traubensorte Pedro Ximenez oder auch Moscatel. Die Trauben werden meist nach der Lese noch in der Sonne getrocknet und auf teilweise altertümliche Art ausgepresst. Der Most wird vergoren (→ Gipsen zur Erhöhung des Säuregehaltes ist üblich).
Nach der Vergärung werden die meist trockenen Weine dem sogenannten Solera-Verfahren unterworfen. Hier handelt es sich um einen Ausbauprozess unter Zuhilfenahme obergäriger oxidativer Florhefen, die eine ausgeprägte Aldehyd und Ester-Bildung hervorrufen. Die Fässer sind traditionell in mehreren Lagen gestapelt. Nach einiger Zeit werden die oben eingefüllten Weine in die nächsttiefere Lage von Fässern umgelegt, wobei man immer nur einen Teil entnimmt. In der untersten Lage sind dann die am meisten ausgereiften Weine. Der unterste Wein enthält Anteile von Weinen, die meist älter als 20 Jahre sind. Da man aber darin sehr unterschiedliche Weinsorten (gemischt) hat, sind Jahrgangsangaben nicht üblich. Die Nachbehandlung kann dann noch zur Süßung mit eingekochtem Traubensaft erfolgen, der gleichzeitig die → Farbe noch weiter vertieft.

Die Sherrys werden meist unter Markenbezeichnungen vertrieben, da die Herkunft und Rebsorte aus den genannten Gründen kaum präzise angegeben werden kann.
Neben Spanien sind heute Australien, Kalifornien, Kanada und Südafrika an der Erzeugung beteiligt. Von dort sind die klassischen Verfahren teilweise modernisiert und fortentwickelt worden. Als Ergebnis dieser Technik geht der Glyceringehalt zurück, der Gehalt an → Acetaldehyd steigt an. Die eigentlich typischen Stoffe sind Aromastoffe wie Butyrolacton und andere Lactone bzw. Ester oder Sotolon, Substanzen, die mit das Aroma anderer Weintypen wie Trockenbeerenauslesen prägen.

Jod (J) kommt in geringen Mengen (d. h. als Spurenstoff) vor, noch geringere Anteile sind organisch gebunden. Der durchschnittliche Gehalt dürfte bei 0,1 mg/l liegen, doch sind in hochwertigen Weinen, bei denen der Traubenmost stark konzentriert war, bis zu 4fache Mengen gefunden worden. Jod kann auch künstlich (durch den Gebrauch verbotener organischer-jodhaltiger Konservierungsstoffe) eingebracht werden.

Jodlösungen stellt man durch Zusatz von Alkohol oder KJ in Wasser her. Diese Lösungen sind als → Normal-Lösungen für jodometrische Titrationen einzusetzen, doch erwiesen sich Jodid-Jodat-Lösungen als stabiler und angenehmer in der Handhabung. Jodlösungen finden deshalb nur noch in Ausnahmefällen in der Weinanalytik Anwendung.

Jodoformgeruch tritt in Mosten und Weinen aus sehr stark edelfaulem Lesegut auf. Es ist allerdings nicht nachgewiesen, dass es sich bei dem Geruchsträger tatsächlich um Jodoform handelt. In der descriptiven Form der sensorischen Analyse benutzt man häufiger Begriffe, die sich „standardisieren" lassen, obwohl sicher ist, dass die genannte Substanz selbst nicht wirksam, d. h. auch nicht im Wein vorhanden ist (→ Medizingeschmack, → Profilanalyse, → Weinansprache).

Jodometrie. → Maßanalyse unter Verwendung von → Jodlösungen.

Johannisbeerwein. Aus den verschiedenen Johannisbeerarten lässt sich ein durchaus brauchbarer Frucht (dessert) wein herstellen. Der Zuckergehalt im Saft dieser Früchte ist relativ niedrig (50 bis 80 g/l), der Säuregehalt jedoch hoch (20 bis 30 g/l). Die → Anreicherung wird deshalb „nass", d. h. mit Zuckerwasser durchgeführt. Die weitere Behandlung) verläuft ähnlich wie bei anderen → Fruchtweinen (→ Obstweine).

Joule ist die praktizierte Maßeinheit der Wärmeeinheit, die an Stelle der bisherigen Angabe „Kalorie" getreten ist. Die Maßeinheit trägt den Namen des Engländers James Prescott Joule (sprich dschuul!).
1 kcal = 4,186 Joule.
Alle Angaben über den Kaloriengehalt von Lebensmitteln und gegebenenfalls auch von Wein müssen in Joule ausgedrückt werden (→ Brennwert). Zweifelsfrei war die Angabe in der Einheit „Kalorie" anwenderfreundlicher als „Joule".

Jubiläumsrebe. Eine von Zweigelt in Österreich aus → Portugieser und → Limberger gezüchtete Weißweinsorte, die ausgezeichnete Weinqualitäten liefert (→ Dessertwein).

Jung. Ein Begriff der → Weinansprache, = frisch.

Jungfernwein. Die Rebe bringt im 2. Jahr des Anbaues geringe Mengen von meist hochreifen Trauben, die dann auch hochwertige Weine liefern. Da die Traubenbeeren sehr locker gepackt sind, trocknen die Beeren zu Rosinen, während Botrytis kaum auftritt. Meist sind die Weine sehr exotisch-aromatisch. Da es sich um den Erstertrag handelt, nennt man die Weine Jungfernweine (→ *Botrytis cinerea).*

Jungwein ist nach der Definition der VO (EWG) Nr. 822/87, Anhang I, 11) ein „Wein, dessen Gärung noch nicht beendet und der noch nicht von seiner Hefe getrennt ist". Diese praxisfremde Definition ist nicht einsichtig, da man meist innerhalb von etwa 4 Wochen nach der Gärung von der Hefe absticht. Da aber andererseits Restmengen an Hefen dann immer noch vorhanden sind und möglicherweise noch Gärung eintreten kann, sollte der Zustand des Jungweines über den 1. Abstich hinaus noch zutreffen. Ein Jungwein liegt noch vor solange dieser nicht vollständig (durch Filtration) von der Hefe befreit ist. Die Definition des „Jungweines" ist von Bedeutung für die Abgrenzung zum „Wein" im Zusammenhang mit zugelassenen önologischen Verfahren (z. B. der Anreicherung, → Entsäuerung).

K

Kabinett ist eine Prädikatsbezeichnung für Wein. Ursprünglich wurde der Begriff für gehobene Weine aus dem sogenannten Kabinettskeller der hessischen Staatsdomäne (→ Cabinet-Wein) verwendet. Als nach dem Verbot der Naturweinbezeichnungen nach einem geeigneten Ersatzbegriff für selbständige Naturweine gesucht wurde, bot sich dieser Begriff an. Wie bei anderen → Prädikatsweinen müssen bei der Lese → Mindestmostgewichte erreicht worden sein, die rebsortenbezogen durch Länderverordnung festgelegt wurden. Bei der amtlichen → Qualitätsweinprüfung muss ein Kabinettwein bestimmte Vorbedingungen erfüllen (Mindestalkoholgehalt 7 % Vol.) (→ Mostgewicht, Mindestanforderungen, → Tab. 8 im Anhang).

Kältebehandlung von Wein. Während die Kühlung der Trauben oder des Mostes in den nördlichen Weinbauregionen keine große Bedeutung hat (günstige Herbstwitterung), wird diese Kältebehandlung in südlichen Regionen insbesondere zur Qualitätsverbesserung der Weißweine angewendet. Bei der Vergärung selbst kann es nützlich sein, die → Starttemperatur vor Eintritt der Gärung herabzusetzen oder (und) im Verlaufe der Gärung zu kühlen, um die entstehende → Gärungswärme abzuführen. Kältemaschinen können eingesetzt werden, um diese Vorgänge über die Raumluft (→ Raumkühlung) oder durch Durchlauf- oder Eintauchkühler zu beeinflussen. Weitere Kühlmaßnahmen dienen der Herstellung und Lagerung von → Süßreserve und zur Weinsteinstabilisierung (→ Kontaktverfahren). Nachteilig sind die Kosten für Anschaffung und Betrieb der Anlagen und die Tatsache, dass durch die Kühlung fallweise der Gehalt an zuckerfreiem Extrakt im Wein deutlich abnimmt. Ferner sind im gekühlten Zustand die Weine stärker der Oxidation ausgesetzt, weil die Löslichkeit des Sauerstoffs zunimmt. Die Sauerstoffaufnahme ist in der Regel der Geschwindigkeitsbestimmende Schritt für die Oxidation (→ Frost, → Kaltgärung → Kühlung, → Pillow-Plates).

Kältetest. Durch entsprechende Testverfahren versucht man, vor dem → Abfüllen der Weine zu erkennen, ob die Stabilität erreicht ist, d. h., ob bei der später zu erwartenden Abkühlung (beim Transport oder der Lagerung) eine Kältetrübung entstehen kann. Solche Ausscheidungen sind dann überwiegend kristalliner Natur und bestehen fast ausschließlich aus → Weinstein. Dies kann zu Beanstandungen führen und zwingt vorbeugend zur Überprüfung der erreichten (natürlichen) Stabilität bzw. Labilität.
In einem Labor-Vorversuch wendet man im Kleinmaßstab die Verfahren an, die eventuell im technischen Maßstab zum Erfolg führen sollen. Demnach variieren Kältetestmethoden in der Prüftemperatur (-3 bis +3 °C), der Zeitdauer (mehrere Tage) und der Auswertung (Prüfung der Eintrübung, Messung des Weinsteins etc.).
Benutzt man einen praxisgerechten Zusatz von sog. → Kontaktweinstein, so kann man die Testdauer auf Stunden herabsetzen, wobei sich als Prüfverfahren für die nunmehr geförderte Weinsteinausscheidung die *Leitfähigkeitsmessung* bewährt hat. Das Prinzip basiert auf der Anwendung von „Kontaktweinstein", wobei die Ausscheidung von überschüssigem Weinstein durch eine Leitfähigkeitsmessung getestet wird. Durch Veminderung der Ausgangsleitfähigkeit bei der Akühlung lässt sich der Effekt der Stabilisierung verfolgen. Bleibt die Endanzeige des → Leitfähigkeitsmessgerätes konstant, ist die Stabilität bei der jeweiligen Tempertur erreicht. Eine ähnliche Methode arbeitet nach dem sog. *„Mini-Kontaktverfahren"* (nach WÜRDIG).

Die Schilderung demonstriert den erhöhten Untersuchungsaufwand dieser Labormethoden, der aber bei Weinkellereien, die das → Kontaktverfahren im technischen Maßstab praktizieren, in Kauf genommen wird. Ein Kältetest dürfte sich bei Frühfüllungen und winterlichen Transport- und Lagerungsbedingungen empfehlen, da viele Weine zur Übersättigung mit Weinstein neigen und → Flaschenweintrübungen bilden können. Leider lässt sich der Kältetest bei hohen Calciumgehalten nicht anwenden, da eine Stabilisierung durch Kühlung dort wenig hilft (POSTEL, 1983). (→ Erweiterte Doppelsalzfällung, → Flaschenwein, Haltbarkeit, → Stabilisierung, → Trübungen).

Kämme nennt man die Gesamtheit der Trauben- und → Beerenstiele. Abgeleitet von „Kemme“ (→ Rappen).

Kaffeesäure zählt zur großen Gruppe der Phenole (Phenolsäure) die bereits in den Trauben vorhanden ist. Im Wein liegt der Gehalt zwischen 1 und 30 mg/l. Die K. ist an Weinsäure gebunden (verestert). Die Substanz ist leicht oxidierbar und deshalb an Bräunungsreaktionen beteiligt.

Kahmhefen. Zu den Kahmhefen zählt man die → Hefen der Gattungen *Hansenula, Pichia* und *Candida,* die man früher unter dem Begriff „Mycoderma“ zusammenfasste. Sie gelten als Schädlinge, weil sich diese Hefen unter Abbau von Alkohol als „extraktzehrend“ herausgestellt haben. Da sich im Wein insbesondere bei Kontakt zur Luft → Acetaldehyd bilden kann, ist ferner die Gefahr der SO_2-Bindung gegeben. Aus diesen Gründen sind Kahmhefen auch gegen SO_2 weitgehend resistent. Kahmhefen sind allgegenwärtig, da sie identisch sind mit den in der Angärung sich vermehrenden sog. wilden Hefen (neben der → *Apiculatus*-Hefe). Bieten sich günstige Vermehrungsbedingungen, d. h. eine Weinoberfläche, so bildet sich rasch eine Haut aus. Die sicherste Vorkehrung ist demnach das „Spundvollhalten“ (→ Beifüllen). Diese Maßnahme ist sicherer als die Überschichtung mit → Inertgasen, da dort in der Regel noch hinreichend Sauerstoff verbleibt.
In Fassweinen ist Vorbeugung anzuraten, da derart belastete Weine – durch Substanzverlust bedingt – nicht mehr wiederhergestellt werden können. Allenfalls lassen sich durch Behandlung mit → Aktivkohle grobe Fehler (→ Esterton) beseitigen (→ Auffüllen, → Hefe, Entwicklung).

Kalium (K) ist ein Metall, welches als → Kation in Most und Wein gelöst ist. Man zählt Kalium zu den Mineralbestandteilen, die dann in der → Asche angereichert sind. Insgesamt ist Kalium als → Mineralstoff mit 40 bis 60 % an der Weinasche beteiligt. Most enthält mehr Kalium als Wein, weil sich ein Teil des Kaliums bei der Verarbeitung zu Wein (als → Weinstein) abscheidet. Durch einige zugelassene Weinbehandlungsmittel, wie → Kaliumdisulfit oder → Kaliumferrocyanid, kann sich der Gehalt an Kalium wieder erhöhen, doch geht davon im allgemeinen keine Gefahr der → Eintrübung (Ausscheidung von Weinstein) aus (→ Wein, Zusammensetzung).

Kaliumdisulfit (E 228) = Kaliumpyrosulfit ist reinweiß gefärbt und pulverförmig oder in Tabletten gepresst im Handel. Reines Kaliumdisulfit enthält einen wirksamen Anteil von 57 % $SO_{2,}$ im Allgemeinen rechnet man mit einem praktisch verwertbaren Anteil von 50 %.. Kaliumdisulfit wirkt nur im sauren Milieu, d. h. in Maische, Most oder Wein SO_{2-} abspaltend. Zur Herstellung von wässrigen SO_2-Lösungen, etwa zur Ausschwefelung von Flaschen oder zur Konservierung von Holzfässern ist Kaliumdisulfit nicht geeignet. Dem Vorteil der relativ guten Dosierbarkeit steht der Nachteil des höheren Preises gegenüber.

Kaliumdisulfit wird meist nur zur Maische- und → Mostschwefelung verwendet.

Kaliumferrocyanid, Kaliumhexacyanoferrat II (E536) dient unter dem Trivialnamen gelbes → Blutlaugensalz zur → Blauschönung. Dabei bildet sich → Berliner Blau. Die auffällige Blauverfärbung gab der Schönung ihren Namen. 6 bis 9 mg K. entfernen 1 mg Eisen. Neben Eisen werden noch → Kupfer, etwas Zink und → Silber entfernt (letzteres falls Silbersalze zur Entfernung des → Böcksers erlaubt sind). Die Reaktion des K. mit den genannten Metallen verläuft nicht im „stöchiometrischen" Verhältnis (→ Weinbereitung, zugelassene Stoffe).

Kaliumhydrogencarbonat (E501) Kaliumbicarbonat, KHCO3 ist zur → Entsäuerung zugelassen (→ Entsäuerung mit Kaliumbicarbonat, Feinentsäuerung, → Weinbereitung, zugelassene Stoffe).

Kaliumhydrogentartrat (E336) (→ Weinstein) bildet farblose Kristalle, die in Wasser schwer und in Alkohol unlöslich sind. Es findet sich im Most und Wein und bildet sich schon während des Reifens in der Traube aus dem vom Boden her aufgenommenen → Kalium und der → Weinsäure. Während und nach der → Gärung fällt ein erheblicher Teil des Weinsteines aus, geht mit in den → Hefetrub über oder setzt sich als kristallinische Kruste an der Behälterwand ab. Der Gehalt an → titrierbarer Säure wird auf diese Weise um etwa 2 bis 3 g/l, in sehr unreifen Mosten bis zu 4 g/l herabgesetzt. 1,25 g Weinstein = 1,8 g Extraktrückgang. Er dient zur technischen Gewinnung von Weinsäure (→ Weinbereitung, zugelassene Stoffe).

Kaliumhydroxid (KOH) ist eine weiße, stark hygroskopische und ätzende Substanz (meist in Plätzchen- oder Schuppenform (als „Seifenstein" angeboten). Durch Lösen in Wasser entsteht Kalilauge.

Kaliumnatriumtartrat (Seignettesalz) bildet einen Teil der → Fehlingschen Lösung und findet bei der → Zuckerbestimmung Anwendung.

Kaliumpyrosulfit → Kaliumdisulfit.

Kaliumsorbat (E202) ist das Salz der Sorbinsäure, welches durch die bessere Löslichkeit in Most und Wein bedingt, anstelle von Sorbinsäure angewendet wird. 258 mg Kaliumsorbat entsprechen 200 mg Sorbinsäure. In den genannten sauren Lösungen bildet sich aus Kaliumsorbat → Sorbinsäure, → Weinbereitung, zugelassene Stoffe).

Kaliumtartrat (Neutralsalz der → Weinsäure) ist zur Weinbehandlung zugelassen, wird aber kaum verwendet (→ Tab. 18 im Anhang, wenig wirksam, zu teuer).

Kalk, kohlensaurer → Kohlensaurer Kalk.

Kaloriengehalt. Wein enthält Stoffe, die im Körper des Menschen unter Energiegewinn abgebaut (veratmet) werden. Die dabei auftretende Energie wird in Kalorien ausgedrückt (kalorischer Nährwert des Weines). Die Angabe des kalorischen Nährwertes (physiologischer → Brennwert) hat Bedeutung im Rahmen einer Diät.
Für 1 g Alkohol legt man einen Brennwert von 7 kcal (29 kJ) zugrunde, für 1 g Zucker von 4 kcal (17 kJ). Im Durchschnitt ist der Beitrag der Substanzen, die im → zuckerfreien Extrakt zusammengefasst sind, mit ca. 4 kcal pro Gramm zusätzlich in Ansatz zu bringen.
Betrachtungen über den Kaloriengehalt sind auch bei Erwärmung oder Abkühlung von Getränken angebracht. Hierbei geht es darum, welche Wärmemengen bei der Erhit-

zung zugeführt oder bei der Kühlung abgeführt werden müssen. 1 kg Dampf (als Energieträger) bringt etwa 500 kcal Wärme, 1 kg Trockeneis (als Kälteträger) führt etwa 150 kcal ab (→ Joule, → Trockeneis).

Kalte Ente nennt man ein aromatisiertes → weinhaltiges → Getränk aus Schaum- oder auch Perlwein, Wein und Zitronensaft. Handelsware in Flaschen oder dgl. muss mindestens 25 % Schaumwein enthalten. Der Weinanteil muss 50 % übersteigen.

Kaltgärhefen (→ Trockenhefen) sind Hefen, die auch bei niederen Temperaturen noch gären und eine Endvergärung ermöglichen.

Kaltgärung, → Gärung, gekühlte. Die Vergärung bei niederen Temperaturen hat sich zunächst in südlichen Weinanbaugebieten stärker verbreitet, gestützt auf die Erkenntnis, dass dadurch die Qualität gefördert wird. Mit geeigneten Kaltgärhefen können die Moste bei 6 bis 12 °C durchgegoren werden (Verfahren nach Saller). Die qualitative Verbesserung wirkt sich vor allem bei jung zu konsumierenden Weinen in der Aromatik günstig aus, falls gleichzeitig eine „dienende" → Restsüße gewünscht wird. Nach dieser Definition unterscheidet sich die K. von der weitverbreiteten Form einer gezügelten Gärung (→ Gärbukett, → Gärführung, Gärung, gekühlte, → Gärung, gezügelte, → Kühlung, Technik, → Umesterung)

Kammerpreise werden auf regionaler Ebene von den Landwirtschaftskammern in verschiedenen Katergorien vergeben.

Kammerseparator → Separatoren.

Kanzler. Neuzucht, eine Rebsorte, die hochwertige Weine mit charakteristischem „Rosenton" liefert. Kreuzung aus Müller-Thurgau × Silvaner (Alzey). Die Rebsorte ist nicht sehr ertragreich (→ Bukettsorten).

Kapsel → Flaschenkapsel.

Kapselabschneider waren früher häufiger gebrauchte Kleingeräte, um die Kapsel am Flaschenhals abzutrennen. Für die heutigen (Schraub)-Verschlüsse benötigt man den K. nicht. In anderen Fällen sind die Kapseln mit einer Zuglasche ausgestattet.

Karbolgeschmack ist ein Weinfehler, der in seltenen Fällen im Weinberg hervorgerufen wird (Teeren von anliegenden Straßen). Bei reifenden Trauben kann die Beerenhaut (→ Duft) Fremdstoffe aus der Luft binden. Früher konnte dies auch von sog. Wildverbissmitteln (Wildvergrämungsmittel) ausgehen, die derzeit aber nicht mehr zugelassen sind. Je nach Stärke des Fehlers lässt er sich mit → Aktivkohle beseitigen oder doch erheblich mildern. In Weinen aus stark faulenden Trauben hat man ebenfalls einen an Karbol erinnernden Geruch festgestellt, der aber im Laufe der üblichen Kellerbehandlung von selbst verschwindet (→ Jodoformgeruch, → Medizingeschmack).

Karbonisieren → Imprägnieren mit Kohlensäure.

Kasein (Kaseinate) sind Klärungs- und → Schönungsmittel, die aus Milcheiweiß gewonnen werden. Die Anwendung zielt in erster Linie auf die Korrektur von Weinfehlern:

- Entfernung von Braunem Bruch,
- Entfernung von Gerbstoff,
- Behandlung von Bittertönen im Wein.

Häufig sind Kaseinate in Kombination mit Bentonit etc. im Handel. Die früher problematische Anwendung der Kaseinate (5–20 g/hl) und Lagerung ist durch Konditionierung der Präparate behoben. Die Behandlung muss deklariert werden (→ Allergene, → Weinbereitung, zugelassene Stoffe).

Katadyn-Verfahren. Mit geringen Zusätzen an Silber (durch elektrolytische Dosierung) lässt sich Trinkwasser „entkeimen". Man versuchte auf diesem Wege auch Weine mit Restsüße vor einer Nachgärung zu schützen. Das Verfahren beruht auf der keimhemmenden (oligodynamischen) Wirkung fein verteilten Silbers. Die Versuche haben jedoch nicht befriedigt, da sich die Gärung nicht dauernd unterbinden lässt.
Denkbar wäre jedoch die Anwendung des Katadyn-Verfahrens zur Entfernung des → Böckser im Wein. Das Verfahren ist in der Weinbereitung jedoch nicht zugelassen und hat nur bei der biologischen Wasseraufbereitung z. B. für alkoholfreie Getränke eine gewisse Bedeutung (→ Restsüße).

Katalysatoren sind Stoffe, die schon in geringer Menge chemische Reaktionen herbeiführen oder beschleunigen, ohne sich selbst dabei zu verändern. Infolge ihrer steuernden Wirkung kann man die → Enzyme als „organische" Katalysatoren bezeichnen.

Katechine (→ Catechine) sind → Polyphenole, die auch in den Traubenbeeren vorkommen und zur Gruppe der → Gerbstoffe zählen. Durch Polymerisation entstehen daraus die unlöslichen → Phlobaphene. Wegen der Neigung zur Trübung und der Bildung von Komplexen, die adstringierend schmecken (Reaktion mit → Proteinen), ordnet man Katechine den Tanninen unter. K. reagieren mit Farbstoffen (Anthocyane) und → Acetaldehyd) zu sehr komplexen Molekülkonstruktionen. Die Chemie der Farb-und Gerbstoffe ist in der speziellen Fachliteratur abgehandelt.

Kationen. Positiv geladene Ionen (Metallionen), die im wesentlichen durch Auflösen von Metall in Säuren (durch Korrosion) oder auf natürliche Gehalte des Traubenmostes zurückzuführen sind. Der Hauptbestandteil an Kationen ist in Form des → Kalium-Ions schon in der Traubenbeere vorhanden und geht dann in den Most über. Im geringen Umfang nimmt der natürliche Kaliumgehalt durch einige Weinbehandlungsstoffe zu (→ Kaliumferrocyanid, → Kaliumdisulfit, → Kaliumsorbat). Einen ungefähren Überblick über den Kationengehalt erhält man durch Bestimmung der → gebundenen Säure oder durch Bestimmung der → Aschenbestandteile. Salze enthalten einen Anteil von Kationen und einen Anteil von → Anionen (→ Asche, → Ion, → Mineralstoffe, → Weinasche, → Wein, Zusammensetzung).

Kationenaustauscher. Mit → Austauschern kann man den Gehalt an Kationen herabsetzen. Die Herabsetzung der Kationen ist erwünscht zur Stabilisierung von Wein oder Sekt. Die Herabsetzung von → Kalium (Kation) trägt zur Verhinderung der → Weinsteinausscheidung bei, die Entfernung von → Eisen, → Kupfer usw. verhindert die Ausscheidung von Metalltrübungen. Die Anwendung von Austauschern muss aus Gründen der Wirtschaftlichkeit im Durchlaufverfahren erfolgen und setzt entsprechende apparative Einrichtungen voraus. Die Methode ist – auch aus weingesetzlichen Gründen – auf die Herstellung von Traubenmostkonzentrat (→ Traubenmostkonzentrat, rektifiziertes) begrenzt. (→ Ionenaustauscher, → Kationen, → Metalltrübungen).

Keg-Fass. Ein Behälter aus → Edelstahl gefertigt, der sich bei der Fassbier-Abfüllung und dem -Transport bewährt hat. Eine analoge Benutzung zum „Verzapfen" von Wein mag bei Großveranstaltungen in Betracht kommen. Inhalt: 20,25,30 und 50 Liter.

Keimfreimachen der Behälter. Weine mit → Restsüße können nur in keimfrei gemachten Behältern gelagert werden, um vor → Nachgärungen geschützt zu sein. Die übliche, wenn auch noch so sorgfältige Reinigung ist keinesfalls ausreichend. Soweit die Tanks und Fässer mit wärmeempfindlichem Material ausgekleidet sind, können sie nur mit schwefliger Säure sterilisiert werden. GFK-Behälter und Stahltanks werden mit Dampf am bequemsten keimfrei gemacht (→ HACCP, → Reinigungsmittel, → Sterilisieren von Behältern).

Keimgehalt. Die in Most oder Wein vorkommenden → Mikroorganismen werden der üblichen Sprachregelung nach dann als Keime bezeichnet, wenn man eine Vermehrung befürchten muss (z. B. unerwünschte → Nachgärung durch Vermehrung von Hefe-„keimen“). Im gewissen Umfang ist die Gefahr einer solchen unerwünschte Keimvermehrung um so größer, je größer der Keimgehalt (Zahl der Keime) ist. Enthält ein abgefüllter Flaschenwein mehr als etwa 5 Hefen pro Flasche, dann kann eine Vermehrung und Eintrübung erfolgen, falls der Wein noch → Zucker enthält. Verbindliche Richtzahlen lassen sich allerdings nicht aufstellen, da rein theoretisch bereits ein vermehrungsfähiger Keim ausreicht, um den ganzen Flascheninhalt einzutrüben.
Bei einem Keimgehalt von einigen Millionen pro Liter ist die Trübung deutlich sichtbar. Darüber hinaus tritt, falls es sich bei den Keimen um Hefen handelt, → Gärung unter Bildung von → Kohlensäure ein (→ Nachtrübungen, → Keimgehalt der Trauben).

Keimgehalt der Kellerluft. Die Kellerluft enthält, je nach dem Grad der Sauberkeit, regelmäßig eine kleinere oder größere Zahl der verschiedensten → Mikroorganismen. Am häufigsten sind → Schimmelpilzsporen der verschiedenen Arten vertreten, daneben finden sich regelmäßig auch echte → Hefen und nichtgärfähige *Torula*-Arten sowie zahlreiche → Bakterien, vor allem Essigbildner und → Kahmhefen.
Es besteht bei → Abstichen, Umfüllungen usw. theoretisch die Möglichkeit, dass diese Keime in den Wein gelangen. Tatsächlich interessiert nur die *Kontaktinfektion*, die man durch Sauberhaltung der Geräte, Maschinen und der Kellerwände vermeiden sollte (Hygiene, → Reinigungsmittel). Diese Verhältnisse sind vor allem bei der Sterilabfüllung von süßgehaltenen Weinen zu beachten (→ Abfüllkabine).
Gemessen an der Kontaktinfektion (unsterile Flaschen und Korken) und unsteriler Filtration fällt die Luftinfektion bei der Abfüllung kaum ins Gewicht (→ Sterilfüllen).

Keimgehalt der Trauben. Die Trauben sind immer von einer Reihe von → Mikroorganismen besiedelt, und zwar um so stärker, je reifer und je beschädigter sie sind und je tiefer sie am Rebstock hängen und der Beschmutzung mit Erde ausgesetzt sind. Der Art nach trifft man mehr oder weniger die gleichen Organismen an, doch das Verhältnis der einzelnen zueinander ist, je nach der Beschaffenheit der Trauben, starken Schwankungen unterworfen. Gesunde Beeren enthalten vorwiegend → Hefen, bei kranken und verletzten Beeren überwiegen → Schimmelpilze, → Bakterien usw. Bei verletzten Beeren kann es deshalb schon am Stock zur Essigbildung kommen.
Für die Durchführung der Traubenlese ergibt sich deshalb die Forderung, befallene Trauben auszusondern. Dabei übertreffen wilde Hefen beim Start der → Spontangärung die Anzahl der „echten“ Hefen (*S. cerevisiae)* zunächst um mehrere Größenordnungen. Die „echten“ Weinhefen verdrängen jedoch mit der beginnenden Alkoholbildung diese „wilden Hefen“. Unterstützen kann man diese Maßnahme weiterhin durch Vorklärung des Mostes durch → Entschleimen, → Flotation oder Separieren und dem Einsatz von

→ Starterhefen. Eine gewisse Dominanz der *S. cerevisiae* ergibt sich zudem noch durch die „Infektion" durch die bei der Traubenverarbeitung im Betrieb „bodenständigen" Sacharomyceten (→ Hefen).

Kelleranstrich. Im Fachhandel sind pilzhemmende, fertigkonfektionierte Spezialfarben erhältlich.

Kellerbuch nennt man einen Teil der (schriftlichen) Aufzeichnungen, die im Rahmen der Weinbuchführung gesetzlich vorgeschrieben werden. Die umfänglichen Auflagen, die mit der Weinbuchführung verbunden sind, können hier nur fragmentarisch angedeutet werden.

- Das eigentliche Kellerbuch gibt den (zeitlichen) Ablauf der Betriebsvorgänge an.
- Das Weinbuch enthält die allgemeinen buchungspflichtigen Angaben (Konten der einzelnen Weine).
- Das Buch des Geschäftsvermittlers.
- Das Stoffbuch.

Kellereiabfüllung trifft dann zu, wenn der Abfüller nicht Erzeuger des verwendeten Traubengutes ist.

Kellerfeuchtigkeit ist von wesentlichem Einfluss auf die Holzfässer und die Weine. Zu große Feuchtigkeit verkürzt die Lebensdauer der Fässer. Zu trockene Keller erhöhen den → Schwund ganz erheblich. Ein mittlerer Feuchtigkeitsgehalt (70–75 %) ist am zweckmäßigsten. Auch die Schimmelpilzbildung an Fasslagern, Wänden usw. wird durch zu hohe Feuchtigkeit stark gefördert. Feuchte Keller erhöhen die Korrosionsgefahr an Metallteilen. In Weinkellereien mit anderen Behältern als Holzfässern (meist → aus Edelstahl) ist deshalb eine möglichst trockene Atmosphäre erwünscht (→ Barriquekeller).

Kellerklima. Der Begriff umfasst die Feuchtigkeit und die Temperatur. Die optimalen Werte variieren je nach Produktionsstadien (→ Kellerfeuchtigkeit, → Erwärmung der Keller).

Kellermotten (→ Korkmotten). Unter diesem Oberbegriff verbergen sich verschiedene Arten von Schmetterlingen, die deshalb gefährlich sind, weil sie ihre Eier auf Korken und Holz ablegen. Dadurch wird z. B. der → Korkstopfen (durch die Larven) zerstört. In schweren Fällen kann der Wein auslaufen. Einen Schutz bietet die Verkapselung. Besser ist jedoch die Bekämpfungsmaßnahme während des Hauptmottenfluges (Mai, Juni, Juli) durch Dichlorvospräparate. Die im Handel, angebotenen Präparate halten in ihrer Wirkung etwa 6 Wochen an, vorausgesetzt, dass der Flaschenlagerkeller nicht stark belüftet ist. Die Anwendung von Dichlorphospräparaten wird aus hygienischen Gründen kritisch gesehen. Ersatzweise werden Lichtfallen empfohlen. Auch in hellen Räumen mit starkem Durchzug nisten sich die Schädlinge *nicht* leicht ein, da sie hauptsächlich durch den Alkoholgehalt der Luft angelockt werden. Man vermeide deshalb die Flaschenlagerung direkt im Weinkeller. Die Problematik der Korkmotten ist bei Verwendung von (geschlossenen, nicht perforierten) → Kapseln und alternativen → Flaschenverschlüssen gelöst.

Kellerräume. Normalerweise sollten Gär- und Lagerkeller voneinander getrennt sein. Der → Gärkeller soll leicht zu lüften sein, möglichst auch über eine Entlüftungsanlage zur Ableitung der Kohlensäure verfügen. Der Lagerkeller verlangt eine möglichst gleichmäßige Temperatur von 8 bis 10 °C bei Weiß- und 12 bis 14 °C bei Rotweinen. Abgefüllte Flaschen werden in einem besonderen → Flaschenkeller gestapelt. Im althergebrachten Sinne sind Kellerräume unterirdisch angelegt. Vielfach werden heute „Kellerräume“ ebenerdig angelegt, da Fortschritte in der Isolationstechnik und Raumklimatisierung dies ermöglichen. Eine solche Anordnung hat auch arbeitswirtschaftliche Vorteile.

Kellerrecht. Es enthält die Regeln, die man als Gast bei einer Probe oder einem Besuch des Kellers zu beachten hat. Man findet das Kellerrecht oft noch auf Tafeln in älteren Kellern verzeichnet. Insbesondere Rauchen und Klopfen an Holzfässern ist verboten. Letzteres Gebot scheint begründbar: Durch Druck kann sedimentierter → Trub aufgewirbelt werden.

Kellerschimmel, vulg. Kellerrotz *(Cladosporium cellare).* Ein in feuchten Kellern vorkommender Schimmelpilz, der an den Wänden, auf Flaschen, Fasslagern usw. dunkelgraugrüne Rasen bildet. Er bildet, im Gegensatz zu anderen Schimmelpilzen, keine unangenehmen Geruchsstoffe aus und riecht nicht muffig. Es ist sogar zu beobachten, dass dieser Schimmelbelag die Kelleratmosphäre verbessert und die Feuchtigkeit reguliert. In gut belüfteten, mit Edelstahlbehältern belegten Gär-und Lagerräumen tritt das Problem nicht auf.

Kellertechnik. Der Teil der → Önologie (Weinwissenschaft), der sich mit dem methodisch-apparativen Teil der Weinbereitung beschäftigt. Der früher häufig benutzte Begriff der „Kellerwirtschaft“ schließt noch zusätzlich die dabei zu beachtenden weingesetzlichen Normen und die Beurteilung von Wein mit ein. Das Fachgebiet sollte mit dem umfassenden Begriff der Önologie umschrieben werden.

Kellerwirtschaft. Veraltet, synonymer Begriff für das Gebiet der Önologie.

Kelter (lat. calcare = mit den Füßen stampfen) nennt man eine Maschine zur Auspressung der Maische, d. h. zur Gewinnung des Mostes. Ältere Konstruktionen von Weinpressen setzen sich aus Presskorb, Presswerk und Saftwanne zusammen. Die perforierten Presskörbe sind meist liegend angeordnet und bestehen aus einem Siebmantel aus Holz, GFK, Schwarzstahl oder (am besten) aus Edelstahl. Die Presskörbe rotieren, um den Saftablauf und das → Aufscheitern zu ermöglichen. Das Presswerk kann durch Spindeln (Schraubenprinzip) oder durch Hydraulik betrieben werden, wobei die Pressteller den Druck ausüben. Heute sind die genannten Systeme weitgehend überholt.
Die → pneumatischen Pressen arbeiten mit Luftdruck. Die ersten Konstruktionen (→ Willmes-Presser) wurden inzwischen in der Form der → Tankpressen fortentwickelt. Die Vorteile dieser neuen pneumatischen Pressen lassen sich so zusammenfassen:

- Leichte Bedienung.
- Gute Ausbeute bei niedrigem Trubgehalt der Moste.
- Niedriger Gerbstoffgehalt der Moste.
- Große Kapazität und variable automatischen → Pressprogrammen (bis zu 10 verschiedene Programme je nach Hersteller).
- Spezialprogramme für die Herstellung von Champagner zur → Ganztraubenpressung oder gar für Kombinationen bei vorgängiger Maische- → Mazeration.
- Kühleinrichtungen oder Inertgasbefüllungen als Option.

Bei der heute kaum noch gebauten Horizontal-Spindel-Kelter und der hydraulischen Kelter wird nach dem Einfüllen gepresst und danach werden die Pressteller wieder zurückgefahren, wobei die Ketten den Trester aufreissen (aufscheitern). Bei der nächsten Pressung kann dann der Most wieder unbehindert ablaufen, bis sich die Saftablaufbahnen wieder verstopft haben. Alle diese ge-

nannten Keltern benötigen zur Auspressung der eingebrachten Maische zwei bis vier Stunden.
→ Schneckenpressen arbeiten → kontinuierlich (nach dem Prinzip der Haushaltsfruchtpresse). Die fortlaufende Arbeitsweise (kontinuierlich) ist insbesondere für den Großbetrieb sinnvoll. Dabei ist in der Regel ein Schrägentsafter zur Mostvorentsaftung integriert. Es fallen 2–4 Fraktionen (außer Mostvorlauf) an, die den herkömmlichen → Press- und → Scheitermosten entsprechen (→ Horizontalpressen, Mebranpressen, Schubkolbenpresse, → Vorentsafter) (→ Abb. 10 und 22 im Anhang).

Kelterhaus. Gebäudetrakt einer Weinkellerei, der die zur Gewinnung der Maische und des Mostes notwendigen Geräte (insbesondere die → Kelter) enthält.

Kelterlack ist ein rasch trocknender, geschmacksfreier Lack, der als Lösungsmittel Alkohol enthält. Er dient als Anstrich für Metallgegenstände wie Keltergeschirr, Saftwanne, Schaufeln etc. Da der Anstrich mechanisch empfindlich und wenig dauerhaft ist, musste dieser regelmäßig erneuert werden. Neuerdings gibt es dauerhaftere Zweikomponentenlacke, die aber langsamer trocknen und möglichst im heißen Luftstrom aushärten sollten. Der fast ausschließliche Gebrauch von inerten Stählen (unter Verzicht auf Buntmetalle und Schwarzstahl) macht den K. entbehrlich.

Keltertrauben. Im Unterschied zu den → Tafeltrauben sind K. speziell zur Weinbereitung geeignet. Zur Gewinnung von Tafeltrauben züchtet man Rebsorten, die eine harte Schale haben und relativ kernlos sind. Damit wird die höhere Lagerfähigkeit der Tafeltrauben erreicht. Die allgemein kleinbeerigen Keltertrauben erbringen eine im Verhältnis zum eigentlichen Saftanteil große Schalenoberfläche mit erhöhten Aromenanteilen in der „Schale". Weiße Tafeltrauben, wie z. B. die Concord-Traube, eignen sich zur Produktion von Sultaninen.

Kennzahl nennt man ein nach anerkannten analytischen Vorschriften erstelltes Messergebnis verbunden mit Aussagen zum Gehalt an Inhaltsstoffen (von Most, Wein oder Verarbeitungsprodukten), die zur Überprüfung der Beschaffenheit der Produkte herangezogen werden (s. Tab. 20 und 21 im Anhang, → Weinkontrolle, → Weinfälschungen).

Kennzeichnung der Weine. Die Bezeichnungsverordnungen sind einer ständigen Veränderung unterworfen (→ Bezeichnung, → Deklaration).

Kerne (Samen). Jede einzelne Traubenbeere enthält normalerweise zwei bis vier, meist aber zwei Kerne. Kernlose Sorten (Thompson Seedless) werden zur Erzeugung von Korinthen und Sultaninen in Südeuropa, Kalifornien und anderen südlichen Ländern angebaut. In seltenen Fällen kann es zur „Jungfernfrüchtigkeit" unter Ausbildung kernloser Traubenbeeren kommen, auch bei *Vitis vinifera*-Rebsorten (Beispiel Huxelrebe).
Der Gewichtsanteil der Kerne beträgt → etwa 3 bis 6 % der Beere. Sie enthalten 10 bis 20 % fettes Öl, das ein vorzügliches Speiseöl abgibt und technisch gewonnen werden kann. Daneben sind 5 bis 9 % Gerbstoff neben kleineren Mengen flüchtiger Säuren sowie ein herber, harzartiger Stoff vorhanden, der die Ursache eines etwaigen → Kerngeschmackes sein dürfte. Die Kerne dürfen nicht zerquetscht werden, worauf beim Zerkleinern der Trauben durch entsprechend weite Walzenstellung der Traubenmühle zu achten ist. Neben der Gewinnung von Speiseöl betrachtet man die K. als „unerwünschtes Abfallprodukt" der Weinbereitung. Ausführliche Kenntnisse zur chemischen Zusammenset-

zung der Kerne scheinen dieserhalb zu fehlen (→ Gerbstoffe, → Traubenkernöl).

Kerner ist eine weiße Rebsorte (Weinsberger Neuzüchtung aus Trollinger × Riesling), die überwiegend in der Pfalz angebaut wird (1134 ha/4,8 % in 2008), knapp übertroffen von Rheinhessen mit 1224 ha. In Deutschland sind es insgesamt nur noch 3712 ha. Im Allgemeinen sind die Weine bei hohem Ausgangsmostgewicht relativ extraktarm. Der Anbau der Rebsorte ist seit dem Jahr 1993 auf die Hälfte zurückgegangen. (vom ehemals 3. Platz auf den 6. Platz der Weißwein-Kollektion). Bei geeignetem Standort können die Weine in der Art zwischen → Müller-Thurgau (reiches Aroma) und → Riesling (frische, angenehme Säure) eingeordnet werden (→ Rebsortenanbau)(s. Tab. 9, 10 und 11 im Anhang).

Kerngeschmack kann (selten) auftreten, wenn die Traubenkerne infolge zu enger Walzenstellung bei der Mahlung zerquetscht wurden. Der Wein nimmt dann Gerbstoffe neben anderen Stoffen auf, die ihm einen unangenehmen, zusammenziehenden Geschmack verleihen. Die Walzen moderner Traubenmühlen sind nachgiebig gelagert und bestehen aus Kunststoff, so dass die Probleme hier kaum entstehen (→ Gelatine, → Gerbstoffe).

Kernhefe nennt man die mittlere Schicht des beim ersten Abstich anfallenden Gelägers, die fast ausschließlich aus Hefezellen besteht (→ Hefeschönung). Trub, der aus stark vorgeklärten Mosten beim Abstich anfällt, ist zur Hefeschönung ebenfalls gut geeignet (→ Bâtonnage).

Kernig nennt man in der → Weinsprache einen Wein mit genügend Extrakt und vor allem einer betont kräftigen, aber nicht unharmonisch hervortretenden Säure. Solche Weine werden auch als „herzhaft" bezeichnet.

Ketoglutarsäure ist eine Ketosäure, die als Gärungsprodukt entsteht und insbesondere bei verlangsamter Gärung zunimmt. Die beste Vorsorge, den unerwünschten Gehalt zu reduzieren, ist der Zusatz von → Thiamin vor Gärbeginn. Die Ketoglutarsäure ist nach Acetaldehyd am stärksten an der SO_2-Bindung beteiligt (→ schweflige Säure, Bindung, → Tab. 24 im Anhang).

Ketosäuren besitzen neben der Säuregruppe (→ Carboxylgruppe) noch eine Ketogruppe – CO –, die mit SO_2 reagiert (→ Schweflige Säure, Bindung). Dadurch steigt der SO_2-Bedarf solcher Weine an (→ *Botrytis cinerea*). Wichtige Ketosäuren: → Brenztraubensäure, → Ketoglutarsäure (→ Tab. 24 im Anhang, → Wein, Zusammensetzung).

Kerzenfilter bestehen aus gefalteten Flachmembranen, häufig aus mehreren Lagen auch unterschiedlicher Porengrößen, von Kunststoffmaterialien, die infolge ihrer Porengröße Partikel und Mikroorganismen, d. h. „unbelebtes" und „belebtes" Material zurückhalten. Man kann die Filterkerzen so konstruieren, dass diese als Vorfilter eingesetzt werden. Vorfilter sind als Klärfilter oder Feinfilter in unterschiedlichen Abscheideraten und Standzeiten einsetzbar, doch sind die meisten Kerzenfilter so ausgelegt, dass eine Sterilfiltration erreicht wird. In dieser Auslegung sind die Kerzenfilter als „Polizeifilter" sehr sicher und übertreffen in diesem Punkt die bisher verbreiteten Endfilter zur Flaschenabfüllung nach dem Prinzip der → Schichtenfilter.
Die Kerzenfilter sind in entsprechenden Filtergehäusen installiert.
Vorteile sind:
- Geringes Totvolumen und damit gute Produkttrennung bei Wechsel des Produktes (Wein, Saft etc.).

- Geringe Wechselwirkung mit den Inhaltsstoffen des Produktes (Rückhaltung von Weininhaltsstoffen wie Farbstoffe, Aromen etc.).
- Als Endfilter zulässige Abtrennung von Mikroorganismen (Hefen, Bakterien).
- Ständige Kontrollmöglichkeit zur Überprüfung der Trennleistung während des Betriebes.

Die Nachteile der Kerzenfilter sind:
- Spezielle Filtergehäuse erforderlich.
- Nur geringe Aufnahmekapazität für Trubstoffe.
- Bei unzureichender Vorklärung nur unzureichende Standzeiten.
- Fallweise kostenträchtig (→ Endfilterkerze, → Membranfilter, → Abb. 8 im Anhang).

Kieselgur ist als Filterhilfsmittel bei der → Filtration gebräuchlich. Als solches ist es in vorgefertigten Filterschichten enthalten oder wird in → Kieselgurfilteranlagen angeschwemmt. Es handelt sich um die sog. Diatomeenerden, die als Ablagerung von Kieselalgen entstanden sind. Die aus Lagerstätten geförderte Kieselgur wird für die Zwecke der Filtration vorher gereinigt. Man kennt verschiedene Gur-Sorten, die sich nach „Wasserwert" in Gruppen einteilen lassen (→ Filterhilfsmittel).

Kieselgurfilteranlage. Dient zur groben Vorfiltration, insbesondere schleimiger Moste oder Weine. Besteht aus Dosiergerät und → Anschwemmfilter. Das Dosiergerät hat die Aufgabe, dem durch die Pumpe herangeführten trüben Most oder Wein fortlaufend Kieselgur beizumischen, so dass zu der Grundanschwemmung eine sich ständig erneuernde (sekundäre) Filterschicht hinzuwächst. Die Gefahr des Verbrauches und des Verstopfens der primären Filterschicht wird somit geringer. Die eigentliche Schicht im Anschwemmfilter wird dadurch solange wachsen, bis die Trubkammer des Filters voll belegt ist. Die Filterelemente können wie bei Schichtenfiltern angeordnet sein, wobei das vollgefahrene Filter „ausgepackt" werden muss.
Bei Kesselfiltern sind die Filterelemente in Form von Kerzen oder Tellern angeordnet. Moderne Anlagen sind so konstruiert, dass die Anschwemmung und der Austrag des Filterkuchens vollautomatisiert ist (→ Anschwemmfilter, → Abb. 11 im Anhang).

Kieselgurfiltration → Kieselgurfilteranlage.

Kieselgurrahmen sind Einsätze, die bei der Kieselgurfiltration im → Filtergestell angeordnet werden, damit durch Anschwemmung der Filterhilfsmittel eine → Filterschicht aufgebaut wird. Im Falle der → Entsäuerung mit Hilfe des Calciumdoppelsalzes ist eine Anschwemmung von → Filterhilfsmitteln nicht erforderlich, da sich das Doppelsalz wie ein → Filterhilfsmittel verhält. Im gleichen Maße wie die Schichtenfiltration durch andere Filtrations- u. Klärsysteme verdrängt wurde, erfolgte die Umstellung auf Kesselfilter. In größeren Betrieben nutzt man die → Crossflow- oder Membrantechnik.

Kieselsäure (SiO_2) liegt in geringer Menge in der Most- und Weinasche vor, in 1 g Weinasche wurden 20 bis 40 mg nachgewiesen (→ Wein, Zusammensetzung).

Kieselsol darf an Stelle von → Tannin bei der → Schönung benutzt werden. Die weißliche, opalisierende Flüssigkeit ist 15- und 30 %ig im Handel. Die Kieselsol-Lösung ist frostempfindlich und wird in der Regel mit Gelatine zusammen angewendet. Meist gibt man zur Flugschönung 20 g Gelatine + 200 ml 15 %iges Kieselsol oder 100 ml 30 %iges Kieselsol auf 1000 Liter. Für Mostbehandlungen (→ Süßreserve) haben sich höhere Zusätze bewährt (→ Gelatine, → Weinbereitung, zugelassene Stoffe).

Killerhefen sind Hefen, die durch Ausscheidung von Toxinen andere Hefestämme unterdrücken können. Es wird derzeit noch untersucht, ob man solche Eigenschaften nutzbringend bei der Weinbereitung ausnützen kann. Da die Killereigenschaft einer Hefe ihr einen Populationsvorteil verschafft, werden Reinzuchthefen häufig als → Starterhefen mit Killereigenschaften (K2) am Markt angeboten (→ Hefen, Killereigenschaften).

Kirchenfenster ist eine optische Erscheinung bei speziellen Weinen. Dabei bilden sich in der Kondensationszone des Weinglases „bogenförmige Schlieren" die sich in etwa in der bogenförmigen Form eines Kirchenfensters abzeichnen. Dieses Phänomen tritt nur bei hochviskosen, alkohol-und körperreichen Weinen auf.

Kirschwein bereitet man am besten aus Sauerkirschen. Süßkirschen können lediglich als Zusatz zu Sauerkirschen verwendet und mitverarbeitet werden. Die Sauerkirschen enthalten etwa 12 bis 20 g/l Säure bei 55 bis 70 °Oe Mostgewicht. Die Maische lässt man unter Zusatz von → Reinzuchthefe angären, presst ab und lässt nach Zugabe von 20 bis 30 mg Gärsalz und 150 g Zucker je Liter zu Ende gären. Nach erfolgter Vergärung und Absetzen der Hefe wird abgezogen und bis zur völligen Klärung in vollem Gefäß gelagert und dann auf Flaschen gefüllt. Längere Lagerung der Flaschen verfeinert den Geschmack (→ Obstweine).

Klärmittel. Die Klärmittel unterliegen als Weinbehandlungsstoffe den Vorschriften des Weingesetzes. In der -VO (EWG) Nr. 822/87 (→ Weinbereitung, zugelassene Stoffe) sind die zulässigen Klärmittel für die EU aufgeführt. Die Liste wird seither ständig verändert. Für den internationalen Gebrauch sind zusätzliche Verfahren und Behandlungsmittel im CODEX der → OIV aufgelistet (→ Tab. 18 im Anhang). Im erweiterten Sinne gehören dazu auch die sog. Filterhilfsmittel wie → Perlite, → Zellulose und → Kieselgur. Im engeren Sinne bezeichnet man damit Behandlungsstoffe, die, dem Wein zugesetzt, klärend wirken, d. h. dessen Trubstoffe durch Vergröberung zu Boden reissen. Klärmittel sind → Gelatine in Kombination mit → Tannin oder → Kieselsol oder → Hausenblase (→ Flugschönung, → Schönung).

Klärung der Moste. Die K. der Moste vor der Gärung ist im Gegensatz zur → Klärung der Weine eine Grobklärung. Die Verfahren → Entschleimen, → Flotation, → Separation, führen zu unterschiedlichen Klärgraden, die zum Beispiel mittels → Laborzentrifugen gemessen werden. Der gemessene → Trub-Gehalt (→ NTU-Grade) spielt unter anderem auch für den Gärverlauf eine große Rolle (→ Abb. 12 im Anhang, → Mostvorklärung).

Klärung der Weine. Da die spontane (Selbst)-Klärung der Jungweine nach der Gärung nicht ausreicht, werden Verfahren zur Klärung eingesetzt. Zur „apparativen" Klärung stehen zwei Methoden zur Verfügung, die → Schönung und die Klärung durch → Crossflowfiltration, → Separatoren, → Kieselgurfilteranlagen oder → Filtration. Beide Verfahren bringen bei richtiger und zeitgerechter Anwendung vollen Erfolg. In den meisten Fällen werden beide Verfahren miteinander kombiniert (→ Abb. 12 im Anhang).

Klarettweine (Franz. Claret) sind aus blauen oder roten Trauben durch sofortige schonende Abpressung gewonnene farblose oder leicht rosa gefärbte Weine, die gern bei der Schaumweinbereitung verwendet werden. Die Bezeichnung Klarettwein ist zur → Deklaration deutscher Weine nicht zugelassen.

Klarheit. Die mit dem Auge erkennbare Klarheit eines Weines lässt sich zur Beurteilung heranziehen. Während des Ausbaues im Behälter muss man davon ausgehen, dass eine absolute Klarheit, die auch mit dem Begriff „glanzklar“ umschrieben wird, nicht erreichbar, aber auch nicht unbedingt erforderlich ist. Die Eintrübung kann dort durch Ausscheidungen von → Eiweiß, → Gerbstoff, → Weinstein usw. hervorgerufen werden, aber auch auf die Entwicklung von → Mikroorganismen zurückgehen. Letztere Veränderung ist auch im Stadium des → Ausbaues nicht immer erwünscht.
Im Rahmen des 5-Punkte-DLG-Bewertungsschemas wird jeder Wein von der Bewertung ausgenommen, der die Vorbedingung der Klarheit nicht erfüllt (→ Trübung, Messung, → Weinbewertung, → Tab. 30 im Anhang).

Klassifizierung. Einteilung der Weine in Qualitätsstufen. Dabei kann auch die geographische Herkunft in die K. einbezogen sein (→ Terroir).

Kleinklima. Regionale und lokale Klimabedingungen gelten zur Einstufung des → Terroirs als das entscheidende Kriterium. Ob die Lage des Weinbergs, die dortige Bodenstruktur oder die Produktion, d. h. die önologischen Faktoren vorrangig Einfluss auf den Weincharakter haben, wird kontorvers diskutiert.

Klimazonen. Für den Weltweinbau lassen sich differente Anbauzonen definieren, wobei die nördliche und die südliche Zone jahreszeitlich unterschiedliche Reifezeiten diktieren.
Durch die stattfindenden Veränderungen des Klimas verschieben sich auch die Klimazonen. Teilweise tritt die Traubenreife früher ein; dies betrifft auch andere weinbauliche Faktoren.

Klingelberger ist eine in Baden (Durbach) gebräuchliche Bezeichnung für den → Riesling. Die Bezeichnung ist nach VO (EWG) Nr. 3201/90, Anhang III, als Synonym für badische QbA-Rieslinge zugelassen.

Klon ist ein Begriff für die Selektion von ausgewählten Rebstöcken einer Rebsorte. Theoretisch kann dieses Merkmal nur bei Vermehrung einer einzelnen Zelle garantiert werden (In-vitro-Kultur), praktisch wird die Erhaltung der Eigenschaften durch „Erhaltungszüchtung“ betrieben.
Das Problem der Erhaltungszüchtung, die von eingetragenen „Erhaltungszüchtern für garantiertes Pflanzgut“ kommerziell durchgeführt wird, besteht u. a. in der spontanen Mutation der Eigenschaften und Merkmale einer Rebsorte. Außerdem muss ein Virusbefall ausgeschlossen sein und eine Verbesserung der Eigenschaften (z. B. Resistenz) gewährleistet sein. Vielfach führte die Klonenselektion zu Rebsorten mit hoher Ertragsleistung.

Klosterneuburger Mostwaage ist ein → Aräometer (Senkwaage, Mostspindel) das den Zuckergehalt des Mostes in Gew.-% angibt. Die Werte stimmen aber nur bei einem Zuckergehalt von etwa 20 % und einem Nichtzuckergehalt von 3 % mit den wirklichen Werten überein. Bei höherem Zuckergehalt des Mostes liefert die Waage etwas zu niedrige, bei geringerem etwas zu hohe Werte. Das Aräometer wird ausschließlich in Österreich benutzt.

Kochgeschmack zeigt sich als Weinfehler. Er ähnelt dem Geschmack von gekochten Früchten (Apfelbrei) und erinnert an karamelisierte Zuckerlösung. K. kann bei extremer Wärmebelastung auftreten.

Körper nennt man die Gesamtheit der nichtflüchtigen Weinbestandteile. Körperreiche

Weine sind daher infolge ihres hohen → Extraktgehaltes „voll“. Bei der → Weinansprache wird dies synonym verwendet zu „nachhaltig“, „vollmundig“ etc.

Kohle → Aktivkohle.

Kohlebehandlung → Aktivkohle.

Kohlendioxid (E290) → Kohlensäure.

Kohlenhydrate ist ein Sammelbegriff für eine Gruppe chemisch ähnlicher Verbindungen, die in biologischem Material (Tiere, Pflanzen) als Gerüstsubstanzen und Nährstoffe von großer Bedeutung sind. Diese vereinfachte Begriffsbildung stammt aus der Frühzeit der Entdeckung der Kohlenhydrate, bei denen man feststellte, dass sie nach der Summenformel $C_x(H_2O)_y$, also scheinbar aus Kohlenstoff (C) und Wasser (H_2O), zusammengesetzt schienen. Diese Anschauung ist längst überholt.
Zweckmäßigerweise teilt man Kohlenhydrate ein in 1. Monosaccharide, 2. Oligosaccharide und 3. → Polysaccharide. Zu den Monosacchariden gehören die sogenannten Einfachzucker, die man zu den Aldosen oder zu den Ketosen rechnen kann. Für die Önologie haben Bedeutung bei den Aldosen: → Arabinose, → Xylose (5er Zucker), → Glucose. Bei den Ketosen steht die → Fructose im Vordergrund. Aus der genannten Summenformel leiten sich für 5er Zucker ab: $C_5H_{10}O_5$, für die 6er Zucker: $C_6H_{12}O_6$.
Zu den Oligosacchariden, die sich aus der Verknüpfung von Monosacchariden durch Wasseraustritt ergeben, zählen die für die Önologie wichtigen Disaccharide. Daraus ergibt sich die Summenformel $C_{12}\,H_{22}\,O_{11}$.
Das wichtigste → Disaccharid ist → Saccharose, die in Form des → Rohrzuckers aus Zuckerrohr gewonnen wird, in Form des → Rübenzuckers aus der Zuckerrübe. Durch unterschiedliche Synthesewege bedingt, lässt sich Rohrzucker von Rübenzucker durch Messung des Kohlenstoffisotops ^{13}C unterscheiden. Da die Verknüpfung der Monosaccharid-Grundbausteine unterschiedlich erfolgen kann, gibt es eine Reihe weiterer Disaccharide, wie → Maltose oder → Lactose, die aber für die Önologie keine Bedeutung haben.
Während die Disacharide noch den charakteristischen Süßegeschmack der Zucker haben, fehlt dieser bei den stärker verknüpften → Polysachariden. Es handelt sich um aus Bausteinen der Monosaccharide gebildete Makromoleküle. Als Reservesubstanz der Pflanze ist → Stärke anzusehen (→ Molekulargewicht über 50 000). Einen noch höheren Polymerisationsgrad hat Zellulose, die als Gerüstsubstanzder Pflanzen von Bedeutung ist. Dazu zählen auch → Pektine. Eine Reihe von Gerüstsubstanzen von Bakterien sind nicht dem einfachen Schema entsprechend aufgebaut, werden aber auch zu den Kohlenhydraten gerechnet. Glykoproteine sind aus Kohlenhydratketten zusammengesetzt, die mit Proteinen verbunden sind (→ Glucane, → Zellulose).

Kohlensäure (CO_2) entsteht in großen Mengen bei der alkoholischen Gärung aus dem Zucker (→ Gärungskohlensäure, → Kohlensäure, Endogene). Sie ist erheblich schwerer als Luft und füllt den Keller allmählich. Da sie erstickend wirkt, ist für Ableitung aus dem Keller zu sorgen → Gärkeller ohne CO_2-Ableitung sollten im Herbst nur mit brennender Kerze betreten werden. Beim Verlöschen ist der Raum sofort zu verlassen. Im Handel werden tragbare CO_2-Warngeräte (→ Sensoren) angeboten, die naturgemäß zuverlässiger als die Flamme einer Kerze Gefahr anzeigen. Beim → biologischen Säureabbau entsteht ebenfalls Kohlensäure.
Auch Kohlensäure, die nicht von der Gärung stammt, ist für die Weinbereitung zugelassen (→ Weinbereitung, zugelassene Stoffe). Sie kann in Stahlflaschen unter Druck verdichtet

oder als → Trockeneis angewendet werden. Man benutzt die Kohlensäure zur Auffrischung älterer, lahm gewordener Weine. Normale Weine enthalten 0,1 bis 0,5 g/l Kohlensäure, spritzige Weine etwa 1 bis 1,5 g/l (→ Auffrischen). Der Gehalt im Wein ist auf 2 g/l begrenzt.

Kohlensäureableitung. Bei der Gärung entsteht bis zum 50fachen Volumen des gärenden Weines an Kohlensäure. Diese Kohlensäure ist gefährlich, so dass in größeren Kellereien → Sensoren eingebaut sind, die automatische Exhaustoren in Gang setzen, wenn die Gefahrenschwelle erreicht wird. Zur Frage der Wiederverwendung → Gärungskohlensäure.

Kohlensäuredosierung erfolgt zum → Auffrischen, aber auch zur Ausprägung des Sortentyps von Wein. Die Einleitung des Gases muss in möglichst feiner Verteilung vorgenommen werden und wird mittels besonderer Dosiergeräte aus Frittematerial praktiziert. Die Dosierung kann auch mittels → Trockeneis vorgenommen werden. Man rechnet auf je 1000 l etwa 1 bis 2 kg Trockeneis. Im Großbetrieb wird die Dosierung durch Einrichtungen durchgeführt, die dem fließenden Wein Kohlensäure zuführen (→ Auffrischen der Weine, → Imprägnieren mit Kohlensäure).

Kohlensäure, Einfluss auf Bakterien. Von den in Fruchtsäften vorkommenden Bakterien werden die Essigsäurebakterien bereits in einer Kohlensäure-Atmosphäre an der Entwicklung gehindert. Milchsäurebakterien und die zu diesen gehörigen säureabbauenden Bakterien werden dagegen bei einem Druck von 8 bar nur gehemmt, aber nicht vollständig unterdrückt. Ein Zusatz von 25 bis 50 mg/l schweflige Säure unterstützt die Wirkung der Kohlensäure in vorteilhafter Weise.

Dieser Selektionsvorteil führt bei der Einlagerung im Drucktank nach Seitz-Böhi häufig zur Entwicklung von Milchsäurebakterien, so dass in solchen Fällen die Einlagerung nach Seitz-Böhi riskant ist. Im übrigen wird Süßreserve überwiegend „heiss“ eingelagert (→ Kurzzeiterhitzung, → Kohlensäure, Einfluss auf Hefe, → Pasteurisation).

Kohlensäure, Einfluss auf Hefe. Stärkerer Kohlensäuredruck unterbindet die Vermehrungsfähigkeit der → Hefe. Geringere Mengen verlangsamen sie. Völlige Unterbindung tritt jedoch erst bei einem Gehalt von 15 g/l = 7,7 bar Druck bei 15 °C ein. Die Gärtätigkeit der Hefe wird selbst bei der doppelten Menge nicht verhindert. Eine Abtötung der Hefe durch Kohlensäure tritt erst bei einem Sättigungsdruck von 30 bar ein. (Nach Untersuchungen von Schmitthenner). Bei der Herstellung von Süßmost nach dem → Seitz-Böhi-Verfahren (→ Einlagerung unter starkem Kohlensäuredruck) wird man deshalb durch Filtration, Zentrifugieren, Entschleimen usw. eine Verringerung der Hefezellen vornehmen, um die für Fruchtsäfte zulässige Höchstmenge von 3 g/l Alkohol (Traubensaft) oder 8 g/l für Süßreserve nicht zu überschreiten.

Kohlensäure, endogene. Bei der Herstellung von → Perlwein oder → Sekt ist ein gewisser Zusatz von CO_2 zur Ergänzung der Gärungskohlensäure (endogene Kohlensäure) erforderlich. Im erheblichen Umfange ist jedoch ein Zusatz von Quellenkohlensäure oder industrieller „Verbrennungs“-Kohlensäure (Exogene Kohlensäure) bei Perlwein gebräuchlich. Um die „natürlichen“ = endogenen Kohlensäureanteile im Überwachungsfall von den zugesetzten Anteilen „fremder“ Kohlensäure zu unterscheiden, wird die → Stabilisotopenanalyse angewendet. Dabei misst man das Verhältnis der beiden Kohlenstoff-Isotopen C_{12}/C_{13}. Über zu tolerierende

Grenzwerte wird im Einzelfall diskutiert. Bei Perlwein muss der Zusatz gegebenenfalls deklariert werden.

Kohlensäuregehalt der Weine. Normale „Stillweine" enthalten 0,1 bis 0,5 g/l = 50 bis 250 ml Kohlensäuregas pro Liter Wein. Weine mit weniger als 0,1 g/l kommen kaum vor und schmecken lahm. Spritzige Weine mit 1 g/l und mehr sind beliebt wegen ihrer Frische. Die maximale Löslichkeit bei normalen Tischweinen von etwa 10 % Vol. Alkohol beträgt bei einer Temperatur von 15 °C und 1 bar Luftdruck etwa 1,8 g/l = 900 ml CO_2 pro Liter. Von Einfluss ist auch die Luftkammer in der gefüllten Flasche.
Beim Verkorken herrscht ein Überdruck von 1,2 bis 1,8 bar. Bei Kunstkorken oder Überdimensionierung von Naturkorken kann der Druck beim Verkorken noch wesentlich höher ansteigen, weshalb Korkmaschinen stark strapaziert werden. Flaschenweine sollen keine großen Luftblasen beim Verkorken enthalten. Aus diesen Gründen wird beim → Abfüllen von Wein zunehmend mit CO_2-Spülung gearbeitet.
Um den Einfluss der Luftblase beim Verkorken aber mit Sicherheit zu umgehen, werden von der Industrie Zusatzeinrichtungen zu den Korkmaschinen geliefert, die CO_2-Gas kurz vor der Verkorkung einbringen und das Luftvolumen ersetzen. Im Augenblick der Verkorkung löst sich CO_2 (unter Druck) in Wein auf und verhindert den Druckaufbau im Leerraum. Der Gehalt an CO_2 im Wein ist auf 2 g/l begrenzt.

Kohlensäure-Löslichkeit. Der Gehalt an Kohlensäure ist für die Einstufung eines Getränkes von großer Bedeutung. Die Löslichkeit und damit der Gehalt eines Getränkes an Kohlensäure hängt vom Alkoholgehalt und dem → Extraktgehalt einerseits und den Umgebungsbedingungen (Druck und Temperatur) ab. Wird einem „Stillwein" unter Druck CO_2 zugeführt, entsteht Perlwein, darüber hinaus kann → Fruchtschaumwein entstehen. Handelt es sich hierbei nicht um Gärungskohlensäure, dann muss dieser Zusatz bei Schaumwein ausdrücklich deklariert werden (→ Kohlensäure, endogene).

Kohlensaurer Kalk (→ Calciumcarbonat) in chemisch reiner Form ist ein durch VO (EWG) 822/87 zugelassenes Mittel zur Wein- und Mostentsäuerung (→ Entsäuerung). Für die Methode der Doppelsalzfällung muss ein sich rasch auflösender Spezialkalk verwendet werden. Ein solcher mit Impf-Kristallen ist ausdrücklich zugelassen (→ Weinbereitung, zugelassene Stoffe).

Kolbenpumpe. Die Kolbenpumpen sind im Gegensatz zu den Kreiselpumpen Verdrängerpumpen. Die Verdrängung wird hier durch einen Kolben erreicht, der – ähnlich wie beim Hubkolbenmotor – auf und ab geht. Die dabei auftretenden Druckstöße werden durch einen Windkessel abgepuffert. Zur Verbesserung der Wirkung sind meist mehrere Zylinder und Kolben kombiniert. Trotz der notwendigen Ventile gelten die → Pumpen als sehr robust und können für große Fördermengen, aber auch für schwieriges Fördergut (z. B. Dickmaische) gebaut werden (→ Tab. 39 im Anhang).

Kolloide (griech. kolla = Leim) sind Teilchen, die verschieden aufgebaut sein können. Nach der Teilchengröße und dem Verhalten unterscheidet man zwischen den sichtbar in Erscheinung tretenden Trubteilchen (etwa 1 µm und größer) und den „echt" gelösten Teilchen (etwa 0,002 µm und kleiner). Eine andere Einteilung geht von der Anzahl der Atome aus (nach STAUDINGER), die in einem Molekül enthalten sind. Demnach sind in Kolloiden zwischen 1000 und 1 Milliarde Atome pro Teilchen assoziiert. Es kann sich dabei um ein Makromolekül oder um eine

Assoziation verschiedener Moleküle handeln. Kolloide können durch chromatographische Analysenmethoden diagnostiziert werden. Durch Papierfilter können die sehr kleinen Teilchen nicht abgetrennt werden, jedoch durch Ultrafilter (→ Membranfilter). Die im Wein enthaltenen Kolloide liegen überwiegend in einem Bereich von 0,1 bis 0,3 µm, wie sich mit eben diesen Methoden feststellen ließ.

Chemisch betrachtet gehören die natürlicherweise in Most und Wein enthaltenen Kolloide zu den → Proteinen, → Polyphenolen, → Farbstoffen, → Pektinen und den sog. Pflanzenschleimen. Letztere sind entweder Glucane oder Galactane, d. h. Polysaccharide. Ein hoher Kolloidanteil ist in Mosten und Weinen aus faulem Lesegut enthalten, was durch die enzymatische Wirkung von → Bakterien und Pilzen bei der Fäulnis ausgelöst wird. Da Kolloide „altern" oder durch Alkohol unlöslich werden, ist mit der → Gärung und dem → Ausbau eine natürliche Tendenz zum Abbau der Kolloide verbunden. Die Kolloide „denaturieren" und scheiden sich unlöslich als Trubstoffe teilweise ab. Solange diese Abscheidung nicht vollzogen ist, kann die Lösung instabil sein, d. h. es kann noch → Eintrübung eintreten. Letzteres ist gerade bei Flaschenwein unerwünscht. Viele Kolloide haben überschüssige Ladungen, d. h. sie sind entweder elektronegativ oder elektropositiv geladen. Da sich negativ geladene Komplexe abstoßen, kann die Aggregation, d. h. die Ausfällung nicht eintreten, die Kolloide stabilisieren sich. Durch Zusatz von Schönungsmitteln (→ Klärmittel) können Komplexe mit entgegengesetzter Ladung eingebracht werden, wobei die natürlichen Kolloide zusammen mit den eingebrachten künstlichen Kolloiden ausfallen.

Elektronegativ sind Farbstoffe, → Ferriphosphat, Kupfersulfid und die zugesetzten Klärmittel → Bentonit, → Kaolin, → Berliner Blau etc. Nach dieser Einteilung versteht man das Verhalten einiger Schönungsmittel wie Bentonit, die sowohl natürliche Proteine als auch zugesetzte Gelatine ausscheiden können. Nachteilig an diesem gegenseitigen Fällungsmechanismus ist die Tatsache, dass ein Zuviel an Schönungsmittel wieder zur Stabilisierung der Kolloide führen kann und die erwünschte Wirkung dann nicht eintritt (→ Überschönung).

Die Neigung zur Ausflockung von Kolloiden wird nicht allein durch den beschriebenen Mechanismus erklärt. Denaturierung unter Eintrübung kann auch durch Wärmeeinwirkung oder Aussalzen bzw. Veränderungen des pH-Wertes eintreten. Kolloide absorbieren dabei andere Ionen oder Makromoleküle.

Für die praktische Önologie ist nicht nur die beschriebene Labilität der Kolloide ein Problem (Haltbarkeit der Flaschenweine), sondern während des Ausbaues führen diese zu Klär- und Filtrationsschwierigkeiten.

Hoher Kolloidanteil (Beispiel Maische- und Mosterhitzung, Zähwerden von Wein) führt zum raschen Verstopfen der → Filterschichten und erschwert die Selbstklärung bei der Sedimentation der Trubteilchen. Pektine können durch → Pektinasen abgebaut werden, → Glucane durch → Glucanasen. Für eine Reihe anderer Kolloide gibt es jedoch noch keine geeigneten Enzyme. Die Erkenntnisse auf dem Gebiet der Kolloide sind noch lückenhaft, so dass die erwähnten Klärschwierigkeiten fallweise noch auftreten und insgesamt zu einem hohen Verbrauch an → Filterhilfsmitteln und -Schichten zwingen.

Da die Leistungsfähigkeit der → Crossflow-Filtration besonders stark vom Kolloidgehalt tangiert wird, sind umfängliche Untersuchungsreihen zum Thema in Gang gekommen (→ CMC, → Gummi arabicum, → Mannane). Neuerdings kommen Zweifel auf, ob die eben genannten Gruppe der Behandlungsstoffe aus folgenden Gründen ohne Probleme überhaupt anwendbar sind:

- Ausgehend von der Filtrierbarkeit ist ein angemessener Zeitabstand zur anschließenden Filtration einzuhalten.
- Beim Zusatz von Mannanen ist eine Steigerung des „Mundgefühls" nicht überzeugend beweisbar.
- Obwohl CMC eine gute Weinsteinstabilisierung aufweist, gilt auch hier die erwähnte Gefahr der Filterverblockung. Allerdings ist dies insbesondere bei Membranprozessen (→ Crossflowfiltration und → Endfiltration) zu befürchten.
- Nachweismethoden für die Zusätze sind teilweise nicht entwickelt (Rückverfolgbarkeit).
- Von Natur aus enthalten Weine bereits hinreichende Mengen an Kolloiden, welche die Filtrationsprozesse bereits hinreichend stören können.

Kolorimeter (Colorimeter) sind Instrumente, die der Bestimmung der Farbe von Flüssigkeiten dienen. Bei der Beurteilung der → Farbe der Rotweine werden sie herangezogen. Im klassischen K. wird die Farbe mit einem Standard visuell (mit dem Auge) verglichen. An Stelle von Farblösungen können gefärbte Gläser verglichen werden (Komparator). Verschiedene analytische Bestimmungsmethoden, die sich der → Photometrie bedienen, können gleichfalls mit K. durchgeführt werden.

Kompressoren haben in Kellereien Eingang gefunden, wo sie beim Keltern, bei → Abstichen, beim Umpumpen und bei → Verschnitten usw. verwendet werden. K. erzeugen Pressluft.

Konservierungsmittel, die in der Lebensmittelindustrie eine bedeutende Rolle spielen, sind bei der Herstellung von Wein, Obstwein und unvergorenen Fruchtsäften in der Regel verboten. Eine Ausnahme macht lediglich die → schweflige Säure, die in geringer Menge verwendet werden darf, und die → Sorbinsäure, die in Mengen bis zu 200 mg/l innerhalb der EG zugelassen ist. Für fruchtsafthaltige Erfrischungsgetränke ist → Velcorin zulässig.

Konservierung von Holzfässern. Befüllte Holzfässer werden meist nur äußerlich trocken abgerieben. Äußerlich anzuwendender Holzschutz (→ Fassanstrich) bringt Nachteile oder kann sogar zu Geschmacksbeeinflussung des Inhaltes führen. Leere Holzfässer werden kurzfristig durch → Einbrennen mit Schwefelspänen konserviert um das „Anlaufen" (= Bildung von → Schimmel) zu verhindern (trockene Konservierung).
Bei längere Zeit leer liegenden Holzfässern (über sechs Wochen) ist eine nasse Konservierung vorzuziehen. Dazu wird das Fass mit Wasser befüllt und etwa 300 g → Schwefeldioxid pro 1000 l eingebracht (SO_2 aus der Stahlflasche). Durch → Spundvollhalten und → Beifüllen mit Wasser zum Ausgleich des Schwundverlustes lässt sich das Fass jahrelang zuverlässig konservieren. Der Gehalt an schwefliger Säure (SO_2) darf dabei nicht unter 200 mg/l absinken (sonst neuerlicher Zusatz von SO_2 erforderlich).
Problematisch wird diese Form der „nassen" Konservierung neuerdings im Zusammenhang mit der Abwasserbeseitigung, weil die sauren Abwässer die Zementrohrleitungen angreifen und darüber hinaus auch zur Aufrechterhaltung der Funktion der Kläranlagen ein pH-Wert von 6,5 bis 9 beim Einleiten eingehalten werden soll. SO_2-Wasser muss deshalb vorher neutralisiert werden (→ Fassbehandlung).

Konsumweine nannte man (umgangssprachlich) Weine, die für einen breiteren Verbrauch bestimmt sind und vom Handel in möglichst gleichbleibender Art und Qualität geliefert werden.

Kontaktthermometer bestehen aus einem Kontroll- und einem Regelthermometer. K., in der früher üblichen Bauart wurden durch elektronische Temperatur- → Sensoren ersetzt.

Kontaktverfahren. Verfahren zur Weinsteinstabilisierung, gekennzeichnet dadurch, dass etwa 4 g/l kristallisierter → Weinstein bei gleichzeitiger Kühlung auf die Stabilisierungstemperatur (meist 0 °C) zugesetzt wird. Nach einer Kontaktzeit von etwa zwei Stunden ist das Löslichkeitsgleichgewicht eingestellt, die ausgeschiedenen und die zugesetzten Kristalle werden abgetrennt. (→ Kältetest, → Stabilisierung).

Konterflasche ist eine beim Weinverkauf vom Winzer zurückbehaltene versiegelte Kontrollflasche des Weines, um etwaige Veränderungen oder Verfälschungen des Weines nachweisen zu können. Bei der amtlichen → Qualitätsweinprüfung oder bei Beanstandungen durch die Weinkontrolle werden ebenfalls → Gegenproben deponiert.

Kontinuierliche Keltern (Schneckenpressen) arbeiten nach Art der im Haushalt verwendeten Saftpressen mit einer Schneckenschraube. Diese sog. Archimedes-Schraube dreht sich in einem mit Schlitzen versehenen Zylinder und schiebt die Maische gegen eine am Kopfende liegende schwere Platte. Die ausgepressten Trester werden von Zeit zu Zeit durch die Platte selbsttätig ausgeworfen. Geeignet sind nur Keltern, die eine große, langsam drehende Schnecke haben. Dabei wird das Maischegut kaum „passiert" = zerrieben. Ferner muss man zur Aufarbeitung des trubreicheren Mostes Spezialgeräte haben (→ Drehfilter). → Schneckenpressen sind demnach nur dem Großbetrieb zu empfehlen (→ Kelter). Kontinuierlich nennt man die K., weil die Trennung von Feststoff und Saft fortlaufend (ununterbrochen) erfolgt. Eine Weiterentwicklung stellt die sog. Impulspresse dar, die auch als → Schubkolbenpresse bezeichnet wird. Diese Schneckenpresse besitzt eine vertikal bewegliche Schnecke (→ Abb. 22 im Anhang).

Konzentrate. Konzentrat = Dicksaft. Es kann aus verschiedenen Säften von Früchten durch Eindicken hergestellt werden. Technisch erfolgt dies durch mehr oder weniger starkes Verdampfen (→ Abb. 25 im Anhang) oder Ausgefrieren des Wasseranteils oder durch → Umkehrosmose. Die gelösten → Extraktstoffe nehmen dabei zu (erkennbar an der → Dichte oder der Refraktion).
Bei der Weinbereitung kann nur RTK zur → Anreicherung und Süßung angewendet werden (siehe VO (EWG) Nr. 822/87, Art. 19 u. 22). In den Weinbauzonen A und B ist die Anreicherung durch Konzentrieren nur bis um 2 % Vol. (16 g/l potentieller Alkohol) erlaubt. Der Vorteil des Konzentrats in der Fruchtsaftindustrie liegt teils in der besseren Haltbarkeit gegenüber Most (→ Süßreserve), aber auch im günstigeren Transport und der Lagerung. Für die Herstellung von Traubensaft, aber auch von anderen Säften, ist Konzentrat zulässig und meist üblich. Gegenüber der Einlagerung der originären Säfte bietet die Einlagerung von Konzentrat und deren spätere Rückverdünnung erhebliche Kostenvorteile Die Angabe der erreichten Konzentration erfolgt meist in Brix-Graden → Traubenmostkonzentrat, rektifiziertes).

Korbflaschen. Korbflaschen werden zur Einlagerung von Most aus Früchten benutzt. Auch → Süßreserven (→ Traubenmost) können steril eingelagert werden. Zwecks Haltbarmachung wird entweder heiß oder kalt eingelagert (→ EK-filtriert). Korbflaschen können leicht kontrolliert (→ Eintrübung oder Bewuchs durch Mikroorganismen ist gut beobachtbar) und gereinigt werden.

Korbflaschen werden bis zu einer Größe von 50 l Inhalt hergestellt (→ Behälter). Runde Glasballons sind hitzeunempfindlicher als gestreckte Formen. Die Korbflaschen sind zur Vergärung und zum → Ausbau von kleineren Mengen wertvoller Spitzenweine (z. B. → Auslesen, → Beeerenauslesen oder → Trockenbeerenauslesen) hervorragend geeignet, da das Behältermaterial im Gegensatz zum Holz neutral ist und die Behandlung (z. B. der → Abstich von der Hefe) präzise erfolgen kann. Bei experimentellem Kleinausbau treten Unterschiede zum normal dimensionierten Behälter auf, die wohl durch die größere Oberfläche beim Vergären und dem Lichteinfluss (Glas) beim Ausbau zutage treten können.

Kork ist ein bei vielen Pflanzen ausgebildetes Abschlussgewebe, das in älteren Pflanzen die Funktion der Oberhaut (Epidermis) übernimmt. Bei der Korkeiche, in Südeuropa (vorwiegend in Portugal) beheimatet, ist die Korkschicht ganz außergewöhnlich stark und dick ausgebildet, so dass sie zur Herstellung der → Korkstopfen genutzt werden kann. Bis die Korkeiche eine zur Verarbeitung genügend starke Korkschicht ausgebildet hat, vergeht eine Reihe von Jahren. Für die Gewinnung von gewöhnlichen Korkstopfen ist das nach etwa zehn Jahren der Fall. Bei der Verarbeitung der dicken Korkrinde wird normalerweise die äußere, störende Borke entfernt. Stopfen aus zu dünnen Korkschichten, die größere Reste von Borke, Risse oder sonstige Fehler aufweisen, werden schon bei der Verarbeitung ausgeschieden.
Nach Untersuchungen von BURKHARDT, ist der wichtigste Bestandteil des Korkes das Suberin, das auch für dessen Haupteigenschaft, die Elastizität, von ausschlaggebender Bedeutung ist. Das Suberin ist kein einheitlicher Stoff, sondern ein Gemisch von verschiedenen langkettigen → Fettsäuren (Hydroxyfettsäuren und Dicarbonsäuren). In das Suberin eingelagert ist das Korkwachs, das vor allem für die so wertvolle Eigenschaft der Undurchlässigkeit für Gase und Flüssigkeiten verantwortlich zu machen ist. Suberin und eingelagertes Korkwachs bedingen auch die schwere Benetzbarkeit und den wasserabstoßenden Charakter des Korkens. Außer diesen beiden Bestandteilen finden sich noch Zellulose und Hemizellulosen als Gerüst- und Stützsubstanzen im → Korken, die dem Suberin und Korkwachs Halt geben. Diese sind inkrustiert mit Lignin, das ebenfalls zur Festigung des Korkes beiträgt. Ferner sind im Kork noch Gerbstoffe vorhanden, die, soweit sie wasserlöslich sind, meist schon im Ursprungsland dem Rohkork bei der Aufbereitung entzogen werden.
Bei der Verarbeitung des K. sind in der Vergangenheit Fehler gemacht worden, die der Verbreitung des Korkens als → Flaschenverschluss geschadet haben (→ Flaschenverschlüsse, → Korkengeschmack).

Korkbehandlung. Der Korkstopfen ist wohl immer noch der erstrangig benutzte Verschluss für Weinflaschen, da er trotz der damit zusammenhängenden Probleme vom Verbraucher geschätzt wird. Voraussetzung dafür ist jedoch eine sorgfältige Auswahl. Während früher die Korken vor dem Verkorken gewaschen, gequollen und mit SO_2-Wasser steril gemacht wurden, verwendet man heute ausschließlich vorpräparierte, trocken zu verarbeitende sog. Sterilkorken (→ Sterilisieren von Flaschenverschlüssen). Sie sind steril in Plastikbeuteln abgepackt und durch Anwendung von Gleitsubstanzen auch im trockenen Zustand zu verarbeiten. Teilweise gibt es neben dem Naturkorken solche, die als sog. → Presskorken (Agglomeratkorken) aus Korkmehl und Kunststoff hergestellt werden. Diese sind meist nicht so elastisch und ergeben einen höheren Druck beim Verkorken. Dafür ist die Gefahr des → Korkengeschmackes fallweise dann vermindert, wenn die

Rohstoffe vorbehandelt werden (→ Flaschenverschlüsse, → Sterilisieren von Flaschenverschlüssen).

Korkbrand wird auf der Längsseite der Korken angebracht, um die Herkunft der Flaschenweine zu kennzeichnen.

Korkeiche. *(Quercus suber).* Der Anbau der Korkeiche ist In südlichen Ländern wie Portugal oder Spanien konzentriert. Der Baum dient ausschließlich der Gewinnung des Korkmaterials. Dazu werden die „ausgereiften" Bäume etwa im vierjährigen Zyklus geschält und die runden Baumscheiben durch Kochen und Pressen in „stanzbare" Form gebracht (→ Kork).

Korken (→ Korkstopfen).

Korken, Ausläufer. Die Erscheinung des Durchnässens des Korkes. Infolge von Undichtigkeiten (falsche Größen, schlechtes Korkmaterial, Quetschfalten, durch Fehler am Korkschloss, Überfüllen etc.) tritt Wein überwiegend zwischen Korken und Flaschenwandung aus und führt zu → Schwundverlusten und schließlich zur → Zehrung. In seltenen Fällen kann auch der Schaden durch die → Korkmotte hervorgerufen werden. Um den Korken Zeit zur Anpassung an die Flaschenwandung zu geben, sollten die Flaschen nach Abfüllung kurz stehend gelagert werden.

Korkengeld. In Lokalen kann – nach Absprache – selbst mitgebrachter Wein konsumiert werden. Dafür ist dann ein sog. K. zu entrichten.

Korkengeschmack (Stopfengeschmack) wird gelegentlich mit dem → Schimmelgeschmack verwechselt, ist aber von ihm deutlich zu unterscheiden, da man den Fehler meist nicht in allen Flaschen einer Abfüllung gleichmäßig findet, d. h. er kann nur durch die unterschiedliche Qualität der Korken erklärt werden.
Der eigentliche Korkengeschmack ist auf eine fehlerhafte Beschaffenheit der Korksubstanz zurückzuführen, die möglicherweise schon am Baum unter dem Einfluss von → Schimmelpilzen entstanden ist. Auch stark rissige und fehlerhafte Korken führen leicht zu Korkengeschmack. Nach Tanner können durch unzweckmäßige Bleichung des Korkens mit Chlor Trichloranisole (TCA) alsTräger des „Mufftons" entstehen. Der Weg führt über die Chlorphenole, die anschließend durch mikrobielle Kontamination (im wesentlichen durch Pilze) in TCA umgewandelt werden. Es ist unbestritten, dass die wesentliche Konamination durch das Kochen der Korkrinde mit chlorhaltigem Wasser und anschließende Verschimmelung der Rinde zustande kommt. Durch Veränderung der Verarbeitungsbedingungen (Reinigung des „Kochwassers", Extraktion mit Dampf unter Druck oder → Cryoextraktion mit flüssigem CO_2) will man Abhilfe schaffen. Offensichtlich haben die veränderten Produktionsverfahren die Qualität der angebotenen Korken deutlich verbessert.
Der Korkengeschmack ist im kontaminierten Wein schwer zu beseitigen, wofür höchstens eine → Kohlebehandlung in Frage kommt. Zur Wiederherstellung kleiner Mengen kontaminierter Weine wird im Handel eine spezielle Filterschicht angeboten.

Korken, Haltbarkeit. Ein gesunder Korken hat eine Lebensdauer von etwa zehn Jahren und sollte bei alten Flaschenweinen nach dieser Zeit erneuert werden. Bei unsachgemäßer Behandlung kann sich die Lebenszeit erheblich verkürzen. Bei Nachlassen der Elastizität tritt Luft zu dem Flascheninhalt, unter deren Einfluss die Alterung des Weines erheblich rascher fortschreitet. Obwohl für neu entwickelte Flaschenverschlüsse (noch) keine

Langzeitstudien vorliegen scheinen Alternativverschlüsse länger haltbar (→ Umfüllen von Wein, → Zehrung).

Korkimprägnierung erfolgt durch Überziehen des ganzen Korkens mit einer dünnen Schicht einer speziellen Kunststoffemulsion. Die Imprägnierung soll die Gleitfähigkeit des trockenen Korkens in der → Korkmaschine verbessern.

Korkenverschließmaschinen (Verkorkmaschinen) dienen zum Verkorken der Flaschen. Die Korkmaschinen, insbesondere deren Schlösser, sind immer gut zu pflegen und gängig zu halten, damit sie weder Quetschfalten am Stopfen bilden noch diesen beim Eindrücken in die Flasche, vom unteren Spiegel aus gesehen, schief ziehen können (→ Kork, Ausläufer, → Zehrung). Um den Innendruck bei der Verdichtung der Korken zu minimieren, wird neuerdings Kohlensäure statt Luft in den Leerraum gebracht (→ Kohlensäuregehalt der Weine).
Besonders robuste Korkmaschinen benötigt man zum Verkorken von → Schaumweinen. Für die Abfüllung von Wein werden Konstruktionen angeboten, die verschiedene Formen der → Flaschenverschlüsse verarbeiten können. Dabei muss die Gefahr der → Re-Infektion beachtet werden.
Wichtig für die Funktion der Verkorkmaschine ist das Korkschloss. Dieses soll leicht zu reinigen sein. Durch eingebaute Erhitzungseinrichtungen soll das *Korkschloss* steril gehalten werden. Bei der Anschaffung von Verschließmaschinen muss das „Korkschloss= Verschließkopf) variabel verwendbar sein. Das Angebot neuartiger Flaschenverschlüsse erfordert neue technische Lösungen.

Korkmotten (Kellermotte)
Eines der Probleme, die im Zusammenhang mit der Anwendung der Korken als Flaschenverschlüsse entstehen können, ist der Befall durch Korkschädlinge. Bevorzugt gehören diese zu den sog. *Mikrolepidopteren* (Kleinschmetterlingen), doch ist nicht auszuschließen, dass auch andere tierische Schädlinge eine gewisse Bedeutung haben. Es sind mindestens sechs verschiedene Mottenarten als Schädlinge bekannt, die man je nach bevorzugtem Vorkommen als Korkmotte, Kornmotte, Weinmotte, Kellermotte, Samenmotte oder Kleistermotte bezeichnet hat. Eine eingehendere Darstellung der Bekämpfungsmaßnahmen erübrigt sich weitgehend durch den zunehmenden Gebrauch von → Flaschenverschlüssen mit Flaschenkapseln.

Korken, technische Anforderungen. Ein guter Flaschenkorken muss ganz bestimmten Anforderungen genügen, um den ihm zugedachten Zweck erfüllen zu können. Korkstopfen mit Längsrissen oder sonstigen sichtbaren Fehlern sind ungeeignet und sollten von der Verwendung ausgeschlossen werden. Vor allem soll der Spiegel, die dem Wein in der Flasche zugekehrte Seite, möglichst glatt und frei von Rissen sein. Der Durchmesser beträgt etwa 23 bis 25 mm. Zu kurze Korken sollten vor allem bei besseren Weinen nicht verwendet werden. Die Länge der Korkenstopfen ist handelsüblich festgelegt. Man unterscheidet: Besonders lange Stopfen von etwa 53 bis 54 mm Länge, lange Stopfen von etwa 45 mm Länge (die meist verwendete Größe), ¾ lange Stopfen von etwa 33 mm Länge (siehe Prüfsiegel der Forschungsanstalt Geisenheim).

Korkstopfen, Keimgehalt. Eingehende Untersuchungen (Schanderl) von Kork und Korkstopfen auf die Anwesenheit von weingefährlichen Hefen ergaben, dass dieselben keinerlei Hefen enthalten. Lediglich Sporen von Schimmelpilzen *(Aspergillus, Penicillium)* sowie Bakterien ließen sich nachweisen. Diese Versuche lassen den für die Kellerpraxis wichtigen Schluss zu, dass für die bei restsüßen Weinen vorkommenden Nachtrübungen oder gar Nachgärungen nicht der Korken, sondern vielfach eine fehlerhafte und nicht genügend korrekte Abfülltechnik verantwortlich zu machen ist. Diese Feststellung sollte auch für andere Flaschenverschlüsse zutreffen.

Koschere Weine sind Weine, die unter Aufsicht und Beachtung religiöser Vorschriften (Einschränkungen) hergestellt und angeboten werden.

Kostglas → Weinprobierglas.

Kosttemperatur (Serviertemperatur) soll bei Weißweinen etwa 10–12 °C, bei Rotweinen etwa 16 °C betragen. Schwere, alkoholreiche Weine werden allgemein bei höherer, leichte und spritzige Weine bei niedrigerer Temperatur verkostet. Die optimale Temperatur hängt darüber hinaus vom Typ des Weines ab. Tiefere Temperaturen betonen die Säureempfindung, fallweise auch den → Bittergeschmack (→ Sensorik, → Weinkostprobe).

Krätzer ist ein in Tirol und Steiermark gebräuchlicher Ausdruck für hellfarbige Weine, wie sie durch Angärenlassen von Rotmaische gewonnen werden. Bekannt ist der Lagreiner Krätzer. Diese Weine entsprechen dem deutschen → Weißherbst und gehören zu den → Roséweinen.

Kräuterweine sind → weinhaltige Getränke, die unter Zusatz von Würzkräutern (mit Ausnahme von Wermut) hergestellt werden. Ausgesprochen medizinische Weine fallen nicht unter den Begriff K. Es existieren viele Herstellungsrezepte, die teilweise auf Hildegard von Bingen zurückgehen.

Krankheiten der Weine sind im übertragenen Sinne nachteilige Veränderungen, die durch die Tätigkeit von Mikroorganismen im Most oder Wein hervorgerufen werden. Die Besonderheit einer „Wein-Krankheit“ besteht darin, dass sich der Status stetig weiterentwickeln kann und auf andere „Partner“ (etwa beim Verschnitt) übertragbar ist. Krankheiten können zum völligen Verderb des Weines führen, wenn nicht zur rechten Zeit eingegriffen wird (→ Essigstich, → HACCP, → Hygiene im Getränkebetrieb, → Milchsäurestich, → Mikroorganismen, → Weinfehler).

Kranzwirtschaft → Straußwirtschaft.

Kratzig schmecken Weine mit einem erhöhten Gehalt an flüchtigen Säuren. Sie sind meist „biologisch belastet“ (→ Essig- oder → Milchsäurestich). Auch zu stark und frisch geschwefelte Weine können einen etwas kratzenden Geschmack besitzen (→ Weinansprache).

Kreiselpumpen → Pumpen (→ Abb. 13 und Tab. 39 im Anhang).

Kreszenz = edles Getränk (abgeleitet von „Wachstum“).

Kreuzung. Aufwändiges Verfahren zur Züchtung neuer Rebsortenvarianten. Zur Benennung der „neuen“ Rebsorten ist der Namen des Züchters (z. B. Scheurebe) längst nicht mehr ausreichend, da die meisten Züchter in der Regel mehrere erfolgreiche Kreuzungen auf den Markt gebracht haben. In Zweifelsfällen kann die genetische Analyse zur Aufklärung der Kreuzungspartner beitragen.

Kristallausscheidung → Kristalltrübung.

Kristalltrübung. Eine Reihe meist natürlicherweise im Wein vorkommender Substanzen ist in der Lage, Kristalle zu bilden. Die dabei auftretenden Kristallbildungen sind dann problematisch, wenn die Kristallisation erst bei Flaschenwein eintritt. Fälschlicherweise werden derartige Abscheidungen vom Laien gelegentlich als Zucker angesehen, eine Vermutung, die infolge der hohen Löslichkeit des Zuckers undenkbar ist. Tatsächlich handelt es sich in der Regel um schwerlösliche → Kalium-und → Calciumverbindungen der → Wein- und → Schleimsäure. Diese Verbindungen liegen meist bereits im Traubenmost in übersättigter Lösung vor, die Ausscheidung wird durch Hemmstoffe verzögert oder gar verhindert. Mit der Alterung des Weines verlieren die Hemmstoffe (→ Eiweiß, → Gerbstoffe, Polysaccharide) ihre Wirksamkeit und die Kristallisation beginnt. Alte, wertvolle Weine enthalten solche Kristalle meist in gut ausgebildeter Form, so dass man den überstehenden Wein klar und ohne Qualitätseinbuße abgießen kann. Bei Jungweinen kann bei früher Abfüllung, insbesondere bei Transport und Lagerung in der Kälte, eine zunächst feinkristalline → Eintrübung eintreten, die die Qualität allerdings dann ungünstig beeinflusst. Durch Kältebehandlung kann dem vorgebeugt werden (→ Weinsteinausscheidung). Ein exakter Nachweis, ob es sich um Kalium- oder Calciumverbindungen handelt, ist nur mit chemisch-analytischen Methoden möglich (→ Flaschenweineintrübungen, → Kontaktverfahren).

Kronenkorken (Kronkorken). Einer der ältesten stirnabdichtenden und daher gasdichten → Flaschenverschlüsse. Meist gebraucht für → Fruchtsäfte, Bier oder als Verschluss für die Flaschen mit Fülldosage bei der Flaschenvergärung von (→ Schaumwein).

Küfer ist eine Berufsbezeichnung, die man neuerdings in die zwei Berufsgruppen „Weinküfer" und „Böttcher" (Holzküfer) unterscheidet. In früheren Zeiten existierte diese Unterscheidung in Küfer (für die Weinherstellung zuständig) und Böttcher (baut die Holzbehälter) nicht.

Kühlung, Anwendung. Die Kette der Kühlung kann (in warmen → Klimazonen) schon bei der Ernte und beim Transport der Trauben beginnen. In diesem Falle kann auch → Trockeneis Methode der Wahl sein (teuer).

Die aufzuwendende Kühlleistung der Aggregate bedarf einer besonderen Berechnung. Bei der Kühlung von Behältern arbeitete man zunächst mit der „Überrieselungsmethode", die wegen des Wasserverbrauches nicht gerade umweltfreundlich ist bzw. eine Wiederaufbereitung des Kühlwassers erfordert. Mess-und Regeleinrichtungen sind Stand der Technik.

Die üblichen Verfahren in Kürze:

- Raumkühlung: Allenfalls für die Kühlung des Flaschenlagers geeignet. Teuer und relativ ungezielt.
- Kühltaschen und Doppelwandtanks (→ Pillow-plates):Trotz träger Reaktion abhängig von der Größe des Behälters, häufig benutzte Methode.
- Einhängbare Platten- oder Röhrenkühler:Je nach Dimensionierung variable Methode; Nachteil: wenig geeignet bei → Rührbehältern.
- Durchlaufkühler (Wärmeaustauscher). Online-Methode:In der besonderen Form des „Kratzkühlers" zur → Weinsteinausscheidung.

Die Kältebehandlung von Most und Wein ist mit verschiedenen Zielsetzungen verbunden. Die dazu notwendige „Kältezufuhr" (Wärmeentzug) kann in besonderen Fällen durch → Trockeneis erfolgen. Eine bessere Wirtschaftlichkeit bringen Kältemaschinen, die entweder durch Raumkühlung (indirekt) oder durch Eintauch- oder Durchlaufkühler (direkt) die Moste oder Weine kühlen. Zudem werden die Behälter mit → Pillow-plates ausgerüstet, die leider einen Teil der Kälteleistung an die Umgebungsluft übertragen.

Kuhnen ist eine alte landsmannschaftliche Bezeichnung für Kahm (→ Kahmhefen).

Kunststoffbehälter sind entweder vollständig aus Polyethylen (Hostalen oder Lupolen) hergestellt oder aus Polyester mit Glasfasereinlage verstärkt (→ GFK) gefertigt. Erstere sind mechanisch wenig fest, nachgiebig und kaum absolut → weingrün zu machen. Sie sind nur zum vorübergehenden Lagern von Wein geeignet (Trubwein etc.), da u. a. auch die Gasdurchlässigkeit groß ist.
GFK-Behälter sind druckfest und lassen sich ausreichend → weingrün machen. Beim Dämpfen muss eine Vakuumbildung verhütet werden. Beim Aufstellen bringe man die Behälter (stehende) ins Lot, um einseitige Überlastung zu vermeiden. GFK-Behälter sind meist gelblich-grün gefärbt, solche aus Polyäthylen meist ungefärbt. Auch aus Kostengründen sind GFK-Weinbehälter kaum noch nachgefragt.

Kunststoffe verschiedener Art werden vielfach für Armaturen usw. verwendet (Polyäthylen, Polypropylen). Sie müssen unempfindlich gegenüber den Weinbestandteilen sein, vor allem Alkohol und Säuren. Die Innenauskleidung von Betonbehältern besteht auch vielfach aus Kunststoffen. Sie bilden einen glatten, fugenlosen Überzug, der gegen mechanische Beanspruchungen möglichst widerstandsfähig sein soll.
Flaschen aus Kunststoff (→ PET) haben sich bisher kaum eingeführt, u. a. wegen der Gasdurchlässigkeit (rascher SO_2-Abbau). Neuerdings gibt es eine glasartige Innenbeschichtung, die als Sauerstoffsperre wirken soll.

Kunststoffgeschmack. Ein Fehler im Wein, der sich sowohl geruchlich wie geschmacklich unangenehm (süßlich, fremdartig) präsentiert, falls ein GFK-Behälter (→ Glasfaser verstärkter Kunststoff) werkseitig nicht hinreichend → weingrün gemacht wurde. Der Fehler lässt sich in leichten Fällen durch Lüften und/oder durch Aktivkohle-Behandlung korrigieren. Solche → Behälter müssen durch → Dämpfen nachbehandelt werden. Durch Chromatographie (GC, HPCL) kann der auf → Styrol zurückzuführende Fehler objektiv erfasst werden, doch ist die → Sensorik gleichfalls in der Lage, mit weniger Aufwand eine klare Diagnose des Fehlers zu liefern. Der ursprünglich häufiger auftretende → Weinfehler hat inzwischen seine Bedeutung verloren (→ Lüften des Weines).

Kunstoffkorken (-Stopfen) nennt man umgangssprachlich alle → Flaschenverschlüsse, die Korkmaterial im Verbund mit Kunststoffen enthalten (→ Presskorken). Bei genauerer Betrachtung ist die Begriffsbildung bzw. die Zuordnung schwierig. Reine Kunstverschlüsse sind lediglich die früher verwendeten Kunststoffverschlüsse aus Polyethylen, die sich wegen der Sauerstoffdurchlässigkeit nicht bewährt haben. Als Abdichtungen sind Kunststoffe in vielen → Flaschenverschlüssen eingebracht (→ Agglomerat)

Kunstwein ist ein Getränk, das die dem Wein charakteristischen Merkmale vortäuscht und den Eindruck erweckt, als sei es durch alkoholische Gärung aus Trauben gewonnen worden. Die Herstellung wurde mit einer der ersten Fassungen des Deutschen Weingesetzes verboten. Es ist unmöglich und darüber hinaus auch unwirtschaftlich, einen vollsynthetischen Kunstwein herzustellen (→ Weinfälschungen).

Kupfer (Cu) ist ein Schwermetall, welches als Element häufig vorkommt. Im Wein liegt Kupfer nur in gelöster Form als Salz vor. Insbesondere der Einsatz von kupferhaltigen Pflanzenbehandlungsstoffen erhöht den Gehalt an K. im Most auf mehrere → ppm; dieser Gehalt wird durch die → Gärung auf minimale Mengen zurückgesetzt. Auch die Kontaminationen durch Verwendung von → Armaturen oder sonstigen Gegenständen aus kupferhaltigen Legierungen (Buntmetalle), scheiden in der modernen Kellertechnik weitgehend aus (Verwendung von → Edelstahl). Die einzige Ursache von Kupfergehalt im Wein sind Weinbehandlungen unter Zusatz von Kupfersalzen (→ Böckser). Wird Kupfer dort in eine schwerlösliche Verbindung (mit Schwefelwasserstoff H_2S und anderen Stoffen reagierend) umgewandelt, können → Trübungen entstehen. Restmengen an Kupfer können als → Katalysatoren wirken (beschleunigt Oxidationsvorgänge), gelten aber auch als → Spurenelement, welches für eine gesunde Ernährung wichtig ist. Zulässiger Höchstgehalt im Wein: 1 mg/l.

Kupfercitrat ist unter dem Handelsnamen KUPZIT (Fa. Erbslöh) zugelassen. Das Produkt wird zwecks besserer Verteilung auf Bentonit aufgetragen (Gehalt 2% Cu). Gegenüber → Kupfersulfat führt es zu einer geringeren Menge von „Restkupfer", zeigt aber sonst eine vergleichbare Wirkung wie Kupfersulfat (Entfernung von → Böckser" und weiteren Schwefelverbindungen, → Thiole, → Weinfehler).

Kupfer, Einfluss auf Hefe. Infolge der bei der Gärung sich vollziehenden reduktiven Vorgänge und der Schwefelwasserstoffbildung durch die Hefe, nimmt der etwaige Kupfergehalt im Most stark ab. Erst bei abnorm hohen Kupfergehalten, wie diese normalerweise nicht vorkommen können, kann es bei höheren Gehalten zu → Gärstörungen durch Behinderung der Hefe-Vermehrung kommen.

Kupfersulfat ist die wohl meist gebräuchliche Kupferverbindung. $CuSO_4 \times 5\ H_2O$ ist blaugefärbt und leichtlöslich in Wasser. Kupfersulfat ist in der → Fehling'schen Lösung enthalten. Mit → Schwefelwasserstoff bildet das Kupfersalz Kupfersulfid. Deshalb wird Kupfer während der Gärung durch Schwefelwasserstoff ausgeschieden (→ Kupfer, Einfluss auf die Hefe, → Kupfertrübung im Wein). Umgekehrt lassen sich Schwefelwasserstoff und → Mercaptane mit Kupfersulfat ausscheiden, das heißt es können → Böckser entfernt werden. Nach EU-Verordnung ist Kupfersulfat dazu bis zu einer Menge von 10 mg/l zugelassen. Eine → Blauschönung ist dann in der Regel notwendig (→ Kupzit, → Weinbereitung, zugelassene Stoffe).

Kupfertrübung im Wein. Ausscheidungen in Flaschenwein, an denen Kupfer beteiligt ist, nehmen nach den Feststellungen der Önologen in den letzten Jahren deutlich zu. Die Erklärung dafür kann nicht in der Behandlung der Trauben mit kupferhaltigen Fungiciden gesucht werden, da

- deren Anwendung gegenüber früher zugunsten sogenannter organischer Fungicide zurückgegangen ist,
- schon sehr früh festgestellt wurde, dass im Most vorhandene, teilweise sogar hohe Mengen an Kupfer während des Gärprozesses auf bedeutungslose Mengen vermindert werden.

Demnach kann man davon ausgehen, dass Jungweine zunächst praktisch frei von Kupfergehalten sind bzw. störende Mengen sich selbsttätig ausgeschieden haben.
Im Laufe der weiteren kellerwirtschaftlichen Behandlung während des Ausbaues von Wein kann eine erneute (sekundäre) Aufnahme von → Kupfer erfolgen. Man bedenke, dass sogenannte Buntmetalle generell Kupfer als Legierungsbestandteile enthalten.
Ein gewollter Zusatz von Kupfer – etwa um böckserartige Weinfehler zu eliminieren – muss durch eine → Blauschönung bis auf unkritische Restmengen vermindert werden. Leider gelingt dies nicht immer, falls kein Eisen mehr als „Fänger" zur Verfügung steht.

Die Erkenntnis, dass bereits blaugeschönte Weine bei nachträglichem Kupferzusatz Schwierigkeiten mit der Blauschönung bekommen, zwingt zur Anwendung von → Kupzic. Nach Angabe des Herstellers führt die Anwendung zu keiner Anhebung des gelösten Kupfergehaltes.

Kupfertrübungen, Zusammensetzung. K. sind oft mit anderen Trübungen vergesellschaftet, wie Untersuchungen des Trubes gezeigt haben. Kupfertrübungen sind sehr feinverteilte, meist gelblich gefärbte Trübungen, die sich schlecht absetzen und den Wein „staubig" eintrüben. Charakteristisch ist die Nachweisreaktion mit Wasserstoffperoxid, die zum Verschwinden der Trübung führt. Der Praxis zumutbar ist es, sich durch die → Cuvitest-Methode einen Überblick über den Kupfergehalt des Weines zu verschaffen, da Weine mit einer Kupfertrübung meist auch erhöhte Gehalte an gelöstem Kupfer enthalten. Wer dies nicht selbst durchführen kann, mag sich bei einem Fachlabor dazu Rat holen.
Weitere Hinweise erhält man, wenn sich eine Trübung beim Stehen an der Luft gewissermaßen „in Nichts auflöst". Der Verdacht sollte sofort auf eine Kupfertrübung fallen. Es gilt: Ein stark reduktiver Wein ist stärker gefährdet. Reduktionsmittel wie → SO_2 und ganz besonders die stark reduzierende → Ascorbinsäure erhöhen die Neigung zur Kupfertrübung.
Auch Eiweißgehalte fördern die Trübungsneigung und sollten somit restlos vor der Abfüllung auf Flasche mit → Bentonit entfernt sein.
Im Falle einer K. bleibt nur „Aufziehen" und behandeln.

Kurz nennt man einen Wein, dessen Geschmack nur kurze Zeit haften bleibt (→ Weinansprache).

Kurzzeiterhitzung (alternativ → Hochkurzzeiterhitzung = HKZE). Die beiden Begriffe werden verfahrenstechnisch in einigen Varianten unterschieden (→ Maischeerhitzung, → Rotweinbereitungsverfahren). In der Regel besteht die KZE darin, dass der vorgeklärte *Most* im → Plattenerhitzer auf 71–74 °C innerhalb von 30–60 Sekunden erhitzt und in einem zugehörigen Kühlteil auf Zimmertemperatur zurückgekühlt wird. Auf diese Weise werden die → Eiweiß-Stoffe ausgeschieden und die → Polyphenoloxidasen unwirksam gemacht, was die Neigung zur Braunverfärbung geringfügig hemmt. Meist wird der biologische Effekt (→ Abtötung von Mikroorganismen) jedoch vorrangig angestrebt. Danach kann man den Most (aus Trauben oder anderen Obstarten) als → Süßreserve einlagern oder den Most zu Wein (Obstwein) weiterverarbeiten. Die Gärung lässt sich (nach dem Abkühlen) mit Hilfe von → Reinzuchthefe in Gang bringen, der → biologische Säureabbau mit →Starterkulturen. Die relativ seltene → Pasteurisation von Mosten mit anschließender Vergärung hat sich bei einigen Großkellereien bewährt, die Trauben und Maischen über größere Strecken transportieren und ebendort die Gefahr einer mikrobiell bedingten Vorbelastung besteht. Unter diesen Umständen wird man die erwähnten Nachteile der KZE-Behandlung in Kauf nehmen.
In der Regel dient die KZE-(Pasteurisation) zur Einlagerung von Süßreserve und Fruchtsäften. Durch Zusatz von pektinspaltenden → Enzymen nach der HKZE-Behandlung lässt sich die Klärfähigkeit etwas verbessern. Als wirksamste Schönung hat sich die → Gelatine-Kieselsol-Schönung erwiesen.
Um die breite Spannweite der Erhitzungsmethoden darzustellen spricht man in der angelsächsischen Literatur einfach von Thermovinifaktion. In der Entwicklung von Methoden versucht man zuverlässige, energiesparende und kostengünstige Verfahren zu

entwickeln. Eine neuere Methode, die bei 72–76 °C mit einer Heißhaltezeit von (nur) 20 sec. arbeitet entspricht diesen Vorgaben und ist für Säfte (Most) eingeführt. Der integrierte → Plattenerhitzer wird mit Heißwasser beschickt.

L

Laborfilter dienen dazu, einen Wein auf seine Filtrierfähigkeit zu prüfen. Man kann sich auf diese Weise ein Bild über die geeignete Filtermasse oder Filterschicht auf einfache Weise verschaffen. Durch eine solche Probefiltration lassen sich in vielen Fällen Misserfolge ausschließen.
Eine gute Möglichkeit, trübe Weine im Kleinmaßstab zu filtrieren, bieten Filterspritzen, die mit geschmacksfreien Filtern beschickt werden (Oenotest-Filterspritze).

Laborzentrifugen sind im Gegensatz zu technisch eingesetzten Zentrifugen (→ Separatoren) keine Durchlaufzentrifugen, sondern geeignet, aus einem relativ kleinen Flüssigkeitsvolumen Trübungen abzutrennen und zu isolieren. Auch zur Ermittlung des Mostvorklärgrades sind L. geeignet (Nachweis → Trübungen, → Isolierung, → NTU-Werte).

Laccase ist eine → Oxidase, die durch Botrytis gebildet wird. L. lässt sich schwer inaktivieren und verursacht deshalb (trotz Schwefelung etc.) Bräunungsvorgänge in edelfaulem Lesegut und dessen Weinen.

Lackmuspapier ist ein mit Lackmusfarbstoff getränktes Filterpapier, das sich mit → Säuren rot, mit → Basen blau färbt und bei der Bestimmung der Gesamtsäure verwendet werden kann (→ Indikatoren).

Lactase ist ein in manchen Hefen vorkommendes → Enzym, das den Milchzucker (→ Laktose) in vergärbaren → Zucker spaltet.

Lactobacillaceaen (Michsäurebildner). Die Familie der L. ordnet man derzeit in 3 Gattungen mit mehr als 20 Arten ein, teils auch solche, die bei der Getränkeherstellung auch als Schädlinge gelten. Bei der Selektion geeigneter Stämme, die zur Herstellung von → Starterkulturen dienen sollen, berücksichtigt man nur Stämme ohne Nebenwirkung (→ Biogene Amine, → Histamin).

Lactone sind innere Ester von Hydroxycarbonsäuren. Schlüsselsubstanz bei der Bildung von Lactonen ist die 4-Hydroxybuttersäure. Noch komplexer aufgebaute Lactone sind – wie das „Eichenholzlacton“ (3-Methyl-γ-octalacton) oder das „Pfirsichlacton“ (Dekalacton) – in der Geruchsschwelle sehr niedrig und prägen jeweils das charakteristische Aroma. Auch das „Botrytis-Aroma“ Sotolon zählt dazu. Sherry-Weine haben einen ebenfalls erhöhten Gehalt an Lactonen.

Länderverordnungen werden von den Weinbau-treibenden Bundesländern direkt erlassen. In den Weinverordnungen sind Ermächtigungen enthalten, die es den Bundesländern ermöglichen, regionale Fragen angepasst zu regeln. Die große Linie wird von der EU vorgegeben, der Bund überträgt und moderiert diese Vorgaben (z. B. → Mindestmostgewicht, → Rebsorten).

Laevulose ist eine andere Bezeichnung für den Fruchtzucker, dessen Lösung das polarisierte Licht nach links abdreht. Daher die Bezeichnung (→ Fructose).

Lagenbezeichnung. Die Angabe einer Weinbergslage ist als Herkunftsangabe an bestimmte Voraussetzungen gebunden (85 % müssen aus der Weinbergslage stammen) oder die L. ist verboten. Die Bezeichnungen sind vorgeschrieben (in der Weinbergsrolle eingetragen) und können → Einzellagen oder eine Zusammenfassung (→ Großlagen) sein.

Lagerbehälter. Zur Lagerung des Weines werden von altersher Holzfässer benutzt. Sie sind auch heute für den Ausbau von Rotweinen und in kleineren Betrieben wohl noch in Gebrauch. Die Größe der Fässer ist in den einzelnen Weinbaugebieten verschieden und richtet sich auch nach der Art des Weines. Große, edle Weine werden zumeist in kleineren Gebinden aus Edelstahl oder Glas (→ Fassgröße) gelagert und ausgebaut. In vielen Betrieben überwiegt heute der Behälter aus Edelstahl. GfK-Behälter sind noch in manchen Betrieben anzutreffen. Den Anteil an Holzfässern schätzt man auf rund 20 %. An dieser starken Verminderung seit Jahrzehnten kann auch die Zunahme an → Barrique-Fässern kaum etwas ändern.

Lagerbukette (aromen) sind im Gegensatz zu den Gärungsbuketten weniger leicht flüchtig und bilden sich erst bei der Lagerung (→ Altern des Weines, → Aroma, → Umesterung).

Lagerfähigkeit von Wein. Die Lagerfähigkeit ist sowohl für den Produzenten wie für den Konsumenten eine Kernfrage. Unter dem Stichwort → Abbau sind die überwiegend als negativ zu bewertenden Veränderungen markiert. Der Konsument möchte insbesondere die Vorgänge bewerten, die in der Flasche bei der Lagerung eintreten. Unter → Reifung sind die Abläufe dort umfänglicher geschildert. Neben den exakt messbaren Parametern zur Beschreibung des Abbaus (negativ) und zur Reifung (positiv), gehören naturgemäß die persönlichen Einstellungen des Konsumenten zum Thema. Im groben bieten ein moderner Flaschenverschluss und eine hohe Qualität (eventuell mit → Restsüße) die besten Voraussetzungen für eine optimale Lagerfähigkeit der Flaschenweine.

Lagerung des Weines → Ausbau.

Lahm nennt man Weine ohne Frische.

Landweine, in Deutschland. Damit bezeichnet man die nächste Stufe in der Qualitätshierarchie nach dem Tafelwein (jetzt Deutscher Wein). Landwein darf ausschließlich aus Trauben der Region gekeltert werden. In Deutschland gibt es 20 Landwein-Gebiete, die nach EG-Recht unter die Kategorie „Wein mit geschützter geografischer Angabe" eingeordnet sind (Länderverordnungen).

Landweine, in der EG. Die Bezeichnung gilt neuerdings für eine Gruppe von Qualitätsweinen mit „geschützten, geographischen Angaben (g. g. A.)" die auf einen Ertrag von (80 bis 150 hl/ha) , begrenzt sind (Länderverordnung). Die derzeitige Regelung begrenzt die → Anreicherung und die → Restsüße auf maximal „halbtrocken" (landschaftsbezogene Bezeichnung). Die Mindesmostgewichte für Landwein müssen mindestens um 4 °Oe höher liegen (korrekt: um 0,5 % Vol. Alkohol). Die Bundesländer können weitere Einzelheiten regeln (→ Weinanbaugebiete).
Erheblich umfänglicher und der Menge nach bedeutender sind die → „vins de pays" aus Frankreich. Sie sind nur von bestimmten Rebsorten, bei reduziertem, fixiertem Maximalertrag mit anschließender sensorischer Bewertung herstellbar.
In der Hierarchie der herkunftsbezogenen Qualitäten folgen die V. D. Q. S.-Weine, aus denen sich – insbesondere im Süden Frankreichs – A. C. – Weinanbaugebiete abgespalten haben. Auch die „vin du pays"-Weine sollen ebenso wie der Begriff „V. D. Q. S." neu geordnet werden.
Auch in Österreich sind die Bedingungen für Landweine ähnlich wie in Deutschland. Beispielgebend (Stand 2009):
- Mindestmostgewicht 14 Grad KMW.
- Trauben müssen zu 100 % aus der Weinbauregion stammen.
- Landwein muss als solcher deklariert werden.
- Der Wein muss ausschließlich aus Qualitätsrebsorten bereitet sein und eine typische Art zeigen.
- Der → Hektarhöchstertrag ist auf 9000 kg/ha begrenzt.

Laterne. Alter Begriff für Schauglas (→ Armaturen).

Lauge kann als Bezeichnung für wässrige Lösungen von → Basen oder für alkalisch reagierende Reinigungslösungen gebraucht werden.

Lay ist eine vor allem an der Mosel gebräuchliche Bezeichnung für „Schiefer" und „Berg", die häufig in Verbindung mit anderen Begriffen als Lagenamen benutzt wird.

Lebendig nennt man einen Wein mit frischem, angenehmen Geruch und Geschmack ohne Alterserscheinungen (→ Weinansprache).

Lederbeeren nennt man die wegen des Befalls durch → Peronospora (*Plasmopara viticola)* eingeschrumpften Beeren. Die Lederbeeren sind sorgfältig auszusondern, da sie einen äußerst fehlerhaften Most liefern (→ Bitter-Töne).

Leerflaschenkontrolle wird bei langsam laufenden Anlagen an Leuchttischen vorgenommen. Bei größeren Anlagen werden Schmutznester, Laugenreste und Beschädigungen an der Flaschenmündung durch automatisch arbeitende, elektronisch-optische Geräte erfasst und die Flaschen danach eliminiert.

Leicht ist die Bezeichnung für kleinere alkoholarme Weine (→ Weinansprache).

Leitfähigkeitsmessgeräte, früher auch als Konduktometer bezeichnete Messeinrichtungen, die für die Anwendung des → Kontaktverfahrens auch in weinchemischen Labors oder in Kellereibetrieben eingesetzt werden. Die Geräte ähneln den → pH-Metern.

Leitsätze ergänzen z. B. durch freiwillige Vereinbarungen der Getränkeindustrie die bestehenden Gesetzesvorschriften.

Lemberger → Limberger.

Lentizellen sind solche Gänge im Korkgewebe, die ausgefüllt sind mit lockeren, wenig verkitteten und nicht ganz ausgebauten Füllzellen, die man als Lentizellenmehl oder in der Praxis als „Korkmehl" zu bezeichnen pflegt. Die Lentizellen dienen dem Gasaustausch und bilden einen Teil des Durchlüftungssystems der Rinde bei der Korkeiche. Zahl und Größe der Lentizellen sind abhängig vom Standort der Korkeiche. Auf kargen, wasserarmen Böden wachsende Korkeichen bilden wenig und kleinere Lentizellengänge aus. Sehr lockere und große Gänge finden sich bei Kork, der auf wasserreicherem Boden gewachsen ist. Die Flaschenkorken müssen immer senkrecht zu den Lentizellengängen ausgestanzt werden, um ein Auslaufen von Wein aus den Flaschen zu verhindern. Trifft man bei der Korkstopfenfertigung auf zu große Lentizellen, so werden sie häufig ausgeschnitten. (→ Ausläufer, → Korkimprägnierung, → Korktrübungen).

Lese (Herbstordnung, im Rückblick). Durch das Weingesetz vom 8. Juli 1994 wurde den Ländern die Ermächtigung zur Erlassung sog. Herbstordnungen genommen. Die Herbstordnungen hatten sich nicht nur mit der Festlegung von Herbstterminen beschäftigt, sondern haben auch die Schließung der Weinberge etc. behandelt. So wurde in Rheinland/Pfalz das jahrzehntelang geübte System der Leseordnung: Leseausschüsse bei den Bezirksregierungen, die nach Anhörung von Sachverständigen den Regierungspräsident ermächtigten, den Beginn (frühestmöglichen Termin) der → Hauptlese festzusetzen, mit der LVO vom 18. August 1993 völlig aufgegeben.
Die Leseordnung bestand aus:

- Vorlesen nur nach Genehmigung.
- Freizügigkeit bei der Festsetzung örtlicher Lesetermine durch „Ortsleseausschüsse".
- Bindung der Spätlese-Termine an die Hauptlesetermine.

Die Handhabung der Lese ist seither in die Eigenverantwortung der Winzer bzw. Winzervereinigungen übergegangen.
Die Orientierung im Betrieb geschieht unter Beachtung des Reifezustandes, aber auch des Gesundheitszustandes der Trauben. Visuelle Beobachtungen und die Anwendung des → Refraktometers geben dazu Hinweise. Betriebsbezogen muss auch entschieden werden, ob eine frühzeitige Lese einzelner Partien sinnvoll ist, um z. B. Trauben zur Herstellung eines Grundweines für die Schaumweinbereitung zu ernten. Hier kann man „nach Säure lesen" und sollte darüberhinaus auch jede Form von Fäulnis vermeiden. Umgekehrt werden Negativ-Selektionen vorgenommen, d. h. kranke Trauben ausgesondert, um die restlichen Trauben optimal in die Reife zu bringen. Lediglich → Beeren- und → Trockenbeerenauslesen müssen – auch aus technischen Gründen – manuell gelesen werden. Während der Lese bemüht man sich, trockene Trauben einzubringen, da Nässe das Mostgewicht reduziert.
Die mechanisierte Ernte mit Traubenvollerntern wird nicht in allen Regionen eingesetzt. Insbesondere in den Weinanbaugebieten, die teilweise durch Steillagen behindert sind, ist der Einsatz des → Traubenvollernters umstritten. Vorteilhaft ist die gute Verfügbarkeit bei beginnenden Schlechtwetterperioden, der Unabhängigkeit vom Lesepersonal, dafür aber Abhängigkeit von der Erfahrung des

Maschinisten. Entscheidend ist der geringe Arbeitszeitbedarf (Leseleistung 4000–7000 kg/Std. entspricht 2–5 AKh/ha, während bei manueller Lese 200–300 AKh/ha aufzuwenden sind).
Den wesentlichen Nachteil der mechanischen Lese sieht man darin, dass keine eigentliche Selektion betrieben wird, sondern nur ein einheitliches Produkt anfällt. Fallweise muss die Verarbeitungskapazität der Kellerei angepasst (erhöht) werden. Auch ist mit einem gewissen Ernteverlust, bei weichen Traubensorten zu rechnen. Entscheidend ist: Vergleichbar geerntetes Traubengut ergab keinen gravierenden Qualitätsabfall gegenüber der Handlese.

Lesegut. Allgemein = Trauben, die zu Wein weiterverarbeitet werden. Im speziellen als Hinweis auf den Traubenerzeuger... aus dem Lesegut des XX ...

Lesekübel sind kleinere Kunststoffbütten, die bei der Lese der Trauben benutzt werden.

Lesevorbereitungen. Sie umfassen insbesondere die Kontrolle und Instandsetzung aller Geräte, Geschirre, Behälter und Maschinen, die während des Herbstgeschäftes benutzt werden. Bei der Absicht, eigene → Anstellhefe bei der Vergärung zu verwenden, muss diese frühzeitig genug beschafft und ein Ansatz hergestellt werden. Auch die bei der Most- und Maischebehandlung notwendigen Stoffe sollten bei Beginn der Lese in ausreichender Menge vorhanden sein (z. B. → Kohlensaurer Kalk, → Kaliumdisulfit, Zucker).

Leucin ist eine Aminosäure, aus der bei der Gärung Amylalkohol entsteht, der einen Teil des → Fuselöles bildet.

Liebfrauenmilch ist ein lieblicher Qualitätswein b. A. aus den Anbaugebieten Rheinhessen, Pfalz, Nahe und Rheingau. Der Wein muss zu mehr als 70 % aus den Rebsorten Riesling, Kerner, Silvaner und Müller-Thurgau hergestellt sein, jedoch darf keine Rebsortenangabe benutzt werden. Da das Weinanbaugebiet zwingend deklariert werden muss, ist ein Gebietsverschnitt nicht zulässig. Der Wein muss über 18 g/l Zucker enthalten. Prädikatsangaben sind nicht zulässig. Es gibt in den Weinbaugebieten keine Weinbergslage Liebfraumilch oder Liebfrauenmilch (→ Weinanbaugebiete).

Lieblich sind Weine, die nicht zu schwer und alkoholreich sind und dabei eine feine angenehme Art mit schönem Bukett besitzen. Die Süße muss vorherrschen. Der Zuckergehalt muss über dem bei → „halbtrocken" zulässigen liegen, damit die Deklaration auf dem → Etikett erfolgen kann.

Liesch. Eine Grasart (Wiesen-Lieschgras, *Phleum pratense*), die im getrockneten Zustand zur Dichtung von Holzfässern verwendet wird. Wird auch als Böttcherschilf bezeichnet.

Likörweine. Der Unterschied zu Wein im allgemeinen Sprachverständnis liegt in den davon abweichenden Herstellungsverfahren. Während Wein aus frischen, d. h. nicht bewusst zu Rosinen eingetrockneten Trauben hergestellt wird, gibt es Weine, die einen nicht unmittelbar durch Gärung erreichbaren Alkoholgehalt – und dabei auch oft hohen Zuckergehalt – enthalten. Sie wurden früher als → Dessertweine, Süd- oder → Süßweine bezeichnet. Wegen der Gefahr der Verwechslung mit anderen südlich gewachsenen Weinen oder generell mit süßen Weinen, ist der Begriff Likörwein gewählt worden.
Im Prinzip unterscheiden sich die Herstellungsverfahren durch:

- Herstellung unter Verwendung vorab konzentrierter Traubenmoste bzw. den Zusatz solcher zu Wein. Die Konzentrierung er-

folgt auch durch Lufttrocknung der Trauben (Strohwein).
- Zusatz von „Sprit" zu gärendem Traubenmost, um damit Gärungsstillstand zu erreichen und die Haltbarkeit zu garantieren (sog. Mistellen).

Nach der Definition der VO (EG) Nr. 4252/88 ist der Likörwein ein Erzeugnis, das
- einen Gesamtalkohol von mindestens 17,5 % Vol. und
- einen vorhandenen Alkoholgehalt von 15–22 % Vol. aufweist.

Obwohl man auch Beeren-, Trockenbeerenauslesen und Eiswein dazu einordnen könnte, ist dort die Vorgabe „vorhandener Mindest-Alkoholgehalt" nicht eingehalten. Die Produktion der Likörweine erfolgt unter Zusatz von hochprozentigem Alkohol, eine Maßnahme, die für deutsche Weine grundsätzlich nicht zulässig ist. Interessanterweise ist auch der höchstzulässige Gehalt an gesamter schwefliger Säure bei L. auf 200 mg/l (über 5 g/l Zucker) herabgesetzt.
Für die deutschen Erzeuger könnten solche „Aperitif"-Weine als Nischenprodukte von zunehmender Bedeutung werden, da die Grundstoffe dazu vorhanden sind. Am Markt bedeutsam sind jedoch die aus südlichen Weinanbaugebieten stammenden „Likörweine" wie Portwein, Sherry, Marsala, Malaga, Madeira, Samos und die französischen „vins doux naturels". Streng genommen gehören die Tokajer nicht zu den (nach EG-Richtlinien) definierten „Likörweinen", da der dort geforderte Mindestalkoholgehalt nicht vorhanden ist. Tokajer darf man nicht „aufspriten". Dem Charakter nach wären sie aber als Likörwein bzw. Dessertwein zu bewerten. Die einzelnen Weintypen nach Art und Herstellung werden hier nicht näher behandelt.

Likörzusatz (→ Schaumwein).

Limberger oder Lemberger ist eine Rotweinsorte, der man in Württemberg, Nordbaden und in Österreich häufiger begegnet. Sie liefert gut gefärbte Rotweine, die eine angenehm fruchtige und milde Art besitzen. Die Sorte wurde in Württemberg früher fast ausschließlich im gemischten Satz mit dem spät reifenden Trollinger angebaut. Neben der Erhöhung der Farbe mildert sie die oft etwas harte Säure des Trollingers, was auch durch Weinverschnitt erreichbar ist (→ Rebsortenanbau, → Vernatsch), siehe auch Tab. 9 im Anhang.

Limousin. Eichenholz *(Quercus robur)* aus dem erwähnten Gebiet, ist als hochwertiger Rohstoffe zur Herstellung von Barriquefässern bekannt. Auch zur Lagerung von Weinbränden gut geeignet. Limousin Eichenholz gibt mehr Phenole an den Wein ab als die → Allier Eiche.

Linksdrehende Stoffe sind solche, die in gelöster Form die Ebene des polarisierten Lichtes nach links drehen (→ optische Aktivität). Im Most und Wein ist es vor allem die → Fructose, zu deren Bestimmung man diese linksdrehende Eigenschaft ausnutzte (→ Polarimetrie). Durch enzymatische und chromatographische Methoden ist diese Analysenmethode inzwischen überholt.
Komplexe Moleküle besitzen oft mehrere optische Isomere einer Substanz. Beispiel ist die Weinsäure, die in der sog. D- und L-Form vorkommt. Ein Gemisch beider Formen nennt man Razemat und bezeichnet es in diesem Falle als Traubensäure. Darüber hinaus soll erwähnt werden, dass die Natur meist nur eine Form produziert, während die industrielle Synthese Razemat produziert. Für den Nachweis weinfremder Zusätze hilft dies bei der Aufklärung von → Weinverfälschungen.

Lipasen sind → Enzyme, die Fette und Öle unter Wasseraufnahme in → Fettsäuren und

→ Glycerin aufzuspalten vermögen. Solche Enzyme finden sich in der Hefezelle.

Logel ist ein besonders in der Pfalz gebräuchliches Maß von 40 Litern, nach dem früher der Most oder die Maische im Herbst gehandelt wurde. 1 Logel = 42 bis 43 kg, je nach Mostgewicht des Lesegutes. Logel ist aber auch die Bezeichnung für die tragbare Traubenbütte (→ Hotte, → Weinmaße).

Lüftung des Weines (Lüften). Bei der Verarbeitung der Trauben nimmt der Most eine gewisse Menge Luftsauerstoff auf, der aber während der Gärung zum Teil mit der → Kohlensäure entweicht, zum überwiegenden Teil jedoch von der Hefe verbraucht wird. Jungweine sind daher frei von → Sauerstoff. Das frühere starke Lüften beim ersten → Abstich zur Förderung des → Ausbaues wird heute nur noch in geringem Maße vorgenommen um, z. B. einen → Böckser zu beseitigen. Auch bei der Flaschenabfüllung ist man bemüht, eine Luftaufnahme nach Möglichkeit zu verhindern.

Luftbeständigkeit wird geprüft durch Stehenlassen einer Weinprobe im offenen Glase. Luftbeständige Weine bleiben klar, behalten ihre helle Farbe, während luftunbeständige sich von oben her mehr oder weniger braun verfärben und trüben. Entsprechend der Stärke der Veränderung ist die → Schwefelung vorzunehmen, um völlige Luftbeständigkeit zu erreichen (→ Rahnprobe).

Luftfeuchtigkeit. Der Wassergehalt der Luft spielt vorwiegend bei der Lagerung alkoholhaltiger Getränke im Holzfass eine Rolle Die Problematik besteht ebenso bei der Lagerung etikettierter Flaschen im Kühlschrank, wenn ein ungeeigneter Kleber verwendet wurde und die Etiketten verschimmeln und sich ablösen. Heute ist die Haftfestigkeit der Etiketten jedoch garantiert. Weil die Verdunstung überwiegend in den Fugen zwischen den Fassdauben stattfindet, sollte das Fassholz ständig feucht bleiben. Da die prozentuale Feuchte bei niedriger Temperatur ansteigt, soll die Temperatur des Fasskellers unter 12 °C liegen. Dabei sollte die Feuchtigkeit bei 80–90 % eingestellt sein. Der Ausgleich des Verdunstungsverlustes ist dann eine aufwändige Aufgabe, sodass findige Techniker einen Ballon erfunden haben, der sich automatisch dem Volumen anpasst und den Schwund „ersetzt“(?). Eine Überschichtung mit Inertgas ist im Holzfass nicht sehr wirksam, da die Verdunstung als solche (Schwund) nicht aufzuhalten ist. Praktiker bringen die Barriquefässer deshalb mit dem Spund in die Seitenlage. Der Ausbau im Barrique bedarf großer Erfahrung (SO_2-Gehalt, Desinfektion des Fasses nach → Abstich), um dadurch die Bildung von Ethylphenol durch *Brettanomyces* zu unterbinden (Mäuseln).

Luftgeschmack ist ein eigenartiger, unter dem Einfluss der Luft auftretender Geschmack, der an gedörrtes Obst erinnert. Seine Entstehung dürfte auf einer langsamen Oxydation des → Alkohols zu → Aldehyd beruhen und wird durch längeres Lagern in nicht vollen Fässern begünstigt. Auch bei starkem Abbau der freien SO_2 werden Acetaldehyd (und andere Aldehyde?) frei. Vollhalten der Gebinde, schwache → Schwefelung und rechtzeitige Abfüllung auf Flaschen verhindern das Auftreten des Geschmacks. Eine Kohlebehandlung behebt den Fehler nicht. Ein fortschrittlicher Kellertechniker wird diesen primitiven Fehler durch → Spundvollhalten unter allen Umständen vermeiden.
Der Einfluss der Oxidation während des → Ausbaus von Wein ist eine komplizierte Veränderung, die zwar teils durch Messung des zufließenden (zugesetzten) Sauerstoffs gemessen werden kann, die dabei auftretenden Reaktionen mit den verschiedenen Weininhaltsstoffen sind jedoch längst nicht erkun-

det. In Summe erkennt man diese Veränderungen am → Redoxwert. Die meisten internationalen Untersuchungen beschäftigen sich aus nachvollziehbaren Gründen (Farbveränderung) detailliert mit Rotweinen (→ Mikrooxigenierung, → Sensorik).

Luftkammer ist der zwischen → Flaschenverschluss und Wein befindliche Luftraum in der abgefüllten Flasche. Er soll nicht größer sein als 2 cm. Größere Leerräume können fallweise die Alterungsvorgänge im Wein beschleunigen (abhängig vom Flaschenverschluss). Über die eventuell negative Beeinflussung des Weins durch den Leerraum gibt es unterschiedliche fachliche Meinungen. So sind → Flaschenverschlüsse im Handel, die man mit dem Argument einer gewissen „Sauerstoffinfiltration" positiv bewirbt. Ist durch Schwund der Leerraum alter Weine (Korken) über 3 bis 4 cm angestiegen, dann ist bereits ein deutlicher → Luftgeschmack (→ Zehrung) zu erwarten (→ Umfüllen von Wein).

Luftton. Der → Luftgeschmack äußert sich zusätzlich im Geruch. Die fehlerhafte Erscheinung in Wein kann unter dem Begriff „Luftton" zusammengefasst werden.

Luft, Zusammensetzung. Trockene Luft enthält:

	Vol.-%	Gew.-%
Stickstoff	78,10	75,51
Sauerstoff	20,93	23,01
Argon	0,93	1,29
Kohlendioxid	0,03	0,04
Andere Gase	Rest	Rest

Lysozym (E 1105). Das von Alexander Flemming (Entdecker des Penicillins) erstmals in Hühnereiweiß aufgefundene L. erwies sich in der Folge als geeignet, um unerwünschte Bakterien abzutöten. Dabei wird die Gruppe der → Acetobacter nicht attackiert, erfreulicherweise jedoch die Gruppe der Lactobacillen (Milchsäurebildner). L. hemmt die Hefe nicht und kann deshalb bereits zum Most zugesetzt werden. Im Wein setzt man L. ein, um den → Biologischen Säureabbau zu unterbinden oder (später) abzustoppen. Im Falle von → Gärstörungen besteht bekanntlich die Gefahr einer mikrobiologischen Fehlentwicklung. Mit Bentonit kann man L., welches sonst eine → Eiweißtrübung auslösen könnte, zuverlässig entfernen. Der Nachweis von L. erfolgt mit → HPCl. L. könnte bei sensiblen Konsumenten Allergien entwickeln (→ Allergene).

M

Maceration → Aufschliessen der Maische. Die technologischen Verfahren unterscheiden zwischen Rotwein- und Weißweinproduktion.

Macération carbonique. Verfahren der Rotweinbereitung (→ Rotweinbereitungsverfahren).

Madeira ist ein von der Insel Madeira stammender goldbrauner Dessertwein (→ Likörwein).

Madeleine royale (→ Müller-Thurgau) ist ebenso wie die Spielarten M. Celine und M. angevine eine wertvolle → Tafeltraube, die bereits Mitte August reif wird.

Mängel der Weine haben ihre Ursache meist in einer unharmonischen Zusammensetzung des Mostes. Die häufigsten Mängel sind ein zu niedriger Zucker- bzw. → Alkoholgehalt, ein zu viel oder zu wenig an → Säure, Mangel an → Farbstoff, an → Bukett, zu viel → Gerbstoff. Mängel lassen sich durch die im Weingesetz zugelassenen Behandlungsverfahren beseitigen oder doch wesentlich reduzieren (→ Weinbereitung, zugelassene Stoffe).

Mäuseln der Weine (Mäuselgeschmack) ist eine ausgesprochen schwere „Erkrankung" des Weines, die jedoch bei Traubenweinen verhältnismäßig selten, bei Obst- und Beerenweinen jedoch häufiger anzutreffen ist. Mäuselnde Weine erinnern im Geruch an Mäuseharn (daher der Name) und besitzen einen geradezu widerlichen Geschmack, der noch lange nach dem Verkosten am Gaumen „klebt". Hohe Lagertemperatur und verspätetes → Ablassen von der Hefe begünstigen das Auftreten der Krankheit. Infolge eines stark erhöhten Gehaltes an → flüchtigen Säuren schmecken die Weine gleichzeitig auch mehr oder weniger essigstichig. Die Ursachen des Mäuselns sind im einzelnen noch nicht bekannt. Schweizer Forscher fanden in mäuselkranken Weinen häufig das *Bacterium mannitopoeum* und machten dieses für die Entstehung der Krankheit verantwortlich. Im Gegensatz dazu führt SCHANDERL das Mäuseln auf Oxidationsvorgänge zurück, da es ihm durch Zusatz stark oxidierender Mittel (Wasserstoffperoxid) gelang, in bestimmten Fällen den Geschmack hervorzurufen. Die sich dabei abspielenden Vorgänge sollen sich nur innerhalb eines bestimmten Bereiches des → Redoxpotentials abspielen.
Nachweislich sind → *Brettanomyces*-Hefen die Hauptverursacher. Die sensorisch störenden Stoffe (Geruch nach „Pferdeschweiss") sind 4-Ethyl-Phenol und 4-Vinyl-) Gujacol. Neuerdings werden Derivate des Tetrahydropyridins zumindestens als (analytische) Indikatoren des → Weinfehlers benannt.
Nach Möglichkeit sollten die Verursacher, die *Brettanomyces*-Varianten *und Lactobacillus,* durch biochemische Methoden nachgewiesen werden, damit eine dauerhafte vorbeugende Lösung des Problems erreicht werden kann. Eine dauerhafte Lösung des Problems sind optimale Kellerhygiene, rechtzeitiger Abstich von der Hefe und hinreichende → Schwefelung. Bei schwachem Auftreten kann man versuchen, durch starke Schwefelung in Verbindung mit einer → Kohlebehandlung eine Besserung zu erreichen. Obwohl die Fachwelt den „Brettanomyces-Ton" in Wein als fehlerhaft einstuft, findet man häufig teure Rotweine mit diesem charakteristischen Akzent. Da Beerenweine, vor allem bei zu großem Wasserzusatz und zu schwacher Zuckerung, sehr leicht zum Mäuseln neigen, verarbeitet man das Beerenobst am besten zu alkoholreichen → Likörweinen, die wenig anfällig für die Krankheit sind bzw. man setzt → Genusssäuren *vor* der Gärung zu.

Magermilch, die früher vielfach infolge ihres Gehaltes an → Kasein zur Weinschönung benutzt wurde, ist aus der Liste der erlaubten Stoffe längst gestrichen und somit nicht mehr gestattet, doch ist Kasein laut VO (EWG) Nr. 822/87 ersatzweise für Wein zugelassen, Wegen der allergenen Wirkung ist der Zusatz von K.- auch in Kombination mit anderen Weinbehandlungsmitteln- zu deklarieren (→ Allergene, → Weinbereitung, zugelassene Stoffe).

Magnesium (Mg) findet sich regelmäßig in Form von Salzen im Most und Wein. Die in der Asche gefundenen Werte liegen zwischen 40 und 140 mg/l. Da Magnesium im Gegensatz zu Calcium keine schwerlöslichen Salze bildet, stellen solche Gehalte kein Problem dar (→ Mineralstoffe, → Tab. 29 im Anhang, → Wein, Zusammensetzung).

Mahlen der Trauben erfolgt ausnahmslos maschinell mit Hilfe von Traubenmühlen, bei denen die Beeren zwischen verstellbaren Walzen zerdrückt werden und das Austreten des Saftes ermöglichen. Die → Kerne dürfen dabei nicht zerquetscht werden. Die Mühlen werden entweder von Hand oder mit Motorkraft betrieben. Vielfach sind die Mühlen mit einer Entrappungsvorrichtung gekoppelt, die bei Weißweinen seltener, bei Rotweinen in der Regel immer benutzt wird, um harmonische, nicht zu gerbstoffhaltige Rotweine zu erhalten (→ Abbeermaschinen).

Maische nennt man die zerkleinerten Früchte verschiedener Obstarten, die zu Wein oder Obstbränden verarbeitet werden (→ Traubenmaische).

Maischeerhitzer. Wärmeaustauscher, die speziell zur Erwärmung von Maische gebaut sind. Man unterscheidet im wesentlichen Röhrenerhitzer, bei denen die Maische durch eine von Dampf oder Heißwasser umspülte Röhre gepumpt wird, von Spiralerhitzern, bei denen die Maische über einen spiralförmig gewundenen und beheizten Zylinder geführt wird. Die Wärmeaustauscher sollen so angelegt sein, dass die Maische im einmaligen Durchlauf die Endtemperatur erreicht.

Maischeerhitzung dient überwiegend der Extraktion roter Farbstoffe aus Rotmaische. Die Höhe der dabei erreichten Temperatur und – abgeschwächt – die Länge der Wärmeeinwirkung wirkt sich auf den Grad der Extraktion aus (steigende Temperatur und Einwirkungszeit = steigende Farbausbeute). Die Temperatur bewegt sich im Bereich von 50 bis 75 °C, die Zeit zwischen etwa 30 Minuten bis sechs Stunden. Durch eine vorgeschaltete → Kurzzeit-Erhitzung können unerwünschte → Enzyme (Oxidasen) inaktiviert werden und anschließend bei tieferer Erhitzungstemperatur pektinspaltende Enzyme zur Steigerung der Extraktion hinzugesetzt werden. Der Einfluss der Erhitzung (Wärme) auf die Farbausbeute überwiegt gegenüber dem der Enzyme. Die Erhitzung erfolgt in Wärmeaustauschern (→ Maischeerhitzer), die mit Dampf oder Heißwasser beheizt werden. Durch zweckmäßige Konstruktion versucht man, der Gefahr einer Verstopfung durch die Trubteile der Maische zu begegnen (→ Hoch-Kurzzeit-Erhitzung, → Rotweinbereitungsverfahren).

Maischegärung, das heißt Vergärung vor der Kelterung, ist bei roten Trauben notwendig, um den in den → Hülsen sitzenden roten Farbstoff auszulaugen. Andernfalls entstehen weiße oder nur blassrosa gefärbte Weine (→ Roséwein, → Weißherbst). Bei der M. unterscheidet man die „offene" von der „geschlossenen" M. (→ Rotweinbereitungsverfahren, → Tab. 44 im Anhang)

Maischehut → Tresterhut. Beim Stehenlassen der Maische schwimmen die Feststoffe der Maische (→ Beerenhäute, → Rappen) an der Oberfläche. Der Vorgang wird stärker, wenn sich → Kohlensäure (durch Gärung) bildet. Bei der → Maischegärung muss der Maischehut unter die Oberfläche der Flüssigkeit gedrückt werden, damit eine Extraktion der → Farbstoffe eintreten kann. Der Maischehut ist ferner Infektionsquelle für → Essigbildner, die durch die → Essigfliege) übertragen werden (→ Maischegärverfahren).

Maischeleitungen sind meist weitlumige Leitungen, die oft fest installiert sind. Durch Maischepumpen kann darin die Maische bewegt (transportiert) werden.

Maischepumpen dienen in größeren Betrieben dem Maische-Transport von den Maischebehältern zur → Kelter. Sie sind besonders weitlumig gebaut, um ein Verstopfen der Leitung zu verhindern (→ Pumpen, → Mohnopumpe).

Maischeschwefelung zählt zur Standardbehandlung von faulem Lesegut roter aber auch weißer Trauben. Die frühzeitigen SO_2-Zusätze haben folgende Wirkungen:

- Unterdrückung schädlicher Mikroorganismen.
- Dadurch eine bevorzugte Entwicklungsmöglichkeit für Hefen.
- Inaktivierung der Polyphenoloxidasen, d. h. verbesserte Farbausbildung bei Rotweinen.
- Zunahme der Extraktion roter Farbstoffe.
- Fernhalten der Essigfliege (→ Einschwefeln, → Schweflige Säure, Einfluss auf Hefen).

Maischestandzeit. Die Maischestandzeit ist eine der wichtigsten Entscheidungen für den Kellertechniker. Dabei muss man auf Einschränkungen durch die im Betrieb gegebenen zeitlichen Abläufe Rücksicht nehmen. Nach dem → Mahlen der Trauben ist die Zellstruktur zerstört, wobei verschiedene Traubenenzyme freigesetzt werden. Die folgenden enzymatischen Reaktionen sind komplex. Pectinasen bauen → Pektine ab und → Glycosidasen setzen → Terpene frei. Da solche Reaktionen temperatur -und zeitgesteuert ablaufen, lässt sich mit der Standzeit die nachfolgende Kelterung erleichtern. Auch auf den Gehalt an Aromen wirkt sich eine längere Standzeit positiv aus. Andere Enzyme können → Polyphenole freisetzen, ein Vorgang der wiederum zumindestens bei Weissweinen unerwünscht ist. Schliesslich sollte es während der Standzeit nicht zu einer Gärung kommen (Ausnahme: Maischegärung bei Rotwein). Als denkbarer Kompromiss ergeben sich Standzeiten von 6–24 Std. in Abhängigkeit von der jeweiligen Situation (→ Maischeschwefelung, → Mazeration) (→ Abb. 6 im Anhang).

Maiwein (Maitrank, Maibowle) ist ein weinhaltiges mit Maikräutern (Waldmeister) gewürztes Getränk. Zur Herstellung dürfen nur verkehrsfähige Weine verwendet werden. Mitverwendung von Obst- und Beerenweinen ist deklarationspflichtig (→ weinhaltige Getränke).

Malaga sind nach der Stadt Malaga benannte → Likörweine, die nach verschiedenen Verfahren hergestellt werden. Die Trauben werden über die Vollreife hinaus am Stock belassen und man setzt sie nach der Lese noch einige Tage der Einwirkung der Sonne aus, ehe sie gekeltert werden. Der Ausbau dauert zwei bis drei Jahre.

Malicid-Verfahren. (Malum, lat. = Apfel. Präparat zur Durchführung der erweiterten Doppelsalzfällung (→ Äpfelsäure, → Entsäuerung, Allgemeines, → Entsäuerung, praktische Durchführung) (→ Datenblatt der Fa. Erbslöh).

Malinger ist eine unter dem Namen Malenga in der Pfalz angebaute, inzwischen fast ausgestorbene (4 ha) weiße Traubensorte.

Malitex-Verfahren umfasst die Durchführung einer → Doppelsalzfällung unter separatem Zusatz von Weinsäure, um damit die Äpfelsäure (malum = Apfel) herabzusetzen (→ Entsäuerung, Allgemeines, → Entsäuerung, Durchführung).

Malolaktische Gärung.→ Biologischer Säureabbau.

Maltase ist ein in Hefen vorkommendes → Enzym, mit dessen Hilfe sie den Malzzucker (Maltose) in vergärbaren Traubenzucker umwandelt. M. ist für die Bierbrauerei von großer praktischer Bedeutung.

Maltose (Malzzucker) wird mit Hilfe eines Enzyms aus Stärke gebildet, findet sich besonders reichlich in keimender Gerste und spielt in der Bierbrauerei eine große Rolle. M. ist ein Disaccharid, aufgebaut aus → Glucose.

Malvasier (Malvasia) ist eine sehr alte Rebsorte und deshalb auch in vielen Spielarten verbreitet. Wegen der Anfälligkeit gegenüber Fäulnis ist die Rebsorte auf Trockenklima-Standorte (Italien, Griechenland, Spanien) beschränkt. Eine Spezialität sind die Madeira-Weine.(Jancis Robinson vermerkt über 30 verschiedene synonyme Varianten des M.)

Malvin-3,5,-Diglycosid. Das M. gehört zur Gruppe der roten Farbstoffe. In der Traube der *Vitis vinifera* ist dieses für → Hybiden typische → Anthocyan nur in Spuren vorhanden. Durch Einkreuzen von Reben der *Vitis labrusca* wird ein Gen eingeführt, welches zu den → Interspezifischen „Neuzüchtungen" wie → Regent führte. Diese Kreuzungen zeigen dann teilweise die erwünschten Resistenzen gegenüber bestimmten Pflanzenkrankheiten. Neuere genetische Analysen zeigen, dass der Gehalt von M. in Interspezifischen Kreuzungen nicht automatisch mit einem unerwünschten → Hybriden-Fehlton verbunden ist.

Mandelbitter ist ein in Geruch und Geschmack an bittere Mandeln erinnernde Eigenart, die man vereinzelt bei hochwertigen Auslesen antrifft (dagegen: → Bittermandelton).

Mangan (Mn) ist in Spuren in der Weinasche nachgewiesen worden. Heidelbeerweine oder Hybridenweine besitzen oft einen etwas höheren Mangangehalt. Moste enthalten meist 0 bis 2 mg/l, selten über 3 mg/l. Französische Untersuchungen ergaben in Hybridenweinen zum Teil erheblich größere Mengen. Im Wein (0,2 bis 2 mg/l) kommt dem Mangan keine Bedeutung zu (→ Spurenelemente).

Mangel an Alkohol darf im Rahmen des Weingesetzes durch Zuckerzusatz zum Most oder Wein ausgeglichen werden (→ Anreicherung).

Mannane sind als → Weinbehandlungsmittel zugelassen. VO (EG 2165/2005). Die bei der Hefeautolyse normalerweise freigesetzten M. gehören zur Gruppe der → Kolloide. Der Gehalt liegt – abhängig von den Bedingungen der Autolyse (→ Bâtonnage) – zwischen 100 und 400 mg/l. In erster Linie sollen M. das „Mundgefühl" unterstützen. Diese (vorteilhafte) Eigenschaft wird in der Wissenschaft in Frage gestellt. Auch die mögliche → Weinsteinstabilisierung, die vielen anderen Kolloiden wie dem → CMC gleichfalls zugeschrieben werden, bringt zumindestens für die → Filtration Nachteile („Verblockung" bei der → Crossflow-Filtration).
Beim klassischen Rotweinausbau hat der Zusatz eine gewisse Bedeutung, falls Weine

ohne „Endfiltration“ abgefüllt werden, wobei – im Vergleich – die Methode → Bâtonnage auf das „Mundgefühl“ weitaus besser wirkt. Der Effekt der Bâtonnage auf den Wein (Mouth-Feeling) ist jedenfalls deutlicher als der direkte Zusatz von Mannanen.

Mannit ist ein sechswertiger Alkohol mit der halben Süßkraft von Saccharose. Als Zusatzstoff kann Mannit für die Süßung diäthetischer Lebensmittel verwendet werden (nicht für Wein).
In Wein ist Mannit normalerweise in Mengen von 100 bis 1000 mg/l vorhanden (→ Wein, Zusammensetzung). Problematisch ist die Bildung von Mannit. Bestimmte heterofermentative Bakterien können insbesondere → Fructose abbauen, wobei der → Mannitstich auftreten kann. Wichtig ist jedoch, dass Mannit kein absoluter Hinweis auf Verdorbenheit durch Mannitstich ist, da auch in Mosten aus faulen Trauben erhebliche Mengen (bis zu 12 g/l) nachgewiesen wurden. Der Nachweis von Mannit erfolgt mittels → Dünnschichtchromatographie oder → Gaschromatographie.

Mannitstich ist eine in den nördlichen Weinanbaugebieten selten vorkommende „Krankheit“ des Weines. Der → Weinfehler tritt bevorzugt bei zu warmer Vergärung säurearmer Moste in südlichen Ländern auf. Davon sind insbesondere auch → Obstweine betroffen. Der Weinfehler geht nicht allein auf den Gehalt von Mannit zurück, sondern ist durch Nebenprodukte eines bakteriellen Abbaues hervorgerufen. Man stellt erhöhte Mengen an → Essigsäure, → D-Milchsäure, → Propylalkohol fest, die erfahrungsgemäß von den heterofermentativen Milchsäurebildnern *Lactobacillus brevis* produziert werden. Welche Stoffe letzten Endes den unangenehmen Weinfehler (süßsauer, kratzend) hervorrufen, ist noch unbekannt.

Mannloch. Die mit einer Tür versehene Öffnung im Behälter, durch welche ein „Mann“ schlüpfen und den Behälter reinigen kann.

Manzanilla ist ein feiner spanischer Sherrywein, bereitet aus den entlang der Küste gewachsenen Trauben der Sorten Palomino, Ximénez und Moscatel. Das Weinbaugebiet liegt etwa 15 km westlich von Jerez, die Weine sind sehr trocken bei einem hohen Alkoholgehalt von 16 bis 18 % Vol. (→ Likörwein, → Jerezwein).

Markenweine sind solche, die von einzelnen Firmen unter einem geschützten Namen (Warenzeichen) in den Verkehr gebracht werden und einen möglichst gleichbleibenden Charakter und dieselbe Qualität besitzen sollen. Markenbezeichnungen können durch Eintragung beim Deutschen Patentamt geschützt werden, wenn bestimmte Voraussetzungen gegeben sind. (→ Amtliche Prüfnummer).

Markgräflerland nennt man den südlich gelegenen → Bereich des badischen Weinbaugebietes, in welchem überwiegend → Gutedel, → Müller-Thurgau und → Spätburgunder angebaut werden.

Marsala ist ein berühmter Dessertwein (→ Likörwein) der Insel Sizilien, der aus gegipstem Most unter Zusatz von 5 bis 10 % eingedicktem Traubenmost gewonnen wird. Den fertigen Weinen wird dann nochmals mit Weinalkohol stummgemachter Traubenmost zugesetzt. Gute Marsalaweine gelangen oft erst nach zwei bis fünf Jahren in den Handel (→ Gipsen).

Martinverfahren ist nach dem Entwickler einer → NMR-Methode genannt, die zum Nachweis einer illegalen → Anreicherung (in Grenzen) geeignet ist. Mit der Aufnahme in der Methodensammlung der VO (EU) Nr. 2676/1990 wurde gleichzeitig die Installation einer Weindatensammlung „authentischer“ Weine veranlasst, welche die globalen Unterschiede innerhalb der EU registriert. Die NMR-Methode beruht auf der Messung des herkunftsspezifischen Deuteriumgehaltes im Weinalkohol. Zur weiteren Absicherung des NMR-Messergebnisses werden weitere Parameter einbezogen, wie z. B. der → Stabilisotopengehalt C 13. Die Methode ist aufwändig und sehr teuer (→ Weinverfälschungen).

Maskenbildung nennt man das Absetzen der Hefe an der Flaschenwand bei der → Schaumwein-Bereitung nach der méthode champenoise. Während man bisher für die Maskenbildung vorwiegend schleimbildende Hefen oder Unebenheiten des Alt-Glases verantwortlich machte, vermutete SCHANDERL (1959), dass die Ursache auch in der Zusammensetzung des Weines zu suchen sei.

Maßanalyse spielt in der chemischen Analyse des Weines eine bedeutsame Rolle und dient der Bestimmung verschiedener Weinbestandteile unter Verwendung von Lösungen bestimmten Gehaltes unter Zuhilfenahme eines Indikators. So wird die → Gesamtsäure mit einer 1/3 normalen → Lauge und → Indikatoren bestimmt.

Massenträger nennt man Rebsorten, die durch einen besonders hohen Ertrag auffallen. Die Qualität des von solchen Massenträgern gewonnenen Weines ist meist gering, so dass der Anbau von ausgesprochenen Massenträgern (manche Tafeltraubensorten) unterbunden wird. Durch Neuzüchtungen kommt das Problem aber immer wieder auf. Überproduktion kann der Winzer durch geringen Anschnitt oder durch späteres „Ausdünnen“ verhindern (→ Hektarhöchstertrag).

Matrix. Ausdruck für die wechselhafte Zusammensetzung von Wein, die insbesondere bei der → Sensorik zu beachten ist.

Matt nennt man Weine, die infolge Mangels an → Kohlensäure ihre Frische verloren haben. Durch eine schwache Dosierung mit Kohlensäure kann man den Weinen wieder mehr Ausdruck verleihen (→ Weinansprache).

Mazeration. Lat. maceratio bedeutet „Erweichung“, „Auslaugung“, also Herstellung eines Extraktes. Im önologischen Bezug versteht man darunter die Extraktion von Stoffen durch → Maischegärung, → Maischeerhitzung oder auch → Macération carbonique).

MCA-Verschluss. Abk. für **M**etal **C**losure **A**luminium, → Drehverschluss und die zugehörige Flaschenmündung.

Medizingeschmack ist ein bei Weinen aus faulem Lesegut auftretender Geschmack, der an Jodoform erinnert. → Einschwefeln, → Entschleimen → Aktivkohle-Behandlung und Reinhefevergärung reduzieren den Geschmack. Ursache dürfte in der Besiedelung der Trauben mit → Schimmelpilzen wie *Trichothecium* zu finden sein. Oft ist die → Weinansprache nicht in der Lage, den geschilderten Weinfehler zu konkretisieren (→ Jodoformgeruch).

Medoc ist ein berühmtes AOC-Rotweingebiet des Departements Gironde, ein Untergebiet des Weinbaugebietes Bordeaux. Es ist das größte → AOC- (jetzt AOP-) Teilgebiet der Region Bordeaux.

Membran im Sinne der Technik nennt man eine dünne Haut, die die Funktion eines Filters hat (nach DUDEN). Die meist aus Kunststoffen bestehende Membran besitzt dazu Poren, die als → „Sieb“ wirken und nur dementsprechend kleinere Teilchen passieren lassen. Da die Porenweite gezielt variiert werden kann, sind damit insbesondere bei Flüssigkeiten variabler Zusammensetzung recht unterschiedliche Trennverfahren durchführbar (→ Crossflow-Filtration, → Elektrodialyse, → Entalkoholisierter Wein, → Technik, → Kerzenfilter, → Membranfilter, → Membranverfahren, → Mikrofiltration, → Umkehrosmose).

Membranfilter beruhen auf der Wirkung einer → Membran. Ursprünglich aus der Ultrafiltration heraus entwickelt, die zur Abscheidung und → Rückhaltung feinster Teilchen bis in den kolloidalen (unsichtbaren Bereich) dient, resultierte für den Bereich der Getränkefiltration die → Mikrofiltration. Aus praktischen Gründen sind der eigentlichen Membranfiltration meist andere → Filterhilfsmittel vorgelagert oder es werden Kunststoffmaterialien mit größeren Poren integriert. In diesen Fällen werden die Membrane entlastet und als Endfilterschicht ausgelegt. Um die Membranflächen zu vergrößern, sind die Membrane aufgewickelt und geschichtet. Da dies meist zu einer Kerzenform des Filterelementes führt, sind Ausdrücke wie Vorfilterkerzen und → Endfilterkerzen gebräuchlich und anschaulich. Selbstverständlich gehören dazu die entsprechenden Filtergehäuse und Armaturen (→ Filtrationstechniken).
Die Systeme zeigen gegenüber den klassischen Schichtenfiltern Vorteile durch geringes Totvolumen, Online-Überprüfung der Rückhalterate in Druckhaltetest, sichere Sterilisierbarkeit und inertes Verhalten gegenüber Wein. Außer in der Prozessfiltration werden Membranfilter in der Weinuntersuchung bei der Sterilprüfung verwendet (→ Vorfiltration) (→ Abb. 8 im Anhang).

Membranpressen sind Keltern, die in der Entwicklung derzeit die aktuellsten Systeme darstellen. Nach dem → Willmespresser folgte die → Tankpresse, die etwa gleichzeitig von Willmes und Bucher entwickelt wurde. Das Prinzip des pneumatischen Auspressens beruht auf einer Kunststoff-Membranfläche, die im Ruhezustand an der Wandung des Pressbehälters anliegt, durch Luftdruck (in der Regel bis zu 2 bar) aufgebläht wird und dabei auf die Maische drückt. Der Saft wird entweder durch innenliegende „Drainageelemente" (Siebkanäle) oder direkt durch den perforierten Teil des Pressbehälters (= Offene Presse) abgeleitet.
Die Systeme, die in vielfältiger Form angeboten werden, unterscheiden sich in der Maischezufuhr, der Anordnung der Membran, der Steuerung der Pressvorgänge (Prinzip der Automatik) und in den Mechanismen der Entleerung. Auf vollständige Entleerung, gute Zugänglichkeit der zu reinigenden Teile etc. ist ebenso zu achten wie auf die verwendeten Werkstoffe und die Präzision der Ausführung. Membranpressen liefern gerbstoffarme und trubarme Moste.
Weitere Variationen mit dem Ziel der Kühlung oder der Zufuhr von Inertgas soll zumindest in heißen Klimata die Zufuhr und den Einfluss von Sauerstoff auf das Pressgut vermindern. Für die Praxis sind die Anschaffungs- und Unterhaltungskosten neben der Bedienbarkeit wohl die die wesentlichsten Entscheidungsgründe (→ Kelter, → Tankpresse).

Membranverfahren Durch Membrane werden Stofftrennungen erreicht, d. h es werden „echt" gelöste Stoffe „fraktioniert". Bei der → Umkehrosmose wird über die Membran ein Druck ausgeübt, der den Alkohol und die „leichten" Moleküle von Wasser, Schwefeldioxid, Kohlendioxid und Aromen durch die Membranporen diffundieren lässt (Permeat = Filtrat), während die zurückbleibenden Extraktstoffe (Retentat) ständig aufkonzentriert werden. Im Falle des Entzugs von Alkohol

wird der „Verlust“ durch Wasserzusätze ausgeglichen (→ Alkoholmanagement).
In der aktuellen Debatte über die Rückführung der Alkoholgehalte sind Länder wie Australien und USA mit einer großen Energie dabei, solche Methoden zu entwickeln Für mitteleuropäische Verhältnisse wäre dagegen eine Rückbesinnung zugunsten alkoholarmer Kabinettweine vernünftiger, indem man zunächst das → „Alkoholmanagement“ im Weinberg durchführt.
Ein anderes, spezielles Membranmodul → WINE BRANE ähnelt den CROSS-FLOW-Modulen.
Innerhalb der Technologie aller Membranverfahren ist der „Fouling Index“ eine wichtige Größe, der den Grad der „Verstopfung“ bei allen Membranprozessen darstellen kann. Für die Berechnung der Wirtschaftlichkeit aller Membranverfahren ist die „Standzeit“ der Module ausschlaggebend. Bei der erwähnten Fraktionierung handelt es sich nicht um eine Filtration mit der Abtrennung von Feststoffen, sondern um eine Separation gelöster Weininhaltsstoffe (→ Ultrafiltration). Versuche, mit diesem Membranverfahren → Proteine zu entfernen, sind gescheitert, da der Eingriff in die Weinzusammensetzung zu extrem war. Die Phenol-Gehalte wurden reduziert, während die Vorstufen zur Eiweißtrübung, die → Peptide, nicht abgetrennt wurden. Die Anwendung von Bentonit und der Eiweiß-Nachweis mit BENTOTEST® bleibt die Methode der Wahl (→ Crossflow-Filtation, → Elektrodialyse, → Mikrofiltration, → Umkehrosmose).

Membranpumpen werden bei den Dosiergeräten für Kieselgur benutzt und ermöglichen eine genaue Dosierung der notwendigen Gurmenge (→ Kieselgurfilteranlage). Darüber hinaus eignen sich M. z. B. für die Dosierung von Weinbehandlungsmitteln.

Mengenbegrenzung. In vielen Regionen der Welt gibt es Vorschriften zur Mengenbegrenzung. In Deutschland sind → Hektarhöchstgrenzen (in kg/ha) festgelegt. Damit verfolgt man eine Regulierung am Markt und gleichzeitig eine Qualitätssteigerung von Wein. Die gesetzliche M. hat in erster Linie bei → Landwein und → Qualitätswein Auswirkungen auf den Markt. Sie dient aber auch der Weinqualität.

Mensur ist ein mit Graduierungen versehenes Gefäß, das zum Abmessen einer bestimmten Flüssigkeitsmenge dient. Es leistet bei Vorversuchen für die Herstellung eines Verschnittes gute Dienste. Besser jedoch sind graduierte Schüttelzylinder, die einen Verschluss haben.

Mercaptane sind äußerst unangenehm riechende Schwefelverbindungen, die sich bei der Hefezersetzung bilden und im Wein den schwer zu beseitigenden Hefeböckser (Mercaptanböckser) hervorrufen. Aus Äthanol (C_2H_5OH) und Acetalaldehyd (CH_3CHO) kann Äthylmercaptan (C_2H_5SH) entstehen (→ Hefeböckser). Auch aus Äthanol (C_2H_5OH) und Acetaldehyd (CH_3CHO) können → Äthylmercaptan (C_2H_5SH) und andere → Thioverbindungen entstehen (→ Tab. 33 und 35 im Anhang).

Merlot. Die Rotwein-Rebsorte war schon im 19. Jahrhundert im Bordeaux-Gebiet verbreitet. Auch heute noch ist sie im Untergebiet St.-Emillion, Médoc und Pomerol (Frankreich insgesamt ca. 115.700 ha/13,7 %) die überwiegende Rebsorte. In der Konkurrenz mit → Cabernet sauvignon und (abgeschwächt) mit → Cabernet franc ergibt sich das Spiel der typischen Bordeaux Varianten (Cuvée). Auch in Italien, Rumänien, Chile etc. ist diese Sorte weltweit verbreitet. Als Wein ist Merlot früher reif und auch mehr vom Boden geprägt als Cabernet sauvignon.

Messkolben. Maßgefäß in Stehkolbenform. Durch die Form eines Kolbens mit schlankem, engem Hals ist es möglich, Flüssigkeiten relativ genau abzumessen (aus Inhalt). In der Kellerwirtschaft lassen sich diese zur Nachprüfung der Füllmengen verwenden (→ Füllmengenkontrolle).

Messpipette ist ein zu einer Auslaufspitze ausgezogenes Glasrohr mit einer Einteilung in 1/10 ml. Feinpipetten gestatten noch eine genaue Abmessung von l/loo ml Flüssigkeit.

Messuhren werden in Leitungen zwischengeschaltet und dienen der Abmessung bestimmter Weinmengen, wie sie besonders bei Verschnitten notwendig sind (→ Durchflussmesser).

Messwein. Nach dem „Codex iuris canonici" (CiC, Can.924.) darf beim katholischen Messopfer nur vinum de vite, das heißt absolut naturreiner Wein, verwendet werden. Messweinlieferanten müssen von der zuständigen Kirchenbehörde zur Lieferung von Messwein besonders autorisiert sein. Seit 1994 ist es auch in der kath. Kirche erlaubt, dass der Priester Traubensaft in der Messe verwendet. In anderen kirchlichen Gemeinschaften wird Traubensaftgebrauch teils erlaubt, teils abgelehnt. Im Rückblick wurde bis Mitte des 15. Jahrh. ausschliesslich Rotwein verwendet (symbolisiert das „Blut Christi"). Die eigen gesetzten Vorschriften wurden in der Frühzeit zur Verhinderung des „Weinpanschens" entwickelt und sind heute in das Weinrecht integriert.

Met → Honigwein.

Metallgehalt. Im Most und Wein sind kleine Mengen von Metall aufgelöst. Hierbei handelt es sich überwiegend um Spuren von Schwermetallen wie → Eisen, → Kupfer, seltener → Zinn und → Aluminium, die zu Weinfehlern führen können. Der Metallgehalt lässt sich durch Weinbehandlungsstoffe im Zuge der sog. → Schönung reduzieren. Durch Festsetzung von Höchstwerten versucht man den Verbraucher zu schützen. Die totale Verwendung von → Edelstahl ist heute Norm in der Önologie (→ Metallgeschmack, → Metalltrübungen).

Metallgeschmack tritt auf, wenn Maischen, Moste oder Weine mit korrodierbaren Metallen in Kontakt kommen, von denen sich eine kleine Menge im Getränk löst. Meist sind → Eisen und → Zink die Ursache, seltener → Kupfer und → Aluminium. Vor allem Zink und Aluminium übertragen einen unangenehmen bitteren Geschmack, der sich bis zur Ungenießbarkeit steigern kann. Mit Ausnahme von Aluminium lassen sich die Metalle mittels → Blauschönung restlos entfernen und der Geschmack beseitigen. Aluminiumgefäße sollten nur zur vorübergehenden Aufnahme von Weinen dienen (→ Edelstahl).

Metalltrübungen. Ein erhöhter Gehalt an → Kupfer, → Eisen oder → Zink kann sich mit Weinbestandteilen verbinden und unlösliche, das heißt eintrübende Stoffe erzeugen. In erster Linie trifft dies für Kupfer zu (→ Kupfertrübung). Aber auch Eisen, welches mit weineigenem Phosphat reagiert (→ Ferriphosphat) spielt eine Rolle, die in ihrer Bedeutung aber stark zurückgegangen ist, nachdem zunehmend inerte Materialien (→ Edelstähle, → Kunststoffe) verwendet werden.

Metaweinsäure (E 353) entsteht, wenn man → Weinsäure über ihren Schmelzpunkt von 170 °C hinaus erhitzt. Sie kommt als sehr hygroskopisches (wasseranziehendes) Pulver in den Handel. Ein Zusatz von 5 bis 10 g/hl kann im Wein die Abscheidung von Weinstein für etwa neun Monate verhindern. Die Wirkung ist nicht von Dauer, da die Meta-

weinsäure allmählich wieder in Weinsäure übergeht (→ Weinbereitung, zugelassene Stoffe).
Deshalb werden zur → Weinsteinstabilisierung → Kontaktverfahren oder der Zusatz von → CMC vorgezogen.

Methanol → Methylalkohol.

Méthode champenoise. Das Champagnerverfahren beruht auf der klassischen → Flaschengärung. Die Bezeichnung ist den Schaumweinen der Champagne bezeichnungsrechtlich vorbehalten. Außerhalb der Champagne ist in der EU die Bezeichnung „Cremant" für Schaumweine unter besonderen Bedingungen zugelassen.

Méthode rurale (ländliche Methode) nennt man die Herstellung von → Schaumwein aus Most im Drucktank. Die Enthefung erfolgt im → Transvasierverfahren.

Methylalkohol findet sich in geringer Menge im Wein und entsteht bei der Gärung aus Pektinen. Auf den → Trestern vergorene Weine enthalten etwas mehr. In Weißweinen sind 15 bis 130 mg/l, in Rotweinen 50 bis 250 mg/l enthalten. Besonders hoch liegt der Gehalt an Methylalkohol bei aus Wein- und Obsttrestern hergestellten Branntweinen, worauf auch manchmal deren Unbekömmlichkeit beruhen dürfte. Methylalkohol ist ausgesprochen giftig (→ Alkohole). Im Falle der Verwendung von DMDC (→ VELCORIN®) erhöht sich der Gehalt an M geringfügig.

Methylanthralinat erzeugt das typische Aroma (Foxton, „wilde Erdbeeren") bei Weinen der Rebsorten *Vitis labrusca,* das in der → Concord-Traube den stärksten Ausdruck findet. In deutschen Weinen bzw. den Rebsorten *Vitis vinifera* ist dieser Ester kaum vorhanden (Methyloctalacton→ Eichenholz).

Methylorange ist ein orangegelber Farbstoff, der als → Indikator in der Weinanalyse (Titration) verwendet wird.

Mikrobiologie. Dies ist die Wissenschaft von den → Mikroorganismen, die auch für die Entwicklung des Weines von ausschlaggebender Bedeutung sind. Die Mikrobiologie befasst sich sowohl mit den im Wein erwünschten und damit nützlichen Vorgängen (z. B. → Gärung, → biologischer Säureabbau) wie auch mit den nachteiligen Veränderungen im Wein, die durch Mikroorganismen hervorgerufen werden (z. B. → Brettanomyces-Ton, → Essigstich, → Kahmhefen, → Milchsäurestich usw.).

Mikrofiltration umfasst verschiedene Filtrationsverfahren, die in der Regel eine → Membran zur Abtrennung von Partikeln und Mikroorganismen benutzen. Die Durchlässigkeit der Membran ist so gewählt, dass eine Rückhaltung von Teilchen, die größer als 10^{-4} mm (0,1 µm) sind, gewährleistet ist. Da die Porenweiten eine Streuung aufweisen und sich während der Filtration Änderungen ergeben können, ist hierzu keine absolute Aussage bezüglich des → Rückhaltevermögens möglich.
Im Gegensatz zu den → Membranverfahren, die durch → Umkehrosmose oder → Dialyse durch sehr feine Poren die Trennung gelöster Stoffe ermöglichen, sind die bei der Mikrofiltration benutzten Membranen so weitporig, dass damit nur Trubstoffe (Partikel) oder Mikroorganismen damit entfernt werden, während die echt gelösten Inhaltsstoffe des Weines unverändert passieren. In diesem Bereich unterscheidet man zwei Filtrationsmethoden.

1. Die statische Filtration (Dead-end Filtration mit → Kerzenfilter)
2. Die dynamische Überströmungsfiltration → Crossflow-Filtration (Abb. 2 im Anhang).

Mikroklima wird auch als „Kleinklima" bezeichnet. Bei der Diskussion um den Begriff → Terroir spielt das lokale M. der → Lage eine große Rolle. Nach Ansicht vieler Experten ist dieser Status M. (ermittelt anhand der Temperatur, dem Huglin-Index, der Sonneneinstrahlung innerhalb von Perioden der Vegetation und der Wasserversorgung) dominanter wirksam auf das „terroir" als die rein geologische Einstufung des Bodens.

Mikroorganismen sind Kleinlebewesen, die nur mit dem Mikroskop sichtbar gemacht werden können (→ Hefen, → Bakterien, → Pilze usw.).

Mikrooxigenierung. Mit der M. wird der überwachte und gesteuerte Zufluss (meist kleiner Mengen) an Sauerstoff bezeichnet. Der Einsatz dieser Methode soll in erster Linie die Reife des Rotweines während des → Ausbaus fördern. Damit könnte der teure Ausbau im Holzfass ersetzt werden.
Die Ergebnisse sind aber in Abhängigkeit vom Jahrgang, der Rebsorte und dem jeweiligen → Rotweinbereitungsverfahren unterschiedlich zu bewerten und bedürfen einer Kontrolle durch begleitende analytische Untersuchungen. Die Kontrolle des jeweiligen Verhältnisses von → Tanninen zu → Anthocyanen innerhalb der Betriebskontrolle und die begleitende → Sensorik verhütet eine zu ausgeprägte Braunverfärbung, während es das eigentliche Ziel ist, lediglich die Tannine „weicher" zu gestalten.
Ein hoher Anthocyangehalt im Wein ist eine der wichtigsten Voraussetzungen, um die erwünschte Reife zu erreichen und das Stadium des Ausbaus und der Flaschenlagerung zu verkürzen. Obwohl das Verfahren erfolgversprechend ist, ist die begleitende Analytik relativ aufwändig (→ Redoxwert).

Mikroskop ist heute in der Betriebskontrolle ein unentbehrliches Instrument, vor allem um die Art von Trübungen zu bestimmen. Auf dem Untersuchungsbefund lässt sich dann die richtige Behandlung aufbauen (→ Betriebsüberwachung). Anwendungen bieten die Untersuchung der Vitalität der Hefen (→ Gärstockungen) oder bei der Durchführung des → BSA). Teilweise bedarf es einer vorgängigen Isolierung und Vermehrung der → Mikroorganismen, um die Anzahl der Mikroorganismen zu zählen und zu bewerten (→ Sterilprüfung).

Mikrovinifikation. Engl. „small scale winemaking" betrifft spezielle Verfahren, um im kleineren (Versuchs-) Maßstab Wein zu produzieren. Der auch als Kleinausbau beschriebene Verfahrensweg ist aufwändig und im Ergebnis nicht immer deckungsgleich mit dem in der Praxis erreichten Effekt. Zur Erklärung der festgestellten unterschiedlichen Wein-Charaktere abhängig von der Behältergröße bedarf es noch der eingehenden Untersuchung.

Milchsäure (E 270) ist eine → Säure, die im Most normalerweise nicht vorkommt, bzw. bei faulem Lesegut in sehr geringen Mengen. Sie ist jedoch ein regelmäßiger Bestandteil des Weines, da M. bei der Umwandlung der → Äpfelsäure, dem → biologischen Säureabbau, in mehr oder weniger großer Menge entsteht. Der Gehalt im Wein liegt im Allgemeinen zwischen 2,5 und 3,5 g/l, kann im seltenen Extrem aber auch bis auf 7 g/l ansteigen.
Die Bestimmung der M. ist für die Beurteilung der Säureverhältnisse im Wein von großer Bedeutung,. Zur Umrechnung von M. in andere Säuren siehe → Gesamtsäure, Umrechnung (→ Tab. 28 im Anhang). Bei der Milchsäurebildung kommt es zu einem Rückgang des Extraktes; ein Umstand der bei der Bewertung von Wein zu beachten ist (→ Milchsäure, Bestimmung). Die M. kommt in zwei optisch aktiven Formen vor (→ opti-

sche Aktivität). M. ist unter besonderen Bedingungen als → Säurezusatz zu Most und Wein zugelassen.

Milchsäure, Bestimmung. Für die Bestimmung der Milchsäure besteht ein vielfaches Interesse. In der Betriebskontrolle lässt sich der Ablauf des biologischen Säureabbaues damit kontrollieren. Für die amtliche Überwachung wird der Gehalt an M. herangezogen, um z. B. die Extraktverminderung des Weines durch den biologischen Säureabbau, aber auch um einen biologisch bedingten Fehler bewerten zu können (D-Milchsäure). Es versteht sich, dass der Aufwand in einer Routinebestimmung (Betriebskontrolle) niedrig sein sollte. Als vereinfachte Methode galt früher die → Dünnschichtchromatographie, mit der sowohl die Verminderung der Äpfelsäure wie die Neubildung der Milchsäure beim biologischen Säureabbau (BSA) verfolgt werden kann. Exaktere Ergebnisse erhält man durch Anwendung der HPLC oder durch die enzymatische Analyse, wobei letztere die spezifische Trennung in D-und L-Form erlaubt. Eine vereinfachte Praxismethode bietet der Testkit EASYLAB der Fa. Erbslöh.

Milchsäurestich ist eine vorzugsweise in säurearmen Weinen insgesamt jedoch selten auftretende Krankheit (→ Weinfehler) und daher in Traubenweinen südlicher Herkunft sowie in Obstweinen häufiger anzutreffen als in europäischen Weinen. Alle Umstände, die den Säuregehalt unangemessen herabsetzen (hoher pH-Wert), erhöhen die Gefahr des Milchsäurestichs. Er ist kenntlich an einem süßlichsauren, kratzenden Geschmack und einem an Sauerkraut erinnernden Geruch. Als Verursacher kommen bestimmte Milchsäurebakterien (*Lactobacillus* oder *Leuconostoc)* in Frage. Ist noch unvergorener Zucker vorhanden, so entsteht die Milchsäure aus dem Zucker unter gleichzeitiger Bildung von Kohlensäure und → flüchtigen Säuren (Essigsäure).
Bei Vorhandensein von → Fructose geht der Milchsäurestich unter Bildung von → Mannit in die → Mannitgärung über.
Das → Schwefeln erweist sich am wirksamsten, wenn es (als Vorsorgemaßnahme) bereits vor der Gärung vorgenommen wird, da die dabei gebildete → Oxyäthansulfonsäure (an Acetaldehyd gebundene schweflige Säure) den biologischen Säureabbau hemmt. Stark geschädigte Weine sind als verdorben zu bezeichnen. In solchen Weinen ist der Anteil der D-Milchsäure gegenüber der L-Milchsäure deutlich erhöht.

Mild sind Weine mit wenig Säure bei schöner Reife und Harmonie des Geschmackes. Mild wird leider oft verwechselt mit süß, und man glaubt, durch Belassen eines Zuckerrestes den Weinen die erwünschte Harmonie geben zu können. Ein geringer Zuckerrest kann wohl die etwas harte Säure zunächst überdecken, ohne dass die physiologische Wirkung zu hoher Säuregehalte (z. B. Sodbrennen) verhindert wird. Das, was die Konsumenten heute erwarten, sind nicht süße, sondern milde (säurearme) Weine (→ Restsüße). „Mild" ist keine nach dem Weinrecht als Beschaffenheitsangabe zulässige Bezeichnung, kann aber in der → Weinansprache verwendet werden.

Mindestmostgewichte (→ Mostgewicht, Mindestanforderungen).

Mineralisch (laut DUDEN: Mineralien enthaltend, aus Mineralien bestehend). Bei der Weinbeschreibung trifft man leider häufig auf den Ausdruck „mineralisch". Man benutzt den Ausdruck „verbunden" mit der Absicht, Strukturen im Wein zu erklären, die insbesondere den → Abgang charakterisieren. Da die im Wein vorhandenen Mineralstoffe wie → Kalium, → Calcium oder → Magnesium

kaum sensorische Wirkungen haben und außerdem durch die Weinbehandlung teils stark verändert werden, kann man Mineralien kaum prägend für den „Nachhall" bzw. für die Nachhaltigkeit und Qualität eines Weines verantwortlich machen. Falls Mineralien den Weingeschmack merklich dominieren, dann müsste man eher einen Weinfehler konstatieren.
In der → Weinansprache hat der Ausdruck „mineralisch" keine Berechtigung. Im Zusammenhang mit dem Begriff → Terroir sind solche Begriffsassoziationen „Boden in der Rebanlage = mineralischer Geschmack des Weines" zwar anschaulich, aber in dieser Vereinfachung nicht zutreffend.

Mineralstoffe werden von der Rebe aus dem Boden aufgenommen, gelangen durch die Leitungsbahnen in die Trauben und damit auch in den Most und Wein, wo sie als Asche bestimmt werden (→ Asche, → Aschenbestandteile, → Aschenbestimmung, → Wein, Zusammensetzung). Im Wein können Mineralstoffe den Säureeffekt geschmacklich „puffern", d. h. zuückdrängen. Nicht zu unterschätzen ist der Gehalt an Mineralstoffen und → Spurenelementen für die Gesundheit des Konsumenten.

Mischgeräte. Ohne besondere Mischgeräte kommt die Kellerwirtschaft heute nicht mehr aus, da sich in vielen Fällen eine gründliche Durchmischung nicht umgehen lässt, so z. B. bei → Schönungen, → Einschwefeln, → Verschnitten, der → Anreicherung → Entsäuerung usw. Während man früher vorwiegend auf Handgeräte angewiesen war (Schönungsbesen, Rührlatte, Rührkette usw.), benötigt man mit der Einführung von Großbehältern besondere, diesen Weinmengen, angepasste Geräte und Apparaturen. So gibt es heute → Propeller-Mischgeräte, Apparaturen zur Kohlensäure- oder Druckluft-Umwälzung und hochleistungsfähige → Pumpen. Welches M. am zweckmäßigsten ist, richtet sich nach der Art und Größe des Betriebes. Mischgeräte, insbesondere Propellerrührgeräte, sind entweder fest installiert oder werden durch die Zapflochklappe oder den → Fassspunden eingeführt.

Mistellen sind Moste, die vor der Gärung mit soviel Alkohol versetzt („stummgemacht") werden, dass die Gärung unterbunden wird. Sie enthalten daher 12–15 % Vol. Alkohol (nach VO (EWG) Nr. 822/87, jedoch sind sie frei von → Glycerin, was analytisch zur Feststellung ausgewertet wird, ob eine Gärung stattfand.
Mistellen stellen einen Ersatz für → Dessertweine (→ Likörweine) dar und werden zur Aufsüßung anderer Weine benutzt. Eine bekannte Mistella ist der → Samos-Wein aus Griechenland. In Deutschland ist die Herstellung von Mistellen nicht erlaubt.
EU-Erzeugnisse dieser Art fallen nicht unter den Begriff des Likörweines. Gegenüber den „echten", aus Wein hergestellten Dessertweinen, lassen sich Mistellen schwerlich abgrenzen, da Verschnitte zugelassen sind.

Mittelrhein. Das → Weinanbaugebiet Mittelrhein umfasst drei → Bereiche, elf → Großlagen und 112 → Einzellagen. Lediglich 10 ha von 461 ha sind im Bereich Siebengebirge in Nordrhein-Westfalen gelegen, der Hauptteil in Rheinland-Pfalz. Der Anteil am deutschen Wein liegt weit unter 1 % und wird praktisch im Gebiet konsumiert. Gegenüber dem Riesling mit 67 % Anteil treten → Spätburgunder, → Müller-Thurgau und Neuzüchtungen in den Hintergrund.

Module sind austauschbare Teile eines Gerätes, die eine geschlossene Funktionseinheit darstellen. In der Kellereitechnik wird der Begriff hauptsächlich im Zusammenhang mit Filtrationseinrichtungen gesehen (→ Filtermodule).

Möslingerschönung (→ Blauschönung).

Mohnopumpe. (→ Exzenterschneckenpumpe). Eine Verdrängerpumpe, die sich für die Förderung aller Arten von Maische, Most, Wein und sogar Hefe eignet. Durch den hohen erzielbaren Druck ist diese zur Imprägnierung und Dosierung von CO_2 und SO_2 zu in Druckbehältern lagernder Moste und Weine (Schaumweine) geeignet. Die Leistung ist von der Drehzahl der → Pumpe, kaum aber vom Gegendruck beeinflusst. Das Prinzip wird heute von mehreren Herstellern in ähnlicherweise übernommen. Der Name wurde (verkürzt) aus dem Namen des Erfinders (R. Moineau) abgeleitet. Die Pumpe muss gegen Überhitzung abgesichert sein.

Mohr-Westphalsche Waage (hydrostatische Waage) ist eine ungleicharmige Waage zur genauen Bestimmung des spezifischen Gewichtes (→ Gewichtsverhältnis) von Flüssigkeiten, die bei der → Mostgewichtsbestimmung vor allem gute Dienste leistet. Manche analytischen Waagen lassen sich auch als hydrostatische Waagen einsetzen (Zusatzausrüstung). In der präzisen Ausführung eignen sich hydrostatische Waagen auch für die Bestimmung des Gewichtsverhältnisses von Wein (→ Extraktberechnung nach Tabarie, → Extraktbestimmung).

Mol ist die Menge eines chemisch einheitlichen Stoffes, die seinem relativen Molekulargewicht in Gramm entspricht. Molare Lösungen enthalten 1 Mol oder ein Bruchteil davon im l.

Molekulargewicht. Summe der Atomgewichte einer Verbindung (die aus mehreren Atomen besteht). Das Molekulargewicht (MG) ist eine Verhältniszahl, die etwas über die Massenumsätze bei chemischen Reaktionen aussagt. Da tatsächlich nicht etwa das Gewicht eines Moleküls gemeint ist, wird neuerdings der Begriff „Molmasse“ verwendet. Aus praktischen Gründen ist im Text dieses Buches „Molekulargewicht“ beibehalten worden. Man merke sich: Hohes Molekulargewicht = hohe Molmasse = großes Molekül.

Molekül ist die kleinste Einheit einer Verbindung (nach dem Atom). Da die Masse eines Moleküls sehr klein ist, arbeitet man mit der sog.→ Molmasse, um beispielsweise Reaktionsabläufe in der Chemie zu quantifizieren.

Molmasse ersetzt den älteren Begriff Molekulargewicht. Er weicht damit ab von der Fiktion, das Molekulargewicht sei tatsächlich das Gewicht eines einzigen Moleküls. Die Aussage des Molekulargewichts (z. B. über das relative Gewicht und damit der Größenverhältnisse der Moleküle zueinander) bleibt durch die neue Definition unverändert bestehen. Für die praktische Nutzanwendung in der Önologie sind Molekulargewicht (Molmasse) hilfreiche Angaben, um das Verhalten der chemischen Verbindungen bei Trennungen z. B. durch → Membranverfahren zu interpretieren. Bei den Membran(Trennungs)-verfahren wird die Molmasse in Dalton mit der Porengröße in Beziehung gebracht (Ausschlussgröße z. B. Mikrofiltration: Poren > 0,1 entspr. MM > 500 kDa).

Montmorillonit ist der Hauptbestandteil der → Bentonite, der auch für die Bindung von → Eiweiß verantwortlich ist. Wegen seiner starken Quellbarkeit nennt man diesen auch „Quellton“. Bei der Quellung wird das Schichtengitter dieses Minerals aufgeweitet und in die Zwischenräume werden u. a. stickstoffhaltige Substanzen eingelagert (vermutlich überwiegend durch → Kationenaustausch).

Morillon blanc, eine in Frankreich angebaute wertvolle weiße Keltertraube, die die berühmten Chablisweine liefert. Synonym für → Chardonnay, der auch in der Steiermark (Österreich) die synonyme Bezeichnung M. trägt.

Morio-Muskat ist eine Traubensorte, die von Morio aus Riesling × Muskateller gezüchtet wurde. Die Kreuzung wurde irrtümlich als Weißburgunder × Silvaner bezeichnet. Sie liefert Weine mit deutlichem muskatartigem → Bukett und angenehmer Säure. Der Morio-Muskat umfasste noch 1993 allein in der Pfalz 952 ha und damit 58 % der Gesamtfläche in Deutschland, während derzeit (2008) nur noch 267 ha im Weinanbaugebiet Pfalz „überlebt" haben. Inzwischen wurde durch → Genanalyse die längst vermutete Abstammung von einem aromabetonten Elternpaar „Weißburgunder × Muskateller" bewiesen. Muskateller liefert aromatische Trauben. Morio-Muskat enthält überwiegend → Terpene (Linalool, Geraniol, Nerol), die nach Nachweis durch → Gaschromatographie im Wein M. von ähnlichen, verwandten Aromasorten unterscheidbar macht. Die Terpene sind zunächst an die Zucker des Mostes gebunden und lassen sich in der Maische durch → Enzyme teilweise freisetzen (→ Maischestandzeit, → Rebsortenanbau in Deutschland).

Mosel. Das → Weinanbaugebiet Mosel umfasst vier → Bereiche, 19 Großlagen und 525 → Einzellagen. Auf 9034 ha wachsen etwa 15 % der deutschen Weine. Riesling dominiert mit 60 %, gefolgt von → Müller-Thurgau, → Elbling und → Kerner. Mit 91 % überwiegt der Weißweinanbau.
Das am Fluss gelegene Weinanbaugebiet umfasst derzeit die Untergebiete Mosel, Saar und Ruwer. Die Zusammenfassung unter einem gemeinsamen Namen ist mit dem 1. Februar 2007
erfolgt. Damit wurde einem Wunsch der am Markt Beteiligten entsprochen. Die jeweiligen Charaktere der Weine der Untergebiete unterscheiden sich nicht zuletzt wegen der unterschiedlichen Anbaubedingungen. Das gesamte Anbaugebiet umfasst ca. 9000 ha. (→ Rebsortenanbau, s. Tab. 9 im Anhang).

Moseltaler, ein QbA-Weißwein des Weinanbaugebietes Mosel ausschließlich aus den Rebsorten Riesling, Müller-Thurgau, Elbling oder Kerner, mit mindestens 7 g/l Gesamtsäure und Restzucker zwischen 15 und 30 g/l hergestellt. Die wirtschaftliche Bedeutung dieser seit 1985/86 eingeführten „typisierenden Herkunftsbezeichnung" (Koch) ist gering.

Moselwein. Ihrer besonderen Eigenart wegen werden die Moselweine (überwiegend Riesling) von jeher einer besonders schonenden Behandlung unterworfen, um ihnen das → Bukett und ihre spritzige Art zu erhalten. Die Vergärung erfolgt bei ziemlich niedrigen Temperaturen. Luft wird dem Wein nur in ganz geringem Umfange oder gar nicht zugeführt. Vielfach ist man bestrebt, die oft etwas betonte Säure durch eine → Restsüße zu harmonisieren. Dabei entstanden fallweise Probleme mit der zugelassenen Menge an SO_2. Die Abfüllung der Moselweine erfolgt überwiegend in grünen Flaschen. Die Weine sind feinartig und charakteristisch geprägt (→ Bodenton, → Terroir)).

Moskado ist ein hochwertiger, auf der Insel Samos aus → Muskateller-Trauben bereiteter → Dessertwein.

Mosler, gelber, ist eine vor allem in Ungarn, aber auch in Österreich angebaute Traubensorte, die auch unter dem Namen Furminttraube bekannt ist. Aus ihr werden die hochwertigen Weine Ungarns hergestellt, vor allem der Tokayer (Tokajer), indem man die Beeren bis zur Rosinenbildung am Stock belässt (→ Tokayer Ausbruchweine).

Most ist der beim Keltern anfallende Saft. Der zunächst freiwillig ohne Druck ablaufende Anteil entstammt vorwiegend dem lockeren Beerenfleisch und wird als → Mostvorlauf oder Seihmost bezeichnet. Die eigentlichen Pressvorgänge sind in der Anzahl, aber auch in Art und Zusammensetzung der Pressfraktionen, nicht mit den alten Korb- und Vertikalpressen (waren meist auf 3–4 Pressvorgänge beschränkt) zu vergleichen.
Bei den modernen → Tankpressen ist die Anzahl der Presszyklen (10–12 Abfolgen von Pressen/Scheitern) zwar erweitert, durch den doch relativ konstanten Pressdruck ist die Zusammensetzung der Mostinhaltsstoffe dann auch weniger differenziert. Die Anpassungsfähigkeit an die manchmal recht unterschiedliche Maische ist jedoch durch die Auswahl an verschiedenen Automatisierungsprogrammen optimal. In der Summe wird der Pressvorgang trotzdem kaum über 2 Stunden hinaus andauern.
Die Berechnung der „Aufschüttmenge“ ist vom Zustand des Lesegutes und der Art der Zuführung abhängig. Ganztraubenpressung erlaubt nur 60–80 %, vergorene Rotmaische aber 200–300 % „Aufschüttung“ des verfügbaren Volumens.
Die Beurteilung des Mostes erfolgt auf Grund des Zuckergehaltes (→ Mostgewicht) und des Säuregehaltes. Moste aus reifen Trauben haben je nach Sorte ein Mostgewicht von 75 bis 95 °Oe (etwa 16 bis 24 % Zucker) und einen Säuregehalt von 7 bis 10 g/l. → Auslese-Moste haben ein weit höheres Mostgewicht, das bei eingeschrumpften, → edelfaulen Beeren bis zu 300 °Oe ansteigen kann. Moste aus unreifen Trauben besitzen erheblich geringere Mostgewichte, bis herab zu 40 °Oe, bei einem hohen Säuregehalt bis zu über 20 g/l (→ Kelter, → Lese, → Pressprogramme, → Reife der Trauben).

Mostanreicherung ist grundsätzlich bei Mosten gestattet, die zu wenig Zucker besitzen, um einen marktfähigen Wein zu erzielen (→ Anreicherung).

Mostausbeute. Der Anfall der Mostmenge hängt ab von der Beschaffenheit der Trauben, der Sorte, dem Reifegrad und dem Kelterverfahren. Im Durchschnitt kann man mit 70 bis 80 l Most aus 100 kg Trauben rechnen, so dass man für 100 l Most 125 bis 150 kg Trauben benötigt. Die genannten Ausbeuten werden bei Maischen, die aus eingeschrumpften Trauben hergestellt werden (→ Auslesen, → Beeren- und → Trockenbeerenauslesen), nicht erreicht.

Mostentsäuerung. Bei zu hohem Säuregehalt soll man den Most mit Hilfe von → kohlensaurem Kalk entsäuern, doch ist dabei eine gewisse Vorsicht geboten. Um mehr als den verfügbaren Anteil an echter Weinsäure soll man nicht entsäuern (einfache Entsäuerung). Dies bedeutet im Normalfall etwa 1/4 der titrierbaren Gesamtsäure.
Das sich abscheidende unlösliche → Calciumtartrat geht mit in den Trub und wird beim ersten → Abstich entfernt. Im Gegensatz zur „einfachen → Entsäuerung lässt sich der Entsäuerungsspielraum im Most durch die sog. → Doppelsalz-Entsäuerung auf über 50 % der titrierbaren → Gesamtsäure erweitern, da neben → Weinsäure auch noch → Äpfelsäure ausgefällt wird. Der Nachteil einer Mostentsäuerung liegt fallweise im Risiko eines anschließenden → biologischen Säureabbaues. Eine Korrektur im Wein ist durch → Feinentsäuerung oder durch das → Malitex- oder das → Malicid-Verfahren möglich. Die Vor- und Nachteile beider Methoden (Most- oder Weinentsäuerung) sind im Einzelfall abzuwägen (→ Entsäuerung).

Mosterwärmung. Die Verfahren der Mosterwärmung unterscheiden sich im Prinzip nicht von den Verfahren der → Weinerwärmung. Lediglich können Trubgehalte stören, sodass die → Wärmeaustauscher dem angepasst werden. Die direkte Erwärmung des Mostes etwa mit → Tauchsiedern oder → Heizschlangen (→ Erwärmungsgeräte) ist wegen der möglichen Bildung eines Kochgeschmacks nicht zu empfehlen. Gelegentlich werden Rotmoste abgewirzt (→ abwirzen), erwärmt und der Maische wieder zugesetzt, um damit die → Starttemperatur zu erhöhen. Ein Spezialgerät für die Maischeerwärmung ist der „Röhrenwärmeaustauscher" oder der „Spiralwärmeaustauscher". Wärmeaustauscher sind insbesondere bei der → Hoch-Kurzzeit-Erhitzung ökonomisch einsetzbar.

Mostfiltration. Im Allgemeinen wird der Most vor der Gärung nicht durch Filtration geklärt, sondern man beschränkt sich auf ein → Entschleimen → Absetzenlassen oder → eine Flotation des Trubes oder Abtrennung mittels → Separator. Vereinzelt führt man eine → Kieselgurfiltration durch, um die → innere Oberfläche zu verringern, um dadurch die Gärung zu verlangsamen und auf diese Weise den Weinen einen „Zuckerrest" zu erhalten. Sie bedeutet naturgemäß eine wesentliche Mehrarbeit und fördert die Gefahr von → Gärstörungen.
Die Mostfiltration (Kieselgur- und Schichtenfiltration) dient hauptsächlich der Herstellung von → Süßreserve (ungegorener Traubenmost). Weil die Filtration von Most gegenüber Wein durch den → Kolloid-Gehalt erschwert ist, werden meist noch zusätzlich → Enzyme und → Schönungsmittel hilfsweise herangezogen (→ Crossflowfiltration).

Mostflora nennt man umgangssprachlich die Gesamtheit aller im Most vorhandenen Mikroorganismen, die sehr unterschiedlich zusammengesetzt ist. Neben echten → Hefen finden sich regelmäßig auch → Bakterien, → Schimmelpilze, → Kahmhefen und nichtgärfähige Hefen. So sind es nur sehr wenige Bakterien-Arten, die im Most oder Wein zunächst entwicklungsfähig sind. Mit beginnender Kohlensäureentwicklung sind jedoch sämtliche sauerstoffbedürftige Organismen (Essigbakterien, Kahmhefen) in ihrer Vermehrung behindert.
Mit der → Schwefelung des Mostes und der → Mostvorklärung, der → Entschleimung, greifen wir bewusst in diesen Ausleseprozess ein. Infolge des Zusatzes von schwefliger Säure wird die Population der „echten" Hefen gefördert. Als weiterer Selektionsfaktor kommt die Alkoholbildung hinzu, gegen den die meisten → „wilden" Hefen und störenden Mikroorganismen sensitiv sind, so dass schließlich nur noch die widerstandsfähigen *Saccharomyces cerevisiae*-Hefen die alkoholische Gärung bestimmen (→ Hefe, Entwicklung).

Mostgewicht ist die Zahl, die angibt, um wieviel Gramm ein Liter Most schwerer ist als ein Liter Wasser bei 20 °C. Der Vorschlag für die Maßskala stammt von Ferdinand Ooechsle (sogenannte Oechsle-Grade). Infolge seines Extraktgehaltes (bestehend aus Substanzen, deren Dichte größer als die des Wassers ist) liegt das Gewichtsverhältnis (Dichte) des Mostes immer über 1,0000. Das daraus abgeleitete Mostgewicht ist weitgehend abhängig von dem Zuckergehalt, so dass man es zur Berechnung desselben und damit zur Qualitätsbeurteilung heranzieht. Für die sachgemäße Durchführung einer Anreicherung bietet das Mostgewicht eine allgemein hinreichend zuverlässige Grundlage, wenn man bestimmte Vorsichtsmaßregeln bei der Berechnung des Zuckers beachtet (→ Anreicherung). Ohne Kenntnis des Mostgewichtes oder des daraus errechneten Alkoholgehaltes ist eine zuverlässige Anreicherung unmöglich.

Das Mostgewicht (Grad Oechsle) ist aus dem Gewichtsverhältnis d 20/20 abgeleitet nach folgender Formel:
°Oe = (d 20/20–1,000) × 1000

Mostgewicht, Bestimmung. Die Bestimmung des Mostgewichtes kann nach mehreren Verfahren vorgenommen werden, die zum Teil auch in der Praxis leicht ausgeführt werden können.
1. Mostwaage
Sie gestattet, das Gewichtsverhältnis (Dichte) in abgekürzter Form unmittelbar abzulesen. Der besseren Übersichtlichkeit wegen trägt sie nur die hinter dem Komma stehenden Dezimalstellen des Gewichtsverhältnisses. Beispiel: Gewichtsverhältnis 1,072 = 72°Oe, 1,098 = 98°Oe und 1,118 = 118°Oe.
Die Mostwaage ist ein → Aräometer, das unten beschwert ist und oben in einen langen, die Skala tragenden Hals ausläuft. Sie ist geeicht auf eine Temperatur von 20 °C. Bei höheren Temperaturen des Mostes gibt sie etwas zu niedrige, bei tieferen etwas zu hohe Werte an. Die Differenz für je 1 Grad Celsius Abweichung von 20 °C beträgt 0,2°Oe, so dass bei stärkeren Abweichungen von der Eichtemperatur eine entsprechende Korrektur vorzunehmen ist.
Die Skala zeigt meist Werte von 30 bis 120°Oe oder von 0 bis 100°Oe an. Letztere ermöglicht es, den Verlauf der Gärung und die Abnahme des Zuckers laufend zu kontrollieren, was vor allem bei der → Gärkontrolle von Auslesen, Beeren- und Trockenbeerenauslesen und bei der Rotweinbereitung zur Ermittlung des richtigen Zeitpunktes für die Abpressung von Bedeutung ist.
Genaue Werte ergeben sich nur in klaren Mosten, so dass vor der Untersuchung eine Filtration notwendig ist. Die direkte Übertragung der mit dem → Refraktometer gemessenen Mostgewichte auf den Gärverlauf (Alkoholgehalt) ist *nicht* möglich.
Aus den Oechslegraden lassen sich die Zuckerprozente der Traubenmoste annähernd berechnen, indem man das Mostgewicht durch 4 teilt und dann 3 für vorhandene Nichtzuckerstoffe abzieht. 82°Oe entsprechen somit 82 :4 = 20,5 minus 3 = 17,5 % Zucker. Bei Apfel- und Birnensäften errechnet sich der Zuckergehalt durch Division mit 5 und Hinzurechnung von 1 (z. B. 54°Oe entsprechen 54: 5 = 10,8 plus 1 = 11,8 % Zucker).
Die Oechslegrade geben gleichzeitig einen Anhaltspunkt für den Alkoholgehalt des resultierenden Weines, sofern derselbe durchgärt. Das Mostgewicht entspricht dann annähernd g/l Alkohol. Ein Most mit 65 Oechslegraden würde nach der Gärung etwa 65 g/l Alkohol enthalten. Doch stimmt dieses Verhältnis nur bei mittleren Mostgewichten einigermaßen genau. Bei höheren Oechslegraden ist der Alkoholwert größer, bei niederen dagegen geringer als das Mostgewicht erwarten lässt (→ Tab. 5 im Anhang). Diese komplizierten Verhältnisse hängen mit dem unterschiedlichen Zucker-/Nichtzuckerstoff (zuckerfreier Extrakt) in unterschiedlich reifen Mosten zusammen. Nur durch eine spezifische Zuckerbestimmung lässt sich einigermaßen präzise der spätere Gesamtalkoholgehalt vorausberechnen.
In Österreich wird überwiegend die → Klosterneuburger Mostwaage verwendet, die unmittelbar die Zuckerprozente angibt. Die Skala umfasst die Werte von 8,0 bis 30,0 % entsprechend 38 bis 156°Oe.
In Südafrika, Amerika und Australien sind Angaben nach der sogenannten Brix-Skala üblich.
2. Refraktometer
Einfach und rasch lässt sich das Mostgewicht mit Hilfe des → Handzuckerrefraktometers ermitteln, das vor allem für Reihenuntersuchungen geeignet ist. Man benötigt für eine Bestimmung nur einen Tropfen Most. Die Einrichtung des → Refraktometers stützt sich

auf die Tatsache, dass sich mit dem Gehalt einer Flüssigkeit an gelösten Extraktstoffen die Lichtbrechung n_D^{20} ändert. Es besteht aus einem Fernrohr und dem Messprisma sowie einer Skala für 30–130 °Oe. Der äußerst handliche Apparat ist von besonderem Wert für den Züchter, der eine große Zahl von Untersuchungen in kurzer Zeit durchführen muss sowie für den Praktiker, um den Fortschritt der → Reife der Trauben laufend zu verfolgen. Großbetriebe benutzen es zur Kontrolle und Beurteilung des angelieferten Traubenmaterials. Dort sind dann auch elektronische *Digital-Refraktometer* in Gebrauch. Da die Messung weniger trubabhängig ist wie die Messung des Mostgewichtes mit der Spindel (Mostwaage), sind die Geräte in jedem Betrieb im Einsatz. Eine von 20 °C abweichende Messtemperatur zwingt zur Korrektur analog der → Mostwaage. Im geschäftlichen Verkehr besteht für Refraktometer eine Eichpflicht. Zur Umrechnung von n_D^{20} in Grad Oechsle gilt: °Oe = 2633,05 nD -3506,38.
3. Pyknometer
Die Bestimmung des → Gewichtsverhältnisses mittels → Pyknometer entsprechend der amtlichen Anweisung für die Untersuchung des Weines ist nur in Laboratorien möglich und setzt das Vorhandensein einer teuren analytischen Waage voraus. Für die Praxis ist das Verfahren zu kompliziert, aber sehr exakt.
4. → Biegeschwinger.

Mostgewicht, Mindestanforderungen. Die Festlegung der Mindestmostgewichte ist vom Bund an die Länder deligiert worden. Damit konnten die Besonderheiten des Standortes (klimatische Voraussetzungen) der Rebsorten und andere Bedürfnisse optimal berücksichtigt werden. Insbesondere die Einteilung in Wein ohne geographische Bezeichnung, Landwein, Qualitätswein und Qualitätswein mit Prädikaten erfordert eine differenzierte Entscheidung. Aus diesen Gründen werden die Zahlenwerte häufiger ergänzt (neue Rebsorten) oder verändert.
Naturgemäß besteht in sehr warmen Klimata eher ein Grund, die Mostgewichte niedrig zu halten oder sich Wege zu suchen, um den hohen Zuckergehalt im Most oder den Alkoholgehalt im Wein durch technische Maßnahmen zu reduzieren. Das sog. → „Alkoholmanagement“ beschäftigt die Wissenschaftler in diesen Ländern (→ Spinning Cone Column). Die Angabe in Grad Oechsle muss (EG-konform) in % Vol. zusätzlich festgelegt sein. Die Umrechnung erfolgt auf der Basis der von der EU festgelegten Umrechnung nach Tab. 5 im Anhang in den natürlichen Alkoholgehalt (→ Alkoholgehalt, natürlicher). Um aber die unterschiedlichen Festlegungen transparent zu machen, sind die Spannbreiten der verschiedenen Weinqualitäten kurz gegenübergestellt (→ Tab. 8 im Anhang).

Mostgewichte in anderen Ländern. Die Anforderungen an das Mindestmostgewicht sind nicht in allen Ländern der Welt festgelegt. In heißen Klimaregionen ist man sogar dabei, Obergrenzen festzulegen, um den Charakter der Weine trotz Klimaveränderungen zu erhalten (→ Alkoholmanagement). Eine → Anreicherung scheidet dort aus; im Gegenteil versucht man den gebildeten Alkohol durch Methoden (unter anderem) wie → Spinning cone column nachträglich zu reduzieren. Während in deutschsprachigen Weinbauländern das M. in → Oechsle-Graden ausgedrückt wird, ist in den übrigen EG-Ländern die Angabe des → natürlichen Alkohols in % Vol. fixiert.

Mostgewicht, Rückberechnung → Rückberechnung des Mostgewichtes.

Mostgewicht, Umrechnung → s. Tab. 5 im Anhang.

Most, Hoch-Kurzzeiterhitzung → Kurzzeiterhitzung.

Mostkonzentrierung. Man hat schon seit langem versucht, die Qualität der Weine dadurch zu verbessern, dass man durch geeignete Verfahren den Mosten einen Teil des Wassers entzieht und damit das → Mostgewicht erhöht. Damit besteht die Möglichkeit, die „Naturreinheit" auch in ungünstigen Jahren zu erhalten und die Konzentrierung als Ersatz der Anreicherung zu verwenden. Dies ist inzwischen zulässig. Die Konzentrierung kann erfolgen durch Anwendung von Kälte, indem man einen Teil des Wassers ausfriert, oder von Wärme, indem man in besonderen → Vakuumverdampfern bei nur 30 -40 °C einen Teil des Wassers verdampft. Weitere Verfahren wie → Cryoextraktion oder → Umkehrosmose sind gleichfalls geeignete Verfahren. Die Anreicherung durch direkte Konzentrierung des Ausgangsproduktes darf nur maximal 2,0 Vol % Alkohol umfassen, (→ Traubenmostkonzentrat, → Konzentrat). Die Verwendungsmöglichkeit von reinem Traubenmostkonzentrat beschränkt sich auf die Anwendung bei der Lagerung und anschließende Rückverdünnung bei → Fruchtsäften und der Anreicherung von „Deutschem Wein" (→ früher Tafelwein). Die Verwendung von → Rektifiziertem Traubenmostkonzentrat (RTK) an Stelle von → Saccharose bei der → Anreicherung von Landwein und Qualitätswein entspricht der gemeinsamen gesetzlichen Regelung für die Anreicherungsspanne (→ Anreicherung, gesetzliche Regelungen, → Konzentrate).
Die Gruppe der Tafelweine, die in Deutschland praktisch nicht vertreten ist, unterliegt einer speziellen neuen Definition (Regelung) innerhalb der EU.

Mostoxidation ist die möglichst gezielte Zufuhr von Sauerstoff zum Most, teilweise unter Verwendung von Enzymen, um damit oxidierbare Substanzen aus dem Most zu entfernen. Es soll sich dabei um → Polyphenole der Untergruppe Flavonoide handeln. Man verspricht sich davon eine Reduzierung des SO_2-Gehaltes und eine Stabilisierung des Weines. Die Eignung der Methode wird aus dem Blickwinkel der Qualitätsverbesserung kontrovers diskutiert. Für Rotwein ist die Behandlung schon eher präzisiert (→ Mikrooxigenierung).

Mostschwefelung. Die Einschwefelung des frisch gekelterten Mostes, nötigenfalls unter gleichzeitiger → Entschleimung, hat sich für die Weinqualität sehr vorteilhaft ausgewirkt. Blieb sie früher auf faules Lesegut beschränkt, so wird sie heute vielfach auch bei gesunden Trauben (allerdings abgeschwächt) vorgenommen (→ UTA). Im Allgemeinen genügt ein SO_2-Zusatz von 10 g Kaliumdisulfit pro Hektoliter (= 5 g schwefliger Säure). Vergärung mit Reinzuchthefe ist zu empfehlen. Die Vorteile der Mostschwefelung liegen in der reintönigen Gärung (→ Mostflora), der Unterdrückung von Schädlingen, Bildung von geringen Mengen → flüchtigen Säuren, Verhinderung des → Braunwerdens, Erzielung eines reintönigen Produktes und Förderung des Klärvorganges. Eine Mostschwefelung über die oben genannte Menge hinaus führt zur Erhöhung der gebundenen, schwefligen Säure und einer (eventuell) unerwünschten Hemmung des → biologischen Säureabbaues.

Mostverschnitt. Ein Verschnitt von Mosten findet zwangsläufig häufig bei Großbetrieben statt, um eine größere Partie einheitlicher Weine zu erhalten und die dort vorhandenen Großbehälter gärvoll zu füllen. Im Kleinbetrieb wird man den Mostverschnitt möglichst umgehen, doch sind auch hier Zwänge durch die zu befüllende Behältergröße gegeben. Man legt zunehmend auf sortenreine Einlagerung Wert. Durch die zunehmende Förderung einer konkreten geographischen Bezeichnung ist der Verschnitt oft eingeengt

(→ Terroir, → Verschnitt, gesetzliche Bestimmungen). Für die Messung des → Mostgewichtes im Verschnitt gilt das Ergebnis „gemessen im gärvollen Gebinde“.

Mostvorklärung dient der Entfernung von Trubteilchen des Mostes. Durch Verringerung der Trubmengen (Feststoff) wirkt man der Aufnahme von → Gerbstoff und Rückständen von → Pflanzenschutzmitteln im Verlaufe der alkoholischen Gärung entgegen: der Wein wird reintöniger, die Gärung verlangsamt sich, die Alkohol- und Aroma-Ausbeute kann dadurch ansteigen.
Bei der Durchführung unterscheidet man statische und dynamische Verfahren. Beim statischen Verfahren (auch als → Entschleimen bezeichnet) lässt man den frisch gekelterten Most in einem (möglichst stehenden) Behälter 6 bis 24 Stunden stehen, wobei sich die Feststoffe weitgehend absetzen, und zieht danach den überstehenden Most (Klarabzug) ab. Zunehmend wird dazu auch die → Flotation eingesetzt. Der restliche Trub enthält noch Most, der durch Filtration oder Abpressen auf der Kelter abgetrennt wird.

Das dynamische Verfahren bedient sich des → Separators. Hier werden die Feststoffe durch die Zentrifugalkraft (erhöhte Gravitation) abgetrennt, sie fallen mit einer Restfeuchtigkeit von etwa 50 % an. Zu hohe Trubgehalte führen bei Weißwein zur Bildung *unerwünschter* → Thioverbindungen; *erwünscht* ist bei manchen Sorten die Bildung von C_6-Verbindungen und damit zu „vegetativen“ Aroma-Noten (→ Innere Oberfläche).
Umgekehrt kann eine zu starke M. nicht nur den Gärverlauf deutlich hemmen, in deren Folge eine → Gärstockung eintreten kann. Die zu starke M. regt außerdem die (teilweise) unerwünschte Esterbildung an.

Mostvorklärung, Messung des Klärgrades. Kaum ein Thema der Önologie ist so umstritten wie der Grad (die Stärke) der Mostvorklärung. Dem Terminus „Mostvorklärung“ kann man schon entnehmen dass ein totaler Entzug der Trubstoffe im Keltermost nicht erwünscht ist.
Der Trübungsgrad wird durch das → Nephelometer ermittelt und in NTU-Einheiten ausgedrückt Ein „normaler“ Klärgrad hat sich bei etwa 100–150 NTU-Einheiten bewährt, bei Werten unter 50 NTU besteht die Gefahr der → Gärstörungen. Mit der Methode kann man „vor Ort“ messen. Im Labor gibt das „Absitzenlassen“ und Messen des Volumens (Gewicht) erste Anhaltspunkte. Die Messung des sog. → Schleudertrubs (mit der Laborzentrifuge) führt näher an die Verhältnisse der Praxis (→ NTU-Einheiten).

Mostvorlauf ist der Anteil der vollen → Maische, der entweder bei der Vorentsaftung in Maischevorentsaftern abläuft oder beim Aufschütten auf die → Kelter vor Beginn der Kelterung abläuft. Es handelt sich meist um 40 bis 60 % des gesamten Mostanteils (→ Vorentsafter) (→ Abb. 6 im Anhang).

Mostwaage (→ Mostgewicht)

Most, Zusammensetzung und Veränderung. Der Most stellt eine Lösung verschiedener Stoffe in Wasser dar, die man als Gesamtextrakt bezeichnet. Normalerweise setzt er sich etwa wie folgt zusammen:

Wasser	700–850 g/l
Zucker	120–400 g/l
Säuren	5–15 g/l
Mineralstoffe	2–5 g/l
Stickstoffverbindungen (Ges. N_2)	0,1–0,5 g/l
Farb- und Gerbstoffe	0–2 g/l
Aromastoffe	1–2 g/l
Fette und Wachse	Spuren
Enzyme	Spuren

Das Wasser macht mengenmäßig den größten Teil des Mostes aus und dient als Lösungsmittel für die übrigen Bestandteile, von denen → Zucker und organische → Säuren die wichtigsten sind. Der Zuckergehalt liegt im allgemeinen zwischen 120 und 250 g/l, doch können diese Werte bei unreifen Trauben noch unter-, bei überreifen und edelfaulen auch erheblich überschritten werden. Der Zucker wird nicht in den Beeren selbst, sondern in den Blättern gebildet, von wo er durch die Leitungsbahnen in die Beeren einwandert und hier vom Beginn der Reife an gespeichert wird.
Der Zucker des Mostes besteht etwa hälftig aus → Traubenzucker (Glucose) und → Fruchtzucker (Fructose), die bei der Gärung in Alkohol und Kohlensäure sowie in einige Nebenprodukte umgesetzt werden. Die → Saccharose ist zunächst nur in geringen Mengen (bis zu 5 g/l) im Natur-Most nachzuweisen, wird aber innerhalb kurzer Zeit invertiert (→ Invertierung) und somit abgebaut.
Die im Most vorkommenden organischen Säuren sind teils frei, teils an → Basen gebunden. Sie werden nicht einzeln, sondern zusammen durch → Titration bestimmt und als → Gesamtsäure oder titrierbare Gesamtsäure bezeichnet. Die beiden wichtigsten organischen Säuren sind die → Weinsäure und die → Äpfelsäure. Die Gesamtsäure ist weitgehend abhängig von der Traubensorte und dem Reifezustand. Sie liegt in den meisten Fällen bei 5 bis 15 g/l, kann aber in unreifen Jahren auch bis über 15 g/l hinausgehen und manchmal bis auf 4 g/l sinken. → Müller-Thurgau, → Silvaner und → Portugieser besitzen immer einen relativ niedrigen Säuregehalt, während sich der → Riesling auch bei → Vollreife durch eine etwas höhere Säure auszeichnet (→ Tab. 27 a/b).
Das Verhältnis von Weinsäure zu Äpfelsäure ist ebenfalls starken Schwankungen unterworfen. Die Weinsäure liegt zum Teil in freiem Zustand, zum Teil an Basen gebunden als Salz vor. Von praktischer Bedeutung ist vor allem das saure Salz des Kaliums, der → Weinstein, der sich infolge seiner schweren Löslichkeit in Alkohol und bei niederen Temperaturen nach der Gärung im Wein zum Teil kristallinisch abscheidet, wodurch eine Abnahme der Gesamtsäure um bis zu 2 bis 3 g/l herbeigeführt wird. Der dadurch in → Trestern bis zu 5 % und in → Hefetrub bis zu 20 % vorhandene Weinstein wird technisch zu Weinsäure verarbeitet. Das Calciumsalz der Weinsäure scheidet sich ebenfalls infolge seiner Unlöslichkeit ab.
Bei der → Entsäuerung der Moste und Weine bindet man absichtlich einen Teil der Weinsäure an Kalk, um durch die dadurch erfolgende Ausfällung von → Calciumtartrat den Säuregehalt zu verringern.
Von großer praktischer Bedeutung ist die Äpfelsäure. Während die Äpfelsäure mit zunehmender Reife der Trauben stetig abnimmt, steigt die Weinsäure an, so dass sich das Verhältnis laufend zugunsten der Weinsäure verschiebt. Die Äpfelsäure unterliegt der Spaltung in Kohlensäure und → Milchsäure durch eine Anzahl von Bakterien und einigen Spezialhefen währen der → Gärung. Dieser als biologischer Säureabbau bezeichnete Vorgang spielt vor allem in säurereichen Jahren eine bedeutsame Rolle, da er einen ganz erheblichen Rückgang des Säuregehaltes zur Folge hat. → Zitronensäure ist im Most nur bis zu 500 mg/l nachgewiesen worden, findet sich dagegen reichlich im Beerenobst.
Von den durch die Wurzeln dem Boden entnommenen → Mineralstoffen, finden wir einen Teil in der → Asche wieder. Es handelt sich vorwiegend um Phosphate des → Kaliums, → Calciums und → Magnesiums, daneben sind auch → Sulfate, Chloride (→ Chlor) und → Silikate vorhanden. Der Aschegehalt liegt im allgemeinen zwischen 2 bis 5 g/l. Trockene Sommer liefern mineralstoffärmere, nasse mineralstoffreichere Moste. Ferner erhöht jegliche natürliche Konzentrie-

rung auch den Aschegehalt. Im Laufe des Weinausbaues nimmt der Aschengehalt ab, weil ein Teil von der Hefe verbraucht wird, ein anderer Teil als Weinstein ausfällt.
Von den sonstigen Bestandteilen kommt den → Stickstoffverbindungen (Proteine [→ Eiweiß] und deren Abbauprodukten) praktische Bedeutung zu insofern, als sie unentbehrliche Nährstoffe für die Hefe darstellen. Ein Mangel führt zu → Gärstörungen, was aber kaum bei Traubenmosten, sondern oft bei stark verdünnten Obst- und Beerenmosten der Fall ist.
Die in Weißmosten in geringer, in Rotmosten in etwas größerer Menge enthaltenen → Gerbstoffe (→ Polyphenole) sind von Einfluss auf die natürliche und künstliche Klärung, da sie mit dem Eiweiß teils bereits im Most zu unlöslichen Verbindungen reagieren, die sich flockig abscheiden.
Die roten → Farbstoffe sind bei der Rotweinbereitung von Bedeutung und man ist bemüht, durch die → Maischegärung oder → Maischeerhitzung einen möglichst großen Anteil davon zu extrahieren und in den Wein zu überführen.
Fett und → wachsartige Stoffe finden sich im Most in Spuren und dürften dem „Reif“ der Beeren entstammen, der als dünne Schutzschicht die Beerenhaut überzieht.
Von den → Enzymen des Mostes ist nur wenig bekannt, doch scheinen sauerstoffübertragende → Oxidasen regelmäßig vorhanden zu sein, da auch gesunde Trauben eine Neigung zum → Braunwerden besitzen, wenn sie mit dem Sauerstoff der Luft in Berührung kommen (→ Tyrosinase).
Auch die Menge der → Aroma-Stoffe ist nur gering. Die meisten Aromastoffe liegen als „precursoren“ (Vorläuferstufen) vor, die sich erst durch die Gärung zum Aroma verändern. Dies ist auch der Grund dafür, dass Trauben und Traubenmoste noch nicht ausgeprägt sortentypisch schmecken (→ Bestandteile des Mostes → Tab. 20 im Anhang).

Mousseux ist eine in Frankreich übliche Bezeichnung bei Schaumweinen. Mousseux oder Perlfähigkeit ist aber auch ein Ausdruck für die Art der Kohlensäureentbindung (feinperlig, grobperlig, anhaltend oder kurzlebig). Die Qualität des Mousseux ist schwer objektiv zu messen. Die (hilfreiche) Einwirkung von Proteinen bei der Schaumbildung wird vermutet.

Moussierpunkt. Bei der Verkostung von Schwaumweinen sind spezielle Gläser („Flöten“ oder „Schalen“) im Gebrauch, die am Tiefpunkt des Kelches einen kleinen Glaskörper besitzen. Dort bildet sich das perlige → Mousseux.

Mucorpilze sind vor allem in der Süßmosterei bekannt, wo sie auf dem Most nicht nur Schimmeldecken hervorrufen, sondern infolge ihres schwachen Gärvermögens soviel Alkohol bilden können, dass der für unvergorene Säfte zulässige Höchstgehalt von 3 g/l überschritten wird.

Müde nennt man ältere, schon etwas firn und matt gewordene Weine (→ Weinansprache).

Müllerrebe ist eine rote Traubensorte, die vor allem in Württemberg und Nordbaden unter dem Namen → Schwarzriesling Eingang gefunden hat, obwohl sie mit dem → Riesling nichts zu tun hat. Den Namen leitet man vom weisslich-mehligen Belag der Blattunterseiten ab. Die M. liefert interessante, dem → Spätburgunder ähnliche → Rotweine, die sich rasch ausbauen, entwickeln und dann verhältnismäßig früh auf die Flasche kommen. In Deutschland sind lediglich 2,3 % im Anbau, vorwiegend in Württemberg (→ Rebsortenanbau). Die Rebsorte hat in der Champagne eine relativ große Bedeutung als Grundweinanteil des Champagners.

Müller-Thurgau ist eine Rebsorte, die früher als eine Kreuzung von Riesling × Silvaner bezeichnet wurde. Sie trägt ihren Namen nach dem Züchter (HERMANN MÜLLER, geb. im Schweizer Kanton Thurgau). Neuere genetische Forschungen berichtigten die früheren Angaben zur Kreuzung. Tatsächlich handelt es sich beim M. um eine Kreuzung von Riesling × Madeleine Royale. Am Markt findet man häufig die Bezeichnung „Rivaner". Die Rebsorte hat sich weitgehend durchgesetzt und steht derzeit noch knapp nach dem Riesling an zweiter Stelle im → Rebsortenanbau der Weinbaugebiete der BRD. Sie zeichnet sich durch frühe Reife und große Fruchtbarkeit aus, wird aber bei regenreichem Wetter leicht faul. Da die „Nebenaugen" zum Teil fruchtbar sind, ergibt die Sorte auch nach starken Spätfrostschäden noch einen gewissen Ertrag.
Die aus M. gewonnenen Weine sind relativ säurearm, haben einen leichten, nicht aufdringlichen Muskatgeschmack und können frühzeitig abgefüllt und vermarktet werden. Die als → Massenträger eingestufte Rebsorte liefert überwiegend Grundweine für Typenweine wie → Liebfrauenmilch (→ Rebsortenanbau).

Muffig ist ein Ausdruck für einen unangenehm muffigen → Schimmelgeschmack der Weine.

MUNDUS vini ist ein international bedeutender Weinwettbewerb, der von der → OIV zertifiziert ist. Das OIV-Regelwerk schreibt die Anzahl der Prüfer für jede Einzel-Jury vor, wobei 2/3 der Prüfer anderen Nationen (als Deutschland) angehören müssen (→ Profilanalyse)

Muscadet ist eine fast nur im Gebiet von Nantes in Frankreich angebaute Traubensorte, die einen trockenen, leichten, wenig Säure enthaltenden Weißwein liefert. Der Wein ist nicht mit „muscat" oder gar → Muskateller zu verwechseln, der ein ausgeprägter → Bukettwein ist.

Muscat de Frontignan ist ein aus Muskatellertrauben bereiteter französischer → Dessertwein, dessen Herstellung überwacht wird und der einen Mindestgehalt von 15 % Vol. Alkohol und mindestens 125 g/l Zucker aufweisen muss (→ Likörwein). Das Hauptanbaugebiet des Muskatellers ist Frontignan (Südfrankreich). Der Name ist eine synonyme Bezeichnung für eine → Muskateller-Variante, die auch in Kalifornien oder Australien angebaut wird.

Muskateller ist eine sehr bukettreiche Traubensorte, von der es mehrere Spielarten gibt. In Deutschland wird die Sorte nur noch selten angebaut (174 ha/0,2 %). Reine Muskatellerweine besitzen zwar ein starkes, aber „filligranes" Bukett, sind ziemlich extraktarm und gelegentlich etwas säurebetont. Kenner lieben die „trocken" ausgebauten Varianten. Im Süden Europas dagegen sind die Muskatellerarten weit verbreitet und dienen zur Herstellung süßer, meist auch aromatischer → Dessertweine, z. B des bekannten Asti spumante. Die Muskat-Gruppe enthält einen hohen Gehalt an Mono-→ Terpenen.

Muskat Ottonel ist eine aus dem Loire-Gebiet stammende Züchtung, die im Elsass seit 1852 vertreten ist. Die Rebsorte liefert einen sehr würzigen und aromatischen Wein von sehr hohem Mono-→ Terpengehalt (über 6 mg/l). Leider ist die Rebsorte sehr unbeständig und niedrig im Ertrag.

Muskat-Sylvaner ist eine Bezeichnung für → Sauvignon blanc in der Steiermark (Österreich).

Muskat-Trollinger ist eine Spielart des blauen Trollingers, die wie er sehr spät reift, aber ein stärkeres Bukett entwickelt. Im Anbau ist die Rebsorte eine Rarität.

Mycel ist das Fadengeflecht der → Schimmelpilze, das den jeweils zur Verfügung stehenden Nährboden durchzieht. Der einzelne Faden wird als → Hyphe bezeichnet.

Mycoderma ist eine Gruppe kahmartiger, deckenbildender Hefen (→ Kahmhefen). Der schon von Louis Pasteur geprägte Ausdruck für eine durch Mikroorganismen gebildete „Decke“, kann für Hefen- oder Bakterienpopulationen benutzt werden.

N

Nachdruck ist der bei einer mehrfachen Auspressung des vorher aufgelockerten Tresterkuchens gewonnene Most. Er kann bis zu 15 % der Gesamtmostmenge betragen. Auf Grund seines höheren Gerbstoffgehaltes (über 300 mg/l Gesamtphenole nach FOLIN-CIOCALTEU) besitzt er einen etwas herben Geschmack, der bei nicht ausgereiften Trauben in einen grasigen Ton übergeht. Da vor dem jeweiligen Pressen → „aufgescheitert“ wird, nennt man den Nachdruck auch → Scheitermost (→ Gerbstoffbestimmung). Bei den modernen Keltern ist die Benennung der Fraktionen so nicht mehr angebracht.

Nachgärung. Nach Abschluss der stürmischen Hauptgärung setzt sich die Gärung in schwächerer Form noch weiter fort, bis die letzten Zuckerreste vergoren sind, sofern man nicht künstlich den Prozess unterbricht. Oft setzt schon während der abklingenden alkoholischen Gärung gleichzeitig auch der → biologische Säureabbau ein, der ebenfalls mit einer Kohlensäureentwicklung verbunden ist. Hier kann nur ein erfahrener Önologe oder eine chemische Untersuchung Aufschluss geben, um welchen Vorgang es sich handelt. Ist Zucker nicht mehr feststellbar, so liegt Säureabbau vor.
Später im Frühjahr auftretende Kohlensäureentwicklung bezeichnet man ebenfalls als Nachgärung. Bei noch zuckerhaltigen Weinen kann es sich um eine nachträgliche Hefeentwicklung wie auch um den Säureabbau handeln.
Sehr zuckerreiche Moste gären oft sehr lange und bleiben oft über Monate im Zustand der Nachgärung. Tritt eine Nachgärung in unsterilem Flaschenwein auf, bezeichnet man diesen Vorgang fälschlich auch als → Umschlagen (→ Betriebskontrolle).

Nachgeschmack. Synonym für → Abgang.

Nachmachen von Wein ist in jeder Form verboten. Es ist dem Laien meist auch nicht verständlich zu machen, dass ein Wein rein synthetisch, d. h. mittels Chemikalien nicht herstellbar ist. Dagegen sprechen schon allein die hohen Kosten der synthetischen Stoffe. Darüberhinaus verraten sich die synthetischen Stoffe durch andere Eigenschaften (→ optische Aktivität). Dass trotzdem Verfälschungen betrieben werden, steht ausser Frage. Hier werden in der Regel minderwertige Weine manipuliert (gestreckt, falsch bezeichnet oder eine höhere Qualität vorgetäuscht (→ Diethylenglycolzusatz). Bei der Überwachung und Untersuchung durch die → Weinkontrolle stört die sehr komplexe natürliche Zusammensetzung des Weines, die zum Teil einen hohen Untersuchungsaufwand erfordert. (→ Weinverfälschungen)

Nachtrübungen nennt man alle → Trübungen, die in einem bereits blanken Weine nachträglich auftreten.

Nachzuckerung nannte man die → Umgärung von Wein früherer Jahrgänge. Dieses Verfahren ist heute nicht mehr zugelassen, da Weine bis zum 15. März des nachfolgenden Jahres angereichert sein müssen (falls eine → Anreicherung überhaupt erforderlich ist).

Nahe. Das → Weinanbaugebiet Nahe umfasst zwei → Bereiche, sieben → Großlagen und 321 → Einzellagen. Auf 4155 ha Rebfläche wachsen etwa 5 % des deutschen Weinangebotes. → Riesling führt mit 27 % vor → Müller-Thurgau mit 13,3 %, relativ stark auch der → Dornfelder mit 11 % vor → Kerner 4 % und die → Scheurebe mit 3 % (→ Rebsortenanbau).

Nase. Eine fachliche Umschreibung für den Geruch eines Weines (→ Weinansprache).

Nasskonservierung (→ Konservierung von Holzfässern).

Nassverbesserung (→ Nasszuckerung).

Nasszuckerung. Zusatz von Zuckerwasser zum Zwecke der → Anreicherung des natürlichen Alkoholgehaltes unter gleichzeitiger Verdünnung des Säuregehaltes. Die Methode ist innerhalb der EG verboten.

Natrium (Na) ist im Wein nur in geringer Menge enthalten. Natrium ordnet man unter die → Mineralstoffe ein. Es wurden bis zu 40 mg/l gefunden (∅ 30 mg/l). Auf kochsalzhaltigen Böden wachsende Reben ergeben natriumreichere Weine. Bei in Meeresnähe gewachsenen Weinen erhöht sich gleichzeitig der Chloridgehalt. Ein merklich über dem Durchschnitt liegender Gehalt an Natrium lässt auf Zusatz von Kochsalz oder andere Chemikalien schließen. Durch Bentonite können (laut Reinheitsanforderungen) nur bis zu 5 mg/l pro 1 g/l Bentonitzusatz in den Wein gelangen.

Natriumhydroxyd bildet weiße, an der Luft durch Wasseranziehung zerfließende Kristalle. Es wirkt stark ätzend und bildet in Wasser gelöst die Natronlauge. Eine 1/3 normale Lösung mit 13,34 g/l dient zur Bestimmung der → titrierbaren Säuren, eine n/100 normale Lösung wird bei der Bestimmung der → flüchtigen Säuren benutzt. Vielfach verwendet man 0,1 n NaOH und rechnet um (→ Titrisol®).

Natriumthiosulfat wird als 0,1 n-Lösung mit 24,8 g/l bei der Zuckerbestimmung im Wein benutzt. Die Herstellung durch Verwendung von → Titrisol®-Ampullen oder der Direktbezug ist vorzuziehen (exakter Gehalt).

Natronlauge → Natriumhydroxid.

Naturkorken. Im Gegensatz zu Verbund-, Press- oder Konglomeratkorken ist der Naturkorken ausschließlich aus der vollen Baumrinde hergestellt (→ Flaschenverschlüsse, → Korken).

Naturreinheit. Nach dem alten Weingesetz von 1930 war ein Wein naturrein, der mit Ausnahme der im Weingesetz gestatteten Stoffe keinerlei Zusätze erhalten hat. Vor allem durfte er nicht gezuckert sein. Heute ist der Begriff Natur, naturrein etc. nicht mehr gestattet (→ Prädikatsweine).

Naturtrüb nennt man → Süßmoste, die ohne besondere Klärverfahren auf Flaschen gefüllt werden und den jeweiligen Fruchtgeschmack besonders deutlich zum Ausdruck kommen lassen sollen. Damit sich der aus den Früchten stammende Feststoff nicht so rasch absetzt, werden besondere Verfahren angewendet.

Naturweinversteigerer. Die zu einem Verband zusammengeschlossenen Erzeuger verfolgten den Zweck, den Naturwein zu schützen und zu fördern. Da der Begriff Naturwein durch das 1971er Weingesetz verboten wurde, hat sich der Bundesverband „Verband Deutscher Prädikats- und Qualitätsweingüter eV" mit ähnlichen Zielen etabliert.

Nebbiolo ist eine wertvolle blaue Keltertraube, die im Piemont angebaut wird und großartige Weine gleichen Namens liefert. Die Weine sind sehr farbkräftig und benötigen eine relativ lange Ausbauzeit. Der Wein wird meist sortenrein angeboten, z. B. als Barolo oder Barbaresco.

Nennvolumen. Das N. muss auf allen Verpackungsformen des Weines und seiner Verarbeitungsprodukte (Sekt) angegeben werden. Für Flaschen sind die zulässigen Volumina (→ Flaschengrösse) gleichfalls festgeschrieben. Die Füllmenge darf nicht unterschritten werden (→ Füllmengekontrolle).

Neomoscan®. Handelsname für → Reinigungs- und Desinfektionsmittel. Ursprünglich wurde ein chlorhaltiges Produkt zur Flaschensterilisation benutzt. Chlorhaltige Desinfektionsmittel sind zu diesem Zwecke nicht mehr in Gebrauch.

Nervig sind Weine, die sich durch höheren Alkoholgehalt, verbunden mit einem erhöhten Extraktgehalt und nicht zu niedrige Säure auszeichnen. Dient als Ausdruck der → Weinansprache.

Neuburger ist eine besonders in Österreich (1600 ha) angebaute Rebsorte, die hochreife Weine liefert. Nach neueren Erkenntnissen ist N. eine Kreuzung von Rotem Veltliner und Silvaner.

Neue, (der) wird für einen Landwein dann angewendet, wenn der Wein in jungem Zustand (ab 1. November) angeboten wird. Das Erntejahr muss, die Rebsorte kann angegeben werden. Dieser Begriff kann wohl schwerlich konkurrierend zu Begriffen wie „Beaujolais primeur" im Marketing eingesetzt werden, zudem der „Neue" auf die Kategorie Landwein beschränkt ist.

Neue Weltweine nennt man die Weine aus den relativ jungen Weinanbaugebieten Australien, Kanada, Neuseeland, Südafrika und den USA.

Neutralisation nennt man die Reaktion zwischen → Basen und → Säuren unter Salzbildung. Bei der → Entsäuerung von Most und Wein wird nur ein Teil der Säure neutralisiert. → Abwasser aus Kellereien soll vollständig neutralisiert sein.

Neutralpunkt → Äquivalenzpunkt.

Neuzüchtung umfasst die seit Ende des 19. Jahrhunderts beginnende Phase der Kreuzungszüchtung bei Reben. Die Wortwahl N. und der sich daraus entwickelte Gebrauch des Begriffes N. hat sich inzwischen etwas abgenutzt, da inzwischen schon viele Neuzüchtungen zugelassen und teilweise wieder fast vergessen sind.

Nichtflüchtige Säuren im Wein ergeben sich auf rein rechnerischem Wege, indem man von der titrierbaren → Säure die → flüchtigen Säuren, umgerechnet auf Weinsäure, in Abzug bringt. Da dem Begriff der nichtflüchtigen Säuren keine praktische Bedeutung zukommt, wird im allgemeinen ihr Wert in der Weinanalyse nicht mehr angegeben (→ Fixe Säure, → Nichtflüchtige Säure, Berechnung)

Nichtflüchtige Säure, Berechnung. Bei der Berechnung der nichtflüchtigen Säure wird die Flüchtige Säure von der titrierbaren Säure abgezogen. Vorher wird die Flüchtige Säure, die in Essigsäure g/l ausgedrückt ist, in Weinsäure g/l umgerechnet (g/l Essigsäure × 1,25 = g/l Weinsäure) (→ Fixe Säure).

Niederschlag. Bilden sich durch Reaktion zweier Substanzen neue, unlösliche Verbindungen, die sich ausscheiden, so bezeichnet man diese als Niederschlag (z. B. bei der → Blauschönung). Der Begriff ist jedoch meist auf bewusst hervorgerufene Ausscheidungen beschränkt, etwa im analytischen Bereich (→ Ausfällung).

Niveau-Anzeiger (-Wächter). Apparate, die das Überlaufen von Fässern oder Bütten durch Auslösung einer Alarmvorrichtung bei einem bestimmten Flüssigkeitsstand verhindern und meist automatisch die Zuflussleitung schließen (→ Sensoren).

Nobling ist eine Neuzüchtung (Silvaner × Gutedel), die gegenüber dem Gutedel wertvollere, reifere Weine liefert. 63 ha werden im Markgräflerland davon noch angebaut.

NMR (Nuclear-Magnetic-Resonance). Magnetische Kernresonanz-Spektroskopie muss man unter die Gruppe der physikalischen Analysemethoden einordnen. Apparativ höchst komplex aufgebaut, ist die Methode sehr variabel einsetzbar um exotische, aber auch häufig vorkommende Substanzen zu quantifizieren.
Bekannt geworden ist das Verfahren zum Nachweis einer unzulässigen Zuckerung (→ Zuckerungsnachweis). Darüber hinaus können damit Wässerungen und andere Verfälschungen nachgewiesen werden. Obwohl die Möglichkeiten, organische Verbindungen damit aufzuspüren, praktisch unbegrenzt sind, werden der weiteren Verbreitung die hohen Kosten entgegenstehen (→ Weinverfälschungen Tab. 43 im Anhang).

Nomenklatur (Chemie). Die Namensgebung (Nomenklatur) im fachsprachlichen Umgang ist durch eine internationale Regelung erfasst (IUPAC). Für den Gebrauch innerhalb der Önologie genügt es jedoch wenn die Zuordnung erfolgen kann, der gewählte Begriff demnach eindeutig ist. Manche im Lexikon erwähnten Substanzen besitzen traditionelle Namen wie Glycerin oder Weinsäure, die man auch als Trivialnamen bezeichnet. Die IUPAC-Regelungen sind für den Chemiker bzw. verwandte Berufe unbedingt notwendig, wenn Reaktionsabläufe, insbesondere komplexer Natur, dargestellt werden sollen. Auf solche „Formeln“ wird im Lexikon überwiegend verzichtet. Die Zusammenhänge von chemischen Formeln und Bezeichnungen sind in der Tab. 19 im Anhang erläutert.

Normallösungen sind Lösungen von bestimmtem Gehalt, die in der → Maßanalyse weitgehend verwendet werden.

Normativbestimmungen enthalten Deklarationsvorschriften als „Leitsätze der Lebensmittelbuch-Kommission." Die Fassung aus 2004 gilt für alkoholfreie Getränke wie Fruchtsäfte, Limonaden etc..

NTU-Einheiten. In vielen Prozessen der Weinproduktion ist die Kenntnis des Trübungsgrades von Most, Wein oder anderen Flüssigkeiten von Bedeutung. Die Messung der Trübung bei der Mostvorklärung ist so ein Beispiel (→ Mostvorklärung, Messung des Klärgrades). Die Messung erfolgt am einfachsten mit einem Nephelometer. Das Messergebnis wird in NTU-Einheiten ausgedrückt. Nephelometer messen die Lichtstreuung und hierbei den sog. TYNDALL-Effekt.
Im Falle der Mostvorklärung entsprechen die angestrebten 100–150 NTU-Einheiten einem Resttrubgehalt von 0,3–0,4 %.
Die Messung kann auch beim Wein zur Messung von differenten Mostvorklärungsmethoden nach Behandlung mit Enzymen oder zur Messung der Hefezellmasse im Gärablauf angewendet werden. In letzterem Falle ist allerdings zu bedenken, dass die Hefezellen zyklisch absterben bzw. sich neu bilden. Bei den genannten Messungen muss die Probe so entnommen werden wie es dem Durchschnitt des gesamten Behälterinhaltes entspricht.

O

Oaked. Englische Bezeichnung für „Ausbau im Eichenholz". Anstelle der „klassischen" Methode im getoasteten Eichenholzfass erfolgt die geschmackliche Veränderung durch eine „Zutat" (Eichenholzchips oder → staks, → staves).

Oberfläche, innere. Der Begriff der inneren Oberfläche gibt einen Maßstab dafür, ob ein Most mehr oder weniger trüb ist. Je mehr unlösliche Schwebeteilchen (Hefe, natürliche Trubstoffe) vorhanden sind, um so größer ist die innere Oberfläche. Die innere Oberfläche ist von erheblichem Einfluss auf den Verlauf der → Gärung. Damit hängt es zusammen, dass stark vorgeklärte Moste langsamer vergären oder auch nicht völlig durchgären. Man hat es so bis zu einem gewissen Grad in der Hand, die Gärung zu zügeln und den Weinen die heute so beliebte → Restsüße zu erhalten. Auch kleine Betriebe können dieses Verfahrens ohne große Kosten anwenden. Bei zu weitgehend geklärten Mosten kann man versuchen, die innere Oberfläche durch Zugabe von indifferenten Stoffen (→ Zellulose, → Kieselgur) künstlich zu vergrößern und auf diese Weise die Gärung zu beschleunigen. Es ist nicht sicher, dass es sich hierbei allein um ein physikalisches Problem handelt (stärkere Entbindung der gärhemmenden → Kohlensäure, Verteilung der → Hefe), sondern der Trub kann hefefördernde Wuchsstoffe (Vitamine etc.) enthalten (→ Mostvorklärung).

Obstschaumwein (→ Fruchtschaumwein).

Obstweine sind weinähnliche Getränke, die aus Kern-, Stein- oder Beerenobst hergestellt sind. Der Obstweinbereitung kommt vor allem im süddeutschen Raum große wirtschaftliche Bedeutung zu. Ein Großteil der Getränke wird im eigenen Haushalt oder Be-

trieb verbraucht. Die chemische Zusammensetzung schwankt je nach Fruchtart, Erntezeit, Herkunft und Art der Behandlung in sehr weiten Grenzen. Bemerkenswert und ernährungsphysiologisch von Bedeutung ist der hohe Gehalt mancher Beerensäfte und auch der aus ihnen bereiteten Weine an Vitamin C (→ Ascorbinsäure z. B. schwarze Johannisbeeren, Himbeeren, Hagebutten).
Alle Obstweine unterliegen als → weinähnliche Getränke den Bestimmungen des Weingesetzes und den „Normativbestimmungen". Sie bestimmen insbesondere den Mindestgehalt an → Alkohol, → Säure, → Extrakt und den Höchstgehalt an → flüchtigen Säuren. Die auf diese Weise erreichte bessere Überwachung der Obstweinbereitung hat zu einer bemerkenswerten Qualitätssteigerung geführt und der gewerbsmäßigen Herstellung einen großen Auftrieb gegeben.

Oechslegrade → Mostgewicht.

Oechslewaage dient der Bestimmung des Mostgewichtes (→ Mostgewicht).

Ökologische Kellerwirtschaft → Ökowein.

Ökologischer Weinbau. Unter diesem Begriff sammeln sich (organisiert) Winzer, die umweltschonender wirtschaften wollen. Im wesentlichen sind davon die klassischen Verfahren der Düngung und des Pflanzenschutzes betroffen. Anstelle der Düngung mit „Industrie-Dünger" arbeitet man mit mineralischen Naturerden, während im Pflanzenschutz auf Pflanzenextrakte zurückgegriffen wird.
Die Önologie, d. h. die Technik der Weinbereitung, wird davon kaum betroffen. Ein Beispiel ist der Verzicht auf → Blauschönung und die Reduzierung der SO_2-Gehalte im Wein. Grundsätzlich ist die moderne Kellertechnik so angelegt, dass die → Rückstände der Weinbereitung umweltfreundlich entsorgt werden.

Ökowein. Die Weine, die im Rahmen des → ökologischen Weinbaues nach bestimmten Richtlinien erzeugt werden. In Richtlinien werden von den tragenden Verbänden (z. B. dem Bundesverband Ökologischer Weinbau e. V.) auch die Verarbeitung von Trauben erfasst, wobei die Schonung der Umwelt wichtigstes Ziel ist. In diesem Zusammenhang spielen Abfallvermeidung, Energieeinsparung und Tendenzen zur Optimierung der Bekömmlichkeit von Wein eine fundamentale Rolle. In diesem Zusammenhang sind verschiedene Behandlungsverfahren empfohlen oder Weinbehandlungsmittel fallweise verboten (→ Biowein).

Ölig nennt man bei der Weinprobe einen Wein, der sich durch Schwere, Geschmeidigkeit, viel Extrakt, vor allem aber durch einen hohen Glyceringehalt auszeichnet (→ Weinansprache).

Önantäther (Weinhefeöl, Weinöl, Cognacöl) findet sich im Wein nur mit 0,001 %. Er wird beim → Abbrennen von Hefe gewonnen. Im verdünnten Zustand riecht er aromatisch und wird bei der Herstellung von Weinbrandessenzen verwendet.

Önin ist der rote Traubenfarbstoff. Er besteht überwiegend aus Fettsäureethyl- und Fettsäureamylester, freien Fettsäuren und → Terpenen. Es handelt sich außerdem um Glucoside von Malvidin, Cyanidin, Delphinidin, Petunidin und Päonidin, die man unter dem Begriff Anthocyanidine zusammenfasst.
Während Weine aus Europäerreben nur Monoglucoside enthalten, enthalten Hybriden Diglucoside, die man zur Unterscheidung heranziehen kann (→ Anthocyane). Önin findet sich in pulverförmiger oder alkoholgelöster Form im Handel, ist jedoch als Färbemittel

für Rotweine verboten (→ Auffärben von Wein).

Önologe. Wissenschaftler und anerkannte Praktiker, die zum Teil in einem internationalen Verband organisiert sind.

Önologie ist die Wissenschaft von der Weinbereitung. Abgeleitet aus griech. Oinus = Wein. Franz. oenologie, engl. enology, ital. u. span. enologia. Die Wissenschaft des Rebanbaues ist davon ausgeschlossen.

Önotannin. Unter diesem Begriff fasst man alle in der Traube vorkommenden Gerbstoffe zusammen.

Oenotest. Ein von der Firma Erbslöh & Co, Geisenheim, ursprünglich komplett angebotener Laborkoffer zur Durchführung von Schönungsvorversuchen. Durch die passende Konfektionierung der bekanntesten Schönungsmittel kann man sich ohne Vorkenntnisse und Hilfsmittel Erfahrungen mit der Wirkung von Schönungsmitteln aneignen (für Auszubildende), aber auch die Berechnung von Schönungsmittelzusätzen (wie z. B. Bentonit) auf einfachste Weise selbst durchführen (→ Schönungsvorversuche). Inzwischen nur noch in Einzel-Testsets im Handel.

Oidium (Echter Mehltau, *Uncinula necator*). Pflanzenkrankheit der Rebe. Befallene Trauben führen im Wein zu → Weinfehlern und müssen bei der → Lese entfernt werden.

Önothek → Vinothek.

Önocyanin ist eine Bezeichnung für den roten Weinfarbstoff → Önin.

Österreicher → Silvaner.

Offene Gärung ist die einfachste Art der Rotmaischegärung in offenen Bütten (→ Gärführung).

Off-Flavour → Weinfehler.

O. I. V. Organisation Internationale de la Vigne et du Vin. Vormals als „Internationales Amt für Rebe und Wein“ bezeichnet, wurde nach längeren Stadien der Vorbereitung 1924 in Paris installiert. Zweck war und ist die internationale Zusammenführung der weinbautreibenden Länder zu organisieren. Die derzeitige Mitgliedszahl beträgt 42. Nachdem die USA ausgetreten ist, stehen andere Länder „vor der Tür“. Dazu gehört auch China, ein Land, welches mit ca. 500 000 ha an 5. Stelle der Weinbauflächen der Welt steht. In vielen Ländern übertrifft die Verwertung der Trauben zur Produktion von Rosinen und alkoholfreien Getränken vielfach die Nutzung zur Gewinnung von Wein.

Oloroso ist ein tiefdunkel gefärbter Sherrywein von besonders würzigem Geschmack (→ Jerezweine).

Optima. Die (weiße) Rebsorte (Kreuzung aus (Silvaner × Riesling) × Müller-Thurgau wird in Deutschland mit fallender Tendenz angebaut (ehemals im Jahr 1990 noch 420 ha, jetzt nur noch ca. 75 ha). Die Weine sind oft sehr kräftig, d. h. im Prädikatsbereich „Auslese“ angesiedelt und haben einen charakteristischen „Rosenton“ (→ Rebsortenanbau).

Optische Aktivität. Die optische Aktivität ist eine Eigenschaft, die im Feinbau der Moleküle begründet ist. Optisch aktive Substanzen können polarisiertes Licht drehen. Solche Eigenschaften findet man häufig in natürlicherweise entstandenen „Naturprodukten“, da in der Pflanze eine „gerichtete“ Synthese stattfindet. Dabei enstehen D- und L-Formen.

Ähnlich spezifisch gerichtet verläuft die Metabolisierung (Umbau) und die Neubildung der Substanzen durch Mikroorganismen.

Synthetische Verbindungen entstehen in der Regel „ungerichtet", d. h. als Mischungen der beiden D- und L-Formen. Die dann optisch inaktiven Substanzen (gleiche Teile von D- und L-Formen, die sich gegenseitig in der Aktivität kompensieren) werden als → Razemate bezeichnet. Der Name leitet sich ab von der sog. Traubensäure = D, L-Weinsäure, die von Pasteur entdeckt und als acide racémique bezeichnet wurde. Die D, L-Weinsäure ist die künstlich hergestellte Form der Weinsäure, die zugelassen ist für die vorbeugende Ausscheidung von überschüssigem Calcium (→ Weinbereitung, zulässige Stoffe).
Während man früher die D- und L-Formen nur mit dem Polarimeter messen konnte (L-Fructose wurde von D-Glucose quantitativ unterschieden), ist man heute durch → enzymatische und chromatographische Analysen in der Lage, D- und L-Formen getrennt zu erfassen. Es seien hier zwei Anwendungsbeispiele genannt:
L-Milchsäure entsteht bei normalem Abbau durch Bakterien aus L-Äpfelsäure, D-Milchsäure entsteht beim Abbau von Kohlenhydraten (D-Glucose) durch Bakterien.
Konsequenz: Ist D-Milchsäure nachgewiesen, dann ist mit Verdorbenheit zu rechnen (→ Milchsäurestich etc.)
Findet man in Wein oder neben der L-Äpfelsäure die D-Äpfelsäure, dann ist synthetisch erzeugte D, L-Äpfelsäure zugesetzt worden. Solche Nachweise können auch bei Fruchtsäften hilfreich sein. Für Fruchtsaftgetränke wäre ein Zusatz der „Genusssäure" = D, L-Äpfelsäure allerdings generell erlaubt (→ Enantiomere). Neben der vereinfachten Form (Fischer-Projektion genannte D, L-Form) ergibt die (+) oder (−) Bezeichnung die Drehrichtung des Lichtes zusätzlich an.

Organische Säuren. Die im allgemeinen im Most vorkommenden organischen → Säuren (4 bis 20 g/l) üben auf den Gärverlauf keinen nennenswerten Einfluss aus. Anders liegen die Dinge bei der flüchtigen Säure (Essigsäure). Moste oder Weine zeigen bei 1 bis 2 g/l → Essigsäure bereits deutliche Gärhemmungen und machen Schwierigkeiten bei der Durchgärung. Man sucht diesen Schwierigkeiten durch Zugabe eines möglichst großen Reinzuchthefezusatzes zu begegnen (→ Tab. 27a und 27b im Anhang).

Organoleptik ist ein älterer Ausdruck für → Sensorik der Weine (→ Verkostung).

Originalabfüllung ist eine nur bei Naturweinen zulässige Bezeichnung, die vor Inkrafttreten des 1971er Weingesetzes ursprünglich erlaubt war. Originalabfüllungen mussten im Keller des Erzeugers ausgebaut und abgefüllt sein. Als Erzeuger im Sinne des Gesetzes galten die einzelnen Winzer oder Weingutsbesitzer sowie die Winzergenossenschaften. Eine eingeschränkte Fortschreibung erfolgte in der → Erzeugerabfüllung bzw. → Gutsabfüllung.

Ortega ist eine Neuzüchtung (Müller-Thurgau × Siegerrebe), die als Rebsorte früh reift. Man erzielt relativ hohe Mostgewichte, auch Auslesen, die meist „lieblich" ausgebaut werden. Der Name bezieht sich auf den spanischen Philosophen Jose Ortega y Gasset. Wie viele andere „Neuzüchtungen" ist die Rebsorte seither von 1246 ha im Jahr 1993 auf nur noch 634 ha innerhalb Deutschlands zurückgegangen. Als frühreifende Rebsorte dient O. häufig der Gewinnung von → Federweisser (→ Neuer Wein, → Rebsortenanbau).

Ortlieber, Gelber, liefert einen nicht lange lagerfähigen Wein von mildem und fruchtigem Geschmack. Im Elsass wird die Sorte Knipperle genannt. Auch im Elsass, der Heimat dieser Rebsorte, schenkt man der Sorte heute wenig Beachtung.

Osmose ist der Austausch von Flüssigkeiten infolge Diffusion durch eine halbdurchlässige Trennwand (→ Membran). Der Austausch der Lösungsmittel-Teilchen erfolgt immer nach der Seite der höheren Konzentration hin.
Die Osmose ist für die Stoffwechselvorgänge bei Tier und Pflanze von großer Bedeutung, da die pflanzlichen Zellwände solche halbdurchlässigen Membranen darstellen. So wird z. B. der Hefe durch diese osmotischen Kräfte die Möglichkeit gegeben, der die Zelle umgebenden Flüssigkeit die erforderlichen Nährstoffe zu entziehen und diese dann innerhalb der Zelle weiter zu verarbeiten.
Steigt im Most die Zuckerkonzentration über ein bestimmtes Maß hinaus an, so tritt der umgekehrte Vorgang ein, das heißt, die stark konzentrierte Zuckerlösung entzieht der Hefezelle Wasser, wodurch diese einschrumpft. Demgegenüber sind osmotolerante Hefen unempfindlicher. Für die „aktive" Aufnahme relativ großer Moleküle durch die scheinbar undurchdringliche Zellwand wird ein Überträgermechanismus angenommen, das heißt, die Osmose erklärt keineswegs alle Aufnahmevorgänge der Zelle.
Durch hohen Druck lässt sich die Osmose umkehren, d. h. man entzieht einer Lösung Wasser und konzentriert die Lösung durch → Umkehrosmose. Diese Methode kann zur → Anreicherung herangezogen werden.

Osmotolerante (osmophile) Hefen, wie z. B *Zygosaccharomyces bailii,* sind gegenüber hohen osmotischen Drucken sehr widerstandsfähig und dadurch in der Lage, auch in sehr zuckerreichen Mosten wie → Trockenbeerenauslesen noch zu gären. Die bis jetzt bekannten → Hefen dieser Art besitzen ein nicht sehr hohes Alkoholbildungsvermögen, so dass sie bei etwa 75 bis 90 g/l → Alkohol ihre Tätigkeit einstellen. Zu den Hefen gehören die Arten *S. rouxii* und *S. bailli.* Da diese speziellen Hefen zusätzlich noch fructophil sind, d. h. vorwiegend → Fructose vergären, kann eine solche Hefe, die auch als → Trockenhefe (z. B. FRUCTOFERM W) angeboten wird, helfen, eine → Gärstörung zu verhindern, möglicherweise auch völlig zu beseitigen.
Normalerweise verarbeiten die „normalen" Weinhefen bevorzugt → Glucose, was oft zu einer ausshliesslich aus → Fructose bestehenden→ Restsüße führt. Ob und inwieweit diese Restsüße genehm ist, bleibt der Entscheidung des Kellertechnikers überlassen.

Ein Problem kann dann entstehen, wenn Konzentrate länger gelagert werden. In solchen Fällen können sich osmophile Hefen auf der Oberfläche ansiedeln und zum Problem werden.

Oxygen Transmission Rate. Eine analytisch feststellbare Kennzahl, die insbesondere für die Bemessung der Sauerstoffdurchlässigkeit von Flaschenverschlüssen (Korken) herangezogen wird.

Ovalradzähler → Durchflussmesser.

Oxalsäure findet sich reichlich in Rhabarberstengeln, die auch zur Herstellung von Fruchtwein verwendet werden. In botrytisbetonten Weinen kann Oxalsäure enthalten sein, die aber nur in seltenen Fällen an → Flaschenweintrübungen beteiligt ist.

Oxhoft ist ein → Weinmaß von etwa 200 bis 240 Litern. Gilt als Vorläufer des → Barrique. Wird in manchen Werbeaktionen aus Nostalgiegründen angeführt.

Oxidasen sind sauerstoffübertragende → Enzyme, die auch im Most vorhanden sind und das → Braunwerden verursachen (→ Polyphenoloxidasen).

Oxidation. Chemische Reaktion von Sauerstoff mit Most- oder Weininhaltsstoffen, die im Most oder Wein (meist) unerwünschte Veränderungen hervorbringt. Der Oxidationszustand lässt sich an Hand des sogenannten rH-Wertes feststellen. Dazu bedarf es aber einer Messeinrichtung, ähnlich der, die zur Messung des → pH-Wertes verwendet wird.
Teilweise lässt sich Sauerstoff durch → Schwefeldioxid abfangen und unwirksam machen. Stoffe, die Sauerstoff verbrauchen, bezeichnet man als Reduktionsmittel. Gezielte Behandlungen mit → Sauerstoff kommen neuerdings in Anwendung, um positive Veränderungen insbesondere in Rotweinen zu steuern (→ Mikrooxigenierung, → Redoxpotential, → Redoxwert, → Reduktion, → Sauerstoffmanagement).

Oxidatives Stadium in der Weinentwicklung tritt ein, wenn nach erfolgter Durchgärung → Hefen auf der Oberfläche des Weines Decken bilden. Bei der Herstellung bestimmter → Dessertweine nutzt man diesen Lebenscyclus der Hefen (Solera-Verfahren) für die Bildung des spezifischen Charakters der → Sherry-Weine aus (→ Jerezweine).

Oxyäthansulfonsäure ist eine geruch- und geschmacklose Säure, die durch Reaktion zwischen → Acetaldehyd und → schwefliger Säure gebildet wird. Die Methode des → Abstoppens führt zur Bildung von Oxyäthansulfonsäure (→ Schweflige Säure, Bindung).

Ozon. Ozon (O_3) ist zur Desinfektion von Flaschen in → Tauchsterilisatoren geeignet. Es kann dabei die umweltbelastende schweflige Säure ersetzen. Ozon wird in besonderen Generatoren erzeugt und zerfällt unmittelbar nach Einbringung in die Desinfektionslösung in aktiven Sauerstoff, der die desinfizierende Wirkung entfaltet.

P

Packpressen haben sich trotz gewisser Vorteile bei der Weinbereitung nicht eingeführt, spielen jedoch bei der Fruchtweinbereitung und Süßmostgewinnung noch eine gewisse Rolle für spezielle Obstmaischen. Ihr Name rührt daher, dass kleinere Anteile der Maische in Presstücher eingeschlagen und in zahlreichen Einzelschichten übereinander gepackt werden. Man erreicht auf diese Weise eine sehr große Pressleistung und größere Saftausbeute in einem Arbeitsgang, da der Saft ungehindert ablaufen kann. Die Pressdauer wird entsprechend abgekürzt, dafür ist der Arbeitsaufwand durch das Auf- und Abpacken aber größer als bei den üblichen Korbpressen (→ Kelter).
Die Entwicklung der Pressen bei der Obstverarbeitung ist ähnlich wie bei der Traubenverarbeitung verlaufen (Horizontalspindelkelter-Hydraulische Horizontalkelter-Schneckenpresse-Membranpresse). Weitere Entwicklungen sind Bandpressen-Extraktoren.

Paddeln halten in speziellen Rotmaische-Gärbehältern die Maische in Bewegung. Die P. sind hohl und heiz- und kühlbar (VINOTOP-Fermenter). Ähnliche Maische-Mischsysteme sind so konstruiert, dass eine mechanische Durchmischung den Kontakt der gärenden Flüssigkeit mit den Feststoffen der Maische und die (spätere) Entleerung der Feststoffe mechanisiert und automatisiert ist. Die Regelung der Gärtemperatur ist integriert (→ Rotweinbereitungsverfahren).

Palette. Durch die Einführung von Flurförderfahrzeugen (Gabelstapler) wurden Untersetzer erforderlich, die eine größere Zahl von Verpackungseinheiten (Steigen, Kisten, Pakete usw.) aufnehmen können. Der gesamte Verpackungsblock = Palette lässt sich translokalisieren und stapeln. Die Maße sind genormt und im wesentlichen auf zwei Größen beschränkt. Überwiegend bestehen die Paletten aus Holz. Eine Person mit Gabelstapler kann hierbei mindestens die vierfache Leistung gegenüber dem Transport mit Handkarren erreichen (→ Boxpalette).

Palmitinsäure (Hexadecansäure) ist ein Bestandteil des → Traubenkernöles und findet sich in Spuren auch im Wein.

Papierchromatographie ist eine Trennmethode, die zum Nachweis und zur halbquantitativen Bestimmung von Stoffen z. B. in Wein geeignet ist. Die Methode ist teilweise durch die → Dünnschichtchromatographie überholt, die rascher durchzuführen ist. Bewährt haben sich die Methoden zum Nachweis von → Saccharose, → Weinsäure, → Äpfelsäure, → Milchsäure und → Farbstoffen, da das Verfahren ohne teure und apparativ aufwändige Investitionen auskommt. Inzwischen haben sich → HPLC und → Gaschromatographie als sichere und vielseitigere Trennmethoden in der Analytik durchgesetzt

Papiergeschmack (→ Filtergeschmack).

Paraffine sind feste Kohlenwasserstoffverbindungen, die bei der Erdöldestillation anfallen und bei etwa 50 bis 80 °C schmelzen. Sie wurden früher zur Imprägnierung von → Fässern verwendet. Zwischenzeitlich benutzte man Paraffine zur Vergütung von Korken. Die heutigen Vergütungen (Gleitmittel) sind überwiegend auf Kunststoffbasis aufgebaut und enthalten meist siliconhaltige Formulierungen (→ Korkbehandlung)

Parker-Bewertungssystem. Es basiert auf einer Bewertungsskala, die zum Teil in Italien und in Frankreich schon früher versuchsweise eingeführt worden war. Obwohl das → OIV seit 1961 das in Deutschland durch die → DLG eingeführte 20-Punkte-Schema praktizierte, hatten die nationalen Gesetzgeber ungeachtet dessen bereits eigene Bewertungsskalen vorgeschrieben. Als die USA mit der sog. „Davis scoring scale“ ebenfalls mit einer 20-Punkte-Skala auftraten und diese unter anderem von französischen Önologen (Peynaud 1980) verworfen wurde, trat der amerikanische Kritiker-Papst Parker mit seinem Bewertungsschema (100 Punkte) auf den Plan. Seither sind seine Auffassungen bei einigen internationalen Weinwettbewerben zum Standard arriviert. Dazu sind folgende Anmerkungen angebracht:
1. Bei sensorischen Wettbewerben beruhen alle Wein-Bewertungsschemata auf einer Einstufung, die von den Römern erstmals benutzt wurde (COS = color, odor, sapor), Kriterien wie Farbe, Bukett (Aroma) und Körper.
2. Eine fast beliebige Ausdehnung einer „Skala“ von ehemals 20 Punkten auf nunmehr 100 Punkte bedeutet keinerlei Verbesserung bei der Ermittlung von Weinqualität. Um diese Behauptung zu untermauern genügt es, folgende Tatsachen heranzuziehen:
3. Der Begriff Skale (Skala) muss sich anhand von Fixpunkten definieren lassen. So ist etwa die Skale nach Celsius durchFixpunkte wie Schmelzpunkt des Eises (Gefrierpunkt des Wassers) und dem Siedepunkt des Wassers (100 Grad Celsius) als „Fundamentalpunkte“ definiert. Für Wein gibt es leider keine solchen Bezugspunkte, d. h. jegliche „Skala“ ist „hedonistisch“ (griechisch = nach Sinneslust strebend) aufgebaut.
4. Obwohl ein geschulter Weinprüfer tausende Geruchs-und Geschmacksnuancen registrieren kann, entscheidet er letztlich individuell unterschiedlich. Jeder Prüfer ist durch Schulung und Erfahrung (regional) und individuell geprägt.
5. Eine überdehnte „Skalierung“ täuscht eine höhere Präzision der einzelnen Bewertungen nur vor. Auch durch Mittelwertsbildungen aus den Einzelergebnissen bleibt die Schwan-

kungsbreite erhalten, es sei denn man selektiert „Ausfaller“ aus.
6. Mit der Ausweitung der „Punkte-Skalen“ auf bis zu 100 Punkte ist in der Regel auch eine Ausweitung der jeweils zu prüfenden sensorischen Merkmale verbunden, die den Prüfer eher überfordern und ihm den wesentlichen Gesamteindruck gar versperren.
7. Statistische Verrechnungen der Prüfungsergebnisse können diese grundsätzlichen Probleme nicht kaschieren.
Mit diesen Feststellungen sollen Bemühungen um Vereinheitlichung der Prüfungsabläufe im internationalen Rahmen insgesamt nicht in Frage gestellt werden. Es bleibt nur die Einsicht, dass ein „Punkteschema“, welches nur dazu gedacht ist einen „Super-Premiumwein“ laut PARKER zu definieren, zu einer allgemein realistischen Bewertung kaum geeignet ist. Die Weinwelt beginnt nicht erst bei 90 Punkten! (→ DLG-Prüfungsschema).

Pasteurisation (Pasteurisierung) ist ein nach LOUIS PASTEUR benanntes Verfahren, um → Mikroorganismen in Flüssigkeiten durch eine Erwärmung auf 70 bis 75 °C abzutöten. Sie spielt in der Süßmostindustrie eine bedeutende Rolle, während sie in der Kellerwirtschaft fast ganz durch die entkeimende → Filtration verdrängt worden ist. Neuerdings werden auch Moste und Weine zur Erzielung ausreichender Stabilität kurz erhitzt (→ Eiweißtrübung, → Hoch-Kurzzeit-Erhitzung) oder bei der Flaschenabfüllung wird eine zweckentsprechende Erwärmung durchgeführt (→ Warmabfüllung).

Pektinase ist ein in vielen Früchten vorkommendes Enzym. Es bewirkt den Abbau des → Pektins in verschiedenen Stufen durch a) Abspaltung von Methoxygruppen, b) Spaltung von hochverestertem Pektin, c) Spaltung von niederverestertem Pektin und d) Spaltung von Pektinsäure. Teilweise wird dabei → Methanol freigesetzt, doch wird durch die Verkleinerung des hochmolekularen Pektinmoleküls die → Selbstklärung der Traubenmoste beschleunigt. Dazu bedarf es allerdings Standzeiten und möglichst erhöhter Temperatur. Auch die Pressfähigkeit und die damit verbundene Entsaftung lässt sich verbessern.
Ein hoher Pektingehalt in Trauben deutet u. a. auf eine niedrige natürliche Pektinaseaktivität hin. In diesen Fällen kann durch Zusatz von Präparaten des Handels (→ Filtrationsenzyme) eine Steigerung der Wirkung erreicht werden. Der Einsatz kann bereits in der → Maische erfolgen oder erst im Traubenmost, insbesondere bei der Herstellung von → Süßreserve (→ Entsaften).

Pektine sind Kohlenhydratverbindungen, die allerdings nicht wie Polysaccharide nur aus Zuckern, sondern überwiegend aus Galakturonsäurebausteinen zusammengesetzt sind, die ihrerseits mit Methylalkohol verestert sind. 1 kg Trauben enthält 1 bis 3 g Pektine. Sie sind kolloidal in Wasser gelöst und lassen sich durch Zusatz von Alkohol aus Wein ausfällen (entfernen). Durch → Enzyme werden sie abgebaut. Sie wirken als Schutzkolloide, d. h. sie stabilisieren die Trubstoffe und verhindern die Sedimentation. Sie sind insofern von praktischer Bedeutung, als sie bei der Süßmostbereitung die → Klärung und → Filtration der Säfte erschweren. Zusatz von → Filtrationsenzymen ermöglicht den Abbau und eine verbesserte Filtrierbarkeit. Auch unangenehmen späteren Nachtrübungen wird auf diese Weise vorgebeugt.
Die im Wein gefundenen kleinen Mengen von → Methylalkohol dürften auf eine Spaltung der Pektine während der Gärung zurückzuführen sein. Die im Wein vorhandenen Kolloide bestehen zu etwa 40–50 % aus Pektinen. Für die Filtrationsschwierigkeiten z. B. durch „Verblocken“ der → Membrane sind aber eher → Polysaccharide verantwortlich. (→ Pektinase).

Pellets. Neben der landbaulichen Verwertung der Trester ist – wie in anderen Abfällen der Weinbereitung auch – die Gewinnung von Bestandteilen vorangetrieben worden. Enthält der Trester noch Alkohol, wird daraus z. B. → Tresterbrand gewonnen. Nach Trocknung werden neuerdings auch P. gepresst und als solche zur Energiegewinnung genutzt.
Im Zusammenhang mit der Herstellung der Trester fallen noch weitere wertvolle Stoffe an, die man zur Gewinnung von kosmetischen oder pharmazeutischen Präparaten nutzen kann.

Penicillium ist eine Gattung von → Schimmelpilzen. Hauptvertreter ist *Penicillium expansum,* das auf schimmeligen Trauben schmutziggrüne Rasen bildet und die Grün- und Sauerfäule hervorruft. Seine Sporen (Konidien) sind überall in der Luft verbreitet und wurden auch in der Kellerluft in großer Zahl nachgewiesen. Deshalb entwickelt sich der Pilz überall dort, wo sich Mostreste befinden, also in leeren Fässern, auf Korken, Fasslagern usw. *Penicillium* produziert auf Trauben Extraktstoffe, insbesondere → Ketosäuren, die SO_2 binden. Auch aus diesen Gründen sollte ein solcher Befall durch Pflanzenschutzmaßnahmen bereits im Weinberg verhindert werden (→ Pflanzenschutzmittel). Eine frühzeitige Diagnose an den reifenden Trauben ist durch eine neue FTIR-Methode möglich.

Pentosane sind in ihrer Zusammensetzung noch wenig erforschte organische Verbindungen, die man den Hemizellulosen zuordnet und die in Traubenmost bis zu einer Menge von 0,5 bis 2 g/l gefunden wurden. Die wichtigsten darin gebundenen Pentosen sind → Arabinose und → Xylose. Pentosane können somit als die Vorstufen der → Pentosen angesehen werden.

Pentosen sind fünfwertige Zucker, die im Wein in einer Menge von 0,5 bis 2 g/l vorkommen, aber nicht vergärbar sind. Sie wirken auf → Fehlingsche Lösung wie die Zuckerarten → Glucose und → Fructose reduzierend. Auf ihrer Anwesenheit beruht die Tatsache, dass auch völlig durchgegorene Weine eine schwache reduzierende Wirkung auf alkalische Kupferlösungen ausüben. Ihre regelmäßige Anwesenheit im Wein findet bei der Zuckerbestimmung Berücksichtigung, indem man von der Gesamtmenge reduzierender Stoffe 1 g/l für die Pentosen in Abzug bringt. Die L-Arabinose ist Hauptanteil; sie kann in extrem faulem Most bis zu 6 g/l betragen. Man nimmt an, dass sie durch Aufspaltung von → Pektinen bzw. → Pentosanen entstehen (→ Wein, Zusammensetzung, → zuckerfreier Extrakt).

Pepsinwein ist ein medizinischer Wein, der als traditionelles Arzneimittel nicht apothekenpflichtig ist. Das Pepsin unterliegt besonderen Reinheitsvorschriften.

Peptide sind Vorstufen des Eiweiß und ebenfalls aus mehreren → Aminosäuren zusammengesetzt. Man vermutet eine sensorische Mitwirkung an der Geschmacksbildung von „bitter" im Wein.

Peressigsäure (Peroxyessigsäure) zählt zu den Desinfektionsmitteln. Die Wirkung erfolgt beim Eindringen in die Zelle der Mikroorganismen durch Oxidation und Denaturierung des Eiweiß. Dazu genügen 0,07 %ige Lösungen. Der Vorteil liegt in der Abspaltung von Sauerstoff, wobei nur geringe Rückstände des Zerfallsproduktes Essigsäure bleiben. Das Desinfektionsmittel wird häufig in → Tauchsterilisatoren angewendet. Die stechend riechende Flüssigkeit ist stark hautreizend.

Perle (ursprünglich „Perle von Alzey"). Gewürztraminer × Müller-Thurgau, 41 ha, davon 23 ha in Franken. Züchter: Georg Scheu (1927).

Perle von Czaba ist eine gute frühreifende Tafeltraube mit aromatischem Muskatgeschmack. In der Züchtung wurde diese Eigenschaft für die Einkreuzung häufig genutzt.

Perlfähigkeit. Bei Schaumweinen ist die „Perle" bzw. das „Mousseux" ein wichtiges Qualitätskriterium. Bewertet wird die Nachhaltigkeit und die Feinheit der aufsteigenden Gasblasen. Eine spezielle Messmethode ermittelt die „Entbindungsgeschwindigkeit". Je länger der Schaumwein auf der Hefe lagert, umso ausgeprägter ist die Feinperligkeit (→ Mousseux).

Perlite ist ein → Filterhilfsmittel, welches sich zur Beimengung bei der Kieselgurfiltration eignet, jedoch nicht die guten Eigenschaften von → Kieselgur hat. Das Material ist vulkanischen Ursprungs und wird künstlich aufgeschäumt (→ Anschwemmfiltration, → Filterschichten).

Perlon findet Verwendung zur Herstellung von → Presstüchern. Sie sind inert, sehr reißfest und leicht zu reinigen.

Perlwein ist ein kohlensäurehaltiger moussierender Wein. Er wird meist durch Vergärung der Moste in → Drucktanks, durch Umgärung fertig ausgebauter Grundweine oder einfacher durch → Imprägnieren von Stillweinen mit Kohlensäure hergestellt. Perlwein muss einen *vorhandenen* → Alkoholgehalt von mindestens 7 % Vol. (55,2 g/l), einen Gesamtalkoholgehalt von mindestens 9 % Vol. (71,0 g/l) und einen CO_2 Druck zwischen 1 und 2,5 bar aufweisen (EG – Recht). Perlwein, dem andere, nicht aus der Gärung stammende Kohlensäure (endogene Kohlensäure) zugesetzt wurde, muss dahingehend deklariert werden („Perlwein mit zugesetzter Kohlensäure"; „Qualitätsperlwein" muss aus „endogener" Kohlensäure bestehen). Bei Perlwein dürfen die Geschmacksangaben „trocken" für 0–35 g/l Zucker, „halbtrocken" für 33–50 g/l Zucker und „mild" bei mehr als 50 g/l Zucker verwendet werden. Perlwein aus Landwein darf die Höchstwerte von „halbtrocken" nicht übersteigen. Ein Gehalt von 260 mg/l Gesamtschweflige Säure darf nicht überschritten werden. Die Flaschen dürfen nicht die Ausstattung der Schaumweinflasche besitzen, um Verwechslungen mit → Schaumwein vorzubeugen. Perlwein verliert nach dem Öffnen der Flasche verhältnismäßig rasch den größten Teil der → Kohlensäure.

Permeat ist die Flüssigkeit, die bei → Membranverfahren durch die Membran „durchtritt" und dann entsprechend weiterverarbeitet wird. Den zurückbleibenden (nicht abgetrennten) Teil nennt man Retenat.

Peronospora, Falscher Mehltau *Plasmopara viticola* ist eine der wichtigsten Pilzkrankheiten der Rebe, die nicht nur das Laub, sondern auch die jungen Beeren befällt. Die Beeren werden durch den Befall am weiteren Wachstum gehindert, schrumpfen und ergeben die sog. Lederbeeren. Diese sind bei der Lese sorgfältig auszusondern.

Pestizide. Der Ausdruck P. ist aus dem Englischen abgeleitet und steht für → Pflanzenschutzmittel.

Persistance-Methode. Bei internationalen Weinwettbewerben ist es oft schwierig, Weine in Gruppen einzuteilen, die vergleichbare Qualitäten und Eigenschaften aufweisen. Oft lassen die verfügbaren Angaben es nicht zu. So können extraktbetonte mit „klei-

nen" Weinen oder trockene Weine mit dessertartigen Süßweinen zusammentreffen, die die Arbeit der Prüfer erschwerden.
VEDEL schlug vor, in solchen Fällen die Dauer des → Abganges, d. h. die Nachhaltigkeit des sensorischen Eindruckes zu messen und danach zu sortieren. Die Dauer sollte in Sekunden gemessen und ausgedrückt werden. Bezeichneterweise wählte er die sog. „caudalie" als Einheit. Die Anwendung der Methode dürfte schon allein wegen des damit verbundenen Aufwandes illusorisch sein (→ Sensorik).

PET. Polyethylenterephthalat ist ein thermoplastischer Kunststoff, aus dem auch Weinflaschen hergestellt werden. Bevorzugt wird PET für „stille" alkoholfreie Getränke eingesetzt. Wegen der – allerdings geringen – Gasdurchlässigkeit verkürzt sich die Mindesthaltbarkeit der Getränke um ca. 40 % gegenüber Glas. Durch Belegung der Innenfläche mit einer dünnen Glasschicht könnte sich das Problem entschärfen. Der Trend zur Abfüllung alkoholhaltiger Getränke in PET-Flaschen in USA und Kanada setzt sich möglicherweise in Europa fort.
Die Vorteile liegen im geringeren Gewicht und den niedrigeren Materialkosten (→ Flaschenformen). Neuerdings wird die Herstellung jeglicher Verpackung auch beim Wein aus ökologischer Sicht bewertet (Glas gegen Kunststoff etc.)

Petroleumgeschmack kann ein Wein annehmen, wenn er unmittelbar mit Petroleum oder Dieselöl in Berührung kommt. Der Fehlgeschmack kann aber auch durch Weinbehandlungsstoffe eingebracht werden, falls diese in Garagen etc. gelagert wurden. Der Fehler lässt sich durch → Kohlebehandlung mit nachfolgender → Schönung und Filtration meist wieder beseitigen.

Pfalz. Sie umfasst zwei Bereiche, 22 Großlagen und 335 Einzellagen. Flächenmäßig steht die Pfalz mit 23461 ha nach Rheinhessen an zweiter Stelle. An erster Stelle steht der Riesling (derzeit 23,3 %), den Müller-Thurgau (derzeit 9,8 %) verdrängte der → Dornfelder (13,5 %) an den dritten Platz. Prognosen zur weiteren Entwicklung des Rebsortiments lassen sich aus dem Prozentsatz der jüngst veredelten Reben ableiten).

Auffallend ist der Trend zu speziellen Rotweinrebsorten, die die früheren weißen „Neuzüchtungen" wie Ehrenfelser, Albalonga, Rieslaner etc. deutlich unter jeweils 1 % gedrückt haben. Die Eigenständigkeit des Weinbaugebietes wird seit Jahren durch spezielle Produkte wie „Pfälzer Weinbrand" hervorgehoben (→ Rebsortenanbau, → Tab. 9 und 11 im Anhang).

Pflanzenbehandlungsmittel → Pflanzenschutzmittel.

Pflanzenschutzmittel → Pflanzenbehandlungsmittel). Die Durchführung des Pflanzenschutzes im Weinberg greift direkt oder indirekt in die Bereiche der Kellerwirtschaft ein. Positiv ist die Tatsache, dass gesunde Trauben nicht durch Stoffwechselprodukte von → Schimmelpilzen belastet sind, die → Geruchs- und → Geschmacksfehler hervorrufen können (→ Schimmelgeschmack) und die gebundene → schweflige Säure erhöhen.
Der dadurch bedingte mögliche Eingriff in die → Mostflora dagegen kann nachteilig sein, insbesondere dürfen → Fungizide die Vermehrung der Hefen nicht hemmen. Moderne Fungizide werden vor der Zulassung auf solche Wirkungen geprüft und in einem Katalog der zugelassenen P. registriert. Infolge der nicht völlig vermeidbaren Einwirkung auf die Mostflora wird heute generell die Anwendung von → Reinzuchthefen

(→ Trockenhefen) vor der Gärung empfohlen.

Pflanzenschutzmittel, Rückstände. Bei der Anwendung von Pflanzenschutzmitteln werden zeitliche Mindestabstände zwischen Applikation und Traubenlese vorgeschrieben. Man geht davon aus, dass in dieser Zeit die schützenden Rückstände beträchtlich abgebaut werden (Sonneneinstrahlung, Regen, Verdampfung etc.).
Derzeit sind die zulässigen Rückstände durch die Pflanzenschutzmittel-Höchstmengen-VO begrenzt, falls die Trauben zum direkten Verzehr bestimmt sind. Es bleibt abzuwarten, ob auch bei der weiteren Verarbeitung der Weintrauben zu Wein Auflagen wirksam werden. Gegen solche Reglementierungen könnte man einige Argumente vorbringen:
- Insektizide werden sehr rasch abgebaut.
- Fungizide sind überwiegend Kontaktfungizide, haften an Festbestandteilen und werden bei der → Kelterung, → Mostvorklärung mit dem → Trub entfernt. Zusätzlich reichert die Hefe → Fungizide ab.

Im Interesse des Verbrauchers ist eine restriktive Festlegung von Rückstandmengen weder im Most noch im Wein sinnvoll, da die positiven Auswirkungen auf die Qualität und gesundheitliche Bekömmlichkeit von Wein durch eine wirkungsvolle Bekämpfung von Pflanzenschädlingen sichergestellt werden kann. Insbesondere Schadpilze können Qualität und Bekömmlichkeit beeinträchtigen. Die Messung der Rückstände zählt teilweise zur → Spurenanalyse, die sehr aufwändig ist und methodisch durch → Gaschromatographie bzw. → HPLC durchgeführt wird. Häufg liegen die Gehalte im Wein knapp über der Nachweisgrenze.

Pflanzliche Weinbehandlungsmittel. Probleme mit traditionellen Behandlungsmitteln wie → Albumin (Hühnereiweiß), → Kasein, die als → Allergene einer Deklarationspflicht unterworfen sind, förderten die Neuentwicklung von „Ersatzstoffen" auf pflanzlicher Basis. Diese Entwicklung ist noch nicht überschaubar..

Phantasiebezeichnungen für Weine sind an sich wohl zulässig, dürfen aber nicht mit Gemarkungsnamen in unmittelbare Verbindung gebraucht werden, um jede Irreführung des Konsumenten zu vermeiden. Soll eine Phantasiebezeichnung in Verbindung mit einer geographischen Bezeichnung gebraucht werden, so hat eine deutliche Trennung zu erfolgen. Irreführende herkunftsbezogene Angaben sind auf jeden Fall verboten. Auch Bezeichnungen wie „Granit" als Hinweis auf Bodenstrukturen im Weinberg sind als Beschaffenheitsangaben unzulässig, jedoch als Teil einer Weinbeschreibung (z. B. auf dem Rückenetikett) zweifelsfrei erlaubt.

Phenole sind eine interessante und komplex zusammengesetzte Gruppe von Weininhaltsstoffen (→ Wein, Zusammensetzung). Man wird in dieser Gruppe durch Analyse (Zweidimensionale → Papierchromatographie, → Dünnschichtchromatographie = HPTLC, → Gaschromatographie, SFC etc.) mehr als Hundert Substanzen nachweisen und erfassen können. Da die Eigenschaften sehr unterschiedlich sind, ergibt sich aus der Analyse der Gesamtphenole z. B. nach FOLIN-CIOCAL Teu nur ein grobes Raster. Fallweise ist der spezifische Nachweis einzelner Substanzen noch nicht gelungen. Insbesondere die zu dieser Gruppe gehörigen → Gerbstoffe stellen den Chemiker vor Probleme, da sich diese als recht labil erweisen und entsprechende Vergleichssubstanzen (Standards) dieser Naturstoffe oft nicht zur Verfügung stehen. Die Önologie ist an der Aufklärung dieser Gerbstoffe (Aufbau der Substanzen, chemische Reaktionsbereitschaft, sensorische Eigenschaften) sehr interessiert. Für viele neuere

Techniken und önologische Strategien ist der „Phenolgehalt" zum Leitmotiv hochstilisiert worden (→ Ganztraubenpressung, → Mostoxidation).
Chemisch betrachtet kann man nach folgenden Gesichtspunkten gliedern:
a) nach der → Molmasse (Molekülgröße),
b) nach sensorisch relevanten Eigenschaften,
c) nach chemischer Reaktivität (Reaktionsbereitschaft).
Zu a) Vom einfachen Phenol bis zum komplexen → Polyphenol sind alle Molekülgrößen vorhanden (Molmasse = 92 bis über 4000). In dieser Reihenfolge nimmt der Dampfdruck ab, so dass man flüchtige Phenole, die man auch im Geruch empfindet, von schwerflüchtigen Substanzen unterscheiden kann, die ihrerseits geschmacklich sehr ausgeprägt sind. Man vermutet, dass Substanzen wie z. B. → Polyphenole in einem Bereich von Molmassen zwischen 500 und 3000 eine adstringierende (gerbende) Wirkung entfalten. Diese Wirkung beruht auf der teilweise irreversiblen Bindung an Proteine der Geschmackspapillen.
Zu b) Wie bereits angedeutet, vermutet man Mechanismen für den wichtigen „gerbenden" Effekt der Gerbstoffe. Nachgewiesen ist, dass durch weitere Polymerisation die Molmasse zunimmt, wobei der gerbende Effekt abnimmt. Die Beobachtung, dass mit der Alterung des Weines die Strenge der Gerbstoffe abnimmt, ist durch die sensorische Analyse bestätigt.
Durch die Farbwirkung der → Anthocyane, die zur Gruppe der Polyphenole gehören, sind die „jungen" Rotweine im Farbcharakter (Farbnuance) anders (stärker) geprägt als ältere Rotweine. Hier sind die Anthocyane meist abgebaut oder sie reagieren mit anderen flavonoiden Verbindungen zu Farbkörpern mit Tendenz zur Rotbraun-Verfärbung.

Zu c) Die chemische Reaktivität zeigt sich in der Oxidierbarkeit, in der Lichtempfindlichkeit, in der Reaktion mit Eiweißstoffen (Trübung) und in der Polymerisierbarkeit (Trübung).
Es muss aber auch darauf hingewiesen werden, dass für einige Polyphenole positive Wirkungen auf die Gesundheit der Konsumenten nachgewiesen wurden (Vitamin P als Faktor für die Stabilisierung der Gefäße), → Flavonoide sollen nervöse Störungen beheben können, Immunsysteme aktivieren und Magengeschwüre reduzieren helfen. Die Liste ließe sich noch umfänglicher fortführen. Aus diesen Gründen muss sehr sorgfältig überlegt werden, ob önologische Behandlungen, die flavonoide Verbindungen stark vermindern (z. B. Mostoxidation, → Mikrooxygenierung) unkritisch zu befürworten sind.

Phenolphthalein, eine farblose organische Verbindung wird als → Indikator bei der Bestimmung der → flüchtigen Säuren im Wein benutzt, da sie bei Eintritt der alkalischen Reaktion scharf von farblos in violettrosa umschlägt und das Ende der → Titration anzeigt.

Phenyläthanol (2) zählt zur Gruppe der Aromen (Rosenton). Die Bildung verläuft während der Gärung. In deutschen Weinen liegt der Gehalt zwischen 34 und 105 mg/l. Der Essigsäureester → Phenyläthylacetat baut während der Lagerung von Wein ab (→ Umesterung).

Phenyläthylacetat. Der → Ester gehört wie viele andere Ester zu den → Aromastoffen. Der zugehörige Alkohol (→ Phenyläthanol-2) wird besonders durch „wilde Hefen" bei → Spontangärung gebildet, scheint aber auch eine Spezifität mancher Rebsorten (→ Ehrenfelser) zu sein.

Phlobaphene sind bei der Oxidation von Pflanzensäften entstehende braunrote Stoffe, auf deren Bildung wohl auch das Braunwerden der Moste und Maischen beruhen dürfte (→ Katechine).

pH-Meter. Gerät zur Messung des → pH-Wertes. Im Prinzip handelt es sich um ein hochempfindliches Millivoltmeter, das die von einer Glaselektrode pH-abhängig erzeugte Spannung misst. Neben netzabhängigen Laborgeräten gibt es auch batteriebetriebene handliche Geräte mit digitaler oder analoger Anzeige.

Phosphorsäure liegt an → Kationen gebunden im Most und Wein vor. Der Gehalt schwankt zwischen 100 bis 500 mg/l (als PO_4). Die Phosphorsäure bildet einen wichtigen Nährstoff für die Hefe. Infolgedessen nimmt der Gehalt während der Gärung ab (→ Aschenbestandteile, → Gärsalze).

Photometer (wörtl. „Lichtmesser") werden in der Analytik eingesetzt, um gefärbte Lösungen zu messen. Dies kann die natürliche Farbe der Weine sein (→ Farbe von Rotwein) oder eine Farbe, die durch Reaktion von Reagenzien mit Most- oder Weinbestandteilen „künstlich" erzeugt wurde. Aus der Intensität der Farbe, die im Ph. mit Hilfe von Photozellen objektiv gemessen wird, kann man auf die Konzentration dieser Stoffe rückschließen (→ Spektralphotometer).

pH-Wert (→ Säuregrad).

Physiologischer Brennwert (→ Brennwert).

Physiologische Reife bezieht sich auf die optimale Traubenreife (→ Reife der Trauben), die in verschiedenen Phasen abläuft. Die Phasen kann man an äusserlichen Merkmalen (→ Ampelographie) oder an „inneren" Veränderungen beim Stoffwechsel der Beeren (Zellteilung oder Vermehrung) oder durch biochemische Untersuchungen erkennen und darstellen. Aus praktischen Gründen steht das Studium der Zuckerbildung im Verhältnis zur → Säure oder der → Phenol-Gehalt im Mittelpunkt der Reife-Beobachtungen.
Die → Traubenreife lässt sich durch Einbindung des → pH-Wertes, einiger → Aminosäuren (Prolin), der → Äpfelsäure mehr oder weniger aufwändig, d. h. der Praxis zumutbar messen. Neuere Vorschläge, weitere „Reifekriterien" mit Laser- und → FTIR-Methoden zu ermitteln, stehen auf dem Prüfstand.

Phytate (Calciumphytat = Inosit-tetracalcium-tetraphosphat) war unter dem Namen Aferin zur Entfernung von → Eisen aus Wein zugelassen. Neuerdings ist das Produkt nicht mehr zugelassen, da nur Eisen entfernt wird und die Behandlung teilweise zu → Nachtrübungen geführt hat und damit die Zuverlässigkeit der → Blauschönung nicht erreicht hat.

Pillow-Plates (übersetzt „Kissenplatten"). Speziell an → Gärbehältern mittels Lasertechnik aufgebrachte Module, die auf der Außenseite zum Zwecke der Energieübertragung montiert sind. Das System hat sich hervorragend für Kühlung oder Erwärmung des Behälterinhaltes bewährt (→ Wärmeaustauscher). Eine nachträgliche Montage auf vorhandene Tanks ist nicht möglich. Als Nachteil gegenüber der Kühlung bzw. Erwärmung durch innenliegende Platten bzw. Röhren ist der höhere Energieaufwand (Energieabgabe der P. an die Kelleratmosphäre).
Pilze → Schimmelpilze.

Pinot. Kurzform für Burgunder bei der Bezeichnung von weißen Burgundertypen bei Schaumwein.

Pinot blanc (→ weißer Burgunder) ist eine vor allem in der Champagne angebaute Rebsorte, die aber auch die typischen Chablisweine liefert. Spielarten des weißen Burgunders sind die Sorten → Chardonnay und → Auxerrois. Pinot gris (Grauer Burgunder) ist → Ruländer, → Pinot noir (Spätburgunder) ist eine international hochqualifizierte rote Traubensorte aus der Burgunder-Familie. → Burgunderweine sollten nicht reduktiv ausgebaut werden. Da die Burgunder-Rebsorten sehr leicht mutieren, ist die ampelographische Unterscheidung gelegentlich problematisch (→ Ampelographie).

Pinot meunier = Müllerrebe = Schwarzriesling. Französische Bezeichnung für das obengenannte Synonym „Müllerrebe", die ihren Namen nach den unterseitigen, „mehlartigen" Belägen der Rebblätter erhielt (→ Champagner).

Pipa ist ein in Portugal gebräuchliches Maß und Fass, das vor allem für die echten Douro-Portweine benutzt wird. Inhalt etwa 530 l.

Pipetten sind graduierte Glasröhrchen, die eine genaue Abmessung einer bestimmten Flüssigkeitsmenge ermöglichen und ein unentbehrliches Gerät bei der Weinuntersuchung sind. Pipetten mit einem bestimmten Volumeninhalt nennt man Vollpipetten, unterteilte, graduierte Pipetten nennt man Messpipetten. Mit letzteren kann man Teilmengen abmessen.

Piquette ist ein in Frankreich aus Trestern gewonnener „Nachwein", der seines geringen Alkohol- und Säuregehaltes wegen nur wenig haltbar ist (→ Haustrunk).

Plattenerhitzer sind → Wärmeaustauscher, die durch Dampf oder auch Heißwasser beheizt sind. Durch die große Übergangsfläche tritt der Wärmeaustausch in den Paketen des P. E., der ähnlich einem Schichtenfilter aufgebaut ist, sehr rasch ein. Im Gegenstrom können 85–95 % der eingesetzten Wärmeenergie wieder zurück gewonnen werden. In einem anschließenden Kühlteil wird rückgekühlt (→ Hoch-Kurzzeit-Erhitzung). Überwiegend werden hierbei → Mikroorganismen abgetötet; eine teilweise verlaufende Eiweißausscheidung ist ein erwünschter Nebeneffekt. Da die Flüssigkeitsschicht sehr dünn ist, darf der Trubanteil nur gering sein, da sonst eine Verstopfung eintritt (→ Abb. 15 im Anhang). Anwendungsbereich: → Fruchtsäfte, → Süßreserve, Wein (→ Eiweiß, → Eiweißstabilisierung).

Plump nennt man einen schweren, alkohol- und extraktreichen Wein mit wenig Säure.

Pneumatische Pressen sind erstmals im → Willmespresser zur Praxisreife entwickelt worden. Nachdem bis gegen 1975, als die ersten → Tankpressen aufkamen und das Prinzip des Willmespresser als Idealtyp (schonende Arbeitsweise) damit aufgegriffen wurde, erwiesen sich die nachfolgenden verschiedenen → Membranpressen als echter Fortschritt:

- Faltbare Membran, die anpassungsfähiger, billiger und strapazierfähiger ist als der Gummibalg des Willmespresser.
- Zusätzliche Drainage-Systeme lassen sich einbauen.
- Weitgehend automatisierbar und programmierbar.
- Niedriger Pressdruck und verkürztes → „Aufscheitern" führen zur Verringerung der Presszeit.
- Bei vergleichbarer Ausbeute niedrige Trubanteile.

In vielen Variationen, als (geschlossene) Tankpresse oder mit teilweise geöffneten Siebmänteln „offene" Presse, mit unterschiedlicher Anordnung der Membrane und der Drainage-Systeme ist der Wettbewerb angetreten, den ständig schrumpfenden Markt zu bedienen (→ Horizontalpresse, → Kelter).

Polarimetrie. Manche Stoffe haben die Eigenschaft, sogenanntes polarisiertes Licht zu „drehen". Diese Drehung (nach rechts oder links) kann mit Messgeräten (Polarimeter) gemessen werden. Da → Glucose umgekehrt „dreht" wie → Fructose, kann darauf eine spezifische Zuckerbestimmung aufgebaut werden. Das spezifische Drehungsvermögen der Substanzen ist von der Temperatur abhängig.
Außer Glucose und Fructose gibt es in Most und Wein noch andere „optisch aktive" Substanzen. Die spezifische Bestimmung erfolgt deshalb korrekter mit enzymatischen oder chromatographischen Methoden (→ Optische Aktivität).

Polycarbonsäuren gehören zur größeren Gruppe der → Polyphenole, die wie die → Kaffee-, → Chlorogen-oder → Shikimisäure wertvolle Hinweise bei der Identifizierung von Rotweinsorten geben. Speziell Shikimisäure wird bei Burgunderweinen zur Abgrenzung von anderen Weissweinsorten benutzt.

Polymerisation ist ein Vorgang, der in der chemischen Industrie insbesondere zur Produktion von Kunststoffen benutzt wird. Mit Hilfe von → Katalysatoren werden Monomere (einfach aufgebaute Moleküle) zu Molekülverbänden (Polymere) zusammengefügt, die eine große → Molmasse aufweisen. Dabei entstehen aus Flüssigkeiten feste (Kunst)-Stoffe. Solche Materialien werden dann auch für Geräte (Polypropylen, Polyethylen, Polyvinylchlorid, Polystyrol, Polyester) oder als Behandlungsstoffe (→ Polyvinylpolypyrrolidon) in der Kellerwirtschaft eingesetzt. Trotz der überwiegend vorteilhaften Eigenschaften kann es zur Kontamination der Getränke durch nicht völlig auspolymerisierte Monomere kommen, die z. B. beim Behälter aus Polyesterharz zur Abgabe von → Styrol an Wein führen können.
Übetragen auf P.-Vorgänge im Most oder Wein bezeichnet man die Vergrößerung von Molekülen zu größeren Bausteinen, die dadurch die bisherigen Eigenschaften verlieren ebenfalls als P. Dabei kommt es vielfach zu Ausscheidungen (→ Trübungen). Aus Phenolen entstehen → Polyphenole, aus Sacchariden entstehen → Polysaccharide etc.

Polypeptide sind Spaltprodukte des Eiweißes, die bei weitergehendem Abbau in die → Aminosäuren zerfallen.

Polyphenole. Sammelbezeichnung für eine Gruppe von aromatischen (organischen) Verbindungen mit mindestens zwei Phenolgruppen (OH-Gruppen). In der Natur treten freie und z. B. mit Acetaldehyd reagierende P. (→ Anthocyane) farbverstärkend auf. Auch andere Kombinationen bei Reaktionen von Phenolen sind – insbesondere bei Rotwein- von großer Bedeutung (→ Gerbstoffe (→ Tannine). Relativ unkritisch fasst man die Gruppe als „Bitterstoffe" oder „Gerbstoffe" zusammen (→ Phenole).

Polyphenoloxidasen gehören zu den → Enzymen, die → Polyphenole oxidieren. Die bekanntesten sind → Laccase und → Tyrosinase. Erstere ist besonders stark in faulem Lesegut enthalten und schwer zu inaktivieren. Die Inaktivierung kann durch → Kurzzeiterhitzung, → Bentonit und → schweflige Säure erfolgen. Die → Oxidation führt zum → Braunwerden und möglicherweise auch zur Geschmacksveränderung der Weine. Überwiegend scheinen die Enzym-Effekte nachteilig zu sein, so dass man die oben erwähnte Inaktivierung anstrebt.

Polysaccharide sind polymere Zucker, d. h. sie bestehen aus Zuckerbausteinen. Die zu den Kohlenhydraten zählende Stoffgruppe besitzt jedoch nicht die Eigenschaften dieser Bausteine wie süßer Geschmack, reduzie-

rende Wirkung und gute Wasserlöslichkeit. Die Verbindung der monomeren Bausteine erfolgt über Acetalbindungen. Diese Bindungen können durch Hydrolyse gespalten werden. Ein solcher Vorgang kann im Most und Wein jedoch nur durch Wirkung von → Enzymen beschleunigt ablaufen.
Im ursprünglichen Zustand sind die Makromoleküle des Mostes aus den Zellen der Beeren herausgelöst und liegen als Kolloide vor (→ Pektin, Amylase). Botrytis bildet → Glucan, später kommen Glucane und → Mannane aus der Hefe hinzu. Bei krankhafter Schleimbildung durch Bakterien kann sich der Gehalt nochmals erhöhen. Die Polysaccharide sind die Hauptkomponenten der Weinkolloide mit einer → Molmasse (→ Molekulargewicht) zwischen 20000 und 500000. Auf solche Kolloide gehen die Filtrationsschwierigkeiten, aber auch manche Trübungen im Wein zurück. Neuerdings befasst man sich mit dem enzymatischen Abbau der Stoffgruppe intensiver, da insbesondere solche Klärverfahren wie die → Crossflow-Filtration, dadurch stark behindert sind.

Polyvinylpolypyrrolidon → PVPP.

Portugieser ist eine rote Traubensorte (→ Rebsortenanbau), die vor allem in der Pfalz, aber auch in Rheinhessen, Nordbaden, Württemberg und in Österreich verbreitet ist. Die Rebe ist Mitte des 19. Jahrhunderts aus Ungarn-Österreich in die Pfalz gebracht worden. Steht in Deutschland an dritter Stelle bei den Rotweinsorten. Sie liefert hohe Erträge und reift ziemlich früh. Die aus ihr gewonnenen Weine sind von angenehm-mildem Geschmack ohne stärker hervortretende Säure. Bei Erlangung der Vollreife entwickeln die Weine ein zartes, angenehmes Bukett und verfügen dann auch über hinreichend Farbe (→ Rebsorten/Wein).

Portugieser, weiß gekeltert. Weine der Rebsorte P., die ohne Erwärmung oder Angärung der Maische abgekeltert werden, sind nur wenig gefärbt (Roséwein). Falls nur eine einzige rote Rebsorte verwendet wurde, so darf dieser Wein als Qualitätswein Portugieser-Weißherbst bezeichnet werden. → Weißherbst gehört zur Weinart „Roséwein“. Die Beseitigung einer mehr oder weniger rötlichen Färbung von weißgekelterten Portugiesern mit → Kohle ist verboten (→ Roséwein).

Portwein ist ein portugiesischer, aus roten Trauben hergestellter → Dessertwein. Die besten Weine kommen aus dem Flussgebiet des Douro. Das → „Terroir“ ist in Zone A-F qualifiziert, besteht aus 15 roten und 6 weissen Rebsorten. Die Maischen werden bei relativ hohen Temperaturen vergoren und die Spontangärung durch Alkoholzusatz „abgestoppt“, denn bereits vor Beendigung der Gärung erhält der „abgelassene“ und in Kastanienholzfässern gelagerte Wein einen Zusatz von etwa 10 % „originärem“ Weindestillat oder gespritetem Traubenmost. Durch später wiederholte Zusätze von Weinalkohol wird der Alkoholgehalt auf 130 bis 160 g/l erhöht. Es folgt dann eine mehrjährige Flaschenlagerung, um dem Wein die höchste Feinheit zu geben. Je nach Länge der Lagerung in der Flasche steigen Preis und Qualität.
„Vintage-Ports“ mit Jahrgangsangaben sind nur bei höchster Qualität im Handel und demnach auch sehr selten. Weiße Portweine werden ebenfalls nur in besonders guten Jahren hergestellt.

ppb = part per billion, z. B. µg/kg bzw. µg/l

ppm = part per million, z. B. mg/kg bzw. mg/l

Prädikate (→ Prädikatsweine).

Prädikatsweine sind → Qualitätsweine, die als Moste vorgeschriebene Mostgewichte (→ Mostgewicht, Mindestanforderungen, → Tab. 8 im Anhang) überschritten haben und nicht angereichert sind. Die sogenannten Prädikate lauten:

- Kabinett
- Spätlese
- Auslese
- Beerenauslese
- Trockenbeerenauslese

U. a. müssen die Weine bei der amtlichen → Qualitätsweinprüfung die jeweils vorgeschriebene Mindestpunktzahl erreicht haben.

Prämiierungen sind in der ganzen Weinwelt verbreitete Wettbewerbe zur (werblichen) Hervorhebung der erzeugten Weinqualität. Zwecks Durchführung hat die → OIV inzwischen umfängliche Regeln unter Anwendung des 100-Punkte-Schemas aufgestellt (OIV-Concours 332A/2009). Die EU regelt in der (VO (EG) 753/2002) die Zulassung innerhalb ihrer Zuständigkeit. Die Ausrichter können private Veranstalter oder (meist) Institutionen des Weinbaus (Weinbauverbände) sein. Ein Beispiel der jüngeren Zeit ist die Anerkennung des „Regent Forums" durch die EU. Veranstalter ist das Julius-Kühn-Institut-Geilweilerhof. Inzwischen (Stand 2009) sind bereits 30 solcher Wettbewerbe anerkannt (→ Berliner Weintrophy, → Bundesweinprämiierung, → MUNDUS vini).

Precursoren (engl. Vorläufer) sind Stoffe, die im Verlauf chemischer, biologischer oder enzymatischer Abläufe in (meist) kleinere Molekül-Einheiten zerlegt werden. Ein wichtiges Beispiel ist die Umwandlung der gebundenen → Terpene in freie Terpene (→ Aromen). In der Traubenbeere sind in der Beerenhaut außer den erwähnten Aromen auch → Farbstoffe und → Phenole an Zucker gebunden. In der Maische, im Most und während der anschliessenden Gärung erfolgt die Aufspaltung. In der Technologie der Weinbereitung spielen solche Vorgänge eine erhebliche Rolle.

Pressdauer. Sie ist je nach der Größe und dem System der → Kelter verschieden. Die früher gebräuchlichen, vertikal arbeitenden Korbpressen, erforderten etwa vier bis fünf Stunden Pressdauer, die neueren pneumatischen Horizontalkeltern arbeiten um etwa zwei Stunden schneller.
Den Druckstufen folgen jeweils drucklose „Lockerungsphasen". Die → Packpressen benötigen sogar nur etwa eine Stunde Presszeit, jedoch nimmt das Packen dort mehr Zeit in Anspruch. Bei der → Schneckenpresse, die kontinuierlich arbeitet, kann man die Pressdauer nicht definieren.
Im Vordergrund steht bei einer Neuanschaffung von Maschinen auch bei den Weinpressen die Frage nach der Rationalisierung des betrieblichen Ablaufs. Dazu bringt die Verkürzung der Traubenlese, durch Klimaverschiebungen mit bedingt, die Traubenverarbeitung unter Zeitdruck. Die Hersteller von Keltereinrichtungen bieten deshalb Programme zur automatischen Steuerung des optimalen Pressvorganges an, die aber auch vom Anwender bedarfsgerecht verändert werden können. Sogar Spezialprogramme für → „Cremant" oder → „Champagner" werden angeboten. Die besonderen Anforderungen bei den erwähnten Pressprogrammen mit bis zu 80 Druckstufen sind ebenso komplex wie Pressprogramme für Eiswein. Die meisten Programme arbeiten mit 8 Cyclen (Druckstufen + Aufscheitern) (→ Pressprogramme). Wichtig ist in manchen Betrieben die Verkürzung von Anlieferungsstrecken, Zwischenlagerung von Trauben und die Nutzung der Presse, um möglichst viel „Seihmost" zu gewinnen, und um die Abläufe zu optimieren. Auch die übrige Keltereinrichtung, wie → Abbeermaschine, → Traubenmühle, und die

Querschnitte der Maischeleitungen müssen darauf abgestimmt sein

Presse → Kelter.

Presskorb ist der Teil der traditionellen, vertikal arbeitenden „Korbpresse", der zur Aufnahme der Maische dient. Zylindrische, horizontal gelagerte „Presskörbe" werden bei den pneumatischen Pressen entweder geschlossen mit innenliegendem Saftablauf (→ Tankpresse) oder offen (teilgeschlitzt) mit direktem Ablauf in die Saftwanne angeboten. Optionen sind ferner die Möglichkeiten zur Kühlung oder der Zusatz von → Inertgasen.

Presskorken werden als Agglomeratkorken bezeichnet. Ausgangsmaterial ist Korbabfall, der bei der Bearbeitung der Korken entsteht. Die Korkpartikel werden mit Polyurethan-, gelegentlich auch mit Kaseinkleber, heiß gepresst und in Form gebracht. Dadurch ist sichergestellt, dass die P. eine relativ gleichmäßige Beschaffenheit aufweisen. Nicht sichergestellt ist die völlige Freiheit von → Korkengeschmack, es sei denn, das Korkmaterial wurde in geeigneter Weise z. B. von → TCA befreit. Im Falle einer Korkencharge lässt sich der Fehler nicht so deutlich erkennen wie bei einer Charge von Naturkorken. Der eigentliche Kritikpunkt bei P. war die geringere Haltbarkeit. Besonders an den unteren, zum Wein gerichteten Korkenspiegeln, konnten die P. aufquellen (pilzförmig). Die neuere Generation der P. scheint von den alten (Vor) -Urteilen nicht mehr betroffen (→ Flaschenverschlüsse).

Pressmost ist der unter Kelterdruck abfließende Anteil des Traubenmostes, im Gegensatz zu dem ohne Druck abfließenden → Vorlauf.

Pressprogramme dienen der automatischen Steuerung des Ablaufes bei der Kelterung von Trauben und → Traubenmaische. Durch unterschiedliche P. wird der spezifischen Beschaffenheit des Traubengutes entsprochen. Hersteller von Keltern programmieren jeweils wechselnde Abfolgen von Druckstufen mit nachfolgendem → Aufscheitern (→ Champagnerprogramm, → Ganztraubenpressung).

Presswein ist der bei der Kelterung der Rotweinmaischen unter Druck gewonnene Anteil des mehr oder weniger vergorenen Rotweins (→ Abwirzen).

Primäraromen. Der Begriff Primäraromen soll flüchtige Substanzen (Aromen) umfassen, die „primär" in den Früchten vorhanden sind und den Geruch und den Geschmack typisch prägen. In den Trauben und im Most sind die Aromen noch in Form der → Precursoren (Vorstufen) an Zuckern glycosidisch (→ Glycosidasen) gebunden und werden erst später während der Gärung im Wein freigesetzt. Inwieweit diese P.-Aromen tatsächlich im Wein an der charakteristischen Ausbildung des Wein-Aromas mitwirken, hängt davon ab, wie sich die P.-Aromen bei der Verarbeitung der Früchte (Trauben) freisetzen und konservieren lassen. Meist treten wesentliche Veränderungen, insbesondere durch die alkoholische → Gärung ein; solche Aromen sind dann als „sekundäre" Aromen oder als → Gärbukett zu bezeichnen (→ Altern der Weine, → Umesterung).

Primeur nennt man in Frankreich die jungen Weine, die bevorzugt aus dem Beaujolais und der dort vorherrschenden Rebsorte Gamay stammen. Die fruchtige Frische ist zum Teil der besonderen Gärungsmethode, der → „macération carbonique" zu verdanken (→ Neue).

Priorato ist ein beliebter spanischer tiefroter Rotwein mit hohem Alkoholgehalt, der auch zur Herstellung des Sangria verwendet wird.

Probeentnahme. Bei Probeentnahmen ist darauf zu achten, dass dem Behälter eine wirkliche Durchschnittsprobe entnommen wird, was besonders bei der → Blauschönung zu beachten ist, da der → Eisengehalt in den verschiedenen Schichten unterschiedlich sein kann. Um eine gute Durchschnittsprobe zu erhalten, sollte der Behälterinhalt vorher gemischt werden.
Zum Zwecke der → Verkostung genügt es, wenn die Probe möglichst aus der Mitte des Behälters gezogen wird. Die Entnahme der Probe erfolgt am besten mittels eines sauberen → Stechhebers aus Glas, auch → Probierschläuche aus Gummi sind gebräuchlich. Größere Fässer sowie Tanks und sonstige Großbehälter besitzen meist besondere Probierhähne (→ Armaturen). Man lässt hier immer etwas Wein vorlaufen, ehe man die eigentliche Probe nimmt, da besonders bei Hähnen aus Metall der erste Anteil einen leichten → Metallgeschmack oder Schimmelgeschmack zeigt. Für amtliche Zwecke ist die Technik der Probenahme durch EG-Verordnung vorgeschrieben (→ Gegenprobe, → Konterflasche).

Probefilter. In vielen Fällen wäre es zweckmäßig, durch Filtrations-Vorversuch zu prüfen, wie das Unfiltrat sich großtechnisch filtrieren lässt. Leider sind die Verhältnisse im Laborversuch nicht auf die Situation im technischen Ablauf übertragbar. Probefilter sind jedoch geeignet, kleine Weinmengen glanzhell zu filtrieren.
Sehr trübe Weine können erst nach einer solchen → Filtration beurteilt werden. Für letztere Zwecke eignen sich sogenannte Filterspritzen mit geschmacksfreiem Filter (→ Oenotest). Für Proben größeren Umfanges gibt es Laborfilter, die mit → Filterschichten beschickt werden und unter Pressluft, Stickstoff- oder Pumpendruck filtrieren.

Probeziehen → Probeentnahme.

Probiergläser sind ungefärbte Stengelgläser, die sich in der Regel nach oben verjüngen, um das Aroma dort zu sammeln. Die Probiergläser sind meist gebietstypisch variiert, doch ist ein einheitliches Probierglas (*Kabinett, Sensus*) nach DIN-Norm oder ISO-Norm eingeführt (→ Sensorik).

Probierzimmer. Je nachdem, ob die Weinprobe rein fachlichen oder rein werblichen Zwecken dient, unterscheidet sich die Ausstattung eines Probierzimmers. Bei einer fachlichen Probe muss die Möglichkeit zum Ausspucken gegeben sein. Außerdem müssen die Räume lichtdurchflutet und gut belüftbar sein. Die optimale Ausgestaltung eines Probierzimmers schafft Atmosphäre für Weingenuss und Verkauf. Die Ausstattung und der Stil sollte diesen Prämissen genügen.

Produkthaftungsgesetz. Das P. beruht auf einer Regelung durch die EG-Richtlinie 85/374 EG. Die darin niedergelegte Produzentenhaftung gilt in 27 EU-Ländern. Im deutschen Recht ist es ein Teilbereich des Schuldrechts. Im Bereich der Technologie betrifft ist es die Haftung des Herstellers (bei Geräten, Materialien etc.), die zur → Weinbereitung angekauft und benutzt werden.

Andererseits gilt die Produzentenhaftung auch für Wein bei der Abgabe an den Verbraucher. In § 4 des Produkthaftungsgesetzes ist nicht nur der Hersteller des Produkts, sondern auch der Hersteller von Komponenten, d. h. der Zulieferer von Korken etc. einbezogen. In der Regel muss sich daher der Produzent der Ware (Wein) mit seinem Lieferanten auseinandersetzen.

In den Geschäftsbedingungen des Weinlieferanten (Produzenten) kann die besondere Form des Rückgaberechts festgelegt werden. Darin wird → Weinstein als Fehlergrund meist ausgeschlossen (→ HACCP).

Profilanalyse, descriptive (beschreibende) Analyse. Die unter dem Begriff → „Weinansprache" genannten Möglichkeiten der Weinbeschreibung sind oft nur „schmückende" Hinweise. Damit entsprechen solche Aussagen häufig nicht den Erwartungen der Önologen. Präziser kann man den häufig angewandten Ausdruck „fruchtig" durch Nennung des typischen Fruchtcharakters von „Apfel", „Pfirsich", „Grapefruit", „Johannisbeeren" zwar ausdrücken, doch trifft dies nur dann korrekterweise zu, wenn – nach dem Verständnis des Önologen – auch die geruchs- und geschmacksbildenden Substanzen solcher Früchte auch tatsächlich im Wein vorhanden sind. Im fachlichen Bereich wird diese Problematik zwar durch Vorgabe bestimmter Testlösungen angegangen und mit Hilfe des → Aromarades auch geübt, die grundsätzlichen Bedenken machen die beschreibende, sensorische Analyse für eine exakte, quantitative Auswertung wissenschaftlicher Untersuchungen jedoch angreifbar. Auf jeden Fall sollten chemisch-analytische Daten die sensorischen Ergebnisse stützen.
Bei Veranstaltungen wie → Weinprämiierungen kann die Vielzahl der abgefragten Parameter – auch im Sinne der descriptiven Analyse – zu Überbeanspruchung und Überlastung der Prüfer führen, für die Tätigkeit des Sommelier erweitert das Aromarad (nach FISCHER) den Fundus der Weinansprache (→ Bundesweinprämiierung, → Sensorik, → Tab. 34a und 34b im Anhang).

Propeller-Mischgeräte (Propellerrührgeräte) sind mit Flügelschrauben ausgestattete Rührgeräte zur gründlichen und raschen Durchmischung des Behälterinhaltes, wie sie nach Schönungen usw. notwendig ist. Die Apparate werden sowohl für Hand- als auch mit Motorantrieb geliefert. Die Flügel der P. sind klappbar und lassen sich durch Armaturen seitlich in die Behälter einführen. Während des Laufes schwenken die Propeller seitlich aus.

Propylalkohol (Propanol-1) entsteht in sehr geringer Menge durch die Tätigkeit der Hefe bei der Gärung durch Abbau von Zucker über die Zwischenstufe 2-Ketobutyrat. → Aminosäuren scheinen nicht beteiligt. Der Gehalt kann nach dem → biologischen Säureabbau erhöht sein (→ Tab. 26 imAnhang).

PRO RIESLING Der Verein (e. V.) widmet sich seit 1985 der Pflege der Rebsorte → Riesling, vorwiegend durch Wein-Prämiierungen und Werbemaßnahmen. Dazu tragen Fachtagungen, eine Schriftenreihe und Auszeichnungen wie der „Riesling Förderpreis" und ein „Riesling-Erzeugerpreis" bei.

Prosecco. Unter diesem Namen trat ein → Perlwein, hergestellt aus der autochthonen (althergebrachten) Rebsorte *Glera* aus der oberitalienischen Region Conegliano/ Valdobbiadene (2006 ca. 4350 ha) seinen Siegszug an. Ursprünglich unter der Bezeichnung DOC (Denominazione d´Origine Controllata), seit 1969 quasi eine geschützte Bezeichnung, wurde diese in der Folge nach dem großen Markterfolg von anderen Regionen als „Prosecco" kopiert. Inzwischen ist der Ursprungsregion der Status eines eigenen DOCG Gebietes eingeräumt worden.

Proteasen (Proteinasen) sind → Eiweiß spaltende → Enzyme. Diese sind in der Traubenbeere mit zunehmender Reife stärker entwickelt. Hohe Aktivitäten enthalten Traubenmoste aus faulem Lesegut, was auf die Bildung durch Pilze hinweist. Sie spielen praktisch auch im Wein eine Rolle, da die

Hefe bei zu spätem Abstich mittels derartiger Enzyme ihre eigene Körpersubstanz angreift und auch die äußere Zellhaut dabei zerstört wird. Die Zerfallsprodukte des Eiweißes verursachen Trübungen sowie Auftreten eines fauligen Geschmackes (→ Böckser), wie er bei allen Eiweißzersetzungen beobachtet wird.
Versuche, mit Enzymen des Handels Wein-Eiweiß abzubauen, sind ohne Erfolg geblieben (→ Autolyse).

Protein → Eiweiß.

PRO WEIN. Internationale Fachmesse für Weine und Spirituosen.

Pufferung. Durch Kationen wird die Dissoziation der Säuren zurückgedrängt. Dadurch wird der → Säuregrad reduziert und der pH-Wert erhöht. Den Vorgang, der hauptsächlich durch → Kalium-Ionen verstärkt wird, nennt man Pufferung. Im sprachlichen Umgang spricht man auch von gut gepufferter Säure, falls der saure Geschmack abgerundet erscheint, d. h. der pH-Wert im harmonischen Bereich von ca. 3,3–3,5 liegt.
Dieser Vorgang hat bei der → Entsäuerung mit → Kaliumbicarbonat große Bedeutung. Kaliumcarbonat neutralisiert nicht nur einen Teil der H^+-Ionen, sondern das K^+-Ion drängt die Dissoziation der H^+-Ionen zurück und reduziert zusätzlich den sauren Geschmack. Daher ist zum Beispiel eine Entsäuerung mit Kaliumbicarbonat in der Auswirkung auf den Geschmack stärker, als es die durch Titration ermittelte Säureverminderung erwarten lässt.

Pulque → Agavewein.

Pumpen sind unentbehrliche Geräte im Weinkellereibetrieb, von denen es die verschiedensten Systeme gibt. Pumpen fördern entweder Maische, Most oder Wein oder dickflüssige Hefe. Man unterscheidet Verdrängerpumpen (Kolbenp., Drehkolbenp., Impellerp., Exzenterschneckenp.) von Kreiselpumpen.
Neben diesen genannten Konstruktionsarten spielt die eigentliche Anwendung bei der Benennung eine große Rolle. Man unterscheidet *Dickmaischepumpen* von den normalen Flüssigkeitspumpen. Pumpen sollten aus korrosionsbeständigem Material (Edelstahl) hergestellt sein. Fallweise benötigen P. einen → Trockenlaufschutz.
Ein wichtiges Charakteristikum ist die Förderleistung, der Förderdruck und die Förderkennlinie. Bei Verdrängerp. ist die Förderkennlinie steil, das heißt die geförderte Menge ist wenig vom Gegendruck (der Förderhöhe) abhängig. Kreiselpumpen haben eine flache Kennlinie, das heißt die Mengenleistung lässt bei Gegendruck nach (die Kreiselpumpen arbeiten „weich" und eignen sich deshalb gut als Abfüllpumpen). Typenabhängig ist ferner die Technik der Leistungsregelung.
Da Pumpen grundsätzlich Druck- und damit auch Höhenunterschiede bewältigen müssen, ergibt sich die Wahl des Pumpentyps zunächst daraus. Aber auch die gewünschte Fördermenge geht in die Berechnung mit ein. Für die verschiedenen Pumpentypen stellen die sog. Kennlinien das jeweilige Verhalten im Betriebszustand dar.
Kolben (Drehkolben)-pumpen sind in ihrer Förderleistung kaum vom Gegendruck (Förderhöhe) beeinflusst, d. h die Förderleistung bleibt relativ konstant. Andere Pumpentypen sind hier sensibler und nehmen in der Förderleistung mehr oder weniger deutlich ab. Damit entsteht dann auch zusätzlich noch das Problem der richtigen Dimensionierung von Pumpen an, die sich wiederum an vorliegenden Parametern wie Durchmesser der Rohrleitungen, der zu überwindenen Armatur etc. orientieren muss. Auch die Beschaf-

fenheit des zu transportierenden Mediums spielt eine Rolle.
Bei Maischeförderung kann der vorhandene Trub abrassiv wirken, andereseits kann die Pumpe selbst Trub erzeugen. Deshalb werden Trauben und Maischen möglichst mit Falldruck transportiert. Ein häufig eingesetzter Pumpentyp ist die *Exzenterschneckenpumpe*. Weitere Grundsatzforderungen sind:

- Die Fähigkeit das Medium anzusaugen.
- Das möglichst pulsfreie (stoßfreie) Fördern etwa bei der Weinabfüllung.
- Die Regelbarkeit innerhalb eines möglichst breiten Leistungsbereichs.
- Optimal zu reinigen.
- Mechanische Stabilität und Verwendung korrosionsfreier Materialien.

Die zweckentsprechende Auswahl fordert eine Beratung durch den Spezialisten (→ Tab. 39 im Anhang).

Pumpensteuerung kann dann automatisiert werden, wenn durch Niveausensoren ein Schaltgerät einen Impuls erhält. Die Schaltung kann durch Schwachstromleitungen oder durch Funksignale ausgelöst werden. Mit einer Fernbedienung lässt sich die Anlage auch manuell steuern. An der Pumpe angebrachte → Sensoren können als → Trockenlaufschutz nützlich sein (→ Niveauanzeiger).

Punsch ist ein → aromatisiertes, weinhaltiges Getränk, das unter Zusatz von Rum oder Arrak, Zitronensaft, Zucker und Wasser hergestellt wird. In der Zusammensetzung ähnelt Punsch dem → Glühwein.

PVPP (Polyvinylpolypyrrolidon) (E 1202) ist ein synthetisches Weinbehandlungsmittel, welches bis 80 g/hl zugesetzt werden darf. Die Wirksamkeit lässt sich im Vorversuch leicht testen. Obwohl PVPP geeignet ist, → Gerbstoffe zu vermindern, ist es speziell auch zur Farbaufhellung von hochfarbigen Weinen geeignet. Insbesondere werden oxidierte Rotweine in der Farbnuance deutlich verbessert. Nachteilig ist der relativ hohe Preis (→ Weinbehandlung, zugelassene Stoffe).

Pyknometer ist ein Fläschchen mit ausgezogenem engem Hals von 50 ml Inhalt, das zur genauen Bestimmung des spezifischen Gewichtes (→ Gewichtsverhältnisses) von Flüssigkeiten im Laboratorium dient.

PVPP-Index nennt man eine analytische → Kennzahl, die Vorabinformationen zum Alterungsverhalten von Rotweinen liefert.

Pyrazine gehören zur Gruppe der heterozyklischen Stickstoffverbindungen. Für Wein sind die Derivate wie 3-Isopropyl-2-methoxypyrazin und Isobutylmethoxypyrazin aus sensorischen Gründen bedeutend (→ Tab. 31 im Anhang). In den entsprechenden Rebsorten sind die beiden Substanzen bereits in den Blättern und danach in den Beeren vorhanden, wobei das Klima des Standortes (Nacht-/Tag-Temperaturgefälle), die Bodenstruktur und andere weinbauliche Besonderheiten für die Ausprägung der P. die entscheidende Rolle spielen.
In den Weinen der Rebsorten Cabernet Sauvignon, Cabernet franc und Sauvignon blanc bewirken die P. das typische Aroma nach „Paprika“ und vegetativen (Grün)-Noten. Zum Schutz des sortentypischen Aromas ist durchgängig die reduktive Verfahrensweise einzuhalten. → Kühlung der Trauben einschliesslich der Kelterung, Mostbehandlung mit → Ascorbinsäure und schliesslich die Anwendung von Schutzgas sind hilfreich. Das an → Scheurebe erinnernde Aroma ist teilweise durch den Gehalt an → Thiolen bedingt.
Der Trend zum Anbau von Sauvignon blanc in Deutschland wurde durch Angebote aus den „Neuen Weinbauländern“ wie Neuseeland gefördert. Als Inhaltsstoffe des Weines

sind mindestens 5 Derivate (Abkömmlinge) des P. in vielen Weine (vom Gewürztraminer bis zum Semillion) nachgewiesen worden, deren Gehalt aber meist unter der sensorischen Schwelle liegt (→ Geruchsschwelle). Wichtiger als die önologische Behandlung sind klimatische Voraussetzungen für den Rebanbau.

Pyrokohlensäurediäthylester (Diäthyldicarbonat) war einige Zeit als → Konservierungsmittel für Wein (Handelsname Baycovin) zugelassen. Die besondere Wirkung lag darin, dass nach Abtötung der Hefen der PKE hydrolysiert und damit abgebaut wurde. Einige Nebenprodukte entstanden dabei und konnten zum Nachweis der Behandlung und der Zusatzmenge herangezogen werden. Da aber beim Zusatz zu Wein Diäthylurethan entstand, eine Substanz, der man eine krebsfördernde Wirkung unterstellt, wurde PKE als Konservierungsmittel verboten. Möglicherweise wird als Ersatz der in USA bereits auch für Weinabfüllung angewendete → Pyrokohlensäuredimethylester auch innerhalb der EG zugelassen.

Pyrokohlensäuredimethylester (Diemethyldicarbonat) → Velcorin®. DMC ist als Ersatzstoff für → Pyrokohlensäurediäthylester (PKE) im Gespräch. Die Substanz ist bei Normaltemperatur flüssig und deshalb schwieriger zu dosieren. Gesundheitliche Bedenken wie bei PKE bestehen augenscheinlich nicht.

Pyruvat ist das → Anion der → Brenztraubensäure, die als → Gärungsprodukt im Wein vorkommt und zur Erhöhung der SO_2-Bindung führt. Der Kellerwirt ist somit an einer niedrigen Pyruvat-Bildung interessiert. Durch langsame Gärung (niedrige Gärtemperatur) und Zusatz von → Thiamin wird dies erreicht (→ Schweflige Säure, Bindung, → Wein, Zusammensetzung).

Q

Qualitätskontrolle sind alle Kontrollmaßnahmen, die zur Steigerung der Qualität des Endproduktes (Wein usw.) führen. Darin ist auch die Kontrolle der Zwischenprodukte (Trauben, Maische, Most, Jungwein) eingeschlossen. Die Kontrolle bedient sich der Mittel der chemischen und der sensorischen Analyse (→ Analyse, → Betriebsüberwachung, → HACCP, → Sensorik).

Qualitätsprüfung bei Branntwein. Die amtliche Prüfung erfolgt nur noch für Spirituosen, die als Deutscher Weinbrand angeboten werden. Weinbrand (Brandy) ist davon befreit.

Qualitätsschaumwein Üblicherweise werden Schaumweine deutscher Herkunft als „Deutscher Sekt" vermarktet. „Deutsch" steht dann nur für den geographischen Ort der Herstellung. Nur für die aus deutschen Grundweinen hergestellten Produkte gibt es unter bestimmten Vorbedingungen das Prädikat Qualitätsschaumwein b. A. bzw. Qualitäts-Sekt b. A. Die Vorbedingungen sind
- Mindestmostgewicht der Grundweine von mindestens 57°Oe (gilt für Nahe, Pfalz u. Rheinhessen).
- Angabe des Weinanbaugebietes.
- Amtliche Prüfnummer.
- Herstellungsdauer mindestens 9 Monate.
- Gesamtschweflige Säure maximal 185 mg/l.

Für deutsche Winzerbetriebe ist der b. A.-Status wichtig, u. A. weil der Verbraucher diese Garantie wünscht.

Qualitätsstufen bei Wein. Seit 1971 wurde die in deutschsprachigen Ländern schon früher praktizierte „Qualitätspyramide" nach Reifekriterien bevorzugt in → Oechslegraden" definiert. Besonders in Deutschland und Österreich gab es klare (gesetzliche) Mindestwerte, die auch heute noch im wesentlichen zielführend sind. Vorwiegend in den romanischen Strukturen des Bezeichnungsrechts wurde eher die geografische Herkunft (→ Terroir) als federführendes Leitmotiv angewendet. Ähnliche Tendenzen verfolgen die Richtlinien der EG und des → VDP.

Qualitätswein. Für die Einstufung eines Weines als → Landwein oder Qualitätswein ist nach deutschem Weinrecht nach dem nationalen Weingesetz von 1971 „die Qualität im Glase" entscheidend, nicht jedoch die Herkunft. Voraussetzungen dazu waren, dass die verwendeten Trauben ausschließlich von empfohlenen und zugelassenen Rebsorten stammen, die verwendeten Trauben ausschließlich aus einem bestimmten → Weinanbaugebiet stammen und in diesem bestimmten Anbaugebiet zu Qualitätswein (Q. b. A.) verarbeitet werden (→ Tab. 7 im Anhang). Ein übergebietlicher Verschnitt ist demnach für die Qualitätsweine grundsätzlich verboten, doch können Ausnahmen für die Verarbeitung außerhalb des bestimmten Anbaugebietes, in welchem die Trauben geerntet wurden, gestattet werden. Eine tragende Säule der Qualitätsförderung war und ist die Beschränkung der Erträge (→ Hektarhöchstertrag).
Das Ausgangsmostgewicht muss die durch Länderverordnung festgesetzten Mindestwerte erreicht haben, die ihrerseits auch von der Rebsorte und den beanspruchten Prädikaten (Kabinett etc.) abhängig sind (→ Prädikatswein). Bei Abgabe des Weines zur Prüfung muss dieser mindestens 56 g/l → (vorhandener) Alkohol haben, nur im Falle von → Beeren- und → Trockenbeerenauslesen sind die Anforderungen auf 44 g/l reduziert. Der Mindestgesamtalkoholgehalt soll für jede Art von Qualitätswein mindestens 71 g/l betragen (das heißt bei nicht hinreichendem Mostgewicht muss der Wein angereichert werden). Konzentrierter Traubenmost darf außer für → Prädikatsweine zugesetzt werden (→ Anreicherung). Im Übrigen müssen die für Wein allgemein geltenden Normen (z. B. → schweflige Säuregehalte) eingehalten werden.
Die bis hier genannten Bedingungen sind noch durch Sonderbedingungen ergänzt worden, die insbesondere das Mostgewicht je nach Weinbauzone A oder B betrifft; dazu kam bei den → Qualitätsstufen noch die nachträgliche Erweiterung der sog. Qualitätspyramide durch das Riesling- → Hochgewächs, → Classic und → Selection.

Obligatorisch ist eine sensorische Prüfung und eine begleitende Analyse, die der Prüfbehörde die Überprüfung der Identität und die Kontrolle einiger Grenzwerte gestattet. Erst durch die Zuteilung der A. P.-Nummer (→ amtliche Prüfnummer) wird der Wein zum Qualitätswein. Für → Prädikatsweine gelten noch einige Zusatzanforderungen.

Qualitätsweine außerdeutscher Anbaugebiete werden selten nach dem Prinzip „Qualität im Glase", also durch sensorische Prüfung eingestuft, sondern meistens nach der Herkunft bonitiert (z. B. → AOC-Wein-Regelung (jetzt AOP) in Frankreich). Die dort und in anderen romanischen Weinbauländern übliche Einteilung nach „garantierter geographischer Herkunft"= (ggA) bzw. „ garantiertem Ursprung" (g. U.) finden sich in neueren EG-Vorgaben wieder. Dort werden fallweise Einschränkungen in der Weinbautechnik (beschränkte Düngung, Wässerungsverbot, Anschnittregelung, das heißt Ertragsregulierungen) vorgeschrieben. Die Kombination aller Verfahren (Einfluss auf die Traubenerzeugung und deren Verarbeitung zu Wein mit anschließender sensorischer Prüfung), wäre vermutlich die Ideallösung (→ Terroir). Mit der gesetzlich festgelegten Mengenregulierung ist in Deutschland schon längst ein wichtiger Schritt in diese Richtung getan worden (→ Mostgewicht, Mindestanforderungen, → Schweflige Säure, zugelassener Gehalt). Die in der EG von den Partnern erzeugten „Qualitätsweine bestimmter Anbaugebiete“ sind in einer (möglicherweise zu überarbeitenden) Liste zusammengefasst. Die inzwischen noch andauernden Harmonisierungsbestrebungen der EG führten zu wesentlichen Einschränkungen der nationalen Regelungsmechanismen, die insbesondere die → Bezeichnung und Herstellung von Wein (→ Weinbereitung) berühren (→ Weinmarktordnung) Die damit verbundene Tendenzen der EG-Behörden zur Vereinheitlichung führten bei → Landwein und → Qualitätswein zu Änderungen bei der → Anreicherung, mit der zusätzlichen Möglichkeit mit → RTK anzureichern (Additive Anreicherung) oder durch Entzug von Wasser mittels → Umkehrosmose bzw. → Vakuumverdampfer (subtraktive Anreicherung) zu verfahren.

Eine andere Problematik zeigt sich zu Ungunsten der bisher hervorgehobenen Stellung des → Prädikatsweins, indem man die bisherigen Obergrenzen für den → Gesamtalkoholgehalt für Qualitätsweine b. A. auf nunmehr (maximal zulässige) 15 % Vol. angehoben hat. Damit ist für den durchschnittlichen Verbraucher die Unterscheidbarkeit von (angereichertem) Qualitätsweinen zu den Prädikatsweinen (Naturwein) weitgehend aufgehoben. Nur für Landweine ist die früher bestehende Obergrenze nach Anreicherung noch gültig.
Die traditionellen Richtlinien anderer EG-Länder sind von diesen neuen Regelungen, insbesondere bei der Einteilung der Qualitätsstufen, gleichfalls betroffen. Die Auswirkungen der neuen EG-Systematik im Bezeichnungsrecht betreffen allerdings – wie bereits mehrfach erwähnt – eher die → Deklaration speziell in Fragen der Herkunftsbezeichnung (→ Tafelwein).

Für deutsche Weine ändern sich vermutlich Bezeichnungen, die bisherige Systematik bleibt wohl Kern bestehen.

Qualitätsweine garantierten Ursprungs sollten nach Zielsetzung des §18 des Weingesetzes vom 8. Juli 1994 Q. b. A.-Weine von einheitlichem Geschmackstyp sein. Durch die Weinverordnung 1995 waren die Länder ermächtigt, Regelungen einzuführen. Diese Regelung wurde durch neuere EG-Bestimmungen in eine andere Richtung gebracht (garantierter Ursprung = g. U.)

Qualitätswein mir Prädikat. → Prädikatswein.

Qualitätsweinprüfung, amtliche. Jeder deutsche → Qualitätswein muss vor Inverkehrbringung die Qualitätsweinprüfung durchlaufen. Sichtbares Ergebnis dieser Qualitätskontrolle ist die → amtliche Prüfnummer. Die Prüfung kann in einen analytischen und einen sensorischen Teil gegliedert werden. Ferner müssen Vorbedingungen (z. B. die Erntemeldung bei → Prädikatsweinen) nachgewiesen werden. Über den Umfang der → Analyse und den Ablauf des Prüfungsvorganges liegen Vorschriften vor (Bundes- und Länderverordnungen). Das Schema der → Weinbewertung ist vereinheitlicht. In Analogie zur amtlichen Prüfung gibt es eine solche für Qualitätsschaumweine (→ Schaumwein, amtliche Qualitätsprüfung) und für Branntwein (→ Qualitätsprüfung bei Branntwein).

Quats ist die Kurzbezeichnung für quartäre Ammoniumverbindungen. Es handelt sich um neutrale → Desinfektionsmittel mit hoher Oberflächenaktivität. Die Produkte haften nachhaltig an Materialien mit großer Oberfläche (Filter, Filtertücher, Ionenaustauscher), so dass dort trotz intensiver Nachspülung Rückstände verbleiben können. Eine

Anwendung scheidet dort aus (→ Reinigungsmittel).

Quercetin ist ein gelber Farbstoff, der in den Weinbeeren nachgewiesen ist. Da Q. mit Aldehyden braune Körper bildet, dürfte er bei dem Auftreten des Braunen Bruches eine Rolle spielen. Q. gehört zur Gruppe der → Flavonoide (→ Phenole, → Braunwerden des Weines).

Quercitrin ist ein ebenfalls in den Weinbeeren vorkommender gelber Farbstoff, der sich auch in den → Kernen, → Hülsen und → Rappen findet. Es handelt sich um ein Glycosid des Quercetin (3,3,4,5,7-Pentahydroxyflavon), welches daraus bei der Gärung (durch Aufspaltung) entsteht. Beide Stoffe sind mit den → Anthocyanen eng verwandt. In Weißweinen kommen 1 bis 30 mg/l vor.

Quitte. Quitten eignen sich wegen ihres hohen Gerbstoffgehaltes nicht zur Bereitung von Wein, wohl aber bewährt sich bei säurearmen Apfelmosten ein Zusatz von etwa 5 %.

QR-Code. Der bekannte QR-Code bietet eine Internetadresse des Weinerzeugers (über sog. Apps lesbar) an, die die neuesten Informationen (Weinpreisliste etc.) aktuell bereitstellen (→ Flaschenausstattung).

R

Rachenputzer ist eine volkstümliche Bezeichnung für einen sehr säurereichen, geringwertigeren Wein.

Räuschling ist eine noch in der Schweiz vereinzelt angebaute weiße Traubensorte (22 ha) mit hohen Erträgen. Sie liefert jedoch kleine, alkoholarme Weine, so dass sie mehr und mehr durch bessere Sorten ersetzt und bald ganz als Keltertraube verschwunden sein wird.

Rahn nennt man hochfarbig oder braun gewordene Weißweine, die infolge zu starker Lüftung und ungenügender Schwefelung einen eigenartigen, an gedörrtes Obst, frisch gebackenes Brot oder an Südweine erinnernden Geschmack angenommen haben (→ Brotgeschmack). Der arteigene Typ des Weines geht dabei mehr oder weniger verloren (→ Braunwerden des Weines).

Rahnprobe → Luftbeständigkeit.

Randvoll-Volumen ist das Volumen, welches (theoretisch) durch völliges Ausfüllen der Flasche mit einem Getränk erreichbar wäre. Dieses beträgt beispielsweise bei normalen 0,75 l -Flaschen (die Flaschengröße, die bei Wein am meisten benutzt wird) = 767 ml. Dieses Volumen muss zur Gewährleistung des Nennvolumens um das Korkenvolumen nebst Leerraum verkürzt werden. Das Randvoll-Volumen muss vom Flaschenhersteller innerhalb einer Toleranz garantiert werden. Bei → Warmabfüllung muss das Randvoll-Volumen entsprechend vergrößert sein (→ Fertigpackungsverordnung, → Flaschenverschlüsse, → Füllmengenkontrolle).

Ranziger Geschmack tritt in buttersäurestichigen oder stark kahmig gewordenen Weinen auf. Er erinnert an ranzig gewordenes

Fett. Man kann in diesem Falle versuchen, den selten auftretenden Fehler durch eine → Kohlebehandlung zu beseitigen (→ Buttersäure, → Buttersäurestich).

Rappen nennt man die Gesamtheit der Trauben- und → Beerenstiele verschiedener Obstarten.

Rapsig sind Weine, die durch zu starkes Auspressen unreifer Trauben entstanden sind.

Rassig ist die Bezeichnung für einen Wein mit ausgeprägter Eigenart bei angenehm hervortretender Säure. Sie findet vor allem beim → Riesling Verwendung. Auch kleinere Weine können eine durchaus schöne und rassige Art besitzen (→ Weinansprache).

Rauchgeschmack zeigt sich manchmal in Weinen, die aus Weinbergen stammen, über die dauernd der Rauch einer Industrieansiedlung zieht. Begünstigt wird die Kontamination durch eine Lage in einem Talkessel. Gleiche Effekte können auch von einer Müllkippe (Schwelbrände) ausgehen. Durch spezielle analytische Verfahren (→ Dünnschichtchromatographie) kann man den Fehler objektivieren. Die Übertragung des Geschmackes erfolgt vermutlich durch den Wachsüberzug der Beeren (→ Reif, → Duft) und gelangt dann beim Keltern in den Most. Durch die strengen Auflagen in Deponien und den Rückgang dampfbetriebener Eisenbahnen ist R. eine absolute Seltenheit.

Raumkühlung hat sich bei Räumen mit stark schwankender Temperatur, die sich vor allem im Sommer zu stark erwärmen, bewährt. Sie erfordert jedoch eine kostspielige Einrichtung, so dass höchstens Großbetriebe die Vorteile der Raumkühlung ausnutzen. Meistens wird die Kühlung auch gezielt, d. h. bei Behältern eingesetzt (→ Gärung, gekühlte). Obligatorisch ist die Raumkühlung meistens nur bei ebenerdig gelegenen Lagerräumen zur Behälter- und Flaschenlagerung (→ Flaschenkeller).

Rauscher → Federweißer.

Razemate sind organische Verbindungen, die aus einer Mischung optisch aktiver D- und L-Formen bestehen. Die Mischung ist (durch Kompensation) optisch inaktiv und bildet sich in der Regel bei einer synthetischen Herstellung. Naturstoffe dagegen enthalten optisch aktive Verbindungen, die in der Analyse (→ enzymatische Analyse) gemessen werden können und den Nachweis von Zusätzen (Verfälschungen) ermöglichen. Interessanterweise wurde das Phänomen der optischen D- und L-Formen durch PASTEUR (um 1860) am Beispiel der Weinsäure erstmals beschrieben. Das Razemat (D-, L-Form) benannte man Traubensäure (→ Optische Aktivität).

Reagenspapiere sind mit → Indikatoren getränkte Filtrierpapiere oder Kunststoffolien, die beim Übergang der basischen Beschaffenheit einer Flüssigkeit in die saure und umgekehrt einen charakteristischen Farbumschlag zeigen. Sie finden in der Weinanalyse Anwendung (→ Lackmus- und → Phenolphthaleinpapier). Sehr bequem sind sogenannte Universal-Indikatorpapiere, die einen größeren pH-Bereich überstreichen.

Rebflächen (→ Weinbauflächen der Welt, → Weinbauflächen der Bundesrepublik).

Rebsorten, Allgemeines Die Geschichte der Rebsorten reicht weit zurück in die Vergangenheit. Bereits 3000 Jahre vor Christus zeugen Überlieferungen und Beschreibungen vom Anbau von Rebsorten. Anhand von Rebsortenkernen aus der römischen Zeit kann man Übereinstimmungen zu den noch heute existierenden Wildreben finden, die zu den

heutigen Spezies der *Vitis vinifera* keine direkten Bezüge haben.
In der Praxis unterscheidet man mit dem Begriff → „autochthone" d. h. „bodenständige" Sorten von → Kreuzungen. Bei Kreuzungen handelt es sich aber um eine Technik, die erst ca. 100 Jahre alt ist. Spontane Mutationen (spontane Veränderungen des Genmaterials) traten vermutlich schon sehr früh auf und trugen zur Veränderung der Rebsorten bei. Zu Mutationen neigen besonders die Burgundersorten. Auch andere ältere Rebsorten mutieren und wurden teilweise unter neuen Sortennamen zugelassen. Nur in wenigen Fällen lassen sich traditionelle Rebsorten auf lange zurückliegende, meist spontane Kreuzungen und deren jeweilige Kreuzungspartner zurückführen. So wurde beispielgebend (durch → Genanalyse) festgestellt, dass die alte Rebsorte Heunisch „Mutter" des Rieslings sein könnte, der „Vater" wird dann in der Gruppe der var. *Vitis vinifera silvestris*-Wildrebe vermutet.
Leider ging eine einigermaßen geeignete Beschreibung älterer Rebsorten im Mittelalter meist durch Sprachverschiebungen verloren. Nach einer Urkunde aus dem Jahr 1501, deponiert im Stadtarchiv von Worms-Pfeddersheim, wurde eine Rebsorte „Rüssling" angebaut, die dem Riesling entspräche. Ältere Hinweise auf Ähnlichkeit des Rieslings mit römischen Rebsorten, sind wohl nur phantasievolle Vermutungen. Gründe, die den Winzer zur fast permanenten Veränderung seines Rebsortiments zwingen, sind unter dem Stichwort → Alte Reben, → Rebsortenanbau nachzulesen.
Durch die Methoden der Genanalyse sind neuerdings viele verwandschaftliche Beziehungen innerhalb der wichtigsten Rebsorten aufgedeckt worden.

Rebsortenanbau in Deutschland. Die exakten Zahlen sind den Statistiken des Statistischen Bundesamtes Deutschland zu entnehmen (www.destatis.de). In der Tab. Rebsortenanbau in Deutschland → (s. Tab. 9 im Anhang) sind die wichtigsten Rebsorten der einzelnen Weinanbaugebiete für 2008 aufgelistet. Lediglich für die Pfalz sei beispielhaft eine umfänglichere Liste auch von weniger wichtigen Rebsorten aufgeführt (s. Tab. 11 im Anhang). Aus dieser Liste ist ein aktueller Zuwachs (Trend) durch ein + Zeichen gekennzeichnet. Die in der Pfalz ermittelten spezifischen Rückgänge beim → Müller-Thurgau, → Kerner, → Scheurebe und → Morio-Muskat setzten sich beim → Portugieser und auch beim → Dornfelder (abgeschwächt) fort. Man kann die am Beispiel des Weinanbaugebietes Pfalz demonstrierten Veränderungen auch in anderen deutschen Weinanbaugebieten registrieren (s. Rheinland Pfalz → Tab. 10 im Anhang).
Interessanterweise ist die Anbaufläche des Rieslings dabei relativ konstant geblieben. Würde man zum Vergleich noch die älteren Statistiken der 60er Jahre heranziehen, so würde z. B. der Silvaner in der Pfalz bei über 50 % liegen. 2008 sind davon nur noch 3,6 % übrig geblieben. Als Aussenseiter gilt Franken mit 21 % Silvaner, ebenso wie mit (noch) 30 % Müller-Thurgau-Anteil.
Auch der Müller-Thurgau hatte noch seit den 60er Jahren bis ca. 1980 vom Rückgang des Silvaners profitiert und sich bei ca. 25 % eingepegelt; danach ist der Anteil im Jahr 2008 schliesslich auf 13,5 % gefallen. Die inzwischen zulässige Deklaration als „Rivaner" hat der Situation beim Müller-Thurgau zweifellos gedient.
Im Einzelnen lassen sich die Veränderungen bei den Traditionsrebsorten wie dem Silvaner in den 60er Jahren durch das Aufkommen der „ersten" Generation von Neuzüchtungen wie → Scheurebe, → Morio-Muskat, → Bacchus, → Huxelrebe und (später) anderer Rebsorten wie → Kerner erklären. Solche „Bukettweine" waren damals sehr beliebt. So wurden im Jahr 1980 in der Pfalz Weine der

Scheurebe preislich höher als der Riesling eingestuft.
Die im weiteren ab 1980 aufkommende „zweite“ Züchtungs-Generation hat ihrerseits wieder neue Rebsorten hervorgebracht. Aber auch „importierte“ rote Rebsorten wie → Merlot oder → , Cabernet sauvignon fanden das Interesse der Winzer. Chardonnay z. B. wird erst seit etwa 1995 in der Statistik für Deutschland vermerkt.

Ein weiterer interessanter Trend wurde durch die erhöhte Nachfrage nach deutschen Rotweinen ausgelöst. Die oben bereits erwähnten Rebsorten Merlot und Cabernet sauvignon haben ebenso davon profitiert wie → Interspezifische Kreuzungen. Der → Regent steht nun 2008 bereits mit 2,1 % im deutschen Sortiment, weitere interspezifische Kreuzungen stehen vor der Zulassung oder sind bereits im Anbau.
Riesling ist derzeit der „Trendsetter“, nicht zuletzt durch seine Bedeutung als Repräsentant für trockene Weine, die gegenüber den meist süßeren → „Bukettweinen“ am Markt dominieren.
Am deutschen Weinmarkt haben die höheren Qualitäten (Spätlese, Auslesen, Beeren- und Trockenbeerenauslesen) an Boden verloren, was sich auch nachteilig auf das Sortiment der → Bukettsorten ausgewirkt hat. Nachdem sich viele Weinbauregionen in Europa durch die Hervorhebung eigener → „autochthoner“ Rebsorten profilieren und der Winzer ständig einer wechselnden Nachfrage nachkommen muss, werden sich auch zukünftig immer wieder Veränderungen im Rebsortiment ergeben.
Die Auflistung macht deutlich, dass schon die „normale“ Erneuerung der alten Bestände (wegen nachlassender Leistung) oder „zwangsweise“ (durch Flurbereinigungsmaßnahmen) das Rebsortiment verändert. Dadurch können auch „internationale“ Rebsorten traditionelle, bodenständige Rebsorten in der Nachfrage und damit im Anbau. verdrängen Nicht zuletzt spielen auch „Modetrends“ eine Rolle.

Rebsorten (Nachweis im Wein). Im Gegensatz zum Nachweis der Rebsorte bzw. deren genetischer Herkunft (→ Genom) direkt an der Rebe ist im Wein kein genetisches Material mehr vorhanden. Im Wein sind lediglich mit Hilfe von chemischen → Bestandteilen wie → Aromen, → Phenole und andere Substanzen Hinweise zu erhalten (→ Rebsorten, Wein)

Rebsorten (Wein). In vielen Ländern, und hier insbesondere in Deutschland, wird dem typischen Rebsortenwein große Bedeutung zugemessen. Man sucht hier durch möglichst sortenreinen Anbau, Ausbau und Abfüllung die charakteristischen Merkmale einer Rebsorte herauszuarbeiten, zu pflegen und zu erhalten. Der Standard wird durch sensorische Analyse festgelegt, wobei sich aus der Erfahrung der Prüfer heraus eine charakteristische Ausprägung der Geruchs- und Geschmacksstoffe (flavour) herauskristallisiert.
Dabei spielt das → Aroma eine herausragende Rolle. Auf dieser Basis sind auch Untersuchungen angestellt worden mit dem Ziel, durch gaschromatographische Analyse charakteristische Leitsubstanzen herauszufinden, die es gestatten, die Rebsorten voneinander zu unterscheiden. Leider ist es nicht möglich, anhand einzelner Leitsubstanzen solche Unterscheidungen sicher zu treffen. Anhand der quantitativen Relationen einiger ausgewählter → Terpene ist es jedoch möglich, Unterschiede mittels statistischer Rechenverfahren aufzuspüren und somit Extreme wie Riesling, Scheurebe, Morio-Muskat und Silvaner zu unterscheiden (→ Diskriminanzverfahren). Es erhebt sich naturgemäß die Frage, welche Mindestforderungen man aufstellen muss, damit der Rebsortentyp bei der Beurteilung von Wein noch im Sinne der

Verbrauchererwartung bejaht werden kann. Immerhin gibt es immer wieder die Erfahrung, dass man z. B. aromatische Rebsortenweine wie Scheurebe wegen mangelhafter Ausbildung des Sortencharakters im Verlaufe der → Weinbewertung (QbA Prüfung, Weinprämierung) ablehnt. Die Bewertungsschemata der amtlichen → Qualitätsweinprüfung sehen vor, dass bei fehlendem Sortencharakter dem Wein die Rebsortenangabe versagt werden kann.

Die Ursachen für die unzureichende Ausprägung des sog. Rebsortencharakters können zweifelsfrei im Rebpflanzgut selbst liegen. Es ist bekannt, dass die Klonenselektion (Auswahl von einzelnen Rebstöcken, die sich durch besondere Eigenschaften aus der Population hervorheben, mit nachfolgender Vermehrung des Holzes) zur unterschiedlichen Ausprägung des Sortencharakters beiträgt (→ Klone). Auch der Standort (Boden, Klima), die Weinbautechnik, der erzielte Ertrag, können positiv oder negativ beteiligt sein (→ Terroir). Bei den zugehörigen Reben kann traditionell die → Ampelographie Hinweise geben. Auch die bei Reben neuerdings angewandten gentechnischen Analysen müssen im Wein selbst jedoch versagen, da die Weinbehandlung, aber auch die Gärung die ursprünglichen „Genpatterns“ (Eiweiß) zerstören.

Selbstverständlich kann auch die Gärung selbst und die Variation der Weinbehandlung zur Verstärkung oder Abschwächung der sortentypischen Ausprägung beitragen. Eine Erhöhung der charakteristischen Aromastoffe (Terpene) durch Verlängerung der Maischestandzeit über 6–10 Std. *allein* wurde bisher nicht beobachtet, jedoch erfolgt eine Veränderung zumindest der Intensität des Aromas durch die anschliessende → Maischegärung. Da aber nicht nur Terpene für die charakteristischen „fingerprints“ der Rebsortenweine maßgeblich sind, müssen fallweise noch andere Stoffgruppen in die „fingerprints“ einbezogen werden, falls man verwandte Rebsorten unterscheiden will. Ferner sei darauf hingewiesen, dass Terpene als Bestandteile des → Aromas auch in relativ neutralen Rebsortenweinen vorhanden sind, ohne im Geruch auffällig zu sein (→ Geruchsschwellenwerte).

Rotweine werden sortenbezogen eher durch die Farbmuster gekennzeichnet (→ Anthocyane). Insbesondere franösische Forscher haben Kriterien für → Merlot und → Cabernet sauvignon aufgestellt. Für die Differrenzierung der Burgunderweine wird die → Shikimisäure als → „Tracer“ herangezogen. Zuletzt ist es auch die Alterung, die die Rebsorteneigenart der Weine meist abschwächt. Im Verlaufe der Alterung treten Umesterungen und damit auch Aromaänderungen ein. Auch die bei der Alterung zusätzlich auftretende → Firne kann den Rebsortentyp überdecken. Bekannt ist, dass die bei der Alterung auftretende Freisetzung gebundener Aldehyde gleichfalls das rebsortentypische Aroma überlagert und abschwächt. Weitere Veränderungen in der Charakteristik der Weine siehe → Altern der Weine, → Profilanalyse.

Redoxpotential (rh-Wert). Ähnlich wie der → pH- Wert einen Begriff über die Stärke der Säuren vermittelt, wird durch das Redoxpotential die Stärke der reduzierenden bzw. oxidierenden Substanzen einer Lösung charakterisiert. Das Redoxpotential gibt also das Verhältnis von Wasserstoff als reduzierender zu Sauerstoff als oxidierender Kraft an. Je höher die rH-Zahl, um so größer ist der Gehalt der Lösung an verfügbarem Sauerstoff bzw. oxidierenden Substanzen und damit die oxidierende Kraft. Umgekehrt: Je niedriger der rH-Wert, um so weniger Sauerstoff ist verfügbar und damit um so schwächer die oxidierende Kraft. Die rH-Skala reicht von 0 bis 42, die Werte werden elektrometrisch (Redox-Messung) bestimmt.

Die Einführung dieses Begriffes in die Weinforschung um etwa 1931, vermittelt praktisch auswertbare Erkenntnisse und erklärt mancherlei Beobachtungen, da ja durch Zusatz bestimmter Stoffe zum Wein oder durch besondere Behandlungsverfahren der Zustand ersichtlich am rH-Wert, zugunsten der Oxidation oder der Reduktion verschoben wird. Eine Lüftung und die damit verbundene Sauerstoffzufuhr erhöhen naturgemäß den rH-Wert, die Oxidationsvorgänge werden gefördert. Der rH-Wert lässt sich durch Reduktionsmittel wie → Ascorbinsäure deutlich herabsetzen, ähnlich wirkt → schweflige Säure im Wein. Durch eine Abbindung des freien Sauerstoffs werden alle auf Sauerstoff angewiesenen Organismen wie Essigbakterien, → Kahmhefen, → Apiculatushefen usw. in der Entwicklung gehemmt. → Sulfithefen sind unter Ausnutzung ihrer Anpassungsfähigkeit an ein besonders niedriges Redoxpotential adaptiert worden. Weine mit einem hohen rH-Wert neigen zum Braunwerden und zur schnelleren Alterung. Normale deutsche Weine zeigen im allgemeinen rH-Werte zwischen 17 und 19, zu schwach geschwefelte sowie auch extraktreiche Weine, vor allem → Auslesen und → Trockenbeerenauslesen, zeigen etwas höhere Werte von 19 bis 20, Südweine, insbesondere Sherry, bis zu 21. Beeinflusst wird durch den rH-Wert das Verhältnis von Fe++ zu Fe+++ oder Cu+ zu Cu++. Da der Ladungszustand der Metalle in viele Fragen hineinspielt (Gefahr der Eisen-Ausscheidung, Übertragung von Sauerstoff etc.), hat der → Redox-Wert zweifellos praktische Bedeutung. Messtechnisch steht dem aber, gegenüber einer Messung des pH-Wertes, ein wesentlich erhöhter Aufwand entgegen. Der Redox-Wert wird deshalb kaum ausgewertet bzw. seiner Bedeutung gemäß nicht hinreichend beachtet.

Redox-Pufferkapazität. Bei den unter → Redoxpotential und → Redoxwert aufgeführten Reaktionen kommt der Redox-Puffer-Kapazität eine entscheidende Bedeutung zu. Das Redoxpotential ist gewissermaßen das Ergebnis von vorhandenen oder zugesetzten Stoffen wie SO_2 einerseits oder Sauerstoff andererseits (→ Sauerstoff, Wirkung).
Die Reaktion auf solche Zusätze ist der → rH-Wert bzw. das gemessene Potential in Millivolt- Einheiten. Der rH-Wert ist im Ergebnis nicht nur von konkreten Zusätzen wie SO_2 bzw. Sauerstoff, sondern von anderen „puffernden“ Weininhaltsstoffen abhängig. So sind → Phenole bzw. Polyphenole „Fänger“ von Sauerstoff, indem sie Sauerstoff binden, Der Gehalt an Phenolen ist beim Rotwein im allgemeinen hoch und trägt zur Redox-Pufferkapazität positiv bei. Falls man die Oxidation durch Sauerstoff als (teilweise) Ursache einer Reifung oder sogar als spätere unerwünschte Alterung betrachtet, dann könnte die Redox-Pufferkapazität eines Rotweines dazu verhelfen, die Alterung zu bremsen. Innerhalb dieses komplexen Vorganges ist SO_2 demnach keineswegs der absolute „Fänger“ für Sauerstoff; so wird z. B. der im Falle der Weinabfüllung eventuell hinzutretende Sauerstoff durch den vorliegenden Gehalt an SO_2 keineswegs völlig abgebunden (unwirksam gemacht). Dies gilt auch für andere Situationen wie → Abstich, Umpumpen, Ausbau im Holz- oder Edelstahlbehälter. Von diesen Tatsachen müssen die in der Önologie tätigen Praktiker zukünftig wohl stärker Notiz nehmen. Leider erwies sich die Messung des rH-Wertes (bzw. Millivolt) mit entsprechenden Geräten (Platinelektroden, Millivolt-Meter) als aufwändig und wenig praxistauglich. Auch die Zusammenhänge dieses Messwertes mit der darauf basierenden sensorischen Entwicklung des Weines sind derzeit noch zu undeutlich.

Redoxwert. Im Wein sind sowohl reduzierende wie oxidierende Stoffe in einem Gleichgewichtszustand, der durch Zusätze

von Stoffen wie → schwefliger Säure beeinflusst wird. Die Lage des Gleichgewichtes, der Reduktionszustand, wird durch den sogenannten rH-Wert beschrieben, der ähnlich wie der pH-Wert elektrometrisch gemessen werden kann (→ Redoxpotential). Die eigentliche rH-Skala reicht von 0 bis 42. Für Wein ist ein Wert von 17 bis 19 normal, oxidative Weine liegen über rH 20.
International ist es üblich, den Redoxwert als Spannung (in Millivolt) anzugeben. Auch die Vorgänge der → Gärung zeigen einen interessanten Verlauf des Redoxwertes, der am Beispiel eines klassischen Rotweines in Abb. 16 gezeigt, vom Beginn der Rotmaische in einer hohen Oxidationsstufe von über 400 mV startet, durch die Gärung stark abnimmt und bis zum Beginn des biologischen Säureabbaus wieder ansteigt (bis ca. 300 mV); der anschliessende BSA reduziert erneut, bis dann durch Umlagerung in Barriques ein Auf und Ab (geringe Schwefelung) und mehrfaches Beifüllen immer wieder Sauerstoff zutritt (→ Abb. 16 im Anhang).

Reduktion. Gegenteil von → Oxidation. Im Ablauf der Weinbereitung laufen Oxidations- und Reduktionsvorgänge nebeneinander bzw. zeitlich nacheinander ab, das heißt der Redoxwert verändert sich. Je nachdem, ob → Sortenweine mehr in die oxidative oder reduktive Richtung gelenkt werden, spricht man vom mehr oder weniger reduktiven Ausbau. Da die reduktive Ausbaurichtung bedeutet, dass weniger Sauerstoff (Luft) hinzutreten kann, bedeutet dies auch gleichzeitig, dass mehr → SO_2 und mehr Fruchtbukett erhalten bleibt (→ Redoxpotential, → Redoxwert).

Reduktiv nennt man Weine, die reduktiv → ausgebaut sind.

Reduktiver Ausbau → Ausbau.

Reduktone sind Stoffe mit reduzierender Eigenschaft, die überwiegend natürlicherweise im Most und Wein vorkommen. Dazu zählt auch die → Ascorbinsäure. R. können freie schweflige Säure vortäuschen. Die Menge liegt (in SO_2 ausgedrückt) bei 0 bis 20 mg/l (relativ hohe Gehalte in Rotweinen). Zur Bestimmung der Reduktone muss die für die SO_2 übliche jodometrische Methode abgeändert werden. Eine spezifische Bestimmung der Ascorbinsäure lässt sich (aufwändiger) mit HPLC bewerkstelligen (→ Ascorbinsäure).

Reduzierende Zucker sind solche, die → Fehlingsche Lösung oder andere kupferhaltige, alkalische Lösungen zu rotem Kupferoxydul reduzieren. Von den vergärbaren Zuckern gehören zu dieser Gruppe die → Glucose, → Fructose, Mannose und Galactose, von den nicht vergärbaren → Arabinose, → Xylose, → Lactose und Maltose.
Auf dem Reduktionsvermögen gegenüber den alkalischen Kupferlösungen baut sich die klassische analytische Bestimmung des im Most und Wein vorhandenen → Zuckers auf.

Reduzierventil. Es ist ein Druckminderungsventil, das bei der Entnahme von → Kohlensäure und → Stickstoff (den gebräuchlichsten Gasen der Kellerwirtschaft) aus der Stahlflasche benötigt wird. Es setzt den in der Stahlflasche herrschenden hohen Druck, der je nach Temperatur bis zu 200 bar beträgt, auf etwa 0,2 bis 0,5 bar herab. (→ Imprägnieren mit Kohlensäure, → Inertgase).

Referenzmethoden. Die in der VO (EWG) 2676/90 genannten Untersuchungsmethoden für Wein wurden ursprünglich in „Referenzmethoden“ und „gebräuchliche Methoden“ unterschieden. Die Verordnung definierte zusätzlich den Begriff der „Wiederholbarkeit“ und der „Vergleichbarkeit“. Beide Begriffe dienen der Definition des „Fehlers“.

Referenzmethoden ermöglichen höhere Genauigkeiten und müssen in Streitfällen herangezogen werden (→ Fehlerrechnung). Inzwischen ist das → OIV weitgehend federführend für die Ausarbeitung, Prüfung und Zertifizierung von Analysenmethoden. Dabei bedient man sich der Expertkommissionen, die international zusammengesetzt sind und in nationalen „Analysenausschüssen" Ergebnisse erarbeiten und in Sitzungen des OIV erörtern. Die Vorschläge durchlaufen dann Stufen (1–6) der Bewertung. Schlussendlich wird daraus die Methodensammlung erstellt, die im Internet unter www. oiv. int einzusehen ist.
Um die Vergleichbarkeit von analytischen Ergebnissen auf dem internationalen Markt sicherzustellen, bezieht sich die die EG auf die Vorgaben des OIV. weshalb z. B. die bisherige Unterscheidung zwischen Referenz- und gebräuchlichen Methoden (2003) aufgehoben wurden.

Refraktometer sind optische Geräte, die die optische Brechzahl (Brechungsindex = n_D^{20}) anzeigen und damit die Konzentration von gelösten Stoffen bzw. Flüssigkeiten messbar machen. Die besten Ergebnisse erhält man bei einem Zweistoff-Gemisch, während komplexe Gemische (Lösungen) schwieriger auszuwerten sind.
In der Önologie führte sich zunächst die Form des → Handzuckerrefraktometers ein, ein Gerät, welches sich bereits als einfache Methode zur Messung des Zuckergehaltes in Zuckerrüben bewährt hatte. Die Methode wurde zur Messung des Gesamtextraktes in Traubenmosten bald verbreitet benutzt, da in der Praxis der Reifeuntersuchungen kein anderes Verfahren verwertbar war.
In der weiteren Entwicklung wurde das Refraktometer unentbehrlich für die Messung des Mostgewichtes bei der Traubenannahme, um damit auch eine qualitätsbezogene Einstufung vornehmen zu können. Überwiegend wurden dazu Digital-Refraktometer entwickelt, die eine Fernübertragung der Daten ermöglichen.
Es muss immer wieder betont werden, dass Traubenmost kein reines Zweistoffsystem ist, also keine einfache Zuckerlösung darstellt. Angaben über den Zuckergehalt anhand des Mostgewichtes bieten deshalb nur angenäherte Werte, aber keine absolut richtigen, da der Gehalt an „Nichtzuckerstoffen" (→ zuckerfreier Extrakt) von Most zu Most variiert.
In größeren Betrieben lassen sich registrierende, automatische Refraktometer einsetzen, um Mostgewichte in Maischen oder Traubenmosten zu messen.
Ein im Labor häufiger anzutreffender Refraktometer-Typ ist das → Abbe-Refraktometer. Auch dieser Geräte-Typ ist weiterentwickelt worden (Digitale Anzeige). Die Bedeutung liegt in der Messung von → konzentriertem Traubenmost und rektifiziertem Traubenmostkonzentrat. In erster Linie interessiert bei der Weinherstellung das rektifizierte Traubenmostkonzentrat. Für Traubenmostkonzentrate und → rektifiziertes Traubenmostkonzentrat ist in der VO (EWG) Nr. 2676/90 (im Anhang) eine umfängliche Tabellensammlung enthalten, die im Falle des RTK den Invertzuckergehalt (in °Brix), g/l, g/kg, Pot. Alkoholgehalt (% Vol.) mit dem → Brechungsindex und der Dichte vergleichend aufführt. In der Tabellensammlung dieses Buches sind die Tabellen für die → Anreicherung mit RTK aufgeführt (→ Tab. 3 im Anhang).
Bei abweichenden Gehalten des RTK bedarf es einer Korrektur (→ Anreicherung). Grundsätzlich sind die gemessenen Werte des Refraktometers temperaturbeeinflusst, eine Feststellung, die einige weitere (nützliche) Anwendungen (Messung des → Vorlaufes beim Filtrieren etc.) problematisch macht. In der Kellerwirtschaft hätte diese Methode gegenüber Methoden der Dichtemessung er-

hebliche Vorteile (→ Mostgewichtsbestimmung, → Zucker-Refraktometer).

Regent ist eine seit 1996 zugelassene Rotweinrebsorte. Als resistente Sorte ist diese unempfindlich gegen → *Botrytis cinerea*, → Peronospora (*Plasmopara viticola*) sowie → Oidium und liefert darüber hinaus sehr farbkräftige Rotweine. Gekreuzt wurde die fortschrittliche Rebsorte unter der Züchtungsnummer Gf 67–198–3 aus den Rebsorten Diana und Chamboursin.
Als → Deckwein, aber auch als selbständige Rotweinsorte, ist R. inzwischen sehr verbreitet. In Deutschland sind es derzeit (2008) über 2000 Hektar (→ Rebsorten, Rebsorten (Wein). Der Namen ist von einem berühmten Diamanten abgeleitet.
Für die relativ ausgeprägte Widerstandsfestigkeit gegen die erwähnten Pflanzenkrankheiten hat man typische Gene in der Erbmasse nachgewiesen. Für den analytischen Nachweis des Regent kann man den Gehalt an Anthocyanen (→ Anthocyanidin 3,5-Diglucosid) heranziehen.

Regelpumpe. Eine Pumpe, deren Förderleistung angepasst (geregelt) werden kann. Gleichzeitig lässt sich meist auch der Förderdruck regeln.

Regionalprämierungen können als Kammer-, Gebiets- oder Landesweinprämierungen deklariert sein. Obwohl diese Institutionen schon früher entstanden sind, gibt es erst seit 1971 eine weingesetzliche Basis, die durch die EG-Verordnung 1608/1976 und die vorgängige EG-Verordnung 2133/74 sanktioniert wurde. Dort sind sowohl die → amtliche Prüfnummer als auch Auszeichnungen durch amtlicherseits zugelassene Stellen gestattet worden.
Nach der Weinverordnung zum Weingesetz von 1971 sind die Bundesländer für die Zulassung der Institutionen zuständig. Für Rheinland-Pfalz ist die Landwirtschaftskammer des Landes verantwortlich, für Baden-Württemberg sind es die regionalen Weinbauverbände, ebenso für Bayern (Franken); für Hessen (Rheingau und Hessische Bergstraße) das Weinbauamt Eltville. Auch für die Weinbaugebiete Sachsen und Saale-Unstrut sind die dortigen Weinbauverbände zuständig.
Die Prüfbestimmungen sind von Land zu Land unterschiedlich (Beteiligung, Zahl der Weine, zugelassene Klassen, Mindestbestandsmenge, Mindestpunktzahl, Form der Prämierungsstreifen, Medaillen und Urkunden, Prüftermine); einheitlich sind im wesentlichen die Vorbedingungen der Zulassung, Deklaration und Bewertungsmaßstäbe (→ Bundesweinprämierung, → Weinbewertung, → Weinqualität).

Reichensteiner, eine Kreuzung aus Müller-Thurgau × (Madeleine angevine × Weißer Calabreser) aus dem Jahr 1939, wird vorwiegend in Rheinhessen, Mosel, Pfalz und Rheingau angebaut. Blumige Weine mit geringer Säure, auch zur Prädikatswein-Erzeugung geeignet bei Verzicht auf Ertragsleistung. Die geringe Bedeutung im Anbau erkennt man an der Zahl von lediglich 106 ha für das gesamte Bundesgebiet.

Reif oder → Duft nennt man den wachsartigen dünnen Überzug auf reifende Weinbeeren (→ Beerenhaut).

Reife der Trauben (→ Beerenreife) setzt ein mit dem Weichwerden und der Verfärbung der Beeren (→ Beerenwachstum). Da dieser Zustand nicht sicher messbar ist und insbesondere die Traubenbeeren einen unterschiedlichen Reifefortschritt zeigen, misst man den Reifezustand im Saft der ausgepressten Beeren an Hand des → Mostgewichtes und der Titrierbaren → Gesamtsäure (→ Reifekurven). Lässt man vollreife Trauben weiter am Stock, kommt es zu einer allmählichen Schrumpfung der Beeren und zur Konzentrierung des Saftes. Die → Mostausbeute ist naturgemäß entsprechend geringer. Unter besonders günstigen Witterungsverhältnissen kann es bis zur Rosinenbildung kommen. In nördlichen → Weinanbaugebieten tritt dieser Zustand nur selten, in südlicheren Ländern jedoch häufiger ein. Die Schrumpfung der Beeren ist meist von einem Befall durch den Pilz der → Edelfäule begleitet (→ Physiologische Reife).

Reifefaktor. Zur Charakterisierung der Traubenreife wird das Verhältnis von → Mostgewicht zur → Gesamtsäure vorgeschlagen (→ Abb. 17 im Anhang). Für die Praxis ist dies die einfachste und deshalb auch traditionell gebräuchliche Methode. Noch weitergehend ist der Vorschlag, den Zuckergehalt in ein Verhältnis zur → Äpfelsäure zu bringen (TA/TÄ = Totalalkohol/Totaläpfelsäure). Letztere Auffassung basiert jedoch auf der unrichtigen Festlegung, dass hohe Äpfelsäuregehalte grundsätzlich Unreife bedeuten. Tatsächlich ist der Gehalt an Äpfelsäure nicht nur eine Frage der Reifeentwicklung, sondern eine Frage der Klimabedingungen und der physiologischen Verhaltensweisen der unterschiedlichen Rebsorten am jeweiligen Standort. Die Einbeziehung der Äpfelsäuregehalte muss individuell vorgenommen werden. Als genereller Reifefaktor ist die TA/TÄ-Relation ungeeignet.
Neuere Untersuchungen zum Thema „Reifezustand bei Trauben“ sind teilweise auf die Farbausbildung bzw. Bildung der Gesamtphenole ausgerichtet. Man kann eine Extraktion der Trauben vornehmen und den Extrakt im Spektrometer bei der Wellenlänge 280 nm vermessen. Berücksichtigt man jedoch die komplexen Veränderungen gerade dieser Inhaltsstoffe während der Verarbeitung zu Wein, kann man die Grenzen eines solchen Verfahrens leicht abschätzen. Methoden wie die FTIR-Untersuchungen liefern zwar viele Informationen zur Zusammensetzung der reifenden Trauben, sind aber zu aufwändig, zu teuer und scheiden schon deshalb aus. Ohnehin sind die verschiedenen Traubensorten zu unterschiedlich, die Differenzen innerhalb den Einzelbeeren, den Rebstöcken und Weinbergsanlagen zu groß und machen eine ausgewogene Bewertung der Traubenreife im Weinberg zusätzlich noch komplexer. Die meisten der erwähnten Verfahren bleiben deshalb wissenschaftlichen Studien vorbehalten (→ Äpfelsäure, → Extrakt des Weines, → Physiologische Reife, → Reifekurven).

Reifekurven stellt man her, indem man laufend während der Traubenreife eine Mostgewichtsbestimmung mittels des → Zucker-Refraktometers (→ Refraktometer) vornimmt, die durch eine Bestimmung der → Gesamtsäure ergänzt wird. Besonders wichtig ist die Entnahme einer tatsächlich repräsentativen Durchschnittsprobe an Trauben (ca. 100 Einzelbeeren oder Teile aus Trauben, jeweils von mehreren Rebstöcken), weil die Traubenreife von der Leistung des Rebstockes, dessen Ertrag, dem Standort, aber auch der Einzeltraube (Besonnung, Position am Trieb etc.) beeinflusst wird. Deshalb wurden Regeln entwickelt (→ Reife der Trauben). Man gewinnt auf diese Weise ein hinreichend zuverlässiges Bild über den Reifegrad der Trauben und kann auf Grund dessen den richtigen Zeitpunkt der → Lese festsetzen.

Bereits die Messung des Beginns der Traubenreife (Mostgewicht = Säuregehalt) zeigt deutlich die Verschiebungen, die durch die Klimaänderungen der letzten 30–40 Jahre eingetreten sind. Beim „reifen“ Jahrhundert-Jahrgang 1971 (Riesling) wurde der Reifebeginn am 28. August 1971 vermerkt, der reife Jahrgang 2003 startete bereits Ende Juli 2003, also 4 Wochen früher. Als Folge wurde 2003 der Riesling am 29. September mit

durchschnittlich 90 °Oe gemessen, 1971 erzielte der Riesling im Schnitt lediglich 80 °Oe. Wenn man die genannten Ergebnisse auf andere Rebsorten ausdehnt, zeigt sich das gleiche Bild. Vereinbarungsgemäß definiert man den „Start in die Traubenreife" als den jeweiligen Termin (Zeitpunkt) an dem Mostgewicht °Oe = Säure g/l. Der Schnittpunkt liegt meist um 30 (→ Abb. 17 im Anhang).
Durch Verschiebung der Lesetermine lässt sich manches ausgleichen. Länder in ausgeprägt warmen Klimazonen wie Australien und Südafrika schlagen deshalb ein → Alkoholmanagement, d. h. nachträgliche Reduzierung (Abreicherung) des Alkoholgehaltes vor (→ Spinning cone column).

Reifen des Weines. Unter diesem Begriff fasst man alle Vorgänge zusammen, die nach Abschluss der → Gärung, d. h. während der Phase des → Ausbaus ablaufen. Teilweise sind dies spontane Veränderungen, teilweise werden diese durch Zusätze und Verfahren gelenkt (→ Ablagern der Weine, → Altern der Weine, → Weinbehandlung, zulässige Stoffe und Verfahren).

Reihenfüller sind halbautomatisch arbeitende Flaschenfüller, bei denen der Wein gleichzeitig über meist vier bis sechs Füllrohre in mehrere Flaschen läuft. Reihenfüller sind meist einfach konstruiert (Heberfüller) und werden im Kleinbetrieb verwendet (→ Füllmaschinen).

Reinfektion von sterilen Materialien (Wein, Flaschen, Korken) kann eintreten, wenn z. B. beim Abfüllen der Weine weinschädliche Mikroorganismen hinzutreten. Dies kann eine Luftinfektion (Übertragung durch die Luft) oder Kontaktinfektion sein (von unsterilen Leitungen und Abfülleinrichtungen) (→ Abfüllkabine, → HACCP).

Reinheitsanforderungen sind in Lebensmitteln für „Zutaten" in der Zusatzstoff-Verkehrs-VO geregelt. Für Wein sind die Reinheitsanforderungen in der Wein-VO (1995) und werden seither im „Önologischen Codex" des O. I. V. aktualisiert.

Reinigungsmittel sind für die hygienische Herstellung von Wein unverzichtbar. Die Wirkung beruht auf der Entfernung von Schmutzresten, wodurch gleichzeitig eine starke Reduzierung der Keimbelastung eintritt. Je nach Grad der Verschmutzung kann man alkalische, saure oder neutrale Reiniger einsetzen.
Die alkalischen R. lassen sich in der Alkalität auf das Problem einstellen: Schwache Alkalität für die halbautomatische Flaschenspülung, starke Alkalität für die vollautomatische Reinigung und CIP (Umlaufreinigung). Saure R. werden für die Entfernung von Kalkablagerungen und Weinstein benutzt. Neutrale würde man gerne vorziehen, da die Beseitigung des Abwassers einfacher ist, doch die Wirkung ist begrenzt und meist erst durch zusätzliche manuelle Reinigung akzeptabel. Manchmal (→ Membranpressen) dürfen keine alkalischen Mittel verwendet werden.
In allen Fällen jedoch wirken sich eine erhöhte Temperatur und mechanische Einwirkungen positiv aus. Hochdruckreinigungsgeräte helfen hier u. a. auch durch Wassereinsparung.
Sehr in den Vordergrund gerückt sind die Probleme mit → Abwasser. Zum einen muss Abwasser den Grenzwerten der kommunalen Abwassersatzungen entsprechen (pH-Wert über 6,5), zum anderen wird durch Reduzierung des Wasserverbrauchs die Abwasserbelastung insgesamt nicht vermindert.
Als umweltfreundlich gelten Polycarboxylate, Citrate, Ameisensäure und Peroxy-Verbindungen. Kritisch sind Aktivchlorpräparate, die offensichtlich in der Lage sind, geruchs-

aktive Stoffe zu produzieren. Dies ist besonders bei der Behandlung von Filtertüchern, Filtermodulen etc. beobachtet worden. Im Widerstreit von guter Wirksamkeit, Neutralität und Umweltschutz wird man den Einsatz der R. mit Bedacht vornehmen.

Reintönig ist ein Wein, bei dem keinerlei den Geruch und Geschmack beeinträchtigende Vorgänge stattgefunden haben (→ Weinansprache).

Reissrohr ist ein etwa 30 cm langes, an einem Ende geschlossenes Rohr aus Kupfer oder verzinntem Kupfer, das allseitig siebartig durchlöchert ist. Es diente früher zum Lüften des Weines beim „Abstich mit Luft" und wurde vorzugsweise bei zähen und schleimigen Weinen verwendet, um den Schleim zu zerreissen.
Auch bei böcksernden Weinen wurde es benutzt, um dem Wein Luft zuzuführen, doch sind Behandlungen mit → Kupfersulfat bzw. Kupzit (Kupfercitrat) einer → Lüftung vorzuziehen (→ Armaturen).

Reizschwellenwert ist die Konzentration eines Stoffes, die gegenüber der Nullprobe noch als Unterschied erkannt wird. Gegenüber dem *Erkennungsschwellenwert*, bei dem der Prüfer bereits den Geruchs- oder Geschmackseindruck beschreiben kann, liegt der Reizschwellenwert tiefer. Die → Geruchs- und → Geschmacksschwellenwerte sind nach DIN durchzuführen (→ Sensorik).

Rekonditionierung des Barriquefasses. Verfahren zur Wiederherstellung des B. nach mehrfachem Gebrauch. Es handelt sich im Prinzip um das (aufwändige und teure), „Aushobeln" plus Toasten oder nur um eine verstärkte Reinigung. Nach der Reinigung kann man erwarten, dass eine eventuelle mikrobielle Kontamination mit *Brettanomyces*-Hefen dadurch behoben ist. Die Reinigung des (normalen) Holzfasses erfolgt in üblicher Weise.

Rektifiziertes Traubenmostkonzentrat → Traubenmostkonzentrat, rektifiziertes.

Remontage (franz) → „überschwallen" = althergebrachte Methode der → Maischegärung.

Restablauf, auch Ausgangsnutzen genannte → Armatur, die zur völligen Entleerung der Behälter benutzt wird.

Restextrakt. Der Begriff Restextrakt (g/l) umfasst die Summe aller Substanzen, die dem Extrakt zuzuordnen, aber weder → Kohlenhydrate, → Säuren noch Gärungsnebenprodukte sind. Diese konstruierte → Kennzahl ist deutlich abhängig von der angewendeten Analytik und der jeweiligen Berechnungsformel. Als Qualitätskennzahl ist der Restextrakt umstritten (→ Extraktgehalt des Weines, -Most).

Rest-schweflige Säure ist nach Kielhöfer und Würdig (1960) der Anteil der SO_2, der an noch unbekannte Weinbestandteile gebunden ist. Es konnten bis zu 150 mg/l und bis zu 53 % der Gesamt-SO_2 als Rest-SO_2 ermittelt werden. Sie übertrifft somit um ein Vielfaches die an Glucose und teilweise sogar die an → Aldehyd gebundene SO_2. Rest-SO_2 ist stark abhängig von der freien schwefligen Säure.
Inzwischen wurden die meisten Bindungspartner ermittelt, die außer Acetaldehyd und Glucose für die „Rest-SO_2" verantwortlich sind. Es handelt sich um Substanzen mit Ketogruppen (→ Ketosäuren, → Zucker und Abbauprodukte der Pektine), die entweder durch die Hefen während der alkoholischen Gärung oder durch Pilze (während der Traubenreife) gebildet werden. Deshalb haben

Weine, die aus Mosten edelfauler Trauben entstehen, einen hohen Anteil an „Rest-SO_2". Diese Stoffe geben SO_2 im Gegensatz z. B. zum Acetaldehyd meist leicht wieder ab, stabilisieren den Gehalt an freier SO_2 und sind deshalb besser als „Depot-SO_2"-Verbindungen zu bezeichnen.
Aus diesen Erkenntnissen leiten sich auch einige für die Praxis wichtige Schlussfolgerungen ab: Der Verbrauch von viel SO_2 bei den sogenannten „Schwefelfressern" beruht *kaum* auf einer Oxidation zu → Schwefelsäure, sondern überwiegend auf einer beträchtlichen Bindung als Rest-SO_2, worauf bei der Schwefelung Rücksicht zu nehmen ist (→ Schweflige Säure, Bindung, → Tab. 24 im Anhang). Wenn erfahrungsgemäß Weine aus faulem Lesegut, besonders aus edelfaulen Trauben, langsam altern und eine lange Lebensdauer besitzen, so dürfte das mit der SO_2-Speicherung als Depot-SO_2 zusammenhängen, doch kommt den Spitzenweinen, die aus edelfaulen Trauben hergestellt werden, noch zustatten, dass deren hoher Zucker- und Extraktgehalt die Alterungsphänomene maskiert (→ Altern der Weine). Bei der → Entschwefelung stellt die Stabilität der Bindung von → Acetaldehyd, (angegorene Traubenmoste) aber auch einiger Substanzen der Kategorie → Rest-schweflige Säure (aus faulem Lesegut) ein gewisses Problem dar, welches die vollständige Entschwefelung von Traubenmost erschwert.

Restsüße ist ein Ausdruck für → unvergorenen Zucker, der entweder als „Rest" von der unvollständigen → Vergärung des Zuckers übrigblieb oder durch Zusatz einer → Süßreserve (unvergorener Traubenmost mit weniger als 8 g/l → Alkohol) „dosiert" wurde. Bevor man letzteres → Dosage-Verfahren anwandte, war der Ausdruck „Restsüße" wohl angebracht. Weil diese Restsüße damals jedoch häufig durch mehr oder weniger starken Eingriff in den Gärablauf erzwungen war (→ Abstoppen) und dies meist zu einem höheren SO_2-Gehalt solcher „abgestoppter" Weine führte, ist das Dosage-Verfahren zunächst in den Vordergrund gerückt.
In den letzten Jahren haben sich die geschilderten Verhältnisse aber grundlegend geändert. Wenn Weine durch → Gärführung schließlich langsam vergären, dann bleibt Restsüße auch ohne erheblichen SO_2-Zusatz auf „natürliche" Weise erhalten und kann mit modernen Verfahren (z. B. mit → Crossflow-Filtration etc.) stabilisiert werden. Die SO_2-Bindung wird dabei nur unwesentlich erhöht. Als wesentlicher Vorteil wäre der dominante Anteil an → Fructose zu nennen, die eine deutlich höhere Süßkraft als → Glucose aufweist. Dazu kommt noch der deutlich erkennbare sensorische Effekt von Aromen und Komponenten, die solche Weine schmücken. Da unter 20 g/l Restsüße in diesen Fällen der Glucosegehalt in der Regel unter 4 g/l absinkt, kann ein solcher Wein wohl kaum für Diabetiker (mäßig getrunken) schädlich sein. Im Übrigen ist durch VO (EG) jeder Hinweis auf gesundheitliche Wirkung beim Diabetiker verboten.

Resveratrol ist ein *Stilbenderivat*, welches in der Traubenbeerenhaut enthalten ist. Dort vollzieht der Stoff einen Abwehrmechanismus bei Pilzbefall (fungistatische Wirkung, → Fungizide).
Insbesondere in Rotweinen ist der Gehalt nachweisbar (Maischeextraktion) und wird neuerdings für „kardioprotektive" Wirkung von Rotwein mitverantwortlich gemacht. Das als → „French paradoxon" bezeichnete Phänomen, wonach in Frankreich bedingt durch den häufigen Genuss von Wein (Rotwein) offensichtlich die Zahl von Herzerkrankungen durch Arteriosklerose deutlich gesenkt wird, ist sicher noch durch andere kardioprotektiv wirkende Weininhaltsstoffe erklärbar (→ Cholesterin, → Wein, Gesundheit, → Wein, physiologische Wirkung).

Rezent ist in der → Weinansprache ein Wein mit ausreichender Säure und Frische.

Rhamnose ist eine → Pentose und findet sich mit 0,1 bis 0,5 g/l im Most. Sie wird von der Hefe nicht vergoren und geht daher unverändert mit in den Wein über (→ Wein, Zusammensetzung).

Rheingau. Das → Weinanbaugebiet Rheingau umfasst 1 → Bereich, 10 → Großlagen und ca.120 → Einzellagen. Auf 3125 ha wachsen etwa 3 % der deutschen Weine. An erster Stelle steht der → Riesling mit 78,8 %, danach folgen → Spätburgunder (12,2 %) und → Müller-Thurgau. (Tab. 9 „Bestockte Rebflächen und wichtige Rebsorten nach Anbaugebieten, → Tabellensammlung im Anhang).

Rheinhessen. Das → Weinanbaugebiet Rheinhessen umfasst 3 Bereiche, 24 → Großlagen und 446 → Einzellagen. Auf 26444 ha wachsen etwa 25 % der deutschen Weine. Mit 16,3 % steht der → Müller-Thurgau an erster Stelle, danach folgt mit 14,3 % der → Riesling, dann der → Dornfelder mit 13,0 %, während der ansonsten in der Werbung für R. stark herausgestellte Silvaner nur 9,3 % umfasst. Der Anteil an Neuzüchtungen war, wie man am Beispiel der Rebsorte → Bacchus demonstrieren kann, etwa 1990 noch sehr hoch. Der Anteil von ursprünglich 1893 ha ging nach knapp 20 Jahren (normale Nutzungsdauer eines Weinbergs) auf nunmehr 791 ha zurück. Auch in Rheinhessen vollzog sich der Trend zu Burgundersorten zu Lasten der Neuzüchtungen, wie z. B. der → Scheurebe. Die Tab. 10 vermittelt einen Einblick in die Fluktation im Anbau der Rebsorten (Rheinland/Pfalz), die in ähnlicher Weise auch in anderen Weinanbaugebieten stattfand (Tab. 9 → Tabellensammlung im Anhang).

Riesenfässer. Vereinzelt findet man in alten Kellern noch Riesenfässer aus Holz. Sie stammen wohl vorwiegend aus der Zeit des „Zehnten" und dienten der Aufnahme der an die jeweilige Herrschaft durch die zehntpflichtigen Winzer abzuliefernden Weinanteile. Am bekanntesten ist das Heidelberger Fass, dessen Inhalt mit etwa 2360 Hektolitern angegeben wird.

Riesling, in Baden auch Klingelberger genannt, ist eine der wertvollsten weißen Keltertrauben. Er wird heute in allen deutschen Weinbaugebieten angebaut, vor allem im Weinbaugebiet Mosel (5390 ha/59,7 % Anteil). Die Pfalz steht mit 5458 ha an der Spitze der Rebfläche.
Im Mittelrhein und im Rheingau bildet er die vorherrschende Sorte. Man vermutete ihn als eine Selektion aus Wildreben des Rheintals. Durch gentechnische Untersuchungen begründet ergibt sich eine spontane Kreuzung aus der alten Rebsorte Heunisch und einer Wildrebe der Gattung *Vitis vinifera* var. *silvestris.* Frühester urkundlicher Nachweis der Anpflanzung ist das Jahr 1435.
Die kleinen bis mittelgroßen kompakten Trauben liefern bei genügender Reife Weine mit einem feinen aber dezenten Fruchtgeschmack und markanter Säure. In guten Jahren ist der Rieslingwein wohl der edelste Weißwein Deutschlands. Mit Rieslingweinen kann man die herkunftsbezogenen sensorischen Unterschiede (Einfluss des → Terroirs) besonders deutlich machen. Für südliche Klimata ist die Rebsorte ungeeignet. Die Sorte ist ziemlich spätreifend und sollte deshalb nur in geeigneten guten Lagen angepflanzt werden. Die blumigen und rassigen Rieslingweine haben den Weltruf des deutschen Weines mit begründet. Die in der Pfalz, der Mosel und im Rheingau gewonnenen → Beeren- und → Trockenbeerenauslesen sind als Dessertweine in der ganzen Welt nachgefragt (→ Rebsortenanbau).

Rieslaner ist eine Neuzüchtung (Silvaner × Riesling), die spätreifend rieslingähnliche sehr langlebige Weine ergibt. Bei hohen Mostgewichten tritt das spezifische Aroma stark hervor und übertrifft darin den Riesling. Der Anbau in Deutschland liegt nur bei ca. 90 ha, davon 42 ha in Franken.

Riesling-Hochgewächs ist ein Q. b. A.-Wein, dessen natürlicher Alkoholgehalt (→ Mostgewicht) um mindestens 1,5 % Vol. höher liegt als die Mindestwerte des betreffendes Weinanbaugebietes. Außerdem muss der Wein bei der amtlichen Qualitätsweinprüfung die Mindestpunktzahl 3,0 erreichen (→ Qualitätsweinprüfung, amtliche).

Riesling × Silvaner. Man vermutete nach älteren Angaben, dass der → Müller-Thurgau eine Kreuzung dieser beiden Sorten sei. Ein Streit darüber, ob der Müller-Thurgau eine Kreuzung beider Rebsorten oder eine „Selbstung" des → Rieslings ist, schloss sich später noch an. Derzeit nimmt man auf der Basis von gentechnischen Untersuchungen an, dass Müller-Thurgau eine Kreuzung von Riesling × Madeleine royale ist (Stand 2010, → Müller-Thurgau.)

Ringkanalfüller nennt man die Füllmaschinen, bei denen die → Füllelemente an einem ringförmigen Kanal angeordnet sind (→ Rundfüller). Im Gegensatz zu den älteren Kesselfüllern ist hier die Luftberührung geringer, da die Vor- und Rückluft optimaler geführt und gesteuert werden kann.
Die Konstruktion des Ringkanals bei modernen Füllmaschinen ergibt sich auch aus dem Zwang, eine höhere Anzahl von Flaschen zur Steigerung der Leistung unterzubringen. Der Ringkanal kann in mehreren Kammern zur Führung der Zu- und Abluft bzw. vom Inertgas (auch SO_2) unterteilt sein. Diese Anordnung kann sowohl bei Gleichdruckfüllern wie bei Unterdruckfüllern gewählt werden (Funktionsschema → Abb. 18 im Anhang).

Ringkolbenzähler → Durchflussmesser.

Rivaner ist eine Bezeichnung, die von → Riesling × Silvaner abgeleitet wurde (→ Müller-Thurgau). Das gefällige Synonym wurde – von der Schweiz her kommend – über das Weinanbaugebiet Baden hinaus in die deutsche Rebsortenliste aufgenommen. Vielleicht liegen der Umbenennung des „Müller-Thurgau" noch die Bedenken des Züchters Prof. Hermann Müller aus Thurgau zugrunde, der seinen Namen nicht gerne mit dieser Rebsorte verbunden sah. Zutreffender erscheint jedoch die Umbenennung aus marktpolitischen Gründen.
In der Schweiz, der Heimat des Züchters, wird die Rebsorte offiziell als „Müller-Silvaner" bezeichnet. Im Übrigen ist die Bezeichnung Rivaner inzwischen fast ausschließlich auf die „trockene" Variante beschränkt.

Römer ist ein bauchiges Trinkgefäß mit einem unten verbreiterten Fuß. Nach BASSERMANN-JORDAN leitet sich das Wort von „rühmen" ab, da die Römer selbst noch kaum Gläser benutzten und der Ausdruck „Römer" erstmals 1589 gebraucht wurde.

Rohfäule oder Sauerfäule der Trauben wird durch den *Botrytis cinerea*-Pilz verursacht, falls dieser noch unreife aber verletzte Beeren befällt. Besonders anfällig sind die vom „Sauerwurm" angestochenen oder durch Hagelschlag beschädigten Beeren. Die rohfaulen Beeren ergeben einen sehr minderwertigen Most und sind sorgfältig auszulesen. Meist findet sich der → Botrytis-Pilz vergesellschaftet mit anderen → Schimmelpilzen, insbesondere → *Penicillium* und Bakterien (→ Acetobacter). Als Folge kann sich → Essigsäure und → Gluconsäure in hohen Konzentrationen bilden.

Der Übergang von Rohfäule (Sauerfäule) zur Edelfäule ist vom Reifegrad der Beeren und den Klimasituationen abhängig. Verwertbares Lesegut enthält große Mengen an → Glucanen, die die weitere Verarbeitung (Klärung) sehr stören (→ Kolloide).

Rohrzucker (Saccharose). Saccharose ist eine chemische „Verkoppelung" von Glucose und Fructose zu gleichen Anteilen (Disaccharid). In der Traube liegt Saccharose in solch geringer Menge (nativ) vor, dass diese Gehalte in den ersten Schritten der Traubenverarbeitung völlig invertiert (zerlegt) werden. Dabei produzieren die beiden Pflanzen, das „Zuckerrohr" und die „Zuckerrübe", die chemisch gleiche Saccharose. Bei dem früher auch „Kolonialzucker" genannten Rohrzucker und dem „Rübenzucker", der in unseren Zonen produziert wird, handelt es sich für die Anwendung (Anreicherung) um den identischen Zucker: Saccharose. Dass beide Zuckerherkünfte durch → Stabilisotopenanalyse unterscheidbar sind, hat für uns hier keine weitere Bedeutung (→ Anreicherung, → A., Berechnung, → A., gesetzliche Regelungen, → A., von Maische, → A., von Most, → A., Nachweis, → A. von Wein, → Rübenzucker).

Rohweinstein ist der aus dem Wein sich abscheidende → Weinstein, der sich entweder als feste Kruste an der Fasswand ansetzt oder mit in den Hefetrub übergeht. Er wird technisch weiterverarbeitet zu reinem Weinstein, → Weinsäure oder sonstigen weinsauren Salzen (→ Hefefloß).

Rosahefen (Rhodotorulaceen) sind gärungsunfähige oder höchstens schwach gärfähige Hefen, die auf festen Nährböden mehr oder weniger rot gefärbte Kolonien bilden. Sie entwickeln sich regelmäßig im Most, werden aber von den echten Hefen sehr rasch unterdrückt und am Wachstum gehindert, sodass sie kaum als Schädlinge in Erscheinung treten (→ Hefen).

Roséwein. Es handelt sich um farbschwache, zartrot gefärbte Spezialweine, die aus roten Traubensorten hergestellt werden. Keltert man Maischen aus roten Trauben umgehend und ohne vorherige Angärung ab (wie bei der Weißweinherstellung üblich), dann tritt fast keine Rotweinfarbe in den gekelterten Most über.
Eine strenge Abgrenzung an Hand der Farbe ist schwerlich möglich. Im allgemeinen neigen Roséweine mehr zum Typ der Weißweine, was durch die ähnlichen Herstellungsprozesse verständlich ist. Ein Qualitätswein b. A. darf die Bezeichnung „Weißherbst" beanspruchen, wenn er ausschließlich aus Trauben einer einzigen Rebsorte hergestellt ist und in den Anbaugebieten Ahr, Baden, Franken, Rheingau, Rheinhessen, Pfalz und Württemberg geerntet wurde. Die Rebsorte muss zusammen mit „Weißherbst" angegeben werden (→ Rotling, → Schillerwein, → Weißherbst. Der Begriff des Roséwein (Rosé) wird neuerdings in der EG-unter einschränkenden Vorbedingungen auch als Verschnitt von Rotwein mit Weißwein zugelassen, eine Entscheidung, die vielfach auf Unverständnis stößt.

Rosinenbildung am Stock tritt nur bei sehr trockenem Klima auf und ist deshalb bei uns sehr selten. In den südeuropäischen Weinbauländern ist die Rosinenbildung häufiger. So werden z. B. die → Tokajerausbruchweine aus solchen Trockenbeeren hergestellt. Man unterstützt dort den Vorgang der Rosinenbildung in manchen südlichen Ländern durch Einknicken der Traubenstiele, um eine weitere Zufuhr von Wasser in die Trauben zu unterbinden. Auch durch Auslegen der abgeschnittenen reifen Trauben auf Stroh (→ Strohweine) sucht man die Rosinenbildung künstlich zu fördern. Zur Herstellung von Rosinen, die nicht zur Weinbereitung dienen sollen, verwendet man meist kernlose Trauben, wie z. B. die Sorte Thomson Seedless.

Rostfreier Stahl → Edelstahl.

Rotgipfler ist eine weiße Keltertraube, heimisch vor allem in Österreich, die einen fruchtigen, extraktreichen, kräftigen Wein liefert, der für den eigentlichen Gumpoldskirchner (Thermenregion) markant war. Mit lediglich 184 Hektar wurde die Rebsorte inzwischen zu einer Rarität.

Rotliegendes. Im Zusammenhang mit dem → Terroir wird die Bedeutung des Standortes (Boden) als wichtig für die Ausprägung des Weintyps genannt. Eine Weinbergslage mit eisenhaltigem Boden ist dadurch rötlich eingefärbt und wird als R. bezeichnet. Andere Bezeichungen für Bodenformationen werden teils als „Bundsandstein", „Schiefer", „Kalkmergel" oder „Löss" für den dort angebauten Wein benutzt. Die Angabe als „Beschaffenheitsangabe" ist wohl nicht zulässig.

Rotling. Bezeichnung für eine Gruppe von Weinen, die den Roséweinen ähneln, aber durch Verschnitt von roten und weißen Produkten (Trauben oder → Maischen) hergestellt werden. Ein spezieller Fall davon ist der in Süddeutschland bekannte → Schillerwein. Statt der Bezeichnung „Rotling" ist → „Badisch Rotgold" mit dem Zusatz „Grauburgunder und Spätburgunder" für Erzeugnisse des Weinbaugebietes Baden gestattet, wenn eine Trauben- oder Maischemischung ausschliesslich aus den Traubensorten → Grauburgunder (Ruländer) und → Spätburgunder vorliegt, wobei der Grauburgunder-Anteil über 50 % liegen muss (ROTO-Entsafter → Abb. 6 im Anhang).

Roto-Tank. Rotierbarer, geschlossener Behälter zur Entsaftung und Vergärung von → Maische. Das ROTO-Verfahren wurde 1967 von Bucher entwickelt. 1978 folgte die Entwicklung des → VINIMATIC -Drehgärtanks von Vaslin-Coq auf ähnlichem Prinzip basierend (→ Rotweinbereitungsverfahren). Die R. sind auch heute noch in einigen Großbetrieben (Frankreich) verbreitet.

Rotweinausbau. Der nach der Vergärung einsetzende → Ausbau der Rotweine ist im Prinzip zunächst einfach, da → Restsüße hier weniger in Betracht kommt. Eine wichtige Sonderheit ist die Integration des → BSA, in der Regel direkt nach der Gärung. Hilfreich ist der meist höhere → Alkoholgehalt der Rotweine, die bekanntlich auch stärker angereichert werden (dürfen) (→ Anreicherung). So ist die Bildung von → Kahmhefen auch dadurch erschwert.
Nachteilig in der Folge und aufwändig für den weiteren Ausbau ist der Umstand, dass man Rotweine meistens „weicher", das heißt mit niedrigerem Säuregehalt auszubauen gedenkt, wodurch einerseits die Neigung zu bakteriell bedingten Krankheiten zunimmt, andererseits aber gezielt eine Säureminderung durch den Biologischen Säureabbau (BSA) initiiert werden muss.
Klassische Rotweine des Bordeauxgebiets gelten als Vorbild „samtiger" Rotweine und sollen nicht mehr als 6 g/l → Gesamtsäure (als Weinsäure ausgedrückt) enthalten. Bei der Berechnung der „Geschmeidigkeit" von Rotwein bindet man zusätzlich Alkoholgehalt und Tanningehalt mit ein (Peynaud). Der → biologische Säureabbau gehört deshalb zu den Standardmethoden zur Erzielung des gewünschten Charakters. Da dabei gleichzeitig (wie man in den 60er Jahren erkannte) einige SO_2-bindende Substanzen wie → Acetaldehyd, → Brenztraubensäure, → Ketoglutarsäure abgebaut werden, gelingt es außerdem, Rotweine mit relativ niedrigem Gehalt an

freier und gesamter → schwefliger Säure auszubauen.
Die Festlegung des optimalen Typs eines Rotweines ist noch schwieriger als die des Weißweines. Nicht zuletzt ist dies durch die Umstellung der Technik bei der Rotweinbereitung forciert worden. Insbesondere → Kurzzeit-erhitzte Rotweine können eine unnatürliche purpurrote Farbe und ein ebenso aufdringliches → Bukett besitzen (Enzyminaktivierung). Durch längeren Ausbau und Lagerung tritt hier jedoch eine Harmonisierung der Farbe ein. Im allgemeinen sind gemäßigte Wärmebehandlungen für Rotweine günstig (z. B. auch → Warmabfüllung), weil diese den erwünschten Charakter fördern (→ Rotweinbereitungsverfahren).

Rotweinbereitungsverfahren (Maischegärung). Nachdem der Anteil an → Rotwein in Deutschlands Rebbeständen sich mit etwa 37 % (Stand 2008) seit den 90er Jahren fast verdoppelt hat, ist der Verbraucher nach wie vor sehr an deutschen Rotweinen interessiert. Zudem gibt es deutsche Weinbaugebiete mit traditionell hervortretendem Rotweinanteil (Ahr, Württemberg, Baden, → Rebsortenanbau), siehe Tabellensammlung im Anhang.
Die klassische Form der Herstellung von Rotwein bedient sich der Extraktion der Rotweinfarbstoffe durch Alkoholbildung (→ Maischegärung, → Tab. 44 im Anhang), da es notwendig ist, die in den unteren Schichten der Epidermis lokalisierten Farbstoffzellen aufzusprengen (→ Mazeration). Nur wenige Rebsorten enthalten Farbstoff auch im Saft gelöst (→ Färbertraube). Die → Gärung führt zur Ausbildung eines sogenannten → Tresterhutes, der besonders ausgeprägt ist, wenn die → Maische nicht → entrappt ist. Weil im Tresterhut normalerweise kein Kontakt mit der Flüssigkeit (Alkohol) vorhanden ist, muss dieser ständig untergetaucht werden.
Das älteste Verfahren ist das „Uberschwallen“ oder auch (franz.) **Remontage** genannt (→ Abb. 19 A, B, C). Eine andere Methode, den „Tresterhut“ zu kontaktieren, ist das Bewegen der gärenden Masse, eventuell sogar unter Zufuhr von Druckluft. Dabei zeigt sich, dass die erzielbare Farbstoffausbeute bei Gegenwart der Stiele geringer ist, auch wenn die Maische untergetaucht wird; ein weiterer Grund, bei Rotwein generell die Entrappung vorzunehmen.
Im Verlaufe der Gärung steigt der → Alkoholgehalt zunehmend an, die Farbe geht dabei auf ein Maximum, fällt aber noch während der ablaufenden Gärung ab (Aufspaltung der → Farbstoffe durch die Hefe und Bakterien). Aus diesen Gründen „wirzt“ man *vor* Gärabschluss ab (→ Abwirzen) und lässt den abgezogenen → Jungwein im Fass „geschlossen“ endvergären. Zur Durchführung der notwendigen Bewegung (Untertauchen der Maische) stößt man im Kleinbetrieb manuell um oder drückt mit Senkböden den Maischehut unter die Oberfläche. Interessanterweise sind die „altertümlichen“ Verfahren der manuellen Maischeumwälzung als „traditionelle“ Verfahren in vielen Ländern noch in Gebrauch. Abgesehen von der unzumutbaren Arbeitsbelastung suchte man aber nach Wegen, die notwendige Umschichtung der Maische mit Maschinen zu bewältigen. Eine Imitation des manuellen **Untertauchens** des Tresters bietet das Verfahren PIERRE GUERIN und DEFRANCESCHI. Hier werden von oben Schaufeln in den Tresterhut gedrückt, die beim Wiederhochziehen nach innen klappen. Die Behälter werden in den Größen von 50–260 hl hergestellt (→ Abb. 20 A, B, C).
Es musste bei allen Formen der Maischebewegung versucht werden, die farbstoffhaltigen Trester schonend umzuwälzen, Zonen, die mit Farbstoff angereichert waren, zu verdünnen, den Luftzutritt zu vermeiden und die Gärungswärme zu beherrschen. Mit Sicherheit konnte dies durch Rotation im ge-

schlossenen Behälter erreicht werden. Damit war der Gedanke des rotierenden Tanks in allen Variationen der späteren Entwicklung naheliegend. Während der → ROTO-Tank (Bucher 1967) als liegender Behälter mit einer eingebauten Schikane noch nicht optimal war (keine Einrichtung zum Anwärmen und Kühlen, relativ häufige Drehbewegungen, Schwierigkeiten bei der Entleerung), ist der nach der Art der schrägstehenden Drehbehälter angeordnete VINIMATIC-Gärbehälter (Vaslin-Coq) mit diesen Zusatzausrüstungen versehen.
Bei allen rotierenden Tanks bleibt die Überlegung, ob das Untertauchen nicht auch durch Rührflügel erfolgen könne. Stehende Rührbehälter sind in der Regel nicht geeignet, den Tresterhut zuverlässig unterzutauchen bzw. es ist dazu eine sehr häufige Rotation nötig. Dabei kommt es zur Bildung von Feintrub durch Abrieb. Liegende Rührbehälter mit Maischewender, die großflächig und behutsam arbeiten, sind „Stand der Technik" (VINOTOP-Fermenter – Rieger) (→ Abb. 21 C im Anhang).
In einer weiteren Form der → VINOTOP-Fermenter benutzt man ein anderes System, welches früher schon in vielfacher Variation benutzt wurde, um den Trester umzubetten und umzuwälzen. Ausgehend von der Beobachtung, dass in einem geschlossenen Gärraum die sich verdichtende Gärungskohlensäure dazu eignet, den Trester unterzutauchen und die Beerenhülsen zu sprengen (Lidy 1947), hat man das *Druckverfahren* entwickelt. Hier wird periodisch CO_2 aus dem druckfesten Behälter entspannt, wobei der Trester aufgerissen und mit neuer CO_2 wieder untergetaucht wird. Dieses wechselhafte Aufspannen und Entspannen war im Betrieb nicht einfach zu steuern. Die Entwicklung von Regeleinrichtungen war zwar gegeben, wurde aber aus Kostengründen vielfach nicht akzeptiert (Klenk 1953).
Danach kam der Gedanke auf, mit Pumpen oder durch den Druck der eigenen Gärungskohlensäure Flüssigkeit der Maische zu entnehmen und den Tresterhut periodisch zu „überschwallen". Der Nachteil dieser Gärbehälter war das doch recht komplexe System mit Rohrleitungen und Ventilen, die schwer zu reinigen waren und auch zu Verstopfungen führen konnten (→ VINOMAT 1968, MWB-Gärtank 1977).

Die neuesten Entwicklungen entstanden aus der → Remontage = → „überschwallen" und dem „Stoßen" der Maische durch automatisierte → „Taucher" (Abb. 19/20 im Anhang).

Rotweinbereitungsverfahren (ergänzende Techniken). Historisch gesehen war bereits um die Jahrhundertwende mit den damals primitiven Verfahren versucht worden, ohne Gärung und allein durch Erwärmung die Rotweinfarbe aus den Beerenhäuten zu extrahieren (Rosenstiehl 1897). In den nördlichen Weinanbaugebieten wurde ab 1950 die Maischeerhitzung bzw. Maischeerwärmung versuchsweise eingeführt (Heimann, Wucherpfennig). Im Grundsatz spalten sich die Verfahren in die Langzeiterwärmung und die → Hochkurzzeiterhitzung auf. Langzeiterwärmung = 2–4 Std. auf 50–60 °C, Hochkurzzeiterhitzung = 1–2 Min. auf 80–85 °C, Rückkühlung im Gegenstrom auf ca. 45 °C, Verweilzeit mehrere Stunden nach Bedarf.
Die **Langzeiterwärmung** ist das technisch weniger anspruchsvolle Verfahren, da die Erwärmung zunächst weniger Energieaufwand benötigt, zur Erwärmung einfache Anlagen genügen und damit eine günstige Kostensituation geschaffen ist.
Die **Hochkurzzeiterhitzung** benötigt leistungsfähige Dampferzeuger, Wärmeaustauscher mit Wärmerückgewinnung und entsprechende Regelsysteme. Die Entwicklung der Verfahren in den 70er Jahren tendierte deshalb eindeutig zum Großbetrieb. Unbe-

dingt empfehlenswert ist der Zusatz von Enzymen, insbesondere von Pektinasen. Bei der Hochkurzzeiterhitzung kommt es zu einer totalen Inaktivierung der natürlichen Enzyme und somit wäre der Abbau der Pektine nicht mehr möglich. Bei allen Erwärmungsverfahren setzt man Pektinasen in der Anwärm- oder Abkühlungsphase hinzu, um Pektine abzubauen. Offensichtlich gelingt es aber nicht, andere Kolloide auf diese Weise abzubauen, so dass Rotweine aus erwärmter bzw. erhitzter Maische generell schlechter geklärt und problematisch zu filtrieren sind. Als Vorteil kann man ansehen:

- Kontinuierliche Verarbeitung der ankommenden Trauben zu Maische.
- Erhitzung – Abpressen – weitere Verarbeitung in Analogie zu Weißwein.
- Inaktivierung der → Polyphenoloxidase, d. h. optimale Extraktion der verfügbaren Farbstoffe und Verhinderung des Farbstoffabbaues durch die Polyphenoloxidasen.
- Reduzierung des Eiweißgehaltes, Verbesserung der Stabilität.
- Gewinnung aromabetonter Rotweine.

Gelegentlich kann bei klassischen Rotweinsorten die erwähnte Verstärkung des Aromas als negativ empfunden werden.
Vorteilhaft ist bei jeder Art der Rotweingewinnung der Zusatz von schwefliger Säure (40–80 mg/l) zur Maische. Gerade bei faulem Lesegut unterstützt die schweflige Säure die Inaktivierung der ausgeprägten Polyphenoloxidasen, unterbindet den Zufluss von Sauerstoff und selektiert zugunsten der Hefen. Falls ein Erhitzungsverfahren angewendet wurde, so muss man davon ausgehen, dass die Spontanhefe abgetötet ist und deshalb nach Rückkühlung auf Starttemperatur → Reinzuchthefe zugesetzt werden muss.
Kritik findet die Hochkurzzeiterhitzung aus energiepolitischen Gründen und weil dafür eine teure Investition (Dampferzeuger → Wärmeaustauscher) erforderlich ist. Ein grundsätzlicher Vorteil aller Erhitzungsmethoden ist aber auch die Erhöhung des Alkoholgehaltes gegenüber der klassischen Maischegärung.
Eine Variante der Erhitzungsverfahren dient der Erzeugung von sogenannten Farbsüßreserven aus → Färbertrauben.
In Großkellereien der romanischen Länder sind **kontinuierlich** arbeitende Gärverfahren in Gebrauch. Die Gründe der Anwendung des kontinuierlichen Gärverfahrens liegen demnach mehr auf der arbeitswirtschaftlichen Ebene und dienen weniger dem speziellen Ziel der Erhöhung der Farbausbeute.

Als letztes der üblichen Rotweinbereitungsverfahren sei noch die **„maceration carbonique"** erwähnt. Dieses Verfahren, auf welches Pasteur bereits hinwies, wurde von Flanzy (1935) technologisch ausgearbeitet, allerdings erst rund 30 Jahre danach in die Praxis eingeführt – insbesondere im Midi-Gebiet. Dabei werden die möglichst intakten Trauben ohne sie zu → entrappen oder gar einzumaischen in einen Behälter eingebracht und mit → Kohlendioxid überschichtet. Dort tritt innerhalb der Traubenbeere die Bildung von Alkohol ein, der die Farbe (und den Gerbstoff) extrahiert. Danach werden die extrahierten Trauben gekeltert und wie üblich verarbeitet. Auch die „Beaujolais primeur" werden mit diesem Verfahren hergestellt, welches besonders fruchtige Rotweintypen liefert. In deutschen Weinbaugebieten liegt keine Erfahrung damit vor, so dass eine Wertung außerordentlich schwierig ist. Alle genannten modernen Methoden verursachen naturgemäß Kosten, die der Betrieb natürlich gerne einspart, so lange ihm andere Möglichkeiten (Zusatz von Deckweinen) angeboten werden (→ Rührbehälter).

Rotweinbereitungsverfahren, chemische Veränderungen. (→ Mikrooxigenierung,

→ Überschwallen). Innerhalb des Rotweinausbaues widmet man sich in erster Linie der Bildung und Erhaltung der roten Farbe. Farbgebende Stoffe gehören der chemischen Nomenklatur nach zu den Phenolen, werden im önologischen Sprachgebrauch aber auch → Polyphenole oder → Gerbstoffe genannt.

Die → Oxidation als prägender Faktor führt zu Veränderungen, die überwiegend auf dem Wege der Polykondensation oder Polymerisation zwischen den Komponenten → Anthocyane, → Polyphenole und weiteren (Reaktionspartnern) zustande kommen. Die Oxidationsintensität ist dabei nicht allein vom Sauerstoffzufluss, sondern auch von der Temperatur oder auch (gegenläufig) vom Gehalt an SO_2 abhängig. Ein zu hoher Zufluss von Sauerstoff führt zu einer Überreaktion und damit zur → Braunverfärbung oder gar zur Ausscheidung (→ Depot) der ursprünglichen roten Farbstoffkomplexe. Die Begünstigung dieser farbstabilisierenden Prozesse erreicht man traditionell durch den längeren Ausbau in Holzfässern (→ Barrique) oder (neuerdings) durch gezielte Zugabe von Sauerstoff (→ Sauerstoffmanagement); ein Vorgang der dann nicht unbedingt an Behälter aus Holz gebunden ist. Die sehr differenzierten chemischen Abläufe unter zusätzlicher Einbindung von Aldehyden und → Polysacchariden sind in der speziellen Fachliteratur nachzulesen (→ Literatur).

Rote Süßreserve (Farb-Süßreserve). Da die Vergärung der erhitzten Moste zu einem starken Farbstoffverlust durch Abbau der Anthocyane (Farbstoffe) führt, wurde vorgeschlagen, → Farb-Süßreserve herzustellen (Jakob 1975). Diese kann zu Verschnittzwecken zugesetzt werden, wobei der Effekt etwa doppelt bis dreifach so stark ist, wie die Anwendung eines durch Maischeerhitzung gewonnenen → Deckrotweines. Insbesondere kann dabei mit erhöhten SO_2-Zusätzen gearbeitet werden und der Energie- und Geräteaufwand ist deutlich niedriger. Durch den verstärkten Anbau farbkräftiger Rebsorten ist das Verfahren etwas in den Hintergrund gerückt.

Rotweine sind aus roten Trauben hergestellte Weine. Während früher ausschließlich die (meist entrappte) → Maische vergoren wurde, damit die Farbstoffe aus den farbtragenden → Beerenhäuten ausgelaugt wurden, ist heute die Erhitzung der Maische in Großbetrieben zusätzlich eingeführt.
Der Zusatz synthetischer Farbstoffe (auch Lebensmittelfarbstoffe) ist in Deutschland verboten. Durch die genannten Methoden der Farbstoffextraktion steigt auch der Gerbstoffgehalt in Rotwein an (→ Rotweinbereitungsverfahren, → Wein, Zusammensetzung).

Rotwein, Lagerung. Typische → samtige Rotweine sind außerordentlich lagerfähig, insbesondere deshalb, weil ein Sortenbukett nicht dominant ist und leichte → Eintrübungen nicht so stören wie bei Weißwein. Für ursprünglich stark gerbstoffhaltige Rotweine ist die mehrjährige Lagerung für eine optimale Entwicklung sogar Bedingung (guter Korken Voraussetzung!). Dabei ändert sich die Farbnuance des Rotweines, die Braunkomponenten dominieren infolge des Abbaues von → Anthocyanen. Vor dem Verkosten sollte man Rotweine der klassischen Provenienz etwas offen stehen lassen und nicht zu kalt servieren.

Rubidium (Rb) ist ein Metall (Element), welches Ähnlichkeit mit Kalium hat. Es wurde spectrographisch in Wein in einer Menge von durchschnittlich 1 mg/l festgestellt. Rotweine enthalten mehr, Weißweine weniger Rb. Eine besondere Bedeutung scheint dem Element in Wein nicht zuzukommen.

Rübenzucker (→ Saccharose) ist der aus der Zuckerrübe gewonnene Zucker, der chemisch identisch ist mit dem → Rohrzucker. Physikalisch lässt sich Rübenzucker von Rohrzucker durch einen anderen Gehalt am Kohlenstoffisotop ^{13}C unterscheiden (→ Zuckerungsnachweis).

Rückberechnung des Mostgewichtes ist im wesentlichen ein Thema für die → Weinkontrolle. Auf diesem Wege sollen die Angaben der Mostgewichte von → Prädikatsweinen überprüft werden. Dazu bedarf es einiger Weindaten wie → Akoholgehalt, → Zuckergehalt und der → Extraktstoffe. Der im Wein vorhandene Alkohol wird benutzt, um den ursprünglichen Zuckergehalt des Mostes rein rechnerisch zu rekonstruieren. Ist noch Restzucker (unvergorener Zucker) vorhanden, addiert man den „Restzucker" zum „Zucker aus Alkohol" hinzu. Dieser erste Schritt führt leider auch schon zu einem fehlerhaften Ergebnis, bedingt durch die natürlichen Schwankungen in der → Alkoholausbeute, die im Extrem zwischen 45 und 48 % beträgt. Um überhaupt arbeiten zu können, geht man von einer mittleren Ausbeute von 47 % aus. Aber auch die Extraktstoffe verändern sich im Laufe der Gärung. Wesentlich extraktmindernd ist die Abscheidung des Weinsteins, der im Mostgewicht ursprünglich „mitgewogen" wurde. Auch die Stickstoffgehalte des Mostes wurden von der Hefe teilweise „aufgezehrt". Der → Biologische Säureabbau reduziert den Exrakt des Mostes durch die Verminderung des Säuregehaltes um weitere Beträge.
Zusätzliche, verfeinerte Berechnungen versuchen, die Präzision der Rückberechnung zu optimieren (Formel nach Gilbert). Damit erreicht man angenähert richtige Ergebnisse bei Prädikatsweinen.
Wie bereits erwähnt, macht die Rückberechnung bei angereicherten Weinen wenig Sinn, da das ursprüngliche Mostgewicht durch die Anreicherung verändert wurde. Im übrigen gelten die Streuungen bei der Rückberechnung des Mostgewichtes von Prädikatsweinen auch für die Durchführung der Anreicherung, da auch hier die Varianz der Alkoholausbeute wirksam ist. Dazu kommen noch die in der Praxis kaum vermeidbaren technischen Fehler (→ Anreicherung).

Rückenetikett. Das R. dient dazu, Angaben zum Wein, der Rebsorte oder Informationen zum Weingut unterzubringen. Es handelt sich ausschließlich um fakultative Angaben, die jedoch nicht irreführend sein dürfen. Im „Hauptetikett" sind die bezeichnungsrechtlich definierten Kennzeichnungen platziert.

Rückhaltevermögen bedeutet im Filtrationsvorgang der Grad der Abscheidung von Partikeln und Mikroorganismen. Das Rückhaltevermögen (Retention) ist mit der Filtrationsschärfe, d. h. dem Grad der Abtrennung von Festbestandteilen durch das Filtersystem verbunden. Zur Prüfung werden entweder Latexkörper einheitlicher Größe oder biologische Suspensionen eingesetzt. Das Schema der Retention ist bei Tiefenfiltration anders als bei → Membranen. Durch rasterelektronische Aufnahmen (REM) kann die Rückhaltung von Partikeln und Mikroorganismen veranschaulicht werden

Rückluftrohr nennt man die innerhalb der Füllelemente angeordnete Steigleitung, die in diesem Falle für die Füllhöhe maßgeblich ist. Die Höhe des Füllgutstandes in der Flasche wird von der Länge des Rückluftrohres bestimmt, d. h. von der Eintauchtiefe in die Flasche. Bekanntlich dient die Flasche als Volumenmaß, d. h. dass der Abstand zur oberen Kante des Flaschenhalses (→ Randvollvolumen) konstant sein sollte. Ein „Leervolumen" bleibt bei der Verwendung von alternativen → Flaschenverschlüssen mit stirnabdichtender Funktion jedenfalls vorhanden.

Rückstände der Weinbereitung. Diese sind die → Trester, der Entschleimungstrub und die beim → Abstich anfallende → Hefe, die infolge ihres Gehaltes an sonstigen Stoffen noch einer weiteren Verwertung zugeführt werden können. Die Trester finden Verwendung zur Herstellung von → Tresterbranntwein, in südlichen Ländern auch zur Gewinnung von → Traubenkernöl und von → Weinsäure.
Aus der anfallenden Hefe wird zunächst der noch in ihr enthaltene Wein gewonnen. Der dann verbleibende Hefetrub wird zu Hefebranntwein, → Weinöl und → Weinstein weiter verarbeitet.
Die Rückstände wurden früher als Futter- und Düngemittel benutzt. Da in Weinbaubetrieben heute keine Viehwirtschaft mehr betrieben wird, können die Rückstände praktisch nur noch kompostiert oder in die Weinberge ausgebracht werden. Insbesondere die Trester müssen dabei gut verteilt werden, da sonst (von den Kernen) Borschäden an Reben hervorgerufen werden. Auch aus Gründen der Bodenhygiene wird die Ausbringung in die Weinberge kritisiert. Aus Gründen des Umweltschutzes versucht man heute, die Rückstände möglichst gering zur halten.
Einen Überblick über die anfallenden Rückstände und die Möglichkeiten der Beseitigung gibt die Tab. 40. im Anhang.
Eine neuere Verwertungsmöglichkeit bietet die Herstellung von „Pellets“ aus den (getrockneten) Trestern und deren Nutzung zu Heizzwecken.

Rückverbesserung von Weinen, die nicht den gesetzlichen Vorgaben entsprechen, durch → Verschnitt oder sonstige Verfahren, ist verboten. Hierher gehören z. B. mit → Kalium (Hexacyanoferrat (II) überschönte Weine. Das ergibt sich schon allein aus der Sicht gesundheitlicher Gefahren für den Konsumenten. Unter bestimmten Bedingungen können Ausnehmegenehmigungen erteilt werden. → Überschwefelte Weine sind von diesem Verbot nicht betroffen, solange diese nicht in Verkehr kommen, da ein „verdünnender“ Verschnitt das Problem behebt (→ Qualitätsprüfung, amtliche, → Überzuckerung).

Rührbehälter für Maischen sind teilweise auch zur → Maischegärung geeignet. Dazu gehören dann auch geeignete Misch-, Wärme-, Kühlungs- und Entleerungsvorrichtungen (→ Rotweinbereitungsverfahren).

Rütteln. Beim → Flaschengärverfahren vom → Schaumwein wird die Hefe durch Rütteln nachträglich in den Flaschenhals transportiert. Der manuelle Vorgang dauert zwei bis vier Wochen, wobei mehrfach am Tag eine charakteristische Drehung der Flaschen erfolgt. Danach kann sich das → Degorgieren anschließen. Im Großbetrieb wird der Rüttelvorgang durch Spezialgeräte automatisch ausgeführt.

Rüttelpult ist ein Holzgestell, in welchem der vergorene → Schaumwein-Hefetrub in den Flaschenhals per Hand „gerüttelt“ wird (→ Rütteln).

Ruländer (→ Grauburgunder). Außer den Unterschieden in den Eigenschaften verschiedener → Klone sind es die gleichen Eigenschaften die die Rebsorte auszeichnen. Den ursprünglichen Weintyp des R. kann man mit „süß, viel Alkohol und Körper“ beschreiben. Bei teilweise hohem Mostgewicht entstanden Weine ähnlich dem → Tokayer, auch mit Hilfe der → Rosinenbildung.
Bedingt durch die ständige Nachfrage nach „trockenen“ Weinen, versuchte man die Bildung der → Edelfäule“ zu verhindern und kreierte den Typ des (trockenen) Grauburgunders. Dadurch bekamen die Grauburgunder-Weine eine markante Art. Der Trend wurde in Baden zuerst propagiert und hat im

→ Badisch Rotgold eine interessante Variante gefunden (→ Burgunderweine, → Grauburgunder, → Rebsortenanbau).

Rundfüller sind in Mittel- und Großbetrieben wegen der höheren Füll-Leistung Standard. Die Bezeichnung drückt die Anordnung der → Füllelemente aus. R. sind Teil der Abfülleinrichtungen und werden mit Leistungen bis zu 30 000 l/h angeboten. Der R. kann als → Gegendruck- oder → Vakuumfüller = Unterduckfüller betrieben werden (→ Füllmaschinen).

S

Saale-Unstrut. Das → Weinanbaugebiet steht unter den 13 deutschen → Weinanbaugebieten an 9. Stelle mit einer Rebfläche von 685 ha (2008), davon 126 ha Müller-Thurgau, 83 ha Weißburgunder, 57 ha Silvaner. Weitere Rebsorten sind → Ruländer, Traminer und Spätburgunder (→ Rebsortenanbau, → Tab. 9 im Anhang).

Saccharase (→ Invertase). Ist hauptsächlich in der Traube und in der Hefezelle lokalisiert, ausserhalb der Hefezelle existiert die S. an Kohlenhydrate gebunden. Durch Zusatz von → Methylalkohol wird die S. inaktiv. Bei der Kelterung und der Gärung wird → Saccharose invertiert (→ Invertzucker).

Saccharometer sind → Aräometer zur Bestimmung des Zuckergehaltes in Flüssigkeiten (→ Brixgrade, → Oechslegrade).

Saccharomyceten sind eine Gruppe von → Mikroorganismen (Hefen), die in der Gärungsindustrie (Wein-, Bier- und Brantweinherstellung eingesetzt werden. Die Gemeinsame Eigenschaft ist die Umwandlung der Hexosen (Fructose und Glucose) zu Alkohol. Außer *Saccharomyces cerevisiae* zählen dazu *Hansenula, Klyveromyces, Pichia, Torulaspora, Zygosaccharomyces,* die sich in ihren physiologischen Eigenschaften unterscheiden lassen (→ Hefe, → Reinzuchthefe, → Trockenhefe).

Saccharose ist ein → Disaccharid und wird in der Form des → Rüben- oder → Rohrzuckers (Haushaltszucker) zur → Anreicherung verwendet. Für die Zwecke der Anreicherung ist die Herkunft des Rübenzuckers (aus der Zuckerrübe gewonnen) bzw. des Rohrzuckers (aus dem Zuckerrohr) keine Rolle (siehe jedoch → Zuckerungsnachweis).

Sachsen. Das → Weinanbaugebiet steht mit 462 ha (2008) in Deutschland an 11. Stelle. Müller-Thurgau dominiert mit 85 ha vor Riesling mit 67 ha und Weißburgunder mit 55 ha. Ähnlich wie im benachbarten Saale-Unstrut Weinanbaugebiet dominieren die weißen Rebsorten mit jeweils mehr als 75 % (→ Rebsortenanbau, → Tab. 9 im Anhang).

Säure. Säuren sind chemische Verbindungen, die → Wasserstoffionen abspalten und dadurch den sauren Geschmack auslösen. Die Stärke des → Säuregrades lässt sich durch Messung der Wasserstoffionenkonzentration messen (→ pH-Wert). Je niedriger dieser Wert ist (im Wein zwischen 2,8 und 3,8), umso betonter „sauer" schmeckt der Wein. Im gewissen Umfang ist auch das Säure-→ Anion an der geschmacklichen Ausprägung beteiligt, d. h. → Äpfelsäure und → Weinsäure unterscheiden sich von → Milchsäure in Nuancen.

Säure, flüchtige → Flüchtige Säuren.

Säure, nichtflüchtige. → Fixe Säure.

Säure, Gehalt des Weines. Infolge des Weinsteinausfalles und des → biologischen Säureabbaues ist der Säuregehalt der Weine immer niedriger als in den zugehörigen Mosten. Zu den bereits im Most vorhandenen Säuren kommen im Wein hinzu: die → Milchsäure, die beim biologischen Säureabbau entsteht, ferner die bei der → Gärung als Nebenprodukt gebildete → Bernsteinsäure und geringe Mengen → Essigsäure. Der Gesamtsäuregehalt unserer deutschen Weine liegt meist zwischen 4 und 9 g/l. Spitzenweine (→ Beeren- und → Trockenbeerauslesen sowie → Eisweine, die durch Konzentrierung und Mitwirkung von → Botrytis entstanden sind, können höhere Gehalte haben (→ Wein, Zusammensetzung, → Tab. 27 a/b).

Säuregehalt, Umrechnung. → Gesamtsäure, Umrechnung (→ Tab. 28 im Anhang).

Säure, Grad und saurer Geschmack der Weine. Bei der Bestimmung der → Gesamtsäure mittels → Lauge durch → Titration wird nur die Menge der in einem Most oder Wein vorhandenen freien und halbgebundenen Säuren ermittelt und als → Weinsäure berechnet, ohne auf die Verschiedenheit und besonders die unterschiedliche Stärke der Säuren Rücksicht zu nehmen. Auch der Teil der Säure, der verestert ist, wird nicht ohne weiteres erfasst (→ Ester).
Die Bestimmung der einzelnen Säuren und ihre Trennung ist sehr schwierig und zeitraubend, so dass man sich für praxisnahe Untersuchungen mit der Gesamtsäurebestimmung begnügt und als Grundlage für die Beurteilung des Weines verwendet.
Der mehr oder weniger saure Geschmack des Weines wird aber weit weniger von der → titrierbaren Säure schlechthin, als vielmehr von der Art der einzelnen Säuren bestimmt. Das hängt damit zusammen, dass die Säuren in wässriger Lösung teilweise dissoziieren, das heißt in → Kationen (Wasserstoffion) und → Anionen gespalten sind. Es sind je nach Art und Verdünnungsgrad der Säure mehr oder weniger Wasserstoffionen in der Lösung enthalten. Der saure Geschmack einer sauren Lösung wird aber überwiegend von der Zahl der freien Wasserstoffionen bestimmt. Es schmeckt die Säure am stärksten sauer, die bei gleicher Konzentration die meisten Wasserstoffionen freigibt. Es lassen sich auf diese Weise die Säuren nach der Stärke ihres sauren Geschmackes abstufen.
Von den im Wein enthaltenen Säuren schmeckt die Weinsäure am sauersten, es folgt die → Äpfelsäure, dann die → Milchsäure, → Bernsteinsäure und zuletzt die → Essigsäure.
Zum Unterschied von dem Begriff der titrierbaren Säure bezeichnet man die Konzentra-

tion der freien Wasserstoffionen als die Acidität oder den **Säuregrad** des Weines, für die man der einfacheren Rechnung und Übersicht wegen, den sogenannten → pH-Wert eingeführt hat. Die Wasserstoffionenkonzentration wird in Gramm pro Liter angegeben. Da es sich dabei um äußerst kleine Zahlen handelt, hat man den negativen Logarithmus derselben als Maßstab für die Aceditát eingeführt, den man als Wasserstoffexponent oder pH-Wert bezeichnet. Er wird auf elektrometrischem Wege bestimmt (Glaselektrode). Man erhält eine von 0 bis 14 reichende Skala für den pH-Wert, innerhalb der die Werte von 0 bis 7 den sauren Bereich, die Zahl 7,0 den Neutralpunkt und 7,1 bis 14 den alkalischen Bereich darstellen. Je niedriger der pH-Wert, um so mehr freie Wasserstoffionen sind vorhanden und um so saurer schmeckt die Flüssigkeit. Der pH-Wert beim Wein bewegt sich meist von 2,8 bis 4,0.
Der Säuregrad = pH-Wert gibt uns eine natürliche Erklärung für den häufigen Fall, dass zwei Weine mit demselben Gehalt an titrierbarer Säure ganz verschieden sauer schmecken, ja dass trotz höherer Gesamtsäure der Geschmack weniger sauer ist als in einem Wein mit deutlich geringerer Gesamtsäure. Es kommt ganz darauf an, welchen Anteil die verschiedenen Säuren an der titrierbaren Säure ausmachen.
Von Einfluss auf den sauren Geschmack ist aber auch der Gehalt des Weines an → Alkohol, → Glycerin, → Zucker und sonstigen Extraktstoffen. Weine mit viel Körper oder Alkohol lassen die Säure nicht so scharf hervortreten wie kleine, körper- und extraktarme Weine. Interessant ist die Feststellung, dass Mundspeichel den sauren Geschmack „abpuffern" kann. Die Temperatur spielt ebenfalls eine Rolle. Bei höherer Temperatur ist die Säure stärker dissoziiert, der Wein schmeckt (nach der Theorie) saurer wie bei niedriger Temperatur.
Eine geringe → Restsüße verdeckt bis zu einem gewissen Grade den sauren Geschmack. Bei zuviel Restsüße in einem verhältnismäßig säurereichen Wein stoßen sich jedoch Zucker und Säure, der Wein wird unharmonisch. Die starke Milderung des sauren Geschmackes als Folge des → biologischen Säureabbaues beruht nicht allein auf der Abnahme der Gesamtsäure, sondern vielmehr auch darauf, dass an die Stelle der stark dissoziierten Äpfelsäure die Milchsäure tritt, die nur etwa ein Drittel so stark dissoziiert ist und daher auch nur ein Drittel so sauer im Geschmack wirkt. (Effekt auf den pH-Wert!).

Säure, Wirkung gegen Mikroorganismen. Die im Wein vorhandenen Mikroorganismen sind gegenüber dem Säuregrad verschieden empfindlich. → Pilze sind gegenüber einer höheren Wasserstoffionenkonzentration = niedriger pH-Wert weniger empfindlich als die meisten → Bakterien, mit Ausnahme z. B. der Essigbakterien. Die Hefen dagegen vermögen noch im pH-Bereich von 2,0 bis 4,5 zu wachsen. Manche Hefen, so gewisse *Torula*-Arten, und schleimbildende Hefen bilden nur bei einem höheren pH-Wert, das heißt bei einer geringeren Wasserstoffionenkonzentration Schleimstoffe, wodurch sich die Anfälligkeit säurearmer Weine für das → Zähwerden zwanglos erklärt. Wenn auch die Bestimmung des pH-Wertes nicht in die Weinanalyse allgemein Eingang gefunden hat, so bietet sie doch dem Chemiker eine wertvoll Unterlage bei der Beurteilung eines Weines und kann dem Kellertechniker Hinweise geben (Wirkung von SO_2, Gefahr eines biologischen Säureabbaues). → Pufferung).

Säure, titrierbare, Gesamtsäure. Der Teil des Säuregehaltes im Most oder Wein, der durch die Methode der → Titration erfasst wird. Man titriert definitionsgemäß mit Natronlauge bis zum pH-Wert 7,0; tatsächlich

liegt der eigentliche → Äquivalenzpunkt der (schwachen) Säuren des Weines höher, sodass der ermittelte Gehalt in Wahrheit geringfügig höher liegt.
Bei kritischer Betrachtung ist der in der Weinanalytik üblicherweise verwendete Begriff der → Gesamtsäure sprachlich nicht ganz korrekt, da der → gebundene Säuren-Anteil der Säuren der Moste und Weine mit der Titration nicht erfasst wird. Setzt man vor der Titration den gebundenen Anteil der Säuren durch Behandlung mit einem H-Ionenaustauscher in Freiheit, dann erst wird die „Gesamtheit" aller Säuren ermittelt (→ gebundene Säure).

Säure, titrierbare, Bestimmung. Prinzip: Eine definierte Menge Most oder Wein wird nach Entfernung der Kohlensäure mit einer 1/3n-Natronlauge bis zu einem Endpunkt (pH 7) titriert, der durch einen Indikator oder (genauer) mit einem pH-Meter angezeigt wird. In größeren Labors finden dazu automatische Motorkolbenbüretten Verwendung. Diese Geräte sind universell für andere Titrationen (z. B. → schweflige Säure) verwendbar. Zur Betriebskontrolle gibt es vereinfachte Praktikergeräte.

Säureverminderung durch Zugabe von → kohlensaurem Kalk (oder Kaliumbicarbonat) ist nach dem Weingesetz gestattet (→ Entsäuerung).

Säurezusatz. In vielen Weinbauländern mit heißem Klima enthalten die Weintrauben zu wenig Säure. Fallweise galt bisher das Problem im europäischen Raum nur als Ausnahme, die aber bei einer weiteren Klimaveränderung zur Regel werden könnte. Dem kann man unter anderem auch durch entsprechende Rebsorten begegnen, die von Natur aus schon mehr Säure produzieren. Länder wie Australien, Chile, Kalifornien, Südafrika und einige Länder Südamerikas sind schon traditionell mit der Säuerung von Most und Wein befasst. Den EG-Bestimmungen folgend ist die Säuerung ab 2009 (EU/VO 606/2009) auch in allen deutschen Weinanbaugebieten zugelassen. Bisher war dazu lediglich im Jahr 2003 bereits eine Ausnahmeregelung ergangen, die 2011 erneuert wurde. Nun ist der maximale Zusatz bei Most auf 1,5 g/l und bei Wein auf 2,5 g/l begrenzt. Zugelassene Säure ist bisher (in der EG) nur → Weinsäure, Äpfelsäure und Milchsäure. Weinsäurezusätze senken im Vergleich zu Äpfelsäure bzw. Milchsäure den pH-Werte am stärksten, obwohl die → titrierbare Säure nur etwa um die Hälfte des Zusatzes erhöht wird. Dies ist überwiegend durch die starke Weinsteinausscheidung bedingt, die das „puffernde" Kalium reduziert.
Der Zusatz von Milchsäure dagegen würde den pH-Wert wenig verändern, die Kaliumwerte blieben konstant. Die Äpfelsäure ist sehr teuer (der Wein enthält natürlicherweise nur die isomere L (–) Form), sodass die (synthetische) D, L-Form der Äpfelsäure zugesetzt wird.
Nachdem die Äpfelsäure für säurearme Jahrgänge zur Säuerung (→ Säurezusatz) auch in Deutschland zugelassen wurde (E 296) sind auch synthetische Formen der Äpfelsäure (D-Form und D, L-Form) im Handel. Für alle drei Formen stört der hohe Preis bei der Anwendung.
Ausserhalb der EU praktizieren diese Säuerung insbesondere Länder wie Australien oder Südafrika. Zur Säuerung hat sich Citronensäure generell nicht bewährt.
Bei den verschiedenen Formen der → Doppelsalz-Entsäuerung sind die Weinsäureanteile nur technisch bedingte „Schleppsubstanzen", die im Endeffekt nur „intermediär" auftreten.
Für Stoffe mit Säurestruktur wie → Ascorbinsäure oder → Citronensäure, die aber nicht dem Ziel der Säuerung dienen, gibt es wohl auch Grenzwerte, die aber nicht als Säuerung zu werten sind.

Für die dem Lebensmittelrecht unterworfenen Obstweine (Fruchtweine) gelten die erwähnten weinrechtlichen Einschränkungen nicht. Sie sind der Kategorie „weinähnliche Getränke" zuzuordnen. Zwecks Haltbarmachung der meist säurearmen Produkte ist Milchsäure (bis zu 3 g/l) zugelassen. Von der Handelsmilchsäure (50 %ig) benötigt man 240 g/hl, um den Säuregehalt um 1 g/l zu erhöhen (→ Weinbereitung, zugelassene Stoffe). Einen Überblick über die im Most und Wein vorkommenden Säuren → Tab. 27a und 27b im Anhang.

Saignée (franz. = entblutet). Wird im fachlichen Bereich normalerweise für „vorentsaftete" Rotmaische gebraucht, deren Saft teilweise entfernt wurde. Durch die Konzentrierung der Feststoffe in der Restmaische werden die Farb- und Gerbstoffe (Feststoffgehalte) der „Saignée-Weine" verstärkt. Dass der verfremdete Begriff überhaupt zur Weinbeschreibung benutzt wird, ist typisch für die ungehemmte Ausuferung des Weinmarketings.

Saint-Laurent. Rebsorte. Sie stellt Weine der gehobenen Qualität mit ausdrucksvollem Aroma. In der Charakteristik wird häufig der Geruch nach „Schwarzen Johannisbeeren" zitiert. In den Weinanbaugebieten Deutschlands werden derzeit 669 ha angebaut. Die Hauptanbauflächen liegen in Württemberg und in der Pfalz (302 ha), eine rasante Steigerung ausgehend von nur 71 ha im Jahr 1996. Die Rebsorte wurde vermutlich nach einem französischen Heiligen „Laurenzius" benannt. Die größte Verbreitung vermerkt man in Tschechien und Österreich (→ Rebsortenanbau, → Abb. 10 im Anhang.

Sake ist ein vor allem in Japan und China gebräuchliches, durch Gärung hergestelltes Getränk aus geschältem Reis. Die Vergärung erfolgt nach Verzuckerung mit *Aspergillus oryzae* und *Saccharomyces sake* in Mischkultur mit Milchsäurebildnern. Der Reiswein ist süßlich und alkoholbetont (14–17 % Vol.).

Samenbruch tritt bei Befall der noch im Wachstum befindlichen Beeren durch den echten Mehltau (Oidium) ein. Die aufgeplatzten Beeren lassen die → Kerne (Samen) sichtbar werden. Solche Beeren sind als minderwertig bei der Lese auszusondern.

Samos ist ein beliebter, von der Insel Samos stammender → Dessertwein. Er wird aus frischen oder wenig getrockneten Trauben gewonnen, indem dem Most schon vor der Gärung oder spätestens während der Gärung 12 bis 14 % Vol. Weinalkohol zugesetzt werden und dadurch eine Weitergärung verhindert wird (→ Likörwein).

Samtig nennt man → Rotweine, in denen → Alkohol, → Extrakt, → Glycerin sowie sonstige Bestandteile in einer vollendeten Harmonie auf Geschmacks- und Geruchssensoren einwirken. Jedenfalls dürfen die Weine nicht adstringierend (→ herb) durch → Gerbstoffe sein.

Samtrot ist eine neue Rebsorte (Selektion) aus Weinsberg in Württemberg, die angenehm milde Rotweine liefert. Vermutlich ist es eine Mutante des → Schwarzrieslings. Wird nur in Württemberg (in der Nähe von Heilbronn) angebaut. Rechtlich wird die Rebsorte dem → Spätburgunder zugeordnet. Im Rebsortiment wird Samtrot als → Klon des Spätburgunders eingestuft. Die Rebsorte ist deshalb in den Tab. → Rebsortenanbau (siehe Anhang) nicht aufgeführt.

Sangria. Ein weinhaltiges Getränk nach Art des Wermuts, wobei das Aroma durch Citrusfruchtextrakte, gegebenenfalls auch noch mit Gewürzen, Süßungsmitteln und Kohlensäure variiert werden kann. Der vorhandene Alkoholgehalt darf jedoch nicht über 12 % Vol. liegen (→ weinhaltige Getränke).

Santa Maddalena (St. Magdalener) ist ein hellroter → Rotwein aus Südtirol (nordöstlich von Bozen) mit charakteristischer „Blume“ und 12 bis 13 % Vol. Alkohol.

Sauerfäule (→ Rohfäule).

Sauerstoff benötigt der Wein in mäßigen Mengen zur Gärung, aber auch zum sortengerechten Ausbau. Zu starke Sauerstoffzufuhr durch Lüften (Luft enthält 20,93 % Vol. Sauerstoff) schadet jedoch, das → Altern wird beschleunigt und die rebsortenprägenden Aromen leiden. Die früher üblichen starken Lüftungen beim → Abstich entfallen in der heutigen Ausbaurichtung völlig bzw. sind nur bei extrem starkem → Böckser angebracht.
Einer zu starken Sauerstoffzufuhr kann man durch die → Schwefelung entgegenwirken oder den Sauerstoff durch Stickstoffbegasung auswaschen. Im Mostzustand scheint die Lüftung bei den meisten Weintypen keine Nachteile zu haben. Fallweise wird bei Rotwein die- → Mostoxidation propagiert (→ Mikrooxigenierung).

Sauerstoff-Wirkung. Unter diesem speziellen Begriff erfasst man neuerdings die gesamten Vorgänge, die durch bewusste Zusätze und der technisch unvermeidbaren Aufnahme an Sauerstoff während der Produktion von Wein – auch speziellen Weintypen – erfolgt. Zu den gezielten Zusätzen zählt der Zusatz vor der Gärung, falls man damit die Vermehrung der Hefe im Auge hat. Für die externe Produktion von Hefe im technischen Maßstab werden dazu große Mengen an Sauerstoff zugesetzt, um die Zellbildung extrem zu steigern.
Für die Zwecke der Gärungsaktivierung bei der Weinproduktion reichen Zusätze von 10 mg/l, die in der Regel bei normalen Verfahren der Traubenverarbeitung zu Most ohnehin eingebracht werden. Ohne die spätere Sauerstoffaufnahme näher zu beschreiben, ist festzustellen:

- Die Sauerstoffaufnahme beginnt im wesentlichen nach der alkoholischen Gärung.
- Nach der Gärung ist bereits (ohne Schwefelung) ein niedriger → Redoxwert erreicht.
- Der → Abstich bewegt den Redoxwert nach oben (durch Sauerstoffaufnahme).
- Der → biologische Säureabbau zeigt die gleiche Tendenz wie die alkoholische Gärung (→ Abb. 16 im Anhang).

Die Festlegung eines Weintyps ist weder von der Definition her noch vom Sauerstoffzufluss bei der Weinbereitung festzulegen (→ Typenwein). Daher gibt es auch keine → Kennzahl, die diese Zielsetzung unterstützt. Der Sauerstoffzufluss begleitet die Weinbereitung in allen Phasen bis einschließlich der Reifung eines Weines in der Flasche. Gerne spricht man von „Sauerstoffmanagement“, wohl wissend, dass jeder Wein eine andere Sauerstoffkapazität besitzt und als Resultat jeweils ein anderer Zustand (→ Redox-Wert) erreicht und gemessen wird. Gewiss ist nur, dass Rotweine die größte Sauerstoffkapazität besitzen (Phenolgehalt).

Besonders intensiv sind die Verhältnisse beim → Barrique-Ausbau“ studiert worden. Bei der üblichen Einteilung in „reduktiv“ und „oxidativ“ reicht die Spanne beim Weißwein (Beispiel Riesling) bis zum → Dessertwein (Beispiel Sherry). Allein mit den weingesetzlich limitierten SO_2-Zusätzen kann die gewollte oder spontane Sauerstoffwirkung jedenfalls nur zu einem Teil kompensiert werden.

Sauersüß (süß-sauer) schmecken Weine bei zu hoher → Restsüße, die sich mit der → Säure geschmacklich stößt und den Wein unharmonisch erscheinen lässt. Kleinere Mengen an Restzucker können kompensierend auf die Säure wirken, indem sie „überdecken", d.h. die Geschmacksharmonie erhöhen. Eine feste Regel, in welchen Relationen die Disharmonie entsteht, gibt es nicht. Bei extremen Süße-Säure-Verhältnissen werden → Bukettweine wie → Scheurebe und Andere dann eher unharmonisch. Bei der Flaschenlagerung flacht die Disharmonie teilweise wieder ab (→ Altern der Weine). Durch die starke Nachfrage nach „trockenen" Weinen sind säurebetonte Weißweine kaum im Angebot.

Sauser nennt man den Most zur Zeit der stürmischen Gärung. In den Weinbaugebieten wird dieser junge Wein gern getrunken (→ Bitzler, → Federweißer).

Sauternes-Weine sind überwiegend Weißweine aus dem Bordeauxgebiet. Rebsorten sind Semillon, Muscadelle und → Sauvignon blanc, Rebsorten, die im Gebiet S. vollreife Trauben durch Edelfäule, bei sehr geringem Ertrag (max. 25 hl/ha) liefern. Die hochwertigen Qualitäten entsprechen deutschen Beerenauslesen (→ Likörwein).

Sauvignon blanc ist eine weiße Rebsorte mit Tradition, die in Frankreich mit insgesamt ca. 24200 ha weit verbreitet ist. Die Rebsorte stammt aus Frankreich, wo sie die typischsten Weine in dem (kleinen) Weinbaugebiet Sancerre (2745 ha) – die bekannte Spezialität „Fumé Blanc" – in vorwiegend „trocken" ausgebautem Stil hervorbringt (1190 ha). Auch in Chile (8697 ha), Kalifornien (6146 ha) und Italien (2500 ha) schätzt man die Rebsorte. Im Gebiet Sauternes werden in Kombination mit → Semillon blanc bei niedrigem Ertrag (25 hl/ha) wertvolle, botrytisgeprägte Edelweine gewonnen. Bei normaler Reife sind die Weine grünlich-hellgelb und würzig-fruchtig. In jüngerer Zeit haben sich die „Neuen Weinbauländer" Südafrika (8406 ha) und Neuseeland (10491 ha) im weltweiten Anbau mit an die Spitze gesetzt. Offensichtlich fördert das „Reizklima" in Neuseeland das primäre Sortenaroma der Trauben. Zusätzlich pflegt man den Weintyp mit dem Ziel „grasig" nach Kräutern schmeckend" oder „vegetativ" mit Hilfe des → reduktiven Ausbau. Der reduktive Ausbau bringt den Weintyp in die Nähe der → Scheurebe, deren Aroma ebenfalls durch → Thio-Verbindungen und → Pyrazine geprägt ist. Als Anteil am Cuvée der hochwertigen weißen Spitzenweine aus dem → Sauternes gibt er der dominanten Rebsorte Semillion eine charakteristische Nuance.

Scharf nennt man in der → Weinansprache Weine mit einem zu hohen → Kohlensäuregehalt, der, wenn nicht durch zu starke Dosierung mit → Kohlensäure beim Abfüllen, dann aber durch eine → Nachgärung oder unerwartet eingetretenen spontanen → biologischen Säureabbau hervorgerufen wird. Im Falle der Nachgärung sind „scharfe" Weine oft auch dickflüssig (→ Zähwerden) und eingetrübt (→ Weinfehler).

Schatzkammer ist die Bezeichnung eines abgesonderten Teiles des Flaschenkellers, in dem die feinsten und edelsten Weine aufbewahrt werden.

Schaumwein ist ein kohlensäurehaltiger, moussierender Wein, der angeblich in Frankreich zuerst erfunden wurde (als Erfinder gilt Dom Perignon – ein Mönch, der ab 1668 Kellermeister der Abtei Hautvillers war). Die Bezeichnung → Champagner geht auf das Ursprungsgebiet der Champagne zurück und ist für die dortigen Schaumweine geschützt.

In Deutschland produzierte Schaumweine, die nicht ausschließlich aus deutschen Weinen hergestellt werden müssen, werden als

→ Sekt oder unter bestimmten Voraussetzung als → Crémant bezeichnet. Die Qualität und Art des Schaumweines hängt wesentlich von dem benutzten Ausgangswein und von seiner Behandlung ab. Man verwendet vorwiegend Weine mit nicht zu hohem → Alkoholgehalt (80–85 g/l), die sich aber durch ein charakteristisches Bukett und eine harmonische Art auszeichnen sollen. Ein Schaumwein soll nicht zu alkoholreich, nicht zu süß sein und ein zurückhaltendes, angenehmes → Bukett besitzen. Die → Kohlensäure soll möglichst fest gebunden sein, damit das Getränk auch nach dem Einschenken seine frische, prickelnde Art noch möglichst lange behält (→ Perligkeit).
Als Grundweine dienen solche aus den verschiedensten Traubensorten. In Frankreich sind es vor allem der weiße und der blaue Burgunder und die Gamayrebe, in der Champagne nur die drei zulässigen Rebsorten → Pinot noir, → Pinot Meunier und → Pinot blanc. In Deutschland ist es besonders der → Riesling, der einen hervorragenden Schaumwein von rassigem Charakter abgibt, jedoch werden auch andere Sorten zur Schaumweinbereitung herangezogen. Nimmt man rote Trauben, so werden sie weiß gekeltert, (blanc de noir). Es eignen sich besonders dazu: der → Spätburgunder, der → Saint Laurent, die → Müllerrebe, → Portugieser und Neuzüchtungen. Ausgesprochene Rotsekte werden ebenfalls hergestellt, sind aber allgemein weniger gefragt.

Schaumweine lassen sich herstellen nach dem Flaschengärverfahren, durch das Tankgärverfahren und im Falle von → Fruchtschaumwein durch Imprägnierung mit Kohlensäure. Zugesetzte Kohlensäure muss deklariert werden. Grundsätzlich müssen Schaumweine bei 20 °C einen Überdruck von mindestens 3 bar aufweisen und unterscheiden sich darin von Perlwein, der nur einen Überdruck von 1 bis 2,5 bar haben darf. Für Qualitätsschaumweine (Herkunftsschaumweine) gelten Sonderbedingungen (→ Sekt).

Die Situation auf dem Markt stellt sich nicht nur nach Schaumwein-bezeichnungsrechtlichen Bedingungen recht differenziert dar. Im deutschen Schaumweinsektor hat sich die Produktion – überwiegend aus Kostengründen, aber auch durch Probleme bei der Verfügbarkeit billiger Grundweine bedingt – weitgehend vom deutschen Grundwein entfernt. Von der Herstellung und dem Angebot eines „Qualitätsschaumwein b. A." als Erzeugnis einer Marke wird in großen Sektkellereien heute wenig Gebrauch gemacht. Dadurch bedingt entwickelte sich inzwischen ein relativ junger Markt in der Form des Winzersekts, der zusätzlich auch einem „Schaumwein b. A." entsprechen muss (→ Schaumwein, amtliche Qualitätsprüfung). Zudem erlaubt die Rebsortenangabe oder die Jahrgangsangabe dem Konsumenten eine spezifische Information zur Qualität der „Winzersekte".
Gewissermaßen als neues „Kultprodukt" und Gegenspieler zum Champagner ist der „Crémant" zu werten. Dieser Schaumwein ist innerhalb der EG (besonders in Frankreich) seit längerem etabliert und wird neuerdings unter besonderen Voraussetzungen ebenfalls in Deutschland hergestellt. Im Vergleich zum „normalen" Winzersekt kommen auf den Erzeuger (Winzer) allerdings zusätzliche Anforderungen hinzu (→ Cremant).

1. *Flaschengärverfahren*
Bereits bei der Lese und Kelterung der Trauben nimmt man auf den späteren Verwendungszweck Rücksicht, indem man die sorgfältig ausgelesenen gesunden Trauben vielfach nicht gequetscht, sondern unverändert (ganz) auf die → Presse (→ Ganztraubenpressung) bringt und nur verhältnismäßig schwach presst. Besonders bei roten Trauben ist ein zu starker Druck zu vermeiden, um

möglichst helle Weine zu erhalten. Die Ausbeute beträgt bei dieser Art der Kelterung nur etwa 50 %.
Nach dem ziemlich früh erfolgten → Abstich von der → Hefe wird ein Verschnitt vorgenommen, um größere Mengen eines möglichst gleichartigen Ausgangsproduktes zu erhalten (→ Cuvée), auch mit dem Ziel, stets Marken von gleicher Art liefern zu können. Dieser → Verschnitt erweist sich in diesem Falle wegen der Verschiedenartigkeit der Weine als notwendig und erfordert besondere Erfahrung. Er wird in besonders großen Tanks oder mit Glas ausgekleideten Betonbehältern vorgenommen. Vielfach müssen auch Weine älterer Jahrgänge herangezogen werden, die man für diesen Zweck stets auf Lager hält.
Der so vorbereitete Grundwein wird wie ein normaler Wein durch → Schönungen und → Filtration ausgebaut und stabil gemacht, damit spätere unangenehme Nachtrübungen vermieden werden. Dieser → Stillwein wird nunmehr einer nochmaligen Gärung innerhalb der geschlossenen Flasche unterworfen, indem man ihn mit Zucker (Fülldosage oder Tirage genannt) und einer für diesen Zweck besonders ausgewählten und geeigneten → Reinzuchthefe versetzt. Der Zuckerzusatz beträgt etwa 20 bis 25 g/l, wodurch ein späterer Kohlensäuredruck von 4 bis 6 bar in der Flasche erzeugt wird. Einen höheren Druck vermeidet man wegen der Gefahr erhöhten Flaschenbruches. Es wird nur → Saccharose oder RTK, gelöst in Wein verwendet. Die Reinzuchthefe muss neben ausreichender Gärkraft gegen hohen Kohlensäuredruck und den bereits vorhandenen Alkoholgehalt möglichst widerstandsfähig sein und sich nach der Gärung fest und körnig absetzen. Der so vorbereitete Wein wird in dickwandige, druckfeste Flaschen gefüllt, die mit → Kronenkorken verschlossen werden. In einem Raum mit 15 bis 18 °C werden die Flaschen gestapelt; dort setzt die → Gärung bald ein. Dann kommen die Flaschen in kühlere Räume, in denen die Gärung sich über Wochen hinziehen kann. Der in den Flaschen herrschende Druck kann anhand einiger Pilotflaschen mittels eines Manometers kontrolliert werden.
Nach Abschluss des Gärprozesses werden die Flaschen in den Rüttelkeller auf die → Rüttelpulte gebracht, wo sie, mit dem Hals nach unten täglich durchgerüttelt, etwa um 1/8 gedreht und in eine immer steilere Lage gebracht werden (heute wird teilweise mechanisiert „gerüttelt"). Auf diese Weise wird die Hefe gezwungen, sich auf den „Korken" abzusetzen. Darauf wird von den vorher stark gekühlten Flaschen der „Korken" entfernt und die Hefe durch den Kohlensäuredruck herausgetrieben (→ Degorgieren). Dazu gibt es spezielle Geräte, die den Vorgang automatisch vollziehen. Die Flaschen werden sofort wieder verschlossen.
Das „Entkorken" und Enthefen wird vielfach auch in der Weise vorgenommen, dass das Ende des Flaschenhalses in eine Kältemischung (-25 bis -35 °C) getaucht wird, so dass die Hefe in einem Eispfropfen fest eingeschlossen und mit diesem entfernt wird. Der auf diesem Wege gewonnene klare und von Hefe befreite Schaumwein erhält noch einen kleineren oder größeren Zusatz von Likör (Versanddosage), bestehend meist aus einer Lösung reinsten Zuckers in Wein. Nunmehr wird endgültig mit Korken verschlossen, wobei man einen Luftraum von etwa 15 ml belässt. Durch eine Drahtagraffe wird das Heraustreiben des Stopfens verhindert. Nach weiterer Lagerung sind die Flaschen versandfertig und werden dann in der bekannten Weise vorher ausgestattet. In größeren Kellereien ist der Vorgang vollständig mechanisiert.
Eine weniger häufig benutzte Variante ist das sogenannte → Transvasierverfahren, bei welchem zwar in Flaschen vergoren, die Hefe aber durch Filtration abgetrennt wird. Da

man auf das Rütteln und → Degorgieren verzichten kann, ist das Verfahren kostengünstiger und die Deklaration → „Flaschengärung" kann erhalten bleiben.
Die Bezeichnungen „traditionelles Verfahren", „klassische Flaschengärung" oder „traditionelle klassische Flaschengärung" können aber nur verwendet werden für Sekte, die nach der „méthode champenoise" hergestellt wurden.

2. *Tankgärverfahren*
An eine Vereinfachung des schwierigen und lange Zeit dauernden Flaschengärverfahrens konnte man erst nach Einführung der → Drucktanks und Vervollkommnung der Klärtechnik denken. Die mittels dieses → Großraumgärverfahrens erzeugten Schaumweine sind billiger als Flaschengärsekte. Die Abfüllung des fertigen Schaumweines erfolgt im Gegendruckverfahren, um Kohlensäureverluste zu verhindern.
Nach mancherlei Verbesserungen hat das Verfahren schnell Eingang in die Praxis gefunden. In vielen Betrieben dürfte zumindest ein überwiegender Teil der Produktion im Großraumgärverfahren erzeugt werden.

3. *Imprägnierverfahren*
Dieses einfachste Verfahren der Schaumweinbereitung besteht darin, dass man den gut gekühlten Stillwein mittels besonderer Kohlensäure-Imprägnieranlagen mit einer bestimmten Menge Kohlensäure versetzt. Es wird fast ausschliesslich zur Erzeugung von → Fruchtschaumweinen benutzt. Die imprägnierten Getränke reichen niemals in ihrer Qualität an einen nach dem Flaschengärverfahren bzw. Großraumgärverfahren gewonnenen Schaumwein heran. Die Kohlensäure ist viel lockerer gebunden und entweicht nach dem Einschenken erheblich schneller (→ Imprägnieren mit Kohlensäure).

Schaumweinähnliche Getränke. → Fruchtschaumweine zählen zu den → weinähnlichen Getränken (→ weinähnliche Getränke).

Schaumweine, amtliche Qualitätsprüfung. Die Prüfung als „Sekt b. A." bzw. „Qualitätsschaumwein b. A." läuft nach den Regeln der → Qualitätsweinprüfung ab. Die einzige Besonderheit ist die gesonderte Bewertung des → Mousseux. Ähnliches gilt für die → Bundesweinprämiierung.

Schaumwein, Beschaffenheitsangaben. Je nach Zuckergehalt unterscheidet man nach VO/EG 606/2009 verschiedene Bezeichnungen (→ Tab. 17b im Anhang).
Ein Vergleich mit den analogen Beschaffenheitsangaben bei Wein zeigt drei Unterschiede:
- Höher angesetzte Grenzwerte.
- Überlappende Bereiche.
- Keine Bindung an den Säuregehalt.

Die gegenüber „Still"-Wein höheren Grenzwerte lassen sich mit der betont kompensierenden, geschmacklichen Wirkung der Kohlensäure beim Schaumwein begründen. Im übrigen sind die auf die Süßewirkung bezogenen Beschaffenheitsangaben nur als Orientierungshilfen zu sehen (→ Tab. 17b im Anhang).

Schaumwein, Besonderheiten. Schaumweine werden nicht nur nach unterschiedlichen Verfahren hergestellt, sondern auch dadurch typisiert. Beim Herstellungsprozess variieren nicht nur die Grundweine, sondern auch die weitere Behandlung. Für → Champagner gilt es als prägend, dass die verwendeten Grundweine einen biologischen Säureabbau absolviert haben, im Verlaufe der Grundweinherstellung demgemäß auch wenig SO_2 verwendet wird. Eine weitere Prägung erreicht man durch die lange Hefelagerung vor dem → Degorgieren und weitge-

hendsten Verzicht auf Schwefelung beim Zusatz der Versanddosage.
Für → Sekt benutzt man eher die „reduktive" Arbeitsweise bei der Bereitung der Grundweine und der Herstellung und Abfüllung. Da man hier SO_2 verwendet, werden die → Aldehyde „maskiert", während man bei Champagner auf freien Aldehyd als sensorisch prägendes Charakteristikum (Aldehydton) Wert legt. Die „reduktiven" deutschen Sekte zeigen den gewollten sortentypischen Aromagehalt z. B. des Rieslings (→ Oxyäthansulfonsäure).
Nach der Champagner-Strategie verfährt man auch bei der Herstellung der „Crémants" und der „Cava". Die „Crémants" sind Schaumweine b. A., die in Frankreich auf wenige AC-Gebiete beschränkt sind, während „Cava" ein spanischer b. A.-Schaumwein aus dem Penedés-Gebiet ist.
Eine ganz andere Note besitzen Schaumweine, die aus Italien kommen. „Asti spumante" entstammt einer anderen Verfahrensweise: Hier wird der Gärvorgang bereits im ersten Schritt unterbrochen, d. h. es ist eine gelenkte, unvollständige Vergärung der Moste, sodass kein Grundwein (Cuvée) hergestellt wird und keine Zweitvergärung im klassischen Sinne erfolgt (→ méthode rurale). Prägend ist dabei die Verwendung von aromatischen Mosten (Muskat-Rebsorten). Die Gärhemmung wird hier bewusst durch scharfe, eventuell mehrfache Filtration erreicht. Die Gärung muss selbstverständlich unter Druck ablaufen, um die notwendige Kohlensäure zu erhalten.
Ein neuerdings stark nachgefragtes schäumendes Produkt ist der „Prosecco spumante", der aus der Prosecco-Traube hergestellt wird.
In der Technologie kennt man verschiedene Begriffe, die in der Önologie sonst nicht verwendet werden:

- Champagne millésimé = Champagner mit Jahresangebe.
- Cuvée (die) = Grundwein, der durch Verschnitt optimiert wird oder auch unverschnitten versektet wird.
- Dosagelikör = Versanddosage = Zusatz zur „Süßung" und Geschmacksprägung vor der Fertigstellung (Zusatz zum Rohsekt).

- Fülldosage (Tirage) = Zusatz des zur Zweitgärung notwendigen Zuckers, der Hefe und der Rüttelhilfe (klassische Flaschengärung).

Die statt Zucker möglichen Zusätze von Traubenmost bis RTK (EWG-Recht) dürfen den Alkoholgehalt nur um maximal 1,5 % Vol. anheben. Die meisten Produktionsschritte sind traditionell mit französischen Fachausdrücken belegt.

Schaumwein International. Schaumweine werden international nicht nach einheitlichen Regeln hergestellt. Am deutlichsten wird dies beim Vergleich zwischen dem klassischen Champagner, der mit der „methode champenoise" hergestellt wird. Die genannte Bezeichnung ist allerdings nur für Schaumwein für die Region „Champagne" zugelassen. Ein genereller Unterschied ergibt sich logischerweise bereits durch das Ausgangmaterial, die Moste und die Grundweine. Die Grundweine der Champagne bestehen in der Regel aus einem → Cuvee aus den drei Standardrebsorten, in unterschiedlichen Anteilen zusammengestellt. Prägend für diesen Typ ist der → Biologische Säureabbau, der u. A. SO_2 einspart und und damit den eher „oxidativen" → Ausbau gestattet. Eine weitere Ausprägung erreicht man durch eine längere Lagerung der Flaschen vor dem → Degorgieren und wenig SO_2-Zusatz bei der → Dosage.
Bei → Sekt benutzt man die reduktive Arbeitsweise bei der Herstellung der Grundweine und der weiteren Verfahrensweise. Da man auf Gehalte von „Freier" SO_2 im abgefüllten Sekt Wert legt, sind die ansonsten sensorisch wirksamen → Aldehyde gebunden

und nicht sensorisch wirksam. Das Gegenteil ist beim Champagner der Fall (Aldehydton). Zudem zeigen deutsche Sekte gezielt die Charakteristik der Rebsorte. Der Typ des Rieslings profitiert von dieser önologischen Strategie. Einige Schaumweine, wie z. B. aus Italien der „Asti spumante", werden nicht durch die übliche „Zweitgärung", sondern durch eine gelenkte Gärung des Mostes unter Druck gewonnen (→ „methode rurale"). Zusätzlich prägend ist die Verwendung von Aroma-Rebsorten (Muskat). Die Gärung wird vorzeitig unterbrochen, um den aromatischen Charakter zu betonen (→ Restsüße). Aus Italien kommen auch Spumante aus der Rebsorte → Prosecco. Häufiger findet sich der als → „Frizzante" bezeichnete Perlwein. Bei der Dosage unterscheidet man die „Fülldosage" (= Zusatz einer Zuckerlösung) nebst Hefe und Hilfsstoffen, vor der Zweitgärung, die zur Erzeugung von Kohlensäure (druck) berechnet ist, von der „Versanddosage" (= Versandlikör, meist aus Zucker oder → RTK gelöst in reifen Weinen zusammengesetzt). Die meisten Produktionsschritte sind mit französischen Fachausdrücken belegt. (→ Crémant).

Schaumwein, gesetzliche Regelungen. Je nach Einstufung gilt für deutsche Produkte eine andere Abstufung der Beschaffenheitsangabe bei Restzuckergehalten, die für „trocken" etc. eine deutlich höhere Spanne aufweisen. Auch die Mindestlagerdauer auf der Hefe ist zwischen „Tankgärsekt" und der Flaschengärung verschieden. Für den Winzersekt, der in der Sonderheit als → Crémant hergestellt und bezeichnet wird, gelten Sondervorschriften, die hier nicht vollständig dargestellt werden können. Insbesondere der Crémant ist in der Herstellung „anspruchsvoller", da der Gehalt an Gesamter schwefliger Säure auf 150 mg/l, die Restsüße auf 20 g/l begrenzt und sogar eine → Ganztraubenpressung vorgeschrieben ist (→ Schaumwein, amtliche Qualitätsprüfung, → Sekt, → Winzersekt).
„Schaumwein" mit zugesetzter Kohlensäure darf bis 50 mg/l freie SO_2 und bis zu 300 mg/l gesamte SO_2 enthalten. Ist inländischer Schaumwein „Qualitätsschaumwein" → Sekt, → Qualitätsschaumwein b. A. oder → Sekt b. A., so darf dieser nur 35 mg/l freie → SO_2 enthalten, die gesamte SO_2 darf 185 mg/l nicht überschreiten. Für deutsche Qualitätsschaumweine b. A., Sekt b. A. etc. ist eine amtliche Prüfung vorgeschrieben. Bei Erreichen der vorgeschriebenen Mindestpunktzahl wird eine Prüfungsnummer zugeteilt. Die Einreichung eine Analyse ist Vorschrift; insoweit ist dies eine Analogie zur amtlichen Prüfung von Qualitätsweinen. Außerdem wird ein erhöhter CO_2-Druck (3,5 bar bei 20 °C) vorgeschrieben.
Bei für Diabetiker geeigneten Schaumweinen dürfen die Zuckeraustauschstoffe → Fructose, → Mannit, → Sorbit und → Xylit zugesetzt werden. → Glucose darf höchstens zu 2 g/l enthalten sein. → Saccharose ist nicht gestattet. Die SO_2-Gehalte sind auf 25/200 mg/l begrenzt, ebenso der Alkoholgehalt auf 12 % Vol., das heißt 96 g/l. Ferner müssen verdauliche Kohlenhydrate → Zucker, → Brennwerte, der → Alkoholgehalt und die eventuell verwendeten Zuckeraustauschstoffe (höchstens bis 40 g/l) der Art und Menge nach angegeben werden.
Weitere Vorschriften befassen sich mit den Flaschenformen, der Aufmachung, Bügelverschluss usw. Bei allen Schaumweinen muss der vorhandene Alkoholgehalt über 9,5 % Vol. = 75 g/l liegen. Bei Qualitätsschaumweinen müssen 10 % Vol. = 79 g/l überschritten sein (→ Schaumwein, amtliche Qualitätsprüfung).

Scheitermost ist der Mostanteil, der nach der Auflockerung des → Tresterkuchens (Scheitern) gewonnen wird. Bei den alten Vertikal-Korbpressen (vor 1950) war das

Scheitern notwenig, um die verstopften Saftabläufe wieder frei zu stellen. Rein manuell erfolgte dies mit einem besonderen Scheitermesser, um den Trester zu umbrechen. In größeren Betrieben wurde eine motorisch betriebene Tresterschleuder eingesetzt.
Der Vorgang ist bei modernen → Keltern, deren „Druckwerke" keine Pressteller benutzen sondern in der Regel pneumatisch bis maximal auf 2 bar „drücken", sehr vereinfacht und automatisiert. Durch Rotation ohne Druck wird der Inhalt umbrochen und neue Saftkanäle (Drainage) werden gebildet. So folgen Druckstufen den Lockerungsstufen, nach Anzahl und Dauer programmierbar.

Scheurebe (Silvaner × Riesling) ist eine nach dem Züchter Georg Scheu benannte Rebsorte, die der Züchter zunächst für die Weinbergsböden Rheinhessens im Jahr 1916 gezüchtet hatte. Charakteristisch ist die betonte Säure und das typische Aroma (Johannisbeeren) dieser in den Jahren ab 1956 (Sortenschutz) sehr beliebten Rebsorte. Zunächst als (Sämling) S 88 benannt, wurde die Rebsorte nicht nur im „Mutterland" Rheinhessen, sondern auch in der Pfalz verbreitet. 1993 war die Blütezeit allerdings vorbei (3738 ha in Deutschland, jetzt mit nur noch 1672 ha nur an 8. Stelle unter den weißen Rebsorten) (Rheinlad-Pfalz → Tab. 10 im Anhang).

Die Weine zeigen ein breites Qualitätsspektrum von relativ grünem, vegetativem/grasigem → Bukett bis zur hochwertigen Trockenbeerenauslese. Wie üblich wird das Sortenaroma im Wein durch eine „dienende" Restsüße betont. In vielen Fällen ähnelt die S. dem → Sauvignon blanc, der in der fortgeschrittenen Reife ebenfalls seinen Charakter verändert (siehe Vergleich von Sauvignon blanc aus dem Sancerre-Gebiet in Frankreich mit dem Sauvignon blanc aus Neuseeland). Die Zusammensetzung des Sorten -Aromas besteht zum Teil aus → Terpenen; es scheinen aber auch → Thio-Verbindungen beteiligt zu sein (→ Tab. 33 im Anhang).

Schichtenfilter. Die Bezeichnung trifft sowohl für → Filterschichten zu, korrekterweise sollte damit aber nur das Filtrationsgerät benannt werden (Filtergestell mit Platten), in welches die Filterschichten „gepackt" werden (→ Filter, → Filterschichten) (→ Abb. 7 im Anhang).

Schillerwein zählt zur Gattung (Weinart) der Roséweine. Durch die Herstellung bedingt ist der S. ein → Rotling von blass- bis hellroter Farbe, der durch Maischeverschnitt von roten und weißen Rebsorten, anschließend nach Weißweinart gekeltert wird. Die Bezeichnung kann nur gewählt werden für QbA- oder Prädikatsweine aus Württemberg. Wurden lediglich zwei verschiedene Rebsorten verwendet dürfen diese deklariert werden (→ Badisch Rotgold, → Weißherbst). Der Name steht nicht in Verbindung mit dem Dichter sondern ergibt sich aus einer Wortableitung „Schilichter".

Schimmel → Schimmelpilze.

Schimmelton (-geschmack). Ursache zur Bildung dieses → Weinfehlers ist die Entwicklung von Pilzkulturen verschiedenster Spezies. Die erste Belastung kann bereits das Traubengut im Weinberg erfahren. Beteiligt sind die bekannten Traubenschimmelgattungen und -arten *Aspergillus, Botrytis cinerea, Oidium, Penicillium* und *Trichthecium*. Besonders *Oidium*- und *Trichthecium*-Trauben bringen medizinische Bitternoten, die kaum im Wein zu beseitigen sind.
Im weiteren sind ungepflegte Holzfässer als Kontaminationsquelle zu nennen. Dort hat man auch die ersten (unangenehmen) Erfahrungen durch den Gebrauch von Holzschutzmitteln auf der Basis von chlorierten Pheno-

len gemacht. Durch begleitende Mitwirkung von Mikroorganismen entstehen die – auch von belasteten Korken bekannten – → Trichloranisole- und andere chlorierte Produkte, die den → Schimmelton im wesentlichen erzeugen (→ Fasskonservierung).
Außerdem gibt es solche Artefakte bei ungepflegten → Schläuchen oder falscher Lagerung von Weinbehandlungsmitteln wie → Bentonit oder → Filterschichten. Zu den erwähnten Weinfehlern gebraucht man Bezeichnungen wie „Muffton" oder „Kellerton". Ein anderer unangenehm riechender Stoff ist → Geosmin, welches zwar keine direkte Verwandschaft zu den genannten Chloranisolen unterhält, aber ebenso (erdig, dumpf) riecht.

Die Erzeugung von gesundem Traubenmaterial und das Einhalten optimaler hygenischer Verhältnisse in der Weinkellerei soll die Übertragung der Stoffwechselprodukte von Schimmelpilzen verhindern. Dabei ist es nicht die Produktion der Artefakte durch ein Pilzwachstum im Getränk sondern es sind die erwähnten sekundären Aufnahmen aus kontaminiertem Material. Die Vermehrung von Pilzen in alkoholhaltigen Getränken ist (ab 2 % Vol. Alkoholgehalt) nicht zu befürchten (→ Fehler des Weines).
Relativ gutartig wirkt sich der Bewuchs mancher feuchter Keller durch den Rußtaupilz *Cladosporium cellare* aus, da dadurch eigenartigerweise die Kelleratmosphäre gereinigt wird. Voraussetzung zur Ausbildung des Belags sind Holzfässer, die durch Verdunstung von Alkohol das geeignete „Nährmedium" für den Pilz bereitstellen. Für → Süßmoste und andere alkoholfreie Getränke kann ein Pilzbefall – auch durch Luftkontamination – zum Verhängnis werden (→ HACCP).

Schizosaccharomyceten nennt man die Gattung von Hefen die sich nicht wie die Saccharomyceten durch Sprossung vermehren sondern durch Teilung. Die Sch.-Hefen haben ein hohes „Wärmebedürfnis" und können sich in Gegewart von „echten" Weinhefen nicht hinreichend entwickeln.
Da Sch. im geeigneten Umfeld Äpfelsäure abbauen, glaubte man daraus in den späten 1980er Jahren praktischen Nutzen ziehen zu können. Leider ist → *Schizosaccharomyces pombe* schwer zu aktivieren und führte in Experimenten zu Weinfehlern. 2003 versuchte man durch gentechnische Eingriffe in die Hefe-DNA die Anwendung praktikabler zu gestalten, doch sind bislang gentechnisch modifizierte Mikroorganismen zur Weinbehandlung nicht zugelassen. Da die Sch.-Hefe in der Lage ist, aus Äpfelsäure Alkohol zu bilden, wäre dieser Weg immerhin eine attraktive „Ersatzlösung" für den → BSA.

Schläuche. Zur Förderung der Flüssigkeiten Maische, Most und Wein innerhalb der Kellerei verwendet man Schläuche. Diese bestehen aus Gummi oder Kunststoff. Zur Erhöhung der Druckfestigkeit sind entweder Gewebe einvulkanisiert (Gummi) oder Fäden aus reißfestem Material eingelagert. Meist werden durchsichtige Kunststoffschläuche vorgezogen. Die Querschnitte sind genormt, die Zusammensetzung muss den Vorschriften des Lebensmittelgesetzes entsprechen. Gummischläuche können → Zink oder Weichmacher und ähnliche Substanzen abgeben. Ähnliches gilt für Kunststoffschläuche (z. B. Silikonschläuche). Weinreste sollten deshalb nicht längere Zeit in den Schläuchen verbleiben, der Wein sollte gegebenenfalls zu einer größeren Menge Wein zurückgegeben werden (→ Weinschläuche).

Schlegelflasche → Flaschenformen.

Schleier nennt man äußerst feine → Trübungen, die oft nur bei durchfallendem Licht (Tyndalleffekt) erkennbar werden. Solche schleierartigen Trübungen können auf einer nachträglichen Bakterienentwicklung oder auf Ausscheiden von Eiweißstoffen, Eisenphosphat usw. beruhen. Danach muss die Trübungsursache festgestellt werden, damit die richtige Behandlung (Stabilisierung) erfolgen kann. Eine → Filtration allein ist nicht hinreichend zuverlässig, da der Ausscheidungsvorgang nicht unbedingt abgeschlossen sein muss (→ Bakterien, → Bruch, Weißer, → Eiweißtrübungen, → Fehler des Weines).

Schleimbakterien verdanken ihren Namen der Fähigkeit, aus → Glucose unter Luftabschluss einen zähen Schleim zu bilden. Abhilfen sind durch vorbeugende hygienische Maßnahmen zu treffen. Gefährdet sind säurearme (Obst)-Weine (→ Schleimigwerden der Weine).

Schleimhefen besitzen ebenfalls die Fähigkeit der Schleimbildung aus Zucker (Synthese von Polysacchariden), haben aber kein Gärvermögen. Sie sind sauerstoffbedürftig und können in Mosten und steckengebliebenen Weinen das Zähwerden verursachen. Sie sind gegenüber höheren Temperaturen, insbesondere bei hohem pH-Wert, recht widerstandsfähig. Die Schleimhefen sind keine einheitliche Gattung, es können dazu gehören: *Candida*-Arten, *Rhodotorula, Pichia vini* und andere (→ Schleimigwerden).

Schleimigwerden der Weine ist eine verhältnismäßig harmlose Erkrankung der Weine. Sie äußert sich darin, dass der Wein eine dickflüssige, schleimig-zähe Beschaffenheit annimmt und beim Eingießen ins Glas nicht mehr perlt. Es kann bis zu einer ausgesprochenen Fadenziehung kommen. Meist ist auch eine leichte Kohlensäureentwicklung zu beobachten, doch steigen die Bläschen nur langsam an die Oberfläche. Geschmacklich wirken die Weine fade, ohne dass das → Bukett wesentlich in Mitleidenschaft gezogen wird. Besonders anfällig sind junge, vor allem säure- und gerbstoffarme Weißweine, insbesondere Obstweine. Vielfach tritt eine schwache Schleimigkeit nach einem starken → biologischen Säureabbau ein. Zu langes Belassen auf der Hefe fördert die Krankheit. Rotweine werden seltener befallen.
Tritt ein stärkerer Säureabbau auf der Flasche ein, was bei zu früher Abfüllung ohne vorherige → Entkeimung der Fall sein kann, so hat das ebenfalls ein Schleimigwerden zur Folge. Als Schönungsmittel ist → Bentonit am wirkungsvollsten. Filtration mit → Membranfilter-Schichten ist bei Neigung zum Zähwerden angebracht. Fazit: Rotweine (hoher pH-Wert, wenig freie SO_2 frühe Abfüllung) müssen (vorbeugend) steril abgefüllt werden (→ Endfilterkerzen, → Reissrohr, → Sterilprüfung).

Schleimsäure (D-Galactarsäure) ist eine Dicarbonsäure, die durch die Tätigkeit von → Schimmelpilzen (besonders *Botrytis cinerea*) aus → Pektinen über die Galacturonsäure entsteht. Schleimsäure kann mit bis zu 2 g/l im Most enthalten sein, bildet aber ein schwerlösliches Calcium-Salz (→ Calciummucat), welches zur Übersättigung neigt und sich dann erst spät in der Flasche bei der Lagerung in weißen, undurchsichtigen Kristallen ausscheidet. Man versucht, dem durch Calciumstabilisierung mit → D, L-Weinsäure entgegenzuarbeiten. Moste aus edelfaulen Trauben sollte man mit etwa 0,5 g/l → kohlensaurem Kalk vorbeugend behandeln, damit sich das Calcium-Salz frühzeitig bilden und ausscheiden kann (→ Tab. 27b im Anhang).

Schleudertrub. Bei der Einschätzung des Trubgehaltes von Mosten ist die analytische Messung des Trubgehaltes von großer praktischer Bedeutung. Bekanntlich kann die → Mostvorklärung mittels statischen Methoden (→ Absitzenlassen, → Flotation) oder mittels dynamischen Methoden (→ Separation, Separatoren) erfolgen. Im ersteren Fall wird der → Sedimentationstrub durch Absitzenlassen im Messzylinder ermittelt oder man misst im zweiten Falle mittels einer → Laborzentrifuge das Gewicht bzw. das Volumen des Zentrifugen-Sedimentes. Damit kann der Trubgehalt vor oder nach der Mostvorklärung eingestellt werden. Der so gemessene Schleudertrub soll nach der Mostvorklärung unter 0,5 % liegen (→ Entschleimungstrub).

Schlempe ist der bei der Branntweinbrennerei verbleibende alkoholfreie Rückstand. Die Schlempe wurde früher vielfach als Viehfutter verwendet, heute stellen diese Rückstände eine Belastung dar (→ Abwasser, → Hefefloß, → Hefeschlempe).

Schneckenpresse. Eine besondere Form der → Kelter, die kontinuierlich (fortlaufend) arbeitet. Die üblichen Keltern dagegen arbeiten diskontinuierlich (Zeitdauer von der Aufschüttung bis zum Abwerfen des → Tresters 2 bis 3 Stunden). Arbeitswirtschaftlich gesehen bringen Schneckenpressen Vorteile. Durch die forcierte Arbeitsweise steigt der Trubgehalt und teilweise auch der Gerbstoffgehalt des Mostes an. Zusätzliche Nachbehandlungen (→ Klärung des Mostes, Behandlung mit → Gelatine) sind zweckmäßig. Die grundsätzlichen Nachteile der Schneckenpresse lassen sich durch → Entrappen und Maischevorentsaftung vermindern. Große Press-Systeme, bestehend aus → Entrappmaschine, → Vorentsafter und Schneckenpresse, liefern zufriedenstellende Moste. Die → Schubkolbenpresse ist eine Variante der Schneckenpresse (→ Abb. 22 im Anhang).

Schönburger ist eine Neuzüchtung aus Spätburgunder × (Chasselas rosa × Muscat Hamburg), die in Deutschland nur mit 21 ha (vorwiegend in Rheinhessen) vertreten ist. Die rötlich gefärbte Traube liefert einen weißen Wein mit feinem Muskatgeschmack. Der Säuregehalt ist niedrig. Eine weitere Verbreitung ist nicht zu erwarten. Lediglich in extremen Weinanbaugebieten wie Südengland spielt die Rebsorte anteilig eine gewisse Rolle. Ansonsten teilt der Sch. das Schicksal der meisten deutschen Neuzüchtungen weißer Rebsorten.

Schönung ist ein Klär- und Stabilisierungsverfahren, bei dem man dem Wein oder Most gesetzlich zugelassene Stoffe zusetzt, die entweder durch ihr Absorptionsvermögen die trübenden Bestandteile an sich reissen und zum Absetzen bringen oder durch Umsetzung mit bestimmten Weinbestandteilen unlösliche Flocken bilden, die dann durch Oberflächenanziehung die Trubstoffe entfernen. Man kann daher die Schönungsmittel in zwei Gruppen einteilen,

1. In solche, die in feinverteilter Form zugesetzt werden (→ Bentonite, → Aktivkohle, → Weinhefe).
2. In solche, die in gelöster Form zugesetzt und durch einen Weinbestandteil ausgeflockt werden (→ Hausenblase, → Speisegelatine, Eiereiweiß, → Tannin, → Kieselsol, → Kaliumhexacyanoferrat [II]).

Vor der praktischen Ausführung der Schönung überzeugt man sich durch einen Vorversuch im Kleinen, mit welchem Mittel und mit welcher Menge der beste Erfolg gewährleistet ist (→ Schönungsvorversuche).
Der Zusatz der genannten Schönungsmittel kann als reine Klärhilfe die Selbstklärung des Mostes oder Weines fördern, aber auch Stoffe binden (Kolloide und Feinsttrub), die die Filtrationsleistung vermindern.
Ein Teil der Schönungsmittel soll jedoch echt gelöste Stoffe binden, die zunächst die Filtration bzw. Selbstklärung nicht behindern würden, jedoch später zu Trubbildungen führen können, die insbesondere auf der Flasche zu Beanstandungen führen würden (Stabilisierungswirkung). Typisches Schönungsmittel mit reiner Klärwirkung ist die Kombination

von Speisegelatine mit Tannin, typisches Schönungsmittel mit rein stabilisierender Wirkung ist Kaliumhexacyanoferrat (II), welches die zu Trübungen neigenden Schwermetalle Eisen und Kupfer entfernt. Meist sind beide Wirkungen (Klärung und Stabilisierung) miteinander gekoppelt, weil das Schönungsmittel auch Weintrub mit zur Sedimentation bringt. Weinbehandlungsmittel wie → Kupfersulfat oder → Böckzit, die keinen Kläreffekt und keinen Stabilisierungseffekt haben, sondern nur Geruchs- oder → Geschmacksfehler beseitigen, zählt man nicht zu den eigentlichen Schönungsmitteln (→ Weinbereitung, zugelassene Stoffe).

Schönungsmittel. Zur → Schönung übliche und zugelassene Stoffe (→ Klärmittel, → Weinbereitung, zugelassene Stoffe). Es handelt sich um kolloidchemische Vorgänge, die zugesetzten Schönungsmittel scheiden sich also meist durch *Ladungsaustausch* gegenseitig aus (z. B. Gelatine = +, Tannin = – geladen).

Schönungstrub. Die zugesetzten Schönungsmittel setzen sich zusammen mit den Trubbestandteilen als verschieden starker Bodensatz ab, da sie spezifisch schwerer sind als der Wein. Da sich der Schönungstrub, besonders bei eiweißhaltigen Mitteln wie → Gelatine (Speisegelatine), → Hausenblase und → Eiweiß leicht zersetzt, muss nach Klärung von dem Trub abgelassen (abgestochen) werden, was heute meist mit einer Filtration verbunden wird. Unterlassung der Trennung hat früher oder später Geschmacksbeeinträchtigung und erneute Trübung im Gefolge. Auch Blautrub muss rasch abgetrennt werden (→ Blauschönung, Durchführung).

Schönungsvorversuche. Da man die Auswirkung eines Schönungsmittelzusatzes bei der Klärung von Wein oder der Behandlung von Weinfehlern nicht zuverlässig vorherberechnen kann, ist es zweckmäßig, mit kleinen Mengen des betreffenden Weines Vorversuche durchzuführen. Man führt die (voraussichtlich) wirkungsvolle Maßnahme im Kleinmaßstab durch und kann die Auswirkungen testen.
Die Diagnose (Fehlerbeurteilung) geht voraus, dann kommt der Versuchsansatz, danach die Auswertung und daraus zieht man die Schlussfolgerungen.
Die praktische Durchführung solcher Schönungsvorversuche wird durch ein Test-Set erleichtert (→ OENOTEST). Da sich bei der Behandlung Trub bildet bzw. die Schönungsmittel selbst unlöslich sind, kann man mit Hilfe einer Filterspritze filtrieren und den Effekt im geklärten Wein auswerten.
Die Auswertung kann mit Reagenzien erfolgen (z. B. Eiweißtest mit → BENTOTEST oder → CUVITEST zur Prüfung der Kupfergehalte. Zusätzlich verkostet man den behandelten Wein und prüft, ob die vorgesehene „Schönung" den erwünschten Effekt erbringt.

Schoppen wird als Volumenmaß landsmannschaftlich unterschiedlich interpretiert. In der Pfalz = 0,5 l.

Schorle ist ein → weinhaltiges Getränk, das aus Wein oder Perlwein mit kohlensäurehaltigem Tafelwasser, oder auch aus Wein und Traubensaft unter Kohlensäurezusatz gemischt ist. In geschlossenen Behältnissen (Flaschen) in Verkehr gebrachte Schorle muss mindestens 50 % Wein oder Perlwein enthalten. Jahrgang und Rebsorte darf deklariert werden. Verboten sind Deklaration der geographischen Herkunft oder Prädikatsangaben.

Schraubverschluss → Flaschenverschlüsse.

Schubkolbenpresse ist eine spezielle → Schneckenpresse. Bei der S. ist die Schnecke verschiebbar gelagert. Man kann somit den Pressdruck entsprechend variieren (→ Abb. 22 im Anhang).

Schwarzriesling ist eine rote Traubensorte aus der Burgunderfamilie. Die auch → Müllerrebe genannte Rebsorte ist auch in Frankreich unter „pinot meunier" vertreten (im Elsass und in der Champagne). Der Wein ist ausdrucksstark und in Württemberg (1738 ha) auch in einer Mutante (→ Samtrot) im Anbau, die aber gegenüber Schwarzriesling mit 2361 ha Rebfläche in Deutschland keine Chance hat. (→ Rebsortenanbau).

Schwarzwerden → Bruch, Schwarzer.

Schwefeldioxid SO_2 (E220). Gasförmige Substanz, die in Wasser aufgelöst häufig als → schweflige Säure bezeichnet wird. Tatsächlich existiert auch bei der Auflösung von SO_2 in Wasser keine schweflige Säure (H_2SO_3) per se. Trotzdem kann der Begriff auch weiterhin für eine Lösung von SO_2 in Wasser beibehalten werden.
SO_2 wird in flüssiger Form unter Druck in Stahlflaschen gehandelt und aufbewahrt. Der in den Flaschen normalerweise vorhandene Druck reicht nicht aus, etwa einen mit 8 bar vorgespannten → Drucktank (→ Süßreserve oder → Schaumwein) zu schwefeln. Erwärmung zum Zwecke der Druckerhöhung über 50 °C ist gefährlich, da die Stahlflaschen platzen können. Bei tiefen Temperaturen geht die Vergasung bei Druckentlastung (im Dosierschlauch) sehr langsam, die Düse kann einfrieren (Vorsicht! Gefahr der Überschwefelung beim Auftauen!). Ein Liter flüssige SO_2 wiegt 1,46 kg. Die Abmessung kann durch Volumenmessungen (Messglas – druckfest) oder Abwiegen erfolgen (→ Weinbereitung, zugelassene Stoffe).

Schwefel, elementarer (S). Nach entsprechenden Untersuchungen kann auch elementarer Schwefel gärhemmende Wirkung ausüben, und zwar um so mehr, je feiner verteilt er im Wein vorhanden ist. Wesentlich stärker ist die hemmende Wirkung bei der Umgärung von Weinen oder der Flaschengärung bei der Schaumweinbereitung. Elementarer Schwefel kann als Rückstand von der Schädlingsbekämpfung in den Most und Wein gelangen (Netzschwefel). Auch bei der heute nur noch selten durchgeführten Holzfass-Schwefelung mit → Schwefelschnitten kann etwas Schwefel sublimieren und sich an der Fasswand niederschlagen, wo er nachher vom Wein aufgenommen wird.
Störend ist die Bildung von H_2S bei der → Gärung in Gegenwart von Schwefel (→ Böckser, → Schwefelwasserstoff). Durch eine scharfe → Filtration lässt sich der Schwefel aus dem Getränk entfernen.

Schwefelfresser nennt man Weine, die das zugesetzte SO_2 sehr schnell verbrauchen und daher einer starken → Schwefelung bedürfen. Sie sind stets stark oxidativ und zeichnen sich durch einen hohen → Redoxwert aus (z. B. Spätlese, Auslese usw.). Der Grund für eine starke Abbindung von SO_2 kann im Lesegut selbst liegen (Fäulnisprodukte) oder (und) durch hohen Gehalt an → Acetaldehyd ausgelöst sein. Gären Weine nach Schwefelung nach, so werden diese zwangsläufig zu „Schwefelfressern" (→ Gebundene schweflige Säure, → Schweflige Säure, Bindung).

Schwefeln der Weine (→ Einschwefeln).

Schwefelsäure (H_2SO_4). In Traubenmost liegen, durch Aufnahme von Sulfaten durch die Rebwurzel bedingt, bereits → Sulfate vor, die man als K_2SO_4 kalkuliert. Im Allgemeinen ist ein Betrag von 0,5 g/l K_2SO_4 nicht überschritten.
Im Wein tritt durch die → Schwefelung bedingt eine Zunahme von Sulfat ein. Wird SO_2 oxidiert, entsteht Sulfat (Schwefelsäure). Ein Betrag von 1,0 g/l K_2SO_4 darf in deutschen

Weinen und Perlweinen nicht überschritten werden, um damit auch eine Vorkehrung gegen unsachgemäße Schwefelung und anschließende Entschwefelung treffen zu können. Ungeachtet dessen ist die Obergrenze für Schaumweine, Likörweine und weinhaltige Getränke auf 1,5 g/l angehoben worden. Hohe Schwefelsäure-Gehalte äußern sich in einem unangenehmen Geschmacksfehler (→ Schwefelsäurefirne). Zur Umrechnung von Schwefelsäure in andere Säuren siehe → Gesamtsäure, Umrechnung, → Tab. 28 im Anhang, → Entschwefelung.

Schwefelsäurefirne ist ein sehr unangenehmer Fehler, der sich durch einen hartsauren Geschmack bis zum Gefühl des Stumpfwerdens der Zähne bemerkbar macht. Die Ursache der Firne kann im „Hohlliegen" des Weines liegen, indem der Anteil der → freien schwefligen Säure allmählich unter dem Einfluss des Luftsauerstoffs zu → Schwefelsäure oxidiert wird.
Die bei weitem häufigste Ursache jedoch ist darin zu suchen, dass der Wein in einem Holzfass lagert, das im leeren Zustand öfters eingeschwefelt (trocken) und vor der Befüllung nicht gründlich genug von der ebenfalls durch Oxidation entstandenen Schwefelsäure befreit wurde. Vorteilhafter ist die Konservierung mit 0,03 %iger SO_2-Lösung, die weniger oxidiert und auch kaum zur Schwefelsäurebildung führt (→ Konservierung von Holzfässern). Ein Mittel zur Wiederherstellung schwefelsäurefirner Weine gibt es nicht. Weine mit einem höheren Schwefelsäuregehalt als 1,0 g Kaliumsulfat im Liter sind nicht mehr verkehrsfähig (→ Schaumwein, → Likörwein und → weinhaltige Getränke bis zu 1,5 g/l Kaliumsulfat).

Schwefelschnitte. Hier handelt es sich um Streifen unverbrennbaren Materials, auf die eine Schwefelauflage aufgebracht wird. Sie soll so dünn sein, dass beim Verbrennen kein Abtropfen des → Schwefels erfolgt. Aus 1 g Schwefelauflage entstehen 2 g SO_2. Man verwendet heute nur noch die dünnen nichttropfenden Schnitte mit einer Auflage von etwa 2,5 g, die bei völliger Verbrennung 5 g SO_2 liefern. Allen „Einbrenn"-Verfahren ist leider gemeinsam, dass es mit ihnen nicht möglich ist, das in den Wein zu bringende SO_2 genau zu dosieren. Der Gebrauch von Schwefelschnitten ist somit auf das sogenannte trockene → Einbrennen von Holzfässern beschränkt. Französische Forscher halten die Schwefelung von Wein in → Barrique-Fässern durch → Einbrennen für besser als die direkten Zusätze von gasförmigem SO_2.

Schwefelung (→ Einschwefeln).

Schwefelverbindungen. Neben dem elementaren Schwefel (S) gibt es wesentlich mehr chemische Substanzen, die als Inhaltsstoffe der Trauben, Traubenmoste und vorwiegend im Wein selbst vorkommen. Dabei spielen → Sulfate als „Zulieferer" zu schwefelhaltigen Substanzen die größte Rolle. Sulfate, die Salze der → Schwefelsäure, kommen über den Weinbergsboden und damit auch durch Düngemittel in die Reben und Trauben. Auf komplexen Wegen wandert der Schwefel in die Aminosäuren und steht danach den → Mikroorganismen als stickstoffhaltige Nährstoffe zur Verfügung. Immerhin besteht 60–90 % des Stickstoffgehaltes aus Aminosäuren.
Andere Wege führen aus dem Aminosäuregehalt zu → Thioverbindungen. Seltene Hefestämme produzieren unter anderem aus Sulfat schweflige Säure in gebundener Form.

Schwefelwasserstoff (H_2S) wird bei der Gärung von Hefe aus etwa vorhandenem → Schwefel gebildet. Er ist die Ursache des Schwefelwasserstoffböcksers, der sich am Geruch nach faulen Eiern erkennen lässt (→ Böckser). Während der → Gärung reduziert die → Hefe → Sulfate, → Sulfite und elementaren Schwefel zu Schwefelwasserstoff und Sulfiden. Dabei führen Methionin und Cystein (Aminosäuren) zur Verminderung der Bildung von SO_2 und H_2S aus Sulfat. Netzschwefel begünstigt die Bildung des „Böcksers“. Rasche Vergärung (hohe Gärtemperatur) verstärkt die Tendenz. Die sicherste Methode zur Beseitigung des Böcksers ist der Zusatz von Kupfersulfat (→ KUPZIT, → Silberchlorid, → Weinbereitung, zugelassene Stoffe).

Schweflige Säure (H_2SO_3) ist als Substanz nicht existent. In wässriger Lösung liegt H_2SO_3 als SO_2 (assoziiert mit H_2O), als HSO_3^-, SO_3^{--} vor. Keimhemmend scheint nur die undissoziierte Form zu wirken, die je nach pH-Wert des Weines zwischen rund 1 bis 10 % ausmacht. Die HSO_3^{--} Form ist für die Bindung an Most- und Weinbestandteilen verantwortlich, die SO_3^{--} für den Oxidationsschutz, da SO_3^{--} am raschesten mit Sauerstoff reagiert.
Begünstigt wird das „Abfangen“ von Sauerstoff durch SO_3^- unter Mitwirkung von Schwermetallen. Wegen der komplexen Verhaltensweise von SO_2 in Most oder Wein drückt man den Gehalt an → freier und → gebundener schwefliger Säure in SO_2 (mg/l) aus (→ Einschwefeln, → Schwefeldioxid).

Schweflige Säure, Bestimmung. Eine Kenntnis des Gehaltes besonders an freier schwefliger Säure im Wein, ist für die Praxis von großer Bedeutung, um sich ein Bild über die Stärke der notwendigen Schwefelung machen zu können und die Verkehrsfähigkeit zu überprüfen. Ein zu hoher Gehalt führt insbesondere bei Weinen mit niedrigem → pH-Wert (hohem Säuregehalt) zu einem stechenden Geruch, der die Sortenart überdeckt. Rotweine sind bei hohem Gehalt an freier schwefliger Säure in der Farbe aufgehellt.

Für den Kellerwirtschafter besteht demnach der Zwang, mit möglichst wenig freier schwefliger Säure auszukommen. Dies ist auch notwendig, um die gebundene schweflige Säure, die mit der Erhöhung der freien schwefligen Säuregehalte ansteigt, niedrig zu halten (→ Schweflige Säure, gesundheitsschädliche Wirkung).
a) Freie schweflige Säure. Das Prinzip beruht auf einer chemischen Reaktion von SO_2 mit Jodlösung. Die Titration wird in saurem Milieu durchgeführt, der „Endpunkt“ der → Titration wird anhand einer zugesetzten Stärkelösung (als Indikator) erkannt (→ Ascorbinsäure wird miterfasst). Nachteilig ist der Umstand, dass während der Titration etwas SO_2 aus dem gebundenen Anteil „nachgeschoben“, d. h. miterfasst wird. Der Endpunkt kann auch elektrometrisch erfasst werden (→ Äquivalenzpunkt).

Zu beachten ist die Abhängigkeit des Titrationsergebnisses von der Temperatur. Bei der Messung im Keller bei 8 bis 10 °C kann der gemessene SO_2-Gehalt um cirka 8 bis 15 mg/l niedriger liegen.
b) Gesamte schweflige Säure. Das Prinzip der Messung sieht zwei Etappen vor:
- Schritt 1: Die gebundene Schweflige Säure wird durch Zusatz von NaOH in „freie“ schweflige Säure umgewandelt (Hydrolyse).
- Schritt 2: Die nunmehr zusätzliche freie schweflige Säure wird jodometrisch (wie oben gezeigt) titriert. Ergebnis: Freie und vormals gebundene SO_2 wird zur gesamten schweflige Säure zusammengefasst (RIPPER-Methode)

Bei den geschilderten Methoden handelt es sich um praxisbewährte, relativ einfache Methoden. Auch hier wird Ascorbinsäure miterfasst (→ Reduktone).
Die Präzision dieser als einfache Hydrolyse bezeichneten Methode kann durch „doppelte Hy-

drolyse“ erhöht werden. Die zuverlässigsten Ergebnisse erhält man durch Anwendung der Destillationsmethode. Hierzu stehen vereinfachte Geräte und Verfahren zur Verfügung.

Schweflige Säure, Bindung. Die schweflige Säure ist in der Lage, sich an im Most oder Wein vorhandene Stoffe anzulagern. Diese Stoffe binden dann schweflige Säure mehr oder weniger fest (stabil) (→ gebundene schweflige Säure) bzw. teilweise oder vollständig. Man spricht deshalb von einem Gleichgewicht zwischen freier und gebundener schwefliger Säure. Stoffe, die unvollständig binden, sind ihrerseits sowohl ungebunden wie an SO_2 gebunden vorhanden. Umgekehrt ist die SO_2 jeweils frei und gebunden vorhanden. Bei diesem Verhalten spricht man auch von „Depot-SO_2“, weil solcherart „locker“ gebundene SO_2 als Reservoir für freie SO_2 wirken kann. Sinkt nämlich der Gehalt an freier SO_2 durch Oxidation ab, wird ein Teil aus der „Depot-SO_2“ nachgeliefert. Stoffe dagegen, die wie → Acetaldehyd SO_2 bis zur vollständigen Absättigung binden, haben diese Reservoir-Wirkung nicht und sind somit auch nicht geeignet, den Gehalt an freier SO_2 zu stabilisieren. Außerdem ist die Bindung sehr stabil. Diese Stoffe sind „Ballast“ und sollten bei der Herstellung SO_2-armer, aber SO_2-stabiler Weine möglichst vermieden werden. In Tab. 24 im Anhang sind die bindenden Stoffe, deren durchschnittlicher Gehalt, die Bindungskonstanten und die Prozentsätze der Bindung angegeben.
Aus der Zusammenstellung ist zu entnehmen:

- Man kann in schwach, mittel und stark bindende Stoffe unterteilen (siehe %-Sätze der Bindung, B.-Konstante).
- Stark bindende Stoffe wie Acetaldehyd fallen als Depot-SO_2 aus.
- Die effektive Menge an gebundener SO_2 hängt auch von der Menge des jeweiligen Stoffes ab. Ist der Gehalt niedrig, kann auch die gebundene SO_2 niedrig sein, obwohl die Bindung mittel oder stark ist. Feste Angaben können hier nicht gemacht werden, da die Konzentration entweder in weitem Bereich schwankt oder sogar unbekannt ist.
- Die Menge gebundener SO_2 steigt in der Regel mit der Erhöhung der freien SO_2 an.
- Das jeweils vorhandene Bindungsgleichgewicht ist mehr oder weniger von der Temperatur des (zu untersuchenden) Weines beeinflusst. Es gilt: Je höher die Temperatur umso höher ist die freie SO_2 (→ Tab. 22 im Anhang).

Im Prinzip handelt es sich bei den hier aufgezeigten bindenden Stoffen um solche mit Aldehyd- oder Ketogruppen. Stoffe mit Ketogruppen werden durch → Schimmelpilze und → Bakterien erzeugt und sind die Ursache für die erhöhte Bindungstendenz von Weinen aus faulem Lesegut. → Ketoglutarsäure und → Brenztraubensäure entstehen vorwiegend bei der Gärung, während die übrigen Ketosäuren wie erwähnt Abbauprodukte der Pilze sind, die durch deren Tätigkeit in faulen Trauben gebildet werden.
Die beiden Ketosäuren sind einer besonderen Beachtung wert. Wie bedeutend diese Ketosäuren sich in der Bilanz der SO_2-Bindung auswirken, zeigt folgende Überlegung: Ein Wein, der 200 mg/l Brenztraubensäure und 100 mg/l Ketoglutarsäure enthält, bindet bei einer Schwefelung auf 20, 50 oder sogar 100 mg/l danach 93,131 oder gar 158 mg/l gebundene SO_2. Die Substanzen zählen demnach zu den „Schwefelfressern“ und sollten generell durch Zusatz von → Thiamin drastisch absenkt werden. Ganz besonders ist der (nützliche) Effekt des Thiaminzusatzes bei faulem Lesegut zu beobachten.
Andere Bindungspartner, die sich besonders bei Rotweinen auswirken, sind die Gruppe der Farbstoffe und weitere → Phenole. In Weinen genügen die bekannten Bindungs-

partner noch nicht, um eine restlos stimmige Bilanz aufzustellen. Für praktische Zwecke sind deshalb einzelne Schwefelungs- Vorversuche der richtige Weg, um im Voraus die Reaktion eines Weines vorherzubestimmen. Dazu muss man allerdings berücksichtigen, dass der Bindungsvorgang 1–2 Tage anhalten kann, bis sich das „Gleichgewicht" zwischen freier- und gebundener SO_2 eingestellt hat. Insbesondere die → Glucose ist reaktionsträge, muss aber bei hohen Zuckergehalten berücksichtigt werden. Zur Temperaturabhängigkeit des Bindungsgleichgewichtes → Tab. 22 im Anhang. Diese muss auch bei der Festellung der → Freien SO_2 beachtet werden. Eine nachteilige Wirkung zeigt sich an der „Bindungsfestigkeit" solcher Partner, die sich bei den → Entschwefelung von Most (stummgeschwefelte Süßreserve) zeigt. Besonders Acetaldehyd ist kaum vom daran gebundenen SO_2 zu trennen. Solche Produkte sollten deshalb wenig vom Gärungsprodukt Acetaldehyd enthalten (→ Überschwefelung).

Schweflige Säure, Einfluss auf Hefen. Die für den Wein zulässigen Höchstmengen an freier SO_2 beeinflussen die Abtötungsquote einer normalen Hefepopulation nur geringfügig. Bei → *Apiculatus*-Hefen waren für eine restlose Abtötung 300, für nicht an SO_2 gewöhnte Rassen der echten Weinhefe 520, für SO_2- gewöhnte Rassen sogar 800 bis 1200 mg/l SO_2 notwendig. Hier handelt es sich um „Exoten" unter den Hefen. Diese Werte gelten für die pH-Verhältnisse unserer deutschen Weine.
Bacterizid wirkt nur der Anteil an „undissoziierter SO_2", das heißt bei saurem Wein ist die Wirkung bis zehnfach stärker als bei säurearmem Wein. Gerade bei säurearmen Weinen wäre eine gute keimhemmende Wirkung aber nützlich, um die Entwicklung von → Bakterien, die SO_2-empfindlicher sind als → Hefen, zurückzudrängen (→ Schweflige Säure).

Schweflige Säure, Wirkung. Beim Genuss eines geschwefelten Weines tritt im Magen infolge der Erwärmung auf 37 °C eine Störung des bisherigen Gleichgewichtes zwischen freier und → gebundener SO_2 zugunsten der freien SO_2 ein.
Wenngleich die Schädlichkeit von schwefliger Säure bestritten wird (der menschliche Organismus produziert selbst schweflige Säure in weitaus größerer Menge!), so ergibt sich doch auch aus der Verbrauchererwartung heraus eine Tendenz zur Herabsetzung der SO_2-Gehalte ganz besonders zugunsten der Asthmatiker, die zwischen 5 und 10 % der menschlichen Population ausmachen Deshalb ist die Kennzeichnung „sulfite" etc. auf dem Weinetikett inzwischen Pflicht. Da die „Weltgesundheitsbehörde" noch weitere deutliche Einschränkungen der gesetzlichen Obergrenzen anmahnt ist der Druck auf die Weinproduzenten nach wie vor existent.
Bei der Abwägung der wichtigen Rolle eines ausreichenden Gehalts an SO_2 innerhalb der Weinhygiene gegenüber einer weiteren Absenkung der Grenzwerte muss man an die negativen Folgen für die Qualität und Bekömmlichkeit der Weine denken. Bei den notwendigen Bestrebungen zur Herstellung SO_2-armer Weine sollte man sich vor Extremen hüten, da ein umfänglicher Verzicht auf SO_2 unerwünschte → Mikroorganismen aufkommen lässt, die ihrerseits möglicherweise Toxine produzieren.
Starke Tendenzen gehen vom „Bio-Trend" aus. Durch die kürzliche Absenkung der SO_2-Grenzwerte innerhalb der EG wurde dem teilweise entsprochen (Grenzwerte → Tab. 23 im Anhang, → SO_2-freier Wein).

Schweflige Säure, Herabsetzung. (→ Entschwefelung).

Schweflige Säure, Wege zur Verringerung der notwendigen Zusätze. Die Erklärung für die gegenüber Weißwein niderigeren Grenzwerte von Rotwein liegt im niedrigen Bedarf an Freier SO_2. Der niedrigere Bedarf erklärt sich zum Einen in der generell größeren Stabilität der Rotweine gegenüber Sauerstoffzufluss, zum Anderen in den niedrigen Gehalten einiger stark bindender Weininhaltsstoffe wie Pyruvat (Brenztraubensäure) und freiem Acetaldehyd.
Neuere Untersuchungen des Biologischen Säureabbaues (BSA) ergaben: Pyruvat wird in der Kinetik des BSA bereits schon im Anfangszustand kurz nach Zusatz von → Starterkulturen stark abgebaut, d. h. ohne dass ein merklicher Abbau der Äpfelsäure bereits erfolgt ist. Somit könnten auch Weißweine ohne Verlust von Säure „schwefelärmer" auf diesem Wege ausgebaut werden. Voraussetzung dazu wäre allerdings die Inaktivierung der Bakterienkulturen (etwa 2–3) Tage nach Zusatz von Starterkulturen mittels → Lysozym-Zusatz. Fazit:

- Der Brenztraubensäure-Gehalt lässt sich sowohl durch Thiaminzusatz vor der Gärung und einem zusätzlichen BSA danach sehr stark reduzieren.
- Will man den vollständigen Säureabbau bei bestimmten Weinarten vermeiden, muss der BSA vor dem eigentlichen Eintritt in den Abbau der Äpfelsäure „abgestoppt" werden (siehe oben).
- In der Regel wird Acetaldehyd bei dem „verkürzten" Verfahren jedoch kaum metabolisiert, sodass in vielen Fällen dazu ein vollständiger (manchmal aber nicht gewünschter) BSA ablaufen muss (→ Schweflige Säure, Bindung).
- Bei einer Gegenüberstellung von Vor- und Nachteilen der Schwefelung sollten die derzeitigen Grenzwerte keineswegs auf dem Wege marktpolitischer Trends (Biowein) in Frage gestellt werden. Insbesondere die Herstellung sortentypischer fruchtiger Weine könnte darunter leiden (Ausbau des Weines, Grenzwerte → Tab. 23 im Anhang).

Schweflige Säure, wässrige Lösung. Die übliche Handelsware ist im SO_2-Gehalt schwankend, so dass bei ihrer Verwendung Unter- oder Überschwefelungen möglich sind. Die Lösungen sind überdies nicht sehr haltbar. Es treten im Laufe der Zeit Verluste an SO_2 ein durch teilweises Entweichen der flüchtigen SO_2, zum anderen durch Oxidation zu Schwefelsäure. Eine für praktische Zwecke hinreichend genaue Kontrolle ist mit SO_2-Spindeln oder einer Mostwaage möglich. 4 %ige Lösungen haben ein spezifisches Gewicht von 1,022 = 22 °Oe, 5 %ige von 1,0275 = 27,5 °Oe und 6 %ige von 1,033 = 33 °Oe.

Für die Schwefelung von Getränken ist wässrige SO_2-Lösung nur für Likörweine und weinhaltige Getränke zulässig. Wässrige SO_2-Lösungen sind nur zur Sterilisation für Materialien wie Flaschen oder Geräte zulässig.

Schweflige Säure, zulässiger Gehalt. Die meisten Weingesetze der Welt sehen Begrenzungen des Gehaltes an → schwefliger Säure vor. Meist sind diese Grenzen auf den Gehalt an → gesamter schwefliger Säure bezogen, gelegentlich auf freie SO_2 oder beides. Bei der Festlegung der Toleranzen berücksichtigt man den höheren Bedarf der extraktreichen Spitzenweine und lässt dort höhere Gehalte zu. Dies erscheint vertretbar, weil diese Weine meist nur in kleineren Mengen genossen werden (hoher Preis, hoher Gehalt an Zucker).
Der niedrige Bedarf der Rotweine an SO_2 spiegelt sich in den dort niedrig angesetzten Toleranzen. Obwohl die gesundheitsschädliche Wirkung der → schwefligen Säure beim Weingenuss keineswegs völlig abgeklärt ist, besteht eine Tendenz zu Herabsetzung der

gesetzlichen Grenzwerte. Die derzeitige Situation ist in der Tab. 23 im Anhang dargelegt. Bei besonderen Witterungsbedingungen kann der Grenzwert erhöht werden. (→ Schweflige Säure, Grenzwerte → Tab. 23 im Anhang).

Schwimmdeckeltank, auch → „ Immervolltank“, nennt man Behälter, die man im Volumen verändern kann. Dazu ist der Deckel als Schwimmdeckel ausgebildet, d. h. man kann den Deckel hochziehen oder ablassen und so festsetzen, dass der Wein ohne Luftraum lagert (→ Spundvollhalten). Die aus GfK oder (besser) Edelstahl gefertigten Spezialbehälter sind geeignet, um kleinere Restmengen an Wein aufzunehmen. Das Problem der Abdichtung ist durch die Wärmeausdehnung des Weines bedingt und erschwert die zuverlässige und hygienische Lagerung von Wein.

Schwund (→ Verdunstungsschwund). Bei der Lagerung im Holzfass verdunstet stets eine gewisse Weinmenge, die man als Schwund oder bei Flaschenwein als „Zehrung“ bezeichnet. Die Größe des Verlustes ist abhängig von der Fassgröße, der Art des Fassholzes, der Dicke der Dauben, von der Feuchtigkeit und Temperatur des Kellers usw. Bei Jungweinen ist der Verlust infolge der entweichenden Kohlensäure größer. Bei Fässern über 1200 l bleibt der jährliche Verdunstungsschwund zwischen 1,5 und 3 % und steigt bei kleineren Fässern drastisch an (größere Verdunstungsoberfläche, dünnere Dauben).
Die Feuchtigkeit der Kelleratmosphäre wirkt dem Schwund (Verdunstung) entgegen, doch verdunstet in sehr feuchten Kellern (über 70 %) relativ mehr → Alkohol als Wasser, so dass die Alkoholkonzentration abnimmt. Bei trockenen Kellern ist die Relation umgekehrt. Der infolge des Schwundes entstehende Hohlraum führt zu der Notwendigkeit, denselben immer wieder aufzufüllen. Sonst besteht immer die Gefahr der Kahmbildung oder des → Essigstiches unter dem Einfluss der zur Oberfläche hinzu tretenden Luft. Bei → Zementfässern, → GfK-Behältern und → Edelstahlbehältern beträgt der Schwund maximal zwischen 0,1 und 0,3 % pro Jahr. Nicht als Schwund in diesem Sinne gelten die → Abgänge, obwohl man praktischerweise die Verluste in → Schwundsätzen zusammenfasst (→ Auffüllen).

Schwundsätze. Die Schwundsätze, die fiskalisch berechnet werden können (von der Mostmenge ausgehend), setzen sich wie folgt zusammen:

1. Gärverlust, der durch die Kontraktion des Alkohols bedingt ist: etwa 1 %.
2. Erster → Abstich (Hefe ohne Aufbereitung durch Abpressen usw.: etwa 2,5 bis 3,5 %.
3. Zweiter Abstich (ohne Aufbereitung des Klär-und Schönungstrubes): etwa 0,5 %.
4. Behandlungsverluste und Proben (Analysen): etwa 1 bis 2 %.
5. Verdunstungsschwund (im Holzfass): etwa 0,15 bis 0,30 % per Monat (andere Behälter: etwa 0,02 bis 0,03 % per Monat).
6. Füllverlust: etwa 2 %.

Die Angaben 1 bis 6 sind nicht allgemein verbindlich, da die jeweilige Situation des Betriebes gesondert berücksichtigt werden muss. Es versteht sich daraus aber in etwa eine Obergrenze von 10 %, wobei die fiskalisch bzw. von der Weinkontrolle (Weinüberwachungsverordnung) für die Abgänge vor der Gärung von bis zu 8 %, für den Ausbau, die Behandlung und Abfüllung bis zu 5 % anerkannt werden (→ Abgang an Wein). Einer besonderen Überlegung bedarf es für die Verarbeitungskette von der Traubenmenge ausgehend bis zum eingelagerten Most. Diese Situation ist stark von der Kelterausbeute und der Technik der → Mostvorklärung und Trubaufarbeitung beeinflusst.

Sedimentationstrub. Im Labor wird der Trubanfall im Messzylinder durch Absitzenlassen in % v/v, d. h. in Volumina gemessen. Da sich bei dieser Methode der Trub nicht so verdichtet wie bei der Messung des → Schleudertrubes, wird etwa mit dem 10-fachen Volumen gegenüber dem Schleudertrub gerechnet. Der Schleudertrub ist sachlich der korrektere Wert (→ Flotation , → Mostvorklärung).

Seeweine nennt man die am Ufer des Bodensees gewachsenen Erzeugnisse.

Seignette-Salz = → Kaliumnatriumtartrat.

Seitz-Böhi-Verfahren. Dient der haltbaren Einlagerung von Traubenmost, der als → Süßreserve Verwendung finden soll. Es basiert auf der Beobachtung von Böhi, wonach 15 g/l CO_2 die Vermehrung der → Hefe unterbinden. Um diese notwendige Menge im Traubenmost aufzulösen, bedarf es bei der Kellertemperatur von 15 °C fast 8 bar Druck. Das Verfahren erfordert demgemäß → Drucktanks.

Sekt (→ Schaumwein). Sekt ist der deutschsprachige Begriff für [Qualitäts]schaumwein. Der Ausdruck Sekt wird einem Berliner Schauspieler zugeschrieben (Ludwig Devrient,1825) und leitet sich von vino secco (Sherry) ab. Der Ausdruck Sekt darf auch für Qualitätsschaumweine anderer Länder verwendet werden und ist somit nicht mehr nur auf deutsche Produkte beschränkt. „Deutscher Sekt" muss jedoch aus deutschen Grundweinen hergestellt sein und die amtliche Qualitätsprüfung absolvieren. Demnach wurden z. Z. nur etwa 10 % der deutschen Sektproduktion aus deutschen Weinen bestritten, überwiegend dienen französische und italienische Grundweine zur Zusammenstellung der Cuvée.

Für Qualitätsschaumweine b. A. ist eine amtliche Prüfung nach dem 5-Punkte-Schema obligatorisch. Ein im Inland hergestellter Qualitätsschaumwein oder Sekt, der eine Rebsortenbezeichnung trägt, kann fakultativ geprüft werden. Das Bewertungsschema ähnelt dem Punkte-Schema von Wein.
Die Herstellungsbestimmungen: Bei Sekt b. A. muss das Produkt mindestens neun Monate ab Beginn der Zweitgärung unter Druck (über 3,5 bar), davon 90 Tage (die sich auf 30 Tage in Rührtanks verkürzen dürfen) auf der Hefe gelagert werden. Im Übrigen gelten die EG-Bestimmungen über Qualitätsschaumweine. Sonderbestimmungen gibt es für die QbA-Schaumweine der EG, die z. B. in den geographischen Herkunftsbezeichnungen auch bei deutschem Sekt zu beachten sind. Angabe über die Beschaffenheit von Sekt siehe → Schaumwein, Beschaffenheitsangaben.
Grundsätzlich gilt für Sekt auch die Forderung nach gemäßer Ausstattung (typische Flasche, Pilz- „Korken", Umkleidung des Halses mit „Stanniol", → Agraffe), doch ist bei Kleinflaschen schon länger ein Schraub- oder Abreissverschluss eingeführt (→ Sektkorken).

Sektkorken sind besonders hochwertige Korken ohne Risse und sonstige Fehler. Sie sollten möglichst elastisch sein, um dem Kohlensäuredruck genügend lange standzuhalten. Für → Schaumweine sind generell sehr lange Korkstopfen mit großem Durchmesser erforderlich. Sektkorken werden vielfach, um besser aus der Flasche zu gehen, seitlich mit einem Paraffinband versehen (handelsübliche Bezeichnung: Satinierung). In der Regel ist der Korken für qualifizierte Schaumweine ein Verbundkorken, der aus einem größeren, oberen Teil eines → Agglomeratkorkens besteht, dem zwei Scheiben eines quergeschnittenen Naturkorkens aufgeklebt sind. Diese Scheiben bewirken die eigentliche Abdich-

tung. Reine Naturkorken sind nicht so geeignet und auch zu teuer.
Bei billigen Schaumweinen verwendet man Stopfen aus Polyethylen (Kunststoffe), dem meist ein Inlet von Korken zur Verbesserung des Dichtungsverhaltens eingearbeitet ist. Auch bei Sekt- und Schaumweinflaschenverschlüssen sind neuerdings Entwicklungen in Richtung Drehverschluss auf dem Markt (ZORK), die genügend Dichtigkeit unter CO_2-Druck garantieren sollen und sich unter diesen Voraussetzung auch für → Perlwein eignen würden.

Selbstklärung. Darunter versteht man die mehr oder weniger weitgehende → Klärung des Weines, die sich auf natürlichem Wege im Laufe der Lagerung durch Ausscheidung und Absetzen der Trubstoffe vollzieht, doch wird auf diese Weise eine völlige Klarheit, wie sie der Konsument verlangt, nicht erzielt. Zur Erreichung höchsten „Glanzes" ist eine Sonderbehandlung (→ Schönung, → Filtration) notwendig. Je früher die Abfüllung auf Flasche erfolgt, umso unvollkommener scheiden sich die Trubstoffe vorher ab und um so notwendiger erweist sich die Anwendung von technischen Klärverfahren (→ Klärung der Weine).

Selection (lat. selectio = Auswahl) ist ein Vorgang, der in der Biologie z. B. der → Bakterien oder → Hefen eine bedeutende Rolle spielt. Die Auslese wird entweder durch die natürlichen Umweltbedingungen (Ökologie) oder künstlich erzwungen. Hierbei spielt auch die Mutation eine große Rolle (→ Hefe, Mutationen).

Selection. Bezeichnung für eine hervorgehobene Weinqualität. Die Voraussetzungen sind gebietsweise unterschiedlich fixiert. Voraussetzung für die Bezeichnung: bestimmte Rebsorten ergänzt durch weitere Einzelbestimmungen wie zum Beispiel → Hektarhöchstertrag, Handlese, spezielle Rebflächen, Mindestmostgewichte etc., Bedingungen, die hier aus Platzgründen nicht vollständig aufgeführt sind.

Selectiv Process Winery bezeichnet ein lineares (nicht rotierendes) System zum Abbeeren des Ernteguts, bei dem Beeren und Traubenstrünke nicht verletzt werden. Die beiden linearen Hochleistungsentrapper werden mit einem Rollensortiertisch kombiniert, der sowohl Traubenstrünke als auch Blattstiele eliminiert. Er lässt die Traubenstrünke intakt und beseitigt 95 % der über 35 mm langen Blattstiele. Dabei erzielt man ein Lesegut von außergewöhnlicher Qualität, das nur noch 0,18 % Abfälle enthält. Die Einstellungen lassen sich einfach und schnell durchführen, die Steuerung kann mit Selectiv Process Vision erfolgen. Aufgrund der optimalen Konzeption kann Erntegut mit Selectiv Process Winery innerhalb von 30 Minuten gereinigt werden (→ Abbeermaschinen).

Semillon (blanc) ist in Frankreich als Rebsorte an 3. Stelle (17573 ha) vertreten. Sie liefert dort besonders im Bordeaux-Gebiet in Kombination mit der Sorte → Sauvignon blanc die schweren (Likör) -Weine der Untergebiete Sauternes und Barsac. Die Weine sind meist edelsüß und tendieren (durch → Botrytis geprägt) dem Charakter nach zu den → Beeren- und → Trockenbeerenauslesen des deutschsprachigen Raumes.
Große Anbauflächen hat daneben Chile (14270 ha). Darüberhinaus trifft man die Rebsorte in fast allen Weinanbaugebieten der Welt (Australien, Südafrika) an. Typisch für den grundsätzlichen Wandel zeigt sich Südafrika: Die ersten Siedler hatten diese Rebsorte damals „im Gepäck".1822 bestand die dortige Rebfläche zu 93 % aus dem Semillon blanc (2008 nur noch knapp 1 %).

Senkboden ist ein siebartig durchlöcherter Boden oder ein enger Lattenrost, der bei der Rotweingärung die → Trester untergetaucht hält. Er ist herausnehmbar, um ein öfteres Durchmischen der → Maische zu ermöglichen. Durch die zunehmende Umstellung der Rotweinbereitung (Verzicht auf offene → Maischegärung) werden Senkböden kaum mehr angewendet. Schließlich ist nach der „alten" Methode kaum die heute geforderte, intensive Durchmischung der gärenden Maische möglich.

Senkwaage, Senkspindel → Aräometer.

Sensoren sind auf physikalische und chemische Prinzipien aufgebaute „Fühler", die spezifisch reagieren und Informationen weitergeben. Die einfachste Form war das (mit Quecksilber gefüllte) → Kontaktthermometer. Anstelle dieses fragilen Sensors traten Widerstandsmesselemente. Neben den Temperaturfühlern für die → gezügelte Gärung oder für → Plattenerhitzer benutzt man in der Önologie → Druckmesser, → Durchflussmesser und zur Gewichtsmessung an Behältern → Druckdosen. Wichtig sind CO_2-Sensoren zur → Gärkontrolle, → Füllstandsanzeige an Behältern und für den → Trockenlaufschutz Sensoren bei → Pumpen. Moderne Regel- und Steuerungsmechanismen wären ohne Sensoren nicht denkbar. Auch für analytische Zwecke wurden Sensoren entwickelt (→ Kohlensäure, → Leitfähigkeit).

Sensorik für Verbraucher. Gemeint ist die → Weinbewertung mit Hilfe der Sinnesorgane, die letzlich den Genusswert des Weines oder auch anderer Lebens- und Genussmittel erfassen soll. Andere Begriffe wie Organoleptik, Degustation oder Verkostung gelten inzwischen als fachlich überholt bzw. werden nur „umgangssprachlich" benutzt. Ein Rückblick: Die Sinnesorgane Auge, Nase und Zunge registrieren die Farbe, den Geruch und den Geschmack, Merkmale, die bereits den Römern zur Weinbewertung dienten. Seither kennt man das sogenannte COS-System, wobei C für color (Farbe), O für odor (Geruch) und S für sapor (Geschmack) steht. Bei den heutigen Bewertungsschemata ist dem in der Regel noch das Merkmal der Klarheit beigefügt. Für die Weinbewertung konnte früher letzteres Merkmal wohl kaum herangezogen werden, da die Weine durch Überschichtung mit Öl, Zusatzstoffen (Harz) oder durch mikrobiellen Befall (offene Lagerung im Anbruch) meist eingetrübt waren. Im Prinzip werden für jedes dieser Merkmale auch heute noch Punkte vergeben, deren Anteil an der Gesamtpunktzahl etwas über die „Gewichtigkeit" der Einzelmerkmale aussagt. Darüber hinaus werden innerhalb der geschilderten COS-Schemata noch „Verfeinerungen" dargestellt, die man am Beispiel der Prüfungsbögen der → DLG, → Bundesweinprämiierung, nachvollziehen kann (→ Tab. 30 im Anhang).
Es gibt verschiedene → Bewertungsschemata, aber auch die verschiedensten Methoden der Bewertung. Am einfachsten unterscheidet man die verschiedenen Bewertungsschemata durch den Umfang der jeweils benutzten „Punkte"-Skala d. h, es gibt Einstufungen mit 10, 20 oder gar 100 Punkten. Zu diesem Thema sollte man die Begründer der Sensorik (Amerine und Roessler zu Worte kommen lassen: „.... die Leistungsfähigkeit der Prüfer darf nicht überschätzt werden...deshalb ist in den meisten Fällen eine Skala von 13–20 Punkten angemessen"...
Neben der Bewertung nach Punkten (→ Parker-Punkte) gilt es bei Weinwettbewerben oft nur darum, Wein relativ zu einem anderen Wein einzustufen (→ Rangordnungsprüfungschema, → Dreiecksprüfung, paarweiser Vergleich mit Wiederholung etc.).

Große Bedeutung kommt der Schulung der Tester zu, wobei zunächst die Sensibilität der

Sinnesorgane an Hand von Modell-Lösungen (salzig, sauer, süß, bitter, → Geschmacksschwellenwert) geprüft wird. Ein Maß für die Eignung der Tester ist die Reproduzierbarkeit der Urteilsfindung, das heißt man lässt gleiche Weine mehrmals wiederholt verkosten und stellt fest, ob der Tester die Weine immer wieder gleichhoch einstuft. Selbstverständlich muss eine gegenseitige Beeinflussung verhindert werden, was durch Abtrennung in Kabinen oder durch zufallsmäßige Verteilung (randomisieren) der Weinproben erreichbar ist. Bei letzterem Verfahren hat jeder der Tester gleichzeitig einen anderen Wein zu beurteilen (verdeckt). Zusätzlich wird dadurch eine Beeinflussung des Ergebnisses durch die Probenabfolge bzw. ein „gegenseitig in die Karten schauen" verhindert. Die geschilderten Voraussetzungen sind nicht bei jedem Weinwettbewerb der heutigen Szene gewährleistet.

Die Mittel der Sensorik werden auch eingesetzt, um die Verbrauchermeinung zu testen. Die sogenannte Verbrauchererwartung ist für die Masse solcher Weine von Bedeutung, die man als „trendy" bezeichnet. Man interessiert sich dann nur für die Fragestellung: Wie definiert man den Begriff „trocken" usw. Während der sachkundige Verbraucher und Weinliebhaber das Individuelle am Wein schätzt und für Lagen-, Sorten- und Jahrgangsunterschiede größtes Verständnis aufbringt, wird der Normalverbraucher dadurch eher irritiert. Er erwartet unter einem bestimmten Begriff eine möglichst gleichbleibende Ware. Für den Produzenten, der auf diese Verbrauchergruppe abzielt, ist es wichtig, die Vorstellungen seines Kunden zu kennen und dann möglichst gleich bleibende Weine oder Sekte anzubieten. Diese einfache Form eines „Beliebtheits-Tests" erfüllt in der Regel nicht die Bedingungen einer echten Sensorik-Veranstaltung.

Eine Vorstellung über die Qualitätseinstufung, wie sie der Normalverbraucher sieht, bekommt man durch die sog. Rangziffernprüfung. Hierzu werden die zu prüfenden Weine mit unverfänglichen Buchstaben bezeichnet und dem Konsumenten einfach die Bitte vorgetragen, die Weine mit steigender Qualität von links nach rechts einzuordnen. Die Reihenfolge wird aufgeschrieben. Bei der Auswertung ist die Sache höchst einfach: Der Wein, der am häufigsten auf dem höchsten Rang erscheint, erhält die höchste Punktezahl. Die Ränge werden mit der Ziffernzahl, das heißt mit der Häufigkeit, mit der der betreffende Wein dort erscheint, einfach multipliziert. Beispiel: Der Wein A sei innerhalb einer Kollektion von vier Weinen durch acht Prüfer einmal auf Platz 1, dreimal auf Platz 3 und viermal auf Platz 4 (höchste Qualität) gesetzt, dann erhält er 1 + 9 + 16 = 26 als Rangziffer von 32 möglichen Punkten. Die gleiche Prozedur macht man mit Wein B, C usw. Nach diesem Schema entspricht die höchste Punktezahl dem besten Ergebnis. Eine absolute Bewertung erreicht man damit nicht, da man die betreffenden Weine nur untereinander vergleicht (z. B. Vergleich steigender Süße).

Sensorik, Wissenschaft. Die Sensorik hat eine zunehmende Bedeutung zur Objektivierung der Qualität. Dabei muss das Messinstrument „Mensch" als → Sensor eingesetzt werden. Die dabei zu stellenden Ansprüche gehen über das Maß hinaus, was für den praktischen Einsatz bei den üblichen Weinverkostungen, Weinprämierungen, Gütesiegelprüfungen oder den Konsumentbefragungen (consumers preference) erwartet werden kann. Nicht zuletzt gebietet dort der begrenzte Aufwand für Zeit und Personal, auf manche Methodik zu verzichten, die bei wissenschaftlichen Untersuchungen angewendet werden.

Bei der systematischen Durchführung sensorischer Veranstaltungen erarbeiten Psychologen und Physiologen aus medizinischer

Sicht, Chemiker mit speziellen Kenntnissen der Stoffeigenschaften und Mathematiker, die die Versuchsauswertung betreiben zusammen. Der Prüfer muss, der jeweiligen Fragestellung entsprechend, selektiert und geschult werden. Die Basis dazu liefern die bereits erwähnten Sensibilitätstests, Tests zur Prüfung der Zuverlässigkeit etc. Schließlich müssen Prüfer mit unzureichender Sensibilität, mangelnder Zuverlässigkeit (Geruchs- und Geschmacksblindheit = Anosmien) ausgesondert werden. Im nächsten Schritt müssen die Prüfer auf die Fragestellung vorbereitet werden (→ Verteilungskoeffizient).
Um die sensorischen Eindrücke zu katalogisieren, wurde in Kalifornien das sog. → Aromarad entwickelt. Diese Gruppeneinteilung mit Untergruppen geht von der groben Unterteilung in „Fruchtig", „Vegetativ", „Chemisch", „Mikrobiologisch" etc. aus und untergliedert danach in verbale Ausdrücke (wie z. B. bei „Fruchtig", „Zitrusfrucht", „Beerenfrucht", „Stein/Kernobst", „Tropische Früchte", „Dörrobst" und „Sonstige". Um die teils bekannten sensorischen Eindrücke der Aromen nochmals zu verdeutlichen, werden den Prüfern „Geruchsreferenzen" vorgesetzt, die in der Regel aus natürlichen Extrakten (Früchte, Gemüse etc.) bestehen (→ Descriptive Analyse). Mit solchen Methoden wurden Weine, z. B. Riesling oder Spätburgunder, nach Herkünften (→ Terroir) differenziert. Auch die Einflüsse unterschiedlicher Weinbereitungsmethoden kann man so deutlich machen (Sensorisches Profil).
Vorbedingungen, die Informationen über den Prüfvorgang selbst betreffend, müssen festgelegt werden, die Prüfbedingungen (Glas, Umgebung, Neutralisation während des Prüfvorganges, Temperatur des Weines etc.) werden teilweise durch DIN- oder ISO-Vorschriften standardisiert.
Auch der Statistiker wirkt auf den sensorischen Prüfvorgang ein und wertet aus. Die verschiedenen Prüfverfahren und Erkenntnisse der wissenschaftlichen Sensorik können hier nicht abschließend dargelegt werden (für weitere Informationen siehe Literaturverzeichnis).

Separatoren (Zentrifugen) sind Geräte zur Trennung von Gemischen durch Ausnutzung der bei erhöhten Drehzahlen auftretenden Zentrifugalkräfte. Bekannt sind Milchzentrifugen zur Flüssig-Flüssig-Trennung. Im Falle der Kellereitechnik werden Feststoffe von der flüssigen Phase abgetrennt. Infolge der erheblichen Anschaffungskosten kommen sie aber nur für Mittel-und Großbetriebe in Frage.
Sie finden vorwiegend Anwendung bei der Vorklärung der Moste, um durch Verminderung des Trubanteils und Verkleinerung der → inneren Oberfläche eine Optimierung der Gärung zu erreichen. Im Gegensatz zum → Entschleimen (Absitzenlassen oder → Flotation) der Moste bilden die zurück bleibenden Trubteile einen festen, von Flüssigkeit freien Kuchen, der verworfen werden kann (Kammerseparator).
Nicht zu unterschätzen ist der reduzierte Anfall an Trub beim ersten → Abstich. Sehr trübe, stark hefehaltige Jungweine lassen sich ebenfalls durch Einsatz von S. weitgehend klären. Seltener finden die S. Anwendung beim Abstich des Weines vom Schönungstrub. Derzeit kann ein normaler Klär-Separator das → Filter nicht völlig ersetzen, aber eine anschließende Filtration mit der → Crossflow-Technik vorbereiten. Auch bei fertig ausgebauten Weinen wird man auf den S. meist verzichten, sondern sich auf den „Termin" erster Abstich beschränken. Eine nachteilige Beeinflussung des Aromas und der Weinzusammensetzung wurde bisher durch die Behandlung bei dem geschilderten Einsatz nicht beobachtet.
Die ursprünglichen *Kammer-Separatoren* sind heute durch kontinuierlich arbeitende Maschinen abgelöst. Nach bestimmten Zeitinter-

vallen wird der angefallene Trub bei voller Drehzahl des Separators selbsttätig ausgeworfen (*selbstaustragender Separator,* Tellerseparator). Der ausgeworfene Trub enthält aber noch Flüssigkeit und muss deshalb im Zeichen des Umweltschutzes nachbearbeitet (gepresst) werden. Erst dann kann der Trockenrückstand auf die Deponie gebracht werden.
Eine neue Entwicklungstendenz bei Separatoren zeigt sich in der Konstruktion von „ Feinklär-Separatoren mit höherer g-Zahl (Umdrehungszahl). Der S. arbeitet deshalb in einem angepassten Leistungsbereich von 4000 bis 15000 l/Std. Die Separation kann zu praktisch sterilen Getränken führen.
PRO:

- Kein Verbrauch an Filterhilfsmitteln (Kosten, Umweltschutz).
- Keine Geschmacksbeeinflussung.
- Kurze Verweilzeit ohne Beeinflussung durch Luft (→ Flotation) oder unerwünschte biologische Prozesse, maximale Sauerstoffaufnahme = 1–2 mg/l.
- Universelle Anwendung für Most und Weinklärung.
- Fortlaufender Betrieb.
- Einfache Trubbeseitigung durch selbsttätige Entleerung (selbstreinigend).
- Einfache Reinigung mit dem CIP-System.
- Wirtschaftlich durch geringen Personalaufwand.

CONTRA

- Hohe Kosten für Anschaffung und Wartung (→ Abb. 23 im Anhang).

Separatoren, Leistung. Angaben darüber geben keine direkte Auskunft über den Kläreffekt, weil das Klärgut zu unterschiedlich zusammengesetzt ist. Zum Leistungsvergleich der Tellerseparatoren kann der Leistungsfaktor herangezogen werden.
Der Leistungsfaktor von Wein-Klärseparatoren mit selbstreinigender Trommel reicht z. B. von 7000 bis 220000. Der restliche Trubanteil im separierten Most oder Wein ist ein objektiver Wertmesser für die Leistungsfähigkeit eines Separators.

Sherryweine → Jerez-Weine.

Shikimisäure ist eine komplexe Carbonsäure, die innerhalb der Pflanzensynthesewege (der → Tannine) eine zentrale Rolle einnimmt. Für die Önologie hat die Substanz nur Bedeutung für die Unterscheidung von (weißen) Burgunder-Rebsortenweinen von anderen Rebsorten. Die Gehalte solcher Weine liegen zwischen 15 und 30 mg/l. Der Gehalt von → Merlot liegt über 30 mg/l. Shikimisäure soll durch → BSA abgebaut werden. In Trauben wurde die Substanz bereits 1967 entdeckt (Flanzy). Shikimisäure zeigt Ähnlichkeiten zur → Chinasäure.

Siebwirkung ist bei der → Filtration von Bedeutung. Für die Siebwirkung des Filtermaterials ist die Porenweite des Materials bzw. der Schichten sowie die Größe der Trubbestandteile ausschlaggebend. Sind die Trubteilchen größer als die Poren, werden sie vom Filter zurückgehalten und der Wein verlässt das Filter mehr oder weniger klar.
Durch Anlagerung von Trubteilchen werden die Poren allmählich enger, die Klärwirkung dadurch verbessert, jedoch geht das auf Kosten der Mengenleistung. Schließlich kommt es zu einer völligen Verstopfung der Poren, die eine Neubeschickung des Filters notwendig macht. Dieser Effekt (zunehmende Klärschärfe = abnehmende Mengenleistung) ist für die sogenannten Tiefbettfilter (→ Filterschichten) charakteristisch, da hier Sieb- und Adsorptionseffekt miteinander verbunden sind.
Der Effekt einer zunehmenden Verstopfung der sog. Tiefbettfilter wird im engl. als „dead-end filtration“ = „Sackgasse“ bezeichnet. Die Abb. 2 im Anhang zeigt den Ver-

gleich der (statischen) „dead-end"-Filtration mit der → Crossflow-Filtration.
Neuerdings kommen → Membranfilter in Betracht, bei denen fast ausschließlich ein Siebeffekt vorliegt, da diese Filter sehr einheitliche Poren haben und dazu sehr dünn sind. Die Trubaufnahmekapazität ist dadurch gering, eine scharfe Vorklärung somit erforderlich, wenn die Mengenleistung befriedigen soll. Membranfilter haben diesen Nachteil, aber auch Vorteile (kein → Filtergeschmack, kleine Filtrationsgeräte, Regeneration ist möglich). Überwiegend werden damit Sterilfiltrationen durchgeführt, die wegen der wählbaren Abtrennschärfe („bakteriendicht") und wegen der Möglichkeit einer Kontrolle (Integritätstest, bubble-point-Drucktest) der Filtertrennschärfe sehr zuverlässig sind.

Siegel (lat. Sigillum). Kennzeichen, insbesondere Bezeichnung für Wein, vornehmlich auch von Verbänden, Weinbaugebieten, Gemeinden und Einzelfirmen, zusätzlich zur Etikettierung angewandt. Siegel können herkunftsbezogen oder qualitätsbezogen ausgelegt sein. Aussagen über die Herkunft (wie z. B. die Herkunftszeichen der → Weinanbaugebiete oder → Bereiche) müssen zutreffend sein. Qualitätsbezogene Siegel müssen ausdrücklich zugelassen sein, sie sind einer Kontrolle unterzogen. Bekanntes Beispiel sind das Deutsche → Weinsiegel, das → Deutsche Güteband für Wein, das Gütezeichen für badischen Qualitätswein und das Fränkische Gütezeichen. Im weitesten Sinne gehören dazu auch die Hinweise auf Prämierungen, die meist in Form von Streifenaufklebern oder Medaillen auf dem Etikett angebracht werden (→ Auszeichnungen, → DLG).

Siegerrebe ist eine Neuzüchtung von sehr früher Reife bei hohem Mostgewicht, muskatartigem Bukett, aber sehr niedrigem Säuregehalt. Die Kreuzung aus Madeleine angevine × Gewürztraminer ergibt niedrige Erträge, ist risikoreich (Wespenfraß) und deshalb zu weniger als 0,1 % (103 ha) im deutschen Rebsortiment enthalten. Die Weine sind sehr aromatisch und extraktreich mit ganz charakteristischem Aroma (→ Rebsortenanbau).

Silberchlorid (AgCL) auf Trägermaterial, ist geeignet zur Entfernung von Böcksern, S. ist seit kurzem in der EG zugelassen (bis zu 1 g/100 Liter). Der nach der Behandlung verbleibende Rückstand von Silber im Wein darf 0,1 mg/l nicht übersteigen.

Silber, Gehalt im Wein. Der natürliche Gehalt liegt deutlich unter 0,1 mg/l. Durch Behandlung mit → Silberchlorid steigt dieser über 1 mg/l. Durch → Blauschönung lässt sich Silber daraus entfernen.

Silikate sind die Salze der → Kieselsäure.

Silvaner (Sylvaner) ist eine wertvolle mittelfrühe Traubensorte für Weißweine, die vor allem in Rheinhessen (2467 ha, 9,3 %) und in Franken angebaut wird (1276 ha, das sind immerhin noch 21 % der fränkischen Rebfläche). In der Pfalz verblieben von mehr als 50 % Anteil (1954) nur noch 844 ha (3,8 % Anteil). Deutschland gesamt baut derzeit 5236 ha (5,1 % Anteil) an. Weltweit ist nur noch im Elsass eine gewisse aber ebenfalls abnehmende Nachfrage vorhanden.
Silvaner, auch Grüner Silvaner genannt, ist eine überwiegend in Mitteleuropa angebaute Rebsorte. Daraus ergibt sich auch eine international jeweils unterschiedliche Bezeichnung. Die Rebsorte stammt aus dem Alpenraum und scheint (nach Gen-Analyse) im Donauraum durch eine Kreuzung von Traminer mit einer unbekannten weißen Rebsorte entstanden zu sein. In Deutschland ist die erste Anpflanzung in Castell (Franken) im Jahr 1659 urkundlich nachgewiesen.

Die Silvanertraube, die in der Reife gelbgrün bis goldgelb ausgeprägt, ist in diesem Zustand auch eine hervorragende Tafeltraube. Die Sorte ist ertragreich und liefert einen neutralen Wein, der seine Struktur je nach Ausbaurichtung recht säureharmonisch-mild oder saftig mit Tendenz zum Riesling offeriert. Sie wird vielfach auch als *Österreicher* oder *Fränkischer* bezeichnet. In der Pfalz pflegte man sie in ehemals kurpfälzischen Regionen mit „Österreicher" zu bezeichnen, ehemals speyerisch-bischöflich regierte Weinbaugemeinden lobten den Silvaner als „Franke". Die Rebsorte ist umstritten und in den letzten Jahrzehnten im Anbau stark zurückgegangen (→ Rebsortenanbau).

Sinnenprüfung. Veralteter Ausdruck für → Sensorik.

Sniffingport. Übersetzt: „Schnüffelausgang". Geräteteil des Gaschromatographen. Hier kann ein geschulter Sensoriker die austretenden, getrennten Geruchsstoffe „abriechen" und charakterisieren (→ Gaschromatographie)

SO_2 → Schwefeldioxid, → schweflige Säure.

SO_2-freier Wein ist als Begriff nicht legalisiert, da kein absolut SO_2-freier Wein existiert. Zunächst fehlt es an der gesetzlichen Fixierung der zulässigen (natürlichen) SO_2-Gehalte, aber auch an der zwingenden Notwendigkeit, solche Weine herzustellen. Der Gesetzgeber hat durch die Fixierung von Obergrenzen (→ schweflige Säure, zulässiger Gehalt) den gesundheitsbezogenen Aspekt berücksichtigt und dabei die wichtigen Funktionen der schwefligen Säure bei der Weinbereitung anerkannt.
Obwohl in der Forschung Vorschläge für die Herstellung solcher Weine formuliert wurden, haben sich Verfahren in der Praxis wenig verbreitet. Gegen die Herstellung von Weinen mit tendenziell niedrigen SO_2-Gehalten ist dann nichts einzuwenden, wenn die Qualität, die Spezialität und die Haltbarkeit solcher Weine darunter nicht leiden.

Sole (Kühlsole) wird zur Übertragung von Kälte in Kellereien benutzt, da dieses Verfahren gegenüber der Direktverdampfung Vorteile besitzt. Die Sole ist im allgemeinen Sprachgebrauch eine Salzlösung mit Zusätzen von Korrosionsschutzmitteln, besitzt einen tiefen Gefrierpunkt und eine hohe Kältekapazität. Diese Eigenschaften fordern Leitungen und Geräte aus besonders hochlegierten (teure) Edelstählen. Deshalb zieht man Ethylenglykol als Übertragungsmittel der klassischen Kältesole vor, z. B. bei der Herstellung von Schaumwein nach dem Flaschengärverfahren (→ Gärung, gekühlte).

Sommeliers. Weinfachpersonal in gastronomischen Betrieben mit Spezialfachausbildung.

Sommerwein. Ausdruck für leichte, spritzige Weine, die im Detail für spezielle Gerichte saisonal angeboten werden

Sorbinsäure (E 200) ist eine ungesättigte Fettsäure (CH_3 -CH = CH – CH = CH-COOH), die in der Nahrungsmittelindustrie als Konservierungsmittel verbreitet eingesetzt wird. Die toxikologische Unbedenklichkeit ist durch eingehende Studien sichergestellt. Auch im Wein wird diese Substanz zur Verhütung einer Nachgärung bei zuckerhaltigen Weinen fallweise eingesetzt. Es sind bis zu 200 mg/l für Weine der EG deklarationsfrei zugelassen. In anderen Weinbauländern sind ähnliche Vorschriften erlassen.
Da sich Sorbinsäure selbst schwer in sauren Lösungen auflösen lässt, wird diese überwiegend als Kaliumsalz (leichter löslich) in Anwendung gebracht. Der → Geschmacksschwellenwert kann bei sensitiven Weinprü-

fern unterhalb von 200 mg/l liegen. Milchsäurebildner können Sorbinsäure abbauen, wobei daraus Sorbinol (→ Geranienton) entstehen kann. Dieser Fehlton führt dann zu Beanstandungen und ist darüber hinaus sehr schwer aus dem Produkt (→ Süßreserve, Wein) zu entfernen.
Bei der Süßreserveeinlagerung müssen aus Sicherheitsgründen größere Mengen an → schwefliger Säure hinzugesetzt werden, damit die milchsäurebildenden Bakterien unterdrückt werden, Flaschenweine sind hinreichend keimarm abzufüllen (→ Kaliumsorbat, → Weinbereitung, zugelassene Stoffe).

Sortencharakter. Ein Wein sollte sich typisch für die Rebsorte verkosten (→ artig). Dies setzt zunächst voraus, dass das Traubengut die sortengerechten Merkmale mit sich bringt, was aber durch Jahrgangs-, das heißt Witterungseinflüsse eingeschränkt werden kann. Ferner wirkt der Standort der Reben auf die Ausbildung des Sortencharakters ein. Fäulnis führt zu Einschränkungen oder totalem Verlust des Rebsortencharakters, so dass Weine mit starkem → Botrytiston kaum mehr einer Sorte zugesprochen werden können. Von gleichfalls großer Bedeutung für die Ausbildung des sortentypischen Weincharakters ist die Weinbehandlung selbst, da durch unsachgemäße Behandlung → Bukett bzw. → Aroma leiden können. Bei der Alterung des Weines verschwindet das Sortenbukett und wird durch die Altersfirne überdeckt (→ Altern der Weine, → Aroma).

Sortenweine → Sortencharakter.

Spätburgunder (Pinot noir). Blauer Spätburgunder ist eine sehr alte Rebsorte, die aber leicht zu Mutationen neigt und somit einige Varianten bietet. Dies zeigt sich auch im Angebot verschiedener → Selektionen und → Klone. Über die größte „Pinot noir"-Fläche verfügt Frankreich (29470 ha/2007), davon großteils in Burgund und der Champagne. In Deutschland werden 11800 ha (Stand 2008) angebaut. Weltweit lobt man den Spätburgunder als den „König der Rotweine", jedoch eignen sich in wärmeren Klimata Rebsorten wie der konkurrierende „Thronfolger" „Cabernet sauvignon" besser zum Anbau. Der Spätburgunder wird in kühlen Klimata dafür typischer, da er dann sein „erdbeeriges" Aroma und seine feste Säure als Wein optimiert. Als Beispiel gelten „klassische" Gebiete wie Baden (5855 ha) mit 36,8 % Anteil, danach Württemberg (1278 ha) mit über 10 % Anteil. Je über 1000 ha haben die Weinanbaugebiete Pfalz und Rheinhessen aufzuweisen. Sehr bekannt sind kleinere Gebiete wie die Ahr (342 ha) oder speziell Aßmannshausen (im Rheingau).
Weltweit ist unter den roten Rebsorten der fruchtige Pinot noir nach dem → Cabernet sauvignon die Nr. 2. Nicht zuletzt sind dies Eigenschaften, die für seine Verbreitung als Grundwein (weißgekeltert) des Champagners gesorgt haben oder in den kühleren Zonen des Caneras-Gebietes (Kalifornien insgesamt ca. 13000 ha) ebenso sortentypische Gewächse hervorbringen. Andere „Neue" Weinbauländer wie Neuseeland (4000 ha), Australien (ca. 4000 ha) mischen kräftig mit. Nachteilig ist die Fäulnisanfälligkeit, die farbreduzierend wirkt. Als Wein hatten deshalb reife Spätburgunder auch mehr die „oxidierten" Farben nach gebrochenem Rot (zwiebelrot, rot mit bräunlichen Nuancen). Durch die Selektion „lockerbeeriger" Klone gelingt es nunmehr, klassische farbkräftige Rotweine zu produzieren (→ Rebsortenanbau).

Spätlese ist ein für deutsche Weine traditionell eingeführter Gütebegriff, der angeblich um 1775 im Rheingau entstanden ist. Obwohl S. auch schon vor dem 1971er Weingesetz eingeführt waren, sind doch die gesetzlichen Anforderungen erst darin verbindlich präzisiert. Voraussetzung dazu ist die späte Lese der Trauben. Während anfänglich erst nach Beendigung der Hauptlese für die jeweilige Rebsorte „gelesen“ werden durfte, ist jetzt der Zeitpunkt der Lese dem Winzer in eigener Verantwortung überlassen. Allerdings müssen die rebsortenbezogen durch Länderverordnungen vorgeschriebenen → Mindestmostgewichte überschritten werden, was durch Kontrollen sichergestellt ist. Das Prädikat Spätlese darf nur dann geführt werden, wenn der abgefüllte Wein bei der amtlichen → Qualitätsweinprüfung die für das Prädikat verlangten Vorbedingungen erfüllt. Eine → Anreicherung ist nicht zulässig (→ Prädikatsweine).

Spalthefen → Schizosaccharomyceten.

Spaltpilze → Bakterien.

Sparkling oder Sparkling-wine ist eine englische Bezeichnung für → Schaumwein.

Speisegelatine → Gelatine.

Spektralphotometer gehören zur Laborausrüstung. Es handelt sich um Photometer, die den gesamten Bereich des sichtbaren Lichtes und zusätzlich einen UV-Bereich abdecken. Durch die große Variabilität ist der Anwendungsbereich umfänglicher als der der reinen (Filter-) Photometer. Insbesondere im (unsichtbaren) UV-Bereich kann die Konzentration von → Farbstoffen, → Sorbinsäure und → Gerbstoffen gemessen werden. Eine Vielzahl von weiteren analytischen Daten lassen sich direkt oder mit Hilfe von Farbreaktionen in Most und Wein ermitteln (→ FTIR).

Spezifisches Gewicht des Mostes (→ Mostgewicht). Der Ausdruck ist durch den Begriff → Dichte abgelöst.

Spezifisches Gewicht des Weines (Dichte). Vergorene Weine, die keinen → unvergorenen Zucker mehr enthalten, zeigen meist ein spezifisches Gewicht von 0,990 bis 0,999. Bei Weinen mit Restsüße liegt das spezifische Gewicht immer über 1, so dass die Mostwaage einige Grad Oechsle anzeigt (→ Dichte, → Gewichtsverhältnis, → Restsüße, spezifisches Gewicht des Mostes).

Spindelpresse → Kelter.

Spinning Cone Column (Schleuderkegelkolonne). Das Verfahren ist ein Trennungs- bzw. Fraktionierungssystem. Es wurde in Australien entwickelt und diente zunächst zur Herstellung alkoholreduzierter Weine. Die Funktionsweise ist die einer Rektifikationskolonne (→ Dephlegmatoren), mit der flüchtige Substanzen aus einer Flüssigkeit (Wein) herausgenommen und für sich isoliert gelagert werden. Technisch geschieht dies durch den Kontakt eines Flüssigkeitsfilms mit einem Dampfgemisch auf einer rotierenden Kegelfläche.
Neben Alkohol lassen sich auch → Schwefeldioxid und andere flüchtige Stoffe wie → Aromen abtrennen. Absicht ist, nur einen Teil des Weines zu fraktionieren, um dann den (überwiegenden) Anteil des unbehandelten Weines damit zu verdünnen. Wenn man schon auf diese Art an beliebige Fraktionen des Weines kommt, scheint damit jederzeit eine beliebige Weinverfälschung möglich. Statt primär zu hohe Zucker- und damit Alkoholgehalte zu produzieren, sollte man sich bereits vorbeugend solcher weinbaulicher Strategien bedienen, die die Alkoholgehalte schon im Weinberg reduzieren (frühe Lesetermine, Anbau geeigneter Rebsorten).

Spiritus (Sprit) ist der auch aus vergorenen Flüssigkeiten durch Destillation gewonnene Äthylalkohol. Der Ausdruck „Sprit“ für hochprozentigen Alkohol ist für den von der Monopolverwaltung betreuten „„landwirtschaftlichen Alkohol“ in Gebrauch, der überwiegend durch „Getreidebrennereien“ und „Kartoffelbrennereien“ erzeugt wird (→ Äthanol, → Alkohole).

Spitzengewächs (Spitzenwein) nannte man früher überwiegend nur → Beeren- und → Trockenbeerenauslesen. Da die Bezeichnung nicht Bestandteil der gesetzlich geregelten → Deklaration ist, ist dieser Begriff für die Themen der → Weinansprache freigestellt.

Spontangärung entsprach früher der völlig normalen (spontanen) Gärung mit den entweder im Weinberg originär vorhandenen oder in der Kellerei angesiedelten Hefen. Inzwischen dürfte der Zusatz von → Reinzuchthefen (→ Trockenhefen) der Normalfall sein. Im Zusammenhang mit der Philosophie des → Terroirs ist die Spontangärung wieder angesagt. Es lohnt sich deshalb, zunächst nach der Herkunft der im Weinberg ansässigen Hefetypen und deren Eigenschaften zu fragen. Obwohl schon ab 1930 – vorwiegend durch Forscher in Italien – erste „Kartierungen“ der „Weinbergspopulationen“ veröffentlicht wurden, sind erst in jüngerer Zeit verbesserte Methoden der Taxonomie“ ausgearbeitet und angewendet worden.
Die Benennung der Hefen auch unter Anwendung verschiedener Untersuchungstechniken wurde anfänglich nach äußeren Formen etc. durchgeführt, ähnlich wie dies die klassische → Ampelographie bei den Trauben handhabte. Inzwischen sind dort weitere z. B. gentechnische Untersuchungsverfahren mit Erfolg ergänzend eingeführt worden.
Bei Hefen hat die ursprüngliche Methode zunächst zu einer Überzahl von Gattungen geführt, die 1970 noch 41 differente Typen allein von Saccharomyceten aufgelistet hatte. Die weiteren Forschungsergebnisse, die sich auf eine rein genetische und molekulare Taxonomie abstützten, brachten die frühere Zuordnung und Bezeichnungen so durcheinander, dass man sich zur Identifizierung allein auf die DNA-Methoden festlegte. Später kam dazu noch die überraschende Feststellung, dass sich die physiologischen Eigenschaften einer Hefepopulation zeitabhängig änderten.

Die eigentlichen Gärhefen werden derzeit nach der sog. PCR-Methode differenziert, sodass sich im Angebot der Industrie aus praktischen Gründen nur Trockenhefen in der Version *S. cerevisiae* und *S. bayanus* finden. Das gleiche Problem einer korrekten Taxonomie findet sich in den sog. „Wildhefen“, wie z. B. → *Apiculatus*- Beständen in den Weinbergen. Diese Hefen sind demnach vor Ort (im Weinberg), spielen meist aber für die Prägung des Weintyps kaum eine Rolle, da meist mehr als 24 Stunden nach der Einlagerung des Mostes die „Gärhefen“ d. h. *Saccharomyces cerevisiae*-Hefen den weiteren Ablauf der Gärung dominieren.
Eine praxisbetonte Beobachtung zeigt, dass die Gärintensität bei den ersteingelagerten Mosten spontan meist gering ist und diese Hefen erst im Verlauf der Ernte trotz aller eventuellen hygienischen Maßnahmen den Gärablauf bestimmen. Dieser Umstand ist durch die in der Weinpresse, Behältern und Leitungen nunmehr „heimischen“ Hefen zu erklären. Ein Grund für diese ersichtliche Dominanz der „kellereigenen“ *Saccharomyces* dürfte in den → Killereigenschaften dieser Hefen zu suchen sein.

Bei Beobachtung der in Weinbergen bodenständigen Hefen stellte man zudem fest, dass sich die Population zwischen den Jahrgängen verändert, d. h. es kommen keineswegs jedes Jahr die gleichen Hefestämme zur Entwicklung und somit bestimmen auch nicht die gleichen Stämme die mikrobiologischen Abläufe einer „Spontangärung“. Falls die Bindung an das „Terroir“ – wie die entsprechen-

den Untersuchungen zeigten – nicht schlüssig ist, sprechen diese Tatsachen nicht zugunsten einer „Spontangärung“ sondern eher zugunsten des Einsatzes einer speziell geprüften und selektierten → Trockenhefe.
Noch relativ ungeklärt ist die spezielle Situation eines Einflusses von SO_2 vor und während der Gärung oder auch das „Überschwallen“ durch Umpumpen, da dies immer einen Einfluss unter anderem auf die Population des jeweiligen Hefestammes bedeuten kann („Infektion“ durch Pumpe und Leitungen) (→ Hefen, wilde, → Killereigenschaften).

Spritzig ist ein Wein mit einem angenehm empfundenen → Kohlensäuregehalt, wie er beispielsweise vielfach den jungen Weißweinen ihre charakteristische Brillanz verleiht. Beim Stehen im Glase zeigen spritzige Weine eine leichte Perlung, die am Glas längere Zeit haften bleibt. Rotweine sollen keinesfalls eine spritzige Art besitzen, wohingegen Kohlensäure bei vielen → Roséweinen beliebt ist (→ Kohlensäuregehalt der Weine, → Sommerweine).

Spundloch. Öffnungen im Holzfass, die entweder an der oberen Fassdaube oder im Fassboden angebracht sind. Im letzteren Fall nennt man die Öffnung auch Zapfspunden. Die Öffnungen werden mit konisch zulaufenden Holzpfropfen (Spunden) verschlossen. Schon römische Fässer hatten ein oberes Spundloch, das Zapfspundloch ist offensichtlich erst später aufgekommen.

Spundvollhalten → Auffüllen.

Spurenanalyse. Im wesentlichen handelt es sich um den Nachweis und die Ermittlung (fachsprachlich: Bestimmung) von Verbindungen (Substanzen) und → Elementen, die in Most oder Wein in geringen Mengen (fachsprachlich: Spuren) vorhanden sind (→ ppm, → ppb). Die dazu notwendige Analytik wird überwiegend zu Forschungszwecken oder bei der Weinüberwachung eingesetzt. Eine praktische Anwendung findet die Spurenanalyse bei der Zuordnung zu regionalen Herkünften anhand der Spurenelemente, der Zusammensetzung des Wassers im Wein etc. (→ Isotopenanalyse, → Weinverfälschungen).

Spurenelemente sind solche, die nur in äußerst geringer Menge in der Most- oder Weinasche nachgewiesen werden, z. B. Blei, Brom, Chrom, Nickel, Molybdän u. a. Im Gegensatz zu den Hauptbestandteilen (z. B. den Mineralstoffen) sind Spurenelemente nur in Mengen unter 1 mg/l im Most oder Wein enthalten. Bei Trauben spricht man von ppm (mg/kg)(→ Wein, Zusammensetzung).

Spurenelemente, Nachweis der Herkunft. Die Muster an Spurenelementen dienen insbesondere auch zum Nachweis der geografischen Herkunft (→ Diskriminanz-Analyse). Wobei in neuerer Zeit die Elementgruppe der „Seltenen Erden“ als Datenquelle sehr hilfreich ist. Viele andere Elemente stammen nicht allein aus dem Boden, sondern können auch durch „Kontamination“ aus Behandlungsstoffen in den Wein kommen. Darüber hinaus gibt es noch die direkte Einwirkung aus der Umwelt (Industrie) oder gar eine bewusste Fälschung, wodurch sich das Profil der Spurenelemente ändert und den Nachweis dadurch möglicherweise erschwert. Die Gruppe der „Seltenen Erden“ unterliegt diesen Störungen weniger und eignet sich deshalb sogar zum Nachweis eines Herkunftslandes (→ Stabil-Isotopen-Analyse, Messung von Wein). Spezielle Literatur: Eschnauer, H.: Spurenelemente in Wein und anderen Getränken. Verlag Chemie, Weinheim, 1974.

Stabilisierung der Weine. Hierunter fasst man alle Behandlungsmaßnahmen zusammen, die der Haltbarkeit der Weine auf der Flasche dienen und eine nachträgliche Trü-

bung verhindern sollen. Hierher gehören → Filtration, → Schönung, → Wärme-, → Kältebehandlung, → Schwefelung usw. Die Stabilisierung hat an Bedeutung gewonnen, seitdem man zu einer frühzeitigeren Abfüllung übergegangen ist.
Im Falle von → Restsüße kommt der biologischen Stabilisierung besondere Bedeutung zu, also der Verhinderung von nachträglichen Entwicklungen von → Mikroorganismen (Hefen, Bakterien). Das ist nur durch eine Sterilabfüllung mittels Entkeimungsfiltration oder Warmabfüllung zu erreichen. Die biologische Stabilisierung mit Konservierungsmitteln ist derzeit nur mit → Sorbinsäure gestattet (→ Trübungen → Trübungsbereitschaft).

Stabilisotopen-Analyse. Elemente, die am stofflichen Aufbau der → Weininhaltsstoffe beteiligt sind (→ Molekül), können aus Atomen unterschiedlicher Massen bestehen, Isotopen genannt.
Einige Elemente wie z. B. Uran, können im Laufe von Minuten oder Jahren zerfallen, andere Elemente bleiben unverändert (stabil = Stabilisotopen). Für den Nachweis von → Weinverfälschungen bzw. falschen Bezeichnungen kann die Isotopenanalyse Aufklärung liefern. Auch die Herkunft mancher Zusatzstoffe (Rübenzucker oder Rohrzucker) oder von exogenem Kohlendioxid in Perlwein beruht auf der Messung von Isotopen-Verhältnissen (→ Kohlensäure, endogene).

Stabilitätsprüfungen sollen die voraussichtliche Haltbarkeit des Getränkes erkennen lassen. Weine, die zur Abfüllung anstehen, sind meist optisch klar, woraus aber noch nicht erkennbar wird, inwieweit dieser Zustand auf Dauer stabil ist. Deshalb werden eine Anzahl von „Belastungsprüfungen" durchgeführt (→ Kältetest, → Wärmetest). Mit beiden Verfahren kann jedoch nicht jegliches Risiko erkannt werden. Viele Weininhaltsstoffe können durch Polymerisation oder andere chemische Reaktionen (gewissermaßen verspätet) zu Trübungen führen. So wird die Trübungsbereitschaft durch Prüfungen auf Eisen, Eiweiß, Kupfer, Weinstein etc. erweitert und die erforderliche Behandlungsmaßnahme werden eingeleitet.
Auch nach der Abfüllung kann Flaschenwein durch Vermehrung von Mikroorganismen „umschlagen". Die Möglichkeit einer Vermehrung von Mikroorganismen (→ Sterilprüfung) gehört deshalb zur Kontrolle der Stabilität (= Haltbarkeit). Zur Vorsorge wird in der Regel sterilgefüllt (→ Sterilfüllen), sodass die nachträgliche Stabilitätsprüfung nur eine zusätzliche Sicherheitsmaßnahme ist (→ Abfüllen der Weine, → Betriebskontrolle).

Stachel ist ein bis auf den Fassboden reichendes Rohr, mit dem die Fässer bei → Abstichen, Umfüllungen usw. von unten her gefüllt werden. Die Luftaufnahme wird dadurch verringert und ein zu großer Verlust an → Kohlensäure und → Bukettstoffen verhindert. Durch die Bevorzugung von größeren Behältern unter weitgehendem Verzicht auf Holzfässer ist diese → Armatur heute in ihrer Bedeutung zurückgegangen.

Stachelbeerwein. Stachelbeeren eignen sich zur Herstellung eines süßen Likörweines, weniger eines Tischweines, da dieser leicht den unangenehmen Mäuselgeschmack annimmt. Die Früchte haben ein Mostgewicht von 40 bis 50 °Oe (= 9 bis 11 % Zucker) und einen Säuregehalt von 10 bis 15 g/l (→ Fruchtweine). Eine → Anreicherung mit Zucker ist zwingend erforderlich.

Stärkezucker (Glucose, Dextrose), wurde eine Zeitlang zur → Anreicherung angewendet, ist inzwischen allerdings verboten. Natürlicherweise ist → Glucose in jedem Most vorhanden. Ob Glucose oder → Fructose überwiegt, hängt im wesentlichen vom Reifezustand der Trauben ab. Glucose zu Fructose wie 1:1 bildet das sogenannte Invertzuckerverhältnis, weil dieses Verhältnis durch Invertierung von → Saccharose eingestellt wird. Glucose schmeckt weniger süß als Fructose und wird durch Hefe zu Alkohol vergoren (→ Invertzucker).

Stahlbehälter. Man unterscheidet hierbei gewöhnlichen Stahl (Schwarzstahl) von Edelstahl. Letzterer ist erheblich korrosionsfester (in Abhängigkeit von der Legierung) und somit auch haltbarer und pflegeleichter. Korrosionsgefährdet ist ein Edelstahlbehälter an der höchsten Stelle des Behälters (an der Einfüllöffnung, Dom) da dort meist eine hohe SO_2 Konzentration (im Leerraum) herrscht. Deshalb arbeitet man an diesen Stellen mit *höher legierten Stählen*. Auch an der Außenwand kann sich „Flugrost“ bilden, was man durch Polieren vermeiden kann. Die Innenwandung soll glatt sein, damit der Behälter leicht gereinigt werden kann.

Stahlig nennt man in der → Weinansprache körperreiche Weine mit leicht, aber nicht unangenehm hervortretender Säure. Rieslinge von Mosel und Rhein haben häufig eine ausgesprochen stahlige Art.

Staks (engl.) sind Holzteile, die angeröstet sind und in dieser Form in Rotwein eingebracht werden. Die „Toast“-Note soll – gewissermaßen als Ersatz des Barrique-Ausbaus – in den Wein eingebracht werden. Diese provokante „Methode“ wird in manchen „neuen“ Weinbauländern praktiziert. Handelt es sich um → „Staves“ = Dauben, dann ändert dies am Sachverhalt überhaupt nichts.

Starterkulturen für BSA. Zum Thema spontanen → Biologischen Säureabbau wurden über viele Jahre kontroverse Diskussionen nicht nur in Deutschland geführt. Dabei wurden traditionelle Einstellungen (Pro und Contra) sichtbar. Vorwiegend rotweinerzeugende Regionen sprachen sich dafür aus, Weißwein-Gebiete mit Riesling waren dagegen. Diese teilweise berechtigten Einwände sorgten sich um den Verlust rebsortentypischer Veranlagungen durch den BSA. Gemeinsame Bedenken beruhten oftmals auch auf bekannten unerwünschten Nebenreaktionen dieses, oft kaum steuerbaren spontanen Vorganges. Es lag deshalb nahe, analog zur schon länger praktizierten Anwendung von → Reinzuchthefen, selektierte Kulturen solcher Äpfelsäure abbauenden → Bakterien zu entwickeln, nicht zuletzt um bei der Weinherstellung mehr Sicherheit zu erreichen.
Bei der Selektion von geeigneten Stämmen wird unter anderem der Frage einer eventuellen Bildung von → Biogenen Aminen große Aufmerksamkeit geschenkt (Kulturen frei von Decarboxylaseaktivität, Nachweis durch → Gen-Analyse). Die Einstellung zur jeweils geeigneten Entsäuerungsmethode bleibt nach wie vor ein Thema innerhalb der önologischen Praxis, obwohl die „Starterkulturen“ einen echten Fortschritt bei der sicheren Durchführung gebracht haben.
Die im Handel verfügbaren Produkte reagieren auf den pH-Wert, den Alkoholgehalt und den Gesamt SO_2-Gehalt in der gleichen (bekannten) Weise wie die Mikroorganismen des spontanen BSA. Die Temperatur beim Start und der Durchführung soll zwischen 18 und 22 °C liegen.

Starttemperatur ist die Anfangstemperatur, bei der die → Gärung eingeleitet wird. Sie beträgt bei Weißweinen normalerweise etwa 15 bis 18 °C, bei Rotweinen 18 bis 20 °C. Nach Eintritt der Gärung geht man heute meist mit der Temperatur etwas herunter, um die Gärung nicht zu stürmisch werden zu lassen und Weine zu erzielen, die der heutigen Geschmacksrichtung nach Jugendlichkeit und Frische entgegenkommen.

Bei Zusatz von → Kaltgärhefe kann die Starttemperatur erheblich niedriger liegen. Die Korrektur der Starttemperatur erfordert fallweise Kühlung oder Erwärmung (→ Durchlauferhitzer, → Durchlaufkühler, → Gärungswärme, → Kältebehandlung).

Staubig nennt man einen nur sehr schwach getrübten Wein.

Staves (engl. = Fassdaube) sind Teile eines → Fasses aus Holz, die zum Zwecke eines Barriquewein-Imitates (→ Chips) als „Weinbehandlungsmittel" in einigen neuen Weinanbauländern wie z. B. Australien benutzt werden (→ staks).

Stechheber dienen der Entnahme von Proben aus dem Fass. Sie sind aus Glas oder Kunststoff gefertigt, doch sind Glasheber vorzuziehen.

Steckenbleiben der Gärung führt zu einem unvollständigen Umsatz des Zuckers. Dies kann erwünscht sein, falls man an → Restsüße im Wein interessiert ist. Dafür sprechen einige Argumente:

- Die dann verbleibende Restsüße besteht überwiegend aus → Fructose.
- Fructose ist in der Süßewirkung effektiver als der durch Dosage mit Süßreserve eingebrachte → Restzucker.
- Fructose gilt nur im begrenzten Maß als unschädlich für den Diabetiker, so dass zwar auf diesem Wege ein süßschmeckender „Diabetikerwein" hergestellt werden kann, der aber nur im beschränkten Umfang (20–30 g/Alkohol) täglich zu tolerieren ist.
- Weine, die aus einer unvollständigen Gärung resultieren, haben einen besonderen Akzent und wirken aromatischer und angenehmer als dosierte Weine.

Trotzdem wird das „Steckenbleiben" vielfach als Nachteil angesehen, da man die entsprechenden Weine gerne „trocken" anbieten würde. Diesem Sonderfall der → Gärstörungen versucht man vielfach durch gärfördernde Maßnahmen zu begegnen. Dies bedeutet Zusatz von alkoholresistenten Hefen der Gattung *S. bayanus*, → Hefenährstoffen, → Heferindezubereitungen, eventuell erwärmen und umrühren. Es zeigt sich immer wieder, dass die vollständige Vergärung der Fructose auch dann nicht immer zu erreichen ist. Mikrobiologen vermuten, dass in diesem Zustand die Transfermechanismen für Fructose gestört sind.
Ist der geschilderte „Neustart" der Gärung nicht erfolgreich, sollte man sich dem beugen und alle Maßnahmen treffen, um die Bildung von → Flüchtiger Säure und anderer → Weinfehler zu unterbinden (→ Filtration, → Gärbedingungen, → Gärführung, → Gärstörungen, → Weinbereitung, zugelassene Stoffe).

Stehenlassen der Maische. Beim Mahlen der Trauben werden insbesondere enzymatische Vorgänge eingeleitet, die Einflüsse auf die Pressfähigkeit (positiv) und vermutlich auf das Traubenaroma (positiv) besitzen. Nachteilig ist die dadurch geförderte Aktivität der → Polyphenoloxidase, die bei Weiß- und Rotweinen zu Braunverfärbungen führt. Zumindestens sollte durch Zusatz von → schwefliger Säure letzterer Effekt unterbunden werden.
Bei Weißwein ist es keine Frage, dass beim Stehenlassen der Maische keine Angärung einsetzen darf, weil sich dann der Gerbstoffgehalt unerwünscht erhöht. Die Nachteile des Stehenlassens der Maische (umgangssprachlich auch als „Anziehenlassen" bezeichnet) dürften die Vorteile übertreffen, so dass im allgemeinen auf ein Stehenlassen über die Zeit von 6 bis 8 Stunden hinaus verzichtet wird. Das Risiko des „Stehenlassens" der Maische wird durch Zusatz von Trocken-

eis minimiert. Trockeneis kühlt und schützt vor Oxidation. Weitere Ausnahme: Hochreifes oder aromatisches Lesegut sollte als Maische etwas länger stehen, da sonst die Ausbeute und die erzielten → Mostgewichte vermindert sind (→ Braunwerden des Weines, → Enzyme, → Gerbstoffe, → Mazeration).

Steigraum heißt der während der Gärung im Fass belassene freie Raum von etwa 1/10 des Fassinhaltes. Er verhindert das → Überschäumen und ermöglicht das Aufsetzen eines → Gärspunds. Nicht immer reicht dieser Steigraum aus. Bereits in Gärung befindliche Moste aus trocken gewachsenen Jahrgängen schäumen auch dann noch über; insbesondere wenn trotz beginnender Gärung (fälschlich) Most hinzugesetzt wird. Eine Rolle spielt auch die Art der Hefe. Mit → Bentonit behandelte Moste schäumen weniger (→ Gärraum).
In einigen Ländern wie in USA sind silikonhaltige Substanzen als „Schaumbremser" zugelassen.

Steillage. Für die Traubenreife ist unter anderem die Exposition zur Sonne wichtig. Die Definition „Steillage" gilt für Rebanlagen mit über 30 % Hangneigung. An der Mosel gilt die Lage „Calmont" als die steilste Lage. Meist liegen die Hanglagen in deutschen Weinbaugebieten zwischen 5 und 20 %.

Steinweine galten immer schon als Begriff für hochwertige Frankenweine aus der Gemarkung Würzburg. Die Flächen sind fast ausschließlich im Besitz der drei großen Weingüter „Bürgerspital", „Juliushospital" und „ Hofkeller", die eine gemeinsame Werbeaktivität für Steinwein betreiben. Der Begriff leitet sich von der bekannten Würzburger Weinbergslage „Stein" ab.

Sterilfüllen. Weine, die noch einen mehr oder weniger großen Zuckergehalt enthalten, neigen naturgemäß immer wieder zu → Nachgärungen. Diese können durch konsequent sterile Abfüllbedingungen verhindert werden. Der das Filter keimfrei verlassende Wein muss vor jeder Re-Infektion durch Mikroorganismen geschützt werden. Das setzt voraus, dass nicht nur die Filter und die Abfüllgeräte, sondern primär auch die Flaschen und Korken steril sind.
Die → Re-Infektion im Verlauf der Abfüllung erfolgt am allerwenigsten durch Luftkontakt, da Hefen kaum durch (feuchte) Luft übertragen werden (→ Abfüllkabine). Überwiegend sind Flaschen aus Altglas, die Fülleinrichtung oder die Korkmaschine Ursache für Re-Infektionen. Das beheizbare „Korkschloss" gehört deshalb zur Standardausrüstung jeder Füllkolonne. Grundsätzlich wird Neuglas dem „aufgearbeiteten" Altglas vorgezogen. Ein zuverlässiges Verfahren stellt die Warmabfüllung dar, bei der nicht unbedingt keimfrei abgefüllt wird, sondern die im Wein enthaltenen Keime durch Wärme abgetötet werden. Im Prinzip handelt es sich hier um das bekannte Verfahren der → Pasteurisation, welches zur Sterilfüllung herangezogen wird (→ Sterilisieren des Filters, → Sterilisieren der Flaschen, → Sterilisieren der Flaschenverschlüsse, → Sterilisieren von Leitungen).

Sterilisieren der Flaschen. Im Allgemeinen ist Altglas wegen der früheren Benutzung meist unsteril. Da nach der Entleerung der Flaschen noch Weinreste verbleiben und dort üblicherweise Zuckerreste enthalten sind, bilden sich Nester von → Mikroorganismen, die durch Reinigung gelegentlich nicht restlos entfernt werden.
Nach der Reinigung ist vor Neubefüllung deshalb eine → Sterilisation erforderlich. Die Sterilisation führt man mit SO_2-Gas oder wässriger SO_2-Lösung (2 %ig) durch. Die Verweilzeit kann sehr kurz sein, so dass SO_2-Gas umgehend durch sterile Luft ausgeblasen oder wässrige SO_2 durch steriles Wasser ent-

fernt wird. Lässt man die Flaschen nur austropfen, dann bleiben innerhalb von einigen Stunden noch nachweisbare Mengen an SO_2 an der Glasinnenwandung haften.
Die Sterilisation mit gasförmiger SO_2 in sogenannten Gassterilisatoren ist wenig umweltfreundlich und erfordert zur Entsorgung aufwändige Absauganlagen.
Moderne Geräte sind → Tauchsterilisatoren, die umweltfreundlich sind und zuverlässig arbeiten. Bevorzugt erfolgt dort die Sterilisation im ozonhaltigen Tauchbad. O_3 wird in besonderen Generatoren erzeugt, die gleichzeitig die Konzentration der O_3-Lösungen laufen überwachen und eventuell „nachschärfen". Ozon zerfällt in (aktiven) Sauerstoff, der keine Umweltschäden hervorruft.

Ein ebenfalls gebräuchliches Desinfektionsmittel ist Peressigsäure, die ebenfalls aktiven Sauerstoff abgibt und nur geringe Essigsäurereste hinterlässt, die in der Nachreinigungsstufe entfernt werden. Neuglas ist in der Regel „hüttensteril", das heißt, dass keine weinschädlichen Keime vorhanden sind. Lediglich das Nachwaschen mit sterilem Wasser wird aus hygienischen Gründen empfohlen („Rinser").

Sterilisieren der Raumluft. Früher hat man besonderes Augenmerk auf die Sterilisation der Raumluft gelegt (Waschanlagen, UV-Lampen). Nachdem aber erkannt wurde, dass feuchte Raumluft (staubfrei) praktisch keine Hefen überträgt, sind solche Verfahren in Weinkellereien unüblich geworden. Für die Abfüllung von Fruchtsäften werden gelegentlich noch solche Verfahren angewendet, insbesondere dort, wo keine Pasteurisation erfolgt (→ Abfüllkabine).

Sterilisieren des Filters. Weine mit „Restsüße" bedürfen einer sterilen Abfüllung, um → Nachgärungen auf der Flasche auszuschließen. Das → Entkeimungsfilter muss daher vor Ingebrauchnahme ebenfalls sterilisiert werden, was am einfachsten durch Einleiten von Dampf geschieht. Die anschließende Prozedur folgt einem vorgeschriebenen Schema. Vor Beginn der eigentlichen Filtration wird das Filter gewässert, bis das Wasser völlig geschmacksfrei ist. Erst dann wird mit der Durchleitung des Weines begonnen, der das noch im Filter vorhandene Wasser hinausdrückt. Zur Vermeidung eines → Filtergeschmackes werden die ersten Liter des Filtrats „abgeschmeckt" und wässrige Anteile verworfen (→ Filter wässern).

Neben den hier in der Anwendung beschriebenen Schichtenfiltern, kommen in fortschrittlichen Betrieben als Endfilter (→ Endfilterkerze) zunehmend → Membranfilter in Gebrauch. Endfilter (auch Polizeifilter genannt) können als solche in der Porenweite und damit in der Rückhaltung von Mikroorganismen variiert werden. Für die Abtrennung von Hefen genügen Membrane mit 0,65 μm oder bei hohem Bakterienbesatz mit 0,45 μm Porenweite. Gerade nach → biologischem Säureabbau ist die Sterilität nur mit diesen → Kerzenfiltern sicherzustellen.
Während des Betriebes lassen sich die Rückhalteraten durch den sog. Druckhaltetest laufend überprüfen um damit die sichere Abtrennung zu garantieren. Im Gegensatz zu Tiefbettfilterschichten lassen sich die Membranfilteranlagen mit Luft leerdrücken und relativ einfach regenerieren, es entsteht dadurch fast kein → Totvolumen, ein wesentlicher Vorteil beim Wechsel der Weinchargen (→ Filtermodule, → Membranfilter).

Sterilisieren von Behältern. Durch den relativ großen Bedarf an Desinfektionsmittel bedingt, zieht man die Anwendung von Dampf vor. Durch das sich beim Abkühlen bildende Vakuum besteht Gefahr, dass unsterile Luft eingezogen wird. Insbesondere bei Fruchtsäften (auch → Süßreserve) kann nachträglich

ein Pilzbefall eintreten. Es werden deshalb Vorkehrungen getroffen, dass die eintretende Luft steril ist. Im Allgemeinen sind Behälter aber bei Unterdruck gefährdet (Implosionsgefahr), der bei der Anwendung von Dampf leicht entstehen kann. Stahltanks werden deshalb durch → Berstscheiben geschützt. Insbesondere Behälter aus GFK dürfen keinen Unterdruck bekommen. Dampf wirkt trotz dieser Vorbehalte relativ sicher, da sich die dadurch erhitzten Metallteile (→ Armaturen) auch dort sterilisieren lassen, wo der Dampf nicht direkt eintreten kann.
In Sonderfällen (Holzfässer) muss man auf wässrige SO_2-Lösungen oder Desinfektionslösungen von „QUATS" etc. zurückgreifen. Desinfektionslösungen wirken gleichzeitig reinigend und benetzen die Poren und Fugen, so dass auch dort die erwünschte Wirkung eintritt. (→ Reinigungsmittel, → Rekonditionierung des Barrique-Fasses).

Sterilisieren von Flaschenverschlüssen. Das früher übliche Sterilisieren der Korken mit 1 %iger SO_2 hatte Nachteile, da die Korksubstanz angegriffen wurde und sich beim Verkorken leicht eine „Korkwolke" bildete. Heute sind die Korken vom Hersteller bereits sterilisiert, wobei verschiedene Verfahren angewendet werden. Die Korken sind steril verpackt und können direkt in die Korkmaschinen eingebracht werden. Leider fehlt diesen Korken der natürliche Schutz innerhalb der Korkmaschine, die als Infektionsquelle in Frage kommt. Mit Heißluft wird deshalb das Korkschloss steril gehalten. Als Desinfektionsmittel sind auch Alkohole in Sprühdosen geeignet.
→ Andere Flaschenverschlüsse sind von Hause aus steril oder können bei Bedarf mit Formaldehyd sterilisiert werden. Bei → Warmabfüllung entfällt die Sterilisation der Flaschenverschlüsse, da der warme Wein sowohl Flasche wie Korken (Verschluss) sterilisiert (→ Korkbehandlung, → Korkmaschinen).

Sterilisieren von Leitungen. Die beste vorbeugende Maßnahme ist die gründliche Reinigung nach der Benutzung. Zur Sterilisation kommt Dampf oder ein Desinfektionsmittel in Betracht. Rissige, spröde Schläuche lassen sich schlecht reinigen und schlecht sterilisieren. Am besten geeignet sind Leitungen aus glattwandigem Material (→ Edelstahl, → Kunststoff, → Glas) mit glatten Innenflächen.

Sterilprüfung. Durch → Membranfilter werden die nachzuweisenden → Mikroorganismen aus dem Getränk abgetrennt und nach Bebrüten (3–6 Tage bei 30 °C im Brutschrank) auf Spezialnährmedien vermehrt und als Kolonien nachgewiesen. Theoretisch können schon mehr als 3–5 Hefezellen die Haltbarkeit in Frage stellen.

Stichig sind Weine, die als Normalwein im Falle von Weißwein mehr als 1,1 g/l → flüchtige Säuren, als Rotwein mehr als 1,2 g/l flüchtige Säuren enthalten. Für Spezialweine gelten Ausnahmen (Weine aus edelfaulem Lesegut). Flüchtige Säuren bestehen überwiegend aus → Essigsäure, die durch verschiedene Krankheiten erhöht ist (→ Essigstich, → Milchsäurestich, → Buttersäurestich usw.).

Stickstoffgas (E 941) wird in „Lebensmittelqualität" als reaktionsträges (inertes) Schutzgas bei der Weinlagerung verwendet (→ Weinbereitung, zugelassene Stoffe).

Stickstoffverbindungen. Die unverarbeitete Traube enthält einen Stickstoffanteil von etwa 1 % bezogen auf die Trockensubstanz. Ein wesentlicher Anteil ist unlöslich und geht bei der Kelterung nicht in den Most über. Wichtig sind darunter die → Enzyme, also

→ Proteine, die für die Steuerung der Stoffwechselabläufe in der Rebe wichtig sind.

Im Traubenmost lässt sich der Stickstoffgehalt global als Gesamtstickstoff ausdrücken, das heißt ohne Differenzierung in einzelne Stickstoffverbindungen. Der Gesamtstickstoffgehalt steigt an bei der → Mazeration (Extraktion), er ist somit abhängig von der Verarbeitung der Trauben (stärkere Auspressung = zunehmender Gesamtstickstoff). Auch die → Maischegärung führt zu einem erhöhten Gesamtstickstoffgehalt (Rotwein). Der verfügbare Gesamtstickstoff erhöht sich mit der Reife der Trauben und Konzentrierung der Mostinhaltsstoffe, im Detail kann die „Traubenfäule“ jedoch auch zur Verminderung einiger spezieller Stickstoffverbindungen beitragen. Durch die Vergärung vermindert sich der → Gesamtstickstoffgehalt, der im Traubenmost zwischen 0,3 und 1,7 g/l liegt, auf Gehalte von 0,2 bis 0,9 g/l im Wein. Im Extremfall ist die Schwankungsbreite noch größer.
Differenziert man die einzelnen Stickstoffverbindungen nach ihrer Bedeutung, dann wären Proteine (→ Eiweiß) als erste zu nennen. Proteine sind Substanzen mit einem Molekulargewicht (MG) → Molmasse von über 10000 Dalton (hochmolekulare Stickstoffverbindungen), die bis zu 10 % der Gesamtstickstoffgehalte ausmachen. Die Proteine können zu → Eiweißtrübungen führen.
Dem Molekulargewicht nach folgen die → Polypeptide (60 bis 80 % des Gesamtstickstoffs bis herab zu MG 200). Danach kommen die → Aminosäuren, danach die Carbonsäureamide (R-CO NH_2), die mit 1 bis 2 % in ihrer Menge und Bedeutung in den Hintergrund treten.
Der Menge nach gleichfalls wenig bedeutend sind die → Amine, die meist durch Decarboxylierung der entsprechenden → Aminosäuren entstehen. Es sind etwa 20 Amine bekannt, darunter das toxikologisch bedenkliche → Histamin. Von Histamin ist bekannt, dass es durch einige Milchsäurebildner während des biologischen Säureabbaues gebildet wird (→ Amine, biogene). → Ammoniumsalze repräsentieren die Stickstoffverbindungen mit dem niedrigsten Molekulargewicht (NH_4^+). Die Ammoniumsalze sind besonders leicht durch Hefen und Bakterien assimilierbar und verändern sich deshalb am stärksten während der Weinbereitung. Auch Weinbehandlungsmittel wie z. B. → Bentonite verändern den Gesamtstickstoffgehalt. Die Verminderung geht überwiegend zu Lasten der Proteine, Polypeptide und Aminosäuren. Nicht vermindert wird der NH_4^+-Gehalt (→ Wein, Zusammensetzung).

Stielfäule. Pilzbefall der Traubenstiele, vorwiegend durch → *Botrytis cinerea*. Da die Saftzufuhr dadurch unterbunden wird, kann bei Frühbefall die Qualität stark gemindert sein.

Stillwein ist ein nicht oder nur geringfügig kohlensäurehaltiger Wein (bis 2 g/l zulässig!) im Gegensatz zu den → Perl- und → Schaumweinen (moussierende Weine).

Stöchiometrie. Lehre von den Zusammensetzungen und Gewichtsverhältnissen der chemischen Verbindungen. Die bei chemischen Umsetzungen eintretenden Massenverschiebungen lassen sich daraus berechnen.

Störblase ist als → Schönungsmittel gestattet. Ihre Verwendung entspricht der Hausenblase (→ Weinbereitung, zugelassene Stoffe).

„Stoßen“ der Maische. Beim Vergären auf der Maische soll der → Tresterhut, der durch die entweichenden Gärgase nach oben getrieben wird, öfters untergetaucht werden, damit die Feststoffe mit dem Gärgut in Kontakt kommen. Erst dann ist eine Extraktion der → Farbstoffe der Beeren möglich. Weil dies früher mit „Stoßhölzern“ im Abstand von einigen Stunden während der Gärdauer wiederholt manuell durchgeführt werden musste, wurden andere mechanische Verfahren entwickelt (Tauchverfahren). Meist erfolgt dies heute in Spezialtanks (→ Rührbehälter) oder mit Hilfe einer eingebauten Blechschikane (→ Roto-Tank) in Analogie zum Zementmischersystem. Die Verfahren der → Maischegärung bei der Rotweinbereitung stehen in Konkurrenz zur → Maischeerhitzung (→ Rotweinbereitungsverfahren, → Senkboden).

Straußwirtschaft (Besenwirtschaft). Es ist ein sehr altes, wohl schon auf die Zeit Karls des Großen zurückreichendes Recht der Winzer, ihren eigenen Wein gegen Entgelt in ihrem Hause auszuschenken. Der Ausschank wird meist durch Aushängen eines Besens (Besenwirtschaft) oder Straußes angezeigt. Das Ausschankrecht ist zeitlich meist auf drei bzw. sechs Monate im Jahr beschränkt. Ähnliche Regeln gelten in Österreich für die „Heurigen“.

Strohweine sind aus vollreifen Trauben gewonnene Weine, doch lässt man vor der Kelterung die Trauben nach der Lese noch kürzere oder längere Zeit auf Stroh lagern, wobei sie rosinenartig einschrumpfen und einen konzentrierteren Most liefern. Infolge ihres erhöhten Zuckergehaltes gären solche Weine oft nicht völlig durch. Die Herstellung von Strohwein ist nach dem Weingesetz seit 1971 in Deutschland untersagt. Nach heutiger Sicht gibt es dafür jedoch keine Begründung. In der Art waren die Weine den → Beerenauslesen sehr ähnlich, doch fehlt den Strohweinen üblicherweise der → Botrytiston. In den meisten EU Ländern erfolgt die Trocknung der Trauben entweder durch „Abknicken“ der Traubenstiele oder durch die Sonnenstrahlung im Freien nach der Ernte (→ Dessertwein).

Stütze ist ein meist 10 bis 20 l fassendes Gefäß mit einem Henkel, welches beim Anstechen, Ablassen, Schönen, Probeziehen etc. verwendet wird. Es besteht meist aus Kunststoff oder aus rostfreiem Stahl. Stützen aus Aluminium oder Kupfer korrodieren leicht und sollten nicht verwendet werden.

Stummschwefeln. Mit Mengen von 1500 bis 2000 mg/l SO_2 lässt sich ein Traubenmost „stummschwefeln“, das heißt, es ist durch die hohen Zusätze an → schwefliger Säure möglich, die Entwicklung von → Mikroorganismen (→ Schimmelpilze, → Bakterien, → Hefen) wirkungsvoll und anhaltend zu unterbinden. Der so behandelte Traubenmost kann – ohne Gefahr einer Nachgärung – gelagert und bei Bedarf wieder entschwefelt werden. Die → Entschwefelung kann in speziellen Anlagen durchgeführt und der Traubenmost als Süßreserve verwendet werden. Es muss dafür Sorge getragen werden, dass die Entschwefelung insgesamt schonend verläuft. Nachteilige Veränderungen durch das Verfahren wurden nicht beobachtet. In größerem Umfange benutzt man das Verfahren in anderen Ländern der EG, um Traubenmoste vor der Konzentrierung zwischenzulagern (→ Farbsüßreserve, → Konzentrate).

Styrol wird bei der Herstellung oder Reparatur von GfK-Behältern eingesetzt. Falls die Behälter bei der Herstellung oder Reparatur nicht genügend getempert werden, kann unpolymerisiertes Styrol auf den Wein übertragen werden. Styrol ist schon in kleinsten Mengen (unter 0,1 mg/l) geruchlich störend wahrnehmbar. Der früher eher bekannte → Weinfehler ist durch den Umstieg auf Edelstahlbehälter seither nicht mehr aufgetreten (→ Polymerisation).

Süffig nennt man Weine, die nicht zu schwer und durch Süße abgerundet sind (→ Weinansprache)

Süß. Eine für Wein zugelassene Geschmacksangabe (ab 45 g/l Zucker).

Süßabdruck nennt man die Kelterung der Rotmaische ohne anzugären. Erfolgt dies ohne vorherige Erwärmung, so entstehen → Roséweine (→ Blanc de noir, → Weißherbst).

Süßbrühen ist die Behandlung der Behälter mit heißem Wasser oder Dampf. Diese Reinigungsprozedur kommt vorwiegend für Holzfässer in Betracht (→ Fassbehandlung).

Süße, dienende. Ein Ausdruck für eine maßvolle, abrundende Süßung (→ Restsüße).

Süßmoste nennt man alle Fruchtsäfte, die aus Früchten (→ Fruchtsaft) hergestellt werden. Diese dürfen nicht mehr als 3 g/l → Alkohol enthalten. Konservierungsmittelzusätze sind nicht gestattet. Sie unterscheiden sich von → Fruchtsaftgetränken (→ Alkoholfreie Getränke). (Sonderregelung Alkohol → Traubensaft s. VO(EG) 1234/01).

Süßreserve ist „ungegorener" Traubenmost, der sich von Traubensaft u. a. dadurch entscheidet, dass er nicht zum Verzehr bestimmt ist. Es wird damit häufig die → Süßung durchgeführt (→ Restsüße). Die Herstellung dieses Produktes kann analog zur Herstellung von Traubensaft erfolgen, doch werden Anforderungen an das Ausgangsmaterial (Herkunft und Reife der Trauben) gestellt. So muss z. B. zur Süßung von Prädikatsweinen die Süßreserve mindestens der gleichen Prädikatsstufe entstammen. Durch Süßung darf ein nicht angereicherter Wein höchstens bis zu 2 % Vol. (16 g/l) an → Gesamtalkohol zunehmen.

Süßreserve, Herstellung. Der Definition nach kann Süßreserve angegoren sein (bis maximal 8 g/l Alkohol), doch wird man in der Regel die Angärung des auf übliche Weise gewonnenen Traubenmostes unterlassen. Eine Angärung würde → Acetaldehyd einbringen und die spätere Verarbeitung wegen des erhöhten SO_2-Bedarfs erschweren. Wegen der späteren Verwendung (→ Dosage zum Wein) muss die physikalische Stabilität, die biologische Stabilität und die chemische Stabilität konsequent erreicht werden. Während die chemische Stabilität durch Schönungen, die physikalische Stabilität durch weitgehende Filtration erreicht wird, ist der technische Aufwand zur Sicherstellung der biologischen Stabilität meist relativ groß (→ Stabilitätsprüfungen).

- Die einfachste Verfahrensweise ist das → Stummschwefeln. Hier bedarf es nur des Zusatzes von SO_2, der späteren Entschwefelung, aber auch des dann umgehenden Verbrauchs.
- Wenig aufwändig ist die Anwendung einer Kombination von → Sorbinsäure mit höheren SO_2-Zusätzen (in einer Menge von 300–500 mg/l, die eine vorherige Entschwefelung unnötig machen). Die Anwendung von Sorbinsäure- auch in Kombination mit SO_2-hat sich jedoch nicht bewährt.
- Pasteurisation mit anschließender Rückkühlung, in sterilen Lagertanks einlagern.
- Kaltsterile Einlagerung in Behältern oder Flaschen.
- Einlagerung im vorfiltrierten Zustand unter CO_2-Druck in Druckbehältern (BÖHI-Verfahren).

Süßstoffe sind Zuckerersatzstoffe wie → Saccharin, → Sorbit etc., die zur Süßung von Wein aber nicht zugelassen sind. Für → Schaumweine sind Süßstoffe deklarationspflichtig (Diätschaumwein).

Süßung gilt als Teil des Herstellungsvorganges von Tafel- und Qualitätswein. Dieser Vorgang ist gesetzlichen Regelungen unterwor-

fen. Nach einer Anreicherung darf die Süßung nicht dazu führen, dass der → Gesamtalkohol durch die Süßung um mehr als 4 % Vol. überschritten wird. Die Süßung dient nicht dem Zwecke der Erhöhung des Gesamtalkoholgehaltes, sondern zur Herstellung von süßen Weinen.
Die zur Anreicherung zugelassene → Saccharose darf zur Süßung nicht verwendet werden. Für deutsche QbA-Weine war bisher nur → Süßreserve zugelassen. Durch neuere Regelungen der EG ist grundsätzlich auch RTK zur Süßung von Wein zugelassen. Zur Verbesserung der Kontrolle ist die Süßung anzeige- und buchführungspflichtig. Für andere Weine der EG sind teilweise andere Verfahren zur Süßung zugelassen (z. B. → Konzentrate). Sonderregelungen: Süßreservezusatz ist kein Verschnitt, doch gibt es Einschränkungen hinsichtlich der Weinart Weiß, Rot oder Rosé.

Süßweine sind unter der Bezeichnung „Likörweine" und „Qualitätslikörweine b. A." im EG-Recht verzeichnet. Es handelt sich um recht unterschiedliche Weine mit hohem Zucker- und meist hohem Alkoholgehalt (→ Likörwein).

Sulfate sind Salze (Verbindungen) der Schwefelsäure.

Sulfitbildung von Hefen. Aus diversen Schwefel-Verbindungen (auch Sulfaten) können Hefen der Gattung *Saccharomyces cerevisiae* SO_2 bilden. Unter 1700 verschiedenen untersuchten Stämmen haben 80 % der Hefen weniger als 10 mg/l gebildet, der Rest bildet weniger als 30 mg/l SO_2. Auswirkungen auf den Sulfit-Gehalt des Weines hat dies nur insoweit, als die so gebildeten Mengen an SO_2 in gebundener Form vorliegen.

Sulfithefen nennt man → Reinzuchthefen, die durch mehrmalige Passagen in SO_2-haltigen Nährlösungen relativ unempfindlich gegen SO_2 geworden sind. Die Anwendung solcher Hefen verbietet sich heute aus der Tatsache heraus, dass eine Angärung solcher SO_2-haltiger (überschwefelter) Traubenmoste zwangsläufig zur Abbindung von SO_2 führt und dies zu Problemen bei der weiteren Verwendung des so hergestellten Weines führt. Früher war es teils üblich, Moste zum Zwecke des → Entschleimens stark einzuschwefeln, eine Anwendung schien dadurch angebracht. Dies sei als Beispiel für die absolut falsche Anwendung von SO_2 erwähnt. Zudem: In der Natur vorkommende Hefegattungen wie *Saccharomycodes ludwigii* können sich bei hohen Konzentrationen an SO_2 vermehren. Sie gelten als Weinschädlinge.

Sur lies. Den französischen Begriff „auf Hefe" benutzt man für die Methode des → „Aufrührens" der im Behälter gelagerten Hefe um damit die → Hefeautolyse zu beschleunigen. Damit sollen → Manane und → Glucane frei gesetzt werden. Beide Stoffe zählen zu den Kolloiden und sind Bestandteile der Hefezellwände. Zur Intensivierung dieses Prozesses kann man Spezialenzyme zusetzen. Insbesondere bei Rotwein soll sich dadurch das „Mundgefühl" verbessern. Manane sind jedoch bei der Filtration störend. Das Verfahren „Sur lies" ist ein traditionelles Verfahren (→ Bâtonnage) und wird demnach nur bei Rotwein auch im Zusammenhang mit der Förderung des Biologischen Säureabbaus trotz verlängertem Ausbau und Verzicht auf eine anschließende → Filtration vereinzelt angewendet.

Sweet-Point. Im Zusammenhang mit der propagierten Reduzierung von Alkohol im Wein wurden auf Drängen einiger „Neuer" Weinbauländer mehrere Verfahren entwickelt, so z. B. die → Spinning Cone Columne oder spezielle Membranverfahren wie die → Umkehrosmose. Inwieweit solche Verfahren nötig sind, entscheiden im internationalen Rahmen die für den Weinbau zuständigen Behörden z. B. anhand der regionalen Situation vor Ort (Klima, Rebsortentyp).

Um im entsprechenden Fall die optimale Abstimmung des Alkohol-Süße-Verhältnisses zu eruieren wurde der sog. Sweet-Point eingeführt. **Es soll dies der durch umfassende Studien geprüfte Gehalt sein, der sich sensorisch als optimal herausgestellt** hat. Erste Versuche der Abstimmung der optimalen Alkoholgehalte, z. B. im Verhältnis zur Restsüße oder den → Aromen, zeigten die komplexe Situation:

- Was wünscht der Verbraucher?
- Welche Weintypen eignen sich?
- etc.

Trotz der angesagten Klimaveränderungen scheint eine solche Aktion für die europäisch-kontinentale Situation völlig überflüssig (→ Alkoholreduzierung, → Alkoholmanagement, → Sensorik).

Syrah (Shiraz) ist eine rote, großbeerige Traubensorte, die in Frankreich (70000 ha/2007), in Italien (2000 ha), aber auch in Kalifornien (7300 ha), Australien (43400 ha), Südafrika (9800 ha) etc. angepflanzt wird. Ergibt volle, kräftige Weine mit „Veilchenduft".

Szamorodny ist ein meist süßer ungarischer Weißwein, der überwiegend aus hochreifen Trauben der Traubensorte Furmint mit Anteilen der Traubensorte Lindenblättriger und Muskateller hergestellt wird.
Eine Gütesteigerung dieser „Tokayer" ist der Aszu (Auslese), der durch Zusatz von edelfaulem Lesegut erzeugt wird. Je nach Anteil dieser hochwertigen Trauben spricht man von 3- bis 6-buttig (von puttonyos = Bütte). Die Weine entsprechen unseren → Beeren- und → Trockenbeerenauslesen (→ Tokayer Ausbruchweine, → Tokayer Essenzen, → Tokayer Szamorodner).

T

Tafeltrauben sind Trauben, die direkt an den Verbraucher zum Verzehr abgegeben werden. Während der Saison der Traubenlese sind einige einheimische Sorten, die gesunde Trauben mit dickschaliger, fäulnisunanfälliger Beerenhaut liefern, auch hier auf dem Markt. Geeignet sind die Spielarten des Gutedels und Silvaners, doch sind dies keine eigentlichen Tafeltrauben (nach Richtlinien der EG). Beispielsweise zählen dazu Sorten wie Muscat d'Alexandrie, Muscat de Hambourg als Beispiele für Gewächshaustrauben, die sich aber auch als großbeerige Freilandtraubensorten durchgesetzt haben.
Den größten Anteil an Tafeltrauben aus dem Freiland liefern die Länder Südamerikas und auch Südafrika (im Frühjahr), später folgen Lieferungen aus Israel und Nordafrika, im Herbst dann Länder Südeuropas.
Eigentliche Gewächshaustrauben (ganzjährig) stammen aus Belgien, den Niederlanden und England. Die größten Anteile an Tafeltrauben stammen von den Sorten Sultanina (allein 120000 ha Anbau in Kalifornien), wobei dort auch Rosinen und in beschränktem Umfang Weine hergestellt werden. Die kernlose Traube wird auch „Thomson seedless" genannt. Die für Deutschalnd bedeutendste ausländische Tafeltraube ist die „Seidentraube" = Afus Ali, die 90 % unseres Bedarfes deckt.
Die EG hat die Klassen Extra, I, II und III als Güteklassen eingeführt. In der Literatur finden sich mehr als 40 Rebsorten aufgelistet, darunter auch ausgesprochene Keltertrauben wie → Dornfelder, → Regent, Phoenix, die häufig zu den → Interspezifischen Kreuzungen zählen.

Tafelweine sind durch die EG-Regelungen definierte Weine, die nicht zu den QbA-Weinen gehören und im Allgemeinen unterhalb dieser Kategorie angesiedelt sind. Einige Voraussetzungen sind in → Anreicherung und → Weinbauzonen beschrieben. Innerhalb der EG machen diese Weine den überwiegenden Anteil aus, da – insbesondere Frankreich und Italien – weniger QbA-Weine haben. In Deutschland spielen Tafelweine nur eine geringe Rolle. In Weinbauländern *außerhalb* der EG versteht man unter Tafelwein eher einfache Weine ohne engere geographische Herkünfte (keine sog. „Weine mit geschützter geeographischer Angabe g. g. A.)" oder gar „Weine mit geschützter Ursprungsbezeichnung g. g. U.)". Die neue Einteilung wird derzeit in nationales Recht übersetzt.

Tafelwein, Definition. Die EG unterscheidet die Tafelweine ausdrücklich von den Qualitätsweinen bestimmter Anbaugebiete (Q. b. A.). Die Neuregelung und Abgrenzung der Tafelweine innerhalb der EG hat zur Folge, dass Weine aus Drittländern nicht als Tafelwein bezeichnet werden dürfen. Für EG-Tafelweine sind Jahrgangs- und Rebsortenbezeichnungen zugelassen. Die Anreicherung darf bei Weiß- und Rosewein maximal bis 11,5 % Vol., bei Rotwein bis 12,0 % Vol. Alkohol erreichen (Obergrenzen) (→ Anreicherung). Die → Süßung mit RTK ist in Grenzen erlaubt. Für die önologischen Verfahren gelten die gleichen Regeln wie für Q. b. A.-Wein (→ Weinbereitung, zugelassene Stoffe). **Die Tafelweine Deutschlands laufen zukünftig unter „Deutscher Wein", die Weine der EG unter „Gemeinschaftswein".** Bei der Übertragung der neuen EG Vorschriften auf nationale Ebene bleiben derzeit noch Detailfragen offen (→ Mostgewicht, Mindestanforderungen, → Weinanbaugebiete).

Tafelwein, Deklaration → Tafelwein, Definition.

Tankgärung. Der besondere Begriff der Tankgärung stand lange Zeit in Zusammenhang mit der „gezügelten" → Gärung, die entweder im → Drucktank unter CO_2-Druck oder im „Kühltank" (unter Kühlung) abläuft. Diese Wortbildung gebrauchte man in der Periode, in der das → Holzfass „normal" war und der Stahlbehälter (Tank) die Ausnahme darstellte. Besonderheiten der nach diesen Verfahren hergestellten Weine (höhere → Alkoholausbeute, niedrigere → Flüchtige Säuren-Gehalte, verändertes → Bukett) stehen demnach nur indirekt mit dem Behälter (Tank) in Verbindung, so dass der Ausdruck Tankgärung für Wein heute nicht mehr angebracht ist.

Tanklagerung. Flaschenreife Weine können mit Vorteil in → Stahlbehältern längere Zeit gelagert werden, da ein merkbarer Weinverlust (→ Schwund) gegenüber der Lagerung in Holzfässern entfällt, äußere Einflüsse nahezu völlig ausgeschaltet sind und der Wein seine Frische und seinen Charakter behält. Dies ist als „Spundvoll Lagern" schon immer eine Grundregel der Önologie. Zur Abhaltung des schädigenden Luftsauerstoffs ist vorherige Schwefelung sowie restloses Verdrängen der Luft aus dem Leerraum notwendig, z. B. durch → Stickstoffgas. Eine gute Lösung, um das „Hohlliegenlassen" zu vermeiden, bieten → Schwimmdeckeltanks (→ Auffüllen, → Inertgase, → Tanks).

Tankpresse ist eine → Kelter, die dem Namen nach der tankförmigen, nach außen geschlossenen Presstrommel erhalten hat. Es handelt sich um eine → pneumatische Presse. Im Innern der geschlossenen oder auch „teilgeschlitzten" Presstrommel, die durch eine zentral angeordnete Zuführung oder (pneumatisch) verschließbare Einfüllöffnung beschickt wird, ist eine dehnbare Pressmembran (→ Membranpressen) etwa mittig angebracht, die zu Beginn des Pressvorganges zunächst an der Wandung anliegt und sich beim Pressen aufbläht. Der Pressraum enthält – bei der total geschlossenen

Version – Entsaftungskanäle oder in der teilgeschlitzten, „offenen" Ausführung die übliche Saftwanne zur Aufnahme des abtropfenden Saftes. Ketten der älteren → Keltern zum Auflockern entfallen, das → Aufscheitern ist durch Rotation leicht zu erreichen. Die Tankpressen sind mit Programmsteuerungen ausgerüstet und nicht zuletzt deshalb einfach zu bedienen.
Die auch als Großraumpressen bezeichneten Geräte können bis zu 60000 kg Maische aufnehmen (Rauminhalt 30000 l) und sind in der Aufschüttmenge sehr variabel, das heißt man kann auch erheblich kleinere Mengen abkeltern als dies aus dem Rauminhalt hervorgeht. Um den Anwendungsbereich zu erweitern werden Möglichkeiten zur Erwärmung oder Kühlung als Optionen angeboten. Sogar eine Einrichtung zur Maischegärung gibt es. Für Kleinbetriebe werden auch „Vertikalkeltern" in den Größen 300–1450 l Inhalt und spezielle „Champagnerpressen" angeboten.
Falls man den Einfluss von Sauerstoff beim Pressen der Maische verhindern will, kann man mit → Inertgas (N_2, Stickstoff) arbeiten. Nach dem System BUCHER (INERTYS) wird der Stickstoff zur Kosteneinsparung „recycelt". Zur Kühlung kann eine pneumatische → Tankpresse mit einem Kühlmantel ausgestattet werden (EUROPRESS).

Tanks. Großraumbehälter aus Metall (→ Stahlbehälter, → Tanks) haben in den Jahren ab 1970 in zunehmendem Maße Eingang in die moderne Kellerwirtschaft gefunden. Sie haben vielfach schon das Holzfass aus den Kellern verdrängt. In erster Linie finden sie Verwendung für die Vergärung von Weiß- und Rotweinen, in der Schaum- und Perlweinherstellung sowie weitgehend in der Süßmosterei. Auch bei der Lagerung von Weinen haben sie sich bewährt. Als besondere Vorteile der Tanks werden hervorgehoben:

1. Die ausgeprägte Hygiene, leichte und einfache Reinigung sowie die ständige Aufnahmenbereitschaft für Weine.
2. Die Möglichkeit, abwechselnd verschiedene Weinarten einzulagern, sowohl Rot- wie Weißweine, da die Innenflächen völlig glatt und porenfrei sind, so dass sie keinen Farbstoff annehmen.
3. Leicht steril zu halten; stark verringerter → Schwund und kaum Kohlensäureverluste.
4. Der fast vollkommene Luftabschluss, so dass fertig ausgebaute Weine sich lange Zeit auf gleicher Entwicklungshöhe halten lassen.
5. Die Möglichkeit, Weine auch unter Druck vergären und lagern zu lassen.
6. Die gute Wärmeleitfähigkeit der Metallwand, die eine rasche Beeinflussung der Temperatur des eingelegten Weines ermöglicht und zur Gärführung oder Unterkühlung usw. ausgenutzt werden kann. Metalltanks lassen sich durch Berieselung oder mittels Doppelmantel temperieren.
7. Tanks lassen sich in vielen Größen und Formen herstellen, was für eine zweckmäßige Ausnutzung des Raumes von Bedeutung ist.
8. Die lange Lebensdauer bei entsprechend trockener Lagerung und Pflege.
9. Edelstahlbehälter sind Stand der Technik und in der Regel preislich günstiger als Holzfässer.

Als Nachteile sind hervorzuheben:

1. Die Qualität des Tanks ist weitgehend von der Verarbeitung abhängig.
2. Die gute Wärmeleitfähigkeit kann sich bei der Lagerung von Wein nachteilig auswirken, wenn die Behälter in Räumen mit großen Temperaturschwankungen lagern. Daher, und wegen des hohen Gewichts sind Metallbehälter für den Transport weniger geeignet.
3. Die zugehörigen Armaturen sind teuer.

4. Infolge des hermetischen Abschlusses der Luft kommt der Wein im Tank nur sehr langsam zur Reife.

Unterscheidbar sind Tanks auch nach der Verwendung als „Prozessbehälter" (→ Gärung, → Maischegärung, → Maischeerhitzung) oder Kühlung im → Doppelmanteltank von reinen Lagerbehältern. Diese sind in ihrer Konstruktion einfacher (→ Armaturen). Traditionelle Typen von „Tanks" sind noch in südlichen, überwiegend Rotwein erzeugenden Weinbauländern wie Spanien, Portugal oder in Südosteuropa anzutreffen. Die Behälter sind aus Ton gearbeitet und im Boden eingelassen. Man will damit die natürliche Kühlung des Bodens ausnützen.

Tannin ist als Weinbehandlungsmittel zugelassen. Hier soll es keinesfalls nur den Gerbstoffgehalt erhöhen, sondern in Kombination mit gleichfalls zugesetzter → Gelatine als → Flugschönung wirken. Dabei scheiden sich beide Schönungsmittel gegenseitig aus. Die Zusätze sind auf 100 g/1000 l beschränkt.

Vielfach wird heute die Kombination von → Gelatine und → Kieselsol vorgezogen, jedoch kann bei Verwendung von alkalischem Kieselsol der Silikatgehalt im Wein erhöht werden. Ein Argument gegen das das Tannin ist der relativ hohe Preis.
Neuerdings werden „önologische" Tannine am Markt angeboten, die als „Zusatzstoffe mit aromatisierender Wirkung" angesehen werden. Man möchte hiermit den Charakter der Rotweine verändern.
Im gleichen Umfange wie sich T. im Wein umwandeln, so unbestimmt ist die Definition durch analytische Verfahren (Polymere Zusammensetzung, HCl-Index, Dialyse-Index, Gelatine-Index) die hier nicht beschrieben werden. Somit ist auch die Zusammensetzung der „önologischen" T. (Qualität) problematisch.

Unabhängig von den Weinbehandlungsmittelzusätzen enthalten Trauben Tannine, die durch Extraktion mit Wasser, aber auch durch Alkohol in Lösung gehen. Die Quellen sind teils die Beerenhäute, überwiegend aber die stärker verholzten Teile (→ Rappen) und auch die → Traubenkerne. Mazerierung und Standzeiten der nichtentrappten Maische erhöhen den Gehalt, noch deutlicher wird dies bei Rotwein-Maischegärung.
Tannine zählen zu den hydrolysierbaren Gerbstoffen, wobei die Bindung an Glucose leicht aufgehoben wird. Tannine reagieren vielseitig und dominieren die → Phenolgehalte (→ Polyphenole) in Rotweinen. Bei der Alterung von Rotweinen treten Polymerisationen ein, sodass das Molekulargewicht von 500–800 auf 3000–4000 ansteigt, wobei die gerbende Wirkung abnimmt. Die gebildeten Addukte sind dazu noch Farbkörper (→ Wein, Zusammensetzung, → Weinbereitung, zugelassene Stoffe).

Tarragona ist ein → Dessertwein spanischer Herkunft.

Tauberschwarz (Süßrot) ist eine im württembergischen Taubertal angebaute Rebsorte, die recht milde Weine liefert. Mit 1 ha Anbau hat die Rebsorte nur noch Erinnerungswert.

Taucher nennt man (fachsprachlich) Maischegärbehälter, die mit pneumatisch gesteuerten Hub- und Tauchbewegungen die → Maische umwälzen (→ Abb. 20 im Anhang).

Tauchsieder → Heizschlangen, → Infravin-Gerät.

Tauchsterilisatoren (Tauchbadsterilisatoren) sind Geräte, die zum → Sterilisieren von Flaschen eingesetzt werden. Die Vorteile liegen in der gegenüber den Gassterilisatoren geringeren Umweltbelastung und in der sicheren Wirkung, da die Flaschen innen und außen mit dem Desinfektionsmittel in Berührung kommen und steril werden. Zunehmend ist man bestrebt, anstatt der wässrigen SO_2-Lösung andere Desinfektionsmittel wie z. B. → Ozon einzusetzen. Die vollautomatisch arbeitenden Maschinen sind sehr leistungsfähig (→ Sterilisieren der Flaschen).

Teerfarbstoffe wurden früher oft als Färbemittel bei Rotwein benutzt. Ihre Anwendung ist verboten. Sie sind leicht nachzuweisen.

Teinturiers-Trauben (→ Färbertrauben).

Temperatureinfluss auf Hefe → Gärbedingungen, → Gärführung.

Temperaturregelung. In vielen Bereichen der Kellertechnik werden Erwärmungen und Kühlungen durchgeführt. Da es auf eine kontrollierbare und exakte Einstellung der Temperaturen ankommt, sind geeignete Mess- und Regeleinrichtungen unverzichtbar. In jedem Falle sind an der Messstelle Sensoren anzubringen, die die Steuersignale bzw. die Temperaturgänge an die Auswertestelle übermitteln, nach einem Abgleich der Soll-Temperatur gegen die Ist-Temperatur gehen über einen Regelkreis die Befehle zur Erwärmung oder Kühlung des Objektes an die Einrichtungen. Die Mess- und Regeleinrichtungen müssen den Betriebsbedingungen einer Kellerei angepasst sein.
Die größte Verbreitung haben solche Anlagen in Kellereien gefunden, die die gekühlte Gärung durch Wasserüberrieselung der Gärbehälter ermöglichen. Eine solche Anlage kann nicht nur zur Überwachung der Gärung (eventuell Registrierung der Gärtemperaturen) eingesetzt werden, sondern führt durch die Regelung der benötigten Wassermengen zu einer merklichen Einsparung von Wasser (→ Gärung, gekühlte, → Gärung, gezügelte, → Gärungswärme). Im Hinblick auf die Einsparung von Wasser ist die Außenwandkühlung mit → Pillow-Platten und Sole als Kälteüberträger „state-of-art". Allerdings wird auch hier Wasser teilweise für die Kältekompressoren benötigt (→ Sensor).

Temperieren ist das Einstellen des Mostes oder Weines auf eine bestimmte Temperatur. Richtige Temperierung spielt bei der Einleitung der Gärung, bei der Verkostung sowie bei der chemischen Untersuchung eine große Rolle.
Weißwein soll bei 12 bis 14 °C, Rotwein bei Zimmertemperatur von 16 bis 18 °C geprobt oder genossen werden. Je gehaltvoller der Wein ist, umso höher darf er temperiert werden. Weißweine sollte man nie unter 10 bis 12 °C kühlen, da sonst das Aroma nicht genügend zur Geltung kommen kann.
Eine im Labor wichtige Form des Temperierens ist das sogenannte Thermostatisieren. Hier wird mit Hilfe eines → Thermostaten eine Temperatur (meist 20 °C) exakt einjustiert, die man bei Messungen des → Dichteverhältnisses etc. einhalten muss (→ Temperaturregelung).

Terpene sind leichflüchtige Substanzen, die bevorzugt in ätherischen Ölen vorkommen. Der Name ist von Terpentinöl abgeleitet, jedoch handelt es sich meist um wohlriechende → Aromen, die in Blüten, Blättern, aber auch in der Traube vorkommen.
Die einfachen Terpene sind Kohlenwasserstoffe, sie treten aber auch als Alkohole (Hydroxylderivate) und Oxoverbindungen auf. Die Namen der Terpene verraten bereits etwa über die Geruchscharakteristik: Geraniol (Geranien, Rose), Linalool (Lavendel), Citronellol (Citrone), Limonen (Orange) etc. Den totalen Gehalt an aromagebenden Stoffen, die neben Terpenen in recht unterschiedlicher chemischer Zusammensetzung am Weinaroma mitwirken, schätzt man auf 0,8–1,2 g/l. Davon bilden die → Fuselöle mit

mehr als 50 % mengenmäßig den größten Anteil, doch liegen die Gehalte an Terpenen weit darunter. Trotzdem sind Terpene sehr wirksam, da die Geruchs- und damit auch Geschmacksschwellenwerte einzelner Terpene zwischen 100 und 5000 µg/l liegen.
Die Terpene sind längst nicht alle identifiziert und quantifiziert. Trotzdem ist es gelungen, mit Hilfe der → Gaschromatographie („fingerprints“ = Fingerabdrücke) Rebsortenunterschiede heraus zu arbeiten, wobei mit 12 nachgewiesenen Terpenen nicht nur die „Bukettsorten“ wie Gewürztraminer und Morio-Muskat und „neutrale“ Sortenweine wie Riesling und Silvaner zu unterscheiden sind, sondern in speziellen Fällen auch die Verwandschaftsverhältnisse bei Neuzüchtungen („Kreuzungen“) zu erkennen waren.
In Südafrika war es Rapp möglich, Verfälschungen von Riesling-Imitaten aufzuklären. Mit Hilfe der genannten Methode war es auch möglich, Einflüsse der Edelfäule, aber auch der Weinbehandlungsverfahren auf das Aroma nachzuvollziehen und sich im gewissen Umfang von der Sensorik unabhängig zu machen.
Angesichts der Vielzahl an chemisch unterschiedlichen Substanzen, die am Aroma beteiligt sind und die komplex zusammenwirken, sollte man die Möglichkeiten der analytischen Chemie nicht überschätzen (Maskierender Einfluss der Wein- → Matrix.

Terroir ist ein Begriff, der dem französischen Sprachgebrauch entlehnt ist, der wörtlich zunächst mit „Gegend, Land oder Boden“ zu übersetzen wäre. Im weiteren soll T. Ausdruck für den besonderen Charakter der angebauten landwirtschaftlichen Produkte sein. Vom Wein herkommend hat man T. auf die jeweiligen Klima- und etwa die Wasserversorgung der Böden ausgelegt. Beispiel: Die wasserführigen Kiesböden von Teilen des Weinbaugebietes Bordeaux. Mit der Verstärkung des Marketings für landwirtschaftliche Erzeugnisse wurde „Terroir“ erweitert und die technische Leistung des Winzers mehr oder weniger mit einbezogen. Somit sollte T. ein Hinweis auf hervorgehobene Weinqualität sein (→ VDP).

Test-Kit nennt man Zubehörteile, die für die Durchführung vereinfachter Untersuchungsmethoden in der → Betriebskontrolle benutzt werden.

Thermolabile Stoffe sind solche, die sich bei höheren Temperaturen aus kolloidalen Lösungen abscheiden und oft zu Nachtrübungen führen. In der Hauptsache dürfte es sich im Wein um eiweißartige Verbindungen handeln. Manche Jahrgänge (z. B. 1947, 1959, 1964, 1971, 1976, 1993, 2003), insbesondere zu früh abgefüllte Weine, zeigen häufig Neigung zu Nachtrübungen. Durch geeignete Behandlung sucht man solchen Trübungen vorzubeugen, sei es durch Bentonit-Schönung oder Wärmebehandlung (→ Bentonite, → Wärmebehandlung).

Thermoschlangen → Heizschlangen.

Thermostat ist ein im Labor häufig benutztes Gerät, welches zum → Temperieren der Untersuchungsproben eingesetzt wird. Es gilt dort meist, eine exakte Temperatur von 20 °C einzuhalten, um die Messbedingungen z. B. für die Messung des Dichteverhältnisses zu gewährleisten. Auch die genaue Einstellung von Reagenzlösungen erfordert dies. Besonders genaue Thermostate sind aufwändig gebaute Ultrathermostate. Tiefere Temperaturen erhält man mit Kältethermostaten. Die Übertragung der Wärme (bzw.) Kälteimpulse erfolgt im Wasserbad, bei Kältethermostaten wird Glykol benutzt.

Thermovinifikation umfasst alle Verfahren der Wärmebehandlung in der Kellertechnik

(→ Maischeerhitzung, → Pateurisation, → Wärmebehandlung, → Warmabfüllung).

Thiamin (Vitamin B_1) darf in einer Menge bis 0,6 mg/l zugesetzt werden, damit bei einer Vergärung die Bildung von → Brenztraubensäure und → Ketoglutarsäure, die SO_2 binden, herabgesetzt wird. Die Anwendung ist bei Mosten aus faulen Trauben, die kaum natürliches Thiamin enthalten sinnvoll (→ Aneurin, → Gärsalze, → Weinbereitung, zugelassene Stoffe).

Thio-Verbindungen sind in den letzten 20 Jahren in den Focus der Wissenschaft gerückt. Dabei erwies sich die Beteiligung von Hefen und Bakterien an der Neubildung von Thioverbindungen als wichtiges Forschungsgebiet. Die nachfolgend noch im Einzelnen zu beachtenden Thioverbindungen können sich als → „off-flavour" negativ bemerkbar machen und als → Schwefelwasserstoff bzw. → Böckser den Wein schädigen.
Andere Thioverbindungen sind als spezifisches Rebsorten- → *Aroma positiv* wirksam und prägen hier zum Teil den typischen Geruch und Geschmack des → Sauvignon Blanc, der → Scheurebe und des (fallweise) → Gewürztraminers. Für die praktizierenden Kellertechniker ist unter anderem der Einfluss der Hefen, des Nährstoffangebotes bei der Gärung und der Verfahrensweise beim → reduktiven Ausbau insgesamt zu beachten. Letzten Endes gilt es die positiv zu bewertenden Rebsortenaromen der oben genannten Rebsortenweine zu schützen und zu erhalten, dabei aber die unerwünschten „off-flavour" Thioverbindungen zu minimieren. Ein echter Spagat innerhalb der önologischen Strategie (s. Tab. 31, 32, 33, 35 im Anhang).

Tierkohle wird durch Verkohlung von Knochen hergestellt. Sie wird zur Erzielung möglichst großer Reinheit mit Säuren behandelt und darauf gründlich ausgewaschen. Man benutzte sie früher zur Entfernung störender Geruchs-, Geschmacks-und Farbstoffe aus dem Wein. Sie greift den Wein jedoch stark an. Die etwas wirksameren → Aktivkohlen auf Pflanzenkohlebasis haben die Tierkohle weitgehend verdrängt.

Tischweine sind bekömmliche, nicht zu schwere und zu alkoholreiche Weine, wie sie zu Mahlzeiten gern genossen werden. Der Begriff ist nicht normiert und bezeichnungsrechtlich nicht existent.

Titration ist ein in der Maßanalyse viel gebrauchtes Verfahren zur Bestimmung der Menge eines Bestandteiles. Es beruht darauf, dass man eine Lösung von genau bekanntem Gehalt einer Lösung mit unbekanntem Gehalt solange zusetzt, bis ein → Indikator (= Farbstoff) das Ende der Umsetzung anzeigt. Da die → Gesamtsäure im Most und Wein durch eine Titration ermittelt wird, nennt man die Gesamtsäure auch titrierbare Säure (Äquivalenzpunkt, → Gesamtsäure, Bestimmung).
In der Weinanalytik benutzt man die Maßanalyse, also das titrimetrische Verfahren, nicht nur zur Bestimmung der Gesamtsäure, sondern auch der → Schwefligen Säure, der → Flüchtigen Säure und bei der chemischen → Alkohol- und → Zuckerbestimmung.

Titrierbare Gesamtsäure → Säure, titrierbare (Synonym).

Titrisole® sind standardisierte Reagenzlösungen der Firma Merck KGaA.

Tokajer Ausbruchweine (Aszu), ausschließlich ungarischer Herkunft, werden gewonnen, indem man ausgelesenen Trockenbeeren frisch gekelterten Most zusetzt und ein bis zwei Tage lang durcharbeitet. Man erhält auf diese Weise einen sehr zuckerreichen Most bis zu 300 bis 350 g/l. Je nach der Zahl der Butten (meist drei bis sechs zu je 28 bis 30 l) zu einem Gönczer Fass (= 136 l) „Grundwein", spricht man von einem drei- bis sechsbuttigen Ausbruchwein. Die Moste vergären nur schwer und langsam. Im fertigen Zustand besitzt der Wein 80 bis 120 g/l → unvergorenem Zucker. Die Weine kommen in besonderen Tokajerflaschen in den Handel und sind von hervorragende Güte (→ Szamorodny, → Zweitgärung).

Tokajer Essenzen sind die hochwertigsten Trockenbeerweine Ungarns. Die Weine, die deutschen Trockenbeerenauslesen entsprechen, werden nicht mehr ausdrücklich in Anzahl der Butten deklariert. Die besonders ausgelesenen Trockenbeeren werden in Bottichen festgestampft und liefern einen dicken, sirupartigen Most mit 300 bis 400 g/l Zucker, der nur sehr schwer in → Gärung gerät. Der Alkoholgehalt ist verhältnismäßig gering und beträgt nur etwa 50 bis 60 g/l bei einem → Zuckergehalt von 200 bis 300 g/l.

Tokajer → Szamorodner ist ein Wein, der aus den im Tokaj-Gebiet üblichen Traubensorten Furmint, Harslevelü und Muskatoly ohne Zusatz von Trockenbeeren hergestellt wird. Die Weine haben meist 13 bis 15 % Vol. Alkohol, 30 bis 40 g/l zuckerfreien Extrakt und bis 60 g/l Zucker.

Torkel ist eine Baumkelter, wie sie bis in unsere Zeit z. B. in Österreich Verwendung fand. Vereinzelt begegnet man ihr noch in Weinmuseen, doch wird sie längst nicht mehr benutzt, hat aber kulturhistorischen Wert. Der Begriff wird in Weinbaugebieten wie dem Bodensee oder Südtirol noch als landsmannschaftliche Bezeichnung für → Kelter benutzt (lat. torcula = die Drehpresse).

Torulahefen *(Rhodotorula)*. Unter diesem Begriff fasst man eine Reihe verschiedenartiger Hefen zusammen, die in der Praxis oft auch einfach als → Schleimhefen bzw. „Wilde Hefen" bezeichnet werden. Vertreter dieser Hefen finden sich in fast allen feuchten Weinkellern, wo sie mit → Bakterien und anderen Mikroorganismen vergesellschaftet, schleimige Überzüge an den Wänden bilden. Auch in der Kellerluft sind sie dort regelmäßig nachweisbar. Ebenso regelmäßig finden sie sich im frisch gekelterten Most, in dem sie aber wegen ihrer Empfindlichkeit gegenüber → Alkohol und → schwefeliger Säure kaum zur Entwicklung kommen und frühzeitig durch → Saccharomyces mit → Killereigenschaften unterdrückt werden. Säurereiche Weine sind weitgehend dagegen geschützt. In Süßmostbetrieben können sie erheblichen Schaden verursachen, zumal sie sich als besonders resistent gegen höhere Temperaturen und die zum Spülen benutzten Laugen erwiesen haben. Im weiteren Sinne sind diese Hefen mit Kahmhefen *(Candida)* verwandt (→ Schleimigwerden).

Totschwefeln → Stummschwefeln.

Totvolumen. Damit beschreibt man die Produktmenge, die in einem Leitungs-, Filtrations- oder Abfüllsystem zur Ausfüllung der „Leer" -Räume benötigt wird. Totvolumina sind unvermeidbar, führen allerdings auch zu Problemen durch Produktvermischung, aber auch hinsichtlich der notwendigen Hygiene. Insbesondere die Gefahr der Produktvermischung ist bei wechselndem Produkt – auch aus weingesetzlicher Sicht – ein Grund Totvolumina möglichst zu minimieren. Bei hohem Totvolumen soll mindestens durch einen geeigneten Restablauf eine Produktvermischung verhindert werden. Filtrationsanlagen lassen sich meist durch Pressluft oder CO_2-Gas „leerdrücken". Moderne Filtrationssysteme (→ Kerzenfilter) besitzen nur ein geringes Totvolumen

Traminer (→ Gewürztraminer) ist ein Oberbegriff für verwandte Rebsorten, die traditionell weit verbreitet sind. Im „Farbatlas Rebsorten" sind 4 Traminer (Großer Tr., Kleiner Tr., Weißer und Roter Tr.) aufgeführt, die mit vielen synonymen Bezeichnungen bekannt und weltweit verbreitet sind. Deutschland steht mit 835 ha (2008) im Anbau keineswegs an der Spitze, obwohl diese Rebsorte als „Edelsorte" schon sehr früh z. B. in der Pfalz angebaut wurde (347 ha/2008). Größere Flächen werden im Elsass (ca. 3000 ha) und Kalifornien (636 ha) angebaut. Der Wein zeigt ein ausgeprägtes Bukett, mit langanhaltender aromatischer Wirkung, welches zum Teil auf einen hohen → Terpengehalt (Monoterpene) zurückzuführen ist. Der Terpengehalt und damit die aromatische Ausprägung des Aromas lässt sich durch „Ziehenlassen" der Maische (Standzeit 6–12 Stunden) verstärken. Offensichtlich sind aber auch Unterschiede je nach Klon und Ertrag zu erwarten. Kleinbeerigkeit = niedriger Ertrag = betontes Aroma lautet die Formel zur Produktion von Qualität (bei allen Bukettsorten). Selektionen, die der Ertragsschwäche dieser Rebsorte entgegenarbeiten, könnten zwar die Wirtschaftlichkeit dieser Weine verbessern, müssen aber zwangsläufig zur Verminderung der Qualität beitragen.
Es lässt sich aufgrund der → Ampelographie keine zuverlässige Unterscheidung zwischen Traminer und → Gewürztraminer treffen. In Deutschland genießt die Bezeichnung → Gewürztraminer aus absatzstrategischen Gründen den Vorzug. Sensorisch kann man dann Unterschiede treffen, wenn die Aromatik des Weines sich stärker „in der Nase" (Duft) zeigt (Gewürztraminer) oder eher im → Abgang dominiert (Traminer). In letzterem Falle dürften dann → Vinylguaiacol bzw. Ethylguaiacol den „würzigen" Geschmack überlagern bzw. dämpfen.

Transvasierverfahren. Hierbei wird der → Schaumwein wie traditionell üblich auf der Flasche vergoren, jedoch entfällt das langwierige → Rütteln sowie das Degorgieren, indem der flaschenvergorene Schaumwein über den Transvasierapparat unter Gegendruck auf einen Sammelbehälter gedrückt, hier gekühlt, mittels Gegendruckfiltration entheft und auf eine neue Flasche gefüllt wird (fachsprachlich: Filterenthefung).
Das Verfahren ist recht aufwändig, damit es nicht zu unerwünschten Druckverlusten und zu → Oxidationen kommt. Die Gefahr der Druckverluste lässt sich durch vorheriges Kühlen der Flaschen auf 0 bis 4 °C vermindern.
Ein Hauptvorzug des Verfahrens liegt darin, dass der mit ihm hergestellte Schaumwein die Bezeichnung „Flaschengärung" tragen darf, aber die Herstellungskosten deutlich niedriger liegen (→ Degorgieren).

Traube, Bestandteile. Die Weintraube setzt sich zusammen aus den einzelnen → Beeren, den Trauben- und → Beerenstielen mit den Leitungsbahnen für Wasser und Nährstoffe, den Beerenhäuten und den im Beereninnern sitzenden → Kernen. Allen diesen Bestandteilen kommt infolge ihre unterschiedlichen Zusammensetzung für die Weinbereitung erhebliche praktische Bedeutung zu. Je nach Sorte, Reife, Krankheitsbefall usw. ist der Anteil der einzelnen Bestandteile verschieden groß.

Traubengewicht. Es kann benutzt werden, um eine allerdings nicht präzise Ernteschätzung vorzunehmen. Aus dem mittleren Gewicht kann man ungefähr die Leistung der jeweiligen Rebsorten einstufen. Mit an der Spitze liegen Rotweinrebsorten wie Dornfelder und Trollinger (250 bis 350 Gramm pro Traube).

Traubenkerne → Kerne.

Traubenkernöl. Die Traubenkerne enthalten erhebliche Mengen an extrahierbarem Öl. In den trockenen → Trestern sind davon ca. 10–20 % enthalten. Bei der Aufbereitung müssen zunächst die Kerne von den anderen Bestandteilen des Tresters isoliert werden. Danach lassen sich die Öle kalt abpressen oder durch Extraktion mit Leichtbenzin in Lösung bringen. In diesem Fall muss mehrstufig nachgereinigt werden, damit das Öl als Speiseöl verwertbar ist. Durch den Gehalt an ernährungsphysiologisch wertvollen Fettsäuren (Linolsäure) und den guten geschmacklichen Eigenschaften ist neuerdings ein Bedarf entstanden. Es muss allerdings sichergestellt sein, dass die Traubenkerne nicht in direkter Beheizung getrocknet werden, damit der Gehalt an polycylischen, aromatischen Kohlenwasserstoffen (PAK's) nicht erhöht ist.

Traubenmaische, volle. Darunter versteht man die zerkleinerten ganzen Trauben mit oder ohne vorherige Entrappung, die noch den gesamten Saft enthalten müssen. Maischen, denen ein Teil des Saftes entzogen ist, gelten nicht als volle → Maische. Die Teilentsaftung von Maische dürfte für bestimmte Verfahren der Warmbehandlung zur Gewinnung von → Rotwein von zunehmendem Interesse sein. Die Restmaische (→ Saignée) enthält dann mehr farbtragende Feststoffe, die sich optimaler extrahieren lassen (→ Abbeeren, → Abwirzen).

Traubenmost ist der bei der Kelterung anfallende Saft der Trauben, der zur Weiterverarbeitung zu Wein bestimmt ist. → Traubensaft ist das zum direkten Verzehr bestimmte Getränk (→ Most, Zusammensetzung, → Traubensaft).

Traubenmostkonzentrat, rektifiziertes (RTK). Konzentrierter → Traubenmost, dem vorwiegend durch Behandlung mit → Austauschern und → Aktivkohle die „Nichtzuckerstoffe“ entzogen sind. Es handelt sich um eine hochkonzentriere, wässrige Lösung von → Traubenzucker (Glucose) und → Fruchtzucker (Fructose). Das sirupartige Konzentrat darf-unter besonderen Bedingungen- zur → Anreicherung und zur → Süßung verwendet werden. RTK enthält noch erhebliche Mengen an Wasser. Der Gehalt wird durch Spezial-→ Refraktometer oder andere Dichtemessmethoden in Grad Brix (meist ca. 65°) gemessen. Die Handhabung (Dosierung, Haltbarkeit) zeigt gegenüber der Anreicherung mit Saccharose weitere Nachteile (→ Konzentrate). Die Anreicherung mit Saccharose oder Konzentraten bezeichnet man als „additive“ Methode, die Anreicherung durch direktes Konzentrieren von Traubenmosten als „subtraktives“ Verfahren (Wasserentzug)(s. Tab. 1, 2 und 3 im Anhang).

Traubenmühlen sind Quetschvorrichtungen, um aus Trauben → Maische herzustellen. Dies hat den Zweck einer Trennung von → Beerenhaut, Saft, → Butzenfleisch und → Kernen einzuleiten. Durch das Zerquetschen werden → Enzyme freigesetzt, die den Abbau der → Pektine ermöglichen (→ Pektinasen) oder die → Aroma-Bildung fördern. Es ist notwendig, dass die Kerne dabei nicht verletzt werden. Die Walzen sind meist als Profilwalzen mit Hartgummi-Überzügen ausgebildet. Moderne Geräte sind mit → Abbeermaschinen kombiniert.

Traubensäure (→ Razemat, → Weinbereitung, zugelassene Stoffe).

Tafeltraubenproduktion (→ Tafeltrauben). Die Erfassung der Tafeltraubenproduktion (Quelle O. I. V.) gelingt nur unzureichend. Trotzdem lässt sich feststellen, dass weltweit ca. 8000000 Tonnen produziert wurden. Auf Europa entfallen davon 4000000 Tonnen,

d. h. ca. 50 %. Davon liefert Italien den größten Anteil. Weitere große Anteile an der Produktion tragen die Türkei, Chile, die USA, Brasilien, Algerien und Japan bei.

Traubensaft ist der zum direkten Verzehr bestimmte → Traubenmost. Meist wird dieser durch Rückverdünnung von → Konzentrat, welches überwiegend aus dem Ausland importiert wurde, in Analogie zur Herstellung anderer → Fruchtsäfte hergestellt. Traubensaft darf nicht zu Wein verarbeitet werden (nur Traubenmost).

Traubensaft, gesetzliche Anforderungen.

1. Mindestmostgewicht 55 °Oe
2. Gesamtsäure mind. 6 g/l
3. Vorhandener Alkohol max. 1 % Vol.
4. Flüchtige Säure max. 0,4 g/l
5. Milchsäure max. 0,5 g/l
6. Gesamt-SO_2 max. 10 mg/l
7. Sulfatgehalt max. 350 mg/l
8. Ascorbinsäure max. 150 mg/l
9. Keine Blauschönung, Metaweinsäure, Sorbinsäure und keine Anreicherung.
10. Bezeichnung „Traubenmost" verboten.
11. Mindesthaltbarkeit angeben (nach Ermessen), Name und Anschrift des Herstellers oder Abfüllers oder Verkäufers.
12. Zutaten wie Ascorbinsäure müssen angegeben werden.
13. Prädikatsbezeichnungen sind verboten.

Traubensorte, Angabe. Die Angabe der Rebsorte auf dem Flaschenetikett, auf Preislisten und Weinkarten ist insbesondere bei deutschen Weinen sehr verbreitet, da man dadurch über die typische Beschaffenheit vorinformiert wird. Voraussetzung ist ein Anteil von 85 % der deklarierten Rebsorte (n). In der Regel dürfen nicht mehr als zwei Rebsorten angegeben werden (Bemerkung: Die Angaben sind nicht vollständig!).

Traubensorte, Einfluss auf die Weinart. Die unterschiedliche Zusammensetzung der verschiedenen Traubensorten ist für den Wein, seine Art und seinen Charakter von ausschlaggebender Bedeutung. Manche Sorten enthalten auch in ausgereiftem Zustand verhältnismäßig wenig → Zucker bei höherer → Säure und wenig → Bukett. Sie geben daher immer nur einen neutralen Wein (z. B. → Elbling).
Andere Sorten wie → Silvaner, → Gutedel, → Müller-Thurgau, → Traminer, → Ruländer, → Spätburgunder, → Weißer Burgunder sind u. a. wegen ihres harmonischen Zucker-Säure-Verhältnisses für die Erzeugung von Qualitäts- und → Prädikatsweinen besonders geeignet. Auch im Bukett-(Aroma-) gehalt unterscheiden sich die einzelnen Sorten erheblich.
In vielen Fällen ist der → Riesling der Prototyp des deutschen Weines schlechthin, weil er in fast allen deutschen Weinanbaugebieten vertreten ist und die dortigen Standorteinflüsse charakteristisch zum Ausdruck bringt. Durch Rebsortenlisten sind die Landesregierungen in der Lage, die Sortenauswahl zu reglementieren und zu beeinflussen. Innerhalb der Rebsortenlisten unterscheidet man in empfohlene und zugelassene Rebsorten. Bei der Ergänzung der Liste achtet man u. a. auf den landeskulturellen Wert. Die Klassifizierung beruht auf VO (EWG) NR. 2389/89 (→ Rebsortenanbau).

Traubenverwertung. Trauben werden weltweit nicht ausschließlich zu Traubensaft und Wein verarbeitet. Ein Teil wird zu → Rosinen verarbeitet (geschätzte jährlich Weltproduktion 500000 bis 600000 Tonnen). (→ Traubenproduktion).

Traubenvollernter (Vollernter) sind fahrbare Maschinen, die die Traubenbeeren durch Schüttelbewegungen vom Rebstock abtrennen. Die Entwicklung dieser Maschinen

erfolgte in Frankreich und Übersee. Die Vorteile liegen in der optimalen Verfügbarkeit und dem gezielten Einsatz, der einen raschen Ablauf der Ernte ermöglicht. Als Nachteile sind zu nennen: Einsatz nur in Direktzuganlagen möglich, erfordert geschultes Bedienungspersonal und moderne Maschinen.
Der Traubenvollernter ist nicht in allen deutschen Weinanbaugebieten zugelassen. bzw. nutzbar. Beeren-und Trockenbeerauslesen müssen durch Handlese geerntet werden; auch Auslesegewinnung kann regional verboten sein. Die hohe Leistung (1 ha Rebfläche werden in ca. 4 Stunden abgeerntet) kann zu Überlastung der Kellereien führen. Für manche Rebsorten (weiche Beeren) muss mit einem merklichen Verlust an Saft gerechnet werden (→ Abb. 24 im Anhang).

Traubenzucker (→ Glucose, → Dextrose) ist anteilig im Traubenmost enthalten. Die industrielle Produktion erfolgt aber durch Säurehydrolyse von → Stärke (Maiszucker). Gegenüber dem Fructoseanteil ist Glucose fast nur halb so süß, wird aber durch → Hefen bevorzugt zu → Alkohol vergoren. Im → Invertzucker liegt Glucose zu → Fructose im Verhältnis 1:1 vor.

Trehalose ist ein → Disaccharid, ein Zucker, der ähnlich wie → Saccharose aufgebaut ist. Trehalose besteht nur aus Glucose-Bausteinen. Der Zucker wird durch → Saccharose nicht gespalten. Trehalose scheint durch Schimmelpilze auf den Trauben gebildet zu werden. Die Konzentration in Wein schwankt zwischen 50 und 300 mg/l.

Treiben des Weines nennt man den Vorgang im Frühjahr oder Sommer, durch den lagernde Weine „unruhig" werden. Meist handelt es sich um einen → biologischen Säureabbau oder eine Nachvergärung geringer Zuckerreste. Die Erscheinung wurde schon früh beobachtet: „Wenn die Reben wieder blühen, rühret sich der Wein im Fasse" (GOETHE).

Trester sind die nach der Auspressung zurückbleibenden Festbestandteile der Trauben. T. sind u. a. zuckerhaltig oder alkoholhaltig, wenn es sich um T. aus vergorenen Rotweinmaischen handelt. 100 l Maische ergeben zwischen 15 und 25 kg T.
T. können zu → Tresterbranntwein verarbeitet werden. Gelegentlich werden T. zu Traubenkernöl verarbeitet, indem man die Kerne trennt und auspresst (→ Traubenkernöl). Auch → Weinsäure oder → Tannin kann daraus gewonnen werden.
In Ländern mit geringerer Weinerzeugung lohnen sich die anfallenden T. meist nicht zur (lokalen) Weiterverarbeitung, weshalb man diese direkt in den Weinbergen ablagert. Dort können diese zur Bodenverbesserung beitragen. Durch gute Verteilung muss eine Überdüngung durch → Bor aus den Traubenkernen und eine Bodenverdichtung vermieden werden. Auf 1 Hektar ausgebracht, erreicht man durch 30–50 m^3 eine hinreichende Stickstoffversorgung. Großbetriebe liefern an Verarbeitungsbetriebe ab, die den T. zu Humus oder zu „Pellets" verarbeiten.

Tresterbranntwein (Tresterbrand). Rotweintrester -gewonnen bei der → Maischegärung – kann man unmittelbar, Weißweintrester nach Vergärung vorhandener Zuckerreste zu Tresterbranntwein verarbeiten. Der zuerst gewonnene Rohbrand enthält etwa 40 % Vol. Alkohol, der bei einer nochmaligen Destillation gewonnene Feinbrand enthält etwa 60 % Vol. Alkohol. 100 kg Trester liefern insgesamt 8 bis 12 l Tresterbranntwein von 50 % Vol. Er enthält im Gegensatz zum Weinbrand erheblich mehr → Fuselöle und → Önanthäther, wobei letzterer oft stark geruchlich hervortritt. Ein zu starker → Esterton ist unerwünscht. Die Qualität hängt wesentlich von der Beschaffenheit des Traubenmaterials und der sorgfältigen Aufbewahrung der Trester bis zum Brennen ab. Im größeren Umfange fällt Tresterbranntwein in Ländern mit größerer Weinproduktion (insbesondere Rotwein) an (Italien = Grappa, Frankreich = Marc).

Tresterbrand, Herstellung. Es ist nach Art. 35 der VO (EWG) 822/87 verboten, Weintrauben vollständig auszupressen. Auch aus diesem Grund enthalten Trester, aus Weißmaischen gepresst, 20–40 g Zucker pro kg. Bei vollreifen Trauben kann der Gehalt bis auf 100 g Zucker pro kg ansteigen. Da Trester leicht verderblich sind, sollten diese möglichst umgehend nach der Kelterung verarbeitet werden.
Unvergorene Trester sollten in Maischebütten eingestampft und die Poren durch Wasserzusatz ausgefüllt werden, säurearmes Trestergut mit angesäuertem Wasser (50–60 ml konz. Schwefelsäure auf das 10-fache an Wasser. Vorsicht! Schwefelsäure langsam und ganz vorsichtig ins Wasser geben, nicht umgekehrt!). Nach einigen Stunden Wartezeit werden 20–30 g revitalisierte Trockenhefen pro 100 l Maische eingemischt. Zuckerung oder Zusatz von Traubenmost ist laut Branntweingesetz verboten. Die Maische muss gut abgedeckt sein, der Behälter einen Steigraum besitzen. Etwa nach einer Woche ist der Zucker im Trester vergoren.
Nach dem Monopolrecht kann man bis 50 l Reinalkohol als sog. Stoffbesitzer im Lohnverfahren destillieren lassen. In einer eigenen Brennerei dürfen bis 300 l Reinalkohol gewonnen werden. Vorher muss jedoch die Brenngenehmigung eingeholt werden, wobei „Abfindungsbrenner" mit einem Probebrand rechnen müssen.
Beim Brennen muss ein weiterer Wasserzusatz erfolgen (ca. 20 %), um das Anbrennen zu vermeiden. Man destilliert am besten in 2 Stufen:

1. Brand (mit Verstärkergerät) ohne oder nur schwache Vorlauftrennung.
2. Brand. Trennung in Vorlauf, Mittellauf und Nachlauf nach den Regeln.

Tresterschlempe kann landbaulich verwertet werden (→ Abwasser von Weinkellereien).

Nach Verdünnung auf Trinkstärke (in der Regel auf 40 % Vol.) werden die Tresterbrände meist klar abgefüllt (Erhaltung des Buketts) d. h. ohne längere Lagerung im Holzfass. Vorher kann eine Kühlung und anschliessende Filtration zur Beseitigung von Trübungen erforderlich werden.
Bemerkung: Zur rechtlichen Stellung des Tresterbrandes (Trester) sind neue Verordnungen zu erwarten.

Tresterfloß nennt man den aus den Trestern sich abscheidenden Rohweinstein, der auf → Weinsäure oder Reinweinstein weiter verarbeitet wird.

Tresterhut. → Maischehut (→ Rotweinbereitungsverfahren)

Tresterkuchen. Ausdruck für den ausgepressten Trester, der früher, durch die Form der alten Korbkeltern (Vertikalkeltern) bedingt, die Form eines Kuchens hatte.

Tresterschleudern waren früher im Gebrauch, um den erstmals ausgepressten Trester in den alten Vertikalkeltern „umzuscheitern". In den heutigen Keltern wird das Aufscheitern im Presskorb selbstständig durchgeführt (→ Kelter).

Tresterwein ist ein als → Haustrunk verwendeter Nachwein, der durch Auslaugen der frischen Trester mit Wasser unter Zugabe von Zucker hergestellt wurde. Im kommerziellen Bereich ist die Herstellung verboten, um Verfälschungen damit entgegenzuwirken.

Auch vom gesundheitlichen Standpunkt sind solche Getränke abzulehnen, da diese leicht verderben und einen erhöhten → Methanolgehalt haben. Früher waren solche Weine als „Haustrunk" oder „Gesindewein" in Gebrauch.

Trichloranisol, 2,4,6 (-TCA). Die Substanz kommt nicht nur in Korken sondern auch in Lebensmitteln vor, falls Chlorphenole diese durch Pilzbewuchs „methylieren". Die → Geruchsschwelle liegt zwischen 5 und 15 ng/l. Auch die entsprechenden Bromverbindungen führen zu einem „Moderton". (→ Flaschenverschlüsse, → Korken, → Korkengeschmack).

1,1,6 Trimethyl-1,2-dihydronaphtalin gilt als Fehlaroma. Diese Substanz wird aus → Carotinoiden gebildet. Man hat festgestellt, dass beim Überschreiten der → Geschmacksschwellenwerte insbesondere bei Weinen aus südlichen Weinanbaugebieten ein störender „medizinischer" Fremdton entsteht. Bei Sorten wie Riesling scheint dies eine der Komponenten zu sein, die den Anbau in heißen Klimata behindern.

Trocken ist der bei Wein zulässige Begriff für die → Deklaration von Weinen mit niedrigem Zuckergehalt. Für die Weine der EG gilt einheitlich ein Höchstgehalt, der sich aus der im Wein enthaltenen → Gesamtsäure errechnen lässt. Es gilt: Maximaler Zuckergehalt = Säure + 2 (g/l), mit einem oberen Grenzwert von 9 g/l.
Beispiel: Säuregehalt = 6,5 g/l, zulässiger Zuckergehalt = 6,5 + 2 = 8,5 g/l.
Dagegen: Säuregehalt = 8,5 g/l zulässiger Zuckergehalt = 9 g/l.
Mit dieser Anbindung an den Säuregehalt möchte man der Tendenz Rechnung tragen, wonach Säure Süße geschmacklich kompensiert. Im Detail gibt es dagegen Einwendungen. Weil aber die absolute Wahrnehmbarkeit von Zucker erst ab etwa 6 bis 7 g/l einsetzt, kann man der getroffenen Regelung durchaus zustimmen (→ Geschmacksschwellenwert).
Für den Fall, dass ein „trocken" deklarierter Wein „für Diabetiker" empfohlen wird, ist die dort tiefer angesetzte Grenze (bis zu 4 g/l vergärbarer Zucker) einzuhalten. Eine entsprechende Einschränkung gilt für „fränkisch trocken".
Für die Anwendung der Grenzwerte für die gesamte → schweflige Säure ist zu beachten, dass *dort* die Grenze bei 5 g/l Zucker gesetzt wird. Weine mit weniger als 5 g/l sind hierbei einer stärkeren Einschränkung unterworfen, doch können trockene Weine (siehe oben) durchaus über 5 g/l Zucker enthalten und sind dann hinsichtlich der zulässigen SO_2-Gehalte wie „süße" Weine zu behandeln. (→ Weinsiegel). Zulässige fremdsprachige Begriffe sind: sec, secco, asciutto und dry (Tab. 23 im Anhang).

Trockenbeerenauslesen sind Weine, die normalerweise aus eingeschrumpften, edelfaulen Traubenbeeren hergestellt werden (→ *Botrytis cinerea*). Für die Gewinnung dieser TBA muss sorgfältig ausgelesen werden, was entweder im Weinberg direkt (am Stock) oder durch Sortierungen in der Kellerei erfolgen kann. Die Trauben sind teilweise sehr saftarm und müssen länger eingemaischt werden. Zur Unterdrückung unerwünschter → Mikroorganismen (vorzüglich von → Bakterien) wird stärker geschwefelt.
Die sehr zuckerreichen Moste gären sehr langsam, da durch die Entwicklung des Pilzes wichtige Nährstoffe (→ Stickstoffverbindungen, → Vitamine) entzogen werden. Zur Durchführung der → Gärung hat sich der Zusatz von → Thiamin (Vitamin B_1) bewährt, da dadurch gleichzeitig der Gehalt an SO_2-bindenden Substanzen gesenkt wird. Der hohe osmotische Druck der Zuckerlösung erschwert die Vermehrung der Hefe, so dass

spezielle Hefen als Zusatz empfehlenswert sind (→ Hefen, osmotolerante). Möglicherweise wirkt auch → Botryticin gärhemmend. Unter günstigen Umständen wurden → Mostgewichte bis 327 °Oe erzielt, doch ist ein Mostgewicht über 200 °Oe nicht unbedingt erstrebenswert. Die Vergärung solcher Produkte ist außerordentlich behindert, sodass der Mindestalkoholgehalt von 43,4 g/l = 5,5 % Vol. nur sehr langsam erreicht wird (→ Dessertwein).

TBA-Weine können hohe Säuregehalte haben, da kein → biologischer Säureabbau eintritt. Durch den hohen Gehalt an → Zucker und → Glycerin ist eine → Gesamtsäure über 10 g/l durchaus noch harmonisch. Der höchste Gehalt an → zuckerfreiem Extrakt wurde mit 127 g/l ermittelt, ein Zeichen für die mehrfache Konzentrierung der Inhaltsstoffe in den Traubenbeeren. Entsprechend drastisch herabgesetzt ist die Mostausbeute, was auch den hohen Preis dieser Spitzenweine erklärt. Das Mindestmostgewicht für die TBA ist in allen deutschen Weinbaugebieten auf 150 °Oe festgesetzt.

Trockeneis ist feste Kohlensäure, die in gepresster Form zum Versand gebracht wird (Eis). Die feste → Kohlensäure muss gut isoliert aufbewahrt werden, da die Substanz bei – 79 °C bereits verdampft. Trockeneis kann nur mit Handschuhen angefasst werden.
Beim Verdampfen entzieht das Trockeneis der Umgebung Wärme, das heißt es kühlt diese ab. 1 kg Trockeneis benötigt zum Verdampfen etwa 152 kcal, das heißt 1 kg Trockeneis reicht aus, um 152 l Most oder Wein um 1 °C abzukühlen. Trockeneis ist somit geeignet, Most abzukühlen und die → Starttemperatur herabzusetzen. Die Behandlung ist einfach, allerdings auch nicht billig. Zur Kühlung von Wein eignet sich der direkte Zusatz von Trockeneis nicht, weil die dabei freiwerdende Kohlensäure Aromastoffe auswäscht (Kosten). Feste Kohlensäure eignet sich zur Einlagerung von Süßreserve nach dem → SEITZ-BÖHI-Verfahren. Teilweise wird CO_2 während der Verarbeitung der Maischen (→ Mazeration, → Kelter) eingesetzt.

Trockenhefen führen sich als → Reinzuchthefen immer mehr ein. Es handelt sich im Allgemeinen um (gefrier)-getrocknete Hefen der Gattung *Saccharomyces cerevisiae,* die überwiegend aus vitalen Zellen einer einheitlichen Art bestehen. Fremdorganismen sollen möglichst nicht vorhanden sein, insbesondere keine Bakterien. Durch Vorquellen in handwarmem Wasser werden die Zellen rehydratisiert, was durch die alsbald eintretende Schaumbildung sichtbar wird.
Bei der Auswahl achten die Hersteller auf möglichst geringe → Acetaldehyd-Bildung und -Fixierung (keine SO_2-produzierende Hefe!) und die möglichst geringe Bildung von SO_2-bindenden → Ketosäuren. Eine Auswahl nach Schaumbildung, Alkoholtoleranz etc. ist derzeit zunächst nur eingeschränkt möglich, da die Vielzahl der angebotenen → Reinzuchthefen des Handels (fast 200 verschiedene Wein- und Sekthefen) den Überblick erschweren. Man achte auf die Haltbarkeitsangaben und bewahre die Trockenhefen möglichst kühl auf. Angebrochene Packungen sind alsbald zu verbrauchen (→ Saccharomyceten).

Trockensubstanz-Messungen sind immer dann von Interesse, wenn Flüssigkeits- bzw. Wasseranteile in Gemischen vorhanden sind, aber der „Wert" des Produktes allein vom Trockensubstanzgehalt abhängt. Die Messmethode ergibt sich aus der Überlegung ganz logisch: Das zu bewertende Produkt wird (bei 100–105 °C) bis zur Gewichtskonstanz getrocknet und das nunmehr wasserfreie Produkt gewogen. Der Flüssigkeitsanteil er-

gibt sich aus der Differenz vor und nach der Trocknung.
Die in der Praxis vorkommenden Fälle sind:
- Ist die Auspressung des Tresters gesetzesmäßig (unvollständig) erfolgt?
- Enthält Weintrub noch hinreichende Flüssigkeitsanteile (Wein)?

Bei Wein wird die Trockensubstanz auch als Trockenextrakt bezeichnet, der meist indirekt festgestellt wird (→ Extraktbestimmung, → Extraktgehalt).

Trockenlaufschutz. Dieser besteht aus einem → Sensor, der bei Unterbrechung der Flüssigkeitszufuhr ein Schaltgerät ansteuert und die Pumpe abstellt. Damit können empfindliche Pumpen (Impeller- oder Excenterschneckenpumpen) vor Überhitzung und Zerstörung geschützt werden (→ Sensor).

Trockenverbesserung → Anreicherung.

Trockenzuckerung → Anreicherung.

Trollinger ist eine großbeerige, reichtragende rote Traubensorte, die spät reift. In Deutschland hat sie wohl nur in Württemberg weitere Verbreitung gefunden und bildet hier die Hauptrotweinsorte (etwa 21 %). Sie liefert den innerhalb des Weinbaugebietes sehr geschätzten, etwas säurereichen und nicht sehr farbtiefen Wein. Sie wurde früher im gemischten Satz mit dem → Limberger (Lemberger) angebaut. Bei Erlangung der Vollreife wird aber ein hervorragender, dunkel gefärbter Rotwein mit leicht nussartigem Geschmack und angenehmem Bukett gewonnen. Eine Spielart ist der Muskattrollinger. In Südtirol ist der Trollinger die vorwiegende (Meraner-) Kurtraube (Groß-Vernatsch genannt) (→ Rebsortenanbau → Tab. 9 im Anhang).

Trotte → Torkel.

Trub nennt man alle sich am Boden der Behälter absetzenden festen Bestandteile, insbesondere die beim ersten → Abstich anfallende Hefe. Auch bei → Schönungen setzt sich ein Trub ab.

Trubanfall. Den anfallenden Trub kann man in Weinkellereien nach folgenden Gesichtspunkten differenzieren:
1. Wiederverwertbarer Trub = Most- und → Entschleimungstrub, der bei der → Mostvorklärung anfällt. → Hefe- und Weinbehandlungstrub (Schönung, Entsäuerung), der beim → Ausbau des Weines anfällt.
2. Nicht wiederverwertbarer Trub = unlösliche Rückstände, die in den Reinigungsabwässern vorhanden sind.

zu 1.: Die dort genannten Trube enthalten merkliche Mengen an Most und Wein, da die Trube meist durch Sedimentation entstehen. Eine Investition für die Aufarbeitung dieser Trube ist einleuchtend. Die Industrie stellt für die verschiedenen Größen der Betriebe Systeme her (→ Trubaufarbeitung).
Im Wesentlichen handelt es sich hier um Filterpressen, das heißt Filter mit Kieselgurrahmen, Trubförderungseinrichtung (Druckbehälter, Dickpumpe mit Druckverstärkung), die für die Betriebe bis 10 ha ausreichend sind.
→ Hefetrubfilter können als Spezialgeräte auch in diesen Betrieben bereits wirtschaftlich angewendet werden, zudem Neukonstruktionen mit universeller Anwendungsbreite für die Klärung von Trub, aber auch Most und Wein angeboten werden. Größere Betriebe arbeiten mit Hefefiltern oder → Drehfiltern und sorgen für Maßnahmen, die den Trubanfall vermindern (→ Separatoren).
Es sei erwähnt, dass der höhere Grad der Mechanisierung bei der Traubenlese, dem Transport, der Annahme und der Herstellung von Maische den Trubanfall ebenso erhöht

hat wie einige ältere Keltersysteme. Nicht zuletzt wurden deshalb in jüngerer Zeit → Keltern entwickelt, die trubärmer pressen (→ Tankpresse). (→ Ganztraubenpressung).

Zu 2.: Die in den Reinigungsabwässern enthaltenen Trubbestandteile sind ein besonderes Problem, da die Rückgewinnung von Most oder Wein daraus nicht möglich ist. Auch der sparsame Verbrauch von Reinigungswasser kann daran nichts ändern. Weil aber die Hygiene in Weinkellereien nicht notleiden darf, wird man mit den Reinigungsabwässern (die allerdings neutralisiert sein sollen) keine Trubaufarbeitung betreiben, sondern sie den kommunalen Kläranlagen überlassen. Hier kommt noch hinzu, dass die Belastung weniger durch Trub als durch gelöste Substanzen hervorgerufen wird, die im Betrieb nicht abgebaut werden können.
Es sind infolge der hohen Kosten für Kellereiabwässer, Tendenzen zu erkennen, eine betriebseigene Abwasser-Aufbereitung zu installieren. Damit könnte man die Überdimensionierung der Käranlagen, die für den begrenzten Zeitraum der → Lese derzeit noch vorgeschrieben wird, zumindestens einschränken (→ Rückstände der Weinbereitung).

Trub (Wasserverbrauch). Überwiegend ergibt sich der Wasserverbrauch aus dem Aufwand zur Reinigung während der Herbst-Saison und dem Wein-Ausbau.

Folgende Mengen an Wasser werden für die verschiedenen Erzeugungsstufen (pro ha) verbraucht (nach Adams u. Walg):

Traubenvermarktung	= 1,1 m³
Fassweinvermarktung	= 13,3 m³
Flaschenweinvermarktung	= 41,8 m³
Gemischte Vermarktung	= 18,3 m³

Dabei liegt die Spitze des Wasserverbrauches im Monat Oktober, dem Monat, indem die Kelterung und der 1. Abstich sich überlappen. Als Abhilfe gelten folgende Maßnahmen, die man als „Trubrückhaltung“ bezeichnen kann:
- Geräte und Maschinen, Gebäude und Arbeitsflächen trocken vorreinigen; die Rückstände können großteils landbaulich verwertet werden.
- Anfallende Rückstände im Arbeitsablauf möglichst durch Siebe zurückhalten.
- Anfallende Trester bei Zwischenlagerung nicht versickern lassen.
- Wenn Trub nach 1. oder 2. anfällt, diesen „auf Trockensubstanz“ aufarbeiten bzw. feste Trubreste in Behältern mit Most oder Wein aufnehmen, bevor Reinigungwasser eingesetzt wird.
- Alle Reinigungsstufen aus diesen Gründen optimieren und die Abwasserlast reduzieren. (→ Reinigungsmittel).

Trübungen, biologische, sind solche, die durch → Mikroorganismen verursacht werden, wie → Bakterien, → Hefen usw. Süße Weine sind vor allem für Hefetrübungen anfällig und müssen deshalb unter allen Umständen steril abgefüllt werden (→ Sterilfüllen).

Trübungen, chemische, sind Feststoffe, die durch Reaktion chemischer Stoffe miteinander entstehen.

Trübungsbereitschaft. In Traubenmost und Wein sind Stoffe enthalten, die sich gegenseitig ausscheiden. Sind solche Stoffe in einem bereits geklärten oder gar im klaren Zustand abgefüllten Most oder Wein noch enthalten, dann besteht eine Bereitschaft oder Neigung zur nachträglichen Wiedereintrübung. Da die Qualität und der Handelswert dadurch leiden und Beanstandungen zu erwarten sind, werden vorbeugend Behandlungen durchgeführt, die die Trübungsbereitschaft beseitigen. Dazu gehören physikalische Verfahren

(Wärme- und/oder Kältebehandlung) oder chemische Methoden, wodurch die zur Trübung neigenden Stoffe ausgefällt, adsorbiert oder sonst entfernt werden (→ Stabilisierung des Weines). Da die Eintrübung auch durch nachträgliche Hefevermehrung einsetzen kann, müssen Weine mit unvergorenem Zucker steril (keimfrei) abgefüllt werden.
Zur Erkennung der Trübungsbereitschaft sind spezielle Testmethoden entwickelt worden, die eine gezielte Behandlung mit den oben erwähnten Methoden eröffnet haben (→ Bentotest, → Cuvitest, → Fehler des Weines, → Oenotest, → Wärmetest).

Trübungen, Nachweis. Um die Trübungsursache feststellen zu können bedarf es der Identifizierung, des sog. „Nachweises". In der Praxis sind in Flaschenwein die Mengen an Trubpartikeln oder Mikroorganismen gering, sodass die Methoden der Isolierung, Trennung vom Wein, Durchführung der Nachweisverfahren meist aufwändig sind. Dies mag man daran erkennen, dass ein einschlägiges Fachbuchkapitel zu diesem Thema alleine ca. 25 Seiten umfasst (s. Literaturverzeichnis im Anhang). Als Verfahren kommen biologische Untersuchungsmethoden (Nachweis von Mikroorganismen) oder chemischen Methoden in Frage. Die sichere Identifizierung wird nicht selten dadurch erschwert, dass mehrere und unterschiedliche Trübungsarten gemeinsam auftreten können, deren Bedeutung im Einzelnen nicht abzuschätzen ist, da eine Quantifizierung der an der Trübung beteiligten Partner technisch nicht möglich ist.

Trypsin ist ein eiweißabbauendes → Enzym (→ Proteasen).

Typage sind Auszüge von Eichenholzspänen, Pflaumen oder Nüssen, die man mit Weinalkohol herstellt und zur Typisierung von Weinbrand zusetzen kann.

Typenweine werden durch Verschnitt in großen Mengen hergestellt, um ausreichende Mengen eines gleichartig schmeckenden Weines zu erhalten und bis zu einem gewissen Grad von dem jeweiligen Jahrgang unabhängig zu sein. Bei der Herstellung von → Markenweinen, Jubiläumsweinen usw. macht man davon Gebrauch, ebenso bei der Schaumweinbereitung zur Gewinnung eines gleichartigen Grundweines (→ Cuvée)
Der Begriff des „Typenweines" ist vielfach in Beziehung gebracht worden zu Herkünften, oft verbunden mit → Siegeln" oder → Gütezeichen. Konkreter wird man dann, wenn die ersichtliche Herkunft eines „Typenweines" an typischen → Rebsorten, → Beschaffenheitsmerkmalen oder anderen Charakteristika gebunden ist. Im einzelnen versucht man dann, durch sensorische Einstufungen den „Typ" sicherzustellen. Weil man weitere Einflüsse auf den Typ durch die Ausprägung des jeweiligen Jahrganges oder Streuungen im weinbaulichen und önologischen Verfahren nicht eliminieren kann, sind die Aussagen zum Typ des so gekennzeichneten Weines deshalb immer eingeschränkt. Typenweine sind oft eher Markenweine, die wie „Blue Nun" im angelsächsischen Raum die „Liebfrauenmilch" ergänzt. Wein ist als landwirtschaftliches Produkt kaum zu normieren. Interessante Entwicklungen arbeiten mit der Einbindung der → Profilanalyse.

Tyrosin ist eine → Aminosäure, die auch im Most und Wein nachgewiesen wurde. Die Menge steigt durch → Autolyse der Hefe an.

Tyrosinase ist ein → Enzym der Gruppe → Polyphenoloxidasen, welches vorwiegend in unreifem Lesegut vorkommt. Im Gegensatz zur → Laccase, die in reifem (faulem) Lesegut vorkommt, ist T. leicht zu inaktivieren

U

Überhefen. Zusatz von in eigenem Betrieb gewonnener → Kernhefe zu Wein, überwiegend mit dem Ziel einer Auffrischung (→ Auffrischen der Weine). Da die durch Abstich gewonnene Hefe noch Wein enthält, ist die zur Schönung zulässige Menge auf 5 % beschränkt (→ Weinbereitung, zugelassenen Stoffe).

Übersättigung ist ein Zustand in Lösungen, bei dem mehr an Substanz gelöst ist, als es der Löslichkeit dieser entspricht. Dieser übersättigte Zustand tritt bei → Weinstein, → Calciumtartrat, → Calciummucat etc. häufig und deshalb unangenehm auf, weil solche Weine eventuell nachträglich → Kristalltrübungen auf der Flasche ausscheiden. Der Zustand der Übersättigung wird durch → Kolloide stabilisiert (→ Polyphenole, → Eiweiß). Durch Zusatz von Kolloiden wie → Gummi arabicum, versucht man diesen Zustand in manchen Weinbauländern bewusst zu stabilisieren. Weinstein lässt sich durch → Metaweinsäure oder → CMC im übersättigten Zustand halten, das heißt stabilisieren.

Überschäumen bei der Gärung. Man belässt einen → „Steigraum" von (normal) 5–10 %. Die Schaumbildung kann variieren. Die wirkungsstärkste Maßnahme ist der Zusatz von Diglyceriden der Ölsäure (Oleic acid), der vom OIV toleriert wird. In den USA sind dazu Polysiloxana erlaubt.

Überschönung tritt ein, wenn ein zugesetztes, lösliches Schönungsmittel nicht mehr vollständig ausgeschieden wird. Bei unlöslichen Schönungsmitteln wie → Bentonit ist dieser Fall nicht denkbar. Bei Ü. durch Gelatine oder Eiweiß lässt sich dieser Zustand durch Schönung mit Bentonit aufheben.
Überschönungen durch Zusatz übermäßiger Mengen an → Kaliumhexacyanoferrat (II) dürfen durch „Korrekturbehandlungen" nicht aufgehoben werden (Verbot der → Rückverbesserung), da ein überschönter Wein toxische → Blausäure enthalten kann. Bei der genannten Überschönung bestünde allerdings kaum Gefahr für den Konsumenten, da sich überschönte Weine grünblau eintrüben und dadurch nicht trinkbar erscheinen.
Aus Sicherheitsgründen ist vorgeschrieben, dass die Voruntersuchungen zur Ermittlung des notwendigen Schönungsmittelzusatzes bei der Blauschönung durch sachverständige Önologen durchgeführt werden müssen (→ Blauschönung, Durchführung, → Verkehrsfähigkeit).

Überschwallen. Die frühere Methode der „Remontage" war die klassische Methode, um den Maischehut in die Gärflüssigkeit zu tauchen. Teils hat man dies sogar in offenen „Ständern" (→ Bütten) durchgeführt. Heute ist die geschlossene Gärung im Tank die Methode der Wahl, oft in Kombination von Überschwallen, Rundpumpen, → Maischegärverfahren, Technik (→ Abb. 19 a, b, c im Anhang).

Überschwefelung ist zu beanstanden, wenn Weine in Verkehr gebracht oder feilgehalten werden, die die gesetzlich zulässigen Gehalte an freier und (oder) gesamter → schwefliger Säure überschritten haben. Im Allgemeinen wird diese Feststellung bereits durch die sogenannte QbA-Analyse getroffen, so dass dort eine Zurückweisung durch die Behörde erfolgt (→ schweflige Säure, zulässiger Gehalt). Die Überschwefelung ist jedoch nicht vom Verbot der → Rückverbesserung betroffen, das heißt es darf ein → Verschnitt durchgeführt werden, um die zu hohen Gehalte herabzusetzen (→ Verkehrsfähigkeit).

Überstreckung liegt vor, wenn Wasser mit Vorbedacht zugesetzt wird. Ein gezielter Wasserzusatz durfte nur im Rahmen der früher zugelassenen Nassverbesserung (→ Anreicherung) erfolgen; heute ist dies nur in den technisch unvermeidbaren Mengen toleriert, die beim Zusatz von → Schönungsmitteln eingebracht werden. Auch das Haftwasser bei der Reinigung von Behältern und Flaschen ist technisch unvermeidbar.
Eine unzulässige Manipulation wirkt sich durch Abnahme des → zuckerfreien Extraktgehaltes und anderer Kennzahlen aus. Dabei sind Nachweis-Methoden am zuverlässigsten, die das → Stabil-Isotopen-Verhältnis von ^{16}O zu ^{18}O bewerten.
Überstreckte Erzeugnisse dürfen nicht mehr rückverbessert werden (→ Rückverbesserung). Das Vergehen wird geahndet.

Überzuckerung liegt vor, wenn die gesetzten Grenzwerte für den Gesamtalkoholgehalt angereicherter Weine bzw. die Anreicherungsquote (→ Anreicherung, gesetzliche Regelungen) überschritten wurden. Durch die Anreicherungsquoten sind in etwa auch die zulässigen Zuckermengen fixiert, die zugesetzt werden dürfen. Eine → Rückverbesserung ist nicht gestattet. Die Voraussetzungen für die Ausnahmen vom Verkehrsverbot sollen vom BMELV durch neue Rechtsverordnungen geregelt werden. Solange ist die Rechtslage unsicher (→ Verkehrsfähigkeit).

Ultrarote Strahlen → Infrarote Strahlen.

Ultrafiltration ist ein Verfahren, welches mit → Membranen arbeitet, die Moleküle mit einer Molmasse über 10000 abtrennen können (→ Kolloide, → Eiweiß). Damit sollte eine erhöhte Stabilität der Weine erreicht werden. Als Nebenwirkungen zeigten sich jedoch erhebliche Qualitätsverluste gegenüber den üblichen Stabilisierungsverfahren. Ferner reichten die versuchsweise eingesetzten Verfahren nicht zur sicheren Stabilisierung aus. Höhere Ausschlussgrenzen haben die Membrane, die in der Crossflow-Technik (→ Crossflow-Filtration) eingesetzt werden. Die im Unterschied dazu als → Mikrofiltration bezeichneten Verfahren haben die genannten Nachteile der Ultrafiltration nicht.

Ultraschall ist ein für Menschen unhörbarer Schall, der sich als Wellenvorgang durch Materie ausbreitet. Ultraschall kann durch Luft oder Flüssigkeiten oder Feststoffe weitergeleitet werden. Dabei werden Schwingungen ausgelöst, die z. B. die Reinigungswirkung von Reinigungslauge erhöhen. Ultraschallgeber können in Flaschenreinigungsmaschinen mit Erfolg zum Reinigen stark verschmutzter Flaschen eingesetzt werden.
Ultraschall wurde zur Alterung von Weinbränden empfohlen und zur → Stabilisierung von Wein eingesetzt (Weinsteinausscheidung). Die Verfahrenskosten sind sehr hoch, die Ergebnisse waren im Falle der Weinsteinstabilisierung unzureichend.

Ultraviolette Strahlen (UV) sind kurzwellige Strahlen, die sehr energiereich sind. Als solche können sie Keime abtöten und werden z. B. zur Desinfektion von Luft (in Räumen) angewendet. Die Strahlen werden in Quarzbrennern erzeugt (Sterisol-Lampen). Für die Sterilisation von Abfüllräumen ist das Verfahren ungeeignet, da das Personal dauernd Augenschutz tragen müsste.

Umesterungen führen zur Veränderung der → Ester, indem entweder der an der Esterbildung beteiligte Alkoholpartner oder der Säurepartner substituiert (ersetzt) wird. Bei diesem Austausch ändern sich die chemische Struktur und damit auch die Eigenschaften. Auswirkungen hat dieser Vorgang insbesondere bei den Aroma-Veränderungen beim → Altern des Weines. Es bilden sich z. B. Es-

ter der Weinsäure etc., die ein anderes Aroma-Profil im Wein hervorrufen.
Die Art und der Umfang der Umesterungen sind unter anderem vom Säuregehalt, der Lagertemperatur und der Lagerzeit abhängig. Grundsätzlich führt eine gezügelte Gärung (→ Gärung, gezügelte) bei tiefer Temperatur zu einem erhöhten primären Gesamtestergehalt, der sich bei der. anschliessenden Flaschenlagerung über mehrere Jahre um mehr als 50 % erhöhen kann (→ Altern der Weine -chemisch gesehen, → Essigester).

Umfüllen von Wein. Bei der Lagerung von Wein treten Veränderungen ein, die ein Umfüllen nützlich erscheinen lassen. Die Haltbarkeit der → Korken ist beschränkt und kann insbesondere durch die → Korkenmotten bald in Frage gestellt sein. Aber auch bei funktionsfähigen → Korkstopfen wird nach mehr als zehn Jahren eine Neuverkorkung nützlich sein, wenn es sich um langlebige → Spitzengewächse handelt. Ein Hinweis auf die Notwendigkeit des Umfüllens erkennt man daran, dass der Leerraum unterhalb des Korkspiegels deutlich mehr als 2 bis 3 cm ausmacht. Es ist dies ein Hinweis auf Schwund und darauf, dass der Korken nicht mehr richtg dichtet. Ein anderer Grund für das Umfüllen könnte die Bildung einer → Eintrübung sein, deren Beseitigung meist aufwändiger ist, weil man zusätzlich filtrieren muss. Folgende Arbeitsweise erscheint zweckmäßig, doch ist diese fallweise an die Situation anzupassen:

1. Gefüllte Flaschen vor dem Öffnen mit einer Flamme „flambieren“ (Lötflamme eines Kartuschen-Propangasbrenners) oder mit Spiritus desinfizieren, damit dadurch → Hefen oder → Schimmelpilze auf dem Korken und am Flaschenrand abgetötet werden.
2. Aufziehen der Flaschen und in ein sauberes Glasgefäß entleeren.
3. Zusatz von → schwefliger Säure, die bei der Lagerung abgebaut wurde. Korrekterweise ergibt sich das → Einschwefeln nach einer Bestimmung der noch vorhandenen freien schwefligen Säure. Angenähert genügt es, 150 mg/l → Kaliumdisulfit zuzusetzen.
4. Bei allen Maßnahmen möglichst wenig Sauerstoff hinzutreten lassen (vorsichtig mischen).
5. Vorher gut gereinigte Weinflaschen mit 2 %iger wässriger SO_2-Lösung ausschwenken und mindestens zwölf Stunden austropfen lassen (→ Sterilisieren der Flaschen) oder Neuglas verwenden.
6. Korken (lange, 24 mm starke Korken in 0,5 %iger SO_2-Lösung steril machen oder Sterilkorken verwenden.
7. Wein vorsichtig (spritzvoll) einfüllen und neu verkorken.

Im Allgemeinen wird bei dieser Arbeitsweise kein → Konservierungsmittel wie → Sorbinsäure zugesetzt werden müssen. Waren die Weine ursprünglich trüb, könnte eine biologische → Trübung vorliegen, wozu der Zusatz von 250 mg/l → Kaliumsorbat zusammen mit SO_2 (Punkt 3), empfehlenswert wäre.

Umkehrosmose ist ein modernes Verfahren, welches in Kalifornien zur Konzentrierung von Zitrusfruchtsäften entwickelt wurde. Die Tendenz gelöster Stoffe, sich verdünnen zu wollen (Osmose) wird hier unter Aufwendung eines Gegendrucks „umgekehrt“, das heißt zwei durch eine → Membran getrennte Flüssigkeiten (Fruchtsaft und Wasser, wovon der Fruchtsaft unter Druck steht), „entmischen“ sich unter Entzug von Wasser aus dem Fruchtsaft, so dass sich dieser konzentriert (Retentat → Abb. 2 im Anhang).
In der Kellerwirtschaft spielt das Verfahren eine begrenzte Rolle bei der Entalkoholisierung von Wein (→ entalkoholisierter Wein, Technik) und zur Konzentrierung von Trau-

benmost. Die Verfahrensbedingungen bei der Anreicherungen durch U. betreffen den Pumpendruck (70 Bar) und entsprechende Trenngrenzen der Membran (60 Dalton). Wie bei anderen Konzentrierungsverfahren erzielt man (durch Verminderung des Wasseranteiles) eine Reduzierung der erzeugten Weinmenge, während die traditionelle Anreicherung durch Saccharose einer Mengenvermehrung gleichkommt. Eine vergleichende Betrachtung dieser und anderer Anreicherungsverfahren muss, neben ökonomischen und marktpolitischen Erwägungen, auch den qualitätsbezogenen Aspekt einbeziehen (→ RTK, → Saccharose, → Vakuumverdampfer).

Umleitkammern findet man in Filtrationsgeräten, die es gestatten, durch Anwendung verschiedener → Schichtenfilter eine Vor- und Feinfiltration fortlaufend, das heißt in einem Gerät auszuführen. Die Systeme, die vorwiegend für kleinere und mittlere Betriebe gedacht waren, sind längst nicht mehr zeitgemäß.

Umpumpen. Rundpumpen oder Umpumpen eines Behälterinhaltes ist zum Zwecke der Durchmischung bei größeren Behältern üblich. Einlauf und Auslauf sollen sich im Behälter diametral gegenüberliegen, damit der beste Mischungseffekt ereicht wird. Als flankierende Maßnahme ist gleichzeitig ein Rührgerät zur Verhinderung der Depotbildung beim Einmischen von Schönungsmitteln etc. einzusetzen. Die Wirkung des Umpumpens zur Einmischung wird meist überschätzt. Zweckmäßig ist der Zusatz des einzumischenden Materials in den fließenden Strom mit Hilfe eines → Dosiergerätes.

Umschlagen der Weine. Fallweise werden unterschiedslos jede Art von → Eintrübungen in Flaschenweinen als Umschlagen bezeichnet. Korrekt bezeichnet wird damit aber eine seltene Trübung, die durch → Bakterien hervorgerufen wird und die in Frankreich als „Tourne“ bezeichnet wird. Es handelt sich um die Zersetzung von → Weinsäure und → Glycerin, wodurch der Gehalt an → Flüchtigen Säuren und → Milchsäure merklich ansteigt. Der Begriff ist sehr unpräzise und sollte weder in der Fachsprache noch in der allgemeinen → Weinansprache benutzt werden.

Umschlagspunkt → Äquivalenzpunkt.

Unami ist ein sensorisch empfundener Geschmackseindruck, der auf spezifische → Sensoren im Mundbereich zurückgeführt wird. In der Summe wird der Effekt in vielen Lebensmitteln durch Zusatz von Natriumglutamat erreicht, woraus eine „Geschmacksverstärkung“ eintritt. Welche Stoffe im Wein eben diesen Effekt auslösen können, ist noch nicht hinreichend bekannt (→ Sensorik)

Unfiltriert. Fallweise verzichtet man auf die ansonsten übliche „Feinfiltration“ vor der Abfüllung. Man verspricht sich davon ein ausgeprägteres „Mundgefühl“ beim Verkosten der Weine. Es ist strittig, ob man dies auf den höheren Gehalt an → Kolloiden zurückführen kann, wobei es sich nur um feine Geschmacksunterschiede handeln kann. Voraussetzung sind folgende Punkte:
Die Weine sollten absolut „trocken“, das heißt ohne → Restsüße sein und durch längeren Ausbau „natürlich“ → stabilisiert sein. Der → biologische Säureabbau bringt hier Probleme.
Eine Trübung des Weines darf nicht erkennbar sein. Falls jedoch eine Trübung im Nachhinein erfolgt, muss der Konsument die Weine → dekantieren.
Fazit: ein relativ geringes Risiko besteht dann, wenn der Wein absolut durchgegoren ist und keinen → Biologischen Säureabbau gemacht hat.

Untertauchprinzip. Mechanische Konstruktion eines → Gärbehälters für → Rotweinbereitung, ausgerüstet mit „Paddeln“, die den → Tresterhut brechen (untertauchen). Vorteil: Gute Funktion. Nachteil: Schwierig zu entleeren.

Untypischer Alterston (UTA) gilt als Begriff für einen Weinfehler, der vorwiegend in trocken-reifen Jahrgängen, etwa ab 1990, bei neutralen Sortenweinen vorgekommen ist. Eine konkrete, allgemein auch zutreffende Beschreibung des Fehltones stößt auf Schwierigkeiten, vermutlich deshalb weil neben 2-Acetophenon noch andere Stoffe am sensorischen Eindruck mitwirken. Mit einem ähnlichen sensorischen Geschmacksprofil beschreibt man den „Foxton“, der bei amerikanischen → Hybriden auftrat. Die → Precursoren (Vorstufen) der späteren „UTA“-Bildung sind bereits im Traubengut gebildet (Trockenstress der Rebe unreifes Lesegut, hohe Erträge).
2-Aminoacetophenon ist in allen Weinen in geringen, sensorisch nicht auffallenden Mengen enthalten (meist unter 0,2 µg/l). Die sensorischen Schwellenwerte im Wein liegen in Abhängigkeit von der Matrix etwa bei 1,2 µg/l (→ Alterston, untypischer).

Unvergorener Zucker kann nur → Zucker sein, der im Prinzip durch → Hefe vergoren wird. *Saccharomyces cerevisiae* (Weinhefe) kann allerdings nicht alle Zuckerarten vergären, die man zur Gruppe der Zucker rechnet. So sind z. B. von Hefen nur → Hexosen (→ Fructose, → Glucose) vergärbar, da hier ein enzymatischer Abbau-Mechanismus vorhanden ist. Andere Hexosen sind im Traubenmost nicht vorhanden, lediglich → Pentosen (hauptsächlich Arabinose) in geringen Mengen, werden aber nicht abgebaut. Chemisch betrachtet gehören Pentosen zu den (reduzierenden) Zuckern, werden aber nicht dazu, sondern zu den Nichtzuckerstoffen (→ zuckerfreier Extrakt) gezählt.
Auch bei einem geringen Gehalt an unvergorenem Zucker besteht eine latente Gefahr der Nachgärung (→ Nachtrübungen). Unvergorenen Zucker im Bereich von 0–10 g/l kann auch ein relativ ungeübter Praktiker hinreichend genau mittels → Clinitest bestimmen (→ Zuckerbestimmung).

V

Vakuum-Destillation nennt man eine Destillation unter vermindertem Druck. Es wird dabei der Siedepunkt der Flüssigkeit herabgesetzt. Sie dient der Reinigung von Flüssigkeiten und wird in der Önologie zur Herstellung von entalkoholisiertem → Wein eingesetzt.

Vakuumdrehfilter (→ Drehfilter) (→ Abb. 5 im Anhang).

Vakuumfüller (besser Unterdruckfüller) haben sich bei der Abfüllung von Wein und anderen alkoholischen Flüssigkeiten bewährt. Die Bezeichnung erläutert, dass beim Abfüllvorgang die Flasche unter Unterdruck steht, so dass Wein einströmt. Beim Abnehmen der Flasche steigt der Wein aus dem Füllrohr zurück in den Füllkessel, weshalb die → Füllventile kaum nachtropfen. Ein weiterer Vorteil ist der einfache, robuste Aufbau der Füllventile. Der Unterdruck wird in der Regel durch einen Exhaustor erzeugt, der einen Differenzdruck zwischen Flasche und Füllkammer aufbaut. Bei Weißweinen gibt es noch Vorbehalte, da der Kohlensäureverlust merklich sein kann. Die Ausspülung der Flaschen mit Kohlensäure vor der Abfüllung kann diesen Mangel beheben (→ Füller, → Füllmaschinen → Abb. 9 im Anhang).

Vakuumverdampfer sind Geräte, die bei Unterdruck (Vakuum) eine Flüssigkeit zum Verdampfen bringen. Der Vakuumverdampfer bietet den Vorteil, dass die Verdampfung rascher und schonender erfolgen kann. In der Technik der Herstellung von → Konzentraten (Apfelsaft- oder Traubensaftkonzentrat) macht man davon Gebrauch. Es gibt mehrere Systeme; die bekanntesten sind der Fallstrom- und der Dünnschichtverdampfer (→ Abb. 25 im Anhang).

Valeriansäure (Methylbutansäure) ist in Spuren (0,1–1,6 ppm) im Wein als ein Bestandteil der → Bukettstoffe nachgewiesen worden.

Vanillin (4-Hydroxy-3-methoxy-benzaldehyd) zählt zu den flüchtigen Phenolen mit eigengeprägtem „Vanille-Geruch". Vanillin wurde in Traubenkernen nachgewiesen, bildet sich aber überwiegend beim Barriqueausbau (je nach Art des verwendeten Fassholzes). Die Geruchsschwelle liegt bei etwa 1 mg/l.

VDP – Verein Deutscher Prädikatsweingüter. Dies ist eine Vereinigung, der derzeit über 200 Winzer angehören. Der Verein wurde durch (1908) 22 Weingutsbesitzer in der damaligen „Rheinpfalz" gegründet und unter dem Namen „Verband Deutscher Naturweinversteigerer" als Bundesverband etabliert. Nach einer durch das „Dritte Reich" unterbundenen Entwicklung, wurde ab 1949 wieder unter alten Bedingungen weitergearbeitet, bis 1971 (aus nicht immer nachvollziehbaren Gründen – Bemerkung des Autors) der Begriff „Naturwein" verboten wurde. Eine tiefgreifende Veränderung erfolgte 1998. Zu diesem Zeitpunkt führte der VDP-Pfalz eine Klassifizierungsrichtlinie ein, die dem → „Terroir"-Gedanken unterworfen ist. Die Klassifizierung der Weine drückt sich in Begriffen wie „Erste Lage", „Großes Gewächs" oder – zur Basis der Qualitätsweine hinführend – in weiteren Einstufungen von klassifizierten Herkünften wie „Ortslagen" und „Gutsweine" aus. Sichtbare Zeichen sind u. A. der sog. „Traubenadler" auf der Flaschenausstattung. Weitere Hinweise unter www. vdp. de.

Velcorin® (E242) ist zur Kaltentkeimung, für die Abfüllung von nichtalkoholischen Fruchtsaftgetränken, aber auch für die Abfüllung von alkoholfreiem Wein gestattet. Das Produkt ist verwandt mit dem Diethyldicarbonat, welches unter dem damals geläufigeren Begriff → Pyrokohlensäurediäthylester auch für die Weinabfüllung zulässig war. Wegen der Bildung eines karzinombildenden Begleitstoffes ist die Diäthylverbindung nicht mehr zur Weinbehandlung zugelassen. Velcorin (→ Dimethyldicarbonat) zerfällt in Methylalkohol (Methanol) und CO_2. Für die Abfüllung von Wein ist DMDC in der VO (EG)1622/2000 zugelassen. Die dabei entstehenden Mengen an Methanol sind unbedenklich. Zu beachten ist eine vorhergehende starke Reduktion von Hefen und (insbesondere) Bakterien, etwa durch gleichzeitige „Heißfüllung" oder SO_2. Da die Substanz rasch abgebaut wird, pflegt man solche Stoffe auch als „Verschwindestoffe" zu bezeichnen.

Veltliner ist eine in mehreren Spielarten (früher roter) in Deutschland zwar klassifizierte, besonders aber in Österreich weit verbreitete Rebsorte (über 20000 ha) wo sie vor allem in Niederösterreich die Hauptsorte ist („Grüner Veltliner"). Der Veltliner liefert bei reichen Erträgen angenehm rassig-fruchtige Weine mit ausgeprägtem Sortenbukett, das als „pfeffrig" charakterisiert wird.

Verbesserung (→ Anreicherung).

Verbesserungstabellen. Um die Berechnung der bei der → Anreicherung benötigten Zucker-Zusätze erleichtern, wurden Tabellen berechnet (→ Tab.1 und 3 im Anhang).

Verbotene Zusatzstoffe. Stoffe dürfen nur insoweit zugesetzt werden, als diese ausdrücklich erlaubt sind (Verbotsprinzip). Das Verbotsprinzip hat den Vorteil, dass nur solche Stoffzusätze legalisiert werden, die hinreichend geprüft sind. Dabei lässt sich die Reinheit und die Form und Art der Anwendung vorschreiben, das heißt z. B. auch eine zeitliche oder mengenmäßige Begrenzung aussprechen. Für die der EU angeschlossenen Länder gelten die im Anhang VI der VO (EWG) 822/87 festgelegten önologischen Verfahren (→ Weinbereitung, zugelassene Stoffe), die fortlaufend modifiziert d. h ergänzt und durch Expertenkommissionen beurteilt werden.
Separat geregelt ist die → Anreicherung, Säuerung und Entsäuerung, die eine besonders weitgehende Form der Weinbehandlung darstellen. Im Allgemeinen verfahren alle Weinbauländer außerhalb der EG ähnlich, indem ein (nationaler) Katalog zulässiger Zusatzstoffe aufgestellt wird. Dabei sind solche Zusatzstoffe die in „Drittländern" zwar gebräuchlich, für EG-Weine jedoch nicht zugelassen sind. Trotzdem toleriert die EG-Behörde diese Zusatzstoffe bei Weinimporten in die EG-Mitgliedstaaten im Rahmen gegenseitiger Vereinbarungen.
Technisch unvermeidbare Übergänge von geringen Stoffmengen aus Behältermaterialien, Schläuchen usw. gelten nicht als Zusätze und sind deshalb auch ausgenommen. Grundsätze des allgemeinen Lebensmittelrechtes sind aber zu beachten („lebensmittelecht" bei Kunststoffgegenständen etc.).

Verdunstungsschwund → Schwund.

Vergärung → Gärung.

Vergärungsgrad. Bei restloser → Vergärung des ursprünglich verfügbaren Zuckers ist die Vergärung zu 100 % eingetreten, die Weine sind ohne „Restzucker". Ist die Vergärung nur teilweise erfolgt, so bleibt Restzucker unvergoren. Begriffe wie → „durchgegoren" sind immer dann nicht eindeutig, wenn Spitzenweine vorliegen, die oft noch Restzucker enthalten. Deshalb ist der Begriff als „Beschaffenheitsangabe" nicht zugelassen worden.

Der Anteil des vergorenen Zuckers am ursprünglichen Gesamtzucker ist der Vergärungsgrad. Manche Regelungen des Weingesetzes reglementierten den Vergärungsgrad. Im Prinzip erzwingt die Regelung bei den Beschaffenheitsangaben → trocken, → halbtrocken, → süß etc. den Vergärungsgrad des Zuckers. Die ursprüngliche Einschränkung des Alkohol:Zucker-Verhältnisses ist inzwischen als limitierenden Faktor der → Restsüße aufgehoben.

Verjus. Der Begriff ist dem französischen entlehnt und bedeutet „Saft aus unreifen Trauben". Das Produkt selbst wurde dort seit langem in der regionalen Küche vorwiegend in Südwestfrankreich verwendet und dient als „Würzmittel". In Deutschland soll das Produkt auch als „Agrest" in der bodenständigen Küche verwendet worden sein.
Die unreifen Trauben werden bei Mostgewichten zwischen 20 und 30 °Oe geerntet, ein Bereich in welchem der Säuregehalt in etwa dem Zuckergehalt entspricht (bis zu 35 g/lTitrierbare Säure, → Reife der Trauben). Man erzielt dabei eine Saftausbeute bis zu ca. 50 %. Geschmacklich dominiert der Säure- und der Gerbstoffgehalt den Zuckergehalt. Falls bei der → Vorlese, die auch als „Grünlese" bezeichnet wird, solche unreifen Trauben anfallen, dann enthalten diese vielfach noch → Pflanzenschutzmittel-Rückstände. Deshalb muss zur Gewinnung von Verjus eine Rebsorte, die „unbehandelt" ist, herangezogen werden. Dazu eignen sich vornehmlich die Trauben von interspezifischen Kreuzungen (wie → Regent) oder Tafeltrauben. Das Produkt unterliegt dem Lebensmittelrecht.

Verkehrsfähigkeit ist die Feststellung, dass ein Produkt (Getränk, Wein) als solches in Verkehr gebracht werden darf. Unter Inverkehrbringen versteht man auch die unentgeltliche Abgabe außer der Verwendung für den Hausgebrauch. Nicht mehr verkehrsfähig sind Weine, die eine unzulässige Behandlung erfahren haben. Dabei ist es nicht erforderlich, dass sich das Produkt in der Beschaffenheit verändert hat, sondern es genügt, dass z. B. die Behandlungsfristen (→ Anreicherung, → Entsäuerung) nicht eingehalten wurden. Ist durch unzulässige Behandlung oder durch spontane Prozesse Verdorbenheit eingetreten, so bedeutet dies Verkehrsunfähigkeit.
Die Verkehrsunfähigkeit kann fallweise beseitigt werden. Ein überschwefelter Wein ist als solcher verkehrsunfähig, darf aber durch Rückverschnitt mit einem anderen Produkt korrigiert und verkehrsfähig gemacht werden (→ Rückverbesserung). Diese ist aber in manchen Fällen nicht erlaubt (→ Überschönung, → Überzuckerung) oder nur unter Auflagen und Aufsicht geduldet. Die Entscheidung darüber liegt bei der obersten Landesbehörde, die nach § 54 WG, 2001 vorgehen und Auflagen erteilen kann.

Verkorkmaschinen → Korkmaschinen.

Verkostung nennt man die Beurteilung von Wein durch „Sinnenprüfung". Im Allgemeinen legt man hierbei nicht streng wissenschaftliche Maßstäbe an, wie dies bei der → Sensorik erforderlich ist, die mit einem Team von Prüfern unter geeigneten Bedingungen abläuft. Insbesondere bei der → Betriebskontrolle und der Qualitätseinstufung, bei der es auf die Erkennung von → Fehlern und → Krankheiten ankommt, werden erfahrene Verkoster benötigt (→ Betriebsüberwachung, → Verteilungskoeffizient, → Weinbewertung).

Vermouth ist ein ausländischer Wermutwein. Vermouth di Torino ist eine nur in Turin (Italien) hergestelltem → Wermutwein vorbehaltene Bezeichnung. Die Weinkategorie fällt in die Gruppe der → weinhaltigen Getränke.

Vernatsch ist eine in Südtirol angebaute Keltertraube. Sie liefert Rotweine und findet sich in mehreren Spielarten. Der Großvernatsch ist mit dem blauen → Trollinger identisch.

Versanddosage ist eine beim Schaumwein übliche Methode (traditionell auch „Likör" genannt) um mittels einer Lösung von Zucker in Wein dem → Schaumwein die gewollte „Restsüße" und geschmackliche Abrundung zu geben. Die Zusätze im „Likör" dürfen aus → Saccharose, → Traubenmost, → Traubenmost, rektifiziertes (RTK) oder Wein bestehen, wobei gegebenenfalls auch Weindestillat zugesetzt wurde.

Verschlagen schmecken Weine nach dem → Ablassen, nach einer → Filtration oder → Schönung. Dies trifft generell für alle Eingriffe in den Wein (pumpen) zu. Auch kurz nach der Abfüllung auf Flaschen probieren sich die Weine meist verschlagen, weshalb man eine → Verkostung erst nach vier bis sechs Wochen ruhiger Lagerung vornehmen sollte, wenn eine irgendwie geartete Behandlung vorausgegangen ist (→ Flaschenkrankheit). Bedenken, dass sich der Transport der Flaschenweine ebenso deutlich auf die sensorische Qualität auswirken können, sind gegenstandslos. Zwar wird immer wieder kolportiert, dass „mitgebrachte" Weine zu Hause nicht so schmecken wie beim Erzeuger bzw. vor Ort, dies ist jedoch überwiegend psychologischen Einflüssen (Urlaubsfreude) bzw. dem Ambiente oder den veränderten Essgewohnheiten zuzuschreiben.

Verschlüsse → Flaschenverschlüsse.

Verschnitt. Darunter versteht man das sachgemäße Vermischen verschiedener Weine, das bei richtiger Anwendung zu einer erheblichen Qualitätssteigerung beitragen kann, wenn sich die verschiedenen Anteile in ihrer Art und Zusammensetzung vorteilhaft ergänzen. So lässt sich z. B. ein zu hoher Säuregehalt erheblich durch Mischung mit einem säurearmen Wein mildern oder ein farbschwacher Rotwein mit → „Deckrotwein" in der Farbe verstärken. Der Verschnitt erfordert große Erfahrungen mit den Eigenschaften der verschiedenen Weine, aber auch mit der Geschmacksrichtung der Verbraucher. Mancher kleinere Fehler eines Weines lässt sich durch einen Verschnitt völlig beseitigen. Große Bedeutung kommt dem Verschnitt bei der Schaumweinbereitung zu zur Erzielung einer großen Menge gleichartigen → Cuvées, das auf längere Zeit die Herstellung einer gleichartigen Marke ermöglicht und mehr oder weniger von den Eigenarten des Jahrgangs unabhängig macht.
Weitverbreitetes Verschneiden ist die in Frankreich als „assemblage" bezeichnete Technik, bei der Weine aus verschiedenen Rebsorten frühzeitig vor dem → Ausbau gezielt zusammengelegt werden, damit diese sich dann „verheiraten".
Die feinen Unterschiede der Weine aus dem Bordeaux-Weinanbaugebiet werden so durch unterschiedliche Anteile von → Cabernet sauvignon, → Cabernet franc und → Merlot geprägt. Naturgemäß variieren demgemäß bereits die Rebsortenanteile in den Weinbergen der Chateaus. Ähnliches praktiziert man in Italien beim Chianti etc.
Andere Praktiken des gezielten Verschneidens findet man bei → Rotling, → Schillerwein, → badisch Rotgold etc.; in diesen Fällen erfolgt der Verschnitt bereits im Trauben-, Maische- oder Mostzustand.
Dagegen wäre die → Rückverbesserung ein in manchen Fällen unzulässiger Verschnitt. Der Verschnitt eines verdorbenen oder nicht verkehrsfähigen Weines führt zu einem Ver-

kehrsverbot für die gesamte Weinmenge (→ Verschnitt, gesetzliche Bestimmungen).

Nicht zuletzt verändert ein Verschnitt immer die Zusammensetzung der Weine, verbunden mit größeren Veränderungen im pH-Wert oder Alkoholgehalt. Weine, die beispielsweise nicht „eiweißstabil" sind, können nachträglich eintrüben. Ein Fakt, der ohnehin bei kurzfristger „Dosage" von → „Süßreserve" im Flaschenwein Probleme bringen kann. Die vollständige Ausschönung mit Bentonit unter Anwendung der BENTOTEST-Methode ist zu empfehlen.

Verschnitt, Berechnung. Ein Verschnitt erfolgt im Allgemeinen auf Grund eines Vorversuches mit → Verkostung, indem man verschiedene Verschnittverhältnisse ausprobiert. Für den dazu notwendigen Vorversuch im Kleinen haben sich mit Glasstöpsel gut verschließbare Messzylinder bestens bewährt, in denen man die einzelnen Anteile leicht genau abmessen und entsprechend variieren kann. Sollen zwei Weine nur auf einen bestimmten Alkohol- und Säuregehalt eingestellt werden, kann man das Mischungsverhältnis auch durch Rechnung ermitteln. Man bedient sich dabei am einfachsten des „Verschnittkreuzes" (→ Tab. 16 im Anhang).
Das Mischverhältnis sei z. B. 1,6 zu 3,0, das heißt von dem säurereicheren Wein sind 16 Teile mit 30 Teilen des säureärmeren zu vermischen.
Meistens geht man in diesen Fällen rein empirisch vor und verlässt sich hauptsächlich auf die → Zungenprobe, die man durch eine chemische Untersuchung untermauern kann. Man wird dann mehrere Verschnitte im Kleinen ausführen und nach der Verkostung denjenigen auswählen, der am harmonischsten ist.
Sehr häufig aber muss bereits bei der Berechnung des Verschnittes überlegt sein, wie sich dieser auf die (spätere) Deklaration des Verschnittes auswirkt. Dadurch sind Verschnitte nicht selten eingeengt oder unzulässig. Sorgfältig muss man vorgehen bei der Süßung – insbesondere in solchen Fällen, wo die Zucker-Grenzwerte einzuhalten sind (→ Vergärungsgrad).
Obwohl bezeichnungsrechtlich die → Süßung nicht als Verschnitt gilt, sind Vorversuche und Berechnungen (→ Zusätze an Süßreserve) eine häufig zu lösende Frage, auch aus bezeichnungsrechtlicher Sicht.
Nach jedem Verschnitt zeigt sich ein Wein mehr oder weniger angegriffen, doch erholt er sich in kurzer Zeit wieder. Bei Verschnitten von jungen mit älteren Weinen stellen sich leicht → Nachtrübungen ein, so dass man nach jedem Verschnitt mit der Flaschenfüllung einige Zeit (vier bis sechs Wochen) abwartet. Starke Lüftung bei Vornahme der Mischung ist zu vermeiden, um ein rasches → Altern durch die Sauerstoffaufnahme zu verhüten (→ Verschnitt, gesetzliche Bestimmungen).

Verschnitt, gesetzliche Bestimmungen. Während das Deutsche Weingesetz 1994 in § 14 nur kurzgefasst definiert: „Verschneiden = das Vermischen von Erzeugnissen miteinander und untereinander", gibt das übergeordnete EWG-Recht in VO (EWG) Nr. 2202/89 umfassende Erklärungen ab:
(1) Als Verschnitt gilt das Vermischen von Weinen und Mosten mit Herkunft aus
a) verschiedenen Staaten,
b) verschiedenen → Weinbauzonen der Gemeinschaft oder aus verschiedenen Erzeugungsgebieten eines Drittlandes,
c) derselben Weinbauzone der Gemeinschaft oder aus demselben Erzeugungsgebiet in einem Drittland, jedoch verschiedener
- geographischer Herkunft,
- Rebsorten,
- Jahrgänge.

sofern in der Bezeichnung des durch diese Maßnahme gewonnenen Erzeugnisses über

die in den vorstehenden Gedankenstrichen genannten Einzelheiten Angaben gemacht werden oder gemacht werden müssen, oder d) verschiedene Kategorien von Weinen oder Mosten.
(2) Als verschiedene Kategorien von Wein oder Most gelten:
- Rotwein, Weißwein sowie die zur Gewinnung dieser Kategorien von Wein geeigneten Moste oder Weine,
- Tafelwein, Qualitätswein b. A., sowie die zur Gewinnung dieser Weinarten geeigneten Moste oder Weine. Für die Anwendung dieses Absatzes ist der Roséwein dem → Rotwein gleichgestellt.
(3) Nicht als Verschnitt gilt:
a) Die Zugabe von konzentriertem Traubenmost (→ Anreicherung),
b) die → Süßung.
Diese Aufzählung zeigt zunächst nur, dass Süßung nicht als Verschnitt gilt, die als Verschnitt aufgeführten Maßnahmen sind teils völlig verboten, führen zum Verlust von Bezeichnungsvorteilen und sind in jedem Fall auf Auswirkungen hinsichtlich der → Deklaration zu untersuchen. Als Beispiel für verbotene Maßnahmen gilt der sogenannte übergebietliche Verschnitt, das heißt, das Verschneiden von Qualitätsweinen aus zwei verschiedenen Anbaugebieten wie Württemberg und Rheinpfalz ist verboten. Ein solcher Verschnitt würde – falls er durchgeführt würde – eine Rückstufung zu der Stufe „Deutscher Wein" erzwingen.
Trotzdem gibt es im gewissen Rahmen begrenzte Verschnittmöglichkeiten, die „bezeichnungsunschädlich" sind. Für den bezeichnungsunschädlichen Verschnitt sprechen einige kellerwirtschaftliche Zwänge, wie der Ersatz von → Abgängen durch → Abstiche (Hefe, Schönungstrub), die nicht immer durch den gleichen Wein korrigiert werden können. 15 % sind zulässig, ohne dass die geographische Herkunft, der Jahrgang und die Rebsortenangabe des namengebenden (Haupt-) anteils davon berührt wird. In diesem Falle könnte eine → Süßung summarisch bis zu weiteren 10 % bezeichnugsunschädlich sein. Ohne diese Toleranzen wäre es beispielsweise manchmal schwierig, → Weine → „spundvoll" zu halten, wodurch die Qualität des Produktes gefährdet wäre. Der von Verbrauchern manchmal kritisch betrachtete Verschnitt z. B. zwischen zwei Rebsortenweinen, kann zur Optimierung der Qualität durchaus sinnvoll sein. So kann ein Müller-Thurgau-Anteil zu Riesling dessen Säuregehalt herabsetzen, wovon beide Verschnittpartner profitieren. Voraussetzung sollte in jedem Fall die Eignung der jeweiligen Weine zum harmonischen Verschnitt sein. Nicht jeder Wein passt zum anderen. Deshalb ist z. B. der Verschnitt von Weiß- und Rotwein generell untersagt. Vermischungen von Trauben, Maische und Most können erlaubt sein (→ Verschnitt).
Neuerdings wurde dieses „generelle" Verschnittverbot von Wein (Weiß und Rotwein) aufgehoben, falls auf die Bezeichnung → Roséwein verzichtet wird. Dies betrifft besonders die südlichen Weinanbaugebiete Frankreichs. Wie bei jeder hier angezeigten weingesetzlichen Regelung, gilt es auch beim Verschnitt, den jeweils aktuellen Stand zu hinterfragen und zu beachten.

Versieden des Weines. Tritt bei der Gärung eine Steigerung der Temperatur auf etwa über 40 °C ein, muss man mit einer totalen Unterbrechung der alkoholischen → Gärung rechnen, wobei „Restzucker" verbleibt. Die Gärung bleibt „stecken". Die hier genannte ausschließliche Ursache ist die hemmende Wirkung des erwärmten → Alkohols, ein Effekt, der z. B. bei der → Warmabfüllung von restzuckerhaltigen Weinen bewusst ausgenützt wird. Diese Erscheinung wird im Allgemeinen umso leichter auftreten, je höher die → Starttemperatur bei Gärbeginn war, je intensiver die Gärung abläuft und umso größer

der Behälterinhalt ist. Die Temperatursteigerung während der Gärung ist nicht unbegrenzt. Da die pro Liter Most anfallende → Gärungswärme etwa bei 25 kcal liegt, kann sich eine Temperatursteigerung von bis zu 25 °C einstellen, gesetzt den Fall, es würde keine Wärme an die Umgebung abgeführt. Theoretisch könnte sich – von 20 °C Starttempertatur ausgehend – eine Endtemperatur von 45 °C (!) einstellen. Praktisch wird dies nicht der Fall sein, weil
a) eine Wärmeabfuhr durch die Behälterabstrahlung und die entweichende Kohlensäure eintritt,
b) die energieliefernde Gärung dann ja bereits zum Stillstand kommt, bevor der gesamte Zucker vergoren ist. Durch Senkung der Starttemperatur, durch Kühlung der Behälter (Großbehälter), durch Erschwerung der Gärung (Mostvorklärung) kann man dem entgegenarbeiten.
Das Versieden hat unbedingt Nachteile. So bleibt ein Zuckerrest, der möglicherweise nicht erwünscht ist, der Ansatzpunkt für → Nachgärung oder die Entwicklung unerwünschter → Mikroorganismen. Zu weiteren Ursachen einer Gärstörung → Gärungswärme, → Gärstörungen, → Steckenbleiben der Gärung).

Verstich → Verschnitt.

Verteilungskoeffizient (K-Wert). Der sog. „K-Wert" zeigt die beim Abriechen der in der → headspace eines Weinglases zu erwartenden Konzentration unterschiedlicher Weinaromen (→ Sensorik). Naturgemäß ist der Verteilungskoeffizient abhängig von der → Matrix (Alkohol, Zucker, Säuregehalt des Weines) und dessen Temperatur.
Nach wissenschaftlichen Feststellungen dauert es ca. 15–30 sec bis sich nach dem „Abriechen" der Headspace (Gasraum) im Probierglas die ursprüngliche Konzentration wieder (entsprechend dem K-Wert) eingestellt hat. Durch diese Untersuchungsergebnisse wird die Sinnhaftigkeit des „Abschnüffelns" bei der Weinverkostung eingeschränkt.

Vin de Pays. Wörtlich übersetzt lautet der Begriff „Landwein". In Frankreich gibt es über 100 Regionen, die als geographische Herkünfte auch so geschützt sind. Es werden nur auserwählte Rebsorten zugelassen und die Weine dürfen nicht mit anderen Herkünften verschnitten werden. Anreicherung (Chaptalisieren) ist verboten, Mindestgehalte an → natürlichem Alkohol (9–10 % Vol.) sind in den vorwiegend südlichen Weinbau-Regionen Frankreichs vorgeschrieben (allein über 80 % der „Vin de Pays" stammen aus der Region südlich der Rhone bis zu den Pyrenäen). Der zulässige Gehalt an schwefliger Säure ist eingeschränkt. Die Deklaration richtet sich nach der Herkunft (Departements) und zeigt gewisse Ähnlichkeit mit der Regulierung des Landweins aber auch des Qualitätsweins in Deutschland. Lediglich die riesige Anzahl an Bezeichnungen erschwert die Übersicht der Landweingebiete in Frankreich.
In Spanien entspricht diesem der „Vino de la Tierra", während in Österreich die deutsche Variante weitgehend übernommen wurde.
Die Schweiz liefert ein Beispiel für klare Vereinfachung der Bezeichnungen. Man unterscheidet dort Weine mit Ursprungsbezeichnungen von solchen mit (geographischen) Herkunftsbezeichnungen. Die „niedrigste" Stufe differenziert lediglich in „Vin Blanc" oder „Vin Rouge". Um die hier andeutungsweise erwähnten Modalitäten (Einteilung nach geographischen Herkünften und weiterer Vorbedingungen) zu verstehen, muss man die lange Tradition der genannten europäischen Weinanbaugebiete berücksichtigen (→ Terroir).
Die EU hat mit den neuen Deklarationsvorchriften in die bisherigen Bezeichnungen eingegriffen und unterscheidet zukünftig mit der Abgrenzung des Landweines durch den Zu-

satz „geschützte geographische Angabe g. g. A." vom Qualitätswein als „geschützter geographischer Ursprung g. g. U.". Nach derzeitigem Stand der Beratungen dürfte sich für Deutschland dadurch bezeichnungsrechtlich wenig verändern. Lediglich der Begriff „Tafelwein", der für deutsche Weine kaum eine Rolle gespielt hat, ist aus dem Bezeichnungsrecht weitgehend verbannt.
Durch die EG-Marktordnung (seit August 2009) wird der bisher in Italien und der Schweiz übliche Begriff IGP (franz. „Indication Geographique Protegée") neu eingeführt mit der Bezeichnung g. g. A. Damit ist der Begriff Tafelwein innerhalb der EG zwar verboten, die zukünftigen Regelungsmodalitäten sind jedoch im Einzelnen offen.

Vietz. Landsmannschaftlich gebräuchlicher Ausdruck für Obstwein (Viez an der Mosel).

Vinifikation. Umgangssprachlich für → Weinbereitung, zugelassene Stoffe und Verfahren.

Vinimatic-Gärtank. Eine Konstruktion der Firma VASLIN-BUCHER, die das Prinzip des → Rototanks weiterentwickelt hat. Nunmehr ist der Gärtank kühlbar (Wasserüberrieselung) und heizbar. Damit lässt sich die → Starttemperatur und der → Gärverlauf beeinflussen. Die Regelung der Rotation und die Beschickung und Entleerung ist optimiert (eingebaute Spirale mischt und trägt die Maische aus, → Rotweinbereitungsverfahren, → Rührbehälter).

Vinomat. Maischegärtank für die Herstellung von Rotwein mit automatischer Umwälzung der → Maische durch die gebildete → Gärungskohlensäure. Beim V., wie auch bei den nachfolgenden Konstruktionen, erwies sich die Umwälzung durch die Gärungskohlensäure als problematisch. Nachrüstbare Umwälzgeräte oder die Neukonstruktion GANIMED-Gärbehälter seien davon nicht betroffen. Hauptproblem ist die optimale Entfernung der Trester.

Vino santo. Ein italienischer Dessertweintyp, der seine Süße durch rosinenartig geschrumpfte Trauben erhält. Herkunft meist Toscana.

Vinothek. Verkaufs- und Repräsentationsräume bei Winzern und Weinfachgeschäften, die sich bevorzugt mit dem Angebot von Wein, Weinderivaten und Accessoires befassen. Käufer erwarten dort eine fachkundige Beratung.

Vinotop (Rieger). Unter diesem Oberbegriff wurden Behälter (Maschinen) entwickelt, die die zur → Mazeration roter Trauben wichtigsten Verfahren beherrschen: Fermentation unter Druck (→ Druckvorspannverfahren), → Überschwallen und Fermentation durch Wenden der Maische (Paddeln) unter normalen Gärbedingungen (→ Abb. 19C, 20C und 21C im Anhang).

Vin[h]o verde. Verde bedeutet „noch nicht vollreif", d. h. ein mit für portugiesische Verhältnisse relativ säurebetonter, frischer Weißwein. Die Bezeichnung grenzt ein Weinanbaugebiet ab (Provinz Mintho und Douro Literal), welches zu einem geringeren Anteil auch Rotwein erzeugt (ca. 25 %). Die Weine werden im erheblichen Umfange exportiert (überwiegend leicht süß).

Viognier ist eine weiße Rebsorte, die im Rhônegebiet angebaut wird (Frankreich 4111 ha/2007, vorwiegend im Condrieu) und einen weichen, aber mit ausgeprägten Fruchtaromen (Aprikose, Quitte) ausgestatteten Wein liefert. Im Zuge der modischen Tendenzen greift der Anbau der Rebe auf weitere Weinbauländer über (Kalifornien 1120 ha/ 2007). Die wertvollen Weine werden lieblich angeboten oder zur Aufwertung von Cuvées genutzt. Die Rebe stammt wahrscheinlich von der italienischen „Freisa“ ab.

Viskosität beschreibt die Zähflüssigkeit einer Flüssigkeit. Sichtbar wird dieser (unerwünschte) Zustand beim Wein nur im Falle einer bakteriell bedingten → Weinkrankheit.

Vitamine sind lebenswichtige Stoffe, die in der Nahrung enthalten sein sollen. Dieser Bedarf besteht auch für die → Mikroorganismen. Die Wirkung erklärt man sich so, dass Vitamine Vorstufen für → Enzyme darstellen. Je nach ihrer Wirkung werden sie mit den großen Buchstaben des Alphabets benannt und nach sogenannten internationalen Einheiten gemessen.
In der Traube findet sich das in Pflanzen weit verbreitete Vitamin A in geringer Menge, ebenso sind Vitamine des B-Komplexes in Trauben und Wein nachgewiesen worden. So enthielten zwei Weißweine 3 bzw. 2,5 internationale Einheiten, in 100 ml Rotwein sogar 7,5. Der höhere Gehalt des Rotweines ist auf die Maischegärung zurückzuführen.
Vitamin C (→ Ascorbinsäure) findet sich in nur geringer Menge in jungen Traubenweinen vor, verschwindet aber im Verlaufe des Ausbaues, so dass fertige, ältere Weine frei davon sein dürften. Auch die Trauben selbst sind verhältnismäßig arm an Vitamin C.
Der Wert des Traubensaftes beruht nicht auf seinem Vitamingehalt, sondern überwiegend auf dem hohen Gehalt an → Mineralstoffen. Dasselbe gilt auch für die übrigen Obstsüßmoste.
Im Gegensatz zu Most und Wein sind die → Hefen besonders vitaminhaltig.

Vitamine, Wirkung auf die Gärung. Vitamin B_1 (→ Thiamin) bewirkt eine starke Beschleunigung der → Gärung und des Hefewachstums unter erhöhter Glycerinausbeute. Biotin (H) und Meso-Inosit beschleunigen ebenfalls die Gärung, während Pyridoxin (B_6), Nikotinsäure, Nikotinsäureamid sowie Pantothensäure, keinerlei Einfluss ausüben. Zur Förderung der Gärung ist lediglich Thiaminium-Dichlorhydrat (B_1) zulässig, welches in einer Menge von 0,6 mg/l (bezogen auf Thiaminium) zur Förderung der Gärung bei Traubenmosten aus faulen Trauben wirkungsvoll ist. Dabei werden weniger → Brenztraubensäure und → Ketoglutarsäure gebildet, Substanzen, die SO_2 binden. Man kann damit den SO_2-Bedarf solcher Weine senken, die aus edelfaulem Lesegut hergestellt werden (→ Weinbereitung, zugelassene Stoffe).

Vitin ist ein → wachsartiger Stoff, der in dem Reif (Duft) der Weinbeeren nachgewiesen wurde. In 1 kg → Beeren sollen etwa 0,2 bis 0,9 g enthalten sein. Es handelt sich um einen Sammelbegriff für Wachse, die man – dem Verhalten nach – in „Weichwachs“ und „Hartwachs“ differenziert. Weichwachs besteht aus gesättigten, langkettigen Alkoholen, Estern mit langkettigen Fettsäurekomponenten, langkettigen Aldehyden, Fettsäuren und Paraffinen.
Diese Wachsfraktionen verhindern die Verdunstung des Wassers. Die Hartwachse bestehen hauptsächlich aus Oleanolsäure. Man vermutet, dass einige der Wachsbestandteile die Gärung fördern, indem diese die Hefevermehrung begünstigen (Hinweis auf die rasche und unkomplizierte Vergärung von Rotmaische; → Duft der Beeren).

Vitis. Gattungsbezeichnung für die Weinrebe. Als „Präfix“ für Unterabteilungen wie *Vitis rupestris* (als Rebe für die Unterlagenzüchtung) oder *Vitis vinifera* (Gattung der heutigen Kulturreben).

Voll nennt man bei der Verkostung einen Wein, der sich infolge seines hohen → Alkohol-, → Extrakt- und → Glyceringehaltes „mundfüllend“ probiert (→ Weinansprache)

Vollernter → Traubenvollernter.

Vollgutlager. Raum zur Lagerung der Fertigprodukte. Die Anordnung der Lager (Paletten- oder Blocklagerung) ist variabel. Temperatur und Feuchtigkeit werden in der Regel kontrolliert.

Vollhalten der Behälter. Das Vollhalten (oder auch → Spundvollhalten) ist eine der wichtigsten Pflegemaßnahmen während des Ausbaues und der Lagerung der Weine in Behältern. Die Notwendigkeit, einen → Füllwein hinzuzusetzen, bedeutet oft auch, dass ein Teil „Fremdwein" hinzugesetzt werden muss. Im Hinblick auf die erzielten Effekte (Erhaltung der originären Qualität durch die Verhinderung von schädlichen Einflüssen der Luft etc.) sollte diese Maßnahme vom Verbraucher akzeptiert werden (→ Auffüllen, → Schwund).

Vollkonzentrat nennt man konzentrierte Traubenmoste, die zur Sicherstellung der Haltbarkeit auf 60 bis 74°Brix (nach EG-VO nicht unter 50,9°Brix, definiert in VO (EWG) Nr. 822/87, Anhang I) konzentriert werden. Über 65°Brix kann bei Traubenmost bereits → Glucose auskristallisieren.

Vollreife ist der Zustand der Trauben, bei dem sie die Zeit der Reifeentwicklung abgeschlossen haben. Sie ist kenntlich an der Verholzung der Trauben- und → Beerenstiele, die sich braun färben, und der Ausfärbung der roten Trauben. Ein Hängenlassen der Trauben über diesen Zeitpunkt hinaus führt zu einer mehr oder weniger starken Schrumpfung und dadurch bedingten Konzentrierung des Mostes. Die Säure nimmt infolge teilweiser Veratmung noch ab. Der Begriff der Vollreife spielt eine Rolle bei der Weinbeurteilung, da die Vollreife für die → Prädikate → Spätlese, → Auslese, → Beeren- und → Trockenbeerenauslese gefordert wird (→ Reifefaktor).

Volumenprozent (% Vol.) – (Umrechnung siehe Tab. 4 im Anhang).

Vorentsafter. In größeren Betrieben werden teilweise Einrichtungen verwendet, die der → Maische bereits vor dem Pressen einen Teil des Saftes entziehen. Der geringere Saftgehalt der Rest-Maische setzt die Pressdauer nicht unerheblich herab (→ Saignée) Je nach Reifezustand und sonstiger Beschaffenheit der Trauben kann der gewonnene → Vorlauf 40 bis 60% der Gesamtmenge betragen. Da kaum bewegte Teile in diesen Spezialbehältern vorhanden sind, nennt man diese Einrichtungen „statische" Vorentsafter. Diese haben auch die Funktion der Sortierung und Bevorratung der Maische. Mit maschinellen Vorentsaftern kann, je nach Beschaffenheit der Trauben, der gewonnene Vorlauf bis auf 70% gesteigert werden.
Infolge der erheblichen Anschaffungskosten kommen Entsaftungseinrichtungen bzw. Maschinen nur für Großbetriebe in Frage bzw. man begnügt sich ersatzweise mit dem in der Kelter beim „Aufschütten" ablaufenden → Mostvorlauf. Meistens handelt es sich um Schrägentsafter, die aus Förderschnecke und perforiertem Zylinder bestehen. Einige im Ausland eingesetzte Press-Systeme sind im Prinzip nur Vorentsafter. Die Rolle des getrennten Vorentsafters ist seine Funktion zur Zwischenbevorratung und die Möglichkeit zur Enzymbehandlung der Maische (→ Aufschliessen der Maische) (→ Abb. 6 im Anhang).

Vorfiltration. Meist im Sinne einer Grobfiltration durchgeführte Vorklärung des Weines. Die Vorfiltration ist dann erforderlich, wenn entkeimende Schichten (→ Entkeimungsschichten, Kerzenfilter), die keine große Trubaufnahmefähigkeit haben, zur Sterilfiltration herangezogen werden. Zur Vorfiltration werden je nach Trubgehalt des Filtergutes unterschiedliche Typen von → Filterschichten, → Membranfilter als Tiefbettfilter oder → Anschwemmfilter benutzt.

Vorklärung des Mostes gehört heute zum Standard der Weinbereitung. Man versteht darunter die *maßvolle* Klärung des von der → Kelter ablaufenden, kelterfrischen Mostes. Dieser ist heute mehr als früher mit Trubstoffen belastet, falls die Kelterung, aber auch andere vorgelagerte und hochmechanisierte Prozesse (Maischetransport), verstärkt „mazerieren“ und „passieren“. Hervorgerufen ist dies durch die zunehmende Tendenz zur rationellen Arbeitsweise.
Die Mostvorklärung kann statisch, das heißt durch → Absetzenlassen (Sedimentation) bzw. → Flotation oder dynamisch unter Einsatz von Maschinen erfolgen (→ Separator). Durch die Mostvorklärung ereicht man eine reintönige → Gärung, doch darf die Maßnahme nicht zu intensiv durchgeführt werden, da dann ein Mangel an „innerer Oberfläche“ (→ Oberfläche, innere) und damit → Gärstörungen eintreten können. Extrem vorgeklärte Moste (Traubensaft) führen zudem zu untypischen, uniformen Weintypen.

Vornehm nennt man Weine von schöner, reifer Art, in denen sich alle Bestandteile zu voller Harmonie vereinen. Wie viele verbale Begriffe der → Weinansprache, ist auch dieser Ausdruck mehr schmückend als sachlich informativ zu sehen.

Vorspanndruck. Druckbehälter werden mit → Kohlensäure (CO_2) vorgespannt (unter Druck gesetzt), um dann anschließend Süßreserve einzulagern oder eine → Maischegärung unter CO_2-Druck ablaufen zu lassen (→ Drucktanks, → Druckvorspannverfahren, → Seitz-Böhi-Verfahren.

W

Wachsartige Stoffe befinden sich in geringer Menge auf den → Beerenhäuten, auf denen sie einen feinen Überzug in Form des → Reifes bilden, durch den die Benetzungsfähigkeit herabgesetzt und das Eindringen von → Bakterien und → Schimmelpilzen erschwert wird. Es wurden in 1 kg Beeren 160 bis 892 mg wachsartige Stoffe nachgewiesen, die zum Teil bei der Kelterung auch in den Most und Wein übergehen. Hauptbestandteile des Kutikularwachses (50 bis 70 %) ist die Oleanolsäure, ein Triterpen. Die pro cm^2 vorhandenen Wachse sind in ihrer Menge während der Reife weitgehend konstant (0,09 bis 0,11 mg). Die Stoffe sind für die Ausbildung des Sortencharakters wichtig (→ Duft, → Vitin).

Wachstum der Trauben.
Vom Beerenansatz der Traube beginnend vollzieht sich das Wachstum der Beeren in 3 Phasen. Innerhalb der Phasen ist nicht nur das äußerliche Bild (Traubengröße und Gewicht) und die Farbe der Beerenhaut zu erkennen, sondern innerhalb der Beere spielen sich verschiedene physiologische Prozesse ab. Zum überwiegenden Teil werden die Prozesse enzymatisch gesteuert.
In der Phase 1 ist das Wachstum mit einer Vermehrung der Zellzahl verbunden. Die Phase 1 dauert zwischen 45 und 65 Tage, abhängig von der Witterung und der jeweiligen Rebsorte. Der jeweilige Start in die Phase 1 ist ebenso wie der zeitlich vorgelagerte Zeitpunkt der Blüte dann auch vom Standort der Rebe abhängig (→ Klimazonen, regionale-Verhältnisse). Neben dem hohen Anteil an Chlorophyll ist ausserdem die Zunahme des Säuregehaltes charakteristisch.
Die Phase 2 ist eine zwischengelagerte Phase mit einer kurzen Dauer von ca. 8–14 Tagen. Der Winzer nennt diese Erscheinung auch gerne den „Traubenschluss“, weil sich zu die-

sem Termin die bisher ungleich geformten lockeren Einzelbeeren dichter packen. Zu diesem Termin beginnen die Zellen nur noch zu wachsen (Zellteilung beendet) und die chemischen Abläufe stellen sich um.
Damit beginnt die 3. Phase, die Phase der eigentlichen Reifung. Äusserlich erkennbar an der Farbeinlagerung in der Beerenhaut. Jetzt wird Zucker eingelagert, auch zu Lasten der Säure (überwiegend → Äpfelsäure ist betroffen). Bei den nun anlaufenden → Reifeprüfungen der önologischen Praxis startet man meist bei einem Wert von ca. 30 °Oe, der dann in etwa auch mit einem gleichen Wert der → Titrierbaren Säure korrespondiert.
Den nachfolgenden Zuwachs an Zucker registriert man in der Praxis anhand der → Reifekurven, die mit der Messung der Öchslegrade und dem Gehalt an. titrierbarer Säure verbunden sind.
Die Phase 3 dauert zwischen 35 und 50 Tage. Parallel zum Zucker werden Kationen wie Kalium, Aminosäuren und Phenole in die Traubenbeere eingelagert, zusätzlich entwickeln sich Aromen in zunächst gebundener Form. Gleichzeitig dazu wird Äpfelsäure veratmet oder in Zucker umgesetzt (→ Physiologische Reife – der Trauben).
Die Wissenschaft beschäftigt sich mit neueren Methoden der Bestimmung der Traubenreife mit Hilfe der → FTIR-Spektroskopie und von optischen (Farb-) → Sensoren, die in ähnlicher Weise dann auch bei der Traubenannahme in den Kellereien genutzt werden. Im gewissen Umfang gehören deshalb auch die dort eingesetzten neuen Selektionstechniken mittels „Laser-scanning“ und optischen Mess-Systemen zur „Endstufe“ der Reifeprüfungen.
Über die Veränderungen im Zucker- und Säuregehalt im Verlaufe des Wachstums und der Reife gibt Tab. 17 im Anhang Auskunft, die auf Grund einer Einzeluntersuchung ermittelt wurden (→ Beerenreife, → Beerenwachstum).

Wachstumsangaben durften ursprünglich (nach dem 1930er Weingesetz) nur bei naturreinen Weinen gebraucht werden. Auch Hinweise wie Eigengewächs, Eigenbau usw. deuteten auf Naturreinheit hin und waren deshalb bei angereicherten Weinen unzulässig. Nach dem WG 1971 geben Begriffe wie → Erzeugerabfüllung keine Hinweise mehr auf Beschaffenheit und erlauben insbesondere keine Schlussfolgerungen, ob der Wein angereichert wurde. Dies wird durch die Bezeichnung → Prädikatswein seither eindeutig gekennzeichnet.

Wärmeausdehnung (Ausdehnung durch Wärme) ist eine stoffliche Eigenschaft, die bei Gasen und Flüssigkeiten als *Volumenausdehnung* gemessen wird. Gase haben einen höheren Ausdehnungskoeffizienten als Flüssigkeit. Alkohol einen höheren Ak. als Wasser. Wein hat eine Wärmeausdehnung von 0,02 bis 0,03 % je Grad Celsius, das heißt bei Erwärmung von 10000 l um 5 °C dehnt sich der Inhalt eines Behälters um 10 bis 15 l aus. Im Behälter würde dann ein Überlaufen oder gar ein Überdruck entstehen können. Durch Leerräume im Behälter (Dom) und durch Druckausgleichsventile kann dem entgegengewirkt werden. Bei der Abfüllung in Flaschen kann beim „Spritzvollfüllen“ eine spätere Wärmeausdehnung → Ausläufer begünstigen. Man lässt deshalb einen Leerraum und bringt beim Verkorken CO_2 ein, welches die Luft verdrängt und zudem den Flascheninnendruck beim Verkorken vermindert. Dabei muss das angegebene Nennvolumen garantiert sein (→ Füllmengenkontrolle). Durch die relativ große Differenz zwischen → Randvoll- und → Nennvolumen entstehen auch bei der → Warmabfüllung keine Füllprobleme.

Wärmeaustauscher bewirken den Übergang von Wärme an Maische, Most oder Wein. Als

Energielieferant dient Dampf oder Heißwasser (→ Plattenerhitzer).

Wärmebehandlung hat man in Frankreich zur Qualitätssteigerung anzuwenden versucht, indem man die Trauben in besonderen Räumen mehrere Tage mit warmer Luft auf 35 °C bis 50 °C erwärmte. Der dadurch eintretende Wasserverlust soll zu einer Saftkonzentration führen, während die Apfelsäure zum Teil veratmet und dadurch der Säuregehalt herabgesetzt werden soll. Praktische Bedeutung kommt dem Verfahren bis heute nicht zu. Die Wärmebehandlung von Wein dient der Ausscheidung von → thermolabilen Stoffen, kommt wegen der negativen Auswirkung bei Weißweinen jedoch nur für Rotweine in Frage (→ Rotweinausbau, → Warmabfüllung).

Wärmetest ist die Prüfung eines Weines vor der → Flaschenfüllung auf das Vorhandensein von kolloidal gelöstem → Eiweiß und sonstigen → thermolabilen Bestandteilen, die leicht zu → Nachtrübungen auf der Flasche Veranlassung geben. Man erwärmt eine Probe des Weines einige Zeit (häufig 24 Stunden) auf 40 bis 80 °C. Tritt nach dem erkalten eine Trübung auf, so ist eine Behandlung zur Entfernung der Eiweißstoffe notwendig, wobei sich eine Schönung mit → Bentonit besonders gut bewährt hat. Da die Wärmeprüfung nicht der tatsächlichen Wärmebelastung bei der Abfüllung (Warm-) und Lagerung entspricht und andere Formen der → Eiweißtrübung möglich sind, wird der Eiweißnachweis mit → Bentotest meist vorgezogen.

Wässern der Filter → Filter wässern, → Totvolumen.

Warmabfüllung nennt man die Methode, bei der Wein so erwärmt wird, dass die vorhandenen → Mikroorganismen abgetötet werden. Die erforderliche Temperatur richtet sich nach dem → Alkoholgehalt des Weines, der → schwefligen Säure und der Zeitdauer der Einwirkung. Die erforderliche Wärmesumme soll möglichst tief liegen, um schädliche Nebenwirkungen zu vermeiden (→ Versieden). Die Temperatur muss über 45 °C liegen (unterste Grenze bei keimarmen, sehr alkoholhaltigen Weinen) bis etwa 60 °C als oberste Grenze.
Die Erwärmung kann im → Plattenerhitzer erfolgen, wobei man den erwärmten Wein überwiegend ohne vorherige Rückkühlung in die Flasche einfüllt, um auch dort den sterilisierenden Effekt des warmen Alkohols auszunutzen. Eine andere Technik bedient sich der Überflutung des kalt eingefüllten Weines in der verschlossenen Flasche (Tunnelpasteur), doch ist die notwendige Apparatur zumindest sehr platzaufwändig. Zweckmäßig ist eine Rückkühlung der Flaschen vor der Lagerung, um einen Wärmestau zu vermeiden. Der relativ große Leerraum in der so abgefüllten Flasche bringt nicht allein Probleme mit dem geforderten Mindestgehalt, sondern verstärkt auch die Neigung zur → Oxidation. Warmabfüllung eignet sich u. a. deshalb besser für Rotweine als für Weißweine. Bei der Abfüllung muss auf die Tatsache geachtet werden, dass Kohlensäure bei der Warmabfüllung im Unterdruckfüller (→ Vakuumfüller) überdurchschnittlich stark verloren geht. Auch gegen → Eiweißtrübungen muss konsequent durch Ausschönung mit → Bentonit eingeschritten werden. Der unbestrittene Vorteil der Warmabfüllung liegt in der zuverlässigen und billigen Sterilabfüllung (→ Sterilfüllen).

Wasserdampfdestillation dient zur Abtrennung der (Wasserdampf-) flüchtigen Säuren. Bei den Geräten wird in der Regel Wasserdampf extern erzeugt und in Wein eingeleitet. dabei werden die flüchtigen Säuren in eine Vorlage überdestilliert. Die dadurch abgetrennte Säure wird titrimetrisch mit einer definierten Laugenkonzentration bestimmt (neutralisiert) (→ Flüchtige Säuren, Bestimmung).

Wassergehalt des Mostes liegt je nach Mostgewicht zwischen 700 und 800 g/l. Je höher das → Mostgewicht, umso niedriger ist der Wasseranteil, da mit erhöhtem Mostgewicht die → Extraktstoffe absolut und relativ zunehmen. Most aus Obst enthält fallweise mehr Wasser, da das Mostgewicht noch niedriger ist als bei Traubenmosten. Das Wasser ist Lösungsmittel für die Mostinhaltsstoffe (→ Mostinhaltsstoffe, Zusammensetzung, → Tab. 20 im Anhang).

Wasserhärte. Die in Trink- bzw. Brauchwasser enthaltenen Mineralstoffe bezeichnet man als Härtebildner. Diese können zur Kesselsteinbildung (in Dampfkesseln) oder zu Belägen in Flaschen etc. führen. „Hartes" Wasser enthält viele Härtebildner, „weiches" Wasser wenige. Die Festlegung der → Härte erfolgt nach Härtegraden. Weiches Wasser enthält bis zu 8 dH (deutsche Härtegrade), mittlere Härte entspricht 8 bis 12 dH, hart ist Wasser entsprechend 12 bis 25 dH. Extrem hartes Wasser kann darüber liegen und erfordert besondere aufwändige Enthärtungsmaßnahmen (→ Austauscher).

Wasserstoffionen → Säuregrad.

Wasser, Zusatz ist verboten. Unvermeidbare geringe Mengen (z. B. „Quellwasser" bei der Bentonitschönung) gelten als „technische Hilfsstoffe".

Weinähnliche Getränke sind außerhalb des Weinrechts angesiedelt, obwohl darauf einige Bestimmungen des Weinrechts anwendbar sind. Diese Produktgruppe, die vorwiegend den Fruchtweinen zugeordnet sind (mit und ohne CO_2), der aber auch Produkte wie → Honigwein (Met), exotische Getränke wie Kwass, Pulque und Gärungsprodukte aus Milch angehören, wird unter Federführung des Bundesgesundheitsministeriums aus lebensmittelrechtlicher Sicht (Leitsätze für weinähnliche und schaumweinähnliche Getränke) geregelt. Sinnvollerweise ist nachfolgend nur Einiges über die Herstellungsart und die Produktbeschaffenheit (unter Vorbehalt) ausgeführt. Es steht dabei außer Zweifel, dass nicht alle aufgeführten Getränke innerhalb Deutschlands erzeugt werden (→ Obstweine, Kernobstweine, Apfel-, Birnen-, Quittenweine (Apfelwein in Frankreich = Cidre). In Baden- Württemberg und Teilen Bayerns (Schwaben, Neuburg) darf „Most", ein vergorenes, alkoholschwächeres Getränk aus Äpfeln und Birnen, nach Landesbrauch mit Wasserzusatz bis zu $^1/_3$ der gesamten Flüssigkeitsmenge (üblicherweise aus 100 kg Kernobst 100 l Most) hergestellt und als „Schwäbischer, Württemberger oder Badischer Most" unter Angabe der zugesetzten Wassermenge in den Verkehr gebracht werden.
Steinobstweine, Aprikosen-, Kirschen-, Pfirsich-, Schlehenwein. Beerenweine, Brombeer-, Erdbeer-, Heidelbeer-, Holunderbeer-, (roter) Johannisbeer-, Maulbeer-, Preiselbeer-, Stachelbeerwein. Hagebuttenwein. Honigwein, Met., auch Obst- bzw. Frucht-Schaumweine (CO_2-Überdruck bei 20 °C mindestens 3 bar) und Perlwein sowie Dessertweine werden in größeren Mengen (→ Apfelwein) produziert. Bei letzteren dürfen bis zu 20 g/l Alkohol in Form von reinem, mindestens 90 %igem Alkohol zugesetzt werden. Der Alkoholgehalt beträgt bei Kernobstweinen und -Schaumweinen 5 bis 5,5 % Vol., bei Fruchtweinen und -Schaumweinen mindestens 8 % Vol., bei Kernobst- und Fruchtdessertweinen mindestens 13 % Vol. Auf dem deutschen Markt sind noch – meist exotische – importierte Getränke dieser Kategorie anzutreffen, die kurz genannt sind: Agaven-

wein (=Pulque), Ahornwein, Citruswein, Feigenwein, Guavawein, Kiwiwein, Litschiwein, Mangowein, Palmwein, Papayawein, Passionsfruchtwein, Pflaumenwein, Reiswein (Sake), Kwass, Kumys. Es ist erkennbar, wie hier die ursprüngliche Vorstellung, Wein sei ausschließlich Wein aus Früchten, unterlaufen ist.

Wein, alkoholfreier. → Wein, entalkoholisiert.

Weinamt, internationales → OIV.

Weinanbaugebiete umfassen Flächen, die in größerem Umfang Weinberge enthalten, also dem Anbau von Wein (Reben) dienen. Solche Flächen haben sich traditionell entwickelt und sind sogar noch heute Veränderungen unterworfen. Die → Weinbauflächen der Welt und der Länder haben sich seit dem Jahr 2000 (s. Tab. 13 im Anhang) wenig verändert, die Produktivität der Flächen ist jedoch gestiegen.
Im Zusammenhang mit einer derzeit bestehenden weltweiten Überproduktion ist man daran interessiert, eine Ausweitung zu verhindern. Schon aus diesem Grund ist eine Festlegung und Abgrenzung der Weinbaugebiete notwendig. In größerem Umfang wird diese Entwicklung im Raume der EG gesteuert. Aber auch aus klimatischen Gründen werden Weinbaugebiete voneinander abgegrenzt und in → Weinbauzonen unterteilt. In der EG richten sich danach gewisse Weinnormen.
Noch weitergehend sind solche Abgrenzungen geschaffen worden, um Qualitätsweine an eine geographische Herkunft zu binden. Der Gedanke des Qualitätsweines bestimmter Anbaugebiete (Q. b. A.) Geht von dem Prinzip aus, dass die bestimmte Qualität nur unter bestimmten Anbaubedingungen in einem bestimmten Anbaugebiet erzeugt werden kann. Es handelt sich hier um den Gedanken, der durch die → AOC -Regelung (→ Terroir) in Frankreich schon früher eingeführt wurde und auch auf deutsche Verhältnisse leicht zu übertragen war, da hier schon solche Weinbaugebiete bestanden.
Derzeit verfügt Deutschland über 13 verschiedene Anbaugebiete für Qualitätswein, die in → Bereiche unterteilt sind. Im Zusammenhang mit der Ausweitung der → Weinproduktion (Steigerung der Flächenerträge) ist die Statistik der Rebflächen wenig aussagekräftig. Die Situation (Überschüsse) entsteht durch die abnehmende Nachfrage (→ Tab. 15 im Anhang).

Weinansprache verwendet Begriffe, die zur Weincharakterisierung herangezogen werden. Nicht zu verwechseln mit der „Weinsprache“, die die in der Weinbereitung überkommenen Fachausdrücke beinhaltet, die als „Termini technici“ technische Sachverhalte ausdrücken. Neuerdings ist das Vokabular der Weinansprache ein Instrument des *Marketings* geworden und unangemessen ausgedehnt worden. Dazu gehören Vergleiche mit den Düften von Blumen, dem Geschmack von Kräutern oder exotischen Genüssen, die nur dann zutreffend wären, wenn die chemische Analyse die entsprechenden Aromen und Geschmacksstoffe im Wein nachgewiesen hätte. In vielen Fällen handelt es sich leider um Produkte der Fantasie von „Weinkommentatoren“, die damit ihr Publikum unterhalten. Eine Auseinandersetzung darüber ist an dieser Stelle nicht vorgesehen (→ Literaturverzeichnis/Sensorik im Anhang).

Weinasche. → Asche.

Weinausbau → Ausbau des Weines.

Weinbau, Bedeutung. Der Anbau der Rebe erstreckt sich sowohl auf Breiten nördlich wie südlich des Äquators, beschränkt auf die Länder, die zwischen den Isothermen 10 °C und 20 °C liegen. In Europa werden etwa 56 % aller Weine der Welt erzeugt. Der Weinbau ist hier von außerordentlicher wirtschaftlicher Bedeutung. Obwohl die Rebfläche in Deutschland im Verhältnis zur gesamten landwirtschaftlich genutzten Fläche auch als gering anzusprechen ist, darf doch die wirtschaftliche Bedeutung keinesfalls unterschätzt werden. Diese liegt vor allem in der Tatsache begründet, dass die Rebe nicht selten auf Flächen angebaut wird, die für andere Kulturen ungeeignet sind. Darüber hinaus ernährt der Weinbau auf relativ kleinen Flächen (10–15 ha) eine Familie. Klein- und Mittelbetriebe sind bei weitem vorherrschend. Der Bedarf an Flächen in landwirtschaftlichen Betrieben ist mindestens 5fach größer. Die Weinbaubetriebe sind nur ein Teil der Weinwirtschaft (Weinhandel, Weinkommissionäre). Sie bilden die wirtschaftliche Basis für die Zubringerindustrie. Die Förderung des Weinbaus ist somit von großer volkswirtschaftlicher Bedeutung. Die → Weinbaufläche der Welt wird auf rund 7,9 Mill. Hektar geschätzt (2007). Weinbauflächen dienen nicht nur dem Gelderwerb, sondern auch der Pflege der Landschaft (→ Tab. 13 im Anhang).

Weinbaudomänen. In den einzelnen Bundesländern verfügt auch der Staat über Weingüter, die meist durch ihre vorbildliche und fortschrittliche Rebkultur und die Erzeugung gütemäßig hochstehender Weine bekannt sind. Sie wirkten durch ihre Tätigkeit auch beispielgebend und befruchtend auf den gesamten Weinbau der jeweiligen Gebiete. Auch die Lehr- und Forschungsanstalten verfügen über eigene Anlagen zur Durchführung ihrer Versuche. Neuerdings sind die Weinbaudomänen (Staatsweingüter) meist den Lehranstalten angegliedert. Infolge der vielseitigen Aufwendungen für Versuche sind die Domänen in der Regel auf Zuschüsse angewiesen.

Weinbauflächen in Deutschland. Im Zeitraum von *1964–1993* erfolgte in den verschiedenen Weinbaugebieten eine Flächenzunahme zwischen 16,7 und 12,7 %. Die stärkste Zunahme verzeichnete Rheinhessen mit 9813 ha, gefolgt von Baden mit 7737 ha und der Pfalz mit 6697 ha. Nur das (kleine) Gebiet Mittelrhein verlor 23,2 % (-196 ha). Die gewaltige Steigerung der Rebfläche Deutschlands insgesamt erklärt sich aus der Zunahme von 53,5 % auf den damaligen *Höchstwert* von 105 770 ha in 1993. Seither ist der Stand von 102 340 ha im Jahr 2008 weitgehend unverändert geblieben. Interessanter ist die Fluktuation des Rebsortiments (→ Rebsortenanbau in Deutschland, → Tab. 12 im Anhang).

Weinbauflächen der Welt. Die Weinbauflächen der Welt werden durch das → OIV erfasst. Die Statistiken unterscheiden nicht unbedingt zwischen reinen Rebflächen und gemischt-landwirtschaftlichen Flächen. Zudem wäre hinsichtlich der Weinproduktion zwischen den Anbauflächen von Keltertrauben und Tafeltrauben zu unterscheiden. Leider sind diese Unterschiede in den Anbauflächen weltweit nicht streng zu trennen. Dies gilt in erster Linie auch für Länder des Vorderen Orients (moslemisch geprägte Gesellschaft), aber auch für die USA und andere Staaten. Australien, Argentinien und Chile weisen ein gewisses Wachstum im letzten Jahrzehnt auf. Teilweise führte dies zu einer aktuellen Überproduktion. Andere Länder wie China sind schwer einzuschätzen, wobei auch hier die Unsicherheiten in den Statistiken wie oben erklärt, deutlich wurden.
In der EU wirken sich in den letzten Jahren Zuschüsse für Rodungen von Flächen deutlich aus. Insbesondere Spanien, aber auch Frankreich und Italien zeigen in den letzten Jahren Rückgänge um jährlich 2 % in der Summe der Rebbestände. Die Veränderungen im globalen Rahmen zeigen sich besonders

drastisch in der Rubrik 2007/1900 in der Tab. 13 im Anhang. Ein Vergleich zu den erzeugten Weinmengen (→ Tab. 14 im Anhang) ergibt einen stärkeren Rückgang der Weinerzeugung (EU um 7,3 %) als dies aus der Abnahme der Weinbauflächen zu erwarten war. Wenn z. B. die Weinbaufläche der EU in den erwähnten Zeiträumen von 1990–2007 „nur" um 6,7 % abnahm, während die erzeugten Weinmengen um 18,5 % zurückgingen, dann ist die scheinbare Diskrepanz nur durch Rodungen und andere Formen der Ertragsreduzierung in der EU zu erklären.
Im internationalen Rahmen war dagegen eine massive Erhöhung der Produktion in den Jahren 1990 bis 2007 in Australien, USA, Südafrika oder auch im relativ kleinen Neuseeland deutlich zu erkennen.

Weinbauschulen. In den verschiedenen deutschen Weinbaugebieten bestehen für die Ausbildung der jungen Winzer besondere weinbauliche Fachschulen, die meist mehrjährige Lehrgänge abhalten. Außerdem werden in Wiederholungskursen auch ältere Winzer mit den Fortschritten des Weinbaues und der Kellerwirtschaft vertraut gemacht. Darüber hinaus üben die Lehranstalten eine Forschungstätigkeit aus, die sich auf die verschiedensten Gebiete erstreckt. Dazu gehört die Erforschung der Rebschädlinge und Rebkrankheiten und ihre wirksamste Bekämpfung, die Rebenzüchtung, die Rebenveredlung, der Anbau. Seit 20 Jahren besteht ein Netzwerk zwecks Kontakten innerhalb europäischer „Weinbauschulen" (bisher 10 Treffen). Die älteste deutsche W. ist die LWVO Weinsberg gegründet (1868).

Weinbauverbände. Der Weltweinbauverband (O. I. V. Organisation international de vigne et du vin) hat seinen Sitz in Paris und umfasst die meisten Weinbauländer der Welt (→ Weinbauamt). Die betreffenden Länder sind als Mitglieder vertreten. Als „Unterabteilungen" fungieren Länder- und regionale Vertretungen. Heute sind in erster Linie die durch die EU getroffenen Regelungen wirksam und naturgemäß auch im Sachgebiet „Önologie" zu behandeln (→ Weingesetz, → Weinkontrolle, amtliche). Innerhalb dieser Organisationen werden auch Themen zur Weinwerbung abgehandelt.

Weinbauzonen. Die Einteilung der Weinbauzonen innerhalb der EG in Bereiche ergibt sich aus den natürlichen Klimaunterschieden in den jeweiligen Mitgliedsstaaten. Dadurch sind auch die Anbaubedingungen für Reben unterschiedlich. Als bereits historisches Beispiel und Vorbild für eine wissenschaftlich begründete Zonenzuordnung dürften die Bedingungen in Kalifornien gelten. Dort definierte man zwischen den nördlichen und südlichen Weinanbauzonen Kaliforniens fünf verschiedene Regionen z. B. anhand unterschiedlicher Temperaturverhältnisse. Im Wesentlichen resultieren daraus Empfehlungen zur Rebsortenwahl. Teilweise wird in traditionellen Weinbaugebieten durch Regelungen (→ AOC, → DOC) in die Produktion eingegriffen. In der EG wurde nach dem gleichen Prinzip verfahren, wobei die Weinbauländer in sieben Weinbauzonen eingeteilt wurden.

Die nördlichste Weinbauzone A ist gleichzeitig die kühlste Zone. Sie umfasst mit Ausnahme des Weinanbaugebietes Baden (Zone B) das gesamte Gebiet Deutschlands, dazu die Benelux-Staaten, Großbritannien und entsprechende skandinavische Mitgliedsstaaten.
Zur Zone B zählen Österreich, in Frankreich das Elsass, die Champagne, Jura, Loire, Lothringen und Savoie. Die Zone C ist zusätzlich in C_1a, C_1b, C_2, C_3a, C_3b unterteilt.
Es ist beabsichtigt, innerhalb der EU neue Einteilungen vorzunehmen bei denen die neu hinzugetretenen Gebiete der Mitgliedsstaaten wie z. B. Rumänien etc. erfasst werden.

Die betreffenden Weinanbaugebiete sollen der Zone II zugeordnet werden. Mit weiteren Veränderungen in der Einteilung ist zu rechnen. Inwieweit die anstehenden Klimaverschiebungen die bestehenden Einordnungen der Weinzonen der Welt global verändern, muss der Zukunft überlassen werden (aktueller Stand VO (EG) 479/2008).

Weinbereitung → Önologie

Weinbereitung, zugelassene Stoffe und Behandlungsverfahren. In der Tab. 18 sind alle Stoffe und Behandlungsverfahren aufgelistet, die derzeit (2010) zugelassen sind. Da diese Liste sich (voraussehbar) ändert, sollte sich der Leser unter Vorbehalt an der Tab. 18 orientieren. Normen der B. → Tab. 21 im Anhang.

Weinberg, Lebensdauer. Im allgemeinen kann man mit einer Lebensdauer von 30 bis 50 Jahren rechnen. „Wurzelecht" angepflanzte Rebanlagen zeigen einen durchschnittlich geringeren Ertrag, dafür eine meist längere Nutzungsdauer.
Geringere Erträge können nach der „Menge-Güte-Regel" zur Steigerung der Qualität führen, jedoch führt die Steigerung der Qualität oft nicht immer zum Ausgleich der Ertragsverluste. Die Entscheidung für den Gewinn an Qualität hängt von der Marketingsituation des jeweiligen Betriebe ab. Die übliche Zeit der wirtschaftlichen Nutzung dürfte heute bei bis zu 25 Jahren liegen, doch werden häufig frühere Umstellungen durchgeführt, um neuere Rebsorten anzupflanzen (→ Alte Reben, → Hektarhöchsterträge).

Weinbergslage. Die Lage, in der die Rebe angebaut wird, ist von großer Bedeutung für die Qualität und den Charakter des Weines. Die besten Weine werden in nach Süden oder Südosten geneigten Berglagen gewonnen, da dort der Energiegewinn aus der direkten Sonneneinstrahlung am größten ist. Windgeschützte Lagen haben ein günstigeres „Bestandsklima", Taleinbrüche führen – insbesondere des Nachts – zu Kaltluftdepressionen.
Auch die Bodenzusammensetzung und die physikalische Beschaffenheit des Bodens (Wasserführung) sind nicht ohne Einfluss auf die Art und Zusammensetzung der Weine. Der Weinbergsboden soll sich rasch erwärmen, die Wärme möglichst lange halten und gut durchlüftet sein, wobei sich eine oft wiederholte Bearbeitung vorteilhaft auswirkt. Tiefgründiger Löss und Lösslehm liefern bei reichen Erträgen sehr saftige, körperreiche Weine. Hier spielt die Frage nach dem Wasserhaushalt (Feldkapazität) hinein. In trockenen Jahren sind schwere, wasserführige Böden begünstigt. Die Einflüsse der Bodenart und des örtlichen Kleinklimas fasst man unter dem Begriff der „Standorteinflüsse" zusammen.
Großräumig gedacht lässt zukünftig die Klimaverschiebung die bisherige Einstufung „weinbaugeeigneter" Standorte in einem anderen Licht erscheinen. Frühreifende Rebsorten erobern nördliche Regionen, spätreifende R. folgen nach.
Innerhalb derselben Lage können erhebliche Qualitätsunterschiede auftreten. Nicht alle Teile einer Lage sind gleich geneigt und erhalten die gleiche Sonneneinstrahlung.
Junge und alte Anlagen wechseln häufig miteinander ab. Bekanntlich ergeben alte Rebanlagen mit geringerem Ertrag qualitativ bessere Weine als junge mit erheblich höheren Erträgen. Die Erträge können auch durch Anschnitt, Ausdünnen etc. so verringert werden, so dass nach der Menge-Güte-Regel hochwertigeres Traubengut entsteht (→ Lese).

Weinbergslage (Historische Entwicklung). Die Angaben von „Katasterlagen" sind aus den alten Flurnahmen abgeleitet und werden bei Bedarf teilweise neu aktiviert. Lagebe-

zeichnungen sind in der „Weinbergsrolle" eingetragen. Die Abgrenzung und Definition unterstellt teilweise gleichwertige Weine aus gleichgearteten Böden, was in dieser vereinfachten Form nicht haltbar ist. Auch aus diesen Gründen ist der Begriff des → Terroirs (Boden) als reine Bezeichnung der geographischen Herkunft durch weitere Parameter zu ergänzen und zu unterstützen.
Die Erweiterung bzw. Zusammenfassung von → Einzellagen zur → Großlage durch das Weingesetz von 1971 ist überwiegend dem Marketing geschuldet. Damals sprach man von einer notwendigen „Flurbereinigung" der Lagebezeichnungen, indem man viele alte Katasterlagen aus der Liste (Weinbergsrolle) eliminerte.
Aus romanischen Ländern stammt die Handhabung, überlieferte Herkunftsanlagen mit Qualitätsangaben zu koppeln, während das deutsche System bisher weniger darauf abgestellt war. Der dazu benutzte Terminus „Qualität im Glas" war förderlich, da daraus internationale Regeln zur Qualitätsbewertung aufgestellt (Qualitätsprüfung durch → Sensorik) wurden und inzwischen weitgehend in der EU Eingang gefunden haben. Andererseits führen EG-Regelungen dazu, dass das „romanische" System des „geschützten Ursprungs" das traditionelle deutsche System überlagert.

Wein, Beschaffenheitsangabe. Diese beschränkt sich bisher auf die verbale Beschreibung der Süße (Zuckergehalt) und regelt die zur Deklaration (auf dem Etikett) zugelassenen Geschmacksangaben. Im Gegensatz zur (EG-) Regelung bei → Schaumwein sind bei Wein die höchstzulässigen Zuckergehalte an die → Gesamtsäure gebunden. Dazu ist im EG-Weinrecht eine Regelung wie in Tab. 17a im Anhang getroffen worden.

Weinbewertung, Schemata. Die durch die Sinneseindrücke erfasste Eigenart lässt sich verbal, das heißt qualitativ beschreiben (→ Weinansprache). Um eine Bewertung der Qualität durchführen zu können, bedarf es jedoch möglichst quantitativer und reproduzierbarer Einstufungen. Nach Sinneseindrücken differenzierte Bewertungen sind seit altersher bekannt (→ Sensorik). Farbe, Geruch und Geschmack (Color, Odor, Sapor =COS-System) bilden dazu die Grundlage. Darauf bezogene Schemata müssen zunächst klären, ob alle vier Sinneseindrücke gleichwertig einzustufen sind. Jedes der Merkmale kann grundsätzlich in Stufen von sehr gut bis mangelhaft ausgedrückt werden (analog einer Benotung) oder man verteilt den zur Verfügung stehenden Bewertungsrahmen ungleich auf die vier Sinneseindrücke, unterstellt demnach eine unterschiedliche Gewichtigkeit dieser Merkmale. Letzteres ist z. B. erfolgt beim sogenannten DLG-Schema (5-Punkte-Schema), welches in Deutschland beim → Weinsiegel, bei → Weinprämierungen, bei regionalen → Gütezeichen und bei der amtlichen → Qualitätsweinprüfung herangezogen wird.
Vorteile dieses neuen Schemas sind: Angleichung an die DLG-Prüfrichtlinien für andere Getränke; teilweise nur Ja/Nein- Entscheidungen bei Farbe, Klarheit, Rebsorte, Prädikat und Herkunft; Angleichung der eigentlichen Bonitierung an herkömmliche „Notenskalen". Auf der Basis des COS (Color, Odor, Sapor) -Systems benutzte man anfänglich ein 20-Punkte-System, welches international auf 100 Punkte „upgedatet" wurde. Viele anerkannte Sensoriker halten solche Ausweitungen für überzogen.
Eine Anzahl weiterer Bewertungsschemata sind bekannt und mögen im Einzelfall sogar Vorteile bieten (Rotwein, Schaumwein), doch sollen diese hier nicht eingehend erörtert werden (→ Sensorik). Die grundsätzlichen Regeln und deren Anerkennung der Prüfungsrichtlinien und anerkannten (auch privaten) Prüfungseinrichtungen durch die EG

sind in einer EG-VO niedergelegt (→ Prämierungen, → Parker-System, → Tab. 30 im Anhang).

Weinbrand ist der Begriff für einen in Deutschland gebrannten Wein. Die Bezeichnung erfolgte nach Verbot des Begriffes „Cognac“ im Versailler Vertrag (danach wurde von Hugo Asbach der Begriff „Weinbrand“ geprägt). Dieser Begriff ist nicht nur deutschen Erzeugnissen vorbehalten. Weinbrand wird zu 60 % in fünf Großbetrieben hergestellt. Weinbrand wird fast ausschließlich aus ausländischen Brennweinen hergestellt. → Brennwein ist in der Regel Wein, der mit Destillat im Ursprungsland auf 18 bis 24 % Vol. Alkoholgehalt verstärkt ist. Beim „Brennen“ erhält man zunächst einen Rohbrand von etwa 40 % Vol., der erneut feindestilliert und bei einem Endgehalt von etwa 70 % Vol. in Eichenholzfässern gelagert wird. Vorgeschrieben sind mindestens 9 Monate Lagerung. Danach erfolgt die Rückverdünnung auf die geforderte Trinkstärke von mindestens 38 % Vol. und der Zusatz der „Typage“, darunter Zucker bis maximal 20 g/l. Wird nur „Weinbrand“ deklariert, dann genügen 36 % Vol. Alkoholgehalt. Angaben wie „Pfälzer Weinbrand“ sind für Weinbrände aus Weinen der Rheinpfalz geschützt. International ist der Namen „Brandy“ geläufig. In Frankreich benutzt man die Herkunftsbezeichnungen „Cognac“ und „Armanac“.

Wine-Brane ist ein Verfahren zur Teilentfernung von Alkohol aus Wein. Die Röhrenmembrane erinnert an die → Crossflow-Technik oder an die → Umkehrosmose.

Weinbruderschaften. In der Nachkriegszeit wurden aus Ansätzen bestehender kunstsinniger Weinrunden die ersten deutschsprachigen Weinbruderschaften gegründet. Dabei war die Gründung der „Weinbruderschaft der Pfalz“ Anstoß für nachfolgende Weinbruderschaften.
Inzwischen finden sich in wohl allen Weinbauregionen Deutschlands Weinliebhaber, um dem „Kulturgut Wein“ zu dienen. Derzeit sind ca. 6500 Mitglieder im Forum der „Deutschsprachigen Weinbruderschaften e. V.“ mit über 50 lokalen Gruppen in Deutschland, Österreich und der Schweiz organisiert. Die älteste Weinbruderschaft residiert in der Pfalz mit cirka 1000 Mitgliedern. Vorbildlich ist deren Wirkung nach Außen durch Veranstaltungen wie die „Große Pfalzweinprobe“. Nach den Statuten haben sich die Mitglieder im Kreise der „Deutschsprachigen Weinbruderschaften“ verpflichtet, keinerlei kommerzielle Interessen zu verfolgen.

Weinbuchführung. Innerhalb der EG sind einige Grundsätze, zuletzt in VO (EWG) 2238/93, geregelt. Seit 1971 ist der nationale Gesetzgeber in der sog. Weinüberwachungsverordnung mit Regelungen beschäftigt, die laufend fortgeschrieben wurden. Als Fristen für die Eintragung von Ein- und Ausgängen gelten 30 Tage, eine Handhabung, die u. a. auch die Art der modernen elektronischen Datenverarbeitung berücksichtigt. Die Fristen gelten nur, wenn die dort vorgeschriebenen Eintragungen im „Herbstbuch“ oder in anderen Notizen nachvollziehbar sind. Es ist möglich, die erforderlichen Eintragungen auch im Durchschreibeverfahren zu tätigen. In der Regel sind die Arten der Buchführung pauschal oder im Einzelfall zu genehmigen, um eine Überwachung sicherzustellen. Als „Bücher“ gelten:
- Kellerbuch,
- Herbstbuch,
- Weinbuch,
- Stoffbuch
- „Buch des Geschäftsvermittlers“ (Kommissionär).

In Rheinland-Pfalz kann bis zum 10. Dez. des Erntejahres das sog. Herbstbuch bzw. andere Belege mit den entsprechenden, fortlaufenden Eintragungen die Eintragungen in obengenannte Bücher ersetzen. Die Details in den Anforderungen werden durch unterschiedliche Verfahrensweisen der Länder kompliziert, sodass hierzu keine verbindlichen Angaben gemacht werden können. Historisch gesehen war schon in den Jahren 1836/37 in der Rheinpfalz lediglich ein „Lager- und Versandbuch" vorgeschrieben.
Die allgemeinen Buchführungspflichten brachte das dritte deutsche Weingesetz. Neben den Buchführungspflichten für Ein- und Ausgänge in der Weinerzeugung existiert noch die Vorschrift zur Führung eines „Analysenbuches", die im erweiterten Sinne nicht nur gewerbliche Labors, sondern auch für betriebeigene Labors (seit 1990) gilt. Solche betriebseigenen Labors können auch für die Ausstellung der sog. QbA-Analyse der eigenen Weine zertifiziert sein (→ Weinkontrolleur).

Weinernte → Lese, → Weinerntemenge.

Weinerntemenge in Deutschland. Die Weinerntemenge (Mostertrag) innerhalb der deutschen Weinbaugebiete ist in den letzten Jahrzehnten stetig angestiegen. Während in den 50er Jahren eine Erntemenge von 2,5 bis 3 Mill. hl normal war, sind in den 60er Jahren 6 Mill. hl normal. Die Tab. 12 im Anhang zeigt die immer noch starke, jahrgangsabhängige Fluktuation im Ertrag und in der Qualitätseinstufung ab 1967. Am Verhältnis von Qualität zum Ertrag erkennt man die Wirksamkeit der sog. Menge/Güte-Regel. Im Jahrgang 1985 ist bei einem geringen Ertrag von 58,1 hl/ha ein Prädikatsweinanteil von 59,6 % registriert worden, für den Vorgänger-Jahrgang 1984 führte der deutlich höhere Ertrag von 86,7 hl/ha zu einem extrem niedrigen Prädikatswein-Anteil von nur 7 %.
Neben der Ausweitung der Weinbergsflächen trägt dazu die Verjüngung des Rebbestandes, der Anbau neuer Rebsorten und die Intensivierung der Bewirtschaftung zur Steigerung der Qualität bei, wie man aus der guten Bonitierung der Jahrgänge seit Mitte der 90 er Jahre erkennen kann. Mit dem Jahr 1991 sind in der Statistik bereits die Mosterträge der Länder Sachsen und Saale-Unstrut mit damals ca. 630 ha mitberücksichtigt.
Darüberhinaus sind die nach Weingesetz in zusätzlichen Länderregelungen unterschiedlich festgesetzten Hektarhöchsterträge geregelt. Im Gegensatz zu den „ Neuen Weinbauländern" sind seither die Rebflächen Deutschlands weitgehend konstant geblieben. Wie die Tab. 14 (im Anhang) für die wichtigsten Weinbauländer der Welt aufweist, ist die Produktion in Europa stark abgefallen, während die „Neuen Weinbauländer", Australien, China und USA, „zugelegt" haben (→ Weinproduktion der Welt).

Wein, entalkoholisiert. „Entalkoholisierter" Wein, „Alkoholfreier Wein" und „Teilentalkoholisierter Wein" (Alkoholreduzierter Wein) sind Erzeugnisse im Sinne des Lebensmittelrechts. Entalkoholisierter Wein darf aus Wein unter schonender Entgeistung durch thermische Prozesse oder, Membranprozesse, bei deren Anwendung eine Volumenverminderung von höchstens 25 % eintreten darf, oder durch Extraktion mit flüssigem Kohlendioxid hergestellt werden. Entalkoholisierter Wein muss weniger als 0,5 % Vol. Alkohol enthalten und nach bestimmten Kriterien deklariert werden.
Teilentalkoholisierter Wein darf nach gleichen Verfahrensweisen hergestellt werden, wobei der Alkoholgehalt zwischen 0,5 und 4 % Vol. liegen darf.
Nach Zusatz von CO_2 werden daraus schäumende Getränke aus alkoholfreiem bzw. teilentalkoholisiertem Wein. Der SO_2-Gehalt darf bis 200 mg/l betragen, → Ascorbinsäure

darf zugesetzt werden und → Sorbinsäure (vorläufig bis 200 mg/l) wird toleriert. → Dimethyldicarbonat (→ Velcorin®) ist als Carry-Over-Stoff („Verschwindestoff“) keine Zutat, also nicht deklarationspflichtig.
Der große Vorteil ist der niedrige Alkoholgehalt, der Nachteil ist die doch wesentliche Änderung der sensorischen Eigenschaften. Sowohl in Geruch als auch im Geschmack tritt eine wesentliche „Verarmung“ ein, die durch das Fehlen des Alkohols als Verstärkersubstanz für Aromen zu begründen ist. Dies lässt das „Weingefühl“ nicht aufkommen. Offensichtlich ist Bier zur Entalkoholisierung besser geeignet. Da die Technik teilweise noch in Entwicklung begriffen ist, werden die bekannten Verfahren hier nicht beschrieben (→ Membrane, → Membranverfahren, → Vakuumdestillation).

Weinessig entsteht durch gezielte → Oxidation des Weinalkohols. Die Oxidation wird durch Essigbildner (Reinbakterienkulturen auf Träger) durchgeführt (→ Essigmutter). Essigstichige Weine können zu Weinessig verarbeitet werden (→ Essigstich). Essig kann aus alkoholhaltigen Flüssigkeiten durch → Gärung entstanden oder aus synthetischer Essigsäure durch Verdünnung hergestellt sein. In Deutschland ist die Bezeichnung Weinessig nur zulässig, wenn dieser ausschließlich aus Wein hergestellt wurde. Für „Essig“ gilt dies nicht. Ein Verschnitt von Gärungsessig mit Syntheseessig ist mit der C_{14}-Methode nachweisbar, wenn der Anteil des letzteren 5 bis 7 % überschreitet.
Der Gehalt an Essigsäure im gebrauchsfertigen Handelsessig muss zwischen 5 und 15,5 g wasserfreie Essigsäure pro 100 g betragen.
Weinessig enthält neben Essigsäure Nebenbestandteile wie Alkohol (kaum über 10 g/l) und → zuckerfreien Extrakt, der in der Art und Menge etwa den Zahlenwerten einfacher Konsumweine entspricht, aus denen der Weinessig gewonnen wurde. Neben Weinessig gibt es noch Bier- und Malzessig, Branntweinessig (niedriger Extraktgehalt), Obstessig und Zubereitungen wie Kräuteressig oder Zitronenessig. Essigessenz ist hochkonzentrierte Essigsäure aus synthetischem Material (→ Essigsäure).

Weinfehler → Fehler des Weines.

Weinflaschen bestehen aus Glas und sind in Form und Farbe unterschiedlich (→ Flaschenformen, → Flaschengröße). Glas hat sich infolge seiner Materialeigenschaften (gasundurchlässig, keine Abgabe von Fremdstoffen, Wiederverwertbarkeit) bewährt und ist traditionell eingeführt. Obgleich die Flaschenformen sich traditionell wenig entwickelt bzw. verändert haben, sind anstelle von Glas neue Materialien erprobt worden. Insbesondere spezielle Kunststoffe – teils mit zusätzlichen gasdichten „Schutzauskleidungen“ – wurden bereits eingeführt. Die klassische Flaschenform findet sich bei den PET-Flaschen (PET = Polyethylenterephthalat), die neuerdings innen mit einer glasartigen Schicht (SiO_2) überzogen sind. Obwohl diese Flaschenart schon relativ häufig bei Softdrinks und Mineralwasser Anwendung findet, ist Kunststoff bei Wein möglicherweise problematisch.
Für größere Verpackungseinheiten von Wein eignen sich ausgewählte Kunststoffe in Form der → Bag-in-Box auch für Wein. Da man in Frankreich den Wein häufig zu Tisch in der Karaffe serviert, ist BaG-in-Box (BiB) dort eine seit langem nachgefragte Verpackungsform. Ausserhalb der EU ist BiB in Australien, Neuseeland und innerhalb der EU in Skandinavien und Großbritannien verbreitet.

Weingeist. Synonym für → Ethanol. Meist in literarischen Sentenzen benutzt.

Weingesetz. Das erste deutsche Weingesetz über den Verkehr mit Wein, weinähnlichen und weinhaltigen Getränken wurde schon im Jahre 1892 erlassen. Obwohl schon in früheren Zeitaltern „Weinordnungen" bestanden, wurden erst damit die Begriffe der „Verfälschung" und der „anerkannten Kellerbehandlung" beschrieben und in „Grenzzahlen" ausgedrückt, was leider zu einer starken Gegenreaktion führte: Die Verfälschungen nahmen zu.

Das zweite deutsche Weingesetz von 1901 brachte Fortschritte: „Wein" wird definiert als:Naturprodukt, die Zuckerung eingeengt, Einführung der Kellerkontrolle durch Sachverständige, Strafbestimmungen.

Das dritte deutsche Weingesetz von 1909 ist eine Fortentwicklung, beruhend auf den seitherigen Erfahrungen. Durch Ausführungsverordnungen wird das Gesetz in der Handhabung beweglicher, dem technischen Stand angepasster, die Zuckerung wird eingehender normiert, ein „Positiv"-Katalog der erlaubten Zusatzstoffe aufgestellt, die Buchführungspflicht eingeführt und das Bezeichnungsrecht verfeinert.

1930 folgt das vierte deutsche Weingesetz mit überwiegend wirtschaftlich geprägten Veränderungen: Verbot des Verschnittes von ausländischem mit deutschem Wein, Erhöhung des Umfanges der Nasszuckerung, Verbot des Hybridenweines, Alkoholzusatzverbot, aber auch einige Ausnahmen wie Deckweinzusatz oder Alkoholzusatz bei Export. Im Weiteren wurde das Gesetz durch insgesamt acht Ausführungsverordnungen fortentwickelt.

Ein (fünftes) deutsches Weingesetz von 1969 trat nicht in Kraft, da zwischenzeitlich die Kompetenz der Weingesetzgebung primär an die EWG übergegangen war. Unter Berücksichtigung dieser Tatsache wurde 1971 das (sechste) Weingesetz verkündet, welches weiterhin durch das Weingesetz vom 15. Juli 1994 abgelöst wurde.

Die wesentlichsten Veränderungen gehen heute von den EG-Behörden aus, die seit Erlassung der grundlegenden Marktordnung durch die Verordnung VO EWG) 816/70 im Jahre 1970 eine Fülle von weiteren Verordnungen erlassen haben. Die Mitwirkung des nationalen Gesetzgebers ist inzwischen weitgehend auf Ermächtigungen im Bereich des sogenannten Qualitätsweines beschränkt. Die Materie ist inzwischen so umfassend, dass Spezialwerke herangezogen werden müssen. Obwohl sich Fachbücher die in Loseblattform jeweils dem neuesten Stand angepasst werden, besonders bewährt hatten, werden die Daten neuerdings nur noch von Fachverlagen im Internet angeboten.

Wein, Gesundheit. Die Erkenntnisse über die Vorzüge des Weingenusses sind in der Formel „maßvoller Genuss = gesundheitsförderlich" zusammengefasst. Die durch viele medizinische Untersuchungen gestützten Erkenntnisse sind nicht neu und schon von Paracelcus formuliert worden. Ein derart umfassendes und in der Fachliteratur beschriebenes Gesamtwerk kann in einem lexikalen Beitrag nicht hinreichend beschrieben werden. Eine aktuelle Berichterstattung entnimmt man den Veröffentlichungen der deutschen Weinakademie GmbH (www. deutscheweinakademie. de) (→ French paradoxon, → Wein, physiologische Wirkung).

Weingläser sind teils Schmuck-, teils Gebrauchsgegenstände. Da Farbe, Form und Schliff die Weinverkostung beeinflussen, verwendet man zur fachlichen Probe → Weinprobiergläser.

Weingläser für den sensorisch-fachlichen Bedarf sind weniger der freien modischen und marktstrategischen Gestaltung unterworfen, sondern aus guten Gründen meist genormt. Gegenüber dem traditionell üblichen Formenreichtum einschlägiger Anbieter sucht man bei fachlichen Weinbewertungen die

Vereinheitlichung und damit die Vergleichbarkeit herzustellen.
Beim Gebrauch der Weingläser kommt es eher darauf an, dass keine geruchliche Beeinflussung durch anhaftende Spülmittelreste etc. in Betracht kommen. Glas kann durch Adhäsion minimale Mengen geruchsaktiver Stoffe binden. Die Desorption solcher Stoffe erreicht man am besten durch Vorspülen mit einem Teil des zu prüfenden Weines. Aus den genannten Gründen war es durchaus angebracht, für Weiss-und Rotweine ein einheitliches Glas zu kreieren (SENSUS-Glas). Andere Weingläser sind nach → DIN- bzw. ISO-Norm beschrieben.

Weingrünmachen bestand ursprünglich in einem → Entlohen des „grünen", jungen Fassholzes (→ Fassbehandlung). Der Fachausdruck wird inzwischen auch auf andere Behälter und Gerätschaften zur Beschreibung von Reinigungsvorgängen angewendet (→ Avinieren).

Weinhaltige Getränke lassen sich unterteilen in aromatisierte und nichtaromatisierte weinhaltige Getränke. Da unter die nichtaromatisierten Getränke nur die → Schorle fällt, beschränken sich die folgenden Ausführungen praktisch auf die aromatisierten weinhaltigen Getränke. Die Rechtslage ist derzeit noch sehr unbestimmt, da die EG zwar Rahmenverordnungen geschaffen hat, diese aber noch in deutsches Weinrecht umzusetzen sind. Dieser Vorgang ist momentan noch nicht abgeschlossen. Unstrittig ist bei den aromatisierten weinhaltigen Getränken, dass der überwiegende Anteil aus Wein oder Most bestehen muss (Art.1 VO (EWG) 1601/91).
Diese VO definiert in 3 Gruppen:
- Aromatisierter Wein.
- Aromatisierte weinhaltige Getränke.
- Aromatisierte weinhaltige Cocktails (eine Produktgruppe, die in der BRD keine Tradition hat).

Als Zutaten dürfen verwendet werden:
- Wein, je nach Getränk Weindestillat, Branntwein und Alkohol aus Wein.
- Natürliche Aromastoffe und/oder Extrakte.
- Würzkräuter und/oder Gewürze und/oder geschmacksgebende Nahrungsmittel.
- Mittel zur Süßung.

Keine weinhaltigen Getränke sind → „Arzneiweine". Folgende Produkte sind am Markt eingeführt:

Aromatisierter Wein (bzw. Weinaperitif): Wermut, Wermutwein, Wein mit Chinarinde (Bitter vino), Americano, „aromatisierter Wein mit Ei" (andere Amtssprachen der EG sind erlaubt).

Aromatisierte weinhaltige Getränke:
→ Sangria, → Glühwein, → Maiwein (Getränk mit Waldmeistergeschmack), Maitrank, Bitter Soda etc. Aromatisierte weinhaltige Cocktails sind z. B. „Weincocktails" oder „aromatisierter Traubenperlmost".

Weinhefe → Hefetrub.

Weinhefen → Hefen.

Weinheilige. Sie gelten traditionell als „Schutzpatrone" der Winzerschaft und besitzen lokale Bedeutung. Am verbreitesten ist wohl St. Urban, eine Figur aus dem Mittelalter, die später in Variationen teils als Bischof oder Papst personifiziert wurde. Die Darstellung des St. Urban findet sich immer mit einem Traubensymbol und Hirten (Bischofs-Stab). In Frankreich wird St. Vincenz verehrt, in Franken pflegt man St. Kilian. Meistens finden sich die ersten Spuren der Weinheiligen in römisch-katholischen Gebieten außerhalb Deutschlands. In einer Veröffentlichung werden 32 Namen von Weinheiligen aufgezählt. Auch Traubenmadonnen und Weinmadonnen als Patronin für „Weinschröter“ sind bekannt (Weinschröter-Madonna aus Hallgarten, um 1550).

Wein, keimhemmende Wirkung. Zahlreiche Untersuchungen haben sich mit der keimhemmenden Wirkung des Weines vor allem auf Bakterien befasst und übereinstimmend ergeben, dass dem Wein zweifellos eine bakterizide Wirkung zukommt, wenn sich auch die verschiedenen Bakterien-Arten unterschiedlich verhalten. Im allgemeinen lässt sich sagen, dass die bakterienhemmende Wirkung eines Weines mit steigendem → Alkoholgehalt und niedrigerem → pH-Wert zunimmt. Dem Wein kommt daher ein hoher hygienischer Wert zu, den man in warmen Klimazonen schon frühzeitig erkannt und praktisch genutzt hat. Dort ist es seit Jahrhunderten üblich, Wein mit Wasser verdünnt zu trinken. Dabei dient der Wein weniger als Genussmittel, sondern hat den Zweck, das oft schlechte Trinkwasser mehr oder weniger zu desinfizieren, eine Erfahrung, die schon „die alten Römer“ bei ihren Feldzügen zu nutzen wussten.(→ Wein, physiologische Wirkung).

Weinkeller sind früher ausschließlich im „gewachsenen“ Boden angelegt worden, um Temperaturschwankungen einzuschränken. Durch die modernen Möglichkeiten der Wärmeisolation und Kühlung gefördert, kommt heute ein zunehmender Trend zu ebenerdigen Anlagen auf, der arbeitswirtschaftliche Vorteile bieten kann.

Weinklimaschrank. Kühlschränke, die dem Bedürfnis der Weinlagerung speziell angepasst sind. Dabei geht es oft darum, Weine zum direkten Genuss bereit zu halten. Dazu muss die jeweils richtige → Trinktemperatur einstellbar sein. Deshalb sind regelbare Temperaturzonen wählbar, die, je nach Weintyp zwischen 8 und 18 °C liegen. Neben der richtigen, „trinkgerechten“ Temperatur spielt die jeweilige Feuchtigkeit dann eine Rolle, wenn Etiketten (früher) nicht pilzfest waren. Der Ausdruck „Klimaschrank“ deutet ferner die Möglichkeit an, auch die Feuchte zu regeln. Die Auswirkung auf den → Schwund ist jedoch im wesentlichen von der Dichtigkeit der → Flaschenverschlüsse abhängig (→ Zehrung).

Weinkommissionär. Vermittler für den Weinabsatz zwischen Winzer und Weinhandel.

Weinkontrolle, amtliche. In der VO (EWG) 2048/89 sind bereits die Regeln der Kontrolle im Weinsektor aufgeführt. Diese EG-Regelung basiert auf älteren, bereits national und international bewährten Kontrollmechanismen. Die Behörden der Länder (in Deutschland sog. Lebensmitteluntersuchungsämter) sollen die Einhaltung der weingesetzlichen Regelungen zur Sicherung der Qualität des Weines im Interesse der Erzeuger und Verbraucher sicherstellen. Dazu gehört der Nachweis von Manipulationen, aber auch die Sicherstellung ungeeigneter Ware (Verbraucherschutz). Neben den → Weinkontrolleuren, die vor Ort die gesetzlich vorgeschriebene Buchführung und die Lagerbestände kontrollieren, Weine verkosten und Proben einziehen, ist die Arbeit des „Weinchemikers“ zu erwähnen, der die analytischen Daten erstellt und interpretiert. Letztere Aufgabe ist beim Wein besonders schwierig, da er sehr komplex zusammengesetzt ist. Nicht immer lassen sich Manipulationen (rechtzeitig) nachweisen (→ Diethylenglykol-Skandal), weil bei der Vielzahl der zu untersuchenden Substanzen zum Einen die Aufwendungen den Wert des Weines übersteigen könnten, zum Anderen eine gezielte Analyse „exotischer“ Substanzen in der Routine der Überwachung nicht eingeplant ist.

Die zitierte VO (EWG) sucht durch Förderung des Datenaustausches, der Erstellung von Weindatenbänken und Bereitstellung von Referenzmaterial die Überwachung auf europäischer und internationaler Ebene zu stärken. Auf nationaler Ebene arbeiten die amtlichen Prüfstellen der Länder auf dem QbA-Wein-Sektor mit der amtlichen Weinkontrolle in Überwachungsfragen zusammen (→ Weinstatistik, amtliche, → Weinverfälschungen → Wein, Zusammensetzung).

Weinkontrolleur ist ein hauptberuflich tätiger Weinsachverständiger, der zur Überwachung der Vorschriften des Weingesetzes eingesetzt wird. Er ist befugt, in Erzeuger- wie Handelsbetrieben Besichtigungen vorzunehmen und Proben zu ziehen für eine notwendige chemische Untersuchung. Über die entnommene Probe ist eine Empfangsbescheinigung auszustellen. Bis zum Abschluss der Untersuchung durch das zuständige Lebensmitteluntersuchungsamt können die Behälter verschlossen und „unter Siegel" genommen werden. Ein Teil der Probe ist amtlich verschlossen oder versiegelt beim Betriebsleiter zurückzulassen (→ Konterprobe). Soweit nicht ausdrücklich darauf verzichtet wird, ist für die entnommene Probe eine angemessene Entschädigung zu leisten. Die Weinkontrolleure setzen ihr sachverständiges Wissen auch zur Beratung ein. Die Beamten sind den Landesuntersuchungsämtern zugeordnet. Im Land Rheinland-Pfalz sind derzeit (2008) 25 W. tätig.

Weinkostprobe. So große Bedeutung auch der chemischen und mikroskopischen Untersuchung, vor allem zum Nachweis von Verfälschungen beizumessen ist, so kann sie doch niemals allein erschöpfende Auskunft über die Qualität und den Wert eines Weines geben. Obwohl in der Fachsprache die wissenschaftliche Form der „Verkostung" mit dem Begriff der → „Sensorik" verbunden wird, ist „vor Ort" im Kellereibetrieb die einfache Form der W. obligatorisch. Nachfolgend sind die Grundbedingungen der sensorischen Überprüfung dargestellt, die naturgemäß nicht dem erhöhten Aufwand einer wissenschaftlichen Sensorik entsprechen.
Grundbedingungen:
- Rauchverbot.
- Vorab keine scharfen, gewürzten Speisen einnehmen.
- Zwischen den W. mit Brot die Geschmacksorgane neutralisieren.
- Möglichst in offenen, hellen und „geruchsfreien" Räumen probieren.
- Optimale Temperatur der Proben einstellen.

Weitere verfeinerte Bedingungen wie normierte Gläser, Wiederholungen der „verdeckt" angebotenen Weine sind für die hier dargestellte Betriebskontrolle nicht erforderlich. (→ Betriebskontrolle, → Weinbewertung, Schema).

Weinkostprobe, als Betriebskontrolle. Im Verlaufe der Weinbereitung ist es die Aufgabe des Kellermeisters, seine eigenen Weine häufig einer sensorischen Prüfung zu unterziehen. In solchen Fällen gilt es lediglich zu prüfen, ob sich Weinfehler ankündigen und ob dagegen oder im Fall einer normalen Weinentwicklung nur die turnusmäßigen Behandlungen durchzuführen sind. Nur der zuständige Kellermeister und Betriebsleiter trägt die Verantwortung, kennt die Ziele und den angestrebten Charakter seiner Weine.... Im öffentlichen Wettbewerb – wie z. B. bei → Weinprämiierungen – ist der Aufwand naturgemäss erheblich umfänglicher (→ Sensorik).
Viele Veränderungen lassen sich, besonders im Anfangsstadium und während des → Ausbaues, nur durch die sensorische Beurteilung erkennen. Sensitivität für Geruch und Ge-

schmack, gepaart mit langjähriger Erfahrung, sowie genaue Kenntnis der je nach → Weinanbaugebiet, Jahrgang und Rebsorte verschiedenen Weincharaktere, sind Voraussetzung für jede fachmännisch aufgezogene → Weinkostprobe. Deshalb ist innerhalb einer Betriebskontrolle die „Probe am Fass", also eine Verkostung im Keller, bei den dortigen Temperaturen und den sonstigen Umständen (Geruch, Beleuchtung) nicht empfehlenswert. Diese einfache Form einer internen Weinprüfung wird in der Regel dann auch durch ebenfalls vereinfachte Untersuchungen, wie die Bestimmung von Parametern wie SO_2-Gehalt, Säure- und → Restzuckergehalt begleitet und unterstützt (→ Betriebskontrolle, → Weinbewertung, Schema).

Weinkrankheiten → Krankheiten der Weine.

Weinkristalle → Weinstein.

Weinküfer ist eine Berufsbezeichnung, die im Laufe der Jahre eine Wandlung durchgemacht hat. Waren es ursprünglich überwiegend Böttcher, das heißt Handwerker, die Behälter aus Holz (Fässer, Bütten, Logeln, Lesekübel) herstellten und die Weinbehandlung noch zusätzlich ausübten, so ist nunmehr die Herstellung der Behälter aus Holz deutlich in den Hintergrund getreten.
Heute sind Weinküfer überwiegend Kellertechniker und befassen sich mit der Herstellung und Behandlung von Wein. Es ist ein Handwerkerberuf geblieben, der die klassische Ausbildung mit Lehrzeit als Lehrling und Gesellenprüfung (Berufsschule mit Abschluss), anschließende Gesellenzeit zur Gewinnung praktischer Erkenntnisse, danach Ausbildung zum Meister mit späterer Lehrbefähigung praktiziert. Die Ausbildung erfolgt in speziellen Schulungseinrichtungen (z. B. LVWO Weinsberg).

Weinleitungen können flexibel (→ Weinschläuche) oder auch fest installiert sein. Die festverlegten Leitungen besitzen Vorteile schon vom Material her, welches dauerhafter ist. Insbesondere bleibt die Innenoberfläche dauerhaft glatt und lässt sich leichter reinigen. Überwiegend bestehen die Leitungen aus rostfreiem Stahl, danach folgt ein weichmacherfreier Kunststoff wie PVC oder Polyethylen. Glas wird –trotz erheblicher Vorteile noch wenig verwendet. Die Weinleitungen sollen im Gefälle verlegt werden, damit man diese leichter entleeren kann. Die Reinigung erfolgt wie bei Schläuchen mit Bällchen und → Desinfektionsmitteln (→ HACCP, → Reinigungsmittel). Zur Berechnung der jeweils notwendigen Leitungsquerschnitte existieren Tabellen für Maischeleitungen (Christmann, 2001, → Lit. Nr. 6 im Anhang).

Weinmarktordnung umfasst ein seit 1970 ständig ergänztes Regelwerk der EU (→ Weingesetz).

Weinmaße sind Volumenmaße, die den Inhalt von → Weingläsern, Flaschen und → Behältern angeben. Das vom O. I. V. herausgegebene „Lexique de la vigne et du vin" verzeichnet noch im Jahre 1963 insgesamt 162 verschiedene Bezeichnungen für Behältergrößen, die allein in Frankreich traditionell benutzt werden (oder wurden). Das „Kellerwirtschaftliche Lexikon" aus dem Jahre 1962 gibt noch folgende Raummaße an: Butte, Eicher, → Eimer, → Fuder, Hürde, Kessel, → Logel, Stück, → Stütze, die traditionell mit unterschiedlichen Inhalten in den verschiedenen deutschen Weinbaugebieten gebräuchlich waren. Diese Entwicklung musste früher akzeptiert werden, weil die Behälter in der Regel aus Holz gefertigt wurden und dies nicht absolut präzis (Inhalt) möglich war. Heute hat eine solche Differenzierung keine Berechtigung mehr. Insbesondere beim Handel mit Trauben, Maische und Most zieht man ohnehin die Verwiegung vor. Gelegentlich sind bei der Herbstpreisbildung noch traditionelle Volumenangaben wie Logel = 40 l üblich, die man dann umständlich (über die Dichte bzw. das Mostgewicht) in Kilogramm umrechnen musste (→ Logel).

Weinöl → Önantäther.

Wein, physiologische Wirkung. Die physiologische Wirkung, das heißt der Einfluss des Weines auf den Organismus des Menschen ist vielseitig. Die günstige Wirkung von Wein zur Gesundung und Gesunderhaltung war schon in alter Zeit bekannt. In Kriegszügen wurde dem Krieger Wein zur Verhinderung von bakteriellen Infektionen zugeteilt. Unabhängig von der stimulierenden Wirkung auf die Psyche der Weingenießer ist die Wirkung des Weines auf das Wohlbefinden und die Gesundheit ein sehr komplexer Vorgang. Die in Wein enthaltenen Stoffe werden zunächst in den kalorischen Stoffwechsel einbezogen und liefern somit „Kalorien" (→ Brennwert). Daher kann Wein teilweise Nahrungsmittel sein. Das Angebot an → Vitaminen und anderen essentiellen Stoffen ist ebenfalls nicht hinreichend, ausserdem werden mit der meist empfohlenen maximalen täglichen Menge von ±0,3 l nur etwa 250 kcal aufgenommen. Die maßgebende Wirkung geht vom → Alkohol aus, der überwiegend in der Leber abgebaut wird. Durch die berauschende Wirkung des nicht abgebauten Alkohols und anderer Stoffe, wie der → Fuselöle, können die bekannten Probleme Trunksucht oder abnormes Verhalten im Straßenverkehr entstehen.
Chronische Alkoholiker, die allerdings ihren „Alkoholbedarf" überwiegend durch Konsum „harter" Getränke decken, sind von Leberzirrhose bedroht. Bei maßvollem Genuss (für Männer etwa 0,4 l, für Frauen etwa 0,3 l pro Tag) überwiegen die positiven Seiten: Anregung des Kreislaufs, Verhinderung von Arteriosklerose (Verkalkungserscheinungen), das heißt auch Verbesserung der Elastizität der Blutgefäßwände, bessere Funktion der Nieren, Anregung der Bauchspeicheldrüse und Stimulierung der Verdauung, Desinfizierung des Magen-Darmtraktes.
Umfängliche Studien erwiesen die „kardioprotektive" Wirkung von Rotwein, dessen Genuss für die prozentual deutlich abgesenkte Sterblichkeit durch Herzkrankheiten in Ländern mit hohem Rotweinverbrauch wie Frankreich, Schweiz und Italien verantwortlich sein dürfte. Hier können Stoffe wie → Resveratrol wirksam sein (→ French paradoxon, → Phenole). Nach neueren Untersuchungen enthalten auch Weißweine „gefäßschützende" Substanzen; ... die Wirkung von Weißweinen ist die gleiche wie die von Rotweinen (Zitat: Dr. Stein-Hammer, DWA Mainz).
Als wertvoll angesehen wird zudem der Gehalt an → Spurenelementen, wobei der Gehalt an Mineralstoffen des Weines oft mit den Gehalten in pharmazeutischen Präparaten übereinstimmt. Völlig decken kann man den Bedarf an Vitaminen und Spurenelementen jedoch durch den empfohlenen Weinkonsum in der Regel nicht.
Diese allgemein gültigen Verhaltensregeln können im Einzelfall naturgemäß durchbrochen werden. Chronisches Magenleiden oder Prostata-Erkrankungen engen den Weingenuss gelegentlich ein, wie überhaupt die Reaktion des Körpers sehr individuell ist. Biogene → Amine können bei Veranlagung zu Allergien, durch sogenannte „Enzymdefekte" bedingt, bei einzelnen Personen zu heftigen Reaktionen führen, doch kann durch entsprechende Behandlung der Weine mit → Bentonit der Gehalt deutlich abgesenkt werden (→ Allergene).
Immer wieder werden Vermutungen geäussert, dass schädliche → Pflanzenschutzmittel-Rückstände im Wein vorhanden seien, die von der Bekämpfung im Weinberg übrig blie-

ben. Tatsächlich ist der Wein davon überwiegend frei, weil durch die Kelterung und → Gärung diese Rückstände weitgehender entfernt werden als dies z. B. bei Obst und Gemüse möglich ist. Insbesondere wirkt sich hier die „abreichernde" Funktion der → Hefe aus, die die Pflanzenschutzmittel-Rückstände abbaut oder durch → Adsorption bindet. Ferner sind Wartezeiten zwischen der letzten „Spritzung" im Weinberg und der Lese vorgeschrieben.
Im Gegensatz zu Tafeltrauben gibt es bei Wein keine Höchsttoleranzwerte für Rückstände, da – wie erläutert – eine wirkungsvolle Abreicherung bei der Weinherstellung eintritt.
Durch die Fülle der Inhaltsstoffe (→ Wein, Zusammensetzung) ist eine große Zahl wertvoller Substanzen im Wein vorhanden, deren positive Wirkung auf die Gesundheit heute unbestritten ist. Die moderne Medizin steht dabei vor der Schwierigkeit, die Mosaiksteine einer solchen Wirkung zusammenzufügen, ohne dabei die Gesamtheit der Betrachtung aus dem Auge zu verlieren. Leider wird der Wein mit den hochprozentischen Alkoholgetränken gleichrangig in der Gesetzgebung behandelt (Verbot von gesundheitlichen Hinweisen auf dem Etikett zum Wein → Diabetikerwein).

Weinprämierung → Bundesweinprämierung. → Regionalprämierungen.

Weinpresse → Kelter.

Weinproduktion der Welt. Die Weinproduktion der Welt ist durch eine globale Überproduktion gekennzeichnet (→ Weinbauflächen der Welt). Die Hauptüberschüsse entstehen in der EG, welche mit fast 56 % (2007) an der Weltweinproduktion beteiligt ist. Mit ehemals 65,5 % lieferten 1992 Länder der EG einen deutlich größeren Anteil an der Weinproduktion. Wie sich die Produktion der wichtigsten Weinbauländer der Welt und damit auch die jeweilige Rangfolge verändert hat, zeigt die Übersicht „Weinproduktion nach Länder 2007". In der Regel hat Italien den ersten Platz eingenommen und Frankreich ab 1990 vom 1. Platz verdrängt (→ Tab. 14 im Anhang).

Weinqualität. Bestrebungen, die Weinqualität zu heben, können nur erfolgversprechend sein, wenn sich Qualität objektiv ermitteln lässt. Eine Definition dieser Weinqualität lautet (nach Bayer): „Unter Qualität eines Weines versteht man die natürliche harmonische Zusammensetzung an Inhaltsstoffen, welche eine bekömmliche optimale Wirkung auf Sinne und Wohlbefinden ausübt." Die hier angesprochene Seite der Bekömmlichkeit (→ Wein, physiologische Wirkung) ist sicher von großer Bedeutung, kann aber in der Praxis nur individuell bewertet werden. Lediglich durch Vorkehrungen und Grenzwertfestsetzung (z. B. für → Flüchtige Säuren, → schweflige Säure) versucht man hierzu Beiträge zu leisten (→ Allergene). Im übrigen ist die Qualität am Eindruck auf die Sinne zu messen (→ Weinbewertung). Einen wesentlichen Beitrag zur Steigerung der durchschnittlichen Qualität deutscher Weine leistet die Institution der amtlichen → Qualitätsweinprüfung. Durch Fixierung von Mindestanforderungen (Mindestpunktzahlen nach dem 5-Punkte-Schema) wird die aufsteigende Qualität von Qualitätswein weiterführend über die Qualitätsprädikate → Kabinett, → Spätlese, → Auslese, → Beerenauslese zur → Trockenbeerenauslese sichergestellt. Dies ist die Endstufe der „Qualität im Glas", die schon mit Betriebskontrollen beginnt (→ Qualitätskontrolle, → Qualitätswein).
Der Qualitätsgedanke wird zusätzlich gefördert durch das deutsche Weinsiegel (→ Weinsiegel, → Gütesiegel) und durch Prämierungen (→ Bundesweinprämierung,

→ Regionalprämierungen). Aber auch solchen Winzern, die das Endprodukt selbst nicht herstellen (Traubenerzeuger, Fassweinerzeuger) muss dazu durch qualitätsbezogene Bezahlung ein Anreiz geboten werden. Bestrebungen, Qualitätssteigerungen unter Verringerung der Mengenerträge zu erreichen, sind seit längerem z. B. in der AC-Regelung in Frankreich zu spüren und dort, solange das Preisniveau der AC-Weine hoch liegt, als Marketing-Maßnahme vertretbar. Nach Untersuchungen über die sogenannte Menge-Güte-Regel in Deutschland garantiert der Verzicht auf Mengenerträge innerhalb vernünftiger wirtschaftlicher Grenzen (bei den derzeitigen Erlösen) kaum eine Steigerung der Qualität. Trotzdem wird der Versuch unternommen, über eine gesetzliche Begrenzung der zu vermarktenden Weine den Teufelskreis zu durchbrechen und damit langfristig höhere Qualität bei deutlich besseren Erlösen zu erzeugen (→ Hektarerträge). Wichtig ist die optimale Pflege des Weines in allen Produktionsphasen unter Erhaltung der natürlichen Vorzüge deutscher Weine (→ AOC).

Weinsäure (2,3-Dihydroxybernsteinsäure) kommt in mehreren optisch aktiven Formen vor. Die rechtsdrehende Form L (+) ist in der Traubenbeere vorhanden und für diese Fruchtart charakteristisch. Synthetisch hergestellte Weinsäure (D, L-Form) kann neuerdings zur Ausfällung überschüssiger Calcium-Gehalte verwendet werden, da diese Calciumverbindung sehr schwerlöslich ist (→ Calciumrazemat).
Die im Traubenmost natürlicherweise vorkommende Weinsäure liegt dort je nach Reifegrad und Umfang der natürlichen Weinsteinausfällung in Mengen von 4 bis 10 g/l vor. Nur Moste aus gefrorenen Trauben können niedrigere Gehalte haben. Prozentual (an der Gesamtsäure gemessen) nimmt der Gehalt an Weinsäure während der Traubenreife zu, absolut gesehen aber ab. Wein enthält meist nur 2 bis 3 g/l, da vom Most zu Wein eine Abreicherung durch Ausscheidung von schwerlöslichen Tartraten eintritt (→ Weinstein). Zur Umrechnung von Weinsäure in andere Säuren (→ Gesamtsäure, Umrechnung, → Säuerung).

Weinsäure, Zersetzung. Eine Zersetzung der Weinsäure tritt wohl nur in kranken Weinen auf, fast ausschließlich bei Rotweinen. Dabei werden die Weine trüb, die Farbe schlägt in schmutzigbraun um (Umschlagen), verbunden mit einem fehlerhaften Geschmack und Geruch. Es bildet sich Kohlensäure, die Weinsäure verschwindet fast vollständig. Die Krankheit tritt nur in säurearmen Weinen auf und wird durch warme Lagerung sehr begünstigt. Stärker erkrankte Weine müssen als verdorben gelten und können höchstens noch zur Essigbereitung verwendet werden. Bei unseren deutschen Weinen ist sie sehr selten und soll nur der Vollständigkeit halber hier erwähnt werden (→ Weinfehler).

Weinschläuche → Weinleitungen.

Weinsiegel sind Gütesiegel für über dem Durchschnitt der Qualitätsnormen stehende Weine. In Deutschland sind das „Deutsche Weinsiegel“, das → Güteband für Wein der DLG, das „Gütezeichen für badische Qualitätsweine“. und das „Gütezeichen Franken“ zugelassen. Eine ähnliche Funktion hat das „Österreichische Weingütesiegel“. Die Beteiligung ist freiwillig. Das deutsche Weinsiegel wurde 1950 erstmals angeboten. Zur gleichen Zeit wurde durch den Badischen Weinbauverband das badische Gütezeichen geschaffen. Alle Gütesiegel garantieren Mindestqualitäten, die in DLG-Punkten (5-Punkte-Schema) ausgedrückt, über den Mindestanforderungen der amtlichen Qualitätsweinprüfung liegen. Das deutsche Wein-

siegel wird von der Deutschen Weinsiegel-GmbH-Frankfurt DLG (Testcentrum-Alzey) betreut, Bevor Betriebe zur Führung des Weinsiegels berechtigt sind, müssen Auflagen erfüllt werden (Anerkennung). Die Zuerkennung des deutschen Weinsiegels und des badischen Gütezeichens setzt voraus, dass der Wein bereits die amtliche Qualitätsweinprüfung erfolgreich absolviert hat. Folgende Gegenüberstellung zeigt, dass eine erhöhte Qualität gefordert wird:
Das badische Gütezeichen setzt höhere Mindestpunktzahlen (3,0) voraus, wird für Literflaschenweine nicht zugeteilt und begrenzt im Falle von Rotweinen (QbA, Kabinett) und Weißherbste den maximal zulässigen Zuckergehalt auf der Stufe „halbtrocken". Die Weine müssen sortenrein sein. Für Weißweine liegen die Grenzwerte bei 40 g/l (Kabinett) und 50 g/l (Spätlese).
Seit 1992 ist ein weiteres Gütezeichen eingeführt („Baden Selektion"), welches an das Weinsiegel gebunden ist. Ähnliche Einschränkungen gelten für das Gütezeichen „Franken" → Gütezeichen.

Weinstatistik, amtliche. Um einen zuverlässigen Überblick über die Zusammensetzung der deutschen Weine zu gewinnen, werden alljährlich von den chemischen Untersuchungsämtern eine große Anzahl von Mosten und Weinen analysiert. Die Statistik wird nicht mehr allgemein veröffentlicht. Die umfassendste Sammlung deutscher Weine ist beim Bundesinstitut für Risikobewertung – Berlin (Weindatenbank) registriert, die inzwischen im internationalen Rahmen erhoben werden (→ Weinverfälschungen).

Weinstein (Kaliumhydrogentartrat) ist das saure Kaliumsalz der → Weinsäure. Er findet sich im Most gelöst, vielfach sogar in übersättigter Lösung. Infolge der Alkoholbildung und späteren Abkühlung scheidet sich der Weinstein zum Teil in fester Form (unlöslich) ab und bedingt dadurch einen Rückgang der titrierbaren → Säure auf 2 bis 3 g/l. Solche Restgehalte von 2–3 g/l entsprechen der Löslichkeit in Wein. Unangenehm ist eine spätere Weinsteinausscheidung auf der Flasche, der man heute durch starke Kühlung vor der Abfüllung zu begegnen sucht (→ Kontaktverfahren). Letzteres ist insbesondere bei Frühabfüllungen notwendig. Auch durch Zusatz stabilisierender Stoffe wie → CMC oder → Metaweinsäure kann eine bedingte Sicherheit erreicht werden. Beim Verbraucher eingetretene Weinsteinausscheidung kann man als einen Schönheitsfehler betrachten, denn der Wein kann von den schweren, am Boden sitzenden Kristallen oft bis zum letzten Tropfen klar abgegossen und danach genossen werden. Der Geschmack wird nicht beeinträchtigt. Nicht alle kristallisierten Ausscheidungen im Wein sind Weinstein, sondern häufiger schleimsaures Calcium (→ Calciummucat). Diese Verbindung erkennt man an den opaken, „griesigen" Kristallformen, während Weinstein (Kaliumhydrogentartrat) aus meist durchsichtigen Kristallen mit klar ausgebildeten Flächen besteht (→ Weinsteinausscheidung).

Weinsteinausscheidung (Ursachen und Auswirkungen). Kristalline Ausscheidungen werden seit altersher als → Weinstein bezeichnet (tartarus = Weinstein). Solche Ausscheidungen, die – wie der Name bereits verrät -meist in mehr oder weniger gut ausgebildeten Kristallen anfallen, sind jedoch nicht unbedingt einheitlich. Wenn man trotzdem pauschalisierend vom Weinstein als dem sauren Kaliumsalz der → Weinsäure spricht, so beruht dies auf der Vorstellung, dass diese Verbindung auch überwiegend an der besagten Ausscheidung beteiligt ist. Tatsächlich können sich aber auch andere schwerlösliche, zur Kristallbildung neigende Salze ausscheiden und zumindestens oberflächlich betrachtet mit dem sauren Kaliumsalz (dem eigentlichen „klassischen“ Weinstein) verwechselt werden. Die konkrete Unterscheidung erfordert einigen analytischen Aufwand, so dass es nicht verwundert, dass der Praktiker mehr oder weniger alle Kristallausscheidungen unter dem Sammelbegriff des Weinsteins zusammenfasst.

Will man die grundsätzlichen Vorgänge erläutern, die zur Weinsteinausscheidung führen, so erscheint es zweckmäßig, beim einfachsten Fall zu bleiben, der Ausscheidung des sauren Kaliumsalzes der Weinsäure. Dieses Salz, korrekt als Kaliumhydrogentartrat bezeichnet, begleitet die Weinherstellung von der Maische über den Most zum Wein. Wenn zunächst in den Trauben noch große Mengen an Weinstein vorkommen, so „reichert sich die Verbindung zunehmend ab“, das heißt scheidet sich aus. Man findet deshalb Weinstein in den Rückständen der Weinbereitung im → Trester und im → Hefetrub teilweise in solchen Mengen, dass sich eine Aufarbeitung dieser Rückstände zur Weinsteinrückgewinnung lohnt. Daraus wiederum lässt sich Weinsäure (→ Genusssäuren) gewinnen.

Der Ausscheidungsvorgang selbst ist deutlich zeitlich verzögert. Ursache für den zunehmenden Rückgang des Weinsteingehaltes ist aber auch eine Verminderung der Löslichkeit durch die Abkühlung (im jahreszeitlichen Ablauf vom Herbst zum Winter) und die Wirkung des sich bei der Gärung bildenden → Alkohols. Weitere Anreize zur Kristallbildung ergeben sich aus der Tatsache, dass zum Kristallwachstum sogenannte Impfkristalle vorhanden sein sollten bzw. Flächen, auf denen sich Kristalle entwickeln können (→ Kontaktverfahren). Bekannt sind diese Kristallabscheidungen an Geräten und → Behältern, aber auch auf dem → Korken oder an rauen Stellen der Weinflasche. Die Ausscheidung von Weinstein ist nicht nur optisch relevant, sondern drückt sich auch im Analysenbild des Weines aus. Die Bestandteile des Weinsteins, → Kalium und die Weinsäure, gehören zur Gruppe der → Extraktstoffe, so dass deren Verminderung sich extraktabsenkend auswirkt. Dies muss bei der Beurteilung von Wein berücksichtigt werden. Über den Effekt auf die Sinnesorgane, das heißt konkret auf den Geschmack eines Weines, ist wenig Konkretes bekannt. In der Regel verschiebt sich der → pH-Wert des Weines, aber meist nicht so stark, dass der saure Geschmack davon spektakulär betroffen wäre. Es wäre falsch der Weinsteinausscheidung einen echt entsäuernden Geschmackseffekt zuzuschreiben.

Weinsteinausscheidung, Stabilisierung. Die eigentliche Problematik der Weinsteinausscheidung betrifft demnach die Frage, wie man die späte, ja zu späte Kristallisation im abgefüllten Wein vermeiden kann. Immerhin wird die Ausscheidung von Weinstein auf der Flasche von vielen Verbrauchern als Ärgernis empfunden und beanstandet. Dabei spielt allerdings die Art der → Eintrübung eine Rolle. Schön ausgebildete Kristalle von Weinstein wird man eher akzeptieren als sehr feine Mikrokristalle, die sich schlecht absetzen und auch schlecht (als Bodensatz) → dekantieren lassen. Beschäftigt man sich aber mit der Frage, wie man Weinsteinkristallisation verhüten kann, so stößt man alsbald auf den eingangs bereits angedeuteten Befund, dass Weinsteintrub meist kein reiner Weinstein ist, sondern ein Sammelsurium verschiedenster Verbindungen. An der *Flaschentrübung* beteiligt ist auch → Calciumtartrat sowie → Calciummucat (schleimsaures Calcium), wobei letzteres in botrytisbetonten Weinen im Vordergrund steht. Allen drei Verbindungen ist gemeinsam, dass die Kristallbildung durch kristallisationshemmende weineigene Substanzen verzögert wird (→ Proteine, → Polyphenole, → Kolloide). Ein gezielter Weg, die Ausscheidung zu verhüten, ist der Zusatz einer kristallisationshemmenden Sub-

stanz wie z. B. → Metaweinsäure. Leider ist die Hemmwirkung zeitlich begrenzt (ca. 9 Monate), sodass dieses Stabilisierungsverfahren nur bei Konsumweinen angewendet wird.
Seit August 2009 ist die → Carboxymethylcellulose (CMC) laut VO (EG) 606 zur Weinsteinstabilisierung zugelassen. Das CMC wird (praktischerweise) in flüssiger Form angeboten. CMC garantiert eine mehrjährige Stabilität des Weines (Kontrolle mit dem → Minikontaktverfahren). Eine absolute „Ausschönung" der Proteine mit Bentonit wird dringend empfohlen. Die empfohlenen Zusatzmengen liegen zwischen 5 bis 10 g/hl.

Durch *Abkühlung* dagegen wird die Ausscheidung gefördert. Letztere Methode ist die überwiegend im Gebrauch befindliche, vorbeugende Stabilisierungsmethode. Kühltemperatur und -dauer werden in der Praxis recht unterschiedlich gehandhabt. Ein wesentlicher Fortschritt könnte das → Kontaktverfahren bringen, bei welchem die Ausscheidung durch eine große Menge an zugesetztem Weinstein gefördert wird, die als Kristallisierungskeime wirken und die kristallisationshemmenden Kolloide „außer Gefecht setzen". Dadurch wird eine überlange und intensive Kühlung vermeidbar.

Gute Erfolge bringt diese Verfahrensweise bei der *Ausscheidung* des Kaliumhydrogentartrats, wenig bekannt sind die Effekte jedoch bei den beiden Calciumverbindungen.
Zur vorbeugenden Calciumstabilisierung (→ Calciumrazemat) wird Ausfällung von Calcium durch die sogenannte D, L-Weinsäure (Traubensäure) empfohlen (→ Weinbereitung, zugelassene Stoffe). Dies ist ein besonderer Vorzug, weil sich Calciumverbindungen durch → Metaweinsäure weniger gut als Kaliumhydrogentartrat stabilisieren lassen und die Calciumverbindungen wahrscheinlich auch an der eigentlichen Flaschenweintrübung stärker beteiligt sind als Kaliumhydrogentartrat (→ Kältetest, → Weinsäure).

Weintraube → Keltertraube, → Traube, Bestandteile.

Weintrub. Die VO (EWG) Nr. 822/87 definiert im Anhang I, Nr.20 wie folgt: ... Weintrub: der Rückstand, der sich in den Behältern, die Wein enthalten, nach der Gärung oder während der Lagerung oder nach einer zulässigen Behandlung absetzt sowie der durch die Filterung oder Zentrifugierung dieses Erzeugnisses entstandene Rückstand". Ferner gelten als Weintrub der Rückstand, der sich in den Behältern, die Traubenmost enthalten, während der Lagerung oder nach einer zulässigen Behandlung absetzt; der durch die Filterung oder Zentrifugierung dieses Erzeugnisses entstandene Rückstand. Weintrub ist demnach auch mit Hefetrub gleichzusetzen, der vor 1986 zur Diskussion führte, ob Hefefilter „pressen" oder „filtrieren". Je nach Betrachtungsweise konnte man die Gewinnung von Hefefilterwein als zulässig oder unzulässig ansehen. Nach der EG-Definition träfe die Absicht, alle most- und weinhaltigen Trube durch „Filtrierung" (typisch für die Qualität der Übersetzungen von Bestimmungen, die dann in der Interpretation zu Problemen führen) auf keine Auslegungsschwierigkeiten, wenn man die Verfahren allgemein als „Verfahren zur Rückgewinnung der Erzeugnisse (Wein, Most) unter Beseitigung der „Rückstände" umschreiben würde, womit auch dem Fortschritt der Technik, dem Umweltschutz und der wirtschaftlichen Zielsetzung der Winzer Rechnung getragen würde.

Weinverbrauch. Der Weinverbrauch ist etwa seit Mitte 1975 deutlich zurückgegangen. Die Ursachen für den Rückgang des Verbrauches sind hinreichend bekannt. Besonders drastisch ist der Rückgang bei den europäischen Weinverbrauchern zu vermerken, sodass sich der Pro Kopf-Verbrauch beispielsweise in Italien innerhalb von knapp 10 Jahren (1983/84 bis 1991/92) von 80 auf 62 l verminderte und 2007 bei 46,9 l angekommen ist. Ähnliche Zahlen kennt man aus Frankreich.

Innerhalb dieser Jahresbereiche schwankte der Verbrauch in Deutschland nur relativ geringfügig (zwischen ca. 26 und derzeit 24 l). Wobei weniger als 50 % davon aus deutscher Produktion stammen. Falls man vom Gesamtverbrauch ausgeht, steht die USA weltweit an erster Stelle, während Australien als eines der „Neuen Weinbauländer" deutlich über die Hälfte seiner Produktion exportiert. Deutschland ist mit etwa 20 % seiner Ernte kaum „Weltexportmeister". Die Schere zwischen (Über-) Produktion und Konsum konnte durch „Flächenstillegung", Subventionierung der Destillation und Ertragsreduzierung der Produktionsflächen besonders innerhalb der EU teilweise kompensiert werden (→ Tab. 15 im Anhang).

Weinverfälschungen. Die Anschauungen über Weinverfälschungen haben sich seit den ersten Berichten über Methoden der Weinherstellung, also seit der Antike fortwährend geändert. Einen historischen Rückblick gab FRIEDRICH V. BASSERMANN-JORDAN in seinem Werk „Geschichte des Weinbaus" von 1923. Zitiert wird darin die frühe Auffassung der „Obrigkeit", wonach diverse Zusätze zu Wein solange toleriert wurden, als davon keine gesundheitliche Schäden eintraten.

Die Produktion von „Würzwein", also Zusätze von Kräutern oder Konzentrierung durch direktes Erhitzen („Feuerwein") waren ehemals wohl üblich. Süßung mittels Honig war legitim, wenn auch aus ökonomischen Gesichtspunkten nicht sehr attraktiv. Dagegen wurde das zur Süßung verwendete giftige „Bleiweiß" mit den damals vorhandenen primitiven Nachweismethoden ermittelt und geächtet. In vielen Rezepten, insbesondere aus dem 16. und 17. Jahrhundert, empfahl man Zusätze von Holunderblüten zur Aromatisierung. Auch das noch heute übliche Verfahren der „Trocken-Zuckerung" des Weines war oft nur davon beeinflusst, wie das jeweilige Angebot an Zucker (Saccharose, in der Form des Rohr- oder Rübenzuckers) erschwinglich war. Das „Gallisieren" (→ Nasszuckerung) kam etwa seit Beginn des 19. Jahrhunderts nach Frankreich danach auch in Deutschland zur Anwendung. Die Vermehrung durch das zugesetzte Wasser diente außer zur Alkoholerhöhung auch zur Verdünnung der fallweise zu hohen Säure im (unreifen) Traubenmost.

Aus heutiger Sicht hat sich die Zielsetzung der Fälscher in mehrfacher Hinsicht gewandelt. Durch das Verbot der Herstellung von sog. Kunstweinen durch das Deutsche Weingesetz von 1909 wurde eine verbindliche Definition des „Naturweins" erreicht. Dieses Verbot war dem Betreiben des 1908 gegründeten „Verein der Naturweinversteigerer der Rheinpfalz" (heute VDP) und seinen Vätern zu verdanken.

Dass die Bezeichnung „Naturwein" 1971 wegen der im Wein enthaltenen SO_2-Gehalte verboten wurde, ändert nichts an der grundsätzlichen Tendenz zur „Wahrheit und Reinheit" im Wein.

Damit waren Weinverfälschungen weiterhin nicht auszuschließen. Die jüngere Geschichte der Weinverfälschungen begann in den „Nachkriegszeiten" mit einem „Weinskandal", der offensichtlich durch eine anonyme Anzeige aufgedeckt wurde. Obwohl man von Kunstwein sprach, handelte es sich um ein Konglomerat aus Verschnitten, unzulässigen Zusätzen von Rosinenauszügen und Wasser. Es war dies ein Lehrbeispiel für die forensische Beweisführung durch sensorische Gutachten, Kontrolle der Weinbuchführung und analytischer Untersuchung.

Moderne Untersuchungsverfahren verdrängen inzwischen immer mehr die rein sensorische Methodik beim Nachweis von Weinverfälschungen (→ Tab. 43 im Anhang).
Im Bereich der EG wurde durch VO (EG) 2739/2000) eine Datenbank etabliert, die anhand weinanalytischer authentischer Daten und mit Hilfe mathematischer Modelle Falschangaben (geografische Angaben, Rebsortenangaben etc.) erkennen lässt.

Weinwettbewerb Die → Bundesweinprämierung, → MUNDUS vini und die „Berliner Weintrophy" sind in Deutschland von der EU zertifiziert.

Weinwaagen dienen der Bestimmung des Gewichtsverhältnisses von Weinen (Dichte). Daraus lässt sich (mit Hilfe des → Alkoholgehaltes) der → Extraktgehalt errechnen (→ Aräometer, → Dichte, → Extrakt, Berechnung nach TABARIÉ).

Wein, Zusammensetzung. Die Zusammensetzung von Wein ist außerordentlich variabel. In der Tabelle 42 „Zusammensetzung von Wein/Analyse" im Anhang sind die (normalen) Konzentrationsspannen der wichtigsten Weininhaltsstoffe aufgelistet. Angesichts der Tatsache, dass hier die Einflüsse der Beschaffenheit des Lesegutes (Fäulnis, Qualitätsstufe) und der önologischen Verfahren nicht gesondert registriert wurden, sollte auf die Angabe von Durchschnittswerten verzichtet werden. Von einer abnormen Zusammensetzung kann man dann reden, wenn durch Verfälschungen Abweichungen von der natürlichen Varianz eintreten oder wenn,. durch Fehler und Krankheiten bedingt, Stoffe enthalten sind, die in normalen Weinen nicht enthalten sein können oder dadurch bedingt im Übermaß vorhanden sind. Von einer allgemein gültigen Norm kann man somit nicht ausgehen. Allein die Tatsache, dass im nichtflüchtigen Extrakt (→ zuckerfreier Extrakt) mehr als 400 verschiedene Substanzen nachgewiesen wurden und als flüchtige Substanzen, die in der Regel die Komponenten des → Aromas stellen, mindestens ebenso viele Stoffe zu erwarten sind (die im „Aromagramm" erfassten Stoffe sind längst nicht alle identifiziert), zeigt doch die sehr komplexen Zusammenhänge. Fallweise sind Bestandteile des Weines noch in Gruppen (Beispiel: → Polyphenole) zusammengefasst und noch nicht detailliert analytisch aufgesplittet. Unter diesen Umständen ist es daher nicht möglich, die Mengen der verschiedenen Substanzen, und deren natürliche Streubreite anzugeben.

Weißburgunder in mehreren Arten mutiert aus (rotem) → Burgunder. Kleinbeerig, in Frankreich als pinot blanc. Steht in der Weinart zwischen → Auxerrois und → Chardonnay. Die weltweite Verbreitung des W. erkennt man an der Vielzahl der synonymen Bezeichnungen (über 60). Die größte Anbaufläche in Deutschland bietet Baden. Im Rebsortensortiment von Deutschland steht der W. mit 3731 Hektar derzeit an 5ter Stelle unter den weißen Rebsorten.

Weißherbst ist ein Wein, hergestellt aus roten Trauben, die sofort vor Beginn der Gärung abgepresst wurden (→ Süßabdruck). Dadurch hat der Weißherbst nur eine schwach → zwiebelrot rosa-rötliche Färbung und wenig Gerbstoff. Weißherbste ähneln somit mehr einem Weißwein als dem Rotwein. Weißherbst ist eine Weinbezeichnung für Weine der Gruppe → „Roséwein", die nur gewählt werden darf, wenn dieser ausschließlich aus einer Rebsorte gewonnen wurde. Die Rebsorte muss angegeben werden. Die Auswahl der Rebsorten und → Weinanbaugebiete ist eingeschränkt.

Weißweinproduktion → Abb. 12 im Anhang

Wellpappe. Der Versand der Flaschenweine erfolgt heute vielfach nicht mehr in Kisten, sondern in Kartons aus Wellpappe. Aus Rationalisierungsgründen werden Einheitskartons für 6, 12, 15, 20 oder 25 Flaschen bevorzugt, die mit Klebestreifen oder Heften verschlossen werden. Die früher üblichen Hülsen aus Wellkarton sind heute überwiegend durch geschäumte Kartoneinlagen (Styropor) ersetzt.

Welsblase. Die Schwimmblase des Welses ist als → Schönungsmittel für Weine zugelassen, erreicht aber im allgemeinen die Qualität der → Hausenblase nicht. Die Frage der Deklaration als → Allergen ist noch nicht geklärt.

Welschriesling ist eine weiße Traubensorte, die vor allem in Österreich (4385 Hektar) und in osteuropäischen Ländern angebaut wird und sehr schöne Weißweine liefert. Der Welschriesling ist mit dem in Deutschland angebauten weißen Riesling (oft auch als Rheinriesling bezeichnet) nicht zu verwechseln und erreicht auch keineswegs dessen Qualität.

Wermutwein gehört zu den → weinhaltigen Getränken und wird unter Verwendung von Wermutkraut hergestellt. In einem Liter Wermutwein müssen mindestens 750 Teile Wein sowie mindestens 14,5 % Vol. bis 22 % Vol. Alkohol enthalten sein. Es dürfen nur folgende Stoffe bei der Bereitung verwendet werden:

1. Traubenwein (meist Likörweine wie Malaga oder Sherryweine), außer Hybridenwein.
2. Wermutkraut, allein oder im Gemisch mit anderen würzenden Pflanzenteilen, auch in Auszügen. Der Zusatz eines wässrigen Auszuges darf 50 cm^3 pro Liter nicht übersteigen.
3. Reiner, mindestens 96 Raumhundertteile Alkohol enthaltender Wein bzw. landwirtschaftlicher Alkohol.
4. Technisch reiner → Rüben- oder Rohrzucker, auch in reinem Wasser gelöst. Auf 1 kg Zucker dürfen jedoch höchstens 2 l Wasser verwendet werden.
5. Kleine Mengen gebrannter Zucker (Zucker-ur).
6. Zitronensäure.

Auf Flaschen abgefüllter Wermutwein muss neben dem Namen des Herstellers auch das Land der Herstellung tragen. Bezeichnungen, die dem Wermut eine besondere heilende oder stärkende Wirkung zuschreiben, sind nicht gestattet.
Die Herstellung des Wermutweines erfolgt in der Weise, dass man die Kräuter entweder in den gärenden Most oder den fertigen Wein einhängt oder in Form von Auszügen dem Wein zusetzt. Die Bezeichnung → Vermouth di Torino ist den in Turin erzeugten Wermutweinen vorbehalten.

Wildbacher, Blauer, ist eine vielfach in der Steiermark angebaute Rebsorte, die einen dort sehr beliebten blassroten → Schillerwein (Schilcher) liefert.

Wildrebe. Im Gegensatz zur Kulturrebe bilden W. Urformen, die auch noch in einigen Standorten (z. B. in Auwäldern von Rhein oder Donau) zu finden sind.

Wildvergrämungsmittel (Wildverbissmittel), die zur Abschreckung von Wild vorwiegend in Rebjunganlagen ausgebracht werden, können zu Schäden beim Wein führen, da die Trauben davon (ähnlich wie bei → Rauchgeschmack) kontaminiert werden.

Willmes-Presser. Die von der Firma Willmes seit 1951 eingeführte pneumatische Kelter bedeutete damals eine Abkehr von den herkömmlichen Systemen und zeigte den Weg zur modernen → Kelter. Konventionell war nur die horizontale, zylindrische Presstrom-

mel mit siebartiger Wandung mit mechanischem Presswerk. Die Teile bestehen aus Stahl, die mit Most in Berührung kommenden Teile überwiegend aus Edelstahl. Durch die Mitte der Trommel ist der Länge nach ein schlauchartiger Pressbalg aus Gummi gespannt. Dessen Inneres steht durch die durchbohrte Achse mit einer Pressluftquelle (Kompressor) in Verbindung. Beim Aufblasen des Balges presst dieser die ihn umgebende Maische gegen die saftdurchlässige Trommelwand. Durch wechselweise Zufuhr und Wiederablassen der Pressluft bei gleichzeitigem Rotieren der Trommel wird das Gut in einem Arbeitsgang wiederholt gepresst und gelockert und so der Saftabfluss begünstigt (expandierende große Druckfläche, dünne Schicht, schonende Behandlung des Pressgutes).
Die von Willmes eingeführte Konstruktion wurde das Vorbild aller mit einem pneumatischen System arbeitenden → Keltern. Sie ist heute technisch überholt und durch → Membranpressen ersetzt (→ Tankpresse).

Wingert (schwäb. auch Wengert). Synonym für Weinberg.

Winzergenossenschaften. Die erste Winzergenossenschaft der Welt wurde 1868 in Mayschoß (Ahr) gegründet. Danach waren bis um 1900 bereits weitere 21 Winzergenossenschaften an der Ahr entstanden. In Baden wurden 1881, in Rheinhesssen 1897, in der Rheinpfalz 1898 die ersten Winzergenossenschaften gegründet. Die Zahl der Winzergenossenschaften betrug noch 1971 504, nahm aber in der Folge durch Zusammenlegungen auf 219 (2010) ab. Dieser Prozess hält an, weil noch weitere Zusammenlegungen aus marktpolitischen Gründen vonstatten gehen. Dagegen nehmen die Zahl der Mitglieder und die einbezogenen Rebflächen derzeit eher noch zu. Der Winzer kann Teil- oder Vollablieferer sein.
Das Traubengut wird zu Wein verarbeitet und überwiegend als Flaschenwein vermarktet. Die Genossenschaft nimmt mit Erfolg durch Anbauempfehlungen (Rebsorten) und Spritzterminfixierungen zunehmend Einfluss auf die Qualität der Weine. Auch die Lesetermine werden deshalb durch die Genossenschaft ordnend beeinflusst.
Die Winzergenossenschaften erfassen etwa ein Drittel der deutschen Rebfläche, doch ist der Anteil in den einzelnen deutschen Weinbaugebieten recht unterschiedlich (80 % Flächenanteil in Baden-Württemberg, 30 % Flächenanteil im Gesamtgebiet Deutschland). Für die Vermarktung ist die Angebotskonzentration durch Zentralkellereien von Vorteil. Bekannteste Zentralkellerei ist die „ZBW“, jetzt „Badischer Winzerkeller“ in Breisach.

Winzersekt kann als solcher bezeichnet werden, wenn der Wein vom Erzeuger (der Erzeugergemeinschaft) stammend, den Regeln als → „Sekt b. A.“ bzw. „Qualitätsschaumwein b. A.“ → Flaschengärung entsprechend und mit Angaben der Rebsorte und des Jahrganges vermarktet wird. Unter anderem ist die Erzeugung von der Gewerbe- bzw. Körperschaftssteuer befreit (→ Schaumwein, Flaschengärverfahren, → Tab. 17b und 23).

Wirzrohr ist ein Metall-Rohr, das unten erweitert und siebartig durchlöchert ist. Es findet vor allem beim Abziehen der vergorenen Rotweinmaische Verwendung, um feste Beerenbestandteile zurückzuhalten (→ Abwirzen). Der Gebrauch ist unter „traditionell“ einzuordnen.

Wuchsstoffe. Die Frage nach wichtigen Wuchsstoffen ist in erster Linie für die Entwicklung der Hefe (→ Hefe, Entwicklung, → Hefenährstoffe) und des → biologischen Säureabbaus von Bedeutung. Zum BSA liegen Untersuchungen vor, die → Mangan als wichtiges → Spurenelement nachwiesen; zu-

sätzlich gilt das auch für eine Reihe von Vitaminen, die bei der → Autolyse der Hefe in das Substrat übertreten und den BSA begünstigen. Die Bakterien-Arten des BSA sind in ihren Nährstoffansprüchen jedoch unterschiedlich. Während die Förderung der Hefeentwicklung mittels Nährstoffen schon lange Zeit bekannt ist (begründet durch die Bierbrauerei), folgte die Weinwirtschaft diesem Trend eher zögerlich. Geliefert wurden zunächst die „Anstellhefen" durch spezielle Hefereinzuchtanstalten in flüssiger Form (Julius Wortmann gründete 1894 die erste Hefereinzuchtstation an der Lehr- und Forschungsanstalt Geisenheim).
Dagegen begannen Untersuchungen mit extern heran gezüchteten Milchsäurebildnern erst seit etwa 1983. Die ersten kommerziellen Bakterientrockenpräparate kamen dann ab 1993 auf den Markt. Die Wirkung von spezifischen Wuchsstoffen bei der Anwendung von „Trockenbakterien" ist noch nicht so ausgiebig untersucht wie im Falle der → Trockenhefen.

Württemberg. Das → Weinanbaugebiet Württemberg umfasst 6 → Bereiche, 17 → Großlagen und 205 → Einzellagen. Mit 11511 Hektar Rebfläche produziert Württemberg etwa 11 % des deutschen Weinangebotes. Es dominiert der Rotwein (etwa 71 %). An erster Stelle steht der → Trollinger, danach folgen → Schwarzriesling und → Lemberger. Bei Weißwein führt der → Riesling (→ Tab. 9 im Anhang).

Würzer von Georg Scheu (Alzey) aus Gewürztraminer und Müller-Thurgau gekreuzt. Frühreifende, weiße Bukettsorte. Anbau 1996 noch 117 ha bundesweit (derzeit unter 100 ha)

Würzig → Weinansprache.

Wurzelechte Reben → Direktträger.

X

Xanthin (2,6-Dioxypurin) ist ein Spaltungsprodukt des Eiweißes, das bei der Autolyse der Hefe entsteht und dadurch auch in geringer Menge in den Wein übergeht. Die Verbindung liegt im ppm-Bereich vor (mg/l). Die eventuellen pharmakologischen Wirkungen sind nicht hinreichend bekannt (→ Autolyse der Hefe). Der Säureabbau wird durch Purine begünstigt.

Xantophyll ist ein gelber Farbstoff, der neben dem grünen → Chlorophyll in den weißen Trauben vorhanden ist.

Xeres. Alter Ausdruck für → Jerez.

Xylit ist ein natürlich vorkommender Zuckeralkohol (→ Wein, Zusammensetzung), der in anderen diätetischen Lebensmitteln als Zuckeraustauschstoff zugelassen ist. Im Gegensatz zu anderen Zuckeralkoholen wird Xylit nicht durch Mikroorganismen gebildet. Es ist deshalb nur in geringen Mengen vorhanden (bis 25 mg/l).

Xylose ist eine → Pentose, ein unvergärbarer → Zucker, der in geringer Menge im Most und Wein vorkommt (→ Unvergorener Zucker, → Wein, Zusammensetzung).

Xyloson (Desoxy-2-Xylose) wurde in aus faulen Trauben gewonnenem Most und Weinen nachgewiesen. Die Substanz ist als Bindungspartner für → SO_2 mit für die erhöhte Bindung solcher Weine verantwortlich. Xyloson kann auch beim Abbau von → Ascorbinsäure auftreten (→ Tab. 24 im Anhang).

Z

Zähwerden des Weines → Schleimigwerden.

Zehrung. Bei abgefüllten, lang lagernden Weinen beobachtet man in der Regel eine allmähliche Abnahme des Inhaltes, d. h. ein Teil des Weines verdunstet durch den Korken. Dieser verliert seine Elastizität und Dichtungseigenschaften, allerdings in Abhängigkeit von der Korkenqualität, aber auch der Lagerungsbedingungen. Dieser Prozess führt zu einem Sauerstoffzufluss und damit zum Abbau von schwefliger Säure und einer Oxidation der Weininhaltsstoffe. Damit ist eine → Alterung verbunden. Gleichzeitig werden Korkenbestandteile extrahiert und eventuell als zunehmender → Korkengeschmack sensorisch erkennbar. Als Vorsorgemaßnahme gilt die Verwendung qualifizierter Korken, eines fehlerfrei arbeitenden → Korkschlosses und einer → Korkverschließmaschine, eine möglichst gleichmäßige Lagerungstemperatur der Flaschenweine, um damit den Wechsel zwischen Ausdehnung und Kontraktion des Weines zu vermeiden. Starke Temperaturschwankungen führen zum „Pumpeffekt“, der die Zerstörung des Korkens begünstigt. Zehrung d. h. deutlicher Qualitätsabfall, tritt dann ein, wenn der Schwund in der Flasche (stehend beobachtet) mehr als 2–3 cm unterhalb des Korkspiegels erkennbar ist. Dieser Hinweis kann nur ein Anhaltspunkt sein, der die sensorische Beurteilung nicht ersetzen kann. Schatzkammmerweine, die mehr als 15–20 Jahre lagern, sollten tunlichst aufgefüllt und neu verkorkt werden. Diese beim (schlechten) Korken zu beobachtende Z. bei längerer Lagerung ist teilweise bei alternativen → Flaschenverschlüssen minimiert. Über das Verhalten von alternativen → Flaschenverschlüssen ist mangels Ergebnissen aus Langzeitlagerung wenig bekannt.

Zellulose ist ein pflanzlicher Naturstoff (Polysaccharid aus Glucose-Einheiten), der überwiegend aus Holz gewonnen und in → Filterschichten als → Filterhilfsmittel verwendet wird (→ Kohlenhydrate).

Zellulosefilter waren früher auch in den Weinkellereien als sogenannte „Massefilter“ vielfach im Gebrauch und hatten sich bewährt. Sie sind aber immer mehr von fertig konfektionierten → Filterschichten verdrängt worden und in den Weinkellereibetrieben längst nicht mehr anzutreffen.

Zementfässer (korrekt: Stahlbetonbehälter) fanden zuerst in Großbetrieben Eingang. Es handelt sich um → Betonbehälter (korrekt: Stahlbetonbehälter), die innen mit Glas ausgekleidet oder mit einer säure- und alkoholfesten Masse überzogen sind. Aus nostalgischen Gründen finden solche Kuriositäten als eigenständige „Fässer“ noch Erwähnung.

Zentrifugalpumpen sind Pumpen besonderer Bauart, die ventillos und daher stoßfrei arbeiten. Nachteil: Meist empfindlich gegenüber Feststoffen (→ Kreisel- bzw. Seitenkanalpumpen → Tab. 39 im Anhang).

Zentrifuge → Laborzentrifugen, → Separator.

Zerschlagen schmecken Weine dann, wenn sie eine Behandlung wie → Abstich, → Schönung, → Filtration usw. durchgemacht haben. Nach einiger Zeit erholen sie sich wieder. Man tut deshalb gut, nach einer Behandlung den Weinen einige Zeit der Regeneration zu gönnen, ehe man sie endgültig bewertet oder in Verkehr bringt (→ Weinansprache).

Zertifizierung ist ein Verfahren zur Kontrolle bestimmter normierter Prozesse, bei dem durch ein (externes) akkreditiertes Institut ein normiertes Verfahren (Qualitätsmanagement) vorgeschrieben und nach Abnahme bestätigt wird. Es gibt verschiedene Z., etwa nach DIN EN ISO 9001, die im Handelsverkehr für die international bedeutenden Weinmärkte in Anwendung kommen.

Ziehenlassen, der Maische → Stehenlassen der Maische.

Zierfandler (Spätrot) ist eine in Österreich Gumpoldskirchen) angebaute Sorte, die einen sehr schönen, ausgeglichenen, ziemlich alkoholreichen Wein liefert. Dort oft im Cuvée mit → Rotgipfler.

Zinfandel ist eine in Kalifornien beliebte und charakteristische Rotweinsorte von relativ guter Lagerfähigkeit.

Zimtsäure Die Z. und deren Derivate (Abkömmlinge), wie Cumarsäure, → Kaffeesäure, Ferulasäure, sind in geringen Mengen (bis zu 30 mg/l) bevorzugt in Mosten aus roten Trauben enthalten. Man bezeichnet die „freien" Säuren als Phenolcarbonsäuren. Überwiegend liegen die Phenolcarbonsäuren in Bindung vor (als Ester oder glycosidisch an Zucker gebunden). Da noch weitere Bindungspartner zu weiteren komplexen Substanzen führen, ist der Nachweis relativ aufwändig. In weißen Trauben sind nur geringere Mengen vorhanden.
Manche Zimtsäurederivate wie die Cumarsäure können bei mikrobiellen Artefakten (→ *Brettanomyces*) zu Ethylphenol, Vinylphenol, Vinylgaiacol und anderen geruchsaktiven Substanzen abgebaut werden, die am Fehlton „Pferdeschweiß" negativ beteiligt sind (→ Brettanomyces, → Fehler des Weines). Normalerweise sind die Bakterien des → Biologischen Säureabbaus, ebenso wie selektierte *Saccharomyces cerevisiae*-Hefen, kaum an der Bildung dieser störenden Phenole beteiligt. Lediglich Vinylgaiacol ist am sortentypischen Aroma des → Gewürztraminers (Nelkenton) positiv beteiligt und prägt bei Gehalten über 100 ppb (→ ppb) die geschmackliche Fülle im → Abgang positiv. Im Geruch überwiegen eher die leichtflüchtigen → Terpene des Gewürztraminers.

Zink (Zn) kam früher häufiger durch fahrlässige Berührung des Lesegutes, des Mostes und Weines mit Zinkgeräten und Verwendung von Zinkbehältern in den Wein, da Z. durch die Säuren leicht gelöst wird. Zinkgefäße irgendwelcher Art dürfen deshalb keinerlei Verwendung finden, auch nicht zur vorübergehenden Aufnahme von Trauben, Maische, Wein oder Most. Zinkhaltige Weine zeigen einen stark bitteren → Metallgeschmack. Mit Hilfe einer → Blauschönung lässt sich das Zink jedoch ohne Schwierigkeit und ohne irgendwelche Schädigung des Getränkes wieder entfernen. Der zulässige Maximalgehalt in Wein ist auf 5 mg/l begrenzt. Tatsache ist aber, dass auch aus anderen Gründen (Gewicht, Pflege) Zinkbehälter völlig durch Kunststoffbehälter verdrängt wurden und die genannten Erscheinungen selten sind.

Zinn (Sn) findet sich in Mosten und Weinen nur in Spuren, die sich deutlich unter 1 mg/l bewegen. Neuere Untersuchungen haben ergeben, dass → SO_2 die Auflösung bei Verwendung verzinnter Geräte begünstigt. Stärker geschwefelte Weine sollten deshalb nicht für längere Zeit mit Zinn in Berührung kommen. Die Verzinnung ist längst nicht so haltbar als ursprünglich angenommen wurde. Bei → Armaturen werden solche aus (teurem) Edelstahl bevorzugt und sind auf Dauer auch optimal in der Haltbarkeit (zulässiger Maximalgehalt in Wein = 1 mg/l).

Zitronensäure (Citronensäure, E 330) findet sich in zahlreichen Früchten, vor allem in Zitronen, Orangen und den meisten Beerenfrüchten. Äpfel und Birnen enthalten keine

Zitronensäure. Traubenmost enthält nur geringe Mengen bis zu 300 mg/l. Hochwertige Weine (→ Edelfäule) können höhere Gehalte haben. Durch den → biologischen Säureabbau wird Zitronensäure abgebaut. Ein Zusatz von Zitronensäure zu Wein ist bis zu 1 g/l gestattet, falls damit – unter Verzicht auf eine Blauschönung – Schwermetalle maskiert (stabilisiert) werden. Die Methode gilt dann nicht als → Säuerung.
Die Herstellung der synthetischen Zitronensäure erfolgt seit ca. 50 Jahren durch biotechnologische Methoden. Die Zitronensäure ist kristallisiert (fest). Zur Umrechnung von Zitronensäure in andere Säuren siehe → Gesamtsäure, Umrechnung → Stabilisierung (→ Tab. 20 im Anhang).

Zucker → Fruchtzucker, → Glucose, → Kohlenhydrate, → Saccharose, → Traubenzucker.

Zuckeraustauschstoffe sind für die → Süßung von Wein nicht zulässig. Dagegen → Schaumwein, Gesetzliches.

Zuckeralkohole sind 6-wertige Alkohole (Polyole), die süß schmecken und als Zuckeraustauschstoffe in vielen Lebensmitteln mit diätetischer Wirkung, jedoch nicht im Wein als Weinbehandlungsstoffe zugelassen sind. Größere Mengen weisen auf einen → Mannitstich hin.

Zucker, Bestimmung. Die quantitative Ermittlung des Zuckergehaltes (Bestimmung) in Traubenmost und Wein ist eine wichtige Untersuchung (→ Most, Zusammensetzung, → Wein, Zusammensetzung). In manchen Fällen ist es notwendig, die unter dem Begriff „Zucker“ zusammengefassten → Kohlenhydrate getrennt zu bestimmen (so z. B. die → Glucose im Falle der → Diabetikerweine) oder → Saccharose im Most zum Nachweis der → Anreicherung. Überwiegend genügt es aber, den gesamten Zuckergehalt ohne Differenzierung zu bestimmen.
Die verbreitetste Methode basiert auf der Reduktionswirkung gegenüber alkalischen Kupferlösungen in der Wärme. Die Zucker, die Kupferlösungen reduzieren, nennt man deshalb auch reduzierende Zucker. Die bekannteste alkalische Kupferlösung ist die → Fehling’sche Lösung, Modifikationen davon sind Luff-Schoorl’sche Lösung, Soxhlet-Mischung etc.
Eine mit Zusätzen stabilisierte Kupferlösung wird im → Combitest verwendet. Die verschiedenen „reduktometrischen“ Methoden unterscheiden sich außerdem in der Mengenanwendung, der Erhitzungsdauer und in der Form der Feststellung der umgesetzten Kupferlösungen. Es kann die unverbrauchte Menge an Kupferlösung ermittelt werden oder man misst das ausgeschiedene (reduzierte) Kupferoxid direkt oder nach weiterer Umwandlung. Durch die reduktometrischen Methoden werden reduzierende Stoffe wie → Galacturonsäure mit erfasst, die jedoch nur bei Most oder Wein aus faulem Lesegut von Bedeutung sind. Zur Abtrennung der störenden Stoffe eignen sich → Ionenaustauscher oder Schwermetallverbindungen wie Bleiazetat oder Zinkferrocyanid (Carrez-Reagenz). Ferner sind Methoden nach Lane und Eynon, Bertrnad, Potterat und Eschmann und colorimetrische Methoden veröffentlicht worden.
In neuerer Zeit entwickelten sich chromatografische Trennmethoden wie → HPLC oder → Gaschromatographie. Damit lassen sich komplexe Auftrennungen der im Most oder Wein enthaltenen Substanzen durchführen. Weitere Verfahren sind → enzymatische und optische Methoden (→ FTIR). Bei der Vielzahl der verfügbaren Verfahren wählt man nach Kosten, Genauigkeit und Aufwand aus.
Halbquantitative Bestimmungen sind für manche Zwecke durchaus nützlich, gehören

jedoch nicht zu den hier angesprochenen quantitativen Bestimmungsmethoden. Als solche eignet sich für die Betriebskontrolle die → Clinitest-Methode. Eine genaue und zeitsparende Methode ist die Combi-Methode (→ Combitest).

Zuckercouleur → Gebrannter Zucker.

Zucker, Einfluss auf die Gärung. Am schnellsten vergären Moste mit mittlerem Zuckergehalt (etwa 15 %). Bei deutlich höherem Zuckergehalt wird die Vermehrung der Hefezellen gehemmt, bei Zuckergehalten über 25 bis 30 % genügen bereits geringe Alkoholmengen, um die Vermehrung nachhaltig zu hemmen. Der Effekt ist durch die osmotische Wirkung des Zuckers zu erklären, der sich mit Wasser verdünnen will. Der Hefezelle wird dadurch Wasser entzogen, sie schrumpft und die notwendigen Vorgänge der Stoffproduktion, die die Vermehrung begünstigen, können nur noch sehr verlangsamt eintreten. → Osmotolerante Hefen reagieren weniger stark, weshalb sich solche Hefestämme herausselektionieren (sie werden „dominant“). In Mosten mit hohem Zuckergehalt kommen alllerdings noch andere hemmende Effekte hinzu, so z. B. das Fehlen von → Hefenährstoffen (→ Osmose, → Selektion).

Zuckerfreier Extrakt ist eine rechnerisch zu ermittelnde, für die Qualitätsbeurteilung wichtige → Kennzahl. Dabei soll im Wein dessen Zuckergehalt unberücksichtigt bleiben und nur die übrigen Substanzen sollen pauschal und gemeinsam erfasst werden. In jedem Fall muss man dazu den eigentlichen (Gesamt) -Extrakt kennen, den gemessenen Zuckergehalt davon abziehen, sodass der zuckerfreie Extrakt daraus resultiert. Durch Konvention bringt man nicht den vollen Betrag des ermittelten Zuckergehaltes in Abzug, sondern einen um 1 g/l niedrigeren Betrag. Damit will man die → Pentosen in den zuckerfreien Extrakt integrieren, obwohl diese eigentlich auch zur Gruppe der Zucker gehören (aber nicht vergärbar sind). 1 Gramm dürfte üblicherweise bei der Zuckerbestimmung miterfasst worden sein. Die Berechnung für den zuckerfreien Extrakt lautet dann:
Gesamtextrakt - (Zucker -1) = zuckerfreier Extrakt (g/l])
Die daraus errechnete Summe setzt sich aus den nichtflüchtigen Weinbestandteilen wie → Säuren, → Glycerin, → Phenolen, → Mineralstoffen, → Stickstoffverbindungen usw. zusammen. Natürlich differenziert diese → Kennzahl „zuckerfreier Extrakt“ nicht zwischen qualitätsbestimmenden Stoffen und gegebenenfalls unerwünschten Stoffen des untersuchten Weines. Als Beispiel ist der → Hefefilterwein zu nennen, dessen zuckerfreier Extrakt-Gehalt aber überwiegend durch unerwünschte (hohe) Gehalte an Stickstoffverbindungen bestimmt ist. Ebenfalls kann eine extreme Auspressung bei der Kelterung diese Kennzahl durch erhöhte → Phenolgehalte in die Höhe treiben.
Im Most ist der zuckerfreie Extrakt leider nicht hinreichend präzise zu ermitteln, da die bei hohem Zuckergehalt stärker „streuende“ Zuckerbestimmung in die Rechnung eingeht und leicht Fehler bei der Berechnung der → Kennzahl entstehen (→ Extraktgehalt, → Zucker, Bestimmung).

Zuckerung → Anreicherung.

Zuckerung, gestaffelte. Der portionsweise Zusatz von Zucker zu einer ablaufenden → Gärung ist bei der Herstellung hochvergorener → Dessertweine aus Früchten üblich. Bei solchen Obst-Dessertweinen, die bis zu 18 % Vol. → Alkohol enthalten können, den Zucker aber überwiegend erst durch → Anreicherung, also Zusatz in Form von → Saccharose erhalten, entfällt der Hemmeffekt

primär hoher Zuckerkonzentrationen (→ Zucker, Einfluss auf die Gärung). Durch gestaffelten, mehrfachen Zusatz der Teilmenge wird der jeweils wirksame osmotische Hemmeffekt des Zuckers gering sein.
Im Falle der Herstellung von gewöhnlichen Weinen wurde die gestaffelte Zuckerung dann angewendet, wenn man die Gärung möglichst ausdehnen wollte, um die Bedingungen für einen → biologischen Säureabbau zu verbessern. Diese Methode ist weinrechtlich umstritten und heute kaum mehr gebräuchlich (→ Fruchtweine, → Obstweine, → Umgärung).

Zuckerungsnachweis. Der Nachweis einer unzulässigen Zuckerung ist nicht allein in Deutschland von Interesse, sondern auch in Ländern, bei denen gezuckerte Produkte keine Bezeichnungsnachteile haben. Dort ist aber die zulässige Menge streng begrenzt und das Ziel, ein Übermaß an Zuckerzusatz zu erkennen, ebenso gesetzt.
Durch Auswertung der Statistik der Mostgewichte des Anbaugebietes (→ Weinstatistik, amtliche) lässt sich eine Prognose anstellen, inwieweit der fragliche Wein angereichert wurde. Durch die natürliche Streubreite bedingt, ist ein darauf basierender alleiniger Nachweis kaum möglich. Man bemüht sich mit anderen Kennzahlen (→ zuckerfreier Extrakt und daraus abgeleitete Größen) den Beweis zu führen, dass → Zucker zwecks Erhöhung des → Mostgewichtes zugesetzt wurde. Dabei ist die Rebsorte, der Jahrgang, die Weinbereitungsart etc. zu berücksichtigen (→ Extraktgehalt des Weines, Most).
Eine direkte Methode besteht im Nachweis der zugesetzten → Saccharose, die jedoch durch Invertierung relativ rasch abgebaut wird. Versuche, an Hand der *Betaingehalte* des → Rübenzuckers den Nachweis zu führen, scheitern an den geringen Gehalten im Wein. Der Nachweis von Saccharose aus → Rohrzucker ist jedoch auch durch eine C^{13}-Bestimmung möglich. Einen indirekten Nachweis von zugesetztem Zuckerrüben- Zucker ist in gewissen Grenzen durch die → NMR-Spektroskopie (**N**uclear-**M**agnetic-**R**esonance) möglich. Diese Methode befasst sich anhand des Wein-Alkohols mit den Verhältnissen des H (Wasserstoff) zum D (Deuterium) an den vorhandenen C-Atomen des Ethanols. Eine unterschiedliche Verteilung des D/H-Verhältnisses erfolgt bereits bei der Produktion des Zuckers in der Traube bzw. dem Zuckerrohr und damit auch in den zu vergleichenden Rohstoffen (Traubenmost und Rübensaft). Die daraus sich ergebenden Zucker (Saccharose) sind zwar chemisch gleich, aber durch die erwähnte physikalische Methode doch unterschiedlich mit → Isotopen (→ Stabilisotopen) besetzt.
Da die Weinproben „rektifiziert“ werden müssen (konzentrierter Alkohol) und das verwendete Gerät technisch aufwändig und teuer ist, kann das Verfahren nicht als Routinemethode gelten. Dazu kommt die Notwendigkeit, sich jährlich eine Datenbank durch Vermessung authentischer Naturweine anlegen zu müssen, um die Methode an Standards zu justieren. Über die erzielbare Empfindlichkeit und die Zuverlässigkeit gibt es derzeit noch keine abschließenden Feststellungen.
Bei Verwendung von rektifiziertem Traubenmost (→ RTK)) hat sich die Beweis-Führung erschwert. Nachdem dem „Naturwein“ heute längst nicht mehr die frühere Bedeutung zugemessen wird, ist die forensische Betrachtung des Themas „Zuckerungsnachweis“ etwas in den Hintergrund getreten.

Zucker, unvergärbarer. Bei den Zuckerbestimmungen (→ Zucker, Bestimmung) werden Stoffe mit erfasst (→ Pentosen, → Galacturonsäure). Diese reduzierenden Stoffe werden durch die → Hefe jedoch nicht vergoren. Es ist üblich, dafür 1 g/l als unvergärbar abzuziehen (→ zuckerfreier Extrakt).

Zusatzwein. Ein früher gebräuchlicher Begriff für Weine mit hohem Restzuckergehalt, die als „Zusatzweine" zu → durchgegorenen Weinen zwecks → Süßung zugesetzt wurden. Zunächst war man der Auffassung, dass auf diesem Wege feinere Weine als durch den Zusatz von ungegorenem → Traubenmost zu erzielen wären. Da sich diese Auffassung nicht bestätigen ließ und die Anwendung von Zusatzwein Nachteile brachte (höhere Kosten, erhöhter Bedarf von → schwefliger Säure) hat das Verfahren an Bedeutung verloren.
Da → Süßreserve ungegorener Traubenmost bis zu einem Gehalt von 8 g/l ist, können angegorene Moste (mit einem höheren Gehalt an Alkohol als 8 g/l) als *Zusatzwein* gelten. Ein solcher Zusatz wäre dann auch keine → Süßung sondern ein → Verschnitt. Es gelten dann gegebenenfalls die weingesetzlichen Einschränkungen des Verschnittes, das heißt es gelten die Erleichterungen bei der Deklaration der Süßung mit Süßreserve hier *nicht* mehr.

Zutaten. Getränke, die wie z. B. Fruchtsäfte, dem Lebensmittelrecht unterworfen sind, gibt es die sog. „Zutatenliste". Gegenüber den bei der Weinbereitung zugelassenen Stoffen sind bei Wein derzeit nur solche, die Allergien hervorrufen können, als „Zutaten" zu deklarieren (→ Allergene). Vielleicht hat schon PLUTARCH die überzeugendste Formel in seinem Spruch gefunden: „Wein ist unter den Getränken das Nützlichste, unter den Arzneimitteln das Süßeste, unter den Speisen das Angenehmste".

Zweitgärung (früher auch „Umgärung" genannt) wird im klassischen Fall beim Schaumwein angewendet. Während der → Jungwein-Phase darf eine „Zweitgärung" (gestaffelte Zuckerung) erfolgen. Die Anreicherungsspannen müssen eingehalten werden (→ Anreicherung von Wein).

Zwiebelrot ist eine Farbnuance bei → Roséwein oder → Weißherbst, die besonders häufig bei Spätburgunderweinen auftritt. Die „gebrochene" Farbe ist ein Ergebnis der → Edelfäule (→ *Botrytis cinerea*) und kann demgemäß auch bei anderen (weißen) Sortenweinen auftreten.

Zygosaccharomyces. Es ist eine Gruppe von Hefen, die sich von den normalen Hefen dadurch unterscheidet, dass der Sporenbildung eine Kopulation vorausgeht, so dass jochartige Figuren entstehen. Daher wurden sie auch als Jochhefen bezeichnet. Die Zellen zählen zum haploiden Typ der → Saccharomyceten. Wichtig ist die hohe *Osmotoleranz* dieser Hefen, sodass diese bei zuckerreichen Mosten und bei Konzentraten einen Selektionsvorteil haben. Unter der Gruppe rangieren 8 verschiedene Z., die teilweise zu den weinschädlichen Mikroorganismen zählen, ein Umstand, der bei der Süßung mit Konzentraten zu beachten ist (→ Osmotolerante Hefen).

Zymase ist ein → Enzym-Komplex der → Hefe, mit dessen Mitwirkung die Spaltung des → Zuckers in → Alkohol und → Kohlensäure abläuft. Es ist ein Endoenzym, das heißt es tritt nicht aus der Zelle aus. Die Zymase ist keine einheitliche Verbindung, sondern besteht aus einer ganzen Reihe aufeinander abgestimmter Teilenzyme. Beteiligt an der alkoholischen Gärung (Glycolyse) sind mindestens zwölf Enzyme. Der Begriff der Z. geht auf die Beobachtung von BUCHNER zurück, der Vergärungen mit Hefe-Presssaft durchführte und damit die enzymatischen Prozesse innerhalb der Hefe nachgewiesen hat. Für die inzwischen längst differenzierter nachgewiesenen Abläufe der Gärungsphasen hat die Z. nur noch historische Bedeutung.

Anhang Tabellen

Hinweise zum Gebrauch der Tabelle 1

Vor dem technischen Vorgang der Anreicherung sind die weingesetzlichen Bedingungen und Einschränkungen zu berücksichtigen (→ Anreicherung, gesetzliche Regelungen). Zur Berechnung der jeweiligen Saccharosezusätze müssen bestimmte Angaben vorliegen:

1. Mostgewicht bei ungegorenem Most (Maische)
2. Litermenge des anzureichernden Materials
3. Gärungsbedingungen
4. Angestrebter Gesamtalkoholgehalt

Es muss vorausgehend erläutert werden, dass bei der Berechnung der Zusätze einige Fehlerquellen auftreten, die bei den oben genannten Daten zu erörtern sind und die in der Regel zu erheblichen Abweichungen führen können.

Zu 1) Das nach den üblichen Regeln korrekt gemessene Mostgewicht muss zunächst in den korrekten Betrag des → potentiellen Alkohols umgerechnet werden (s. Tab. 5). Ausgehend von der Tatsache, dass der pot. Alkohol in der Regel über dem Mostgewicht liegt, bedeutet dies, dass erst von diesem Wert ausgehend „hochgerechnet“ wird. Schließlich ist im Mostgewicht bereits die überwiegende Menge an „Naturzucker“ als potentieller Alkohol vorhanden. Nach der „amtlichen Liste“ der EU entstehen z.B. aus 80 °Oechsle bereits 83,6 g/l Alkohol. Zudem ist bekannt, dass aus Most ertragsreicher Rebsorten durchaus ein potentieller Alkohol von über 85 g/l entstehen kann, falls dazu noch die entsprechenden Gärbedingungen vorliegen (siehe dazu 3.) Bei bereits angegorenem Most muss der bereits gebildete Alkohol dem gemessenen Mostgewicht hinzugerechnet werden.

Zu 2) Die Berechnung der in der Maische vorhandenen Mostmenge ist eine nicht zu unterschätzende Fehlerquelle die man überschlägig auszugleichen versucht. In der Tab. 1 basiert die Spalte „Entrappte Maische“ auf einem durchschnittlichen Anteil von 85 % , die Spalte „nicht entrappte Maische“ von 80 %. Deshalb wurde der Zuckerzusatz im Vergleich zur Mostanreicherung um den entsprechenden Anteil vermindert.

Aber auch der zu vergärende (Weiß-) Most kann mehr oder weniger Trub enthalten, der die faktische Mostmenge (geringfügig) vermindert. Bemerkung: Die Tab. 1 beruht auf dem Zusatz zum Inhalt des jeweiligen Behälters, der nach dem Zusatz des Zuckers ja erst „gärvoll“ belegt sein darf. Der Zusatz der Saccharose vermehrt das Volumen der Mostmenge!

Lösung des Problems: Entweder Behälter Vollfüllen, entsprechenden Anteil entnehmen oder teilbefüllten Inhalt „auslitern“.

Zu 3) Die Weißweinvergärung arbeitet heute meist mit niedrigen Temperaturen (→ Kaltgärung), Zusatz von → Trockenhefen mit geringeren Alkoholverlusten und damit hoher → Alkoholausbeute, so dass häufig der niedrigere „Zuckerungsfaktor“ der Spalte „Wein“ anzuwenden ist. Bei der entsprechenden Berechnung im Falle der → Maischegärung (Rotwein) sollte man unter Beachtung der Bemerkung zu 1 bzw. 2) und der Tatsache, dass die Rotweinvergärung je nach Technik hohe Alkoholverluste bedingt, den höheren Zuckerungsfaktor der Spalten „Maische“ zur Berechnung heranziehen.

Zu 4) Wie aus den Bemerkungen 1-3 hervorgeht gibt es eine Reihe von Fehlerquellen, dem zu Folge das Ergebnis der Anreicherung mehr oder weniger ungenau ist. Andererseits möchte man dem Rotwein gerne eine hinreichende Fülle (Alkohol) mit auf den Weg geben, obwohl gerade die Technik der → Maischegärung und das → Abwirzen zu erheblichen Alkoholverlusten beiträgt. Vorteilhaft ist die Technik der → Hoch-Kurzzeit-Erhitzung, die im Vergleich zur Maischegärung präzisere Ergebnisse bei der Anreicherung liefern kann (→ Rotweinbereitungsverfahren).

Man überlege sich zuerst, welche Anreicherung erwünscht und zulässig ist. Das Maximum der zulässigen Anreicherung, d. h. des → Gesamtalkoholgehaltes (Obergrenze) ist bei der Weinkategorie „Deutscher Wein“ und „Landwein von der Herkunft (Weinbauzone A oder B) abhängig (siehe letzte Spalte der Tabelle). Danach überprüfe man, inwieweit man die Anreicherungs-Quote ausnützen darf, ohne die Grenze des höchstzulässigen Gesamtalkoholgehaltes zu überschreiten. Die Obergrenze des Gesamtalkoholgehaltes nach Anreicherung sind bei → Qualitätswein ab 01.08.2009 bis zu maximal 15%Vol. deutlich darüber hinaus angehoben worden (→ Tab. 7). Für die Kategorien Deutscher Wein und Landwein gilt:
Weinbauzone A = Weißwein 11,5%Vol.;
Rotwein 12,0%Vol.
Weinbauzone B = Weißwein 12,0%Vol.;
Rotwein 12,5%Vol.
Roséwein und Weißherbst wie Weißwein.

Aus Sicherheitsgründen bleibe man wenigstens 3 g/l unter der jeweils angestrebten Höchstgrenze. Oft, aber nicht immer, wird man bei Deutschem Wein und Landwein die zulässige Anreicherungsquote dann nicht ausnützen können (wie in diesem Beispiel). Hat man dann die gewünschte (und zulässige!) Anreicherungsquote festgelegt, dann kann man je nach zu verbesserndem Material in den Spalten Most, entrappte Maische, nichtentrappte Maische oder Wein die pro 100 Liter zuzusetzende Menge an Zucker direkt ablesen. Auf die im Behälter befindliche tatsächliche Menge wird mittels einfacher Multiplikation umgerechnet.

Beispiel Landwein/Pfalz: In einem 4000 Liter fassenden Behälter sind 3500 Liter Weißmost der Weinbauzone A enthalten. Der QbA-Most wiegt 64 °Oechsle bei 11 g/l Titrierbarer Gesamtsäure. Es kommt nur Trockenverbesserung um maximal 24 g/l Alkohol infrage. Der zu erwartende Gesamtalkoholgehalt liegt dann bei 64 + 24 = 88 g/l. Die Obergrenze für den Sicherheitsabstand von 3 g/l bis zum maximal zulässigen Gesamtalkoholgehalt von 91 g/l ist dadurch gerade gewahrt. Aus Tabelle 1 entnimmt man in der Spalte „Most“ bei 24 g/l Anreicherung 5,96 kg Zuckerzusatz. Da 5,96 kg zu 100 Liter Most hinzugefügt werden sollen, aber 3500 Liter Most vorhanden sind, errechnet sich: Zu 100 Liter Most müssen 5,96 kg Zucker, zu 3500 Liter Most müssen 5,96 × 209 kg Zucker zugesetzt werden.

Die 209 kg Zucker vermehren das Volumen um 0,6 × 245 = 125 Liter, sodass nach der Verbesserung 3625 Liter Gärgut enthalten sind und der verbleibende Steigraum (von 375 Litern) ausreicht.

Die Durchführung der Berechnung bei der Trockenverbesserung von Wein ist völlig analog wie in dem beschriebenen Beispiel. Es sei nur erwähnt, dass infolge der günstigen Alkoholausbeuten bei der Umgärung (Verbesserung von Wein) bei sonst gleichen Verhältnissen (Anreicherungsquote und Menge gleich) weniger Zucker benötigt wird, was durch Vergleich der verschiedenen Spalten Most, Maische und Wein in Tabelle 1 erhärtet wird.

In dem beschriebenen Beispiel konnte man davon ausgehen, dass 64 Oe im Most einem späteren Alkoholgehalt von ca. 64 g/l entsprechen würde (natürlicher, potenzieller Alkoholgehalt). Tatsächlich trifft dies meist um 60 °Oe auch hinreichend genau zu.

Bei höheren Mostgewichten verändert sich das Bild: Der potenzielle Alkoholgehalt liegt betragsmäßig **deutlich** über dem Mostgewicht. Man sagt dann: Die Moste gären hoch! Die → Alkoholausbeute ist zusätzlich hoch bei modernen Gärverfahren → Kaltgärung. Da diese Tendenz extrem sein kann, wäre eine vorherige Ermittlung des **Zuckergehaltes** und Berechnung des tatsächlichen → potenziellen natürlichen Alkoholgehaltes das Mittel de Wahl, um unbeabsichtigte Überzuckerungen dann zu vermeiden. In den Fällen der Anreicherung von „Deutschem Wein“ und „Landwein“ besteht möglicherweise die Gefahr der → Überzuckerung.

Tab. 1 Trockenverbesserung (Anreicherung) von Most, entrappter Maische, nichtentrappter Maische und Wein
Zu 100 l Most (Maische, Wein) werden ..... kg Zucker hinzugefügt:

Anreicherung	Kilogramm Zucker				
um Alkohol (g/l)	Most	entrappte Maische	nichtentrappte Maische	Wein	Weingesetzliche Grenzwerte
7	1,70	1,44	1,35	1,49	Max. Anreicherung für Weine der Weinbauzone B (normal)
8	1,94	1,65	1,55	1,70	
9	2,19	1,86	1,75	1,91	
10	2,43	2,07	1,94	2,13	
11	2,68	2,28	2,14	2,34	
12	2,93	2,49	2,34	2,56	
13	3,18	2,70	2,54	2,78	
14	3,43	2,92	2,74	2,99	
15	3,67	3,12	2,94	3,21	
16	3,93	3,34	3,14	3,43	
17	4,18	3,55	3,34	3,65	Ausnahmeregelung
18	4,43	3,77	3,54	3,87	
19	4,68	3,98	3,74	4,09	
20	4,94	4,20	3,95	4,31	
21	5,19	4,41	4,15	4,53	Max. Anreicherung für Weine der Weinbauzone A (normal)
22	5,45	4,63	4,36	4,75	
23	5,71	4,85	4,57	4,97	
24	5,96	5,07	4,77	5,20	
25	6,22	5,29	4,98	5,42	Ausnahmeregelung
26	6,47	5,50	5,18	5,64	
27	6,74	5,73	5,39	5,87	
28	7,00	5,95	5,60	6,09	
29	7,26	6,17	5,81	6,32	
30	7,52	6,39	6,02	6,55	
31	7,79	6,62	6,23	6,77	
32	8,05	6,84	6,44	7,00	
33	8,31	7,06	6,65	7,23	
34	8,58	7,29	6,86	7,46	
35	8,84	7,51	7,07	7,69	
36	9,11	7,74	7,29	7,92	

Tab. 2 Mindestanforderungen an den Gesamtalkoholgehalt vor und nach der Anreicherung (Verbesserung) (Pfalz)

Qualitätsstufen	Mindestmostgewicht in °Oechsle (°Oe)	Erhöhung des Alkoholgehaltes durch Anreicherung	
	entspricht natürlichem Alkoholgehalt in Vol.%	um max.	auf höchstens
TAFELWEIN	44 °Oe (5 Vol.%)	mit Saccharose, RTK 3,5 Vol.% (28 g/l), durch Konzentrierung 2,0 Vol.% (16 g/l)	weiß 11,5 Vol.% (91 g/l)
LANDWEIN	50 °Oe (5,9 Vol.%)		rot 12 Vol.% (95 g/l)
in Jahren mit außergewöhnlichen Witterungsbedingungen können diese Grenzwerte heraufgesetzt werden		mit Saccharose, RTK 4,5 Vol.% (35 g/l), durch Konzentrierung 2,0 Vol.% (16 g/l)	
QUALITÄTSWEIN	Morio-Muskat, Portugieser, Riesling: 60 °Oe = 7,5 Vol.%, Dornfelder: 68 °Oe = 8,8 Vol.%, alle übrigen Resorten: 62 °Oe = 7,8 Vol.%		keine Begrenzung im Alkoholgehalt
Riesling Hochgewächs	70 °Oe = 9,1 Vol.%	mit Saccharose, RTK 3,5 Vol.% (28 g/l), durch Konzentrierung 2,0 Vol.% (16 g/l)	
CLASSIC	Riesling: 66 °Oe = 8,4 Vol.%, Dornfelder: 74 °Oe, alle anderen zugelassenen Rebsorten: 68 °Oe = 8,8 Vol.%		mind. 12,0 Vol.% Gesamtalkohol
SELECTION	alle zugelassenen Rebsorten: 90 °Oe = 12,2 Vol.%		

Hier gewinnt man den Überblick über die gesetzlichen Voraussetzungen, gezeigt am Beispiel des Weinbaugebietes Pfalz. Die Handhabung der Anreicherung mit RTK ergibt sich ebenso.

Tab. 3 Anreicherungstabelle für Most und Wein mit rektifiziertem Traubenmostkonzentrat in Liter und kg RTK (Weick 2008).

Spanne in g/l Alkohol	65,0 °Brix 897,7 g/l Zucker		65,0 °Brix 664,0 g/kg Zucker		65,0 °Brix 879,7 g/l Zucker		65,0 °Brix 664,0 g/kg Zucker	
	Liter RTK		kg RTK		Liter RTK		kg RTK	
	zu 100 l Most	in 100 l Most	zu 100 l Most	in 100 l Most	zu 100 l Wein	in 100 l Wein	zu 100 l Wein	in 100 l Wein
1	0,28	0,28	0,37	0,37	0,26	0,26	0,35	0,35
2	0,56	0,56	0,74	0,74	0,53	0,53	0,70	0,70
3	0,85	0,84	1,12	1,11	0,80	0,79	1,05	1,05
4	1,13	1,12	1,50	1,48	1,06	1,05	1,41	1,40
5	1,42	1,40	1,88	1,85	1,33	1,32	1,77	1,74
6	1,71	1,68	2,26	2,22	1,60	1,58	2,13	2,09
7	2,00	1,96	2,64	2,59	1,88	1,84	2,49	2,44
8	2,29	2,24	3,03	2,96	2,15	2,11	2,85	2,79
9	2,58	2,51	3,42	3,33	2,43	2,37	3,22	3,14
10	2,87	2,79	3,81	3,70	2,70	2,63	3,58	3,49
11	3,17	3,07	4,20	4,07	2,98	2,90	3,95	3,84
12	3,47	3,35	4,60	4,44	3,26	3,16	4,32	4,19
13	3,77	3,63	4,99	4,81	3,54	3,42	4,69	4,53
14	4,07	3,91	5,39	5,18	3,83	3,69	5,07	4,88
15	4,37	4,19	5,80	5,55	4,11	3,95	5,45	5,23
16	4,68	4,47	6,20	5,92	4,40	4,21	5,83	5,58
17	4,99	4,75	6,61	6,29	4,69	4,48	6,21	5,93
18	5,30	5,03	7,02	6,66	4,97	4,74	6,59	6,28
19	5,61	5,31	7,43	7,03	5,27	5,00	6,98	6,63
20	5,92	5,59	7,84	7,40	5,56	5,27	7,36	6,98
21	6,23	5,87	8,26	7,77	5,85	5,53	7,75	7,32
22	6,55	6,15	8,68	8,14	6,15	5,79	8,14	7,67
23	6,87	6,43	9,10	8,51	6,45	6,06	8,54	8,02
24	7,19	6,71	9,52	8,89	6,74	6,32	8,94	8,37
25	7,51	6,99	9,95	9,26	7,05	6,58	9,33	8,72
26	7,83	7,27	10,38	9,63	7,35	6,84	9,73	9,07
27	8,16	7,54	10,81	10,00	7,65	7,11	10,14	9,42
28	8,49	7,82	11,25	10,37	7,96	7,37	10,54	9,77

Diese Tabelle zeigt die spezielle Situation bei der Anreicherung mit RTK. Zur gesetzlichen Situation → Tab. 2.

Tab. 4 Umrechung des Alkoholgehaltes (g/l) in %vol.

Gramm Alkohol in 1 Liter	Gramm Alkohol in 1 Liter, Einer										
		0	1	2	3	4	5	6	7	8	9
Hunderter	Zehner	Vol.%									
	0	0	0,13	0,25	0,38	0,51	0,63	0,76	0,89	1,01	1,14
	1	1,27	1,39	1,52	1,65	1,77	1,90	2,03	2,15	2,28	2,41
	2	2,53	2,66	2,79	2,91	3,04	3,17	3,29	3,42	3,55	3,67
	3	3,80	3,93	4,05	4,18	4,31	4,43	4,56	4,69	4,81	4,94
	4	5,07	5,19	5,32	5,45	5,57	5,70	5,83	5,95	6,08	6,21
	5	6,33	6,46	6,59	6,71	6,84	6,97	7,09	7,22	7,35	7,49
	6	7,60	7,73	7,85	7,98	8,11	8,23	8,36	8,49	8,61	8,74
	7	8,87	8,99	9,12	9,25	9,37	9,50	9,63	9,75	9,88	10,01
	8	10,13	10,26	10,39	10,51	10,64	10,77	10,89	11,02	11,15	11,27
	9	11,40	11,53	11,65	11,78	11,91	12,03	12,16	12,29	12,41	12,54
1	0	12,67	12,79	12,92	13,05	13,17	13,30	13,43	13,55	13,68	13,81
1	1	13,93	14,06	14,19	14,31	14,44	14,57	14,69	14,82	14,95	15,07
1	2	15,20	15,33	15,45	15,58	15,71	15,83	15,96	16,09	16,21	16,34
1	3	16,47	16,59	16,72	16,85	16,97	17,10	17,23	17,35	17,48	17,61
1	4	17,73	17,86	17,99	18,11	18,24	18,37	18,49	18,62	18,75	18,87
1	5	19,00	19,13	19,25	19,38	19,51	19,63	19,76	19,89	20,01	20,14
1	6	20,27	20,39	20,52	20,65	20,77	20,90	21,03	21,15	21,28	21,41
1	7	21,53	21,66	21,79	21,91	22,04	22,17	22,29	22,42	22,55	22,68
1	8	22,80	22,93	23,06	23,18	23,31	23,44	23,56	23,69	23,82	23,94
1	9	24,07	24,20	24,32	24,45	24,58	24,70	24,83	24,96	25,08	25,21
2	0	25,34	25,46	25,59	25,72	25,84	25,97	26,10	26,22	26,35	26,48
2	1	26,60	26,73	26,86	26,98	27,11	27,24	27,36	27,49	27,62	27,74
2	2	27,87	28,00	28,12	28,25	28,38	28,50	28,63	28,76	28,88	29,01
2	3	29,14	–	–	–	–	–	–	–	–	–

Einschalttafel zur Tabelle

Gramm Alkohol in 1 Liter Dezimale	**Vol.%**	**Gramm Alkohol in 1 Liter Dezimale**	**Vol.%**	**Gramm Alkohol in 1 Liter Dezimale**	**Vol.%**
0,1	0,01	0,4	0,05	0,7	0,09
0,2	0,03	0,5	0,06	0,8	0,10
0,3	0,04	0,6	0,08	0,9	0,11

Bei den meisten Methoden der Alkoholbestimmung ergibt sich der Gehalt in g/l. Aus verschiedenen Gründen wird die entsprechende Angabe auch in %Vol. benötigt. Dazu dient die Tabelle. Man geht dabei von der linken Spalte aus nach rechts in die Tabelle und in die entsprechende Spalte der „Einer". Die nach dem Komma stehenden „Zehntel" werden aus der Einschalttafel entnommen und hinzugezählt.

Tab. 5 Ermittlung des natürlichen Alkoholgehaltes in %vol. Alkohol (EG-Grade) und Gramm/Liter aus dem Mostgewicht (Grad Oechsle)

°Oe	Alkohol Vol.%	g/l	°Oe	Alkohol Vol.%	g/l	°Oe	Alkohol Vol.%	g/l
40	4,4	34,7	77	10,2	80,5	114	15,9	125,4
41	4,5	35,5	78	10,3	81,2	115	16,1	127,0
42	4,7	37,1	79	10,5	82,8	116	16,3	128,6
43	4,8	73,9	80	10,6	83,6	117	16,4	129,4
44	5,0	39,4	81	10,8	85,2	118	16,6	131,0
45	5,2	41,0	82	10,9	86,0	119	16,7	131,8
46	5,3	41,8	83	11,1	87,6	120	16,9	133,3
47	5,5	43,4	84	11,3	89,1	121	17,0	134,1
48	5,6	44,2	85	11,4	89,9	122	17,2	135,7
49	5,8	45,7	86	11,6	91,5	123	17,3	136,5
50	5,9	46,5	87	11,7	92,3	124	17,5	138,1
51	6,1	48,1	88	11,9	93,9	125	17,7	139,6
52	6,3	49,6	89	12,0	94,7	126	17,8	140,4
53	6,4	50,5	90	12,2	96,2	127	18,0	142,0
54	6,6	52,1	91	12,4	97,8	128	18,1	142,8
55	6,7	52,8	92	12,5	98,6	129	18,3	144,4
56	6,9	54,5	93	12,7	100,2	130	18,4	145,2
57	7,0	55,2	94	12,8	101,0	131	18,6	146,7
58	7,2	56,8	95	13,0	102,5	132	18,8	148,3
59	7,3	57,7	96	13,1	103,3	133	18,9	149,1
60	7,5	59,2	97	13,3	104,9	134	19,1	150,7
61	7,7	60,7	98	13,4	105,7	135	19,2	151,5
62	7,8	61,5	99	13,6	107,3	136	19,4	153,0
63	8,0	63,1	100	13,8	108,9	137	19,5	153,8
64	8,1	63,9	101	13,9	109,7	138	19,7	155,4
65	8,3	65,5	102	14,1	111,2	139	19,8	156,2
66	8,4	66,3	103	14,2	112,0	140	20,0	157,8
67	8,6	67,8	104	14,4	113,6	141	20,2	159,3
68	8,8	69,4	105	14,5	114,3	142	20,3	160,2
69	8,9	70,2	106	14,7	116,0	143	20,5	161,7
70	9,1	71,8	107	14,8	116,8	144	20,6	162,5
71	9,2	72,6	108	15,0	118,3	145	20,8	164,1
72	9,4	74,2	109	15,2	119,9	146	20,9	164,9
73	9,5	75,0	110	15,3	120,7	147	21,1	166,5
74	9,7	76,5	111	15,5	122,3	148	21,3	168,0
75	9,8	77,3	112	15,6	123,1	149	21,4	168,8
76	10,0	78,9	113	15,8	124,6	150	21,5	169,6

% vol Alkohol × 7,89 = Gramm/Liter Alkohol
g/l Alkohol × 0,1267 = % vol Alkohol

Tab. 6 Ermittlung des Alkoholgehalts (g/l) aus dem Gewichtsverhältnis des Destillats bei 20 °C, bezogen auf Wasser von 20 °C*

Gewichts verhältnis des Destillats bis zur 3. Dezimalstelle	4. Dezimalstelle des Gewichtsverhältnisses des Destillats									
	9	8	7	6	5	4	3	2	1	0
	Alkohol (g/l)									
0,999	0,5	1,1	1,6	2,1	2,7	3,2	3,7	4,2	4,8	5,3
0,998	5,8	6,4	6,9	7,4	8,0	8,5	9,0	9,5	10,1	10,6
0,997	11,2	11,7	12,3	12,8	13,3	13,9	14,4	15,0	15,5	16,1
0,996	16,6	17,2	17,7	18,2	18,8	19,3	19,9	20,5	21,0	21,6
0,995	22,1	22,7	23,3	23,8	24,4	25,0	25,5	26,1	26,6	27,2
0,994	27,8	28,3	28,9	29,4	30,0	30,6	31,2	31,8	32,4	32,9
0,993	33,5	34,1	34,7	35,3	35,8	36,4	37,0	37,6	38,2	38,8
0,992	39,4	39,9	40,5	41,1	41,7	42,3	42,9	43,5	44,1	44,7
0,991	45,3	45,9	46,5	47,1	47,7	48,3	48,9	49,5	50,1	50,7
0,990	51,3	51,9	52,5	53,2	53,8	54,4	55,0	55,6	56,2	56,8
0,989	57,4	58,1	58,7	59,3	59,9	60,5	61,2	61,8	62,5	63,1
0,988	63,7	64,3	65,0	65,6	66,3	66,9	67,5	68,2	68,8	69,4
0,987	70,0	70,7	71,3	72,0	72,6	73,3	73,9	74,6	75,2	75,9
0,986	76,5	77,2	77,8	78,5	79,1	79,8	80,5	81,1	81,8	82,5
0,985	83,1	83,8	84,5	85,2	85,8	86,5	87,2	87,8	88,5	89,2
0,984	89,9	90,6	91,2	91,9	92,6	93,3	94,0	94,7	95,3	96,0
0,983	96,7	97,4	98,1	98,8	99,5	100,2	100,9	101,6	102,2	102,9
0,982	103,6	104,3	105,0	105,7	106,4	107,1	107,8	108,5	109,2	109,9
0,981	110,7	111,4	112,1	112,8	113,5	114,2	114,9	115,7	116,4	117,1
0,980	117,8	118,5	119,3	120,0	120,7	121,5	122,2	122,9	123,6	124,4
0,979	125,1	125,8	126,5	127,3	128,0	128,7	129,5	130,2	130,9	131,7
0,978	132,4	133,1	133,9	134,6	135,3	136,1	136,7	137,5	138,2	139,0
0,977	139,7	140,4	141,2	141,9	142,7	143,4	144,2	144,8	145,6	146,4
0,976	147,1	147,9	148,6	149,3	150,0	150,8	151,5	152,3	153,0	153,7
0,975	154,5	155,2	155,9	156,7	157,4	158,1	158,9	159,6	160,3	161,1
0,974	161,8	162,5	163,2	164,0	164,7	165,4	166,2	166,9	167,6	168,4
0,973	169,1	169,8	170,6	171,3	171,9	172,7	173,4	174,1	174,9	175,6
0,972	176,3	177,0	177,7	178,5	179,2	179,9	180,6	181,3	182,0	182,7
0,971	183,5	184,2	184,9	185,6	186,3	187,0	187,7	188,4	189,1	189,8
0,970	190,5	191,2	191,9	192,6	193,3	194,0	194,7	195,4	196,1	196,8
0,969	197,5	198,2	198,9	199,6	200,3	201,0	201,6	202,3	203,0	203,7
0,968	204,2	205,0	205,7	206,3	207,0	207,7	208,4	209,4	209,7	210,4
0,967	211,1	211,7	212,4	213,1	213,7	214,4	215,1	215,7	216,4	217,0
0,966	217,7	218,4	219,0	219,7	220,3	221,0	221,7	222,3	223,0	223,6
0,965	224,3	224,9	225,6	226,2	226,8	227,5	228,1	228,8	229,4	230,1

* Bundesanzeiger 1960, Nr. 86, Seite 17. Eine modifizierte Tabelle (VO (EWG) 2676/90) führt zu Abweichungen und basiert auf einem abgeänderten Untersuchungsverfahren.

Tab. 7 Die neuen Kategorien für Wein ab 2011 (Anreicherung in Weinbauzone A)

ohne Herkunftsbezeichnung		mit gesch. geograf. Angabe (g.g.A.)	mit geografischem Ursprung (g.U.)
Gemeinschaftswein	Deutscher Wein	Landwein	Qualitätswein
mit Anreicherung max. Weiß, rose 11,5 Vol.% rot 12,0 Vol.%		mit Anreicherung max. Weiß, rose 11,5 Vol.%, rot 12 Vol.%	mit Anreicherung max. 15 Vol.%
• Süßung mit RTK bis 4 Vol.%		• 100% Herkunft • Kontrolle?	• 100% Herkunft • QbA-Kontrolle wie bisher • Traditionelle Begriffe • z. B. Prädikate, Weißherbst
Grundwein	15 000 l/ha		
20 000 l/ha	mit Jahrgang und Rebsorte 12 500 l/ha	15000 l/ha	10 500 l/ha

Tab. 8 Mindestmostgewichte* (° Oe) zur Qualitätseinstufung deutscher Weine

Weinanbaugebiet	Landwein	QbA	Kab.	Spätl.	Ausl.	B.A	TBA	Eisw.
Ahr	47	55–68	76–80	80–87	88–93	110	150	110
Baden	55	63–72	76–85	86–95	102–105	128	150	128
Franken	50	60–70	78–85	85–90	100	125	150	125
Hessische Bergstraße	50	57–66	73–80	85–90	95–105	125	150	125
Mittelrhein	47	55–68	76–80	80–87	88–93	110	150	110
Mosel	47	55–68	70–73	80–85	88–93	110	150	110
Nahe	50	57–68	73	78–87	85–95	120	150	120
Pfalz	50	60–68	73–76	85–90	92–100	120	150	120
Rheingau	53	57–66	75–80	85–90	95–105	120	150	125
Rheinhessen	50	60–68	73–76	85–90	92–100	120	150	120
Württemberg	50	57–63	73–78	85–88	95	124	150	124
Saale-Unstrut	50	55–60	75	85	95	120	150	
Sachsen	50	60–65	73–78	80–85	88–90	110	150	110

* Die Mindestmostgewichte für Spezialitäten wie → Riesling-Hochgewächs, → Classic, → Selection und Sekt b.A. sind in der Tabelle nicht aufgeführt. Zahlenangaben wie 55–68 etc. berücksichtigen die Unterschiede bei Rebsorten und Weinarten.

Tab. 9 Rebsortenanbau in Deutschland. Bestockte Rebflächen und wichtige Rebsorten nach Anbaugebieten (Stand 2008)

Anbaugebiet [ha] Anteil weiß : rot	Rebsorten	Rebfläche in ha	Rebfläche in %
Rheinhessen	Müller-Thurgau	4 320	16,3
26 444	Riesling	3 769	14,3
(69% : 31%)	Dornfelder	3 444	13,0
	Silvaner	2 467	9,3
	Portugieser	1 661	6,3
	Spätburgunder	1 342	5,1
	Kerner	1 274	4,6
	Grauburgunder	1 158	4,4
	Scheurebe	921	3,5
Pfalz	Riesling	5 458	23,3
23 461	Dornfelder	3 175	13,5
(61% : 39%)	Müller-Thurgau	2 310	9,8
	Portugieser	2 176	9,3
	Spätburgunder Kerner	1 585	6,8
	Grauburgunder	1 134	4,8
	Weißburgunder	1 054	4,5
		862	3,7
Baden	Spätburgunder	5 855	36,8
15 906	Müller-Thurgau	2 737	17,2
(56% : 44%)	Grauburgunder	1 669	10,5
	Riesling	1 166	7,3
	Weißburgunder	1 165	7,3
	Gutedel	1 105	6,9
Württemberg	Trollinger	2 439	21,2
11 511	Riesling	2 083	18,1
(29% : 71%)	Schwarzriesling	1 738	15,1
	Lemberger	1 605	13,9
	Spätburgunder	1 278	11,1
	Müller-Thurgau	351	3,0
Mosel	Riesling	5 390	59,7
9 034	Müller-Thurgau	1 263	14,0
(91% : 9%)	Elbling	567	6,3
	Kerner	359	4,0
Franken	Müller-Thurgau	1 838	30,3
6 063	Silvaner	1 276	21,0
(80% : 20%)	Bacchus	742	12,2

Quelle: Statistisches Bundesamt

Tab. 9 (Fortsetzung) Rebsortenanbau in Deutschland. Bestockte Rebflächen und wichtige Rebsorten nach Anbaugebieten (Stand 2008)

Anbaugebiet [ha] Anteil weiß : rot	Rebsorten	Rebfläche in ha	Rebfläche in %
Nahe	Riesling	1 125	27,2
4 155	Müller-Thurgau	552	13,3
(75% : 25%)	Dornfelder	456	11,0
Rheingau	Riesling	2 464	78,8
3 125	Spätburgunder	380	12,2
(85% : 15%)	Müller-Thurgau	49	1,6
Saale-Unstrut	Müller-Thurgau	126	18,4
685	Weißburgunder	83	12,1
(74% : 26%)	Silvaner	57	8,3
Ahr	Spätburgunder	342	61,3
558	Riesling	43	7,7
(14% : 86%)	Portugieser	43	7,7
Sachsen	Müller-Thurgau	85	18,4
462	Riesling	67	14,5
(81% : 19%)	Weißburgunder	55	11,9
Mittelrhein	Riesling	309	67,0
461	Spätburgunder	40	8,7
[85% : 15%)	Müller-Thurgau	29	6,3
Hessische Bergstraße	Riesling	211	48,1
439	Spätburgunder	45	10,3
(79% : 21%)	Grauburgunder	38	8,7

Quelle: Statistisches Bundesamt

Tab. 10 Rebsortenspiegel der Weinanbaugebiete von Rheinland-Pfalz (1999–2008)

Bestockte Rebfläche in ha		Erntejahr									
Färbung	Rebsorte	2008	2007	2006	2005	2004	2003	2002	2001	2000	1999
weiß	Riesling	16 081	15 402	14 876	14 446	14 193	14 248	14 411	14 735	15 212	15 390
	Müller-Thurgau	8 477	8 497	8 490	8 663	9 057	9 783	10 615	11 563	12 595	13 072
	Silvaner, Grüner	3 589	3 616	3 659	3 701	3 862	4 072	4 311	4 580	4 811	4 956
	Kerner	2 944	3 060	3 194	3 399	3 695	4 069	4 489	4 923	5 335	5 573
	Ruländer	2 505	2 481	2 455	2 319	1 934	1 633	1 413	1 217	1 110	1 036
	Burgunder, Weißer	2 172	2 067	1 985	1 856	1 749	1 694	1 610	1 482	1 346	1 243
	Scheurebe	1 476	1 512	1 594	1 678	1 812	1 992	2 227	2 478	2 730	2 909
	Bacchus	1 177	1 227	1 275	1 360	1 479	1 669	1 892	2 110	2 356	2 449
	Chardonnay	946	904	880	827	779	724	666	578	477	408
	Huxelrebe	633	654	675	709	773	873	988	1 129	1 232	1 285
	Ortega	607	625	656	684	716	776	845	919	989	1 020
	Faberrebe	579	623	677	745	834	955	1 117	1 285	1 468	1 564
	Elbling	547	548	551	576	603	651	729	837	968	986
	Gewürztraminer	523	517	513	501	494	488	489	490	487	481
	Morio-Muskat	496	511	534	567	608	673	762	884	1 036	1 143
	Sonstige	1 356	1 294	1 237	1 194	1 195	1 262	1 379	1 481	1 620	1 698
weiß Ergebnis		**44 109**	**43 536**	**43 251**	**43 227**	**43 784**	**45 563**	**47 943**	**50 690**	**53 774**	**55 213**
rot	Dornfelder	7 440	7 528	7 585	7 626	7 601	7 141	6 159	5 078	3 949	3 383
	Portugieser, Blauer	4 001	4 190	4 315	4 446	4 502	4 550	4 594	4 653	4 642	4 505
	Spätburger, Blauer	3 909	3 915	3 918	3 867	3 685	3 518	3 340	3 050	2 753	2 485
	Regent	1 603	1 626	1 633	1 626	1 548	985	628	408	276	217
	Saint Laurent	633	639	637	635	619	580	481	331	242	171
	Merlot	384	372	360	350	327	276	214	143	73	26
	Dunkelfelder	285	292	301	306	304	292	272	242	223	207
	Müllerrebe	261	262	263	264	263	262	255	245	222	201
	Sonstige	1 368	1 370	1 359	1 337	1 246	1 045	819	636	504	423
rot Ergebnis		**19 885**	**20 195**	**20 372**	**20 456**	**20 095**	**18 648**	**16 762**	**14 784**	**12 884**	**11 618**
Gesamtergebnis		**63 995**	**63 731**	**63 623**	**63 683**	**63 879**	**64 212**	**64 705**	**65 474**	**66 658**	**66 831**

Zeichenerklärung
- nichts vorhanden (genau Null)
0 Zahl ungleich Null, Betrag jedoch kleiner als die Hälfte von 1 in der letzten ausgewiesenen Stelle
Differenzen in den Summen sind durch Runden bedingt.
Quelle: Statistisches Landesamt Rheinland-Pfalz, Bad Ems

Tab. 11 Bestockte Rebfläche der Pfalz (2008)

	ha/2008	%	Trend
Riesling	5 458	23,3	+
Müller-Thurgau	2 310	9,8	–
Kerner	1 134	4,8	–
Grauburgunder	1 054	4,5	+ –
Weißburgunder	862	3,7	+
Silvaner	844	3,6	–
Chardonnay	469	2,0	+
Scheurebe	416	1,8	–
Gewürztraminer	347	1,5	+ –
Morio-Muskat	267	1,1	–
Ortega	216	0,9	+ –
Sonstige weiß	916	3,9	+
Ergebnis weiß	**14 293**	**60,9**	**+**
Dornfelder	3 175	13,5	–
Blauer Portugieser	2 176	9,3	–
Blauer Spätburgunder	1 585	6,8	+ –
Regent	636	2,7	+ –
St. Laurent	302	1,3	+ –
Merlot	216	0,9	+ –
Dunkelfelder	182	0,8	+ –
Sonstige rot	896	3,8	+
Ergebnis rot	**9 168**	**39,1**	**–**
Gesamtergebnis	**23 461**	**100,0**	**+ –**

Quelle: Landwirtschaftskammer Rheinland-Pfalz in Bad Kreuznach, EU-Weinbaukartei

Tab. 12 Weinernten und Qualitätsbeurteilung (Deutschland 1967–2008)

Jahr	Ertrags-rebfläche	Mostertrag	Ertrag	Eignung für			Qualitätsbeurteilung
				TW[1]	QW[2]	PW[3]	
	ha	hl	hl/ha	%	%	%	
2008	99 744	10 001 430	100,3	6,0	57,0	37,0	gut
2007	99 702	10 364 767	104,0	5,8	49,7	44,5	sehr gut
2006	99 172	9 063 002	91,4	4,4	52,3	43,3	gut
2005	98 875	9 103 967	92,3	3,6	49,7	46,7	sehr gut
2004	98 772	10 140 517	103,1	6	56,4	37,6	gut
2003	98 270	8 288 549	84,3	3,3	32,5	64,2	sehr gut
2002	98 772	10 135 495	102,6	0,5	43,3	56,2	gut bis sehr gut
2001	99 714	9 081 322	91,1	0,4	45,4	54,1	gut bis sehr gut
2000	101 546	10 080 828	99,3	1,9	54	44,1	gut
1999	101 330	12 285 970	121,2	0,4	44,5	55,1	gut bis sehr gut
1998	101 665	10 833 860	106,6	1,1	57,4	41,5	gut
1997	102 475	8 494 813	82,9	0,1	29,9	70	sehr gut
1996	102 428	8 641 985	84,4	0,4	61,9	37,7	gut
1995	103 266	8 510 134	82,4	1,6	74,3	24,1	gut
1994	103 727	10 347 710	99,8	1,6	55,6	42,8	gut
1993	102 898	9 718 333	94,4	0,3	33,6	66,1	sehr gut
1992	100 365	13 375 036	133,3	2,1	50,1	47,8	gut bis sehr gut
1991	99 405	10 169 962	102,3	2,5	73,5	24	mittel
1990	94 852	8 513 505	89,8	0,2	39,3	60,5	gut bis sehr gut
1989	93 945	13 226 232	140,8	0,6	51,5	47,9	gut
1988	93 475	9 314 610	99,6	0,2	46,4	53,4	gut
1987	93 276	8 942 386	95,9	1,9	77,1	21	mittel
1986	93 059	10 062 456	108,1	4,4	78,5	17,1	mittel
1985	93 020	5 402 394	58,1	0,1	40,3	59,6	gut
1984	92 195	7 993 489	86,7	13	80	7	mittel bis gering
1983	90 372	13 040 937	144,3	2	51	47	gut
1982	89 022	15 402 949	173	8	69	23	mittel

[1] Tafelwein; [2] Qualitätswein; [3] Prädikatswein
Quelle: Statistisches Bundesamt und Deutscher Weinbauverband e. V.

Tab. 12 (Fortsetzung) Weinernten und Qualitätsbeurteilung (Deutschland 1967–2008)

Jahr	Ertrags-rebfläche	Mostertrag	Ertrag	Eignung für			Qualitätsbeurteilung
				TW[1]	QW[2]	PW[3]	
	ha	hl	hl/ha	%	%	%	
1981	89 007	7 159 176	80,4	1	55	44	gut
1980	89 485	4 634 960	51,8	3	65	32	mittel
1979	87 592	8 180 564	93,4	1	49	50	gut
1978	88 917	7 297 401	82,1	4	74	22	mittel
1977	87 730	10 388 969	118,4	10	76	14	mittel bis gering
1976	86 296	8 658 762	100,3	0	17	83	sehr gut
1975	84 970	9 241 274	108,8	2	47	51	gut bis sehr gut
1974	83 028	6 805 291	82	8	68	24	mittel
1973	80 622	10 696 780	132,7	5	61	34	gut
1972	77 551	7 456 463	96,1	16	72	12	mittel bis gering
1971	75 514	6 027 328	79,8	*	*	*	sehr gut
1970	73 700	9 889 019	134,2	*	*	*	mittel
1969	71 336	5 947 354	83,4	*	*	*	mittel
1968	70 214	6 047 598	86,1	*	*	*	gering
1967	69 460	6 069 506	87,4	*	*	*	mittel

* keine Angaben

[1] Tafelwein; [2] Qualitätswein; [3] Prädikatswein

Quelle: Statistisches Bundesamt und Deutscher Weinbauverband e. V.

Tab. 13 Weinbauflächen der Welt, Veränderungen

Länder	Rebflächen						Veränderung	
	2007*	2006*	2005	2004	2000	1990	2007/ 2000	2007/ 1990
	1 000 ha	1 000 ha	1 000 ha	1 000 ha	1 000 ha	1 000 ha	%	%
Spanien (ES)	1 169	1 174	1 180	1 200	1 174	1 532	–0,4	–23,7
Frankreich (FR)	867	887	894	889	917	939	–5,5	–7,7
Italien (IT)	840	843	842	849	908	1 024	–7,5	–18,0
Türkei (TR)	525	527	555	559	581	581	–9,6	–9,6
China (CN)	490	490	485	460	**	**	***	***
USA (US)	409	406	399	398	413	301	–1,0	35,9
Portugal (PT)	248	249	248	247	261	379	–5,0	–34,6
Argentinien (AR)	230	223	219	213	209	210	10,0	9,5
Rumänien (RO)	205	213	217	222	248	245	–17,3	–16,3
Chile (CL)	197	195	193	189	174	120	13,2	64,2
Australien (AU)	174	169	167	164	140	59	24,3	194,9
Moldawien (MD)	147	147	147	146	**	**	***	***
Südafrika (ZA)	135	134	134	133	117	100	15,4	35,0
Griechenland (EL)	116	112	113	112	129	150	–10,1	–22,7
Deutschland (DE)	102	102	102	102	105	95	–2,9	7,4
Bulgarien (BG)	100	102	95	97	111	140	–9,9	–28,6
Brasilien (BR)	100	94	79	76	**	**	***	***
Ungarn (HU)	75	78	83	87	91	138	–17,6	–45,7
Österreich (AT)	50	50	52	49	51	58	–2,0	–13,8
Neuseeland (NZ)	30	27	25	21	13	6	130,8	400,0
Schweiz (CH)	15	15	15	15	15	15	0,0	0,0
Welt	7 899	7 908	7 928	7 899	7 885	8 381	0,2	–5,8
Europa	4 444	4 478	4 500	4 519	4 945	5 885	–10,1	–24,5
EU	3 844	3 880	3 897	3 923	3 547	4 121	8,4	–6,7

Gesamtrebfläche (mit Erzeugung von Tafeltrauben, Rosinen etc.)
* Vorhersage
** Keine Zahlen verfügbar
*** Kein Vergleich möglich
Quelle: Deutsches Weininstitut, nach Angaben des Office International de la Vigne et du Vin, Paris

Tab. 14 Weinproduktion der Welt

Länder	2007* Mio hl	2006* Mio hl	2005 Mio hl	2004 Mio hl	2003 Mio hl	2000 Mio hl	1990 Mio hl
Italien (IT)	45,9	53,4	50,6	53,0	44,1	51,6	54,8
Frankreich (FR)	45,4	52,2	53,3	58,8	47,5	57,5	65,5
Spanien (ES)	34,7	38,1	41,1	50,0	48,6	41,7	38,6
USA (US)	20,0	19,6	22,9	20,1	20,8	23,3	15,8
Argentinien (RA)	15,0	15,4	15,2	15,5	13,2	12,5	14,0
China (RC)	**	**	**	11,7	11,6	10,5	2,7
Deutschland (DE)	10,5	9,0	9,3	10,0	8,2	9,8	8,5
Südafrika (ZA)	9,8	9,4	8,4	9,3	8,8	6,9	9,0
Australien (AU)	9,6	14,3	14,0	13,8	10,2	8,1	4,4
Chile (CL)	8,2	8,4	7,9	6,3	6,7	6,4	4,0
Portugal (PT)	5,8	7,5	7,3	7,5	7,3	6,7	11,3
Rumänien (RO)	5,3	5,0	2,6	6,1	5,5	5,4	5,9
Russland (RU)	**	**	**	5,1	4,5	1,2	1,6
Ungarn (HU)	3,7	3,2	3,1	4,3	3,9	3,0	5,5
Griechenland (GR)	3,5	3,9	4,0	4,3	3,8	3,5	3,5
Brasilien (BR)	3,3	2,3	3,2	3,9	2,6	0,7	2,9
Österreich (AT)	2,6	2,3	2,3	2,7	2,5	2,3	3,1
Bulgarien (BG)	2,1	1,8	1,7	1,9	2,3	2,1	2,9
Jugoslawien (YU)	**	**	**	1,7	1,7	1,9	**
Kroatien (HR)	**	**	**	1,6	1,8	2,1	**
Welt	266,7	286,6	282,8	300,0	260,9	275,9	282,9
Europa	**	**	**	210,0	185,6	201,5	224,9
EU 15	148,7	166,7	167,9	186,8	162,2	173,4	182,6

* Schätzung
** keine Angaben bzw. unter 1 Mio. hl (Neuseeland)
Quelle: Deutsches Weininstitut, nach Angaben des Office International de la Vigne et du Vin, Paris

Tab. 15 Entwicklung des Weinverbrauchs in ausgewählten Ländern

Land	2007*		2004		2003	2001
	Mio hl	pro Kopf	Mio hl	l/pro Kopf	Mio hl	Mio hl
Frankreich (FR)	32,2	53,3	33,1	54,8	33,3	33,9
Italien (IT)	26,9	46,9	28,3	49,3	29,3	30,5
USA (US)	26,5	8,9	24,3	8,2	23,8	21,2
Deutschland (DE)	20,2	24,4	19,6	23,7	20,2	20,0
China (CN)	13,6	1,0	13,2	1,0	11,6	11,1
Spanien (ES)	13,3	32,3	13,9	33,8	13,8	13,8
Großbritannien (UK)	12,1	20,4	10,7	18,0	10,6	10,1
Argentinien (AR)	11,2	28,9	11,1	28,6	12,3	12,0
Rumänien (RO)	5,5	24,7	5,8	26,0	5,1	4,7
Australien (AU)	4,8	23,9	4,4	21,9	4,2	4,0
Portugal (PT)	4,7	46,9	4,8	47,9	5,3	4,7
Niederlande (NL)	3,5	21,8	3,3	20,6	3,6	3,3
Griechenland (EL)	3,3	29,8	3,3	29,8	2,5	2,9
Belgien (BE)	3,0	29,4	2,7	26,5	2,6	2,5
Chile (CL)	2,8	17,8	2,5	15,9	2,6	2,2
Schweiz (CH)	2,5	35,3	2,9	40,9	3,0	3,1
Österreich (AT)	2,5	30,8	2,4	29,6	2,4	2,5
Dänemark (DK)	1,6	30,0	1,6	30,0	1,7	1,5
Schweden (SE)	1,6	18,3	1,3	14,9	1,5	1,4
Uruguay (UY)	**	**	0,8	24,7	0,8	0,9
Irland (IE)	0,7	16,5	0,6	14,1	0,6	0,5
Finnland (FI)	**	**	0,5	9,1	0,5	0,4
Luxemburg (LU)	**	**	0,3	57,3	0,3	0,3

* Schätzung
** keine Angabe
Quelle: Office International de la Vigne et du Vin, Paris

Tab. 16 Verschnitt von Wein (Verschnittkreuz)

Beispiel 1: Zwei Weine mit 96 bzw. 80 g/l Alkohol sollen so verschnitten werden, dass sich ein Verschnittwein mit 90 g/l Alkohol ergibt.

	Ursprünglicher Alkohol	gewünschter Alkohol	Mengenverhältnis
Wein 1 enthält	96 g/l		10
		90 g/l	
Wein 2 enthält	80 g/l		6

Der Verschnitt hätte somit ein Verhältnis von 10 Teilen Wein 1 zu 6 Teilen Wein 2 zu erfolgen.

Beispiel 2: Zwei Weine mit den Säuregehalten von 9,8 bzw. 5,2 g/l sollen verschnitten werden, sodass der Verschnitt 6,8 g/l Säure enthält.

	Ursprünglicher Alkohol	gewünschte Säure	Mengenverhältnis
Wein 1 enthält	9,8 g/l		1,6
		6,8 g/l	
Wein 2 enthält	5,2 g/l		3,0

Sollen zwei Weine nur auf einen bestimmten Alkohol- und Säuregehalt eingestellt werden, kann man das Mischungsverhältnis auch durch Rechnung ermitteln. Man bedient sich dabei am einfachsten des Verschnittkreuzes. Auf die linke Seite eines Kreuzes schreibt man beispielsweise den Alkohol- oder Säuregehalt der beiden Weine untereinander, in die Mitte den gewünschten Alkohol- bzw. Säuregehalt des Verschnittes.
Der berechnete Unterschied (Differenz) von links oben nach rechts unten und von links unten nach rechts oben ergibt das notwendige Mischungsverhältnis.
Das Mischungsverhältnis ist 1,6 zu 3,0, das heißt von dem säurereicheren Wein sind 16 Teile mit 30 teilen des säureärmeren zu vermischen.

Tab. 17a Beschaffenheitsangaben für Wein in g/l Zucker (Weik 2008)

trocken	4 g/l (nur in Franken), sonst Gesamtsäure plus 2 g/l bis maximal 9 g/l
halbtrocken, feinherb	bis 12 g/l (nur in Franken), sonst Gesamtsäure plus 10 g/l bis maximal 18 g/l
lieblich	über halbtrocken bis 45 g/l
süß	mindestens 45 g/l
Classic	Gesamtsäure mal 2 bis maximal 15 g/l
Selection	Gesamtsäure mal 1,5 g/l bis maximal 12 g/l für Riesling. Alle anderen Sorten wie bei trocken angegeben

Tab. 17b Beschaffenheitsangaben für Schaumwein nach VO (EG) 606/2009				
„brut nature“, „brut naturale“, „naturherb“, „pas dosé“, „dosage zéro“	< 3 g/l, wenn natürliche Süße			
„extra brut“ (extra herb)	0	–	6	g/l
„brut“ (herb)		<	12	g/l
„extra dry“ (extra trocken)	12	–	17	g/l
„trocken“ (dry)	17	–	32	g/l
„halbtrocken“ (Demi-sec)	32	–	50	g/l
„mild“ (doux)		>	50	g/l
Crémant Mosel, Ahr, Mittelrhein, Nahe, Rheinhessen	maximal 20			g/l
Crémant Pfalz max. brut	maximal 15			g/l

Die Toleranz bei der Angabe beträgt maximal 3 g/l

Tab. 18 Liste der zur Weinbereitung zugelassenen Stoffe und Behandlungsverfahren (Stand 2010)
1. Oenologische Verfahren und Behandlungen, die auf frische Trauben, Traubenmost, teilweise gegorenen Traubenmost aus eingetrockneten Trauben, konzentrierten Traubenmost sowie auf noch im Gärungsprozess befindlichen Jungwein angewendet werden können:
Belüftung
thermische Behandlungen
Zentrifugierung und Filtrierung, mit oder ohne innerte Filterhilfsstoffe, sofern diese in dem so behandelten Erzeugnis keine unerwünschten Rückstände hinterlassen
Verwendung von Kohlendioxid, Argon oder Stickstoff, auch gemischt, damit eine inerte Atmosphäre hergestellt und das Erzeugnis vor Luft geschützt behandelt wird
Verwendung von Weinhefen
Verwendung folgender Verfahren zur Förderung der Hefebildung
Zusatz von Diammoniumphosphat oder Ammoniumsulfat bis zu einem Grenzwert von jeweils 1,0 g/l
Zusatz von Thiaminium-Dichlorhydrat bis zu einem in Thiaminium ausgedrückten Grenzwert von 0,6 mg/l
Verwendung von Schwefeldioxid oder Kaliummetabisulfit, auch Kaliumdisulfit oder Kaliumpyrosulfit genannt
Entschwefelung durch physikalische Verfahren
Behandlung der Weißmoste und der noch im Gärungsprozess befindlichen jungen Weißweine mit Aktivkohle bis zum Grenzwert von 100 g trockener Kohle je Hektoliter
Klärung durch einen oder mehrere der folgenden oenologischen Stoffe: – Speisegelatine, – Hausenblase, – Kasein und Kaliumkaseinate, – Eieralbumine und/oder Lactalbumin, – Bentonit, – Siliziumdioxid in Form von Gel oder kolloidaler Lösung, – Tannin, – pektolytische Enzyme
enzymatische Zubereitung von Betaglucanase
Verwendung von Sorbinsäure oder von Kaliumsorbat
Verwendung von Weinsäure für die Säuerung nach Maßgabe der Artikel 21 und 23, Verwendung einer oder mehrerer der nachstehenden Substanzen für die Entsäuerung nach Maßgabe der Artikel 21 und 23: – neutralem Kaliumtartrat, – Kaliumbicarbonat, – Calciumcarbonat, gegebenenfalls mit geringen Mengen von Doppelcalciumsalz der L(+)-Weinsäure und der L(-)Äpfelsäure, – Calciumtartrat

Fortsetzung Tab. 18
Malitex-Verfahren für Elbling und Riesling aus bestimmten Anbaugebieten der Weinbauzone A
erweitertes Malitexverfahren, homogene Zubereitung von Weinsäure und Calciumcarbonat zu gleichen Teilen, fein gemahlen
Verwendung von Heferindezubereitungen (Hefezellwandpräparate) bis zum Grenzwert von 40 g/hl
Verwendung von Polyvinylpolypyrrolidon (PVPP) bis zum Grenzwert von 80 g/hl
Verwendung von Milchbakterien.
Zugelassene Gattungen: Leuconostoc, Pediococcus, Lactobacillus
Zusatz von Lysozym bis zu einem Grenzwert von 500 mg/l
2. Oenologische Verfahren und Behandlungen, die auf Traubenmost angewandt werden können, der zur Bereitung des rektifizierten Traubenmostkonzentrates bestimmt ist:
Belüftung
thermische Behandlung
Zentrifugierung und Filtrierung, mit oder ohne inerte Filterhilfsstoffe, sofern diese in dem so behandelten Erzeugnis keine unerwünschten Rückstände hinterlassen
Verwendung von Schwefeldioxid oder Kaliumbisulfit oder Kaliummetabisulfit, auch Kaliumdisulfit oder Kaliumpyrosulfit genannt
Entschwefelung durch physikalische Verfahren
Behandlung mit Aktivkohle
Verwendung von Calciumcarbonat, gegebenenfalls mit geringen Mengen von Doppelcalciumsalz der L(+)-Weinsäure und der L(-)-Äpfelsäure
Verwendung von Ionenaustauschharzen unter noch festzulegenden Bedingungen.
3. Oenologische Verfahren und Behandlungen, die bei teilweise gegorenem, in unverarbeiteter Form zum unmittelbaren menschlichen Verbrauch bestimmten Traubenmost, bei zur Gewinnung von Wein, Schaumwein, Schaumwein mit zugesetzter Kohlensäure, Perlwein, Perlwein mit zugesetzter Kohlensäure, Likörwein und bei Qualitätswein b. A. angewendet werden dürfen:
in trockenen Weinen Verwendung – bis zu einem Grenzwert von 5% der Menge – von frischen, gesunden und nicht verdünnten Weinhefen, die Hefen aus der jüngsten Bereitung trockener Weine enthalten
Belüftung oder Einleitung von Argon oder Stickstoff
thermische Behandlungen
Zentrifugierung und Filtrierung mit oder ohne inerte Filterhilfsstoffe, sofern diese in dem so behandelten Erzeugnis keine unerwünschten Rückstände hinterlassen
Verwendung von Kohlendioxid, Argon oder Stickstoff, auch gemischt, damit eine inerte Atmosphäre hergestellt und Wein vor Luft geschützt behandelt wird
Zusatz von Kohlendioxid, sofern der Kohlendioxidgehalt des so behandelten Weines 2 g/l nicht übersteigt
Verwendung von Schwefeldioxid oder Kaliummetabisulfit, auch Kaliumdisulfit oder Kaliumpyrosulfit genannt, unter den in der Gemeinschaftsregelung vorgesehenen Bedingungen

Fortsetzung Tab. 18
Zusatz von Sorbinsäure oder Kaliumsorbat, sofern der Endgehalt des behandelten, zum unmittelbaren menschlichen Verbrauch in Verkehr gebrachten Erzeugnisses an Sorbinsäure 200 mg/l nicht übersteigt
Zusatz von L-Ascorbinsäure bis zum Grenzwert von 250 mg/l
Zusatz von Zitronensäure im Hinblick auf den Ausbau des Weines, wobei der endgültige Gehalt des behandelten Weines 1 g/l nicht übersteigen darf
Verwendung für die Säuerung nach Maßgabe der Artikel 21 und 23: – von Weinsäure und Milchsäure oder – von Äpfelsäure unter gemäß Artikel 15 Absatz 6 zweiter Gedankenstrich festgelegten Voraussetzungen
Verwendung einer oder mehrerer der nachstehenden Substanzen für die Entsäuerung nach Maßgabe der Artikel 21 und 23 – neutralem Kaliumtartrat, – Kaliumbicarbonat, – Calciumcarbonat, gegebenenfalls mit geringen Mengen von Doppelcalciumsalz der L(+)-Weinsäure und der L(-)-Äpfelsäure, – Calciumtartrat
Malitex-Verfahren für Elbling und Riesling aus bestimmten Weinanbaugebieten der Weinbauzone A
erweitertes Malitex-Verfahren, homogene Zubereitung von Weinsäure und Calciumcarbonat zu gleichen Teilen, fein gemahlen,
Klärung durch einen oder mehrere der folgenden oenologischen Stoffe: – Speisegelatine, – Hausenblase, – Kasein und Kaliumkaseinate, – Eieralbumin und/oder Molkenproteine (Lactalbumine), – Bentonit, – Siliziumdioxid in Form von Gel oder kolloidaler Lösung, – enzymatische Zubereitung von Betaglucanase – Zusatz von Tannin
Behandlung der Weißweine mit Aktivkohle bis zum Grenzwert von 100 g/hl
Behandlung mit Kaliumhexacyanoferrat
Behandlung mit DIVERGAN HM
Zusatz von Metaweinsäure bis zum Grenzwert von 100 mg/l
Zusatz von Carboxymethylcellulose (CMC) bis zu 100 mg/l
Verwendung von Gummiarabikum
Verwendung von D,L-Weinsäure, auch Traubensäure genannt, oder ihrem neutralen Kaliumsalz, um das überschüssige Calcium niederzuschlagen
Zusatz von Kaliumbitartrat (Kaliumhydrogentartrat-Weinstein) zur Förderung der Ausfällung des Weinsteins sowie Calciumtartrat bis zu einem Grenzwert von 200 g/hl

Fortsetzung Tab. 18
Verwendung von Kupfersulfat oder Kupfercitrat zur Beseitigung eines geschmacklichen oder geruchlichen Mangels des Weines bis zum Grenzwert von 10 mg/l
Verwendung von Heferindezubereitungen bis zum Grenzwert von 40 g/hl
Verwendung von Polyvenylpolypyrrolidon (PVPP) bis zum Grenzwert von 80 g/hl
Verwendung von Milchsäurebakterien
Einsatz von Lysozym bis zu einem Grenzwert von 500 mg/l
Zuführung von reinem gasförmigen Sauerstoff
Behandlung durch Elektrodialyse zur Verhinderung der Weinsteinausfällung
Anwendung von Urease gemäß Artikel 17 und Anhang XI VO (EG) 1622/2000
Zusatz von Thiamin und Ammoniumsalze zu den Grundweinen für die Sektbereitung (Ammoniumsalze bis 0,3 g/l, Thiamin laut Grenzwert für Wein.
Drittländer (Weinbauländer außerhalb der EG) sind diesen Vorschriften naturgemäß nicht unterworfen. Teilweise ist der Katalog an zugelassenen Stoffen noch umfangreicher (Beispiel USA). Für deutsche QbA-Weine sind Einkürzungen dieses (umfänglichen) EG-Katalogs kraft nationalem Recht möglich. Da ca. 40 Behandlungsstoffe aufgelistet und ca. 1200 diverse Handelspräparate auf dem internationalen Markt angeboten werden, scheint eine Einschränkung – auch um zukünftigen neuen Präparaten eine Chance zu geben – dringend geboten.

Tab. 19 Funktionelle Gruppen und Strukturformeln verschiedener Verbindungen

Funktionelle Gruppe		Kurzbezeichnung	Verbindungen	Name	Strukturformel
Doppelbindung	–C=C–	-en	Alkene	Ethen (Ethylen)	$H_2C=CH_2$
Dreifachbindung	–C≡C–	-in	Alkine	Ethin (Acetylen)	H–C≡C–H
Hydroxylgruppe	–C–OH	-ol	Alkanole (Alkohole)	Ethanol (Ethylalkohol)	$H_3C–CH_2–OH$
Carbonylgruppe	>C=O	-al	Aldehyde	Ethanal (Acetaldehyd)	$H_3C–CHO$
	>C=O	-on	Ketone	Propanon (Aceton)	$H_3C–CO–CH_3$
Carboxylgruppe	–COOH	-säure	Carbonsäuren	Ethansäure (Essigsäure)	$H_3C–COOH$
Amingruppe	$–NH_2$	-amin	Amine	Methanamin (Methylamin)	$H_3C–NH_2$
2-Amino-Carbonsäuren	$–C(NH_2)–COOH$	üblicherweise werden Trivialnamen verwendet	Aminosäuren	Alanin	$H_3C–CH(NH_2)–COOH$
Alkoxycarbonylgruppe	–COO–R	-oat	Ester	Methylethanoat (Essigsäuremethylester)	$H_3C–COO–CH_3$

Tab. 20 Bestandteile des Mostes → Stichworte

Bestandteil	Gehalt (g/l)	Erläuterung
Wasser	700–850	bei hohem Extraktgehalt ist der Wassergehalt niedrig und umgekehrt
Gesamtextrakt	150–300	höchster Gesamtextraktgehalt, festgestellt bei einem Mostgewicht von 327 °Oe (Rebsorte Sieger, Jahrgang 1971) mit ca. 850 g/l!!
Zucker	120–400	vorwiegend → Fructose, dann → Glucose, → Saccharose, Maltose, → Pentosen
Pektine	0,1–1,0	hoch in Mosten aus unreifen Trauben
Polysaccharide	0,1–0,5	vorwiegend durch Botrytis und Bakterien gebildete → Kolloide
Totale Säuren	5–20	freie + gebundene → Säure
Äpfelsäure	3–10	hoch bei extrem hohem und extrem niedrigem Mostgewicht
Weinsäure	0–8	abhängig vom Jahrgang und Ausscheidungsgrad des Weinsteins
Zitronensäure	0–0,5	Erhöhung durch Schimmelpilze
Versch. Ketosäuren	0–2,5	→ Gluconsäure, bevorzugt → Galacturonsäure und → Glucuronsäure (Botrytis)
Essigsäure	0–0,5	hoch in Mosten aus faulen Trauben
Phenolische Substanzen (inkl. Farbstoffe)	0–2	Weißmost meist nur bis 0,5 g/l, Rotmost (erhitzt) enthält mehr
Stickstoffverbindungen	0,1–3	→ Aminosäuren, → Proteine, → Ammoniumsalze
Mineralstoffe	2–5	→ Asche und → Aschenbestandteile
Vitamine	Spuren	Vitamin C, der *B*-, *H*-, *P*-Gruppe etc.
Aromastoffe	1–2	→ Methylanthranilat in *V. labrusca*, → Terpene

Tab. 21 Vorgegebene Normen in der Weinbereitung

Feststellung	Resultat	Schlussfolgerung
Mostgewicht	unter 75 °C	→ Anreicherung empfehlenswert
Säure im Most	über 10 g/l	→ Entsäuerung empfehlenswert
Alkohol im Wein	unter 75 g/l	falls durchgegoren, Anreicherung empfehlenswert
Säure im Wein	über 8–10 g/l	chemische → Entsäuerung oder → biologischer Säureabbau empfehlenswert
Zuckergehalt im Wein		es ist das → Zucker-Alkohol-Verhältnis fallweise zu beachten (→ trocken, → halbtrocken)
Extrakt, zuckerfreier	zu niedrig	bei Prädikatsweinen als Hinweis auf Mindestqualität, evtl. Zurückstufung
flüchtige Säuren	über 1,1 g/l	Hinweis auf Verdorbenheit bei Normalwein (Ausnahme Spitzenweine = Eiswein, Beeren- und Trockenbeerenauslesen)
Freie schweflige Säure im Wein	unter 15–20 mg/l	unter gewissen Umständen (säurearme Weißweine) sollte dieser Mindestpegel nach der Gärung nicht unterschritten werden
gesamte schweflige Säure	zu hoch	im Hinblick auf die Grenzwerte für Flaschenweine darf der Pegel während der Weinbereitung nicht zu stark ansteigen

Tab. 22 Einfluss der Temperatur auf den Zustand der schwefligen Säure im Wein (Gehalt in mg/l)

	0 °C	15 °C	30 °C
gesamte schweflige Säure	412	412	412
freie schweflige Säure	68	85	100
gebundene schweflige Säure	344	327	312
an Acetaldehyd gebunden	104	104	104
an andere Substanzen gebunden	240	223	208

* Das hier dargestellte temperaturabhängige Bindungsverhalten wurde bei einem Wein mit hohem Zuckergehalt und hohem Acetaldehydgehalt ermittelt. Es stellt einen Extremfall dar.

Tab. 25 Zusammensetzung der Fuselöle

3-Methyl-Butanol-1	60–150 mg/l	Hauptkomponente	= Isoamylalkohol
2-Methyl-Butanol-1	30– 50 mg/l	Hauptkomponente	= optisch aktiver Amylalkohol
2-Methylpropanol-1	30–150 mg/l	Hauptkomponente	= Isobutanol
2-Phenyllethanol-1	30–100 g/l		
1-Hexanol	1– 12 mg/l	Nebenkomponente	

Tab. 23 Zulässige Höchstgehalte an gesamter schwefliger Säure (SO_2)

Rotwein:	unter 5 g/l Restzucker ≥ 5 g/l Restzucker	150 mg/l 200 mg/l	
Weißwein, Rosé. Rotling	unter 5 g/l Restzucker ≥ 5 g/l Restzucker	200 mg/l 250 mg/l	
Spätlese ≥ 5 g/l Restzucker		300 mg/l	bei unter 5 g/l Zucker Werte wie oben
Auslese ≥ 5 g/l Restzucker		350 mg/l	
Beerenauslese, Eiswein, Trockenbeerenauslese		400 mg/l	
Perlwein, Perlwein mit zugesetzter CO_2, Perlwein b.A.		wie Wein	
Alkoholfreier Wein		200 mg/l	
Schaumwein		235 mg/l	
Schaumwein b.A., Sekt, Sekt b.A.		185 mg/l	
Crémant		150 mg/l	
Likörwein und Qualitätslikörwein mit < 5 g/l Zucker		150 mg/l	
Likörwein und Qualitätslikörwein mit ≥ 5 g/l Zucker		200 mg/l	
Traubensaft		10 mg/l	

Aromatisierte Getränke und weinhaltige Cocktails dürfen so viel SO_2 enthalten wie aus dem Weinanteil in das fertige Getränk übergeht. Dies wird als „carry over" bezeichnet.

Tab. 24 Bindung von schwefliger Säure durch Weininhaltsstoffe

Stoff	Gehalt pro Liter	B.-Konstante	%-Bindung*)	
Glucose	0,5–30 g	900×10^{-3}	0,11	schwache Bindung
Arabinose	0,4–1,0 g	40×10^{-3}	1,8	
Glucuronsäure	0–20 mg	20×10^{-3}	1,5	
Galacturonsäure	150–1500 mg	20×10^{-3}	4,4	
Ketoglutarsäure	2–350 mg	$0,5 \times 10^{-3}$	61	mittlere Bindung
2-Ketogluconsäure	0–300 mg	$0,4 \times 10^{-3}$	66	
2,5Diketogluconsäure	50–150 mg	$0,4 \times 10^{-3}$	66	
5-Ketofructose	30–400 mg	$0,3 \times 10^{-3}$	72	
Brenztraubensäure	10–500 mg	$0,3 \times 10^{-3}$	72	
Xyloson	0–150 mg	$0,15 \times 10^{-3}$	84	
Acetaldehyd	30–130 mg	$0,0024 \times 10^{-3}$	99	starke Bindung

*) bei einem Gehalt von 50 mg/l freie schweflige Säure

Tab. 26 Die wichtigsten Alkohole des Weines (RIBEREAU-GAYON et al. 1982)

Formel	Name	Siedepunkt (°C)	Konz. g/l	Kommentar
$H-CH_2OH$	Methanol	65	0.1	aus dem Pektinabbau
CH_3-CH_2-OH	Ethanol	78	100	
$CH_3-CH_2-CH_2OH$	Propanol-1	97	0.03	
$CH_3-CHOH-CH_3$	Propanol-2	82	Traces	Isopropylalkohol
$CH_3-CH_2-CH_2-CH_2OH$	Butanol-1	117	Traces	
$CH_3-CH(CH_3)-CH_2OH$	Methyl-2-propanol-1	107	0.1	Isobutylalkohol
$CH_3-COH(CH_3)-CH_3$	Methyl-2-propanol-2	82	7	
$CH_3-CH_2-CHOH-CH_3$	Butanol-2	99	Traces	
$CH_3-CHOH-CHOH-CH_3$	Butandiol-2,3	183	1	
$CH_3-CH_2-CH_2-CH_2-CH_2OH$	Pentanol-1	137	Traces	
$CH_3-CH_2-CH_2-CHOH-CH_3$	Pentanol-2	119	Traces	
$CH_3-CH_2-CHOH-CH_2-CH_3$	Pentanol-3	115	?	
$CH_3-CH(CH_3)-CH_2-CH_2OH$	Methyl-3-butanol-1	131	0.2	Isoamylalkohol
$CH_3-CH_2-CH(CH_3)-CH_2OH$	Methyl-2-butanol-1	129	0.05	Opt. akt. Amylalkohol
$CH_3-CH(CH_3)-CHOH-CH_3$	Methyl-3-butanol-2	112	?	
$CH_3-CH_2-CH=CH-CH_2-CH_2OH$	*cis*-Hexene-3-ol-1	156		grasartiges Aroma
$CH_3-(CH_2)_4-CH_2OH$	Hexanol-1	158	0.01	
$CH_3-(CH_2)_3-CHOH-CH_3$	Hexanol-2	138	?	
$CH_3-(CH_2)_5-CH_2OH$	Heptanol-1	177	Traces	
$CH_3-(CH_2)_4-CHOH-CH_3$	Heptanol-2	160	?	
$CH_3-(CH_2)_6-CH_2OH$	Octanol-1	194	?	
$CH_3-(CH_2)_5-CHOH-CH_3$	Octanol-2	180	?	
$CH_3-(CH_2)_7CH_2OH$	Nonanol-1	212	?	
$CH_3-(CH_2)_6-CHOH-CH_3$	Nonanol-2		?	
$CH_3-(CH_2)_8-CH_2OH$	Decanol-1	229	?	
$\Phi-CH_2-CH_2OH$	Phenyl-2-ethanol	219	0.05	Gärungsaroma
$HO-\Phi-CH_2-CH_2OH$	Tyrosol			
$CH3-(CH_2)_4-CHOH-CH=CH_2$	Octene-1-ol-3			Pilzgeruch

Tab. 27a Die wichtigsten Säuren im Most und Wein

Säure	MM	Säure	MM
L(+)-Weinsäure (Dihydroxybernsteinsäure) COOH H – C – OH HO – C – H COOH	MM: 150,09	Zitronensäure (2-Hydroxy-1,2,3-propantricarbonsäure) H_2C – C – COOH HO – C – COOH H_2C – COOH	MM: 192,12
L(–)-Äpfelsäure COOH H – C – H H – C – OH COOH	MM: 134,09	Gluconsäure COOH H – C – OH HO – C – H H – C – OH H – C – OH CH_2OH	MM: 196,16
Milchsäure (2-Hydroxypropionsäure) COOH H – C – OH CH_3	MM: 90,08	Schleimsäure (Galactarsäure, Mucinsäure) COOH H – C – OH HO – C – H H – C – OH H – C – OH COOH	MM: 210,14
Essigsäure COOH CH_3	MM: 60,05		

Tab. 27b Säuregehalt im Most in Abhängigkeit vom Zustand der Trauben	
gesundes Traubenmaterial	
L-(–)-Äpfelsäure	ca. 4–10 g/l [1]ca. 3–20 g/l [4]
L-(+)-Weinsäure	ca. 4–10 g/l [1]ca. 2–10 g/l [4]
Galacturonsäure	ca. 250 mg/l [1]
Citronensäure	100 bis 200 mg/l [2]bis 300 mg/l [1]
Fumarsäure	ca. 100 mg/l [1]
Bernsteinsäure	ca. 100 mg/l [1]bis 57 mg/l [3]
Gluconsäure	bis 300 mg/l [1,2]
Glucuronsäure	2 mg/l [1]
Essigsäure	bis 20 mg/l [3]0–255 mg/l [5]
infiziertes Traubenmaterial	
Galacturonsäure	ca. 450 mg/l [1]bis 6 g/l [6]
Galaktarsäure	ca. 2 g/l [1]
Gluconsäure	bis 6 g/l und mehr [1, 2]
Glucuronsäure	85 mg/l [1]
Citronensäure	über 600 mg/l [2]
Bernsteinsäure	ca. 170 mg/l [2]bis 325 mg/l [3]
Essigsäure	bis 3,6 g/l [3]

Die divergierenden Gehaltsangaben entstammen verschiedenen Quellen (1–6)

Tab. 28 Umrechnung der verschiedenen Gehaltsangaben

	Die Gesamtsäure soll ausgedrückt werden als:					
Die Gesamtsäure wurde titriert und berechnet als:	Weinsäure	Äpfelsäure	Zitronen-säure	Milchsäure	Schwefel-säure	Essigsäure
Weinsäure	–	0,893	0,853	1,200	0,653	0,800
Äpfelsäure	1,119	–	0,955	1,343	0,731	0,896
Zitronensäure	1,172	1,047	–	1,406	0,766	0,938
Milchsäure	0,833	0,744	0,711	–	0,544	0,676
Schwefelsäure	1,531	1,367	1,306	1,837	–	1,225
Essigsäure	1,250	1,117	1,067	1,500	0,817	–

Tab. 29 Hauptelemente im Wein

Kalium	(K_2O) (g/l)	0,45–1,35
Magnesium	(MgO) (g/l)	0,1–0,24
Calcium	(CaO) (g/l)	0,1–0,2
Natrium	(Na_2O) (g/l)	0,01–0,02
Karbonat	(CO_2) (g/l)	0,35–0,45
Phosphat	(P_2O_5) (g/l)	0,15–0,4
Sulfat	(SO_3) (g/l)	0,15–0,3
Chlorid	(Cl) (g/l)	0,02–0,08

Tab. 30 DLG-Prüfschema für Wein

Angaben zum Wein:		P.-Nr. 001 Pfalz 99er Riesling Spl. tr.								
Haupt-merkmal	Prüfmerkmal	Punktzahl Ideal erreicht = 5 (bitte ankreuzen)						Gewich-tungs-faktor	Produkt Punktzahl × Gew.-Faktor = Gesamtpunktzahl (Maximal 100 Pkt.**)	
		5	4	3	2	1	0			
Aussehen	0. Klarheit*									
	1. Farbton							× 1		10 %
	2. Farbintensität							× 1		
Geruch	1. Reintönigkeit							× 2		40 %
	2. Aromenausprägung							× 3		
	3. Aromenvielfalt							× 3		
Geschmack	1. Reintönigkeit							× 2		40 %
	2. Abstimmung							× 2		
	3. Körper							× 2		
	4. Nachhaltigkeit							× 2		
Gesamt-eindruck	1. Zusammenspiel zw. Aussehen, Geruch und Geschmack							× 2		10 %

* Die „Klarheit" wird mit Ja oder Nein beantwortet. Bei Nein wird der Prüfvorgang abgebrochen.
** Die (primäre) Punktzahl wird mit dem Gewichtungsfaktor multipliziert und ergibt die Gesamtpunktzahl.

Tab. 31 Wichtige Aromastoffe im Wein (Angabe in → ppm bzw. → ppb)

Verbindung (Aromastoff)	Schwellenwert	Gehalt im Wein	Eigenschaften
2-Methoxy-3-Isopropylpyrazin	0,002 ppb	0,006 ppb	grüner Paprika (Cabernet-Ton)
Dimethylsulfid	22 ppb	1–220 ppb	grüner Spargel
4-Ethylguiacol	33 ppb	0,5–325 ppb	geräuchertes Fleisch
Schwefelwasserstoff	2 ppb	0–2000 ppb	Böckser
Hexanol-1	2,5 ppm	1,3–1,9 ppm	grasig grün
Diacetyl (2,3-Butandion)	1 ppm	0,1–3,4 ppm	Sauerkraut-Ton
2-Phenylethanol	4 ppm	30–100 ppm	Rosenton

Tab. 32 Geruchsschwellenwerte einiger Weininhaltsstoffe (Angaben in → ppm).

Verbindung	Schwellenwert ppm (mg/l)
Ethanol	100
Furfural	3,0
Hexanol	2,5
Benzaldehyd	0,35
Buttersäure	0,2
Vanillin	0,02
Limonen	0,01
Linalool	0,006
Hexanal	0,0045
2-Phenylethanal	0,004
2-Methylpropanal	0,001
Ethylbutyrat	0,001
Methylthiol	0,00002
2-Isobutyl-3-methoxypyrazin	0,000002
1-p-Menthen-8-thiol	0,00000002

(Bemerkung: die hier angeführte Nomenklatur stimmt nicht unbedingt mit den IUPAC-Regeln überein.)

Tab. 33 Geruchsschwellenwerte, Konzentrationen und sensorischer Eindruck einiger S-Substanzen in Wein, die zur Böckserbildung beitragen (Weik, 2008)

S-Substanz	chemische Formel	Geruchs-schwellen-wert [µg/l]	Konz. im Wein [µg/l]	Geruchseindruck
Schwefelwasserstoff	H_2S	10–80	1,5	faule Eier
Methanthiol (Methylmercaptan)	CH_3SH	2–10	20–30	faule Eier, gekochter Kohl
Ethanthiol (Ethylmercaptan)	CH_3CH_2SH	1,1	0–8	Gummi, Zwiebeln
Dimethylsulfid	CH_3-S-CH_3	25–60	0–30	grüner Spargel, gekochter Mais, Melasse
Diethylsulfid	CH_3-CH_2-S-CH_2-CH_3	0,9	–	–
Dimethyldisulfid	CH3-S-S-CH_3	29	–	gekochter Kohl, Zwiebeln
Diethyldisulfid	CH_3-CH_2-S-S-CH_2-CH_3	4,3	–	verbrannter Gummi, Knoblauch
Thioessigsäure-S-Methylester	CH_3-S-CH_2-CH_2-O-C(=O)-CH_3	10–40	2–16	käseartig
Thioessigsäure-S-Ethylester	CH_3-S-CH_2-CH_2-O-C(=O)-CH_2-CH_3	10–30	0–4	schwefelartig, verbrannt
3-(Methylthio)-1-propanol	CH_3-S-CH_2-CH_2-CH_2-OH	1200	500–6300	gekochte Kartoffeln

Tab. 34a Treffende Aromabeschreibungen für deutsche Weißweine*

Riesling	Müller-Thurgau	Silvaner	Kerner	Grauburg./ Weißburg.	Edelsüße Weine
Weinbergspfirsich	Grüner Apfel	Stachelbeere	Birne	Ananas	Honig
Apfel	Zitrone	Birne	Orangen-konfitüre	Aprikose	Karamel
Grapefruit	Schwarze Johannisbeere	Heu	Schwarze Johannesbeere	Zitrone	Aprikose
Rosenblüte	Geranie	Artischocke	Aprikose	Grüne Bohne	Pfirsich
Honig	Muskatnuss	Minze	Eisbonbon	Butter	Mango
Frisches Gras	grüner Paprika	Rauch	Grüne Bohne	Vanille	Rosine

* nach dem Aromarad für Weißweine, U. Fischer, DLR Rheinpfalz

Tab. 34b Treffende Aromabeschreibungen für deutsche Rotweine*

Spätburgunder	Portugieser	Dornfelder	Schwarzriesling	Lemberger	Trollinger
Erdbeeren	Rote Johannisbeere	Sauerkirsche	Süßkirsche	Schwarze Johannisbeere	Fruchtdrops
Brombeeren	Sauerkirsche	Brombeere	Erdbeere	Brombeere	Rote Johannisbeere
Veilchen	Himbeeren	Schwarze Johannisbeere	Orangen	Sauerkirsche	Sauerkirsche
rauchig	Schwarzer Pfeffer	Grüner Paprika	getrocknete Pflaume	Fruchtdrops	Zitrone
ledrig	Wacholderbeeren	Vanille	rauchig	Grüner Paprika	Grüne Bohne

* nach dem Aromarad für Rotweine, U. Fischer, DLR Rheinpfalz

Tab. 36 Sauerstoffzufluss bei diversen Weinbehandlungsmaßnahmen (mg/l)

Maßnahme		
Maßnahme	Pumpen	2 mg/l
	Transfer vom Behälter zum Barriquefass	6 mg/l
	Transfer vom B.-Boden zum Barriquefass	4 mg/l
	Transfer vom B.-Kopf zum Barriquefass	6 mg/l
Separation	Kieselgurfiltration	7 mg/l
	Schichtenfiltration	4 mg/l
	Zentrifugieren	8 mg/l
Abfüllung	Flaschenabfüllung	3 mg/l
Abstich	mit Luft	5 mg/l
	ohne Luft	3 mg/l
Beifüllen	je Aktion	0,25 mg/l
Lagerung	neue Holzfässer; Limousin	20 mg/l
	Holzspunde an der Kopfdaube	36 mg/l
	Holzspunde an der Seite	45 mg/l
	Silikonspunde an der Kopfhaube	10 mg/l

Der typischerweise ermittelte Sauerstoffzufluss zeigt die doch hohe Sauerstoffaufnahme im Barriquefass während der Lagerung.

Tab. 35 Wichtige Böckser bildende Verbindungen und ihre Reaktionen mit Kupfer(sulfat), nach O. Schmidt

Verbindung	Entfernung mit Kupfer
Schwefelwasserstoff	sehr gut
Methylthiol (Methylmercaptan)	gut
Ethylthiol (Ethylmercaptan)	gut
Dimethyl-Sulfid	nicht möglich
Diethyl-Sulfid	nicht möglich
Diemethyldisulfid	nicht möglich
Diethyldisulfid	nicht möglich

Tab. 37 Vergleich von → CMC und → Metaweinsäure (Weik, 2008)

	CMC		Metaweinsäure
Dauer des Schutzes	keine zeitliche Begrenzung		6 bis 24 Monate je nach Lagertemperatur und Aufwandmenge
Stabilisierung von Kaliumhydrogentartrat	ja		ja
Stabilisierung von Calciumtartrat	nein		nein
Empfohlene Sättigungstemperatur des Weines	mindestens 15 bis 16 °C		mindestens 17 bis 18 °C
Weißwein	geeignet		geeignet
Rotwein	hohes Risiko für Trübung und Depotbildung durch Ausfall von Farb- und Gerbstoffen		geeignet
Verteilung im Wein	optimale Durchmischung notwendig		einfach
Löslichkeit	vorlösen in einer Teilmenge empfohlen		gut
Empfohlene Eiweißstabilität des Weines	sehr hoch		hoch
Wein, der mit Lysozym behandelt wurde	Trübung wahrscheinlich		Trübung wahrscheinlich
Zeitpunkt der Zugabe	mindestens 4 Tage vor der Füllung, besser länger		mindestens 4 Tage vor der Füllung
Maximal zulässige	Pulver	100 g/1000 l	
Aufwandmenge	flüssig	100–2000 ml/1000 l	100 g/1000 l
	Pulver	nicht im Vertrieb	
Preis	flüssig	ca. 3,00 bis 5,00 Cent/Liter	ca. 12,00 €/kg
Preis je Liter Wein	flüssig	0,3 bis 0,5 Cent/Liter	0,12 Cent/Liter

Tab. 38 Eigenschaften der Werkstoffe für Gärbehälter (Jakob 1995)

Werkstoff	Festigkeit[3] (N/mm^2)	spezif. Gewicht (g/cm^3)	Wärmeleitfähigkeit[5] (W/m × K)
Stahlbeton	30	2,5	
Holz (Eiche)	90,0 II	0,69	0,24
	0,40 I		
Kunststoff[1]	30	0,952	0,33
Stahl St.37	370	7,87	58,6
Edelstahl[2]	600	7,90	14,60
GFK[4]	260	1,84	0,19

[1)] hochmolekulares Polyäthylen der Dichte 0,952 I = senkrecht II = parallel
[2)] Werkstoff-Nr. 4301
[3)] Zugfestigkeit nach DIN 53455. zur Faser
[4)] UP-Harz Typ 1140 nach DIN 16945, mit 60 Gew.%-E-Glas
[5)] W = Watt, K = ° Temper., m = Meter

Tab. 39 Eigenschaften verschiedener Pumpen

	Drehkolbenpumpe	Membranpumpe	Schlauchpumpe	Impellerpumpe	Exzenterschneckenpumpe	Kreiselpumpe	Seitenkanalpumpe
Laufrichtung vorwärts/rückwärts	Ja	-	Ja	Ja	(Ja)	-	Ja
selbst ansaugend	++	++	++	++	+	---	+
pulsationsfrei	-	-	-	-	-	+++	+++
abrasive Medien	+	++	++	+	+	-	-
wenig Scherkräfte	+	+	+++	+	++	---	-
selbst entleerend	+	-	+	+	+	---	--
Mengenleistung hoch	+	-	-	-	+	+++	+
Reinigung	+	-	+	+	-	+	+

Quelle: verändert nach Dr. Mark Strobl, FA Geisenheim

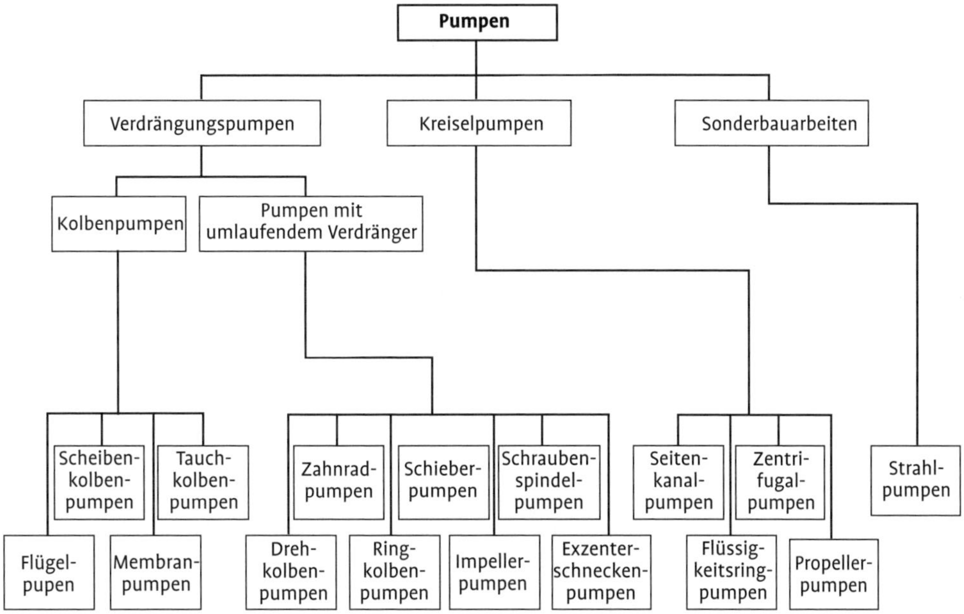

Pumpen

Verdrängungspumpen
Kreiselpumpen
Sonderbauarbeiten

Kolbenpumpen
Pumpen mit umlaufendem Verdränger

Scheibenkolbenpumpen
Tauchkolbenpumpen
Zahnradpumpen
Schieberpumpen
Schraubenspindelpumpen
Seitenkanalpumpen
Zentrifugalpumpen
Strahlpumpen

Flügelpupen
Membranpumpen
Drehkolbenpumpen
Ringkolbenpumpen
Impellerpumpen
Exzenterschneckenpumpen
Flüssigkeitsringpumpen
Propellerpumpen

Tab. 40 Rückstände bei der Weinbereitung

Verfahren	Produkt	Rückstände
Kelterung	Most	Trester, Trestersickertrub
Mostklärung	Most	Mosttrub, Filtrationstrub
1. Abstich	Jungwein	Weintrub, Hefe, Filtrationstrub, Filterschichten
2. Abstich	Wein	Weintrub, Schönungstrub, Filtrationstrub, Filterschichten
Reinigung u. Füllung	Flaschenwein	Filterschichten, Etiketten, Kapseln, Korkreste, Glasbruch
Ausstattung u. Vertrieb	Flaschenwein	Kartonagen, Kunststoff, Ausstattungsreste

Landbauliche Verwertung	**Müllverwertung/Deponierung**
* Trester	* Filterschichten
* Trestersickertrub	* Korkreste
* Mosttrub	* Kapselreste
* Hefe	* Etikettenrückstände
* Filtertrub	
* Schönungstrub (außer Blauschönung)	
	Wertstoffe/Recycling
	* Glasbruch
	* Kunststoffe (z. B. Folien)
	* Metallverschlüsse
	* Kartonagen
	Sondermüllverwertung
	Blautrub

Falls Rückstände in das → Abwasser gelangen, kann es zur Überlastung der kommunalen Kläranlagen kommen, da die Kellereiabwässer hohe BSB_5-Werte aufweisen.

Tab. 41 Biologischer Sauerstoffbedarf von Rückständen und Abwässern aus der Weinbereitung (Jakob 1997)

Produkt	BSB_5 nach eigenen Untersuchungen (x)
Häusliche Abwässer	350–1 EGW
Reinigung Lesegeschirr	
– mit Vorreinigung	500– 1 500
– ohne Vorreinigung	1 000– 3 000
Kelter, Lesebehälterreinigung	1 000– 1 500
Behälterreinigung Entschleimen	
– mit Vorspülen	3 500– 5 000
– ohne Vorspülen	7 000–10 000
Behälterreinigung 1. Abstich	
– mit Vorspülen	6 000– 8 000
– ohne Vorspülen	15 000–25 000
Behälterreinigung 2. Abstich	
– mit Vorspülen	3 000– 4 000
– ohne Vorspülen	7 000–10 000

(x) SLFA Neustadt/W., Sachgebiet Umwelt

Tab. 42 Zusammensetzung von Wein (Analyse)

Weininhaltsstoffe	Schwankungsbreite (g/l)	Durchschnittl. QbA-Wein (g/l)
1. Alkohol	44 bis 110	80
2. Red. Zucker	0 bis 100	20
3. Gesamtalkohol	70 bis 120	90
4. Titr. Gesamtsäure	4 bis 9	6,5
5. Glycerin	5 bis 10	6
6. Mineralstoffe (Asche)	2 bis 4	2,5
7. Stickstoffverbindungen	1 bis 3	2
8. Farbstoffe – Gerbstoffe	0 bis 3	0,2 (Weißwein) 1,5 (Rotwein)
9. Weitere Substanzen (inkl. Aromastoffe)	?	?
10. Zuckerfreier Extrakt (entspricht etwa Pos. 4 bis 8)	17 bis 60	25 (Weißwein) 28 (Rotwein)

Bemerkungen:

Zu 1 Als unterster Wert gilt der Wert des Weingesetzes; der obere Wert von 110 g/l wird wohl nur selten überschritten, da die Endvergärung unter den hiesigen Gärbedingungen meist nicht höher ist und ein Alkoholzusatz nicht gestattet ist.

Zu 2 Über 120 g/l Gesamtalkohol und 100 g/l Zucker werden die meisten Beeren- und Trockenbeerenauslesen enthalten.

Zu 3 Über 9 g/l titrierbare Gesamtsäure können hoch konzentrierte Beeren- und Trockenbeerenauslesen (insbesondere Eisweine) enthalten, ohne dass diese unharmonisch wirkt. Unter 4 g/l ist wegen der dann eingeschränkten Haltbarkeit nicht erwünscht und geschmacklich nur bei Rotwein zu tolerieren.

Zu 4 Vergleicht man die Positionen 4 bis 9 mit den Positionen 4 bis 8, dann fällt auf, dass fallweise (in Pos. 9) eine merkliche Menge hier nicht genannter und teilweise noch unbekannter Weininhaltsstoffe enthalten sein kann. Im Extremfall kann deshalb der zuckerfreie Extrakt (Position 10) noch über 100 g/l ansteigen (höchster uns bekannter Gehalt: 127 g/l!).

Tab. 43 Weinverfälschungen und Nachweismethoden

Nr.	Weinfälschung	Verbotenes Verfahren	Nachweis
1.	→ Wasserzusatz	Wässerung	EU-Datenbank
2.	→ Herkunft	Falsche Angaben	Stabilisotopen ($^{18}O/^{16}O$), (D/H 1)
3.	→ Glycerin	Zusatz	Diglycerine, 3-Methoxy-1,2-Propandiol
4.	→ Zuckerungsnachweis	Anreicherung	Weindatenbank (D/H 1)
5.	→ Jahrgang	Falsche Angaben	Stabilisotopen, Multikomponenten

Tab. 44 Maischegärung – Vorgehensweise (Binder, 2008)

Hand- oder Vollernterlese	gesundes, sauberes Lesegut. Vorlese, evtl. Selektion erforderlich Fäulnis führt zu Farbverlusten, vorbeugender Zusatz von 20–50 mg/l SO_2
Traubentransport	schonend sofortige Verarbeitung
Abladen	nach Möglichkeit ohne Pumpen
Abbeeren	nach Möglichkeit auch bei Vollernter-Lesegut durchführen
Mahlen	oder quetschen von sauberem Vollernter-Lesegut Enzymierung zur besseren Farbfreisetzung und Klärwirkung Zusatz von SO_2 (je nach Fäulnisgrad), wenn nicht schon bei Ernte erfolgt
Gärbehälter	offene Behälter abdecken 80%ige Befüllung anstreben 15–20 g/hl Reinzuchthefen nach Möglichkeit Anwärmung auf 22 °C
Anreicherung	Saftmenge muss je nach Flüssigkeitsgrad geschätzt werden → zwischen 70–80%! Fraktionierte Anreicherung zu empfehlen max. Anreicherungsspanne von 24 g/l Alk. entspricht 5,07 kg Zucker/hl Anreicherung nach Gärende birgt hohe mikrobiologische Gefahren
Maischebewegung	in Bütten mindestens 3–4-mal pro Tag unterstoßen in Rührwerktanks → vor Gärbeginn alle 2–3 Stunden → während der Gärung alle 0,5–1,5 Std. (oder öfter) → Rührzeiten so kurz als möglich (1–5 Min.) Tauchvorrichtungen → vor Gärbeginn muss nicht bewegt werden → während der Gärung jede 1,5–2 Std. tauchen Überflutungsystem → vor Gärbeginn kann nicht überflutet werden → während der Gärung jede 1–2 Stunden Druckwechselverfahren → regeln die Überschwallperioden selbst Druckverfahren → Druckaufbau und Entspannung bis zum eingestellten Höchstdruck
kontrollierte Maischegärung	Temperaturen während der Maischegärung zwischen 28–32 °C Temperaturen über 30 °C führen zu besser strukturierten Rotweinen Temperaturkontrolle, insbesondere in Gebinden über 5000 Liter wichtig
Abpressen	Vergärung und Standzeiten bis zum gewünschten Niveau → Rotweintyp
Endvergärung	Zucker vollständig vergären → Mostspindel sollte unter –2 °Oe anzeigen
Beifüllung	zur Vermeidung von Oxidation und Brauntönen
Biologischer Säureabbau	mit Oenococcus-Reinzuchtkulturen unterstützen tägliche analytische und sensorische Kontrolle
1. Abstich	Entscheidung, ob mit oder ohne Luft abgestochen wird SO_2-Zusatz von 60–100 mg/l, frühestens 1–2 Wochen nach BSA je tanninreicher die Rotweine, desto später die Schwefelung Bildung von 30–40 mg/l freier SO_2 (Reduktion beachten!)
Schönungen – 2. Abstich	nur nach chemischer Analyse und Vorversuchen
Holzfasslagerung	mindestens 2–3 Monate vor der Abfüllung
Abfüllung	Vermeidung von Sauerstoffaufnahme
Flaschenreife	Förderung der geruchlichen und geschmacklichen Eigenschaften
Verkauf	nicht zu früh!

Anhang Abbildungen

Schema zur Technik der Weißweinbereitung

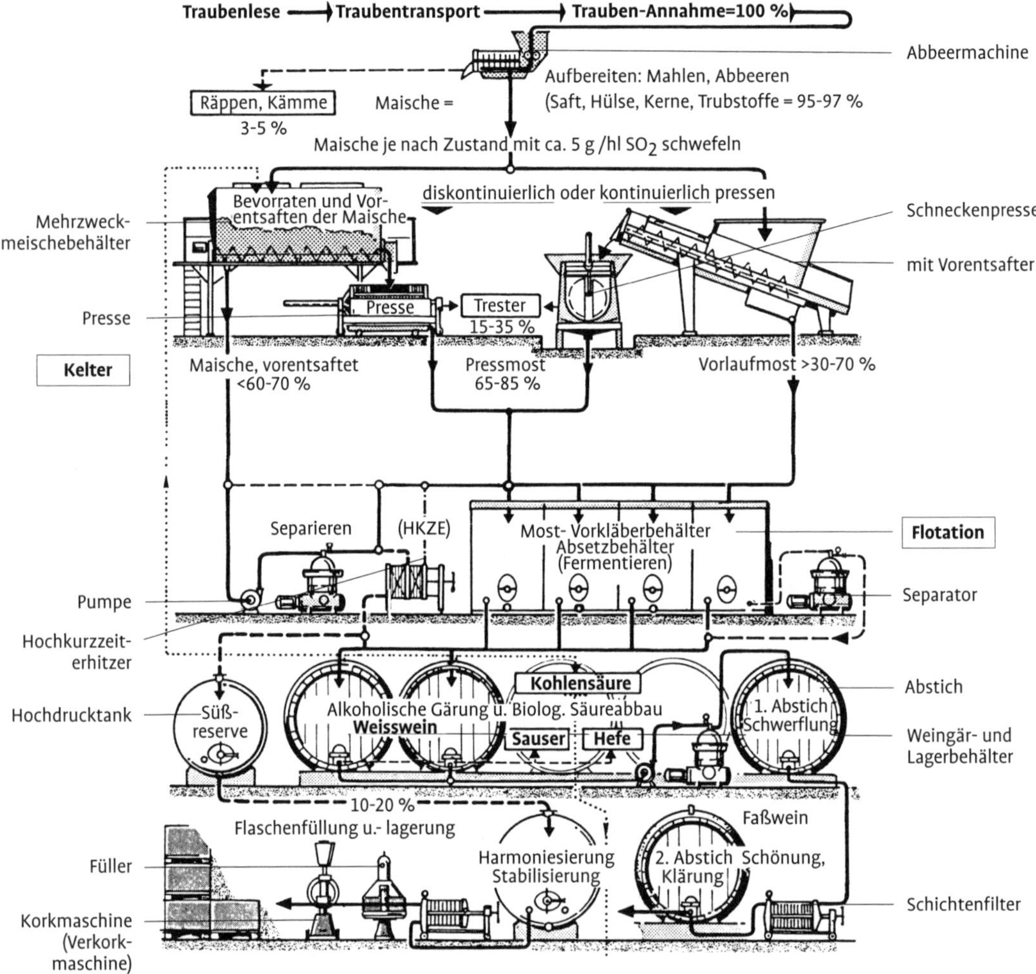

Fließschema zur Erläuterung der nachfolgenden Abbildungen 1-25 (nach Troost, Technologie des Weines, abgeändert Jakob)

Schema zur Technik der Rotweinbereitung

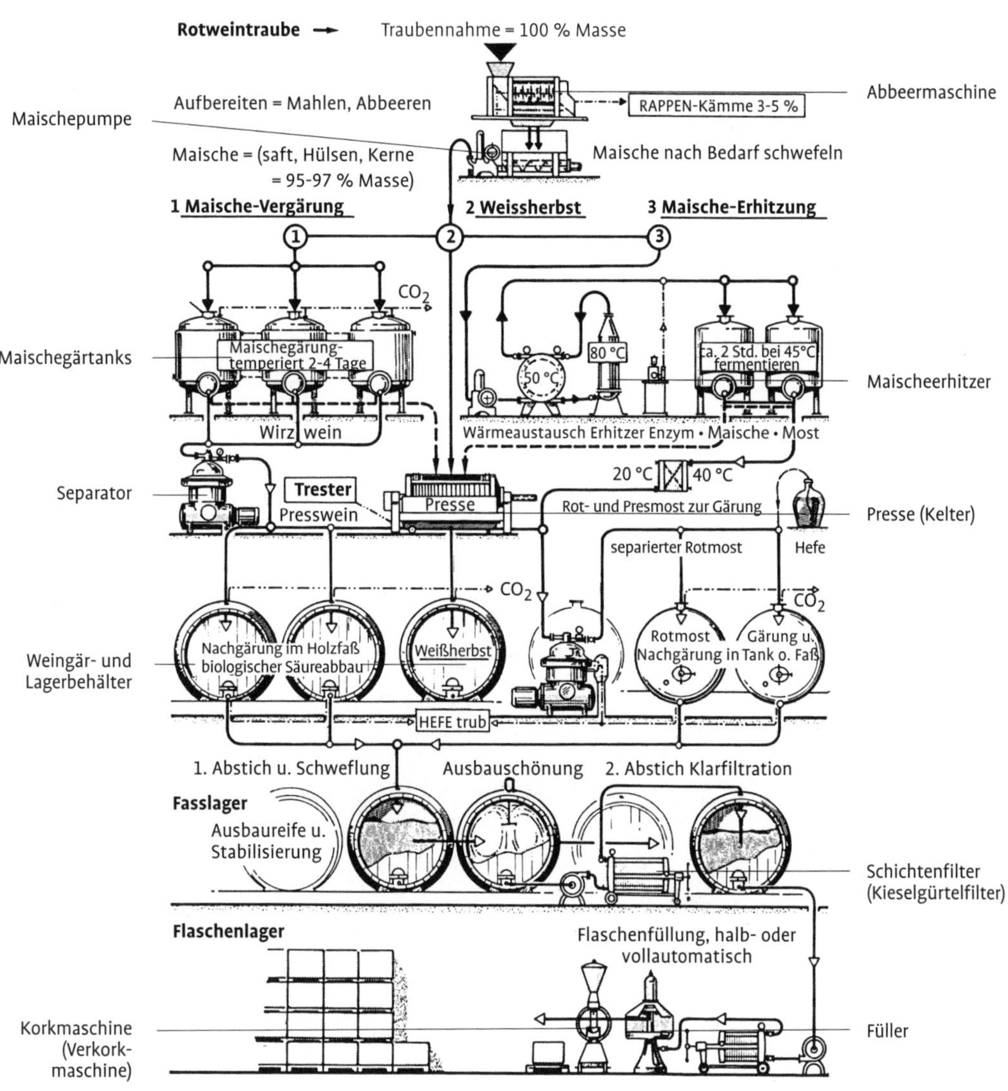

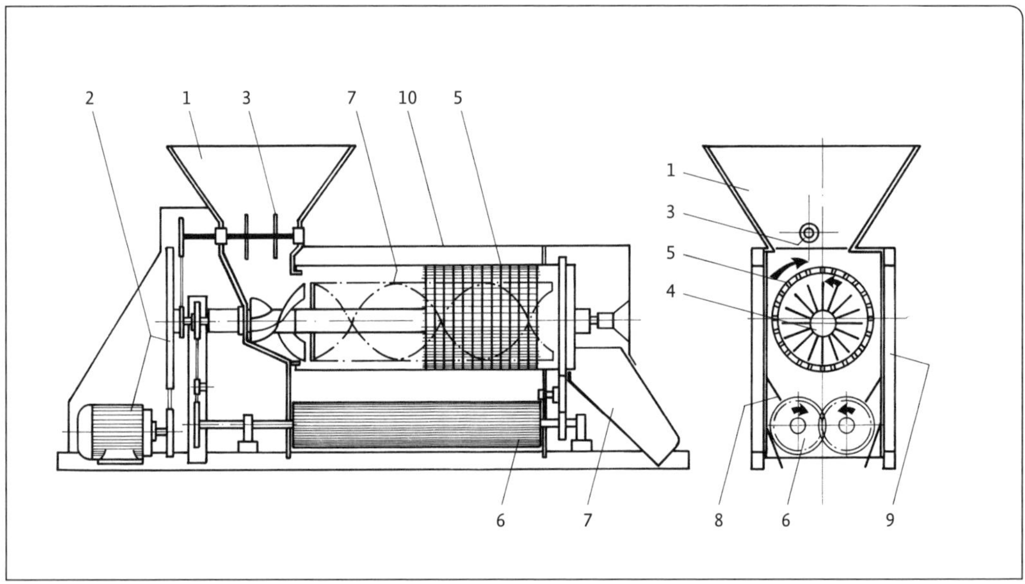

Abb. 1 a) Abbeermaschine mit Quetschwalze.
1 = Einfülltrichter, 2 = Motor mit Keilriemenantrieb, 3 = Zerteiler, 4 = Stachelwalze, 5 = Siebtrommel, 6 = Quetschwalze, 7 = Kammauswurf, 8 = Seitenleitblech, 9 = Seitenabdeckblech, 10 = Abdeckblech.

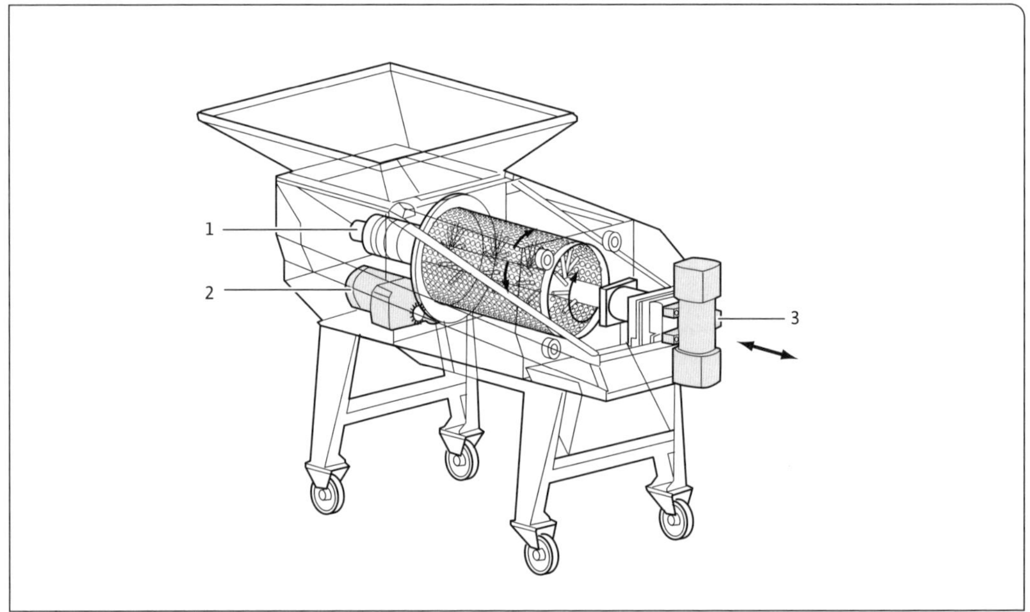

Abb. 1 b) Abbeermaschine (Rotovib, Fa. Armbruster).
1 = Steuerbarer Motor (Drehzahl und Drehrichtung der Stiftwelle regelbar), 2 = Motor zum Antrieb des Abbeerzylinders, 3 = Vibrationseinrichtung.

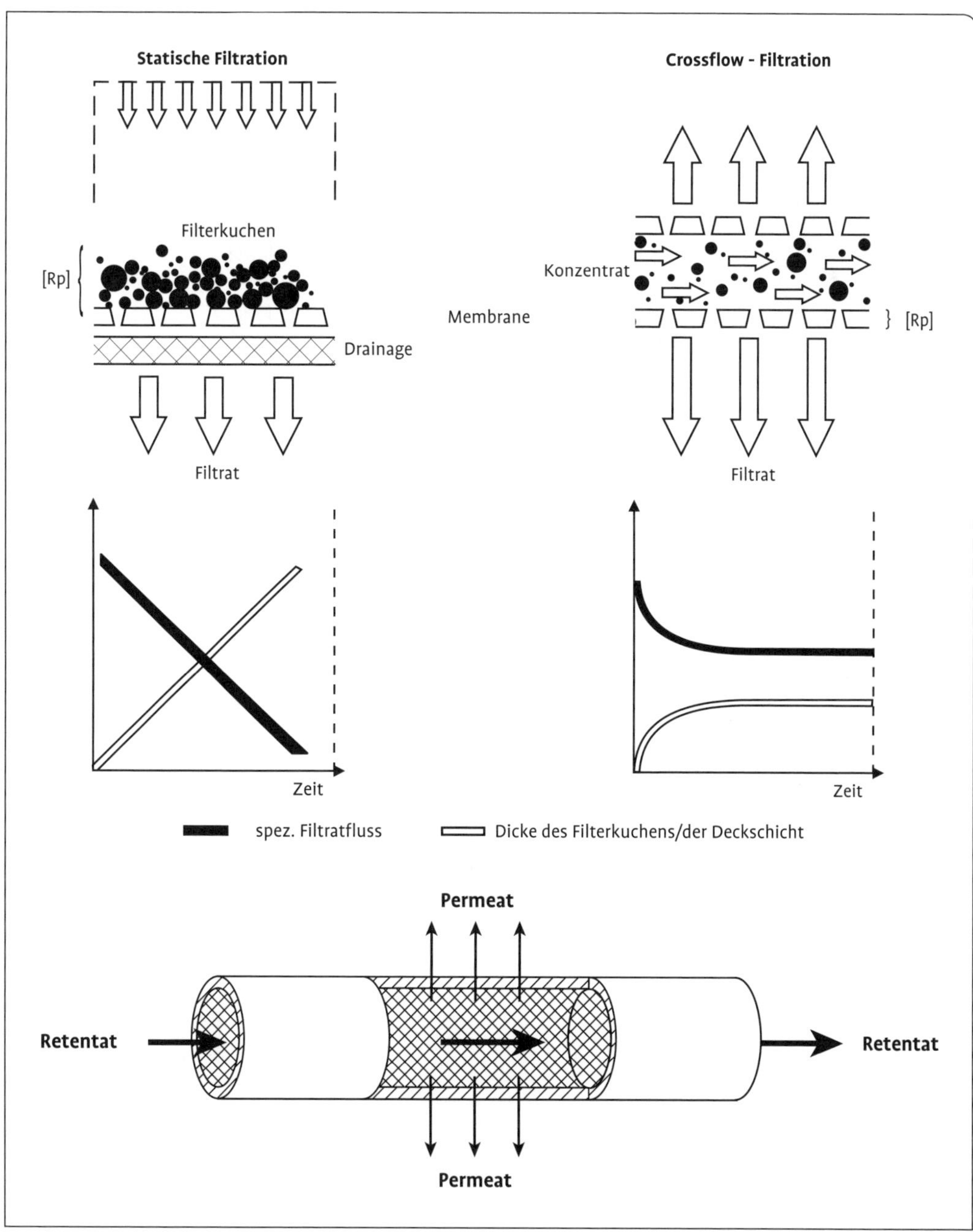

Abb. 2 Vergleich der Statischen Filtration mit der Crossflow-Filtration (nach Werkbild Seitz). Bei der statischen Filtration (auch als dead-end-Methode bezeichnet) bildet sich ein Filterkuchen auf der Schicht, der die Poren verstopft. Bei der Crossflow-Filtration, die auch als Tangentialfluss-Methode bezeichnet wird, wird das Unfiltrat im Kreislauf bewegt, sodass fortlaufend Filtrat (Permeat) entzogen wird und sich die Feststoffe nicht festsetzen.

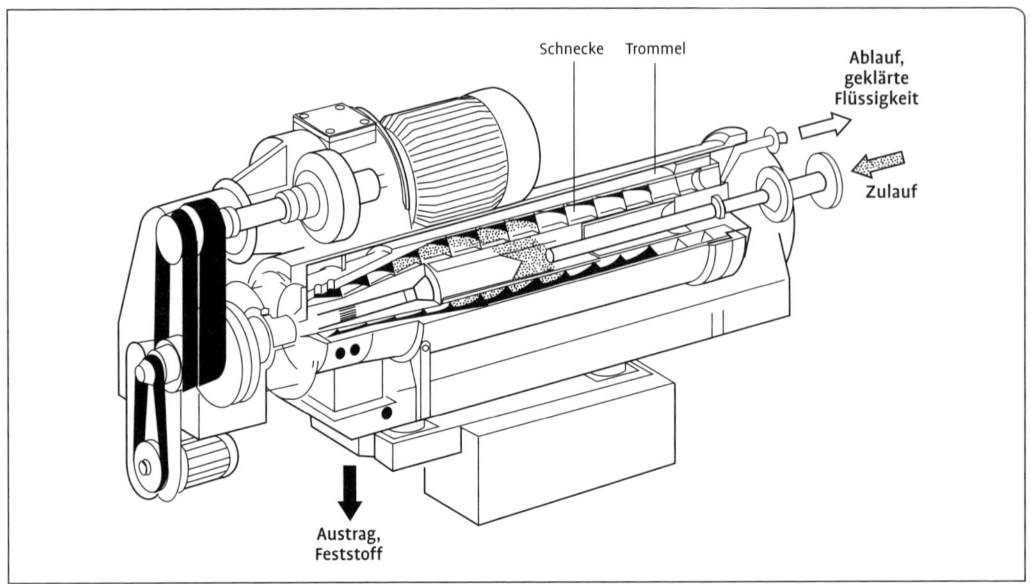

Abb. 3 Schnittbild eines Dekanters.

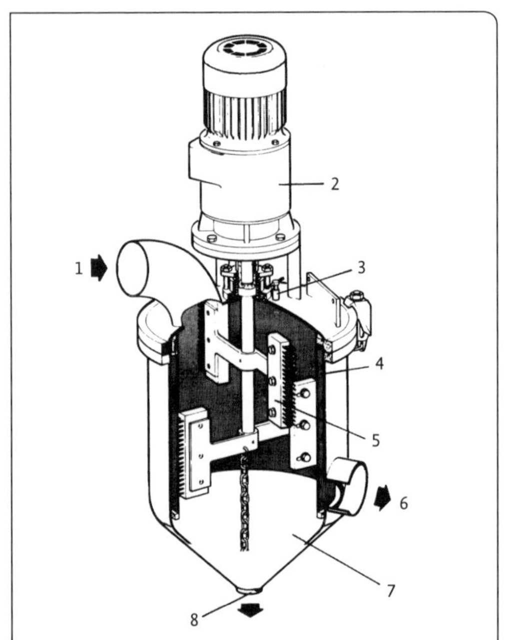

Abb. 4 Schnittbild eines Drehbürstensiebs.
1 = Mostzulauf, 2 = Antrieb, 3 = CO_2- oder Luftanschluss, Bürstenwelle, 4 = Siebfläche, 5 = Stahlbürsten oder Schaber, 6 = Mostablauf, 7 = Trubraum, 8 = Trubablass.

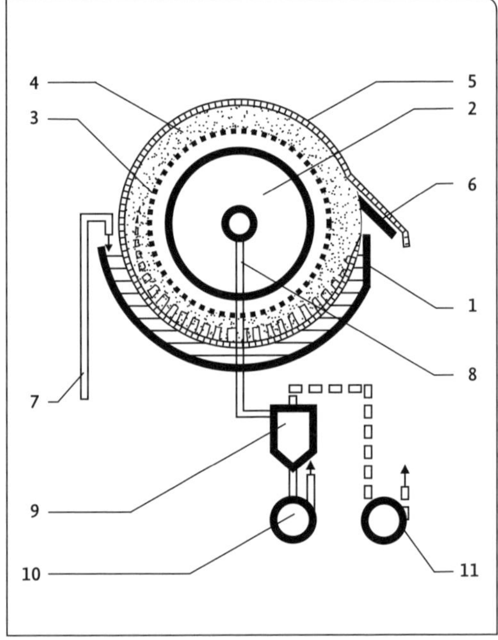

Abb. 5 Schnittbild eines Drehfilters.
1 = Filtertrog, 2 = Filtertrommel, 3= Filtertuch, 4 = Voranschwemmschicht, 5 = Filterkuchen, 6 = Schaberabnahme, 7 = Eingang - Unfiltrat, 8 = Ausgang - Filtrat, 9 = Filtratabscheider, 10 = Filtratpumpe, 11 = Vakuumpumpe.

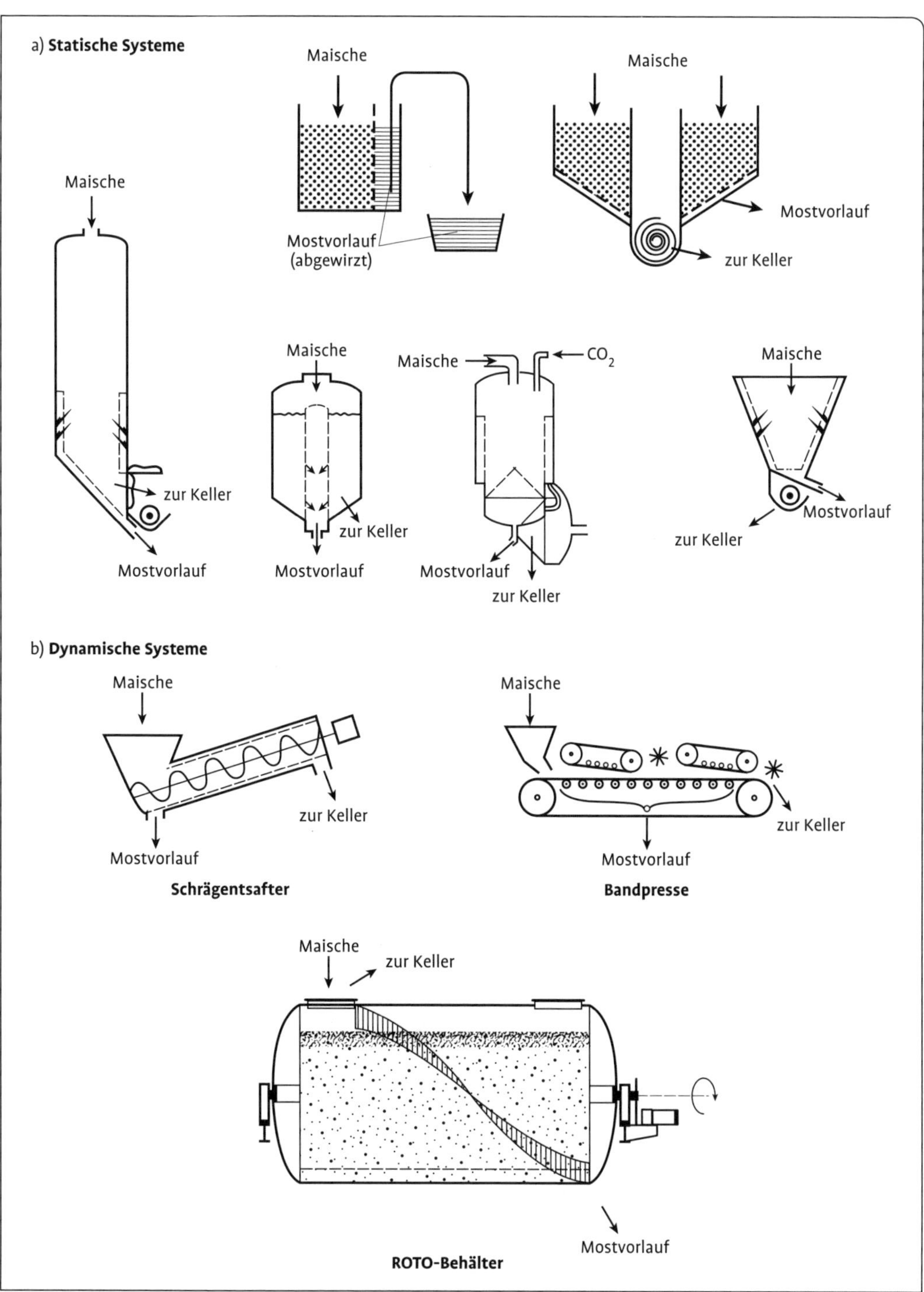

Abb. 6 a) Statische, b) dynamische Maischebevorratungs- und Entsaftungssysteme.

9
8
7
6
1
2
3
4
5

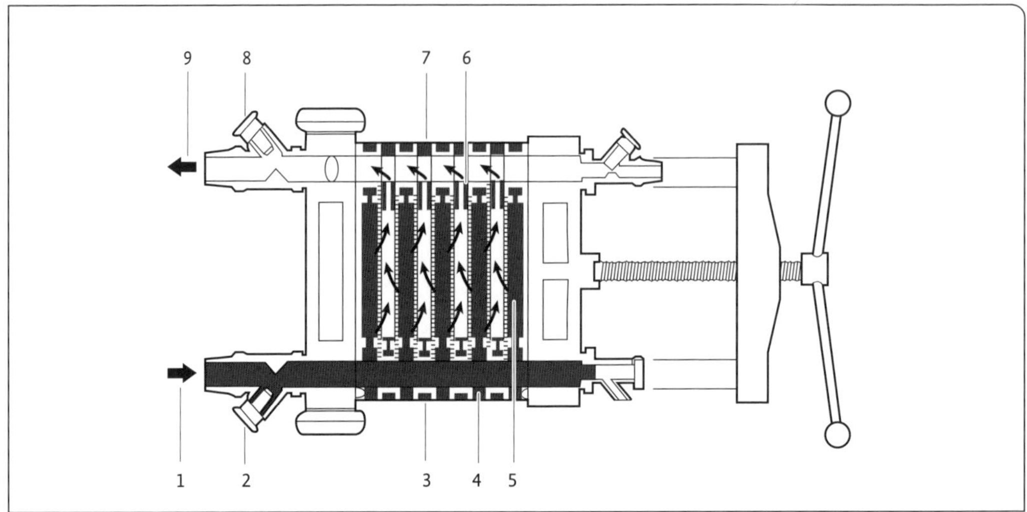

Abb. 7 Schnittbild eines Schichtenfilters.
1 = Filtereingang (Unfiltrat), 2 = Eingangsventil, 3 = Trubseite, 4 = Trubfilterplatte, 5 = Filterschicht, 6 = Glanz-Filterplatte, 7 = Glanzseite, 8 = Ausgangsventil, 9 = Filterausgang (Filtrat).

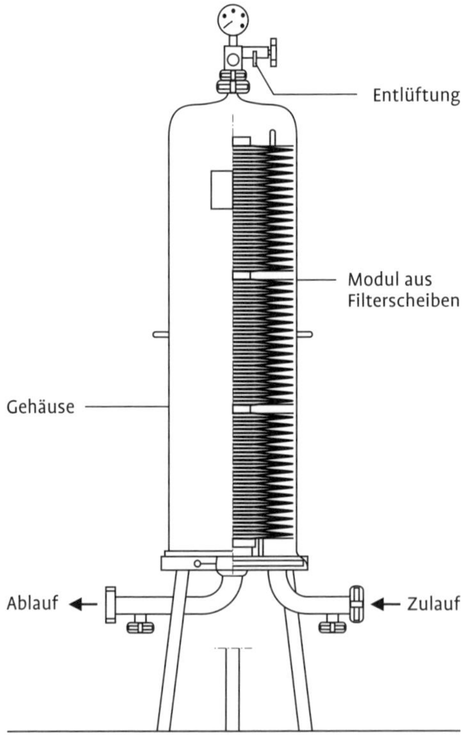

Entlüftung
Modul aus
Filterscheiben
Gehäuse
Ablauf
Zulauf

Abb. 8 Schnittbild eines Vorfilters mit Filterscheiben.

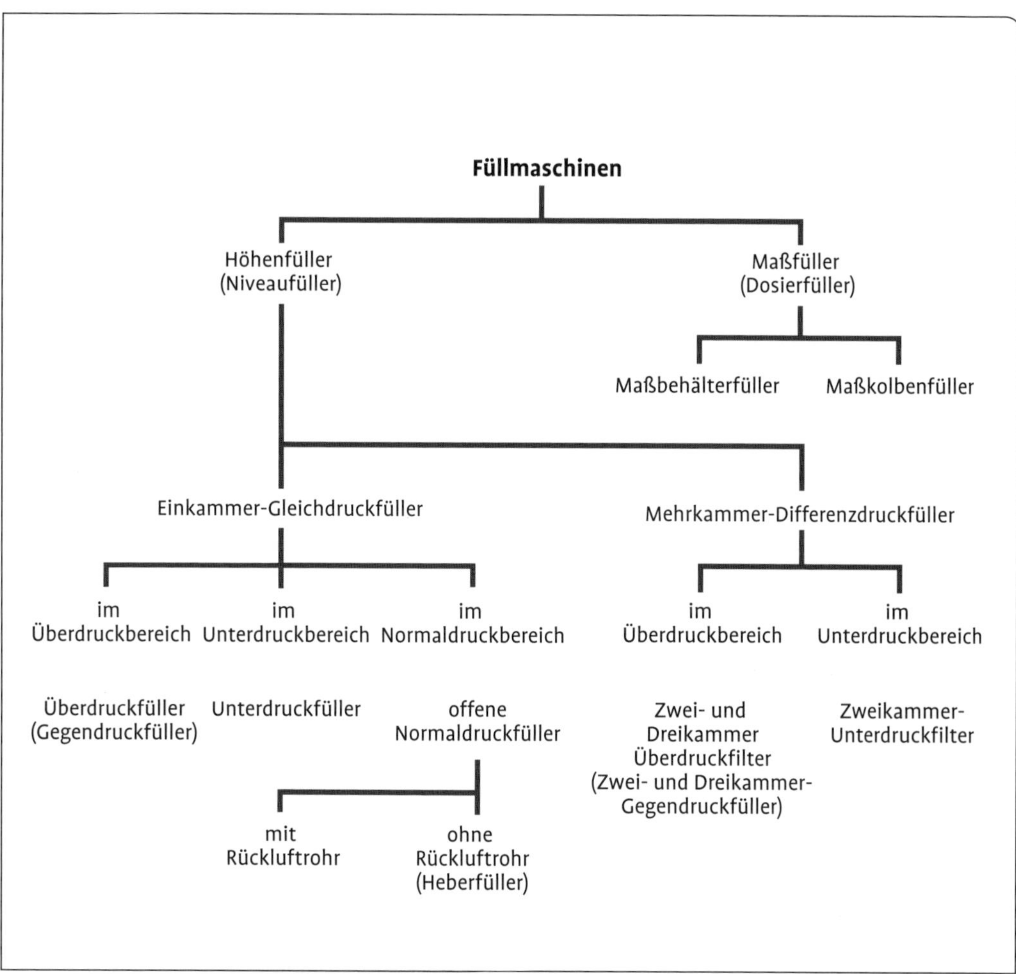

Abb. 9 Systematik der (Getränke-) Füllmaschinen.

Befüllung: Bis zur 4-fachen Menge des Behältervolumens: durch Umschichtung der Maische während des Befüllens, durch kurze Saftwege und schnellen Saftabfluss.

Niederstdruckphase: Die Membran legt sich auf das Pressgut. Das Spezialgebläse liefert den Druck. Weiches schonendes Anpressen. Bis zu 80 % der Gesamtsaftausbeute werden in der drucklosen Entsaftungsphase und dieser Niederstdruck-Phase erzielt.

Druckabbau: Der Behälter ist rotiert. Der Presskuchen beschleunigt mit seinem Gewicht auf die Membrane den Druckabbau. Das Spezialgebläse in Retrofunktion führt den Druck auf -0,1 bar zurück, die Membrane wird an die Behälterwand gesogen.

Tresterlockerung: Die Membrane liegt an der Behälterwand an. Der Behälter rotiert für kurze Zeit.

Entleerung: Einfaches und schnelles Auswerfen des gekrümelten Presskuchens durch diagonal zur Behälterachse angeordnete Entsaftungskanäle.

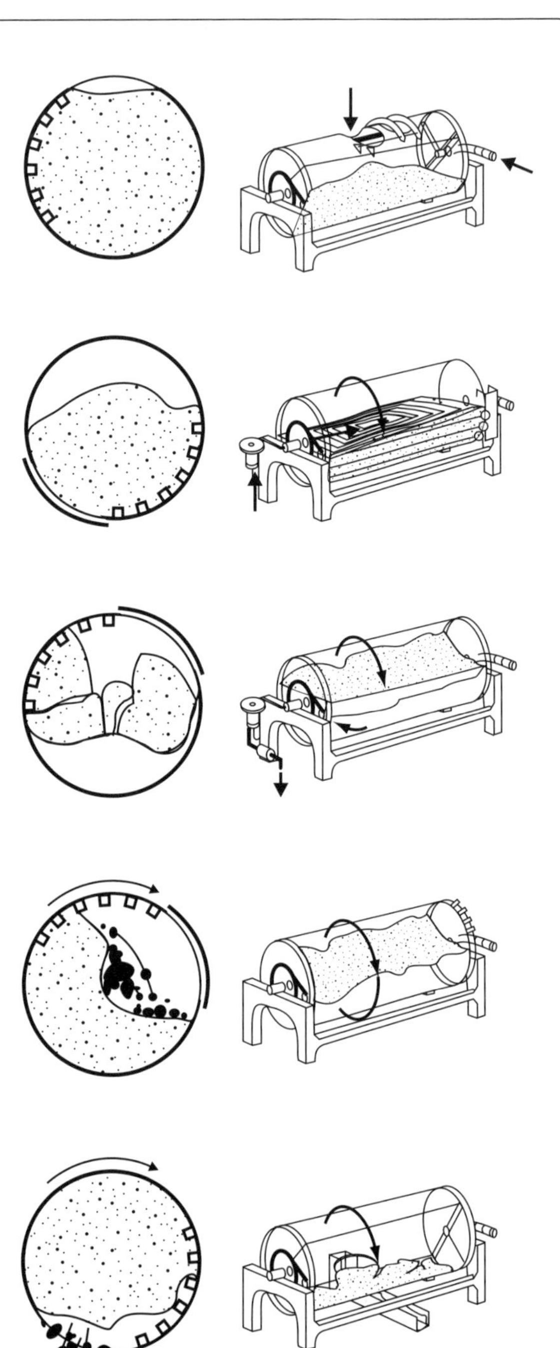

Abb. 10 Darstellung der wichtigsten Arbeitsabläufe am Beispiel einer Tankpresse.

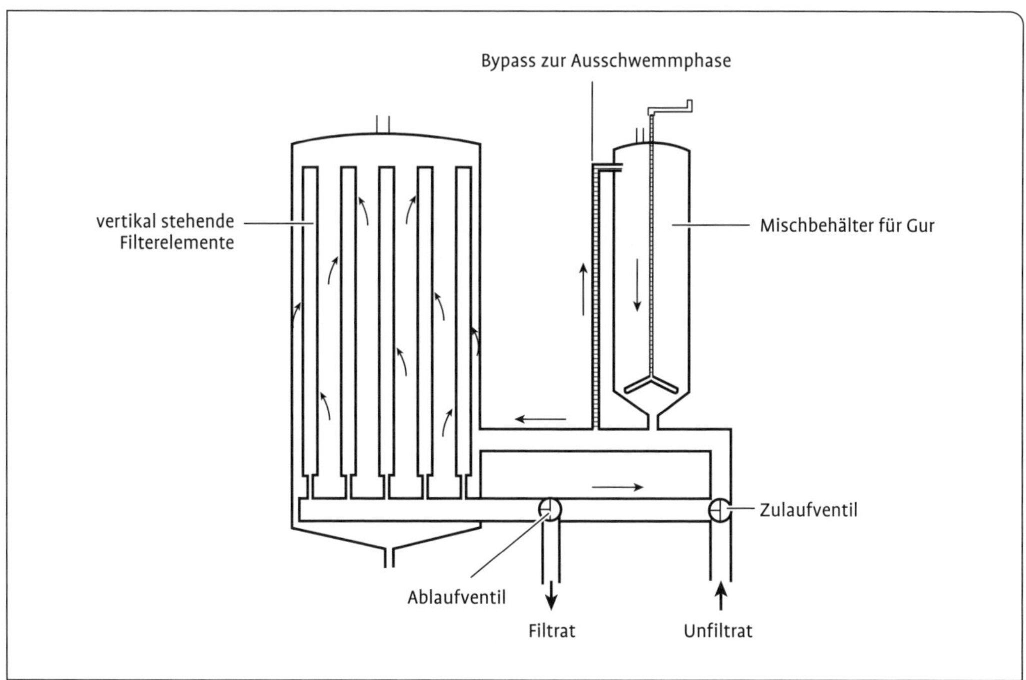

Abb. 11 Vereinfachte Darstellung einer Kieselgurfiltration (Kesselfilter mit stehenden Filterelementen).

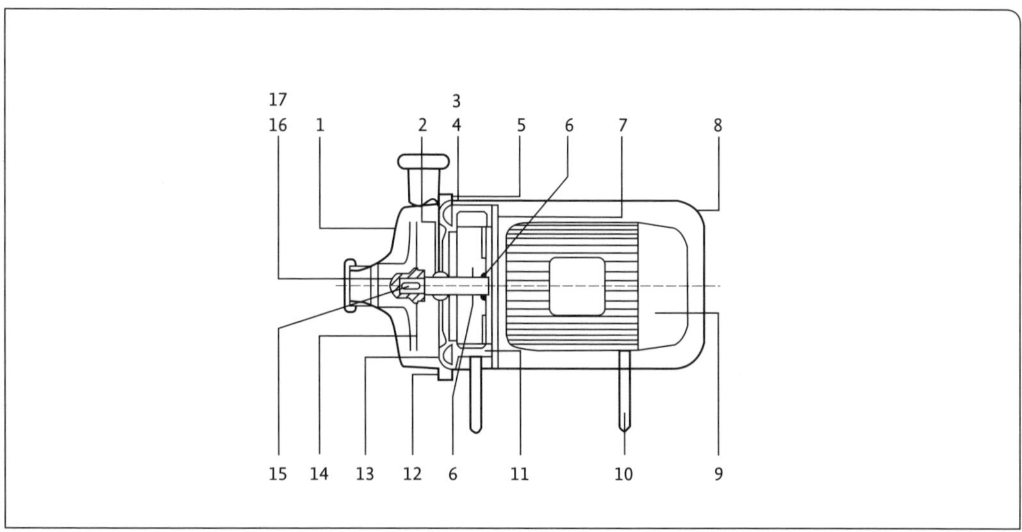

Abb. 13 Schnittbild einer Kreiselpumpe.
1 = Pumpengehäuse, 2 = Gleitringdichtung, 3 = Sicherungsring, 4 = Mutter, 5 = Spannring, 6 = Spritzring, 7 = Unterlegscheibe, Mutter, Stiftschraube, 8 = Verkleidung, 9 = Flanschmotor, 10 = Fuß, 11 = Zwischenlaterne, 12 = Runddichtung, 13 = Gehäusedeckel, 14 = Laufrad, 15 = Passfeder, 16 = Sicherungsblech, 17 = Laufradschraube.

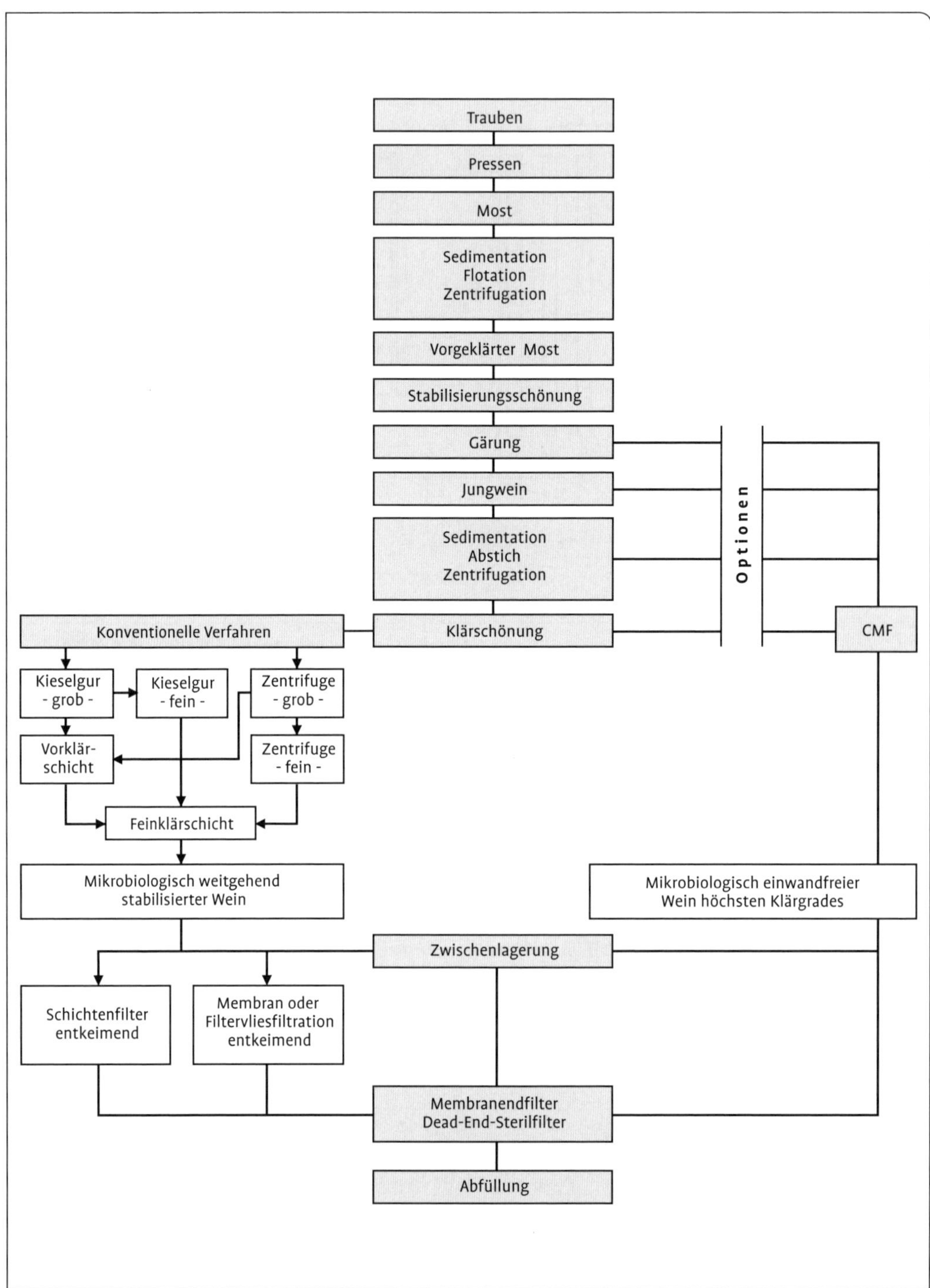

Abb. 12 Schema der Verfahrensabläufe bei der Weißweinproduktion.

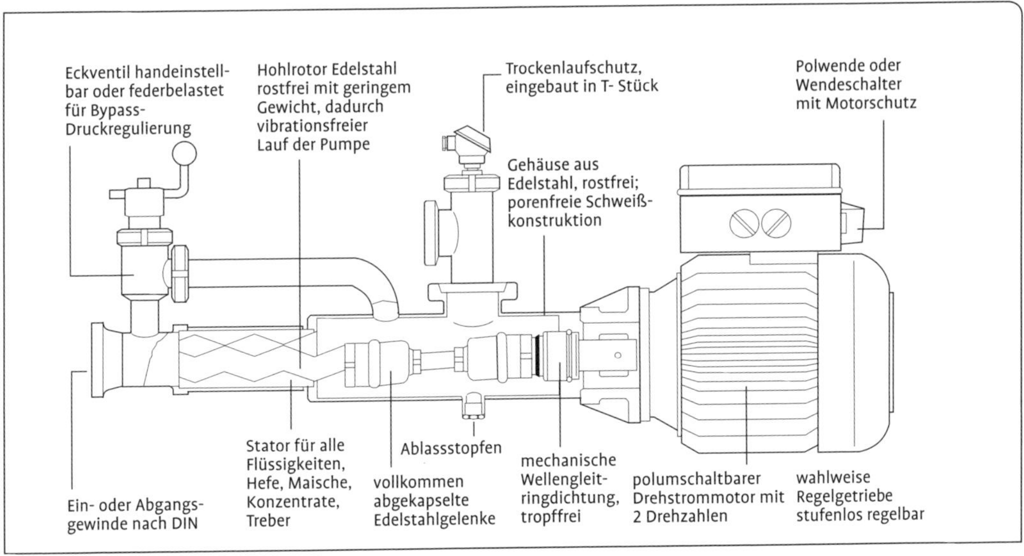

Abb. 14 Schnittbild einer Exzenterschneckenpumpe (Werkbild Kiesel).

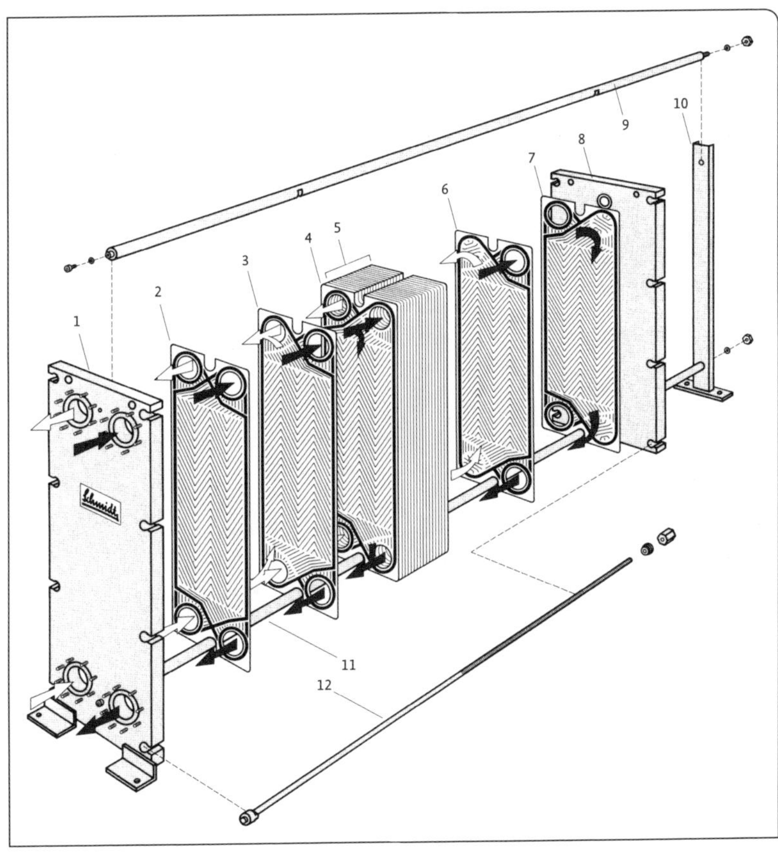

Ab. 15 Schnittbild eines Plattenapparates.
1 = Gestellkopf mit Anschlüssen,
2 = Anfangsplatte,
3 = Wärmeaustauschplatte links,
4 = Wärmeaustauschplatte rechts,
5 = Plattenpaket,
6 = Schaltplatte links,
7 = Schaltplatte rechts,
8 = beweglicher Deckel,
9 = Tragwelle oben,
10 = Stütze,
11 = Tragwelle unten,
12 = Spannschraube mit Verdrehungsschutz.

EH (mV)
500
400
300
200
100
0
Maische
Alk. Gärung
Abstich
BSA
Behälterbefüllung
Barriquelagerung
Abpressen
1
11
21
31
41
51
61
71
81
91
Zeit (Tage)

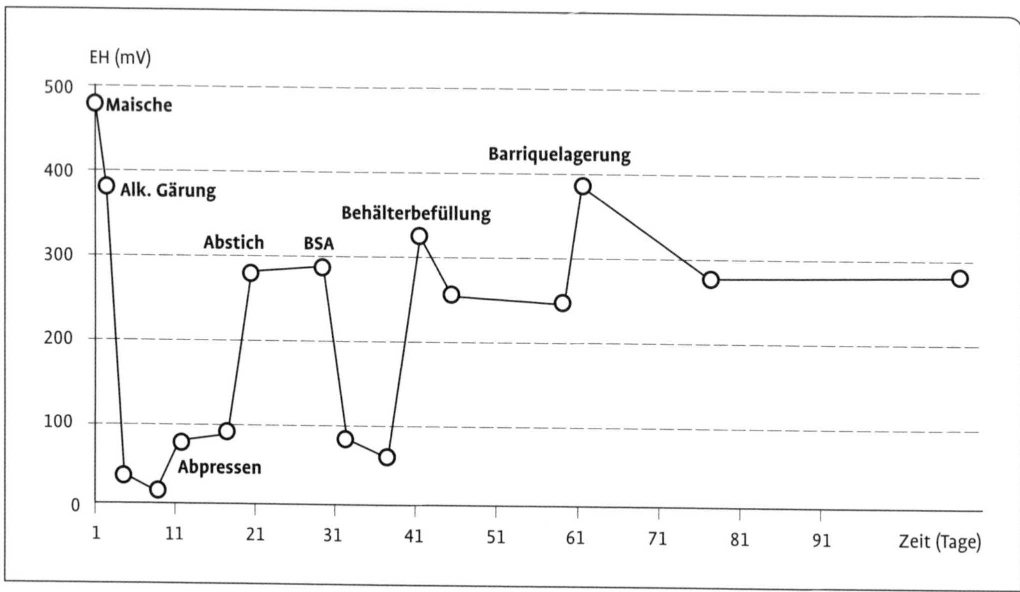

Abb. 16 Veränderung des Redoxwerts (in mV) bei der Herstellung eines Rotweines im Barrique (nach Vivas und Glories 1995).

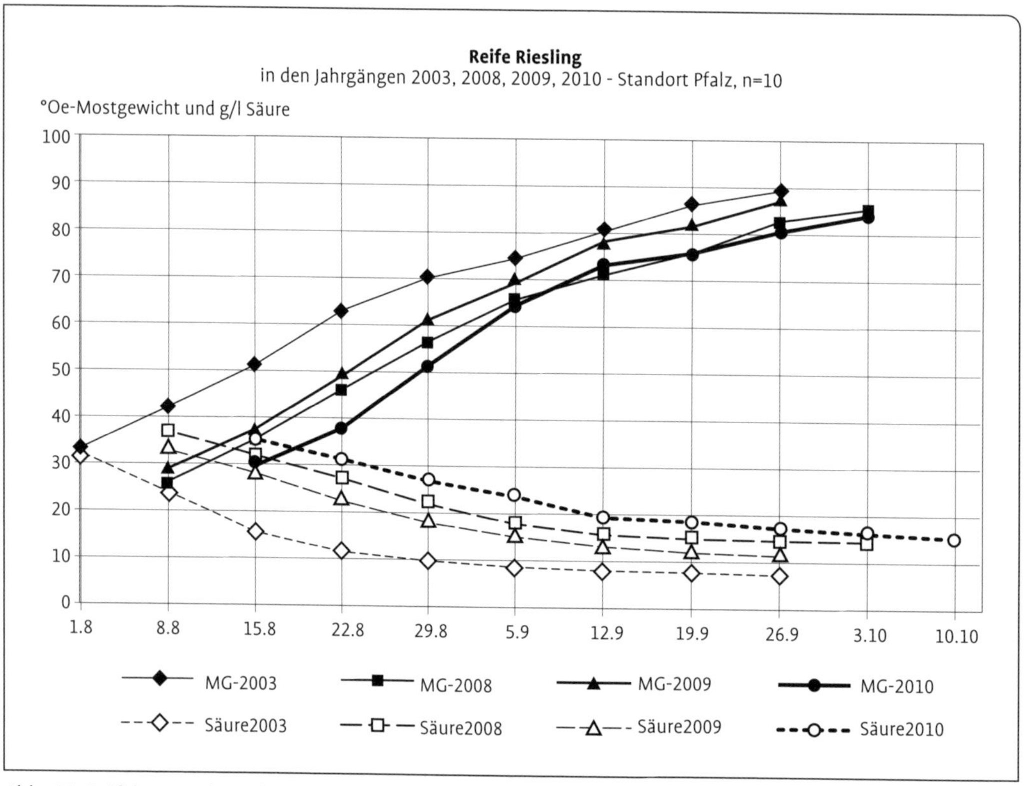

Reife Riesling
in den Jahrgängen 2003, 2008, 2009, 2010 - Standort Pfalz, n=10
°Oe-Mostgewicht und g/l Säure
100
90
80
70
60
50
40
30
20
10
0
1.8
8.8
15.8
22.8
29.8
5.9
12.9
19.9
26.9
3.10
10.10
MG-2003
MG-2008
MG-2009
MG-2010
Säure2003
Säure2008
Säure2009
Säure2010

Abb. 17 Reifekurven der Rebsorte Riesling (Pfalz, Vergleich der Jahrgänge 2003, 2008, 2009, 2010. n = 10, Binder 2011).

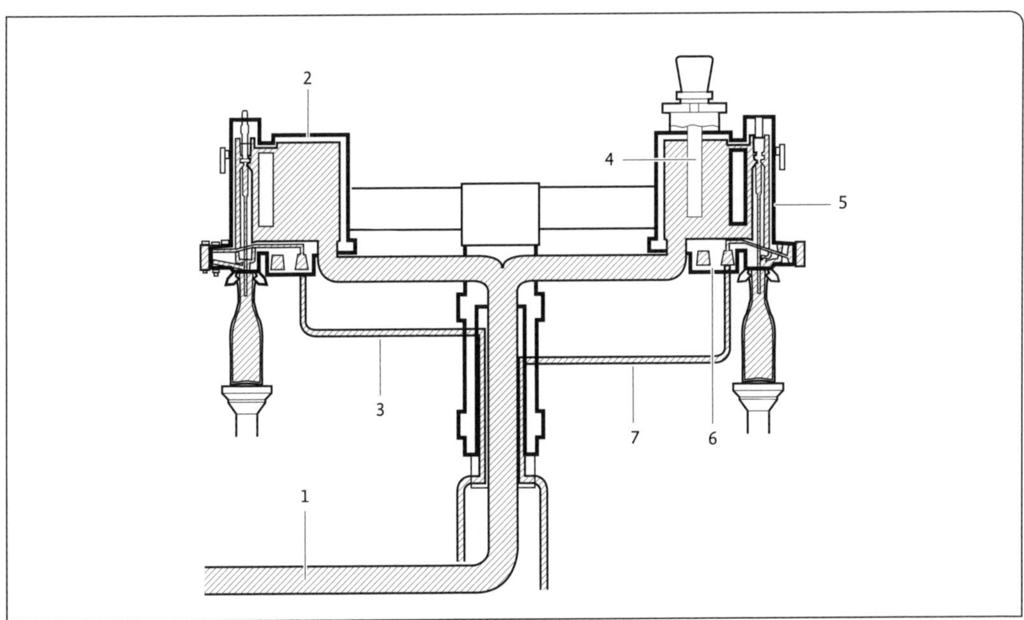

Abb. 18 Schnittbild Einkammer-Gleichdruckfüller.
1 = Füllgut-Zuführung, 2 = Ringkanal, 3 = Gegendruck- und Abluftleitung, 4 = Sonde, 5 = Standard-Füllventil, 6 = Ringkammer für Entlastung, 7 = Leitung für Entlastung.

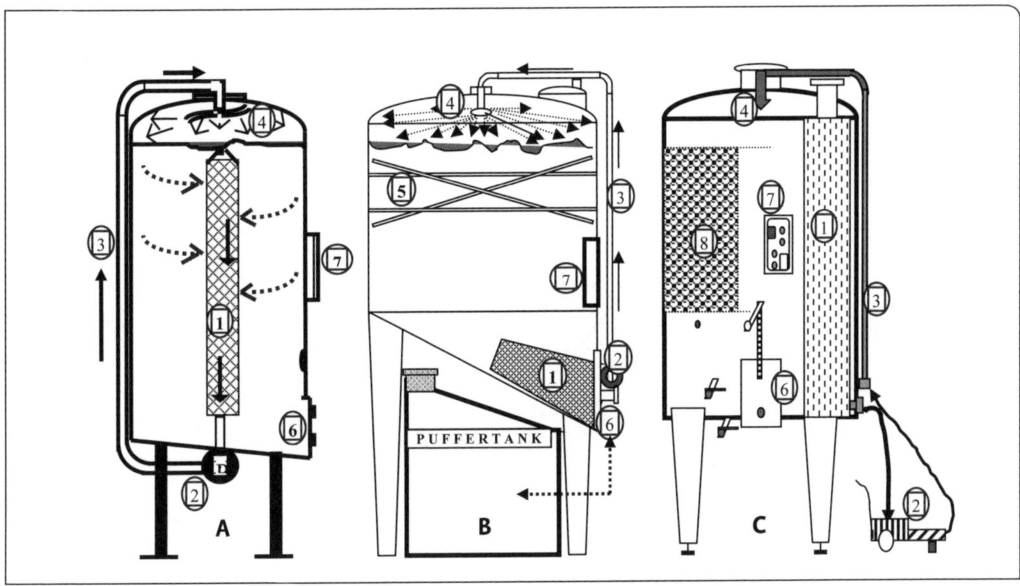

Abb. 19 Maische-Gärbehälter nach dem Überflutungsprinzip (Remontage, Binder 2011).
A = CE „capella emerso" (Defranceschi), B = Universal-Fermenter (Möschle), C = Combi-Fermenter (Rieger).
1 = Saftabzugssieb, 2 = Remontage-Pumpe, 3 = Steigrohr, 4 = Saftverteiler, 5 = Brechstangen, 6 = Entleerungstür, 7 = Steuerung, 8 = Anwärm- oder Kühltasche.

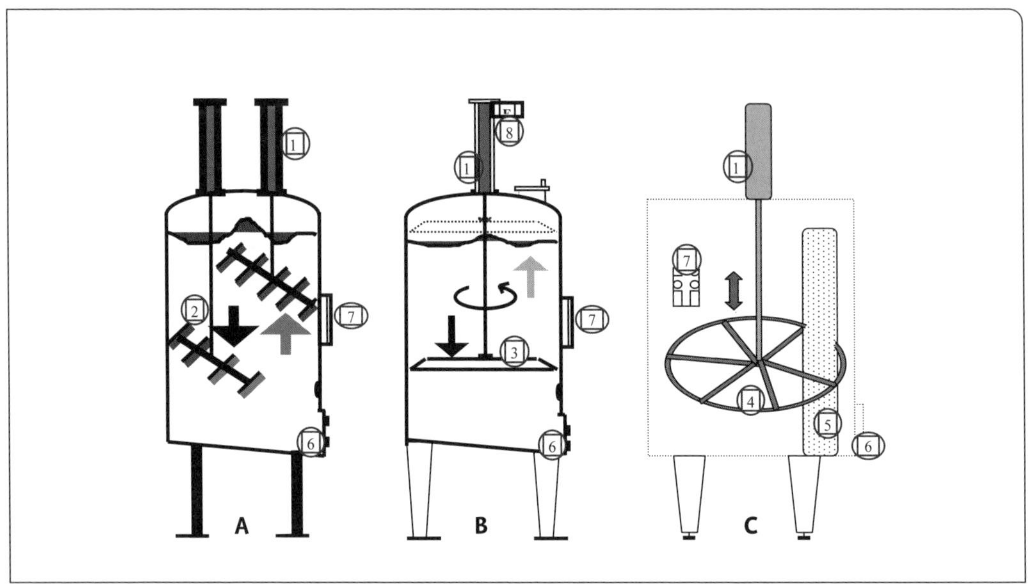

Abb. 20 Rotweintanks mit dem Maischetauchprinzip. A = CP „con pistone“ (Defranceschi), B = Maische-Taucher (Speidel), C = Voll-Taucher (Rieger).
1 = pneumatischer oder hydraulischer Druckzylinder, 2 = Trestertauchschaufeln, 3 = konischer Maischetaucher, 4 = Eintauchrad, 5 = Entsaftungssieb, 6 = Entleerungstür, 7 = automatische Steuerung, 8 = Elektromotor für Drehbewegungen.

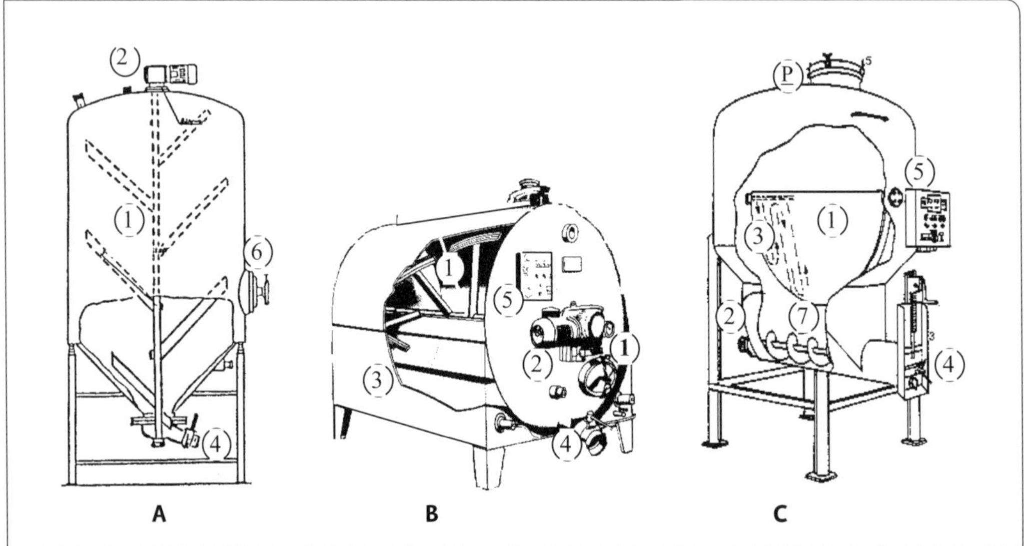

Abb. 21 Geschlossene Maischegärtanks mit mechanischem Rührwerk. A = GfK-Rührwerktank (Speidel), B = Maischetherm (Clemens), C = VinoTop Fermenter (Rieger).
1 = Rührwerk, 2 = Antrieb E-Motor, 3 = Anwärmsystem, 4 = Entleerungsstutzen oder -türchen, 5 = Steuerung, 6 = Mannloch, 7 = Austragschnecke.

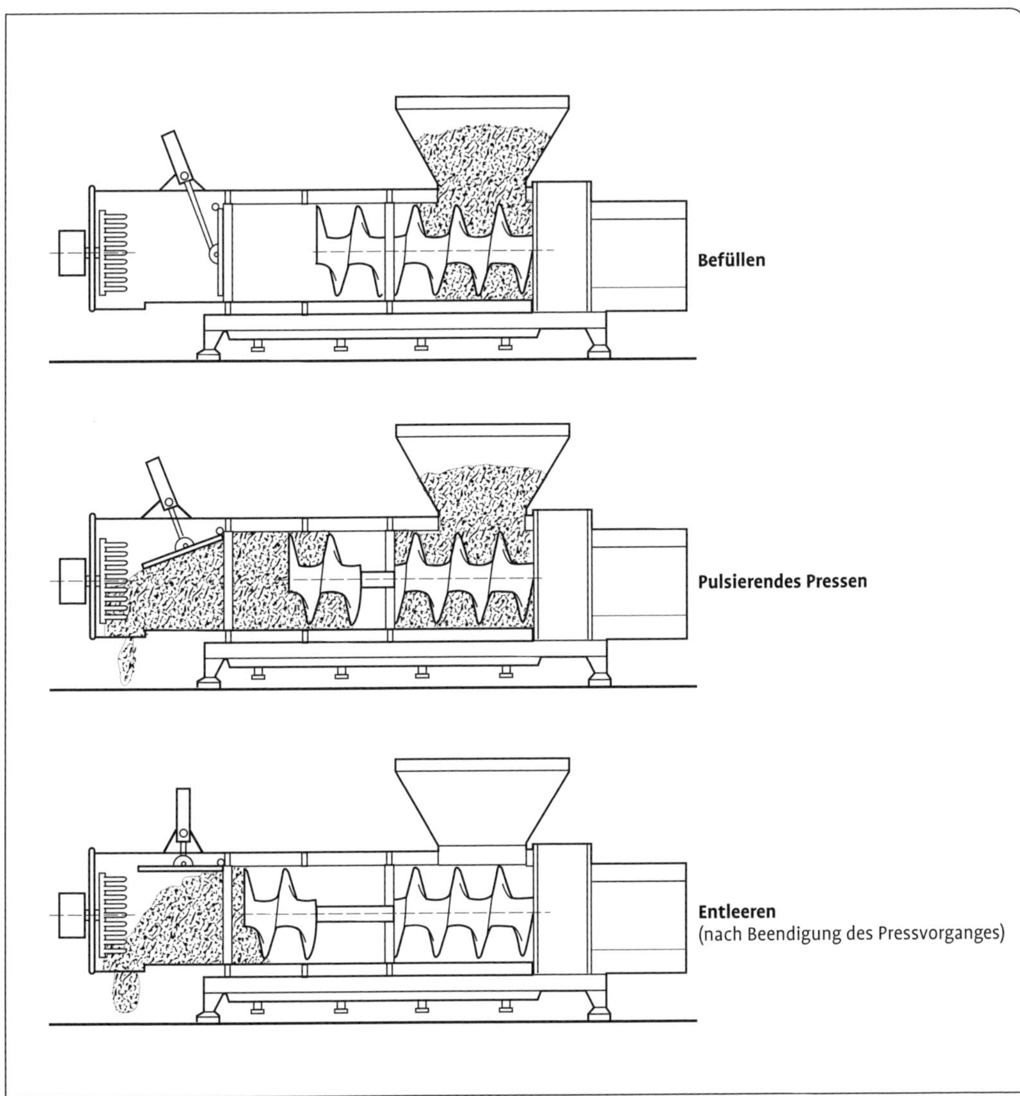

Abb. 22 Arbeitsweise einer kontinuierlichen Schubkolbenpresse.

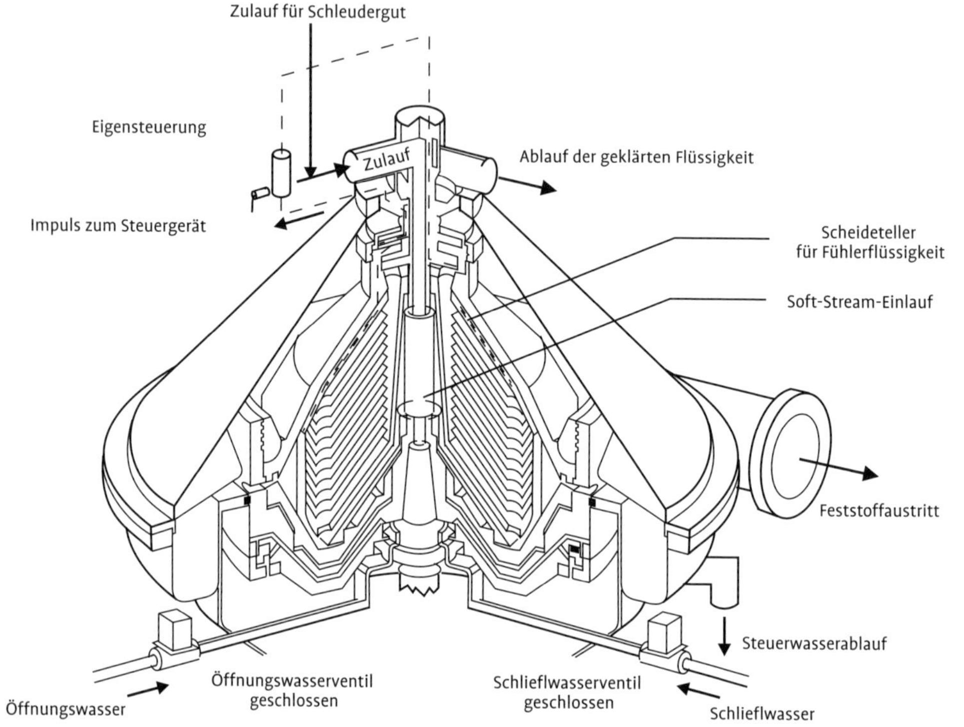

Zulauf für Schleudergut
Eigensteuerung
Zulauf
Ablauf der geklärten Flüssigkeit
Impuls zum Steuergerät
Scheideteller
für Fühlerflüssigkeit
Soft-Stream-Einlauf
Feststoffaustritt
Steuerwasserablauf
Öffnungswasser
Öffnungswasserventil
geschlossen
Schlieflwasserventil
geschlossen
Schlieflwasser

Abb. 23 Klär-Separator mit selbstentleerender Trommel (GEA Westfalia Separator Group).

Traubenbehälter
40 cm
Abtrenneinrichtung
Auffangsystem

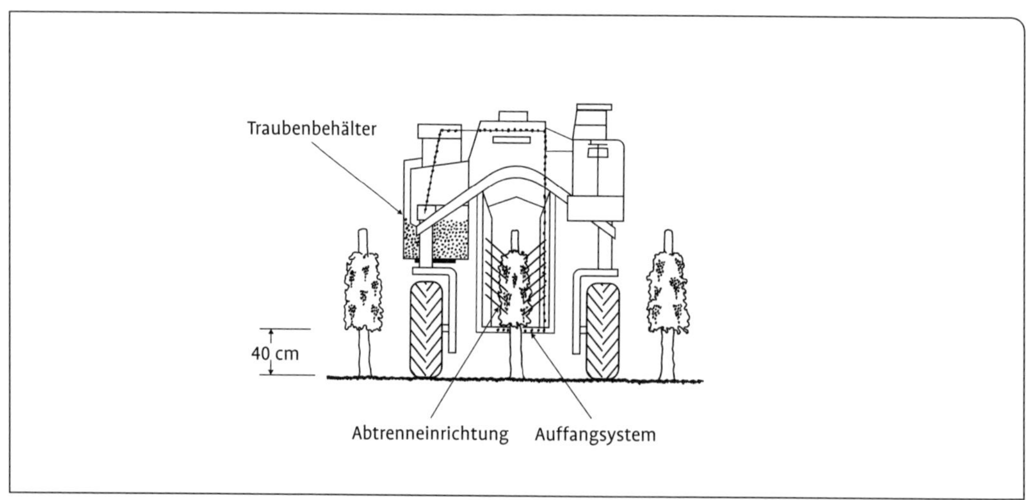

Abb. 24 Aufbau und Funktion des Traubenvollernters.

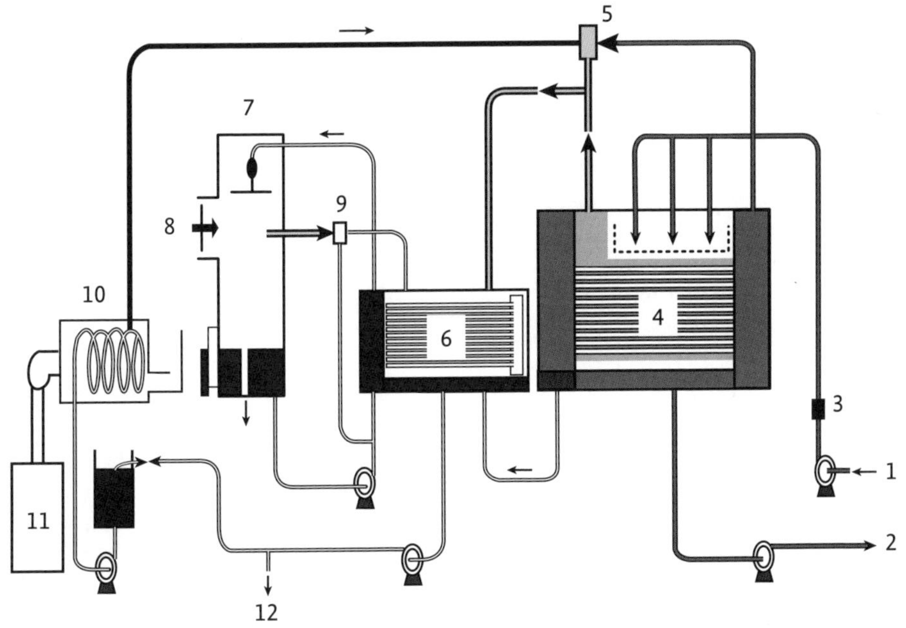

Abb. 25 Vakuumverdampfer (nach Berger 1998). 1= Unbehandelter Most (10-30 °C), 2 = konzentrierter Most (20 °C), 3 = Filter, 4 = Verdampfer (20 °C), 5 = Thermokompressor, 6 = Kondensator, 7 = Kühlturm, 8 = Ventilator, 9 = Vakuum, 10 = Dampferhitzer, 11 = Öl oder Gas, 12 = Destillatablauf.

Service

Literatur

Die Übersicht über die verfügbare Literatur zu den im Lexikon behandelten Sachgebieten ist nach folgenden Gesichtspunkten zusammengestellt:

1. Die empfohlenen Fachbücher müssen allgemein zugänglich sein. Fremdsprachige Werke scheiden auch aus diesem Grund aus.
2. Aufsätze in Fachzeitschriften und wissenschaftliche Publikationen sind in der Regel sehr speziellen Themen gewidmet und erfüllen die Forderung nach 1) meist nicht.
3. Die ausgewählte Literatur soll die Zielsetzung des Lexikons unterstützen und eine vielfache Vernetzung der Önologie fördern.

Der kritische Leser wird dabei feststellen, dass in manchen Fragen der Önologie gegensätzliche Meinungen vertreten werden, die bei dem komplexen Thema „Wein“ unvermeidbar erscheinen. Solche Unterschiede ergeben sich aus der jeweiligen Erfahrung des oder der Autoren, die entweder sachgebietsbezogen oder durch landsmannschaftliche Schwerpunkte geprägt sind, die aber auch zeigen, dass Wein ein lebendes bzw. ein lebendiges „Wesen“ ist, das viele Spielarten hervorbringt, aber auch viele Interpretationsmöglichkeiten bietet.

Dem aufmerksamen Leser wird nicht entgehen, dass in der kurzgefassten Übersicht keine Hinweise auf Fachbücher aus dem Bereich „Betriebswirtschaft“ erwähnt sind. Es ist dem Autor selten gelungen, Zielsetzungen der Erzeugung von Qualität beim Wein „mit dem spitzen Rechenstift“ zu kontrollieren oder gar zu bewerten.
Die Zuordnung der Literatur zu Sachgebieten erfolgt nach Schwerpunkten. Da mehrere Fachbücher auch andere Sachgebiete zusätzlich behandeln, sind diese dort zusätzlich zitiert (Nr. des Literaturverzeichnisses).

Sachgebiet Kellertechnik (16,22)

1) Troost, G.: Technologie des Weines. 6. Aufl., Verlag Eugen Ulmer, Stuttgart 1988
2) Blankenhorn, D., E. Funk: Der Winzer 2, Kellerwirtschaft. 4. Aufl. Verlag Eugen Ulmer, Stuttgart 2011
3) Jakob, L.: Taschenbuch der Kellerwirtschaft. 6. Aufl., Fachverlag Dr. Fraund, Mainz 1995
4) Jakob, L.: Lexikon der Önologie. 3. Aufl., Verlag Meininger, Neustadt 1995
5) Jakob, L. (Hrsg.), J. Hamatschek, G. Scholten: Der Wein. 10. Aufl., Verlag Eugen Ulmer, Stuttgart 1997
6) Weik, B.: Praktiker Handbuch Oenologie. Tabellen und Berechnungen kompakt präsentiert. Meininger Verlag, Neustadt/Weinstr. 2008
7) Steidl, R.: Barriqueausbau. Verlag Eugen Ulmer, Stuttgart, 2001

Sachgebiet Weinchemie-Analytik (3,4, 22)

8) Würdig, G., R. Woller (Hrsg.): Chemie des Weines. Verlag Eugen Ulmer, Stuttgart 1989
9) Schmitt, A.: Aktuelle Weinanalytik. 3. Aufl., Verlag Heller Chemie und Verwaltungsgesellschaft, Schwäbisch Hall 2005.
10) Eder, R.: Weinanalyse, Grundparameter. Verlag Eugen Ulmer, Stuttgart 2000.
11) Eder, R.: Weinanalyse, Qualitätsparameter. Verlag Eugen Ulmer 2003
12) Lemperle, E.: Weinfehler erkennen. Verlag Eugen Ulmer, Stuttgart 2007

Sachgebiet Mikrobiologie

13) Dittrich, H. H., M. Grossmann: Mikrobiologie des Weines, 4. Aufl. Verlag Eugen Ulmer, Stuttgart 2010.

Sachgebiet Sensorik (1, 3, 4, 6,22)

14) Kolb, E. (Hrsg.): Fruchtweine. Verlag Eugen Ulmer , Stuttgart 1999
15) Hoffmann, A.: Weine verstehen und beurteilen. Verlag Eugen Ulmer, Stuttgart 1987.
16) Peynaud, E.: Die hohe Schule für Weinkenner. Albert Müller Verlag, Rüschlikon-Zürich 1984

17) Darting, M.: Sensorik, Verlag Eugen Ulmer, Stuttgart 2009

Sachgebiet Wein und Gesundheit

18) Jung, K.: Wein - Genuss und Gesundheit. Woschek Verlag, Mainz, 1994.

Sachgebiet Weinrecht

19) Koch, H. J.: Weinrecht Kommentar. 3. Aufl. Deutscher Fachverlag, Frankfurt, Stand 1994 (Loseblatt-Sammlung)
20) Binder, G., St. Scherrer: Weinrecht für Praktiker in Rheinland-Pfalz. Hrsg.: Verein Ehemaliger Weinbauschüler, Neustadt/Weinstr. 2010.

Sachgebiet Rebsortenkunde/Weinbau

21) Ambrosi, H., B. Hill, E. Maul, E. Rühl, J. Schmid, F. Schumann: Farbatlas Rebsorten. Verlag Eugen Ulmer, Stuttgart 2011.
22) Robinson, J.: Reben, Trauben, Weine. Hallwag AG, Bern, Stuttgart 1987.
23) Bergner, K.-G., E. Lemperle: Wein-Kompendium für Apotheker, Ärzte und Naturwissenschaftler. Wiss. Verlagsgesellschaft, Stuttgart 2003.

Sachgebiet Schaumweine, Fruchtweine, weinähnliche Getränke, Destillate (3,4,22)

24) Bach, H.P.: Sekt, Schaumwein, Perlwein. Verlag Eugen Ulmer, Stuttgart 2010
25) Dürr, P., W. Albrecht, M. Gössinger K.Hagmann: Technologie der Obstbrennerei. Verlag Eugen Ulmer, Stuttgart 2010
26) Brose, R.: Brennen nach Vorschrift. Verlag Eugen Ulmer, Stuttgart 1984

Wein (Statistik)

27) Schultz, H.R., M. Stoll: Deutsches Weinbaujahrbuch 2011, Verlag Eugen Ulmer, Stuttgart 2011.

Spezialgebiet Rotwein

28) Binder, G.:Rotweinbereitung durch Maischegärverfahren. KTBL Arbeitsblatt Weinbau Nr. 104 / 2011.

Die in diesem Buch enthaltenen Empfehlungen und Angaben sind vom Autor mit größter Sorgfalt zusammengestellt und geprüft worden. Eine Garantie für die Richtigkeit der Angaben kann aber nicht gegeben werden. Autor und Verlag übernehmen keinerlei Haftung für Schäden und Unfälle.

Bibliografische Information der Deutschen Nationalbibliothek
Die Deutsche Nationalbibliothek verzeichnet diese Publikation in der Deutschen Nationalbibliografie; detaillierte bibliografische Daten sind im Internet über http://dnb. d-nb. de abrufbar.

Wollgrasweg 41, 70599 Stuttgart (Hohenheim)
E-Mail: info@ulmer. de
Internet: www. ulmer. de
Lektorat: Werner Baumeister
Umschlagentwurf: Atelier Reichert, Stuttgart
Satz: pagina GmbH, Tübingen
Druck und Bindung: Friedrich Pustet, Regensburg
Printed in Germany

ISBN 978-3-8001-5985-7